U0903991

21 世纪普通高等教育基础课规划教材
教育部物理基础课程教学指导分委员会
教改项目资助教材

# 大　学　物　理

## （下　册）

**主　编**　尹国盛　彭成晓
**副主编**　李若平　李夕金
**参　编**　（以姓氏笔画为序）
李新营　张　婷
张光彪　张华荣
杨　毅　郑海务
康　缈　韩俊鹤　等

机　械　工　业　出　版　社

本书是在尹国盛、张果义主编的《大学物理精要》的基础上，参照国家教育部高等学校物理学与天文学教学指导委员会物理基础课程教学指导分委会最新制定的《理工科类大学物理课程教学基本要求》(2008年版)编写而成的.

全书分为上、下两册，上册包括力学、振动和波、狭义相对论力学基础和热学，下册包括电磁学、光学、量子物理基础、分子与固体、核物理与粒子物理、天体物理与宇宙学等. 全书共分26章，每章有小结、例题、思考题、习题，书末附有习题参考答案. 为了扩大学生的视野，丰富学生的知识，前25章的章后都有物理学家简介，最后一章集中开辟了现代科学与高新技术的物理基础专题，并在附录中有物理趣闻、历届等诺贝尔物理学奖获得者和由中国科学院、中国工程院许多院士和各学科专家编写的《21世纪100个科学难题》目录等.

本书可作为高等学校理工科类非物理专业(包括函授与自考等成人教育)的教材，也可供物理教师和有关人员参考.

**图书在版编目（CIP）数据**

大学物理. 下册/尹国盛等主编. —北京：机械工业出版社，2010. 8

21世纪普通高等教育基础课规划教材

教育部物理基础课程教学指导分委员会教改项目资助教材

ISBN 978-7-111-30872-0

Ⅰ. ①大… Ⅱ. ①尹… Ⅲ. ①物理学－高等学校－教材 Ⅳ. ①04

中国版本图书馆CIP数据核字（2010）第137828号

机械工业出版社（北京市百万庄大街22号 邮政编码100037）

策划编辑：张金奎 责任编辑：张金奎

版式设计：霍永明 责任校对：李秋荣

封面设计：王伟光 责任印制：乔 宇

北京机工印刷厂印刷（三河市南杨庄国丰装订厂装订）

2010年8月第1版第1次印刷

184mm×260mm·30.75印张·760千字

标准书号：ISBN 978-7-111-30872-0

定价：38.00元

凡购本书，如有缺页、倒页、脱页，由本社发行部调换

电话服务

社服务中心：（010）88361066

销 售 一 部：（010）68326294

销 售 二 部：（010）88379649

读者服务部：（010）68993821

网络服务

门户网：http：//www.cmpbook.com

教材网：http：//www.cmpedu.com

# 物理量及其单位的名称和符号

## 电磁学的量和单位

| 量 | | 单位 | |
|---|---|---|---|
| 名称 | 符号 | 名称 | 符号 |
| 电荷 | $Q, q$ | 库 | C |
| 电荷体密度 | $\rho$ | 库每立方米 | $C/m^3$ |
| 电荷面密度 | $\sigma$ | 库每平方米 | $C/m^2$ |
| 电荷线密度 | $\lambda$ | 库每米 | C/m |
| 电场强度 | $\boldsymbol{E}$ | 伏每米 | V/m |
| 电场强度通量 | $\Phi_e$ | 伏米 | V·m |
| 电势能 | $W$ | 焦 | J |
| 电势 | $V$ | 伏 | V |
| 电势差 | $U$ | 伏 | V |
| 介电常数 | $\varepsilon$ | 法每米 | F/m |
| 真空介电常数 | $\varepsilon_0$ | 法每米 | F/m |
| 相对介电常数 | $\varepsilon_r$ | | |
| 电极化率 | $X_e$ | | |
| 电极化强度 | $\boldsymbol{P}$ | 库每平方米 | $C/m^2$ |
| 电位移 | $\boldsymbol{D}$ | 库每平方米 | $C/m^2$ |
| 电位移通量 | $\Psi$ | 库 | C |
| 电偶极矩 | $\boldsymbol{p}$ | 库每米 | C/m |
| 电容 | $C$ | 法 | F |
| 电流 | $I$ | 安 | A |
| 电流密度 | $\boldsymbol{J}$ | 安每米 | A/m |
| 电阻 | $R$ | 欧 | Ω |
| 电阻率 | $\rho$ | 欧米 | Ω·m |
| 电导率 | $\gamma$ | 西每米 | S/m |
| 电动势 | $E$ | 伏 | V |
| 磁感应强度 | $\boldsymbol{B}$ | 特 | T |
| 磁导率 | $\mu$ | 亨每米 | H/m |
| 真空磁导率 | $\mu_0$ | 亨每米 | H/m |
| 相对磁导率 | $\mu_r$ | | |
| 磁通量 | $\Phi_m$ | 韦 | Wb |
| 磁化率 | $\chi_m$ | | |
| 磁化强度 | $\boldsymbol{M}$ | 安每米 | A/m |
| 磁矩 | $\boldsymbol{m}$ | 安平方米 | $A \cdot m^2$ |
| 磁场强度 | $\boldsymbol{H}$ | 安每米 | A/m |
| 自感 | $L$ | 亨 | H |
| 互感 | $M$ | 亨 | H |
| 电场能量 | $W_e$ | 焦 | J |
| 磁场能量 | $W_m$ | 焦 | J |
| 电磁能密度 | $\omega$ | 焦每立方米 | $J/m^3$ |
| 坡印廷矢量 | $\boldsymbol{S}$ | 瓦每平方米 | $W/m^2$ |

## 光学的量和单位

| 量 | | 单　位 | |
|---|---|---|---|
| 名称 | 符号 | 名称 | 符号 |
| 折射率 | $n$ | | |
| 光程 | $\Delta$ | 米 | m |
| 光程差 | $\delta$ | 米 | m |
| 相位差 | $\Delta\varphi$ | 弧度 | rad |
| 光栅常量 | $d$ | 米 | m |
| 透光部分 | $a$ | 米 | m |
| 遮光部分 | $b$ | 米 | m |
| 光栅宽度 | $L$ | 米 | m |
| 分辨本领 | $P$ | | |
| 物距 | $p$ | 米 | m |
| 像距 | $p'$ | 米 | m |
| 物方焦距 | $f$ | 米 | m |
| 像方焦距 | $f'$ | 米 | m |

## 近代物理的量和单位

| 量 | | 单　位 | |
|---|---|---|---|
| 名称 | 符号 | 名称 | 符号 |
| 辐出度 | $M$ | 瓦每平方米 | $W/m^2$ |
| 单色幅出度 | $M_v$ | 瓦每平方米赫 | $W/(m^2 \cdot Hz)$ |
| 单色吸收比 | $a_v$ | | |
| 辐射能 | $W$ | 焦 | J |
| 辐射能密度 | $w$ | 焦每立方米 | $J/m^3$ |
| 频率 | $\nu$ | 赫 | Hz |
| 逸出功 | $A$ | 焦 | J |
| 半径 | $r$ | 米 | m |
| 速度 | $\boldsymbol{v}$ | 米每秒 | m/s |
| 能量 | $E$ | 焦 | J |
| 动能 | $E_k$ | 焦 | J |
| 势能 | $E_p$ | 焦 | J |
| 波函数 | $\Psi$ | | |

# 前　言

本书是在尹国盛、张果义主编的《大学物理精要》的基础上，参照国家教育部高等学校物理学与天文学教学指导委员会物理基础课程教学指导分委会最新制定的《理工科类大学物理课程教学基本要求》(2008 年版)(以下简称“要求”)编写而成的. 它与 2009 年 9 月出版的《大学物理简明教程》同属一套系列教材.

本书的特色主要体现在“全而精”和“联系实际”两个方面. 所谓“全”，是指知识点全，它既包括了“要求”中的所有知识点，还包括近年来编者的重要教学经验和科研成果，同时还借鉴了国内外同类教材的主要优点；所谓“精”，是指选材力求精简，叙述力求精炼，分析力求精辟，尽量囊括大学物理学中的精华、精髓. 所谓“联系实际”，是指大学物理的理论，既紧密联系生产、生活和工程技术尤其是现代科学与高新技术的实际，还联系现在中学教材实行新课标后的实际.

全书分为上、下两册，上册包括力学、振动和波、狭义相对论力学基础和热学，下册包括电磁学、光学、量子物理基础、分子与固体、核物理与粒子物理、天体物理与宇宙学等. 每章有帮助学生复习掌握知识的小结、例题、思考题和习题，书末附有习题参考答案. 为了扩大学生的视野，丰富学生的知识，前 25 章的章末都有物理学家简介，分别介绍历史上比较有影响的一些物理学家，最后一章集中开辟了现代科学与高新技术的物理基础专题，并在附录中有物理趣闻、历届诺贝尔物理学奖获得者和由中国科学院、中国工程院许多院士及各学科专家编写的《21 世纪 100 个科学难题》目录等. 本书的基本内容是按 144 学时编写的(不含带“*”的内容)，多于或少于此学时的专业可根据实际情况进行适当增减.

全书（上、下册）共 26 章，上册由尹国盛、杨毅担任主编，郑海务、韩俊鹤担任副主编；下册由尹国盛、彭成晓担任主编，李若平、李夕金担任副主编. 编写人员的具体分工为：杨毅，绪论、物理学家简介；李夕金，第 1、22 章和数学基础知识；刘广生，第 2、3、5 章；张华荣，第 4 章和 26.4；李若平，第 6、7、8 章和 26.5；李新营，第 9、10、11 章和 26.8；张婷，第 12、13、23 章和 26.7；张光彪，第 14、15、16 章和 26.1；韩俊鹤，第 17、18、19 章和 26.6；郑海务，第 20 章、26.3、26.11 和 26.12；康缈，第 21、24、25 章和 26.2；彭成晓，26.9、26.10、编排关键词索引. 全书由尹国盛教授统稿并定稿.

在本书编写的过程中，除参阅书末所附书目外，还参阅了国内外其他有关书籍和杂志，并采纳了河南大学物理系部分教师的宝贵建议；在出版过程中，得到了机械工业出版社的大力支持. 在此，我们一并表示衷心的感谢，并恳请读者、同行在使用本书的过程中，对其中的不足之处予以批评指正.

**编　者**

2010 年 5 月于河南大学

# 目 录

# 第12章 真空中的静电场

任何电荷周围都存在一种特殊的物质，我们称为**电场**(electric field)，相对于观察者是静止的电荷在其周围所激发的电场称为**静电场**(electrostatic field)．本章研究真空中静电场的基本特性，并从电场对电荷有力的作用以及电荷在电场中移动时电场力将对电荷做功这两个方面引入描述电场的两个物理量：电场强度和电势．同时介绍描述静电场基本性质的高斯定理和静电场的环路定理．静电场是电磁场中首次遇到的矢量场，其用空间点函数来描述场、用计算场量的通量和环流来揭示场的基本特性、利用典型场分布及叠加原理来研究和处理问题的方法等，对研究其他场具有普遍意义．

## 12.1 电荷守恒定律 库仑定律

### 12.1.1 电荷 电荷的量子化

**1. 电荷** 很早以前人们就认识到两种不同质料的物体(如丝绸和玻璃，毛皮和火漆棒等)经过互相摩擦后具有吸引轻小物体(如羽毛、纸片等)的能力．这时我们就说两个物体处于带电状态．处于带电状态的物体称为**带电体**．带电体所带的电称为**电荷**(electric charge)，物体所带电荷的多少称为**电荷量**．电荷量的单位为库仑(是导出单位)，符号为C．电荷有且只有两种，分别称为正电荷(和丝绸摩擦过的玻璃棒所带电荷相同)和负电荷(和毛皮摩擦过的火漆棒所带电荷相同)．电荷之间有相互作用力．同种电荷相斥，异种电荷相吸．这种相互作用力称为电力，根据带电体之间相互作用力的大小，能够确定物体所带电荷的多少．

物体是由分子、原子组成，而在正常状态下，原子中的质子数等于电子数，所以原子在电的方面呈中性．由中性原子组成的物体对外不显电性．原子失去电子就成为带正电的正离子，获得电子就成为带负电的负离子．当物体比正常状态获得更多的一些电子时，物体带负电；当物体比正常状态失去一些电子时，物体带正电．所以，从物质的微观结构来看，物体的带电过程，就是使物体中的正、负电荷分离、迁移的过程．

**2. 电荷的量子化** 在已知的基本粒子中，不仅电子和质子带有电荷，还有一些粒子也带有正电荷或负电荷，所有基本粒子所带电荷有个重要特点，就是它们总是以一个基本单元的整数倍出现．电荷的基本单元称为**基本电荷**．它的量值就是一个电子或一个质子所带电荷量的绝对值，常以$e$表示，经测定$e=1.602\times10^{-19}$C．这就是说，微观粒子所带的电荷数都只能是基本电荷的正整数或负整数($0$，$\pm1$，$\pm2$，…，$\pm N$)倍．电荷的这种离散特性称为**电荷的量子化**(quantization of electric charge)．近代物理从理论上预言基本粒子由若干夸克或反夸克组成，每一个夸克或反夸克可能带有$\pm e/3$或$\pm 2e/3$的电荷．然而，单独存在的夸克至今还未在公认的实验中发现，即便夸克存在也并不改变电荷的量子化特性，而仅是改变基本电荷的电荷量．

### 12.1.2 电荷守恒定律

任何带电过程，都是电荷从一个物体（或物体的一部分）转移到另一个物体（或同一物体的另一部分）的过程．无数事实证明：电荷既不能创造也不能被消灭，它们只能从一个物体转移到另一个物体或者从物体的这一部分转移到另一部分．亦即，在一个孤立系统内，无论进行怎样的物理过程，系统内电荷量的代数和总是保持不变，这个规律称为**电荷守恒定律**(charge conservation law)．

电荷守恒定律是物理学中最基本的定律之一．它不仅在一切宏观过程中成立，近代科学实验证明，它也是一切微观过程（如核反应、基本粒子的相互作用）所普遍遵守的，特别是在分析有基本粒子参与的各种反应过程时，电荷守恒定律具有重要的指导意义．

### 12.1.3 库仑定律

**库仑定律**(Coulomb law)是静电场的理论基础，它是由法国科学家库仑(C. A. de Coulomb 1736—1806)在1785年通过扭秤实验总结出来的．正像牛顿在研究物体运动时引入质点一样，库仑在研究电荷间的作用时引入了**点电荷**(point charge)，点电荷也是理想化模型．什么是点电荷？所谓点电荷，是指这样的带电体，它本身的几何线度比起它到其他带电体的距离小得多．这种带电体的形状、大小和电荷在其中的分布等因素已经无关紧要，因此我们可以把它抽象成一个几何点，从而使问题的研究大为简化．

库仑定律的文字表述为：

**真空中两个静止的点电荷之间的相互作用力的大小与这两个电荷所带电荷量 $q_1$ 和 $q_2$ 的乘积成正比，与它们之间距离 $r$ 的平方成反比．作用力的方向沿着两个点电荷的连线，同号电荷相斥，异号电荷相吸．**

这一规律可用矢量式表示为

$$\boldsymbol{F}_{12} = k\frac{q_1 q_2}{r_{12}^2}\cdot\frac{\boldsymbol{r}_{12}}{r_{12}} = \frac{q_1 q_2}{4\pi\varepsilon_0 r_{12}^2}\boldsymbol{e}_{r_{12}} \tag{12-1}$$

式中，$\boldsymbol{F}_{12}$表示 $q_2$ 对 $q_1$ 的作用力；$\boldsymbol{r}_{12}$是由点电荷 $q_2$ 指向点电荷 $q_1$ 的位置矢量；$\frac{\boldsymbol{r}_{12}}{r_{12}}=\boldsymbol{e}_{r_{12}}$是$\boldsymbol{r}_{12}$方向上的单位矢量；场源电荷是 $q_2$，受力电荷是 $q_1$；$\boldsymbol{F}$ 是力，单位为 N；$q$ 是电荷，单位为 C；$k$ 是比例系数，在国际单位制中，$k=\frac{1}{4\pi\varepsilon_0}\approx 9.0\times10^9\,\text{N}\cdot\text{m}^2/\text{C}^2$；$\varepsilon_0$ 称为真空介电常数，单位为 $\text{C}^2/(\text{N}\cdot\text{m}^2)$．

$$\varepsilon_0 = \frac{1}{4\pi k}\approx 8.853\,8\times10^{-12}\,\text{C}^2/(\text{N}\cdot\text{m}^2)$$

同理

$$\boldsymbol{F}_{21} = \frac{q_2 q_1}{4\pi\varepsilon_0 r_{21}^2}\boldsymbol{e}_{r_{21}}$$

图12-1中 $\boldsymbol{F}_{12}$表示 $q_2$ 对 $q_1$ 的作用力，$\boldsymbol{F}_{21}$表示 $q_1$ 对 $q_2$ 的作用力．从图中不难看出 $\boldsymbol{F}_{12}=-\boldsymbol{F}_{21}$，这符合牛顿第三定律．

应该指出：

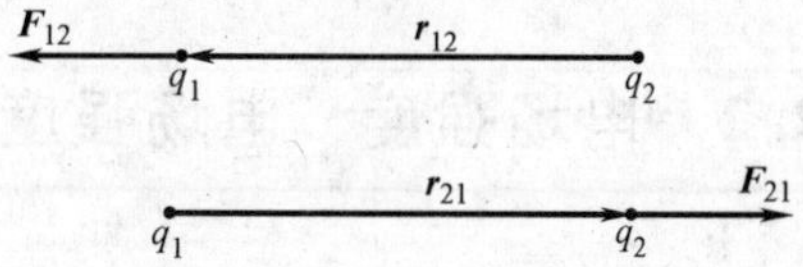

(1) 库仑定律只有在真空中，对于两个点电荷成立．亦即只有 $q_1$、$q_2$ 的本身线度与它们之间的距离相比很小时，库仑定律成立.

(2) 注意库仑定律的矢量性．当 $q_1$、$q_2$ 为同号电荷，即 $q_1q_2>0$ 时，表示 $\boldsymbol{F}_{12}$ 与 $\boldsymbol{r}_{12}$、$\boldsymbol{F}_{21}$ 与 $\boldsymbol{r}_{21}$ 同向，即同号电荷相斥；当 $q_1q_2<0$ 时，表示 $\boldsymbol{F}_{12}$ 与 $\boldsymbol{r}_{12}$、$\boldsymbol{F}_{21}$ 与 $\boldsymbol{r}_{21}$ 反向，即异号电荷相吸.

$F_{12}$　$q_1$　$r_{12}$　$q_2$

$q_1$　$r_{21}$　$q_2$　$F_{21}$

图 12-1　两个点电荷之间的作用力

(3) 静电力的叠加原理．静电力遵守力的叠加原理，即作用在某一点电荷上的力为其他点电荷单独存在时对该点电荷静电力的矢量和：

$$\boldsymbol{F}=\sum_{i=1}^{n}\boldsymbol{F}_i \tag{12-2}$$

(4) 库仑定律仅适用于求相对于观察者静止的两点电荷之间的相互作用力，或者放宽一点，亦适用于求相对于观察者静止的点电荷作用于低速运动的点电荷力的情形．其理由是电磁现象不满足伽利略相对性原理，而只满足狭义相对性原理.

(5) 库仑定律是静电场理论的基础．正是由库仑定律和静电力叠加原理而导出了描述静电场性质的两条定理(高斯定理和静电场的环路定理)．因此库仑定律是静电学的最基本的定律之一.

**例题 12-1**　按量子理论，在氢原子中，核外电子快速地运动着，并以一定的概率出现在原子核(质子)的周围各处，在基态下，电子在半径 $r=0.529\times10^{-10}\,\text{m}$ 的球面附近出现的概率最大．试计算在基态下，氢原子内电子和质子之间的静电力和万有引力，并比较两者的大小．引力常量为 $G=6.67\times10^{-11}\,\text{N}\cdot\text{m}^2/\text{kg}^2$.

**解：** 按库仑定律计算，电子和质子之间的静电力为

$$F_e=\frac{e^2}{4\pi\varepsilon_0r^2}=\left[9.0\times10^9\times\frac{(1.60\times10^{-19})^2}{(0.529\times10^{-10})^2}\right]\text{N}\approx8.23\times10^{-8}\,\text{N}$$

应用万有引力定律，电子和质子之间的万有引力为

$$F_g=G\frac{m_1m_2}{r^2}=\left[6.67\times10^{-11}\times\frac{9.11\times10^{-31}\times1.67\times10^{-27}}{(0.529\times10^{-10})^2}\right]\text{N}\approx3.63\times10^{-47}\,\text{N}$$

由此得静电力与万有引力的比值为

$$\frac{F_e}{F_g}\approx2.27\times10^{39}$$

可见，在原子中，电子和质子之间的静电力远比万有引力大，由此，在处理电子和质子之间的相互作用时，只需考虑静电力，万有引力可以略去不计．而在原子结合成分子，原子或分子组成液体或固体时，它们的结合力在本质上也都属于电磁力.

**例题 12-2**　设原子核中的两个质子相距 $4.0\times10^{-15}\,\text{m}$，求这两个质子之间的静电力.

**解：** 两个质子之间的静电力是斥力，它的大小按库仑定律计算为

$$F_e=\frac{1}{4\pi\varepsilon_0}\frac{q_1q_2}{r^2}=\left[9.0\times10^9\times\frac{(1.6\times10^{-19})^2}{(4.0\times10^{-15})^2}\right]\text{N}=14.4\,\text{N}$$

可见，在原子核内质子间的斥力是很大的．质子之所以能结合在一起组成原子核，是由于核内除了有这种斥力外还存在着远比斥力更强的引力——核力的缘故．上述两个例题，说明了原子核的结合力远大于原子的结合力，原子的结合力又远大于相同条件下的万有引力.

## 12.2　电场强度　电场强度叠加原理

### 12.2.1　电场

从古到今，人类对电的认识是由表及里、由浅入深地逐步深入的．从电现象到电荷，再从电荷的相互作用到电场对电作用的传递，历经了比较漫长的时期．自从意识到电荷周围存在着传递电作用的场后，似乎加快了人们对于电的本质的认识．历史上，人们对电荷间的相互作用有下面的一些说法：

(1)“超距”作用论：该理论认为，相互作用不通过媒介物来传递，传递是即时的，超越时空的，以无限大的速度进行．

(2)“以太”传递论：电磁力是通过充满空间的弹性介质“以太”传递的．随着以太风的被否定，以太传递论亦告破灭．

(3)“近距”作用论：不相接触的物体间的相互作用通过中间媒介——“场”来传递，传递以有限的速度进行，跨越空间的传递则需要一定的时间．库仑力的作用正是由“电场”传递的，运动(加速)电荷所激发的“场扰动”以光速 $c=3\times10^8$m/s 向四面八方传播．

电磁理论指出：电荷能够产生电场，电场也是一种客观存在的物质形态，它与分子、原子等组成的实物一样，具有质量、能量、动量和角动量．静电场是电磁场的一种特殊形态．电荷与电荷之间是通过电场这种特殊物质而相互作用的．

$$\text{电荷}\Longleftrightarrow\text{电场}\Longleftrightarrow\text{电荷}$$

静电场的对外表现，主要有：

(1) 对处于电场中的其他带电体有作用力，称为**电场力**(electric force)．

(2) 在电场中移动其他带电体时，电场力要对它做功，这也表明电场具有能量．

### 12.2.2　电场强度　电场强度叠加原理

**1. 电场强度**　为了定量地研究电场中各点的性质，从电场对电荷有作用力这种特性出发，利用试验正电荷 $q_0$ 来做实验．试验电荷是一个足够小的点电荷．首先，试验电荷所带的电荷量必须很小，以至于把试验电荷引入电场后，在实验精确度的范围内，不会对电场有任何显著的影响．其次，试验电荷的线度也必须充分小，即可以把它看做是点电荷．一般情况下，把一个试验电荷 $q_0$ 放在电场中各点时，$q_0$ 所受力的大小和方向是各不相同的．但在电场中任一给定点处，$q_0$ 所受力的大小和方向却是完全确定的．当改变 $q_0$ 的量值时，只是受力的大小改变，力的方向不变，并且比值 $\boldsymbol{F}/q_0$ 的大小和方向只与试验电荷 $q_0$ 所在点的电场性质有关，与试验电荷 $q_0$ 的量值无关．因此，可以用 $\boldsymbol{F}/q_0$ 来描述电场，并把它定义为**电场强度**(electric field intensity)，用 $\boldsymbol{E}$ 表示，即

$$\boldsymbol{E}=\frac{\boldsymbol{F}}{q_0}\tag{12-3}$$

式中，$\boldsymbol{E}$ 是电场强度，单位为 N/C(牛/库)或 V/m(伏/米)；$\boldsymbol{F}$ 是力，单位为 N；$q_0$ 是电荷，单位为 C. 当 $q_0=+1$C 时，由上式得 $\boldsymbol{E}=\boldsymbol{F}$. 可见单位试验正电荷在电场中任一场点处所受的力就等于该点的电场强度．电场强度是矢量，其方向与正试验电荷在该处所受电场力的方

向相同，其大小等于单位电荷在该处所受电场力的大小.

电场强度的两个单位之间存在关系：1N/C = 1V/m，电场强度量纲是 $MLI^{-1}T^{-3}$.

应该指出：

(1) 试验电荷的正负完全是人为的，习惯上规定试验电荷为正电荷.

(2) $\boldsymbol{E}$ 是表征电场对置于其中的电荷施以作用力的这一性质，亦即是刻画电场性质的物理量，与试验电荷的存在与否无关.

(3) $\boldsymbol{E}$ 是矢量，必须遵从矢量运算法则.

(4) 公式 $\boldsymbol{E}=\dfrac{\boldsymbol{F}}{q_0}$ 是电场强度的定义式，是普遍适用的.

(5) 电场强度和电场力是两个不同的概念，切记不可混淆．$\boldsymbol{E}$ 反映了电场本身性质；电场力 $\boldsymbol{F}$ 反映了电场对置于其中的电荷所作用的力．首先，从大小上看，电场强度 $\boldsymbol{E}$ 的大小只取决于在电场中的位置，与试验电荷存在与否无关；而电场力 $\boldsymbol{F}$ 的数值不仅取决于电荷所在处的电场强度 $\boldsymbol{E}$ 的数值，而且还与电荷本身的电荷量有关．其次，从 $\boldsymbol{E}$ 与 $\boldsymbol{F}$ 的方向上看，$\boldsymbol{E}$ 的方向与置于电场中的正电荷所受力的方向相同；而 $\boldsymbol{F}$ 的方向取决于电荷本身的正负和该点 $\boldsymbol{E}$ 的方向，对于正电荷，所受力 $\boldsymbol{F}$ 的方向与该点 $\boldsymbol{E}$ 的方向相同，对于负电荷，$\boldsymbol{F}$ 与 $\boldsymbol{E}$ 方向相反．最后，在 SI 制中，$\boldsymbol{E}$ 的单位是 N/C = V/m；而 $\boldsymbol{F}$ 的单位是 N.

**2. 电场强度的叠加原理**　设电场是由 $n$ 个点电荷 $q_1$、$q_2$、…、$q_n$ 所产生，如图 12-2 所示．若在该电场中任一点处放入一试验电荷 $q_0$，则根据力的叠加原理，$q_0$ 所受的电场力应等于各个点电荷各自对 $q_0$ 作用的电场力 $\boldsymbol{F}_1$、$\boldsymbol{F}_2$、…、$\boldsymbol{F}_n$ 的矢量和，即

$$\boldsymbol{F}=\boldsymbol{F}_1+\boldsymbol{F}_2+\cdots+\boldsymbol{F}_n$$

两边同时除以 $q_0$，可得

$$\frac{\boldsymbol{F}}{q_0}=\frac{\boldsymbol{F}_1}{q_0}+\frac{\boldsymbol{F}_2}{q_0}+\cdots+\frac{\boldsymbol{F}_n}{q_0}$$

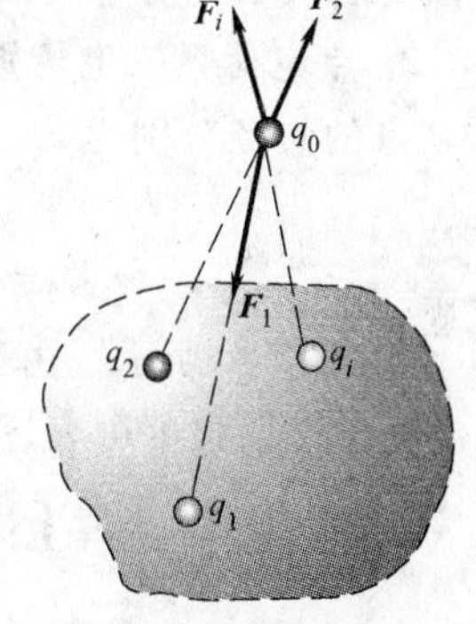

图 12-2　电场强度叠加原理

根据电场强度定义，等式左边是总电场强度，右边各项分别是各个点电荷单独存在时所产生的电场强度，由上式可得在点电荷系的电场中任一点的总电场强度等于各个点电荷单独存在时在该点产生的电场强度的矢量和，即

$$\boldsymbol{E}=\boldsymbol{E}_1+\boldsymbol{E}_2+\cdots+\boldsymbol{E}_n=\sum_{i=1}^{n}\boldsymbol{E}_i \tag{12-4}$$

此即**电场强度的叠加原理**(electric field strength superposition principle).

### 12.2.3　电场强度的计算

根据点电荷的电场强度公式和电场强度叠加原理，可以求已知电荷分布的任意带电体系的电场强度.

**1. 点电荷的电场强度**　设在真空中有一个点电荷 $q$，则在其周围电场中，距离 $q$ 为 $r$ 的 $P$ 点处的电场强度可计算如下：假设将试验电荷 $q_0$ 置于该点，则作用于 $q_0$ 的电场力为

$$\boldsymbol{F}=\frac{qq_0}{4\pi\varepsilon_0 r^2}\cdot\frac{\boldsymbol{r}}{r}=\frac{qq_0}{4\pi\varepsilon_0 r^2}\boldsymbol{e}_r$$

式中，$\boldsymbol{r}$ 表示从点电荷 $q$ 到 $P$ 点的位置矢量（矢径）；$\boldsymbol{e}_r=\dfrac{\boldsymbol{r}}{r}$是沿着位置矢量 $\boldsymbol{r}$ 方向的单位矢量．根据电场强度定义，$P$ 点的电场强度为

$$\boldsymbol{E}=\frac{\boldsymbol{F}}{q_0}=\frac{q}{4\pi\varepsilon_0 r^2}\boldsymbol{e}_r \tag{12-5}$$

从上式看出，当 $r$ 趋于 0 时，则 $E$ 趋于∞，这显然是不可能的，其原因是：点电荷是一种理想模型，只有当带电体的线度比起它到拟求电场强度的点的距离小得多的时候，才可把它视为点电荷．当 $r$ 趋于 0 时，电荷 $q$ 就不能当点电荷看待了，计算点电荷的电场强度公式就失去了成立的条件．因此就不能再用这个公式来计算 $r$ 趋于 0 时的电场强度．

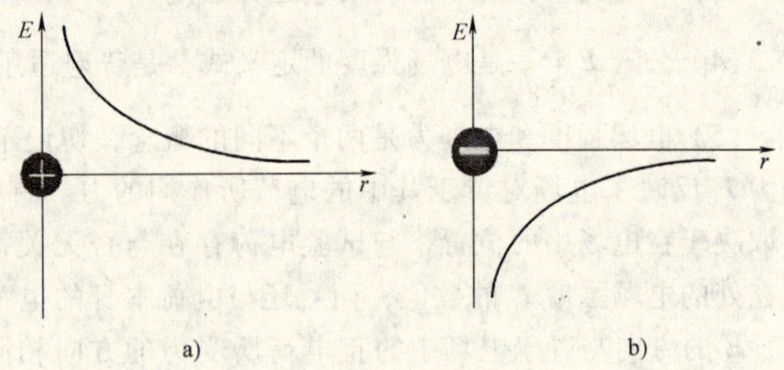

图 12-3　正电荷和负电荷所产生的电场强度

图 12-3a、b 分别为正电荷和负电荷在周围空间所产生的电场强度示意图，从图中可清晰地看出：正电荷产生的电场强度为正，负电荷产生的电场强度为负．如果 $q$ 为正电荷，可知 $\boldsymbol{E}$ 的方向与 $\boldsymbol{r}$ 的方向一致，是背向 $q$ 的；如果 $q$ 为负电荷，可知 $\boldsymbol{E}$ 的方向与 $\boldsymbol{r}$ 的方向相反，是指向 $q$ 的．不管正电荷或者是负电荷，其电场强度的大小均与距离的平方成反比．

**2. 点电荷系的电场强度**　设在真空中有若干个点电荷 $q_1$、$q_2$、…、$q_n$，各点电荷到电场中 $P$ 点的矢径分别为 $\boldsymbol{r}_1$、$\boldsymbol{r}_2$、…、$\boldsymbol{r}_n$，根据电场强度叠加原理，得 $P$ 点的电场强度为

$$\boldsymbol{E}=\boldsymbol{E}_1+\boldsymbol{E}_2+\cdots+\boldsymbol{E}_n=\sum_{i=1}^{n}\frac{q_i}{4\pi\varepsilon_0 r_1^3}\boldsymbol{r}_i \tag{12-6}$$

如图 12-4 所示，由三个点电荷 $q_1$、$q_2$、$q_3$ 在空间 $P$ 点处的电场强度可表述为

$$\boldsymbol{E}=\boldsymbol{E}_1+\boldsymbol{E}_2+\boldsymbol{E}_3=\frac{1}{4\pi\varepsilon_0}\left(\frac{\boldsymbol{r}_1}{r_1^3}+\frac{\boldsymbol{r}_2}{r_2^3}+\frac{\boldsymbol{r}_3}{r_3^3}\right)$$

式中，$\boldsymbol{r}_1$、$\boldsymbol{r}_2$、$\boldsymbol{r}_3$ 分别表示 $q_1$、$q_2$、$q_3$ 到 $P$ 点的矢径；$r_1$、$r_2$、$r_3$ 分别表示 $q_1$、$q_2$、$q_3$ 到 $P$ 点的距离．

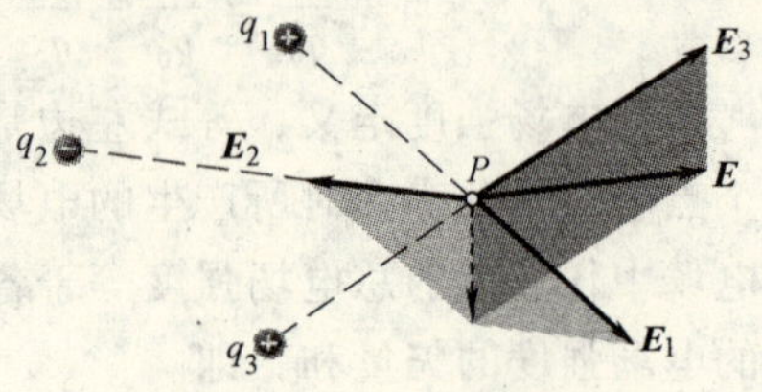

图 12-4　三个点电荷在空间 $P$ 点处的电场强度

**3. 电荷连续分布的带电体的电场强度**　任何带电体的全部电荷分布，都可以看成是许多极小的电荷元 $\mathrm{d}q$ 的集合．$\mathrm{d}q$ 在 $P$ 点处的电场强度可根据点电荷电场强度公式求得

$$\mathrm{d}\boldsymbol{E}=\frac{1}{4\pi\varepsilon_0}\frac{\mathrm{d}q}{r^2}\boldsymbol{e}_r$$

式中，$r$ 是从电荷元 $\mathrm{d}q$ 到电场中 $P$ 点的距离．对于电荷连续分布的带电体，其电荷按电荷线密度、面密度、体密度分布，电荷元 $\mathrm{d}q$ 可分别表示为

$$\mathrm{d}q=\lambda\mathrm{d}l$$
$$\mathrm{d}q=\sigma\mathrm{d}S$$
$$\mathrm{d}q=\rho\mathrm{d}V$$

其中 d$l$、d$S$ 和 d$V$ 的物理意义如图 12-5 所示，则电荷连续分布的带电体的电场强度为

$$\boldsymbol{E} = \frac{1}{4\pi\varepsilon_0}\int \frac{\mathrm{d}q}{r^2}\boldsymbol{e}_r \tag{12-7}$$

实际上，在具体运算时，通常把 d$\boldsymbol{E}$ 在 $x$、$y$、$z$ 三坐标轴方向上的分量式分别写出，然后进行积分计算，最后再合成求出 $\boldsymbol{E}$ 矢量.

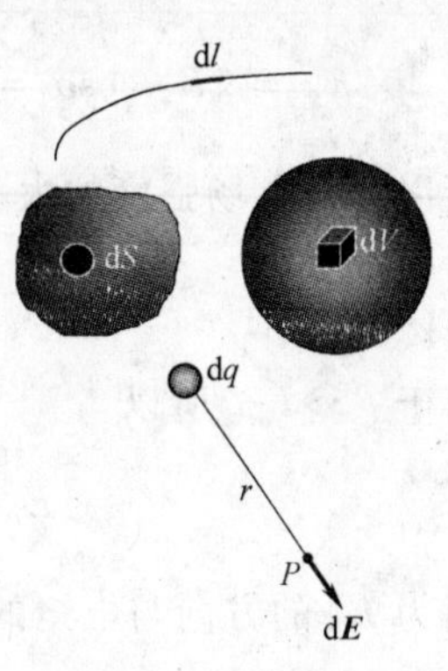

图 12-5　电荷连续分布的带电体

**例题 12-3**　等量异号点电荷相距为 $l$，这样的一对点电荷称为电偶极子. 由负电荷指向正电荷的矢量(矢径)作为电偶极子的轴线的正方向，电荷量 $q$ 与矢径 $\boldsymbol{l}$ 的乘积定义为**电偶极矩**，简称**电矩**. 电矩是矢量，用 $\boldsymbol{p}$ 表示，$\boldsymbol{p}=q\boldsymbol{l}$. 求真空中的电偶极子的电场强度.

**解:** (1) 连线延长线上 $P$ 点的电场强度

如图 12-6 所示，设点电荷 $+q$ 和 $-q$ 轴线的中点到轴线延长线上一点 $P$ 点的距离为 $r(r>>l)$，$+q$ 和 $-q$ 在 $P$ 点产生的电场强度大小分别为

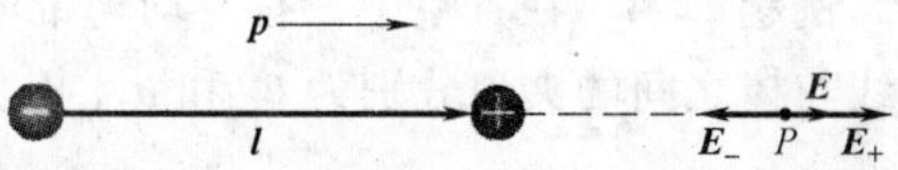

图 12-6　例题 12-3 用图 (1)

$$E_+ = \frac{1}{4\pi\varepsilon_0}\frac{q}{\left(r-\frac{l}{2}\right)^2} \quad (\text{方向向右})$$

$$E_- = \frac{1}{4\pi\varepsilon_0}\frac{q}{\left(r+\frac{l}{2}\right)^2} \quad (\text{方向向左})$$

求 $\boldsymbol{E}_+$ 和 $\boldsymbol{E}_-$ 的矢量和就相当于求代数和，因此 $P$ 点的合电场强度 $\boldsymbol{E}_P$ 的大小为

$$E_P = E_+ + E_- = \frac{q}{4\pi\varepsilon_0}\left[\frac{1}{\left(r-\frac{l}{2}\right)^2} - \frac{1}{\left(r+\frac{l}{2}\right)^2}\right] = \frac{1}{4\pi\varepsilon_0 r^3}\frac{2ql}{\left(1-\frac{l}{2r}\right)^2\left(1+\frac{l}{2r}\right)^2}$$

因为 $r>>l$，所以

$$E_P \approx \frac{2ql}{4\pi\varepsilon_0 r^3} = \frac{2p}{4\pi\varepsilon_0 r^3} \quad (\text{方向向右})$$

写成矢量式为

$$\boldsymbol{E}_P = \frac{2\boldsymbol{p}}{4\pi\varepsilon_0 r^3}$$

$\boldsymbol{E}_P$ 的方向与电矩 $\boldsymbol{p}$ 的方向一致.

(2) 中垂线上 $P$ 点的电场强度

如图 12-7 所示，设点电荷 $+q$ 和 $-q$ 轴线的中点到中垂线线上一点 $P$ 点的距离为 $r(r>>l)$，$+q$ 和 $-q$ 在 $P$ 点产生的电场强度大小为

$$E_+ = E_- = \frac{1}{4\pi\varepsilon_0}\frac{q}{(r^2+l^2/4)}$$

合电场强度的大小为

$$E_P = 2E_+ \cos\alpha = 2\frac{1}{4\pi\varepsilon_0}\frac{q}{(r^2 + l^2/4)} \times \frac{l/2}{(r^2 + l^2/4)^{1/2}}$$

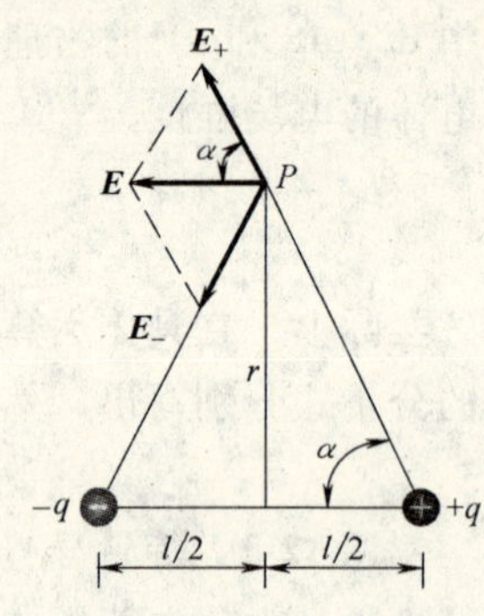

图 12-7　例题 12-3 用图（2）

所以，合电场强度的大小为

$$E_P = \frac{1}{4\pi\varepsilon_0}\frac{ql}{(r^2 + l^2/4)^{3/2}}$$

由于 $r >> l$，所以

$$E_P \approx \frac{ql}{4\pi\varepsilon_0 r^3} = \frac{1}{4\pi\varepsilon_0}\frac{p}{r^3}$$

因为 $\boldsymbol{E}_P$ 的方向与电矩的方向相反，写成矢量式为

$$\boldsymbol{E}_P = -\frac{1}{4\pi\varepsilon_0}\frac{\boldsymbol{p}}{r^3}$$

从上面的计算可知，电偶极子的电场强度与 $q$ 和 $l$ 的乘积成正比，这一乘积反映电偶极子的基本性质，它是一个描述电偶极子属性的物理量.

**例题 12-4**　在真空中，有一均匀带电的细棒，电荷线密度为 $\lambda$，棒外一点 $P$ 和棒两端的连线与棒之间的夹角分别为 $\theta_1$ 和 $\theta_2$，$P$ 点到棒的距离为 $x$，如图 12-8 所示，求 $P$ 点的电场强度.

**解**：根据公式 $\boldsymbol{E} = \frac{1}{4\pi\varepsilon_0}\int\frac{\mathrm{d}q}{r^2}\boldsymbol{e}_r$ 求 $\boldsymbol{E}$. 建立如图 12-9 所示的坐标系，$\mathrm{d}E = \frac{\mathrm{d}q}{4\pi\varepsilon_0 r^2}$，

$$\mathrm{d}E_x = \mathrm{d}E\sin\theta = \frac{\lambda\,\mathrm{d}y}{4\pi\varepsilon_0 r^2}\sin\theta \quad ①$$

$$\mathrm{d}E_y = \mathrm{d}E\cos\theta = \frac{\lambda\,\mathrm{d}y}{4\pi\varepsilon_0 r^2}\cos\theta \quad ②$$

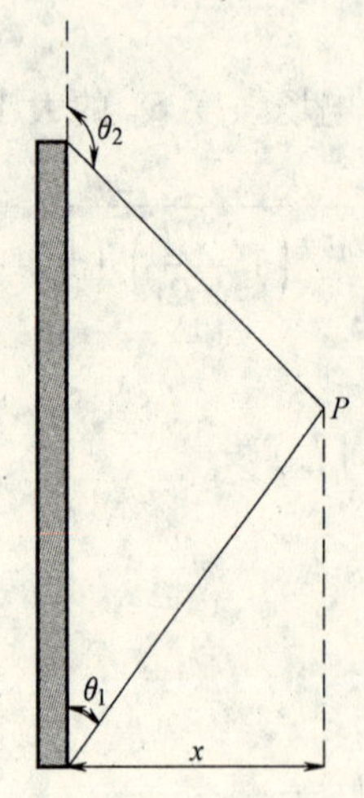

图 12-8　例题 12-4 用图（1）

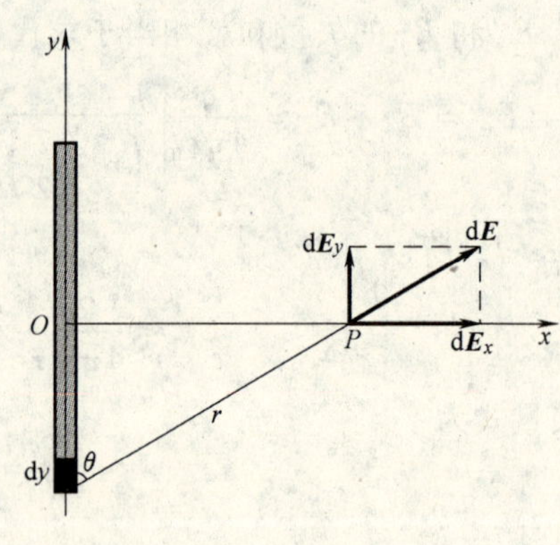

图 12-9　例题 12-4 用图（2）

为了把两式中的变量 $\theta$、$r$、$y$ 用单一变量 $\theta$ 代替，必须进行变量代换．利用几何和三角知识可得

$$-y = x\cot\theta \qquad \mathrm{d}y = x\csc^2\theta\,\mathrm{d}\theta \quad ③$$

$$r = x\csc\theta \tag{4}$$

将式③和式④代入式①和式②中整理后得

$$dE_x = \frac{\lambda}{4\pi\varepsilon_0 x}\sin\theta d\theta$$

$$dE_y = \frac{\lambda}{4\pi\varepsilon_0 x}\cos\theta d\theta$$

积分遍及整个带电细棒，$\theta$ 从 $\theta_1 \to \theta_2$，于是得

$$E_x = \int_{\theta_1}^{\theta_2} dE_x = \frac{\lambda}{4\pi\varepsilon_0 x}\int_{\theta_1}^{\theta_2}\sin\theta d\theta = \frac{\lambda}{4\pi\varepsilon_0 x}(\cos\theta_1 - \cos\theta_2) \tag{5}$$

$$E_y = \int_{\theta_1}^{\theta_2} dE_y = \frac{\lambda}{4\pi\varepsilon_0 x}\int_{\theta_1}^{\theta_2}\cos\theta d\theta = \frac{\lambda}{4\pi\varepsilon_0 x}(\sin\theta_2 - \sin\theta_1) \tag{6}$$

其矢量表达式为

$$\boldsymbol{E} = E_x\boldsymbol{i} + E_y\boldsymbol{j} = \frac{\lambda}{4\pi\varepsilon_0 x}[(\cos\theta_1 - \cos\theta_2)\boldsymbol{i} + (\sin\theta_2 - \sin\theta_1)\boldsymbol{j}]$$

电场强度的大小为

$$E = \sqrt{E_x^2 + E_y^2}$$

电场强度的方向可用 $\boldsymbol{E}$ 与 $x$ 轴的夹角 $\beta$ 表示为

$$\beta = \arctan\frac{E_x}{E_y}$$

讨论：

(1) 当 $P$ 点在带电细棒的中垂面上，即 $\theta_1 + \theta_2 = \pi$ 时，则有 $E_x = \frac{\lambda}{2\pi\varepsilon_0 x}\cos\theta_1$，$E_y = 0$.

(2) 当带电细棒为“无限长”，即 $\theta_1 = 0$，$\theta_2 = \pi$ 时，则有 $E_x = \frac{\lambda}{2\pi\varepsilon_0 x}$，$E_y = 0$.

**例题12-5** 一半径为 $R$ 的均匀带电圆环，电荷总量为 $q$.(1)求轴线上离环中心 $O$ 为 $x$ 处的电场强度 $E$；(2)求 $O$ 点及 $x >> R$ 处的电场强度以及最大电场强度值及其位置.

**解**：(1) 如图12-10所示，圆环上任一电荷元 $dq$ 在 $P$ 点产生的电场强度为

$$d\boldsymbol{E} = \frac{dq}{4\pi\varepsilon_0 r^2}\boldsymbol{e}_r$$

根据对称性分析，整个圆环在距圆心 $x$ 处 $P$ 点产生的电场强度的方向沿 $x$ 轴，大小为

$$E = \oint dE\cos\theta = \frac{1}{4\pi\varepsilon_0}\oint\frac{dq}{r^2}\frac{x}{r}$$

$$= \frac{x}{4\pi\varepsilon_0 r^3}\oint dq = \frac{xq}{4\pi\varepsilon_0 r^3} = \frac{xq}{4\pi\varepsilon_0(x^2 + R^2)^{\frac{3}{2}}}$$

(2) $O$ 点的电场强度，因 $x = 0$，故 $E_0 = 0$；当 $x >> R$ 时，有 $E_P \approx \frac{q}{4\pi\varepsilon_0 x^2}$；

由

$$\frac{\mathrm{d}E}{\mathrm{d}x}=\frac{\mathrm{d}\left[\dfrac{qx}{4\pi\varepsilon_0(x^2+R^2)^{\frac{3}{2}}}\right]}{\mathrm{d}x}=0$$

得

$$x^2=\frac{R^2}{2}$$

$$x=\pm\frac{\sqrt{2}}{2}R$$

图 12-10 例题 12-5 用图

即：在圆心两侧距离为$\frac{\sqrt{2}}{2}R$处的电场强度最大．其值为 $E_{\max}=\frac{q}{6\sqrt{3}\pi\varepsilon_0R^2}$.

## 12.3 静电场的高斯定理

### 12.3.1 电场线 电通量

**1. 电场线** 英国物理学家法拉第（Michael Faraday，1791—1867）首先提出了**电场线**（electric field line）的概念：在电场中画出一些有方向的曲线，使这些线上每一点的切线方向都跟该点的电场强度方向一致，并使线的疏密表示电场强度的大小．这些线称为电场线．为了定量地描写电场，对电场线的画法做如下的规定：在电场中任一点处，通过垂直于电场强度 $\boldsymbol{E}$ 单位面积的电场线数等于该点的电场强度的数值．由此可知，电场线稠密处的电场强度大，电场线稀疏处的电场强度小．匀强电场的电场线是一些方向相同的距离相等的平行线，如图 12-11a 所示，图 12-11b 为非匀强电场的电场线.

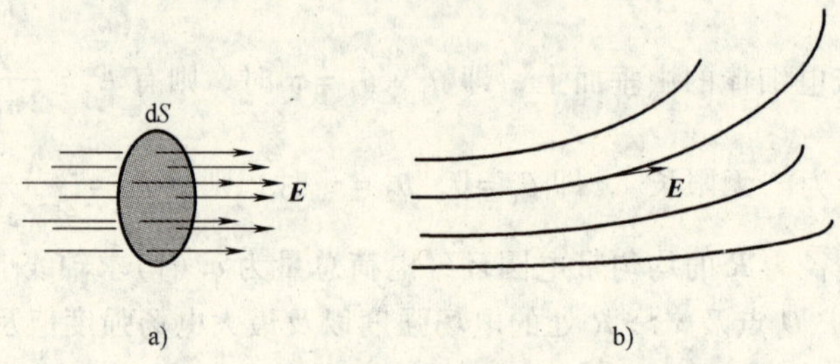


图 12-11 电场线

图 12-12 为几种带电系统的电场线，由此可归纳出静电场的电场线具有以下性质：

（1）电场线起自正电荷（或无穷远处），止于负电荷（或无穷远处），电场线有头有尾，不是闭合曲线．因此可以说，正电荷是电场线的源头，负电荷是电场线的尾闾，这是静电场的重要特性.

（2）在没有电荷的地方，任何两条电场线不会相交，也不会中断．这说明静电场中的每一点的电场强度只有一个方向.

注意，描绘电场线的目的在于能形象地反映电场中电场强度的情况，并非电场中真有这样实际存在的线.

**2. 电场强度通量（电通量）** 通过电场中任一给定面的电场线的条数，即为该面的**电通**

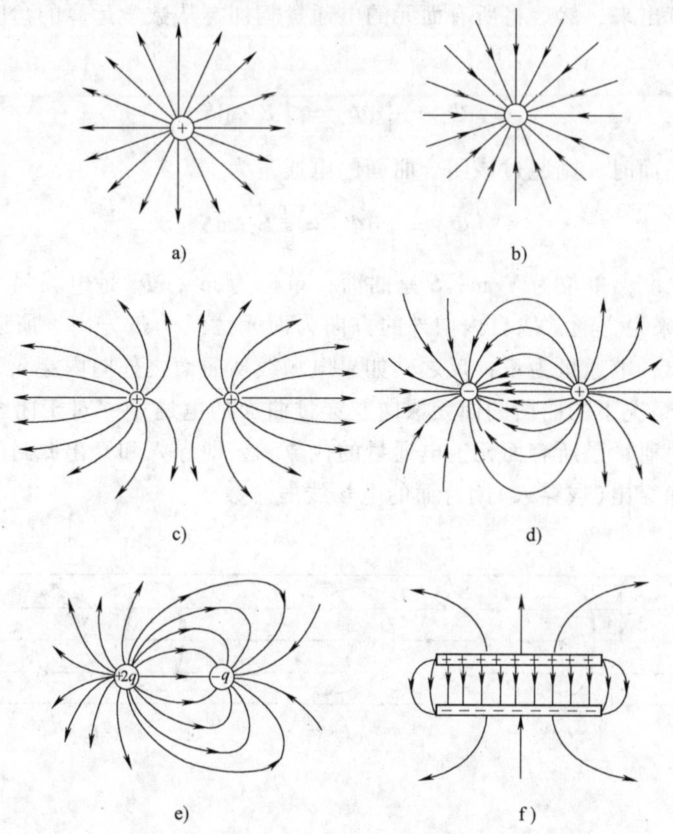


图 12-12　几种常见电场的电场线

a）正电荷　b）负电荷　c）两个等量正电荷　d）两个等量异号电荷

e）两个不等量异号电荷　f）两个等量异号电荷的平行金属板

**量**(electric flux)，用 $\boldsymbol{\Phi}_e$ 表示.

如图 12-13 所示，d$S$ 表示电场强度为 $\boldsymbol{E}$ 的电场中的某一面元，为了求出通过这一面元的电通量，我们画出此面元在垂直于电场强度方向的投影 d$S_{\perp}$. 由于通过 d$S$ 和 d$S_{\perp}$ 的电场线数是一样的，由图中几何关系可知，$\mathrm{d}S_{\perp} = \mathrm{d}S\cos\theta$，而由电场线的定义

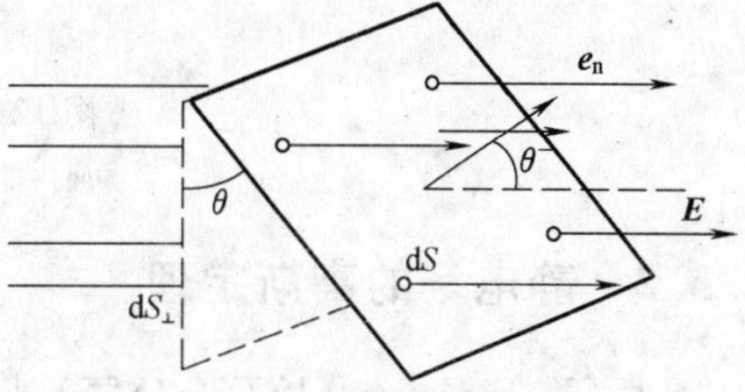


图 12-13　电通量

$$E = \frac{\mathrm{d}\boldsymbol{\Phi}_e}{\mathrm{d}S_{\perp}} \tag{12-8}$$

可以得到通过 d$\boldsymbol{S}$ 的电通量为

$$\mathrm{d}\boldsymbol{\Phi}_e = E\mathrm{d}S_{\perp} = E\mathrm{d}S\cos\theta \tag{12-9}$$

为了用矢量形式更简洁地表示，我们定义矢量面元 $\mathrm{d}\boldsymbol{S} = \mathrm{d}S\boldsymbol{e}_n$，式中，$\boldsymbol{e}_n$ 为面元 d$S$ 法线方向的单位矢量. 由图 12-13 可以看出，$\boldsymbol{e}_n$ 和 $\boldsymbol{E}$ 的夹角与 d$S$ 和 d$S_{\perp}$ 两面元的夹角相等. 利用矢量点积的定义可知，$\boldsymbol{E}\cdot\mathrm{d}\boldsymbol{S} = \boldsymbol{E}\cdot\boldsymbol{e}_n\mathrm{d}S = E\mathrm{d}S\cos\theta$，将此式和式(12-9)比较，可得通过面元 d$\boldsymbol{S}$ 的电通量为

$$\mathrm{d}\boldsymbol{\Phi}_e = \boldsymbol{E}\cdot\mathrm{d}\boldsymbol{S} \tag{12-10}$$

为了求出通过任意曲面的电通量，可将曲面 $S$ 分割成许多小面元 d$S$. 先将通过每一个小

面元的电通量计算出来，然后将所有面元的电通量相加．从数学运算的角度来说，就是对整个曲面 $S$ 积分，即

$$\Phi_e = \int \mathrm{d}\Phi_e = \int_S \boldsymbol{E} \cdot \mathrm{d}\boldsymbol{S} \tag{12-11}$$

当 $S$ 是闭合曲面时，则通过该闭合曲面的电通量为

$$\Phi_e = \oint_S \mathrm{d}\Phi_e = \oint_S \boldsymbol{E} \cdot \mathrm{d}\boldsymbol{S} \tag{12-12}$$

式中，$\boldsymbol{E}$ 是电场强度，单位为 V/m；$\boldsymbol{S}$ 是曲面，单位为 $\mathrm{m}^2$；$\Phi_e$ 是电场强度通量，单位为 V · m. 对闭合曲面来说，通常取自内向外的方向为面元法线的正方向．所以，如果电场线从曲面之内向外穿出，电通量为正；反之，如果电场线从曲面之外向内穿入，电通量为负．图 12-14 所示为不同情况下的曲面的面元取向及穿过曲面的电通量．对于闭合曲面来说，穿过整个闭合曲面的电通量是所有面元上电通量的代数和，即穿入和穿出此封闭曲面的电场线条数之差，也就是净穿出（或穿入）闭合面的电场线的总数.

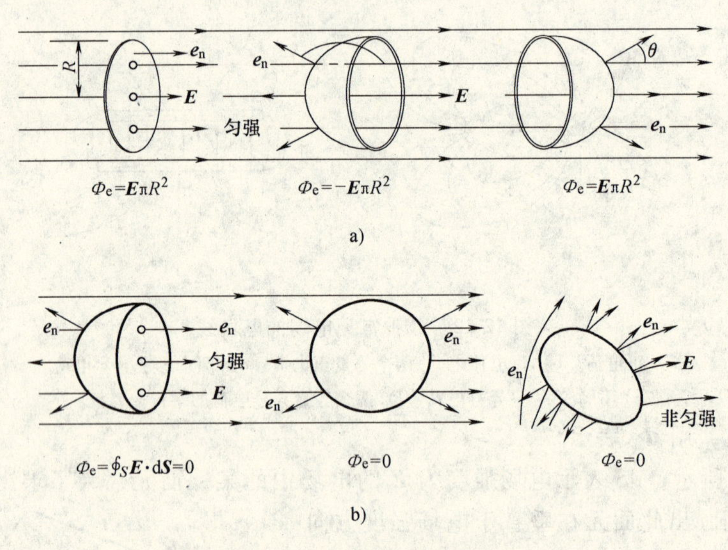


图 12-14　不同曲面的电通量

a）非闭合曲面　b）闭合曲面

## 12.3.2　静电场的高斯定理

高斯（K. F. Gauss，1777—1855）是德国物理学家和数学家，他在实验物理和理论物理以及数学方面都做出了很多贡献，他导出的静电场的高斯定理（Gauss theorem of the static electricity field）是电磁学的一条重要规律，是静电场有源性的完美的数学表达.

静电场的高斯定理是用 $\boldsymbol{E}$ 通量表示的电场和场源电荷关系的定理，它给出了通过任意闭合曲面的 $\boldsymbol{E}$ 通量与闭合曲面内部所包围的电荷的关系．下面讨论高斯定理的导出问题.

我们先讨论在一个点电荷的电场中，各种可能的闭合曲面的 $\boldsymbol{E}$ 通量．如图 12-15 所示，在点电荷 $q$ 所激发的电场中有一个球面 $S$，它以 $q$ 为中心，$r$ 为半径．我们知道，点电荷在球面上任意点处的电场强度方向都是沿着矢径 $\boldsymbol{r}$ 的方向，因而处处与球面垂直．根据点电荷电场强度公式和闭合曲面电场强度通量计算公式，可以得到通过这个球面的 $\boldsymbol{E}$ 通量为

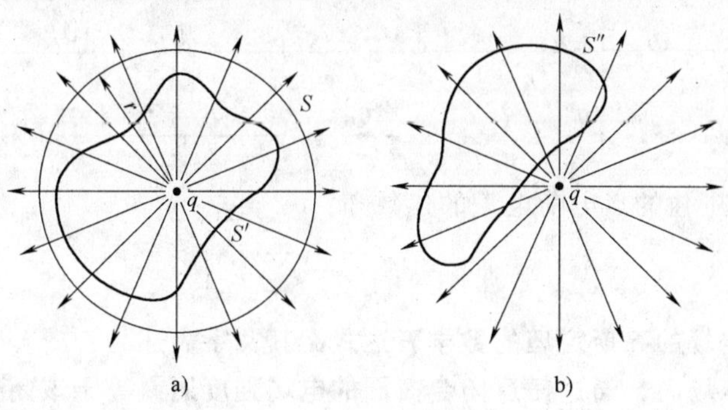


图 12-15　高斯定理推导图

$$\Phi_e = \oint_S \boldsymbol{E} \cdot \mathrm{d}\boldsymbol{S} = \oint_S \frac{q}{4\pi\varepsilon_0 r^2}\mathrm{d}S\cos 0° = \frac{q}{4\pi\varepsilon_0 r^2}\oint_S \mathrm{d}S = \frac{q}{4\pi\varepsilon_0 r^2}\cdot 4\pi r^2 = \frac{q}{\varepsilon_0} \quad (12\text{-}13)$$

由此可见，该结果与球面半径 $r$ 无关，只与它所包围的电荷的电荷量有关．这表明任意以点电荷 $q$ 为心的任何一个球面上的 $\boldsymbol{E}$ 通量都是相等的，也意味着电场线确实是从点电荷 $q$ 发出连续地延伸到无限远处．根据 $\boldsymbol{E}$ 通量就是穿过曲面的电场线条数的定义可知，一个正点电荷能发出的电场线条数有 $q/\varepsilon_0$ 条．因此，在图 12-15a 中我们很容易分析出，穿过 $S'$ 这个闭合曲面的电场线条数与穿过 $S$ 的电场线条数完全一样，即它们的 $\boldsymbol{E}$ 通量都是 $q/\varepsilon_0$. 在这里，$S$ 与 $S'$ 显然都有一个共同的特点，即它们都包围着 $q$. 而在图 12-15b 中，同样是在一个点电荷的电场中，由于曲面 $S''$ 没有包围住 $q$，并且 $S''$ 是闭合的，所以穿进与穿出 $S''$ 的电场线数目一样多，即通过 $S''$ 的 $\boldsymbol{E}$ 通量为零.

基于上述分析我们可以得到如下结论：在一个点电荷电场中，通过任意一个闭合曲面 $S$ 的 $\boldsymbol{E}$ 通量或者为 $q/\varepsilon_0$ 或者为零，即

$$\Phi_e = \oint_S \boldsymbol{E} \cdot \mathrm{d}\boldsymbol{S} = \begin{cases} \dfrac{q}{\varepsilon_0} & (q\text{ 在闭合曲面内}) \\ 0 & (q\text{ 在闭合曲面外}) \end{cases} \quad (12\text{-}14)$$

以上是在一个点电荷电场中得到的结论．对于有 $n$ 个点电荷存在的静电场，根据电场强度叠加原理，在电场中任一点处的电场强度应该等于这些点电荷单独存在时在该点产生的电场强度的矢量和，即

$$\boldsymbol{E} = \boldsymbol{E}_1 + \boldsymbol{E}_2 + \cdots + \boldsymbol{E}_n$$

式中，$\boldsymbol{E}_1$、$\boldsymbol{E}_2$、…、$\boldsymbol{E}_n$ 为单个点电荷产生的电场；$\boldsymbol{E}$ 表示总电场．这时通过任意闭合曲面 $\boldsymbol{S}$ 的总电场的 $\boldsymbol{E}$ 通量为

$$\Phi_e = \oint_S \boldsymbol{E} \cdot \mathrm{d}\boldsymbol{S} = \oint_S (\boldsymbol{E}_1 + \boldsymbol{E}_2 + \cdots + \boldsymbol{E}_n) \cdot \mathrm{d}\boldsymbol{S}$$

$$= \oint_S \boldsymbol{E}_1 \cdot \mathrm{d}\boldsymbol{S} + \oint_S \boldsymbol{E}_2 \cdot \mathrm{d}\boldsymbol{S} + \cdots + \oint_S \boldsymbol{E}_n \cdot \mathrm{d}\boldsymbol{S}$$

上式中求和的每一项积分都表示一个点电荷单独存在时通过闭合曲面 $\boldsymbol{S}$ 的 $\boldsymbol{E}$ 通量．此式表明 $\boldsymbol{E}$ 通量遵从叠加原理，即总电场强度通过闭合曲面 $\boldsymbol{S}$ 的 $\boldsymbol{E}$ 通量等于各点电荷通过 $\boldsymbol{S}$ 面的 $\boldsymbol{E}$ 通量之和．按上面的结论，每个点电荷通过 $\boldsymbol{S}$ 面的 $\boldsymbol{E}$ 通量，取决于该点电荷是否被闭合曲面 $\boldsymbol{S}$ 包围．例如，$q_j$ 被 $\boldsymbol{S}$ 包围，相应的项就取为 $q_j/\varepsilon_0$；$q_j$ 没有被 $S$ 包围，则相应的项就取为 0. 如果被包围的点电荷有 $m$ 个，则通过 $\boldsymbol{S}$ 的总电场的 $\boldsymbol{E}$ 通量为

$$\begin{aligned}\Phi_e &= \oint_S \boldsymbol{E}_1 \cdot d\boldsymbol{S} + \oint_S \boldsymbol{E}_2 \cdot d\boldsymbol{S} + \cdots + \oint_S \boldsymbol{E}_m \cdot d\boldsymbol{S} \\ &= \frac{q_1}{\varepsilon_0} + \frac{q_2}{\varepsilon_0} + \cdots + \frac{q_m}{\varepsilon_0} = \frac{q_1 + q_2 + \cdots + q_m}{\varepsilon_0}\end{aligned}$$

我们用 $q_{内}$ 表示 $S$ 包围住的点电荷电量的代数和，$q_{内} = q_1 + q_2 + \cdots + q_m$，则上式可以记做

$$\oint_S \boldsymbol{E} \cdot d\boldsymbol{S} = \frac{1}{\varepsilon_0} \sum_{S_{内}} q_i \qquad (12\text{-}15)$$

上式就是**真空中静电场的高斯定理的数学表达式**，其文字表述为：

**在真空中的静电场内，通过任意闭合曲面的电场强度通量等于该闭合曲面所包围的电荷量的代数和的 $1/\varepsilon_0$ 倍.**

应该指出：

(1) 式(12-15)中积分符号内的 $\boldsymbol{E}$ 是由闭合曲面内、外电荷所产生的总电场强度；而 $\sum\limits_{S_{内}} q_i$ 只是对闭合曲面内的电荷求和，且是代数和，这是因为闭合曲面外的电荷对总通量没有贡献，但绝不是对闭合曲面上各点的总电场强度没有贡献.

(2) 高斯定理只反映了静电场性质的一个侧面，它说明静电场是有源场，电荷就是它的源，正电荷是静电场(即电场线)的“源头”，负电荷是静电场(即电场线)的“尾闾”.

(3) 当 $\oint_S \boldsymbol{E} \cdot d\boldsymbol{S} = 0$ 时，分两种情况：

一是在所选取的闭合曲面上各点的电场强度 $\boldsymbol{E}$ 处处为零，当然 $\oint_S \boldsymbol{E} \cdot d\boldsymbol{S} = 0$；

二是在所选取的闭合曲面所包围的电荷的代数和等于零，即 $\sum\limits_{S_{内}} q_i = 0$,或闭合曲面没有包围电荷,当然 $\oint_S \boldsymbol{E} \cdot d\boldsymbol{S} = 0$.

(4) 高斯定理的导出取决于库仑定律的平方反比关系，即 $1/r^2$，若库仑定律的平方反比关系不是严格成立，就得不出高斯定理. 在普通物理学中，我们主要应用高斯定理来求具有一定对称性的带电体系的电场强度.

### 12.3.3 高斯定理的应用举例

**例题 12-6** 设一块均匀带正电“无限大”平面，电荷面密度为 $\sigma = 9.3 \times 10^{-8}\ \mathrm{C/m^2}$，放置在真空中，求空间任一点的电场强度.

**解**：根据电荷的分布情况，可做如下判断：(1)电荷均匀分布在均匀带电“无限大”平面上，我们知道孤立正的点电荷的电场是以电荷为中心，沿各个方向在空间向外的直线，因此空间任一点的电场强度只在与平面垂直向外的方向上(如果带负电荷，电场方向相反)，其他方向上的电场相互抵消；(2)在平行于带电平面的某一平面上各点的电场强度相等；(3)带电面右半空间的电场强度与左半空间的电场强度，对带电平面是对称的.

为了计算右方一点 $A$ 的电场强度，在左方取它的对称点 $B$，以 $AB$ 为轴线做一圆柱，如图 12-16 所示.

对圆柱表面用高斯定理，有

$$\Phi_e = \oint_S \boldsymbol{E} \cdot d\boldsymbol{S} = \Phi_{e侧面} + \Phi_{e两个底面} = \frac{\sum q}{\varepsilon_0} \qquad ①$$

$$\Phi_{e侧} = 0 \quad ②$$

$$\Phi_{e两个底面} = 2ES \quad ③$$

圆柱内的电荷量为

$$\sum q = \sigma S \quad ④$$

把式②、式③和式④代入式①得

$$E = \frac{\sigma}{2\varepsilon_0} \quad (12\text{-}16)$$

代入已知数据得

$$E = \frac{9.3 \times 10^{-8}}{2 \times 8.85 \times 10^{-12}} \text{V/m} \approx 5.25 \times 10^{3} \text{V/m}$$

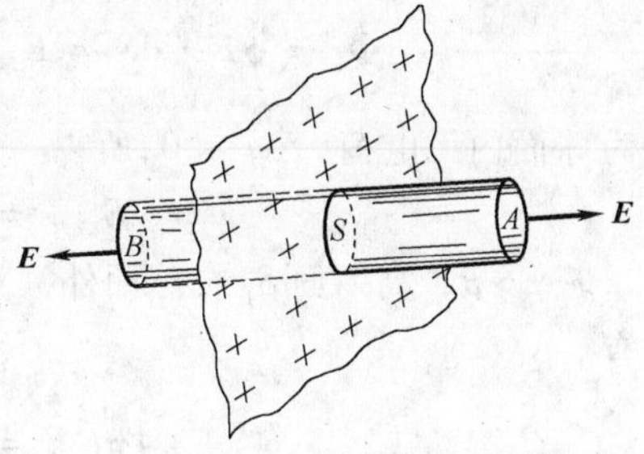


图 12-16　例题 12-6 用图

**例题 12-7**　设有一根“无限长”均匀带正电直线，电荷线密度为 $\lambda = 5.0 \times 10^{-9}$ C/m，放置在真空中，求空间距直线 1m 处任一点的电场强度.

**解：** 根据电荷的分布情况，可做如下判断：(1)电荷均匀分布在“无限长”直线上，我们知道孤立正的点电荷的电场是以电荷为中心，沿各个方向在空间向外的直线，因此空间任一点的电场强度只在与直线垂直向外的方向上存在(如果带负电荷，电场方向相反)，其他方向上的电场相互抵消；(2)以直线为轴线的圆柱面上各点的电场强度数值相等，方向垂直于柱面(如图 12-17 所示).

根据电场的分布，我们以直线为轴做长为 $l$，半径为 $r$ 的圆柱体. 把圆柱体的表面作为高斯面，对圆柱表面用高斯定理，有

$$\Phi_e = \oint_S \boldsymbol{E} \cdot \mathrm{d}\boldsymbol{S} = \Phi_{e侧面} + \Phi_{e两个底面} = \frac{\sum q}{\varepsilon_0} \quad ①$$

$$\Phi_{e侧面} = S_{侧面} E = 2\pi r l E \quad ②$$

$$\Phi_{e两个底面} = 0 \quad ③$$

图 12-17　例题 12-7 用图

圆柱内的电荷量为

$$\sum q = \lambda l \quad ④$$

把式②、式③和式④代入式①得

$$E = \frac{\lambda}{2\pi\varepsilon_0 r} \quad (12\text{-}17)$$

代入已知数据得

$$E = \frac{5.0 \times 10^{-9}}{2 \times 3.14 \times 8.85 \times 10^{-12} \times 1} \text{V/m} \approx 89.96 \text{V/m}$$

**例题 12-8**　设有一半径为 $R$ 的均匀带正电球面，电荷为 $q$，放置在真空中，求空间任一点的电场强度.

**解：** 由于电荷均匀分布在球面上，因此，空间任一点 $P$ 的电场具有球对称性，方向沿由球心 $O$ 到 $P$ 点的矢径方向(如果带负电荷，电场方向相反)，在与带电球面同心的球面上各点 $\boldsymbol{E}$ 的大小相等.

根据电场的分布，我们取一半径为 $r$ 且与带电球面同心的球面为高斯面，如图 12-18 所示.

若 $r < R$，高斯面 $S_2$ 在球面内，对球面 $S_2$ 用高斯定理得

$$\Phi_e = \oint_S \boldsymbol{E} \cdot d\boldsymbol{S} = E_{球内} \cdot 4\pi r^2 = \frac{\sum q}{\varepsilon_0}$$

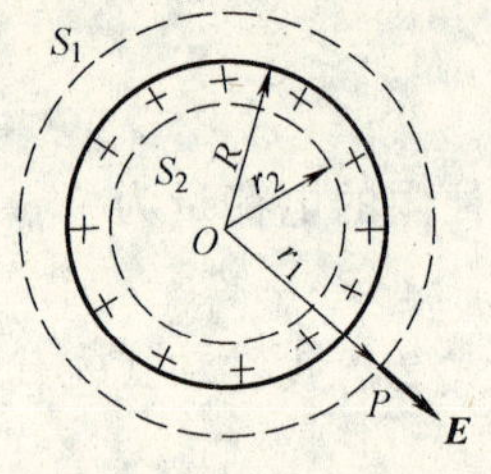

图 12-18　例题 12-8 用图（1）

因为球面内无电荷，$\sum q = 0$，所以

$$E_{球内} = 0$$

若 $r > R$，高斯面 $S_1$ 在球面外，对球面 $S_1$ 用高斯定理得 $\sum q = q$，故有

$$4\pi r^2 E = \frac{q}{\varepsilon_0}$$

$$E = \frac{q}{4\pi\varepsilon_0 r^2}$$

由此可知，均匀带电球面内的电场强度为零，球面外的电场强度与电荷集中在球心的点电荷所产生的电场强度相同.

讨论：在球面外($r > R$)，点 $P$ 的电场强度为

$$\boldsymbol{E} = \frac{q}{4\pi\varepsilon_0 r^2}\boldsymbol{e}_r \tag{12-18}$$

方向沿半径指向球外(如 $q < 0$，则沿半径指向球内).

在球面内($r < R$)，点 $P$ 的电场强度为

$$\boldsymbol{E} = 0 \tag{12-19}$$

综上所述，可得如下结论：均匀带电球面外的电场强度，与将球面上电荷全部集中于中心的点电荷所激发的电场强度一致；球面内任一点的电场强度则为零. 均匀带电球面的电场分布，可用其大小 $E$ 与距离 $r$ 的关系曲线来表示. 这条曲线 $E-r$(图 12-19 所示)在 $r = R$ 处是间断的，即电场强度大小的分布在该处是不连续的.

**例题 12-9**　设有一半径为 $R$、均匀带电为 $q$ 的球体，如图 12-20 所示. 求球体内部和外部任一点的电场强度.

**解：** 由于电荷分布是球对称的，所以电场强度的分布也是球对称的. 因此在电场强度的空间中任一点的电场强度的方向沿矢径，大小则依赖于从球心到场点的距离. 即在同一球面上的各点的电场强度的大小是相等的. 以球心到场点的距离为半径做一球面，如图 12-20 所示，则通过此球面的电通量为

$$\Phi_e = \oint_S \boldsymbol{E} \cdot d\boldsymbol{S} = E_{球内} \cdot 4\pi r^2 = \frac{\sum q}{\varepsilon_0}$$

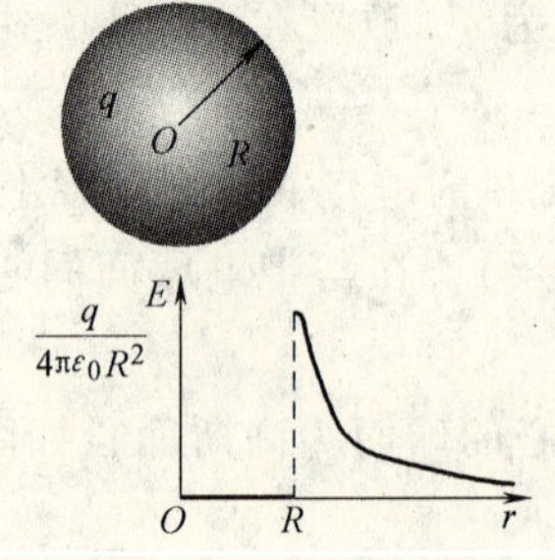

图 12-19　例题 12-8 用图（2）

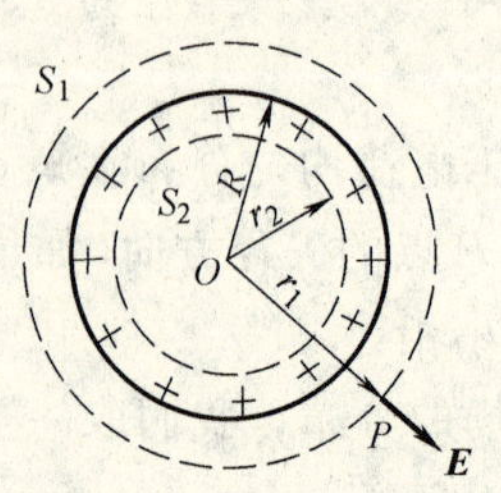

图12-20　例题 12-9 用图（1）

根据高斯定理，通过球面的电通量为

$$\Phi_e = \frac{q}{\varepsilon_0}$$

当场点在球体外时($r > R$)，高斯面 $S_1$ 在球面外，

$$\sum q = q$$

电场强度的大小为

$$E = \frac{q}{4\pi\varepsilon_0 r^2} \tag{12-20}$$

当场点在球体内时($r < R$)，高斯面 $S_2$ 在球面内，

$$q = \frac{q}{\frac{4}{3}\pi R^3}\frac{4}{3}\pi r^3 = \frac{qr^3}{R^3}$$

电场强度的大小为

$$E = \frac{qr}{4\pi\varepsilon_0 R^3} \tag{12-21}$$

写成矢量式为

$$\boldsymbol{E} = \frac{q}{4\pi\varepsilon_0 r^2}\boldsymbol{e}_r \qquad (r > R)$$

$$\boldsymbol{E} = \frac{qr}{4\pi\varepsilon_0 R^3}\boldsymbol{e}_r \qquad (r < R)$$

其 $E$-$r$ 关系如图 12-21 所示.

根据以上几个例子，可以总结出利用高斯定理求解电场强度的一般步骤：

(1) 由电荷分布的对称性(轴、面、球)，判断电场的分布特点；

(2) 合理做出高斯面，使电场在其中对称分布；

(3) 计算通过高斯面的电通量 $\Phi_e$；

(4) 求出高斯面内的电荷量 $\sum q$；

(5) 应用高斯定理并代入已知数据求解.

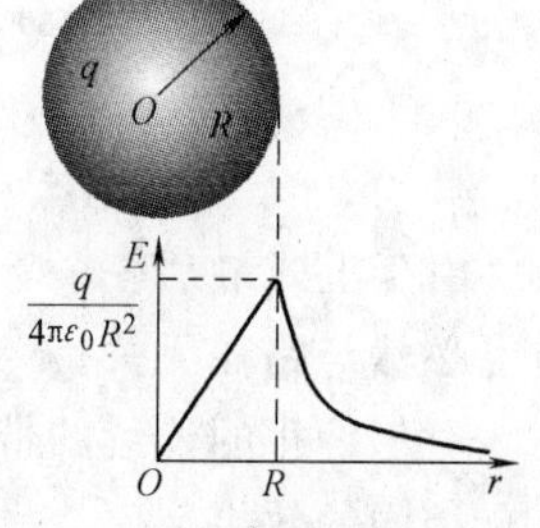


图 12-21　例题 12-9 用图 (2)

我们知道，利用电场强度叠加原理也可以计算具有对称性的连续分布的电荷所产生的电场强度，但是高斯定理以其简单明了的步骤最终赢得了读者的喜爱.

## 12.4　静电场的环路定理

我们曾经从电荷在电场中受到电场力这一事实出发，研究了真空中静电场的性质，现在，再从电荷在电场中移动时电场力做功来研究静电场的性质.

### 12.4.1　电场力做功

**1. 点电荷的电场**　当电荷在电场中移动时，作用在电荷上的电场力就会对它做功. 我们先来考察在点电荷 $q(q>0)$ 的静电场中，把试验电荷 $q_0$ 由 $a$ 点沿任意路径移动到 $b$ 点电场

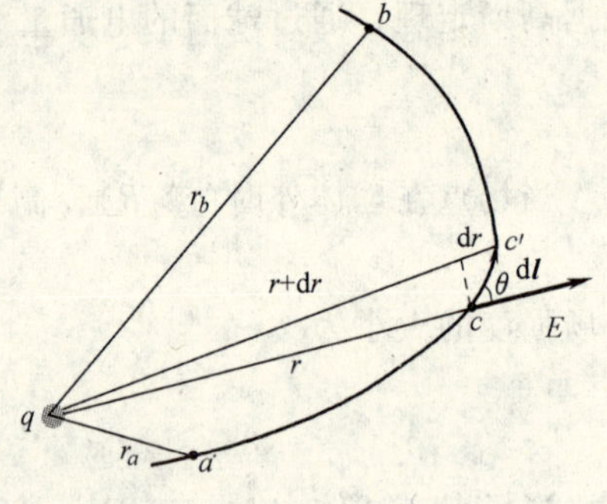

图 12-22 点电荷的电场中电场力做功

力所做的功．如图 12-22 所示，在 $q_0$ 移动的路径上任意一点 $C$ 附近取线元 d$\boldsymbol{l}$，设 $C$ 点到 $q$ 的距离为 $r$，则 $C$ 点的电场强度为

$$\boldsymbol{E} = \frac{\boldsymbol{F}}{q_0} = \frac{q}{4\pi\varepsilon_0 r^2}\boldsymbol{e}_r$$

若 $q_0$ 由 $C$ 点移动了元位移 d$\boldsymbol{l}$，则电场力所做的元功为

$$\mathrm{d}A = \boldsymbol{F}\cdot\mathrm{d}\boldsymbol{l} = q_0\boldsymbol{E}\cdot\mathrm{d}\boldsymbol{l} = q_0 E\cos\theta\mathrm{d}l$$

式中，$\cos\theta\mathrm{d}l = \mathrm{d}r$，为 d$\boldsymbol{l}$ 沿电场强度方向的投影．电场力所做的元功即为

$$\mathrm{d}A = q_0 E\mathrm{d}r$$

把试验电荷 $q_0$ 由 $a$ 点沿任意路径移动到 $b$ 点电场力所做的总功为

$$A = \int_a^b q_0 E\mathrm{d}r = \int_{r_a}^{r_b}\frac{q_0 q}{4\pi\varepsilon_0 r^2}\mathrm{d}r = \frac{q_0 q}{4\pi\varepsilon_0}\left(\frac{1}{r_a} - \frac{1}{r_b}\right) \tag{12-22}$$

上式表明，在点电荷 $q$ 的静电场中，静电场力对试验电荷 $q_0$ 所做的功与路径无关，只与起点和终点的位置有关．

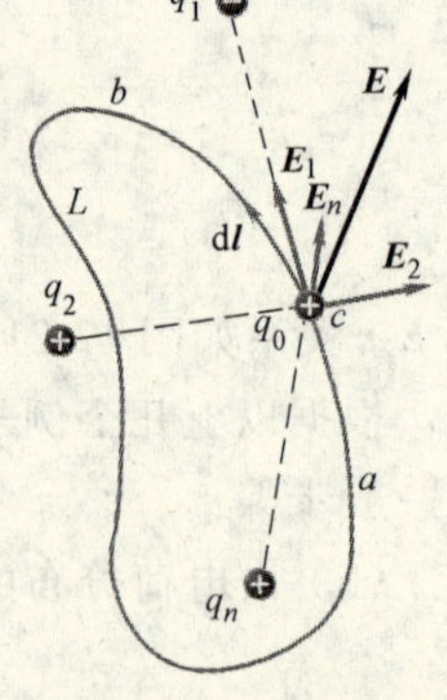

图 12-23 点电荷系的电场中电场力做功

**2. 点电荷系的电场** 因为对任何静电场都可看做是点电荷系中各点电荷的电场的叠加，如图 12-23 所示，试验电荷 $q_0$ 由 $a$ 点沿任意路径移动到 $b$ 点，则电场力所做的功可表述为

$$A_{ab} = \int_a^b \boldsymbol{F}\cdot\mathrm{d}\boldsymbol{l} = \int_a^b q_0(\boldsymbol{E}_1 + \boldsymbol{E}_2 + \cdots + \boldsymbol{E}_n)\cdot\mathrm{d}\boldsymbol{l}$$

$$= \int_a^b q_0\boldsymbol{E}_1\cdot\mathrm{d}\boldsymbol{l} + \int_a^b q_0\boldsymbol{E}_2\cdot\mathrm{d}\boldsymbol{l} + \cdots + \int_a^b q_0\boldsymbol{E}_n\cdot\mathrm{d}\boldsymbol{l}$$

$$= A_1 + A_2 + \cdots + A_n = \sum_i \frac{q_0 q_i}{4\pi\varepsilon_0}\left(\frac{1}{r_{ia}} - \frac{1}{r_{ib}}\right) \tag{12-23}$$

由于上式最后一个等号的右端每一项都与路径无关，因此各项之和也必然与路径无关．

对于静止的连续的带电体，可将其看做无数电荷元的集合，因而也有相同的效果．

因此得出结论：电场力做的功只取决于被移动电荷的起点和终点的位置，与移动的路径无关．这和力学中讨论过的万有引力、弹簧的弹性力等做功的特性类似．在力学中我们已经知道，具有这种性质的力称为保守力．所以**静电场力是保守力**或者说**静电场是保守力场**．

## 12.4.2 静电场的环路定理

在静电场中，如图 12-24 所示，将试验电荷 $q_0$ 沿闭合路径 $l$（从 $a$ 点经 $c$ 点到 $b$ 点，再从 $b$ 点经 $d$ 点回到 $a$ 点）绕行一周，则静电场力所做的功为

$$A_{ab} = \oint q_0\boldsymbol{E}\cdot\mathrm{d}\boldsymbol{l} = \int_{acb} q_0\boldsymbol{E}\cdot\mathrm{d}\boldsymbol{l} + \int_{bda} q_0\boldsymbol{E}\cdot\mathrm{d}\boldsymbol{l}$$

即把闭合路径分为两部分，但从 $b$ 点经 $d$ 点到 $a$ 点电场力的功等于从 $a$ 点经 $d$ 点到 $b$ 点电场力做功的负值，而从 $a$ 点经 $d$ 点到 $b$ 点电场力的功又与从 $a$ 点经 $c$ 点到 $b$ 点电场力的功相等，与路径无关，因此有

$$A_{ab} = \int_{acb} q_0 \boldsymbol{E} \cdot \mathrm{d}\boldsymbol{l} - \int_{adb} q_0 \boldsymbol{E} \cdot \mathrm{d}\boldsymbol{l} = 0$$

即静电场力移动电荷沿任一闭和路径所做的功为零.

因为

$$q_0 \neq 0$$

所以，上式可写为

$$\oint_l \boldsymbol{E} \cdot \mathrm{d}\boldsymbol{l} = 0 \qquad (12\text{-}24)$$

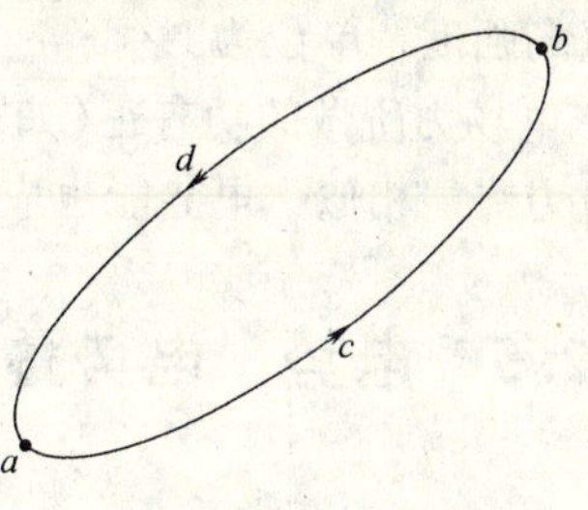

图 12-24　静电场的安培环路定理

在矢量分析中，某一矢量函数沿任一闭合路径的线积分称为该矢量的环流．式(12-24)表明：**静电场中电场强度 $\boldsymbol{E}$ 的环流恒为零**．这一结论称为**静电场的环路定理**(circuital theorem of the static electricity field)，它是反映静电场是保守力场这一基本性质的重要原理.

应该指出：

(1) 静电场的环路定理反映了静电场性质的另一个侧面，它说明静电场是保守力场(或无旋场)，静电场力是保守力，这是我们在静电场中引入“电势”和“电势能”概念的依据.

(2) 静电场的环路定理是静电场中的电场线不会形成闭合曲线这一性质的精确的数学表达形式，它也是能量守恒定律在静电场中的特殊形式．上述说法均可由反证法得证.

### 12.4.3　电势能

由于静电场力与重力相似，是保守力，所以，仿照重力势能的建立，在描述静电场的性质时，引入**电势能**(electric potential energy)的概念．**电荷在静电场中的一定位置所具有的势能**即为电势能．依据保守力做功和势能增量的关系可知，静电场力的功就是静电势能改变的量度.

设 $W_a$、$W_b$ 分别表示试验电荷 $q_0$ 在起点 $a$ 和终点 $b$ 处的电势能，可知 $q_0$ 在电场中 $a$、$b$ 两点电势能之差等于把 $q_0$ 自 $a$ 点移至 $b$ 点过程中电场力所做的功，有

$$W_a - W_b = A_{ab} = \int_a^b \boldsymbol{F} \cdot \mathrm{d}\boldsymbol{l} = q_0 \int_a^b \boldsymbol{E} \cdot \mathrm{d}\boldsymbol{l} \qquad (12\text{-}25)$$

静电势能也与重力势能相似，是一个相对的量，为了说明电荷在电场中某一点势能的大小，必须有一个作为参考点的“零点”(势能零点)．在式(12-25)中，若取 $b$ 点为势能零点，即 $W_b=0$，则 $q_0$ 在电场中某点 $a$ 的电势能为

$$W_a = q_0 \int_a^b \boldsymbol{E} \cdot \mathrm{d}\boldsymbol{l}$$

即 $q_0$ 自 $a$ 点移到“势能零点 $b$”的过程中电场力做的功.

对于有限大小的带电体，通常取无限远处为势能零点，即 $W_\infty=0$，于是有

$$W_a = A_{a\infty} = \int_a^\infty q_0 \boldsymbol{E} \cdot \mathrm{d}\boldsymbol{l}$$

$$W_a = q_0 \int_a^\infty \boldsymbol{E} \cdot \mathrm{d}\boldsymbol{l} \qquad (12\text{-}26)$$

即 $q_0$ 在 $a$ 点的电势能，等于将 $q_0$ 从 $a$ 点移到 $\infty$ 处的过程中，电场力所做的功．式中，$\boldsymbol{E}$ 是

电场强度，单位为 N/C；$q_0$ 是电荷，单位为 C；$l$ 是长度，单位为 m；$W$ 为电势能，单位为 J. 电场力所做的功有正(如在斥力场中)有负(如在引力场中)，所以电势能也有正有负．与重力势能相似，电势能也应属于 $q_0$ 和产生电场的源电荷系统所共有.

## 12.5 电势　电势叠加原理

### 12.5.1 电势　电势叠加原理

**1. 电势**　由试验电荷 $q_0$ 在静电场中的电势能的定义式(12-26)可知，电荷在静电场中某点 $a$ 处的电势能与 $q_0$ 的大小成正比，而比值 $W_a/q_0$ 却与 $q_0$ 无关，只决定于电场的性质以及场中给定点 $a$ 的位置．所以，这一比值是表征静电场中给定点电场性质的物理量，称为**电势**(electric potential)，用字母 $V$ 表示．设无限远处的电势为零，即 $V_\infty=0$，则有

$$V_P=\frac{W_{P\infty}}{q_0}=\frac{A_{P\infty}}{q_0}=\int_P^\infty \boldsymbol{E}\cdot \mathrm{d}\boldsymbol{l} \tag{12-27}$$

即静电场中某点 $P$ 的电势 $V_P$ 在数值上等于将单位正电荷从该点经过任意路径移到无限远处时静电场力所做的功．式中，$V$ 为电势，单位为 V；$\boldsymbol{E}$ 是电场强度，单位为 V/m；$l$ 是长度，单位为 m. 电势的量纲为 $\mathrm{ML^2IT^{-3}}$.

应该指出：

(1) 由于静电场是保守场，所以才能引入电势的概念．电势是反映静电场本身性质的物理量，与试验电荷 $q_0$ 的存在与否无关．它只是空间坐标的函数，也与时间 $t$ 无关.

(2) 电势是相对的，其值与电势零点的选取有关．电势零点的选取一般应根据问题的性质和研究的方便而定．电势零点的选取通常有两种：在理论上，计算一个有限大小的带电体所产生的电场中各点的电势时，往往选取无限远处的电势为零(对于无限大的带电体则不能如此选取，只能选取有限远点电势为零)；在电工技术或许多实际问题中，常常选取地球的电势为零，其好处在于：一方面便于和地球比较而确定各个带电体的电势，另一方面，地球是一个很大的导体，当地球所带的电荷量变化时，其电势的波动很小.

(3) 电势是标量，可正可负，遵从线性函数的运算法则.

(4) 电势虽是相对的，但在静电场中任意两点间的电势差则是绝对的，在实用中，它比电势更有用.

(5) 在力学中，势能这个概念比势的概念更为常用；在静电学中，则刚好相反，电势这个概念比电势能更为常用．电势和电势能是两个不同的概念，切记不能混淆.

**2. 电势叠加原理**　设在真空中有若干个点电荷 $q_1$、$q_2$、…、$q_n$，各点电荷到电场中 $P$ 点的矢径分别为 $\boldsymbol{r}_1$、$\boldsymbol{r}_2$、…、$\boldsymbol{r}_n$，根据电场强度叠加原理，得 $P$ 点的电场强度为

$$\boldsymbol{E}=\boldsymbol{E}_1+\boldsymbol{E}_2+\cdots+\boldsymbol{E}_n=\sum_i\frac{q_i}{4\pi\varepsilon_0 r_i^3}\boldsymbol{r}_i$$

根据电势的定义求得 $P$ 点处的电势为

$$\begin{aligned}V_P&=\int_P^\infty \boldsymbol{E}\cdot \mathrm{d}\boldsymbol{l}=\int_P^\infty \boldsymbol{E}_1\cdot \mathrm{d}\boldsymbol{l}+\int_P^\infty \boldsymbol{E}_2\cdot \mathrm{d}\boldsymbol{l}+\cdots+\int_P^\infty \boldsymbol{E}_n\cdot \mathrm{d}\boldsymbol{l}\\&=V_{P1}+V_{P2}+\cdots+V_{Pn}=\sum_i V_{Pi}\end{aligned} \tag{12-28}$$

从上式可知：**在点荷系的电场中任一点的电势应等于各个点电荷单独存在时在该点所产生的电势的代数和**，这就是**真空中静电场的电势叠加原理**(superposition principle of electric potential).

## 12.5.2　电势差

在静电场中，任意两点 $a$ 和 $b$ 的电势之差称为**电势差**(electric potential difference)，用字母 $U_{ab}$ 表示，即

$$U_{ab} = V_a - V_b = \int_a^{\infty} \boldsymbol{E} \cdot \mathrm{d}\boldsymbol{l} - \int_b^{\infty} \boldsymbol{E} \cdot \mathrm{d}\boldsymbol{l} = \int_a^b \boldsymbol{E} \cdot \mathrm{d}\boldsymbol{l} \tag{12-29}$$

由上式可知，$a$、$b$ 两点的电势差 $U_{ab}$ 等于单位正电荷自 $a$ 点移动到 $b$ 点的过程中电场力做的功．利用电势差可以计算电场力所做的功

$$A_{ab} = W_a - W_b = qU_{ab} = q(V_a - V_b) = q\int_a^b \boldsymbol{E} \cdot \mathrm{d}\boldsymbol{l} \tag{12-30}$$

## 12.5.3　电势的计算

**1. 点电荷电场中的电势**　设点电荷 $q$ 在真空中产生电场，从 $q$ 点到电场中任一点 $P$ 处的距离为 $r$，如图 12-25 所示．则 $P$ 点的电场强度为

$$\boldsymbol{E} = \frac{q}{4\pi\varepsilon_0 r^2}\boldsymbol{e}_r$$

取无限远处为势能零点，得 $P$ 点处的电势为

$$V_P = \int_P^{\infty} \boldsymbol{E} \cdot \mathrm{d}\boldsymbol{l} = \int_r^{\infty} \frac{q}{4\pi\varepsilon_0 r^2}\mathrm{d}r = \frac{q}{4\pi\varepsilon_0 r} \tag{12-31}$$

由上式可知，选取无限远处的电势为零，则正电荷 $q$ 产生的电场中的电势是正的，离 $q$ 愈远，电势愈低；如果是负电荷产生的电场，则电场中各点的电势是负的，离点电荷愈远，电势愈高，在无限远处电势为零.

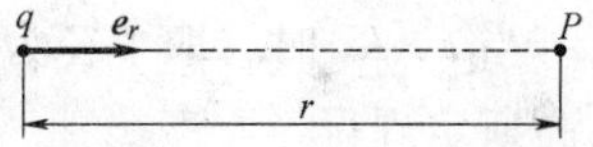

图 12-25　点电荷电场中的电势

**2. 点电荷系的电势**　由点电荷的电势公式和电势叠加原理，可以求已知电荷分布的任意电荷系的电势.

设在真空中有若干个点电荷 $q_1$、$q_2$、…、$q_n$，各点电荷到电场中 $P$ 点的矢径分别为 $\boldsymbol{r}_1$、$\boldsymbol{r}_2$、…、$\boldsymbol{r}_n$，根据点电荷的电势定义式，得

$$V_{P1} = \frac{q_1}{4\pi\varepsilon_0 r_1},\ V_{P2} = \frac{q_2}{4\pi\varepsilon_0 r_2},\ \cdots,\ V_{Pn} = \frac{q_n}{4\pi\varepsilon_0 r_n}$$

根据电势叠加原理可得点电荷系的电势为

$$V_P = \sum_i V_i = \sum_i \frac{q_i}{4\pi\varepsilon_0 r_i} \tag{12-32}$$

**3. 连续带电体的电势**　对于电荷连续分布的带电体，可将带电体看成由许多电荷量为 $\mathrm{d}q$ 的电荷元(可视为点电荷)组成，根据电势叠加原理，这时电场中某一点的电势等于各电荷元 $\mathrm{d}q$ 在该点的电势之和，即

$$V_P = \int \mathrm{d}V = \int \frac{\mathrm{d}q}{4\pi\varepsilon_0 r} \tag{12-33}$$

式中，$r$ 为电场中某一定点到电荷元 $\mathrm{d}q$ 的距离，右端的积分遍及整个带电体．由于电势是标量，这里的积分是标量积分，所以一般情况下电势的计算比电场强度的计算简便．

**例题 12-10**　有两个半径为 $a$，轴线间相距为 $l$ 的"无限长"直导线($l>2a$)，带有等量异号的电荷，如图 12-26 所示，单位长度上所带电荷量分别为 $+\lambda$ 和 $-\lambda$，假设当 $l$ 相当大时，两导线上的电荷仍为均匀分布，试求这两根导线上的电势差．

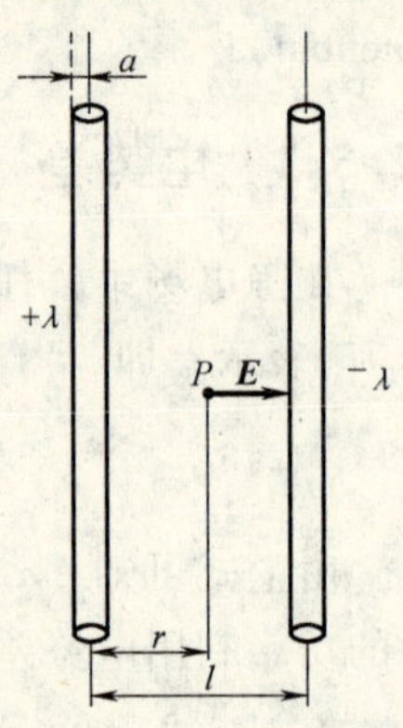

图 12-26　例题 12-10 用图

**解**：利用高斯定理与电场强度叠加原理，可求得两导线间的电场强度为

$$E=\frac{\lambda}{2\pi\varepsilon_0 r}+\frac{\lambda}{2\pi\varepsilon_0(l-r)}$$

利用电势差的定义式

$$U_{ab}=V_a-V_b=\int_a^b \boldsymbol{E}\cdot\mathrm{d}\boldsymbol{l}$$

可得两导线间的电势差为

$$U=\int_a^{l-a}\frac{\lambda}{2\pi\varepsilon_0 r}\mathrm{d}r+\int_a^{l-a}\frac{\lambda}{2\pi\varepsilon_0(l-a)}\mathrm{d}r\approx\frac{\lambda}{\pi\varepsilon_0}\ln\frac{l}{a}$$

**例题 12-11**　如图 12-27 所示，两个均匀带电的同心球面，半径分别为 $R_1$ 和 $R_2$，所带电荷量分别为 $q_1$ 和 $q_2$. 求电场强度和电势的分布.

**解**：(1) 对称性分析：①电场强度沿径向；②离球心 $O$ 距离相等处，电场强度的大小相同．可见电场具有球对称性，可以用高斯定理求电场强度.

(2) 选择高斯面：选与带电球面同心的球面作为高斯面.

当 $r>R_2$ 时，取半径为 $r$ 的高斯面 $S_1$，如图 12-27 所示．由高斯定理得

$$\oint_{S_1}\boldsymbol{E}\cdot\mathrm{d}\boldsymbol{S}=\frac{q_1+q_2}{\varepsilon_0}$$

图 12-27　例题 12-11 用图

因为场有上述的对称性，所以

$$\oint_{S_1}\boldsymbol{E}\cdot\mathrm{d}\boldsymbol{S}=E\cdot 4\pi r^2=\frac{q_1+q_2}{\varepsilon_0}$$

解得

$$E=\frac{q_1+q_2}{4\pi\varepsilon_0 r^2}$$

当 $R_1<r<R_2$ 时，取半径为 $r$ 的高斯面 $S_2$，如图 12-27 所示．由高斯定理得

$$\oint_{S_2}\boldsymbol{E}\cdot\mathrm{d}\boldsymbol{S}=\frac{q_1}{\varepsilon_0}$$

因电场有球对称性，故解出

$$\oint_{S_2}\boldsymbol{E}\cdot\mathrm{d}\boldsymbol{S}=E\cdot 4\pi r^2=\frac{q_1}{\varepsilon_0}$$

$$E=\frac{q_1}{4\pi\varepsilon_0 r^2}$$

当 $r<R_1$ 时，取半径为 $r$ 的高斯面 $S_3$，如图 12-27 所示．因 $\sum q=0$，故由高斯定理得

$$\oint_{S_3}\boldsymbol{E}\cdot \mathrm{d}\boldsymbol{S}=0$$

所以

$$E=0$$

从上面计算的结果得到电场的分布为

$$\boldsymbol{E}=\begin{cases}\dfrac{q_1+q_2}{4\pi\varepsilon_0 r^2}\boldsymbol{e}_r & (r>R_2)\\[2ex] \dfrac{q_1}{4\pi\varepsilon_0 r^2}\boldsymbol{e}_r & (R_1<r<R_2)\\[2ex] 0 & (r<R_1)\end{cases}$$

知道了电场分布，便可以从电势的定义出发求出空间的电势分布：

当 $r>R_2$ 时

$$V_P=\int_r^{\infty}\boldsymbol{E}\cdot \mathrm{d}\boldsymbol{r}=\int_r^{\infty}\frac{q_1+q_2}{4\pi\varepsilon_0 r^2}\mathrm{d}r=\frac{q_1+q_2}{4\pi\varepsilon_0 r}$$

当 $R_1<r<R_2$ 时

$$\begin{aligned}V_P&=\int_r^{\infty}\boldsymbol{E}\cdot \mathrm{d}\boldsymbol{r}=\int_r^{R_2}\frac{q_1}{4\pi\varepsilon_0 r^2}\mathrm{d}r+\int_{R_2}^{\infty}\frac{q_1+q_2}{4\pi\varepsilon_0 r^2}\mathrm{d}r\\&=\frac{q_1}{4\pi\varepsilon_0}\left(\frac{1}{r}-\frac{1}{R_2}\right)+\frac{q_1+q_2}{4\pi\varepsilon_0 R_2}=\frac{q_1}{4\pi\varepsilon_0 r}+\frac{q_2}{4\pi\varepsilon_0 R_2}\end{aligned}$$

当 $r<R_1$ 时

$$\begin{aligned}V_P&=\int_r^{\infty}\boldsymbol{E}\cdot \mathrm{d}\boldsymbol{r}=\int_r^{R_1}0\cdot \mathrm{d}r+\int_{R_1}^{R_2}\frac{q_1}{4\pi\varepsilon_0 r^2}\mathrm{d}r+\int_{R_2}^{\infty}\frac{q_1+q_2}{4\pi\varepsilon_0 r^2}\mathrm{d}r\\&=\frac{q_1}{4\pi\varepsilon_0}\left(\frac{1}{R_1}-\frac{1}{R_2}\right)+\frac{q_1+q_2}{4\pi\varepsilon_0 R_2}=\frac{q_1}{4\pi\varepsilon_0 R_1}+\frac{q_2}{4\pi\varepsilon_0 R_2}\end{aligned}$$

当然，也可以用电势叠加原理来求电势的分布，把空间各点的电势看为两个带电球面在空间产生的电势的叠加，求得的结果和从电势定义出发求得的结果相同．如果我们对一个均匀带电球面在空间产生的电势分布的函数关系比较熟悉，那么用后一种解法是比较方便的(读者可自己计算验证)．

## 12.6　电场强度和电势梯度的关系

### 12.6.1　等势面

我们曾用电场线来描绘电场中各点的电场强度，现在，我们也可用绘图方法来描绘电场中各点的电势，从而研究电势与电场强度之间的关系．

一般说来，电场中各点的电势不同，但电场中也有许多点的电势相等．我们把电场中电势相等的点所组成的曲面叫**等势面**(equipotential surface)．与电场线的画法一样，对等势面的画法也有规定：电场中任意两个相邻的等势面之间的电势差都相等．图 12-28 所示的几种

典型电场的等势面就是按此规定画出的，图中带箭头的线表示电场线、不带箭头的线表示等势面.

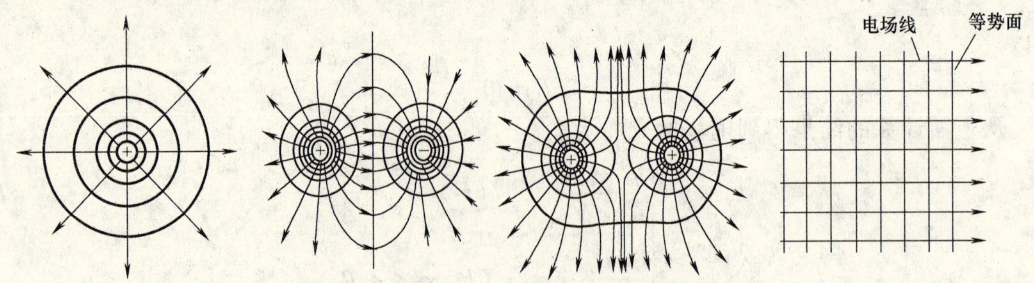


图 12-28　几种常见电场的等势面和电场线图

等势面具有以下特点：

(1) 在同一等势面上的任意两点间移动电荷，电场力不做功.

设 $a$、$b$ 为等势面上的任意两点，如图 12-29 所示，若移动电荷 $q$ 从 $a$ 到 $b$，电场力做功为多少呢？

因为 $V_a = V_b$，所以

$$A_{ab} = q(V_a - V_b) = 0$$

这是因为等势面上各点的电势相等，电荷在同一等势面上各点具有相同的电势能，所以在同一等势面上移动电荷时，其电势能不变，即电场力不做功.

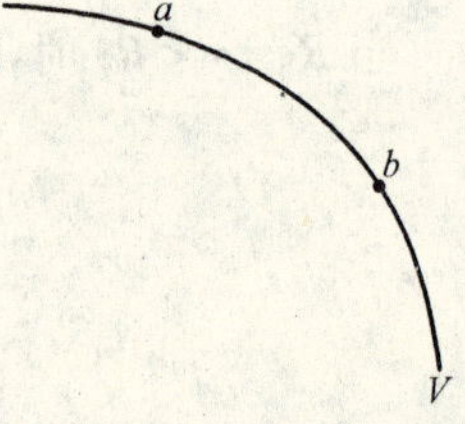


图 12-29　等势面

(2) 等势面一定与电场线垂直，即与电场强度的方向垂直.

设试验电荷沿某等势面有一微小位移 $\mathrm{d}\boldsymbol{l}$，这时，虽然电场对试验电荷有力的作用，但根据等势面的定义，电场力所做的功为零，即

$$\mathrm{d}A = q\boldsymbol{E} \cdot \mathrm{d}\boldsymbol{l} = qE\cos\theta \mathrm{d}l = 0$$

因为 $q$、$E$、$\mathrm{d}l$ 都不等于零，所以只有 $\cos\theta = 0$，即 $\theta = \frac{\pi}{2}$，也就是说试验电荷在等势面上任一点所受的电场力总是与等势面垂直，亦即电场线的方向总是与等势面垂直.

(3) 电场线总是由电势较高的等势面指向电势较低的等势面.

(4) 等势面密集处的电场强度大，等势面稀疏处电场强度小.

因此，与电场线相似，从等势面的疏密程度可以比较出电场强度的强弱.

特点(3)和(4)均可从图 12-28 中看出，这里不再证明.

利用等势面既可以形象地描述电场的性质，也可由等势面来绘制电场线. 由于实际中测定电势差比测定电场要容易得多，因此常用等势面来研究电场，即先描绘出等势面的形状和分布，再根据电场线与等势面之间的关系描绘出电场线的分布.

## 12.6.2　电势梯度

如图 12-30 所示，在电场中任取两相距很近的等势面 1 和 2，电势分别为 $V$ 和 $V + \mathrm{d}V$，且 $\mathrm{d}V > 0$. 电势为 $V$ 的等势面上 $a$ 点的单位法向矢量为 $\boldsymbol{e}_{\mathrm{n}}$，与电势为 $(V + \mathrm{d}V)$ 的等势面正交于一点 $c$. 在电势为 $(V + \mathrm{d}V)$ 的等势面上任取一点 $b$，设 $a$ 到电势为 $(V + \mathrm{d}V)$ 的等势面的法向距离为 $\mathrm{d}n$，$a$ 到 $b$ 的距离为 $\mathrm{d}l$，由图可知

$$dn = dl\cos\theta$$

可得

$$\frac{dV}{dl} = \frac{dV}{dn}\cos\theta$$

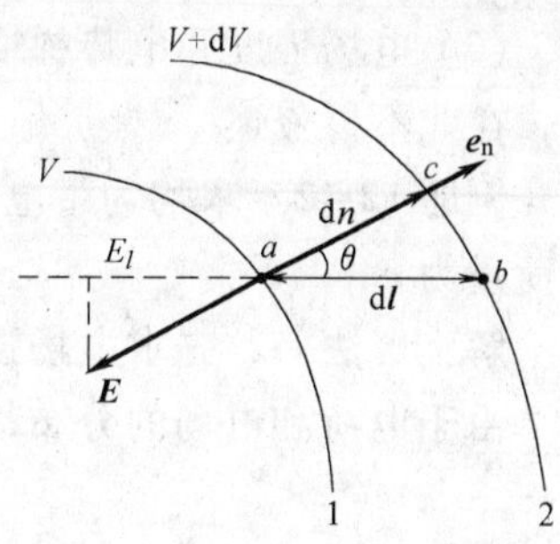

图 12-30　场强与电势梯度矢量

由此可知，$d\boldsymbol{l}$ 方向上的电势增加率 $dV/dl$，可看做是矢量 $dV/dn\ \boldsymbol{e}_n$ 在 $d\boldsymbol{l}$ 方向上的分量. $dV/dn$ 称为沿法线方向的电势变化率，上式说明 $dV/dn$ 是 $a$ 点处电势变化率的最大值. 矢量

$$\frac{dV}{dn}\boldsymbol{e}_n$$

称为 $a$ 点处的**电势梯度**(electric potential gradient)，记做 grad $V$，即电势梯度的定义式为

$$\text{grad}V = \frac{dV}{dn}\boldsymbol{e}_n \tag{12-34}$$

从上式可知，电场中某点的电势梯度，在方向上与该点处电势增加率最大的方向相同，在量值上等于沿该方向上的电势增加率.

### 12.6.3　电场强度和电势梯度的关系

从图 12-30 可知，当等势面 1 与等势面 2 间距离足够小时，两等势面间的电场可看做匀强电场，电荷 $q$ 从等势面 1 移动到等势面 2，电场力做功

$$dA = q\boldsymbol{E}\cdot d\boldsymbol{l} = qEdl\cos\theta = qEdn$$

因为电场力做功等于电势能的减少量，即

$$dA = -qdV$$

由以上两式联立可得

$$E = -\frac{dV}{dn}$$

由此可见，电场强度也与等势面垂直，但指向电势降低的方向. 将上式写成矢量形式有

$$\boldsymbol{E} = -\frac{dV}{dn}\boldsymbol{e}_n = -\text{grad}V = -\nabla V \tag{12-35}$$

这就是电场强度和电势梯度的关系，它说明**静电场中各点的电场强度等于该点电势梯度的负值**.

在直角坐标系中，

$$\boldsymbol{E} = -\left(\frac{\partial V}{\partial x}\boldsymbol{i} + \frac{\partial V}{\partial y}\boldsymbol{j} + \frac{\partial V}{\partial z}\boldsymbol{k}\right) \tag{12-36}$$

应该指出：

(1) 电势梯度是矢量，它表示电势的空间变化率. 电势梯度的方向沿等势面的法线方向，且指向电势增加的一方，在这个方向上电势增加得最快；电势梯度的大小表示电势在这个方向上的最大空间变化率. 而电场强度的方向(当然亦与等势面垂直)是电势降落最快的方向；电场强度的大小表示电势沿这个方向上的最大空间减少率. 因此电场强度等于电势梯度的负值，其负号表示电场强度的方向与电势梯度的方向相反，即指向电势降低的方向.

(2) 在电势等于常数(或为零)的地方，电场强度不一定为零，只有在电势不变的区域，电场强度才为零. 同样地，在电场强度为零处，电势不一定为零.

(3) 电场强度和电势梯度之间的关系，在实际应用中非常重要，限于大学物理内容的要求，在此不再赘述.

**例题 12-12**　求均匀带电球面的电场中电场强度和电势的分布，设球面的半径为 $R$、总电荷量为 $q$.

**解**：解法一，先求电场强度 $\boldsymbol{E}$ 后求电势 $V$.

由于电荷和电场的分布都具有球对称性，所以应用高斯定理不难得出

$$\boldsymbol{E} = \begin{cases} \dfrac{q}{4\pi\varepsilon_0 r^2}\boldsymbol{e}_r & (r > R) \\ 0 & (r < R) \end{cases}$$

式中，$\boldsymbol{r}$ 为球心指向场点的矢径.

选取无限远点电势为零，由电势的定义式 $V_P = \int_P^{\infty} \boldsymbol{E} \cdot \mathrm{d}\boldsymbol{l}$ 求电势 $V_P$.

设拟求电势点 $P$ 点在球面外，距球心为 $r$（即 $r > R$），因某点电势与电场强度沿路径的积分与路径无关，因此积分路径就沿半径方向．则

$$V_P = \int_r^{\infty} \boldsymbol{E} \cdot \mathrm{d}\boldsymbol{r} = \int_r^{\infty} \frac{q}{4\pi\varepsilon_0 r^2}\boldsymbol{e}_r \cdot \mathrm{d}\boldsymbol{r} = \frac{q}{4\pi\varepsilon_0 r} \quad (r > R)$$

设 $P$ 点在球面内(即 $r < R$)，同理可得球内 $P$ 点电势为

$$V_P = \int_r^{\infty} E \cdot \mathrm{d}\boldsymbol{r} = \int_r^{R} 0 \cdot \mathrm{d}\boldsymbol{r} + \int_R^{\infty} \frac{q}{4\pi\varepsilon_0 r^2}\boldsymbol{e}_r \cdot \mathrm{d}\boldsymbol{r} = \frac{q}{4\pi\varepsilon_0 R} \quad (r < R)$$

解法二，先求电势 $V$，后求电场强度 $\boldsymbol{E}$.

由点电荷的电势公式和电势叠加原理，即 $V = \iint_S \dfrac{\mathrm{d}q}{4\pi\varepsilon_0 r}$ 求电势．由于带电体为球面，故选取球坐标系，设 $P$ 点在 $z$ 轴上，距球心为 $r$，将带电球面分为无限多个电荷元，$P$ 点到某一电荷元的距离为 $r'$，如图 12-31 所示，带电球面的面电荷密度为 $\sigma = q/(4\pi R^2)$，该电荷元所带的电荷量为 $\mathrm{d}q = \sigma \mathrm{d}s = \sigma R^2 \sin\theta \mathrm{d}\theta \mathrm{d}\varphi$，在 $P$ 点所产生的电势为

$$\mathrm{d}V_P = \frac{\mathrm{d}q}{4\pi\varepsilon_0 r'} = \frac{\sigma R^2 \sin\theta \mathrm{d}\theta \mathrm{d}\varphi}{4\pi\varepsilon_0 r'}$$

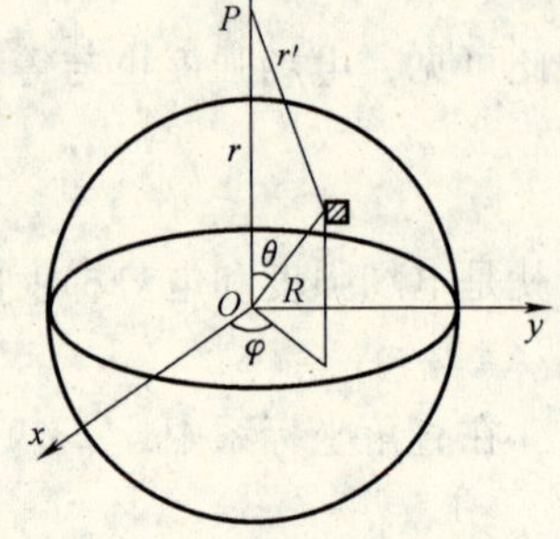

图 12-31　例题 12-12 用图

整个球面在 $P$ 点产生的电势为

$$V_P = \frac{1}{4\pi\varepsilon_0 r'}\int_0^{2\pi} \mathrm{d}\varphi \int_0^{\pi} \sigma R^2 \sin\theta \mathrm{d}\theta$$

根据图 12-31，由余弦定理得

$$r' = \sqrt{r^2 + R^2 - 2Rr\cos\theta}$$

代入上式得

$$V_P = \int_0^{2\pi} \mathrm{d}\varphi \int_0^{\pi} \frac{\sigma R^2 \sin\theta \mathrm{d}\theta}{4\pi\varepsilon_0 (r^2 + R^2 - 2Rr\cos\theta)^{\frac{1}{2}}} = \int_0^{\pi} \frac{\sigma \cdot 2\pi R^2 \sin\theta \mathrm{d}\theta}{4\pi\varepsilon_0 (r^2 + R^2 - 2Rr\cos\theta)^{\frac{1}{2}}}$$

（注意：$\sigma \cdot 2\pi R^2 \sin\theta \mathrm{d}\theta$ 为距 $P$ 点为 $r'$ 的球面上所分环带上的电荷量，而积分符号内的公式表示由环带上的电荷在 $P$ 点所产生之电势．由此可见，若把带电球面分成无限多个环带实际是把面积分化为线积分，其好处就在这里．）

$$V_P = \frac{\sigma R}{2\varepsilon_0 r}(r^2 + R^2 - 2Rr\cos\theta)^{\frac{1}{2}}\Big|_0^{\pi}$$

当 $P$ 点在球外，即 $r>R$ 时，有

$$V_P = \frac{\sigma R^2}{\varepsilon_0 r} = \frac{q}{4\pi\varepsilon_0 r} \quad (r > R)$$

当 $P$ 点在球内，即 $r<R$ 时，有

$$V_P = \frac{\sigma R^2}{\varepsilon_0 R} = \frac{q}{4\pi\varepsilon_0 R} \quad (r < R)$$

由电场强度和电势梯度的关系 $\boldsymbol{E} = -\nabla V$ 求 $\boldsymbol{E}$.

$$当\ r > R\ 时, E = E_r = -\frac{\mathrm{d}V}{\mathrm{d}r} = -\frac{\mathrm{d}}{\mathrm{d}r}\left(\frac{q}{4\pi\varepsilon_0 r}\right) = \frac{q}{4\pi\varepsilon_0 r^2}$$

$$当\ r < R\ 时, E = E_r = -\frac{\mathrm{d}V}{\mathrm{d}r} = -\frac{\mathrm{d}}{\mathrm{d}r}\left(\frac{q}{4\pi\varepsilon_0 R}\right) = 0$$

写成矢量式为

$$\boldsymbol{E} = \begin{cases} \dfrac{q}{4\pi\varepsilon_0 r^2}\boldsymbol{e}_r & (r > R) \\ 0 & (r < R) \end{cases}$$

上述结果与解法一相同.

比较上述两种解法，看起来是解法一简单，但必须注意，这是带电体的电场具有一定对称性分布，能直接利用高斯定理十分简便地求出电场强度 $\boldsymbol{E}$ 的分布. 在一般情况下，先求 $\boldsymbol{E}$ 后求 $V$，往往十分繁杂. 因此，除了能用高斯定理求出电场分布的问题外，通常都采用解法二.

另外，从均匀带电球面外的电场强度和电势公式看出，它们与把球面上电荷集中在球心处的点电荷的电场强度和电势公式相同，从而说明元电荷概念的相对性.

最后，我们可利用已知的均匀带电球面的电场强度(或电势)公式和电场强度(或电势)叠加原理求两个同心的半径分别为 $R_1$(带电荷 $q_1$)和 $R_2$(带电荷 $q_2$，$R_2 > R_1$)的均匀带电球面在空间的电场强度(或电势)分布.

电场分布：

$$\boldsymbol{E} = \begin{cases} 0 & (r < R_1) \\ \dfrac{q_1}{4\pi\varepsilon_0 r^2}\boldsymbol{e}_r & (R_1 < r < R_2) \\ \dfrac{q_1}{4\pi\varepsilon_0 r^2}\boldsymbol{e}_r + \dfrac{q_2}{4\pi\varepsilon_0 r^2}\boldsymbol{e}_r & (r > R_2) \end{cases}$$

电势分布：

$$V_P = \begin{cases} \dfrac{q_1}{4\pi\varepsilon_0 R_1} + \dfrac{q_2}{4\pi\varepsilon_0 R_2} & (r \leqslant R_1) \\ \dfrac{q_1}{4\pi\varepsilon_0 r} + \dfrac{q_2}{4\pi\varepsilon_0 R_2} & (R_1 < r \leqslant R_2) \\ \dfrac{q_1}{4\pi\varepsilon_0 r} + \dfrac{q_2}{4\pi\varepsilon_0 r} & (r > R_2) \end{cases}$$

当然亦可用高斯定理直接求 $\boldsymbol{E}$，用电势定义 $V_P = \int_P^\infty \boldsymbol{E} \cdot \mathrm{d}\boldsymbol{l}$ 求 $V_P$.

## 小　结

本章主要讲述了真空中静电场的 2 个基本定律、2 个重要物理量、2 个重要定理、3 个叠加原理和几个基本概念.

一、2 个基本定律

1. 电荷守恒定律　在一个孤立系统内，无论进行怎样的物理过程，系统内电荷量的代数和总是保持不变，这个规律称为电荷守恒定律．它是物理学中普遍遵守的规律之一.

2. 真空中的库仑定律　真空中两个静止的点电荷之间的相互作用力的大小与这两个电荷所带电荷量 $q_1$ 和 $q_2$ 的乘积成正比，与它们之间距离 $r$ 的平方成反比．作用力的方向沿着两个点电荷的连线，同号电荷相斥，异号电荷相吸，即

$$\boldsymbol{F}_{12} = \frac{q_1 q_2}{4\pi\varepsilon_0 r_{12}^2} \cdot \frac{\boldsymbol{r}_{12}}{r_{12}} = \frac{q_1 q_2}{4\pi\varepsilon_0 r_{12}^2}\boldsymbol{e}_{r_{12}}$$

二、2 个重要物理量

1. 电场强度　单位试验电荷在电场中任一场点处所受的力就是该点的电场强度，即

$$\boldsymbol{E} = \frac{\boldsymbol{F}}{q_0}$$

2. 电势　电场中某点的电势等于把单位正电荷自该点移到“电势零点”过程中电场力做的功．若取“无限远”处为“电势零点”，则

$$V_P = \frac{W_P}{q_0} = \int_P^\infty \boldsymbol{E} \cdot \mathrm{d}\boldsymbol{l}$$

电场强度和电势都是描述电场中各点性质的物理量，二者的积分关系为：$V_P = \int_P^\infty \boldsymbol{E} \cdot \mathrm{d}\boldsymbol{l}$，微分关系是：$\boldsymbol{E} = -\mathrm{grad}V = -\nabla V$.

三、2 个重要定理

1. 高斯定理　在真空中的静电场内，通过任意闭合曲面的电场强度通量等于该闭合曲面所包围的电荷量的代数和的 $1/\varepsilon_0$ 倍，即

$$\oint_S \boldsymbol{E} \cdot \mathrm{d}\boldsymbol{S} = \frac{1}{\varepsilon_0}\sum_{S内} q_i$$

2. 静电场的环路定理　在静电场中，电场强度 $\boldsymbol{E}$ 的环流恒为零，即

$$\oint_l \boldsymbol{E} \cdot \mathrm{d}\boldsymbol{l} = 0$$

高斯定理和静电场的环路定理都是描写静电场性质的重要定理，前者说明静电场是有源场，而后者说明静电场是无旋场，即静电场是有源无旋场.

四、3 个叠加原理

1. 静电力叠加原理　作用在某一点电荷上的力为其他点电荷单独存在时对该点电荷静电力的矢量和，即

$$\boldsymbol{F} = \sum_{i=1}^{n} \boldsymbol{F}_i$$

2. 电场强度叠加原理　电场中某点的电场强度等于每个电荷单独在该点产生的电场强度的叠加，即

$$\boldsymbol{E} = \sum_{i=1}^{n} \boldsymbol{E}_i$$

3. 电势叠加原理　电场中某点的电势等于各电荷单独在该点产生的电势的叠加，即

$$V_P = \sum_{i=1}^{n} V_{Pi}$$

五、几个基本概念

1. 电场　电荷周围存在的一种特殊物质，称为电场．它与分子、原子等组成的实物一样，具有质量、能量、动量和角动量，它的特殊性在于能够叠加．相对于观察者静止的电荷在其周围所激发的电场称为静电场．静电场对外的表现主要有：对处于电场中的其他带电体有作用力；在电场中移动其他带电体时，电场力要对它做功．

2. 电场线　为形象地反映电场而人为地在电场中描绘的曲线．其画法规定：电场线上某点的切线方向和该点电场强度方向一致；通过垂直于 $\boldsymbol{E}$ 的单位面积的电场线的条数等于该点 $\boldsymbol{E}$ 的大小．它的性质为：电场线起自正电荷(或无限远处)，止于负电荷(或无限远处)，电场线有头有尾，不是闭合曲线；两条电场线不能相交．

3. 电通量　通过电场中任一给定面的电场线的条数，称为该面的电通量，即

$$\Phi_e = \int \mathrm{d}\Phi_e = \int_S \boldsymbol{E} \cdot \mathrm{d}\boldsymbol{S}$$

4. 电势能　电荷在静电场中的一定位置所具有的势能，称为电势能．电场力的功就是电势能改变的量度．若取无限远处为势能零点，则 $q_0$ 在电场中某点 $a$ 的电势能为

$$W_a = q_0 \int_a^{\infty} \boldsymbol{E} \cdot \mathrm{d}\boldsymbol{l}$$

即 $q_0$ 自 $a$ 点移到"势能零点"的过程中电场力做的功．电势能应属于 $q_0$ 和产生电场的源电荷系统共有．

5. 电势差　在静电场中，任意两点 $a$ 和 $b$ 的电势之差称为电势差(电压)，即

$$U_{ab} = V_a - V_b = \int_a^b \boldsymbol{E} \cdot \mathrm{d}\boldsymbol{l}$$

即把单位正电荷自 $a$ 点移动到 $b$ 点的过程中电场力做的功．由此可以计算电场力做的功

$$A_{ab} = qU_{ab} = q(V_a - V_b)$$

6. 等势面　电场中电势相等的点所组成的曲面叫等势面．画法规定：电场中任意两个相邻的等势面之间的电势差都相等．性质：在同一等势面上的任意两点间移动电荷，电场力不做功；等势面一定跟电场线垂直，即跟电场强度的方向垂直；电场线总是由电势较高的等势面指向电势较低的等势面；等势面密集处的电场强度大，等势面稀疏处电场强度小．

7. 电势梯度　电场中某点的电势梯度，在方向上与该点处电势增加率最大的方向相同，在量值上等于沿该方向上的电势增加率，即

$$\mathrm{grad}V = \frac{\mathrm{d}V}{\mathrm{d}n}\boldsymbol{e}_n = \nabla V$$

六、电场强度和电势的计算

1. 由点电荷公式

$$\boldsymbol{E} = \frac{1}{4\pi\varepsilon_0}\frac{q}{r^2}\boldsymbol{e}_r,\quad V_P = \frac{q}{4\pi\varepsilon_0 r}$$

2. 由叠加原理

$$\boldsymbol{E} = \sum_{i=1}^{n} \boldsymbol{E}_i \quad V_P = \sum_{i=1}^{n} V_{Pi}$$

$$\boldsymbol{E} = \sum_{i=1}^{n} \frac{q_i}{4\pi\varepsilon_0 r_i^3}\boldsymbol{r}_i,\quad V_P = \sum_{i=1}^{n} \frac{q_i}{4\pi\varepsilon_0 r_i}$$

$$\boldsymbol{E} = \frac{1}{4\pi\varepsilon_0}\int \frac{\mathrm{d}q}{r^2}\boldsymbol{e}_r,\quad V_P = \int \frac{\mathrm{d}q}{4\pi\varepsilon_0 r}$$

3. 由二者关系

$$E = -\mathrm{grad}V = -\nabla V,\quad V_P = \int_P^{\infty} E \cdot \mathrm{d}l$$

4. 由高斯定理

$$\oint_S E \cdot \mathrm{d}S = \frac{1}{\varepsilon_0}\sum_{S内} q_i,\quad V_P = \int_P^{P_0} E \cdot \mathrm{d}l$$

对于具有一定对称性分布的带电体，通常先利用高斯定理求 $E$ 而后求 $V_P$；对于由多个电荷或带电体组成的系统，则常用叠加原理求解.

## 思考题

12-1　怎样认识电荷的量子化和宏观带电体电荷量的连续分布？

12-2　两个完全相同的均匀带电小球，分别带有电荷量 $q_1 = 2\mathrm{C}$（正电荷），$q_2 = 4\mathrm{C}$（负电荷），在真空中相距为 $r$ 且静止，相互作用的静电力为 $F$.

（1）今将 $q_1$、$q_2$、$r$ 都加倍，相互作用力如何改变？

（2）只改变两电荷电性，相互作用力如何改变？

（3）只将 $r$ 增大 4 倍，相互作用力如何改变？

（4）将两个小球接触一下后，仍放回原处，相互作用力又如何改变？

（5）接上题，为使接触后，静电力大小不变应如何放置两球？

12-3　若通过一闭合曲面的 $E$ 通量为零，则此闭合曲面上的 $E$ 一定是

（1）为零，也可能不为零；

（2）处处为零.

12-4　比较场与实物的同和异.

12-5　能否单独用电场强度来描述电场的性质？为什么要引入电势？

12-6　电势零点的选择是完全任意的吗？

12-7　电势与电场强度的关系式有积分形式和微分形式．计算时在怎样的情况下使用较方便.

12-8　假如电场力做功与路径有关，定义电势的公式 $V_a = \int_a^{\infty} E \cdot \mathrm{d}l$ 还有没有意义？从原则上讲，这时还能不能引入电势的概念？

12-9　怎样判断电势能、电势的正负与高低？

12-10　库仑定律与高斯定理、静电场的环路定理的有何关系？

## 习　题

12-1　一长为 $L$，电荷量为 $q$ 的均匀带电细棒，其中垂线上置一点电荷 $q_0$，求它们之间的库仑力.

12-2　电子所带电荷量（基本电荷 $-e$）最先是由密立根通过油滴实验测出的，其实验装置如图 12-32 所示．一个很小的带电油滴在电场 $E$ 内，调节 $E$ 的大小，使作用在油滴上的电场力与油滴的质量平衡．如果油滴的半径为 $1.64\times10^{-4}\mathrm{cm}$，平衡时 $E = 1.92\times10^{5}\mathrm{N/C}$，油的密度为 $0.851\mathrm{g/cm^3}$，求油滴上的电荷.

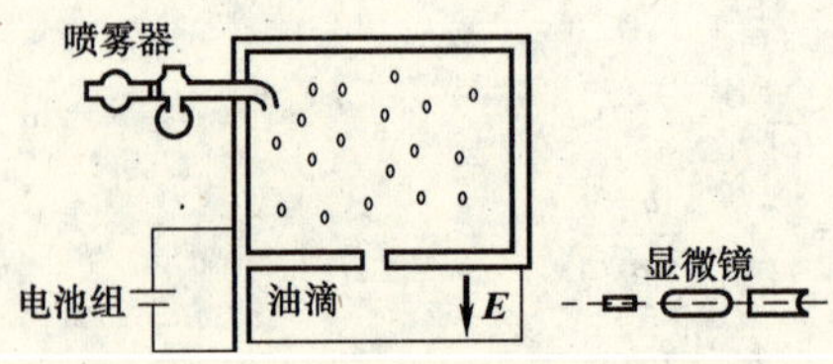

图 12-32　习题 12-2 用图

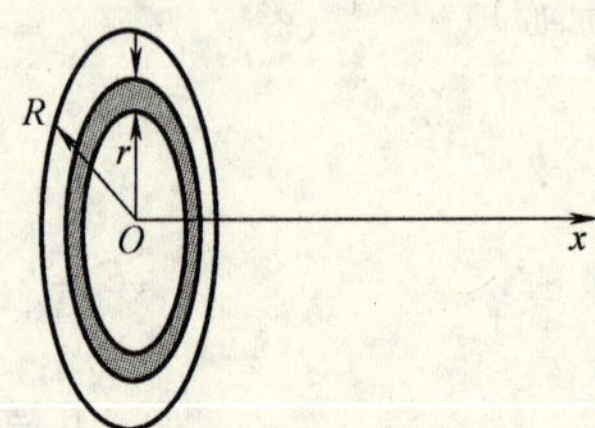

图 12-33　习题 12-3 用图

12-3　利用带电荷量为 $Q$、半径为 $R$ 的均匀带电圆环在其轴线上任一点的电场强度公式 $E=\dfrac{Qx}{4\pi\varepsilon_0(R^2+x^2)^{3/2}}$ 推导一半径为 $R$、电荷面密度为 $\sigma$ 的均匀带电圆盘在其轴线上任一点的电场强度（如图 12-33 所示），并进一步推导电荷面密度为 $\sigma$ 的“无限大”均匀带电平面的电场强度.

12-4　将一“无限长”带电细线弯成如图 12-34 所示形状，设电荷均匀分布，电荷线密度为 $\lambda$，四分之一圆弧 $AB$ 的半径为 $R$，试求圆心 $O$ 点的电场强度.

12-5　真空中一立方体形的高斯面，边长 $a=0.1\text{m}$，位于如图 12-35 所示位置. 已知空间的电场强度分布为：$E_x=bx$，$E_y=0$，$E_z=0$. 常量 $b=1\,000\text{N/(C·m)}$. 试求通过该高斯面的电通量.

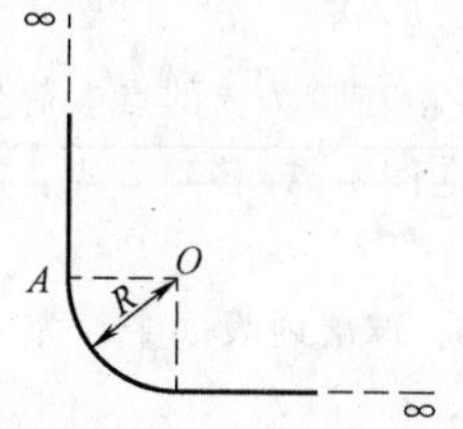


图 12-34　习题 12-4 用图

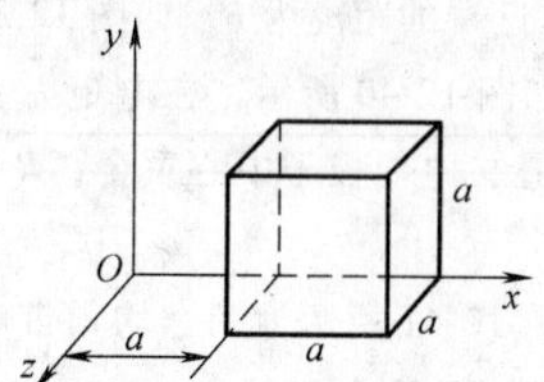


图 12-35　习题 12-5 用图

12-6　如图 12-36 所示，有一三棱柱放在电场强度为 $\boldsymbol{E}=200\boldsymbol{i}$ N/C 的匀强电场中. 求通过此三棱柱的电通量.

12-7　一带电细线弯成半径为 $R$ 的半圆形，其电荷线密度为 $\lambda=\lambda_0\sin\theta$，式中，$\theta$ 为半径 $R$ 与 $x$ 轴所成的夹角；$\lambda_0$ 为一常数. 如图 12-37 所示. 试求环心 $O$ 处的电场强度.

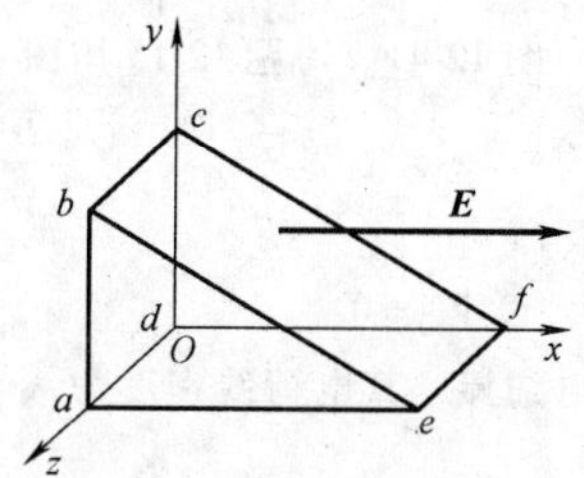


图 12-36　习题 12-6 用图

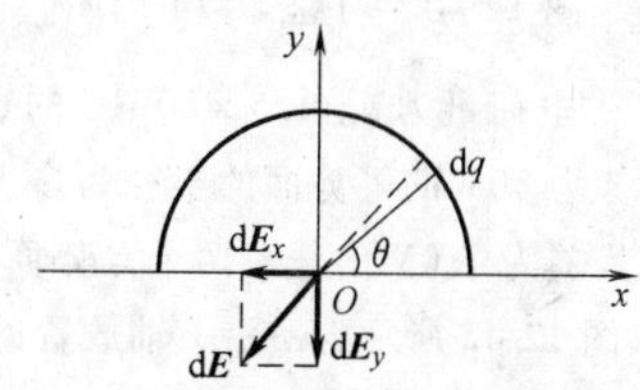


图 12-37　习题 12-7 用图

12-8　一对“无限长”的共轴直圆筒，半径分别为 $R_1$ 和 $R_2$，筒面上都均匀带电，沿轴线单位长度的电荷量分别为 $\lambda_1$ 和 $\lambda_2$.

（1）求各区域内的电场强度分布；

（2）若 $\lambda_1=-\lambda_2$，则电场强度的分布情况又如何？画出 $E$-$x$ 曲线.

12-9　半径为 $R$ 的带电球，其电荷体密度 $\rho=\rho_0(1-r/R)$，$\rho_0$ 为常量，$r$ 为球内任意点至球心的距离. 试求：

（1）球内外的电场强度分布；

（2）最大电场强度的位置与大小.

12-10　设有一“无限大”均匀带电平板，单位面积上的电荷，即电荷面密度为 $\sigma$，求距离平板为 $r$ 处的电场强度.

12-11　求两个带等量异号电荷的“无限大”平行平面的电场.

12-12　有一边长为 $a$ 的正六角形，六个顶角都放有点电荷，如图 12-38 所示，试计算正六角形中心点 $O$ 处的电场强度和电势.

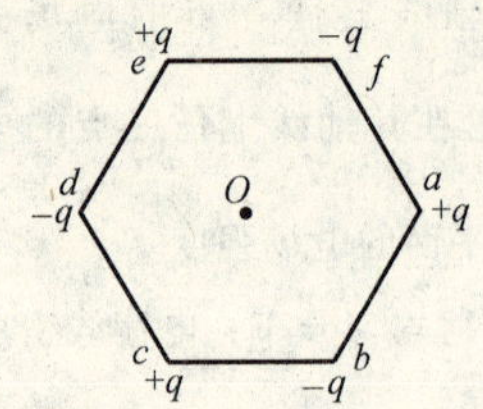


图 12-38　习题 12-12 用图

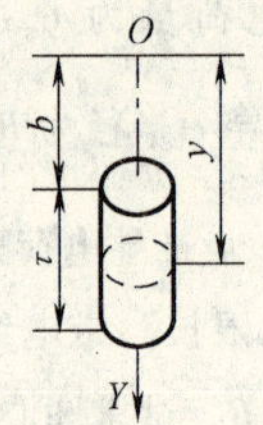


图 12-39　习题 12-13 用图

12-13　半径为 $R$、长为 $\tau$ 的均匀带电圆柱体，电荷体密度为 $\rho_0$，求圆柱体轴线上 $O$ 点的电场强度．设 $O$ 点离圆柱体近端的距离为 $b$，如图 12-39 所示.

12-14　如图 12-40 所示，在电矩为 $\boldsymbol{p}$ 的电偶极子的电场中，将一电荷量为 $q$ 的点电荷从 $A$ 点沿半径为 $R$ 的圆弧(圆心与电偶极子中心重合，$R$ 远远大于电偶极子正负电荷之间距离)移到 $B$ 点，求此过程中电场力所做的功.

12-15　图 12-41 所示为一个均匀带电的球层，其电荷体密度为 $\rho$，球层内表面半径为 $R_1$，外表面半径为 $R_2$．设无限远处为电势零点，求空腔内任一点的电势.

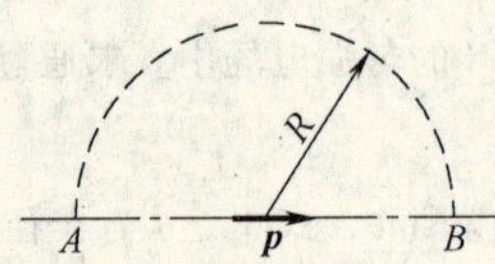


图 12-40　习题 12-14 用图

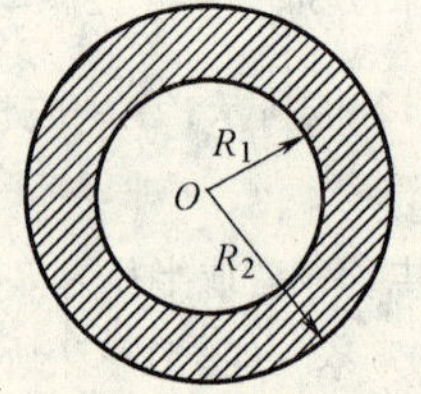


图 12-41　习题 12-15 用图

12-16　一电荷量为 $q=1.5\times10^{-8}$C 的点电荷，试问：

(1) 电势为 30V 的等势面的半径为多大?

(2) 电势差为 1.0V 的任意两个等势面，其半径之差是否相同? 设 $V_\infty=0$.

12-17　图 12-42 所示为一沿 $x$ 轴放置的长度为 $l$ 的不均匀带电细棒，其电荷线密度为 $\lambda=\lambda_0(x-a)$，$\lambda_0$ 为一常量．取无限远处为电势零点，求坐标原点 $O$ 处的电势.

12-18　两个带等量异号电荷的均匀带电同心球面，半径分别为 $R_1=0.03$m 和 $R_2=0.10$m．已知两者的电势差为 450V，求内球面上所带的电荷.

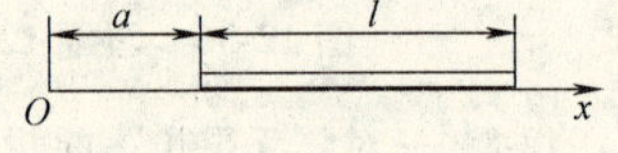


图 12-42　习题 12-17 用图

12-19　半径为 $R$ 的“无限长”直圆柱体内均匀带电，电荷体密度为 $\rho$. 以轴线为电势参考点，如图 12-43 所示，求其电势分布．

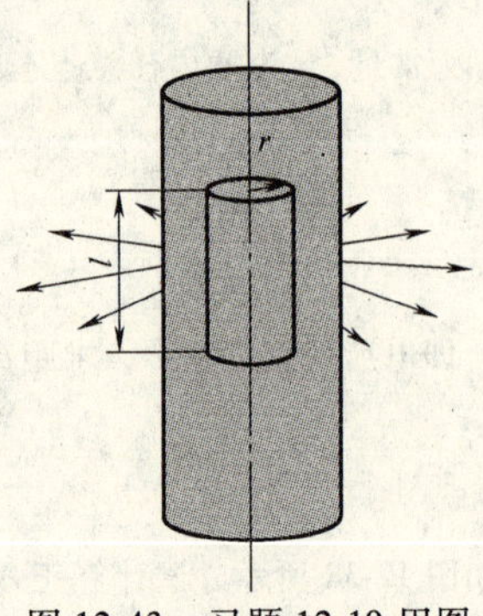


图 12-43　习题 12-19 用图

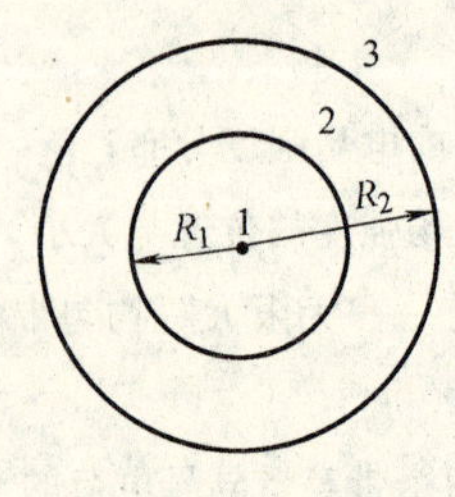


图 12-44　习题 12-20 用图

12-20　如图 12-44 所示，半径为 $R_1$ 和 $R_2$ 的两个同心球面均匀带电，电荷量分别为 $Q_1$ 和 $Q_2$.

（1）试求区域 1、2、3 中的电势；

（2）讨论 $Q_1=-Q_2$ 和 $Q_2=-Q_1R_2/R_1$ 两种情况下各区域中的电势，并画出 $V$-$r$ 曲线 .

12-21　在一个平面上各点的电势满足下式：$V=\dfrac{ax}{(x^2+y^2)}+\dfrac{b}{(x^2+y^2)^{\frac{1}{2}}}$，$x$ 和 $y$ 为这点的直角坐标，$a$ 和 $b$ 为常数 . 求任一点电场强度的 $E_x$ 和 $E_y$ 两个分量.

12-22　如图 12-45 所示，一高为 $h$ 的直角形光滑斜面，斜面倾角为 $\alpha$. 在直角顶点 $A$ 处有一电荷量为 $-q$的点电荷，另有一质量为 $m$、带电荷 $+q$ 的小球在斜面的顶点 $B$ 由静止下滑 . 设小球可看做质点，试求小球到达斜面底部 $C$ 点时的速率 .

12-23　长为 $l$ cm 的直导线 $AB$ 均匀地分布着线密度为 $\lambda$ 的电荷 . 求：

（1）在导线的延长线上与导线一端 $B$ 相距 $R$ 处 $P$ 点的电场强度；

（2）在导线的垂直平分线上与导线中点相距 $R'$处 $Q$ 点的电场强度.

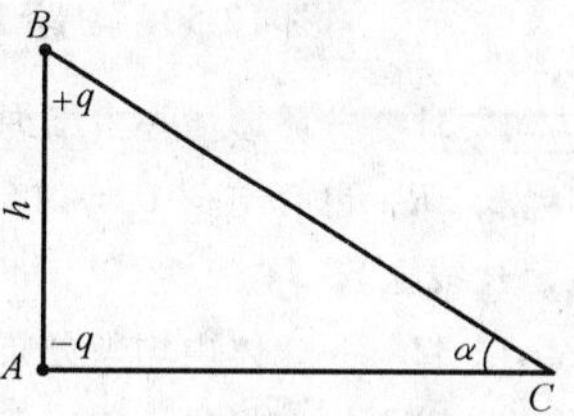

图 12-45　习题 12-22 用图

12-24　如图 12-46 所示，一厚为 $a$ 的无限大带电平板，电荷体密度 $\rho=kx(0\leqslant x\leqslant a)$，$k$ 为一正值常数 . 求：

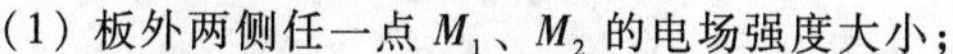

（1）板外两侧任一点 $M_1$、$M_2$ 的电场强度大小；

（2）板内任一点 $M$ 的电场强度；

（3）电场强度最小的点在何处.

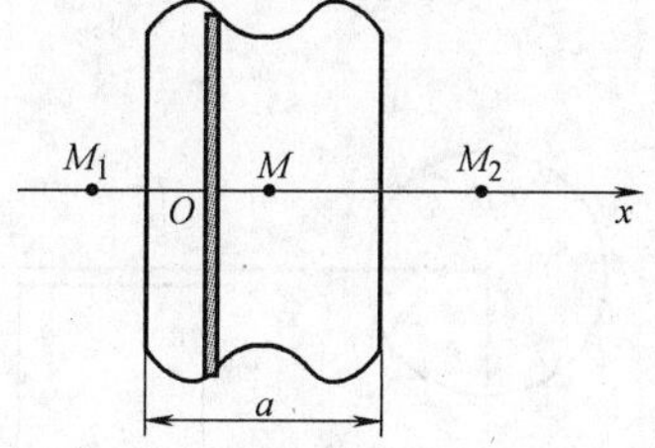

图 12-46　习题 12-24 用图

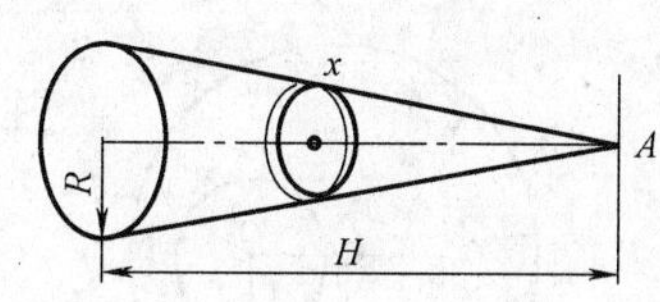

图 12-47　习题 12-25 用图

12-25　如图 12-47 所示，圆锥体底面半径为 $R$，高为 $H$，均匀带电，电荷体密度为 $\rho$，求顶点 $A$ 处的电场强度.

12-26　一根长为 $L$ 的细棒，弯成半圆形，其上均匀带电，电荷线密度为 $+\lambda$，试求在圆心 $O$ 点的电势.

12-27　如图 12-48 所示，在 $xy$ 平面内有与 $y$ 轴平行、位于 $x=a/2$ 和 $x=-a/2$ 处的两条无限长平行的均匀带电细线，电荷密度分别为 $\lambda$ 和 $-\lambda$，求 $z$ 轴上任一点的电场强度.

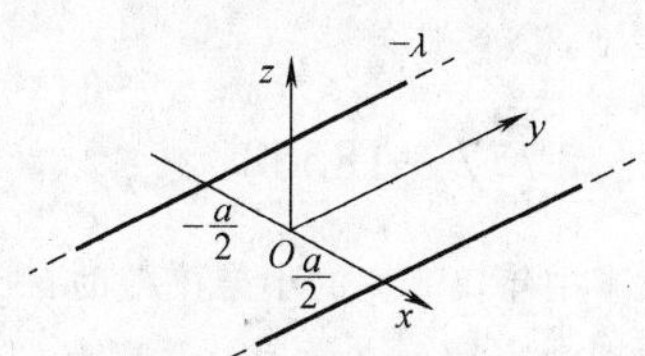

图 12-48　习题 12-27 用图

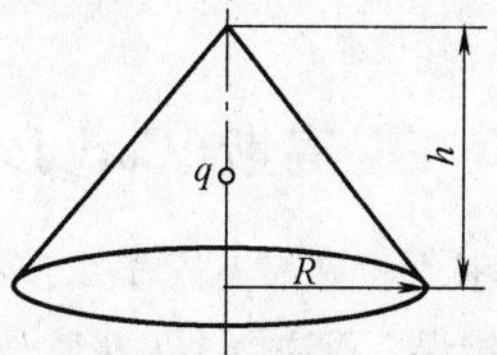

图 12-49　习题 12-28 用图

12-28　真空中有一高 $h=20$cm、底面半径 $R=10$cm 的圆锥体，如图 12-49 所示 . 在其顶点与底面中心的中点上置一 $q=10^{-6}$C 的点电荷，求通过该圆锥体侧面的电通量.

12-29　一厚度为 $d$ 的 “无限大” 平板，均匀带电，电荷体密度为 $\rho$，求空间电场分布.

12-30　如图 12-50 所示，$AB=2R$，$\overset{\frown}{Ocd}$是以 $B$ 点为中心，$R$ 为半径的半圆，$A$ 点有正电荷 $+q$，$B$ 点有负电荷 $-q$ .

（1）将正电荷 $q_0$ 从 $O$ 点沿 $\overset{\frown}{Ocd}$ 移到 $D$ 点，电场力做功多少？

（2）将负电荷 $-q_0$ 从 $D$ 点沿 $AB$ 的延长线移到无穷远点电场力做功多少？电势能改变多少？

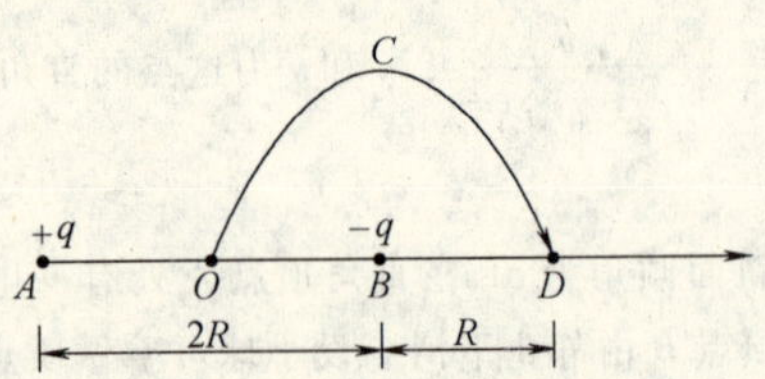


图 12-50　习题 12-30 用图

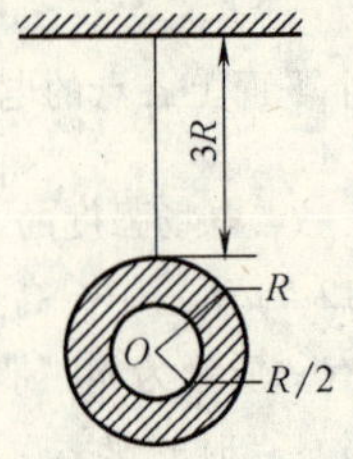


图 12-51　习题 12-31 用图

12-31　一环形薄片由细绳悬吊着，环的外半径为 $R$，内半径为 $R/2$，并有电荷 $Q$ 均匀分布在环面上．细绳长 $3R$，也有电荷 $Q$ 均匀分布在绳上，如图 12-51 所示，试求圆环中心 $O$ 处的电场强度（圆环中心在细绳延长线上）．

12-32　一球体内均匀分布着电荷体密度为 $\rho$ 的正电荷，若保持电荷分布不变，在该球体挖去半径为 $r$ 的一个小球体，球心为 $O'$，两球心间距离 $\overline{OO'}=d$，如图 12-52 所示．求：

（1）在球形空腔内，球心 $O'$ 处的电场强度 $\boldsymbol{E}_0$；

（2）在球体内 $P$ 点处的电场强度 $\boldsymbol{E}$．

设 $O'$、$O$、$P$ 三点在同一直径上，且 $\overline{OP}=d$．

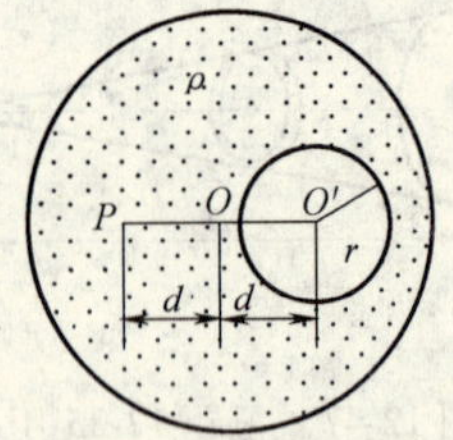


图 12-52　习题 12-32 用图

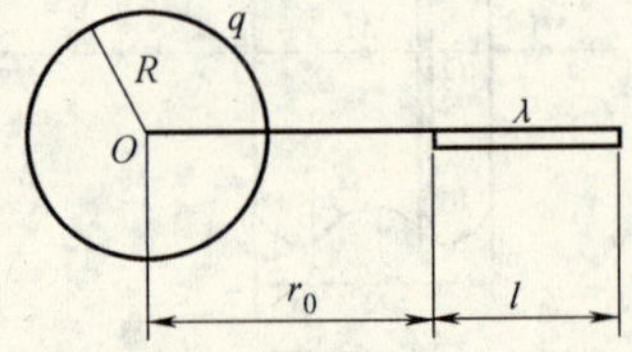


图 12-53　习题 12-33 用图

12-33　如图 12-53 所示，半径为 $R$ 的均匀带电球面，带有电荷 $q$．沿某一半径方向上有一均匀带电细线，电荷线密度为 $\lambda$，长度为 $l$，细线左端离球心距离为 $r_0$．设球和线上的电荷分布不受相互作用影响，试求细线所受球面电荷的电场力和细线在该电场中的电势能．（设“无限远”处的电势为零）

## 物理学家简介

### 高斯（Carl Johann Friedrich Gauss，1777—1855）

在德国，长久以来都流传着关于一个天才小男孩的故事，故事中年仅 3 岁的小男孩帮助自己的父亲纠正了账册上的错误，而这个小男孩就是后来成为著名数学家、物理学家和天文学家，并享有“数学王子”美誉的高斯．

卡尔·弗里德里希·高斯在 1777 年 4 月 30 日出生于德国中北部的小城布伦斯维克，他的祖父是农民，父亲是一位工匠．高斯的父母都没有受过教育，只有一位小舅舅偶尔会给年幼的他一些指导，然而高斯从小就天资聪敏，自幼体现出过人的才华，尤其是数学方面的才能很是出众．除了 3 岁时指出父亲账目上的错误外，在他进入小学后，有一次数学老师让学生们计算“1 + 2 + 3 + … + 100”，小高斯没有像其他同学那样蛮算，而是采用了很灵巧的方法，只用很短的时间就得出了正确的答案．高斯的数学天赋引起了数学老师的注意，这位老师意识到高斯具有的潜质，对他的未来充满期待，于是开始尽力帮助家境贫寒的

高斯，不但为他买来很多数学书籍，并将自己掌握的数学知识倾囊相授．在老师的悉心指导下，高斯的进步很快，他的数学知识得到了丰富，眼界也更加开阔．然而，家庭的贫困使高斯的父亲无力也无意让高斯接受更高的教育．幸运的是，高斯作为一名天才少年的名声已引起一些人的注意．1791年，布伦斯维克的统治者费迪南公爵同意资助高斯的全部学业，高斯由此得以接受全面而系统的高等教育．次年，高斯进入卡罗琳学院(程度介于中学与大学之间)，学习语言学和数学．在这期间，高斯研习了牛顿、欧拉和拉格朗日等人的著作，不仅迅速掌握了微积分理论，而且在最小二乘法和二次互反律等问题的研究上取得了重要成果．1795年，高斯进入著名的哥廷根大学学习，这座德国最高学府学风浓厚，人才荟萃，高斯在这里受到系统而严格的科学教育，为其后的科学研究生涯奠定了坚实基础．

进入哥廷根大学的第二年，年仅19岁的高斯不依古法，而是另辟蹊径地运用代数的方法解决了自古希腊以来近二千年悬而未决的一大数学难题——正十七边形的尺规作图法，同时他还对一般正$N$边形能否以尺规作图给出了明确的判别依据．这一重大发现轰动了整个数学界，也成为高斯学术生涯的转折点，他由此充分认识到自己的数学天赋，从而坚定了终身从事数学研究的决心．1798年，高斯转入黑尔姆施泰特大学，一年后他就成功证明了代数学基本定理，这一成就使他获得了博士学位．从1796至1801年这段时间，高斯的研究成果极为丰硕，他在数论、复变函数论、代数和统计学等众多领域都做出了重要贡献，高斯自己曾回忆当时的情景说："新的观念和思想几乎充满了整个头脑，以至于勉强来得及记下的仅是其中简短的一部分．"在这些研究领域中，高斯对数论最为重视，他曾说："数学是科学的女皇，数论则是数学的女皇"．1801年，高斯出版了《算术研究》一书，这本书以拉丁文写成，除个别章节外，全书主要内容都与数论有关，其中包括"同余"、"齐式论与剩余论"和"二次互反律"等重要成果．《算术研究》是数学史上一部划时代的著作，它的出版标志着数论研究步入了新的纪元．就在同一年，天文学家在火星与木星之间的区域发现了一颗新星，并命名为谷神星．谷神星的发现引起了天文学家们的广泛关注，然而对于这颗新星的观测却遇到了困难，天文学家们无法确定它的运行轨道．高斯对谷神星运行轨道的问题也产生了兴趣，他运用最小二乘法，仅通过三次观测的资料就计算出了谷神星的轨道．果然，天文学家在高斯预测的地方找到了谷神星，一年后，高斯采用同样的方法再次准确预测到智神星的位置，这一成就使高斯名声大振，并当选为俄国圣彼得堡科学院院士．1807年，高斯接受聘请，开始担任哥廷根天文台首任台长，同时兼任哥廷根大学的数学和天文学教授．高斯此后在天文学方面开展了许多研究工作，1809年他出版了天文学名著《天体运行论》．

1820年左右，应汉诺威公国邀请，高斯开始主持该公国的大地测量工作，由此开始将注意力转向大地测量学方面．高斯在大地测量学方面的研究持续了近十年的时间，他的工作使测量精度得到了极大提升．与此同时，高斯还在分析测量数据的过程中，创立了一种在任意曲面上进行几何学研究的方法，并在1828年出版了《曲面的一般研究》一书，他的这些成果对后来微分几何的建立起到了引导作用．在此期间，高斯并没有放弃数论方面的研究工作，他继二次剩余论后，进一步提出了四次剩余论，并发现一种利用复数对奇数进行因式分解的方法，这对后来的代数数论产生了很深的影响．

1830年以后，高斯的研究越来越多地涉及到物理．1831年，年轻的物理学家韦伯(Wilhelm Weber，1804—1891)来到了哥廷根大学，成为高斯的合作者，同时他们之间也建立了深厚的友谊．1833年，高斯与韦伯合作发明了世界上第一台电磁电报机，并共同创立了电磁学的高斯单位制(在高斯单位制下，磁感应强度的单位就称为"高斯"，不过高斯单位制现在已被国际单位制取代)．1835年，高斯在哥廷根天文台设立了地磁观测站，通过自制的地磁仪观察地球磁场的变化．1840年，高斯根据观测结果和理论研究，出版了《地磁的一般理论》，一年后他又与韦伯合作描绘出了世界上第一份地球磁场图，并定出了地球磁场的南、北极，这些理论结果不久后获得了实验证实．不仅如此，高斯在库仑(Charles Augustin de Coulomb，

1736—1806)定律的基础上，通过缜密的数学论证得出了静电场的高斯定理(该定理可以被推广到非静电场，而且磁场中也有相似规律，称为磁场的高斯定理．电场和磁场的高斯定理都是电磁场理论的基本方程之一)．此外，高斯在物理方面的研究成果还包括表面张力理论、变分法和高斯光学等．由于高斯在数学、天文学、大地测量学和物理学等多个领域做出的卓越贡献，他获得了“哥廷根巨人”的称号，并被选为许多科学院和学术团体的成员．

高斯对科学的态度十分严谨、精益求精，有时甚至显得过分拘谨．高斯一生的著作、笔记和手稿很多，但在生前发表的只有155篇．高斯去世后，人们在对他的遗著及文稿进行整理的过程中，发现他有许多未曾发表而有价值的研究成果，例如他早就在非欧几何的研究上取得了很有意义的进展，但他担心世人不能接受，因而没有公布出来．后来，高斯的这些书稿和笔记由哥廷根大学整理出版了高斯全集，共十一卷．

高斯兴趣广泛，会十几种外语，还喜爱音乐和文学，60多岁时，他还通过自学掌握了俄语．生活中的高斯非常俭朴，为人也十分谦虚，面对别人的赞誉，他冷静地回答道：“假如别人和我一样深刻和持久地思考数学真理，他们也会有同样的发现．”

高斯的一生，几乎对当时数学的各个方面都做出了重要贡献，并开拓出许多新的领域，因此有人曾称赞道：“在数学世界里，高斯处处留芳”．除了纯数学研究之外，高斯同样重视数学的应用，他的许多成就都与天文学、物理学等有关，著名数学家克莱因曾评价道：“如果我们把18世纪的数学家们想象为一系列的高山峻岭，那么最后一座使人肃然起敬的峰巅便是高斯．”实际上，高斯已被世人公认为是继阿基米德与牛顿之后，人类历史上最伟大的数学家．

1855年2月23日清晨，高斯在睡梦中安详地离开了人世，享年78岁．为纪念这位杰出的科学家，曾发行专门的纪念币，他的头像也被印在邮票和纸钞上．高斯去世后，哥廷根大学建造了一个台座为正十七边形棱柱的高斯雕像，这座雕像至今仍矗立在这所高斯母校的校园中．

## 附录12A　闪　　电

1. 闪电是一种自然现象

闪电是云与云之间、云与地之间或者云体内各部位之间的强烈放电现象(一般发生在积雨云中)，如图12-54所示．

图12-54　闪电

积雨云通常产生电荷，底层为阴电，顶层为阳电，而且还在地面产生阳电荷，如影随形地跟着云移动．正电荷和负电荷彼此相吸，但空气却不是良好的传导体．正电荷奔向树木、山丘、高大建筑物的顶端甚至人体之上，企图和带有负电的云层相遇；负电荷枝状的触角则向下伸展，越向下伸越接近地面．最后正负电荷终于克服空气的阻障而连接上．巨大的电流沿着一条传导气道从地面直向云涌去，产生出一道明亮夺目的闪光．一道闪电的长度可能只有数百米(最短的为100 m)，但最长可达数千米．闪电的温度，从17000℃至28000℃不等，也就是等于太阳表面温度的3～5倍．闪电的极度高热使沿途空气剧烈膨胀．空气移动迅速，因此形成波浪并发出声音．闪电距离近，听到的就是尖锐的爆裂声；如果距离远，听到的则是隆隆声．你在看见闪电之后可以开动秒表，听到雷声后即把它按停，然后用所得的秒数除以3，即可大致知道闪电离你有几千米．

2. 闪电的类型

最常见的闪电是线形闪电，它是一些非常明亮的白色、粉红色或淡蓝色的亮线，它很像地图上的一条分支很多的河流，又好像悬挂在天空中的一棵蜿蜒曲折、枝杈纵横的大树．线形闪电的“脾气”早已被科学工作者摸透，用连续高速的照相机可以完整地记录线形闪电的全过程，并能在实验室成功地进行模拟实验．

除了线形闪电，另外还有球形闪电和链形闪电，这两种闪电都比较少见．球形闪电多半在强雷雨的恶劣天气里才会出现. 在线形闪电过后，天空突然出现一个火球，火球沿着弯曲的路径在天空飘游，有时也可能停止不动，悬在空中. 这种火球喜欢钻洞，有时会从烟囱、窗户、门缝等窜入屋内，然后再溜出屋去.

比起球形闪电，链形闪电的踪迹更难寻觅. 目前，人们只知道它也是出现在线形闪电之后，与线形闪电出现在同一路径上，它像一排发光的链球挂在天空，在云层的衬托下好像一条虚线在云幕上慢慢滑行.

3. 闪电的结构

被人们研究得比较详细的是线形闪电，我们就以它为例来讲述闪电的结构. 闪电是大气中脉冲式的放电现象. 一次闪电由多次放电脉冲组成，这些脉冲之间的间歇时间都很短，只有百分之几秒. 脉冲一个接着一个，后面的脉冲就沿着第一个脉冲的通道行进. 现在已经研究清楚，每一个放电脉冲都由一个“先导”和一个“回击”构成. 第一个放电脉冲在爆发之前，有一个准备阶段——“阶梯先导”放电过程：在强电场的推动下，云中的自由电荷很快地向地面移动. 在运动过程中，电子与空气分子发生碰撞，致使空气轻度电离并发出微光. 第一次放电脉冲的先导是逐级向下传播的，像一条发光的舌头. 开头，这光舌只有十几米长，经过千分之几秒甚至更短的时间，光舌便消失；然后就在这同一条通道上，又出现一条较长的光舌(约 30 m 长)，转瞬之间它又消失；接着再出现更长的光舌……光舌采取“蚕食”方式步步向地面逼近. 经过多次放电-消失的过程之后，光舌终于到达地面. 因为这第一个放电脉冲的先导是一个阶梯一个阶梯地从云中向地面传播的，所以叫做“阶梯先导”. 在光舌行进的通道上，空气已被强烈地电离，它的导电能力大为增加. 空气连续电离的过程只发生在一条很狭窄的通道中，所以电流很大.

当第一个先导即阶梯先导到达地面后，立即从地面经过已经高度电离了的空气通道向云中流去大量的电荷. 这股电流是如此之强，以至空气通道被烧得白炽耀眼，出现一条弯弯曲曲的细长光柱. 这个阶段叫做“回击”阶段，也叫“主放电”阶段. 阶梯先导加上第一次回击，就构成了第一次脉冲放电的全过程，其持续时间只有 1/100s.

第一个脉冲放电过程结束之后，只隔一段极其短暂的时间(4/100s)，又发生第二次脉冲放电过程. 第二个脉冲也是从先导开始，到回击结束. 但由于经第一个脉冲放电后，“坚冰已经打破，航线已经开通”，所以第二个脉冲的先导就不再逐级向下，而是从云中直接到达地面. 这种先导叫做“直窜先导”. 直窜先导到达地面后，约经过千分之几秒的时间，就发生第二次回击，而结束第二个脉冲放电过程. 紧接着再发生第三个、第四个……直窜先导和回击，完成多次脉冲放电过程. 由于每一次脉冲放电都要大量地消耗雷雨云中累积的电荷，因而以后的主放电过程就越来越弱，直到雷雨云中的电荷储备消耗殆尽，脉冲放电方能停止，从而结束一次闪电过程.

4. 闪电的能量

一次闪电的各次回击导入地面的总电荷约 -20C. 由于云地之间的电势差约为 $5\times10^7$V，所以一次闪电释放的能量约为 $10^9$J. 这能量的大部分变为热(焦耳热)，只有少量变为光能或无线电波的能量. 强大的回击电流刚刚流过的瞬间，闪电通道中的等离子体的温度可升至非常高(约 30 000K，太阳表面是6 000K)，相应地具有很大的压强. 这高温高压使闪电通道的任何物体都遭到严重的破坏. 高压等离子体爆炸性地向四处膨胀因而形成激波，在几米之外，这激波逐渐减弱为声波脉冲. 这声波脉冲传到我们的耳朵里，我们就听到雷声.

# 第 13 章　静电场中的导体和电介质

按导电能力来划分，可以把物体分为三类：导电能力极强的物体叫做**导体**(conductor)，导电能力极微弱或者不能导电的物体叫做**绝缘体**或**电介质**(dielectric)，导电能力介于导体和绝缘体之间的物体叫做**半导体**．由于电荷总是分布在物体上，电场中也总有其他的物体存在，因此本章从静电场与物体的作用出发，研究导体和电介质的静电特性以及导体和电介质内外电场的分布情况(半导体的情况将在 23.5 中讨论)；通过引入电位移矢量(electric displacement vector)$\boldsymbol{D}$，学习物理学处理问题的新方法；通过对静电场能量的讨论，从一个侧面来反映电场的物质性．在工业和科学实验中，静电现象的一切应用，实质上都是导体或电介质静电特性的应用，因此本章的学习具有很重要的实际意义．

## 13.1　静电场中的导体

### 13.1.1　导体的静电平衡

**1. 静电感应现象**　通常的金属导体都是以金属键结合的晶体，处于晶格结点上的原子很容易失去外层的价电子，而成为正离子．脱离原子核束缚的价电子可以在整个金属中自由运动，称为自由电子．在不受外电场作用时，自由电子只作热运动，不发生宏观电荷量的迁移，因而整个金属导体的任何宏观部分都呈电中性状态．

当把金属导体放入电场强度为 $\boldsymbol{E}_0$ 的静电场中时，情况将发生变化．金属导体中的自由电子在外电场 $\boldsymbol{E}_0$ 的作用下，相对于晶格离子作定向运动，如图 13-1a 所示．由于电子的定向运动，并在导体一侧面集结，使该侧面出现负电荷，而相对的另一侧面出现正电荷，如图 13-1b 所示，这就是**静电感应**(electrostatic induction)**现象**．由静电感应现象所产生的电荷，称为**感应电荷**(induced charge)．感应电荷必然在空间激发电场，这个电场与原来的电场相叠加，因而改变了空间各处的电场分布．我们把感应电荷产生的电场称为**附加电场**，用 $\boldsymbol{E}'$ 表示．空间任意一点的电场强度应为

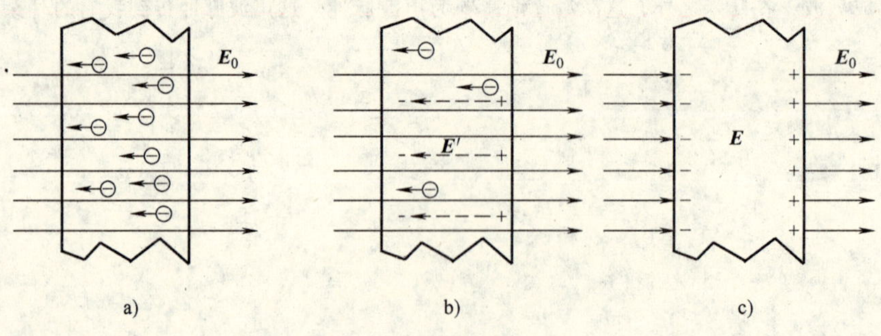


图 13-1　导体的静电平衡

$$E = E_0 + E' \tag{13-1}$$

**2. 导体的静电平衡条件**　在导体内部，附加电场 $\boldsymbol{E}'$与外加电场 $\boldsymbol{E}_0$ 方向相反，并且只要 $\boldsymbol{E}'$不足以抵消外加电场 $\boldsymbol{E}_0$，导体内部自由电子的定向运动就不会停止，感应电荷就继续增加，附加电场 $\boldsymbol{E}'$将相应增大，直至 $\boldsymbol{E}'$与 $\boldsymbol{E}_0$ 完全抵消，导体内部的电场为零，如图 13-1 c 所示，这时自由电子的定向运动也就停止了．在金属导体中，自由电子没有定向运动的状态，称为**静电平衡**（electrostatic equilibrium）. 导体建立静电平衡的过程就是静电感应发生并达到稳定的过程．实际上，这个过程是在极其短暂的时间内完成的．

感应电荷所激发的附加电场 $\boldsymbol{E}'$，不仅导致导体内部的电场强度为零，而且也改变了导体外部空间各处原来电场的大小和方向，甚至还可能会改变产生原来外加电场 $\boldsymbol{E}_0$ 的带电体上的电荷分布．

根据上面的讨论可知，导体达到静电平衡的条件是：

（1）**导体内部任一点的电场强度为零**．否则，导体内自由电子的定向运动就会持续下去，那就不会是静电平衡了．

（2）**导体表面上任一点的电场强度都与该点表面垂直**．因为在静电平衡时，导体表面的电场强度可能不等于零，但它必须和其表面垂直，否则，电场强度将有沿表面的切线分量 $\boldsymbol{E}_\tau$，那么，导体表面层内的自由电子将在 $\boldsymbol{E}_\tau$ 的作用下沿表面运动，从而破坏了静电平衡，所以，只有表面的电场强度 $\boldsymbol{E}$ 垂直于导体表面时，才能达到静电平衡状态．或者从电场线与等势面的关系出发，也可知导体表面的电场强度必与它的表面垂直．

**3. 静电平衡时导体的性质**　根据静电平衡时金属导体内部不存在电场，自由电子没有定向运动的特点，不难推断处于静电平衡的金属导体还必定具有下列性质：

（1）**整个导体是等势体，导体的表面是等势面**．

因为，对静电平衡时导体上的任意两点 $a$ 和 $b$，有

$$V_a - V_b = \int_a^b \boldsymbol{E} \cdot \mathrm{d}\boldsymbol{l} = 0$$

即

$$V_a = V_b$$

也就是说：静电平衡时导体内任意两点的电势都相等，所以整个导体为一等势体．又由于 $a$、$b$ 可以是导体表面的任意两点，所以等势体的表面必然是等势面．

（2）**导体表面附近任一点的电场强度的大小与该处导体表面上的电荷面密度成正比**．

图 13-2 是放大的导体表面，在导体表面附近作一圆柱形闭合面作为高斯面，对于面元 d$S$ 而言，可认为其上各点的电场强度分布是均匀的，且导体表面上的电场与表面垂直．因为导体内电场为零，所以左侧圆柱底面的电通量为零．圆柱的侧面法线矢量的方向与电场强度垂直，所以电通量也为零．设导体表面被圆柱面所包围处的电荷面密度为 $\sigma$，根据高斯定理可得

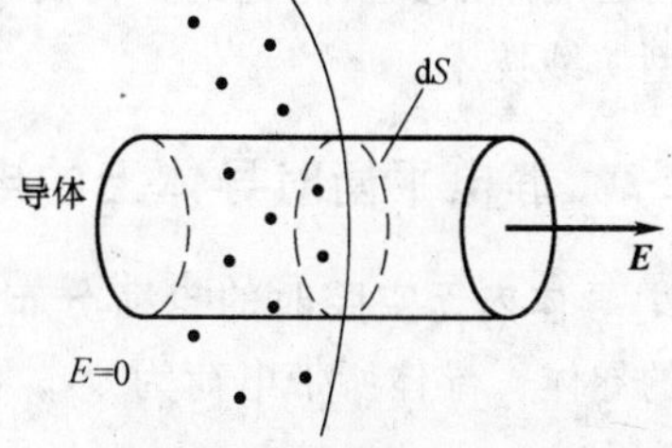

图 13-2　放大的导体表面

$$\oint_S \boldsymbol{E} \cdot \mathrm{d}\boldsymbol{S} = \frac{\sigma \mathrm{d}S}{\varepsilon_0}$$

$$E\mathrm{d}S = \frac{\sigma \mathrm{d}S}{\varepsilon_0}$$

$$E = \frac{\sigma}{\varepsilon_0}$$

写成矢量式为

$$\boldsymbol{E} = \frac{\sigma}{\varepsilon_0}\boldsymbol{e}_{\mathrm{n}} \tag{13-2}$$

式(13-2)即为电场强度与导体的电荷面密度的关系．式中，$\boldsymbol{E}$ 是所有电荷(包括导体上的全部电荷以及导体外的所有其他电荷)共同产生的合电场强度，$\sigma$ 是达到静电平衡后，导体表面上所求点附近的电荷面密度．

**4. 静电感应的防止和应用** 静电感应常简称为静电．静电是一种常见的现象，它会给人们带来麻烦，甚至造成危害，这需要加以防止；它也可以利用，为人类造福．

（1）静电的防止．如何防止静电感应带来的危害呢？最简单可靠的方法是用导线把设备接地，以便把产生的电荷及时引入大地．我们看到油罐车后拖一条碰到地的铁链，就是这个道理．增大空气湿度也是防止静电的有效方法，空气湿度大时，电荷可随时放出．在做静电实验时，空气的湿度大就不容易做成功的原因就在于此．纺织厂房、雷管、炸药等生产车间对空气湿度要求特别严格，目的之一就是防止因静电引起的爆炸．

（2）静电的利用．那么，给人们带来许多麻烦的静电能不能变害为利，为人类服务呢？当然能．并且它还在各方面大显身手．如静电除尘、静电喷涂、静电纺纱、静电植绒、静电复印等．

静电除尘和分选：静电除尘是利用静电场的作用，使气体中悬浮的尘粒带电而被吸附，并将尘粒从烟气中分离出来而将其去除．这是静电应用的主要方面，可用于各种工厂的烟气除尘．

静电喷涂：利用静电吸附作用将聚合物涂料微粒涂敷在接地金属物体上，然后将其送入烘炉以形成厚度均匀的涂层．电晕放电电极使直径 5 ~ 30 μm 的涂料粒子带电，在输送气力和静电力的作用下，涂料粒子飞向被涂物，粒子所带电荷与被涂物上的感应电荷之间的吸附力使涂料牢固地附在被涂物上，沉积成均匀的涂膜．静电喷涂的涂液利用率甚高，可达(80 ~90)%，主要用于汽车、机械、家用电器等行业．

静电纺纱：在纺纱过程中利用静电场对纤维的作用力，使纤维得到伸直、排列和凝聚，并在自由端须条加拈时起到平衡的作用，使纺纱能连续进行．它是属于自由端纺纱范畴的一种新型纺纱技术．

### 13.1.2 静电平衡时导体上的电荷分布

**1. 导体内无空腔时的电荷分布** 如图 13-3 所示，有一任意形状的导体，导体所带电荷为 $Q$，在其内部做一高斯面 $S$，高斯定理为

$$\oint_S \boldsymbol{E} \cdot \mathrm{d}\boldsymbol{S} = \frac{1}{\varepsilon_0}\sum_{S内} q$$

因为导体静电平衡时其内部的电场强度

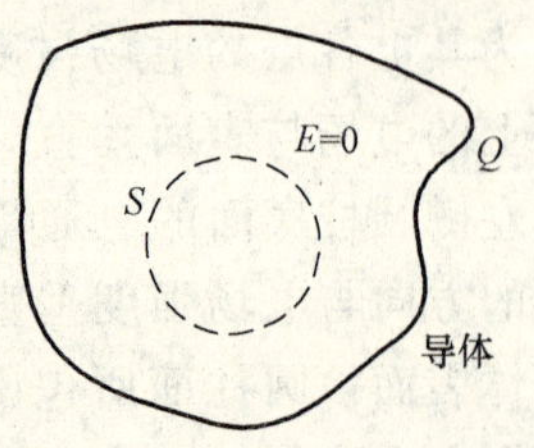


图 13-3 导体内无空腔时的电荷分布

$$\boldsymbol{E}=0$$

所以

$$\oint_S \boldsymbol{E}\cdot \mathrm{d}\boldsymbol{S}=0$$

即

$$\sum_{S内} q=0$$

因为 $S$ 面是任意的，所以导体内无净电荷存在．

由此可得出结论：**静电平衡时，净电荷都分布在导体外表面上**．

**2. 导体内有空腔时的电荷分布**　当导体内有空腔时，还要看腔内有无其他电荷存在．

(1) 空腔内无其他电荷的情况．考虑任意形状的导体，导体所带电荷为 $Q$，导体内有空腔，腔内无其他电荷．如图 13-4 所示，在其内部做一高斯面 $S$，高斯定理为

$$\oint_S \boldsymbol{E}\cdot \mathrm{d}\boldsymbol{S}=\frac{1}{\varepsilon_0}\sum_{S内} q$$

因为静电平衡时，导体内的电场强度

$$\boldsymbol{E}=0$$

所以

$$\sum_{S内} q=0$$

即 $S$ 内的净电荷为 0.

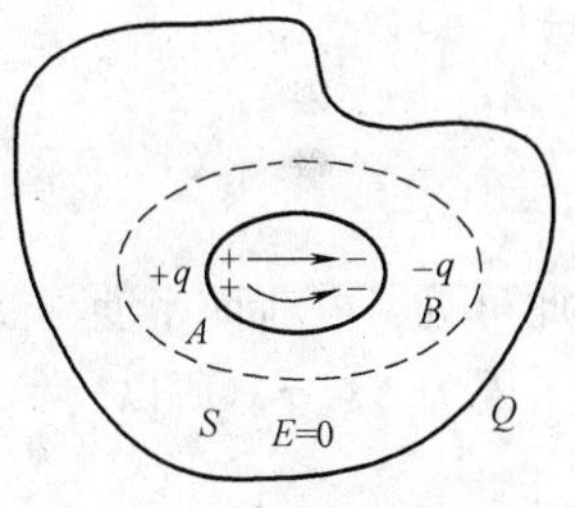

图 13-4　导体空腔内无其他电荷时的电荷分布

由于空腔内无其他电荷存在，静电平衡时，导体内又无净电荷，所以空腔内表面上的净电荷为 0.

但是，在空腔内表面上能否出现符号相反的等量的电荷呢？我们设想，假如有这种可能，如图 13-4 所示，在 $A$ 点附近出现 $+q$，$B$ 点附近出现 $-q$，这样，在腔内就会分布起始于正电荷而终止于负电荷的电场线，此时有 $V_A>V_B$，然而静电平衡时，整个导体为等势体，即 $V_A=V_B$，因此，该假设不成立．

由此可见：**静电平衡时，腔内表面无净电荷分布，净电荷都分布在导体外表面上**．

(2) 空腔内有点电荷的情况．如图 13-5 所示，对于任意形状的导体，导体电荷量为 $Q$，其内腔中有点电荷 $+q$，在导体内做一高斯面 $S$，高斯定理为

$$\oint_S \boldsymbol{E}\cdot \mathrm{d}\boldsymbol{S}=\frac{1}{\varepsilon_0}\sum_{S内} q$$

因为静电平衡时

$$\boldsymbol{E}=0$$

所以

$$\sum_{S内} q=0$$

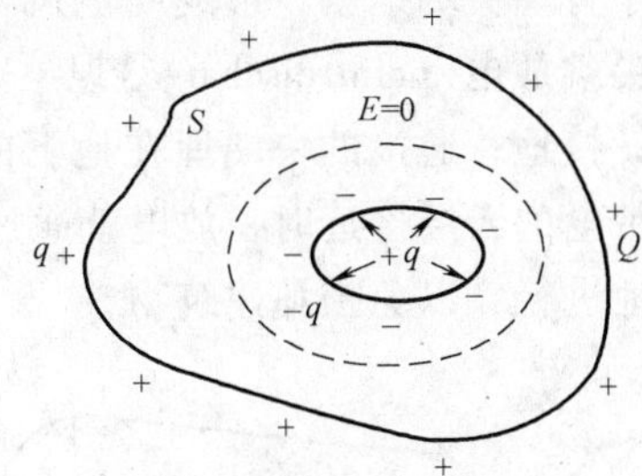

图 13-5　导体空腔内有点电荷时的电荷分布

又因为此时导体内部无净电荷，而腔内有电荷 $+q$，所以，腔内表面必有感应电荷 $-q$.

因而可得出结论：**静电平衡时，空腔内表面有感应电荷 $-q$，外表面有感应电荷 $+q$，此时外表面电荷总量为 $q+Q$.**

**3. 曲率半径与电荷面密度的关系尖端放电**　从上面的分析可知，静电平衡时电荷是分

布在导体表面的，那么，导体表面的电荷究竟是怎样分布的呢？要解决这个问题，我们可从带有导线的两个导体球的电荷分布来分析．设有两个相距很远的孤立导体球，半径为 $R_1$ 的导体球带电荷为 $q_1$，半径为 $R_2$ 的导体球带电荷为 $q_2$，用一根很长的细导线将这两个导体球连接起来，如图 13-6 所示，因为整个系统处于静电平衡状态，所以有

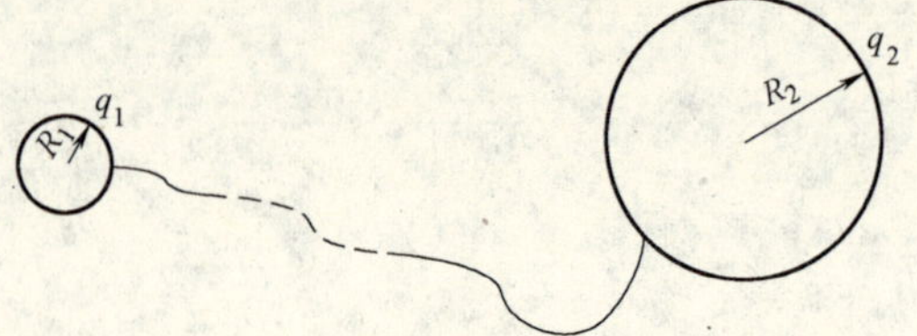

图 13-6　曲率半径与电荷面密度的关系

$$V=\frac{1}{4\pi\varepsilon_0}\frac{q_1}{R_1}=\frac{1}{4\pi\varepsilon_0}\frac{q_2}{R_2}$$

而

$$\sigma_1=\frac{q_1}{4\pi R_1^2}\text{，}\sigma_2=\frac{q_2}{4\pi R_2^2}$$

于是有

$$V=\frac{1}{\varepsilon_0}\sigma_1 R_1=\frac{1}{\varepsilon_0}\sigma_2 R_2$$

即

$$\sigma\propto\frac{1}{R}\tag{13-3}$$

由此可见，电荷面密度与曲率半径成反比．

因为 $E\propto\sigma$，所以

$$E\propto\frac{1}{R}$$

根据上述结论，对一个非球形的不规则的带电体，其电荷分布应为图 13-7 所示．并且可以进一步推知尖端部分的电场会特别强．现实中如果把金属针接在起电机的一个电极上，让它带上足够的电荷，这时在金属针的尖端附近就会产生很强的电场，可使空气分子电离，并使离子急剧运动．在离子运动过程中，由于碰撞可使更多的空气分子电离．与金属针上电荷异号的离子，向着尖端运动，落在金属针上并与那里的电荷中和；与金属针上电荷同号的离子背离尖端运动，形成“电风”，并会把附近的蜡烛火焰吹向一边，如图 13-8 所示，这就是**尖端放电**(point discharge)现象．避雷针就是根据尖端放电的原理制造的，用粗铜缆将避雷针接地，通接的一端埋在地下的金属板(或金属管)上，以保持避雷针与大地接触良好．当带电的云层接近时，放电就通过避雷针和通地粗铜导体这条最易于导电的通路局部持续不断地进行，以免损坏建筑物．

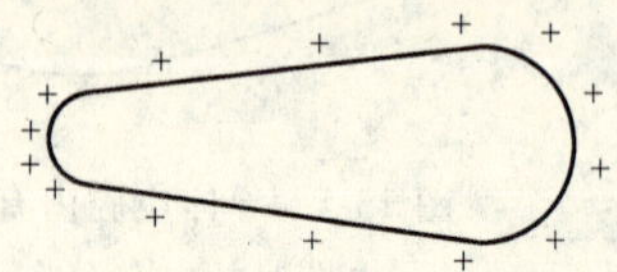
图 13-7　不规则导体的表面电荷分布情况

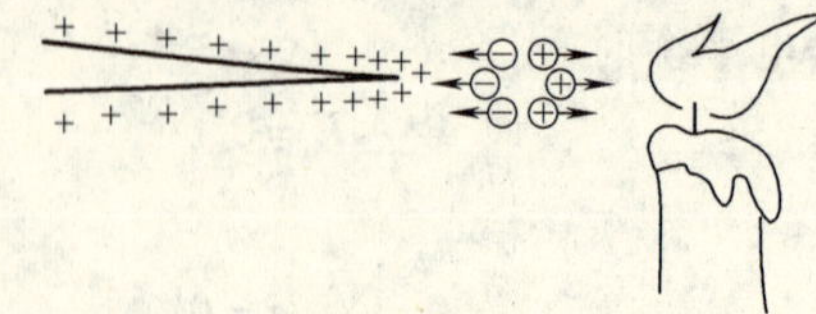
图 13-8　尖端放电现象

## 13.1.3　静电屏蔽

根据导体空腔的性质我们可以得到这样的结论，在一个导体空腔内部若不存在其他带电

体，则无论导体外部电场如何分布，也不管导体空腔自身带电情况如何，只要处于静电平衡，腔内必定不存在电场．另外，如果空腔内部存在电荷量为 $q$ 的带电体，则在空腔内、外表面必将分别产生 $-q$ 和 $q$ 的电荷，外表面的电荷 $q$ 将会在空腔外部空间产生电场，如图 13-9a 所示．若将导体接地，则由外表面电荷产生的电场将随之消失，于是腔外空间将不再受腔内电荷的影响了，如图 13-9b 所示．

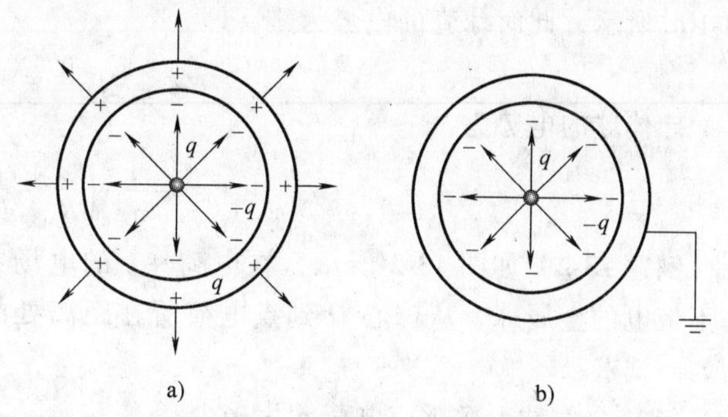

图 13-9　腔内有带电体时腔内外的电场分布

利用导体静电平衡的性质，使导体空腔内部空间不受腔外电荷和电场的影响，或者将导体空腔接地，使腔外空间免受腔内电荷和电场影响，这类操作都称为**静电屏蔽**(electrostatic shielding)．

静电屏蔽在电磁测量和无线电技术中有广泛应用．例如，常把测量仪器或整个实验室用金属壳或金属网罩起来，使测量免受外部电场的影响．

**例题 13-1**　一半径为 $R_1$ 的导体球带有电荷 $q$，球外有一内、外半径分别为 $R_2$ 和 $R_3$ 的同心导体球壳，带电为 $Q$；(1)求导体球和球壳的电势；(2)若用导线连接球和球壳，再求它们的电势；(3)若不是连接而是使外球接地，再求它们的电势．

**解**：(1) 由静电平衡条件可知，电荷只能分布于导体表面．在球壳中作一闭合曲面可求得球壳内表面感应电荷为 $-q$. 由于电荷守恒，球壳外表面电荷量应为 $(q+Q)$．由于球和球壳同心放置，满足球对称性，故电荷均匀分布形成三个均匀带电球面，如图 13-10a 所示，由电势叠加原理可直接求出电势分布．

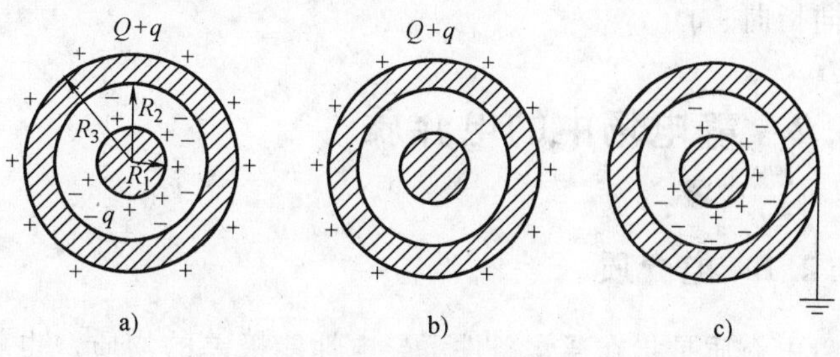

图 13-10　例题 13-1 用图

导体球的电势为

$$V_1=\frac{1}{4\pi\varepsilon_0}\left(\frac{q}{R_1}-\frac{q}{R_2}+\frac{q+Q}{R_3}\right)$$

导体球壳的电势为

$$V_2=\frac{1}{4\pi\varepsilon_0}\ \frac{q+Q}{R_3}$$

(2) 若用导线连接球和球壳，球上电荷 $q$ 将和球壳内表面电荷 $-q$ 中合，电荷只分布于球壳外表面，如图 13-10b 所示．此时导体球和球壳的电势相等，为

$$V_1=V_2=\frac{1}{4\pi\varepsilon_0}\ \frac{q+Q}{R_3}$$

(3) 若使球壳接地，球壳外表面电荷被中和，这时只有球和球壳的内表面带电，如图

13-10c 所示，此时球壳的电势为零，即

$$V_2 = 0$$

导体球的电势为

$$V_1 = \frac{1}{4\pi\varepsilon_0}\left(\frac{q}{R_1} - \frac{q}{R_2}\right)$$

**例题 13-2** 如图 13-2 所示，在电荷 $+q$ 的电场中，放一不带电的金属球，从球心 $O$ 到点电荷所在距离处的矢径为 $r$，试求：

（1）金属球上净感应电荷 $q'$为多少？

（2）这些感应电荷在球心 $O$ 处产生的电场强度 $\boldsymbol{E}_{感}$.

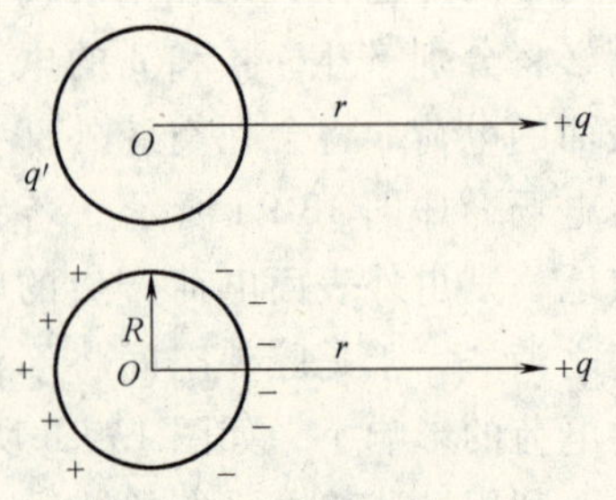

图 13-11 例题 13-2 用图

**解：**（1）由静电平衡条件可知，电荷只能分布于导体表面．靠近点电荷 $+q$ 的一侧球壳表面感应电荷为负电荷，远离点电荷 $+q$ 的一侧球壳表面感应电荷为正电荷．由于电荷守恒，故金属球上净感应电荷 $q'=0$．

（2）因为球心 $O$ 处的电场强度 $\boldsymbol{E}=0$（静电平衡要求），即 $+q$ 在 $O$ 处产生的场强 $\boldsymbol{E}_+$ 与感应电荷在 $O$ 处产生场强的矢量和为零，

$$\boldsymbol{E}_+ + \boldsymbol{E}_{感} = 0$$

所以

$$\boldsymbol{E}_{感} = -\boldsymbol{E}_+ = \frac{q}{4\pi\varepsilon_0 r^3}\boldsymbol{r}$$

方向指向 $+q$.

## 13.2 静电场中的电介质

### 13.2.1 电介质

电介质是指在通常条件下导电性能极差的物质，也就是绝缘体，如云母、橡胶、玻璃、陶瓷等．电介质中正负电荷束缚得很紧，内部可自由移动的电荷极少，所以导电性能差．但在外电场中，电介质也会受到电场的作用，反过来又会影响电场．

**1. 电介质的电结构** 从电结构的角度看，电介质是由电中性分子构成的．所谓电中性，是指分子中所有电荷的代数和为零．电介质的特点为：

（1）电介质中的电子被原子核紧紧束缚；

（2）在静电场中，电介质中性分子中的正、负电荷仅产生微观相对运动；

（3）在静电场与电介质相互作用时，电介质分子可简化为电偶极子．电介质由大量微小的电偶极子组成；

（4）电介质在外电场中会被极化（polarization）从而产生极化电荷（polarization charge），极化电荷产生附加电场，附加电场又作用于电介质，最后达到静电平衡．

**2. 电介质的内部结构** 从微观角度看，构成电介质的分子中各微观带电粒子在位置上并不重合，但可以认为分子中正负电荷各有自己的"电荷中心"，据此可将电介质分为有极分子和无极分子两大类．

(1) 有极分子：无外电场时，分子的正、负电荷中心不重合，分子具有固有电偶极矩．例如：水($H_2O$)、氯化氢(HCl)、一氧化碳(CO)、二氧化硫($SO_2$)等．

(2) 无极分子：无外电场时，分子的正、负电荷中心重合，分子没有固有电偶极矩．例如：二氧化碳($CO_2$)、氢气($H_2$)、氮气($N_2$)、氧气($O_2$)、氦气(He)等．

## 13.2.2　电介质的极化

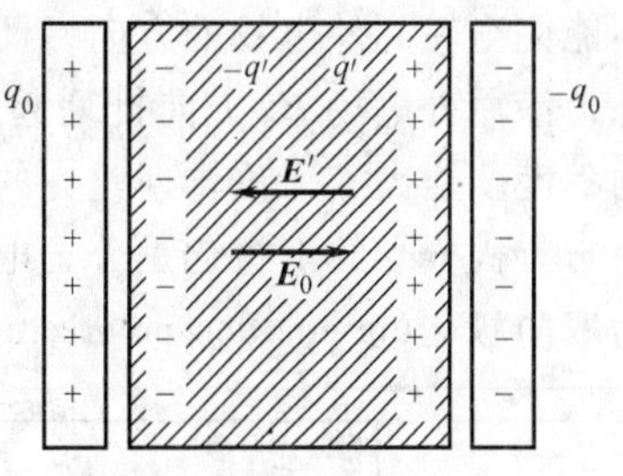


图 13-12　电介质的极化

**1. 极化现象**　实验表明，充电后的电容器去掉电源，再插入某种电介质(如玻璃、硬橡胶等)，则极板间电压减小了．由 $U=Ed$ 知，$E$ 也减小了．$E$ 是如何减小的呢？从平行板电容器的电场强度公式 $E=\dfrac{\sigma}{\varepsilon_0}$知，$E$ 的减小，意味着电介质与极板的接触处的电荷面密度 $\sigma$ 减小了．但是，极板上的电荷 $q_0$ 没变，即电荷面密度 $\sigma_0$ 没变，这种改变只能是电介质上的两个表面出现了如图 13-12 所示的正、负电荷 $\pm q'$．电介质在外电场 $\boldsymbol{E}_0$ 作用下，其表面出现净电荷的现象称为**电介质的极化**(dielectric polarization)．极化时电介质表面处出现的净电荷称为**极化电荷(束缚电荷)**，$q_0$ 称为**自由电荷**(free charge)．可见，电荷面密度 $\sigma=\sigma_0-\sigma'$减小了，所以 $E$ 减小了．其中，$\sigma_0$ 为自由电荷面密度、$\sigma'$为极化电荷面密度．(因为束缚电荷受到限制，所以束缚电荷量比自由电荷少得多，故 $\sigma'$比 $\sigma_0$ 少得多．)另外，从图 13-12 还可看出，$\pm q'$产生的电场强度 $\boldsymbol{E}'$与 $\pm q_0$ 产生的电场强度 $\boldsymbol{E}_0$ 方向相反(根据电介质的性质，很多电介质内产生的极化电场方向与外场方向未必就是简单的相反，而是对外场起到削弱的作用，在此处相反因为是均匀电介质的缘故)，所以它的合电场强度为 $E=E_0-E'$，即减小了，这也可以解释实验结果．

**2. 电介质极化的微观机理**　为方便起见，电介质的极化可按无极分子的极化和有极分子的极化两种情况讨论．

(1) 无极分子的位移极化．无极分子在没有受到外电场作用时，它的正负电荷的中心是重合的，因而没有电偶极矩，如图 13-13 a 所示，但当外电场存在时，它的正负电荷的中心发生相对位移，形成一个电偶极子，其电矩 $\boldsymbol{p}$ 的方向沿外电场 $\boldsymbol{E}_0$ 的方向，如图 13-13 b 所示．对一块介质整体来说，由于电介质中每一个分子都成为一个电偶极子，所以，它们在电介质中排列如图 13-13c 所示，在电介质内部，相邻电偶极子正负电荷相互靠近，因而对于均匀电介质来说，其内部仍是电中性的，但在和外电场垂直的两个端面上就不同了．由于电偶极子的负端朝向电介质一面，正端朝向另一面，所以电介质的一面出现负电荷，另一面出现正电荷，显然这种正负电荷是不能分离的，故为束缚电荷．由于无极分子的电极化是分子的正负电荷的中心在外电场的作用下发生相对位移的结果，所以这种电极化称为**位移极化**(displacement polarization)．

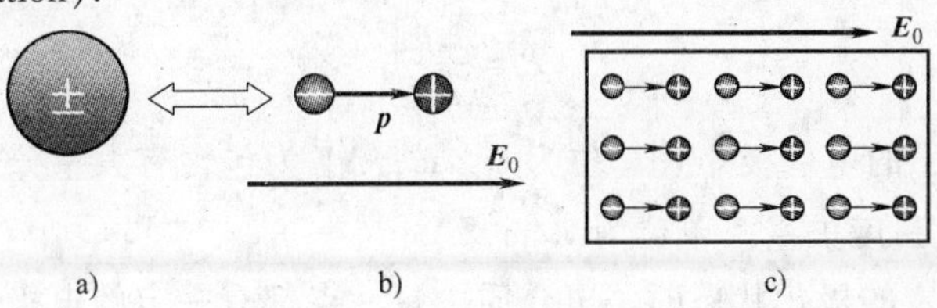


图 13-13　无极分子的位移极化

（2）有极分子的取向极化. 有极分子本身就相当于一个电偶极子，在没有外电场时，由于分子作不规则热运动，这些分子电偶极子的排列是杂乱无章的，如图 13-14a 所示，所以电介质内部呈电中性. 当有外电场时，每一个分子都受到一个电力矩作用，如图 13-14b 所示，这个力矩要使分子电偶极子转到外电场方向，只是由于分子的热运动，各分子电偶极子不能完全转到外电场的方向，而是部分地转到外电场的方向，即所有分子电偶极子不是很整齐地沿着外电场 $\boldsymbol{E}_0$ 方向排列起来，如图 13-14c 所示. 但随着外电场 $\boldsymbol{E}_0$ 的增强，排列整齐的程度要增大. 无论排列整齐的程度如何，在垂直外电场的两个端面上都产生了束缚电荷. 由于有极分子的电极化是分子电偶极子在外电场的作用下发生转向的结果，故这种电极化称为**取向极化**(orientation polarization).

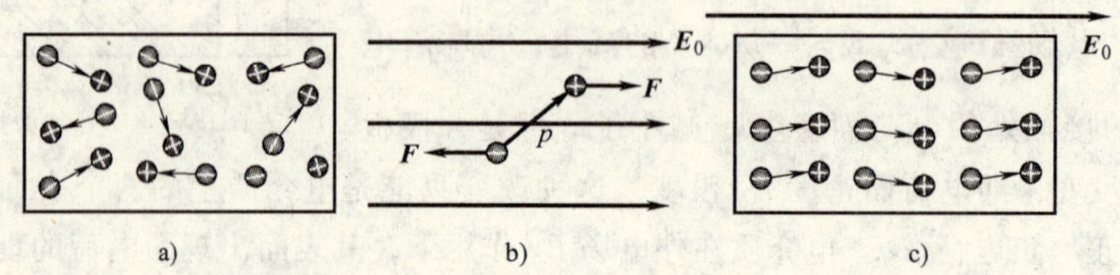


图 13-14　有极分子的取向极化

一般情况下，分子的位移极化效应在任何电介质中都存在，而分子的取向极化只是由有极分子构成的电介质所特有，只不过在有极分子构成的电介质中，取向极化效应比位移极化强得多，因而是主要的. 在静电场中，两种电介质电极化的微观机理虽然不同，但是宏观结果、即在电介质中出现束缚电荷的效果却是一样的，故在宏观讨论中不必区分它们.

家用微波炉就是有极分子在高频电场(2 450 MHz)中反复极化的一个典型例子. 根据上面的讨论可知，介质分子可分为有极分子和无极分子两大类. 在外电场的作用下，使原来杂乱无章的有极分子沿着外电场的方向转向，产生取向极化. 如果外电场是交变的，那么有极分子的转向也要随着电场的变化而不断改变方向. 在这个过程中，由于分子间的相互碰撞，将使电能转化为分子的动能，然后再转化为热能，因而使物体的温度升高.

### 13.2.3　电极化强度

电介质极化的程度与外电场的强弱有关，下面讨论描述电介质极化程度的物理量——电极化强度(intensity of electric polarization)矢量.

在电介质内任取一无限小体积元 $\Delta V$，当没有外电场时，体积元中所有分子的电偶极矩的矢量和 $\sum \boldsymbol{p}_i$ 为零. 但是在外电场中，由于电介质的极化，$\sum \boldsymbol{p}_i$ 将不等于零. 外电场愈大，被极化的程度愈大，$\sum \boldsymbol{p}_i$ 的值也就愈大，因此，**取单位体积内分子电偶极矩的矢量和作为量度电介质极化程度的基本物理量**，称为该点的**电极化强度矢量**($\boldsymbol{P}$ 矢量)，即

$$\boldsymbol{P} = \frac{\sum \boldsymbol{p}_i}{\Delta V} \tag{13-4}$$

式中，$\boldsymbol{p}_i$ 为第 $i$ 个分子的电偶极矩，单位为 C · m；$\Delta V$ 为包含有大量分子的物理小体积，单位为 $\mathrm{m}^3$；$\boldsymbol{P}$ 为电极化强度矢量，单位为 $\mathrm{C/m^2}$.

当电介质处于稳定的极化状态时，电介质中每一点都有一定的电极化强度，不同点的电极化强度可以不同，这表示不同部分的极化程度和极化方向不一样. 如果在电介质中各点的

电极化强度的大小和方向都相同，电介质的极化就是均匀的，否则极化是不均匀的．

电介质的极化是电场和电介质分子相互作用的过程，外电场引起电介质的极化，而电介质极化后出现的极化电荷也要激发电场并改变电场的分布，重新分布后的电场反过来再影响电介质的极化，直到静电平衡时，电介质处于一定的极化状态．所以，电介质中任一点的极化强度与该点的合电场强度 $\boldsymbol{E}$ 有关．对于不同的电介质，$\boldsymbol{P}$ 和 $\boldsymbol{E}$ 的关系不同．实验证明，对于各向同性的电介质，$\boldsymbol{P}$ 和电介质内该点处的合电场强度成正比，在国际单位制中，这个关系可以写成

$$\boldsymbol{P}=\chi_e\varepsilon_0\boldsymbol{E} \tag{13-5}$$

式中，比例系数 $\chi_e$ 和电介质的性质有关，叫做电介质的**电极化率**（electric polarization rate），它是单位为 1 的量．如果是均匀介质，则介质中各点的 $\chi_e$ 值相同；如果是不均匀电介质，则 $\chi_e$ 是电介质各点位置的函数 $\chi_e(x,y,z)$，电介质不同点的 $\chi_e$ 值不同．

### 13.2.4　电极化强度与极化电荷的关系

在被极化的电介质中，由于分子电偶极子的规则排列，会在局部区域出现未被抵消的宏观电荷——极化电荷．电介质极化后产生的一切宏观效应就是通过这些电荷来体现的，因此电介质极化程度的强弱，必定和极化电荷之间有内在的联系．

**1. 极化电荷体密度与电极化强度的关系**　下面我们来计算电介质中体积为 $\Delta V$ 内的极化电荷 $q'$（当 $\Delta V$ 缩小为物理无限小时，$q'/\Delta V$ 即为该点的极化电荷体密度 $\rho'$）．如图 13-15 所示，整体位于 $\Delta V$ 内及整体位于 $\Delta V$ 外的电偶极子对 $q'$ 的贡献为零，只有被 $\Delta V$ 的边界面 $S$ 截为两段的电偶极子才对 $q'$ 有贡献．在 $S$ 上取一小面元 $\mathrm{d}S$，因为 $\mathrm{d}S$ 很小可认为其上各点的 $\boldsymbol{P}$ 相同，而且其附近的电矩 $\boldsymbol{p}=q\boldsymbol{l}$ 都相同，且 $\boldsymbol{p}$ 与 $\boldsymbol{P}$ 平行．在两侧对称地做两个平行的 $\mathrm{d}S$ 面元，两者沿着 $\boldsymbol{P}$ 方向的距离为 $l$. 于是围成斜柱体夹层，中心在层内的电偶极子一定被 $\mathrm{d}S$ 所截，中心在层外的电偶极子则一定不被 $\mathrm{d}S$ 所截．因此对 $\Delta V$ 内电荷 $q'$ 有贡献的仅仅是中心在层内的电偶极子．设单位体积内的电偶极子数（分子数）为 $n$，以 $\theta$ 代表 $\boldsymbol{P}$ 同 $\mathrm{d}S$ 的外法线夹角，则夹层体积为 $l|\cos\theta|\mathrm{d}S$，有贡献的电偶极子数为 $nl|\cos\theta|\mathrm{d}S$，因此 $\Delta V$ 内电荷 $\mathrm{d}q'$ 可写为

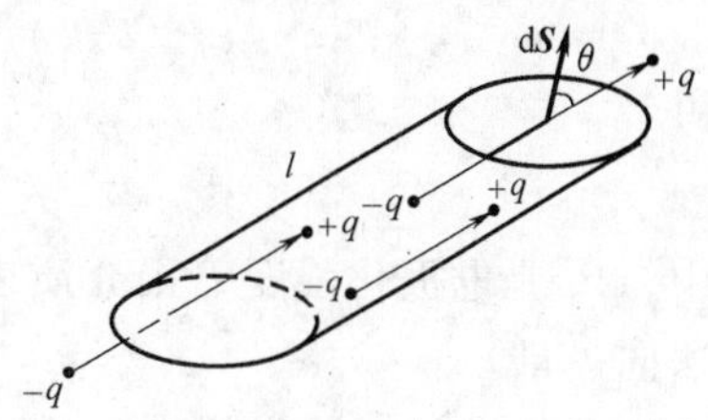


图 13-15　电极化强度与极化电荷体密度之间的关系

$$\mathrm{d}q'=-qnl|\cos\theta|\mathrm{d}S$$

当 $\theta$ 为锐角时，被截的电偶极子把负电荷留在 $\Delta V$ 内，$\mathrm{d}q'$ 应小于零．上式中的负号由此得到，将上式变形

$$\mathrm{d}q'=-qnl|\cos\theta|\mathrm{d}S=-pn|\cos\theta|\mathrm{d}S=-P|\cos\theta|\mathrm{d}S=-\boldsymbol{P}\cdot\mathrm{d}\boldsymbol{S}$$

对 $\Delta V$ 的这个边界面 $S$ 积分便得到 $\Delta V$ 内的极化电荷总量

$$q'=-\oint_S\boldsymbol{P}\cdot\mathrm{d}\boldsymbol{S}$$

令 $\Delta V$ 缩为物理无限小并且除去 $\Delta V$，便得到该点的极化电荷体密度

$$\rho'=-\frac{\oint_S\boldsymbol{P}\cdot\mathrm{d}\boldsymbol{S}}{\Delta V} \tag{13-6}$$

上式就是极化电荷体密度与电极化强度的关系．利用上述证明可以推出均匀极化时电介质内部的极化电荷体密度为零．

**2. 极化电荷面密度与电极化强度的关系**

对于均匀电介质，极化电荷体密度为零，则极化电荷只集中在介质表面层里或在两种不同的界面层里．下面我们只讨论处在两种介质交界面处的极化电荷面密度．

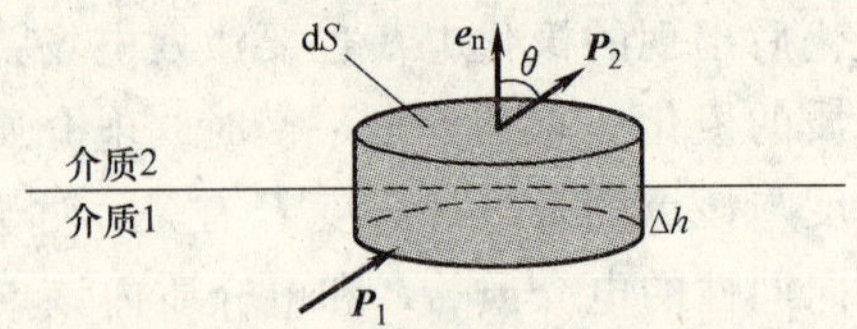


图 13-16　电极化强度与极化电荷面密度之间的关系

在介质 1 和介质 2 分界面上任取一个小面元为 dS，在分界面两侧取一定厚度的薄层，使分界面包围在薄层内．其面元 dS 法向单位矢量 $\boldsymbol{e}_n$ 与 $\boldsymbol{P}$ 的夹角为 $\theta$，如图 13-16 所示．因极化电荷只集中在介质表面层里，故介质面元 dS 上的电荷可看做面电荷．设面元上的极化电荷面密度为 $\sigma'$，则整个柱体所带的电荷量为 $q=\sigma'\mathrm{d}S$. 设 $\boldsymbol{P}_1$、$\boldsymbol{P}_2$ 为上下底面的电极化强度，则通过薄层进入介质2 的正电荷为 $\boldsymbol{P}_2\cdot\boldsymbol{e}_n\mathrm{d}S$，由介质 1 通过薄层下侧面进入薄层的正电荷为 $\boldsymbol{P}_1\cdot\boldsymbol{e}_n\mathrm{d}S$，因此薄层出现的净电荷为

$$\mathrm{d}q=-(\boldsymbol{P}_2-\boldsymbol{P}_1)\cdot\boldsymbol{e}_n\mathrm{d}S$$

则

$$\sigma'\mathrm{d}S=-(\boldsymbol{P}_2-\boldsymbol{P}_1)\cdot\mathrm{d}\boldsymbol{S}=-(\boldsymbol{P}_2-\boldsymbol{P}_1)\cdot\boldsymbol{e}_n\mathrm{d}S=(P_1-P_2)\cdot\boldsymbol{e}_n\mathrm{d}S$$

所以有

$$\sigma'=\boldsymbol{e}_n\cdot(\boldsymbol{P}_1-\boldsymbol{P}_2)=P_{1n}-P_{2n} \tag{13-7}$$

式中，$P_n$ 是电极化强度 $\boldsymbol{P}$ 沿介质表面外法线方向的分量；$\boldsymbol{e}_n$ 表示由介质 2 指向介质 1 的单位法向矢量．

以平行板电容器为例来讨论．如图 13-17 所示，在平行板电容器两极板间的介质内沿着 $\boldsymbol{P}$ 方向取一长度为 d$l$，横截面为 dS 的小圆柱体，在其内部极化可视为是均匀的．因而该圆柱体具有电矩为

$$P\mathrm{d}V=P\mathrm{d}l\mathrm{d}S$$

根据定义它可视为两端具有电荷 $\pm\sigma'\mathrm{d}S$ 的电偶极矩，因此

$$P\mathrm{d}S\mathrm{d}l=\sigma'\mathrm{d}S\mathrm{d}l$$

即

$$P=\sigma' \tag{13-8}$$

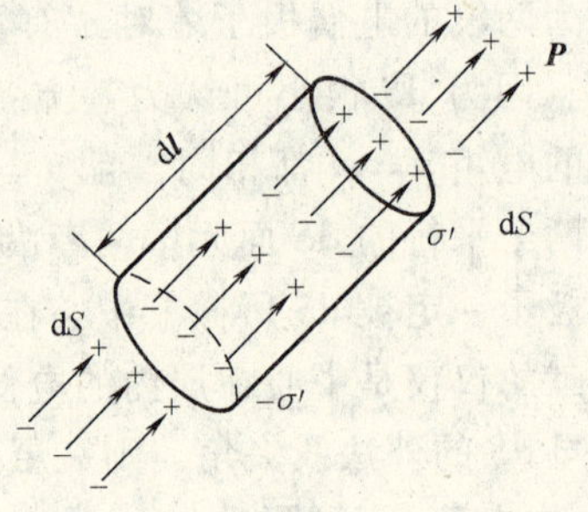


图 13-17　平行板电容器中的极化

可见，平行板电容器中的均匀电介质，其电极化强度的大小等于极化产生的极化电荷面密度．

**例题 13-3**　一个半径为 $R$ 的电介质球被均匀极化后，已知电极化强度为 $\boldsymbol{P}$，如图 13-18 所示，求：

（1）电介质球表面上极化面电荷的分布；

（2）极化面电荷在电介质球心处所激发的电场强度．

**解**：(1) 取球心 $O$ 为原点，取与 $\boldsymbol{P}$ 平行的直径为球的轴线，如图 13-18a 所示．由于轴对称性，表面上任一点 $A$ 的极化电荷面密度 $\sigma'$只和 $\theta$ 角有关($\theta$ 是 $A$ 点处外法线 $\boldsymbol{e}_n$ 和 $\boldsymbol{P}$ 矢量间的夹角)，利用式(13-7)可知

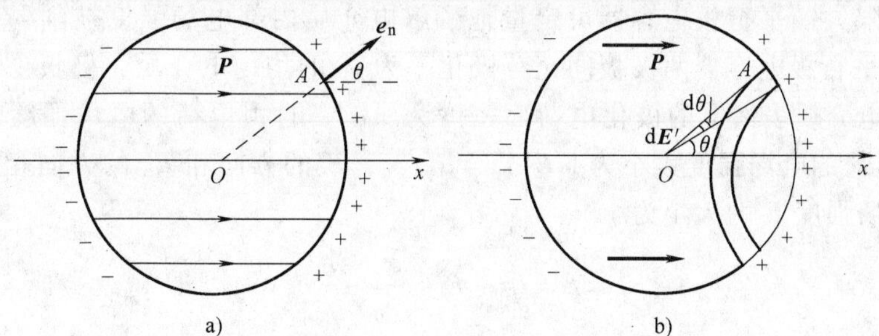


图 13-18　例题 13-3 用图

a）极化电荷面密度　b）球中心处的场强

$$\sigma' = P\cos\theta$$

此式表明，极化电荷面密度在电介质球面上的分布是不均匀的．在右半球，$\theta<\pi/2$，$\sigma'$为正；在左半球，$\theta>\pi/2$，$\sigma'$为负；在两半球的分界处 $\theta=\pi/2$，$\sigma'=0$；在轴线两端处（$\theta=0$ 或 $\theta=\pi$），$\sigma'$的绝对值最大．

（2）取球坐标的轴线沿 $x$ 轴，在球面上各点 $\boldsymbol{P}$ 与外法线 $\boldsymbol{e}_n$ 间的夹角就是球坐标中矢径与极轴间的夹角，在球面上介于 $\theta\rightarrow\theta+\mathrm{d}\theta$ 之间的环带上的极化电荷为

$$\mathrm{d}q' = \sigma'\cdot 2\pi R^2\sin\theta\mathrm{d}\theta = P\cdot 2\pi R^2\sin\theta\cos\theta\mathrm{d}\theta$$

此电荷在球心 $O$ 处所激发的电场强度大小，在例题 12-5 中已经求得为

$$\mathrm{d}E' = \frac{\mathrm{d}q'}{4\pi\varepsilon_0 R^2}\cos\theta = \frac{P}{2\varepsilon_0}\sin\theta\cos^2\theta\mathrm{d}\theta$$

方向沿 $x$ 轴的负方向．整个球面上的极化电荷在球心处所激发的总电场强度的大小为

$$E' = \int\mathrm{d}E' = \int_0^{\pi}\frac{P}{2\varepsilon_0}\sin\theta\cos^2\theta\mathrm{d}\theta = \frac{P}{3\varepsilon_0}$$

不难看出，这也应是极化电荷在介质球内任一点激发的电场强度的大小．

## 13.2.5　有电介质时的静电场

由于电介质的极化，当两板间充满电介质的电容器带电时，其间电介质的两个表面将出现与相邻极板符号相反的电荷．这样，电容器两板间的电场比起板间为真空时就减弱了．

设想在一电场中放入某种电介质，由于电介质和外电场的相互作用和相互影响，最后达到静电平衡是在电介质上出现一定分布的极化电荷．为了区别，把激发外电场的原有电荷系称为自由电荷，用 $\boldsymbol{E}_0$ 表示所激发的电场强度，而用 $\boldsymbol{E}'$表示极化电荷所激发的电场强度．空间任一点的合电场强度 $\boldsymbol{E}$ 应是两类电荷所激发电场强度的矢量和，即

$$\boldsymbol{E} = \boldsymbol{E}_0 + \boldsymbol{E}' \tag{13-9}$$

在电介质的外部空间，两个场叠加的结果，使得一些区域的合场强增强，一些区域的合电场强度减弱．但在电介质内部，情况就变得比较复杂．因为构成电介质的原子是一个带电粒子系统，这就使得在电介质中的真实电场强度，从一点到另一点之间会有十分急剧的变化，特别是靠近原子核附近电场强度非常强，而在两个原子核之间电场强度就要相对弱一些．但在宏观上实验能观察到的只是一种平均效果，通常我们所说的电介质中的电场强度，实质上是指在物理无限小体积内真实电场强度的平均值．由于在电介质中，极化电荷的电场对自由电荷的电场起削弱作用，所以在电介质中的合电场强度 $\boldsymbol{E}$ 与外电场强度 $\boldsymbol{E}_0$ 相比显著地削弱了．

利用“无限大”平行板电容器可定量地了解电介质内部电场强度被削弱的情况．设一个“无限大”平行板电容器两极板间充有极化率为$\chi_e$的均匀电介质，极板上的自由电荷面密度为$\pm\sigma_0$，电介质表面上的极化电荷面密度为$\pm\sigma'$，自由电荷的电场强度大小$|\boldsymbol{E}_0|=\sigma_0/\varepsilon_0$，极化电荷的电场强度大小为$|\boldsymbol{E}'|=\sigma'/\varepsilon_0$，$\boldsymbol{E}'$的方向和$\boldsymbol{E}_0$的方向相反，极板间电介质中的合电场强度$\boldsymbol{E}$的大小为

$$E=E_0-E'=\frac{\sigma_0}{\varepsilon_0}-\frac{\sigma'}{\varepsilon_0} \tag{13-10}$$

上式说明了电介质中电场强度比原激发电场削弱的原因．前面知道电介质中的电极化强度应为$P=\chi_e\varepsilon_0E$，而$\sigma'=P(\theta=0)$，于是有

$$E=E_0-\frac{P}{\varepsilon_0}=E_0-\chi_eE$$

$$E=\frac{E_0}{1+\chi_e} \tag{13-11}$$

即在均匀电介质充满整个电场的情况下，电介质内部的电场强度$E$为电场强度$E_0$（极板上的自由电荷面密度不变）的$1/(1+\chi_e)$倍．

两极板间的电势差为

$$U=Ed=\frac{\sigma_0d}{\varepsilon_0(1+\chi_e)}$$

设极板的面积为$S$，极板上总的电荷量为$q=\sigma_0S$，由中学物理教材中电容器电容的定义可知，当极板间充满均匀电介质后的电容为

$$C=\frac{q}{U}=\frac{\varepsilon_0(1+\chi_e)S}{d}=(1+\chi_e)C_0 \tag{13-12}$$

即电容为两极间是真空时电容$C_0$的$(1+\chi_e)$倍，这就解释了电容器中充满电介质后其电容增大的实验事实．定义电容器中充满电介质后的电容与两极间是真空时电容$C_0$的比值为

$$\varepsilon_r=\frac{C}{C_0} \tag{13-13}$$

$\varepsilon_r$与介质有关，称为相对介电常数(relative dielectric constant)．由式(13-12)和式(13-13)可知相对介电常数$\varepsilon_r$和$\chi_e$之间有如下关系：

$$\varepsilon_r=1+\chi_e \tag{13-14}$$

于是可得

$$\frac{C}{C_0}=\varepsilon_r>1 \quad 或 \quad C=\varepsilon_rC_0$$

因为相对介电常数(absolute dielectric constant)$\varepsilon_r=\varepsilon/\varepsilon_0$，所以

$$\varepsilon=\varepsilon_r\varepsilon_0=(1+\chi_e)\varepsilon_0 \tag{13-15}$$

电极化率$\chi_e$、相对介电常数$\varepsilon_r$和介电常数$\varepsilon$都是表征电介质性质的物理量，三者知道任何一个即可求出其他两个．该结果虽然是从平行板电容器中均匀电介质的特例中引出的，但它们对于各向同性电介质却是普遍适用的．

由合电场强度与自由电荷电场强度之间的关系式(13-11)，有

$$E=\frac{E_0}{1+\chi_e}=\frac{E_0}{\varepsilon_r}=\frac{\sigma_0}{\varepsilon_r\varepsilon_0}=\frac{\sigma_0}{\varepsilon}$$

代入电场强度与极化电荷电场强度之间的关系式(13-10)，有

$$E=\frac{\sigma_0}{\varepsilon_0}-\frac{\sigma'}{\varepsilon_0}=\frac{\sigma_0}{\varepsilon}=\frac{\sigma_0}{\varepsilon_0\varepsilon_r}$$

于是可以求出电介质表面上的极化电荷面密度和电容器极板上的自由电荷面密度之间的数量关系

$$\sigma'=\left(1-\frac{1}{\varepsilon_r}\right)\sigma_0=\frac{\varepsilon-\varepsilon_0}{\varepsilon}\sigma_0 \tag{13-16}$$

应该指出的是，电介质内部的电场强度减弱到 $E_0/\varepsilon_r$，并不是普遍成立的，但电介质内部的电场强度通常要减弱，这个现象是普遍的.

再考虑将一个均匀电介质球放入一均匀的外电场 $\boldsymbol{E}_0$ 中，看电介质球内部电场强度的变化. 设均匀电介质球被极化后的电极化强度为 $\boldsymbol{P}=\chi_e\varepsilon_0\boldsymbol{E}$，球内的电场强度在例题 13-3 中已经求出：

$$\boldsymbol{E}'=-\frac{\boldsymbol{P}}{3\varepsilon_0}$$

$\boldsymbol{E}'$与 $\boldsymbol{E}_0$ 的方向相反，介质球内的合电场强度的大小为

$$E=E_0-\frac{P}{3\varepsilon_0}=E_0-\frac{\chi_e}{3}E$$

$$E=\frac{3}{\varepsilon_r+2}E_0 \tag{13-17}$$

因$(\varepsilon_r+2)>3$，故电介质球内的电场强度也是减弱的，但不像平行板电容器极板间的电介质一样减弱到 $E_0/\varepsilon_r$.

在电介质球的外部空间，靠近球的上下区域，$\boldsymbol{E}'$与 $\boldsymbol{E}_0$ 的方向相反，合电场强度减弱；在球的左右区域，$\boldsymbol{E}'$与 $\boldsymbol{E}_0$ 的方向相同，合电场强度增强.

## 13.3　有电介质时的高斯定理和环路定理

### 13.3.1　有电介质时的高斯定理　电位移

根据前面的讨论，电介质的极化过程不过是使原来各部分电中性的物体中有些区域出现过剩的电荷. 作为电荷，不管是如何形成的，在空间所激发的静电场是一样的，即从激发电场的角度看，只相当于在真空中增加了极化电荷所激发的场而已.

根据真空中的高斯定理，在电场中任取一闭合曲面 $S$，通过该面的 $\boldsymbol{E}$ 通量等于它所包围的电荷量的 $1/\varepsilon_0$，即

$$\oint_S \boldsymbol{E}\cdot \mathrm{d}\boldsymbol{S}=\frac{1}{\varepsilon_0}\sum q$$

此处，$\sum q$ 应理解为闭合面内一切正、负电荷的代数和，在无电介质存在时，$\frac{1}{\varepsilon_0}\sum q=\frac{1}{\varepsilon_0}\sum q_0$；在有电介质存在时，$S$ 内既有自由电荷，又有极化电荷，$\sum q$ 应是 $S$ 内一切自由电荷与极化电荷的代数和，即

$$\oint_S \boldsymbol{E} \cdot \mathrm{d}\boldsymbol{S} = \frac{1}{\varepsilon_0}\left(\sum q_0 + \sum q'\right) \tag{13-18}$$

$q_0$、$q'$分别表示自由电荷和极化电荷．

要求解电场强度 $\boldsymbol{E}$，必须同时知道自由电荷和极化电荷的分布，但是极化电荷的分布又取决于电场强度 $\boldsymbol{E}$. $\sum q'$和 $\boldsymbol{E}$ 之间的这种相互影响，使极化电荷本身在求解电场强度时也是待求的量．应设法将$\sum q'$从式中消去，使等式右边只包含自由电荷，从而得到一个便于求解的公式．我们仍以平行板电容器中充满均匀电介质的特例进行讨论．

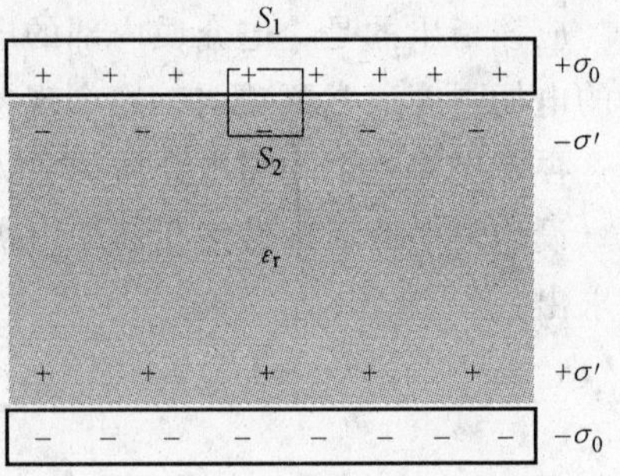

设平行板电容器的两极板所带自由电荷的面密度分别为 $\pm\sigma_0$，电介质极化后，在靠近电容器两极板的电介质两表面上分别产生极化电荷，面密度为 $\pm\sigma'$. 介质相对介电常数为 $\varepsilon_r$. 如图 13-19 所示，取柱形高斯面，闭合面的上下底面与极板平行，底面 $S_2$ 紧贴着电介质的表面，底面 $S_1$ 在导体极板内．此时，式(13-18)变化为

$$\oint_S \boldsymbol{E} \cdot \mathrm{d}\boldsymbol{S} = \frac{1}{\varepsilon_0}(\sigma_0 S_1 - \sigma' S_2) \tag{13-19}$$



图 13-19　有电介质时的高斯定理

因为 $\sigma' = P$，又因电极化强度 $\boldsymbol{P}$ 对整个封闭面的积分 $\oint_S \boldsymbol{P} \cdot \mathrm{d}\boldsymbol{S}$ 等于对下底面 $S_2$ 的积分 $\oint_{S_2} \boldsymbol{P} \cdot \mathrm{d}\boldsymbol{S}$，于是有

$$\oint_S \boldsymbol{P} \cdot \mathrm{d}\boldsymbol{S} = \oint_{S_2} \boldsymbol{P} \cdot \mathrm{d}\boldsymbol{S} = PS_2 = \sigma' S_2$$

代入式(13-19)，得

$$\oint_S \boldsymbol{E} \cdot \mathrm{d}\boldsymbol{S} = \frac{1}{\varepsilon_0}\sigma_0 S_1 - \frac{1}{\varepsilon_0}\oint_S \boldsymbol{P} \cdot \mathrm{d}\boldsymbol{S}$$

用 $q_0 = \sigma_0 S_1$ 表示封闭面内所包围的自由电荷，并将上式移项整理，得

$$\oint_S \left(\boldsymbol{E} + \frac{\boldsymbol{P}}{\varepsilon_0}\right) \cdot \mathrm{d}\boldsymbol{S} = \frac{q_0}{\varepsilon_0}$$

或

$$\oint_S (\varepsilon_0 \boldsymbol{E} + \boldsymbol{P}) \cdot \mathrm{d}\boldsymbol{S} = q_0$$

将式中的$(\varepsilon_0 \boldsymbol{E} + \boldsymbol{P})$定义为电位移矢量 $\boldsymbol{D}$，即

$$\boldsymbol{D} = \varepsilon_0 \boldsymbol{E} + \boldsymbol{P} \tag{13-20}$$

则有

$$\oint_S \boldsymbol{D} \cdot \mathrm{d}\boldsymbol{S} = q_0 \tag{13-21}$$

引进电位移矢量 $\boldsymbol{D}$ 后，高斯定理的表达式中就只包含自由电荷，极化电荷不再明显地出现在式中．式(13-21)就是高斯定理在电介质中的推广，称为**有电介质时的高斯定理**(Gauss's law when having insulator)．方程式(13-21)虽是从特殊情况下推出的，但它却是普遍适用的，是静电场的基本定理之一．

为了描述电位移 $\boldsymbol{D}$，仿照电场线方法在有电介质的静电场中做电位移线(electric displacement line)，使线上每一点的切线方向和该点电位移 $\boldsymbol{D}$ 的方向相同，并规定在垂直于电位移线的单位面积上通过的电位移线数目等于该点的电位移 $\boldsymbol{D}$ 的量值．于是，**高斯定理**就表示：**通过电介质中任一闭合曲面的电位移通量等于该面所包围的自由电荷的代数和**．在国际单位制中，$\boldsymbol{D}$ 的单位为 $\mathrm{C/m^2}$.

图 13-20 就是按照上述规定绘出的平行板电容器中插入电介质板时的 $\boldsymbol{D}$ 线和 $\boldsymbol{E}$ 线（不计边缘效应），由此可以看出，电位移线与电场线有着明显的区别：电位移线总是始于正的自由电荷，止于负的自由电荷（可从定理看出）；而电场线是可始于一切正电荷和止于一切负电荷（即包括极化电荷）.

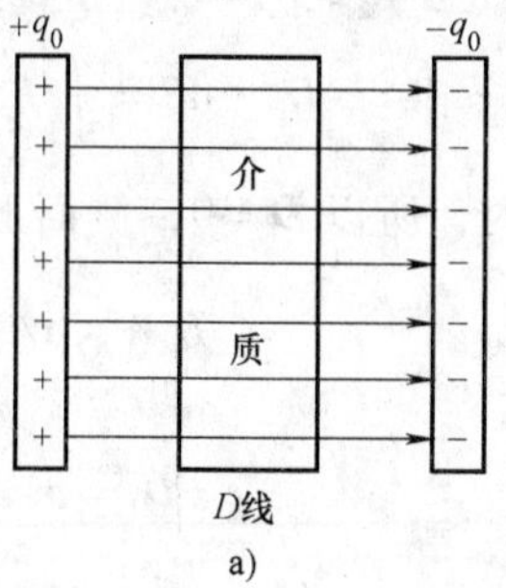


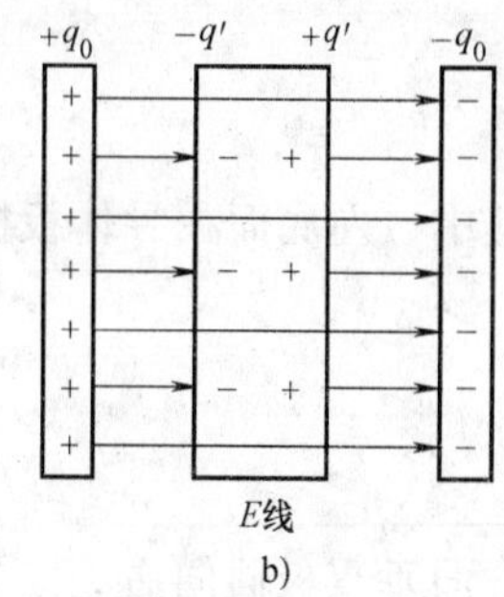


图 13-20 平行板电容器中插入电介质板时的 $\boldsymbol{D}$ 线和 $\boldsymbol{E}$ 线

电位移矢量 $\boldsymbol{D}$ 的定义式（13-20）说明，电位移 $\boldsymbol{D}$ 与电场强度 $\boldsymbol{E}$ 和电极化强度 $\boldsymbol{P}$ 有关，但它和电场强度 $\boldsymbol{E}$（单位正电荷所受的力）及电极化强度 $\boldsymbol{P}$（单位体积的电偶极矩）又不一样，$\boldsymbol{D}$ 没有明显的物理意义，它只是一个辅助物理量．引进 $\boldsymbol{D}$ 的优点仅在于计算通过任一闭合曲面的电位移通量时，可以不考虑极化电荷的分布，算出 $\boldsymbol{D}$ 后再利用其他关系式，有可能求出电介质中的电场强度 $\boldsymbol{E}$. 必须指出：通过闭合曲面的电位移通量只和曲面内的自由电荷有关，并不是说电位移 $\boldsymbol{D}$ 仅决定于自由电荷的分布，它和极化电荷的分布也是有关的，其定义式 $\boldsymbol{D}=\varepsilon_0\boldsymbol{E}+\boldsymbol{P}$ 就说明了这一点．

对于各向同性电介质，由式（13-5）知道，介质内任一点的电极化强度 $\boldsymbol{P}$ 与该点的合电场强度存在关系

$$\boldsymbol{P}=\chi_e\varepsilon_0\boldsymbol{E}$$

则电位移矢量可表示为

$$\boldsymbol{D}=\varepsilon_0\boldsymbol{E}+\boldsymbol{P}=\varepsilon_0\boldsymbol{E}+\chi_e\varepsilon_0\boldsymbol{E}=\varepsilon_0\varepsilon_r\boldsymbol{E}$$

或

$$\boldsymbol{D}=\varepsilon\boldsymbol{E} \tag{13-22}$$

式（13-22）称为**电介质的性能方程**（performance equation）．在各向同性介质中，电位移等于电场强度的 $\varepsilon$ 倍．对于各向异性电介质，如石英晶体等，各量的方向一般并不相同，电极化率 $\chi_e$ 不能用一个数值来表述，上式就失去了意义，但定义式（13-20）仍然成立．

## 13.3.2 有电介质时的高斯定理的应用举例

**例题 13-4** 如图 13-21 所示的平行板电容器，极板间有两种各向同性的均匀电介质，其分界面平行于板面，介电常数分别为 $\varepsilon_1$、$\varepsilon_2$，厚度为 $d_1$、$d_2$，自由电荷面密度为 $\pm\sigma$. 求电位移矢量 $\boldsymbol{D}$ 和电场强度 $\boldsymbol{E}$.

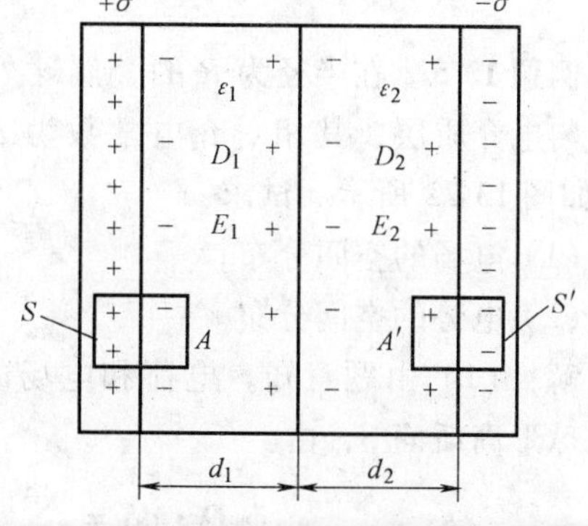


图 13-21 例题 13-4 用图

**解**：（1）设两种电介质中的电位移矢量分别为 $\boldsymbol{D}_1$、$\boldsymbol{D}_2$，在左极板处做柱形高斯面 $S$，相对两面平行于板面，面积均为 $A$，侧面垂直板面，由

高斯定理 $\oint_S \boldsymbol{D}\cdot \mathrm{d}\boldsymbol{S}=\sum_{S_内} q_0$ 有

$$\oint_S \boldsymbol{D}\cdot \mathrm{d}\boldsymbol{S}=\int_{左底面}\boldsymbol{D}\cdot \mathrm{d}\boldsymbol{S}+\int_{右底面}\boldsymbol{D}\cdot \mathrm{d}\boldsymbol{S}+\int_{侧面}\boldsymbol{D}\cdot \mathrm{d}\boldsymbol{S}$$

$$=\int_{右底面}\boldsymbol{D}\cdot \mathrm{d}\boldsymbol{S}=\int_{右底面}D\mathrm{d}S=D_1\int_{右底面}\mathrm{d}S=D_1A$$

其中，左底面在导体板极板内，所以 $\boldsymbol{D}=0$，侧面上 $\boldsymbol{D}\perp \mathrm{d}\boldsymbol{S}$. 又 $\sum_{S_内} q_0=\sigma A$，可得

$$D_1A=\sigma A$$

即

$$D_1=\sigma$$

方向垂直板面向右.

同样在右极板处做高斯面 $S'$，相对两面平行于极板面，面积均为 $A'$，侧面与板面垂直，由高斯定理有

$$\oint_S \boldsymbol{D}\cdot \mathrm{d}\boldsymbol{S}=\int_{左底面}\boldsymbol{D}\cdot \mathrm{d}\boldsymbol{S}+\int_{右底面}\boldsymbol{D}\cdot \mathrm{d}\boldsymbol{S}+\int_{侧面}\boldsymbol{D}\cdot \mathrm{d}\boldsymbol{S}$$

$$=\int_{左底面}\boldsymbol{D}\cdot \mathrm{d}\boldsymbol{S}=-\int_{左底面}D\mathrm{d}S=-D_2\int_{左底面}\mathrm{d}S=-D_2A'$$

$$\sum_{S_内} q_0=-\sigma A'$$

因此可得

$$-D_2A'=-\sigma A'$$

即

$$D_2=\sigma$$

方向垂直板面向右.

由此可见，$\boldsymbol{D}_1=\boldsymbol{D}_2$，即两种介质中的 $\boldsymbol{D}$ 相同（法向不变）.

(2) 因为 $\boldsymbol{E}=\dfrac{\boldsymbol{D}}{\varepsilon}$，所以

$$\begin{cases} E_1=\dfrac{D_1}{\varepsilon_1}=\dfrac{\sigma}{\varepsilon_1} \\ E_2=\dfrac{D_2}{\varepsilon_2}=\dfrac{\sigma}{\varepsilon_2} \end{cases} \quad \text{方向垂直板面向右}$$

**例题 13-5** 在半径为 $R$ 的金属球外，有一外半径为 $R'$ 的同心均匀电介质层，其相对介电常数为 $\varepsilon_r$，金属球所带电荷量为 $Q$，如图 13-22 所示. 试求：

(1) 电场的空间分布；

(2) 电势的空间分布.

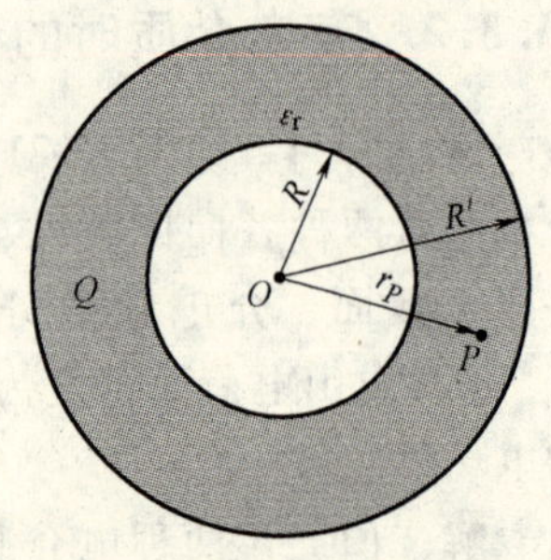

图 13-22 例题 13-5 用图

**解**：(1) 由题意知，电荷和电场的分布均是球对称的，因而取球形高斯面 $S$，由

$$\oint_S \boldsymbol{D}\cdot \mathrm{d}\boldsymbol{S}=\sum_{S_内} q_0$$

有

$$D \cdot 4\pi r^2 = \begin{cases} 0 & (r < R) \\ Q & (r > R) \end{cases}$$

因为　$E = \dfrac{D}{\varepsilon}$，所以

$$E = \begin{cases} 0 & (r < R) \\ \dfrac{Q}{4\pi\varepsilon_0\varepsilon_r r^2} & (R < r < R') \\ \dfrac{Q}{4\pi\varepsilon_0 r^2} & (r > R') \end{cases}$$

$Q > 0$：$\boldsymbol{E}$ 沿半径向外；$Q < 0$：$\boldsymbol{E}$ 沿半径向内 .

（2）介质外任一点 $P$ 的电势

$$V_P = \int_{r_P}^{\infty} \boldsymbol{E} \cdot d\boldsymbol{r} = \int_{r_P}^{\infty} E dr = \int_{r_P}^{\infty} \frac{Q}{4\pi\varepsilon_0 r^2} dr = \frac{Q}{4\pi\varepsilon_0 r_P}$$

介质内任一点 $P$ 的电势

$$\begin{aligned} V_P &= \int_{r_P}^{\infty} \boldsymbol{E} \cdot d\boldsymbol{r} = \int_{r_P}^{R'} \boldsymbol{E} \cdot d\boldsymbol{r} + \int_{R'}^{\infty} \boldsymbol{E} \cdot d\boldsymbol{r} = \int_{r_P}^{R'} E dr + \int_{R'}^{\infty} E dr \\ &= \int_{r_P}^{R'} \frac{Q}{4\pi\varepsilon_0\varepsilon_r r^2} dr + \int_{R'}^{\infty} \frac{Q}{4\pi\varepsilon_0 r^2} dr = \frac{Q}{4\pi\varepsilon_0\varepsilon_r}\left[\frac{1}{r_P} - \frac{1}{R'}\right] + \frac{Q}{4\pi\varepsilon_0 R'} \\ &= \frac{Q}{4\pi\varepsilon_0}\left[\frac{1}{\varepsilon_r}\left(\frac{1}{r_P} - \frac{1}{R'}\right) + \frac{1}{R'}\right] \end{aligned}$$

球为等势体，电势为

$$\begin{aligned} V_P &= \int_{R}^{\infty} \boldsymbol{E} \cdot d\boldsymbol{r} = \int_{R}^{R'} \boldsymbol{E} \cdot d\boldsymbol{r} + \int_{R'}^{\infty} \boldsymbol{E} \cdot d\boldsymbol{r} = \int_{R}^{R'} E dr + \int_{R'}^{\infty} E dr \\ &= \int_{R}^{R'} \frac{Q}{4\pi\varepsilon_0\varepsilon_r r^2} dr + \int_{R'}^{\infty} \frac{Q}{4\pi\varepsilon_0 r^2} dr \\ &= \frac{Q}{4\pi\varepsilon_0}\left[\frac{1}{\varepsilon_r}\left(\frac{1}{R} - \frac{1}{R'}\right) + \frac{1}{R'}\right] \end{aligned}$$

**例题 13-6**　如图 13-23 所示，有一个带电为 $+q$、半径为 $R_1$ 的导体球，与内外半径分别为 $R_3$、$R_4$ 带电荷为 $-q$ 的导体球壳同心，二者之间有两层均匀电介质，内层和外层电介质的介电常数分别为 $\varepsilon_1$、$\varepsilon_2$，且两电介质分界面也是与导体球同心的半径为 $R_2$ 的球面 . 试求：

（1）电位移矢量分布；

（2）电场分布；

（3）导体球与导体球壳之间的电势差 .

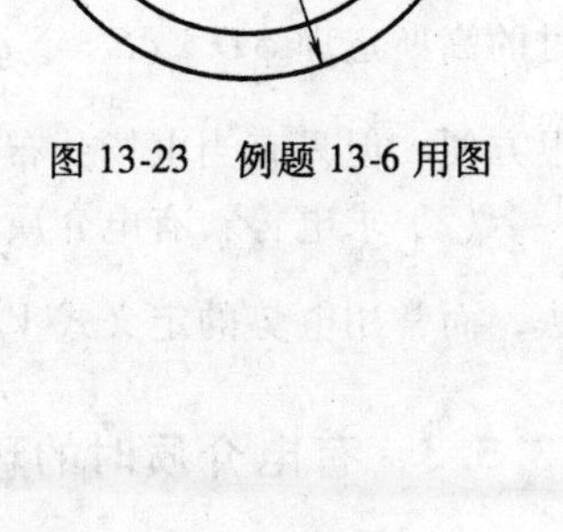

图 13-23　例题 13-6 用图

**解**：（1）由题意知，场是球对称的 . 选球形高斯面 $S$，由

$$\oint_S \boldsymbol{D} \cdot d\boldsymbol{S} = \sum_{S_{内}} q_0$$

有

$$D \cdot 4\pi r^2 = \sum_{S_{内}} q_0$$

得

$$D=\begin{cases}0 & (r<R_1)\\ \dfrac{q}{4\pi r^2} & (R_1<r<R_2)\\ \dfrac{q}{4\pi r^2} & (R_2<r<R_3)\\ 0 & (r>R_3)\end{cases}$$

$\boldsymbol{D}$ 与径向单位矢量 $\boldsymbol{e}_r$ 同向．

（2）因为 $E=\dfrac{D}{\varepsilon}$，所以

$$E=\begin{cases}0 & (r<R_1)\\ \dfrac{q}{4\pi\varepsilon_1 r^2} & (R_1<r<R_2)\\ \dfrac{q}{4\pi\varepsilon_2 r^2} & (R_2<r<R_3)\\ 0 & (r>R_3)\end{cases}$$

从 $\boldsymbol{D}$ 与 $\boldsymbol{E}$ 的关系知 $\boldsymbol{E}$ 也与径向单位矢量 $\boldsymbol{e}_r$ 同向．

（3）

$$\begin{aligned}V_{\text{球}}-V_{\text{球壳}}&=\int_{R_1}^{R_3}\boldsymbol{E}\cdot\mathrm{d}\boldsymbol{r}\\&=\int_{R_1}^{R_2}\boldsymbol{E}\cdot\mathrm{d}\boldsymbol{r}+\int_{R_2}^{R_3}\boldsymbol{E}\cdot\mathrm{d}\boldsymbol{r}=\int_{R_1}^{R_2}E\mathrm{d}r+\int_{R_2}^{R_3}E\mathrm{d}r\\&=\int_{R_1}^{R_2}\frac{q}{4\pi\varepsilon_1 r^2}\mathrm{d}r+\int_{R_2}^{R_3}\frac{q}{4\pi\varepsilon_2 r^2}\mathrm{d}r\\&=\frac{q}{4\pi\varepsilon_1}\left[\frac{1}{R_1}-\frac{1}{R_2}\right]+\frac{q}{4\pi\varepsilon_2}\left[\frac{1}{R_2}-\frac{1}{R_3}\right]\\&=\frac{q[(R_2-R_1)\varepsilon_2R_3+(R_3-R_2)\varepsilon_1R_1]}{4\pi\varepsilon_1\varepsilon_2R_1R_2R_3}\end{aligned}$$

由上面几个例题的讨论，可以得到静电场中有电介质存在时的电场强度与电势的计算方法：

（1）求电场强度：直接用公式 $\boldsymbol{E}=\boldsymbol{E}_0+\boldsymbol{E}'$ 求电场强度的缺点是 $\boldsymbol{E}$ 不容易求得，因为它与极化电荷产生的场的分布有关，而求极化电荷产生的场的分布是比较困难的；但用有电介质时的高斯定理 $\oint_S\boldsymbol{D}\cdot\mathrm{d}\boldsymbol{S}=\sum q_0$，先求 $\boldsymbol{D}$，再用 $\boldsymbol{E}=\dfrac{\boldsymbol{D}}{\varepsilon}$ 求出 $\boldsymbol{E}$，可以不用考虑极化电荷，计算很方便，但只有当电场分布具有前面讲过的三种特殊对称性时，才能应用．

（2）求电势：有电介质存在时，因为计算极化电荷不方便，所以求电势时一般不用叠加法，而常用电势的定义式 $V_P=\int_P^{\infty}\boldsymbol{E}\cdot\mathrm{d}\boldsymbol{l}$ 来计算．

### 13.3.3 有电介质时的环路定理

一个矢量场的性质的确定，需给定一个矢量场对任一闭合曲面的通量和任一闭合曲线的

环量．式(13-21)已给出了静电场对任一闭合曲面的通量，即有电介质时的高斯定理；而第 12 章给出了真空中静电场对任一闭合曲线的环量

$$\oint_l \boldsymbol{E}\cdot \mathrm{d}\boldsymbol{l}=0 \tag{13-23}$$

当有电介质存在时，将上式中的电场强度 $\boldsymbol{E}$ 理解为所有电荷(包括自由电荷和极化电荷)所产生的合电场强度，则上式仍然成立．式(13-23)即为**有电介质时的环路定理**(circuital theorem when having insulator)．

当自由电荷和电介质的介电常数已知时，利用式(13-21)、式(13-22)和式(13-23)，加上适当的边界条件，原则上就可以唯一地确定 $\boldsymbol{D}$ 和 $\boldsymbol{E}$.

### 13.3.4　静电场的边界条件*

在两种不同的电介质分界面两侧，$\boldsymbol{D}$ 和 $\boldsymbol{E}$ 一般要发生突变，但必须遵循一定的边界条件．下面我们根据静电场的有电介质时的高斯定理和环路定理导出这种边界条件．

**1. 法向边界关系**　在两种相对介电常数分别为 $\varepsilon_{r1}$ 和 $\varepsilon_{r2}$ 的电介质分界面处，做一扁平的柱状高斯面，使其上、下底面（面积为 $\Delta S$）分别处于两种介质中，并与界面平行，柱面的高很小，如图 13-24 所示．取界面的法向单位矢量 $\boldsymbol{e}_n$ 的方向从第一种介质指向第二种介质．假设在界面上不存在自由电荷，对此高斯面运用静电场的有电介质时的高斯定理，得

$$\oint_S \boldsymbol{D}\cdot \mathrm{d}\boldsymbol{S}=\boldsymbol{D}_1\cdot(-\boldsymbol{e}_n\Delta S)+\boldsymbol{D}_2\cdot(\boldsymbol{e}_n\Delta S)=(\boldsymbol{D}_2-\boldsymbol{D}_1)\cdot \boldsymbol{e}_n\Delta S=0$$

即

$$(\boldsymbol{D}_2-\boldsymbol{D}_1)\cdot \boldsymbol{e}_n=0$$

或

$$D_{1n}=D_{2n} \tag{13-24}$$

即 $\boldsymbol{D}$ 的法向分量在两种电介质的界面上连续．

由于两电介质的介电常数不同，因此 $\boldsymbol{E}$ 的法向分量在界面上有突变：

$$\varepsilon_{r1}E_{1n}=\varepsilon_{r2}E_{2n} \tag{13-25}$$

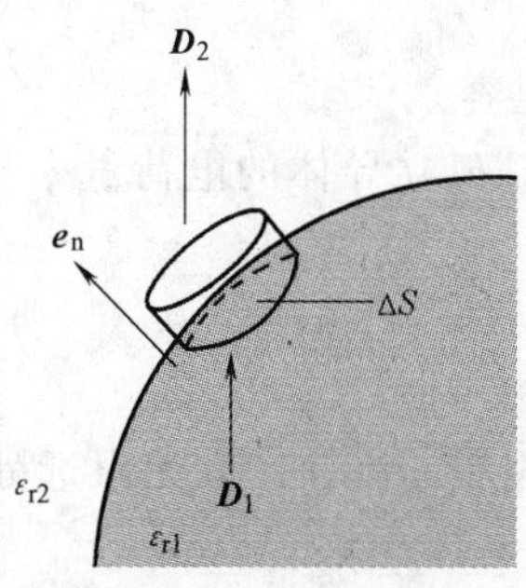


图 13-24　法向边值条件的导出示意图

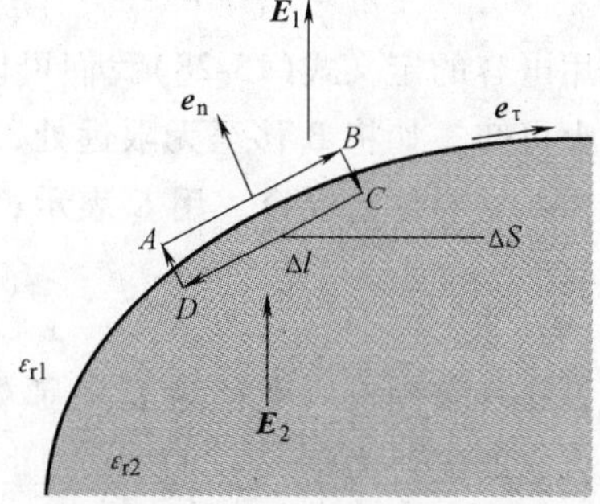


图 13-25　切向边值条件的导出示意图

**2. 切向边界关系**　我们可以在界面附近应用环路定理导出电场强度 $\boldsymbol{E}$ 的切向分量的边界关系．在两种介质分界面处做一矩形回路 $ABCDA$，如图 13-25 所示，使两长边（长度为 $\Delta l$）分别处于两种介质中，并与界面平行，短边很小，取界面的切向单位矢量 $\boldsymbol{e}_\tau$ 的方向沿

界面向上．由静电场的有电介质时的环路定理，得

$$\oint_l \boldsymbol{E} \cdot \mathrm{d}\boldsymbol{l} = \boldsymbol{E}_2 \cdot (-\boldsymbol{e}_\tau \Delta l) + \boldsymbol{E}_1 \cdot \boldsymbol{e}_\tau \Delta l = (E_{1\tau} - E_{2\tau})\Delta l = 0$$

于是得到

$$E_{1\tau} = E_{2\tau} \tag{13-26}$$

上式表示，从一种介质过渡到另一种介质，电场强度的切向分量不变．

利用性能方程可得到 $\boldsymbol{D}$ 的切向边值关系

$$\frac{D_{1\tau}}{\varepsilon_{r1}} = \frac{D_{2\tau}}{\varepsilon_{r2}} \tag{13-27}$$

式(13-24)、式(13-25)、式(13-26)和式(13-27)是在两种电介质分界面上没有自由电荷时，分界面两边的电位移矢量 $\boldsymbol{D}$ 和电场强度 $\boldsymbol{E}$ 所必须同时满足的边界关系，称为**静电场的边界条件**(electrostatic field boundary condition)，它们是分析研究有介质时电场分布情况的重要依据之一．

## 13.4　电容器

### 13.4.1　电容器及其电容

**1. 电容器**　两个带有等值而异号电荷的导体所组成的带电系统称为**电容器**(capacitor)．电容器可以储存电荷，以后将看到电容器也可以储存能量．

**2. 电容器的电容**　如图 13-26 所示，两个导体 A、B 放在真空中，它们所带的电荷分别为 $+q$、$-q$，如果 A、B 的电势分别为 $V_A$、$V_B$，那么 A、B 之间的电势差为 $V_A - V_B$，电容器的电容(capacitance)定义为

$$C = \frac{q}{V_A - V_B} = \frac{q}{U} \tag{13-28}$$

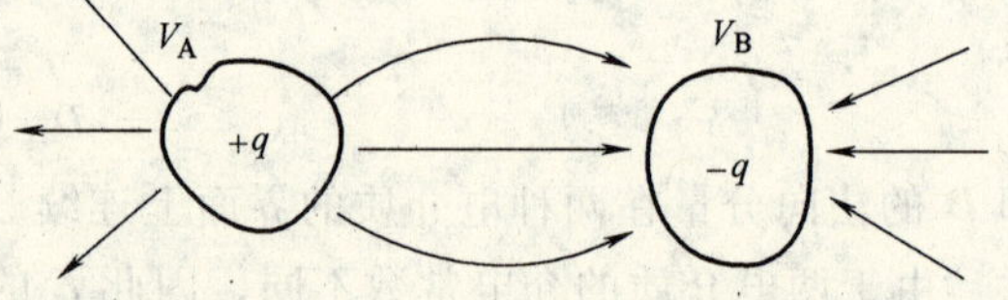


图 13-26　导体 A 和导体 B 组成一电容器

利用电容的定义式(13-28)我们可以推得孤立导体的电容．

由上可知，如将 B 移至无限远处，则有 $V_B = 0$. 所以，孤立导体的电荷量 $q$ 与其电势 $V$ 之比称为孤立导体的电容，用 $C$ 表示，记作

$$C = \frac{q}{U} = \frac{q}{V} \tag{13-29}$$

假设在真空中有一半径为 $R$ 的孤立球形导体，它的电荷量为 $q$，取无限远处的电势为零，那么它的电势为

$$V = \frac{q}{4\pi\varepsilon_0 R}$$

于是得其电容为

$$C = \frac{q}{V} = 4\pi\varepsilon_0 R$$

这就是孤立导体球的电容．由此可知，当 $R$ 一定时，随着 $q$ 的变大而 $V$ 也变大；$q$ 变小时，

$V$ 也变小；但比值 $\frac{q}{V}=4\pi\varepsilon_0 R$ 却保持不变．这说明，孤立导体的电容仅与导体的大小、形状和周围的电介质有关，而与它带电荷的多少和是否带电无关．此结论虽然是对球形孤立导体而言的，但对一定形状的其他导体也是如此．

电容的单位为 F(法)，1F = 1C/V. 在实用中 F 太大，常用 μF(微法)或 pF(皮法)，它们之间的换算关系为

$$1\text{F}=10^6\mu\text{F}=10^{12}\text{pF}$$

从上面的分析可知，孤立导体的电势相当于孤立导体与无限远处导体之间的电势差．所以，孤立导体的电容是 B 放在无限远处时 $C=\frac{q}{V_A-V_B}$ 的特例．导体 A、B 常称为电容器的两个极板．

## 13.4.2　电容器电容的计算

下面计算几种常见电容器的电容．

**1. 平行板电容器的电容**　设如图 13-27 所示的平行板电容器，A、B 二极板面积均为 $S$，相距为 $d$，极板上所带电荷量为 $+q$、$-q$，极板线度比 $d$ 大得多，且不计边缘效应．所以 A、B 间为均匀电场．由高斯定理知，A、B 间的电场强度大小为

$$E=\frac{\sigma}{\varepsilon_0}\qquad\left(\sigma=\frac{+q}{S}\right)$$

$$U=V_A-V_B=Ed=\frac{q}{\varepsilon_0 S}d$$

所以得**平行板电容器的电容**为

$$C=\frac{q}{V_A-V_B}=\frac{\varepsilon_0 S}{d}\tag{13-30}$$

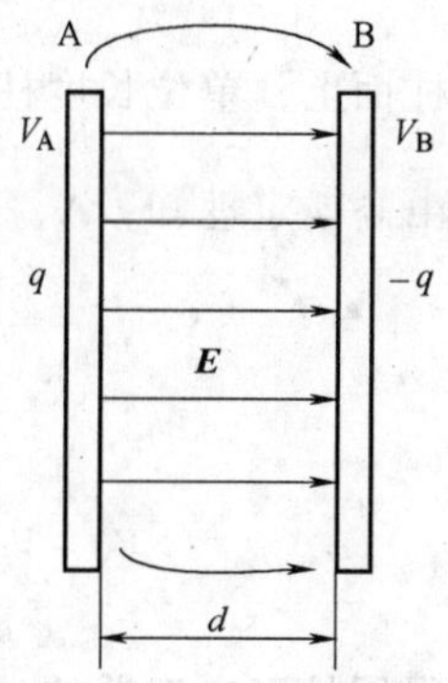

图 13-27　平行板电容器

**2. 球形电容器**　设两个均匀带电同心球面 A、B，半径分别为 $R_A$、$R_B$，所带电荷量分别为 $+q$、$-q$，如图 13-28 所示．因为 A、B 间任一点的电场强度大小为

$$E=\frac{q}{4\pi\varepsilon_0 r^2}$$

$$V_A-V_B=\int_{R_A}^{R_B}\boldsymbol{E}\cdot \text{d}\boldsymbol{r}=\int_{R_A}^{R_B}E\text{d}r=\int_{R_A}^{R_B}\frac{q}{4\pi\varepsilon_0 r^2}\text{d}r$$

$$=\frac{q}{4\pi\varepsilon_0}\left[\frac{1}{R_A}-\frac{1}{R_B}\right]=\frac{q(R_B-R_A)}{4\pi\varepsilon_0 R_A R_B}$$

所以得**球形电容器的电容**为

$$C=\frac{q}{V_A-V_B}=\frac{q}{\dfrac{q(R_B-R_A)}{4\pi\varepsilon_0 R_A R_B}}=\frac{4\pi\varepsilon_0 R_A R_B}{R_B-R_A}\tag{13-31}$$

讨论：(1) 当 $R_B-R_A \ll R_A R_B$ 时，有 $R_B\approx R_A$，令 $R_B-R_A=d$，则

$$C=\frac{q}{V_A-V_B}=\frac{4\pi\varepsilon_0 R_A^2}{d}=\frac{\varepsilon_0 S_A}{d}$$

此即平行板电容器的结果．

（2）A 为导体球或 A、B 均为导体球壳结果如何？读者可自行分析之．

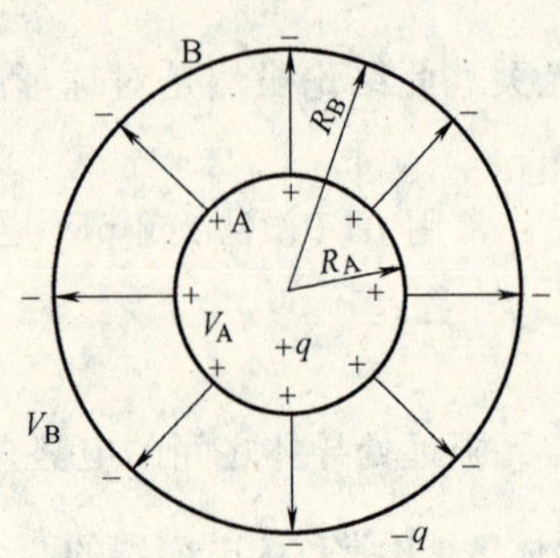

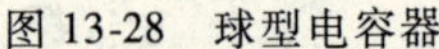

图 13-28　球型电容器

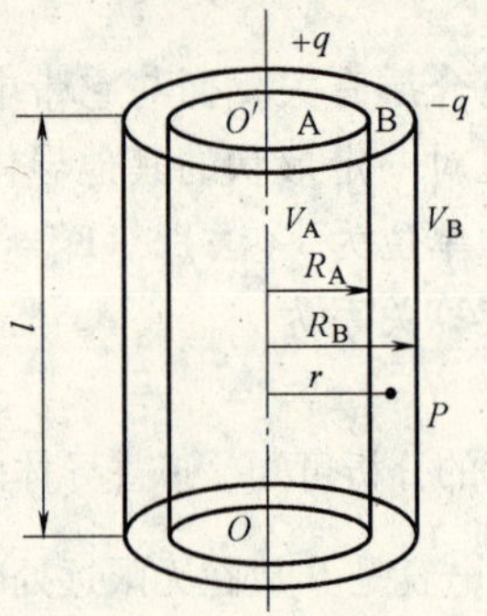


图 13-29　圆柱型电容器

**3. 圆柱形电容器**　圆柱形电容器是由两个同轴圆柱面极板构成的，如图 13-29 所示，设 A、B 的半径分别为 $R_A$、$R_B$，所带电荷量分别为 $+q$、$-q$，除边缘外，电荷均匀分布在内外两圆柱面上，单位长度柱面所带电荷量为 $\lambda=\frac{q}{l}$，$l$ 是柱高．

由高斯定理知，A、B 内任一点 $P$ 处 $\boldsymbol{E}$ 的大小为

$$E=\frac{\lambda}{2\pi\varepsilon_0 r}$$

$$V_A-V_B=\int_{R_A}^{R_B}\boldsymbol{E}\cdot d\boldsymbol{r}=\int_{R_A}^{R_B}E dr=\int_{R_A}^{R_B}\frac{\lambda}{2\pi\varepsilon_0 r}dr=\frac{\lambda}{2\pi\varepsilon_0}\ln\frac{R_B}{R_A}$$

于是得圆柱形电容器的电容为

$$C=\frac{q}{V_A-V_B}=\frac{q}{\dfrac{\lambda}{2\pi\varepsilon_0}\ln\dfrac{R_B}{R_A}}=\frac{2\pi\varepsilon_0 l}{\ln\dfrac{R_B}{R_A}} \tag{13-32}$$

以上所得各电容均是极板间为真空的情况，若极板间均匀充满电介质，实验表明，此时的电容 $C$ 要比真空情况下的电容 $C_0$ 大，依据电介质的极化特性不难得出各个电容器的电容．

球形电容器：
$$C=\frac{q}{V_A-V_B}=\frac{4\pi\varepsilon_0\varepsilon_r R_A R_B}{R_B-R_A}=\frac{4\pi\varepsilon R_A R_B}{R_B-R_A}$$

平行板电容器：
$$C=\frac{\varepsilon_0\varepsilon_r S}{d}=\frac{\varepsilon S}{d}$$

圆柱形电容器：
$$C=\frac{2\pi\varepsilon_0\varepsilon_r l}{\ln\dfrac{R_B}{R_A}}=\frac{2\pi\varepsilon l}{\ln\dfrac{R_B}{R_A}}$$

由此不难看出：极板间均匀充满电介质后，该电容器的电容与真空中的电容之间存在有关系

$$C=\varepsilon_r C_0$$

因为 $\varepsilon_r\geqslant 1$，所以，当电容器中充入电介质以后，其电容值就会增加．

### 13.4.3　电容器的联接

在实际应用中，现成的电容器不一定能适合实际的要求，如电容的大小不合适、或者电容器的耐压程度不合要求有可能被击穿等．因此，有必要根据需要把若干个电容器适当地联接起来构成一电容器组，各电容器组所带的电荷量和两端的电压之比，称为该电容器组的等值电容．电容器的基本联接方式有串联与并联两种，下面分别讨论之．

**1. 电容器的串联**　把几个电容器极板的首尾相接，其特点是：各电容器所带的电荷量相等，也就是电容器组的总电荷量，而总电压等于各个电容器的电压之和．

如图 13-30 所示，设 A、B 间的电压为 $U_{AB}$，两端极板所带的电荷量分别为 $+q$、$-q$，由于静电感应，其他极板所带的电荷量也分别为 $+q$、$-q$，则

$$U_{AB}=U_1+U_2+\cdots+U_n=\frac{q}{C_1}+\frac{q}{C_2}+\frac{q}{C_3}+\cdots+\frac{q}{C_n}$$

图 13-30　电容器的串联

由电容定义有

$$C=\frac{q}{U_{AB}}=\frac{1}{\dfrac{1}{C_1}+\dfrac{1}{C_2}+\dfrac{1}{C_3}+\cdots+\dfrac{1}{C_n}}$$

于是得

$$\frac{1}{C}=\frac{1}{C_1}+\frac{1}{C_2}+\frac{1}{C_3}+\cdots+\frac{1}{C_n}\tag{13-33}$$

**即串联电容器组的等值电容的倒数等于各个电容器电容的倒数之和．**

**2. 电容器的并联**　把每个电容器的一端接在一起，另一端也接在一起，如图 13-31 所示．并联的特点是：每个电容器两端的电压相同，即总电压 $U_{AB}$，而总电荷量为每个电容器所带电荷量之和．

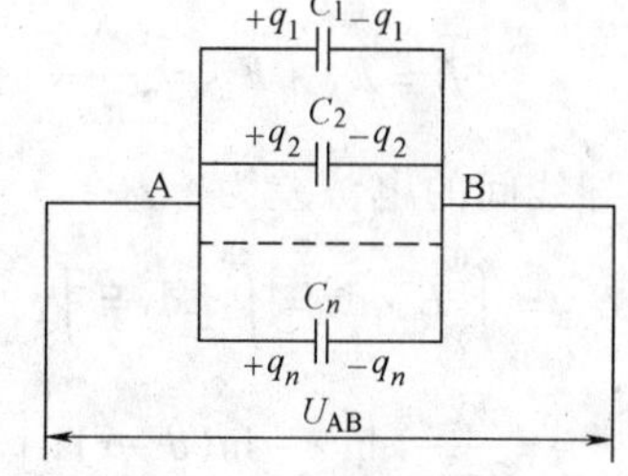


图 13-31　电容器的并联

因为总电荷量为

$$q=q_1+q_2+q_3+\cdots+q_n$$

由电容定义有

$$C=\frac{q}{U_{AB}}=\frac{q_1+q_2+q_3+\cdots+q_n}{U_{AB}}=C_1+C_2+C_3+\cdots+C_n$$

所以得

$$C=C_1+C_2+C_3+\cdots+C_n\tag{13-34}$$

**即并联电容器组的等值电容等于各个电容器的电容之和．**

由此可见，电容器并联时，其等值电容增大了，但电容器组的耐压能力受到耐压能力最低的那个电容器的限制；电容器串联时，其等值电容减小了，但电容器组的耐压能力比每个电容器都提高了．实际应用时常根据需要采用串联、并联或者是它们的合理组合．

**例题 13-7**　如图 13-32 所示的平行板电容器，极板的宽、长分别为 $a$ 和 $b$，间距为 $d$，今将厚度为 $t$、宽为 $a$ 的金属板平行电容器极板插入电容器中，不计边缘效应，求电容与金属板插入深度 $x$ 的关系（板宽方向垂直底面）．

**解**：电容器的等效电路如图 13-33 所示，其等值电容为

$$C=C_1+C'=C_1+\frac{C_2C_3}{C_2+C_3}$$

$$=\frac{\varepsilon_0 a(b-x)}{d}+\frac{\dfrac{\varepsilon_0 ax}{d_1}\cdot\dfrac{\varepsilon_0 ax}{(d-t-d_1)}}{\dfrac{\varepsilon_0 ax}{d_1}+\dfrac{\varepsilon_0 ax}{(d-t-d_1)}}$$

$$=\frac{\varepsilon_0 a(b-x)}{d}+\frac{\varepsilon_0 ax}{(d-t-d_1)+d_1}$$

$$=\frac{\varepsilon_0 a(b-x)}{d}+\frac{\varepsilon_0 ax}{d-t}$$

$$=\frac{\varepsilon_0 a}{d}\left(b+\frac{tx}{d-t}\right)$$

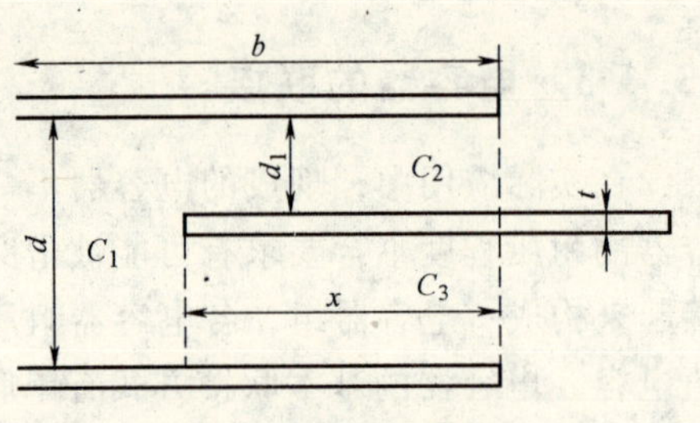


图 13-32　例题 13-7 用图（1）

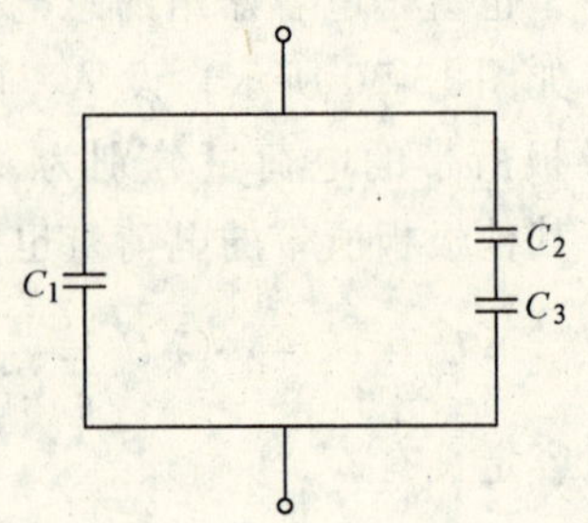


图 13-33　例题 13-7 用图（2）

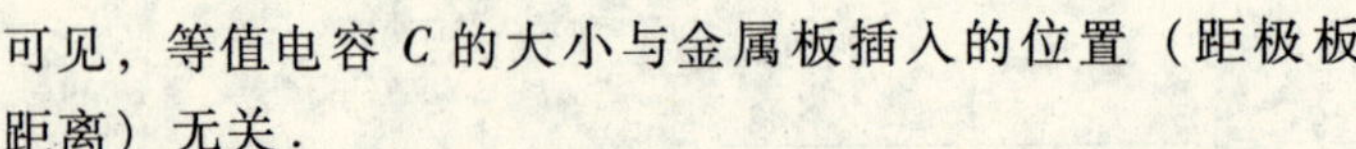

可见，等值电容 $C$ 的大小与金属板插入的位置（距极板距离）无关．

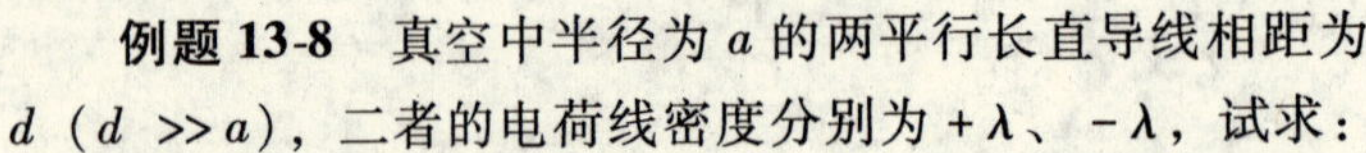

**例题 13-8**　真空中半径为 $a$ 的两平行长直导线相距为 $d$（$d\gg a$），二者的电荷线密度分别为 $+\lambda$、$-\lambda$，试求：

（1）此两导线间的电势差；

（2）此导线组单位长度的电容．

**解**：（1）选取坐标如图 13-34 所示，$P$ 点的电场强度大小为

$$E=E_A+E_B=\frac{\lambda}{2\pi\varepsilon_0 x}+\frac{\lambda}{2\pi\varepsilon_0(d-x)}$$

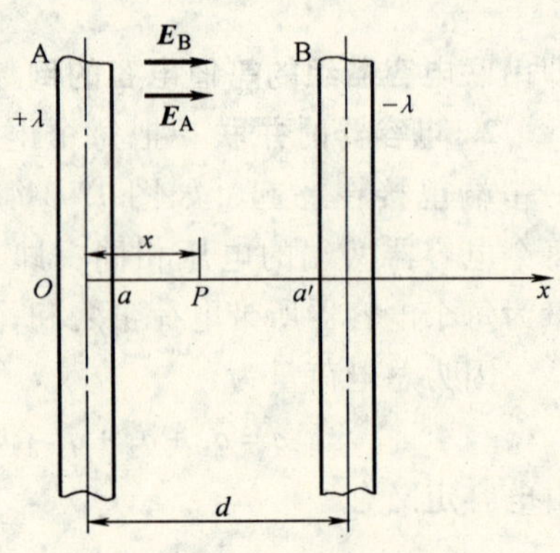


图 13-34　例题 13-8 用图

此两导线间的电势差为

$$U_{AB}=\int_A^B \boldsymbol{E}\cdot d\boldsymbol{x}=\int_A^B E dx=\int_a^{d-a}\left[\frac{\lambda}{2\pi\varepsilon_0 x}+\frac{\lambda}{2\pi\varepsilon_0(d-x)}\right]dx$$

$$=\frac{\lambda}{2\pi\varepsilon_0}[\ln x-\ln(d-x)]\Big|_a^{d-a}=\frac{\lambda}{2\pi\varepsilon_0}\ln\frac{x}{d-x}\Big|_a^{d-a}$$

$$=\frac{\lambda}{2\pi\varepsilon_0}\ln\left(\frac{d-a}{a}\cdot\frac{d-a}{a}\right)=\frac{\lambda}{\pi\varepsilon_0}\ln\frac{d-a}{a}$$

（2）此导线组单位长度的电容为

$$C=\frac{q}{U_{AB}}=\frac{\lambda\times 1}{\dfrac{\lambda}{\pi\varepsilon_0}\ln\dfrac{d-a}{a}}=\frac{\pi\varepsilon_0}{\ln\dfrac{d-a}{a}}$$

由以上的讨论可知，求电容器的电容一般分为三步：①先设电容器两极板所带电荷量为 $\pm Q$，确定电容器两极板间的电场分布；②由 $U_{AB}=V_A-V_B=\int_A^B \boldsymbol{E}\cdot d\boldsymbol{l}$ 求两极板间的电势差；③由电容器电容的定义式 $C=\dfrac{q}{U_{AB}}$ 求电容器的电容．

对于多个电容器的组合，可先把它们看做几个电容器的串联或并联，并画出其等效电路图．然后根据电容器串、并联的特点求电容．

## 13.5　静电场的能量*

### 13.5.1　电容器的静电能

当电容器与电源相连时，电容器的两极板上会带上电荷，这个过程称为电容器的充电；当电容器与电源断开而与另一回路连通时，电容器两极板上的电荷会通过电路中和，这一过程叫做电容器的放电．如果电路中有用电器，如灯泡，则灯泡会发光，所消耗的能量是电容器释放的，而电容器的能量则是充电时由电源供给的．

现在计算电容器两极板 A 和 B 上分别带有电荷 $\pm Q$、两极板间电势差为 $U_{AB}$ 时所具有的能量．设想电容器两极板的带电过程是不断地把微小电荷 $+\mathrm{d}q$ 从原来中性的 B 极板迁移到 A 极板的过程，因此在极板带电过程中，两极板上带的电荷总是等值异号．当电容器的两极板已带电到 $\pm q$ 时，两极板间的电势差为 $u_{AB}$，这时再把电荷 $+\mathrm{d}q$ 从 B 板移到 A 板上，外力克服电场力所做的功为

$$\mathrm{d}A = \mathrm{d}q u_{AB} = \frac{1}{C} q \mathrm{d}q$$

式中，$C$ 是电容器的电容．电容器所带电荷量从零增大到 $Q$ 的整个过程中，外力所做的总功为

$$A = \int_0^Q \frac{1}{C} q \mathrm{d}q = \frac{1}{2}\frac{Q^2}{C}$$

外力所做的功 $A$ 等于电容器这个带电体系的电势能的增加，所增加的这部分能量，储存在电容器极板之间的电场中，因为原先极板上无电荷，极板间无电场，所以极板间电场的能量，在数值上等于外力所做的功 $A$，这就是带电电容器的**静电能**(electrostatic energy)，又可写成为

$$W_e = A = \frac{1}{2}\frac{Q^2}{C} \tag{13-35}$$

还可以表示为

$$W_e = \frac{1}{2} Q U_{AB} \tag{13-36}$$

和

$$W_e = \frac{1}{2} C U_{AB}^2 \tag{13-37}$$

该结果也可以从定义式直接得到．不论电容器的具体结构如何，式(13-35)～式(13-37)都是正确的，是计算电容器所储能量的普遍公式．

### 13.5.2　静电场的能量

一个物体带了电是否就具有了静电能？为了回答这个问题，让我们把带电体的带电过程作下述理解：物体所带电荷量是由众多电荷元聚集而成的，原先这些电荷元处于彼此无限离

散的状态，即它们处于彼此相距无限远的地方，使物体带电的过程就是外界把它们从无限远聚集到现在这个物体上来．在外界把众多电荷元由无限远离的状态聚集成一个带电体系的过程中，必须做功．根据功能原理，外界所做的总功必定等于带电体系电势能的增加．因为电势能本身的数值是相对的，是相对于电势能为零的某状态而言的．按照通常的规定，取众多电荷元处于彼此无限远离的状态的电势能为零，所以带电体系电势能的增加就是它所具有的电势能．于是我们就得到这样的结论：一个带电体系所具有的静电能就是该体系所具有的电势能，它等于把各电荷元从无限远离的状态聚集成该带电体系的过程中，外界所做的功．

那么，带电体系所具有的静电能是由电荷所携带，还是由电荷激发的电场所携带？也就是，能量是定域于电荷还是定域于电场？在静电学范围内我们无法回答这个问题，因为在一切静电现象中，静电场与静电荷是相互依存、无法分离的，有电场必有电荷，有电荷必有电场，而且电场与电荷之间有一一对应的关系，因而无法判断能量是属于电场还是属于电荷．但是，在电磁波情形下就不同了，电磁波是变化的电磁场的传播过程，变化的电场可以离开电荷而独立存在，没有电荷也可以有电场，而且场的能量能够以电磁波的形式传播，这一事实证实了静电能是属于静电场的，而不是属于电荷的．

既然静电能是定域于静电场的，那么我们就可以用场量来量度或表示它所具有的能量．

在物体或电容器的带电过程中，外力所做的功等于带电系统能量的增量，而带电系统的形成过程实际上也就是建立电场的过程，说明带电系统的静电能总是和电场的存在相联系的．

仍以平行板电容器为例．设极板的面积为 $S$，两极板间的距离为 $d$，极板间充满相对介电常数为 $\varepsilon_r$ 的电介质．当电容器极板上的电荷量为 $Q$ 时，极板间的电势差 $U=Ed$，已知 $C=\varepsilon_0\varepsilon_r\dfrac{S}{d}$，代入上式，得

$$W=\frac{1}{2}CU^2=\frac{1}{2}\varepsilon_0\varepsilon_r\frac{S}{d}E^2d^2=\frac{\varepsilon_0\varepsilon_r}{2}E^2Sd=\frac{\varepsilon_0\varepsilon_r}{2}E^2V$$

由于电场存在于两极板之间，所以 $Sd$ 也就是电容器中电场的体积 $V$. 可见，静电能可以用表征电场性质的电场强度 $E$ 来表示，而且和电场所占的体积 $V=Sd$ 成正比．这表明电能储藏在电场中．由于平行板电容器中电场是均匀分布的，所储藏的静电场的能量(electrostatic field energy)也应该是均匀分布的，因此电场中每单位体积的能量，即**静电场能量的体密度**为

$$w_e=\frac{W}{V}=\frac{1}{2}\varepsilon_0\varepsilon_rE^2=\frac{1}{2}\varepsilon E^2=\frac{1}{2}\frac{D^2}{\varepsilon}=\frac{1}{2}DE \tag{13-38}$$

在国际单位制中，能量的单位是 J，能量密度的单位为 $J/m^3$. 上述结果虽是在均匀电场中导出的，但可以证明在非均匀电场和变化电场中仍然是正确的，只是此式的能量密度是逐点改变的．在真空中，由于 $\varepsilon_r=1$，上式还原为电场能量公式 $w_e=\dfrac{1}{2}\varepsilon_0E^2$. 比较可知，在电场强度相同的情况下，电介质中的电场能量密度将增大到 $\varepsilon_r$ 倍．这是因为在电介质中，不但电场 $\boldsymbol{E}$ 本身具有能量，而且电介质的极化过程也吸收并储存了能量．

要计算任一带电系统整个电场中所储存的总能量，只要将电场所占空间分成许多体积元 $dV$，然后把这些体积元中的能量累加起来，就可以得到整个电场中储存的总能量

$$W = \int_V w_e \mathrm{d}V = \int_V \frac{\varepsilon_0 \varepsilon_r E^2}{2} \mathrm{d}V = \int_V \frac{1}{2} DE \mathrm{d}V \tag{13-39}$$

式中，$w_e$ 是和每一个体积元 $\mathrm{d}V$ 相应的能量密度，积分区域遍及整个电场空间 $V$.

在各向异性电介质中，一般说来 $\boldsymbol{D}$ 与 $\boldsymbol{E}$ 的方向不同，这时电场能量密度应表示为

$$w_e = \frac{1}{2} \boldsymbol{D} \cdot \boldsymbol{E} \tag{13-40}$$

式(13-39)应由下式代替

$$W_e = \int_V \frac{1}{2} \boldsymbol{D} \cdot \boldsymbol{E} \mathrm{d}V \tag{13-41}$$

式(13-41)就是静电场能量的一般表达式，它表明，静电场的能量是存在于静电场中，电场是能量的携带者，同时，它也证明了电场是物质的一种特殊形态.

**例题 13-9**　“无限长”圆柱形电容器是由半径为 $R_1$ 的导体圆柱和同轴的薄导体圆筒组成，圆筒的半径为 $R_2$. 若直导体与导体圆筒之间充以介电常数为 $\varepsilon$ 的电介质. 设直导体和圆筒单位长度上的电荷分别为 $+\lambda$ 和 $-\lambda$.

(1) 求该电容器所具有的静电能；

(2) 证明：$W_e = \frac{1}{2} \frac{Q^2}{C}$，其中 $Q$、$C$ 分别为 $l$ 长导体上的电荷量及 $l$ 长电容器的电容.

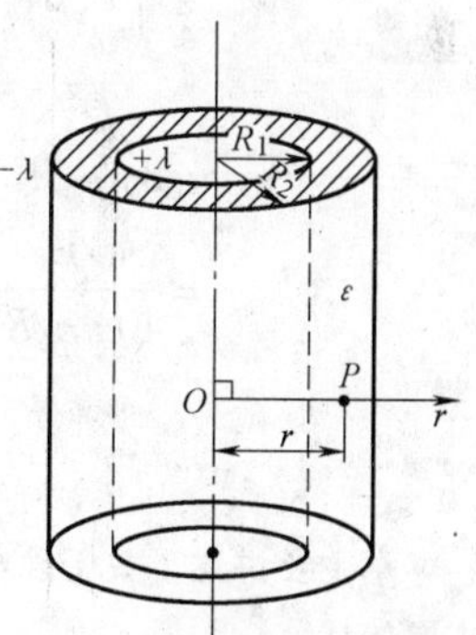


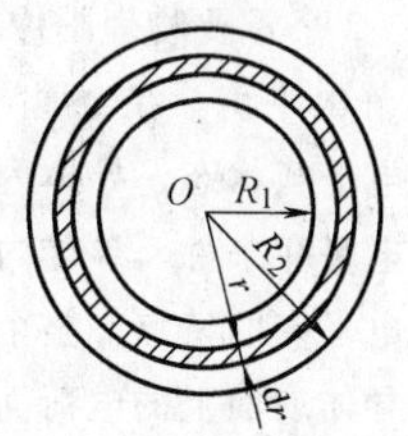


图 13-35　例题 13-9 用图

**解**：(1) 选取坐标如图 13-35 所示，原点在圆柱轴线上. 由题意知，其场是轴对称的，由高斯定理知，介质内任一点 $P$ 的电场强度大小为

$$E = \frac{D}{\varepsilon} = \frac{\lambda}{2\pi\varepsilon r} \quad （介质外 E = 0）$$

因为在半径为 $r$，厚为 $\mathrm{d}r$，高为 $l$ 的薄圆筒内，电场的能量为

$$\mathrm{d}W_e = w_e \mathrm{d}V = \frac{1}{2} \varepsilon E^2 \cdot 2\pi r l \mathrm{d}r$$

$$= \frac{1}{2} \varepsilon \frac{\lambda^2}{4\pi^2 \varepsilon^2 r^2} \cdot 2\pi r l \mathrm{d}r = \frac{\lambda^2 l}{4\pi\varepsilon r} \mathrm{d}r$$

所以该电容器所具有的静电能为

$$W_e = \int w_e \mathrm{d}V = \int_{R_1}^{R_2} \frac{\lambda^2 l}{4\pi\varepsilon r} \mathrm{d}r = \frac{\lambda^2 l}{4\pi\varepsilon} \ln \frac{R_2}{R_1}$$

(2) 证明：因为

$$V_1 - V_2 = \int_{R_1}^{R_2} \boldsymbol{E} \cdot \mathrm{d}\boldsymbol{r} = \int_{R_1}^{R_2} \frac{\lambda}{2\pi\varepsilon r} \mathrm{d}r = \frac{\lambda}{2\pi\varepsilon} \ln \frac{R_2}{R_1}$$

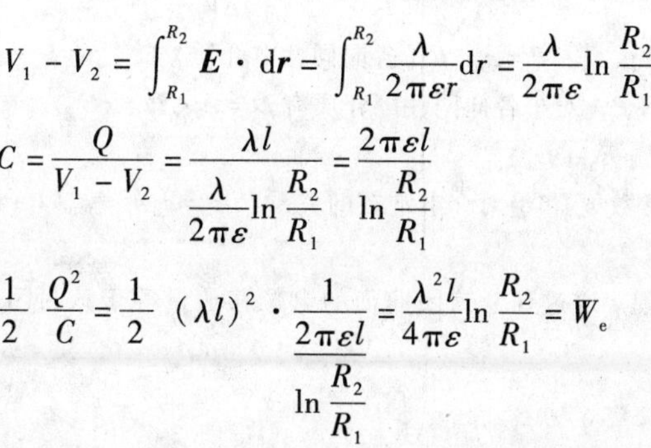

$$C = \frac{Q}{V_1 - V_2} = \frac{\lambda l}{\frac{\lambda}{2\pi\varepsilon} \ln \frac{R_2}{R_1}} = \frac{2\pi\varepsilon l}{\ln \frac{R_2}{R_1}}$$

$$\frac{1}{2} \frac{Q^2}{C} = \frac{1}{2} (\lambda l)^2 \cdot \frac{1}{\frac{2\pi\varepsilon l}{\ln \frac{R_2}{R_1}}} = \frac{\lambda^2 l}{4\pi\varepsilon} \ln \frac{R_2}{R_1} = W_e$$

所以有 $W_e=\frac{1}{2}\frac{Q^2}{C}$，得证.

**例题 13-10**　如图 13-36 所示，一个均匀带电荷为 $Q$ 的球体，半径为 $R$，试求电场的能量.

**解**：由高斯定理知，电场强度为

$$E=\begin{cases}\dfrac{Q}{4\pi\varepsilon_0 R^3}r & (r<R)\\[2ex] \dfrac{Q}{4\pi\varepsilon_0 r^2} & (r>R)\end{cases}$$

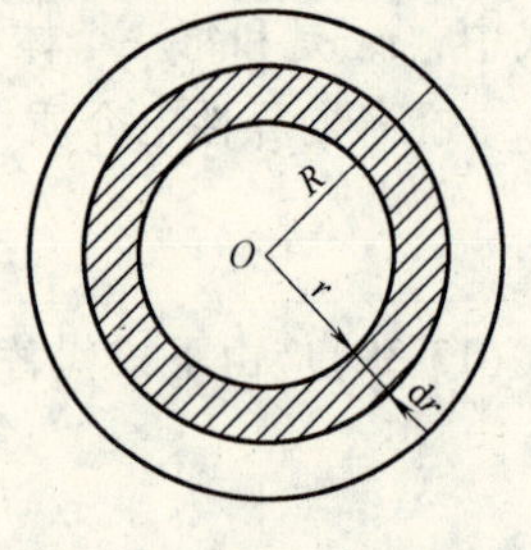


图 13-36　例题 13-10 用图

因为在半径为 $r$ 、厚度为 $\mathrm{d}r$ 的球壳内，电场的能量为

$$\begin{aligned}\mathrm{d}W_e&=w_e\mathrm{d}V=w_e\cdot 4\pi r^2\mathrm{d}r\\&=\frac{1}{2}\varepsilon_0E^2\cdot 4\pi r^2\mathrm{d}r=2\pi\varepsilon_0E^2r^2\mathrm{d}r\end{aligned}$$

故得该电场的能量为

$$\begin{aligned}W_e&=\int_V w_e\mathrm{d}V=\int_0^R 2\pi\varepsilon_0\left[\frac{Q}{4\pi\varepsilon_0R^3}r\right]^2r^2\mathrm{d}r+\int_R^\infty 2\pi\varepsilon_0\left[\frac{Q}{4\pi\varepsilon_0r^2}\right]r^2\mathrm{d}r\\&=\frac{Q^2}{8\pi\varepsilon_0R^6}\int_0^R r^4\mathrm{d}r+\frac{Q^2}{8\pi\varepsilon_0}\int_R^\infty\frac{1}{r^2}\mathrm{d}r\\&=\frac{Q^2}{40\pi\varepsilon_0R^6}R^5+\frac{Q^2}{8\pi\varepsilon_0R}=\frac{1}{4\pi\varepsilon_0}\left(\frac{3Q^2}{5R}\right)=\frac{3}{20}\frac{Q^2}{\pi\varepsilon_0R}\end{aligned}$$

## 小　　结

本章主要讲述了关于静电场中的导体和电介质的 2 个重要物理图像、2 个重要定理、几个基本概念和 3 种主要的计算.

一、2 个重要物理图像

1. 静电平衡　在金属导体中，自由电子没有定向运动的状态，称为静电平衡.

静电平衡状态　导体内部和表面都没有电荷的宏观移动.

静电平衡条件　导体内部的电场强度为零，导体表面的电场强度与表面垂直.

静电平衡的特点　整个导体是等势体，导体的表面是等势面；导体表面附近任一点的电场强度的大小与该处导体表面上的电荷面密度成正比.

2. 电介质的极化　电介质在外电场作用下，其表面出现净电荷的现象称为电介质的极化.

电极化强度 $\boldsymbol{P}$：单位体积内分子电矩的矢量和，即 $\boldsymbol{P}=\dfrac{\sum\boldsymbol{p}_i}{\Delta V}$

电极化强度和电场强度的关系：$\boldsymbol{P}=\varepsilon_0\chi_e\boldsymbol{E}$（各向同性电介质）

电位移矢量 $\boldsymbol{D}$：$\boldsymbol{D}=\varepsilon_0\boldsymbol{E}+\boldsymbol{P}$，对于各向同性电介质有 $\boldsymbol{D}=\varepsilon_0\varepsilon_r\boldsymbol{E}=\varepsilon\boldsymbol{E}$

电介质存在时的电场：$\boldsymbol{E}=\boldsymbol{E}_0+\boldsymbol{E}'$

电极化率 $\chi_e$，相对介电常数 $\varepsilon_r$ 和绝对介电常数的关系　$\varepsilon=\varepsilon_0\varepsilon_r=\varepsilon_0(1+\chi_e)$

二、2 个重要定理

1. 有电介质时的高斯定理　通过任意封闭曲面的电位移通量等于该封闭面所包围的自由电荷的代数和，即

$$\oint_S\boldsymbol{D}\cdot\mathrm{d}\boldsymbol{S}=q_0$$

2. 有电介质时的环路定理　在静电场中，电场强度 $\boldsymbol{E}$ 的环流恒为零，即

$$\oint_l \boldsymbol{E} \cdot \mathrm{d}\boldsymbol{l} = 0$$

式中的电场强度 $\boldsymbol{E}$ 为所有电荷(包括自由电荷和极化电荷)所产生的合电场强度.

三、几个基本概念

1. 静电感应　金属导体中的自由电子在外电场 $\boldsymbol{E}_0$ 的作用下，相对于晶格离子作定向运动，由于电子的定向运动，并在导体一侧面集结，使该侧面出现负电荷，而相对的另一侧面出现正电荷，这就是静电感应.

2. 静电屏蔽　利用导体静电平衡的性质，使导体空腔内部空间不受腔外电荷和电场的影响，或者将导体空腔接地，使腔外空间免受腔内电荷和电场影响，这类操作都称为静电屏蔽.

3. 位移极化　由于无极分子的电极化是分子的正负电荷的中心在外电场的作用下发生相对位移的结果，所以这种电极化称为位移极化.

4. 取向极化　有极分子的电极化是分子电偶极子在外电场的作用下发生转向的结果，故这种电极化称为取向极化.

5. 电位移线　为了描述电位移 $\boldsymbol{D}$，仿照电场线方法在有电介质的静电场中做电位移线，使线上每一点的切线方向和该点电位移 $\boldsymbol{D}$ 的方向相同，并规定在垂直于电位移线的单位面积上通过的电位移线数目等于该点的电位移 $\boldsymbol{D}$ 的量值.$\boldsymbol{D}$ 线发自正自由电荷止于负自由电荷.

6. 电容器　两个带有等值而异号电荷的导体所组成的带电系统称为电容器. 电容器的电容定义为电容器所带电荷量与其电压之比，即

$$C = \frac{Q}{V_{\mathrm{A}} - V_{\mathrm{B}}}$$

它仅与两极板的尺寸、几何形状、周围介质及相对位置有关.

四、3 种主要的计算

1. 电场强度与电势的计算　求电场强度时，用有电介质时的高斯定理 $\oint_S \boldsymbol{D} \cdot \mathrm{d}\boldsymbol{S} = \sum q_0$，先求 $\boldsymbol{D}$，再用 $\boldsymbol{E} = \frac{\boldsymbol{D}}{\varepsilon}$ 求出 $\boldsymbol{E}$，可以不用考虑极化电荷，计算很方便，但只有当电场分布具有前面讲过的三种特殊对称性时，才能应用. 求电势时，因为计算极化电荷不方便，所以求电势时一般不用叠加法，而常用电势的定义式 $V_P = \int_P^\infty \boldsymbol{E} \cdot \mathrm{d}\boldsymbol{l}$ 来计算.

2. 电容器电容的计算　一般情况下，先设电容器两极板所带电荷量为 $\pm Q$，确定两极板间的电场分布，然后由 $U_{\mathrm{AB}} = V_{\mathrm{A}} - V_{\mathrm{B}} = \int_{\mathrm{A}}^{\mathrm{B}} \boldsymbol{E} \cdot \mathrm{d}\boldsymbol{l}$ 求两极板间的电势差，最后利用电容器电容的定义式计算；对于几种常见的电容器，可以直接利用其结果：平行板电容器 $C = \frac{\varepsilon S}{d}$、球形电容器 $C = \frac{4\pi\varepsilon R_{\mathrm{A}} R_{\mathrm{B}}}{R_{\mathrm{B}} - R_{\mathrm{A}}}$、圆柱形电容器 $C = \frac{2\pi\varepsilon l}{\ln \frac{R_{\mathrm{B}}}{R_{\mathrm{A}}}}$；至于电容器串、并联的等值电容，有 $\frac{1}{C} = \frac{1}{C_1} + \frac{1}{C_2} + \frac{1}{C_3} + \cdots$（串联）和 $C = C_1 + C_2 + C_3 + \cdots$（并联）；个别情况下，也可利用电容器的储能公式计算.

3. 电场能量的计算　电容器的储能，可直接利用公式

$$W_{\mathrm{e}} = \frac{Q^2}{2C} = \frac{1}{2}QU = \frac{1}{2}CU^2$$

电场中的能量

$$W_{\mathrm{e}} = \int_V \frac{1}{2}\boldsymbol{D} \cdot \boldsymbol{E}\mathrm{d}V$$

其中，$w_{\mathrm{e}} = \frac{1}{2}\boldsymbol{D} \cdot \boldsymbol{E}$ 为电场能量密度，即电场单位体积中的能量. 对于各向同性电介质，有

$$w_e = \frac{1}{2}DE = \frac{1}{2}\varepsilon E^2$$

## 思考题

13-1　尖端放电的物理实质是什么？

13-2　将一个带电 $+q$、半径为 $R_B$ 的大导体球 B，移近一个半径为 $R_A$ 而不带电的小导体球 A，如图 13-37 所示，试判断下列说法是否正确？并说明理由．

（1）B 球电势高于 A 球；

（2）以无限远为电势零点，A 球的电势：$V_A < 0$．

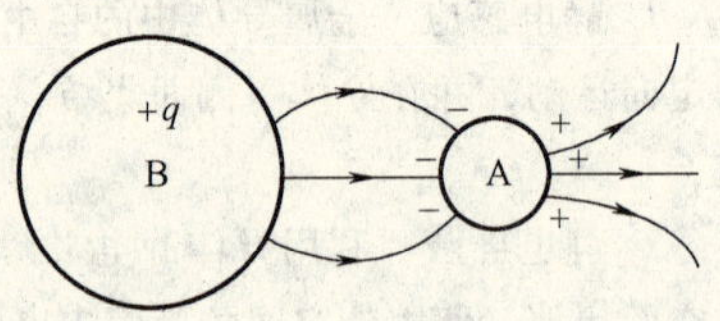

图 13-37　思考题 13-2 用图

13-3　怎样能使导体净电荷为零，而其电势不为零？

13-4　怎样理解静电平衡时导体内部各点的电场强度为零？

13-5　怎样理解导体表面附近的电场强度与表面上对应点的电荷面密度成正比？

13-6　为什么不能使一个物体无限制地带电？

13-7　感应电荷的大小和分布怎样确定？

13-8　怎样理解导体壳外电荷对壳内的影响？

13-9　怎样理解导体壳内电荷对壳外的影响？

13-10　在静电场中的电介质和导体表现出有何不同的特征？

13-11　电介质的极化现象与导体的静电感应现象有什么区别？

13-12　怎样理解电势能与电场能？

13-13　怎样使导体有过剩的正(或负)电荷，而其电势为零？

13-14　怎样使导体有过剩的负电荷，而其电势为正？

13-15　电介质在外电场中极化后，两端出现等量异号电荷，若把它截成两半后分开，再撤去外电场，问这两个半截的电介质上是否带电？为什么？

## 习　题

13-1　半径分别为 1.0 cm 与 2.0 cm 的两个球形导体，各带电荷量 $1.0\times10^{-8}$C，两球心间相距很远，若用导线将两球相连，求：

（1）每个球所带电荷量；

（2）每球的电势．

13-2　A、B、C 是三块平行金属板，面积均为 200cm$^2$，A、B 相距 4.0mm，A、C 相距 2.0mm，B、C 两板都接地，如图 13-38 所示．设 A 板带正电 $3.0\times10^{-7}$C，不计边缘效应，求 B 板和 C 板上的感应电荷，以及 A 板的电势．

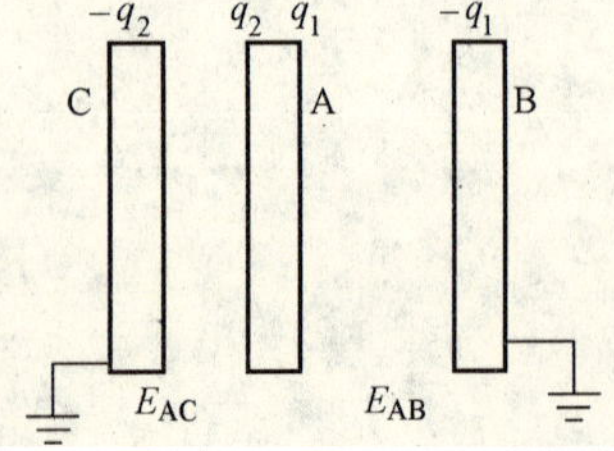

图 13-38　习题 13-2 用图

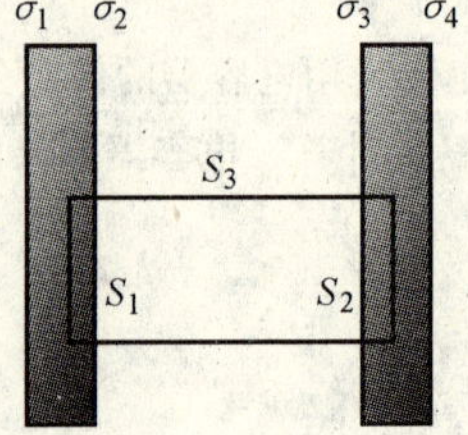

图 13-39　习题 13-3 用图

13-3　两块无限大均匀带电导体平板相互平行放置，设四个表面的电荷面密度分别为 $\sigma_1$、$\sigma_2$、$\sigma_3$、$\sigma_4$，如图 13-39 所示．求证当静电平衡时，$\sigma_2 = -\sigma_3$、$\sigma_1 = \sigma_4$.

13-4　如图 13-40 所示，一内半径为 $a$、外半径为 $b$ 的金属球壳，带有电荷 $Q$，在球壳空腔内距离球心 $r$ 处有一点电荷 $q$. 设无限远处为电势零点，试求：

(1) 球壳内外表面上的电荷；

(2) 球心 $O$ 点处，由球壳内表面上电荷产生的电势；

(3) 球心 $O$ 点处的总电势．

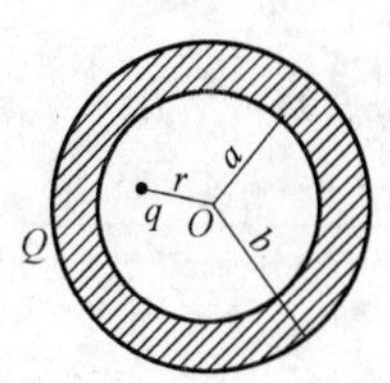


图 13-40　习题 13-4 用图

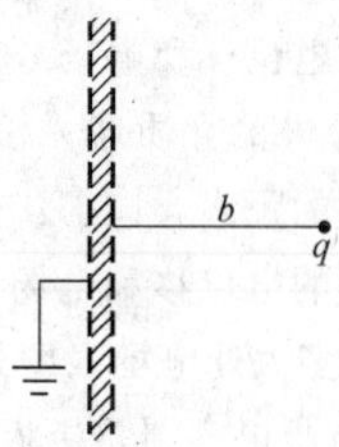


图 13-41　习题 13-5 用图

13-5　有一"无限大"的接地导体板，在距离板面 $b$ 处有一电荷为 $q$ 的点电荷．如图 13-41 所示，试求：

(1) 导体板面上各点的感应电荷面密度分布；

(2) 面上的总感应电荷．

13-6　如图 13-42 所示，中性金属球半径为 $R$，它离地球很远．在与球心 $O$ 相距分别为 $a$ 与 $b$ 的 $A$、$B$ 两点，分别放上电荷为 $q_A$ 和 $q_B$ 的点电荷，达到静电平衡后，问：

(1) 金属球内及其表面有电荷分布吗？

(2) 金属球中的 $P$ 点处电势为多大？(选无穷远处为电势零点)

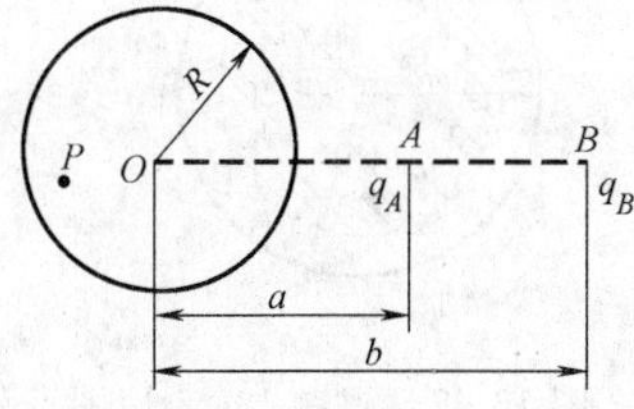


图 13-42　习题 13-6 用图

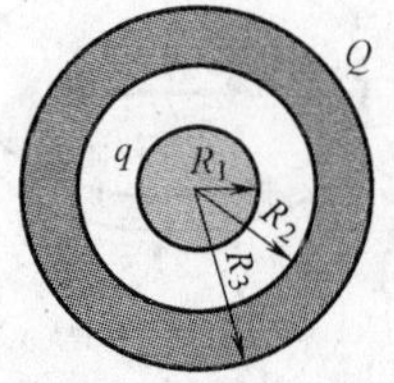


图 13-43　习题 13-7 用图

13-7　半径为 $R_1$ 的导体球，被一与其同心的导体球壳包围着，其内外半径分别为 $R_2$、$R_3$，如图 13-43 所示，使内球带电 $q$、球壳带电 $Q$，试求：

(1) 电势分布的表示式；

(2) 用导线连接球和球壳后的电势分布；

(3) 外壳接地后的电势分布．

13-8　已知导体球半径为 $R_1$，带电荷为 $q$．一导体球壳与球同心，内外半径分别为 $R_2$ 和 $R_3$，带电荷为 $Q$，如图 13-44 所示．求：

(1) 电场的分布；

(2) 球和球壳的电势 $V_1$ 和 $V_2$ 以及它们的电势差；

(3) 若球壳接地，$V_1$ 和 $V_2$ 以及电势差；

(4) 用导线连接球与球壳后 $V_1$ 和 $V_2$ 的值．

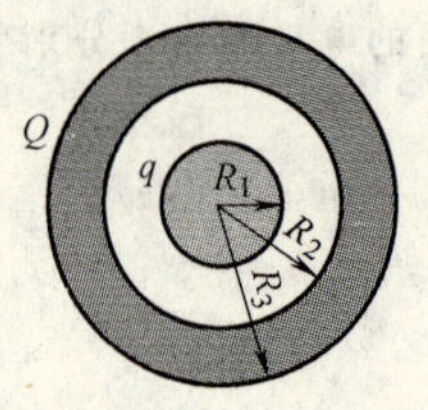

图 13-44 习题 13-8 用图

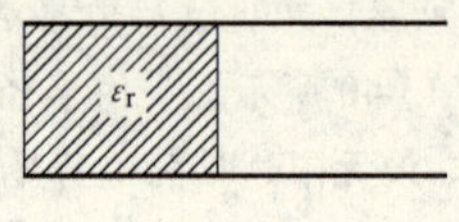

图 13-45 习题 13-11 用图

13-9 一半径为 $R$ 的带电介质球体，相对介电常数为 $\varepsilon_r$，电荷体密度分布 $\rho = k / r$（$k$ 为已知常量），试求球体内、外的电位移和电场分布．

13-10 半径为 $R$ 的介质球，相对介电常数为 $\varepsilon_r$、其体电荷密度 $\rho=\rho_0(1-r/R)$，式中，$\rho_0$ 为常量；$r$ 是球心到球内某点的距离．试求：

（1）介质球内的电位移和电场分布；

（2）在半径 $r$ 多大处电场强度最大？

13-11 一平行板电容器，极板间距离为 10 cm，其间有一半充以相对介电常数 $\varepsilon_r=10$ 的各向同性均匀电介质，其余部分为空气，如图 13-45 所示．当两极间电势差为 100 V 时，试分别求空气中和介质中的电位移矢量和电场强度矢量．

13-12 一平行板空气电容器充电后，极板上的自由电荷面密度 $\sigma=1.77\times10^{-6}\mathrm{C/m^2}$．将极板与电源断开，并平行于极板插入一块相对介电常数为 $\varepsilon_r=8$ 的各向同性均匀电介质板．计算电介质中的电位移 $\boldsymbol{D}$、电场强度 $\boldsymbol{E}$ 和电极化强度 $\boldsymbol{P}$ 的大小．

13-13 一导体球带电荷 $Q=1.0$ C，放在相对介电常数为 $\varepsilon_r=5$ 的无限大各向同性均匀电介质中．求介质与导体球的分界面上的束缚电荷 $Q'$.

13-14 半径为 $R$、厚度为 $h$（$\ll R$）的薄电介质圆盘被均匀极化，极化强度 $\boldsymbol{P}$ 与盘面平行，如图 13-46 所示．求极化电荷在盘中心产生的电场强度 $\boldsymbol{E}$.

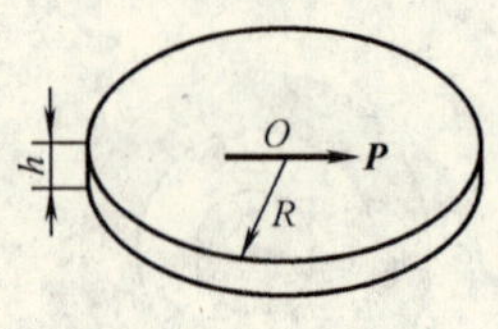

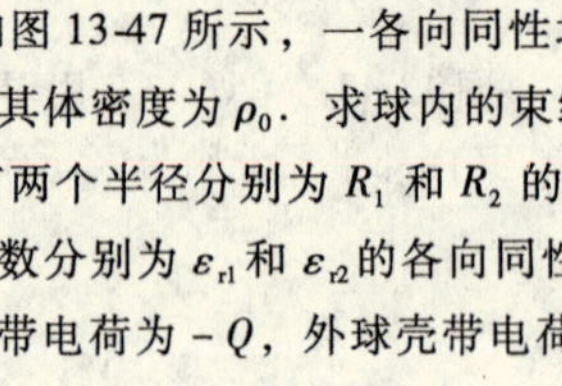

图 13-46 习题 13-14 用图

图 13-47 习题 13-15 用图

13-15 如图 13-47 所示，一各向同性均匀电介质球，半径为 $R$，其相对介电常数为 $\varepsilon_r$，球内均匀分布有自由电荷，其体密度为 $\rho_0$．求球内的束缚电荷体密度 $\rho'$ 和球表面上的束缚电荷面密度 $\sigma'$.

13-16 有两个半径分别为 $R_1$ 和 $R_2$ 的同心金属球壳，其间各充满一半相对介电常数分别为 $\varepsilon_{r1}$ 和 $\varepsilon_{r2}$ 的各向同性的均匀电介质，如图 13-48 所示．当内球壳带电荷为 $-Q$，外球壳带电荷为 $+Q$ 时，略去边缘效应．试求：

（1）空间中 $\boldsymbol{D}$、$\boldsymbol{E}$ 的分布；

（2）两球壳的电势差．

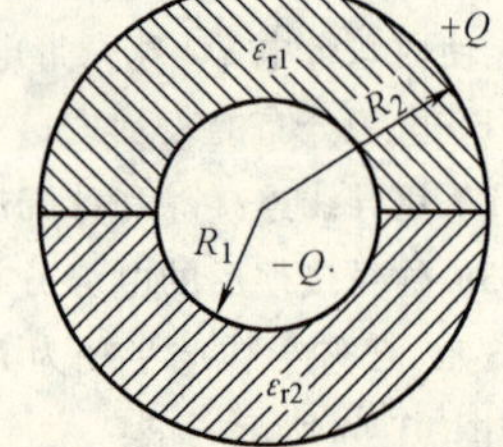

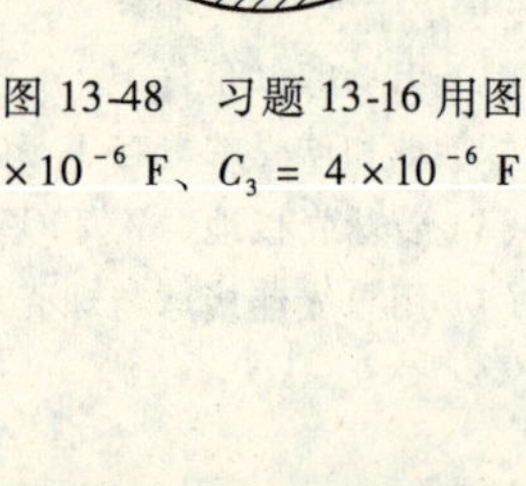

图 13-48 习题 13-16 用图

13-17 平行板电容器极板面积为 $S$，间距为 $d$，中间有两层厚度各为 $d_1$ 和 $d_2$（$d=d_1+d_2$）、介电常数各为 $\varepsilon_1$ 和 $\varepsilon_2$ 的电介质，计算其电容．

13-18 三个电容器如图 13-49 所示联接，其中 $C_1=10\times10^{-6}$ F、$C_2=5\times10^{-6}$ F、$C_3=4\times10^{-6}$ F，当 A、B 间电压 $U=100$ V 时，试求：

（1）A、B 之间的电容；

（2）当 $C_3$ 被击穿时，在电容 $C_1$ 上的电荷量和电压各变为多少？

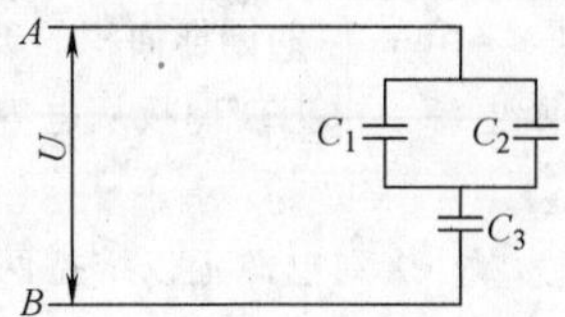


图 13-49　习题 13-18 用图

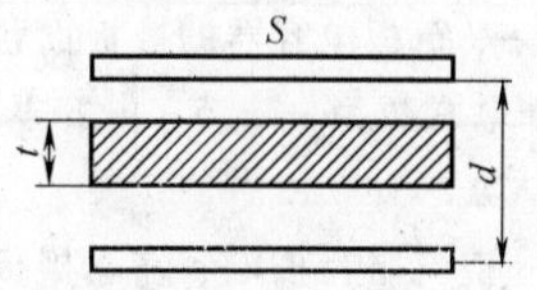


图 13-50　习题 13-19 用图

13-19　如图 13-50 所示，一空气平行板电容器，极板面积为 $S$、两极板之间距离为 $d$，其中平行地放有一层厚度为 $t$（$t < d$）、相对介电常数为 $\varepsilon_r$ 的各向同性均匀电介质．略去边缘效应，试求其电容值．

13-20　如图 13-51 所示，一平行板电容器，极板面积为 $S$，两极板之间距离为 $d$，中间充满介电常数按 $\varepsilon=\varepsilon_0(1+X/d)$ 规律变化的电介质．在略去边缘效应的情况下，试计算该电容器的电容．

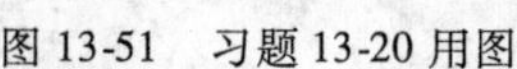


图 13-51　习题 13-20 用图

13-21　半径分别为 $a$ 和 $b$ 的两个金属球，它们的间距比本身线度大得多．今用一细导线将两者相连接，并给系统带上电荷 $Q$，求：

（1）每个球上分配到的电荷；

（2）按电容定义式计算此系统的电容．

13-22　如图 13-52 所示，一平行板电容器的极板面积 $S=200\text{cm}^2$，两板间距 $d=5.0\text{mm}$，极板间充以两层均匀电介质．电介质其一厚度 $d_1=2.0\text{mm}$，相对介电常数 $\varepsilon_{r1}=5.0$；其二厚度 $d_2=3.0\text{mm}$，相对介电常数 $\varepsilon_{r2}=2.0$．若以 3 800V 的电势差（$V_A-V_B$）加在此电容器的两极板上，求：

（1）板上的电荷面密度；

（2）介质内的电场强度、电位移及电极化强度；

（3）介质表面上的极化电荷密度．

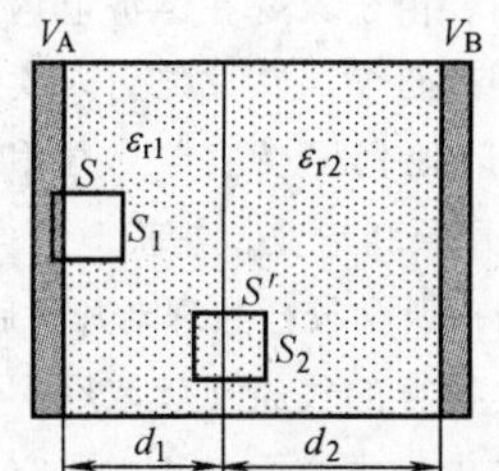


图 13-52　习题 13-22 用图

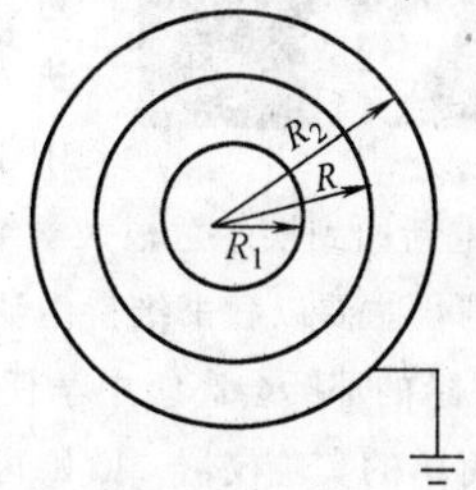


图 13-53　习题 13-23 用图

13-23　有两个半径分别为 $R_1$ 和 $R_2$ 的同心金属球壳，内球壳带电荷为 $Q_0$，紧靠其外面包一层半径为 $R$、相对介电常数为 $\varepsilon_r$ 的电介质．外球壳接地，如图 13-53 所示．求：

（1）两球壳间的电场分布；

（2）两球壳间的电势差；

（3）两球壳构成的电容器的电容值；

（4）两球壳间的电场能量．

13-24　用输出电压 $U$ 作为稳压电源，给一电容为 $C$ 的空气平行板电容器充电．在电源保持连接的情况下，试求把两个极板间距增大至 $n$ 倍时外力所做的功．

13-25　如图 13-54 所示，一电容器由两个同轴圆筒组成，内筒半径为 $a$，外筒半径为 $b$，筒长都是 $L$，中间充满相对介电常数为 $\varepsilon_r$ 的各向同性均匀电介质．内、外筒分别带有等量异号电荷 $+Q$ 和 $-Q$．设 $b-a \ll a$，$L \gg b$，可以略去边缘效应，求：

（1）圆柱形电容器的电容；

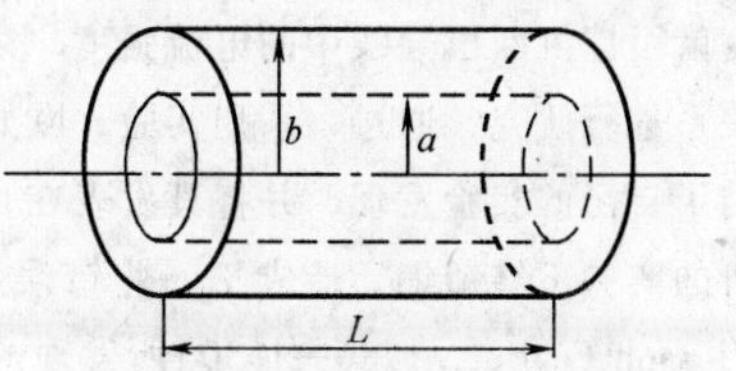


图 13-54　习题 13-25 用图

(2) 电容器贮存的能量.

13-26　一平行板电容器的极板面积为 $S=1\text{m}^2$，两极板夹着一块 $d=5\text{mm}$ 厚的同样面积的玻璃板. 已知玻璃的相对介电常数为 $\varepsilon_r=5$. 电容器充电到电压 $U=12\text{ V}$ 以后切断电源. 求把玻璃板从电容器中抽出来外力需做多少功.

13-27　一空气平行板电容器，极板面积为 $S$，两极板之间距离为 $d$，接到电源上以维持两极板间电势差 $U$ 不变. 今将两极板距离拉开到 $2d$，试计算外力所做的功.

13-28　一平行板电容器，极板面积为 $S$，两极板之间距离为 $d$，中间充满相对介电常数为 $\varepsilon_r$ 的各向同性均匀电介质. 设极板之间电势差为 $U$. 试求在维持电势差 $U$ 不变下将介质取出，外力需做功多少？

## 物理学家简介

### 欧姆（Georg Simon Ohm，1789—1854）

1789 年 3 月 16 日，乔治 · 西蒙 · 欧姆出生于德国巴伐利亚州的埃尔兰根城. 欧姆的父亲是一位技术娴熟的锁店店主，母亲则是一位裁缝店老板的女儿. 欧姆的父亲虽然没有接受过系统的教育，但他对数学和哲学具有十分浓厚的兴趣，而且也非常重视孩子的教育问题. 欧姆从小就受到父亲的熏陶，和弟弟一起接受了严格的启蒙教育，他不仅在父亲的教导下学习了数学、物理和哲学方面的基础知识，同时还接受了有关机械技能方面的训练，这为他日后自制实验设备，开展科学研究工作打下了良好基础. 1800 年，欧姆进入中学学习，他在学习上非常认真，并养成了独立思考的良好习惯. 1805 年，欧姆以优异成绩从中学毕业，并进入埃尔兰根大学继续深造. 然而，由于家庭在经济上遇到了困难，在进入大学后不久，欧姆就不得不中途辍学. 在此之后，欧姆分别在几家中学任数学教师和私人教师，同时他仍坚持自学数学和物理等科目. 1811 年，欧姆重新回到埃尔兰根大学继续完成学业，最后于同年 10 月顺利毕业，并获得了哲学博士学位. 毕业以后，欧姆仍主要以教书维持生活，他先在巴伐利亚州班贝格的一所学校任数理老师，后又于 1817 年 9 月辗转来到科隆的耶稣会高级中学任教. 在科隆的这所中学，科学教育的气氛比较浓厚，学校实验室里也装备了一些简单的实验仪器，欧姆可以利用教学工作之余，开展在电磁学方面的科学研究. 他不但系统学习了许多相关著作，同时还在学校的实验室进行着自己的实验研究. 不过，欧姆平时的教学任务比较繁重，同时他还缺乏进行研究所需的图书资料与实验设备. 尽管研究条件十分艰苦，但欧姆毫不畏惧，他始终坚持不懈地进行电学实验，当缺少必要的实验仪器时，他就自己亲自动手设计和制作相关仪器. 正是在这样的坚持下，欧姆的研究工作逐渐取得了进展.

欧姆生活的时期，电学的发展非常迅速，各种研究成果不断涌现，欧姆也试图通过实验来研究电学的规律. 在进行电学实验的过程中，欧姆遇到了一个难题，那就是如何准确测量电流的强弱. 为解决这一难题，欧姆巧妙地利用电流的磁效应，创造性地设计出一种电流扭力秤：该扭力秤以一根扭线连接一个磁针，当导线中有电流通过时，电流产生的磁场会对磁针产生作用力，从而使磁针发生偏转，通过磁针偏转的角度就可以判断出导线中的电流强度. 之后，欧姆利用电流扭力秤装置开始对电流与电源和导线长度之间的关系进行研究，通过一系列实验，欧姆发现载流导线产生的电磁力与导线的长度成正比. 1825 年，欧姆总结了自己的实验发现，并将其发表在自己的第一篇论文《金属导电规律的初步探索》中. 然而，由于之前进行的实验不够精细，造成了一些错误，发现这一情况的欧姆其后改进了实验仪器. 在法国数学家傅里叶(Joseph Fourier，1786—1830)所发现的热传导规律的启发下，欧姆产生了一个设想：载流导线内两点间的电流强度可能与这两点之间的某种驱动力有关，欧姆将这种驱动力称为电张力，这实际上就是后来定义的电势（即电压）. 欧姆决心通过实验来证实自己的这一设想，为此他开始反复地进行实验. 最初，欧姆在实验中以伏打电池作为电源，但这种电源产生的电流不稳定，实验效果不理想. 后来在别人的建议下，欧姆改用了温差电偶作为实验电源，由此解决了电流稳定性的问题. 就这样，经过大量的实验和对实验数据的分析与计算后，欧姆终于发现了一条基本规律：载流导体中的电流 $I$ 与导体两端的电压 $U$ 成正比，电压与电流的比值是该导体的电阻 $R$(欧姆当时采用的是“等效长度”这一名称，而他理解的“等效长度”实际上就是电阻)，由此可得出公式

$$U = IR$$

欧姆发现的这一规律就是后来广为所知的那条电学基本定律——欧姆定律. 1826 年 8 月，欧姆来到柏林休假，在这里他开始撰写《伽伐尼电路的数学研究》一书，该书于 1827 年出版，书中对欧姆定律进行了严格的数学推导和总结. 此外，欧姆还认识到导体的电阻与导体长度成正比，与导体的横截面积成反比，并与导体本身的性能有关；在稳定电流的情况下，电荷不仅在导体的表面上，而且在导体的整个截面上运动.

欧姆定律的发现在电学史上具有相当重要的意义，定律及其公式的建立，不仅为电学的计算带来了方便，也为电学的发展做出了极大贡献. 然而，欧姆定律公布以后，却并未引起德国科学界的重视，相反还遭到一些人的怀疑、非议甚至攻击. 由于长期以来作为一名独立的研究工作者，欧姆很少有机会与其他科学家接触和交流，因此知名度不高，很多人不相信一个中学教师能取得什么重要的研究成果，甚至还有人别有用心地对欧姆进行人身攻击. 尽管如此，仍有少数科学家相信欧姆定律的正确性，当时的《化学和物理杂志》主编斯威格(Johann Salomo Christoph Schweigger, 1779—1857)就是其中之一. 斯威格始终支持欧姆的研究工作，欧姆的大部分论文都发表在他主办的杂志上，当欧姆为自己的研究成果得不到公正对待而倍感痛苦之时，斯威格写信给欧姆，他在信中鼓励道：“请你相信，在乌云和尘埃后面的真理之光最终会透射出来，并含笑驱散它们.”几年以后，其他科学家在实验中得到了与欧姆相同的结论，欧姆定律重新引起了注意. 随后，一些外国科学家相继成功重复了欧姆的实验，与德国国内的情况不同，欧姆的研究成果逐渐在其他国家得到了理解和重视. 欧姆定律传入英国的时间较晚，但英国科学界首先承认了欧姆的贡献. 1841 年，为表彰欧姆做出的杰出贡献，英国皇家学会决定授予他科普勒奖章(这是当时欧洲科学界的最高荣誉)，并于次年接纳他为会员，此后，各种荣誉接踵而至. 直到此时，欧姆的祖国才逐渐认识到他的价值，1845 年欧姆当选为巴伐利亚科学院院士，1849 年他被聘为慕尼黑大学的物理教授，终于实现了自己长久以来的抱负. 遗憾的是，欧姆在大学任教不久，就因病不得不停止了研究工作. 1854 年 7 月 6 日，欧姆在德国曼纳希离开了人世，终年 65 岁. 为纪念欧姆对电学发展所做出的历史性功绩，后人将电阻的国际制单位以他的名字来命名——欧姆，简称为欧(Ω). 直到今天，以他的名字命名的欧姆定律仍是关于电路的所有定律中形式最简明、应用最广泛的基本定律之一，欧姆所做出的贡献将始终被人们铭记.

## 附录 13A 生物电现象

生物有电并非怪事，它早已存在，不过人们研究它、应用它，还只是近年来的事. 2000 年前，古罗马帝国流行一种奇怪的治病方法，用来治疗头痛、风痛等症状. 当一个人痛风发作时，医生把病人带到海边潮湿沙滩上，在病人脚底放一条黑色大鱼，此时病人就会感到脚底发麻，一直麻到膝盖为止，如此反复进行，可以治愈疾病. 据说，此法曾治好许多达官贵人的病. 到了 1758 年，英国科学家卡文迪什开始着手探究上述治病方法的奥秘. 他把大墨鱼埋在潮湿沙滩里，上面接一莱顿瓶，结果莱顿瓶发出火花，由此证明大墨鱼放出的是电，卡文迪什证明电鳝放电不久，意大利科学家加伐尼在 1791 年发现在青蛙肌肉中也蕴藏着电能，他把这种电称为“生物电”. 这便是生物电名字的由来.

19 世纪，内科学用电势器测得神经细胞膜突然受到刺激产生 0.1V 电. 至此，人们再不怀疑生物电的存在，而且确认任何生物体中，都有生物电. 20 世纪 50 年代后，人们才揭开了其中的奥秘. 原来，生物的每个细胞都有完整的细胞膜，细胞膜有两层脂肪分子，细胞内带电离子必须通过离子通道才能穿过细胞膜. 在平时，细胞内钾离子多，细胞外溶液中钠离子多，细胞内外产生电势差，这就是膜电势. 一旦细胞

膜通道打开，细胞外高浓度溶液流向细胞内，就产生动作电势．一个个肌肉细胞排列整齐，上面布满神经，这就像把一个个小电池串联起来那样，虽然每个电池只有 0.1V，如果有亿万个这样小电池的话，那么它的电压就不小了．这就是有些生物的生物电有那么高电压的原因．

图 13-55 骨骼肌细胞的生物电现象

生物电主要包括：

膜电势(membrane potential) 在可兴奋组织(如神经和肌肉)的细胞膜内、外，存在着不同的带电离子，膜外呈正电，膜内呈负电，存在着一定的电势差，称为膜电势．

损伤电势(injury potential) 活组织的完整部位与损伤部位之间存在的电势差，称为损伤电势．如将电势计的两个电极放在完整无损伤的肌肉或神经表面，由于两处电势相等，无任何电势差可见．如组织局部损伤，其中一个电极移至损伤部位，另一电极仍处于完整部位表面，则可观察到电势计的指针发生偏转，损伤部位为负，完整部位为正，此种电势差，即为损伤电势．损伤电势随着时间推移而逐渐下降，直至组织死亡而完全消失．损伤电势的出现，证明膜内外存在着电势差，即膜电势．

静息电势(resting potential) 通常所指的膜电势，是指细胞未受刺激时，即处于静息状态下，细胞膜两侧存在的电势差，称为静息膜电势，或简称静息电势．在通常情况下，细胞只要处于静息状态，维持正常的新陈代谢，其静息电势总是稳定在一定水平上，一般为 50～100mV 的直流电势．此现象称为极化(polarization)．

动作电势(action potential) 可兴奋组织在兴奋时所产生的生物电活动．如在用纤维内的电极记录静息电势的同时，在纤维的另一端给予电刺激，经过极短时间的潜伏期约 0. 06ms 后，记录电极部位就会在静息电势的基础上，出现一个快速的生物电变化，历时约 1ms．包括一个极陡峭的上升相和一个较缓慢的下降相．上升相表现为先是膜电势由原来的静息水平(－45mV)迅速减小，原先的极化状态消失，称为去极化(或称除极化 depolarization)，继而导致膜极性倒转，变成膜内为正(40mV)的相反极化状态，称为反极化．极性倒转的部分(即由膜电势零到 40mV)称为超射(overshoot)．整个上升相达 85mV，等于静息电势的绝对值与超射的总和．然后为下降相，膜电势逐渐恢复到原先的静息电势水平，称为复极化(repolarization)．

动作电势的特点 全或无性质与传导性．①全或无(all or none)性质：如刺激为阈下刺激，则引不起动作电势；而刺激一达到阈值，即引起动作电势，而动作电势一经引起，其幅度就达到最大值，即使刺激强度继续增加，动作电势也不再增大．②传导性：动作电势一经产生就可在同一细胞范围内沿细胞膜传到远处，而且电势幅度不会随传导距离增加而衰减，即非递减性传导．

动作电势的全过程 动作电势全过程包括锋电势和后电势两大部分．①锋电势(spike potential)：在刺激后几乎立即出现，潜伏期不超过 0. 06ms．其幅度为静息电势与超射值之和，并服从全或无定律和非递减性传导．锋电势总是伴随着冲动出现，两者具有相同的阈值、相同的传导速度，并可在一些因素的作用下同时被阻断．锋电势持续时间约 0.5ms，在此期内，神经纤维不再对第二个刺激发生反应，即处于绝对不应期．根据离子学说，此时 Na 通道处于被激活后的暂时失活状态，不可能发生进一步的 Na 内流，从而保证了它作为一个独立信息单位而不受干扰．②后电势(after potential)：锋电势过后即为历时较长的后电势：

先为负后电势，历时约 15ms，其幅度约为锋电势的（5～6）%，前半期与兴奋后兴奋性变化周期中的相对不应期相当，其机制同 Na 通道仅部分地恢复有关；后半期大致和超常期相对应，此时膜处于部分去极化状态．正后电势(positive after potential)持续 60～80ms，其幅度仅为锋电势的 0.2%，正后电势与低常期同时出现，可能是由于膜在复极化过程中，膜外阳离子暂时性积聚造成的轻度超极化所致．

了解生物电的来龙去脉后，人们就用它来为人类造福．首先，生物电在医学上已广为应用，拯救成千上万的人的生命．大家知道，医学常用测心电图的办法判别心脏病，用脑电图来诊断脑疾病．因为，正常人心脏和脑细胞显示正常的生物电图案，相反，异常或老化的心脏和脑细胞则出现反常的图像．医生可根据异常程度来判断病情．生物电也用于断肢再生，1958 年美国纽约州贝克医师发现生物有损伤电流，它就是生物电．贝克医师将一只蝾螈的腿切去，发现伤口颤抖，用电流计一测，竟有十亿分之三安培电流，于是他模拟各种生物损伤电流来使生物受伤加快愈合．目前，这种损伤电流已应用到人体再植上．

其次，生物电对揭开神经传导的奥秘也做出了积极的贡献．神经传导之快，选择性之高，都令人咋舌．现在探明许多神经功能与生物电的传递反应有关．人们可以预言，生物电在 21 世纪——生物学世纪中，将发挥更大的作用．我们知道，人双手的一切动作，都是大脑发出的一种指令(即电讯号)经过成千上万条神经纤维，传递给手中相应部位的肌肉引起的一种反应．如果我们把大脑指令传到肌肉中的生物电引出来，并把这个微弱的信号加以放大，那么，这种电讯事情就可以直接去操纵由机械、电气等部件组成的假手．国外一种假手，从肩膀到肘关节，使用了五只油压马达，手掌及手指的动作利用两只电动马达．手臂在发出动作之前，利用上半身的各肌肉电流来作为假手活动的指令．即在背脊及胸口安放相应的电极，用微型信号机来处理那里发生的电流信息，七只马达就能根据想要做的动作进行运转．这种假手的动作与真手臂大致相同，并且由于主要部分采用了硬铝及塑料，故其重量还不到 2.63kg．据报道，这种假手已能够做诸如转动肩膀及手臂、手掌、弯曲关节等 27 种动作了．它能为由于交通及工伤事故而被齐肩截断手臂的残废者解决生活和工作上的许多不便．国内在研究生物电控制假手方面，上海假肢厂的工人和上海生理研究所的科技人员，经过共同的努力，已经制造了一种重约 1.5kg、握力达 1kg、可以提 10kg 的人造假手．其工作能源是由于 11 节镍镉电池提供的．在一次自动控制技术的会议上，当一个没有手的 15 岁男孩，用假手在黑板上用粉笔写起“向会议的参加者致敬”的时候，大厅里顿时响起了雷鸣般的掌声．人们赞叹不绝，不断地向这种新颖控制技术的创造者表示热烈的祝贺．人造假手的出现不仅为四肢残废的人制造了运用自如的四肢，而且由于生物电经过放大之后，可以用导线或无线电波传送到非常遥远的地方．显然，这对于扩大人类的生产实践，将会产生具有影响力的改变．到那时，人们可以叫假手到万米深的海底去取宝，或到高炉里、矿井里去操作，甚至可以叫它到月亮上去开垦处女地．

生物电的研究，对于农业生产也具有很大的意义．我们常常见到的向日葵，它们的花朵能随着太阳的东升西落而运动；含羞草的叶子，经不起轻扰，一碰就会低眉垂着头害起羞来．这些植物界中的自然现象，都是因为生物电在起作用的缘故．植物中的生物电，究竟是怎样产生的呢？有人曾做过如下的实验：在空气中，将一个电极放在一株植物的叶子上，另一电极放在植物的基部；结果发现两个电极之间能产生 30mV 左右的电势差．当将同样的一株植物放在密封的真空中时，由于植物在真空中被迫停止生命活动，所以植物基部和叶片之间的电压也就消失了．空虚实验有力地证明，生物的生命活动，是产生生物电的根源．

# 第 14 章　真空中的恒定磁场

人们对磁现象的认识已经有了非常悠久的历史. 在我国春秋战国时期，就已经知道天然磁石之间相互吸引的磁现象，并发明了用以指引方向的指南针. 到了现代文明社会，磁现象更是和我们息息相关. 我们通过互联网获取大量信息；利用手机和家人朋友联络感情；打开电视欣赏精彩的体育比赛；用微波炉或者电磁炉做些好吃的犒劳一下自己……所有这一切都和磁现象有关. 历史上很长一段时间，人们认为磁现象和电现象是无关的两种自然现象，直到 19 世纪，情况才有所改变. 如今我们知道一切磁现象从本质而言，都是运动电荷的相互作用的表现. 我们把**大量电荷的定向运动**称为**电流**(electric current). 因此本章在讨论磁现象之前，首先对电流做进一步的认识.

## 14.1　恒定电流

### 14.1.1　电流和电流密度

通过前面章节的学习我们知道，在静电平衡的条件下，导体内部的电场为零，因此导体内部的电荷并不能产生定向运动. 如果我们采用某种方法，使导体内部维持一定的电场分布或存在一定的电势差，则在导体内部就会形成大量电荷的定向运动即形成电流. 由此可知，形成电流需要具有两个基本条件：①导体内部存在自由电荷；②导体中要维持一定的电势差. 导体中的自由电荷被称为载流子. 载流子可以是金属中的自由电子，电解质中的正、负离子或半导体材料中的空穴等.

按照惯例，我们规定正电荷流动的方向为电流的方向. 当导体中只有自由电子运动时，我们假定正电荷的方向就是电子实际流动的相反方向. **电流的强弱可以用电流强度(简称电流)这一物理量来描述，它的定义为单位时间内通过某曲面的电荷量**. 如图 14-1 所示，考虑在 $\mathrm{d}t$ 时间内，有一定数量的电荷 $\mathrm{d}q$ 流过导体的一个横截面 $S$，则通过导体中该截面的电流 $I$ 为

$$I = \frac{\mathrm{d}q}{\mathrm{d}t} \tag{14-1}$$

虽然电流具有大小和方向，但是电流却是一个标量. 在国际单位制中，电流是个基本量，它的单位是安培，符号为 A，1A = 1C/s.

当电流流过不均匀导体的时候，导体内部各点的电流分布是不均匀的. 电流 $I$ 只能描述导体中整个横截面的电荷通过率，并不能反映出导体中各个点的电荷流动情况. 因此还需要引入另外一个物理量——电流密度 $\boldsymbol{J}$(current density). 如图 14-1 所

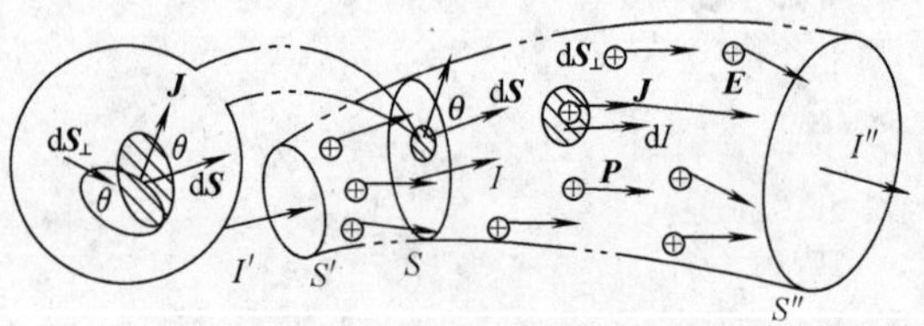


图 14-1　电流强度与电流密度

示，假设导体中单位体积内平均有 $n$ 个带电荷量为 $q$ 的自由电荷，每个电荷的定向迁移速度为$\boldsymbol{v}$．设想在导体中选取一个面元 $\mathrm{d}\boldsymbol{S}$，其方向与$\boldsymbol{v}$ 方向之间的夹角为 $\theta$，根据电流强度的定义，通过导体中面元 $\mathrm{d}\boldsymbol{S}$ 的电流为

$$\mathrm{d}I = qnv\mathrm{d}S_{\perp} = qn\boldsymbol{v} \cdot \mathrm{d}\boldsymbol{S} = \boldsymbol{J} \cdot \mathrm{d}\boldsymbol{S} \tag{14-2}$$

式中，矢量 $\boldsymbol{J} = qn\boldsymbol{v}$ 被称为电流密度矢量．对于自由电荷为正电荷的情况，电流密度的方向与电荷定向运动方向相同；对于负电荷的情况，电流密度的方向与电荷定向运动的方向相反．

由式(14-2)可得

$$J = \frac{\mathrm{d}I}{\mathrm{d}S_{\perp}} \tag{14-3}$$

即电流密度的大小等于该点处垂直于电流方向的单位面积的电流强度．在国际单位制中，电流密度的单位是安培每二次方米，符号为 $\mathrm{A/m^2}$．

如果已知导体内部每一点的电流密度，可以求出通过任一截面的电流．通过任一有限截面的电流等于通过该截面上各个面元的电流的积分，并由式(14-2)可以得到

$$I = \int_S \mathrm{d}I = \int_S \boldsymbol{J} \cdot \mathrm{d}\boldsymbol{S} = \int_S qn\,\boldsymbol{v} \cdot \mathrm{d}\boldsymbol{S} \tag{14-4}$$

由上式可以看出，通过某一截面的电流也就是通过该截面的电流密度的通量．

当导体是一条细长的、粗细均匀的金属导线时，电流密度通常可认为是常量，其方向与导线的轴向相同．在这种情况下，式(14-4)简化为

$$I = JS = nqvS \tag{14-5}$$

式中，$S$ 为导线的横截面积．

**例题 14-1**　细铜导线的半径 $r = 4\times10^{-4}\mathrm{m}$，通过该导线的电流 $I = 0.5\mathrm{A}$．假设导线中传导电子数密度 $n = 8.5\times10^{28}/\mathrm{m}^3$．计算铜导线中电子的定向迁移速度．

**解**：在这种情况下，电流密度为常量．由式(14-5)得到

$$I = JS = nevS$$

式中，$S = \pi r^2$ 为导线横截面积．则由上式可得

$$v = \frac{I}{ne\pi r^2} = \frac{0.5}{8.5\times10^{28}\times1.6\times10^{-19}\times\pi\times(4\times10^{-4})^2}\mathrm{m/s} \approx 7.3\times10^{-5}\mathrm{m/s}$$

电子沿着导线的定向迁移速度只有 $7.3\times10^{-5}\mathrm{m/s}$，远远小于电子热运动的平均速率．按此速率一个电子大约需要将近 4 个小时的时间才能够通过一米长的导线．然而实际情况是电路中的开关一接通，离电源很远的电灯会立刻点亮，这是怎么回事呢？对这个问题的正确理解是这样的，当开关没有接通时导线处于静电平衡状态，内部电场强度为零，没有电流．当开关接通时，由于电源两极上积累的电荷在空间所建立的电场使电路中各处的电荷分布发生变化，并导致电场变化，这种变化的电场以光速传播，迅速地在导线内部各处建立电场，并驱使各点的自由电子作定向运动而形成电流，因此，这里起主导作用的是电场的传播速度而不是电子的定向迁移速度．同理，在导线中消耗的电功率也是通过电场从导线截面输入进导线的．

### 14.1.2　连续性方程和恒定条件

电荷守恒定律是自然界的一条基本定律，参与任何相互作用过程的电荷代数和是个守恒

量，这个量与参考系的选择无关，也与时间无关．因此通过任一封闭曲面 $S$ 的总电流一定等于该曲面内的电荷量 $q$ 的减小率，即

$$I = \oint_S \boldsymbol{J} \cdot \mathrm{d}\boldsymbol{S} = -\frac{\mathrm{d}q}{\mathrm{d}t} \tag{14-6}$$

这就是**电流的连续性方程**．它告诉我们：如果某处有电流向外流出，即意味着该处正电荷的密度减少，或者该处负电荷的密度增加；反之，如果某处有电流向内流入，即意味着该处负电荷的密度减少，或者该处正电荷的密度增加．

各点的电流密度均不随时间而变的电流被称为**恒定电流**(constant current)，又称**直流电**(direct current)．通有恒定电流的电路被称为恒定电路(或直流电路)．在通有恒定电流的导体内，如果要维持各点电流密度不随时间变化，那么要求各点上产生电流的电场也不随时间变化，而由前面章节学习的知识，可以得知激发出恒定电场的电荷分布也必须不随时间变化．因此任一封闭曲面 $S$ 内的电荷量 $q$ 不随时间变化，即

$$\frac{\mathrm{d}q}{\mathrm{d}t} = 0 \tag{14-7}$$

将式(14-7)代入式(14-6)得到

$$\oint_S \boldsymbol{J} \cdot \mathrm{d}\boldsymbol{S} = 0 \tag{14-8}$$

这就是**电流恒定条件的数学表达式**．上式表明，**在恒定电路中，通过任一封闭曲面 $S$ 的电流密度 $\boldsymbol{J}$ 的通量为零**．也就是说，单位时间内从封闭曲面 $S$ 流入的电荷量一定等于从封闭曲面 $S$ 流出的电荷量．根据电流的恒定条件，可以推断：在无分支的恒定电路中通过任一横截面的电流都是相等的．

在推导电流的恒定条件时，我们得到导体中各点的电场强度亦不随时间而改变，由此我们把形成恒定电流的电场称为恒定电场．由于恒定电场及其场源电荷分布都不随时间而变化，因而从这一点来说，它与静电场相似，具有类似于静电场的性质．静电场的基本方程和介质性能方程对恒定电场也都是适用的．

当然，恒定电场和静电场还是有区别的：

(1) 激发静电场的电荷是静止的；而激发恒定电场的电荷则处于运动状态中．

(2) 在静电场中，导体终究要达到静电平衡，其内部电场强度为零，电流也就消失；而导体内的恒定电场是凭借外界作用而建立起来的，能够维持导体内的电场强度不为零，以形成恒定电流．

## 14.2 恒定电路*

### 14.2.1 简单电路

**1. 部分电路的欧姆定律及微分形式** 因导体中的恒定电场具有类似于静电场的性质，同样具有势场，故可借助电场强度与电势的关系，引入电势差(电压)的概念用来表述恒定电场．例如对导体内部 $a$ 、$b$ 间的电势差 $U_{ab}$ 有

$$U_{ab} = V_a - V_b = \int_a^b \boldsymbol{E} \cdot \mathrm{d}\boldsymbol{l} \tag{14-9}$$

由于电场强度指向电势降落的方向，故电流（即正电荷的定向运动）在导体内是从高电势处向低电势处流动的．欧姆定律（Ohm's law）是电学基本定律之一，由德国物理学家欧姆（G. Ohm，1787—1854）于 1827 年提出．是指同一导体中，通过导体的电流 $I$ 与导体两端的电压 $U$ 成正比，即

$$I = GU = \frac{U}{R} \tag{14-10}$$

式中，比例系数 $G = \frac{1}{R}$ 是导体的电导，单位是西门子（简称西），符号为 S；比例系数 $R$ 是导体的电阻，单位是欧姆（简称欧），符号为 Ω.

当一导体两端的电压为 1V 时，如果该导体通有电流 1A，则这导体的电阻就规定为 1Ω，即：$1\Omega = \frac{1\text{V}}{1\text{A}}$，$1\text{S} = \frac{1}{1\Omega}$．一段长为 $L$、横截面积为 $S$ 的均匀柱状导体的电阻为

$$R = \frac{\rho L}{S} \tag{14-11}$$

其中 $\rho$ 与导体的材料和温度有关，称为导体的电阻率，单位为 Ω · m（欧 · 米）．如果导体不均匀，则其电阻为

$$R = \int \frac{\rho}{S} \mathrm{d}l \tag{14-12}$$

电阻率的倒数称为电导率，用 $\gamma$ 表示，即

$$\gamma = \frac{1}{\rho} \tag{14-13}$$

电导率是表示物质传输电流能力强弱的物理量．当在导体的两端施加电压时，其载流子会朝某方向定向流动，因而产生电流．由欧姆定律可以得到，电导率 $\gamma$ 是电流密度 $\boldsymbol{J}$ 和电场强度 $\boldsymbol{E}$ 的比率，即

$$\boldsymbol{J} = \gamma \boldsymbol{E} \tag{14-14}$$

上式即为**部分电路欧姆定律的微分形式**，而式（14-10）则为**部分电路欧姆定律的积分形式**.

**2. 电源的电动势**　通过前面几节的学习，我们知道要产生恒定电流，必须要在导体两端建立恒定的电场，而电荷在电场的作用下会聚集到导体两端，进而改变恒定电场．因此，如果想要电流恒定，必须有一种非静电力的作用将聚集的电荷搬运到导体的另一端，使得电场不被破坏，从而使电荷能够周而复始地流动下去．我们把提供这种非静电力的装置称为**电源**（power source）．非静电力 $\boldsymbol{F}_{\mathrm{k}}$ 克服静电力做功搬运电荷，实现了将其他形式的能量转化为电能．仿照静电学，我们定义**非静电场强**

$$\boldsymbol{E}_{\mathrm{k}} = \frac{\boldsymbol{F}_{\mathrm{k}}}{q} \tag{14-15}$$

表示单位正电荷所受到的非静电力.

为了定量地描述电源中非静电力做功的本领，我们引入**电源电动势**（electromotive force）的概念．**一个电源的电动势等于把单位正电荷从负极经电源内部移到正极的过程中非静电力所做的功**，即

$$\mathscr{E} = \int_{(\text{经电源})} \boldsymbol{E}_{\mathrm{k}} \cdot \mathrm{d}\boldsymbol{l} \tag{14-16}$$

当闭合回路中出现多个电源或整个闭合回路中都存在非静电力时，可以把上式推广为闭合回路中的电源电动势，即

$$\mathscr{E} = \oint_{(导体回路)} \boldsymbol{E}_k \cdot \mathrm{d}\boldsymbol{l} \tag{14-17}$$

在国际单位制中，电动势的单位与电势的单位相同，符号为 V(伏). 电动势是标量，但是有方向. 为反映电源的极性，通常规定 $\mathscr{E}$ 的方向为从电源内部的负极指向正极.

**3. 一段含源电路的欧姆定律及微分形式** 如图14-2所示为一段含有电源的电路，阻值为 $R_i$ 的电阻通过的电流为 $I_i$，电源电动势为 $\mathscr{E}_i$. 由欧姆定律我们知道，加在各个电阻上的电压为 $U_i = I_iR_i$，因此电势从 $A$ 点经过电阻 $R_1$ 之后先下降了 $I_1R_1$，经过反向接入的电源 $\mathscr{E}_1$ 后又升高了 $\mathscr{E}_1$，再经过正向接入的电源 $\mathscr{E}_2$ 后下降了 $\mathscr{E}_2$，经过通过反向电流的电阻 $R_2$ 后升高 $I_2R_2$，最后经过反向接入的电源 $\mathscr{E}_3$ 后升高了 $\mathscr{E}_3$. 最终可以算出 $AB$ 两点的电势差

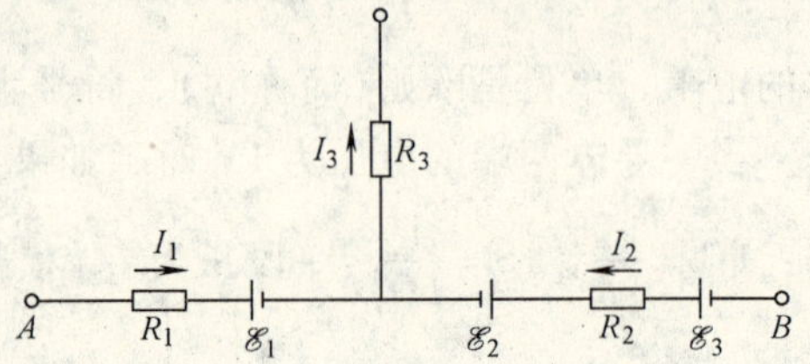

图 14-2 一段含有电源的电路

$$U_{AB} = I_1R_1 + \mathscr{E}_1 - \mathscr{E}_2 - I_2R_2 + \mathscr{E}_3$$

对于更一般的情况我们可以写成

$$U_{AB} = \sum_j (\pm I_jR_j) + \sum_i (\pm \mathscr{E}_i) \tag{14-18}$$

该式说明，一段含源电路两端的电压等于该段电路中各电阻上和各电源上的电势降落的代数和。式中，“+”对应电势降落；“-”对应电势升高. 上式可以简单地记为

$$U_{AB} = \sum(\pm IR) + \sum(\pm \mathscr{E}) \tag{14-19}$$

在电源内部，同时存在电场强度 $\boldsymbol{E}$ 和非静电场强 $\boldsymbol{E}_k$，因此含源电路欧姆定律的微分形式由式(14-13)变为

$$\boldsymbol{J} = \gamma(\boldsymbol{E} + \boldsymbol{E}_k) \tag{14-20}$$

**4. 闭合电路的欧姆定律** 如果一个闭合电路里含有多个电源 $\mathscr{E}_i$，每个电源具有内阻 $r_i$ 和多个电阻 $R_j$ 时，回路中的电流为

$$I = \frac{\sum_i (\pm \mathscr{E}_i)}{\sum_j R_j + \sum_i r_i}$$

上式可以简单记为

$$I = \frac{\sum(\pm \mathscr{E})}{\sum(R + r)} \tag{14-21}$$

**5. 电流的功和功率、焦耳定律及微分形式** 电流 $I$ 流过两端电势差为 $U$、电阻为 $R$ 的导体，在 $\Delta t$ 时间内流过的电荷 $q = I\Delta t$，电场力做的功为

$$A = qU = UI\Delta t \tag{14-22}$$

电场力在单位时间内所做的功称为电功率，其表达式为

$$P = \frac{A}{\Delta t} = UI \tag{14-23}$$

由欧姆定律即式(14-10)可将上式改写为

$$P = I^2 R \tag{14-24a}$$

$$P = \frac{U^2}{R} \tag{14-24b}$$

电场力做功最终全部转化为热能，通电导体释放出的热量 $Q$ 与电流 $I$ 的平方、导体电阻 $R$ 和通电时间 $t$ 成正比，即

$$Q = I^2 Rt \tag{14-25}$$

该式即为**焦耳定律**(Joule’s law)**的表达式**.

单位体积内所释放的热功率称为热功率密度. 导体中某点的热功率密度 $p$ 与该点的电场强度的关系由式(14-12)、式(14-13)、式(14-14)及式(14-24)可以得到

$$p = \gamma E^2 \tag{14-26}$$

这就是**焦耳定律的微分形式**.

**例题 14-2**　在图 14-3 所示的电路中，已知电源 $\mathscr{E}_1$ 的电动势 $\mathscr{E}_1 = 24\text{V}$，内电阻 $r_1 = 2\Omega$，电源 $\mathscr{E}_2$ 的电动势 $\mathscr{E}_2 = 12\text{V}$，内电阻 $r_2 = 1\Omega$，而外电阻 $R = 3\Omega$. 试计算：(1) 电路中的电流；(2) 电源 $\mathscr{E}_1$ 的端电压 $U_{12}$；(3) 电源 $\mathscr{E}_2$ 的端电压 $U_{34}$；(4) 电阻所产生的热功率.

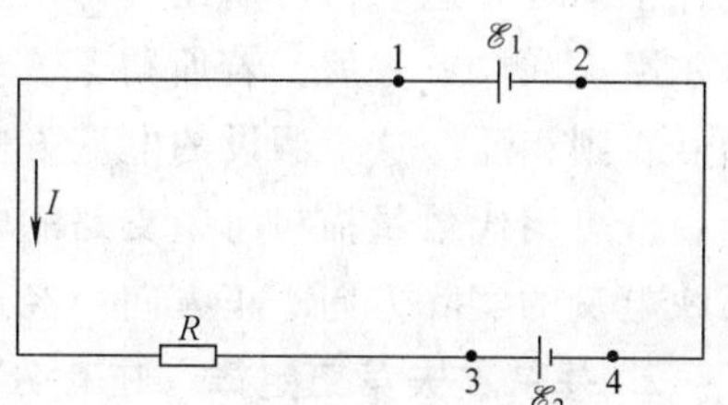

图 14-3　例题 14-2 用图

**解**：(1) 利用闭合电路的欧姆定律可得电流

$$I = \frac{\sum(\pm\mathscr{E})}{\sum R + r} = \frac{\mathscr{E}_1 - \mathscr{E}_2}{R + r_1 + r_2} = \frac{24 - 12}{3 + 2 + 1}\text{A} = 2\text{A}$$

方向如图所示.

(2) 电源 $\mathscr{E}_1$ 的端电压有两种方法可以求得. 第一种方法是选取一段含源电路从点 1 经过电源 $\mathscr{E}_1$ 到点 2，利用含源电路欧姆定律得

$$U_{12} = -Ir_1 - (-\mathscr{E}_1) = [-2 \times 2 - (-24)]\text{V} = 20\text{V}$$

第二种方法是选取一段含源电路从点 1 经过电阻 $R$ 和电源 $\mathscr{E}_2$ 到点 2，利用含源电路欧姆定律得

$$U_{12} = I(R + r_2) - (-\mathscr{E}_2) = [2 \times (3 + 1) - (-12)]\text{V} = 20\text{V}$$

两种方法计算结果相同.

(3) 同样，电源 $\mathscr{E}_2$ 的端电压可以选取一段含源电路从点 3 经过电源 $\mathscr{E}_2$ 到点 4 求得

$$U_{34} = Ir_2 - (-\mathscr{E}_2) = [2 \times 1 - (-12)]\text{V} = 14\text{V}$$

(4) 电阻所产生的热功率由焦耳定律得

$$P = I^2 R = (2^3 \times 3)\ \text{W} = 12\text{W}$$

### 14.2.2　复杂电路

在电路计算中，往往会遇到难于化简为无分支闭合电路的情形. 难于化简的原因不外两点：①多个电阻的连接无法化简成串、并联的组合；②当并联支路中有一条以上含源时，就无法用电阻的串并联公式化简为一条支路. 通常把不能用普通方法化简的电路叫做复杂电路. 求解复杂电路的基本方法就是下面要介绍的基尔霍夫定律 (Kirchhoff’s law). 对于一个不论多么复杂的线性直流电路，如果所有电源的电动势、内阻及各个电阻皆已知，利用基尔霍夫定律就一定可以求出各支路的电流. 基尔霍夫定律包含两个定律，分别对应着自然界

中两个具有深远意义的基本定律——电荷守恒定律和能量守恒定律.

**1. 基尔霍夫第一定律**　在有分支的电路中，三条或三条以上的通电导线会合的一点，称为**分支点或节点**. 电流的恒定条件表达式(14-8)告诉我们，因为电荷守恒，单位时间内从封闭曲面流入的电量一定等于从封闭曲面流出的电量. **对应于任一节点，流入这个节点的电流的总和等于流出这个节点的电流的总和**，这称为**基尔霍夫第一定律**. 如果我们把流入这个节点的电流取为负值，流出这个节点的电流取为正值，则基尔霍夫第一定律可以表示为

$$\sum I = 0 \tag{14-27}$$

虽然对电路中每个节点都可由上式列出一个方程. 但是，可以证明，当电路共有 $n$ 个节点时，只有 $n-1$ 个节点方程是独立的，这 $n-1$ 个独立方程构成**基尔霍夫第一方程组**，也称为**节点电流方程组**. 然而在求解复杂电路问题时，各支路电流往往是未知量，它们的方向事先并不知道. 这时，可以先给每个支路电流假设一个方向，并按照这一方向列出方程. 求解基尔霍夫联立方程后，若所得某支路电流的数值为正，则该电流的实际方向与假设方向相同，否则相反. 这个假设的电流方向叫做电流的正方向，给每一支路电流假设一个正方向之后，就可用代数量描写每条支路的电流，代数量的绝对值反映电流的大小，代数量的正负则反映电流的实际方向. 正方向一经选定，节点方程式(14-27)的形式就完全确定.

**2. 基尔霍夫第二定律**　在有分支的直流电路中我们选取任一闭合回路绕行一周. 则由静电场的环路定理 $\oint \boldsymbol{E} \cdot \mathrm{d}\boldsymbol{l} = 0$ 及电动势的定义式(14-17)得到**基尔霍夫第二定律**

$$\sum \mathscr{E} = \sum IR \tag{14-28}$$

上式表明，**沿任一闭合回路中电动势的代数和等于回路中电阻上电势降落的代数和**. 在回路中的电荷受到电源电动势的推动，提升了电势能. 通过电阻时，由于焦耳定律电势能转化为热量在电路中消耗掉了. 当电荷重新回到起点时电势能恢复原状，然后再一次由电源提升电势能. 对电荷来说，整个过程中能量守恒定律要求在电路中消耗的能量等于电源提供的能量.

一个电路中可以包含许多回路，对于每个回路都可以由式(14-28)列出一个方程，但是是否每个方程都是独立的？答案是不一定. 为了选取独立回路，要求每个回路至少包含一条其他回路所不包含的支路，这是独立回路的充分条件. 假设电路中共有 $P$ 条支路、$n$ 个节点和 $m$ 个独立回路，则三者之间有一个确定的关系，可借网络拓扑学求得为

$$m = p - n + 1 \tag{14-29}$$

这 $m$ 个独立回路写出的独立方程称为**基尔霍夫第二方程组**，也称为**回路电压方程组**.

基尔霍夫第一、第二方程组的总个数正好等于支流电路的个数，因此可唯一解出各支路的电流. 当然，除支路电流外，电动势或电阻也可作为未知量，只要未知量个数为支流电路的个数，同样可以求解. 可见基尔霍夫方程组原则上可以解决一切线性直流电路的计算问题. 当电动势为未知量时，电源的极性也是未知的，这时要在电路中标出未知电动势的正方向. 求解后，如果 $\mathscr{E}>0$，则实际极性与假设极性相同，否则相反.

**3. 基尔霍夫定律的应用**　利用基尔霍夫方程组解题时一般分为以下几个步骤：

(1) 任意选定各支路中电流的正方向，并用箭头把它们标在电路图上的各条支路上.

(2) 数出电路中总节点数 $n$，任选 $(n-1)$ 个节点由基尔霍夫第一定律式(14-27)列出 $(n-1)$ 个独立的节点方程.

（3）数出电路中的总支路数 $p$，选定 $m=p-n+1$ 个独立回路. 在每个独立回路中选定一个绕行方向，并用带箭头的曲线标在各回路中. 由基尔霍夫第二定律式(14-28)列出 $m$ 个独立的回路方程.

（4）对 $p$ 个独立方程联立求解，并根据结果的正负判定各电流或电动势的实际方向.

**例题 14-3**　求如图 14-4 所示的惠斯通电桥中电流计的电流 $I_G$ 与电源电动势及各臂电阻的关系(电源内阻可略去不计).

**解**：选定各支路电流 $I_1$、$I_2$、$I_3$、$I_4$ 及 $I$ 的正方向如图 14-4 中所示. 因节点数 $n=4$，故可列出三个节点方程：

$$A:\ I=I_1+I_2$$

$$B:\ I_1=I_3+I_G$$

$$C:\ I=I_3+I_4$$

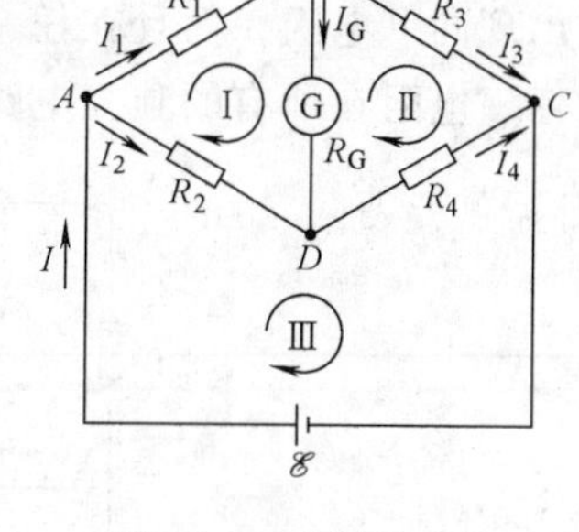


图 14-4　惠斯通电桥

电路中的总支路数 $p=6$，独立回路个数 $m=p-n+1=6-4+1=3$. 选取图中Ⅰ、Ⅱ、Ⅲ三个独立回路. 约定其绕行方向如图 14-4 中圆形箭头所示，列出三个回路方程：

$$\text{Ⅰ}:\ I_1R_1+I_GR_G-I_2R_2=0$$

$$\text{Ⅱ}:\ I_3R_3-I_4R_4-I_GR_G=0$$

$$\text{Ⅲ}:\ I_2R_2+I_4R_4=\mathscr{E}$$

将以上六个方程联立求解可以得到

$$I_G=\frac{(R_2R_3-R_1R_4)\mathscr{E}}{R_1R_3(R_2+R_4)+R_2R_4(R_1+R_3)+R_G(R_1+R_3)(R_2+R_4)}$$

由上式可知，电桥平衡也就是 $I_G=0$ 时，则必有 $R_1R_4=R_2R_3$. 如果在电路中我们已知电阻 $R_1$、$R_2$ 和 $R_3$，则可以利用电桥平衡条件测量电阻 $R_4$ 的值.

### 14.2.3　无源二端线性网络等值电阻计算法

基尔霍夫方程组虽在理论上可以解决线性直流电路的计算问题，但当电路非常复杂时，求解的计算量会非常大. 然而有一些特殊电路无需求解基尔霍夫方程，利用一些解题技巧就可以轻松求解. 在实际应用中，往往会有很多电路元件组织在一起共同实现某种特定功能. 我们只关心这些电路组合整体的输入和输出的电流电压，而对其内部的具体每个元件上的电流、电压并不关心. 我们把只具有两个引出端的任意电路称为二端网络. 如果二端网络内部不含电源且组成网络的元件均为线性元件，则称为无源二端线性网络. 由恒定条件不难证明二端线性网络两个引出端上的电流必然是一进一出，而且进出数值相等，因此每个二端网络都可用一个电流描述，叫做二端网络电流；二端网络两引出端间的电压称为二端网络电压，这是二端网络与外界发生关系的两个量. 二端网络电压与二端网络电流之比称为该网络的等值电阻. 无源二端网络的等值电阻概念也适用于如下两个极端特例：①把理想导线(短路线)看做一个无源二端网络，则其等效电阻为零；②把处于断开状态的开关看做一个无源二端网络，则其等效电阻为无限大. 求出某网络的等值电阻，就掌握了这个网络的外部特性，这就是计算等值电阻的目的. 下面分别介绍几种常见的计算方法.

（1）重排电阻法：有些网络的等值电阻本来可以用电阻的串并联公式计算，但是从原网络中往往看不出各个电阻间的串并联关系，这时可以采用重排电阻的方法，画出原网络的等效网络，而从等效网络确定各个电阻间的串并联关系.

对图 14-5a 所示的网络，假设电流从 $a$ 端流入，从 $b$ 端流出，则可以画出能使电流从 $a$ 端经 $R_1$、$R_3$、$R_7$ 流至 $b$ 端的电路，从 $a$ 端经 $R_2$、$R_6$ 流至 $b$ 端的电路，从 $a$ 端经 $R_4$ 流至 $b$ 端的电路. 在电流不重复通过同一电阻的条件下，能使电流从 $a$ 端流至 $b$ 端的电路称为独立电路. 显然，上述三条电路均为独立电路. 需要指出的是，不仅在同一独立电路中不允许重复出现同一电阻，而且在任一独立电路中也不允许出现已选独立电路中的任一电阻. 也就是说任一电阻在所有的独立电路中最多出现一次.

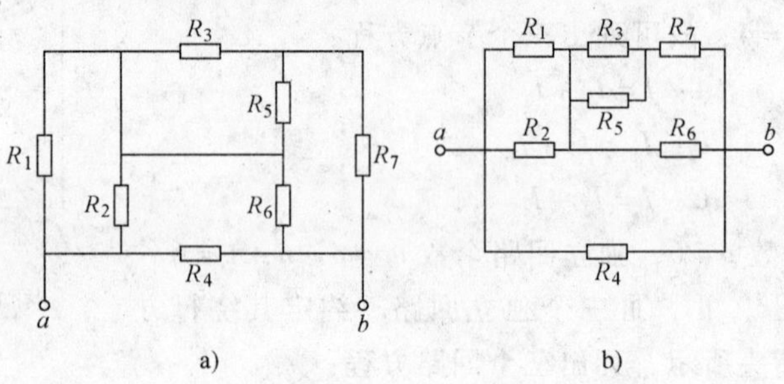


图 14-5　重排电阻法

画等效电路时，先将全部独立电路并联在 $a$、$b$ 两端，再将没有在任一独立电路中出现的电阻连接到各独立电路的相应位置上. 这样我们就画出了图 14-5a 的等效网络，如图 14-5b 所示.

（2）等电势法：在较复杂的网络中往往能找到电势相等的点，我们可以把所有电势相等的点归结为一点，或画在一条线段上. 当两等势点之间有非电源元件时，可将之视为短路或断路；当某条支路既无电源又无电流时，可取消这一支路. 从而使网络的等值电阻计算简化. 我们将这种简化电路的方法称为等电势法.

如图 14-6 所示，6 根阻值均为 $R$ 的电阻丝连接成四面体框架，现用等电势法求 $a$、$b$ 间的等值电阻 $R_{ab}$. 设电流从 $a$ 端流入，从 $b$ 端流出，由电路的对称性可知，$V_c = V_d$，电阻丝 $cd$ 内无电流. 因此，$cd$ 间可以看做是短路或断路. 这样就很容易求出 $R_{ab} = R/2$.

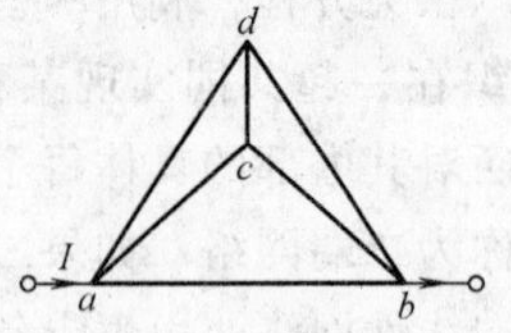


图 14-6　等电势法

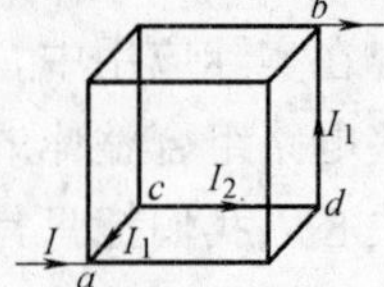


图 14-7　电流分布法

（3）电流分布法：在对称性比较高的网络中，各支路的电流分布和两端网络电流之间的关系比较容易求出，然后根据等值电阻的定义式 $R_{ab} = U_{ab}/I$ 求出 $R_{ab}$.

如图 14-7 所示，12 根阻值均为 $R$ 的电阻丝连接成立方体框架，现用电流分布法求 $a$、$b$ 间的等值电阻 $R_{ab}$. 设电流 $I$ 从 $a$ 端流入，从 $b$ 端流出，由电路的对称性可知，$I_1 = I/3$，$I_2 = I_1/2 = I/6$. $ab$ 端的网络电压 $U_{ab} = U_{ac} + U_{cd} + U_{ab} = IR/3 + IR/6 + IR/3 = 5IR/6$. 因此该网络的等值电阻 $R_{ab} = U_{ab}/I = 5R/6$.

（4）Y-△变换法：在复杂网络中，经常出现如图 14-8 所示的三角形(△)网络元和星形(Y)网络元，这两种网络元能够互换，因此可以把复杂的网络化简. 能够互换的条件是：

$$U_{ab}=U_{AB},\quad U_{bc}=U_{BC},\quad U_{ca}=U_{CA}\tag{14-30}$$

且

$$I_a=I_A,\quad I_b=I_B,\quad I_c=I_C\tag{14-31}$$

由欧姆定律得

$$U_{ab}=I_aR_a-I_bR_b,\quad U_{AB}=I_{AB}R_{AB}\tag{14-32a}$$

图 14-8　Y-△变换法

$$U_{bc}=I_bR_b-I_cR_c,\quad U_{BC}=I_{BC}R_{BC}\tag{14-32b}$$

$$U_{ca}=I_cR_c-I_aR_a,\quad U_{CA}=I_{CA}R_{CA}\tag{14-32c}$$

式中，$I_{AB}$、$I_{BC}$、$I_{CA}$分别是电阻 $R_{AB}$、$R_{BC}$、$R_{CA}$上的电流.

再由基尔霍夫第一定律式(14-27)得

$$I_a+I_b+I_c=0\tag{14-33a}$$

$$I_{AB}=I_A+I_{CA},\quad I_{BC}=I_B+I_{AB},\quad I_{CA}=I_C+I_{BC}\tag{14-33b}$$

式(14-30)～式(14-33)联立可以得到△接法转换成 Y 接法的转换公式为

$$\left.\begin{aligned}R_a&=\frac{R_{AB}R_{CA}}{R_{AB}+R_{BC}+R_{CA}}\\R_b&=\frac{R_{AB}R_{BC}}{R_{AB}+R_{BC}+R_{CA}}\\R_c&=\frac{R_{BC}R_{CA}}{R_{AB}+R_{BC}+R_{CA}}\end{aligned}\right\}\tag{14-34}$$

Y 接法转换成△接法的转换公式为

$$\left.\begin{aligned}R_{AB}&=\frac{R_aR_b+R_bR_c+R_cR_a}{R_c}\\R_{BC}&=\frac{R_aR_b+R_bR_c+R_cR_a}{R_a}\\R_{CA}&=\frac{R_aR_b+R_bR_c+R_cR_a}{R_b}\end{aligned}\right\}\tag{14-35}$$

**例题 14-4**　求图 14-9 所示网络的等值电阻 $R_{ab}$.

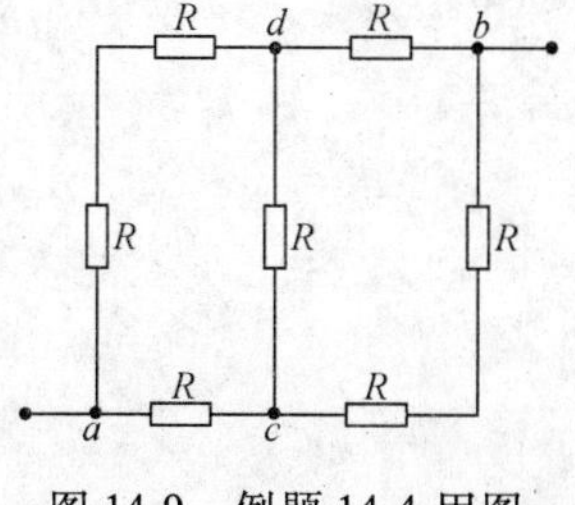


图 14-9　例题 14-4 用图

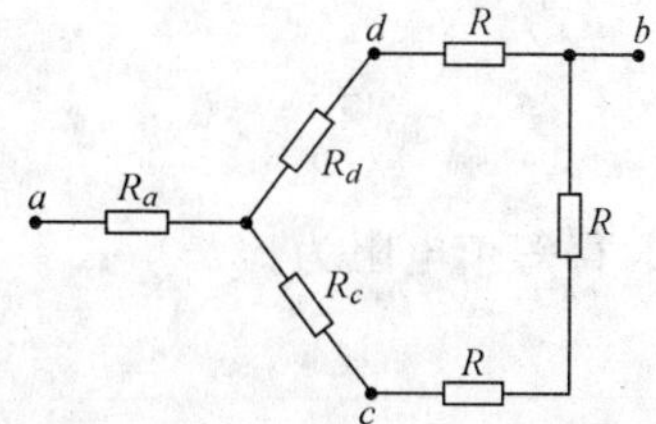


图 14-10　例题 14-4 用图

**解：** 将 $a$、$c$、$d$ 间的△形接法转换成 Y 形接法. 转换后的电路图如图 14-10 所示，由式(14-34)得

$$R_a=\frac{2R^2}{4R}=\frac{R}{2},\quad R_c=\frac{R^2}{4R}=\frac{R}{4},\quad R_d=\frac{2R^2}{4R}=\frac{R}{2}$$

再由电阻串并联公式得

$$R_{ab}=\frac{7R}{5}$$

（5）无限网络等值电阻计算法：对于包含无限多个电阻的无限网络，一般来说无法计算其等值电阻．然而对于一些特殊的情况，我们充分利用网络的对称特性、电流分布特性和相同元件组合的无限性等特点依然能够计算出其等值电阻．在此我们不加证明地引入叠加定理：电路中每一支路的电流等于每个电源单独存在时该支路的电流之和．这里“每个电源单独存在”是指其他电源都不存在．对真实电源，“不存在”是指其电动势应看做零，但内阻仍留在支路中．现举例说明如下：

**例题 14-5** 将阻值均为 $R$ 的无限多个电阻连接成如图 14-11 所示的平面正方形格子，计算 $a$、$b$ 两点间的等值电阻 $R_{ab}$.

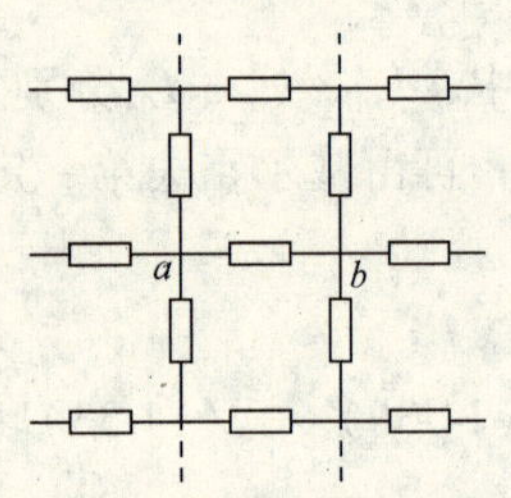

图 14-11 例题 14-5 用图

**解：** 假设电流 $I$ 从 $a$ 流入、从无限远处流出时，由对称性可知，流经 $a$、$b$ 两点间的电流 $I/4$；当电流 $I$ 从无限远处流入、从 $b$ 点流出时，可知流经 $a$、$b$ 两点间的电流也为 $I/4$．由叠加定理可知，这两个电流的叠加就等于电流 $I$ 从 $a$ 流入、从 $b$ 点流出，流经 $a$、$b$ 两点间电阻的电流为 $I/2$．因此 $a$、$b$ 两点间的电势差 $U_{ab}=IR/2$，则等值电阻

$$R_{ab}=\frac{U_{ab}}{I}=\frac{R}{2}$$

**例题 14-6** 将阻值均为 $R$ 的无限多个电阻连接成如图 14-12 所示的梯形网络，求该网络的等值电阻 $R_{ab}$.

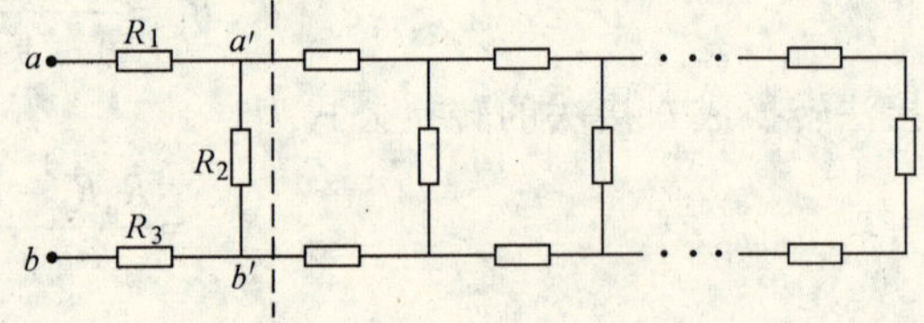

图 14-12 例题 14-6 用图

**解：** 该网络由无限多个相同的组合构成．若去掉左端由 $R_1$、$R_2$、$R_3$ 组成的一个组合，剩下的新网络仍然是一个和原来网络一样的无限网络．因此，新网络的等值电阻 $R_{a'b'}$ 等于原网络的等值电阻 $R_{ab}$．由图 14-12 可以得到

$$R_{ab}=R+R+\frac{RR_{a'b'}}{R+R_{a'b'}}=2R+\frac{RR_{ab}}{R+R_{ab}}$$

解此方程得

$$R_{ab}=(1\pm\sqrt{3})R$$

舍弃负根，得等值电阻为

$$R_{ab}=(1+\sqrt{3})R$$

## 14.3 磁感应强度 毕奥-萨伐尔定律

### 14.3.1 磁场 磁感应强度

人类发现磁现象要比发现电现象早很长时间，我国是世界上最早发现并利用磁现象的国

家，在战国时期(公元前300年)的《管子·地数篇》中就有“上有慈石者，下有铜金”的记载．希腊人对天然磁铁的磁性也做过早期的定性研究，并留下有文字记载．英国人吉尔伯特(W. Gilbert,1540—1605)在 1600 年发表的著名论文《论磁体》，则被认为是对磁学的第一篇全面完整的论著．吉尔伯特因为对磁学做出了许多重要贡献而获得了“磁学之父”的美称．

我们把如天然磁铁(主要成分 $Fe_3O_4$)一样能够长期保持其磁性的磁体称为**永久磁体**(permanent magnet)，把具有吸引铁、钴、镍等物质的性质称为**磁性**(magnetism)．磁铁总是有两个磁性很强的区域，我们称为**磁极**(magnetic pole)．一个条形磁铁的磁极在磁铁的两端，如果我们把它水平悬挂起来让它能够自由转动，那么等它完全静止下来，则总是某一端指向北方而另一端指向南方．我们把指向北方的磁极称为磁北极(北极,N 极)，指向南方的磁极称为磁南极(南极,S 极)．同性磁极之间相互排斥、异性磁极之间相互吸引，这种相互作用力被称为**磁力**(magnetic force)．与电荷不同，磁极总是成对出现．一块磁铁无论怎么分割，分割后的每一小块都是同时具有南极和北极两个不同的磁极．数十年来，科学家们一直在寻找**磁单极子**(magnetic monopole)：一种只具有北极或南极的单一磁极的物质．英国物理学家狄拉克（P. Dirac，1902—1984）1931 年曾在理论上首次预言了磁单极子的存在，当时他认为既然带有基本电荷的电子在宇宙中存在，那么理应带有基本“磁荷”的粒子存在．美国物理学家内森·塞伯格(Nathan Seiberg)和爱德华·威滕(Edward Witten)于 1994 年首次证明磁单极子存在理论上的可能性．在先前进行的研究中，科学家主要通过间接测量的方式寻找磁单极子．但在 2009 年 9 月 3 日的《科学》杂志上，两个凝聚态物理学家团队分别独立地宣布探测到了磁单极子，研究人员首次直接通过实验记录到磁单极子对自旋冰晶体的作用，他们都从自旋冰晶体观察到了类似磁单极子的粒子．

历史上很长一段时期内，人们认为磁现象和电现象是本质上完全不同的两种现象．直到 1920 年，丹麦物理学家奥斯特(Hans Orsted,1777—1851)发现小磁针在通电的导线周围受到磁力的作用发生偏转，人们从此开始认识到电、磁之间有着密不可分的联系．奥斯特的发现在当时引起极大的轰动，几个星期之后法国物理学家安培(A. Ampere,1775—1836)获得了一系列关于载流导线之间的磁相互作用力的实验结果．1821 年，安培提出了著名的**分子电流假说：一切磁现象的根源都是电流**．磁性物质的分子中存在回路电流，称为**分子电流**(molecular current)．分子电流相当于基元磁铁，物质对外显示的磁性，取决于物质中分子电流对外界的磁效应的总和．安培的这一假说虽然受历史条件所限而难免有些粗糙，但其本质与近代物理对磁本性的看法是一致的．

现在人们知道运动电荷或电流在周围激发**磁场**(magnetic field)．磁场与电场一样也是一种特殊的物质，具有物质的基本属性．运动电荷与运动电荷、电流与电流之间的作用力就是通过磁场来传递的．恒定电流激发的磁场不随时间变化，称为恒定磁场．

为了描述磁场中各场点的性质，仿照电场强度的情况，我们在磁场中放入一个试验电荷 $q$．因为磁场只对运动电荷有力的作用，我们让试验电荷 $q$ 具有速度 $\boldsymbol{v}$．实验发现，试验电荷所受的磁力 $\boldsymbol{F}$ 不但与电荷量 $q$ 有关，而且与速度 $\boldsymbol{v}$ 有关．实验观察到：①电荷受到的磁力的方向总是与电荷运动的方向垂直；②存在一个特殊的方向，当电荷沿这个方向运动时，磁力为零，这个方向反映了磁场本身的一个性质．我们就将此方向定义为磁场即磁感应强度 $\boldsymbol{B}$ 的方向，这也正是小磁针的 N 极所指的方向；③如果电荷沿着与磁场方向垂直的方向运动时，所受到的磁力最大，而且这个最大磁力 $F_m$ 正比于运动试验电荷的速率 $v$，也正比于其所带的电荷量 $q$，但比值 $F_m/qv$ 却在该点具有确定的值，而与试验电荷的 $q$、$v$ 的大小无关. 由此可见，这个比值反映了该点磁场的性质. 所以，我们就定义磁场中某点的**磁感应强度**（magnetic induction）的大小为

$$B = \frac{F_m}{qv} \tag{14-36}$$

在国际单位制中，磁感应强度的单位是特斯拉，符号为 T，1T = 1N/A · m；另外还有一个常用的非国际制单位高斯（Gs），

$$1\text{T} = 10^4\text{Gs} \tag{14-37}$$

## 14.3.2　毕奥-萨伐尔定律　磁感应强度叠加原理

**1. 毕奥-萨伐尔定律**　1820 年，法国物理学家毕奥（J. B. Biot，1774—1862）和萨伐尔（F. Savart，1791—1841）通过大量实验发现，长直载流导线周围的磁感应强度 $\boldsymbol{B}$ 的大小与电流 $I$ 成正比、与到直线的距离 $r$ 的二次方成反比. 法国数学家兼物理学家拉普拉斯（P. S. M. Laplace，1749—1827）根据毕奥和萨伐尔的实验结果，运用物理学的思想方法，给出了电流元（current element）产生磁感应强度的数学表达式，这就是毕奥-萨伐尔定律.

为了求任意载流导线周围的磁场，我们假设在真空中的载流导线的截面可以略去不计，将导线分成许多小元段 $\mathrm{d}\boldsymbol{l}$. 设 $\mathrm{d}\boldsymbol{l}$ 方向与元段内电流密度方向相同，元段内电流为 $I$，则将 $I\mathrm{d}\boldsymbol{l}$ 称为电流元. **毕奥-萨伐尔定律**表述为：电流元 $I\mathrm{d}\boldsymbol{l}$ 在真空中某点 $P$ 处所产生的磁感应强度 $\mathrm{d}\boldsymbol{B}$ 的大小，与电流元 $I\mathrm{d}\boldsymbol{l}$ 的大小成正比，与电流元 $I\mathrm{d}\boldsymbol{l}$ 到点 $P$ 的矢径 $\boldsymbol{r}$ 和电流元方向间的夹角 $\theta$ 的正弦成正比，并与电流元 $I\mathrm{d}\boldsymbol{l}$ 到点 $P$ 的距离 $r$ 的二次方成反比，即

$$\mathrm{d}B = \frac{\mu_0}{4\pi}\frac{I\mathrm{d}l\sin\theta}{r^2} \tag{14-38}$$

式中，$\mu_0$ 称为真空磁导率（permeability of vacuum），在国际单位制中，$\mu_0 = 4\pi \times 10^{-7}\,\text{H/m}$. 写成矢量形式，则有

$$\mathrm{d}\boldsymbol{B} = \frac{\mu_0}{4\pi}\frac{I\mathrm{d}\boldsymbol{l} \times \boldsymbol{r}}{r^3} \tag{14-39}$$

这就是毕奥-萨伐尔定律的数学表达式，它是计算电流磁场的基本公式.

**2. 磁感应强度叠加原理**　大量实验表明，任一载流导线在其周围一点所产生的磁感应强度等于该载流导线上的所有电流元在该点所产生的磁感应强度的矢量积分，即

$$\boldsymbol{B} = \int \mathrm{d}\boldsymbol{B} = \frac{\mu_0}{4\pi}\int \frac{I\mathrm{d}\boldsymbol{l} \times \boldsymbol{r}}{r^3} \tag{14-40}$$

如果空间中有 $n$ 根载流导线，则任意一点的磁感应强度等于各载流导线单独存在时在该点产生的磁感应强度的矢量和，即

$$\boldsymbol{B} = \sum_{i=1}^{n} \boldsymbol{B}_i \tag{14-41}$$

通常称式（14-40）和式（14-41）为**磁感应强度叠加原理**，简称**磁场的叠加原理**.

## 14.3.3　磁感应强度的计算

下面利用毕奥-萨伐尔定律和磁感应强度叠加原理，计算几种典型的载有恒定电流的导

线的磁场.

**1. 载流直导线的磁场**　在真空中有一长为 $L$ 的载流直导线，其中通有电流 $I$. 设 $P$ 点到直导线的垂直距离为 $a$. 在载流直导线上任取一电流元 $I\mathrm{d}\boldsymbol{l}$，它到 $P$ 点矢径为 $\boldsymbol{r}$，如图 14-13 所示.

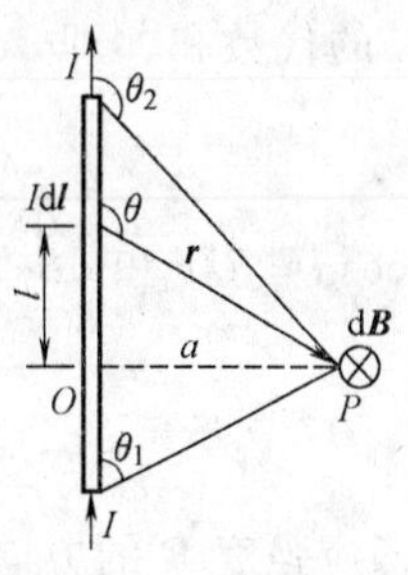

图 14-13　载流直导线的磁场

根据毕奥-萨伐尔定律，任一电流元在 $P$ 点产生的磁感应强度的方向均为垂直纸面向内，大小为

$$\mathrm{d}B=\frac{\mu_0}{4\pi}\frac{I\mathrm{d}l\sin\theta}{r^2}$$

式中，$\theta$ 为 $I\mathrm{d}\boldsymbol{l}$ 与 $\boldsymbol{r}$ 的夹角. 利用磁感应强度叠加原理，所有电流元在 $P$ 点产生的磁感应强度的大小为

$$B=\int_l \mathrm{d}B=\frac{\mu_0}{4\pi}\int\frac{I\mathrm{d}l\sin\theta}{r^2}$$

上式中变量 $l$、$r$、$\theta$ 并不独立，它们满足

$$l=a\cot(\pi-\theta),\quad r=\frac{a}{\sin(\pi-\theta)}=\frac{a}{\sin\theta}$$

对 $l$ 取微分，有

$$\mathrm{d}l=a\csc^2\theta\mathrm{d}\theta$$

将上面的关系式联立后可得

$$B=\frac{\mu_0 I}{4\pi a}\int_{\theta_1}^{\theta_2}\sin\theta\mathrm{d}\theta=\frac{\mu_0 I}{4\pi a}(\cos\theta_1-\cos\theta_2)\tag{14-42}$$

式中，$\theta_1$ 和 $\theta_2$ 分别为载流直导线起点处和终点处电流元与矢径 $\boldsymbol{r}$ 之间的夹角. 对以上结果进行讨论：

（1）若直导线为无限长，即 $\theta_1=0$，$\theta_2=\pi$，那么 $B=\dfrac{\mu_0 I}{2\pi a}$；

（2）若直导线为半无限长，即 $\theta_1=0$，$\theta_2=\dfrac{\pi}{2}$ 或 $\theta_1=\dfrac{\pi}{2}$，$\theta_2=\pi$，那么 $B=\dfrac{\mu_0 I}{4\pi a}$.

**2. 载流圆环轴线上的磁场**　设真空中有一半径为 $R$ 的细载流圆环，通有电流 $I$，求轴线上与圆心 $O$ 相距 $a$ 处的 $P$ 点的磁感应强度 $\boldsymbol{B}$.

如图 14-14 所示，圆环上任一电流元 $I\mathrm{d}\boldsymbol{l}$ 与到轴线上 $P$ 点的矢径 $\boldsymbol{r}$ 之间的夹角均为 90°，由毕奥-萨伐尔定律知，该电流元在 $P$ 点激发的磁感应强度 $\mathrm{d}\boldsymbol{B}$ 的大小为

$$\mathrm{d}B=\frac{\mu_0}{4\pi}\frac{I\mathrm{d}l}{r^2}$$

由磁场的对称性分析可知，各电流元在 $P$ 点激发的磁感应强度大小相等，方向各不相同，但是与轴线的夹角均为 $\alpha$. 因此我们把磁感应强度 $\mathrm{d}\boldsymbol{B}$ 分解成平行于轴线的分量 $\mathrm{d}B_{/\!/}$ 和垂直于轴线的分量 $\mathrm{d}B_{\perp}$. 它们在垂直于轴线方向上的分量 $\mathrm{d}B_{\perp}$ 互相抵消，沿轴线方向的分量 $\mathrm{d}B_{/\!/}$ 互相加强. 所以 $P$ 点的磁感应强度 $\boldsymbol{B}$ 沿着轴线方向，大小等于细载流圆环上所有电流元激发的磁感应强度 $\mathrm{d}\boldsymbol{B}$ 沿轴线方向的分量

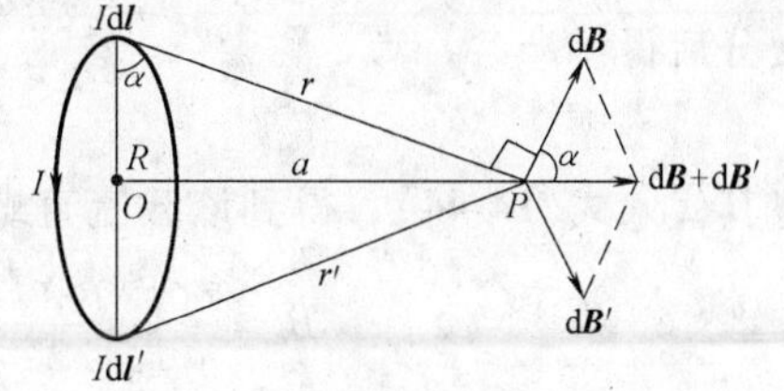

图 14-14　载流圆环轴线上的磁场

$dB_{/\!/}$的代数和，即

$$B = \int dB_{/\!/} = \int dB\cos\alpha$$

将 $\cos\alpha = R/r$ 和 $dB$ 代入上式，得

$$B = \int_0^{2\pi R} \frac{\mu_0}{4\pi} \frac{I\mathrm{d}l}{r^2} \frac{R}{r} = \frac{\mu_0 IR^2}{2r^3} = \frac{\mu_0}{2} \frac{IR^2}{(R^2 + a^2)^{3/2}} \tag{14-43}$$

磁感应强度 **B** 的方向与圆环电流环绕方向满足右手螺旋法则.

讨论：

（1）在圆心 $O$ 点处，$a=0$，由上式得 $O$ 点的磁感应强度的大小为

$$B = \frac{\mu_0 I}{2R}$$

（2）在远离圆环中心的无限远处，即 $a \gg R$ 处，$r \approx a$，则该处磁感应强度的大小为

$$B = \frac{\mu_0 R^2 I}{2a^3}$$

**3. 载流密绕直螺线管内部轴线上的磁场**　螺线管就是绕在圆柱面上的螺旋形线圈. 如果螺线管上各匝线圈绕得很密，每匝线圈就相当于一个圆线圈，整个螺线管就可以看成是由一系列圆线圈并排起来组成. 因而螺线管在某点产生的磁感应强度就等于这些圆线圈在该点产生的磁感应强度的矢量和.

设真空中有一均匀密绕载流直螺线管，半径为 $R$，电流为 $I$，单位长度上绕有 $n$ 匝线圈. 如图 14-15 所示，在螺线管上距 $P$ 点 $l$ 处取一小段 $\mathrm{d}l$，该小段上线圈匝数为 $n\mathrm{d}l$. 由式(14-43)可知，该小段上的线圈在轴线上 $P$ 点所激发的磁感应强度的大小为

$$\mathrm{d}B = \frac{\mu_0}{2} \frac{R^2 In\mathrm{d}l}{(R^2 + l^2)^{3/2}}$$

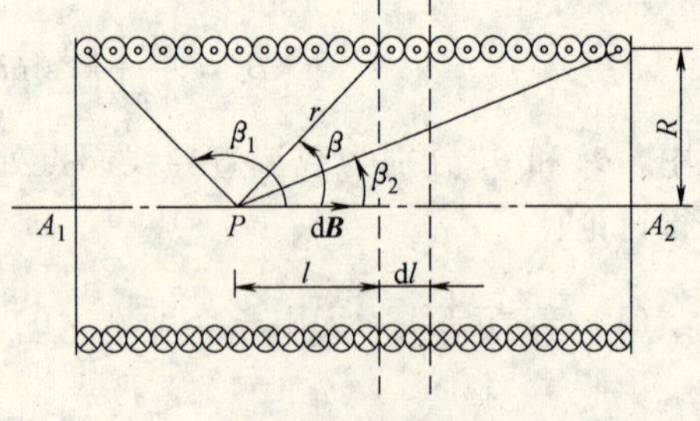


图 14-15　载流密绕直螺线管内部轴线上的磁场

磁感应强度 $\mathrm{d}\boldsymbol{B}$ 沿轴线方向、与电流成右手螺旋关系. 因为螺线管的各小段在 $P$ 点所产生的磁感应强度方向相同，所以整个螺线管所产生的总磁感应强度

$$B = \int \mathrm{d}B = \int \frac{\mu_0}{2} \frac{R^2 In\mathrm{d}l}{(R^2 + l^2)^{3/2}} \tag{14-44}$$

根据图 14-15 中的几何关系，有

$$l = R\cot\beta$$

微分后得

$$\mathrm{d}l = -R\ (\csc\beta)^2 \mathrm{d}\beta$$

将其代入式(14-44)，得到该载流直螺线管在轴线上 $P$ 点产生的磁感应强度的大小为

$$B = -\int_{\beta_1}^{\beta_2} \frac{\mu_0 nI}{2} \sin\beta \mathrm{d}\beta = \frac{1}{2}\mu_0 nI(\cos\beta_2 - \cos\beta_1) \tag{14-45}$$

讨论：

（1）对于无限长载流直螺线管，$\beta_1\to\pi$，$\beta_2\to0$，所以 $B=\mu_0 nI$. 这表明，在无限长载流螺线管的轴线上磁场是均匀的，大小只决定于单位长度的匝数 $n$ 和导线中的电流 $I$，而与场点的位置无关. 其方向与电流成右手螺旋关系.

（2）在半无限长螺线管的一端，$\beta_1\to\pi/2$，$\beta_2\to0$，则 $B=\frac{1}{2}\mu_0 nI$. 这表明，在半无限长螺线管两端的轴线上的磁感应强度的大小只有管内的一半.

### 14.3.4　运动电荷的磁场*　磁矩

毕奥-萨伐尔定律告诉我们，电流激发磁场，而电流的产生是大量载流子定向运动的结果. 从本质上讲磁场是由运动电荷激发的，一切磁现象都来源于电荷的运动. 因此，运动电荷的磁场可以由毕奥-萨伐尔定律推导出来. 电流的微观表达式 $I=JS=nqvS$，定向运动速度 $\boldsymbol{v}$ 的方向与电流元 $I\mathrm{d}\boldsymbol{l}$ 方向相同，因此电流元

$$I\mathrm{d}\boldsymbol{l}=nqS\boldsymbol{v}\mathrm{d}l$$

代入毕奥-萨伐尔定律表达式(14-39)，得

$$\mathrm{d}\boldsymbol{B}=\frac{\mu_0}{4\pi}\frac{nSq\mathrm{d}l\boldsymbol{v}\times\boldsymbol{r}}{r^3}$$

电流元 $I\mathrm{d}\boldsymbol{l}$ 激发的磁场 $\mathrm{d}\boldsymbol{B}$ 是由电流元 $I\mathrm{d}\boldsymbol{l}$ 中 $\mathrm{d}N=nS\mathrm{d}l$ 个载流子共同产生的. 因此平均起来每个载流子所产生的磁感应强度 $\boldsymbol{B}$ 为

$$\boldsymbol{B}=\frac{\mathrm{d}\boldsymbol{B}}{\mathrm{d}N}=\frac{\mu_0}{4\pi}\frac{q\boldsymbol{v}\times\boldsymbol{r}}{r^3} \tag{14-46}$$

磁感应强度 $\boldsymbol{B}$ 垂直于 $\boldsymbol{v}$ 和 $\boldsymbol{r}$ 所组成的平面，其方向由右手螺旋法则确定.

根据玻尔理论，氢原子在基态时，电子绕原子核的轨道半径 $r_0=0.53\times10^{-10}\,\mathrm{m}$，速度为 $v=2.2\times10^6\,\mathrm{m/s}$. 在垂直于轨道的轴线上任意一点 $P$ 的瞬时磁感应强度 $\boldsymbol{B}$ 为

$$\boldsymbol{B}=\frac{\mu_0}{4\pi}\frac{e\boldsymbol{v}\times\boldsymbol{r}}{r^3}$$

电子绕轨道一周，垂直于轴线的分量完全抵消，只剩下平行于轨道的分量，考虑到 $r\gg r_0$，有

$$B=\frac{\mu_0}{4\pi}\frac{ev}{r^2}\frac{r_0}{r}=\frac{\mu_0}{4\pi}\frac{evr_0}{r^3} \tag{14-47}$$

电子单位时间内绕轨道的周数 $n=\frac{v}{2\pi r_0}$，相当于具有一等效电流

$$I=\frac{ev}{2\pi r_0} \tag{14-48}$$

联立式(14-47)和式(14-48)，得

$$B=\frac{\mu_0}{2}\frac{Ir_0^2}{r^3} \tag{14-49}$$

上式与远离圆环中心的无限远处的载流圆环轴线上的磁场公式相同.

根据安培的假设，分子电流相当于基元磁体，为了更好地描述分子电流的磁性，我们引入**磁矩**(magnetic moment)的概念. 将式(14-49)改写为

$$B=\frac{\mu_0}{2\pi}\frac{IS}{r^3}$$

式中，$S=\pi r_0^2$，为等效电流的面积．我们规定面积 $S$ 的正法线方向与等效电流的流向成右手螺旋关系，其单位矢量用 $\boldsymbol{e}_n$ 表示．由此我们定义圆电流的磁矩为

$$\boldsymbol{m}=IS\boldsymbol{e}_n \tag{14-50}$$

于是我们可将式(14-49)改写成矢量的形式：

$$\boldsymbol{B}=\frac{\mu_0}{2\pi}\frac{\boldsymbol{m}}{r^3}$$

## 14.4 恒定磁场的高斯定理和安培环路定理

### 14.4.1 磁感应线 磁通量

**1. 磁感应线** 在电场中我们引入电场线来形象地描述静电场的整体分布，同样，在磁场中我们也引入**磁感应线**(magnetic induction line)来描述磁场的整体分布：**磁感应线上任一点的切线方向与该点的磁感应强度方向相同；通过磁场中某点垂直于磁感应强度方向单位面积上的磁感应线的条数等于该点磁感应强度的大小**．

磁感应线可以很容易通过实验的方法显示出来，将一块玻璃板放在有磁场的空间中，上面均匀的撒上铁屑，轻轻敲动玻璃板，铁屑就会沿着磁感应线的方向排列起来．图 14-16 显示了几种不同的载流导线激发的磁感应线．

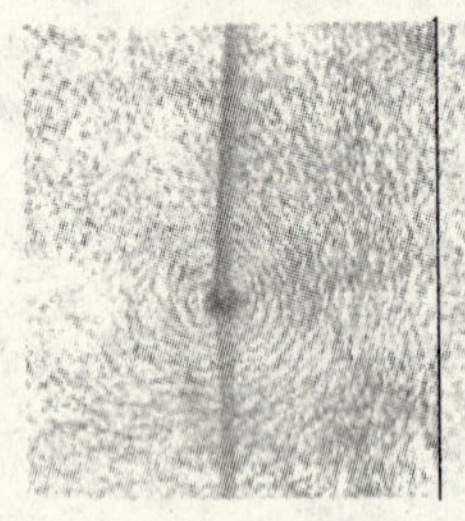
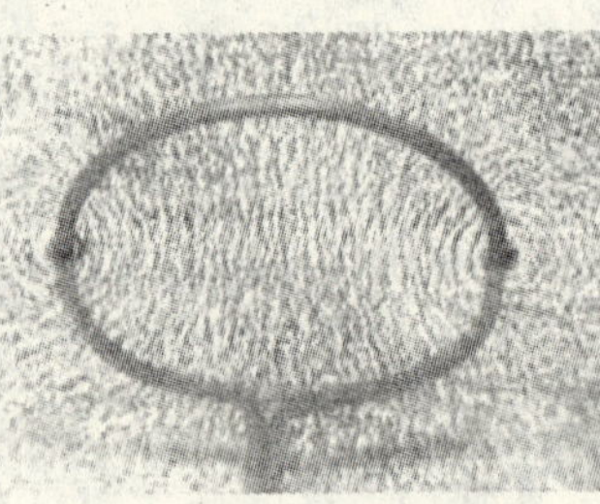
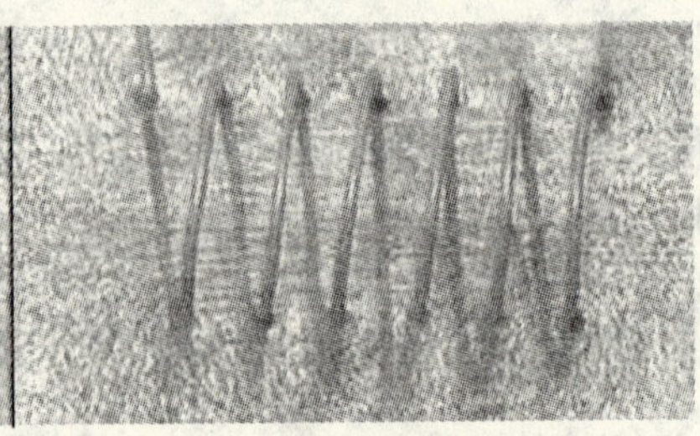

图 14-16 磁感应线

可看出磁感应线具有如下特性：

(1) 在任何磁场中每一条磁感应线都是环绕电流的无头无尾的闭合线，即没有起点也没有终点，而且这些闭合线都和闭合电路互相套连．

(2) 在任何磁场中，每一条闭合的磁感应线的方向与该闭合磁感应线所包围的电流流向服从右手螺旋法则．

**2. 磁通量** **在磁场中通过某一曲面的磁感应线的条数称为通过该面的磁通量**(magnetic flux)，用 $\Phi_m$ 表示．在磁场中任取一个面元 d$\boldsymbol{S}$，设该面元处的磁感应强度为 $\boldsymbol{B}$，则通过面元 d$\boldsymbol{S}$ 的磁通量 d$\Phi_m$ 定义为

$$\mathrm{d}\Phi_m=\boldsymbol{B}\cdot\mathrm{d}\boldsymbol{S}=B\mathrm{d}S\cos\theta \tag{14-51}$$

式中，$\theta$ 为 $\boldsymbol{B}$ 与 d$\boldsymbol{S}$ 的夹角．

而通过有限曲面 $S$ 的磁通量 $\Phi_m$ 为

$$\Phi_m=\int_S\boldsymbol{B}\cdot\mathrm{d}\boldsymbol{S}=\int_S B\mathrm{d}S\cos\theta \tag{14-52}$$

在国际单位制中，磁通量的单位是韦伯，符号为 Wb：

$$1\text{Wb}=1\text{T}\cdot\text{m}^2$$

**例题 14-7**　如图 14-17 所示，长直导线载有电流 $I$，试求穿过矩形平面的磁通量 $\Phi_m$.

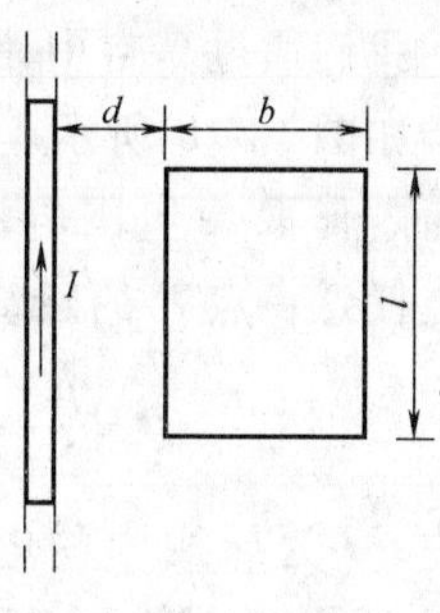


图 14-17　例题 14-7 用图

**解**：由 $B=\dfrac{\mu_0 I}{2\pi a}$知，矩形平面处于非均匀磁场内，磁感应强度 $\boldsymbol{B}$ 的方向相同，均垂直纸面向里. 在距导线为 $r$ 处取一长为 $l$、宽为 $\mathrm{d}r$ 的面元 $\mathrm{d}S=l\mathrm{d}r$.

$$\mathrm{d}\Phi_m=\boldsymbol{B}\cdot\mathrm{d}\boldsymbol{S}=\frac{\mu_0 I}{2\pi r}l\mathrm{d}r$$

将上式代入式(14-52)得到整个矩形的磁通量

$$\Phi_m=\int_S\boldsymbol{B}\cdot\mathrm{d}\boldsymbol{S}=\int_d^{d+b}\frac{\mu_0 I}{2\pi r}l\mathrm{d}r=\frac{\mu_0 Il}{2\pi}\ln\frac{d+b}{d}$$

### 14.4.2　恒定磁场的高斯定理

仿照静电场的高斯定理我们可以给出恒定磁场的高斯定理(Gauss Theorem in Magnetic Field)，由于磁感应线都是无头无尾的闭合线，所以对于闭合曲面有多少条磁感应线进入就有多少条穿出. 也就是说，在磁场中通过任意闭合曲面的总磁通量为零，即

$$\oint_S\boldsymbol{B}\cdot\mathrm{d}\boldsymbol{S}=0 \tag{14-53}$$

这就是**磁场的高斯定理**. 它是反映磁场规律的一个重要定理，即磁场是无源场. 由它不难推得：恒定磁场的磁感应线是既不能起始于某处也不能终止于某处的连续曲线. 在磁场中以任一闭合曲线为边线的所有曲面的磁通量均相等，因此通常所说的穿过某闭合曲线的磁通量实际上是指以该曲线为边线的任意曲面的磁通量. 显然，在静电场中以任一闭合曲线为边线的所有曲面的电通量不一定相等. 因此，“穿过某闭合曲线的电通量”的说法就没有实际意义.

### 14.4.3　恒定磁场的安培环路定理

在静电场的环路定理中曾指出，电场强度 $\boldsymbol{E}$ 沿任意闭合路径的线积分等于零，即：$\oint\boldsymbol{E}\cdot\mathrm{d}\boldsymbol{l}=0$，这是静电场的一个重要性质，说明静电场是保守场、有势场. 而对磁场来说，磁感应强度 $\boldsymbol{B}$ 沿任意闭合路径的线积分却不一定等于零. 由毕奥-萨伐尔定律可以推导出磁场的一个重要定理，表述为：**在真空中，恒定电流的磁场内，磁感应强度 $\boldsymbol{B}$ 沿任意闭合路径 $L$ 的线积分等于被这个闭合回路所包围并穿过的电流的代数和的 $\mu_0$ 倍，而与路径的形状和大小无关**，即

$$\oint_L\boldsymbol{B}\cdot\mathrm{d}\boldsymbol{l}=\mu_0\sum_i I_i \tag{14-54}$$

这就是**恒定磁场的安培环路定理**(Ampere Circuital Theorem). 其中，电流的正负由环路所选取的绕行方向与电流的方向共同决定：当穿过环路的电流方向与环路的绕行方向符合右手螺旋关系时，电流取正值；反之取为负值. 如果电流不穿过环路，则它不包括在上式右端的求和中. 安培环路定理反应了磁场的一个重要性质，它说明磁场是个有旋场.

我们通过真空中无限长载流直导线激发的磁场这一特例来验证安培环路定理.

如图 14-18 所示. 在垂直于导线的平面内任取一包围电流的闭合曲线 $L$，线上任意一点 $P$ 的磁感应强度的大小为

$$B=\frac{\mu_0}{2\pi}\frac{I}{r}$$

式中，$I$ 为导线中的电流；$r$ 为 $P$ 点离开导线的距离. 由图可知，$\mathrm{d}l\cos\theta=r\mathrm{d}\varphi$，所以

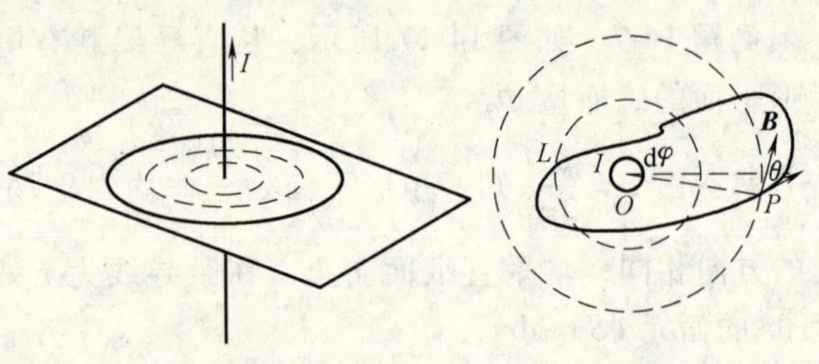


图 14-18　验证安培环路定理

$$\oint_L \boldsymbol{B}\cdot \mathrm{d}\boldsymbol{l}=\oint_L B\cos\theta \mathrm{d}l=\oint_L Br\mathrm{d}\varphi=\int_0^{2\pi}\frac{\mu_0}{2\pi}\frac{I}{r}r\mathrm{d}\varphi=\frac{\mu_0 I}{2\pi}\int_0^{2\pi}\mathrm{d}\varphi=\mu_0 I$$

真空中当任意闭合回路 $L$ 包围电流 $I$ 时，磁感应强度 $\boldsymbol{B}$ 沿闭合路径 $L$ 的线积分的贡献为 $\mu_0 I$. 如果电流的方向相反，磁感应强度 $\boldsymbol{B}$ 方向相反，则线积分变为 $\oint_L \boldsymbol{B}\cdot \mathrm{d}\boldsymbol{l}=-\mu_0 I$. 由于对闭合回路 $L$ 积分结果与电流方向有关，我们规定：电流方向与积分回路方向成右手螺旋关系时电流取正值，反之取负值. 另外，安培环路定理式(14-54)只适用于真空中恒定电流产生的磁场，如果磁场是由变化的电流产生的或者空间存在其他介质，则需要对安培环路定理进行修正.

安培环路定理说明磁场不是势场，不是势场的矢量场称为**涡旋场**，所以磁场是涡旋场. 高斯定理和安培环路定理是恒定磁场理论的两个重要定理.

### 14.4.4　安培环路定理的应用举例

在静电学中，当电荷分布有某些对称性时，单从高斯定理就可求得静电场. 类似地，在静磁学中，当电流分布有某些对称性时，单从安培环路定理就可求得恒定磁场.

**1. 无限长载流圆柱导体的磁场**　设圆柱半径为 $R$，电流 $I$ 沿轴线方向均匀流过横截面. 由电流分布沿轴线的平移对称性可知磁感应强度 $\boldsymbol{B}$ 也有这种对称性. 因此只需讨论任一与轴垂直的平面内的情况. 磁场对圆柱轴线具有旋转对称性，所以磁感应线应该是在垂直轴线的平面内、以轴线为中心的一系列同心圆，方向与其内部的电流成右手螺旋关系，而且在同一圆周上磁感应强度的大小相等，如图 14-19 所示. 过任一场点 $P$，在垂直轴线的平面内取中心在轴线上、半径为 $r$ 的圆周为积分路径 $L$，积分方向与磁感应线的方向相同. 由于 $L$ 上磁感应强度的量值处处相等，且磁感应强度 $\boldsymbol{B}$ 的方向与积分路径 $\mathrm{d}\boldsymbol{l}$ 的方向一致，所以，磁感应强度 $\boldsymbol{B}$ 沿路径 $L$ 的线积分为

$$\oint_L \boldsymbol{B}\cdot \mathrm{d}\boldsymbol{l}=2\pi rB$$

（1）如果点 $P$ 为圆柱体内任意一点，即 $r<R$. 因为圆柱体内的电流只有一部分 $I'$ 通过环路. 由安培环路定理，得

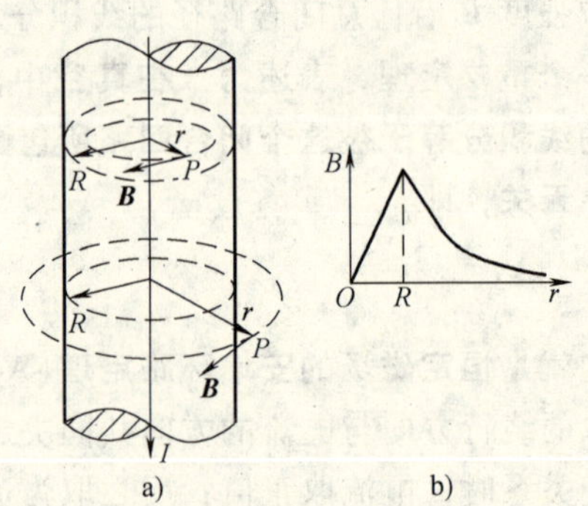


图 14-19　无限长载流圆柱导体的磁场

$$\oint_L \boldsymbol{B}\cdot \mathrm{d}\boldsymbol{l}=2\pi rB=\mu_0 I'$$

由于电流 $I$ 均匀分布，所以

$$I' = \frac{I}{\pi R^2}\pi r^2 = \frac{Ir^2}{R^2}$$

上面两式联立得

$$2\pi rB = \mu_0 \frac{Ir^2}{R^2}$$

解得

$$B = \frac{\mu_0 Ir}{2\pi R^2} \tag{14-55}$$

（2）如果点 $P$ 为圆柱体外任意一点，即 $r > R$. 由安培环路定理，得

$$\oint_L \boldsymbol{B} \cdot \mathrm{d}\boldsymbol{l} = 2\pi rB = \mu_0 I$$

所以

$$B = \frac{\mu_0 I}{2\pi r} \tag{14-56}$$

这与无限长载流直导线的磁场分布完全相同.

**2. 无限长直载流螺线管的磁场**　如图 14-20 所示，设无限长载流螺线管单位长度上绕有 $n$匝线圈，现通有电流$I$. 每匝线圈都会在其周围产生载流圆环磁场，当线圈彼此挨近形成无限长螺线管时，在螺线管外，磁场倾向于抵消；在螺线管内，磁场得到加强. 进一步根据电流分布的对称性分析，可确定螺线管内的磁感应线是一系列与轴线平行的直线，而且在同一磁感应线上各点的磁感应强度大小相同. 在螺线管的外侧，磁场为零.

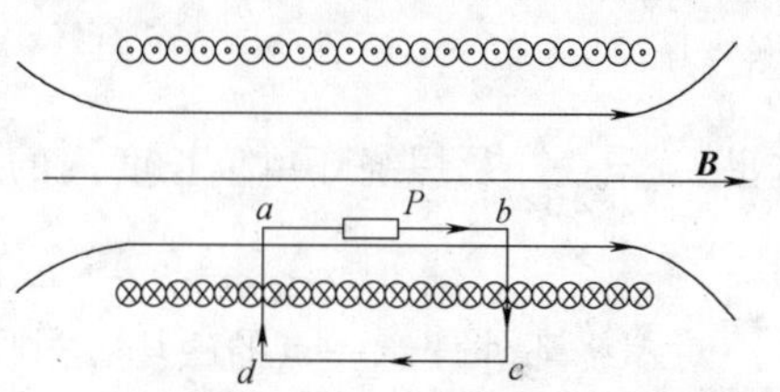

图 14-20　无限长直载流螺线管的磁场

首先计算管内中间部分的一点 $P$ 的磁感应强度. 通过 $P$ 点做一矩形的闭合回路 $abcd$. 磁感应强度 $\boldsymbol{B}$ 沿路径 $abcd$ 的线积分为

$$\oint_{abcd} \boldsymbol{B} \cdot \mathrm{d}\boldsymbol{l} = \int_{ab} \boldsymbol{B} \cdot \mathrm{d}\boldsymbol{l} + \int_{bc} \boldsymbol{B} \cdot \mathrm{d}\boldsymbol{l} + \int_{cd} \boldsymbol{B} \cdot \mathrm{d}\boldsymbol{l} + \int_{da} \boldsymbol{B} \cdot \mathrm{d}\boldsymbol{l}$$

因为螺线管外磁场为零，螺线管内磁场平行于路径 $ab$，与路径 $bc$、$da$ 垂直，所以上式的积分只有 $\oint_{ab} \boldsymbol{B} \cdot \mathrm{d}\boldsymbol{l}$ 不为零. 又因为在路径 $ab$ 上磁感应强度 $\boldsymbol{B}$ 大小相同，所以

$$\oint_{abcd} \boldsymbol{B} \cdot \mathrm{d}\boldsymbol{l} = \int_{ab} \boldsymbol{B} \cdot \mathrm{d}\boldsymbol{l} = Bl \text{（设 } ab \text{ 段长度为 } l\text{）}$$

因螺线管单位长度上有 $n$ 匝线圈，通过每匝线圈的电流为 $I$，所以回路 $abcd$ 所包围的电流总和为 $nIl$，根据右手螺旋法则该电流为正值. 于是，由安培环路定理，得

$$\oint_{abcd} \boldsymbol{B} \cdot \mathrm{d}\boldsymbol{l} = Bl = \mu_0 nIl$$

所以

$$B = \mu_0 nI \tag{14-57}$$

由于矩形回路是任取的，不论 $ab$ 段在管内任何位置，式(14-57)都成立. 因此，无限长直螺线管内任意一点的磁感应强度 $\boldsymbol{B}$ 的大小相同，方向平行于轴线，即细螺线管内中间部分是

均匀磁场，细螺线管外磁感应强度为零.

**3. 载流螺绕环的磁场**　如图 14-21 所示的环状螺线管称为螺绕环. 设真空中有一螺绕环，环的平均半径为 $R$，环上均匀地密绕 $N$ 匝线圈，线圈通有电流 $I$，求载流螺绕环的磁场. 由电流的对称性可知，环内的磁感应线是一系列同心圆，圆心在通过环心垂直于环面的直线上. 在同一条磁感应线上各点磁感应强度的大小相等，方向沿圆周的切线方向，与圆内电流成右手螺旋关系.

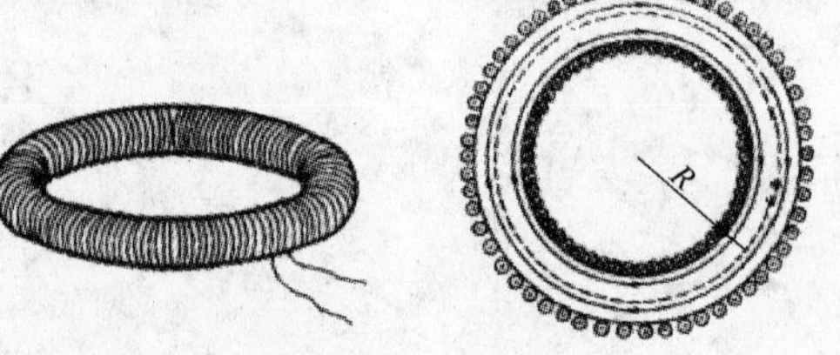

图 14-21　载流螺绕环的磁场

先分析螺绕环内任意一点 $P$ 的磁场，以环心为圆心、过 $P$ 点作一闭合环路 $L$，半径为 $r$，绕行方向与所包围电流成右手螺旋关系，如图 14-21 所示. 则由安培环路定理得

$$\oint_L \boldsymbol{B} \cdot \mathrm{d}\boldsymbol{l} = 2\pi r B = \mu_0 N I$$

计算出 $P$ 点磁感应强度为

$$B = \frac{\mu_0 N I}{2\pi r}$$

如果环管截面半径比环半径小得多，可以认为 $r \approx R$，则上式可以写成

$$B = \frac{\mu_0 N I}{2\pi R} = \mu_0 n I$$

这里，$n = \dfrac{N}{2\pi R}$是螺绕环单位长度内的线圈匝数. 上述结果与无限长直载流螺线管的磁场类似.

对螺绕环外任意一点的磁场：过所求场点做一圆形闭合环路，并使它与螺绕环共轴. 很容易看出，穿过闭合回路的总电流为零，因此根据安培环路定理

$$\oint_L \boldsymbol{B} \cdot \mathrm{d}\boldsymbol{l} = 2\pi r B = 0$$

得

$$B = 0$$

所以，对于密绕细螺绕环来说，它的磁场几乎全部集中在螺绕环的内部，外部无磁场；环内的磁场可视为均匀的，方向由右手螺旋法则确定. 从物理实质上来说，这样的螺绕环等同于无限长直螺线管.

## 14.5　磁场对运动电荷的作用

### 14.5.1　磁场对运动电荷的作用　洛伦兹力

根据磁感应强度的定义，我们知道：电荷受到的磁力的方向总是与电荷运动的方向垂直；当电荷沿磁场方向运动时，磁力为零；如果电荷沿着与磁场方向垂直的方向运动时，所受到的磁力最大：

$$F_{\mathrm{m}} = q v B$$

在一般情况下，如果电荷运动方向与磁场方向成夹角 $\theta$，则所受到的磁力 $\boldsymbol{F}$ 的大小为

$$F = qvB\sin\theta \tag{14-58}$$

方向垂直于 $\boldsymbol{v}$ 和 $\boldsymbol{B}$ 所确定的平面，写成矢量的形式

$$\boldsymbol{F} = q\boldsymbol{v} \times \boldsymbol{B} \tag{14-59}$$

上式就是**洛伦兹力公式**，它总是和电荷速度方向垂直，因此磁力只改变电荷的运动方向，而不改变其速度的大小和动能．**洛伦兹力对电荷所做的功恒等于零**，这是洛伦兹力的一个重要特征．

### 14.5.2　带电粒子在均匀磁场中的运动*

下面我们分三种情况讨论带电粒子在均匀磁场中的运动：

(1) 带电粒子 $q$ 以速率 $v_0$ 沿磁场 $\boldsymbol{B}$ 方向进入均匀磁场　由洛伦兹力公式(14-59)可知，粒子不受磁场力的作用，它将沿着磁场 $\boldsymbol{B}$ 方向作匀速直线运动．

(2) 带电粒子 $q$ 以速率 $v_0$ 沿垂直于磁场 $\boldsymbol{B}$ 方向进入均匀磁场　由洛伦兹力公式(14-59)可知，粒子受到洛伦兹力的作用，大小为 $F = qv_0B$．因为洛伦兹力始终与速度方向垂直，所以带电粒子的速度大小不变，只改变方向．带电粒子将作半径为 $R$ 的匀速圆周运动，洛伦兹力提供向心力，因此有

$$qv_0B = m\frac{v_0^2}{R}$$

可以计算出带电粒子的轨道半径

$$R = \frac{mv_0}{qB} \tag{14-60}$$

从上式可知，对于一定的带电粒子(即 $\frac{q}{m}$ 一定)，其轨道半径与带电粒子的运动速度成正比，而与磁感应强度成反比．速度越小，洛伦兹力也越小，轨道半径也越小．对于一定速度的带电粒子(即 $v_0$ 一定)，如果磁感应强度确定，轨道半径与荷质比(即 $\frac{q}{m}$)成正比．

带电粒子绕圆形轨道一周所需的时间，即周期为

$$T = \frac{2\pi R}{v_0} = 2\pi\frac{m}{qB} \tag{14-61}$$

从上式可以看出，周期与带电粒子的运动速度无关．

(3) 带电粒子 $q$ 以速度 $\boldsymbol{v}_0$ 与磁场 $\boldsymbol{B}$ 成 $\theta$ 夹角进入均匀磁场　我们将速度 $v_0$ 分解成平行于磁场 $\boldsymbol{B}$ 的分量 $\boldsymbol{v}_{/\!/}$ 和垂直于磁场 $\boldsymbol{B}$ 的分量 $\boldsymbol{v}_{\perp}$，有

$$v_{/\!/} = v_0\cos\theta$$

$$v_{\perp} = v_0\sin\theta$$

带电粒子同时参与两种运动，一种是平行于磁场的匀速直线运动，速率为 $v_{/\!/}$，另一种是在垂直于磁场方向以速率为 $v_{\perp}$ 作匀速圆周运动，轨道半径 $R$ 为

$$R = \frac{mv_{\perp}}{qB} = \frac{mv\sin\theta}{qB}$$

周期 $T$ 为

$$T=\frac{2\pi R}{v_{\perp}}=2\pi\frac{m}{qB}$$

一个周期内，带电粒子沿着磁场方向前进的距离，即**螺距**(screw pitch)$h$ 为

$$h=Tv_{/\!/}=\frac{2\pi m v_0\cos\theta}{qB}$$

综上所述，带电粒子的合运动是以磁场方向为轴的等螺距的螺旋运动. 如图 14-22 所示，一束发散角不大的带电粒子束，当它们在磁场 $\boldsymbol{B}$ 的方向上具有大致相同的速度分量时，它们有相同的螺距 $h$. 经过一个周期它们将重新会聚在另一点，这种发散粒子束会聚到一点的现象与透镜将光束聚焦现象十分相似，因此叫**磁聚焦**(magnetic focusing). 带电粒子在磁场中作螺旋线运动的轨道半径 $R$ 与磁感应强度成反比，磁场越强，轨道半径 $R$ 越小. 在很强的磁场中，每个带电粒子的活动便被约束在一根磁场线附近的很小范围内作螺旋线运动，运动的中心只能沿磁场线作纵向移动，一般不能横越它. 因此强磁场可以使带电粒子的横向运动受到很大的限制，这种能约束带电粒子运动的磁作用效应称为**磁约束**.

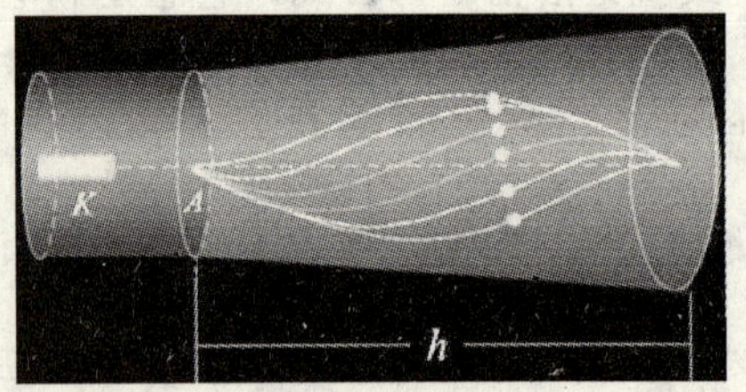

图 14-22 磁聚焦

## 14.5.3 带电粒子在非均匀磁场中的运动*

带电粒子在非均匀磁场中运动时，受力情况如图 14-23 所示，一个分力 $F_{\perp}$ 是使电子作圆周运动的向心力；另一个分力 $F_{/\!/}$ 与电子运动的分速度 $v_{/\!/}$ 平行且反向，它使得电子向着强磁场方向的运动速度减慢，有可能直至停止，并继而沿反方向(磁场较弱的一方)加速前进. 由于带电粒子就象光线遇到镜面反射一样，所以，也把这种效应称为**磁镜**(magnetic mirror)效应.

如图 14-24 所示，如果在一长直圆柱形真空室中形成一个两端很强、中间较弱的磁场，两端较强的磁场对带电粒子的运动就起着磁镜作用. 当处于中间区域的带电粒子沿着磁场线向两端运动时，遇到强磁场就被反射回来，于是带电粒子就被局限在一定范围内作往返运动，而无法逃逸出去，这种磁场位形被形象地称为**磁瓶**(magnetic bottle).

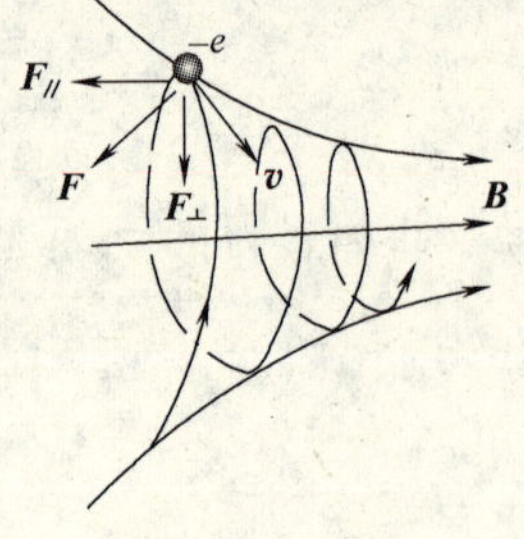

图 14-23 磁镜

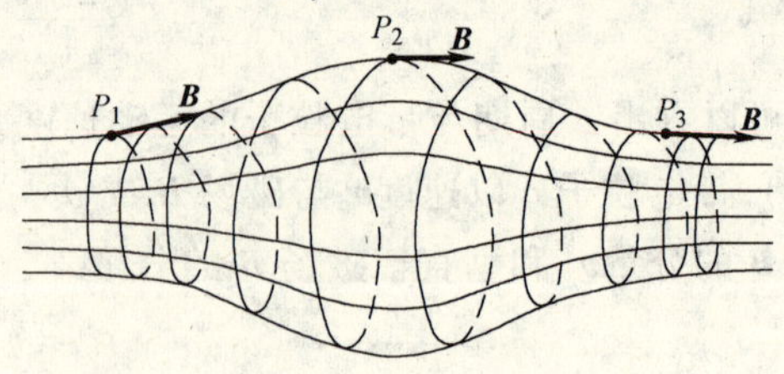

图 14-24 磁瓶

在可控热核反应装置中，常采用强磁束把高温等离子体束缚在有限的空间区域，从而实现热核反应.

如图 14-25 所示，地球磁场近似一个磁偶极场，两极处的磁感应强度比中间的磁感应强度大，因而构成一个天然的带电粒子捕陷器. 来自宇宙射线和“太阳风”的带电粒子进入

地球磁场，其中一些粒子沿地磁场的磁力线来回反射．探索者 1 号宇航器在 1958 年从太空中发现，在距离地面几千公里和两万公里的高空，分别存在质子层和电子层两个环绕地球的辐射带．我们称这些辐射带为范 · 阿伦(van Allen)辐射带．在高纬地区出现的极光则是高速带电粒子从辐射带脱离进入大气后与大气相互作用引起的．

图 14-25　范 · 阿伦辐射带

### 14.5.4　带电粒子在电场和磁场中的运动*

在只有电场的情况下，电荷 $q$ 受到电场 $\boldsymbol{E}$ 的库仑力 $\boldsymbol{F}_e$ 为

$$\boldsymbol{F}_e = q\boldsymbol{E}$$

在只有磁场的情况下，电荷 $q$ 受到磁场 $\boldsymbol{B}$ 的洛伦兹力 $\boldsymbol{F}_m$ 为

$$\boldsymbol{F}_m = q\boldsymbol{v} \times \boldsymbol{B}$$

在既有电场又有磁场的情况下，运动的带电粒子 $q$ 在此区域内所受到的作用力应是上述两者之矢量和，即作用在带电粒子上的力应为

$$\boldsymbol{F} = \boldsymbol{F}_e + \boldsymbol{F}_m = q\boldsymbol{E} + q\boldsymbol{v} \times \boldsymbol{B} \tag{14-62}$$

上式通常也被称为洛伦兹力公式．因此，可以利用外加的电场和磁场，来控制带电粒子流的运动，这在近代科学技术中的应用是极为重要的．

例如，加速器是提供高能物理实验研究中的高能粒子的主要实验仪器．加速器输出的粒子的能量称为加速器的能量．静电加速器是一种直线加速器，其直线长度随能量的提高而增加．劳伦斯(Lawrence，1901—1958)于 1930 年率先提出回旋加速器的方案，并获 1939 年度诺贝尔物理学奖．回旋加速器的基本思想是用磁场把带电粒子的运动限制在某一空间范围，再用较小的电场使之多次加速．把两个空心的半圆形铜盒 $D_1$、$D_2$ 留有间隙地放在电磁铁的两个磁极之间，如图 14-26 所示，盒内空间便充满与盒面垂直的均匀恒定磁场．将两盒分别连接电源两极，间隙处便有电场．由于屏蔽作用，两盒内部电场均为零．带电粒子以某一初速垂直进入第一个半圆形铜盒后，在磁场力作用下作匀速圆周运动，转过半圈后进入间隙，受到间隙处的电场加速然后进入第二个半圆形铜盒．由式(14-60)可知带电粒子以较大半径作匀速圆周运动．转过半圈后再次进入间隙．如果这时电场反向的话，带电粒子会再次受到电场加速返回第一个半圆形铜盒．如此反复，带电粒子一次次受到电场的加速，能量越来越高，半径越来越大，最终从铜盒边缘引出．

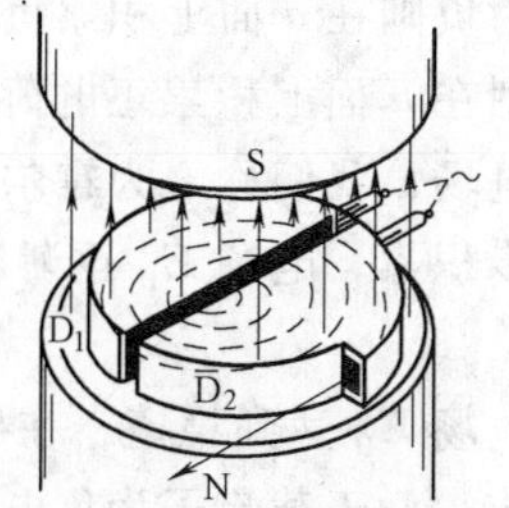

图 14-26　回旋加速器

由式(14-61)可知，在不考虑相对论效应的情况下，带电粒子在铜盒中作半个圆周运动所需要的时间只与带电粒子的电荷 $q$、质量 $m$ 以及磁感应强度 $\boldsymbol{B}$ 有关，与带电粒子的速度或能量没有关系．

### 14.5.5　霍尔效应*

在 1897 年，人们还没有发现电子，也不知道金属导电的机理．霍尔(E. H. Hall, 1855—1938)试图通过实验来验证磁场到底对导线中的电流有没有影响，却发现了一个特殊的现象．

如图 14-27 所示，将通有电流 $I$ 的导体板放入磁场中，使磁感应强度 $\boldsymbol{B}$ 的方向垂直于导体板面．在导体板两侧 $a$、$b$ 之间会出现横向电势差 $U_{ab}$．这种现象被称作**霍尔效应**(hall effect)，电势差 $U_{ab}$ 被称作**霍尔电压**．假设图 14-27 中导体板高度为 $h$，厚度为 $d$，载流子电荷为 $q$，密度为 $n$，定向迁移速率为 $v$．由式(14-5)得到

$$I = nqvhd$$

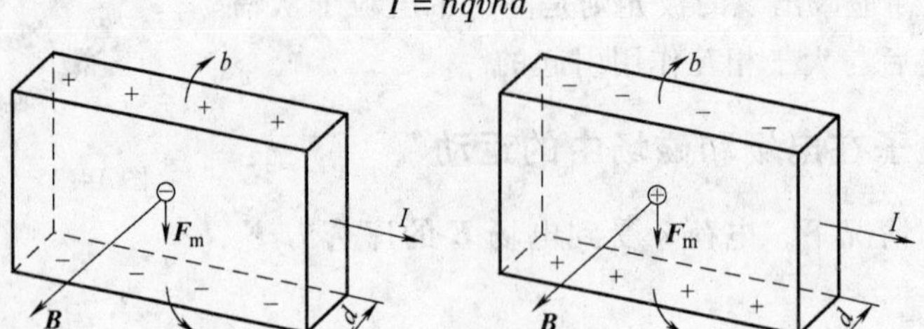


图 14-27　霍尔效应

则载流子定向迁移速率 $v$ 为

$$v = \frac{I}{nqhd} \tag{14-63}$$

如果载流子电荷为负，即 $q<0$，定向迁移速度方向与电流方向相反；如果载流子电荷为正，即 $q>0$，定向迁移速度方向与电流方向相同．

载流子在磁场中受到洛伦兹力 $F_{\mathrm{m}} = qvB$ 作用后会向导体板的 $a$ 面迁移，如果载流子电荷为负则在 $a$ 面上积累负电荷，同时 $b$ 面因为缺少负电荷而具有正电性；如果载流子电荷为正则在 $a$ 面上积累正电荷，同时 $b$ 面因为缺少正电荷而具有负电性．从而在 $a$、$b$ 面之间形成电场，我们称之为**霍尔电场** $\boldsymbol{E}_{\mathrm{H}}$，载流子同时受到电场力的作用 $F_{\mathrm{e}} = qE_{\mathrm{H}}$．随着电荷的进一步积累，电场 $\boldsymbol{E}_{\mathrm{H}}$ 逐渐增强，直至洛伦兹力和电场力达到平衡 $F_{\mathrm{m}} = F_{\mathrm{e}}$，即

$$qvB = qE_{\mathrm{H}}$$

电场 $\boldsymbol{E}_{\mathrm{H}}$ 达到稳定，在导体板两侧 $a$、$b$ 之间形成稳定的霍尔电压 $U_{ab}$．

对于载流子为负电荷的导体

$$U_{ab} = -E_{\mathrm{H}}h = -vBh$$

将式(14-63)代入上式得

$$U_{ab} = -\frac{IB}{nqd} = K_{\mathrm{H}}\frac{IB}{d} \tag{14-64}$$

式中

$$K_{\mathrm{H}} = -\frac{1}{nq} \tag{14-65}$$

称为**霍尔系数**(Hall coefficient)．如果载流子为正电荷，则霍尔系数

$$K_{\mathrm{H}} = \frac{1}{nq} \tag{14-66}$$

因此可以根据霍尔系数的正负来判断载流子的正负，这对于诸多半导体材料和高温超导体的性质测量来说意义重大．通过测量霍尔系数的正负我们很容易知道材料中的载流子究竟是电子还是空穴．如果载流子已知，则可以通过测定霍尔系数的大小来算出载流子的浓度，进而得出影响载流子浓度的客观因素．另外对于给定的材料，已知它的霍尔系数、载流子的正负性质及浓度，可以通过霍尔效应实验反过来测量磁感应强度．

根据式(14-64)定义**霍尔电阻**

$$R_{\mathrm{H}}=\frac{|U_{ab}|}{I}=\frac{|K_{\mathrm{H}}|B}{d}=\frac{B}{nqd}$$

由上式可以看出，霍尔电阻与磁感应强度呈线性关系并随载流子浓度增大而减小．然而，1980 年克利青(Klaus von Klitzing，1943—)发现，硅-金属氧化物半导体场效应管在低温、强磁场(1.5K、18.9T)下，霍耳电阻随载流子浓度变化，存在量子化的霍耳电阻平台，随磁场变化同样存在量子霍耳平台，平台高度不以材料和器件的尺寸而转移，只是由基本物理常数 $h$ 和 $e$ 来确定，即

$$R_{\mathrm{H}}=\frac{h}{ie^2},\quad i=1,2,3,\cdots$$

这种现象称为**整数量子霍尔效应**，克利青因此获 1985 年诺贝尔物理学奖．1982 年，美国 AT&T 贝尔实验室的崔琦(Cui Qi，1939—)和斯特默(Horst Ludwig Stormer，1949—)发现：极纯的半导体材料在超低温(0.5K)和超强磁场(250T)下，存在一种以分数形态出现的量子电阻平台，即

$$R_{\mathrm{H}}=\frac{h}{i'e^2}\quad(i'\text{为分数})$$

这就是**分数霍尔效应**．1983 年，同实验室的劳克林(Robert B. Laughlin，1950—)提出准粒子理论模型解释了这一现象．1998 年，三人分享了该年度的诺贝尔物理学奖，崔琦成为荣获诺贝尔物理学奖的第五位华裔科学家．

## 14.6　磁场对载流导线和载流线圈的作用

### 14.6.1　磁场对载流导线的作用　安培定律

在得知奥斯特的发现之后，安培发现两条静止载流导线之间存在相互作用力，并把每一导线所受的力解释为另一导线对它的磁力．人们把磁场对载流导体的磁力作用称为**安培力**(Ampere force)．安培总结出了载流回路中一段电流元在磁场中受力的基本规律．它表明：磁场对电流元 $I\mathrm{d}\boldsymbol{l}$ 的作用力，在数值上等于电流元的大小、电流元所在处的磁感应强度 $\boldsymbol{B}$ 的大小、以及电流元与磁感应强度两者方向间夹角 $\theta$ 的正弦之乘积，其数学表达式为

$$\mathrm{d}F=I\mathrm{d}lB\sin\theta \tag{14-67}$$

$\mathrm{d}\boldsymbol{F}$ 的方向服从右手螺旋法则，写成矢量的形式

$$\mathrm{d}\boldsymbol{F}=I\mathrm{d}\boldsymbol{l}\times\boldsymbol{B} \tag{14-68}$$

式(14-68)称为**安培定律**(Ampere's law)．

后来人们认识到导线中的电流是带电粒子的定向运动，而运动带电粒子在磁场中要受洛伦兹力，这两者的结合给出了载流导线在磁场中所受到的磁力(安培力)的本质：在洛伦兹力 $\boldsymbol{F}_{\mathrm{m}}=q\boldsymbol{v}\times\boldsymbol{B}$ 的作用下，导体内作定向运动的电子和导体中晶格上的正离子不断地碰撞，把动量传给了导体，从而使整个载流导体在磁场中受到磁力的作用，这就是安培力．可见安培力是洛伦兹力的一种宏观表现．

下面从洛伦兹力表达式出发推导静止载流导线的安培力公式．设细长导线的一个元段，

它是个长度为 $\mathrm{d}l$、横截面积为 $S$、通有电流 $I$ 的小柱体，可看做一个电流元 $I\mathrm{d}\boldsymbol{l}$. 元段中载流子数密度为 $n$，每个载流子电荷为 $q$，平均定向运动速度为$\boldsymbol{v}$，电流密度矢量 $\boldsymbol{J}=qn\boldsymbol{v}$. 每个载流子受到的洛伦兹力 $\boldsymbol{f}=q\boldsymbol{v}\times\boldsymbol{B}$，元段中共有 $\mathrm{d}N=nS\mathrm{d}l$ 个载流子，所有载流子受到的洛伦兹力的合力为

$$\mathrm{d}\boldsymbol{F}=\boldsymbol{f}\mathrm{d}N=nq(\boldsymbol{v}\times\boldsymbol{B})S\mathrm{d}l=(\boldsymbol{J}\times\boldsymbol{B})S\mathrm{d}l$$

又因为电流密度矢量 $\boldsymbol{J}$ 与电流元 $I\mathrm{d}\boldsymbol{l}$ 方向相同，所以

$$\boldsymbol{J}S\mathrm{d}l=I\mathrm{d}\boldsymbol{l}$$

于是有

$$\mathrm{d}\boldsymbol{F}=I\mathrm{d}\boldsymbol{l}\times\boldsymbol{B}$$

这就是式(14-68).

对任意形状的载流导线 $L$，其在磁场中所受的安培力 $\boldsymbol{F}$ 等于各个电流元所受安培力 $\mathrm{d}\boldsymbol{F}$ 的矢量和，即

$$\boldsymbol{F}=\int_L\mathrm{d}\boldsymbol{F}=\int_L I\mathrm{d}\boldsymbol{l}\times\boldsymbol{B} \tag{14-69}$$

一般情况下，在计算一段载流导线的安培力时，如果各电流元所受磁场力的方向是一致的，则上式积分就转化成标量积分. 特别地，对匀强磁场中的一条通有电流 $I$、长为 $L$ 的直导线，电流方向与磁场 $\boldsymbol{B}$ 方向的夹角为 $\theta$，导线受到的安培力为

$$F=ILB\sin\theta \tag{14-70}$$

当 $\theta=0°$或 $180°$时，$F=0$；当 $\theta=90°$时，$F=F_{\max}=ILB$.

**例题 14-8** 如图 14-28 所示，在均匀磁场中放置一任意形状的导线，通有电流 $I$，求此段载流导线所受的安培力.

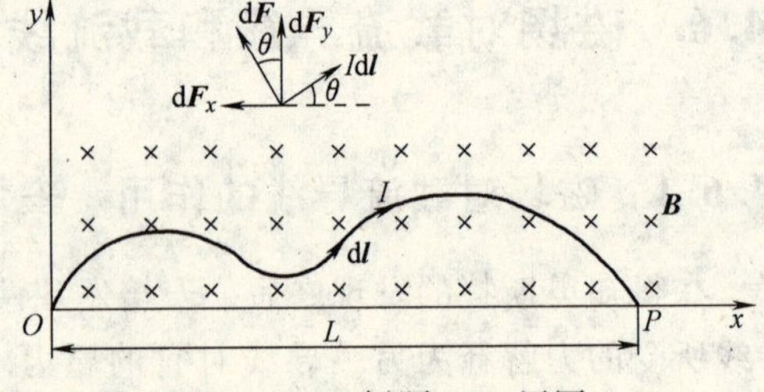

图 14-28 例题 14-8 用图

**解**：在电流上任取电流元 $I\mathrm{d}\boldsymbol{l}$，它受到的磁场力为

$$\mathrm{d}\boldsymbol{F}=I\mathrm{d}\boldsymbol{l}\times\boldsymbol{B}$$

写成分量的形式

$$\begin{cases}\mathrm{d}F_x=IB\mathrm{d}l\sin\theta=IB\mathrm{d}y\\ \mathrm{d}F_y=IB\mathrm{d}l\cos\theta=IB\mathrm{d}x\end{cases}$$

整个导线受力

$$\begin{cases}F_x=\int\mathrm{d}F_x=\int_0^0 IB\mathrm{d}y=0\\ F_y=\int\mathrm{d}F_y=\int_0^L IB\mathrm{d}x=IBL\end{cases}$$

相当于载流直导线 $OP$ 在匀强磁场中受的力，方向沿 $y$ 方向.

### 14.6.2 电流单位“安培”的定义

通过前面的学习我们知道，载流直导线在周围空间激发出磁场，而磁场中的载流直导线会受到安培力的作用. 如图 14-29 所示，两平行无限长直导线 $AB$、$CD$ 相距为 $a$，分别通有电流 $I_1$、$I_2$，它们之间一定会有相互作用力. 导线 $CD$ 的任一电流元 $I_2\mathrm{d}\boldsymbol{l}_2$ 处于电流 $I_1$ 激发的

磁场中

$$B_1 = \frac{\mu_0 I_1}{2\pi a}$$

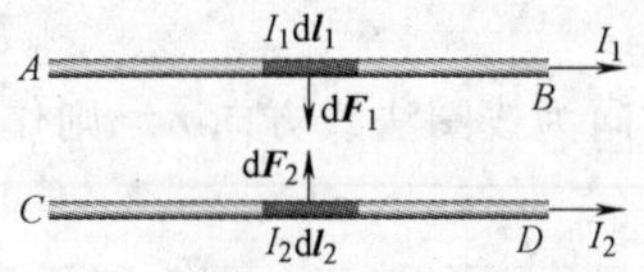

图 14-29　电流单位“安培”的定义

电流元 $I_2 d\boldsymbol{l}_2$ 所受的安培力

$$dF_2 = I_2 B_1 dl = \frac{\mu_0 I_1 I_2}{2\pi a} dl_2$$

方向垂直于 $CD$ 指向 $AB$. 所以导线 $CD$ 上单位长度所受的安培力

$$\frac{dF_2}{dl_2} = \frac{\mu_0 I_1 I_2}{2\pi a}$$

同理，导线 $AB$ 上单位长度所受的安培力

$$\frac{dF_1}{dl_1} = \frac{\mu_0 I_1 I_2}{2\pi a} \tag{14-71}$$

方向垂直于 $AB$ 指向 $CD$. 容易看出两导线 $AB$、$CD$ 之间的作用力是相互吸引. 同样可证明，当两导线电流方向相反时，两导线之间的作用力是相互相斥. 因为两导线间的相互作用力比较容易测量，所以在国际单位制中是通过两平行载流直导线的作用力来定义电流的，具体定义如下：在真空中两根截面积可略去的平行长直导线，二者之间相距 1m，通以流向相同、大小等量的电流时，调节导线中电流的大小，使得两导线间每单位长度的相互吸引力为 $2 \times 10^{-7}$N/m，则规定这时每根导线中的电流为 1A，称为 1 安培. 根据“安培”的定义可以计算出真空磁导率的数值为

$$\mu_0 = 4\pi \times 10^{-7} \text{N/A}^2$$

### 14.6.3　磁场对载流线圈的作用　磁力矩

讨论了载流导线在磁场中受力规律后，本小节讨论平面线圈在磁场中的受力规律. 线圈所在平面有两个可能法向方向，我们取与电流成右手螺旋关系的那个法向为线圈的方向.

如图 14-30 所示，在均匀磁场 $\boldsymbol{B}$ 中，有一刚性矩形载流线圈 $abcd$，它的边长分别为 $l_1$ 和 $l_2$，电流为 $I$. 线圈的方向 $\boldsymbol{n}$ 与 $\boldsymbol{B}$ 方向之间的夹角为 $\varphi$. 由式(14-70)可知，导线 $bc$、$da$ 所受的安培力的大小分别为

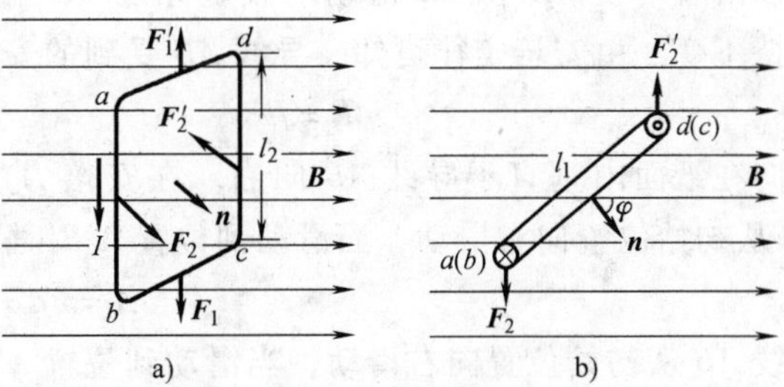

图 14-30　磁场对载流线圈的作用

$$F_1 = IBl_1 \sin(90° - \varphi), \quad F'_1 = IBl_1 \sin(90° - \varphi)$$

可见 $F_1 = F'_1$，方向相反，并且在同一条直线上，所以它们的合力及合力矩都为零. 而导线 $ab$ 段和 $cd$ 段所受磁场作用力的大小则分别为

$$F_2 = IBl_2, \quad F'_2 = IBl_2$$

可见 $F_2 = F'_2$，方向相反，但不在同一直线上，所以它们的合力为零但合力矩不为零，磁场作用在线圈上的磁力矩的大小为

$$M = F_2 l_1 \sin\varphi = IBl_1 l_2 \sin\varphi = IBS\sin\varphi \tag{14-72}$$

式中，$S = l_1 l_2$，为线圈面积. 从磁矩的定义式(14-50)可知线圈的磁矩大小为

$$m = IS$$

方向为线圈法线方向 $\boldsymbol{n}$. 则作用在线圈上的磁力矩的矢量形式为

$$\boldsymbol{M} = \boldsymbol{m} \times \boldsymbol{B} \tag{14-73}$$

如果线圈有 $N$ 匝，那么其所受的磁力矩应为

$$\boldsymbol{M} = N\boldsymbol{m} \times \boldsymbol{B} \tag{14-74}$$

由式(14-73)或式(14-74)可知：

（1）当 $\varphi = 0°$时，线圈平面与磁场 $\boldsymbol{B}$ 垂直，$\boldsymbol{M} = 0$，线圈不受磁力矩的作用，此时线圈处于稳定平衡状态；

（2）当 $\varphi = 90°$时，线圈平面与磁场 $\boldsymbol{B}$ 平行，$M = M_{max} = IBS$；此时线圈受到的磁力矩最大；

（3）当 $\varphi = 180°$时，线圈平面与磁场 $\boldsymbol{B}$ 垂直，但载流线圈的法线方向 $\boldsymbol{n}$ 与磁场 $\boldsymbol{B}$ 的方向相反，$\boldsymbol{M} = 0$，线圈不受磁力矩的作用. 但如果此时稍有外力干扰，线圈就会向 $\varphi = 0°$处转动，此时线圈是处于不稳定平衡状态.

总之，磁场对载流线圈作用的磁力矩，总是使磁矩 $\boldsymbol{m}$ 转到磁场 $\boldsymbol{B}$ 的方向上. 以上结论虽然是从矩形线圈得到的，但是可以证明对均匀磁场中的任意形状的平面载流线圈均适用.

### 14.6.4 磁场力的功*

**1. 对载流导线做的功** 载流导线在磁场中受到磁场力(安培力)的作用，当导线的位置在磁场中发生改变时，磁场力就对导线做功. 如图 14-31 所示，匀强磁场 $\boldsymbol{B}$ 垂直纸面向外，载流闭合回路 $ABCD$ 垂直于磁场 $\boldsymbol{B}$，导线 $AB$ 长度为 $l$，可以沿着滑轨 $DA$ 和 $CB$ 滑动. 假定导线 $AB$ 滑动时，电流 $I$ 保持不变. 由安培定律可知，导线 $AB$ 受到的安培力为

$$F = IlB$$

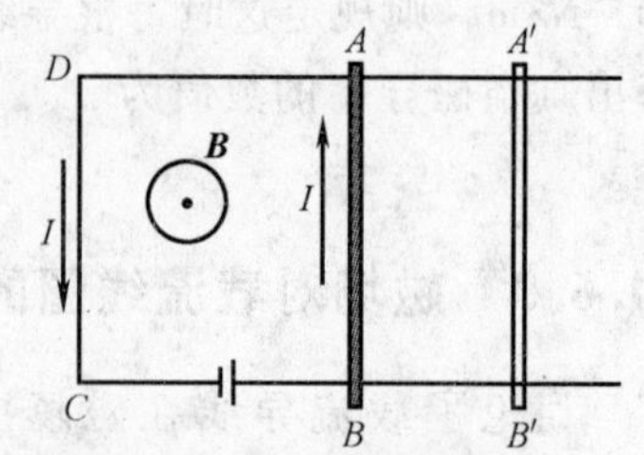

图 14-31 磁场力对载流导线做的功

方向在纸面内垂直于导线 $AB$ 向右. 在安培力的作用下导线 $AB$ 从初始位置向右滑动，当滑动到位置 $A'B'$时，假设 $AA'$的距离为 $d$，安培力 $F$ 所做的功

$$A = Fd = IBld$$

导线 $AB$ 从初始位置向右滑动，当滑动到位置 $A'B'$时，通过回路的磁通量的增量为

$$\Delta\Phi_m = Bld$$

由以上两式可知，安培力 $F$ 所做的功

$$A = I\Delta\Phi_m \tag{14-75}$$

上式虽然是由图 14-31 中的回路得到的，但是可以证明对任意形状的电路均成立. 也就是说，当载流导线在磁场中运动时，如果电流保持不变，安培力所做的功等于电流乘以通过回路的磁通量的增量.

**2. 对载流线圈做的功** 由前一小节的学习，我们知道载流线圈在匀强磁场中受到的安培力的矢量合为零，所以如果线圈作平动，安培力的合力做功为零. 一般情况下，载流线圈在匀强磁场中受到的合力矩不为零，载流线圈将在力矩的作用下发生转动，如图 14-32 所示. 假定线圈在转动过程中通过的电流 $I$ 不变，线圈由初始的角度 $\varphi$ 顺时针转过一个小角度 $d\varphi$. 由磁力矩公式(14-72)得

$$M = IBS\sin\varphi$$

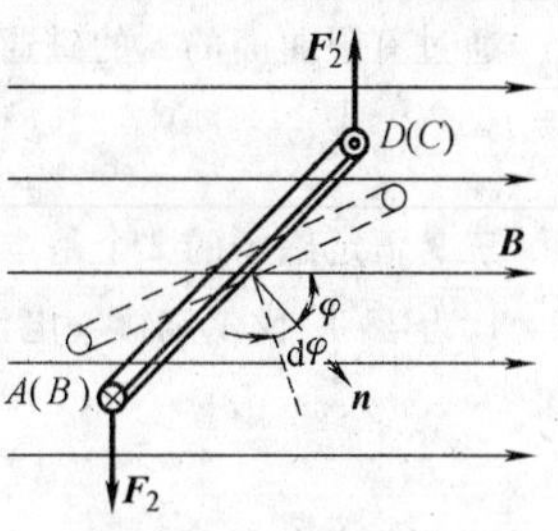

图 14-32　磁场力对载流线圈做的功

转动过程中磁力矩做元功

$$dA = -Md\varphi = -IBS\sin\varphi d\varphi = IBSd(\cos\varphi) = Id(BS\cos\varphi)$$

式中出现负号是因为磁力矩的方向与我们规定的转动方向相反. $BS\cos\varphi$ 表示通过线圈的磁通量，所以上式可以写成

$$dA = Id\Phi_m \tag{14-76}$$

当线圈由 $\varphi_1$ 转到 $\varphi_2$，磁力矩做的功为

$$A = \int dA = \int_{\Phi_{m1}}^{\Phi_{m2}} Id\Phi_m = I(\Phi_{m2} - \Phi_{m1}) = I\Delta\Phi_m \tag{14-77}$$

式中，$\Phi_{m1}$ 和 $\Phi_{m2}$ 分别表示线圈在 $\varphi_1$ 和 $\varphi_2$ 角度时的磁通量.

综合磁场对载流导线和载流线圈做功的情况，我们可以引申出：任意闭合回路在磁场中改变位置或形状时，如果电流保持不变，则磁场所做的功等于电流乘以通过回路的磁通量的增量.

从上面的分析我们还可以看到，磁场对回路做功之后本身并没有发生任何改变，磁场做功的能量从何而来？在以后章节的学习中我们再对这个问题进行深入讨论.

## 小　结

本章主要讲述了恒定电流及其在真空中所激发的恒定磁场的几个基本概念、2 个基本规律、2 个重要定理以及磁场对运动电荷和载流导体(线圈)的作用.

一、恒定电流

1. 电流 $I$　它是单位时间内通过某曲面的电荷量：

$$I = \frac{dq}{dt}$$

2. 电流密度 $\boldsymbol{J}$　它的大小等于该点处垂直于电流方向的单位面积的电流强度：

$$J = \frac{dI}{dS_\perp}$$

3. 电流强度和电流密度之间的关系：

$$I = \int_S \boldsymbol{J} \cdot d\boldsymbol{S}$$

二、恒定磁场的几个基本概念

1. 恒定磁场　恒定电流所激发的磁场. 磁场和电场一样也是一种特殊物质，具有物质的基本属性.

2. 磁感应强度　是描述磁场性质的物理量. 磁场中某点的磁感应强度的大小等于电荷量为 $q$、速率为 $v$ 的运动试验电荷通过该点时所受到的最大作用力 $F_m$ 与乘积 $qv$ 之比，即

$$B = \frac{F_m}{qv}$$

3. 磁感应线　为形象地描述磁场，可在磁场中画出磁感应线. 磁感应线的画法规定为：磁感应线上任一点的切线方向与该点的磁感应强度的方向相同；通过磁场中某点垂直于磁感应强度方向单位面积上的磁感应线的条数等于该点磁感应强度的大小.

4. 磁通量　在磁场中通过某一曲面的磁感应线的条数称为通过该面的磁通量. 在磁场中任取一个面元 $d\boldsymbol{S}$，设该面元处的磁感应强度为 $\boldsymbol{B}$，则通过面元 $d\boldsymbol{S}$ 的磁通量 $d\Phi_m$ 定义为

$$d\Phi_m = \boldsymbol{B} \cdot d\boldsymbol{S} = BdS\cos\theta$$

式中，$\theta$ 为 $\boldsymbol{B}$ 与 $d\boldsymbol{S}$ 的夹角.

通过有限曲面的 $S$ 的磁通量 $\Phi_m$ 为

$$\Phi_m = \int_S \boldsymbol{B} \cdot d\boldsymbol{S} = \int_S B dS\cos\theta$$

三、恒定磁场的 2 个基本规律

1. 毕奥-萨伐尔定律　电流元所激发的磁场为

$$d\boldsymbol{B} = \frac{\mu_0}{4\pi} \frac{I d\boldsymbol{l} \times \boldsymbol{r}}{r^3}$$

2. 磁场叠加原理

$$\boldsymbol{B} = \int d\boldsymbol{B} = \frac{\mu_0}{4\pi} \int \frac{I d\boldsymbol{l} \times \boldsymbol{r}}{r^3}$$

$$\boldsymbol{B} = \sum_{i=1}^{n} \boldsymbol{B}_i$$

四、恒定磁场的 2 个重要定理

1. 恒定磁场的高斯定理

$$\oint_S \boldsymbol{B} \cdot d\boldsymbol{S} = 0$$

说明磁场是“无源”场，即磁感线是无头无尾的闭合线，通过任一闭合曲面的总磁通量为零.

2. 恒定磁场的安培环路定理

$$\oint_L \boldsymbol{B} \cdot d\boldsymbol{l} = \mu_0 \sum_i I_i$$

说明磁场是个涡旋场，即磁场是非保守力场. 利用安培环路定理可以计算出具有对称分布电流的磁场. 例如：

无限长直载流导线的磁场　　$B = \dfrac{\mu_0 I}{2\pi a}$

载流圆环圆心上的磁场　　$B = \dfrac{\mu_0 I}{2R}$

无限长直载流螺线管内的磁场　　$B = \mu_0 n I$

五、磁场对运动电荷或载流导体的作用

1. 磁场对运动电荷的作用

$$\boldsymbol{F} = q\boldsymbol{v} \times \boldsymbol{B}$$

2. 磁场对载流导线的作用

$$d\boldsymbol{F} = I d\boldsymbol{l} \times \boldsymbol{B}$$

电流的单位——安培的定义：在真空中通以流向相同、大小等量电流的两根截面积可略去的平行长直导线，若二者之间相距 1m 时，两导线间每单位长度的相互吸引力为 $2 \times 10^{-7}$ N/m，则每根导线中的电流为 1 安培.

3. 磁场对载流线圈的作用

$$\boldsymbol{M} = \boldsymbol{m} \times \boldsymbol{B}$$

## 思　考　题

14-1　断丝后的白炽灯泡，若设法将灯丝重新搭上后，通常情况下，灯泡总要比原来更亮些，而且寿命一般不长，试解释此现象.

14-2　焦耳定律可写成 $P = I^2 R$ 和 $P = \dfrac{U^2}{R}$ 两种形式. 从前式看热功率 $P$ 正比于 $R$，从后式看 $P$ 反比于 $R$，究竟哪种说法对？若比较两个电阻串联时的功率，应用哪个公式更方便？对并联的电阻用哪个公式更方便些？

14-3　判断下列说法是否正确，并说明理由.

(1) 沿着电流线的方向，电位必降低.

(2) 不含源支路中电流必从高电位到低电位.

(3) 含源支路中电流必从低电位到高电位.

(4) 支路两端电压为零时，支路电流必为零.

(5) 支路电流为零时，支路两端电压必为零.

(6) 支路电流为零时，该支路吸收的电功率必为零.

(7) 支路两端电压为零时，该支路吸收的功率必为零.

(8) 当电源中非静电力做正功时，一定对外输出功率.

(9) 当电源中非静电力做负功时，一定吸收电功率.

14-4　电源的电动势和端电压有什么区别？两者在什么情况下才相等？

14-5　一电子以速度$\boldsymbol{v}$射入磁感应强度为$\boldsymbol{B}$的均匀磁场中，电子沿什么方向射入受到的磁场力最大？沿什么方向射入不受磁场力的作用？

14-6　在下面几种情况下，能否用安培环路定理来求磁感应强度？为什么？

(1) 有限长载流直导线产生的磁场；

(2) 圆电流产生的磁场；

(3) 两无限长同轴载流圆柱面之间的磁场；

(4) 一段有限长的载流直导线产生的磁场.

14-7　为什么两根通有大小相等方向相反电流的导线扭在一起能减小杂散磁场？

14-8　假设图 14-33 中两导线中的电流 $I_1$、$I_2$ 相等，对如图所示的三个闭合线 $L_1$、$L_2$、$L_3$ 的环路，分别讨论在每个闭合线上各点的磁感应强度 $\boldsymbol{B}$ 是否相等？为什么？

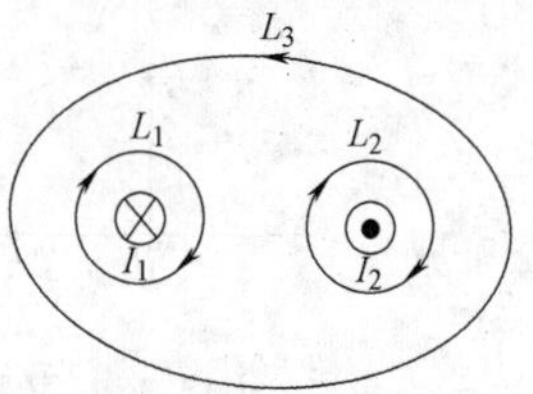


图 14-33　思考题 14-8 用图

14-9　在均匀磁场中，载流线圈的取向与其所受磁力矩有何关系？在什么情况下，磁力矩最大？什么情况下磁力矩最小？载流线圈处于稳定平衡时，其取向又如何？

## 习　题

14-1　如图 14-34 所示，有一半径为 $R$ 的圆柱形导体，设电流密度为：

(1) $J = J_0(1 - r/R)$；

(2) $J = J_0 r/R$.

其中 $J_0$ 为常量，$r$ 为导体内任意点到轴线的距离，试分别计算通过此导体截面的电流（用 $J_0$和横截面积 $S = \pi R^2$表示）.

14-2　一铜棒的横截面积为 $20 \times 80\ \mathrm{mm}^2$，长为 2.0 m，两端的电势差为 50 mV. 已知铜的电导率 $\gamma = 5.7 \times 10^7\ \mathrm{s/m}$，铜内自由电子的电荷体密度为 $1.36 \times 10^{10}\ \mathrm{C/m^3}$. 求：

(1) 它的电阻；

(2) 电流；

(3) 电流密度；

(4) 棒内的电场强度；

(5) 所消耗的功率；

(6) 棒内电子的迁移速度.

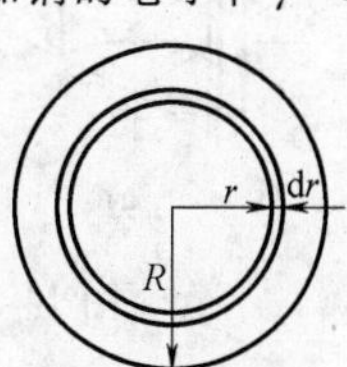


图 14-34　习题 14-1 用图

14-3　用X射线使空气电离时，在平衡情况下，每立方厘米有 $1.0\times10^{7}$ 对离子，已知每个正负离子的电荷量大小都是 $1.6\times10^{-19}$C. 正离子的平均定向速率为 1.27cm/s、负离子的平均定向速率为 1.84cm/s. 求这时空气中电流密度的大小.

14-4　如图 14-35 所示的直流电路中求：

（1）$ab$ 点间电势差 $U_{ab}$；

（2）$bd$ 点间电势差 $U_{bd}$；

（3）$cd$ 点间电势差 $U_{cd}$。

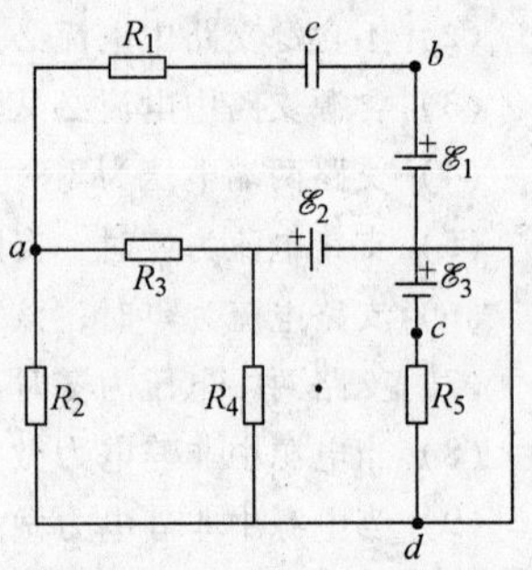

图 14-35　习题 14-4 用图

14-5　在均匀磁场中有一直电流，当电流沿 $x$ 正方向时受力指向 $y$ 正方向；当电流沿 $y$ 负方向时受力指向 $x$ 正方向. 若电流中电荷的定向运动速度大小为 $v=7\times10^{-4}$ m/s，单位电荷所受的磁场力为 $F=2.8\times10^{-4}$ N，求磁感应强度的大小和方向.

14-6　设一正电荷在某点的速度 $\boldsymbol{v}$ 与 $x$ 轴平行时不受力，沿 $z$ 轴正向时受到指向 $y$ 轴正向的力，求该点磁感应强度 $\boldsymbol{B}$ 的方向.

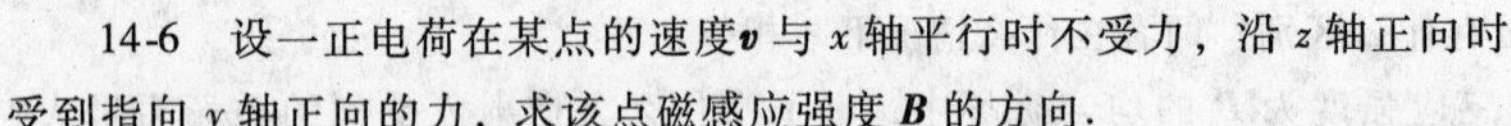

14-7　如图 14-36 所示，从无限远来的直电流从 $A$ 点流入正方形导线框，又从 $B$ 点沿直线流向无限远. 若正方形边长为 $l$，且导线粗细均匀，流入的总电流为 $I$. 求正方形中心 $O$ 处的磁感应强度.

14-8　如图 14-37 所示，一长直导线在 $C$ 点被折成 60°角，其中电流为 $I$. 若用同样导线将 $A$、$B$ 两点连接，且 $AB=BC=l$. 求三角形中心点 $O$ 的磁感应强度.

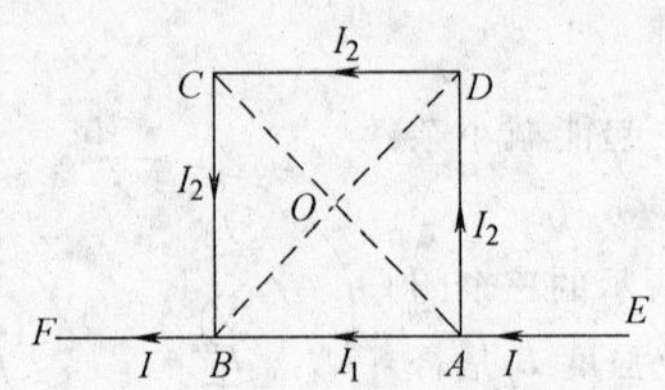

图 14-36　习题 14-7 用图

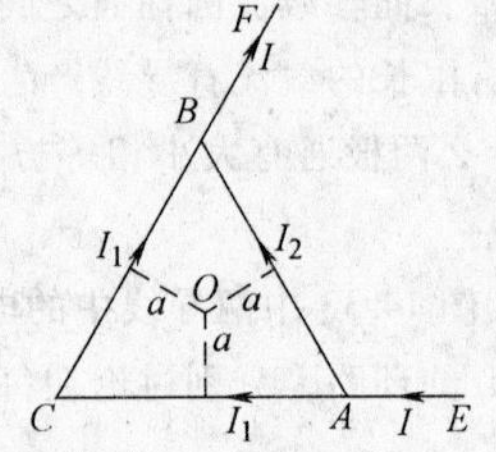

图 14-37　习题 14-8 用图

14-9　如图 14-38 所示，一个半径为 $R$ 的无限长半圆柱面导体，沿长度方向的电流 $I$ 在柱面上均匀分布. 求半圆柱面轴线 $OO'$ 上的磁感应强度.

14-10　如图 14-39 所示，宽为 $l$ 的薄长金属板，处于 $xy$ 平面内，设板上电流为 $I$，试求：

（1）$x$ 轴上 $P$ 点的磁感应强度的大小和方向；

（2）当 $d>>l$ 时，结果又如何？

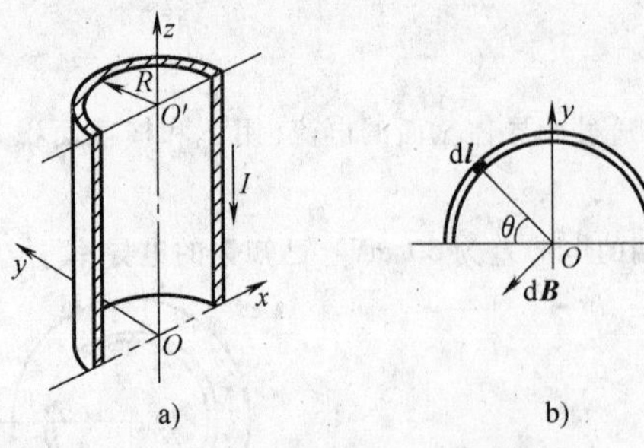

图 14-38　习题 14-9 用图

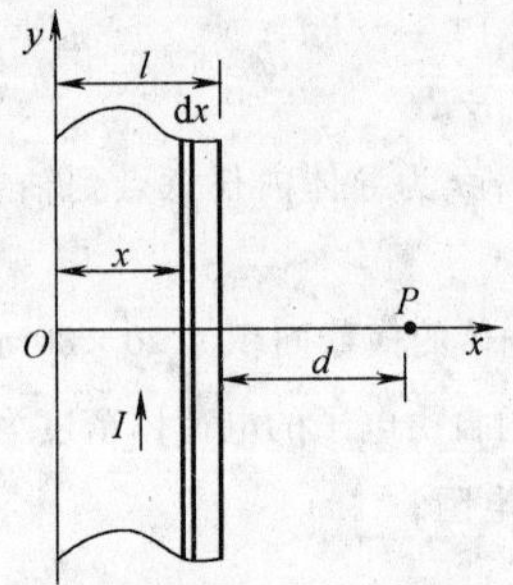

图 14-39　习题 14-10 用图

14-11　有一圆环形导体，内外半径分别为 $R_1$ 和 $R_2$，如图 14-40 所示，在圆环面内有稳定的电流 $I$ 沿半径方向均匀分布. 求圆心 $O$ 点处的磁感应强度.

14-12　电流 $I$ 均匀地流过半径为 $R$ 的圆柱形长直导线，试计算单位长度导线内的磁场通过如图 14-41

所示剖面的磁通量.

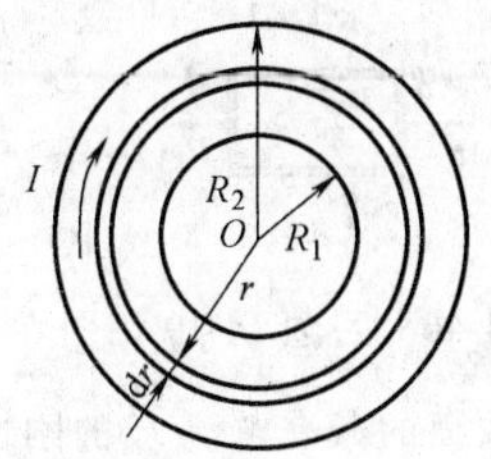


图 14-40　习题 14-11 用图

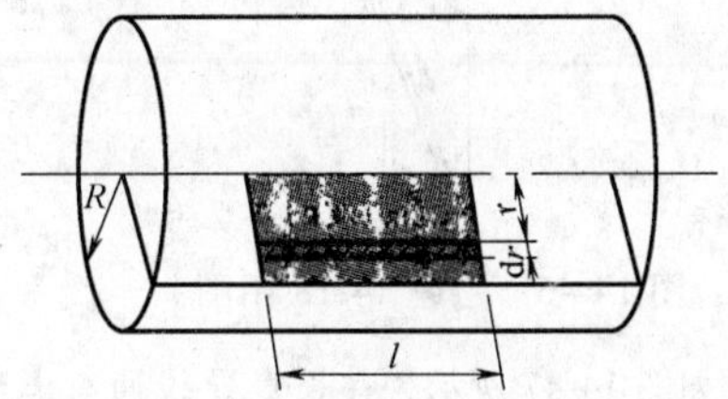


图 14-41　习题 14-12 用图

14-13　如图 14-42 所示，在内外半径分别为 $R_1$ 和 $R_2$ 长直圆柱筒形导体轴线上有一长直导线. 若长直导线上的电流与导体圆柱筒内的电流等大反向，大小为 $I$，且电流在圆柱筒截面上均匀分布. 求圆柱筒导体内部区域中的磁感应强度.

14-14　如图 14-43 所示，两根平行长直导线载有电流 $I_1 = I_2 = 20\text{A}$，试求：

（1）两导线所在平面内与两导线等距的一点 $A$ 处的磁感应强度；

（2）通过图中矩形面积的磁通量. 其中 $r_1 = 10\text{cm}$、$r_2 = 20\text{cm}$、$r_3 = 30\text{cm}$、$l = 25\text{cm}$.

14-15　一矩形截面的空心环形螺线管，尺寸如图 14-44 所示，其上均匀绕有 $N$ 匝线圈，线圈中有电流 $I$，试求：

（1）环内距轴线为 $r$ 远处的磁感应强度；

（2）通过螺线管截面的磁通量.

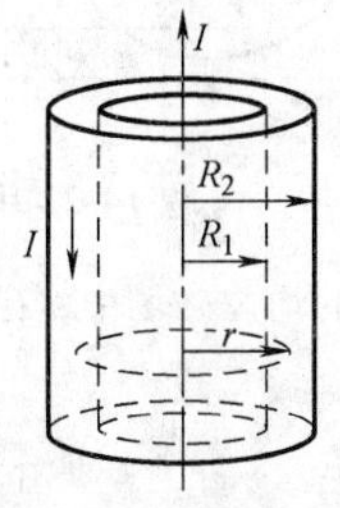


图 14-42　习题 14-13 用图

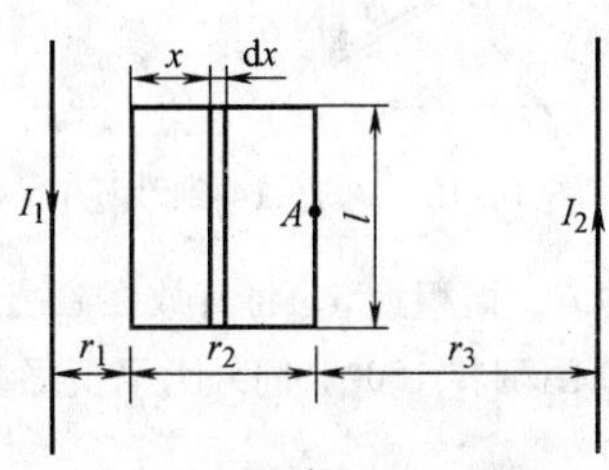


图 14-43　习题 14-14 用图

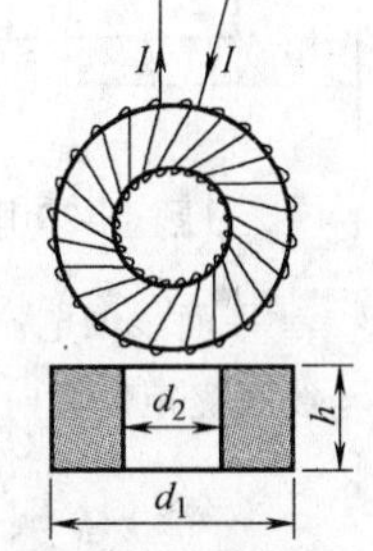


图 14-44　习题 14-15 用图

14-16　均匀磁场和均匀电场同方向，磁感应强度和电场强度分别为 $B = 5.0 \times 10^{-4}\text{T}$，$E = 1.0 \times 10^2\text{V/m}$，一电子以速率 $v = 10^5\text{m/s}$ 进入该电磁场，求电子刚进入该电磁场时的法向加速度、切向加速度和总加速度：

（1）若电子的速度与电磁场方向垂直；

（2）若电子的速度与电磁场同方向.

14-17　在一脉冲星（中子星）的表面，磁感应强度为 $10^8\text{T}$，考虑一个在中子星表面的氢原子中的电子，电子距质子中心的距离为 $0.53 \times 10^{-10}\text{m}$，假设电子以速率 $2.2 \times 10^6\text{m/s}$ 绕原子核作匀速率圆周运动，求电子所受中子星磁场的最大作用力，并与质子对电子的静电作用力进行比较.

14-18　一根导体棒质量 $m = 0.2$ kg，横放在相距 0.30 m 的两根水平线上，并载有 50A 的电流，方向如图 14-45 所示. 棒与导线之间的静摩擦因数是 0.60. 若要使此棒沿导线滑动，至少要加多大的磁场？磁场的方向如何？

14-19　如图 14-46 所示，一直导线通以电流 $I_1$，其下有一矩形框与导线在同一铅直面内，线框中通有电流 $I_2$. 若要使线框不致下落，$I_2$ 的方向应如何？线框的最大重量是多少？

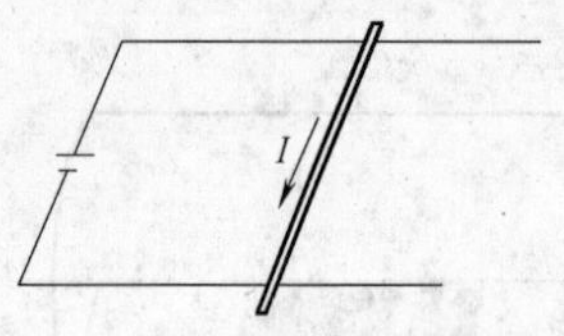

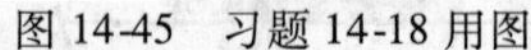

图 14-45　习题 14-18 用图

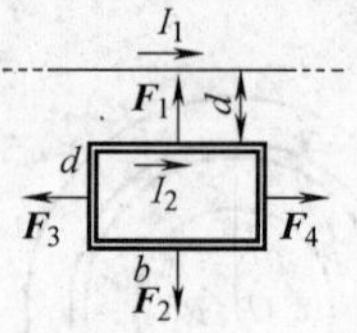


图 14-46　习题 14-19 用图

14-20　如图 14-47 所示，在长直导线通有电流 $I_1$，旁有一个与之共面的载有电流 $I_2$ 的刚性矩形导体框．求：

（1）导体框所受的合力；

（2）在 $I_1$ 的磁场中 $AD$ 和 $BC$ 边上所受的拉力．

14-21　一矩形线圈载有电流 0.10A，线圈边长分别为 $d = 0.05\text{m}$、$b = 0.10\text{m}$，线圈平面与 $xy$ 平面成角 $\theta = 30°$，线圈可绕 $y$ 轴转动，如图 14-48 所示．今加上 $B = 0.50$ T 的均匀磁场，磁场方向沿 $x$ 轴，求线圈所受到的磁力矩．

14-22　如图 14-49 所示的载流线圈中的电流为 $I$，放在磁感应强度为 $\boldsymbol{B}$ 的均匀磁场中，磁场方向与线圈平面平行，求线圈的磁矩和所受到的磁力矩．

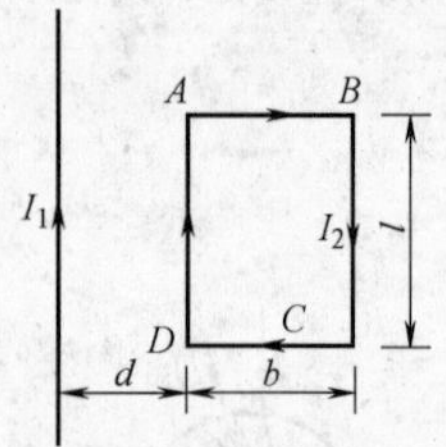


图 14-47　习题 14-20 用图

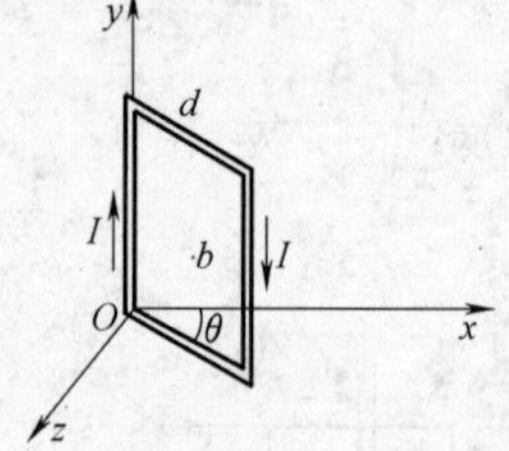


图 14-48　习题 14-21 用图

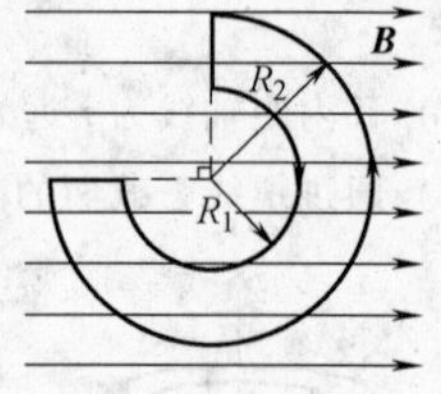


图 14-49　习题 14-22 用图

14-23　一平面线圈电流为 $I$，匝数为 $N$、面积为 $S$，将其放在磁感应强度为 $\boldsymbol{B}$ 的均匀磁场中，磁感应强度的方向与线圈磁矩的方向一致．若将线圈翻转 180°，问外力需要做多少功？

# 物理学家简介

## 安培（André Marie Ampère，1775—1836）

1775 年 1 月 22 日，安德烈·玛丽·安培出生于法国里昂的一个富商家庭．安培的父亲遵循法国资产阶级思想家卢梭（Jean-Jacques Rousseau，1712—1778）的教育理念，从小就鼓励安培走自学成才的道路，并且还专门为安培建立了一间藏书颇丰的图书室．安培在父亲的帮助下，阅读了大量书籍，其中尤以布丰（Georges-Louis Leclerc Comte de Buffon，1707—1788）的《自然史》和狄德罗（Denis Diderot，1713—1784）主编的《大百科全书》对他的影响较深．安培自幼就对数学表现出浓厚兴趣，而且在数学方面也显示出过人天赋，他先后自学了欧几里德、欧拉和伯努利等数学家的重要著作，还曾为此专门自学了拉丁文．12 岁时，安培开始学习微积分基础，随后又自学了分析力学．尽管没有上过学校，但安培通过自学掌握了比较丰富的知识．然而，正当安培专注于自己的学习时，法国大革命于 1789 年爆发了，他的父亲不幸被以雅各宾分子的罪名逮捕，并被送上了断头台．父亲的离世对安培来说是一次沉重的打击，他一度陷入极度的悲痛之中，同时在经济上也逐渐陷入困境．为谋生计，安培开始承担学校的教学任务，此后又在里昂开设私人课堂，教授数学和化学．1802 年，安培来到布尔让中央学校教授物理、化学和天文学，在此期间，他所撰写的一篇有关概率论的论文在社会上引起了广泛关注．不过，不幸再次降临到安培身上，他的爱妻在产下儿子后

不久就离开了人世．1804年，经历了丧妻之痛的安培转到巴黎工业大学任教，之后于1809年任该校的数学教授，此外他还在1808年被委任为法兰西帝国中央大学的总学监．

安培一生中在科学上取得了很多成就，并涉及到物理、数学和化学等多个学科领域．不过，安培最主要的成就是他在电磁学理论的发展上做出的卓越贡献．1820年，丹麦物理学家奥斯特(Hans Christian Oersted,1777—1851)在实验中发现了电流的磁效应，引起了欧洲物理学界的广泛关注．同年9月11日，法国物理学家阿喇戈(Dominique-Francois Jean Arago,1786—1853)在法国科学院介绍并重复了奥斯特的实验发现，立刻引起安培的极大兴趣，他立即做出反应，迅速着手重复奥斯特的实验．经过实验，安培发现不仅直流导线的附近会产生磁效应，圆电流或矩形回路电流的附近同样也会产生类似的磁效应．一周后的9月18日，安培在法国科学院的会议上报告了自己的论文，论文中提出电流附近小磁针的偏转方向与电流流向之间的关系应服从右手定则(即安培定则)．之后，安培又分别于9月25日和其后的几个星期连续发表多篇电磁学方面的论文，报告他的研究成果，内容包括：两根平行导线中若通以同向电流，则两条导线间相互吸引，若通以反向电流，则两条导线间相互排斥；通电线圈的磁性与条形磁铁的磁性相似．(在该发现的基础上,安培最早制作出螺线管,后来由此发明了电流计)此外，安培还对地磁场做出了解释：地球的磁性是由赤道附近自东向西运动的环形电流所引起的，其原理正如通电的螺线管．这样，在将近一个月的时间内，安培就得到了一系列重要的实验发现．与此同时，安培通过一系列的实验发现逐渐形成了一种想法，那就是磁的本质是运动的电荷、即电流．在此基础上，安培提出了著名的分子电流假说．在分子电流假说中，安培认为任何物质的分子内部都存在一种环形电流，即分子电流；每个分子电流形成一个小磁体，其两侧相当于两个磁极；当这些分子电流有秩序地排列起来时，就将在宏观上显现出磁性．应用分子电流假说，不但可以很好地解释磁体为何具有磁性，也能说明磁极总是成对出现的原因．需要指出的是，安培是在对物质结构所知甚少的背景下提出分子电流假说的，但后来近代物理学的发展为分子电流假说提供了微观根据——分子、原子等微观粒子内电子绕核运动以及电子自旋等构成了等效的分子电流．安培的分子电流假说与近代关于物质微观结构的理论是相符合的，这一假说已成为认识物质磁性的重要理论依据．安培从分子电流出发，参考牛顿力学的理论体系，试图得到电流之间相互作用的动力学关系，为此他开展了一系列的实验和理论研究，而在这些实验中尤其以四个精巧的零值实验最为突出．通过对这些实验结果进行数学归纳，安培终于得出了两电流元之间相互作用力的基本规律．1827年，安培出版了电磁学经典著作《电动力学现象的数学理论》，书中对他在电磁学领域取得的研究成果进行了总结，并给出了电流元间相互作用的动力学数学公式，即安培定律．《电动力学现象的数学理论》一书不但对电磁学的发展产生了深远影响，同时也为电动力学的创立奠定了基础，再加上“电动力学”这一称谓也是由安培最早提出的，他由此也成为电动力学创始人．为纪念他在电磁学上做出的杰出贡献，电流的国际制单位以他的名字“安培(A)”来命名．

除了在电磁学方面取得的成就外，安培还在其他领域获得过很多成果．在数学上，安培曾研究过概率论，以及偏微分方程的各种积分方法，此外他还将数学方法应用到电动力学和分子物理的研究上．在化学方面，安培几乎与汉弗莱·戴维(Humphry Davy,1778—1829)同时认识基本元素氯和碘，并独自导出了阿伏伽德罗(Amedeo Avogadro,1776—1856)定律．此外，安培还研究过科学分类法，即“四分法”．

安培在科学研究上取得的成功，除了得益于他渊博丰富的知识与创新性的思维外，还因为他在追求科学真理时的勤奋刻苦与忘我精神．关于安培在思考问题时的专心致志，有许多至今仍为人津津乐道的轶事．相传，安培在一次散步时想到了一个问题，正为没有地方演算而发愁的他偶然见到面前有一块“黑板”，于是拿出粉笔开始了运算．不料那“黑板”原是一架马车车厢的背面，随着马车的走动，安培也跟着边走边写，后来马车越走越快，专心于演算的安培竟跟着跑了起来，直到追不上时才停下脚步，而看到这一情景的路人们早已笑得前仰后合．还有一次，正在回家路上的安培又开始凝神思考一个问题，当他看到自家门上贴有一张写着“安培先生不在家”的纸条时，居然转身离开了，同时还自言自语道：“噢！安培先生不在家，那我回去吧．”事实上，这张纸条是他自己为避免别人打扰而贴上去的．

安培一生中取得过许多荣誉，他在1814年被选为巴黎科学院院士，1827年当选为英国皇家学会会员，此外他还是德国、瑞士、瑞典、比利时和葡萄牙等国的科学院院士或学会会员．麦克斯韦称赞安培“为建立电流间的力学作用定律而进行的实验研究在科学上是最光辉的成就”，并将他誉为是“电学中的牛顿”．然而，安培的一生却诸多坎坷，除了父亲与第一位妻子的不幸去世外，他的第二位妻子又贪慕虚荣，安培被迫与她分手．在晚年时，对子女的失望和忧虑给安培增添了许多烦恼，这也使他的健康受到了影响．1836年，在一次巡视各中央学校的路途中，安培不幸患上急性肺炎，因医治无效于当年的6月10日在马赛逝世，终年61岁．

# 第15章 恒定磁场中的磁介质

通过前面的学习，我们已经知道电流或运动电荷在真空中可以激发磁场，而磁场对处于其中的电流或运动电荷有力的作用. 如果将实物物质放在磁场中，组成实物物质的原子核和电子的运动状态会因为磁场的作用而发生或多或少的改变，这些改变或多或少地会激发出一个附加磁场，从而改变原来的磁场分布. 实物物质在磁场的作用下内部运动状态的变化称为**磁化**(magnetization). 处在磁场作用下能被磁化并反过来影响磁场的物质称为**磁介质**(magnetic medium). 任何实物在磁场作用下都或多或少地发生磁化并反过来影响原来的磁场，因此，任何实物都是磁介质. 本章中我们将介绍恒定磁场中的磁介质的性质和规律.

## 15.1 物质的磁性

### 15.1.1 磁介质

在第13章中，我们学习了电场和电介质的相互作用，电介质受到电场的极化激发附加电场，使得电介质内部的电场强度小于真空中的电场强度. 与此类似，磁场和磁介质也有相互作用，磁介质受到磁场的磁化激发附加磁场，使得磁介质内部的磁感应强度不同于真空中的磁感应强度. 然而两者也有不同之处：电介质的附加电场总是抵消外加电场，而磁介质的附加磁场因为磁介质的不同而出现抵消或增强外加磁场的复杂情况.

设真空中有一恒定磁场，其磁感应强度为 $\boldsymbol{B}_0$，放入某种磁介质后，磁介质受到磁场的磁化所激发附加磁场的磁感应强度为 $\boldsymbol{B}'$，这时，磁介质内部任意一点的磁感应强度 $\boldsymbol{B}$ 应该是外磁场 $\boldsymbol{B}_0$ 和附加磁场 $\boldsymbol{B}'$ 的矢量和，即

$$\boldsymbol{B} = \boldsymbol{B}_0 + \boldsymbol{B}' \tag{15-1}$$

两者大小的比值

$$\mu_r = \frac{B}{B_0} \tag{15-2}$$

称为磁介质的相对磁导率(relative permeability). 由于磁介质具有不同的磁化特性，所以相对磁导率具有不同的取值. 我们根据相对磁导率 $\mu_r$ 的大小，将磁介质分为四类：

(1) **抗磁质**(diamagnetic substance)：$\mu_r < 1$，即 $B < B_0$. 附加磁场 $\boldsymbol{B}'$ 与外磁场 $\boldsymbol{B}_0$ 方向相反，磁介质内部的磁场被削弱. 铋、金、银、铜、硫、氢、氮等物质都属于抗磁质.

(2) **顺磁质**(paramagnetic substance)：$\mu_r > 1$，即 $B > B_0$. 附加磁场 $\boldsymbol{B}'$ 与外磁场 $\boldsymbol{B}_0$ 方向相同，磁介质内部的磁场被加强. 铝、铬、铀、锰、钛、氧等物质都属于顺磁质.

顺磁质和抗磁质对磁场的影响都极其微弱，它们磁化后的附加磁场 $\boldsymbol{B}'$ 非常弱，通常只有外磁场 $\boldsymbol{B}_0$ 的几万分之一或几十万分之一. $\mu_r \approx 1$，即 $B \approx B_0$. 因此，常把它们称为弱磁性物质.

(3) **铁磁质**(ferromagnetic substance)：$\mu_r >> 1$，即 $B >> B_0$. 磁介质内部的磁场被大大加

强. 铁、钴、镍等物质都属于铁磁质. 铁磁质的附加磁场 $\boldsymbol{B}'$一般是外磁场 $\boldsymbol{B}_0$ 的几百或几万倍，常把它们称为强磁性物质.

(4) **完全抗磁体**: $\mu_r=0$，即 $B=0$. 磁介质内的磁场等于零. 超导体都属于完全抗磁体.

常见物质的相对磁导率和磁化率如表 15-1 所示。

**表 15-1 常见物质的相对磁导率和磁化率**

| 物质 | 温度(20℃) | 相对磁导率 | 磁化率(×10⁻⁵) | 物质 | 温度(20℃) | 相对磁导率 | 磁化率(×10⁻⁵) |
|---|---|---|---|---|---|---|---|
| 真空 | | 1 | 0 | 汞 | 20℃ | 0.999971 | -2.9 |
| 空气 | 标准状态 | 1.00000004 | 0.04 | 银 | 20℃ | 0.999974 | -2.6 |
| 铂 | 20℃ | 1.00026 | 26 | 铜 | 20℃ | 0.99990 | -1.0 |
| 铝 | 20℃ | 1.000022 | 2.2 | 碳(金刚石) | 20℃ | 0.999979 | -2.1 |
| 钠 | 20℃ | 1.0000072 | 0.72 | 铅 | 20℃ | 0.999982 | -1.8 |
| 氧 | 标准状态 | 1.0000019 | 0.19 | 岩盐 | 20℃ | 0.999986 | -1.4 |

### 15.1.2 顺磁质和抗磁质的磁化

要想了解顺磁质和抗磁质的磁化规律，我们只有从物质的微观结构入手. 宏观实物物质是由原子分子构成的，原子分子中每一个电子都同时参与两种运动，即绕原子核的轨道运动和电子自身的自旋运动. 轨道运动可以看成是一个圆形电流，具有一定的轨道磁矩. 电子自旋运动相应地具有自旋磁矩. 原子核也具有磁矩，但是比电子磁矩要小很多，所以计算原子分子磁矩时通常不考虑原子核的磁矩. 一个分子中全部电子的轨道磁矩和自旋磁矩的矢量和叫做**分子的固有磁矩**，简称**分子磁矩**(molecular magnetic moment)，用符号 $\boldsymbol{m}$ 表示. 分子磁矩可等效于一个圆电流的磁矩，这个圆电流称为**分子电流**(molecular current).

抗磁质在没有磁场 $\boldsymbol{B}_0$ 作用时，其分子磁矩 $\boldsymbol{m}$ 为零. 顺磁质在没有磁场 $\boldsymbol{B}_0$ 作用时，虽然分子磁矩 $\boldsymbol{m}$ 不为零，但是由于分子的热运动，使各分子磁矩的取向杂乱无章. 因此，在无磁场 $\boldsymbol{B}_0$ 作用时，不论是顺磁质还是抗磁质，宏观上对外都不显磁性.

当磁介质放入到磁场 $\boldsymbol{B}_0$ 中去，磁介质的分子将受到两种作用:

(1) 磁场 $\boldsymbol{B}_0$ 将使分子磁矩 $\boldsymbol{m}$ 发生变化，每个分子产生一个与 $\boldsymbol{B}_0$ 反向的附加分子磁矩 $\Delta\boldsymbol{m}$.

(2) 分子固有磁矩 $\boldsymbol{m}$ 将受到磁场 $\boldsymbol{B}_0$ 的力矩作用，使各分子磁矩要克服热运动的影响而转向磁场 $\boldsymbol{B}_0$ 的方向排列，这样各分子磁矩将沿磁场 $\boldsymbol{B}_0$ 方向产生一个附加磁场 $\boldsymbol{B}'$.

抗磁质分子中所有电子的轨道磁矩和自旋磁矩的矢量和为零，即分子的固有磁矩 $\boldsymbol{m}$ 为零，加上磁场 $\boldsymbol{B}_0$ 后，分子磁矩的转向效应不存在，所以，磁场引起的附加分子磁矩 $\Delta\boldsymbol{m}$ 是抗磁质磁化的唯一原因. 因此，抗磁质产生的附加磁场 $\boldsymbol{B}'$总是与磁场 $\boldsymbol{B}_0$ 方向相反，使得原来磁场减弱. 这就是产生抗磁性的微观机理.

而顺磁质的分子磁矩 $\boldsymbol{m}$ 不为零，没有外磁场时，由于分子的热运动使顺磁质的各分子固有磁矩的取向杂乱无章. 它们相互抵消，因而宏观上不显现磁性. 加上磁场 $\boldsymbol{B}_0$ 后，各个分子磁矩要转向与磁场 $\boldsymbol{B}_0$ 同向. 同时，也要产生与抗磁质类似的、与磁场 $\boldsymbol{B}_0$ 反向的附加分

子磁矩 $\Delta\boldsymbol{m}$. 但由于顺磁质的分子磁矩 $\boldsymbol{m}$ 一般要比附加分子磁矩 $\Delta\boldsymbol{m}$ 大得多，所以，顺磁质产生的附加磁场 $\boldsymbol{B}'$ 主要以所有分子的磁矩转向与磁场 $\boldsymbol{B}_0$ 同向为主. 因此，顺磁质产生的附加磁场 $\boldsymbol{B}'$ 使得原来磁场加强. 这就是产生顺磁性的微观机理.

### 15.1.3　磁化强度

由前面的内容可知，无论顺磁质还是抗磁质，在没有外加磁场 $\boldsymbol{B}_0$ 时，磁介质宏观上的一个小体积内，各个分子磁矩的矢量和等于零，因此磁介质在宏观上不产生磁效应. 为了表征磁介质磁化的程度，我们引入一个宏观物理量——**磁化强度**(magnetization intensity)**矢量**，用 $\boldsymbol{M}$ 表示. 其定义为：**磁介质中某点附近单位体积内分子磁矩的矢量和**，即

$$\boldsymbol{M} = \frac{\sum \boldsymbol{m}_i}{\Delta V} \tag{15-3}$$

式中，$\Delta V$ 为磁介质内某点处的一个小体积；$\boldsymbol{m}_i$ 为 $\Delta V$ 内第 $i$ 个分子的分子磁矩；$\sum \boldsymbol{m}_i$ 为 $\Delta V$ 内分子磁矩的矢量和. 在实际应用中 $\Delta V$ 的选取要远大于分子间距并且要远小于磁化强度 $\boldsymbol{M}$ 的非均匀尺度. 在国际单位制中，磁化强度的单位为安每米，符号为 A/m.

在非磁化的状态下，对于抗磁质其分子磁矩 $\boldsymbol{m}$ 为零，磁化强度 $\boldsymbol{M}=0$；对于顺磁质虽然分子磁矩 $\boldsymbol{m}$ 不为零，但是方向却是随机取向的，以致其矢量和 $\sum \boldsymbol{m}_i=0$，所以磁化强度 $\boldsymbol{M}=0$.

在磁化的状态下，$\Delta V$ 内分子磁矩的矢量和不再等于零. 抗磁质中分子附加磁矩越大，其磁化强度也越大；顺磁质中分子的固有磁矩排列得越整齐，其磁化强度也越大. $\boldsymbol{M}$ 反映介质内某点的磁化强度，其值越大与外磁场的相互作用越强，相应物质的磁性越强. 并且抗磁质磁化强度 $\boldsymbol{M}$ 与外加磁场 $\boldsymbol{B}_0$ 反向，顺磁质磁化强度 $\boldsymbol{M}$ 与外加磁场 $\boldsymbol{B}_0$ 同向. 由此可知，磁化强度矢量是定量描述磁介质磁化强弱和方向的物理量. 一般情况下，它是空间坐标的函数. 当磁介质被均匀磁化的时候，磁化强度矢量为恒矢量.

### 15.1.4　磁化电流

在磁化状态下，由于分子电流的有序排列，磁介质中将出现宏观电流，以顺磁质为例(抗磁质，磁化电流的方向相反)，如图 15-1 所示，当介质磁化后，各分子磁矩沿外磁场方向排列，分子电流与分子磁矩的方向成右手螺旋关系. 在介质内部，相邻分子电流的方向彼此相反，相互抵消；在介质表面附近的薄层内，分子电流靠近介质内部的部分被抵消，只有在介质截面边缘各点上分子电流的效应未被抵消，它们在宏观上形成了与截面边缘重合的一种看似由一段段分子电流连续接成的等效大圆形电流，这一等效电流称为**磁化电流**(magnetization current)，又称**束缚电流**.

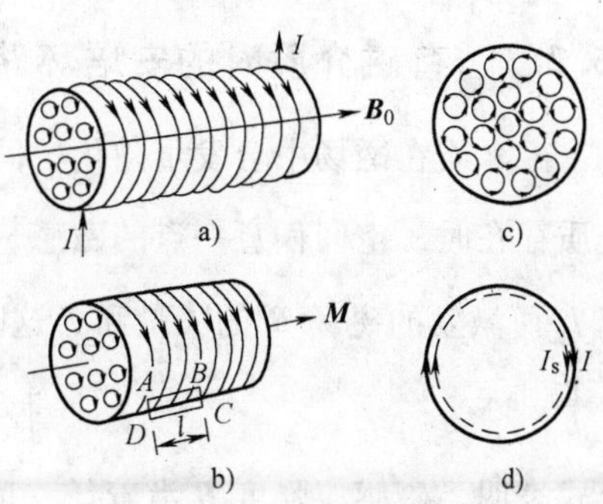

图 15-1　磁化电流

磁化电流不同于我们前面学过的传导电流，它实质上是分子电流，受到每个分子的约束，它的产生不伴随电荷的宏观位移. 磁化电流可存在于一切磁介质(包括绝缘体和导体)中，它不具有焦耳热效应；传导电流则只能存在于导体(包括半导体和电离气体)中，具有焦耳热效应. 尽管两种电流在产生机制和热效应方面存在区别，但在激发磁场和受磁场作用方面却是

完全等效的.

为了说明磁化强度与磁化电流的关系，我们假设磁介质均匀磁化，介质分子具有相同的分子磁矩，引入分子平均磁矩 $\boldsymbol{m}_a=\dfrac{\sum \boldsymbol{m}}{n\Delta V}$，其中 $n$ 为分子数密度. 由磁化强度的定义可知 $\boldsymbol{M}=n\boldsymbol{m}_a$. 分子平均磁矩 $\boldsymbol{m}_a$ 可以看做是由等效的磁化电流 $I_a$ 形成的，即 $\boldsymbol{m}_a=I_a\boldsymbol{S}_a$. 如图 15-2a 所示，考虑磁介质中一闭合回路 $L$ 及其围成的曲面 $S$，设通过曲面的磁化电流为 $I_s$，磁化电流的正方向和闭合回路 $L$ 绕行方向满足右手定则. 显然，只有从 $S$ 穿过并在 $S$ 外闭合的回路对磁化电流 $I_s$ 有贡献. 考虑回路 $L$ 上一小段线元 $\mathrm{d}\boldsymbol{l}$，设该处磁化强度 $\boldsymbol{M}$ 与线元 $\mathrm{d}\boldsymbol{l}$ 夹角为 $\theta$. 如图 15-2b 所示，当 $\theta<\pi/2$ 时，对磁化电流 $I_s$ 有贡献的分子其中心应该位于以线元 $\mathrm{d}l$ 为轴，$S_a\cos\theta$ 为底，$\mathrm{d}l$ 为高的圆柱体中. 该圆柱体中的分子个数为 $nS_a\cos\theta\mathrm{d}l$. 这些分子所产生的磁化电流为 $I_anS_a\cos\theta\mathrm{d}l=n\boldsymbol{m}_a\cdot\mathrm{d}\boldsymbol{l}=\boldsymbol{M}\cdot\mathrm{d}\boldsymbol{l}$. 如图 15-2c 所示，当 $\theta>\pi/2$ 时，磁化电流 $I_s$ 为负，$\cos\theta$ 也为负，磁化电流仍为 $I_anS_a\cos\theta\mathrm{d}l=n\boldsymbol{m}_a\cdot\mathrm{d}\boldsymbol{l}=\boldsymbol{M}\cdot\mathrm{d}\boldsymbol{l}$. 所以，闭合回路 $L$ 穿过的磁化电流应满足

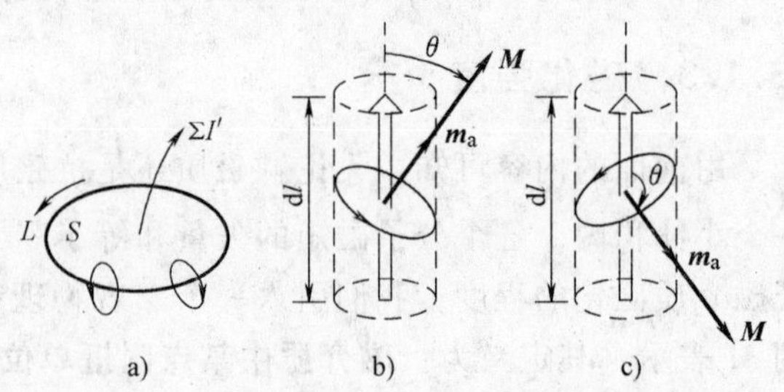

图 15-2　磁化电流与磁化强度

$$\oint_L \boldsymbol{M}\cdot\mathrm{d}\boldsymbol{l}=I_s \tag{15-4}$$

上式虽然是从均匀磁化的介质导出的，但却是在任何情况都普遍适用的关系式，它表明**磁化强度 $\boldsymbol{M}$ 沿着任一闭合回路的环路积分等于该闭合回路中穿过的磁化电流的代数和.**

由于磁化电流束缚在介质表面上，因此可以引入磁化电流面密度，定义为沿磁介质轴线方向上单位长度的磁化电流的大小

$$J_s=\frac{I_s}{L}$$

磁化强度的大小等于磁化电流面密度

$$M=J_s$$

## 15.2　有磁介质时的安培环路定理和高斯定理

### 15.2.1　有磁介质时的安培环路定理　磁场强度

磁介质在磁场中会发生磁化，同时产生磁化电流 $I_s$，因此当传导电流产生的磁场中有磁介质存在时，空间任意一点的磁感应强度 $\boldsymbol{B}$ 等于传导电流 $\sum\limits_i I_i$ 所激发的磁场 $\boldsymbol{B}_0$ 和磁化电流 $I_s$ 所激发的磁场 $\boldsymbol{B}'$ 的矢量和. 这时安培环路定理应写成

$$\oint_L \boldsymbol{B}\cdot\mathrm{d}\boldsymbol{l}=\mu_0\left(\sum_i I_i+I_s\right) \tag{15-5}$$

上式表明，磁感应强度 $\boldsymbol{B}$ 沿着任一闭合回路 $L$ 的环路积分等于该闭合回路中穿过的传导电流和磁化电流之和的 $\mu_0$ 倍. 然而，一般情况下磁化电流 $I_s$ 依赖于外加磁场 $\boldsymbol{B}_0$，无法事先给

定，难以直接测量，因此我们很难直接利用式(15-5)来计算磁介质中的磁感应强度. 为了解决这一难题，我们将式(15-4)代入式(15-5)可得

$$\oint_L \boldsymbol{B} \cdot \mathrm{d}\boldsymbol{l} = \mu_0\left(\sum_i I_i + \oint_L \boldsymbol{M} \cdot \mathrm{d}\boldsymbol{l}\right)$$

整理后，可得

$$\oint_L \left(\frac{\boldsymbol{B}}{\mu_0} - \boldsymbol{M}\right) \cdot \mathrm{d}\boldsymbol{l} = \sum_i I_i$$

引入描写磁场的辅助物理量 $\boldsymbol{H}$，称为**磁场强度**(magnetic field intensity)，简称 $\boldsymbol{H}$ 矢量：

$$\boldsymbol{H} = \frac{\boldsymbol{B}}{\mu_0} - \boldsymbol{M} \tag{15-6}$$

这样，**磁介质中的安培环路定理**便可以写为

$$\oint_L \boldsymbol{H} \cdot \mathrm{d}\boldsymbol{l} = \sum_i I_i \tag{15-7}$$

此式说明，**磁场强度 $\boldsymbol{H}$ 沿着任一闭合回路的环路积分等于该闭合回路中穿过的传导电流的代数和**. 上式中的电流并不包括磁化电流，不管是磁介质中还是真空中它都成立. 因此引入磁场强度 $\boldsymbol{H}$ 后，在磁场及磁介质的分布具有某些特殊对称性时，可以根据传导电流的分布求出磁场强度 $\boldsymbol{H}$ 的分布，再由磁感应强度与磁场强度的关系求出 $\boldsymbol{B}$ 的分布. 在国际单位制中，磁场强度 $\boldsymbol{H}$ 的单位是安每米，符号为 A/m.

式(15-6)表明了磁介质中任意一点的磁感应强度 $\boldsymbol{B}$、磁场强度 $\boldsymbol{H}$ 和磁化强度 $\boldsymbol{M}$ 三者之间的普遍关系，不论磁介质是否均匀，甚至对铁磁质都能适用，通常写成

$$\boldsymbol{B} = \mu_0 \boldsymbol{H} + \mu_0 \boldsymbol{M} \tag{15-8}$$

显然磁化强度 $\boldsymbol{M}$ 不仅和磁介质的性质有关，也和磁介质所在处的磁场有关. 实验证明，在弱磁性物质的磁场内，任一点的磁化强度 $\boldsymbol{M}$ 与磁场强度 $\boldsymbol{H}$ 之间有如下关系：

$$\boldsymbol{M} = \chi_m \boldsymbol{H} \tag{15-9}$$

式中，比例系数 $\chi_m$ 只与磁介质的性质有关，称为**磁介质的磁化率**(magnetic susceptibility). 因为磁化强度 $\boldsymbol{M}$ 与磁场强度 $\boldsymbol{H}$ 单位相同，所以磁介质的磁化率 $\chi_m$ 的量纲为 1.

利用式(15-9)可以将式(15-8)改写为

$$\boldsymbol{B} = \mu_0 \boldsymbol{H} + \mu_0 \boldsymbol{M} = \mu_0(1 + \chi_m)\boldsymbol{H}$$

令

$$1 + \chi_m = \mu_r \tag{15-10}$$

$\mu_r$ 为磁介质的相对磁导率，因此磁介质中的磁感应强度可以写成

$$\boldsymbol{B} = \mu_0 \mu_r \boldsymbol{H} = \mu \boldsymbol{H} \tag{15-11}$$

式中，$\mu = \mu_0 \mu_r$ 称为**磁介质的磁导率**(permeability).

对于真空中的磁场，磁化强度 $\boldsymbol{M} = 0$，磁感应强度 $\boldsymbol{B} = \mu_0 \boldsymbol{H}$，这表明真空相当于相对磁导率 $\mu_r = 1$ 的“磁介质”；对于顺磁质，磁化率 $\chi_m > 0$，所以相对磁导率 $\mu_r > 1$；对于抗磁质，磁化率 $\chi_m < 0$，所以相对磁导率 $\mu_r < 1$.

### 15.2.2　有磁介质时安培环路定理的应用举例

在磁场及磁介质的分布具有某些特殊对称性时，可以根据传导电流的分布求出磁场强度 $\boldsymbol{H}$ 的分布，再由磁感应强度与磁场强度的关系求出磁感应强度 $\boldsymbol{B}$ 的分布.

**例题 15-1**　如图 15-3 所示，半径为 $R_1$ 的无限长圆柱体导线外有一层同轴圆筒状均匀磁介质，其相对磁导率为 $\mu_r$，圆筒外半径为 $R_2$，设电流 $I$ 在导线中均匀流过．试求：

（1）导线内的磁场分布；

（2）磁介质中的磁场分布；

（3）磁介质外面的磁场分布．

取导线的磁导率为 $\mu_0$．

**解**：圆柱体电流所产生的磁感应强度 $\boldsymbol{B}$ 和磁场强度 $\boldsymbol{H}$ 的分布均具有轴对称性．设 $a$、$b$、$c$ 分别为导线内、磁介质中及磁介质外的任一点，它们到圆柱体轴线的垂直距离用 $r$ 表示，取以 $r$ 为半径的圆周的闭合回路，如图 15-3 所示．

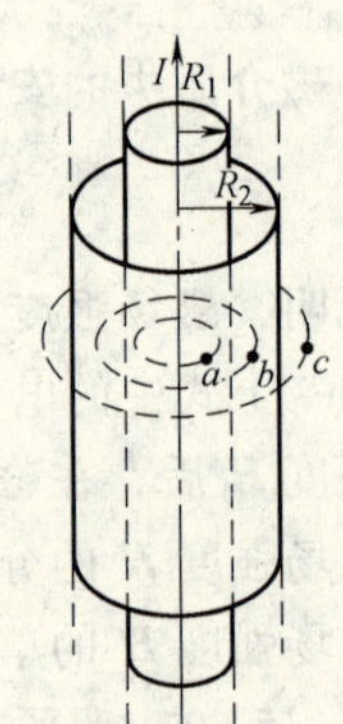

图 15-3　例题 15-1 用图

（1）对过 $a$ 点的闭合回路，应用磁介质中的安培环路定理，得

$$\oint \boldsymbol{H}\cdot \mathrm{d}\boldsymbol{l} = H\oint \mathrm{d}l = 2\pi rH = I\frac{\pi r^2}{\pi R_1^2} = I\frac{r^2}{R_1^2}$$

式中，$I\frac{\pi r^2}{\pi R_1^2}$是该环路所包围的传导电流，于是

$$H = \frac{Ir}{2\pi R_1^2}$$

再由 $\boldsymbol{B}=\mu\boldsymbol{H}$（导线内的磁导率 $\mu=\mu_0$），得导线内的磁感应强度为

$$B = \frac{\mu_0 Ir}{2\pi R_1^2} \qquad (0 < r < R_1)$$

（2）对过 $b$ 点的闭合回路，应用磁介质中的安培环路定理得

$$\oint \boldsymbol{H}\cdot \mathrm{d}\boldsymbol{l} = H\oint \mathrm{d}l = 2\pi rH = I$$

$$H = \frac{I}{2\pi r}$$

由此得磁介质中的磁感应强度为

$$B = \mu_0\mu_r H = \frac{\mu_0\mu_r I}{2\pi r} \qquad (R_1 < r < R_2)$$

（3）将磁介质中的安培环路定理应用于过 $c$ 点的闭合回路，仍然有

$$H = \frac{I}{2\pi r}$$

于是得磁介质外面的磁感应强度为

$$B = \mu_0 H = \frac{\mu_0 I}{2\pi r} \qquad (r > R_2)$$

磁感应强度 $\boldsymbol{B}$ 和磁场强度 $\boldsymbol{H}$ 的方向均与电流成右手螺旋关系．

根据以上讨论可见，整个磁场中，磁场强度 $\boldsymbol{H}$ 是连续的，而在不同介质的界面处，磁感应强度 $\boldsymbol{B}$ 是不连续的，存在突变．

**例题 15-2**　如图 15-4 所示，在密绕螺绕环内充满均匀磁介质，已知螺绕环上线圈总匝数为 $N$，通有电流 $I$，环的横截面半径远小于环的平均半径，磁介质的相对磁导率为 $\mu_r$．求磁介质中的磁感应强度.

**解**：由于电流和磁介质的分布对环的中心具有轴对称性，所以与螺绕环共轴的圆周上各点的磁场强度 $\boldsymbol{H}$ 大小相等，方向沿圆周的切线. 在环管内取与环共轴的半径为 $r$ 的圆周为安培环路 $L$，应用磁介质中的安培环路定理得

$$\oint_L \boldsymbol{H}\cdot \mathrm{d}\boldsymbol{l} = H\oint_L \mathrm{d}l = 2\pi r H = NI$$

$$H = \frac{NI}{2\pi r}$$

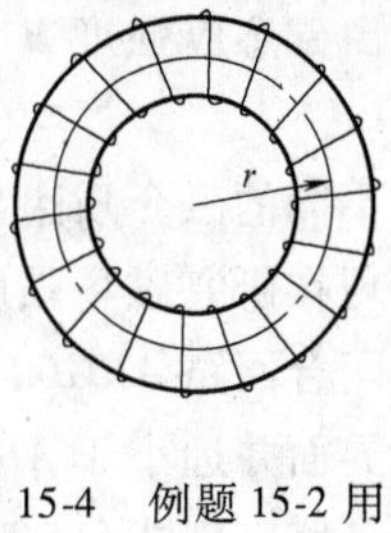

再由 $\boldsymbol{B}=\mu\boldsymbol{H}$，得环管内的磁感应强度为

$$B = \frac{\mu_0\mu_r NI}{2\pi r}$$

图 15-4　例题 15-2 用图

磁感应强度 $\boldsymbol{B}$ 和磁场强度 $\boldsymbol{H}$ 的方向均与电流成右手螺旋关系.

### 15.2.3　有磁介质时的高斯定理

磁介质在外磁场中会发生磁化，同时产生磁化电流 $I_s$，因此磁介质内部的磁场 $\boldsymbol{B}$ 是外磁场 $\boldsymbol{B}_0$ 和磁化电流 $I_s$ 所激发的磁场 $\boldsymbol{B}'$ 的矢量和. 由于磁化电流在激发磁场方面与传导电流相同，它们所激发的磁场均由真空中的毕奥-萨伐尔定律决定，均为涡旋场，因此在有磁介质时磁场中的高斯定理仍然成立，即

$$\oint_S \boldsymbol{B}\cdot \mathrm{d}\boldsymbol{S} = 0 \tag{15-12}$$

上式是普遍情况下的高斯定理. 在真空中，磁场 $\boldsymbol{B}$ 即为外磁场；在磁介质中，磁场 $\boldsymbol{B}$ 是外磁场 $\boldsymbol{B}_0$ 和磁化电流 $I_s$ 所激发的磁场 $\boldsymbol{B}'$ 的矢量和.

### 15.2.4　磁场的边界条件*

前面我们讨论了均匀磁介质中的磁感应强度 $\boldsymbol{B}$ 和磁场强度 $\boldsymbol{H}$，如果研究的材料是由两种磁导率不同的磁介质构成时，我们必须找到在不同磁介质的分界面上磁感应强度 $\boldsymbol{B}$ 和磁场强度 $\boldsymbol{H}$ 的变化规律.

如图 15-5a 所示，在磁导率分别为 $\mu_1$ 和 $\mu_2$ 的磁介质分界面上取一面积元 $\Delta S$，并做如图所示的扁平圆柱，圆柱的顶面和底面分别在两种磁介质中，并且圆柱的高比圆柱底面半径小很多. 由有磁介质时的高斯定理式(15-12)可知通过圆柱表面的磁通量为零，即

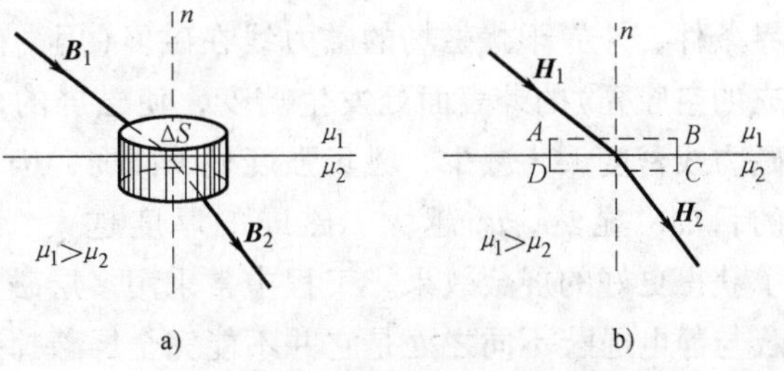

图 15-5　两种磁介质的分界面

a) $\boldsymbol{B}$ 的边值关系　b) $\boldsymbol{H}$ 的边值关系

$$\oint_S \boldsymbol{B}\cdot \mathrm{d}\boldsymbol{S} = 0$$

又因为圆柱侧面积比底面积小很多，其上的通量可以略去不计，所以上式可以写成

$$\oint_S \boldsymbol{B}\cdot \mathrm{d}\boldsymbol{S} = B_{2n}\Delta S - B_{1n}\Delta S = 0$$

式中，$B_{1n}$和$B_{2n}$分别为磁感应强度在界面两边的法向分量．由上式可以得到

$$B_{1n} = B_{2n} \tag{15-13}$$

即在不同的磁介质边界处，磁感应强度 $\boldsymbol{B}$ 的法向分量连续．

由磁感应强度 $\boldsymbol{B}$ 和磁场强度 $\boldsymbol{H}$ 的关系式 $\boldsymbol{B}=\mu\boldsymbol{H}$，并取法向分量，则由式(15-13)可得

$$\mu_1 H_{1n} = \mu_2 H_{2n} \tag{15-14}$$

即在不同的磁介质边界处，磁场强度 $\boldsymbol{H}$ 的法向分量不连续．

现在研究磁场强度沿边界面切向分量的变化．如图 15-5b 所示，在边界面附近取一长方形的闭合回路 $ABCD$，使 $AB$ 和 $CD$ 分别位于两磁介质中并且平行于边界面，$BC$ 和 $DA$ 垂直于边界面并远小于 $AB$ 和 $CD$．在稳定的情况下界面上没有传导电流，因此由有磁介质时的安培环路定理式(15-7)可知

$$\oint \boldsymbol{H} \cdot \mathrm{d}\boldsymbol{l} = 0$$

又因为 $BC$ 和 $DA$ 远小于 $AB$ 和 $CD$，这部分对 $\boldsymbol{H}$ 环流的贡献可以略去不计，因此有

$$\oint \boldsymbol{H} \cdot \mathrm{d}\boldsymbol{l} = H_{1\tau}AB - H_{2\tau}CD = 0$$

式中，$H_{1\tau}$和$H_{2\tau}$分别为磁场强度在界面两边的切向分量．由上式可以得到

$$H_{1\tau} = H_{2\tau} \tag{15-15}$$

即在不同的磁介质边界处，磁场强度 $\boldsymbol{H}$ 的切向分量连续．

由磁感应强度 $\boldsymbol{B}$ 和磁场强度 $\boldsymbol{H}$ 的关系式 $\boldsymbol{B}=\mu\boldsymbol{H}$，并取切向分量，则由式(15-15)可得

$$\frac{B_{1\tau}}{\mu_1} = \frac{B_{2\tau}}{\mu_2} \tag{15-16}$$

即在不同的磁介质边界处，磁感应强度 $\boldsymbol{B}$ 的切向分量不连续．

式(15-13) ~ 式(15-16)就是磁场的边值关系，它们决定了通过分界面的场量的变化．

磁场的边界条件在工程上最直接的应用就是静磁屏蔽，它是为了抑制或排除静磁干扰(包括恒定磁场干扰)所采取的措施，它可以是全封闭的或近于封闭的．如图 15-6 所示，根据磁场的边界条件，外界干扰磁场的磁力线在磁屏(用高磁导率铁磁材料制成的空腔壳)的外表面处发生畸变，使磁屏的内表面处及腔内的磁力线密度大为减少，磁场强度显著减弱，因而达到抑制磁干扰的目的．显然，$\mu_r$ 越大、磁屏的厚度越大，屏蔽效果越好，为了获得更好的屏蔽效果，工程中常采用多层磁屏的方法．静磁屏蔽与静电屏蔽不同之处是它并不能完全屏蔽掉磁场，也就是说腔内的磁感应强度并不能完全为零．在明末清初刘献廷的《广阳杂记》中就已有静磁屏蔽的记载，这说明我国对静磁屏蔽的发现是很早的．

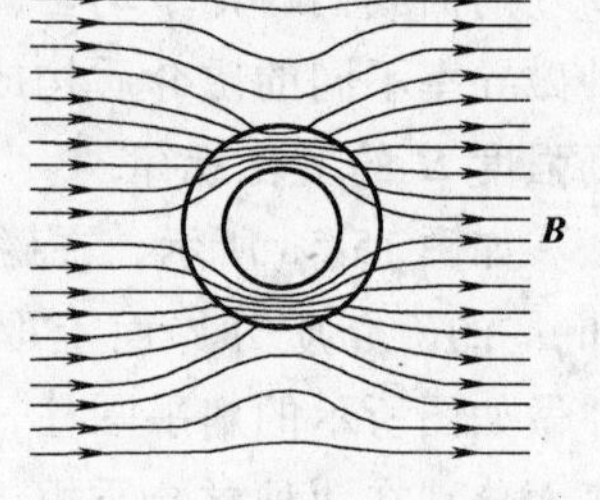


图 15-6　静磁屏蔽

## 15.3　铁磁质*

在各类磁介质中，应用最广泛的是铁磁性物质．凡是附加磁场 $\boldsymbol{B}'$ 与外磁场 $\boldsymbol{B}_0$ 的方向相

同，而且磁化后产生的附加磁场 $\boldsymbol{B}'$ 远远大于所施加的外磁场 $\boldsymbol{B}_0$，即能使总磁场强度比原外磁场强度大大加强的磁介质称为**铁磁质**或**强磁性物质**. 在 20 世纪初期，铁磁性材料主要用在电机制造业和通信器件中. 随着电子计算机和信息科学的发展，应用铁磁性材料进行信息的储存和记录，已发展成为引人注目的系列新技术，预计新的应用还将不断得到发展. 因此，对铁磁材料磁化性能的研究，无论在理论上或实用上都有很重要的意义. 铁磁质有下列一些特殊的性质：

（1）它能产生很强的附加磁场. 铁磁质的磁导率远大于 1，并且不是常数，甚至是非单值.

（2）存在磁滞现象. 即它的磁化过程落后于外加磁场的变化. 当外加磁场停止作用后，铁磁质仍保留部分磁性，称为**剩磁**（remanence）**现象**. 因此，在电工设备中，如电磁铁、电机、变压器，铁磁质材料都有极其广泛的应用.

（3）任何铁磁质都有一个临界温度. 超过此温度，铁磁质转化为顺磁质. 这一现象是由法国物理学家居里（P. Curie，1859—1906）发现的，因此人们把这种临界温度称为铁磁质的**居里温度**（Curie temperature）或**居里点**（Curie point）. 例如，铁的居里点为 1 043 K. 当温度低于居里点时，又由顺磁质转变为铁磁质.

为什么铁磁质不同于其他磁介质，具有如此的特性呢？这与铁磁质独特的微观结构有关.

### 15.3.1　磁畴

铁磁质的磁性来源比较复杂. 在铁磁质内相邻原子的电子因自旋而存在很强的交换作用，由于这种作用，使铁磁质内部相近原子的磁矩在一些微小的区域内整齐排列，这种区域叫做**磁畴**（magnetic domain），其体积约为 $10^{-12}\,\mathrm{m}^3$. 由于磁畴中各原子的磁矩排列很整齐，每个磁畴具有很强的磁性，这种磁性是自发磁化产生的. 铁磁物质未磁化时，各个磁畴排列的方向是无规则的，整体上不显磁性，如图 15-7a 所示. 当加上外磁场后，各个磁畴在外磁场的作用下趋向于沿外磁场方向作有规则的排列，在不太强的外磁场作用下，铁磁质就能表现出很强的磁性，如图 15-7b 所示. 由于铁磁质中存在杂质和内应力等作用，各个磁畴之间存在着“摩擦”，阻碍每个磁畴在去掉磁场之后，重新回到原来混乱排列的状态，所以，去掉磁场后，铁磁质仍然保留部分磁性，这就是在宏观上的剩磁现象.

当铁磁质达到居里温度时，磁介质中的分子、原子的热运动加剧，铁磁质中自发磁化区

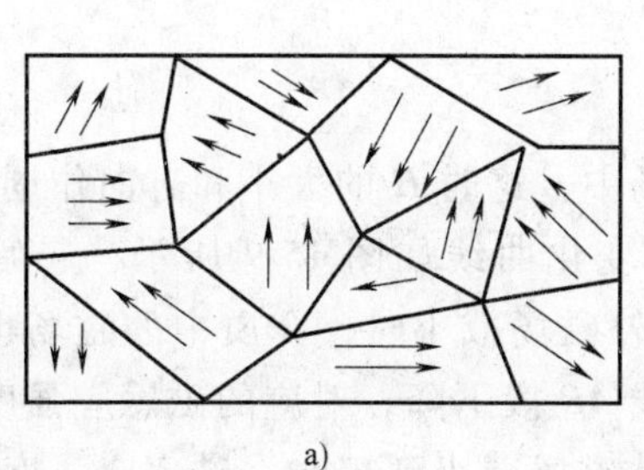

a)

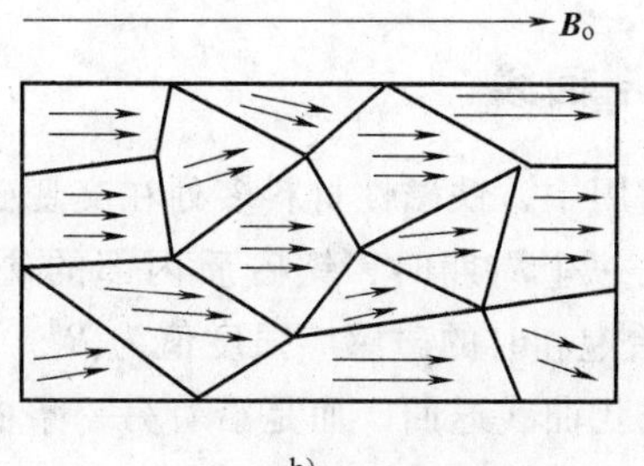


b)

图 15-7　磁畴

a）无外磁场　b）有外磁场

域因剧烈的分子热运动而造成破坏，磁畴也就瓦解了，使铁磁质失去磁性，变为顺磁质. 利用铁磁质具有居里温度的特点，可将其制作成温控元件，如电饭锅自动控温等.

### 15.3.2 磁化曲线

铁磁质磁化过程中，各个磁畴沿外磁场方向作有规则的排列，在逐步增加磁场强度 $\boldsymbol{H}$ 的过程中，磁化强度 $\boldsymbol{M}$ 也随之增加，不过开始时 $\boldsymbol{M}$ 增加较慢，接着便急剧地增大，然后随着磁场强度 $\boldsymbol{H}$ 增加，能够提供转向的磁畴越来越少，铁磁质中的磁化强度 $\boldsymbol{M}$ 增加的速度变慢，最后外磁场再增加，介质内的磁化强度 $\boldsymbol{M}$ 也不会增加，铁磁质达到磁饱和状态. 饱和时的磁化强度叫做**饱和磁化强度** $\boldsymbol{M}_s$，如图 15-8a 所示. 在图 15-8a 中，未达到饱和磁化状态的一段曲线，叫做**起始磁化曲线**（magnetization curve）.

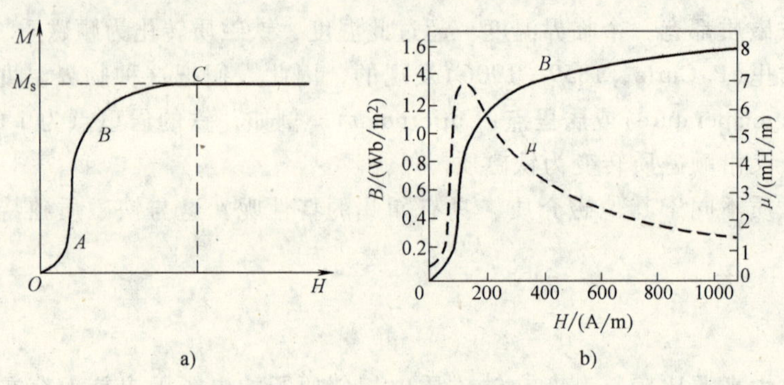


图 15-8 磁化曲线

a) *M-H* 曲线 b) *B-H* 曲线

由式 $\boldsymbol{B}=\mu_0\boldsymbol{H}+\mu_0\boldsymbol{M}$ 可以得到 *B-H* 曲线，如图 15-8b 所示，它的外形和 *M-H* 曲线相似，但无水平部分，因为由式 $\boldsymbol{M}=\dfrac{\boldsymbol{B}}{\mu_0}-\boldsymbol{H}$ 可知，当磁化达到饱和状态时，磁化强度 $M$ 虽然保持不变，但 $B$ 仍将随着 $H$ 的增加而略有增大，二者的关系为非线性关系. 因此铁磁性材料的磁导率的值并不是一个常数，对应于起始磁化曲线上每一个 $H$ 值便有一个相应的 $\mu$ 值. 在图 15-8b 中的虚线是某铁磁性材料的 $\mu$ 与 $H$ 的关系曲线，由图可知，$\mu$ 值先随 $H$ 的增加迅速增大，达到极大值后又逐渐减小，当 $H\to\infty$ 时趋近于 1. 由 *B-H* 曲线可知，铁磁质的 $\mu$ 值可远大于 $\mu_0$.

### 15.3.3 磁滞回线

在实际应用中，铁磁性材料多处在交变磁场中，这时 $H$ 的大小和方向作周期性的变化，当外磁场变化一个周期时，铁磁质内部的磁场变化曲线如图 15-9 所示. 起始磁化曲线为 $OA$，磁化开始饱和时的磁感应强度值为 $B_s$. 当外磁场减小时，介质中的磁场也要减小，但并不沿起始磁化曲线返回，而是沿着另一条曲线 $AB$ 段下降，对应的磁感应强度比原来的值大. 说明铁磁质磁化过程是不可逆的过程. 当外磁场减小到零时，磁感应强度并不等于零，而保留一定的大小 $B_r$，如图 15-9 所示的线段 $OB$，这就是铁磁质的剩磁现象.

为了消除剩磁，必须在介质中加上反方向的磁场，当反向磁场 $\boldsymbol{H}$ 等于某一特定值 $H_c$

时，磁感应强度才等于零，这个 $H_c$ 值称为材料的**矫顽力**(coercive force)．矫顽力的大小反映了铁磁材料保存剩磁状态的能力．如再增强反方向的磁场，材料又可被反向磁化达到反方向的饱和状态，以后再逐渐减小反方向的磁场至零值时，$\boldsymbol{B}$ 和 $\boldsymbol{H}$ 的关系将沿 $DE$ 线段变化．这时又引入正向磁场，则形成闭合回线．从图 15-9 中可以看出，磁感应强度 $\boldsymbol{B}$ 值的变化总是落后于磁场强度 $\boldsymbol{H}$ 的变化，这种现象称为**磁滞**(hysteresis)，是铁磁质的重要特性之一，因此上述闭合曲线常称为**磁滞回线**(hysteresis loop)．研究铁磁质的磁性就必须知道它的磁滞回线，各种不同的铁磁性材料有不同的磁滞回线，主要是磁滞回线的宽、窄不同和矫顽力的大小有别．一般按矫顽力的大小不同，可将铁磁材料分为软磁材料和硬磁材料两类．矫顽力较小的软磁材料易磁化易退磁，可以用来做变压器、电机、电磁铁的铁心．矫顽力较大的硬磁材料剩磁较强，不易退磁，可以做永久磁铁．

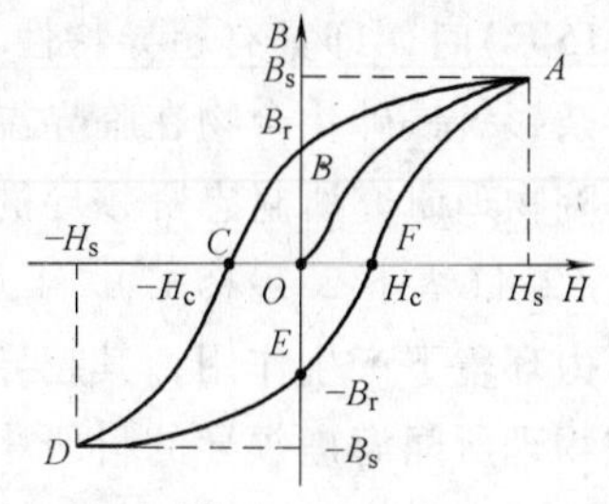


图 15-9　磁滞回线

## 15.4　超导体的电磁性质*

1911 年，荷兰物理学家昂纳斯(H. K. Onnes，1853—1926)及其助手首先发现在温度降至液氦的沸点(4.2 K)以下时，水银的电阻为零．随后人们陆续发现某些元素、合金、化合物或其他材料在临界温度下具有失去电阻的性质，这种现象称为**超导电性**，具有超导电性的材料称为**超导体**．1913 年昂纳斯因他在低温物理和超导领域所做的杰出贡献，获得了诺贝尔物理学奖．1933 年德国物理学家迈斯纳(W. Mcissner，1882—1974)发现，将超导体放入磁场中，表面产生超导电流，超导电流产生的磁场与外磁场完全抵消，使超导体内的磁感应强度为零，这就是超导体的完全抗磁性．超导体在磁场中由于超导电流产生的磁场与外磁场的斥力作用，使超导体可悬浮在空中，这现象称为**迈斯纳效应**(Meissner effect)．超导电性和完全抗磁性是超导体最重要的宏观性质．

20 世纪 70 年代以前发现的超导体主要是元素超导体(包括金属和半导体)和合金超导体，临界温度一般为几 K，最高不超过 30 K，这些称为常规超导体．20 世纪 80 年代以来陆续发现某些铜氧化物超导体，临界温度可达数十 K，甚至超过 100 K，这些称为高温超导体．由于高温超导体具有奇特性质和广阔应用前景，因此，对高温超导现象的理论与实验研究有着重大意义，是当今凝聚态物理一个重要的前沿课题，如何进一步提高临界温度，是其中的关键问题．

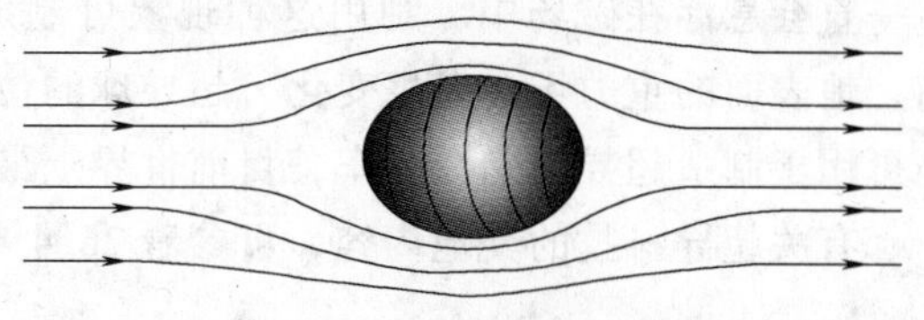

图 15-10　迈斯纳效应

然而直至今日，对于铜基超导材料的高温超导机制，物理学界仍未形成一致看法，这也使得高温超导成为当今凝聚态物理学中最大的谜团之一，很多科学家都希望在铜基超导材料以外再找到新的高温超导材料，从而能够使高温超导机制更加明朗．

2008 年 2 月，日本科学家首先报告说，氟掺杂镧氧铁砷化合物在临界温度 26 K(零下

247.15℃）时，即具有超导特性．3月25日，中国科技大学陈仙辉领导的科研小组又报告，氟掺杂钐氧铁砷化合物在临界温度43 K（零下230.15℃）时也变成超导体．3月28日，中国科学院物理研究所赵忠贤领导的科研小组报告，氟掺杂镨氧铁砷化合物的高温超导临界温度可达52 K（零下221.15℃）．4月13日该科研小组又有新发现：氟掺杂钐氧铁砷化合物假如在压力环境下产生作用，其超导临界温度可进一步提升至55 K（零下218.15℃）．此外，中科院物理所闻海虎领导的科研小组还报告，锶掺杂镧氧铁砷化合物的超导临界温度为25 K（零下248.15℃）．新的铁基超导材料将激发物理学界新一轮的高温超导研究热潮．而下一步，科学家们将着眼于合成由单晶体构成的高品质铁基高温超导材料．

超导体是量子多体系统，超导电性和迈斯纳效应是宏观量子效应．因此超导理论必须是建立在量子力学基础上的微观理论．1957年，J. Bardeen，L. N. Cooper和J. R. Schrieffer用电子-声子机制建立的BCS理论认为，当材料处于超导态时，费米面附近动量和自旋大小相等、方向相反的自由电子，通过交换虚声子产生的吸引力形成Cooper对，Cooper对不受晶格散射，是一种无电阻的超流电子．这一理论成功地解释了常规超导体的超导电性成因及其一系列性质，但是，高温超导现象的微观理论至今仍未完善．

在BCS理论出现之前，以经典电动力学为基础的伦敦（London）唯象理论（1935年）和金兹堡-朗道（Ginzburg－Landau）唯象理论（1950年），在一定程度上可以解释超导体的宏观电磁性质．

超导体因为其独特的性质所以具有广泛的应用．首先，利用超导特性可实现无损耗输电．传统输电过程中总要产生一部分焦耳热损耗，一般在10%～20%，如果采用超导体输电，几乎没有电能损失，而且不需要升压，可以不用变压器设备，也不必架设高压线，可以在地下管道中，甚至可以直接传输直流电．由于产生强磁场时超导体无热损耗，可通过很大电流，如用超导芯线为$Nb_3Sn$，其最大电流密度为109A/m$^2$，在承受相同电流的情况下，超导芯线可以细得多，超导磁铁不仅效率高，而且可以做得很轻便．例如，一个能产生5T的中型电磁铁的重量可达20吨，而超导磁铁的重量不过几公斤．

另外；由于超导体内电阻为零，超导电流不会产生热量，超导电流也就不会消失，超导体一直会悬浮在磁场中．利用这种现象可制成超导重力仪，用来预测地震．当地震发生之前，地表面的重力场会发生变化，超导球的位置也会发生变化，由此来预测地震．超导特性还可用于制造超导磁悬浮列车，目前世界上最快的磁悬浮列车时速超过500km/h．

有关超导科技的其他内容，可参看26.4节及相关杂志和书籍．

## 小　结

本章主要讲述了有磁介质时的2个重要定理、几个基本概念和几个关系式．

一、有磁介质时的2个重要定理

1. 有磁介质时的安培环路定理　磁场强度$\boldsymbol{H}$沿着任一闭合回路的环路积分等于该闭合回路中穿过的传导电流的代数和，即

$$\oint_L \boldsymbol{H}\cdot \mathrm{d}\boldsymbol{l} = \sum_i I_i$$

2. 有磁介质时的高斯定理

$$\oint_S \boldsymbol{B} \cdot \mathrm{d}\boldsymbol{S} = 0$$

二、几个基本概念

1. 磁介质　处在磁场作用下能被磁化并反过来影响磁场的物质. 有四种磁介质：抗磁质($\mu_r < 1$)，顺磁质($\mu_r > 1$)，铁磁质($\mu_r >> 1$)，完全抗磁体($\mu_r = 0$). 前两种是弱磁性材料，铁磁质是强磁性材料.

顺磁质的分子磁矩 $\boldsymbol{m}$ 不为零，在外磁场中分子磁矩沿外磁场取向排列，磁介质中的磁场被加强；抗磁质的分子磁矩 $\boldsymbol{m}$ 为零，在外磁场中分子出现附加分子磁矩 $\Delta\boldsymbol{m}$，磁介质中的磁场被削弱.

铁磁质的相对磁导率非常大，并且不是常数；磁化时存在磁滞现象，形成磁滞回线，具有剩磁效应；铁磁质都有一个特定的温度——居里点. 铁磁质的特性可以由磁畴理论来解释.

完全抗磁体在低于临界温度时电阻为零，具有完全抗磁性，即具有迈斯纳效应.

2. 磁化强度　实物物质在磁场的作用下内部运动状态的变化称为磁化. 磁介质被磁化的程度用磁化强度 $\boldsymbol{M}$ 来描述，定义为磁介质中某点附近单位体积内分子磁矩的矢量和，即

$$\boldsymbol{M} = \frac{\sum \boldsymbol{m}_i}{\Delta V}$$

3. 磁化电流　磁介质磁化后宏观上等效为在磁介质的表面生成了一层磁化电流 $I_s$，磁化电流在空间产生附加磁场. 磁化强度 $\boldsymbol{M}$ 沿着任一闭合回路的环路积分等于该闭合回路中穿过的磁化电流的代数和，即

$$\oint_L \boldsymbol{M} \cdot \mathrm{d}\boldsymbol{l} = I_s$$

4. 磁场强度　为了能够方便地计算磁场分布而引入磁场的辅助物理量，

$$\boldsymbol{H} = \frac{\boldsymbol{B}}{\mu_0} - \boldsymbol{M}$$

三、几个关系式

$$\boldsymbol{B} = \boldsymbol{B}_0 + \boldsymbol{B}'$$

$$\boldsymbol{M} = \chi_m \boldsymbol{H}$$

$$1 + \chi_m = \mu_r$$

$$\mu = \mu_0 \mu_r$$

$$\boldsymbol{B} = \mu_0 \mu_r \boldsymbol{H} = \mu \boldsymbol{H}$$

## 思　考　题

15-1　两种磁介质的磁化与两种电介质的极化有何类似和不同之处？

15-2　地球是一个巨大的磁偶极子，北半球的磁极是磁北极还是磁南极？在北半球上地球磁场的磁感应线是向着地面还是从地面出来？

15-3　磁化电流与传导电流有何不同之处，又有何相同之处？

15-4　试说明 $B$ 与 $H$ 的联系和区别.

15-5　在恒定磁场中，若闭合曲线所包围的面积没有任何电流穿过，则该曲线上各点的磁感应强度必为零. 在恒定磁场中，若闭合曲线上各点的磁场强度皆为零，则穿过该曲线所包围面积上的传导电流代数和必为零. 这两种说法对不对？

15-6　为什么装指南针的盒子不是用铁，而是用胶木等材料做成的？

15-7　为什么一块磁铁能吸引一块原来并未磁化的铁块？

15-8　有两根铁棒，不论把它们的哪两端相互靠近，发现它们总是相互吸引的. 你能否得出结论，这两根铁棒中有一根一定是未被磁化的？

15-9　顺磁质和铁磁质的磁导率明显地依赖于温度，而抗磁质的磁导率则几乎与温度无关，为什么？

15-10 在工厂里搬运烧到赤红的钢锭，为什么不能用电磁铁的起重机？

15-11 试根据铁磁质的磁滞回线，说明铁磁质有些什么特性.

15-12 你怎样才能使罗盘磁针的磁性反转过来？

## 习 题

15-1 顺磁质的分子磁矩和玻尔磁矩 $m_B=eh/(4\pi m_e)$ 是同一数量级. 设顺磁质温度为 $T=300\text{K}$，磁感应强度 $B=1\text{T}$，试问 $kT$ 是 $m_BB$ 的多少倍？（$h=6.626\times10^{-34}\text{J}\cdot\text{s}$，$e=1.602\times10^{-19}\text{C}$，$m_e=9.11\times10^{-31}$ kg，$k=1.38\times10^{-23}\text{J/K}$）

15-2 一螺绕环的平均半径为 $R=0.08\text{m}$，其上绕有 $N=240$ 匝线圈，电流 $I=0.30\text{A}$ 时充满管内的铁磁质的相对磁导率 $\mu_r=5\ 000$，问管内的磁场强度和磁感应强度各为多少？

15-3 环形螺线管共包含 500 匝线圈，平均周长为 50cm，当线圈中的电流为 2.0A 时，用冲击电流计测得介质内的磁感应强度为 2.0T，求：

（1）待测材料的相对磁导率 $\mu_r$；

（2）磁化电流面密度 $J_s$.

15-4 一无限长的圆柱形铜导线外包一层相对磁导率为 $\mu_r$ 的圆筒形磁介质，导线半径为 $R_1$，磁介质的外半径为 $R_2$，导线内有电流 $I$ 通过. 并设导线的磁导率为 $\mu_0$.

（1）求介质内、外的磁场强度和磁感应强度的分布，并画出 $H$-$r$，$B$-$r$ 曲线.

（2）求介质内、外表面的磁化电流面密度.

15-5 将一直径为 10cm 的薄铁圆盘放在 $B_0=0.4\times10^{-4}\text{T}$ 的均匀磁场中，使磁感线垂直于盘面，如图 15-11 所示. 已知盘中心的磁感应强度为 $B_c=0.1\text{T}$，假设盘被均匀磁化，磁化面电流可视为沿圆盘边缘流动的一圆电流. 求：

（1）磁化面电流大小；

（2）盘的轴线上距盘心 0.4m 处的磁感应强度.

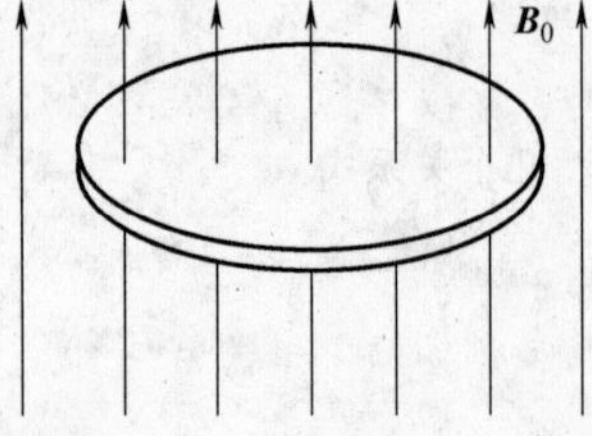

图 15-11 习题 15-5 用图

15-6 如图 15-12 所示，半径为 $R$ 的载流长直导线，通有电流 $I$，外面裹有一层厚度为 $b$ 的磁介质，其相对磁导率为 $\mu_r$.

（1）求磁介质中任一点的磁场强度 $\boldsymbol{H}$ 和磁感应强度 $\boldsymbol{B}$ 的大小；

（2）若沿磁介质的内外表面流动的磁化面电流方向与轴线平行，试证明两电流等大反向，并求其大小.

15-7 铁棒中一个铁原子的磁偶极矩是 $m_{Fe}=1.8\times10^{-23}\text{A}\cdot\text{m}^2$，设长 5cm，截面积为 $1\text{cm}^2$ 的铁棒中所有铁原子的磁偶矩都整齐排列，则

（1）铁棒的磁偶极矩多大？

（2）如果要使铁棒与磁感应强度为 1.5T 的外磁场正交，需用多大的力矩？设铁的密度为 $7.8\text{g/cm}^3$，铁的原子量是 55.85.

15-8 一无限平面下方充满磁导率为 $\mu$ 的磁介质，上方为真空. 设一无限长直线电流位于磁介质表面，电流为 $I$，求空间磁感应强度的分布.

15-9 一无限平面将磁导率分别为 $\mu_1$ 和 $\mu_2$ 的两磁介质隔开，界面上有两根无限长的平行直流电流 $I_1$、$I_2$，相距为 $d$，求其中一根导线单位长度受的力.

15-10 如图 15-13 所示，图 a 为铁氧体材料的 $B$-$H$ 磁滞曲线，图 b 为此材料制成的计算机存贮元件的环形磁芯. 磁芯的内、外半径分别为 0.5mm 和 0.8mm，矫顽力为 $H_c=\dfrac{500}{\pi}\text{A/m}$. 设磁芯的磁化方向如图 b 所示，

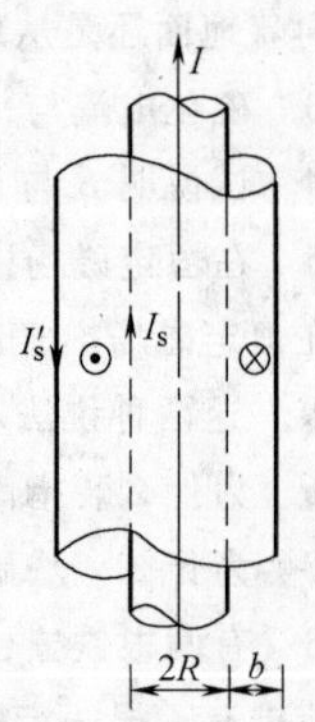

图 15-12 习题 15-6 用图

欲使磁芯的磁化方向翻转，试问：

(1) 轴向电流如何加？至少加至多大时，磁芯中磁化方向开始翻转？

(2) 若加脉冲电流，则脉冲峰值至少多大时，磁芯中从内而外的磁化方向全部翻转？

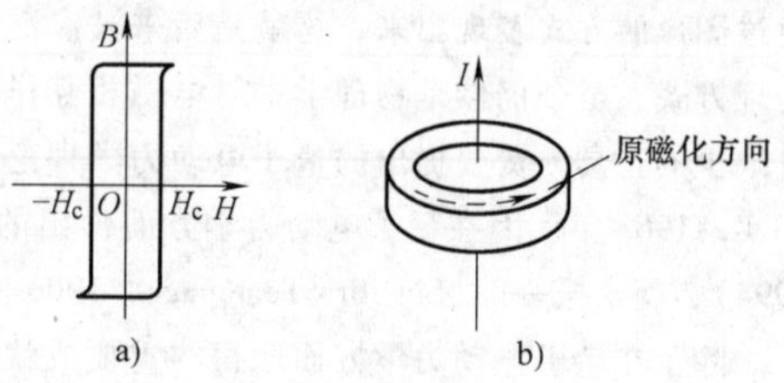


图 15-13　习题 15-10 用图

15-11　一半径为 $a$ 的无限长磁介质圆柱，相对磁导率为 $\mu_r$，柱外为真空，沿圆柱轴有一线电流 $I$，求磁介质中的磁场强度和磁感应强度以及磁介质圆柱表面的束缚电流分布.

# 物理学家简介

## 费曼(Richard Phillips Feynman，1918—1988)

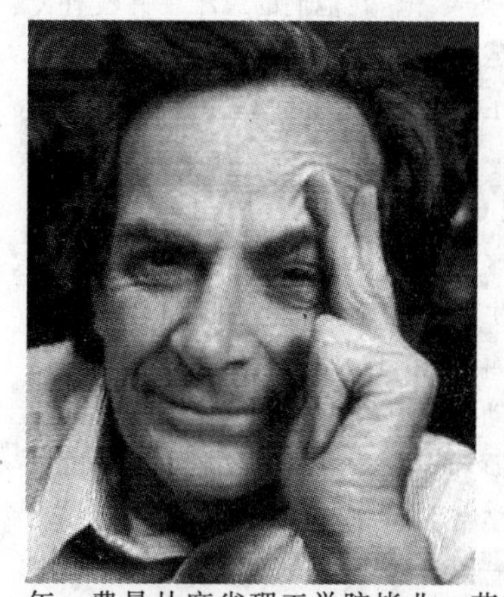

1918 年 5 月 11 日，理查德 · 菲利普斯 · 费曼出生于美国纽约皇后区小镇法洛克卫的一个犹太裔家庭中. 费曼的父亲麦尔维尔是一位商人，年轻时就对科学很感兴趣，但因经济困难而放弃了自己的梦想，因此，他希望费曼能成为一位科学家，并尽自己最大的努力培养费曼. 当费曼还很小时，父亲特意买来不同颜色的瓷砖，将它们摆出各种花样，教费曼认识形状、数字和简单的算术. 费曼稍大以后，父亲又带他散步和做游戏，还和他讨论一些生活中的问题，由此培养费曼通过实践来认识事物的习惯. 费曼家中有一套《大英百科全书》，费曼有问题时总会自己去查阅，这样，费曼从小就掌握了比别的孩子更加丰富的知识. 1935 年，费曼高中毕业，进入麻省理工学院就读，起初学习的是数学，后来转为物理. 从此，费曼将自己的一生都投入到物理学的研究当中. 1939 年，费曼从麻省理工学院毕业，获得该校的科学学士学位. 当年，在老师斯莱特的推荐下，费曼到普林斯顿大学读研究生，同时任约翰 · 惠勒(John Archibald Wheeler，1911—2008)教授的教学助理. 在此期间，费曼逐渐与惠勒发展为合作者的关系，并参加了 1941 年普林斯顿大学的学系研讨会，从而有机会与冯 · 诺依曼(John Von Neuman，1903—1957)、罗素(Bertrand Arthur William Russell，1872—1970)、泡利及爱因斯坦等科学界的大师们进行交流. 1942 年 6 月，费曼获得了普林斯顿大学的理论物理学博士学位. 1943 年，费曼接受奥本海默(Julius Robert Oppenheimer，1904—1967)的邀请，进入洛斯 · 阿斯莫斯国家实验室，担任扩散问题小组的组长，由此参与了与原子弹研制工作有关的曼哈顿计划. 1945 年 10 月，费曼离开洛斯 · 阿拉莫斯国家实验室，转往康奈尔大学任教. 1951 年，在罗伯特 · 巴彻(Robert Bacher，1905—2004)教授的邀请下，费曼进入加州理工学院任教，起初是一般教授，至 1959 年时成为该校的托尔曼理论物理学教授. 1978 年 10 月，费曼被确诊得了癌症，此后曾进行过多次手术. 1988 年 2 月 15 日午夜，费曼在洛杉矶加利福利亚大学的医疗中心病逝，享年 70 岁.

费曼被许多人认为是二战以后的一代理论物理学家中最具天才和独创力、最有影响以及言行最不平凡的一个人，他在理论物理领域，尤其是在量子电动力学方面取得了许多重要的研究成果. 20 世纪 40 年代初，费曼试图解决量子电动力学中的发散问题，他从狄拉克的论文中得到启发，发展了一种通过路径积分表述量子振幅的方法. 费曼提出的路径积分方法，是在薛定谔的波函数和海森伯的矩阵之外，量子力学的第三种表述方法，这种方法简单明了，很快就为科学界所接受. 1948 年，费曼提出量子电动力学新的理论形式、计算方法和重正化方法，从而避免了量子电动力学中的发散困难. 在目前的量子场论中，“费曼振幅”、“费曼传播子”和“费曼规则”等均以他的姓氏命名. 费曼的另一个创新是将场与场之间的相互作用通过图形的方式表现出来，这就是后来被广泛使用的费曼图．费曼图改变了将物理过程概念化和数学化的处理方式，至今仍然是物理学中对电磁相互作用的基本表述形式，也是研究量子电动力学和高能物理学不可缺少的工具．费曼提出的量子电动力学理论对光学、电学和磁学等各种现象的分析其后都得到了实验的证实．1965 年，因在量子电动力学方面做出的突出贡献，费曼和施温格（Julian Seymour Schwinger，1918—1994）、朝永振一郎（Sin-itiro Tomonaga，1906—1979）共同获得了该年度的诺贝尔物理学奖．

除了在量子电动力学方面取得的重要成就外，费曼对低温物理和高能物理领域的研究也做出了很大贡献．20 世纪 50 年代前期，费曼发展了液氦微观理论的研究工作，他提出一种有关液氦的超流态理论，从而成功解释了液氦在超低温下具有超流性的原因所在．1958 年，费曼与盖尔曼（Murray Gell-Mann，1929—）合作，提出了弱相互作用的矢量-赝矢量型理论（即 V-A 理论），这是经过二十余年曲折发展以后，所达到的关于弱相互作用的正确的唯象理论．20 世纪 60 年代末期，在高能电子与质子的深度非弹性碰撞的实验基础上，费曼又提出了质子结构的部分子理论．部分子是一种假想的组成质子的粒子，后来人们由普遍的理论得出了夸克概念，而部分子的概念也逐渐和夸克概念等同了起来．从那时起，研究夸克在所谓强子中的分布，就成了粒子物理学的重要任务之一，为此人们发展了所谓量子色动力学（OCD）．美籍数学家马克·卡克（Mark Kac，1914—1984）曾经说过这样一段话："天才有两类：一类天才，在他们的思维中并没有什么神秘之处，一旦把他们所做的事情讲给我们听，我们会觉得如果自己足够聪明也一样能做；而另一类天才是真正的魔术师，即使把他们所做的事情讲给我们听，我们也弄不明白他们究竟是怎么做的"．理查德·费曼正是"能力最强的天才魔术师"．

费曼不仅是一位杰出的物理学家，也是一位伟大的教育家．20 世纪 60 年代初期，美国的大学物理教学中存在着课程设置过于陈旧的问题，一些大学开始试行教学改革，在这样的背景下，费曼参与了加州理工学院基础物理课的改革尝试．当时，没有别的大物理学家教过大学新生的物理课，而作为加州理工学院年薪最高的理论物理学教授的费曼却被这一挑战和机遇所吸引，从 1961 年秋天起，他开始了物理学导论的系列演讲，前后跨越了两个学年．费曼的教学风格幽默活泼而又形象生动，他讨厌在教学过程中使用生涩而难以理解的术语，反而总是用口语化的表达方式来阐述物理现象的本质和规律，他在课堂上常常妙语如珠，既通俗易懂又使学生感受到学习物理的愉快．费曼非常重视理论教学与实验和现象的联系，他曾提出物理教学应使学生与自然相遇的观点，这也是他研究物理和教授物理的一贯思想．费曼经常鼓励学生追求自己最感兴趣的事情，他很注意保护学生的好奇心，培养他们的探索精神，同时也教导学生科学应用中应遵循的道德准则．加州理工学院在费曼开始物理学导论的系列演讲之初就意识到这将是一件不寻常的事情，因而小心保存了这些演讲的记录．这些演讲记录其后经过整理，出版了三卷《费曼物理学讲义》．《费曼物理学讲义》很鲜明地反映了费曼的个性，书中内容丰富而又简洁清晰，文字完全口语化，充分反映了费曼对物理学的理解和他思考与解决问题的方法．这套书不仅初学者，甚至是成名的物理学家也能从中得到灵感，是很多人学习和教授物理学的指南．《费曼物理学讲义》出版后立刻得到了极高的评价，成为物理学的经典著作，至今从未绝版．《科学》杂志称该书"营养绝佳，风味绝妙，是教师及最优秀学生的入门指南"，而《科学美国人》杂志对这套书的评论是"咬不动但富于营养，并且津津有味，25 年后它仍是初学者与教师最好的指导书"．费曼自己也曾对加州理工学院的副院长古德斯坦说过，从长远来看，他对物理学所做的最大贡献并不是量子电动力学或其他理论工作，而恰恰是他的《费曼物理学讲义》．费曼在《费曼物理学讲义》的结束语中这样写道："我讲授的主要目的，不是帮助你们应付考试——甚至不是帮助你们服务于工业或国防．我最想做的是给出对于这个奇妙世界的一些欣赏，以及物理学家看待这个世界的方式，我相信这是当今时代真正文化的主要部分．也许你们将不仅欣赏到这种文化，甚至也可能会加入到人类智慧已经开始的这场伟大的探险中去．"费曼非常热爱自己的教学工作，在加州理工学院工作的 35 年中，他正式开设的课程就达到 34 门之多，此外还讲了许多非正式的课程．费曼一生中获得过很多奖项（包括诺贝尔物理学奖），但他却为 1972 年获得奥斯特教育奖章感到特别自豪．作为一名教育家，费曼深受同事和学生的爱戴，他逝世那天，加州理工学院的大学生们在十一层高的图书馆主楼顶上悬挂起一条巨大的横幅，上面写着："迪克（费曼的昵称），我们爱你"．

费曼有一种特殊能力，他能用简单的办法解释复杂问题. 1986 年，美国“挑战者号”航天飞机失事，震惊世界. 作为对失事原因进行调查的委员会成员之一，费曼和其他专家咬文嚼字的证词完全不同，他只用一杯冰水和一只橡皮环，就在国会向公众揭示了航天飞机失事的根本原因——低温下橡皮垫圈失去弹性，这就是著名的 O 型环演示实验，费曼由此成为公众心目中的英雄. 费曼个性开朗，经常表现得像个喜剧人物，有时又像个顽童，他为自己的自传选择的书名是《别闹了，费曼先生!》. 费曼的一生丰富多彩，作为 20 世纪最具有原创性的物理学家之一，他在物理学众多领域做出了卓越的贡献；他还是一位伟大的教师，对许多年轻人产生了意义深远的影响；而生活中的费曼有时是无线电修理工，保险柜密码破解高手，有时则是艺术家、邦戈鼓手，有时又是玛雅象形文字的破译者. 费曼总能以他那新颖的观点、杰出的演讲和富有魅力的人格令人倾倒；而他又常常会做出一些“荒诞之举”，例如与拉斯维加斯的脱衣舞女和赌徒聊天、发表各种惊世骇俗之语等. 然而，这就是费曼，一位颇具传奇的人物.

# 第 16 章　电磁感应和电磁场

1820 年，丹麦物理学家奥斯特发现电流的磁效应，从一个侧面揭示了电现象和磁现象的联系：运动电荷产生磁场．人们不禁开始思考“磁场是否能够产生电场？”虽然之后多年的探索都归于失败，但是不少科学家仍继续努力，终于在 1831 年，M．法拉第（Michael Faraday，1791—1867）发现了磁场产生电流的电磁感应（electromagnetic induction）现象．这是电磁学的重大发现之一，它进一步揭示了电与磁之间的联系．

法拉第电磁感应定律的重要意义在于：一方面，依据电磁感应的原理，人们制造出了发电机、变压器等电气设备，电能的大规模生产和远距离输送成为可能；另一方面，电磁感应现象在电工技术、电子技术以及电磁测量等方面都有广泛的应用．人类社会从此迈进了电气化时代．电磁感应现象的发现不仅改变了人类对自然界的认识，而且还通过新技术推进了人类的文明．从此之后电与磁相互融合成一个新的学科——电磁学．在此基础上麦克斯韦（James Clerk Maxwell，1831—1879）建立了完整的电磁理论．

## 16.1　电磁感应定律

### 16.1.1　电磁感应现象

1831 年 8 月 29 日，M．法拉第发现，处于随时间变化的电流附近的闭合回路中出现了感应电流（induction current）．法拉第立即意识到，这是一种非恒定的暂态效应．紧接着他做了一系列实验去验证它并寻找其内在规律，最后得到电磁感应定律．下面用几个典型的电磁感应演示实验来说明什么是电磁感应现象，以及产生电磁感应的条件．

（1）闭合导体回路与磁铁棒之间有相对运动时．如图 16-1 所示，一个线圈与电流计的两端连接成闭合回路，电路内没有电源所以电流计的指针不会偏转．可是当一个条形磁铁棒的任一极（N 极或 S 极）插入线圈时，可以观察到指针发生偏转，即回路中有电流通过．当磁铁棒与线圈相对静止时，无论两者相距多近，电流计指针均不动．当把磁铁棒从线圈中抽出时，电流计的指针又发生偏转，并且此时的偏转方向与插入时相反．进一步的实验表明，起作用的是闭合回路与磁棒之间的相对运动．

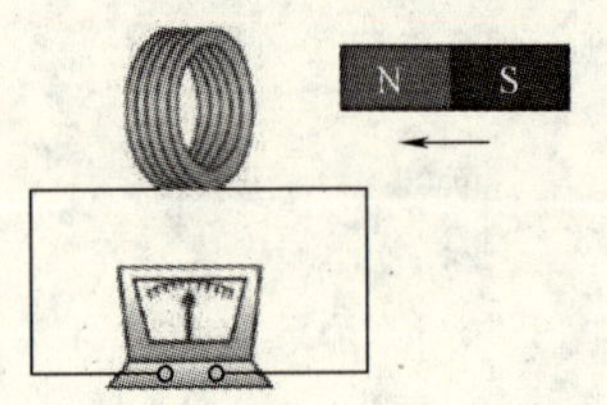

图 16-1　闭合回路与磁棒之间的相对运动

因为载流线圈在空间激发出与条形磁铁类似的磁场，所以载流线圈与闭合导体回路间有相对运动时，亦可引起电磁感应现象．

（2）闭合导体回路与载流线圈无相对运动，且载流线圈中电流改变时，同样可引起电磁感应现象．如图 16-2 所示，两个彼此靠得较近但相对静止的线圈 1 和 2，线圈 1 与电流计 G 相连接，线圈 2 与一个电源和变阻器 $R$ 相连接．当线圈 2 中的电路接通、断开的瞬间或改变电阻 $R$ 时，可以观察到电流计指针发生偏转，即在线圈 1 中出现感应电流，实验表明：只有在线圈 2 中的电流发生变化时，才能在线圈 1 中出现感应电流.

如果在图 16-2 的线圈 2 中加一铁磁性材料做芯子，重复上述实验过程，将会发现线圈 1 中的电流大大增加，说明上述现象还受到介质的影响.

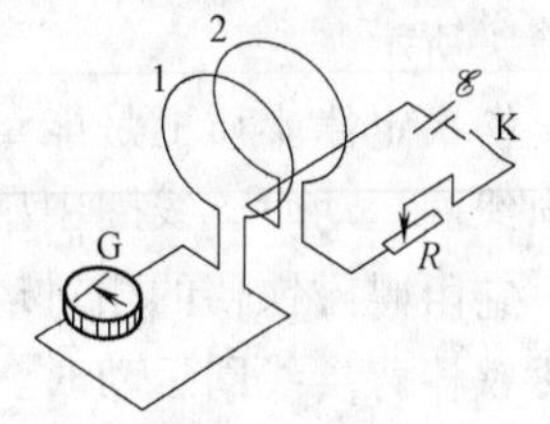

图 16-2　载流线圈中电流改变

(3) 闭合导体回路在均匀磁场中运动，也能够引起电磁感应现象. 如图 16-3 所示，接有电流计的平行导体滑轨放于均匀磁场中，磁感应强度 $\boldsymbol{B}$ 垂直于滑轨平面. 当导体棒横跨平行滑轨并向右滑动时，电流计指针发生偏转，速度越大偏转越厉害，导体棒反向运动时，电流计指针反向偏转，此实验中，磁感应强度 $\boldsymbol{B}$ 没有变化，但由于导体棒向右或向左运动，导体框的面积在随时间变化，于是通过导体框的磁通量随时间变化，所以在导体回路中产生了感应电流，导体棒的速度越大，单位时间内通过导体框的磁通量变化越大. 从另一个角度来看，感应电流的产生是由于闭合导体的一段导体棒切割磁力线所产生的.

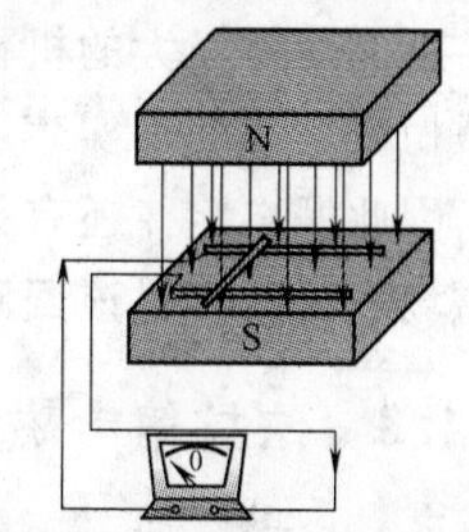

图 16-3　闭合导体回路在均匀磁场中运动

总结以上几个典型现象，可得出如下结论：不管什么原因使穿过闭合导体回路所包围面积的磁通量发生变化(增加或减少)，回路中都会出现电流，这种电流称为感应电流. 在磁通量增加和减少的两种情况下，回路中感应电流的流向相反. 感应电流的大小取决于穿过回路所围面积的磁通量的变化快慢. 变化越快，感应电流越大；反之，就越小. 由于在线圈中插入芯子后，线圈中的感应电流大大增加，这又说明感应电流的产生是因为磁感应强度 $\boldsymbol{B}$ 通量的变化，而不是由于磁场强度 $\boldsymbol{H}$ 通量的变化.

## 16.1.2　楞次定律

1834 年，俄国科学家 E. 楞次(Lenz，1804—1865)获悉法拉第发现电磁感应现象后，做了许多实验，在进一步概括了大量实验结果的基础上，得出了确定感应电流方向的法则，称为楞次定律(Lenz's law). 这就是：**在发生电磁感应时，导体闭合回路中产生的感应电流具有确定的方向，总是使感应电流所产生的磁场穿过回路面积的磁感应强度 $\boldsymbol{B}$ 通量，去补偿或者反抗引起感应电流的磁感应强度 $\boldsymbol{B}$ 通量的变化.**

在图 16-1 的实验中，当磁铁棒以 N 极插向线圈或线圈向磁棒的 N 极运动时，通过线圈的磁通量增加，感应电流所激发的磁场方向则要使通过线圈面积的磁通量反抗线圈内磁通量的增加，所以线圈中感应电流所产生的磁感应线的方向与磁铁棒的磁感应线的方向相反. 再根据右手螺旋定则，可确定线圈中感应电流的方向如图 16-4a 中的箭头所示，当磁铁棒拉离线圈或线圈背离 N 极运动时，通过线圈面积的磁通量减少，感应电流的磁场则要使通过线圈面积的磁通量去补偿线圈内磁通量的减少，因而，它所产生的磁感应线的方向与磁铁棒的磁感应线的方向相同，感应电流的方向与图 16-4a 所示情况相反，如图 16-4b

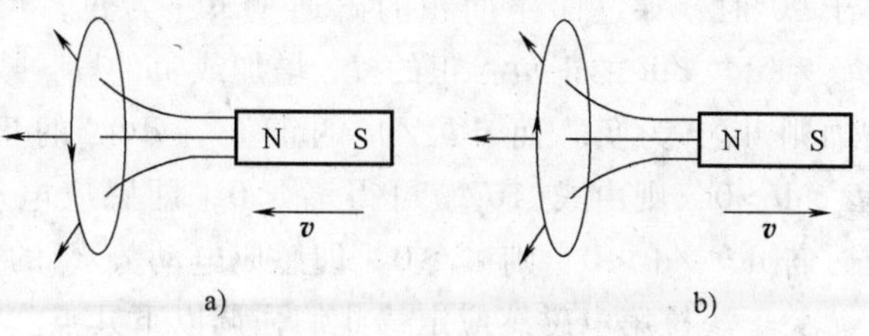

图 16-4　楞次定律

中箭头所示.

楞次定律实质上是能量守恒定律的一种体现. 在上述例子中可以看到，当磁铁棒的N极向线圈运动时，线圈中感应电流所激发的磁场分布相当于在线圈朝向磁铁棒一面出现N极，它阻碍磁铁棒的相对运动，因此，在磁铁棒向前运动过程中，外力必须克服斥力做功；当磁铁棒背离线圈运动时，则外力必须克服引力做功，这时，给出的能量转化为线圈中感应电流的电能，并转化为电路中的焦耳-楞次热. 反之，如果设想感应电流的方向不是这样，它的出现不是阻碍磁铁棒的运动而是促使它加速运动，那么只要我们把磁铁棒稍稍推动一下，线圈中出现的感应电流将使它动得更快，于是又增长了感应电流，这个增长又促进相对运动更快，如此不断地相互反复加强，所以只要在最初使磁铁棒的微小移动中做出微量的功，就能获得极大的机械能和电能，这显然是违背能量守恒定律的. 所以，感应电流的方向遵从楞次定律的事实表明，楞次定律本质上就是能量守恒定律在电磁感应现象中的具体表现. 因此楞次定律还有另外一种表述方式，即：**在闭合导体回路中感应电流总是企图产生一个磁场去阻碍穿过该回路所围面积的磁通的变化**.

### 16.1.3　法拉第电磁感应定律

法拉第对电磁感应现象做了定量的研究，总结得出了电磁感应的基本定律. 感应电流的存在说明回路中存在电动势，这种电动势称为感应电动势(induction electromotive force)，用 $\mathscr{E}_i$ 表示. 由闭合回路中磁通量的变化直接产生的结果应是感应电动势. 当通过导体回路的磁通量随时间发生变化时，回路中就有感应电动势产生，从而产生感应电流. 这个磁通量的变化可以是由磁场变化引起的，也可以是由于导体在磁场中运动或导体回路中的一部分切割磁力线的运动而产生的. 感应电动势比感应电流更能反映电磁感应现象的本质，如果导体回路不闭合就不会有感应电流，但感应电动势仍然存在. 所以法拉第用感应电动势来表述电磁感应定律，叙述如下：

**当穿过回路的 $\boldsymbol{B}$ 通量 $\Phi_m$ 发生变化时，回路中产生的感应电动势 $\mathscr{E}_i$ 与 $\boldsymbol{B}$ 通量对时间的变化率的负值成正比**，如果采用国际单位制，则此定律可表示为

$$\mathscr{E}_i = -\frac{d\Phi_m}{dt} \tag{16-1}$$

式中的负号反映了感应电动势的方向与 $\boldsymbol{B}$ 通量 $\Phi_m$ 变化之间的关系. 在判断感应电动势的方向时，可以通过符号法则来确定. 符号法则规定：任意确定一个导体回路 $L$ 的绕行方向，当回路中的磁感应线方向与回路绕行方向成右手螺旋关系时，$\Phi_m$ 为正. 具体步骤是：先规定回路绕行的正方向，然后按右手螺旋法则确定回路所包围面积的法线 $\boldsymbol{n}$ 的正方向，即右手四指弯曲方向沿绕行正方向，伸直拇指的方向就是 $\boldsymbol{n}$ 的正方向. 当磁感应强度 $\boldsymbol{B}$ 与 $\boldsymbol{n}$ 的夹角小于90°时，穿过回路面积的磁通量 $\Phi_m$ 为正，反之为负. 再根据 $\Phi_m$ 的变化情况，确定 $d\Phi_m$ 和 $d\Phi_m/dt$ 的正负：正的 $\Phi_m$ 增加或负的 $\Phi_m$ 减少则 $d\Phi_m$ 为正；正的 $\Phi_m$ 减少或负的 $\Phi_m$ 增加则 $d\Phi_m$ 为负. 而 $d\Phi_m/dt$ 的正负与 $d\Phi_m$ 的正负相同(因为 $dt$ 总是正的). 最后，若 $d\Phi_m/dt>0$，则由式(16-1)可得 $\mathscr{E}_i<0$，即感应电动势 $\mathscr{E}_i$ 的方向与所规定的回路正方向相反；若 $d\Phi_m/dt<0$，则 $\mathscr{E}_i>0$，即感应电动势 $\mathscr{E}_i$ 的方向与所规定的回路正方向一致.

关于法拉第电磁感应定律我们强调以下几点：

(1) 导体回路中产生感应电流的原因，是由于电磁感应在回路中建立了感应电动势，它

比感应电流更本质，即使由于回路中的电阻无限大而使电流为零，感应电动势依然存在.

(2) 在回路中产生感应电动势的原因是由于通过回路平面的磁通量的变化，而不是磁通量本身，即使通过回路的磁通量很大，但只要它不随时间变化，回路中依然不会产生感应电动势.

(3) 法拉第电磁感应中，负号的物理意义在于指明了感应电动势的方向. 即是楞次定律的体现.

当导体回路是由 $N$ 匝线圈构成时，在整个线圈中产生的感应电动势应是每匝线圈中产生的感应电动势之和. 设穿过各匝线圈的磁通量分别为 $\boldsymbol{\Phi}_{m1}$，$\boldsymbol{\Phi}_{m2}$，…，$\boldsymbol{\Phi}_{mN}$ 时，则线圈中总电动势为

$$\begin{aligned}\mathscr{E}_i &= -\frac{d}{dt}(\boldsymbol{\Phi}_{m1}+\boldsymbol{\Phi}_{m2}+\cdots+\boldsymbol{\Phi}_{mN}) \\ &= -\frac{d}{dt}\left(\sum_{i=1}^{N}\boldsymbol{\Phi}_{mi}\right) = -\frac{d\boldsymbol{\Psi}}{dt}\end{aligned} \tag{16-2}$$

其中 $\boldsymbol{\Psi}=\sum_{i=1}^{N}\boldsymbol{\Phi}_{mi}$ 是穿过各匝线圈的磁通量的总和，称为穿过线圈的**全磁通**(fluxoid). 当穿过各匝线圈的 $\boldsymbol{B}$ 通量相等时，$N$ 匝线圈的全磁通 $\boldsymbol{\Psi}=N\boldsymbol{\Phi}_m$，称为**磁通链数**(flux linkage)，简称**磁链**. 这时

$$\mathscr{E}_i = -N\frac{d\boldsymbol{\Phi}_m}{dt} \tag{16-3}$$

在国际单位制中，$\boldsymbol{B}$ 通量 $\boldsymbol{\Phi}_m$ 的单位为韦伯(Wb)，感应电动势 $\mathscr{E}_i$ 的单位是伏特(V)，因此有 1V = 1Wb/s.

如果闭合回路的电阻为 $R$，则通过线圈的感应电流为

$$I_i = \frac{\mathscr{E}_i}{R} = -\frac{1}{R}\frac{d\boldsymbol{\Psi}}{dt} \tag{16-4}$$

利用电流的定义式 $I=dq/dt$，可由上式计算出从 $t_1$ 到 $t_2$ 这段时间内，通过导线任一横截面的感应电荷量为

$$q = \int_{t_1}^{t_2} I_i dt = -\frac{1}{R}\int_{\Psi_1}^{\Psi_2} d\boldsymbol{\Psi} = \frac{1}{R}(\boldsymbol{\Psi}_1-\boldsymbol{\Psi}_2) \tag{16-5}$$

上式中 $\boldsymbol{\Psi}_1$ 和 $\boldsymbol{\Psi}_2$ 分别是 $t_1$ 和 $t_2$ 时刻穿过导体回路的全磁通. 式(16-5)表明：从 $t_1$ 到 $t_2$ 这段时间内，感应电荷量只与导体回路中全磁通的变化量成正比，而与全磁通变化的快慢无关. 实验中通过测量感应电量和回路电阻就可以得到相应的全磁通的变化. 常用的磁通计就是利用这个原理设计的.

**例题 16-1**　一长直螺线管，半径 $r_1=0.020$m，单位长度的线圈匝数为 $n=10\,000$，另一绕向与螺线管绕向相同，半径为 $r_2=0.030$m，匝数 $N=100$ 的圆线圈 A 套在螺线管外，如图 16-5 所示. 如果螺线管中的电流按 0.100A/s 的变化率增加，求

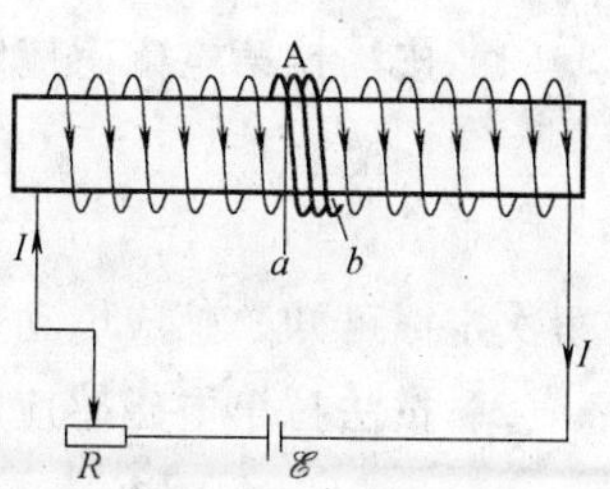

图 16-5　例题 16-1 用图

(1) 圆线圈 $A$ 内感应电动势的大小和方向；

(2) 在圆线圈 $A$ 的 $a$、$b$ 两端接入一个可测量电量的冲击电流计. 若测得感应电荷量 $q=20.0\times10^{-7}$C，求穿过圆线圈

A 的磁通量的变化值. 已知圆线圈 A 的总电阻为 10Ω.

**解**: (1) 取圆线圈 A 回路的绕行正方向与长直螺线管内电流的方向相同, 则回路 $A$ 的法线 $\boldsymbol{n}$ 的方向与长螺线管中电流所产生的磁感应强度 $\boldsymbol{B}$ 的方向相同. 通过圆线圈 $A$ 每匝的磁通量为

$$\Phi_{\mathrm{m}} = \boldsymbol{B} \cdot \boldsymbol{S} = \mu_0 n I \pi r_1^2$$

根据式(16-4), 圆线圈 A 中的感应电动势为

$$\mathscr{E}_{\mathrm{i}} = -\frac{\mathrm{d}\Psi}{\mathrm{d}t} = -N\frac{\mathrm{d}\Phi_{\mathrm{m}}}{\mathrm{d}t} = -\mu_0 n N \pi r_1^2 \frac{\mathrm{d}I}{\mathrm{d}t}$$

将 $\mu_0 = 4\pi \times 10^{-7}\mathrm{H/m}$ 和已知条件代入上式得

$$\mathscr{E}_{\mathrm{i}} = -4\pi \times 10^{-7} \times 10^4 \times 100 \times \pi \times (0.020)^2 \times 0.100\mathrm{V} \approx -1.58 \times 10^{-4}\mathrm{V}$$

负号说明感应电动势 $\mathscr{E}_{\mathrm{i}}$ 的方向与 A 回路绕行的正方向即长直螺线管中电流的方向相反.

(2) 圆线圈 A 的两端 $a$、$b$ 接入冲击电流计, 形成闭合回路. 由式(16-4)得感应电荷量为

$$q = \frac{1}{R}(\Psi_1 - \Psi_2) = \frac{N}{R}(\Phi_{\mathrm{m1}} - \Phi_{\mathrm{m2}})$$

式中, $\Phi_{\mathrm{m1}}$ 和 $\Phi_{\mathrm{m2}}$ 分别为 $t_1$ 和 $t_2$ 时刻通过圆线圈 A 每匝的磁通量. 由上式可得

$$\Phi_{\mathrm{m1}} - \Phi_{\mathrm{m2}} = \frac{qR}{N} = \frac{20.0 \times 10^{-7} \times 10}{100}\mathrm{Wb} = 2.0 \times 10^{-7}\mathrm{Wb}$$

如果时刻 $t_1$ 为刚接通长直螺线管电流的时刻, 则 $\Phi_{\mathrm{m1}} = 0$; $t_2$ 为长直螺线管中电流达到稳定值 $I$ 的时刻, 则 $t_2$ 时刻 $\Phi_{\mathrm{m2}} = B\pi r_1^2$. 利用以上关系式可得 $B = qR/N\pi r_1^2$. 因此, 用本题的装置可以测量电流为 $I$ 时, 长直螺线管中的均匀磁场的磁感应强度.

**例题 16-2** 如图 16-6 所示, 一长直电流 $I$ 旁距离 $r$ 处有一与电流共面的圆线圈, 线圈的半径为 $R$, 且 $R \ll r$. 就下列两种情况求线圈中的感应电动势.

(1) 若电流以速率 $\frac{\mathrm{d}I}{\mathrm{d}t}$ 增加;

(2) 若线圈以速率 $v$ 向右平移.

**解**: 因为 $R \ll r$, 所以线圈所在处磁场可看做均匀, 有

$$B = \frac{\mu_0 I}{2\pi r}$$

且方向垂直线圈平面向里, 故穿过线圈平面的磁通量为

$$\Phi_{\mathrm{m}} = BS = \frac{\mu_0 I}{2\pi r} \cdot \pi R^2 = \frac{\mu_0 I R^2}{2r}$$

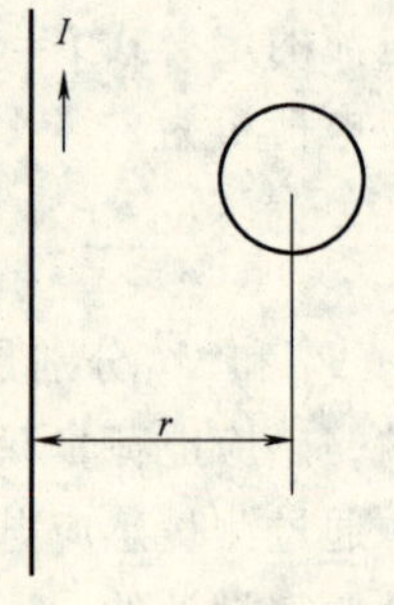

图 16-6 例题 16-2 用图

(1) 按法拉第电磁感应定律, 线圈中的感应电动势大小为

$$\mathscr{E}_{\mathrm{i}} = \left|\frac{\mathrm{d}\Phi_{\mathrm{m}}}{\mathrm{d}t}\right| = \frac{\mathrm{d}}{\mathrm{d}t}\left(\frac{\mu_0 I R^2}{2r}\right) = \frac{\mu_0 R^2}{2r}\frac{\mathrm{d}I}{\mathrm{d}t}$$

由楞次定律可知, 感应电动势为逆时针方向.

(2) 按法拉第电磁感应定律

$$\mathscr{E}_{\mathrm{i}} = \left|\frac{\mathrm{d}\Phi_{\mathrm{m}}}{\mathrm{d}t}\right| = \left|\frac{\mathrm{d}}{\mathrm{d}t}\left(\frac{\mu_0 I R^2}{2r}\right)\right| = \frac{1}{2}\mu_0 I R^2 \left|\frac{\mathrm{d}}{\mathrm{d}t}\left(\frac{1}{r}\right)\right| = \frac{1}{2}\mu_0 I R^2 \cdot \frac{1}{r^2}\frac{\mathrm{d}r}{\mathrm{d}t}$$

由于$\frac{dr}{dt}=v$，故

$$\mathscr{E}_i=\frac{\mu_0 I R^2 v}{2r^2}$$

由楞次定律可知，感应电动势为顺时针方向.

## 16.2　动生电动势和感生电动势

法拉第电磁感应定律表明，只要通过回路的磁通量随时间变化就会在回路中产生感应电动势. 而引起磁通量变化的原因本质上有两种情况，一种是导体回路或其一部分在磁场中运动，使其回路面积或回路的法线与磁感应强度 $\boldsymbol{B}$ 的夹角随时间变化，从而使回路中的磁通量发生变化；第二种是回路不动，磁感强度随时间变化，从而使通过回路的磁通量发生变化. 我们把因第一种原因而在回路中产生的感应电动势称为**动生电动势**(motional electromotive force)，把因第二种原因而在回路中建立的感应电动势称为**感生电动势**(induced electromotive force). 下面主要讨论两类感应电动势产生的物理机制，并由电磁感应定律导出相应电动势的表达式.

### 16.2.1　动生电动势

如图 16-7 所示，一个导体回路 $ABCD$ 中长为 $l$ 的导线 $AB$ 在磁感应强度为 $\boldsymbol{B}$ 的磁场中以速度 $\boldsymbol{v}$ 向右作匀速直线运动. 假定导线 $AB$、磁场 $\boldsymbol{B}$ 以及速度 $\boldsymbol{v}$ 互相垂直. 在 $\mathrm{d}t$ 时间内，导线 $AB$ 移动的距离 $\mathrm{d}x=v\mathrm{d}t$，则回路面积增加量为 $\mathrm{d}S=l\mathrm{d}x=lv\mathrm{d}t$. 若选取回路绕行方向为顺时针方向，则回路的磁通量增量为

$$\mathrm{d}\Phi_m=\boldsymbol{B}\cdot\mathrm{d}\boldsymbol{S}=Blv\mathrm{d}t$$

根据法拉第电磁感应定律，在导线 $AB$ 上产生的动生电动势为

$$\mathscr{E}_i=-\frac{\mathrm{d}\Phi_m}{\mathrm{d}t}=-Blv \qquad (16\text{-}6)$$

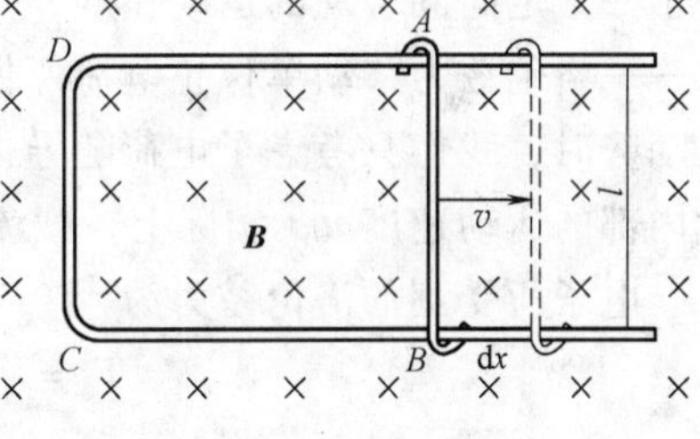

图 16-7　动生电动势

由于 $lv$ 可以看成导线 $AB$ 单位时间内扫过的面积，因此动生电动势也等于导体在单位时间内切割的磁感应线条数. 由楞次定律，可以确定动生电动势的方向是从 $B$ 指向 $A$ 的. 电动势是由于导线运动产生的，只存在于导线 $AB$ 段内，即运动着的导线 $AB$ 相当于一个电源. 在电源内部，电动势方向是由低电势指向高电势的，因此 $A$ 点的电势比 $B$ 点的高，这就是说，$A$ 端相当于电源的正极，$B$ 端相当于负极.

动生电动势形成的物理机制、所服从的规律，却完全可以用洛伦兹力的理论来推出. 导线 $AB$ 以速度 $\boldsymbol{v}$ 向右作匀速直线运动，导线内部的电子也获得了向右的定向速度 $\boldsymbol{v}$. 每个电子受到的洛伦兹力为

$$\boldsymbol{f}=-e\boldsymbol{v}\times\boldsymbol{B}$$

其方向由 $A$ 指向 $B$. 电子在洛伦兹力的作用下沿着导线向 $B$ 端运动. 于是在 $B$ 端出现负电荷的积累，$A$ 端由于缺少负电荷而出现正电荷的积累. 随着导线 $AB$ 两端正、负电荷的积累，

在导线中要激发电场，其方向由 $A$ 指向 $B$. 这时电子还要受到一个指向 $A$ 端的电场力的作用，电场力为

$$\boldsymbol{F}_{\mathrm{e}} = -e\boldsymbol{E}$$

当导线 $AB$ 两端的电荷积累到一定程度时，电场力和洛伦兹力平衡. 此时，导体内的自由电子不再有宏观定向迁移，导线 $AB$ 两端出现确定的电势差，可见导线 $AB$ 相当于一个电源，其电动势就是动生电动势. 作用在自由电子上的洛伦兹力，就是提供动生电动势的非静电力. 该非静电力所对应的非静电场强

$$\boldsymbol{E}_{\mathrm{k}} = \frac{\boldsymbol{f}}{-e} = \boldsymbol{v} \times \boldsymbol{B}$$

根据电动势的定义式

$$\mathscr{E}_{\mathrm{i}} = \int_{(\text{经电源})} \boldsymbol{E}_{\mathrm{k}} \cdot \mathrm{d}\boldsymbol{l}$$

导线 $AB$ 上的动生电动势为

$$\mathscr{E}_{AB} = \int_{A}^{B} \boldsymbol{E}_{\mathrm{k}} \cdot \mathrm{d}\boldsymbol{l} = \int_{A}^{B} (\boldsymbol{v} \times \boldsymbol{B}) \cdot \mathrm{d}\boldsymbol{l} \tag{16-7}$$

根据图 16-7 的情况，由于 $\boldsymbol{v}$ 与 $\boldsymbol{B}$ 垂直，且 $\boldsymbol{v} \times \boldsymbol{B}$ 与 $\mathrm{d}\boldsymbol{l}$ 方向相同，所以可得

$$\mathscr{E}_{AB} = \int_{A}^{B} vB\mathrm{d}l = Blv \tag{16-8}$$

我们知道，由于洛伦兹力始终与带电粒子的运动方向垂直，所以它对电荷是不做功的. 但在上面讨论动生电动势的时候，又认为一段导体在磁场中运动时，由于导体中的载流子获得了一个定向的宏观的运动速度，于是它在磁场中受到洛伦兹力，所以动生电动势是非静电力——洛伦兹力移动单位正电荷所做的功. 但这和洛伦兹力不做功是不矛盾的. 在讨论动生电动势时，我们只考虑了电荷随导体运动的速度 $\boldsymbol{v}$，而没有考虑电荷受到洛伦兹力 $\boldsymbol{f}$ 而在导体内部的运动速度 $\boldsymbol{u}$，实际上，载流子的运动速度应为 $\boldsymbol{v}' = \boldsymbol{v} + \boldsymbol{u}$.

电子所受到的洛伦兹力为

$$\begin{aligned}\boldsymbol{F} &= -e\boldsymbol{v}' \times \boldsymbol{B} = -e(\boldsymbol{v} + \boldsymbol{u}) \times \boldsymbol{B} \\ &= -e\boldsymbol{v} \times \boldsymbol{B} - e\boldsymbol{u} \times \boldsymbol{B} \\ &= \boldsymbol{f} + \boldsymbol{f}'\end{aligned}$$

上式中第一项 $\boldsymbol{f}$ 即是我们在讨论动生电动势时的非静电力，而第二项 $\boldsymbol{f}' = -e\boldsymbol{u} \times \boldsymbol{B}$ 与 $\boldsymbol{f}$ 垂直，与导体棒的运动速度 $\boldsymbol{v}$ 反向，即 $\boldsymbol{f}'$ 阻碍导体棒的向右运动，欲使导体棒保持速度 $\boldsymbol{v}$ 运动，外力必须克服 $\boldsymbol{f}'$ 对棒做功. 电子定向移动时，力 $\boldsymbol{f}$ 的功率为

$$P_1 = -e(\boldsymbol{v} \times \boldsymbol{B}) \cdot \boldsymbol{u}$$

力 $\boldsymbol{f}'$ 的功率为

$$P_2 = -e(\boldsymbol{u} \times \boldsymbol{B}) \cdot \boldsymbol{v}$$

又因为 $(\boldsymbol{v} \times \boldsymbol{B}) \cdot \boldsymbol{u} = -(\boldsymbol{u} \times \boldsymbol{B}) \cdot \boldsymbol{v}$，所以洛伦兹力的总功率

$$P = P_1 + P_2 = -e(\boldsymbol{v} \times \boldsymbol{B}) \cdot \boldsymbol{u} - e(\boldsymbol{u} \times \boldsymbol{B}) \cdot \boldsymbol{v} = -e(\boldsymbol{v} \times \boldsymbol{B}) \cdot \boldsymbol{u} + e(\boldsymbol{v} \times \boldsymbol{B}) \cdot \boldsymbol{u} = 0$$

这就证明了洛伦兹力不做功，$\boldsymbol{f}$ 所做的功正好等于 $\boldsymbol{f}'$ 对导体棒所做的负功，即为外力克服 $\boldsymbol{f}'$ 所做的功. 洛伦兹力所做总功为零，实质上表示了能量的转换与守恒，洛伦兹力在这里起了一个能量转换的作用：一方面接受外力的功，同时驱动电荷运动做功. 简单地讲就是回

路的电能来自外界的机械能，而不是来自磁场的能量，这就是发电机的能量原理.

**例题 16-3**　如图 16-8 所示，长为 $L$ 的铜棒在磁感强度为 $\boldsymbol{B}$ 的均匀磁场中，以角速度 $\omega$ 在与磁场方向垂直的平面上绕棒的一端转动，求铜棒两端的感应电动势.

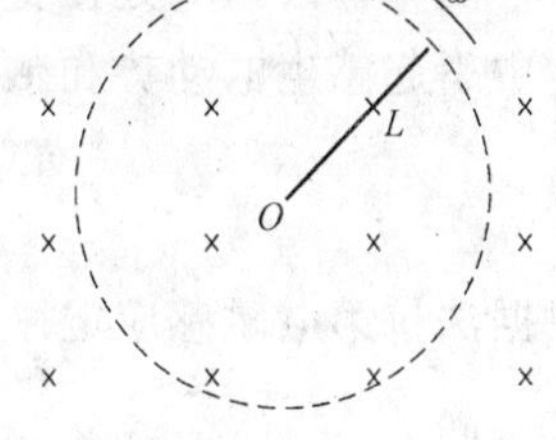


图 16-8　例题 16-3 用图

**解**：在铜棒上离轴为 $l$ 处取一线元 $\mathrm{d}\boldsymbol{l}$，其速度为$\boldsymbol{v}$，且$\boldsymbol{v}$、$\boldsymbol{B}$、$\mathrm{d}\boldsymbol{l}$ 三者互相垂直，因此 $\mathrm{d}\boldsymbol{l}$ 上的动生电动势为

$$\mathrm{d}\mathscr{E}_{\mathrm{i}} = (\boldsymbol{v}\times\boldsymbol{B})\cdot\mathrm{d}\boldsymbol{l} = vB\mathrm{d}l$$

又因为 $v=l\omega$，则整个铜棒上的动生电动势为

$$\mathscr{E}_{\mathrm{i}} = \int_L \mathrm{d}\mathscr{E} = \int_0^L vB\mathrm{d}l = \int_0^L B\omega l\mathrm{d}l = \frac{1}{2}B\omega l^2$$

## 16.2.2　感生电动势

现在我们讨论当导体回路固定不动，而由于磁场变化引起 $\boldsymbol{B}$ 通量的变化，以致在导体回路中产生感生电动势的问题.

先看一个例子，如图 16-9 所示，一长直螺线管，截面积为 $S$. 单位长度的线圈匝数为 $n$. 螺线管外套一个闭合线圈，线圈连接一个检流计，当螺线管通以电流 $I$ 时，在螺线管内的磁感应强度为 $B=\mu_0 nI$，因此通过线圈的 $\boldsymbol{B}$ 通量为

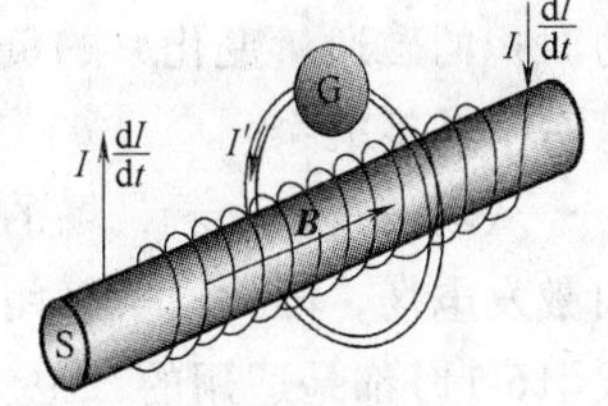


图 16-9　感生电动势

$$\Phi_{\mathrm{m}} = \int \boldsymbol{B}\cdot\mathrm{d}\boldsymbol{S} = BS = \mu_0 nIS$$

如果螺线管内的电流发生变化，那么在线圈中产生的感生电动势大小为

$$\mathscr{E}_{\mathrm{i}} = \frac{\mathrm{d}\Phi_{\mathrm{m}}}{\mathrm{d}t} = \mu_0 nS\frac{\mathrm{d}I}{\mathrm{d}t}$$

如果闭合线圈的电阻为 $R$，那么闭合线圈的感应电流 $I_{\mathrm{i}}=\dfrac{\mathscr{E}_{\mathrm{i}}}{R}$.

## 16.2.3　感生电场

我们知道一个电动势的产生，必须以非静电力 $\boldsymbol{F}_{\mathrm{k}}$ 或非静电场 $\boldsymbol{E}_{\mathrm{k}}$ 的存在作为条件，动生电动势的非静电力是洛伦兹力，但因为回路不动，感生电动势的非静电力显然不是洛伦兹力，那么，与感生电动势相应的非静电力是什么呢？

既然导体不动而磁场 $\boldsymbol{B}$ 变化时出现感生电动势，可见导体中的电子必然由于 $\boldsymbol{B}$ 的变化而受到一个力. 迄今为止，关于电荷所受的力，我们已经认识了两种：①电荷受到其他静电荷激发的电场对它的库仑力——静电场力；②运动电荷受到磁场对它的洛伦兹力——磁场力. 现在又看到，静止电荷在变化磁场中也要受到一个力的作用，但这个力既不是洛伦兹力，也不是库仑力(因为库仑力与磁场无关)，而是一种我们尚未认识的力. 既然一个任意形状的、由任意金属材料制成的静止线圈内的电子在变化磁场中都要受到这种力，可以推想，取走线圈而在变化的磁场中放一个静止电子(或其他带电粒子)，也会受到这样一种力. 1861 年，麦克斯韦分析和研究了这类电磁感应现象，提出了以下假说：不论有无导体或导

体回路，变化的磁场都将在其周围空间产生具有闭合电场线的电场，并称此电场为**感生电场**(induced electric field)或**涡旋电场**．大量的实验证实了麦克斯韦这一假说的正确性．

当导体回路 $L$ 处在变化的磁场中时，感生电动势就会作用于导体内的载流子，从而在导体中引起感生电动势和感应电流．由电动势的定义，闭合回路的感生电动势为

$$\mathscr{E}_{\mathrm{i}} = \oint_L \boldsymbol{E}_{\mathrm{k}} \cdot \mathrm{d}\boldsymbol{l} \tag{16-9}$$

根据法拉第电磁感应定律，有

$$\mathscr{E}_{\mathrm{i}} = -\frac{\mathrm{d}\Phi_{\mathrm{m}}}{\mathrm{d}t} = -\frac{\mathrm{d}}{\mathrm{d}t}\int_S \boldsymbol{B} \cdot \mathrm{d}\boldsymbol{S} \tag{16-10}$$

由式(16-9)和式(16-10)可得

$$\oint_L \boldsymbol{E}_{\mathrm{k}} \cdot \mathrm{d}\boldsymbol{l} = -\int_S \frac{\partial \boldsymbol{B}}{\partial t} \cdot \mathrm{d}\boldsymbol{S} \tag{16-11}$$

这里 $S$ 表示以回路 $L$ 为边界的曲面面积，而右侧改用偏导数是因为磁感应强度 $\boldsymbol{B}$ 还是空间坐标的函数．上式表明，感生电场 $\boldsymbol{E}_{\mathrm{k}}$ 沿回路 $L$ 的线积分等于磁感应强度 $\boldsymbol{B}$ 穿过回路所包围的面积的磁通量变化率的负值．当选定积分回路的绕行方向后，面积的法线方向与绕行方向呈右手螺旋关系．

从场的观点来看，场的存在并不取决于空间有无导体回路的存在，变化的磁场总是在空间激发电场，因此，不管闭合回路是否是由导体构成，也不管闭合回路是处在真空或介质中式(16-11)都是适用的．也就是说：如果有导体回路存在时，感生电场的作用是驱使导体中的自由电荷作定向运动，从而显示出感应电流；如果不存在导体回路，就没有感应电流，但是变化的磁场所激发的电场还是客观存在的，这个假说现已被近代的科学实验所证实，例如，电子感应加速器的基本原理就是用变化的磁场所激发的电场来加速电子的，它的出现无疑是为感生电场的客观存在提供了一个令人信服的证据．

从以上讨论知道，自然界存在两种不同形式的电场：感生电场和静电场．它们有相同点也有不同点．相同点是两者都对带电粒子有力的作用．不同点主要表现在以下几个方面：

(1) 感生电场是由变化的磁场激发的；而静电场是由静止的电荷激发的．

(2) 感生电场不是保守力场，其环路积分不等于零，因而电场线是环绕变化磁场的一组闭合曲线；而静电场是保守力场，其环路积分为零，电场线起始于正电荷，终止于负电荷．

(3) 感生电场是无源电场，它的电场线是闭合曲线，无头无尾，所以又被称为**涡旋电场**(curl electric field)．因此感生电场 $E_{\mathrm{k}}$ 对任意闭合曲面的通量必然为零，即

$$\oint_S \boldsymbol{E}_{\mathrm{k}} \cdot \mathrm{d}\boldsymbol{S} = 0 \tag{16-12}$$

上式称为**感生电场的高斯定理**．而静电场是有源场，它对任意闭合曲面的通量可以不为零．

**例题 16-4** 一半径为 $R$ 的无限长直螺线管中载有变化电流，当磁感应强度以 $\partial B/\partial t$ 恒速增加．图 16-10a 上部所示为在管内产生的均匀磁场的一个横截面．求

(1) 管内外的涡旋电场 $\boldsymbol{E}_{\mathrm{k}}$，并计算图 16-10a 中同心圆形回路中的感生电动势；

(2) 将长为 $l$ 的金属棒垂直于磁场放置在螺线管内，如图 16-11b 所示，求棒两端的感生电动势的大小及方向．

**解**：由于 $\partial B/\partial t \neq 0$，在空间将激发涡旋电场，根据磁场分布的轴对称性及涡旋电场的场

线是闭合曲线这两个特点，可以断定涡旋电场的场线是在垂直轴线的平面内、以轴为圆心的一系列同心圆.

（1）在管内，即 $r<R$ 的区域，取以 $r$ 为半径的圆形闭合路径，按逆时针方向进行积分（因 $\boldsymbol{B}$ 增加，$\mathscr{E}_i$ 沿逆时针），则由式(16-10)经计算得

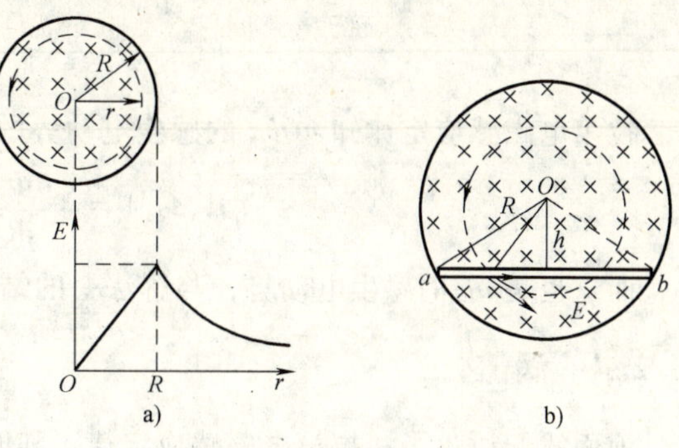

图 16-10　例题 16-4 用图

$$\mathscr{E}_i = E_k \times 2\pi r = \frac{\partial B}{\partial t}\pi r^2$$

故管内感生电场 $E_k$ 的大小及同心圆形回路中的感应电动势 $\mathscr{E}_i$ 分别为

$$E_k = \frac{r}{2}\frac{\partial B}{\partial t},\quad \mathscr{E}_i = \frac{\partial B}{\partial t}\pi r^2$$

任一点 $\boldsymbol{E}_k$ 的方向沿圆周的切线，指向为逆时针.

在管外，即 $r>R$ 的区域，各处 $B=0$，$\dfrac{\partial B}{\partial t}=0$，故

$$\mathscr{E}_i = E_k \times 2\pi r = \frac{\partial B}{\partial t}\pi R^2$$

因此有

$$\mathscr{E}_i = \frac{1}{2}\frac{R^2}{r}\frac{\partial B}{\partial t}$$

$\boldsymbol{E}_k$ 的方向与 $\mathscr{E}_i$ 的方向也都沿逆时针方向. $\boldsymbol{E}_k$ 随 $r$ 的变化规律，由图 16-10a 中的 $\boldsymbol{E}_k$-$r$ 曲线给出.

（2）解法一：用 $\mathscr{E}_{ab} = \int_a^b \boldsymbol{E}_k \cdot d\boldsymbol{l}$ 求解

$\boldsymbol{E}_k$ 线是一簇沿逆时针方向的同心圆. 沿金属棒 $ab$ 取线元 $d\boldsymbol{l}$，$\boldsymbol{E}_k$ 与 $d\boldsymbol{l}$ 的夹角为 $\alpha$，则有

$$\mathscr{E}_{ab} = \int_a^b \boldsymbol{E}_k \cdot d\boldsymbol{l} = \int_a^b E_k \cos\alpha dl$$

在 $r<R$ 区域内 $E_k = \dfrac{r}{2}\dfrac{\partial B}{\partial t}$，又因 $\cos\alpha = \dfrac{h}{r}$，所以有

$$\mathscr{E}_{ab} = \frac{h}{2}\frac{\partial B}{\partial t}\int_a^b d\boldsymbol{l} = \frac{1}{2}hl\frac{\partial B}{\partial t} = \frac{l}{2}\left[R^2 - \left(\frac{l}{2}\right)^2\right]^{1/2}\frac{\partial B}{\partial t}$$

因为 $\mathscr{E}_{ab}>0$，所以感生电动势的方向由 $a$ 指向 $b$，即 $b$ 点的电势比 $a$ 点的高.

解法二：用法拉第电磁感应定律求解

作辅助线 $aOb$，如图 16-10b 所示. 因 $\boldsymbol{E}_k$ 沿同心圆周的切向，故沿 $Oa$ 及 $bO$ 的线积分为零，即 $aOb$ 段的感生电动势为零，所以闭合曲线 $aOba$ 的感生电动势等于 $ab$ 段的感生电动势. $aOba$ 所围面积为

$$S = \frac{1}{2}hl$$

磁通量为

$$\Phi_{\mathrm{m}} = \frac{1}{2}hlB$$

由法拉第电磁感应定律知 $aOba$ 的感生电动势的大小为

$$|\mathscr{E}_{ab}| = \left|\frac{\mathrm{d}\Phi_{\mathrm{m}}}{\mathrm{d}t}\right| = \frac{1}{2}hl\frac{\partial B}{\partial t}$$

而这也是 $ab$ 的感生电动势，与解法一的结果相同.

### 16.2.4 涡流*

前面我们讨论了法拉第电磁感应定律，随时间变化的磁场可以在其周围空间激发变化的涡旋电场. 所以，当把块状的金属置于随时间变化的磁场中时，金属中的载流子将在涡旋电场的作用下运动而形成感应电流，这种感应电流的运动形式与河流中的涡旋相似，自成闭合回路，因此称为**涡电流**(eddy current).

根据楞次定律，感应电流的效果总是反抗引起感应电流的原因. 由此分析得到，如果涡电流是由金属在非均匀磁场中运动产生的，那么它与磁场的相互作用将阻碍金属的运动. 一些灵敏度高的天平运用这种制动效果来减少左右摇摆的次数. 磁悬浮列车的内置电磁铁在铁轨中激发涡电流，涡电流产生的磁场反过来对磁悬浮列车有个制动力. 这就是磁悬浮列车一部分制动力的原理.

因为金属的电阻很小，所以不大的感应电动势便可产生较强的涡电流. 从而可以在金属内产生大量的焦耳热，这就是感应加热的原理. 家用电磁炉就是利用感应加热来烹调食物的. 它的核心是一个高频载流线圈，高频电流产生高频变化的磁场，于是铁锅中产生涡电流. 通过电流的热效应来加热食物. 同样，钢铁厂的电磁感应炉用相同的原理来融化金属.

然而，感应加热很多时候也会产生危害. 例如变压器的铁心产生涡电流不仅损耗一部分电能，而且使得变压器温度升高变得不能正常工作. 为了减小涡电流，一般变压器的铁心不采用整块材料，而是先压成薄片或细条，再在表面涂上绝缘材料，然后再叠合成铁心. 这样，涡电流只能在薄片的横截面上流动. 由于增大了电阻，就减小了涡电流.

## 16.3 自感和互感

### 16.3.1 自感

当一个线圈中的电流发生变化时，它所激发的磁场穿过每匝线罔自身平面的磁通量也随之发生变化，从而使线圈产生感应电动势，这种因线圈中的电流发生变化而在线圈自身引起感应电动势的现象，称为**自感**(self-induction)，所产生的感应电动势称为**自感电动势**.

设线圈中通有电流 $I$，在线圈的形状、大小保持不变，周围没有铁磁物质的情况下，穿过线圈的全磁通与电流 $I$ 成正比，即

$$\Psi = LI \tag{16-13}$$

式中，$L$ 为比例常数，称为**自感系数**，简称**自感**.

自感 $L$ 与回路的形状、大小、位置、匝数以及周围磁介质及其分布有关，而与回路中的

电流无关.

当电流 $I$ 随时间变化时，在线圈中产生的自感电动势为

$$\mathscr{E}_L = -\frac{\mathrm{d}\Psi}{\mathrm{d}t} = -\frac{\mathrm{d}(LI)}{\mathrm{d}t} = -L\frac{\mathrm{d}I}{\mathrm{d}t} \tag{16-14}$$

上式表明：回路中的自感在量值上等于电流随时间变化率为一个单位时，在回路中产生的自感电动势. 式中负号表明自感电动势 $\mathscr{E}_L$ 产生的感应电流的方向总是反抗回路中的电流的变化的. 当线圈中的电流减小时，即 $\mathrm{d}I/\mathrm{d}t<0$ 时，根据楞次定律，自感电动势反抗这种变化，与电流同方向；反之，当电流增大时，自感电动势与电流反方向. 对于不同的回路，在电流变化率相同的条件下，回路的自感 $L$ 越大，产生的自感电动势越大，电流越不容易变化. 换句话说，自感越大的回路，保持其回路中电流不变的能力越强. 自感的这一特性与力学中的质量相似，所以常说自感 $L$ 是回路的“电磁惯性”的量度.

自感的国际制单位是亨利，符号为 H，在某一回路中，当电流的改变为 1A/s，产生的自感电动势为 1V 时，这一回路的自感即为 1H. 这个单位相当大，所以实用中常用毫亨(mH)和微亨(μH)这两个辅助单位. 换算关系如下：

$$1\mathrm{H} = 10^3\mathrm{mH} = 10^6\mu\mathrm{H}$$

自感是许多电器元件的重要参数之一. 自感现象在电工、无线电技术中有十分广泛的应用. 日光灯的镇流器就是一个有铁心的自感线圈，它的作用有二：一是在日光灯打开时，利用电路中电流的突然变化产生一个很高的电压，使灯管中的气体电离而导电、发光；二是利用自感电动势限制日光灯电流的变化. 在电子电路中广泛使用自感线圈，比如用它与电容器组成谐振电路等各种电路来完成特定的任务.

自感现象有时也会带来危害. 大型电动机、发电机、电磁铁等，它们的绕组都具有很大的自感，在电路接通和断开时，开关处可出现强烈的电弧，甚至烧毁开关、造成火灾并危及人身安全. 为了避免事故，必须使用特殊开关.

**例题 16-5**　设一空心密绕长直螺线管，单位长度的匝数为 $n$、长为 $l$、半径为 $R$，且 $l \gg R$. 求螺线管的自感 $L$.

**解**：设螺线管中通有电流 $I$，对于长直螺线管，管内各处的磁场可近似地看做是均匀的，且磁感应强度的大小为

$$B = \mu_0 nI$$

每匝线圈的磁通量 $\Phi_\mathrm{m}$ 为

$$\Phi_\mathrm{m} = BS = \mu_0 n\pi R^2 I$$

螺线管的磁通链数为

$$\Psi = N\Phi_\mathrm{m} = \mu_0 n^2 l\pi R^2 I$$

代入(16-13)式中，得

$$L = \frac{\Psi}{I} = \mu_0 n^2 l\pi R^2 = \mu_0 n^2 V$$

式中，$V=\pi R^2 l$ 是螺线管的体积. 可见 $L$ 与 $I$ 无关，仅由 $n$、$V$ 决定. 若采用较细的导线绕制螺线管，可增大单位长度的匝数 $n$，使自感 $L$ 变大. 另外，若在螺线管中加入磁介质，可使 $L$ 值增大 $\mu_\mathrm{r}$ 倍. 若用铁磁质作为铁心时，由于铁磁质的磁导率 $\mu$ 与 $I$ 有关，此时 $L$ 值与 $I$ 有关.

**例题 16-6**　图 16-11 是一段同轴电缆，它由两个半径分别为 $R_1$ 和 $R_2$ 的无限长同轴导体圆柱面组成，两圆柱面上的电流大小相等，方向相反. 求电缆单位长度上的自感.

**解**：由安培环路定理可求出内柱面内部和外柱面外部的磁场均为零，两导体面间的磁感应强度为

$$B = \frac{\mu I}{2\pi r}$$

$\mu$ 为两导体面间介质的磁导率. 为求得自感，需先计算穿过两柱面间横截面的磁通量. 由于本例为非均匀磁场，$B$ 为 $r$ 的函数，故取面元 $dS = l dr$，由于 $dr$ 很小，在 $dS$ 内 $B$ 可认为是均匀的，所以

$$d\Phi_m = B dS = B l dr$$

$$\Phi_m = \int B dS = \int_{R_1}^{R_2} \frac{\mu I}{2\pi r} l dr = \frac{\mu l}{2\pi} I \ln \frac{R_2}{R_1}$$

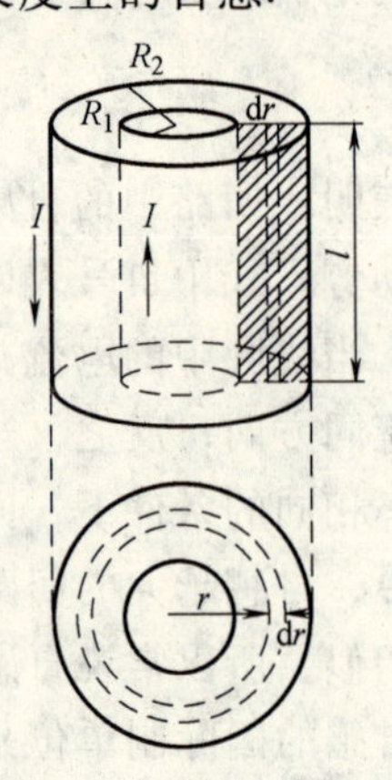

图 16-11　例题 16-6 用图

所以长为 $l$ 的一段电缆的自感

$$L = \frac{\Phi_m}{I} = \frac{\mu l}{2\pi} \ln \frac{R_2}{R_1}$$

单位长度上的自感

$$\frac{L}{l} = \frac{\mu}{2\pi} \ln \frac{R_2}{R_1}$$

## 16.3.2　互感

当一个线圈中的电流发生变化时，将在周围空间产生变化的磁场，从而在它附近的另一个线圈中产生感应电动势和感应电流，这种现象称为**互感**（mutual induction）. 所产生的感应电动势称为**互感电动势**.

一个线圈中的互感电动势的大小不仅与另一个线圈中电流改变的快慢有关，而且与两个线圈的结构及它们之间的相对位置有关.

如图 16-12 所示，两个相邻的线圈回路 1 和 2，分别通有电流 $I_1$ 和 $I_2$. 由毕奥-萨伐尔定律，电流 $I_1$ 产生的磁场 $B$ 正比于 $I_1$，而它穿过线圈 2 的全磁通 $\Psi_{21}$ 也正比于 $I_1$，即

$$\Psi_{21} = M_{21} I_1 \tag{16-15}$$

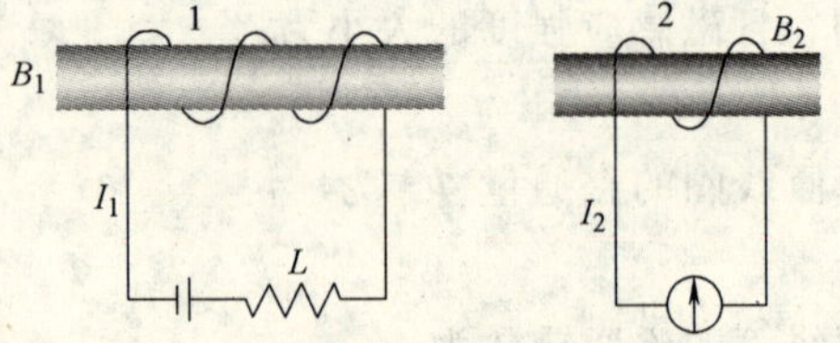

图 16-12　两个线圈的互感

同理，电流 $I_2$ 产生的磁场通过线圈 1 的全磁通 $\Psi_{12}$ 为

$$\Psi_{12} = M_{12} I_2 \tag{16-16}$$

式中，$M_{12}$ 和 $M_{21}$ 为比例系数. 它们与两个耦合回路的形状、大小、匝数、相对位置以及周围的磁介质情况有关. 理论和实验都可以证明，对于给定的一对导体回路，有

$$M_{12} = M_{21} = M$$

$M$ 值称为两个回路之间的**互感系数**，简称**互感**. 在国际单位制中，$M$ 的单位也是亨利（H）、毫亨（mH）和微亨（μH）. 互感一般用实验测得，对一些比较简单的情况也可以计算.

根据法拉第电磁感应定律，在互感 $M$ 一定的条件下，回路中的互感电动势为

$$\begin{aligned}\mathscr{E}_{21} &= -\frac{\mathrm{d}\Psi_{21}}{\mathrm{d}t} = -\frac{\mathrm{d}(MI_1)}{\mathrm{d}t} = -M\frac{\mathrm{d}I_1}{\mathrm{d}t} \\ \mathscr{E}_{12} &= -\frac{\mathrm{d}\Psi_{12}}{\mathrm{d}t} = -\frac{\mathrm{d}(MI_2)}{\mathrm{d}t} = -M\frac{\mathrm{d}I_2}{\mathrm{d}t}\end{aligned} \tag{16-17}$$

式中，负号表示在一个回路中引起的互感电动势，要反抗另一个回路中的电流变化. 当一个回路中的电流随时间变化率一定时，互感越大，则在另一个回路中引起的互感电动势也越大. 反之，互感电动势则越小. 所以互感是反映两个线圈耦合强弱的物理量.

利用互感可以将一个回路中的电能转换到另一个回路，变压器和互感器都是以此为工作原理的. 变压器中有两个匝数不同的线圈，由于互感，当一个线圈两端加上交流电压时，另一个线圈两端将感应出数值不同的电压. 互感现象在某些情况下也会带来不利的影响. 在电子仪器中，元件之间不希望存在的互感耦合会使仪器工作质量下降甚至无法工作. 在这种情况下就要设法减少互感耦合，例如把容易产生不利影响的互感耦合元件远离或调整方向以及采用“磁场屏蔽”的措施等.

**例题 16-7**　如图 16-13 所示，为两个同轴螺线管 1 和螺线管 2，同绕在一个半径为 $R$ 的长磁介质棒上. 它们的绕向相同，螺线管 1 和螺线管 2 的长分别为 $l_1$ 和 $l_2$，单位长度上的匝数分别为 $n_1$ 和 $n_2$，且 $l_1 >> R$，$l_2 >> R$.

（1）试由此特例证明 $M_{12} = M_{21} = M$；

（2）求两个线圈的自感 $L_1$ 和 $L_2$ 与互感 $M$ 之间的关系.

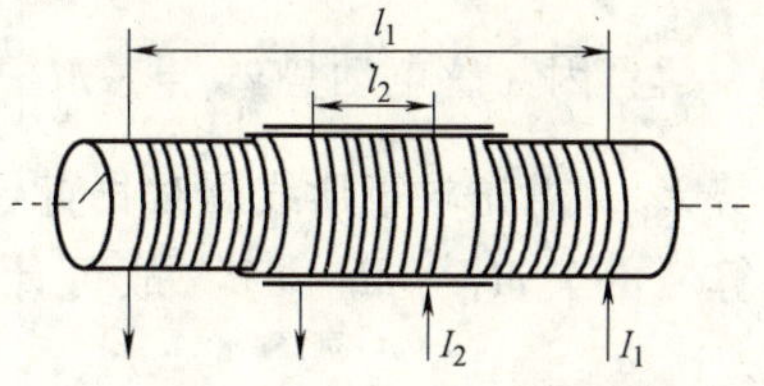

图 16-13　例题 16-7 用图

**解**：（1）设螺线管 1 中通有电流 $I_1$，它产生的磁场的磁感应强度大小为

$$B_1 = \mu_0 n_1 I_1$$

电流 $I_1$ 产生的磁场穿过螺线管 2 每一匝的磁通量为

$$\Phi_{21} = B_1 S_2 = \mu n_1 I_1 \pi R^2$$

因此有

$$\Psi_{21} = n_2 l_2 \Phi_{21} = \mu n_1 n_2 l_2 \pi R^2 I_1$$

由式(16-15)可得

$$M_{21} = \frac{\Psi_{21}}{I_1} = \mu n_1 n_2 l_2 \pi R^2 = \mu n_1 n_2 V_2$$

式中，$V_2 = l_2 \pi R^2$ 是螺线管 2 的体积.

设螺线管 2 中通有电流 $I_2$，它产生的磁感应强度大小为

$$B_2 = \mu n_2 I_2$$

电流 $I_2$ 产生的磁场穿过螺线管 1 每一匝的磁通量为

$$\Phi_{12} = B_2 S_1 = \mu n_2 I_2 \pi R_2$$

我们知道在长直螺线管的端口以外，$B$ 很快衰减到零，因此螺线管 1 中只有 $n_1 l_2$ 匝线圈穿过 $\Phi_{12}$的磁通量，故 $I_2$ 的磁场在螺线管 1 中产生的总磁通为

$$\Psi_{12} = n_1 l_2 \Phi_{12} = \mu n_1 n_2 l_2 \pi R^2 I_2$$

由式(16-16)可得

$$M_{12} = \frac{\Psi_{12}}{I_2} = \mu n_1 n_2 l_2 \pi R^2 = \mu n_1 n_2 V_2$$

两次计算的互感相等，即证明了

$$M_{12} = M_{21} = M$$

（2）已计算出长螺线管的自感为 $L = \mu n^2 V$，所以

$$L_1 = \mu n_1^2 V_1 = \mu n_1^2 l_1 \pi R^2, \quad L_2 = \mu n_2^2 V_2 = \mu n_2^2 l_2 \pi R^2$$

由此可见

$$M = (l_2 / l_1)^{1/2} (L_1 L_2)^{1/2}$$

更普遍的形式为

$$M = k(L_1 L_2)^{1/2}$$

式中，$k$ 称为**耦合系数**，由两个线圈的相对位置决定，它的取值为 $0 \leqslant k \leqslant 1$. $k \ll 1$ 时，称为松耦合. 当两个线圈垂直放置时，$k \approx 0$.

**例题 16-8**　一矩形线圈 $ABCD$，长为 $l$，宽为 $a$，匝数为 $N$，放在一长直导线旁边与之共面，如图 16-14 所示. 这长直导线是一闭合回路的一部分，其他部分离线圈很远，未在图中画出. 当矩形线圈中通有电流 $i = I_0 \cos\omega t$ 时，求长直导线中的互感电动势.

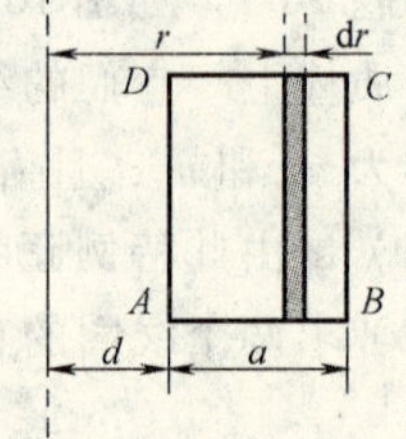

图 16-14　例题 16-8 用图

**解**：因互感电动势 $\mathscr{E}_M = -M\dfrac{\mathrm{d}I}{\mathrm{d}t}$，欲求长直导线中的互感电动势 $\mathscr{E}_M$，需先求矩形线圈对长直导线的互感 $M$，此值难以直接计算. 由于 $M_{12} = M_{21} = M$，故可计算长直导线对矩形线圈的互感.

假设在长直导线中通有一电流 $I$，此电流的磁场在矩形线圈中产生的全磁通为

$$\Psi = N\int \boldsymbol{B} \cdot \mathrm{d}\boldsymbol{S} = N\int_d^{d+a} \frac{\mu_0 I}{2\pi r} l \mathrm{d}r = \frac{\mu_0 N I l}{2\pi} \ln\frac{d+a}{d}$$

长直导线与矩形线圈之间的互感为

$$M = \frac{\Psi}{I} = \frac{\mu_0 N l}{2\pi} \ln\frac{d+a}{d}$$

矩形线圈中的电流 $i = I_0 \cos\omega t$ 在长直导线中产生的互感电动势则为

$$\mathscr{E}_M = -\frac{\mu_0 N l}{2\pi} \ln\frac{d+a}{d} \frac{\mathrm{d}}{\mathrm{d}t}(I_0 \cos\omega t)$$

$$= \frac{\mu_0 N l I_0 \omega}{2\pi} \ln\frac{d+a}{d} \sin\omega t$$

## 16.4　磁场的能量*

### 16.4.1　自感磁能

如图 16-15 所示，一个含有自感为 $L$ 的线圈的电路. 当电源接通后，线圈中的电流要从

零开始增加. 这一电流的变化在线圈中要产生自感电动势，自感电动势与电流的方向相反，起着阻碍电流增大的作用. 因此回路中电流不能立即达到稳定值，而需要一个逐步增大的过程. 在整个过程中，电源提供的能量不仅消耗在电阻 $R$ 上，产生焦耳热，而且还要克服自感电动势做功，转化为磁场的能量，在线圈中建立起磁场.

在某一时刻回路中的电流为 $i$，线圈中的自感电动势为

$$\mathscr{E}_L = -L\frac{\mathrm{d}i}{\mathrm{d}t}$$

在 $\mathrm{d}t$ 时间内电源电动势反抗自感电动势所做的功为

$$\mathrm{d}A = -\mathscr{E}_L i\mathrm{d}t = Li\mathrm{d}i$$

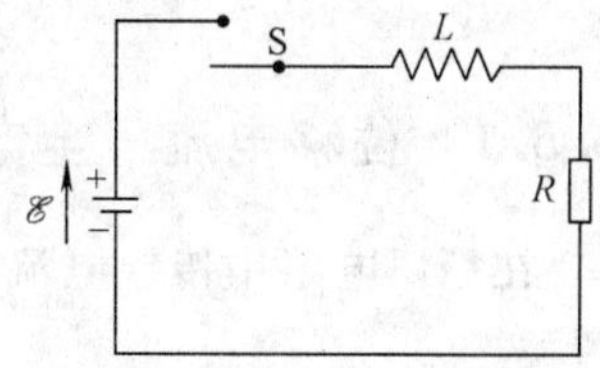

图 16-15　含有自感的电路

当电流从零增加到稳定值 $I$ 时，电源反抗自感电动势所做的功为

$$A = \int_0^I Li\mathrm{d}i = \frac{1}{2}LI^2$$

这部分功就转化为储存在线圈中的能量 $W_{\mathrm{m}}$，即

$$W_{\mathrm{m}} = \frac{1}{2}LI^2 \tag{16-18}$$

自感为 $L$ 的载流线圈所具有的磁场能量，称为**自感磁能**(self induction magnetic energy). 当撤去电源后，这部分能量又全部被释放出来，转换成其他形式的能量.

### 16.4.2　磁场的能量

与电场能量一样，磁场的能量也是定域在磁场中. 因此可以用磁场来表示磁场的能量. 为简单起见，假设一无限长密绕螺线管内充满磁导率为 $\mu$ 的均匀介质，单位长度的匝数为 $n$，电流为 $I_0$，则管内的磁感应强度

$$B = \mu nI_0$$

管外磁场为零. 螺线管的自感

$$L = \mu n^2V$$

其中 $V$ 是螺线管的体积，也是磁场的体积，因此，式(16-18)可写成

$$W_{\mathrm{m}} = \frac{1}{2}LI_0^2 = \frac{1}{2}\mu n^2VI_0^2 = \frac{1}{2}\frac{B^2}{\mu}V \tag{16-19}$$

由于长直螺线管内为均匀磁场，所以上式两边除以磁场体积 $V$，便可得单位体积内磁场的能量，称为**磁能密度**(magnetic energy density)，用 $w_{\mathrm{m}}$ 表示

$$w_{\mathrm{m}} = \frac{W_{\mathrm{m}}}{V} = \frac{1}{2}\frac{B^2}{\mu}$$

由于 $B=\mu H$，磁能密度也可以写成

$$w_{\mathrm{m}} = \frac{1}{2}\mu H^2 = \frac{1}{2}BH = \frac{1}{2}\boldsymbol{B}\cdot\boldsymbol{H} \tag{16-20}$$

上式虽然是由长直螺线管的特例推导出来的，但可以证明它适用于各种磁场. 任一体积元的磁能

$$\mathrm{d}W = w_{\mathrm{m}}\mathrm{d}V$$

对磁场占据的整个空间积分，便得到该磁场的总能量

$$W_m = \int dW = \int w_m dV = \frac{1}{2}\int \boldsymbol{B} \cdot \boldsymbol{H} dV \tag{16-21}$$

## 16.5　电磁场和电磁波

### 16.5.1　位移电流　全电流安培环路定理

在稳恒电路中传导电流是处处连续的．在这种电流产生的稳恒磁场中，安培环路定理可以写成

$$\oint_L \boldsymbol{H} \cdot d\boldsymbol{l} = \sum_i I_i = \int_S \boldsymbol{J}_c \cdot d\boldsymbol{S}$$

式中，$\sum_i I_i$ 是穿过以 $L$ 回路为边界的任意曲面 $S$ 的传导电流．

但如图 16-16 所示，在接有电容器的电路中，情况就不同了．对于以 $L$ 为周界的曲面 $S_1$ 由于穿过它的电流为 $I$，所以有

$$\oint_L \boldsymbol{H} \cdot d\boldsymbol{l} = I$$

而对于仍然以 $L$ 为周界的曲面 $S_2$，它伸展到了电容器两极板之间，但不与导线相交．由于不论是充电还是放电，穿过该曲面的传导电流都为零，所以有

$$\oint_L \boldsymbol{H} \cdot d\boldsymbol{l} = 0$$

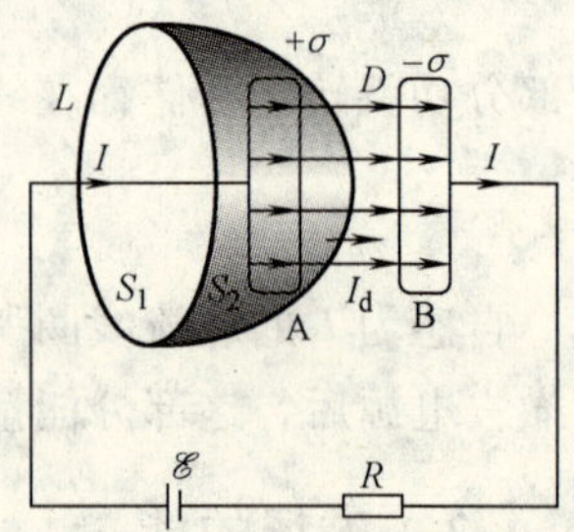

图 16-16　位移电流

显然，这两个结论是相互矛盾的．在电容器充放电的过程中，对整个电路来说，传导电流是不连续的．安培环路定理在非稳恒磁场中出现了矛盾的情况，必须加以修正．可以选择的修正方案有两种：①放弃传导电流连续性；②放弃电荷守恒定律．电荷守恒定律是普适的规律，而传导电流的连续性是在稳恒条件下实验总结出来的特殊规律．因此，麦克斯韦选择放弃传导电流的连续性，而提出**位移电流**(displacement current)假设来解决这一矛盾．

通过对电容器充放电过程的分析，可以发现：虽然传导电流在电容器两个极板之间中断了，但是与此同时，两个极板之间却出现了变化的电场．电容器极板上自由电荷 $q$ 随时间变化形成传导电流的同时，极板间的电场 $\boldsymbol{E}$、电位移矢量 $\boldsymbol{D}$ 也在随时间变化着．由于

$$\oint_S \boldsymbol{J} \cdot d\boldsymbol{S} = -\frac{dq}{dt}$$

式中，$S$ 是由 $S_1$ 和 $S_2$ 构成的闭合曲面；$d\boldsymbol{S}$ 指向曲面外法线方向；$\oint_S \boldsymbol{J} \cdot d\boldsymbol{S}$ 是闭合曲面的传导电流；$\frac{dq}{dt}$是 $S$ 中单位时间内电荷量的增量．由高斯定律可知

$$q = \oint_S \boldsymbol{D} \cdot d\boldsymbol{S}$$

上式对时间求导

$$\frac{dq}{dt} = \frac{d}{dt}\oint_S \boldsymbol{D} \cdot d\boldsymbol{S} = \oint_S \frac{\partial \boldsymbol{D}}{\partial t} \cdot d\boldsymbol{S}$$

于是得

$$\oint_S \boldsymbol{J} \cdot \mathrm{d}\boldsymbol{S} = -\oint_S \frac{\partial \boldsymbol{D}}{\partial t} \cdot \mathrm{d}\boldsymbol{S} \tag{16-22}$$

$\oint_S \frac{\partial \boldsymbol{D}}{\partial t} \cdot \mathrm{d}\boldsymbol{S}$ 是穿过闭合曲面 $S$ 的电位移通量的时间变化率，其地位与传导电流相当. 对式(16-22)加以整理后得

$$\oint_S \left( \boldsymbol{J} + \frac{\partial \boldsymbol{D}}{\partial t} \right) \cdot \mathrm{d}\boldsymbol{S} = 0 \tag{16-23}$$

由于$\frac{\partial \boldsymbol{D}}{\partial t}$和 $\boldsymbol{J}$ 具有相同的量纲. 据此，麦克斯韦提出变化的电场可以等效成一种电流，称为位移电流. 并定义

$$\boldsymbol{J}_{\mathrm{d}} = \frac{\partial \boldsymbol{D}}{\partial t} \tag{16-24}$$

为**位移电流密度，即电场中某点的位移电流密度等于该点电位移矢量随时间的变化率**，而

$$I_{\mathrm{d}} = \int \boldsymbol{J}_{\mathrm{d}} \cdot \mathrm{d}\boldsymbol{S} = \int \frac{\partial \boldsymbol{D}}{\partial t} \cdot \mathrm{d}\boldsymbol{S} \tag{16-25}$$

为**位移电流，即通过电场中某截面的位移电流等于位移电流密度在该截面上的通量**，或者说：**位移电流在数值上等于穿过任一曲面的电位移通量的时间变化率**.

安照麦克斯韦的假设，在含有电容器的电路中，电容器极板表面中断的传导电流 $I$，可以由位移电流 $I_{\mathrm{d}}$ 替代. 两者合在一起维持了电路中电流的连续性. 麦克斯韦认为，传导电流 $I$ 和位移电流 $I_{\mathrm{d}}$ 可以共存，两者之和称为**全电流**(total current)，即

$$I_{全} = I + I_{\mathrm{d}} \tag{16-26}$$

而 $\boldsymbol{J}_{全} = \boldsymbol{J} + \frac{\partial \boldsymbol{D}}{\partial t}$称为**全电流密度**.

引入了位移电流后，麦克斯韦把从恒定电流的磁场中总结出来的安培环路定理推广到非恒定电流情况下更一般的形式，即

$$\oint_L \boldsymbol{H} \cdot \mathrm{d}\boldsymbol{l} = I + I_{\mathrm{d}} = I + \int \frac{\partial \boldsymbol{D}}{\partial t} \cdot \mathrm{d}\boldsymbol{S} \tag{16-27}$$

上式表明，**磁场强度 $\boldsymbol{H}$ 沿任意闭合回路的线积分等于穿过此闭合回路所包围曲面的全电流**，这就是**全电流的安培环路定理**.

虽然位移电流和传导电流在激发磁场方面是等效的，但它们却是两个不同的概念. 传导电流是大量自由电荷的宏观定向运动，而位移电流的实质却是关于电场的变化率. 传导电流通过电阻时会产生焦耳热，而位移电流没有热效应.

位移电流的引入深刻揭露了电场和磁场的内在联系和依存关系，反映了自然现象的对称性. 法拉第电磁感应定律说明变化的磁场能激发涡旋电场，位移电流的论点说明变化的电场能激发涡旋磁场，两种变化的场永远互相联系着，形成了统一的电磁场. 麦克斯韦提出的位移电流的概念，已为无线电波的发现和它在实际中广泛的应用所证实，它和变化磁场激发电场的概念都是麦克斯韦电磁场理论中很重要的基本概念. 根据位移电流的定义，在电场中每一点只要有电位移的变化，就有相应的位移电流密度存在，因此不仅在电介质中，就是在导体中，甚至在真空中也可以产生位移电流，但在通常情况下，电介质中的电流主要是位移电流，传导电流可以略去不计；而在导体中的电流，主要是传导电流，位移电流可以略去不

计. 至于在高频电流的场合，导体内的位移电流和传导电流同样起作用，这时就不可略去其中任何一个了.

**例题 16-9** 如图 16-17 所示，半径为 $R$ 的两块圆板，构成平板电容器. 现均匀充电，使电容器两极板间的电场变化率为 $\mathrm{d}E/\mathrm{d}t$（常量），求极板间的位移电流以及距轴线 $r$ 处的磁感应强度.

**解**：穿过两极板间任一曲面的电位移通量为

$$\Phi_D = SD = \pi R^2 \varepsilon_0 E$$

电容器两极板间的位移电流为

$$I_\mathrm{d} = \frac{\mathrm{d}\Phi_D}{\mathrm{d}t} = \pi R^2 \varepsilon_0 \frac{\mathrm{d}E}{\mathrm{d}t}$$

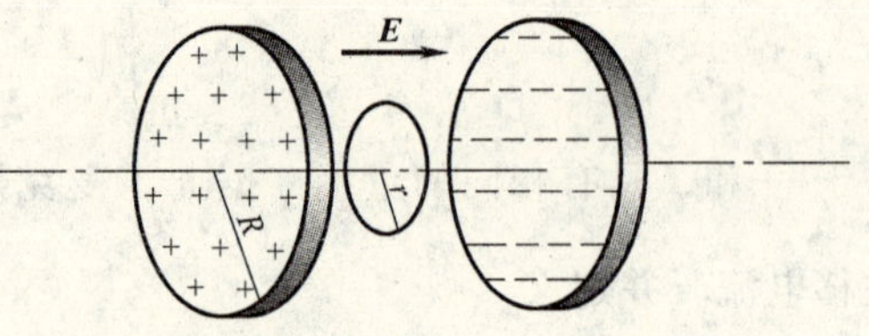

图 16-17 例题 16-9 用图

选半径为 $r$ 同轴圆周为闭合路径 $L$，由全电流安培环路定理式（16-27）得

$$\oint_L \boldsymbol{H} \cdot \mathrm{d}\boldsymbol{l} = 2\pi r H = \int \frac{\partial \boldsymbol{D}}{\partial t} \cdot \mathrm{d}\boldsymbol{S}$$

又因为

$$H = \frac{B}{\mu_0}, \quad \boldsymbol{D} = \varepsilon_0 \boldsymbol{E}$$

当 $r < R$ 时，$\dfrac{B}{\mu_0} \cdot 2\pi r = \varepsilon_0 \displaystyle\int_S \frac{\partial \boldsymbol{E}}{\partial t} \cdot \mathrm{d}\boldsymbol{S} = \varepsilon_0 \frac{\mathrm{d}E}{\mathrm{d}t} \pi r^2$，磁场感应强度 $B_r = \dfrac{\mu_0 \varepsilon_0}{2} r \dfrac{\mathrm{d}E}{\mathrm{d}t}$；

当 $r > R$ 时，$\dfrac{B}{\mu_0} \cdot 2\pi r = \varepsilon_0 \displaystyle\int_S \frac{\partial \boldsymbol{E}}{\partial t} \cdot \mathrm{d}\boldsymbol{S} = \varepsilon_0 \frac{\mathrm{d}E}{\mathrm{d}t} \pi R^2$，磁场感应强度 $B_r = \dfrac{\mu_0 \varepsilon_0}{2r} R^2 \dfrac{\mathrm{d}E}{\mathrm{d}t}$.

这里需要注意的是上述计算得到的磁感应强度都是由传导电流和位移电流共同产生的.

### 16.5.2 麦克斯韦方程组

在前面章节，我们分别研究了静电场和恒定电流的磁场的基本性质以及它们所遵循的规律，也研究过电磁感应的宏观表现. 在 19 世纪中期，麦克斯韦在这些已有定律的基础上，提出了“感生电场”和“位移电流”的假设，确立了电荷、电流和电场、磁场之间的普遍关系，建立了统一的电磁场理论.

麦克斯韦通过总结发现：①除静止电荷激发无旋电场外，变化的磁场还将激发涡旋电场；②变化的电场和传导电流一样激发涡旋磁场，这就是说，变化的电场和磁场不是彼此孤立的，它们相互联系、相互激发组成一个统一的电磁场. 下面我们根据麦克斯韦的这些基本概念，首先介绍由他总结出来的**麦克斯韦电磁场方程组的积分形式**.

$$\oint_S \boldsymbol{D} \cdot \mathrm{d}\boldsymbol{S} = \sum q = \int_V \rho \mathrm{d}V \tag{16-28}$$

$$\oint_S \boldsymbol{B} \cdot \mathrm{d}\boldsymbol{S} = 0 \tag{16-29}$$

$$\oint_L \boldsymbol{E} \cdot \mathrm{d}\boldsymbol{l} = -\int_S \frac{\partial \boldsymbol{B}}{\partial t} \cdot \mathrm{d}\boldsymbol{S} \tag{16-30}$$

$$\oint_L \boldsymbol{H} \cdot \mathrm{d}\boldsymbol{l} = I + I_\mathrm{d} = I + \int_S \frac{\partial \boldsymbol{D}}{\partial t} \cdot \mathrm{d}\boldsymbol{S} \tag{16-31}$$

式（16-28）是电场中的高斯定理. 式中的 $\boldsymbol{D}$ 是电荷和变化磁场共同激发的电场的电位移

矢量. 由于感生电场的电位移线为闭合曲线，因此总的电位移通量只与自由电荷有关.

式(16-29)是磁场中的高斯定理. 式中的 $\boldsymbol{B}$ 是由传导电流和位移电流共同激发的磁场. 因为两者激发的磁场均是涡旋场，所以闭合曲面的 $\boldsymbol{B}$ 通量为零.

式(16-30)是推广后的电场环路定理. 式中的 $\boldsymbol{E}$ 是静电场和感应电场的矢量和. 由于静电场是保守场，其环路积分为零，因此电场强度的环路积分只与变化的磁场有关.

式(16-31)是全电流安培环路定理，它表明传导电流和位移电流均能激发磁场.

上述麦克斯韦方程组描述的是在某有限区域内以积分形式联系各点的电磁场量和电荷、电流之间的依存关系，而不能直接表示某一点上各电磁场量和该点电荷、电流之间的相互联系. 但在实际应用中，更重要的是要知道场中某些点的场量. 因此麦克斯韦方程组的微分形式应用范围更加广泛. 经过数学变换后可以得到**麦克斯韦方程组的微分形式**

$$\nabla\cdot\boldsymbol{D}=\rho \tag{16-32}$$

$$\nabla\cdot\boldsymbol{B}=0 \tag{16-33}$$

$$\nabla\times\boldsymbol{E}=-\frac{\partial\boldsymbol{B}}{\partial t} \tag{16-34}$$

$$\nabla\times\boldsymbol{H}=\boldsymbol{J}+\frac{\partial\boldsymbol{D}}{\partial t} \tag{16-35}$$

麦克斯韦方程组是一个完整的统一的普遍适用的电磁学理论体系. 麦克斯韦方程组的建立对于物理学，对于整个科学是一个具有里程碑意义的贡献；这个方程组内蕴含着狭义相对论，为狭义相对论的产生奠定了理论基础，成为狭义相对论产生的必要前提.

在有介质时，麦克斯韦方程组尚不够完备，还需要补充三个描述介质性质的方程，称为介质性能方程. 对各向同性的介质来说，这三个方程是

$$\boldsymbol{D}=\varepsilon\boldsymbol{E} \tag{16-36}$$

$$\boldsymbol{B}=\mu\boldsymbol{H} \tag{16-37}$$

$$\boldsymbol{J}=\gamma\boldsymbol{E} \tag{16-38}$$

上面三式中的 $\varepsilon$，$\mu$，$\gamma$ 分别是介质的介电常数、磁导率和电导率.

### 16.5.3　电磁场的物质性和绝对性　电磁场量的相对性*

在前面讨论静电场和恒定电流的磁场时，总是把电磁场和场源(电荷和电流)合在一起研究，因为在这些情况中电磁场和场源是有机地联系着的，没有场源时电磁场也就不存在. 但在场随时间变化的情况中，电磁场一经产生，即使场源消失，它还可以继续存在，这时变化的电场和变化的磁场相互转化，并以一定的速度按照一定的规律在空间传播，说明电磁场具有完全独立存在的性质，反映了电磁场具有一切物质的基本特性.

我们在前面章节已分别介绍电场的能量密度$\frac{1}{2}\boldsymbol{D}\cdot\boldsymbol{E}$和磁场的能量密度$\frac{1}{2}\boldsymbol{B}\cdot\boldsymbol{H}$，对于一般情况下的电磁场来说，既有电场能量，又有磁场能量，其电磁能量密度为

$$w=w_{\mathrm{e}}+w_{\mathrm{m}}=\frac{1}{2}(\boldsymbol{D}\cdot\boldsymbol{E}+\boldsymbol{B}\cdot\boldsymbol{H}) \tag{16-39}$$

根据相对论质能关系，可以得到单位体积的场的质量

$$m=\frac{w}{c^2}=\frac{1}{2c^2}(\boldsymbol{D}\cdot\boldsymbol{E}+\boldsymbol{B}\cdot\boldsymbol{H}) \tag{16-40}$$

根据相对论能量与动量的关系式，单位体积内电磁场的动量称为动量密度 $\boldsymbol{g}$，为

$$\boldsymbol{g} = \frac{w}{c} = \frac{1}{2c}(\boldsymbol{D} \cdot \boldsymbol{E} + \boldsymbol{B} \cdot \boldsymbol{H}) \tag{16-41}$$

大量实验证明：场有质量和动量，是一种物质的表现形态. 另外，场与实物之间可以相互转化：如同步辐射光源，正负电子对湮没，这些都说明了电磁场的物质性.

但电磁场这种物质形态，和由分子、原子组成的实物又有一些区别：实物有不可入性，但在同一空间内却可以有多种电磁场同时存在；实物可有不同的运动速度，速度又与参考系的选择有关，而电磁波在真空中传播的速度都是光速 $c$，且与参考系无关；实物由离散的粒子组成，电磁场则是连续的，并以波的形式传播. 总之，电磁场和实物一样都是物质存在的形态，它们从不同的方面反映了客观世界.

随时间变化的电场和磁场互相激发，互相依存，构成统一的电磁场，并以波的形式传播，那么如果在不同参考系里去观察同一电磁场，会发生什么情形呢？下面举两个简单的并且极为常见的例子.

（1）一个运动电荷的周围，既有电场，也有磁场，但如果观察者随着运动电荷一起运动，那么在他看来，电荷仍然是静止的，因而只存在静电场.

（2）前面我们把电磁感应现象分成了感生和动生两种，然而在不同的参考系中的观察者，对电磁感应现象的产生，可能给予不同的解释，而且由于磁场的磁感应强度和参考系有关，感应电动势的值在不同参考系中也可能不同，只有在低速运动时，不同参考系中的观察者测得的感应电动势的值才是一样的，因此上述分法在一定程度上只具有相对意义. 例如将磁铁插入线圈，一个相对于线圈静止的观察者看来，线圈中的感生电动势完全是由于（磁铁运动引起了）穿过线圈的磁通量变化产生的，线圈中的电动势是感生的，线圈中存在有感应电场，感生电动势的值 $\mathscr{E}_{\mathrm{i}} = \oint_L \boldsymbol{E} \cdot \mathrm{d}\boldsymbol{l} = -\dfrac{\mathrm{d}\Phi_{\mathrm{m}}}{\mathrm{d}t}$. 但一个和磁铁一起运动的观察者认为磁场没有变，电磁感应现象是线圈在磁场中运动引起的，因此并不存在什么电场，电动势是动生电动势，其值为

$$\mathscr{E}_{\mathrm{i}} = \oint(\boldsymbol{v} \times \boldsymbol{B}) \cdot \mathrm{d}\boldsymbol{l} = -\frac{\mathrm{d}\Phi_{\mathrm{m}}}{\mathrm{d}t}$$

这样就出现了这样一种情况，同一个电磁感应现象，由于运动的相对性，在不同的参考系中的观察者做出了不同的解释，虽然感应电动势的值可能不变，但 $\boldsymbol{B}$、$\boldsymbol{v}$、$\boldsymbol{E}$ 却有了不同的量值.

出现以上情况并不奇怪，它恰恰反映了电磁场的统一性和相对性. 电场和磁场是同一电磁场的两个不同方面，同一电磁场在不同参考系中，电场和磁场的量值会有所不同，在给定参考系内，电场和磁场反映出各自不同的性质，当参考系改变时，电场和磁场可以互相转化. 根据爱因斯坦狭义相对论的相对性原理，所有的惯性参考系都是等价的. 对同一物理规律的表述，在不同参考系中都应具有相同的形式. 研究表明，麦克斯韦方程在任何惯性系中都具有相同的形式，因此描述电磁场的物理规律，必须是洛伦兹变换下不变的. 这就是电磁场的统一性和相对性.

### 16.5.4 电磁波的产生及其基本性质

1894 年 12 月 8 日，麦克斯韦在英国皇家学会报告了他的论文《电磁场的动力学原理》，

他从麦克斯韦方程组出发，导出了电磁场的波动方程，于是他预言了电场和磁场相互激发并以波的形式在空间传播，从而形成**电磁波**(electromagnetic wave)．并且得到电磁波的传播速度与当时已知的真空中的光速相等，于是麦克斯韦预言了：光是按照电磁定律经过场传播的电磁扰动——即光就是电磁波．他的预言完全凭借理论推断，当时并没有得到实验的支持．直到 1888 年，才由俄国物理学家赫兹(H. Hertz，1857—1894)从实验上证实了电磁波的存在．

我们考虑自由空间(即没有电荷 $q$ 和电流 $I$ 的真空空间)中的麦克斯韦方程组

$$\nabla\cdot\boldsymbol{D}=0$$

$$\nabla\cdot\boldsymbol{B}=0$$

$$\nabla\times\boldsymbol{E}=-\frac{\partial\boldsymbol{B}}{\partial t}$$

$$\nabla\times\boldsymbol{H}=\frac{\partial\boldsymbol{D}}{\partial t}$$

因为真空中 $\boldsymbol{D}=\varepsilon_0\boldsymbol{E}$，$\boldsymbol{B}=\mu_0\boldsymbol{H}$．对式 $\nabla\times\boldsymbol{E}=-\frac{\partial\boldsymbol{B}}{\partial t}$求旋度有

左边　$$\nabla\times(\nabla\times\boldsymbol{E})=\nabla(\nabla\cdot\boldsymbol{E})-\nabla^2\boldsymbol{E}=-\nabla^2\boldsymbol{E}$$

右边　$$-\nabla\times\frac{\partial\boldsymbol{B}}{\partial t}=-\frac{\partial}{\partial t}(\nabla\times\boldsymbol{B})=-\mu_0\varepsilon_0\frac{\partial^2\boldsymbol{E}}{\partial t^2}$$

因此有

$$\nabla^2\boldsymbol{E}-\mu_0\varepsilon_0\frac{\partial^2\boldsymbol{E}}{\partial t^2}=0 \tag{16-42}$$

同理对磁场有

$$\nabla^2\boldsymbol{B}-\mu_0\varepsilon_0\frac{\partial^2\boldsymbol{B}}{\partial t^2}=0 \tag{16-43}$$

有微分方程理论可知，式(16-42)和式(16-43)是典型的波动方程．它表明脱离了场源的电磁场是以波的形式在无界的自由空间中传播的，传播的速率为

$$u=\frac{1}{\sqrt{\varepsilon_0\mu_0}} \tag{16-44}$$

代入真空介电常数和真空磁导率的数值，得到电磁波传播速率

$$u=2.9979\times10^8\,\mathrm{m/s}\approx3\times10^8\,\mathrm{m/s}$$

与真空中的光速相等．这说明电磁波与光波是相同的波，因此麦克斯韦预言了电磁波的存在，预言了光就是电磁波．麦克斯韦把光现象与电磁现象联系起来，使人们对光的本质有了更加深入的认识．

自由空间传播的电磁波如图 16-18 所示，具有下列主要性质：

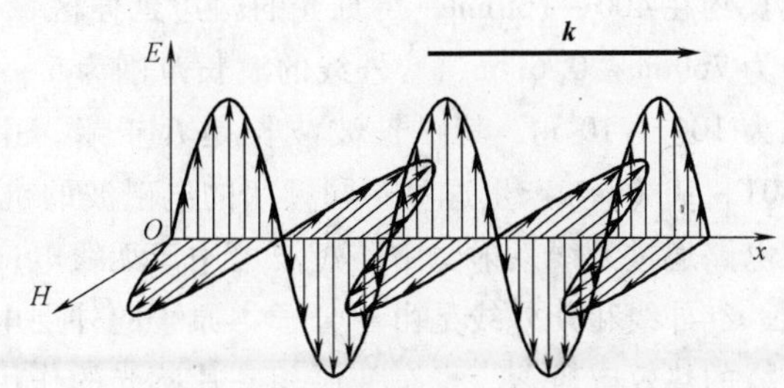

图 16-18　真空中的电磁波

(1) 电磁波是横波．电场 $\boldsymbol{E}$、磁场 $\boldsymbol{B}$ 和传播方向 $\boldsymbol{k}$($\boldsymbol{k}$ 称为波矢量，$k=\omega/c$)三者相互垂直，构成右手系；传播速率为常量 $u=\frac{1}{\sqrt{\varepsilon_0\mu_0}}$，$u$ 具有不变性，这就是光速不变

性.

(2) 电场 $\boldsymbol{E}$ 和磁场 $\boldsymbol{B}$ 的相位相同，它们的变化完全同步，同时变大同时变小，它们的大小符合关系式

$$E = uB \tag{16-45}$$

(3) 电磁场可以脱离场源(电荷与运动电荷)存在和传播，具有独立存在的物质性.

(4) 电磁波的传播伴随着能量的传递，电磁波的能量包含电场能量和磁场能量. 因此电磁波的能量密度为

$$w = w_e + w_m = \frac{1}{2}(\boldsymbol{D}\cdot\boldsymbol{E} + \boldsymbol{B}\cdot\boldsymbol{H}) = \frac{1}{2}\varepsilon_0 E^2 + \frac{1}{2}\mu_0 H^2 \tag{16-46}$$

电磁波的能流密度又称为**坡印廷矢量**(Poynting vector)，用 $\boldsymbol{S}$ 表示. 它的方向沿着电磁波传播的方向，大小为

$$S = wu \tag{16-47}$$

将式(16-44)和式(16-46)代入式(16-47)可得

$$S = EH \tag{16-48}$$

考虑到 $\boldsymbol{S}$ 的方向，坡印廷矢量可以表示为

$$\boldsymbol{S} = \boldsymbol{E} \times \boldsymbol{H} \tag{16-49}$$

对平面简谐波平均能流密度

$$\overline{S} = \frac{1}{2}E_0 H_0$$

这里 $E_0$ 和 $H_0$ 分别是电磁波电矢量 $\boldsymbol{E}$ 和磁矢量 $\boldsymbol{H}$ 的振幅.

### 16.5.5 电磁波谱

1888 年、赫兹运用电磁振荡的方法产生了电磁波，从而证明了麦克斯韦理论的正确性. 自此以后，人们进行了许多实验，不仅进一步证明了光是一种电磁波，光在真空中的传播速度 $c$ 就是电磁波在真空中的传播速度；而且发现了不同频率和波长的电磁波，如无线电波、红外光、可见光、紫外光、X 射线和 $\gamma$ 射线等，这些电磁波按频率或波长的顺序排列起来构成**电磁波谱**(electromagnetic spectrum). 真空中的波长 $\lambda$ 和频率 $\nu$ 的关系为

$$c = \lambda\nu \tag{16-50}$$

图 16-19 给出了各种电磁波的名称和近似的波长范围. 已知的电磁波谱从很高的 $\gamma$ 射线的频率($\nu \leqslant 10^{26}$Hz)下降到长无线电波的频率($\nu \geqslant 10$Hz). 通常的交流电力传输线上的电磁波的频率为 50Hz 或 60Hz. 视觉可感觉到的可见光只为已知电磁波谱中的很小一部分，它的波长约在 400 ~ 760nm，可见光的两边延伸区域分别是红外线和紫外线，红外线的波长范围约为 760nm ~ 0.6mm，紫外线的波长范围为 5 ~ 400nm，$\gamma$ 射线的波长则更短，无线电波的波长为 $10^{-4}$ ~ $10^6$m，其中长波波长是几千米，中波波长约为 50 ~ $3\times10^3$m，短波波长约为 0.01 ~ 10.0m. 产生这些不同频率的电磁波的机制是多种多样的. 比如无线电波可由电磁振荡电路通过无线发射，中、短波可用于无线电广播和通信，微波可应用于电视或雷达. 可见光、红外线和紫外线是由于分子、原子的外层电子能级跃迁而产生的，它们的用途极广，红外线的热效应显著，也有使照相底片感光的作用，还可用于食品加工、军事侦察和物质分子结构分析，紫外线有明显的生物作用，它能杀菌、杀虫，在医疗和农业上都有应用. X 射线

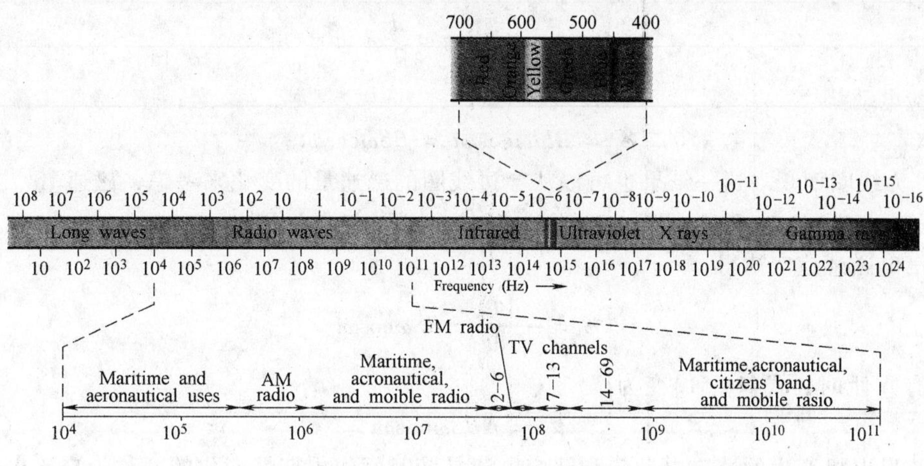


图 16-19 电磁波谱

可以由原子内层电子跃迁产生，它的穿透能力很强，可用于检查人体和金属部件及分析晶体结构. γ 射线可以从原子核中发射出来，穿透能力极强，在宇宙辐射、高能加速器及高能核物理实验中可观测到. 许多放射性同位素都发射 γ 射线，γ 射线的应用也很多，研究 γ 射线可了解原子核的内部结构.

## 16.6 交流电路*

### 16.6.1 简谐交流电

电磁感应原理的一个重要应用就是交流发电机. 其原理如图 16-20 所示，它是动生电动势的典型例子. 一个矩形线圈 $ABCD$ 长为 $l$，宽为 $d$，可以绕固定的转轴在 N、S 磁极所激发的均匀磁场中以角速度 $\omega$ 转动. 线圈两端分别接在两个与线圈一起转动的铜环上，铜环通过两个带有弹性的金属触头与外电路接通. 当线圈在均匀磁场中匀速转动时，$AB$、$CD$ 边切割磁力线在线圈中产生感应电动势.

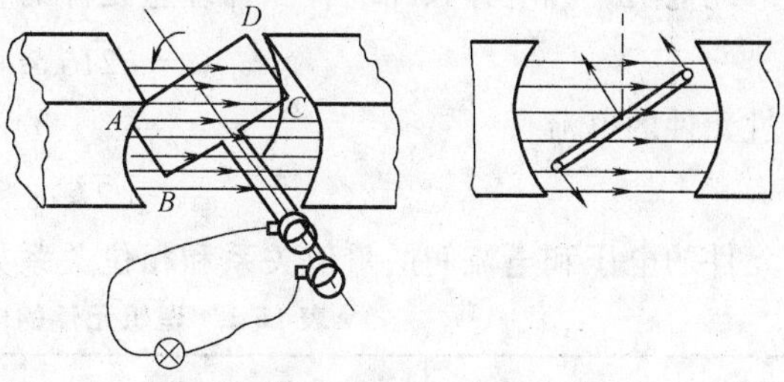

图 16-20 交流发电机原理图

$AB$ 边上感应电动势大小为

$$\mathscr{E}_{AB} = \int_A^B (\boldsymbol{v} \times \boldsymbol{B}) \cdot \mathrm{d}\boldsymbol{l}$$

$$= \int_A^B vB\sin(\pi/2 + \theta)\,\mathrm{d}l$$

$$= vBl\cos\theta$$

$CD$ 边上感应电动势大小为

$$\mathscr{E}_{CD} = \int_C^D (\boldsymbol{v} \times \boldsymbol{B}) \cdot \mathrm{d}\boldsymbol{l} = \int_C^D vB\sin(\pi/2 - \theta)\,\mathrm{d}l = vBl\cos\theta$$

线圈上总感应电动势为

$$\mathscr{E}_{\mathrm{i}} = \mathscr{E}_{AB} + \mathscr{E}_{CD} = 2vBl\cos\theta$$

又因为

$$\theta=\omega t,\qquad v=\frac{d}{2}\omega$$

所以感应电动势

$$\mathscr{E}_{\mathrm{i}}=Bld\omega\cos\omega t=BS\omega\cos\omega t \tag{16-51}$$

式中，$S$ 为线圈面积. 这一结果也可以从穿过线圈的磁通量的变化来考虑，磁通量

$$\Phi_{\mathrm{m}}=BS\cos(\pi/2+\theta)=-BS\sin\theta=-BS\sin\omega t$$

由法拉第电磁感应定律得

$$\mathscr{E}_{\mathrm{i}}=-\frac{\mathrm{d}\Phi_{\mathrm{m}}}{\mathrm{d}t}=BS\omega\cos\omega t$$

当线圈有 $N$ 匝时，式(16-51)变为

$$\mathscr{E}_{\mathrm{i}}=NBS\omega\cos\omega t \tag{16-52}$$

交流发电机产生的感应电动势和感应电流是随时间作周期性变化的，称为**交流电**；并且符合正弦或余弦函数的振动规律，属于简谐振动，因而又称为简谐交流电. 我国工业与民用交流电的频率为 50Hz，美国为 60Hz.

任一简谐交流电都可以表示为如下标准形式：

$$i=I_{\mathrm{m}}\cos(\omega t+\alpha)=\sqrt{2}I\cos(\omega t+\alpha) \tag{16-53}$$

式中，$I_{\mathrm{m}}$ 称为峰值；$I=I_{\mathrm{m}}/\sqrt{2}$，称为有效值；$\omega$ 称为角频率，$\nu=\omega/2\pi$ 称为频率，$T=1/\nu$ 称为周期；$(\omega t+\alpha)$称为相位；$\alpha$ 称为初相. 这些量都是描述简谐交流电的特征量. 其中有效值、峰值表征交流电的变化大小，周期、频率、角频率表征交流电的变化快慢，相位表征交流电的变化进程. 若需要比较两交流电变化进程的先后，还需要考虑两交流电的相位之差. 两同频率的简谐量的相位差等于它们的初相差，即

$$(\omega t+\alpha_1)-(\omega t+\alpha_2)=\alpha_1-\alpha_2 \tag{16-54}$$

### 16.6.2 简单交流电路的解法

纯电阻、纯电感和纯电容三种理想元件的参数分别为 $R$、$L$ 和 $C$. 若元件两端的电压为

$$u=\sqrt{2}U\cos\ (\omega t+\alpha_u)$$

通过元件的电流

$$i=\sqrt{2}I\cos\ (\omega t+\alpha_i)$$

则元件的电压和电流间的量值关系和相位关系如表 16-1 所示.

**表 16-1 理想元件的电压和电流间的关系**

| 理想元件 | 电阻或电抗 | 量值关系 | 相位关系 |
| --- | --- | --- | --- |
| 纯电阻 | 电阻 $R$ | $U/I=R$ | $\alpha_u-\alpha_i=0$ |
| 纯电感 | 感抗 $X_L=\omega L$ | $U/I=X_L$ | $\alpha_u-\alpha_i=\pi/2$ |
| 纯电容 | 容抗 $X_C=1/\ (\omega C)$ | $U/I=X_C$ | $\alpha_u-\alpha_i=-\pi/2$ |

任给一简谐量 $i=\sqrt{2}I\cos\ (\omega t+\alpha)$，可以它的有效值 $I$ 为模，以它的初相 $\alpha$ 为辐角构成一个复数，这个复数称为该简谐量的复有效值，其表示式为

$$\dot{I}=I\mathrm{e}^{\mathrm{j}\alpha} \tag{16-55}$$

这里 $j=\sqrt{-1}$. 必须注意，复有效值本身不等于简谐量，一个简谐量只是对应一个复有效值.

用复有效值的运算代替简谐量的运算的方法称为复数法. 用复数法求解交流电路时，先由简谐量确定其复有效值，然后将简谐量的运算转换为复有效值的运算，最后再由复有效值确定其简谐量，其变换公式为

$$i=\mathrm{Re}[\dot{I}\sqrt{2}e^{j\omega t}] \tag{16-56}$$

交流电路还可以用矢量图解法（矢量法）求解. 矢量法实质上是复数法的图解，这是因为复数与复平面上的矢量具有一一对应关系. 任给一简谐量，就可以它的有效值为矢量长度、以它的初相为矢量与实轴之间的夹角构成一个过复平面原点的矢量，这一矢量称为复有效值矢量.

用有效值矢量的运算代替简谐量运算的方法称为矢量法，用矢量法求解交流电路时，先由简谐量确定其有效值矢量，然后将简谐量的运算转换为有效值矢量的运算，最后再由有效值矢量确定其简谐量.

表示同频简谐量的几个有效值矢量的整体称为矢量图，画出正确的、完整的矢量图是矢量法的关键.

理想元件的电压复有效值 $\dot{U}$ 与电流复有效值 $\dot{I}$ 之比称为理想元件的复阻抗，即

$$Z=\dot{U}/\dot{I} \tag{16-57}$$

三种理想元件电压与电流的关系和复阻抗列于表16-2.

**表16-2　理想元件电压与电流的关系、复阻抗**

| 理想元件 | 瞬时值关系 | 复有效值关系 | 复阻抗 |
|---|---|---|---|
| 纯电阻 | $u=iR$ | $\dot{U}=\dot{I}R$ | $Z=R$ |
| 纯电感 | $u=L(\mathrm{d}i/\mathrm{d}t)$ | $\dot{U}=j\omega L\dot{I}$ | $Z=j\omega L$ |
| 纯电容 | $u=\int i\mathrm{d}t/C$ | $\dot{U}=\dot{I}/(j\omega C)$ | $Z=1/j\omega C$ |

由理想元件构成的无源二端网络复阻抗为网络电压的复有效值 $\dot{U}$ 与电流的复有效值 $\dot{I}$ 的比值，即

$$Z=\dot{U}/\dot{I} \tag{16-58}$$

因复阻抗为复数，所以可以把它写成指数式或代数式. 设 $\dot{U}=Ue^{j\alpha_u}$，$\dot{I}=Ie^{j\alpha_i}$，则有

$$Z=r+jx=Ze^{j\varphi}=(U/I)\ e^{j(\alpha_u-\alpha_i)}$$

其中 $z=|Z|=U/I$ 称为阻抗，$\varphi=\arg Z=\alpha_u-\alpha_i$ 称为阻抗角，$r=\mathrm{Re}Z$ 为等值电阻，$x=\mathrm{Im}Z$ 为等值电抗. 对电阻性网络，$x=0$；对电感性网络，$x>0$；对电容性网络，$x<0$.

由 $z$、$r$、$x$ 所组成的直角三角形称为阻抗三角形，如图16-21所示. 从图中可以得到

$$z=\sqrt{r^2+x^2}$$

$$\varphi=\mathrm{arctg}\ (x/r)$$

交流电路定律的公式形式和符号规则均与直流电路相同，只是用复有效值 $\dot{U}$、$\dot{\mathscr{E}}$、$\dot{I}$ 代替了直流电路中相对应的 $U$、$\mathscr{E}$、$I$，用复阻抗 $Z$ 代替了直流电路中的电阻 $R$. 现简述如下：

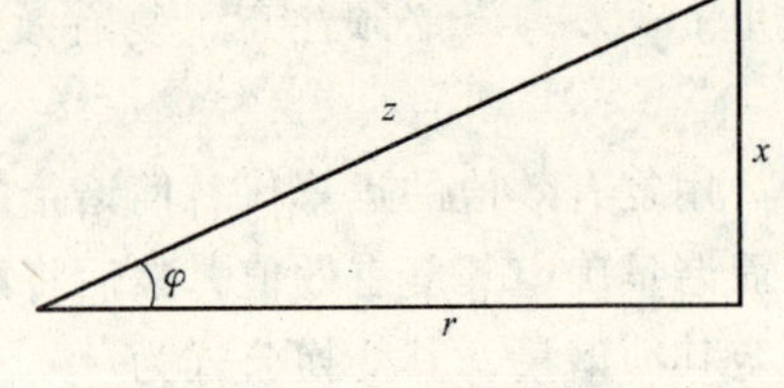

图 16-21 阻抗三角形

**1. 交流电路的欧姆定律**

（1）不含源的交流电路

$$\dot{U} = \dot{I} Z \tag{16-59}$$

（2）含源的交流电路

$$\dot{U} = \sum(\pm\dot{\mathscr{E}}) + \sum(\pm\dot{I} Z) \tag{16-60}$$

**2. 交流电路的基尔霍夫定律**

（1）第一定律

$$\sum(\pm\dot{I}) = 0 \tag{16-61}$$

（2）第二定律

$$\sum(\pm\dot{\mathscr{E}}) + \sum(\pm\dot{I} Z) = 0 \tag{16-62}$$

**3. 交流电路中复阻抗的串并联公式**

串联公式
$$Z = \sum_{i=1}^{n} Z_i \tag{16-63}$$

并联公式
$$1/Z = \sum_{i=1}^{n} (1/Z_i) \tag{16-64}$$

## 16.6.3 交流电的功率

稳恒电路中的电压电流是稳恒值，因此功率在时间上也是稳恒的，但在交流电路中电流 $i(t)$ 和电压 $u(t)$ 一般存在位相差，所以功率 $P(t) = u(t)i(t)$ 也随时间变化，我们把电路在某一瞬间所吸收的电功率 $P(t)$ 称为瞬时功率. 瞬时功率可正可负. 当 $P(t) > 0$ 时，表示元件由电源获得能量；$P(t) < 0$，表示元件的能量回入电源.

瞬时功率在一个周期 $T$ 的平均值称为平均功率，它是电路实际消耗的功率

$$P = \frac{1}{T}\int_0^T P(t)\,\mathrm{d}t = \frac{1}{2}U_m I_m \cos\varphi = UI\cos\varphi \tag{16-65}$$

其中 $\cos\varphi$ 为电路的功率因数，与时间无关. 它是电路中电压和电流间相位差的余弦. 有时把 $\varphi$ 称为功率因数角. 功率因数反映了交流电路中不同性质元件上的变化规律：对纯电阻电路，$\varphi = 0$，$\cos\varphi = 1$，$P = UI = IR^2$ 与稳恒电路的情况一致；对纯电感电路，$\varphi = \frac{\pi}{2}$，$\cos\varphi = 0$，$P = 0$；对纯电容电路 $\varphi = -\frac{\pi}{2}$，$\cos\varphi = 0$，$P = 0$. 可见功率因数 $\cos\varphi$ 是影响平均功率的重要因素. 如果将电流 $I$ 分解成平行于 $U$ 的分量 $I_{有} = I\cos\varphi$ 和垂直于 $U$ 的分量 $I_{无} = I\sin\varphi$，如图 16-22 所示. 显然 $I_{无}$ 对平均功率没有贡献，而有贡献的仅仅是 $I_{有}$. 所以 $I_{无}$ 为无功电流，$I_{有}$ 为有功电流. 有功功率 $P = UI_{有} = UI\cos\varphi$ 也就是平均功率，代表负载电路在一个周期

内实际吸收的功率. $Q = UI_{无} = UI\sin\varphi$ 称为无功功率，它表示电源和负载之间能量转换的规模，说明电能在电路间来回游荡，这种游荡是“徒劳无功”的. 而 $S = UI$ 为回路的总功率容量，称为视在功率.

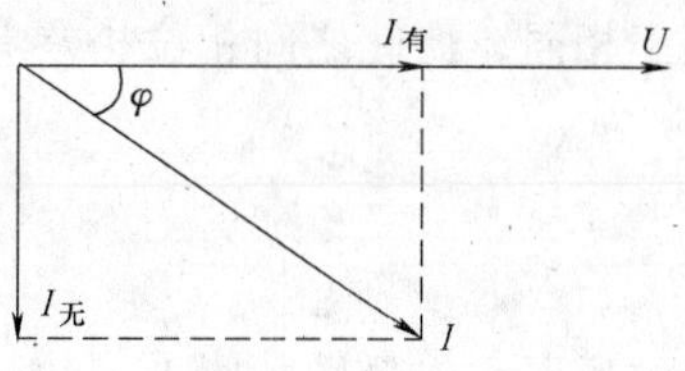

图 16-22　电流 $I$ 的分解

因为无功功率对平均功率没有任何贡献，为了更好地发挥电路做功的潜能和降低输电线的热损耗，就需要尽可能地提高功率因数. 而要提高负载的功率因数 $\cos\varphi$，就是要减小功率因数角 $\varphi$，即减小负载电压和电流间的相位差. 因为电感元件 $u(t)$ 比 $i(t)$ 相位超前，而电容元件 $u(t)$ 比 $i(t)$ 相位落后，所以可以通过并联电容和电感而使相位差减小，从而提高功率因数. 对于常见的电感性负载就是通过并联电容器的方法来提高功率因数的.

## 16.6.4　三相交流电

### 1. 三相交流电的产生

如图 16-23 所示，转子装有磁极并以 $\omega$ 的速度旋转. 三个线圈中便产生三个单相电动势. 每个线圈都将产生按正弦规律变化的感应电动势，这三个正弦感应电动势有如下特点：

(1) 三个线圈的感应电动势振幅完全相等，即 $\mathscr{E}_{Am} = \mathscr{E}_{Bm} = \mathscr{E}_{Cm} = \mathscr{E}_m$；

(2) 因磁场是匀速旋转的，所以三个线圈的感应电动势的角频率相同，均为 $\omega$；

(3) 三个线圈在空间上相间 120°，所以三相绕组的感应电动势的相位差为 120°.

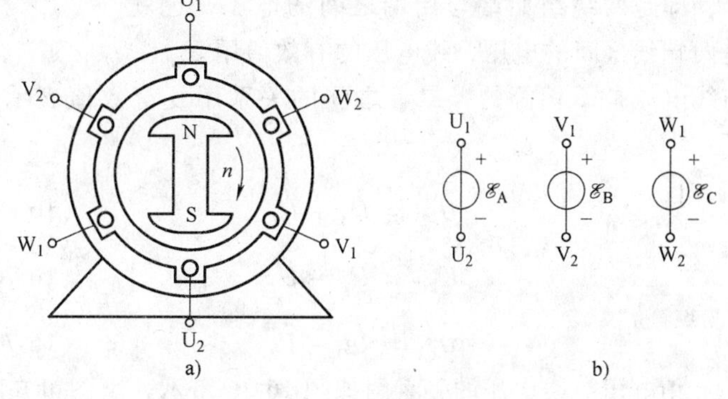

图 16-23　三相发电机示意图

三相制供电比单相制供电优越性：①在发电方面，三相交流发电机比相同尺寸的单相交流发电机容量大；②在输电方面，如果以同样电压将同样大小的功率输送到同样距离，三相输电线比单相输电线节省材料；③在用电设备方面：三相交流电动机比单相电动机结构简单、体积小、运行特性好等等. 因此，三相制是目前世界各国的主要供电方式.

前面讲的交流电路，实际是三相电路的一相，因而称单相交流电路. 另一方面，三相电路也可看做按一定规律组成的复杂交流电路，因而前面讨论的交流电路的一般规律和计算方法，在此仍然适用.

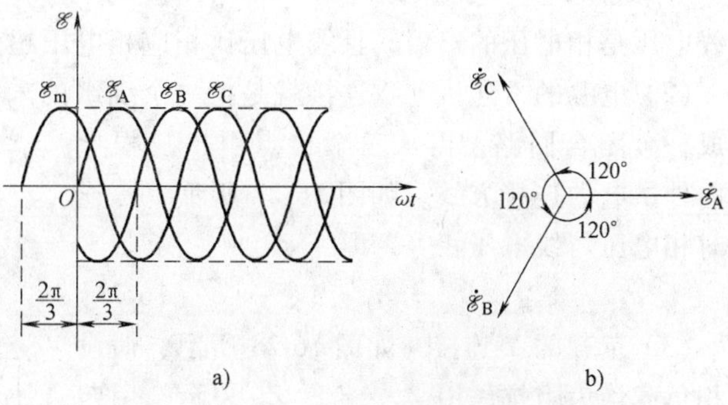

图 16-24　三相交流电波形图和矢量图

a) 波形图　b) 矢量图

由于电机结构的原因，这三个线圈所发出的三相电动势幅值相等，

频率相同，彼此之间相位相差120°. 可将其表示为

$$\mathscr{E}_A = \mathscr{E}_m \sin\omega t \tag{16-66}$$

$$\mathscr{E}_B = \mathscr{E}_m \sin(\omega t - 120°) \tag{16-67}$$

$$\mathscr{E}_C = \mathscr{E}_m \sin(\omega t - 240°) = \mathscr{E}_m \sin(\omega t + 120°) \tag{16-68}$$

其波形图和矢量图如图 16-24 所示.

**2. 三相交流电的连接**

（1）电源的 Y 连接. 将三个绕组的末端 X、Y、Z 连在一起，由三个始端 $A$、$B$、$C$ 引连接线的接线方式称为 Y 连接，如图 16-25 所示.

三个末端连在一起的点称为中点或零点，由中点引出的连接线称为中线或地线；由始端引出的三根线叫端线或火线. 此连接方式称为三相四线制. Y 连接中可以得到两种电压，一种是相电压，就是绕组始端至末端的电压，也就是端线与中线之间的电压，相电压的有效值用 $U_A$、$U_B$、$U_C$，或用 $U_P$ 表示；另一种是线电压，即是两绕组始端与始端之间的电压，也就是两端线之间的电压，线电压的有效值用 $U_{AB}$、$U_{BC}$、$U_{CA}$，或用 $U_L$ 表示. Y 连接时，相电压与线电压是不相等的，二者之间的关系用复有效值表示如下：

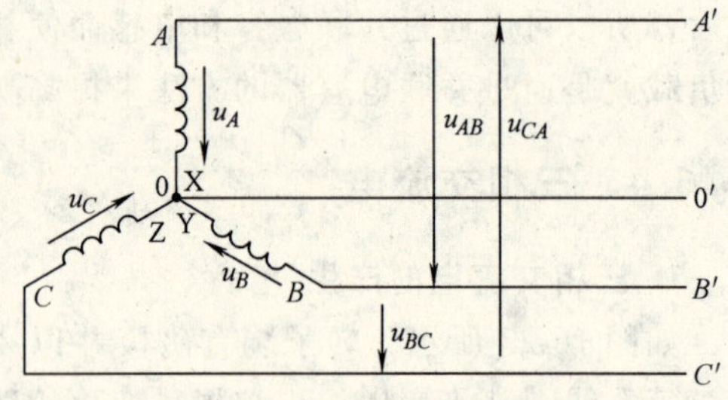

图 16-25 三相电的 Y 连接

$$\dot{U}_{AB} = \dot{U}_A - \dot{U}_B \tag{16-69}$$

$$\dot{U}_{BC} = \dot{U}_B - \dot{U}_C \tag{16-70}$$

$$\dot{U}_{CA} = \dot{U}_C - \dot{U}_A \tag{16-71}$$

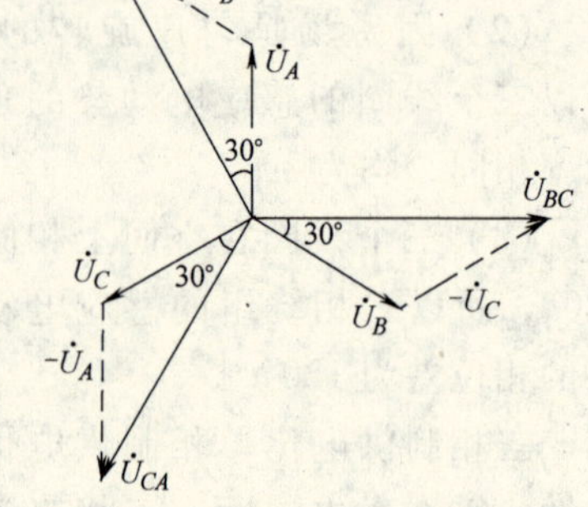

图 16-26 相电压与线电压

相电压与线电压的矢量图如图 16-26 所示，由图可知

$$U_{AB} = 2U_A\cos30° = \sqrt{3}U_A$$

同理，$U_{BC} = \sqrt{3}U_B$，$U_{CA} = \sqrt{3}U_C$. 可见相电压和线电压的关系为

$$U_L = \sqrt{3}U_P \tag{16-72}$$

即线电压是相电压的$\sqrt{3}$倍，且线电压比相应相电压超前 30°.

（2）电源的△连接. △连接就是把一个绕组的末端与另一个绕组的始端顺次序相连接，形成一个闭合回路，再从三个接点引出三根导线向外供电的连接方式，如图 16-27 所示. △连接时相电压与线电压相等，即

$$U_L = U_P \tag{16-73}$$

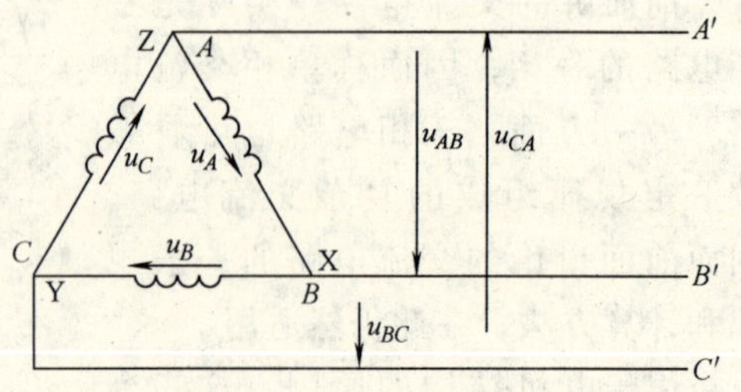

图 16-27 电源的△连接

（3）负载的 Y 连接. 如图 16-28 所示，假设三相负载均为阻抗，用 $Z_A$、$Z_B$、$Z_C$ 表示，用四根导线将电源和负载连接起来的三相电路称为三相四线制. 三相电路中，流经各端线的电流

称为线电流，而流过各相负载的电流称为相电流. 各负载相等并接成 Y 形时，线电流等于相电流. 在三相四线制中，流过中线的电流为

$$\dot{I}_0 = \dot{I}_A + \dot{I}_B + \dot{I}_C \quad (16\text{-}74)$$

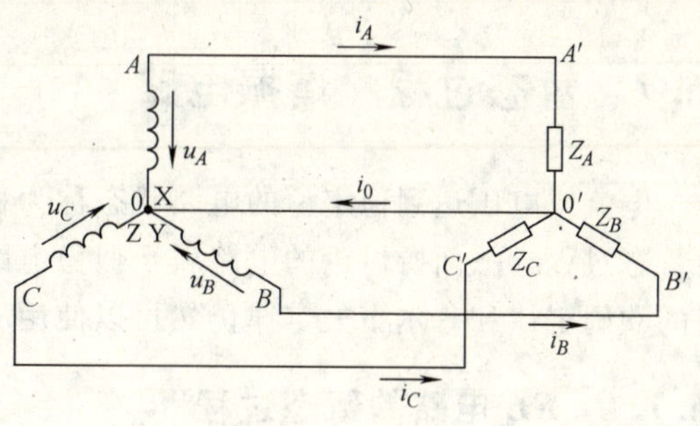


图 16-28　负载的 Y 连接

在 Y 连接的三相电路中，如果三相电流对称，则中线电流为零，如果三相电流不对称，则中线就有电流流过. 如果三相电流接近对称，中线电流很小，所以有时便省去中线，这种用三根导线把电源和负载相连的电路叫三线三相制.

（4）负载的△连接. 如图 16-29 所示，即为负载的△连接. △连接的相电压等于线电压. 而流过各相负载的相电流与线电流的关系如下：

$$\dot{I}_A = \dot{I}_{A'B'} - \dot{I}_{C'A'}$$

$$\dot{I}_B = \dot{I}_{B'C'} - \dot{I}_{A'B'}$$

$$\dot{I}_C = \dot{I}_{C'A'} - \dot{I}_{B'C'}$$

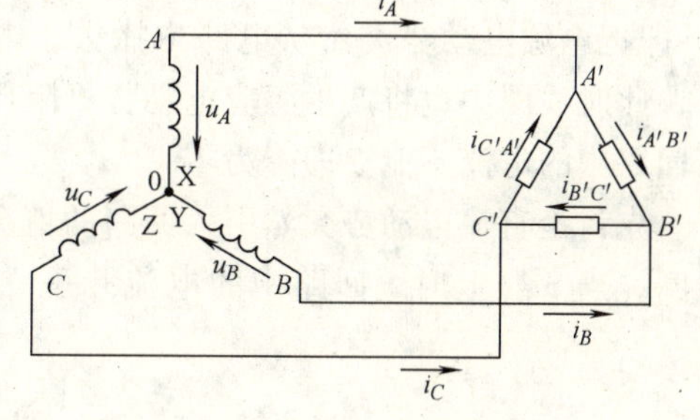


图 16-29　负载的△连接

如果三相电流是对称的，其线电流与相电流的关系

$$I_{\mathrm{L}} = \sqrt{3} I_{\mathrm{P}} \quad (16\text{-}75)$$

**3. 三相交流电的功率**

三相对称交流电路中视在功率

$$S = S_A + S_B + S_C = U_A I_A + U_B I_B + U_C I_C = 3U_{\mathrm{P}} I_{\mathrm{P}}$$

如果负载是 Y 连接，则有 $U_{\mathrm{P}} = \frac{1}{\sqrt{3}} U_{\mathrm{L}}$，$I_{\mathrm{L}} = I_{\mathrm{P}}$，所以

$$S = 3 \times \frac{1}{\sqrt{3}} U_{\mathrm{L}} I_{\mathrm{L}} = \sqrt{3} U_{\mathrm{L}} I_{\mathrm{L}}$$

如果负载是△连接，则有 $U_{\mathrm{P}} = U_{\mathrm{L}}$，$I_{\mathrm{L}} = \frac{1}{\sqrt{3}} I_{\mathrm{P}}$，所以

$$S = 3 \times \frac{1}{\sqrt{3}} U_{\mathrm{L}} I_{\mathrm{L}} = \sqrt{3} U_{\mathrm{L}} I_{\mathrm{L}}$$

所以在三相对称交流电路中，无论负载是哪种连接方式，负载的视在功率都是

$$S = \sqrt{3} U_{\mathrm{L}} I_{\mathrm{L}} \quad (16\text{-}76)$$

三相对称交流电路中的有功功率

$$P = S\cos\varphi = \sqrt{3} U_{\mathrm{L}} I_{\mathrm{L}} \cos\varphi \quad (16\text{-}77)$$

三相对称交流电路中的无功功率

$$P = S\sin\varphi = \sqrt{3} U_{\mathrm{L}} I_{\mathrm{L}} \sin\varphi \quad (16\text{-}78)$$

## 16.7　暂态过程　谐振电路*

电流或电压达到稳定值的电路状态称为稳态，从一种稳态到另一种稳态所经历的过程称为暂态过程. 下面所讨论的电路属于似稳电路，能很好地满足似稳条件，因此，求解直流电路的欧姆定律和基尔霍夫定律仍然可以使用.

### 16.7.1　*RL* 电路的暂态过程

如图 16-30 所示的电路，当开关 S 合到 $a$ 点时，电路中的电流从零开始增长，在线圈中将产生感应电动势，这个感应电动势阻碍原电流的增长，所以使回路中的电流不能立即达到稳定值 $I_0$，也就是说，当直流电动势接入电路后，电流值从零增长到稳定值需要一个暂短的过程. 同理，当电流到稳定值后，如突然把开关从 $a$ 断开合到 $b$，即把电源电动势突然从电路中撤去，电路中的电流开始下降，此时线圈中也将产生感应电动势，阻碍原电流的下降，所以回路中的电流不能立即降为零.

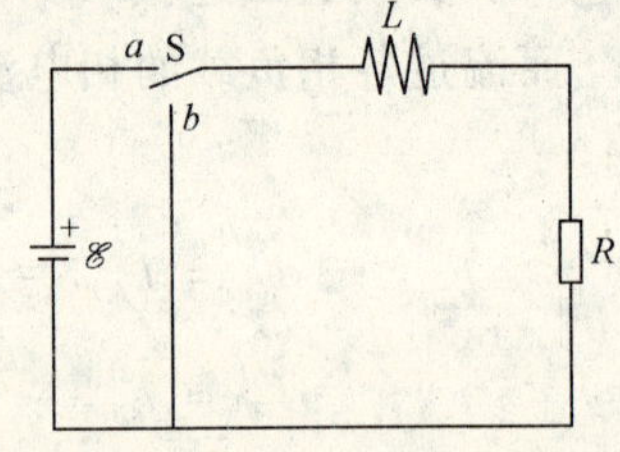

图 16-30　*RL* 电路的暂态过程

先讨论直流电动势突然引入回路的情况：如果电路中没有线圈，当 S 合上时，回路中的电流几乎立即达到稳定值 $I_0 = \dfrac{\mathscr{E}}{R}$.

现在回路中有线圈存在，当 S 合到 $a$ 点时，回路中的电流从无到有随时间变化，所以在线圈中产生自感电动势

$$\mathscr{E}_L = -L\frac{\mathrm{d}I}{\mathrm{d}t}$$

这个感应电动势和原电动势串联在电路中，选取逆时针方向为回路绕行方向，此时感应电动势为顺时针方向，得到

$$\mathscr{E} - IR - L\frac{\mathrm{d}L}{\mathrm{d}t} = 0$$

我们求解这个一阶线性常系数非齐次微分方程并考虑初始条件

$$I(0) = 0$$

得到

$$I = \frac{\mathscr{E}}{R}(1 - \mathrm{e}^{-\frac{R}{L}t}) = I_0(1 - \mathrm{e}^{-t/\tau}) \tag{16-79}$$

式中，$\tau = R/L$，称为 *RL* 电路的时间常数，它是表征 *RL* 电路暂态过程快慢的物理量.

当 *RL* 电路中电流达到稳定后，将开关 S 合到 $b$ 点，电路中电流

$$I = \frac{\mathscr{E}}{R}\mathrm{e}^{-\frac{R}{L}t} = I_0\mathrm{e}^{-t/\tau} \tag{16-80}$$

### 16.7.2　*RC* 电路的暂态过程

如图 16-31 所示的 *RC* 电路，把开关 S 突然合到 $a$ 点，电容器将被充电，随着电荷量 $q$

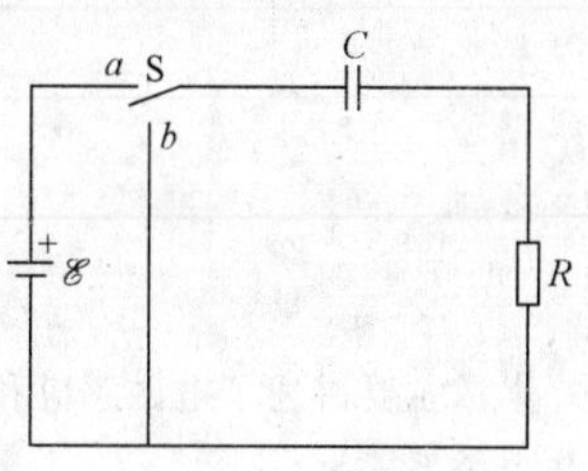

图 16-31　$RC$ 电路的暂态过程

的逐渐增加，电容器两极板的电压 $U=\frac{q}{C}$也随之增加，电路的充电电流为 $I=\frac{\mathrm{d}q}{\mathrm{d}t}$. 且有 $U_C+U_R=\mathscr{E}$，即

$$\frac{q}{C}+IR=\mathscr{E}$$

因此，充电过程中 $q$ 满足的微分方程为

$$\begin{cases}\frac{q}{C}+\frac{\mathrm{d}q}{\mathrm{d}t}R=\mathscr{E}\\ q(0)=0\end{cases}$$

解之得

$$q=q_0(1-\mathrm{e}^{-t/\tau})\tag{16-81}$$

式中，$q_0=C\varepsilon$；$\tau=RC$，称为 $RC$ 电路的时间常数，它是表征 $RC$ 电路暂态过程快慢的物理量. 充电过程中电容器两端的电压

$$U=\frac{q}{C}=\mathscr{E}(1-\mathrm{e}^{-t/\tau})\tag{16-82}$$

同理，当电路充电完成后，把开关 S 从 $a$ 点突然接到 $b$ 点，于是电容器将放电，电路中存在放电电流，同时电路中两极板上的电荷由 $q$ 减至零，电容器两端电压为

$$U=\frac{q}{C}=\mathscr{E}\mathrm{e}^{-t/\tau}\tag{16-83}$$

## 16.7.3　*LC* 谐振电路

如图 16-32 所示，我们考虑同时包含电感 $L$ 和电容 $C$ 的交流电路. 将基尔霍夫定律应用到该电路上，有

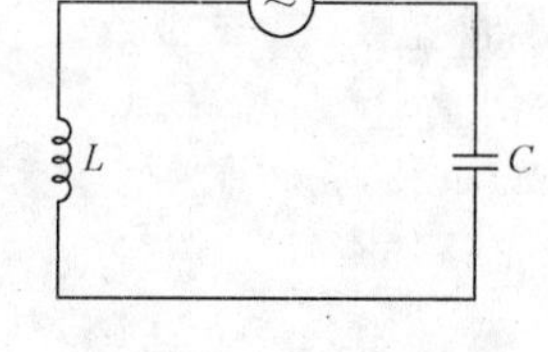

图 16-32　$LC$ 谐振电路

$$\mathscr{E}-\frac{q}{C}-L\frac{\mathrm{d}I}{\mathrm{d}t}=0$$

因为 $I=\mathrm{d}q/\mathrm{d}t$ 和 $\mathscr{E}=\mathscr{E}_0\cos\omega t$，所以上式可以写成

$$L\frac{\mathrm{d}^2q}{\mathrm{d}t^2}+\frac{q}{C}=\mathscr{E}_0\cos\omega t\tag{16-84}$$

上述电路中的微分方程与受到简谐力驱动的谐振子方程

$$m\frac{\mathrm{d}^2x}{\mathrm{d}t^2}+kx=F_0\cos\omega t$$

具有相同的形式. 在电路中，电容器极板上的电荷在作振荡. 比较两个方程可以发现电感 $L$ 起着与机械振子中质量 $m$ 相同的作用，$1/C$ 起着机械振子中弹簧劲度系数相同的作用. 因为 $LC$ 电路和机械振子具有相同的数学描述，所以电路中也会发生与机械振子类似的谐振现象. 由微分方程理论可知电路中的谐振频率为

$$\omega_0=\sqrt{\frac{1}{LC}}\tag{16-85}$$

将一个接近上式频率的小简谐电压接入电路中，电流也会产生很大的振幅. 类似与机械振子的情况，电荷振荡的振幅为

$$q_{max} = \frac{\varepsilon_0 / L}{|\omega^2 - \omega_0^2|} \tag{16-86}$$

## 小　　结

本章主要讲述了电磁感应和电磁场的 2 个重要定律、几个基本概念、1 个重要定理、麦克斯韦方程组和几个关系式.

一、电磁感应的 2 个重要定律

1. 楞次定律　闭合回路中，感应电流的方向总是使它自身所产生的磁通量，去补偿或者反抗引起感应电流的磁通量的变化.

2. 法拉第电磁感应定律

$$\mathscr{E}_i = -\frac{d\boldsymbol{\Psi}}{dt}$$

二、几个基本概念

1. 动生电动势

$$\mathscr{E}_{AB} = \int_A^B \boldsymbol{E}_k \cdot d\boldsymbol{l} = \int_A^B (\boldsymbol{v} \times \boldsymbol{B}) \cdot d\boldsymbol{l}$$

2. 感生电场

$$\oint_L \boldsymbol{E}_k \cdot d\boldsymbol{l} = -\int_S \frac{\partial \boldsymbol{B}}{\partial t} \cdot d\boldsymbol{S}$$

3. 感生电动势

$$\mathscr{E}_i = \oint_L \boldsymbol{E}_k \cdot d\boldsymbol{l}$$

4. 自感

$$\boldsymbol{\Psi} = LI$$

自感电动势

$$\mathscr{E}_L = -L\frac{dI}{dt}$$

5. 互感

$$\boldsymbol{\Psi}_{21} = M_{21}I_1, \quad \boldsymbol{\Psi}_{12} = M_{12}I_2$$

$$M_{12} = M_{21} = M$$

互感电动势

$$\begin{cases} \mathscr{E}_{21} = -M\dfrac{dI_1}{dt} \\ \mathscr{E}_{12} = -M\dfrac{dI_2}{dt} \end{cases}$$

6. 磁场的能量密度

$$w_m = \frac{1}{2}\boldsymbol{B} \cdot \boldsymbol{H}$$

7. 位移电流

$$I_d = \int \boldsymbol{J}_d \cdot d\boldsymbol{S} = \int \frac{\partial \boldsymbol{D}}{\partial t} \cdot d\boldsymbol{S}$$

三、全电流的安培环路定理

磁场强度 $\boldsymbol{H}$ 沿任意闭合回路的线积分等于穿过此闭合回路所包围曲面的全电流，即

$$\oint_L \boldsymbol{H} \cdot d\boldsymbol{l} = I + I_d = I + \int \frac{\partial \boldsymbol{D}}{\partial t} \cdot d\boldsymbol{S}$$

四、麦克斯韦方程组

1. 积分形式

$$\begin{cases}\oint_S \boldsymbol{D}\cdot d\boldsymbol{S} = \sum q = \int_V \rho dV \\ \oint_S \boldsymbol{B}\cdot d\boldsymbol{S} = 0 \\ \oint_L \boldsymbol{E}\cdot d\boldsymbol{l} = -\int_S \frac{\partial \boldsymbol{B}}{\partial t}\cdot d\boldsymbol{S} \\ \oint_L \boldsymbol{H}\cdot d\boldsymbol{l} = I + I_d = I + \int_S \frac{\partial \boldsymbol{D}}{\partial t}\cdot d\boldsymbol{S}\end{cases}$$

2. 微分形式

$$\begin{cases}\nabla\cdot \boldsymbol{D} = \rho \\ \nabla\cdot \boldsymbol{B} = 0 \\ \nabla\times \boldsymbol{E} = -\frac{\partial \boldsymbol{B}}{\partial t} \\ \nabla\times \boldsymbol{H} = \boldsymbol{J} + \frac{\partial \boldsymbol{D}}{\partial t}\end{cases}$$

## 思　考　题

16-1　感应电动势的大小由什么因素决定？

16-2　在电磁感应定律 $\mathscr{E}_i = -\frac{d\Psi}{dt}$中，负号的意义是什么？如何根据负号来确定感应电动势的方向？

16-3　将尺寸完全相同的铜环和木环适当放置，使通过两环中的磁通量的变化率相等. 问在两环中是否产生相同的感应电场和感应电流？

16-4　一条形磁铁在空中竖直下落，途中穿过一闭合金属环，环中会因此产生感应电流，试分析在此过程中磁铁受力情况和加速度的变化.

16-5　试讨论动生电动势与感生电动势的共同点和不同点.

16-6　在磁场变化的空间里，如果没有导体，那么在这个空间里是否存在电场？是否存在感应电动势？

16-7　变化电场产生的磁场是否一定随时间变化？变化磁场产生的电场是否也一定随时间变化？

16-8　一块金属在均匀磁场中平移，金属中是否会有涡流？若旋转呢？

16-9　有人说："因为自感 $L=\Phi_m/I$，所以通过线圈中的电流愈大，自感愈小." 这种说法对吗？

16-10　一个线圈自感的大小由哪些因素决定？怎样绕制一个自感为零的线圈？

16-11　两个线圈之间的互感大小由哪些因素决定？怎样放置可使两线圈间的互感最大？

16-12　说明位移电流和传导电流的不同含义.

16-13　你能举出证明麦克斯韦的两个基本假设是正确的事实吗？

16-14　什么是坡印亭矢量？它和电场和磁场有什么关系？

16-15　在 $LC$ 电磁振荡中，电场能量和磁场能量是怎样交替转换的？

16-16　为什么说电磁波是横波？

## 习　　题

16-1　一横截面积为 $S=20\text{cm}^2$ 的空心螺绕环，每厘米长度上绕有 50 匝，环外绕有 $N=5$ 匝的副线圈，副线圈与电流计 G 串联，构成一个电阻为 $R=2.0\Omega$ 的闭合回路. 若螺绕环中的电流每秒减少 20A，求副线圈中的感应电动势和感应电流.

16-2　如图 16-33 所示，一很长的直导线有交变电流 $i=10\sin\omega t$，它旁有一长方形线圈 $ABCD$，长为 $l$，宽为 $(b-a)$，线圈和导线在一平面内. 求：

(1) 穿过回路 $ABCD$ 的磁通量 $\Phi_m$；

(2) 回路 $ABCD$ 的感应电动势 $\mathscr{E}_i$.

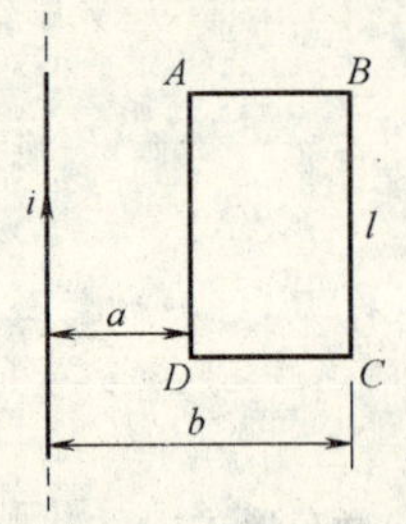

图 16-33　习题 16-2 用图

16-3　一长直导线载有 5.0A 直流电流，旁边有一个与它共面的矩形线圈，长 $l=20$cm，如图 16-34 所示，$a=10$cm，$b=20$cm；线圈共有 $N=1\ 000$ 匝，以 $v=3.0$m/s 的速度离开直导线. 求线圈里的感应电动势的大小和方向.

16-4　如图 16-35 所示，两平行金属导轨有一滑动金属杆 $EF$，$EF$ 段的电阻为 $R$，导轨两端的电阻为 $R_1$、$R_2$，均匀磁场 $\boldsymbol{B}$ 垂直通过导轨所在的平面，若 $EF$ 的运动速率为 $v$，求金属杆的电流 $I_{EF}$.（略去导轨电阻、摩擦、回路自感）

16-5　一螺绕环横截面的半径为 $a$，中心线的半径为 $R(R>>a)$，其上由表面绝缘的导线均匀地密绕两个线圈，各为 $N_1$ 匝和 $N_2$ 匝，求两线圈的互感 $M$.

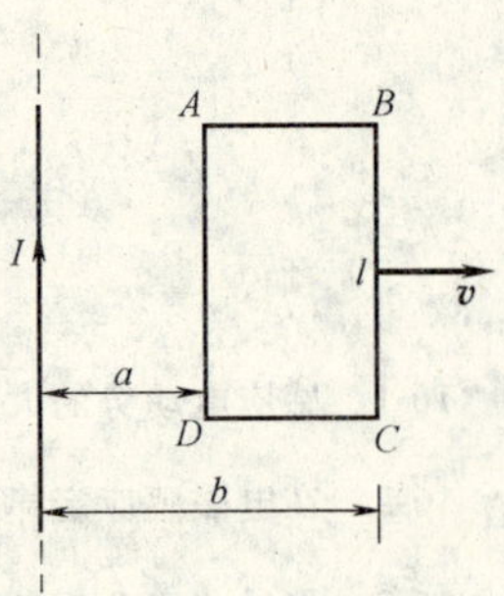

图 16-34　习题 16-3 用图

16-6　设一螺线管长 $l=0.5$m，线圈的面积为 $S=10\text{cm}^2$，总匝数为 $N=3\ 000$，试求这一螺线管的自感.（线圈内是空气）

16-7　一个线圈的自感 $L=30$H，电阻 $R=6.0\Omega$，接在 12V 的电源上，电源的内阻可略去不计. 求：

(1) 刚接通时的 $\dfrac{\mathrm{d}i}{\mathrm{d}t}$；

(2) 接通 $t=0.20$s 时的 $\dfrac{\mathrm{d}i}{\mathrm{d}t}$；

(3) 电流 $i=1.0$A 时的 $\dfrac{\mathrm{d}i}{\mathrm{d}t}$.

16-8　在上题中，(1) 当电流为 0.50A 时，供给线圈的功率是多少？这时线圈上产生的热功率是多少？线圈磁能的增加率是多少？

(2) 当电流达到稳定值时，有多少能量储于线圈中？

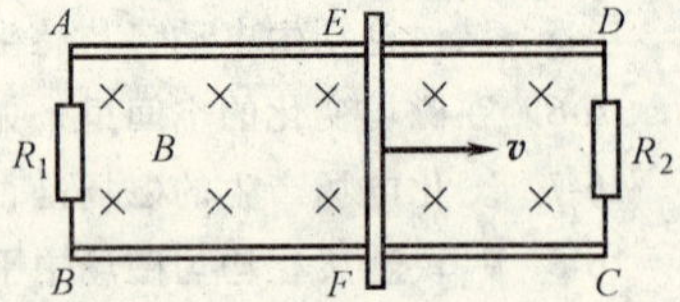

图 16-35　习题 16-4 用图

16-9　在长为 0.2m、直径为 0.5cm 的硬纸筒上，需绕多少匝线圈，才能使绕成的螺线管的自感约为 $2.0\times10^{-3}$H.

16-10　两共轴螺线管，长 $l=1.0$m，截面积 $S=10\text{cm}^2$，匝数 $N_1=1\ 000$，$N_2=200$. 计算这两线圈的互感. 若线圈 1 内的电流变化率为 10A/s，求线圈 2 内的感应电动势的大小？（设管内充满空气）

16-11　在半径为 $R$ 的长直螺线管的中段内，磁场沿轴向均匀分布，磁感应强度 $B$ 的大小以恒定的变化率 $\mathrm{d}B/\mathrm{d}t$ 增加着，求距离中心 $O$ 为 $r$（$r>R$）处的涡旋电场强度大小.

16-12　求证：平行板电容器两极之间的位移电流大小为 $I_\mathrm{d}=C\mathrm{d}U_{ab}/\mathrm{d}t$. 式中，$C$ 为电容器的电容；$U_{ab}$ 为电容器两极板之间的电压.

16-13　半径为 $R$ 的圆形平行平板电容器，电荷 $q=q_0\sin\omega t$ 均匀分布在极板上，略去边缘效应，求两板间的位移电流密度和位移电流.

16-14　一个 $LC$ 电路由自感为 $L$ 的线圈和电容为 $C$ 的电容器所组成，线路中电阻略去不计，倘若在开始时测得此 $LC$ 电路中的电容器带电 $q_0$.

(1) 分别写出此电路接通以后，电容器两极板间的电势差和电流随时间变化的方程；

(2) 写出电场的能量、磁场的能量及总能量各随时间变化的方程.

16-15　已知一列平面电磁波在空气中通过某点时，该点上某一时刻的电场强度 $E=100$V/m，求该时刻该点的磁场强度 $\boldsymbol{H}$.

16-16　一平面电磁波在真空中传播，电场强度振幅为 $E_0=100\times10^{-6}$V/m，求磁场强度振幅及电磁波的强度(即能流密度).

# 物理学家简介

## 法拉第(Michael Faraday，1791—1867)

1791 年 9 月 22 日，迈克尔·法拉第出生于英格兰萨里郡纽因顿的一个普通铁匠家庭中. 由于家境贫寒，小时候的法拉第没有接受过系统的正规教育，仅上了两年小学便从学校退学了. 12 岁时，他被送进一家书铺作学徒，刚开始时的工作是分送报纸，一年后转而在书铺学习装订工艺，并一直工作了多年. 由于书店的工作条件使他有机会接触到各类书籍，于是法拉第在繁忙的工作之余，挤出一切休息时间努力自学，贪婪地阅读着自己装订的书籍并作了工整的读书笔记. 书铺的主人为他的好学精神所感动，便专门将一些科学书籍交给法拉第装订，这使得法拉第有机会阅读了大量的科学著作，如马塞特夫人(Jane Marcet，1769—1858)的《化学对话》、《大英百科全书》中关于“电”的部分等，这些书籍开拓了他的视野，使他对科学研究产生了浓厚的兴趣. 与此同时，法拉第还用自己微薄的收入购买了一些简单的实验器皿，按照书上介绍的实验方法，开始进行简单的化学实验，并对实验的结果进行仔细地观察和分析，逐渐培养出很强的实验本领和观察能力，这些都对他以后的科学研究产生了深刻地影响. 后来，这间书铺已不能满足法拉第对科学知识日益强烈的求知欲，于是在兄长的赞助下，他开始去听一些自然哲学方面的讲演，从 1810 年至 1811 年间，法拉第参加了十几次由市哲学学会举办的讲演会. 1812 年，一位常到书铺买书的皇家学会会员给了法拉第 4 张汉弗莱·戴维教授在皇家学院所举办讲座的听讲券. 戴维是一位著名的化学家，法拉第听了 4 次戴维的讲座后，他对科学研究的热情被进一步激发起来. 在这一年，法拉第的学徒期满，他希望能从事自己酷爱的科学研究工作，于是采取了一个大胆的行动，他将自己在听戴维讲座后所做的笔记重新誊抄，并根据自己的理解在其中很多地方进行了补充，还绘制了很多精美的图表. 法拉第将这份稿子寄给了戴维，并附上一封言辞恳切的信，在信中他表达了自己对科学的向往以及渴望得到一份与科学研究有关的工作的愿望，甚至可以不计报酬. 收到这封自荐信后，戴维为法拉第的诚意所感动，在他的推荐下，法拉第于 1813 年 3 月获得了一份在皇家学院实验室工作的机会，担任戴维的助理实验员，这是法拉第一生最重要的转折点，从此开始了他献身科学的生涯. 同年 10 月，戴维开始赴欧洲大陆进行科学考察，法拉第作为助手随同前往. 在历时一年多的旅行过程中，他们先后到过法国、瑞士、意大利和德国等多个国家，并结识了安培、盖·吕萨克(Joseph Louis Gay-Lussac，1778—1850)和伏特(Alessandro Volta，1745—1827)等著名科学家，安培和盖·吕萨克还曾给予法拉第热情的指点，这段经历使年轻的法拉第获益匪浅. 1815 年，回到英国的法拉第继续他在皇家学院的工作，并在戴维的指点下开展了许多化学方面的研究，他的知识与实验能力都得到了很大提高，这为他日后的独立研究打下了基础. 1816 年，法拉第发表了自己的第一篇论文，内容是关于一种石灰的性质分析. 随后几年，法拉第相继发表了近 40 篇论文和笔记，此时的法拉第已逐渐开始在科学界崭露头角. 1824 年，法拉第当选为皇家学会会员，并于 1825 年任皇家学院实验室主任，1833 年任皇家学院化学教授一职.

在法拉第长达 50 余年的科学研究生涯中，取得了许多成果. 他的研究范围十分宽广，但他最主要的研究成果集中在化学和电学方面. 法拉第早期主要从事化学方面的研究，而在 1820 年，奥斯特发现了电流的磁效应，不久，安培又发现了电流之间的相互作用，这些发现引起了法拉第的注意，他开始对电磁现象产生了浓厚兴趣，并开始从事相关研究. 法拉第在电磁学方面的第一个重要发现是成功实现了电磁转动实验，由此导致了电动机原理的发现. 不过此后的一段时间，他曾中断过在电磁学方面的研究，而又转向化学方面，从事对气体的液化、合金以及玻璃等问题的研究. 然而，此时的法拉第受到奥斯特发现的电流磁效应启发，已经有了一个大胆的设想，既然电流能够产生磁效应，那么磁又能否产生电呢？1824 年，法拉第又开始继续从事在电磁学方面的研究工作，此后虽经历多次实验的失败，但他依然坚持着对磁生电的研究，终于在 1831 年 8 月的一天获得了成功. 在这次实验中，法拉第观察到在线圈中的电流接通或断开的瞬间，旁边的小磁针都会发生摆动，然后又回到原来的位置，这就是电磁感应现象. 之后，法拉第不断改进实验装置，反复进行实验，最终他从实验中领悟到电磁感应的暂态性，并总结出在五种情况下（这五种情况分别是：变化的电流、变化的磁场、运动的稳恒电流、运动的磁铁和在磁场中运动的导体）都会产生感应电流. 在实验基础上，法拉第还做出了最早的感应发电机. 法拉第电磁感应现象的发现，是电磁学领域最重要的成就之一，也是人类科技史上具有划时代意义的重大发现，随后各种电动机和发电机相应出现，人类社会开始由蒸汽时代步入到电气化时代.

除了在电磁感应方面所取得的成就外，法拉第还有很多重要的研究成果. 1831 年，法拉第发明了电量计. 1833 年，法拉第通过实验发现了法拉第电解第一和第二定律，同时制定了一系列电化学术语，如电解、阳极、阴极、阳离子和阴离子等，由此开创了电化学这一新的学科领域，法拉第电解定律和他所创造的术语成为了电化学的基础，直至今日仍然被广泛应用. 1837 年，法拉第通过实验研究了电介质对电容的影响，并提出电容率的概念. 之后，由于长期的劳累使他的健康受到了严重损害，法拉第的研究工作被迫中断了数年. 1843 年，法拉第采用著名的冰桶实验，证明了电荷守恒定律. 1845 年，法拉第在实验中又发现了磁光效应，即光的偏振面在强磁场中旋转的现象，这一现象揭示出电磁与光之间存在着内在联系. 1846 年，法拉第发现了抗磁性现象，将物质区分为顺磁质和抗磁质，并因该项发现被授予伦福德奖章和皇家奖章.

法拉第不仅是一位伟大的实验科学家，同时也是一位在物理思想上做出过杰出贡献的科学家. 法拉第坚信自然界的统一性，认为各种自然现象是相互关联的，彼此之间可以相互转化，他曾经说过，"一切自然力都是可以相互转化的，有着共同的起源". 正是在这种思想的引领下，他才成功发现了电磁感应现象，并在其后取得了一系列的研究成果，而这种思想其后也一直支配着物理学的发展. 此外，法拉第认为空间不是像牛顿所说的那样一无所有，他不同意引力、电力和磁力等是所谓的超距作用. 在法拉第看来，电荷、电流以及磁体间的作用力是通过这些物质周围存在的某种媒介传递的，为此他引入了电力线和磁力线（即现在的电场线和磁感应线）的概念，并以磁铁周围分布的铁粉对磁力线的存在进行了演示. 在力线的基础上，法拉第提出了电场和磁场的概念，他认为物质有两种，一种是实物（如电荷、磁体等），另一种是"场"（电场、磁场等），这些场充满于实物周围的空间，实物之间正是通过场而产生相互作用的，他甚至还提出磁作用的传播需要时间. 法拉第关于电场和磁场的理论，为之后麦克斯韦电磁场理论的建立奠定了基础. 而场这一概念的引入，是自牛顿以来物理学概念和基础理论方面最重要的发现，时至今日，场的概念已成为物理学理论的重要基础.

法拉第终身勤奋刻苦，在电磁学、电化学等方面取得了极为丰硕的研究成果. 在他的科学名著《电学的实验研究》一书中，汇集了他的诸多研究心得，该书于 1839 年出版，至 1855 年才出齐，全书共分三大卷，包括三十个部分、三千多节. 此外，他的另一部著作《法拉第日记》，也记录了他在科学研究道路上的种种不平凡经历. 这些著作是法拉第毕生从事科学研究的结晶，也是法拉第留给科学界的珍贵遗产.

法拉第在辛勤从事科学研究工作之余，也对科学的普及做了大量贡献. 在他的提议下，皇家学院开始举办"星期五科学讲座"（该讲座延续至今），法拉第本人亲自主持了 100 多次讲座，他还为儿童设立了专门的通俗演讲. 此外，法拉第还长期积极参与皇家学院每年定期举办的"圣诞节讲座"，根据他的讲稿汇编出版的《蜡烛的化学史》一书，被译成多种文字，对许多青少年产生了积极的影响. 而法拉第本人自学成才的不平凡经历，也一直激励着无数后人.

随着声望的不断提高，各种社会荣誉也接踵而至，然而法拉第始终保持着自己谦虚谨慎的作风与高尚的品德，不为金钱和地位所动，还尽量减少各种社会活动，而把精力集中于科学研究工作. 1857 年，皇家学会聘请他担任会长一职，然而被他以"决心一辈子做一个平凡的迈克尔 · 法拉第"为由谢绝，此后，他又以同样的理由谢绝了皇家学院院长、伦敦大学校长等头衔. 当英国王室要授予他爵士称号时，再次被他以“法拉第出身平民，不想变成贵族”的理由推辞．法拉第将颁发给他的各种奖状和奖章都收藏起来，甚至连最亲近的朋友也不让看一眼．生活中的法拉第非常简朴，以至于曾有人将他错认为是看门的老头．晚年的法拉第除了享受一点很少的市民养老金外，再不愿接受国家的任何恩惠．1865 年，法拉第辞去了皇家学院的教授职务．1867 年 8 月 25 日，一代科学巨匠，在谱写完自己不平凡的人生，给人类留下无价宝藏之后，安详地与世长辞，享年 76 岁．法拉第的遗体被安葬在海格特公墓，遵照其遗愿，在墓碑上只刻有他的名字和出生年月．为了纪念这位伟大的物理学家、化学家、经典电磁理论的奠基人，人们以法拉作为电容的国际单位．开尔文勋爵(即威廉·汤姆孙)曾这样评价法拉第，“他的敏捷和活跃的品质，难以用言语形容．他的天才光辉四射，使他的出现呈现出智慧之光．他的神态有一种独特之美，有幸在他家里——皇家学院见过他的任何人都会感觉到的，从思想最深刻的哲学家到最质朴的儿童．”

# 第17章 几何光学

光是一种电磁波，它具有电磁波的所有性质，这些性质都可以从电磁场的基本方程——麦克斯韦方程组推导出来．但求解麦克斯韦方程组十分困难，只有一些简单的光学系统才能得到严格的解．**如果撇开光的波动本性，而仅以光的基本实验定律为基础，并借助于几何学的方法，来研究光在透明介质中传播规律的光学称为几何光学**(geometrical optics)．具体地说，几何光学是研究光的反射、折射及其有关的光学系统的成像规律的学科．由于光的基本实验定律是对光的实际行为的近似，因此以它为基础的几何光学仅在一定条件下才适用，即要求所研究对象的几何尺寸必须远远大于所用光波的波长．如利用几何光学可以讨论光学仪器的成像规律，但在讨论光学仪器的分辨本领时，必须运用波动理论才能解决．

本章从光线传播的基本规律出发，讨论光学系统的成像规律及其应用．

## 17.1 几何光学的基本定律*

任何一个发光体都是一个光源．当发光体本身的尺寸与光的传播距离相比可以略去不计时，该发光体称为发光点或点光源．在几何光学中，发光点是抽象出来的一种理想化模型，它是一个既无体积又无大小的几何点，任何被成像的物体都可以认为是由无数个这样的发光点组成．

在几何光学中，用一条表示光的传播方向的几何线来代表光，并称这条线为**光线**．光线也是一种理想模型，它实际上是不存在的．但是，利用光线可以把光学中复杂的成像问题归结为简单的几何运算，从而使所处理的问题大为简化．

光是横波，在各向同性介质中，其电场的振动方向和传播方向垂直，或者说光沿着波阵面的法线方向传播，因此可以认为波阵面的法线就是几何光学中的光线，与波阵面对应的法线束称为光束．平面波对应于平行光束，球面波对应于会聚或发散光束．

几何光学的理论基础，是由实际观察和直接实验得到的几个基本定律，即：光的直线传播定律、光的独立传播定律及光的反射和折射定律．下面将分别予以说明．

### 17.1.1 光的直线传播定律

在均匀介质中，光沿直线传播，简称光的直线传播．或者说，在均匀介质中，光线为一直线，这就是**光的直线传播定律**．光在传播过程中与其他光束相遇时，各光束都各自独立传播，不改变其性质和传播方向，这就是**光的独立传播定律**．

**光的直线传播定律**是几何光学的重要基础，利用它可以解释很多自然现象，如影子的形成、日食、月食、小孔成像等．当然，该定律只有在光的传播路径上没有限制时，才能成立，否则将因光的衍射现象而遭到破坏．光的衍射现象将在第19章中详细介绍．

### 17.1.2　光的反射定律

光在均匀介质中是沿直线传播的，但遇到两种不同介质的分界面时，光线的方向会发生改变．一部分光返回原介质中传播，称为**反射**(reflection)；另一部分光进入另一种介质中传播，称为**折射**(refraction)．如图 17-1 所示，$AB$、$BC$ 和 $BD$ 分别为入射光线、反射光线和折射光线．入射光线与分界面的法线 $BN$ 构成的平面称为入射面．入射光线、反射光线和折射光线与法线构成的夹角 $i$、$i'$和 $r$ 分别称为入射角、反射角和折射角．

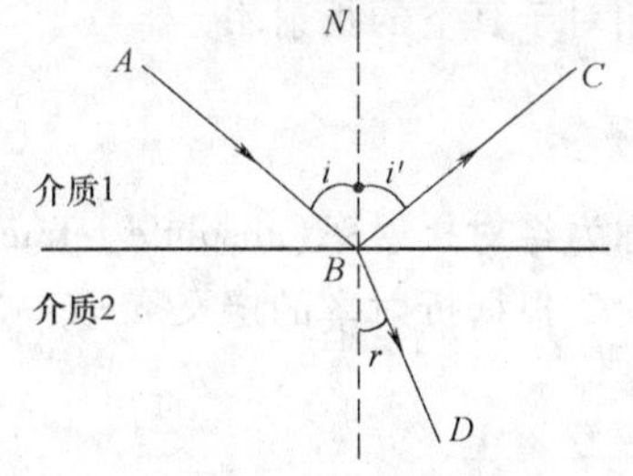

图 17-1　光的反射和折射

实验表明，反射光线与入射光线、法线在同一平面内，且反射光线和入射光线分居在法线的两侧，反射角等于入射角，即

$$i' = i \tag{17-1}$$

这就是**光的反射定律**．

如果两种介质的分界面是光滑的，则平行光束经分界面反射后反射光束中的各条光线相互平行，沿同一方向射出，这种反射称为**镜面反射**(specular reflection)，如图 17-2 a 所示；如果界面粗糙，则平行光线经界面反射后反射光束中的各条光线可以有各种不同的方向，这种反射称为**漫反射**(diffuse reflection)，如图 17-2b 所示．注意：无论是镜面反射，还是漫反射都遵循光的反射定律．

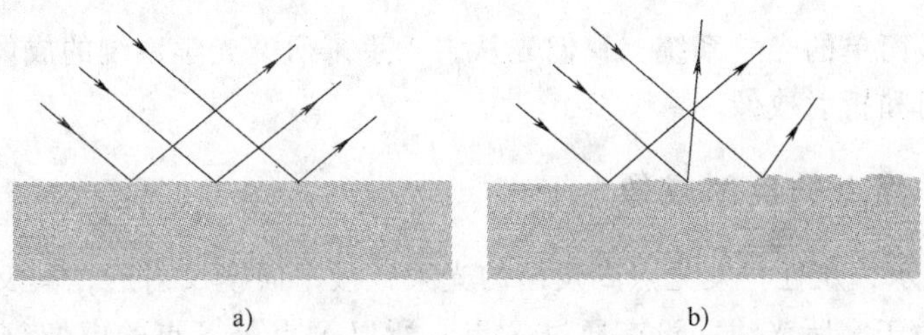

图 17-2　镜面反射和漫反射

### 17.1.3　光的折射定律

光在传播过程中遇到两种不同介质的分界面时，除了一部分光被反射外，其余的部分会进入另一种介质继续传播，且传播方向在界面处发生偏折，这一现象称为折射，如图 17-1 所示．人们对光的折射进行研究后总结出一条规律，称为**折射定律**，表述为：

（1）折射光线总是位于入射平面内，并且与入射光线分居在法线的两侧；

（2）入射角 $i$ 的正弦与折射角 $r$ 的正弦之比，是一个取决于两种介质光学性质及光的波长的恒量，它与入射角无关，即

$$\frac{\sin i}{\sin r} = n_{21} \tag{17-2}$$

恒量 $n_{21}$ 称为第二种介质相对于第一种介质的折射率，简称**相对折射率**(relative refractive index)，其大小是光在两种介质中的传播速率之比，即

$$n_{21}=\frac{v_1}{v_2}$$

如果光从真空中进入某种介质，并设光在真空中和在介质中的光速分别为 $c$ 和 $v$，则该介质相对于真空的折射率

$$n=\frac{c}{v}$$

称为**绝对折射率**(absolute refractive index)，简称**折射率**.

根据折射率的定义 $n=c/v$，可得

$$n_{21}=\frac{v_1}{v_2}=\frac{c/n_1}{c/n_2}=\frac{n_2}{n_1} \tag{17-3}$$

将式(17-3)代入式(17-2)中，则有

$$n_1\sin i=n_2\sin r \tag{17-4}$$

式(17-4)是折射定律的另一种常用形式，称为**斯涅耳定律**(Sneil’s law).

光在两种介质的分界面上反射和折射时，如果光线逆着原来的反射光线或折射光线的方向入射到界面上，必然会逆着原来入射方向反射或折射出去，即当光线反向传播时，总是沿原来正向传播的同一路径逆向传播，这种性质称为**光路可逆性**或**光路可逆原理**. 光路可逆性可用反射定律或折射定律证明，应用光路可逆性可使许多复杂的光学问题简单化.

## 17.2 光在平面上的反射和折射

一个平面是最简单的光学系统，我们先从它入手来研究光学系统的成像问题. 下面讨论光在平面上的反射和折射成像.

### 17.2.1 光在平面上的反射成像

如图 17-3a 所示，从任一发光点 $S$ 发出的光束，被平面镜反射后，其反射光线的反向延长线交于 $S'$点. 由于实际光线并没有通过 $S'$点，所以 $S'$点是 $S$ 点的**虚像**(virtual image). 虚像位于平面后，并在 $S$ 点向平面所做的法线 $SN$ 上，且有 $SN=S'N$，即 $S'$点和 $S$ 点到反射面的距离相等，或者说二者成镜面对称. 若被成像的点是虚发光点，则有平面反射可以产生**实像**(real image)，如图 17-3b 所示.

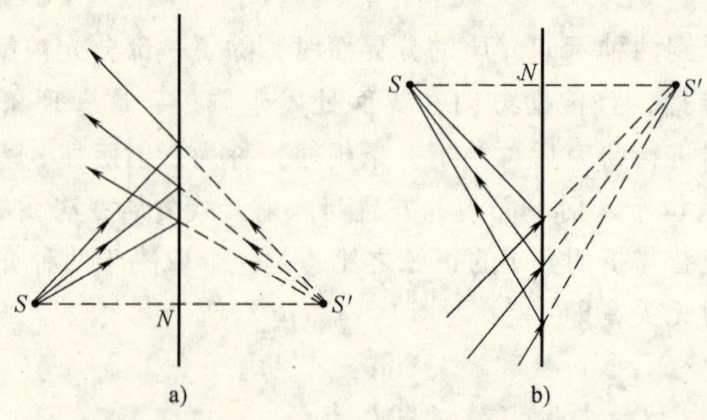


图 17-3 平面反射成像

实像是实际光线会聚而成的，可以用屏接收到，当然也能用眼看到. 虚像不是由实际光

线会聚成的，而是由实际光线的反向延长线相交而成的，只能用眼看到，不能用屏接收．对于眼睛来说，实像和虚像都不过是进入瞳孔的发散光束的顶点，因此无法用眼睛直接分辨光束的顶点是否有实际光线通过．

各光线本身或其延长线交于同一点的光束，称为**同心光束**．由上述分析可知，平面反射镜是一个简单的、不改变光束同心性的光学系统．它所成的像与物的大小相等，且像与物对称于镜面，如图 17-3 所示．

## 17.2.2 光在平面上的折射成像

与平面反射成像不同，平面折射成像将破坏光束的同心性．设点光源 $S$ 在折射率为 $n_1$ 的介质中发出一束光，经分界面 $OM$ 折射后进入折射率为 $n_2$ 的介质（假定 $n_1>n_2$），如图 17-4a 所示．从点光源 $S$ 发出的光束中有一条光线垂直分界面入射，交分界面于 $O$ 点，另一条光线在同一入射面上的入射角为 $i$，折射角为 $r$，交分界面于 $M$．设点光源 $S$ 到 $O$ 点的距离为 $p$，$O$ 点到折射点 $M$ 的距离为 $x$，折射光线的反向延长线与 $SO$ 交于 $S'$，$S'$到 $O$ 点的距离为 $p'$．由折射定律得

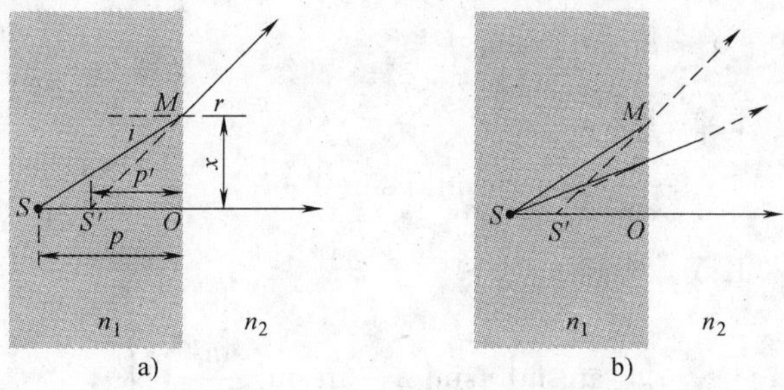


图 17-4 平面折射成像

$$n_1\sin i=n_2\sin r \tag{17-5}$$

由图 17-4a 得

$$\sin i=\frac{x}{\sqrt{p^2+x^2}}$$

$$\sin r=\frac{x}{\sqrt{p'^2+x^2}}$$

将它们代入式(17-5)，可得

$$p'=p\,\frac{n_2\cos r}{n_1\cos i} \tag{17-6}$$

由式(17-6)可知，当 $p$ 不变时，$p'$随入射角 $i$ 变化，即对于由给定位置的发光点发出的光束，由于不同光线在分界面上具有不同的入射角 $i$，所以相应的折射光线的反向延长线并不交于同一点，如图 17-4b 所示．显然，光束的同心性被破坏了，因此不能形成清晰的像，这种现象称为**像散**(astigmatism)．然而，生活经验告诉我们，如果水中有一发光点，在水面上可以看到比较清晰的像，这是因为人眼的瞳孔只让折射光中极细的一束进入我们的眼内，此时相应的 $i$ 和 $r$ 必然很小，因此有

$$\sin i\approx\tan i=\frac{x}{p},\qquad \sin r\approx\tan r\approx\frac{x}{p'}$$

把它们代入式(17-5)可得

$$p' = p\frac{n_2}{n_1} \tag{17-7}$$

式(17-7)表明，在小光束范围内所有折射光线的反向延长线近似交于同一点 $S'$，$S'$与入射角无关，$S'$是一个像点．因为 $S'$是发散光线反向延长线的交点，所以 $S'$为虚像．由于 $n_1 > n_2$，由式(17-7)可知，像距 $p'$小于物距 $p$．$p'$称为**视深度**(apparent depth)．

**例题 17-1** 如图 17-5 所示，单色光入射一折射棱角 $A$ 为 60°的玻璃三棱镜，玻璃的折射率为 1.6．若入射角为 $i_1$，求出射光线和入射光线之间的夹角 $\delta$(偏向角)．

**解**：从图中可以看出：

$$\delta = (i_1 - i_2) + (i_4 - i_3)$$

又因 $$i_2 + i_3 = A$$

故上式可写为 $$\delta = i_1 + i_4 - A$$

根据折射定律可知

$$\sin i_1 = n\sin i_2, \quad n\sin i_3 = \sin i_4$$

故有 $$i_2 = \arcsin\left(\frac{\sin i_1}{n}\right), \quad i_4 = \arcsin(n\sin i_3)$$

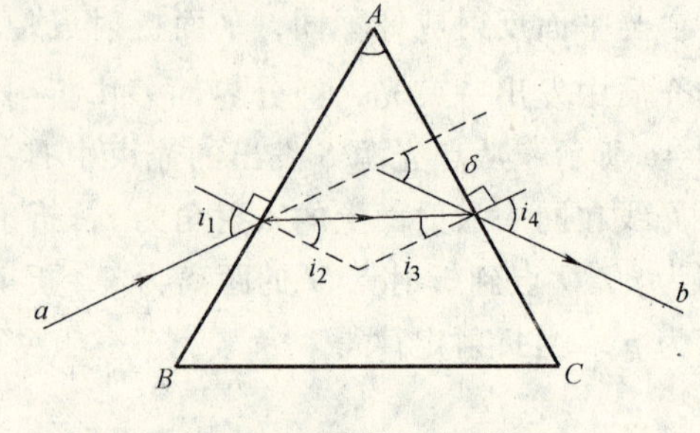

图 17-5 例题 17-1 用图

把 $i_3 = A - i_2$ 代入上式，可得

$$i_4 = \arcsin[n\sin(A - i_2)]$$

把 $i_2 = \arcsin\left(\frac{\sin i_1}{n}\right)$代入上式，可得

$$i_4 = \arcsin\left[n\sin\left(A - \arcsin\left(\frac{\sin i_1}{n}\right)\right)\right]$$

把 $i_4$ 代入 $\delta = i_1 + i_4 - A$，可得

$$\delta = i_1 - A + \arcsin\left[n\sin\left(A - \arcsin\left(\frac{\sin i_1}{n}\right)\right)\right]$$

可以证明，当 $i_1 = i_4$ 时，偏向角达到最小值，因此将 $i_1 = i_4$ 代入上式，即得最小偏向角为

$$\delta_{\min} = 2i_1 - A \tag{17-8}$$

最小偏向角对应的入射角为

$$i_1 = \frac{\delta_{\min} + A}{2}$$

又因 $i_1 = i_4$ 时，故折射角为

$$i_2 = i_3 = \frac{A}{2}$$

所以，利用特殊的入射角和最小偏向角可以计算棱镜的折射率，即

$$n = \frac{\sin i_1}{\sin i_2} = \frac{\sin\dfrac{\delta_{\min} + A}{2}}{\sin\dfrac{A}{2}} \tag{17-9}$$

因此，只要测出最小偏向角就可以确定棱柱形透明介质的折射率．这里之所以用最小偏向角而不用任意偏向角，是因为它在实验中最容易精确测量．

### 17.2.3　全反射

如图 17-6 所示，当光从折射率较大的光密介质入射到折射率较小的光疏介质，即 $n_1>n_2$ 时，由折射定律可知，折射角 $r$ 大于入射角 $i$. 随着入射角 $i$ 的增大，折射角 $r$ 增大得很快. 当 $r$ 增大到 $\pi/2$ 时，折射光线不再出现. 此时，光密介质中的入射角称为**临界角**(critical angle)，并用 $i_C$ 表示. $i_C$ 的值取决于光密介质和光疏介质的折射率之比，即

$$i_C=\arcsin\frac{n_2}{n_1} \tag{17-10}$$

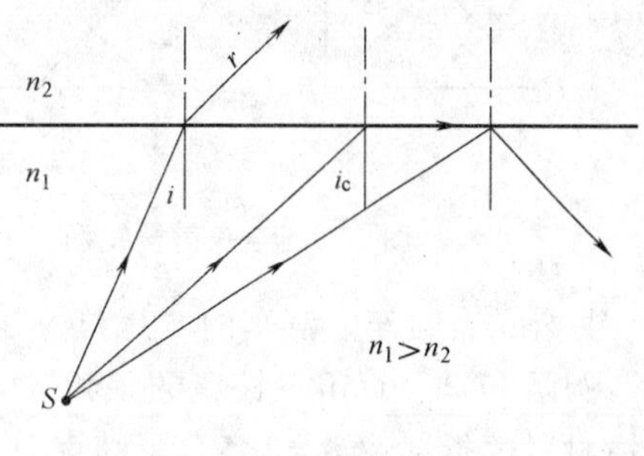

图 17-6　光的全反射

当入射角 $i$ 大于临界角时，无折射光，入射光线全部返回光密介质，这种现象称为**全反射**(total reflection).

当光线由光疏介质入射到光密介质时，因为折射角 $r$ 小于入射角 $i$，即光线向靠近法线的方向折射，故此时不会发生全反射. 所以产生全反射的条件是：①光必须由光密介质射向光疏介质；②入射角必须大于临界角. 所谓光密介质和光疏介质是相对的，两介质相比，折射率较小的，就为光疏介质，折射率较大的，就为光密介质. 例如，水的折射率大于空气的折射率，所以相对于空气而言，水就是光密介质；而玻璃的折射率比水的折射率大，所以相对于玻璃而言，水就是光疏介质.

全反射有广泛的应用，例如光纤. 光纤是光导纤维的简称，是指能够传播光的圆柱形玻璃或塑料纤维，它是利用全反射现象而使光线沿着弯曲路径传播的光学元件. 光纤的典型结构是多层同轴圆柱体，如图 17-7 所示，自内向外为纤芯、包层和涂覆层. 核心部分是纤芯和包层，纤芯由折射率为 1.8 左右的透明材料制成，是光波的主要传输通道；包层的折射率为 1.4 左右. 如果纤芯中射向包层的光线的入射角大于全反射角，就会由于全反射而使光线一直沿着光纤的纤芯向前传播. 光纤已广泛应用于通信、照明、医疗等方面. 光纤照明是指利用光纤导体的传输，将光传导到指定的区域. 光纤在医疗上的应用主要是利用光纤制成的内窥镜，可以帮助医生检查胃、食道、十二指肠等的疾病. 正是由于光纤有着极为广泛的应用，因此，被誉为“光纤之父”的高锟获得了 2009 年度的诺贝尔物理学奖.

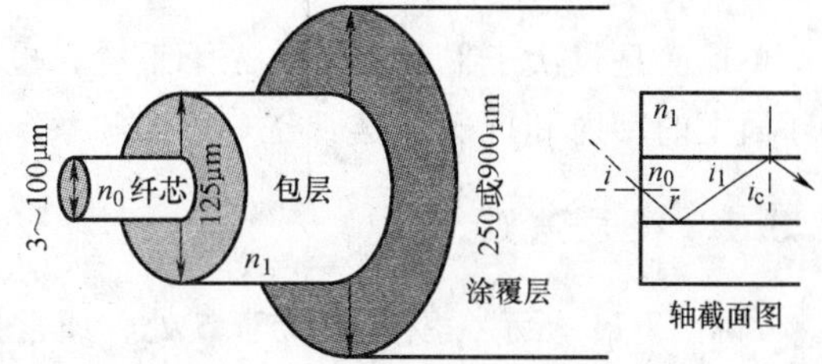

图 17-7　光纤结构示意图

全反射棱镜是全反射现象的另一个重要应用. 如图 17-8 所示，利用全反射棱镜来改变光的方向，比一般的平面镜能量损失要小很多(对玻璃棱镜来说约 4%). 因为垂直入射时反射损失最小，因此光学仪器中常用全反射棱镜来改变光线的传播方向. 图 17-9 就是利用全反射棱镜获取指纹图像的原理图. 当手指按在斜边的反射面上时，指纹的突出部分与反射面接触而破坏了全反射条件，因而相应位置的反射光较弱，而指纹凹槽部分未与反射面接触，因而反射光较强. 故摄像机可以清晰地记录下反射面上明暗相间的指纹图像.

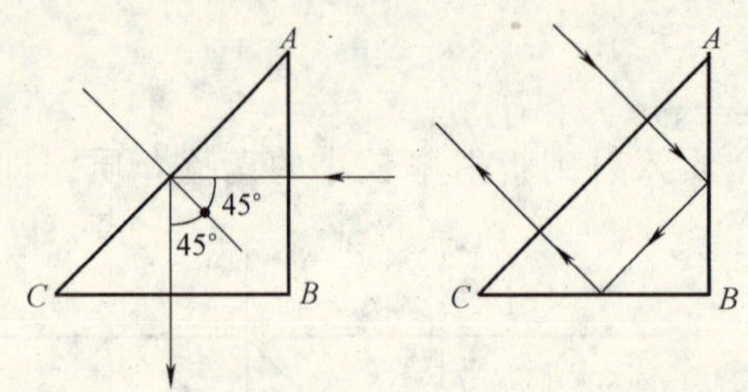


图 17-8　全反射棱镜图

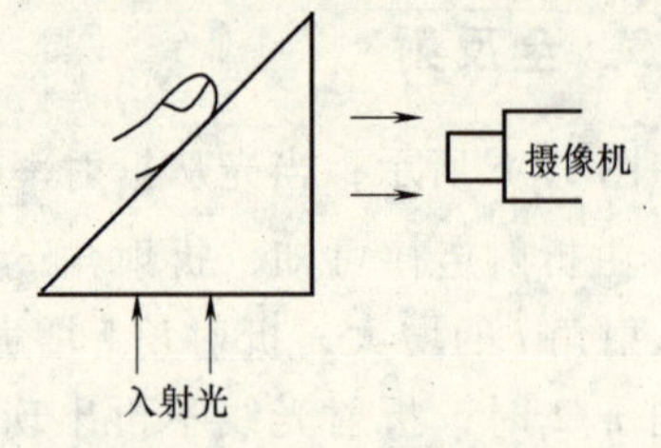


图 17-9　指纹获取原理

另外，自行车、汽车的“尾灯”也都是利用全反射原理制造的.

**例题 17-2**　直角三棱镜的顶角 $\alpha = 15°$，棱镜材料的折射率 $n = 1.5$. 一细束单色光垂直于左侧面射入，如图 17-10 所示，试画出该入射光第一次从棱镜中射出的光线.

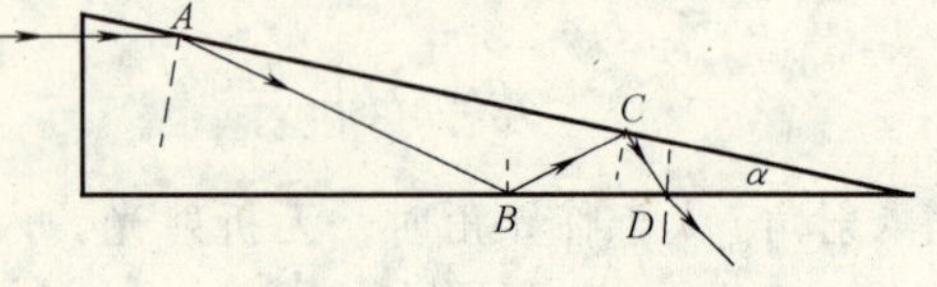


图 17-10　例题 17-2 用图

**解**：由 $n = 1.5$ 可知临界角 $i_C$ 约等于 42°. 根据反射定律及图 17-10 中的几何关系可知，该光线在 A、B、C、D 各点的入射角依次为 75°、60°、45°、30°，因此在 A、B、C 均发生全反射，到 D 点时入射角第一次小于临界角，所以才有光线第一次从棱镜射出.

## 17.3　光在球面上的反射和折射

单球面是仅次于平面的简单光学系统，也是组成大多数光学系统的基本元件. 研究光在单球面上的反射和折射，是研究一般光学系统成像的基础.

### 17.3.1　符号法则

如图 17-11 所示，发光点位于 $S$ 处，通常把发光点与球面的曲率中心 $C$ 的连线称为**主光轴**(principal optical axis)，简称**主轴**. 主轴和球面的交点 $O$ 称为**顶点**.

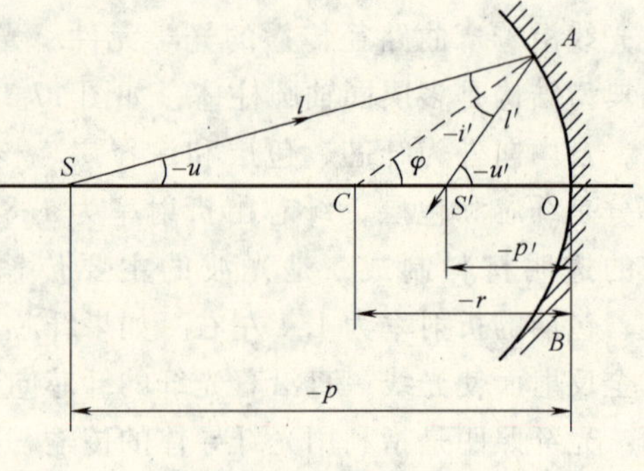


图 17-11　球面反射

为了使导出的公式具有普适性，必须先约定各分量的正负号规则. 我们对符号作如下规定：

（1）线段：线段的长度都是从顶点算起，凡是光线和主轴的交点在顶点右方的线段，其长度的数值为正，反之为负. 物点或像点到主轴的线段，在主轴上方的其长度的数值为正，反之为负. 折射面之间的线段用 $d$ 表示，并规定以前一球面的顶点为原点，顺光线方向为正，逆光线方向为负.

（2）角量：一律以锐角来衡量，且规定光轴为起始边，由光轴转向光线时，沿顺时针转动，则该角度为正，反之为负. 光线与法线的夹角即入射角 $i$ 和折射角 $r$，规定以光线为起始边，由光线顺时针转向法线时该角度为正，反之为负.

（3）在图中出现的长度和角度只用正值：如图 17-11 所示，在图中用 $p$ 表示线段 $SO$ 时，则该线段的几何长度应用 $-p$ 表示.

### 17.3.2 光在球面上的反射成像

如图 17-11 所示，从点光源 $S$ 发出的光线从左向右入射到半径为 $r$、曲率中心为 $C$、顶点为 $O$ 的球面反射镜 $AOB$ 上，光线 $SA$ 经球面反射后，与主轴交于 $S'$. 则光线 $SAS'$ 的光程为

$$\Delta_{SAS'}=nl+nl'$$

在 $\triangle SAC$ 和 $\triangle ACS'$ 中应用余弦定理可得

$$l=\sqrt{(-r)^2+(r-p)^2+2(-r)(r-p)\cos\varphi}$$

和

$$l'=\sqrt{(-r)^2+(p'-r)^2+2(-r)(p'-r)\cos(\pi-\varphi)}$$

因此，光程 $\Delta_{SAS'}$ 可写为

$$\begin{aligned}\Delta_{SAS'}=&n\sqrt{(-r)^2+(r-p)^2+2(-r)(r-p)\cos\varphi}\\&+n\sqrt{(-r)^2+(p'-r)^2-2(-r)(p'-r)\cos\varphi}\end{aligned}\tag{17-11}$$

由上式可知，光程 $\Delta_{SAS'}$ 是角度 $\varphi$ 的函数. 根据费马原理，物像间的光程应取极值或常量. 故把式(17-11)对 $\varphi$ 求导，并令其导数为零，可得

$$\frac{\mathrm{d}\Delta_{SAS'}}{\mathrm{d}\varphi}=n\frac{1}{2l}[2r(r-p)\sin\varphi]+n\frac{1}{2l'}[-2r(p'-r)\sin\varphi]=0$$

化简可得

$$\frac{r-p}{l}-\frac{p'-r}{l'}=0\tag{17-12}$$

由式(17-12)可知，若 $p$ 一定，可以算出任一反射光线和主轴的交点到顶点 $O$ 的距离 $p'$. 而 $p'$ 随入射光线的倾斜角 $\varphi$ 的变化而变化. 也就是说，从物点发出的同心光束经球面反射后，将产生像散.

在近轴条件下，$\varphi$ 很小，可认为 $\cos\varphi\approx1$. 此时有

$$l\approx\sqrt{[(-r)+(r-p)]^2}=-p$$

和

$$l'\approx\sqrt{[(-r)-(p'-r)]^2}=-p'$$

于是，式(17-12)可化简为

$$\frac{1}{p'}+\frac{1}{p}=\frac{2}{r}\tag{17-13}$$

式中，$p'$ 为像距；$p$ 为物距；$r$ 为球面反射镜的半径. 由式(17-13)可以看出，在近轴条件下，对于一个给定的物点，仅有一个像点与之对应，这个像点是一个理想像点，称为**高斯像点**. 当 $p=-\infty$ 时，$p'=r/2$. 即沿主轴方向的平行光束经球面反射后，成为会聚（或发散）光束，并且会聚光线的交点或发散光线延长线的交点在主轴上，称为反射球面的**焦点**. 焦点到球面顶点的距离称为**焦距**，用 $f'$ 表示. 由式(17-13)可得

$$f'=\frac{r}{2}\tag{17-14}$$

把它代入式(17-13)可得

$$\frac{1}{p'}+\frac{1}{p}=\frac{1}{f'} \tag{17-15}$$

这就是在**近轴区域的球面反射成像公式**. 球面反射成像公式对凹球面反射镜和凸球面反射镜都是成立的，它是一个普遍适用的物像公式.

**例题 17-3** 一凹面镜的曲率半径为0.12m，一个点状物体位于凹面镜前0.04m处，试确定像点的位置和性质.

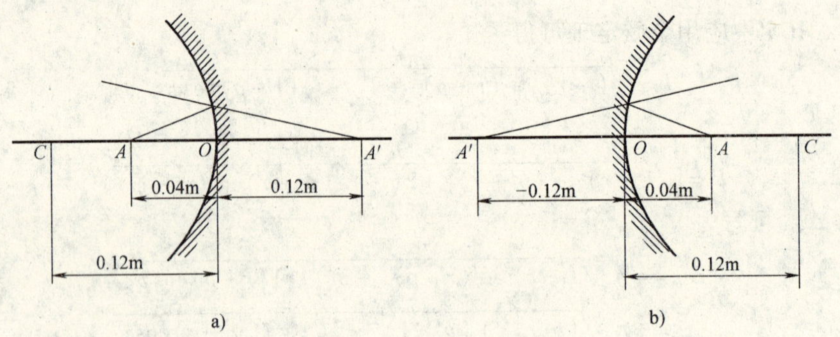


图 17-12 例题 17-3 用图

**解:** (1) 若物体位于球面的左侧，如图 17-12a 所示，则有

$$p=-0.04\text{m},\quad f'=r/2=-0.06\text{m}$$

由式(17-15)可得

$$\frac{1}{p'}+\frac{1}{-0.04}=\frac{1}{-0.06}$$

故有

$$p'=0.12\text{m}$$

像在凹面镜的后面0.12m处，是一个虚像.

(2) 若物体位于球面的右侧，如图 17-12b 所示，则有

$$p=0.04\text{m},\quad f'=r/2=0.06\text{m}$$

由式(17-15)可得

$$\frac{1}{p'}+\frac{1}{0.04}=\frac{1}{0.06}$$

故有

$$p'=-0.12\text{m}$$

得到的像仍在凹面镜的后面0.12m处，是一个虚像.

### 17.3.3 光在球面上的折射成像

在讨论了球面反射成像后，我们进一步探讨光在球面上的折射成像. 如图 17-13 所示，球面 $AOB$ 是折射率分别为 $n$ 和 $n'$ ($n'>n$) 的两种介质的分界面，其半径为 $r$. 若点光源 $S$ 发出的光线，经球面上的 $A$ 点折射后与主轴交于 $S'$. 则光线 $SAS'$的光程为

$$\Delta_{SAS'}=nl+n'l'$$

采用与 17.3.2 节同样的方法，可得

$$\frac{n}{l}+\frac{n'}{l'}=\frac{1}{r}\left(\frac{np}{l}+\frac{n'p'}{l'}\right) \tag{17-16}$$

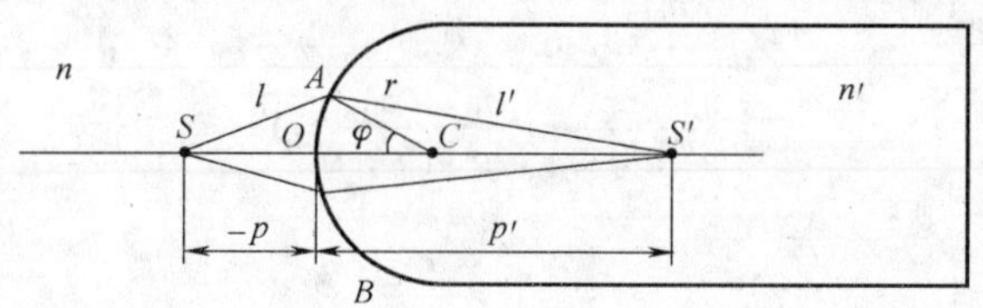


图 17-13 球面折射

由此可见，$p'$也和 $\varphi$ 的大小有关，因此 $S$ 点发出的光束经球面折射后也存在像散.

在近轴条件下，式(17-16)可写为

$$\frac{n'}{p'}-\frac{n}{p}=\frac{n'-n}{r} \tag{17-17}$$

这就是**球面折射的物像关系公式**.

**1. 光焦度** 式(17-17)右边的量 $(n'-n)/r$ 仅由两种介质的折射率和分界面的曲率半径决定. 对于给定的两种介质和界面，它是一个与物和像的位置无关的常数，称为**光焦度**(focal power). 它是光学系统会聚或发散光束本领的量度，用 $\Phi$ 来表示，即

$$\Phi=\frac{n'-n}{r} \tag{17-18}$$

光焦度的单位是 1/m，称为**屈光度**，用 D 表示. 例如对于 $n=1$，$n'=1.5$，$r=250\text{mm}$ 的球面，其光焦度等于 2 屈光度，记作 $\Phi=2\text{D}$. $\Phi$ 越大折射球面对光线的折射越厉害. $\Phi>0$ 表示折射球面对平行于主轴的平行光束起会聚作用；$\Phi<0$ 表示折射球面对平行于主轴的平行光束起发散作用. 对于平面折射的情况，$\Phi=0$，即平面折射系统对垂直入射的平行光束无折射作用.

**2. 物方焦距和像方焦距** 折射球面有两对十分重要的共轭点，一对是物方焦点和无穷远处的实像点，另一对是无穷远处的实物点和像方焦点.

(1) 物方焦点和物方焦距. 如图 17-14 所示，与主轴上无穷远处实像点共轭的物点 $F$ 称为**物方焦点**或**第一焦点**，$F$ 点的物距以 $f$ 表示，称为**物方焦距**. 过 $F$ 点且垂直于主轴的平面，称为**物方焦平面**. 以 $p'=\infty$ 代入式(17-17)，得

$$f=-\frac{n}{n'-n}r=-\frac{n}{\Phi} \tag{17-19}$$

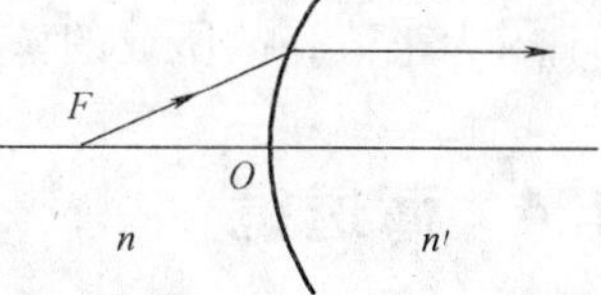


图 17-14 物方焦距

(2) 像方焦点和像方焦距. 如图 17-15 所示，与主轴上无穷远处实物点共轭的像点 $F'$称为**像方焦点**或**第二焦点**，$F'$点的像距以 $f'$表示，称为**像方焦距**. 过 $F'$点且垂直于主轴的平面，称为**像方焦平面**. 以 $p=-\infty$ 代入式(17-17)，得

$$f'=\frac{n'}{n'-n}r=\frac{n'}{\Phi} \tag{17-20}$$

图 17-15 像方焦距

将式(17-20)除以式(17-19)，可得

$$\frac{f'}{f}=-\frac{n'}{n} \tag{17-21}$$

即物方和像方焦距之比等于物方和像方介质的折射率之比.

有时希望以折射面的特征量 $f$ 和 $f'$表示近轴球面折射公式(17-17). 为此，以 $r/(n'-n)$

乘式(17-17)的两端，得

$$\frac{n'}{p'}\frac{r}{n'-n}-\frac{n}{p}\frac{r}{n'-n}=1$$

即

$$\frac{f'}{p'}+\frac{f}{p}=1 \tag{17-22}$$

此式称为**高斯公式**. 高斯公式对其他光学系统的成像也是成立的，它是一个普遍适用的物像公式.

若在计算近轴球面的折射成像时，不以折射面顶点 $O$ 为原点，而选取折射面的两焦点 $F$ 和 $F'$为原点，如图 17-16 所示. 此时

$$-p=-x-f,\qquad p'=f'+x'$$

把它们代入高斯公式，并进行化简后，得

$$xx'=ff' \tag{17-23}$$

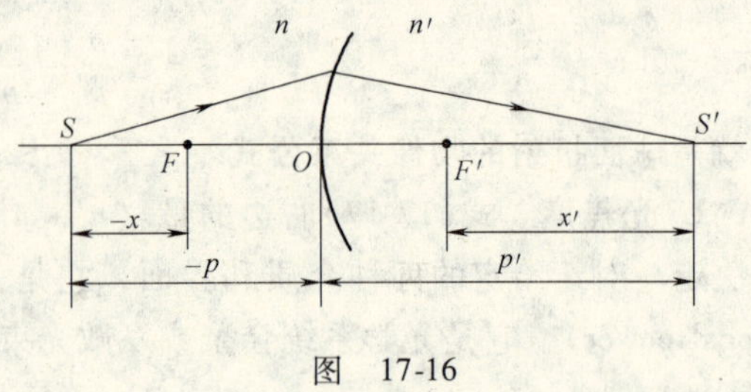

图 17-16

此式称为**牛顿公式**.

**例题 17-4** 如图 17-17 所示，一折射率为 1.6 的玻璃棒置于空气中，其一端呈半球形，半球的曲率半径为 2cm. 若在离球面顶点 5cm 处的轴上有一物体，试求像的位置及其虚实.

**解**：已知 $n=1$，$n'=1.6$，$r=2\text{cm}$，$p=-5\text{cm}$. 由单球面折射成像公式，可得

$$\frac{1.6}{p'}-\frac{1}{5\text{cm}}=\frac{1.6-1}{2\text{cm}}$$

即

$$p'=16\text{cm}$$

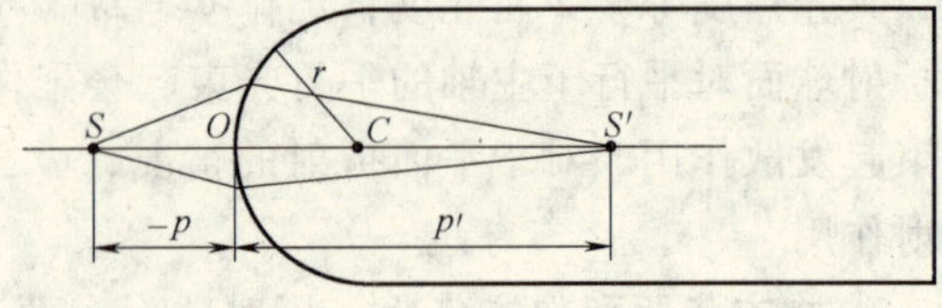

图 17-17 例题 17-4 用图

由于 $p'$为正值，故所成的像为实像，像到 $O$ 点的距离为 16cm.

## 17.4 薄透镜

透镜是由两个球面或一个球面和一个平面构成的. 透镜按形式来分，可以分为两大类、六种形状. 第一类透镜的中央比边沿厚，称为**凸透镜**(convex lens)或**正透镜**，它包括双凸、平凸和月凸三种形状，分别如图 17-18a、b 和 c 所示. 这类透镜通常对光束起会聚作用，故又称**会聚透镜**. 第二类透镜的中央比边沿薄，称为**凹透镜**(concave lens)或**负透镜**，它包括

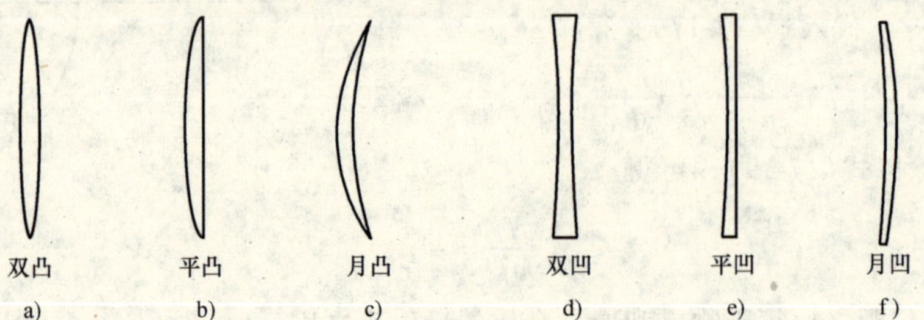

图 17-18 各种形状的透镜

双凹、平凹和月凹三种形状，分别如图 17-18d、e 和 f 所示．这类透镜通常对光束起发散聚作用，故又称**发散透镜**．

通过透镜两个球面曲率中心的直线称为透镜的**主轴**．若透镜的一个面为平面，则垂直于该平面而通过另一个球面中心的直线为透镜的主轴．透镜两曲面在其主轴上的间隔称为透镜的**厚度**．透镜的直径称为透镜的**口径**．若透镜的厚度与其焦距相比可以略去不计，则该透镜是薄透镜．在研究薄透镜成像问题时，可令透镜的厚度 $d=0$，即两球面的顶点 $O_1$ 和 $O_2$ 重合在一点 $O$，称为薄透镜的**光心**．

### 17.4.1 薄透镜的成像公式

**1. 薄透镜的物像公式** 如图 17-19 所示，设组成薄透镜的材料的折射率为 $n$，物方和像方的折射率分别为 $n_1$ 和 $n_2$，透镜两个表面的半径为 $r_1$ 和 $r_2$，光心为 $O$.

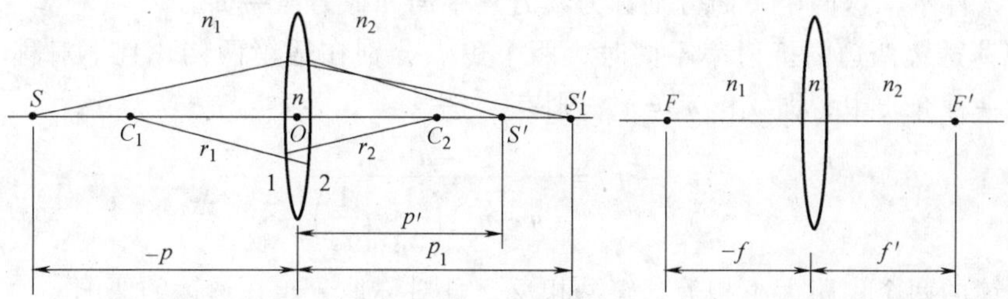


图 17-19 透镜的物像关系

当物点在主轴上的 $S$ 点时，物距 $-p=OS$，现在来计算像点 $S'$ 的像距 $p'=OS'$．首先考虑第一个球面（球面 1）对 $S$ 点的成像．这时假定第二个球面（球面 2）不存在，$S$ 点的像位于 $S'_1$，其像距 $p_1=OS'_1$．然后 $S'_1$ 再经第二个球面成像．对于该球面而言，$S'_1$ 是虚物．把球面折射成像公式(17-17)相继地应用于透镜的两个表面，即球面 1 和球面 2，可得

$$\frac{n}{p_1}-\frac{n_1}{p}=\frac{n-n_1}{r_1}=\Phi_1$$

$$\frac{n_2}{p'}-\frac{n}{p_1}=\frac{n_2-n}{r_2}=\Phi_2$$

把 $\Phi_1$ 和 $\Phi_2$ 相加，可得

$$\frac{n_2}{p'}-\frac{n_1}{p}=\frac{n-n_1}{r_1}+\frac{n_2-n}{r_2} \tag{17-24}$$

这就是**近轴条件下薄透镜的物像公式**.

**2. 薄透镜的光焦度与焦距** 由式(17-24)可得薄透镜的总光焦度为

$$\Phi=\Phi_1+\Phi_2=\frac{n-n_1}{r_1}+\frac{n_2-n}{r_2} \tag{17-25}$$

可见，薄透镜的总光焦度等于两个单折射球面的光焦度之和.

根据焦距的定义，把 $p'=\infty$ 代入式(17-24)，可得物方焦距 $f$ 为

$$f=-\frac{n_1}{\Phi}=\frac{-n_1}{\dfrac{n-n_1}{r_1}+\dfrac{n_2-n}{r_2}} \tag{17-26}$$

把 $p=-\infty$ 代入式(17-24)，可得像方焦距 $f'$ 为

$$f'=\frac{n_2}{\Phi}=\frac{n_2}{\frac{n-n_1}{r_1}+\frac{n_2-n}{r_2}} \tag{17-27}$$

由式(17-26)和式(17-27)可知：

(1) 薄透镜的总光焦度不仅与透镜本身有关，还与透镜两侧的介质密切相关. 因此，在判断透镜是会聚透镜还是发散透镜时，不能单看透镜的形状，还要看透镜两侧的介质，即要根据薄透镜的总光焦度决定薄透镜的作用. 若 $\Phi>0$，则 $f'>0$，这类透镜称为**会聚透镜**，具有一对实焦点；反之，若 $\Phi<0$，则 $f'<0$，这类透镜称为**发散透镜**，有一对虚焦点. 透镜的焦距 $f$ 越小，其光焦度的数值越大，对光的会聚(或发散)作用越大. 因此，光焦度的大小直接反映透镜对光的会聚(或发散)能力的大小. 过两个焦点 $F$、$F'$ 分别作垂直于主轴的平面，在近轴条件下，这两个平面分别称为**物方焦平面**和**像方焦平面**.

(2) 当薄透镜两边的折射率不同时，两个焦点分别在透镜两侧，且不对称. 如果把薄透镜放在同一种介质中，即 $n_1=n_2=n'$，则有

$$f=-f'=\frac{-n'}{(n-n')\left(\frac{1}{r_1}-\frac{1}{r_2}\right)} \tag{17-28}$$

此时，薄透镜的两个焦距大小相等、符号相反，且对称地分布在透镜的两侧.

通常情况下，薄透镜置于空气中，即 $n'=1$，此时

$$f=-f'=\frac{-1}{(n-1)\left(\frac{1}{r_1}-\frac{1}{r_2}\right)} \tag{17-29}$$

上式给出了薄透镜的焦距与折射率、曲率半径的关系，故称为**磨镜者公式**. 把焦距公式(17-26)和式(17-27)代入式(17-24)，并进行整理可得

$$\frac{f'}{p'}+\frac{f}{p}=1 \tag{17-30}$$

这就是**薄透镜的高斯公式**. 若薄透镜置于同一种介质中，则有 $f=-f'$. 此时式(17-30)可以化简为

$$\frac{1}{p'}-\frac{1}{p}=\frac{1}{f'} \tag{17-31}$$

如果以焦点为计算原点，做如下变换

$$p=x+f,\qquad p'=x'+f'$$

把它们代入式(17-31)并进行整理，可得

$$x'x=f'f \tag{17-32}$$

这就是薄透镜的牛顿公式.

**例题 17-5** 有一等曲率半径的薄双凸透镜，其折射率为 1.5，在空气中的焦距为 15cm. 试求：(1) 将其置于空气中时，其曲率半径应为多大？(2) 若将另一个薄双凸透镜处于左边为空气，右边为水(折射率为 4/3)的条件下，并保持透镜与空气接触界面的曲率半径与上相同，若仍要保持其焦距为 15cm，则和水接触的球面的曲率半径应为多大？

**解：**(1) 已知 $f'=15\text{cm}$、$n=1.5$、$r_1=-r_2$，根据薄透镜的焦距公式

$$\frac{1}{f'}=-\frac{1}{f}=(n-1)\left(\frac{1}{r_1}-\frac{1}{r_2}\right)$$

得

$$\frac{1}{15\text{cm}}=(1.5-1)\left(\frac{1}{r_1}-\frac{1}{-r_1}\right)$$

即 $r_1=15\text{cm}$，$r_2=-15\text{cm}$.

（2）将 $f'=15\text{cm}$、$n=1.5$、$n_1=1$、$n_2=4/3$、$r_1=15\text{cm}$ 代入

$$f'=\frac{n_2}{\frac{n-n_1}{r_1}+\frac{n_2-n}{r_2}}$$

得

$$15\text{cm}=\frac{4/3}{\frac{1.5-1}{15\text{cm}}+\frac{4/3-1}{r_2}}$$

即和水接触的球面的曲率半径为　　$r_2=6\text{cm}$

### 17.4.2　薄透镜的横向放大率

如图17-20所示，利用作图法可以确定薄透镜成像的物像关系. 图17-20中，像$A'B'$与物体$AB$分居透镜的两侧，像到透镜的距离为$p'$. 由于$A'B'$是穿过透镜的光线的实际交点，眼睛迎着光线看去，它也是实际光线的发出点，所以$A'B'$是$AB$的实像，而且是倒立的.

利用图17-20中$\triangle ABO$和$\triangle A'B'O$相似，可以求得像高度的放大倍数，也就是像的横向放大率$\beta$为

$$\beta=\frac{A'B'}{AB}=\frac{p'}{p}\tag{17-33}$$

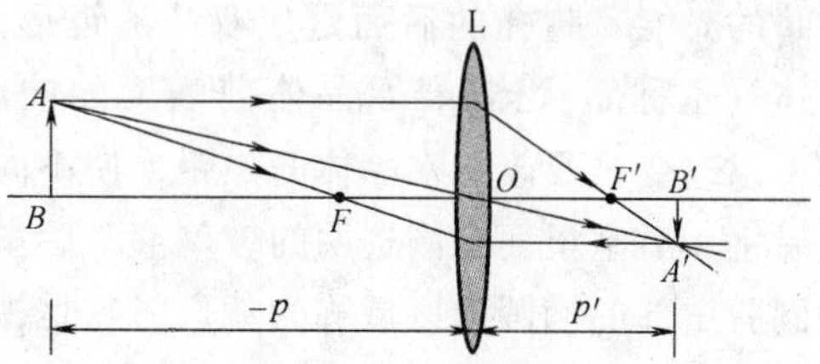

图17-20　薄透镜成像的物像关系

### 17.4.3　薄透镜的作图求像法

除了利用物像关系求像的位置和大小之外，还可以利用作图法求像. 在近轴条件下，利用作图法求像时，首先要确定几条特殊的光线：

（1）平行于主光轴的入射光线，通过凸透镜后，折射光线通过焦点，如图17-21a所示；通过凹透镜后折射光线的反向延长线通过焦点，如图17-21b所示.

（2）过焦点的入射光线，其折射光线与主光轴平行，如图17-21a所示.

（3）过光心的入射光线，按原方向传播不发生偏折，如图17-21所示.

对于主光轴外的物点，从以上三条光线中任选两条作图，就可以确定像点的位置. 但对于轴上物点$S$，就必须利用焦平面和副轴(倾斜平行光束与光心$O$的连线)的性质，才能确定像点的位置.

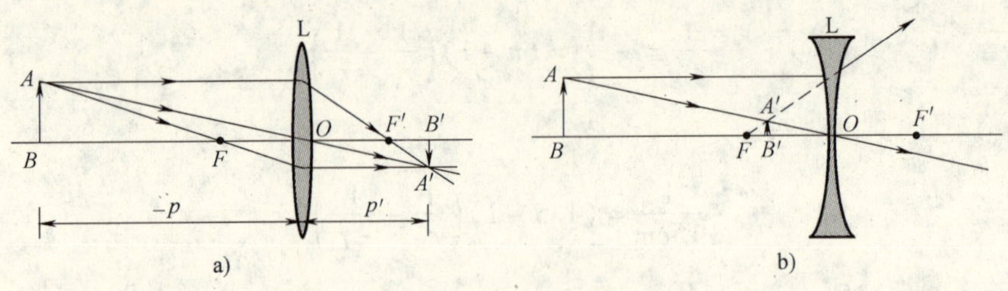


图 17-21　透镜成像光路图

## 17.5　光学仪器*

利用几何光学原理制造的光学仪器种类很多，其中主要有放大镜、显微镜、望远镜、照相机等．由于很多光学仪器都要用人眼来观察，因此，了解人的眼睛的结构及其光学特性是非常必要的．

### 17.5.1　人的眼睛

人的眼睛本身就是一个精密复杂的光学系统，其外表大体呈球形，如图 17-22 所示．眼睛的最外层是一层白色的巩膜，巩膜将眼球包围起来．眼球前部的凸出部分是角膜．角膜的后面是前室，前室中充满透明的水状液体．前室的后面是虹膜，虹膜中心的圆孔称为瞳孔．瞳孔的直径可随着光强自动改变，以调节进入眼睛的光能．瞳孔的后面是呈双凸透镜形的水晶体（也称晶状体），水晶体前表面的曲率半径可以改变，及改变水晶体的焦距，使不同距离的物体都能成像在视网膜上．水晶体的后面是后室，后室里面充满透明的玻璃液．后室的内壁称为视网膜，它是眼睛的感光部分．位于视网膜中部的椭圆形区域称为黄斑，它是视网膜上视觉最灵敏的区域．视网膜外面包围着的一层黑色膜是脉络膜，它可以吸收透过视网膜的光线，把后室变为一个暗室．

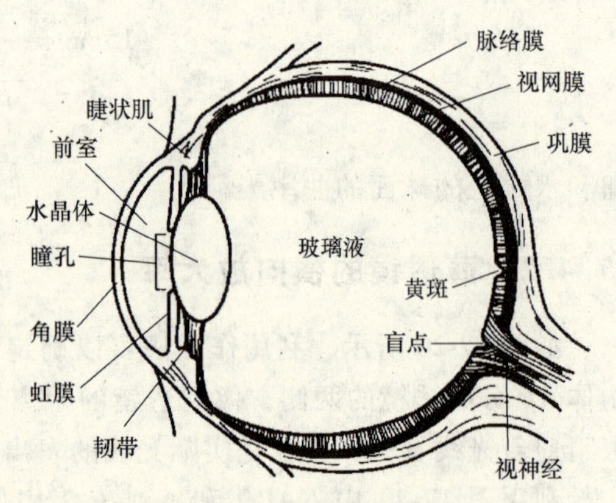


图 17-22　眼睛的基本结构

物体在人眼成像的过程是：从物体发出或反射的光线进入人眼经水晶体折射后，在视网膜上成一倒立、缩小的实像，刺激分布在视网膜上的感光细胞，视觉神经将这种刺激传给大脑视觉中枢，从而使我们产生视觉——看见了眼前的物体．

**1. 眼睛的调节**　正常的眼睛眺望远方时，睫状肌完全松弛，水晶体表面的弯曲程度最小，眼睛的焦距最大，无穷远处的物体可以成像在视网膜上．在观看近处物体时，睫状肌压缩水晶体，使水晶体表面的弯曲程度变大，眼睛的焦距变小，像仍能成在视网膜上．可见眼睛是精巧的变焦距系统，当物距改变时，它通过改变水晶体表面的弯曲程度来改变眼睛的焦距，这个过程称为眼睛的调节．

眼睛的调节作用是有一定限度的．当水晶体表面弯曲程度最小时，眼睛的焦距最大，人眼能看到的最远点，称为眼睛的远点(far point)．正常眼睛的远点在无穷远处．当水晶体表面弯曲程度最大时，眼睛的焦距最小，人眼能看到的最近点，称为眼睛的近点(near point)．

正常眼睛的近点约在离眼睛 10cm 处．也就是说靠眼睛的调节作用，正常眼睛看清物体的范围是从离眼 10cm 处到无穷远．在合适照明的情况下，正常眼睛观看距眼睛 25cm 处的物体，不容易疲劳，通常把 25cm 称为人眼的**明视距离**(distance of distinct version)．

**2. 近视眼和远视眼**　眼睛的远点在无穷远，或者说，眼睛的后焦点在视网膜上，称为正常眼，反之，称为反常眼．若远点不在无穷远处，而是位于眼前有限距离，则称为近视眼(myopia)．近视眼的水晶体比正常眼睛的水晶体要凸一些，因此从无限远处射来的平行光不能会聚在视网膜上，而是会聚于视网膜前，如图 17-23a 所示．另外，近视眼的近点比正常眼的近点近，明视距离也小于 25cm．欲使近视眼能看清无限远处的物体，必须在近视眼前放一凹透镜，如图 17-23b 所示．凹透镜的作用是把无限远的物体成像在近视眼的远点，然后再由眼睛成像在视网膜上．

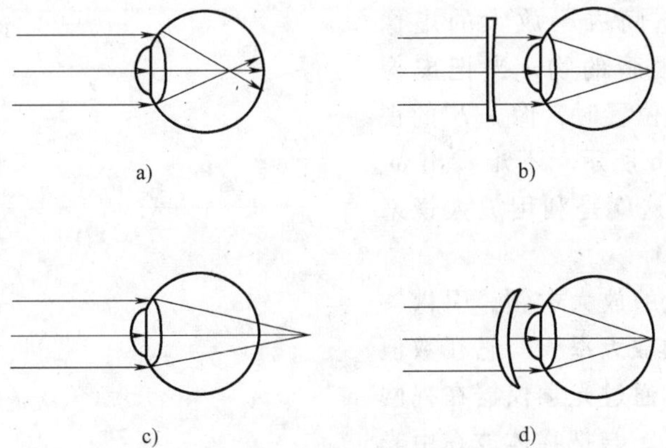


图 17-23　眼睛的缺陷及矫正

若无限远处的物体不能成像在视网膜上，而是成像在视网膜之后，则称为远视眼(Hyperopia)，如图 17-23c 所示．远视眼的近点比正常眼远，明视距离也大于 25cm．欲使远视眼能看清近点以内的物体，必须在远视眼前放一凸透镜，如图 17-23d 所示．凸透镜的作用是把近点以内的物体成像在远视眼的近点，然后再由眼睛成像在视网膜上．

**3. 眼镜的光焦度和屈光度**　透镜焦距的倒数，称为透镜的光焦度，光焦度的单位是屈光度(通常用 D 表示)．眼镜的光焦度通常用“度”作单位，1 度等于 1 屈光度的百分之一，即 1 屈光度 = 100 度．例如，一副用焦距为 50cm 的凸透镜制作的眼镜，它的光焦度为 1/0. 5cm = 2 屈光度，即 200 度．另一副用焦距为 −40cm 的凹透镜制作的眼镜，它的光焦度为 1/ −0. 4m = −2. 5 屈光度，即 −250 度．

## 17. 5. 2　放大镜

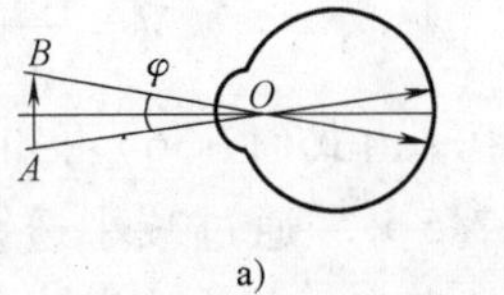


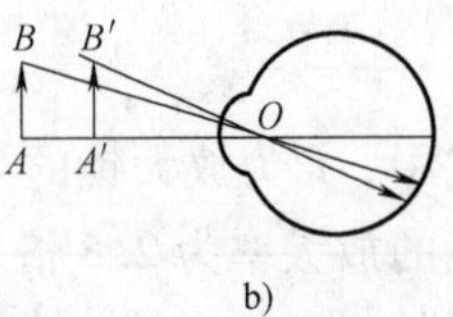


图　17-24

用眼睛观看物体时，能否看清楚物体取决于物体在视网膜上成像的大小．视网膜上像的大小不仅与物体的实际大小有关，还与物体到眼睛的距离有关；或者说视网膜上像的大小取决于眼睛对物体所张的角 $\omega$，$\omega$ 称为**视角**(visual angle)，如图 17-24a 所示．要使两个物体或一个物体上的两个点能被眼睛区分开，必须使他们的像能够落在视网膜的两个不同的感光细胞上．为此，观看它们的视角必须大于一定的数值——最小视角．由实验可知，正常眼睛的最小视角约为 1′.

为了分辨清楚微小的物体或物体上的细节，需要增大观看物体的视角．将物体向眼睛移近可以增大视角，从而使物体在视网膜上成一个较大的像，如图 17-24b 所示．但这种方法受眼睛调节本领的限制，物体到眼睛的距离不能太近．但若在眼睛和物体之间加上另一个光学系统，如放大镜、显微镜或望远镜，会有助于消除这种矛盾．放大镜是帮助眼睛分辨清楚微小物体的光学仪器．短焦距的凸透镜是最简单的放大镜．

如图 17-25a 所示，用眼睛直接观看放在明视距离上的物体 $AB$ 时，视角为 $\omega_e$．若用放大镜来观看物体 $AB$，则将物体 $AB$ 放在透镜的物方焦点和透镜之间，于是物体 $AB$ 在透镜的像空间成一放大的虚像 $A'B'$，此虚像成为眼睛的物，当把虚像 $A'B'$调到眼睛的明视位置时，像 $A'B'$的视角为 $\omega_o$，如图 17-25b 所示．不难看出 $\omega_o$ 要比 $\omega_e$ 大许多倍．这就是利用放大镜来增大视角的原理．

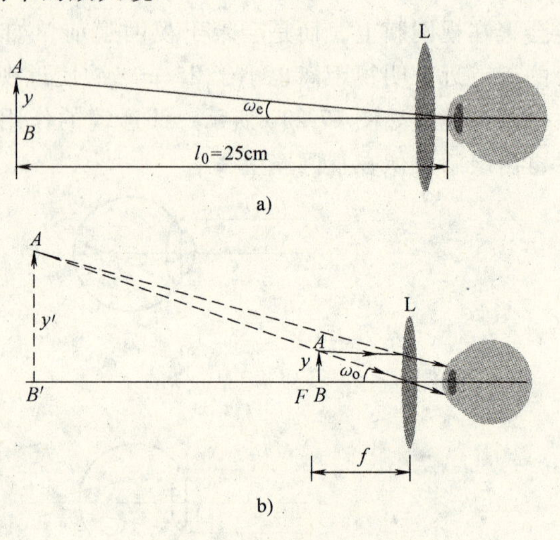


图 17-25　放大镜的光路图

为了表示放大镜的放大本领，引入一个参数，称为仪器的**放大率** $M$．它在数值上等于被观察的物体通过光学仪器在视网膜上所成像的大小 $y'_o$，与把物体放在由光学仪器所成的虚像的平面上而用眼睛直接观察时，物体在视网膜上所成像的大小 $y'_e$的比值，即

$$M=\frac{y'_o}{y'_e} \tag{17-34}$$

由于视网膜上像的大小正比于像对眼睛节点的张角，所以这类光学仪器的放大率也等于物体通过光学仪器所成的虚像对眼睛节点的张角 $\omega'_o$同将该物体放在上述虚像平面上时物体对节点的张角 $\omega'_e$的比值，即.

$$M=\frac{\omega'_o}{\omega'_e} \tag{17-35}$$

由于眼睛的明视距离为 25cm，故 $p=-25\text{cm}$，所以上式可以写成

$$M=\frac{25\text{cm}}{f'} \tag{17-36}$$

式中，$f'$为放大镜的第二焦距．由式(17-36)可知，若凸透镜的第二焦距为 10cm，则该凸透镜的放大率为 2.5 倍，写作 2.5 ×．通过减小透镜的焦距，似乎可以得到足够大的放大率．但是对于单透镜，由于像差的存在，放大率都在 3 × 以下．如果选用组合透镜减小像差，则放大率可达 20 ×.

## 17.5.3　显微镜

由式(17-36)可知，放大镜的放大率越大，其焦距越短，20 × 的放大镜的焦距仅有

1.25cm. 在使用这样的放大镜时，被观察的物体到眼睛的距离过近，给实际工作带来很多不便. 另一方面，对于实际应用来说，20×的放大镜的放大率太小，甚至不能满足观察一般生物切片的要求. 为了提高放大镜的放大率和获得合适的工作条件，必须用组合放大镜，即必须采用两个或两个以上的光学元件组成的光学系统来代替单一的放大镜，这种组合的放大镜称为显微镜. 最简单的显微镜由两组透镜构成，一组是面向物体的透镜，称为**物镜**，另一组是接近眼睛的透镜，称为**目镜**，如图 17-26 所示. 其中，$L_o$ 为显微镜的物镜，$L_e$ 为显微镜的目镜，人眼在目镜后的适当位置上. $F_o$ 和 $F'_o$ 分别为物镜的第一和第二焦点，$F_e$ 为目镜的第一焦点. 被观察的物体 $AB$ 放在物镜的第一焦点附近(靠外)，物镜将物体 $AB$ 在目镜的第一焦点附近(靠内)成一放大实像 $A'B'$. 目镜对此像起放大作用，从而在目镜之前的某一位置成一放大的虚像 $A''B''$. 虚像 $A''B''$ 是眼睛的物，它在视网膜上的像，就是眼睛通过显微镜对物体 $AB$ 所获得的最后的像.

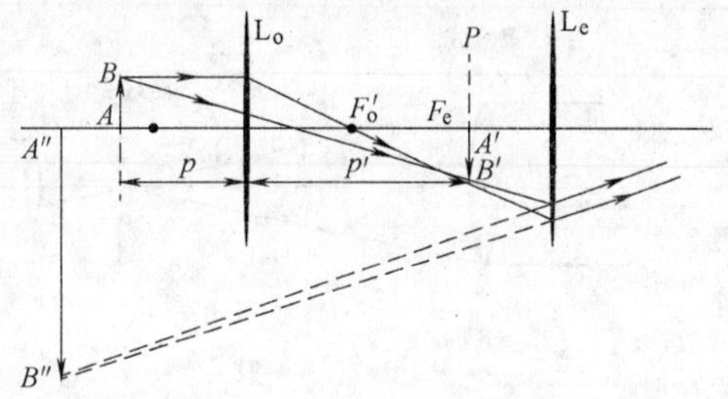

图 17-26 显微镜的光路图

虚像 $A''B''$ 对眼睛节点的张角 $\omega_o$ 为

$$\omega_o = \frac{-\beta y}{-f'_e} \tag{17-37}$$

式中，$y$ 为物体 $AB$ 的高度；$\beta$ 为物镜的放大率；$f'_e$ 为目镜的第二焦距.

若物体 $AB$ 处于 $A''B''$ 所在平面时，它对眼睛节点的张角 $\omega_e$ 为

$$\omega_e = \frac{y}{-p'} \tag{17-38}$$

则显微镜的放大率为

$$M = \frac{\omega_o}{\omega_e} = \frac{\dfrac{-\beta y}{-f'_e}}{\dfrac{y}{-p'}} = \beta \frac{p'}{f'_e} \tag{17-39}$$

式中，$p'/f'_e$ 为目镜的放大率. 可见，显微镜的放大率等于物镜的放大率 $\beta$ 与目镜的放大率的乘积. 为此，在放大镜的物镜和目镜上都刻有放大率，以便由其乘积直接得到所用显微镜的放大率.

## 17.5.4 望远镜

望远镜是帮助人眼对远处物体进行观察的光学仪器. 观察者以对望远镜的像空间的观察代替对本来的物空间的观察. 望远镜的工作原理图如图 17-27a 所示. 从远处物体上射出的平行光束经物镜($L_o$)成像于 $P$ 点. $P$ 点在物镜的焦平面上，同时这也是目镜($L_e$)的物方焦平面. 故从 $P$ 点发出的光线经目镜后又成为平行光束. 用眼睛观察目镜上出射的平行光束时，平行光将成像于视网膜上. 用望远镜观察远处物体时，所观察像的大小并不比原物体大，只是相当于把远处的物体移近，增大视角，以便于观察.

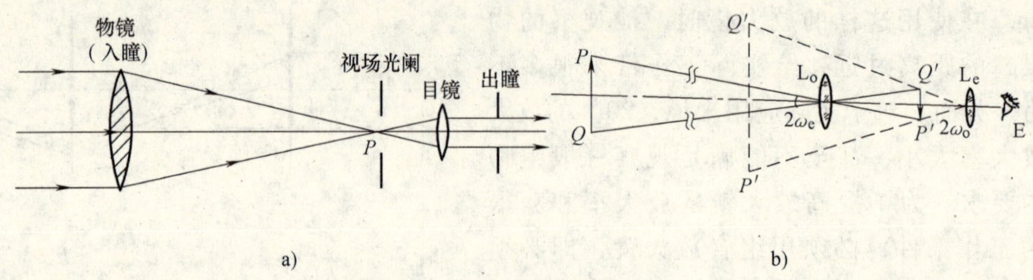


图 17-27　望远镜的光路图

如图 17-27b 所示，望远镜的视角放大率定义为最后像对目镜所张的视角 $\omega_o$ 与物体本身对目镜所张视角 $\omega_e$ 之比，即

$$M=\frac{\omega_o}{\omega_e}=\frac{f_o}{f_e} \tag{17-40}$$

由此可见，望远镜的视角放大率与物镜的焦距 $f_o$ 成正比，与目镜的焦距 $f_e$ 成反比. 一般民用望远镜的视角放大率为 3 ~ 12 倍，倍数过大，成像的清晰度就会变差，同时抖动严重，需要使用三角架等方式加以固定.

在日常生活中，望远镜主要指光学望远镜. 但在现代天文学中，望远镜的概念进一步延伸，产生了包括射电望远镜、红外望远镜、X 射线和 γ 射线望远镜等天文望远镜.

望远镜可简单分为折射望远镜、反射望远镜和折反射望远镜. 折射望远镜是用透镜作物镜的望远镜，它包括两种类型，即由凹透镜作目镜的伽利略望远镜和由凸透镜作目镜的开普勒望远镜. 折射望远镜常用两块或两块以上的透镜组作物镜，以消除色差和球差. 反射望远镜是用凹面反射镜作物镜的望远镜，它包括牛顿望远镜、卡塞格林望远镜等几种类型. 反射望远镜的主要优点是不存在色差，当物镜采用抛物面时，还可消去球差. 折反射望远镜是在球面反射镜的基础上，再加入用于校正像差的折射元件，可以避免困难的大型非球面加工，又能获得良好的像质量. 比较著名的折反射望远镜是施密特望远镜.

### 17.5.5　照相机

照相机是我们非常熟悉和喜爱的光学仪器，生活中人们用它来拍摄照片，记录人生的美好时刻. 照相机一般由镜头、光圈、快门、暗箱等几个主要部分构成.

照相物镜使空间物体在某一平面上的投影或某一平面上的物成实像于感光板（或 CCD，英文全称：Charge-coupled Device，中文全称：电荷耦合元件）上，感光板通过化学作用记录它上面所成的像，经显影和定影后得负片，暗箱使物镜到感光板的空间及感光板本身和其他光线隔离. 图 17-28 给出了照相机的光路图，其中物体被物镜成一倒立的实像于感光板上，感光板的框子决定着成像的视场角.

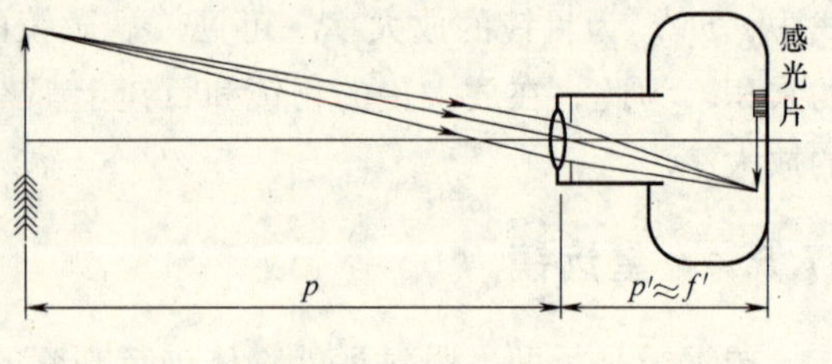


图 17-28　照相机

物镜中有可变孔径的光阑，俗称光圈. 光圈用来控制在感光板上成像的光照度及改变空间成像的景深. 景深是照相机允许清晰成像的物点前后空间的范围. 一般来说光阑直径越

大，曝光量越大，但景深短；光阑直径越小，曝光量越小，但景深长．当然，曝光量的控制还可以利用快门调节曝光时间来实现．总之，使用照相机时，应充分兼顾曝光量、光阑和曝光时间三者之间的关系，做到恰当调配．

当前最流行的照相机是数码相机，又名数字式相机(英文全称:Digital Camera,简称 DC)，它是一种利用电子传感器把光学影像转换成电子数据的照相机．数码相机与普通照相机的主要区别在于普通相机在胶卷上记录图像，而数码相机是利用光感应式电荷耦合器件(CCD)或互补金属氧化物半导体器件(CMOS)接收图像，并把图像转化成数字信号，然后把数字信号通过影像运算芯片储存在存储设备中．数码相机在拍照之后马上可看到图片，提供了对不满意的作品立刻重拍的可能性．但由于数码相机是通过成像元件和影像处理芯片的转换来完成图像记录的，成像质量相比光学相机缺乏层次感．

## 小　结

本章主要讲述了几何光学的基本定律、光在平面和球面的反射与折射、薄透镜的成像公式和几种常见的光学仪器．

一、几何光学的基本定律

1. 光的直线传播定律　光在均匀介质中沿直线传播．

2. 光的独立传播定律　光在传播过程中与其他光束相遇时，各光束都各自独立传播，不改变其性质和传播方向．

3. 光的反射定律　反射光线位于入射平面内，且反射角等于入射角，即 $i'=i$.

4. 光的折射定律　折射光线位于入射平面内，且入射角 $i$ 的正弦跟折射角 $r$ 的正弦之比，是一个取决于两种介质光学性质及光的波长的恒量，即

$$\frac{\sin i}{\sin r}=n_{21}\quad 或\quad n_1\sin i=n_2\sin r$$

二、光在平面和球面上的反射与折射

1. 平面反射　平面反射不改变光束的同心性，故平面反射成像是一个简单的、能成完善像的光学系统．所成的像与物的大小相等，且像与物对称于反射面．

2. 平面折射　平面折射将破坏光束的同心性，产生像散．但在小光束范围内，可以认为所有折射光线的反向延长线近似交于同一点，称为虚像点．

3. 球面反射　球面反射将改变光束的同心性，产生像散．但在近轴条件下，球面反射满足成像公式

$$\frac{1}{p'}+\frac{1}{p}=\frac{1}{f'}$$

式中，$p'$为像距；$p$ 为物距；$f'=r/2$ 为反射球面的焦距；$r$ 为球面反射镜的半径．

4. 球面折射　球面折射同样破坏光束的同心性，产生像散．但在近轴条件下，球面折射满足高斯成像公式

$$\frac{f'}{p'}+\frac{f}{p}=1$$

式中

$$f=-\frac{n}{n'-n}r,\qquad f'=\frac{n'}{n'-n}r$$

$f$ 和 $f'$分别为球面的物方和像方焦距；$n$ 为物方折射率、$n'$为像方折射率；$r$ 为球面半径；$p$ 为物距、$p'$为像距．

5. 全反射　光从光密介质 $n_1$ 入射到光疏介质 $n_2$ 时，若入射角 $i$ 大于临界角 $i_C$，则无折射光，入射光

线全部反回光密介质，这种现象称为全反射．其中

$$i_C = \arcsin \frac{n_2}{n_1}$$

三、薄透镜的成像公式

1. 薄透镜　若透镜的厚度与其焦距相比可以略去不计，则该透镜是薄透镜.

2. 薄透镜的高斯公式

$$\frac{f'}{p'} + \frac{f}{p} = 1$$

式中

$$f = -\frac{n_1}{\Phi} = \frac{-n_1}{\dfrac{n-n_1}{r_1} + \dfrac{n_2-n}{r_2}}, \quad f' = \frac{n_2}{\Phi} = \frac{n_2}{\dfrac{n-n_1}{r_1} + \dfrac{n_2-n}{r_2}}$$

$f$ 为物方焦距；$f'$ 为像方焦距.

3. 薄透镜的横向放大率

$$\beta = \frac{p'}{p}$$

4. 作图求像法　在近轴条件下，利用作图求像法时应遵循：平行于主光轴的入射光线，通过凸透镜后，折射光线通过焦点；通过凹透镜后折射光线的反向延长线通过焦点．过焦点的入射光线，其折射光线与主光轴平行．过光心的入射光线，按原方向传播不发生偏折.

四、几种常见的光学仪器

1. 放大镜　短焦距的凸透镜是最简单的放大镜．放大镜的放大率为

$$M = \frac{25\text{cm}}{f'}$$

其中 $f'$ 为放大镜的第二焦距.

2. 显微镜　显微镜的放大率等于物镜的放大率与目镜的放大率的乘积，即

$$M = \beta \frac{p'}{f'_e}$$

其中 $\beta$ 为物镜的放大率，$p'/f'_e$ 为目镜的放大率.

3. 望远镜　望远镜的放大率定义为最后像对目镜所张的视角 $\omega'_o$ 与物体本身对目镜所张视角 $\omega'_e$ 之比，即

$$M = \frac{\omega'_o}{\omega'_e} = \frac{f_o}{f_e}$$

可见，望远镜的放大率与物镜的焦距 $f_o$ 成正比，与目镜的焦距 $f_e$ 成反比.

## 思考题

17-1　试用光的反射和折射规律解释海市蜃楼现象.

17-2　为什么玻璃中的气泡看上去特别明亮？

17-3　为什么钻石看上去光彩夺目，而同样形状的玻璃则不会产生这样的效果？

17-4　是否可以通过直接观察来区分物体所成的像是实像还是虚像？如果不能，可以采用什么方法来区分实像和虚像？

17-5　如果将一凸透镜放入水中，则其焦距会发生变化吗？为什么？

17-6　水中的气泡相当于一个透镜，试问：它是一个凸透镜，还是凹透镜？

17-7　球面反射和折射都破坏了光束的同心性，即产生像散．为什么我们通过常见的成像系统（例如望远镜、显微镜）仍能观察到清晰的像？

17-8　能否根据薄透镜的形状判断薄透镜的作用(是会聚或发散)?

17-9　试说明房门的"猫眼"的结构及成像原理.

## 习　　题

17-1　欲用一球面反射镜将其前10cm处的灯丝成像于3m处的墙上，该反射镜形状应是凸的还是凹的?半径应有多大?

17-2　一玻璃球半径为$r$，折射率为$n$，若以平行光入射，问当玻璃的折射率为多少时会聚点恰好落在球的后表面上?

17-3　一个直径为20mm的玻璃球，折射率为1.53，球内有两个小气泡，看起来一个恰好在球心，另一个在球表面和球心的中间，求两气泡的实际位置.

17-4　玻璃棒一端呈半球形(折射率为1.6)，其曲率半径为2cm，将它水平浸入水中(折射率为1.33)，沿轴线方向离球面顶点8cm处的水中有一物体，求像的位置及横向放大率，并作出光路图.

17-5　一折射率为1.50的薄透镜，在空气中时其光焦度为5.0D. 将它浸入某液体后，其光焦度变为-1.00D. 求此液体的折射率.

17-6　用一曲率半径为20cm的球面玻璃和一平面玻璃组合成一个空气透镜，将其浸入水中，如图17-29所示，设玻璃壁厚可略去不计，水和空气的折射率分别为4/3和1，求此透镜的焦距. 该透镜是会聚透镜还是发散透镜?

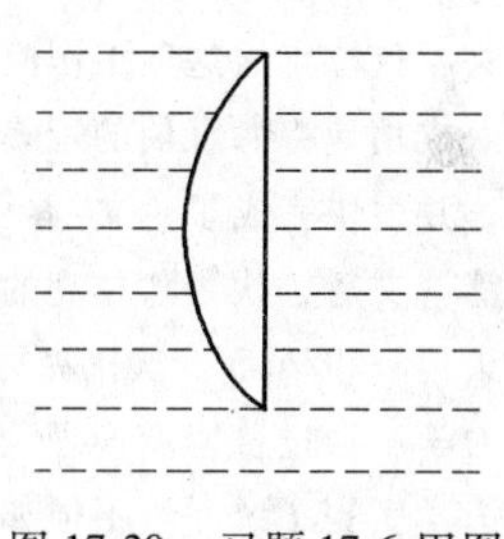

图17-29　习题17-6用图

17-7　凸透镜的焦距为10cm，凹透镜的焦距为4cm，两透镜相距12cm，已知高为1cm的物体放在凸透镜左边20cm处，物体先经凸透镜成像再由凹透镜成像，求像的位置和性质，并作出光路图.

17-8　凸透镜的焦距为10cm，在它右方3倍的焦距处有一平面反射镜. 已知物在凸透镜左方20cm处，求像的位置和性质.

17-9　一薄透镜$L_1$置于空气中，焦距为10cm，实物$AB$正立在透镜左方15cm处，长为1cm.

(1) 求物经$L_1$后成像的位置、虚实、正倒和大小.

(2) 今有两个透镜，一个为凸透镜，一为凹透镜，焦距均为12cm，选用哪个透镜，把它放在$L_1$右方什么距离处，才能使物经$L_1$和第二透镜后获得为原物12倍的倒立的实像?

17-10　两个焦距分别为10cm和-5cm的薄透镜，相距10cm，组成共轴系统，高为3mm的物体在第一透镜的左方20cm处，试求物体最后的成像位置及其大小，并作出光路图.

17-11　物置于焦距为10cm的会聚透镜前40cm处，另一个焦距为20cm的会聚透镜位于第一透镜后30cm处，求像的位置、大小、虚实和正倒.

## 物理学家简介

### 狄拉克(Paul Adrien Maurice Dirac,1902—1984)

1902年8月8日，保罗·狄拉克出生于英国布列斯托尔城. 狄拉克的父亲原籍瑞士，后移居英国，在布列斯托尔城的一所学校教授法语. 父亲十分重视对狄拉克的教育，家教甚严，从而养成了狄拉克沉静、内向的性格，从小就喜欢独自一人凝思默想. 同样是在父亲的影响下，狄拉克从小就对数学和自然科学产生了浓厚的兴趣，在中学时就自修了许多数学书，甚至连非欧几何也包括在内. 1918年，狄拉克跳级读完中学后，进入布列斯托尔大学电机系学习. 在大学期间，狄拉克开始对理论物理学产生浓厚的兴趣，尤其是对爱因斯坦的相对论怀有极大的热情和敬意. 这时的狄拉克开始自学相对论，并仔细研读爱丁顿(Arthur Stanley Eddington,1882—1944)的《时空与引力》等相关著作，这些工作为他日后创立相对论性量子力学产生了积极和深刻的影响．1921 年，狄拉克从布列斯托尔大学电机系毕业，此后两年，他留在该校进修数学．1923 年，狄拉克进入剑桥大学圣约翰学院攻读理论物理博士研究生，他的导师就是著名数学家和物理学家福勒（Ralph Howard Fowler，1889—1944）教授．福勒是卢瑟福的女婿，也是玻尔的好友，因而同哥本哈根学派联系密切，这使他有机会经常往返于剑桥和哥本哈根，并及时带回量子理论的最新研究进展．在导师的影响下，狄拉克开始了解到玻尔和索末菲的原子理论，并很快就对量子论产生了极大的兴趣．

狄拉克开始从事量子理论研究的时候，恰逢量子理论处于急剧变革的时期．在玻尔理论的基础上，德布罗意、玻恩、海森伯和薛定谔等人相继提出了一系列的新概念和新思想，此时的狄拉克开始积极参与海森伯矩阵力学和薛定谔波动力学的完善和统一工作．狄拉克从海森伯的研究工作中得到启发，对海森伯理论中量子乘积的不可对易性进行了深入思考，并很快意识到这种不可对易性正是量子理论中的关键环节．狄拉克将不可对易性与哈密顿力学中的泊松（Simeon-Denis Poisson，1781—1840）括号联系起来，得出了一种处理量子理论中力学量的新方法．狄拉克的这项工作澄清了量子变换与经典变换之间的关系，使矩阵力学理论被纳入哈密顿公式体系，从而成功地将海森伯的矩阵力学发展成为一个更加严密和完美的理论体系．狄拉克对自己的工作进行了总结，并很快完成了论文《量子力学的基本方程》，这篇论文随后在英国皇家学会的会刊上发表．海森伯看到这篇论文后，认为狄拉克的研究成果“使量子力学大大地前进了一步”，狄拉克也由此开始在物理学界崭露头角．1926 年，狄拉克再次提出普遍变换理论，该理论在数学上运用极为简洁而又严谨的方式表示了量子力学．通过普遍变换理论，可以由矩阵力学导出薛定谔方程，从而使得海森伯的矩阵力学和薛定谔的波动力学实现了统一．不但如此，普遍变换理论的物理概念和数学方法还为海森伯不确定原理的导出奠定了基础，其后海森伯导出不确定原理时所借助的正是狄拉克的普遍变换理论．狄拉克普遍变换原理的提出，丰富和完善了量子力学理论，并最终促成了非相对论量子力学创建工作的完成．此外，狄拉克还通过引入狄拉克符号、矩阵以及 $\delta$ 函数等数学表示方法，简洁地表述了量子力学各物理量之间的关系．总之，狄拉克为量子理论的发展做出了重要贡献，他本人也因此被视为量子力学的奠基人之一．

1926 年，狄拉克在统计物理方面也做出了重要贡献，他发现了用反对称波函数表示全同粒子系统的量子统计法则，即费米（Enrico Fermi，1901—1954）-狄拉克统计．同年，狄拉克完成了关于康普顿（Arthur Holly Compton，1892—1962）效应的研究论文，并以此获得博士学位．博士毕业后的狄拉克开始周游各国进行学术访问，期间曾到访哥本哈根，并结识玻尔、泡利和伽莫夫（George Gamov，1904—1968）等人．1927 年 2 月，狄拉克在研究辐射的量子理论过程中，通过对电磁场的波函数本身进行量子化，率先提出了二次量子化方法，从而建立了完备的辐射理论，由此开创了量子电动力学和量子场论的理论基础．1927 年 4 月，狄拉克发表了《色散的量子理论》，运用自己的辐射理论成功导出了海森伯的色散公式．

薛定谔的波动力学提出以后，取得了很大的成功．然而波动力学只具有非相对论性的形式，不适于描述高速粒子的运动，也无法阐明电子的自旋性质，因而在解释化学元素光谱的精细结构等问题时遇到了困难．狄拉克试图将相对论引入到量子力学中来，并于 1928 年创建了相对论性量子力学．在狄拉克建立的理论中，其基本方程是相对论形式的薛定谔方程，即一个对时间坐标和空间坐标都是线性的微分方程，这也就是著名的狄拉克方程．狄拉克方程不仅能够精确地描述高速运动电子的一切现象，如康普顿效应、塞曼（Pieter Zeeman，1865—1943）效应等，而且按照该方程计算得到的电子自旋角动量和自旋磁矩等也与实验观察结果符合得很好．不过，狄拉克方程也遇到了困难，方程的解中既包括正能态，也包括负能态．在经典物理学中，负能量的存在毫无意义，但狄拉克设想负能态应该是与某种带正电的粒子相对应的，他将其称为“空穴”，并认为这是一种具有正电荷的新粒子．之后的计算表明，这种新粒子的质量与电子相同，所带电荷量也与电子相同但符号相反，狄拉克将其称为电子的反粒子，即正电子．由狄拉克方程的负能态解得出的关于正电子存在的这一预言，其后得到了实验的证实——1932年，美国物理学家安德森(Carl David Anderson,1905—1991)在研究宇宙射线的云室照片时，发现强磁场中的电子有一半向某方向偏转，而另一半则向相反方向偏转，经过仔细分析，这正是狄拉克预言的正电子(安德森本人因此获得了1936年的诺贝尔物理学奖)；1933年，英国的布莱克特(Patrick Maynard Stuart Blackett,1897—1974)等人又在实验室中证实了正负电子对的产生和湮没现象．实验结果全面印证了狄拉克预言的正确性，由此一来，狄拉克的理论就开创了反物质理论与实验研究的新方向，并已成为量子场论和高能物理等研究领域的基础．狄拉克的反物质理论实现了图像、概念、物理解释与实验的统一，深刻改变了人类对于自然的认识，是20世纪最杰出的物理学理论之一．此外，在狄拉克的理论中，对于物理真空也提出了新的概念．狄拉克认为物理上的真空状态并非是一无所有的绝对真空，而是由负能态电子所构成的“电子海洋”，即所谓真空实际上是一种充满物质实体的存在形式，它带有能量，可以被极化．狄拉克对于物理真空的这种认识，使人们对物质世界的认知更加深入，这也为之后建立完善的量子电动力学理论奠定了基础．时至今日，对于物理真空性质的研究已成为量子场论的重要课题之一．

1930年，28岁的狄拉克当选为英国皇家学会会员，同年，狄拉克出版了闻名世界的专著《量子力学原理》一书，该书被誉为“量子力学的圣经”，是近代物理理论的经典著作．1932年，狄拉克当选为牛顿曾任教席的剑桥大学卢卡西安数学教授．1933年，狄拉克以其在量子力学方面做出的卓越贡献，与薛定谔共同荣获该年度诺贝尔物理学奖，成为最年轻的诺贝尔奖获得者之一．1935年7月，狄拉克在结束美国普林斯顿高级研究院的短期研究工作后，应我国清华大学物理系邀请，于归国途中来到中国作了关于正电子的讲演，并与周培源(Zhou Pei Yuan,1902—1993)、王竹溪(Wang Zhu Xi,1911—1983)等中国物理学家同游长城．1939年，狄拉克获英国皇家奖章，1968年获奥本海默奖章．1969年，狄拉克从剑桥大学退休，任荣誉教授．1970年，狄拉克进入美国纽约州立大学石溪分校和迈阿密大学理论研究中心工作，并于1972年任美国佛罗里达州立大学物理系教授．1981年5月，为使狄拉克能在80岁生日时拿到奉献给他的纪念论文，各国科学家齐聚美国洛约勒大学举行科学讨论会，提前庆祝他的80寿辰．1984年10月20日，这位引领人类认识自然的一代大师在美国佛罗里达与世长辞，终年82岁．

# 第18章 光的干涉

机械波和电磁波都有干涉现象．光作为一种电磁波，也同样具有干涉现象．干涉现象是波动过程的基本特征之一．通过对光的各种干涉现象的研究，可以深入地了解光的波动性．

## 18.1 光的干涉现象

### 18.1.1 光源

凡自身能持续辐射光能的物体统称**发光体**或**光源**(light source)．光源可分为天然光源和人造光源两大类．天然光源包括太阳、恒星、闪电、萤火虫等；人造光源包括点燃的蜡烛、发光的白炽灯、激光束等，人造光源一定是正在发光的物体．有些物体比如月亮、镜子等本身并不发光，而是依靠反射外来光才能被人看见，这样的反射物体不能称为光源．

光源的发光机制大概可以分为四种，即

(1) 热辐射发光：太阳光、白炽灯等光源就是热辐射发光很好的例子．这类光源的光谱与温度密切相关．

(2) 原子或分子的跃迁发光：荧光灯和霓虹灯等光源属于这类发光机制．这类光源的光谱与发光原子或分子的种类密切相关．

(3) 生物发光：如萤火虫和一些海洋生物的发光．

(4) 同步辐射发光：同步辐射发光同时携带有强大的能量，原子炉发的光就是这种．

常用的光源有两类，即普通光源和激光光源．普通光源的发光机制是处于激发态的原子和分子的自发辐射．大量的处于激发态的分子和原子从激发态返回到较低能量状态时，就把多余的能量以光波的形式辐射出来，这便是普通光源的发光．激光光源的发光机制是处于激发态的原子和分子的受激辐射．

分子或原子从高能级到低能级的跃迁过程经历的时间是很短的，约为$10^{-8}$s，这也是一个原子一次发光所持续的时间．因而它们发出的光波是在时间上很短、在空间中为有限长的一串串波列．由于各个分子或原子的发光参差不齐，彼此独立，互不相关，因而在同一时刻，各个分子或原子发出波列的频率、振动方向和相位都不相同．即使是同一个分子或原子，在不同时刻所发出的波列的频率、振动方向和相位也不尽相同．

### 18.1.2 光的相干性

光是一种电磁波，是相互激发的电场$\boldsymbol{E}$波和磁场$\boldsymbol{H}$波．通常用电场$\boldsymbol{E}$作为光的代表，称为**光矢量**．之所以选取电场作为光的代表，一方面是由于电场和磁场是紧密相关的，只要确定了电场，磁场也能随即确定；另一方面是由于人眼以及感光仪器所检测到的光的强弱，也是由电场决定的．

设由两个同频率的单色光源$S_1$、$S_2$发出的两束光相交于空间$P$点．若两束光的光矢量

的方向相同，则在 $P$ 点得到两个频率相同、光矢量方向相同的振动. 若两束光的振动方程分别为

$$E_1 = A_{10}\cos(\omega t_1 + \varphi_{10}) \tag{18-1a}$$

$$E_2 = A_{20}\cos(\omega t_2 + \varphi_{20}) \tag{18-1b}$$

则 $P$ 点的合振动 $E$、光强 $I$ 可分别表示为

$$E = E_1 + E_2 = A_0\cos(\omega t + \varphi_0) \tag{18-2a}$$

$$I = E_0^2 = I_1 + I_2 + 2I_1 I_2\cos\Delta\varphi \tag{18-2b}$$

其中

$$A_0 = \sqrt{A_{10}^2 + A_{20}^2 + 2A_{10}A_{20}\cos\Delta\varphi}$$

$$\varphi_0 = \arctan\frac{A_{10}\sin\varphi_{10} + A_{20}\sin\varphi_{20}}{A_{10}\cos\varphi_{10} + A_{20}\cos\varphi_{20}}$$

$$\Delta\varphi = (\varphi_{10} - \varphi_{20}),\quad I_1 = A_{10}^2,\quad I_2 = A_{20}^2$$

而观察到的 $P$ 点的光强是在较长时间内的平均值，即

$$I = \frac{1}{\tau}\int_0^\tau [I_1 + I_2 + 2\sqrt{I_1 I_2}\cos\Delta\varphi]\,\mathrm{d}t = I_1 + I_2 + 2\sqrt{I_1 I_2}\,\frac{1}{\tau}\int_0^\tau \cos\Delta\varphi\,\mathrm{d}t \tag{18-3}$$

**1. 非相干叠加** 若 $E_1$ 和 $E_2$ 是两个独立光源发出的光或同一光源的不同部位所发出的光，则它们之间的相位差是随机地变化，并以相同的概率取 0 到 $2\pi$ 间的一切数值，故在所观察的时间内有 $\frac{1}{\tau}\int_0^\tau \cos\Delta\varphi\,\mathrm{d}t = 0$. 此时

$$I = I_1 + I_2 \tag{18-4}$$

上式表明：当两束光之间无固定的相位关系时，光场中各点的光强是两束光分别照射时的光强 $I_1$ 和 $I_2$ 的和，即观察不到干涉现象. 这种情况称为**光的非相干叠加**.

**2. 相干叠加** 如果这两个频率相同、光矢量方向相同的单色光的相位差始终保持恒定，则相位差 $\Delta\varphi$ 取决于两束光的波程差（$r_2 - r_1$），与时间无关，即相位差稳定. 此时观察到的光强为

$$I = I_1 + I_2 + 2\sqrt{I_1 I_2}\cos\Delta\varphi \tag{18-5}$$

从式(18-5)可以看出：当两束光之间的相位差恒定时，光强 $I$ 的大小仅决定于相位差，与时间无关，所以光场中光强分布稳定. 这种情况称为光的相干叠加. 相干叠加时，光场重叠区域的不同位置，其光强将由这些位置的相位差决定. 将会出现有些地方始终加强，有些地方始终减弱，这种现象称为**光的干涉**(interference of light). 当 $\Delta\varphi = \pm 2k\pi$ 时，这些位置的光强最大，称为**干涉相长**，即亮纹中心；当 $\Delta\varphi = \pm(2k+1)\pi$ 时，这些位置的光强最小，称为**干涉相消**，即暗纹中心.

由于普通光源是不相干的，我们不能简单地由两个实际点光源或面光源的两个独立部分形成稳定的干涉场. 要得到稳定的干涉现象，两束光必须满足振动方向相同、频率相同、相位差恒定的条件，这称为**光的相干条件**. 满足相干条件的光是**相干光**，相应的光源称为**相干光源**.

### 18.1.3 干涉的分类

为了观察到稳定的干涉现象，必须使光束之间满足相干条件. 由于普通光源是不相干

的，故不能简单地从两个普通光源获得两束相干光．为了保证相干条件，通常的办法是利用光具组将同一束光一分为二，再使它们经过不同的途径后重新相遇，从而获得相干光并产生稳定的可观测的干涉现象．为便于讨论，常把干涉分成两类，即分波面干涉和分振幅干涉．除此之外，还可以利用分振动面的方法获得相干光，这种情况将在“20.5 偏振光的干涉”中讨论．

**分波面干涉**是将一束光的波面分成两个部分，使之通过不同的途径后再重叠在一起，在一定区域内产生干涉场．杨氏双缝干涉、劳埃德镜、菲涅耳双面镜以及菲涅耳双棱镜都是典型的分波面干涉．**分振幅干涉**是利用光在两种透明介质的分界面上的反射和折射将入射光的振幅分解成若干部分，然后再使反射光和折射光在继续传播中相遇而发生干涉．薄膜干涉、劈尖干涉、牛顿环和迈克耳孙干涉是典型的分振幅干涉．

### 18.1.4 光程 光程差

**1. 光程** 干涉现象的产生，决定于两束相干光波的相位差．当两束相干光在同一均匀介质中传播时，它们在叠加区域的相位差，仅取决于两束光的几何路程之差．但当两束相干光经过不同的介质时，它们之间的相位差不仅和它们的几何路程之差有关，还和两束光经过的介质的折射率相关．

介质的折射率定义为真空中的光速与介质中的光速的比，即

$$n=\frac{c}{v}=\frac{\nu\lambda}{\nu\lambda'}=\frac{\lambda}{\lambda'} \tag{18-6}$$

式中，$\lambda$ 为光在真空中的波长；$\lambda'$为介质中的波长．由于 $n\geqslant 1$，故 $\lambda'\leqslant\lambda$，即光在介质中的波长比真空中的波长要短一些．

设有一束光沿 $x$ 轴方向传播，$A$、$B$ 为 $x$ 轴上的两点，光在 $AB$ 之间的路程（即波程）为 $x_1$，如图 18-1a 所示．若 $AB$ 之间介质的折射率为 1，即 $AB$ 之间是真空或空气，则光从 $A$ 到 $B$ 传播时所需的时间 $\Delta t=\frac{x_1}{c}$；$AB$ 之间光振动的相位差 $\Delta\varphi=\omega\Delta t=2\pi\nu\frac{x_1}{c}=2\pi\frac{x_1}{\lambda}$，其中 $\lambda$ 为光在真空中的波长．若 $AB$ 之间是折射率为 $n$ 的介质，如图 18-1b 所示，则光从 $A$ 到 $B$ 传播时所需的时间 $\Delta t=\frac{x_1}{v}=\frac{nx_1}{c}$，$AB$ 之间光振动的相位差 $\Delta\varphi=2\pi\frac{nx_1}{\lambda}$；可见，相位差不仅与波程 $x$ 相关，还与介质的折射率 $n$ 有关．若 $AB$ 之间有几种不同的介质，其长度分别为 $x_1$、$x_2$、$x_3$、…，折射率分别为 $n_1$、$n_2$、$n_3$…，如图 18-1c 所示，则光从 $A$ 到 $B$ 传播时所需的时间 $\Delta t=\frac{\sum_A^B n_i x_i}{c}$，相位差为

$$\Delta\varphi=2\pi\frac{\sum_A^B n_i x_i}{\lambda} \tag{18-7}$$

定义**光程**(optical path)为**光在介质中经历的几何路程 $x$ 与介质折射率 $n$ 的乘积**，即

$$\Delta=nx \tag{18-8a}$$

如果光线连续穿过几种介质，则光程为

$$\Delta=\sum_i n_i x_i \tag{18-8b}$$

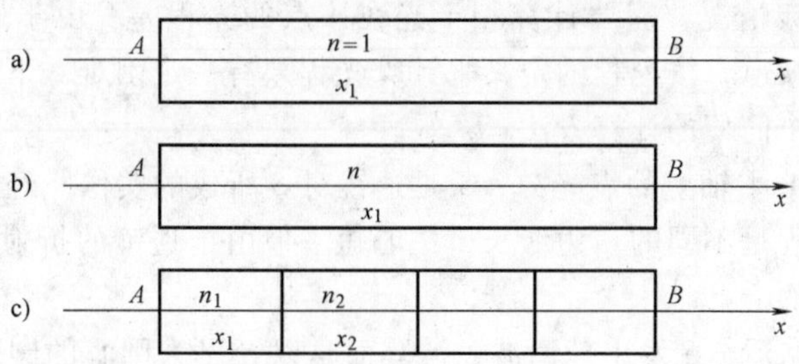


图 18-1 光程

求和沿光线(光路)$A\to B$ 进行. 若介质的折射率是连续变化的，即折射率 $n$ 是积分路径 $L$ 的函数，则光程应为

$$\Delta = \int_L n\mathrm{d}x \tag{18-8c}$$

由光程 $\Delta$ 可以求得光从 $A$ 到 $B$ 所需的时间为

$$\Delta t = \frac{\Delta}{c} \tag{18-9}$$

从上式可以看出，“光程”可理解为在相同时间内光在真空中传播的距离.

根据光程定义和式(18-7)，若取 $A$ 点的相位为 0，则可以得到 $B$ 点的相位，即

$$\varphi = 2\pi\frac{\Delta}{\lambda} \tag{18-10}$$

从上式可以看出，相位与光程成正比，因此可以用光程的计算代替相位的计算.

从上面的讨论可知，光程和波程不同，光程含有波程和介质的折射率两个因数，除非在光路上全是真空或空气，一般情况下光程大于波程.

**2. 光程差** 设有两束相干光来自于同一个光源 $S$，在干涉点 $P$ 相遇. 它们从光源到干涉点的光程分别为 $\Delta_1$ 和 $\Delta_2$，则它们在 $P$ 点的相位分别比光源处落后 $\varphi_1 = 2\pi\frac{\Delta_1}{\lambda}$和 $\varphi_2 = 2\pi\frac{\Delta_2}{\lambda}$. 两束相干光在 $P$ 点的相位差为

$$\Delta\varphi = \varphi_2 - \varphi_1 = 2\pi\frac{\Delta_2 - \Delta_1}{\lambda} \tag{18-11}$$

定义两束相干光在干涉点 $P$ 的**光程差**(optical path difference)为 $\delta$，则

$$\delta = \Delta_2 - \Delta_1 \tag{18-12}$$

此时式(18-11)可以写作

$$\Delta\varphi = 2\pi\frac{\delta}{\lambda} \tag{18-13}$$

由上式可知，相位差与光程差成正比，因此，通常用光程差的计算代替相位差的计算.

在上面的描述中，光程 $\Delta_1$ 和 $\Delta_2$ 是从两束相干光共同的光源开始计算的. 如果不是从光源而是从两个同相位点算起，其结果是一样的. 另外，我们也可以利用式(18-12)和式(18-13)计算一束光从某一位置传播到另外两个位置的光程差和相位差.

**3. 薄透镜的等光程性** 在光的干涉和衍射实验中，常用薄透镜将平行光会聚成一点，

为了讨论会聚点的干涉情况，需要计算相干光在该点的光程差. 由于透镜各处的厚度不相同，折射率也往往不知道，按光程的定义来计算光程差有一定困难. 下面我们讨论薄透镜的等光程性，它提供一个简便的计算方法.

若 $S$ 是放在透镜 L 主轴上的点光源，$S'$ 是透镜对 $S$ 所成的实像. 经过透镜中心与边缘的两条光线，其几何路程是不同的，边缘长，中心短. 但由于透镜的折射率 $n$ 大于 1，可以证明两者的光程是相等的.

从光的波动观点来看，$S$ 发出球面波，波阵面是以 $S$ 点为圆心的圆弧，通过透镜后，球面波的波阵面又逐渐会聚成以像点 $S'$ 为圆心的圆弧. 因为波阵面上各点具有相同的相位，所以从物点到像点的各光线经历相同的相位差，也就是经历相等的光程. 这就是薄透镜主轴上物点和像点之间的等光程性.

我们知道，平行光通过透镜后会聚于焦平面上，相互加强形成一亮点. 这是由于平行光的某一波振面上的相位相同，达到焦点后其相位仍然相同，因而互相加强. 从上述分析可知，在干涉实验中，用薄透镜将平行光线会聚成一点，不会引起附加的光程差，只会改变光波的传播方向.

上述结论称为薄透镜的等光程性，即平行光经薄透镜会聚时各光线的光程相等. 这提示我们，如果要计算两束平行光在会聚点的光程差，只需要在透镜前面垂直于光线作一个波面，只要知道两条光线在波面上的光程差，由于在会聚过程中各光线的光程相等，这个光程差将保持到会聚点. 例如在图 18-2a 所示的光路中，有两束平行光到达波面上 $a$ 点和 $a'$ 点后，经过透镜最终在会聚点 $F$ 相遇，如果它们在 $A$ 处的光程差是 $\delta$，则它们在 $F$ 点的光程差也是 $\delta$. 所以这个结论又叫做**平行光经薄透镜会聚不附加光程差**.

同理，根据薄透镜的成像规律同样可以证明，（1）经过副光轴的平行光会聚到焦点，每条光线的光程相等，如图 18-2b 所示；（2）经过副光轴的点光源发出的光会聚到 $S'$ 点，每条光线的光程相等，如图 18-2c 所示.

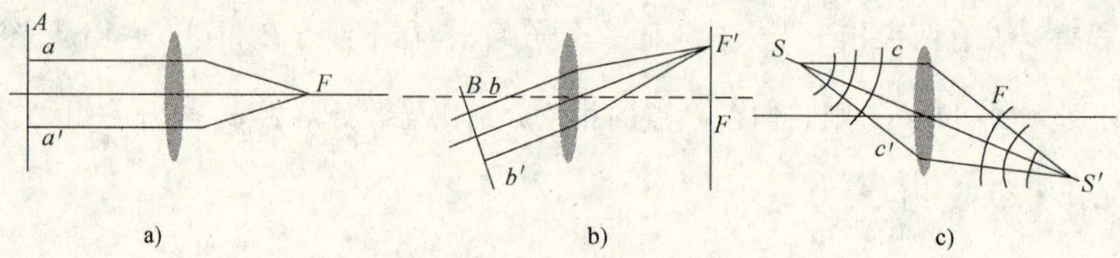


图 18-2　薄透镜的等光程性

**4. 反射光的相位突变和附加光程差**　光在被反射过程中，如果反射光在离开反射点时的振动方向恰好与入射光到达入射点时的振动方向相反，这种现象叫做**半波损失**. 由 7.5.3 的波动理论知道，光的振动方向相反相当于光多走(或少走)了半个波长的光程，亦即反射光有 $\pi$ 的相位突变，或者说附加了半个波长的光程差. 入射光在光疏介质中前进，遇到光密介质界面时，在反射过程中会产生半波损失. 如果入射光在光密介质中前进，遇到光疏介质的界面时，不产生半波损失. 折射光的振动方向相对于入射光的振动方向，永远不发生半波损失. 总之，当光从光疏介质射入光密介质时，其反射光有半波损失.

半波损失理论在生活实践及工程技术中有很重要的应用，例如，检查光学元件的表面、光学元件的表面镀膜、测量长度的微小变化等.

## 18.2 杨氏双缝干涉

1801 年，托马斯·杨(Thomas Young,1773—1829)巧妙地设计了一种把单个波阵面分解为两个波阵面以锁定两个光源之间的相位差的方法来研究光的干涉现象．杨氏用光的叠加原理解释了干涉现象，在历史上第一次测定了光的波长，为光的波动学说的确立奠定了基础．

### 18.2.1 杨氏双缝干涉的实验装置

杨氏双缝干涉的实验装置如图 18-3a 所示．将一束平行单色光照射到狭缝 $S$ 上，$S$ 相当于一个线光源，狭缝 $S$ 后放有与 $S$ 平行且等距离的两个平行狭缝 $S_1$ 和 $S_2$，两狭缝之间的距离很小，可以构成一对相干光源，$S_1$、$S_2$ 发出的光波在空间叠加，产生干涉现象．如果在双缝后放置一白屏，白屏上有等距离的明暗相间条纹出现．当然，用小孔代替狭缝，同样可以得到明暗相间的干涉条纹．这些干涉实验统称为杨氏实验．杨氏干涉实验的成功，为光的波动理论确定了实验基础．

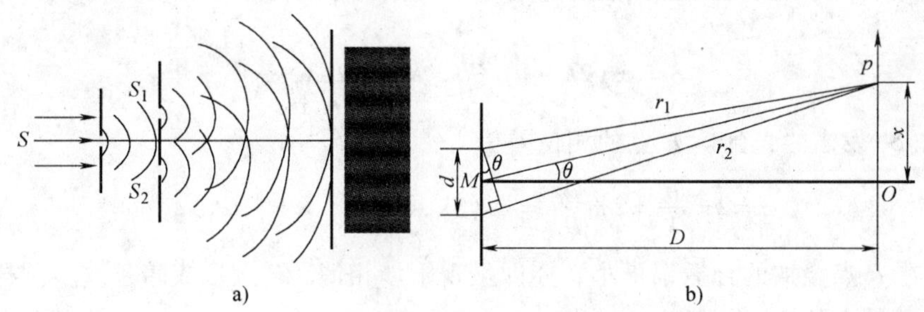


图 18-3 杨氏双缝干涉

a）双缝干涉实验图 b）双缝干涉计算原理图

### 18.2.2 明暗条纹的位置和条纹间距

下面我们来分析双缝干涉条纹的分布规律．

如图 18-3b 所示，设双缝间的距离为 $d$，双缝至屏的距离为 $D(D>>d)$．考察屏上的某一点 $P$，从 $S_1$ 和 $S_2$ 到 $P$ 点的距离分别为 $r_1$ 和 $r_2$．若双缝的中垂线与屏交于 $O$ 点，以 $O$ 为原点，取坐标轴 $OX$，$P$ 点的坐标为 $x$．由于从 $S$ 到 $S_1$ 和 $S_2$ 的距离相同，所以 $S_1$ 和 $S_2$ 是两个同相光源．因此 $P$ 点处两光波的光程差仅由从 $S_1$ 和 $S_2$ 到 $P$ 点的波程差决定．由图 18-3b 中的几何关系可知，在近轴和远场近似条件下，即 $r>>d$ 和 $r>>\lambda$ 的情况下，有

$$\Delta r = r_2 - r_1 \approx d\sin\theta \tag{18-14}$$

式中，$\theta$ 是 $P$ 点的方位角，即 $S_1S_2$ 的中垂线 $MO$ 与 $MP$ 之间的夹角．通常情况下，这一夹角很小，故有 $\sin\theta \approx \tan\theta$．此时，波程差 $\Delta r$ 可以写作

$$\Delta r \approx d\sin\theta \approx d\tan\theta = d\frac{x}{D} \tag{18-15}$$

当实验装置处在空气中时，折射率 $n=1$．此时，光程差 $\delta$ 和波程差 $\Delta r$ 相等，即

$$\delta = \Delta r \approx d\frac{x}{D} \tag{18-16}$$

由于从 $S_1$ 和 $S_2$ 发出的光传向 $P$ 的方向几乎相同，它们在 $P$ 点引起的振动的方向近似相同. 根据同方向振动的叠加规律，当从 $S_1$ 和 $S_2$ 发出的光到达 $P$ 点的光程差为波长 $\lambda$ 的整数倍，即

$$\delta = \pm k\lambda, \quad k=0, 1, 2, \cdots \tag{18-17}$$

亦即从 $S_1$ 和 $S_2$ 发出的光到达 $P$ 点的相位差为

$$\Delta\varphi = 2\pi\frac{\delta}{\lambda} = 2\pi\frac{dx}{D\lambda} = \pm 2k\pi, \quad k=0, 1, 2, \cdots \tag{18-18}$$

时，两束光在 $P$ 点叠加的合振幅最大，亦即呈现干涉相长，$P$ 点出现明条纹. 由式(18-18)可以得到 $k$ 级明条纹在 $X$ 轴上的位置，即

$$x = \pm k\frac{D\lambda}{d}, \quad k=0, 1, 2, \cdots \tag{18-19}$$

式中，$k$ 称为明条纹的级次，$k=0$ 的明条纹称为零级明条纹或中央明纹，$k=1, 2, \cdots$分别称为 1 级、2 级、…明条纹；正负号表示各级干涉条纹对称分布在中央明纹的两侧.

当从 $S_1$ 和 $S_2$ 发出的光到达 $P$ 点的光程差为半波长$\frac{\lambda}{2}$的奇数倍，即

$$\delta = \pm(2k-1)\frac{\lambda}{2}, \quad k=1,2,3,\cdots \tag{18-20}$$

亦即从 $S_1$ 和 $S_2$ 发出的光到达 $P$ 点的相位差为

$$\Delta\varphi = 2\pi\frac{\delta}{\lambda} = 2\pi\frac{dx}{D\lambda} = \pm(2k-1)\pi, \quad k=1,2,3,\cdots \tag{18-21}$$

时，两束光在 $P$ 点叠加的合振幅最小，亦即呈现干涉相消，$P$ 点形成暗条纹. 同样，可以得到暗条纹在 $X$ 轴上的坐标位置为

$$x = \pm(2k-1)\frac{D\lambda}{2d}, k=1,2,3,\cdots \tag{18-22}$$

式中，$k=1, 2, \cdots$分别对应第 1 级、第 2 级、…暗条纹. 光程差为其他值时，干涉条纹的亮度介于明条纹和暗条纹之间.

由式(18-19)或式(18-22)可以求出相邻两明条纹或暗条纹的间距为

$$\Delta x = \frac{D\lambda}{d} \tag{18-23}$$

由上式可知，$\Delta x$ 与 $k$ 无关，因而干涉条纹是等间距地分布于中央明纹的两侧. 实验时，若能测出 $d$ 和 $D$ 以及条纹在屏上的位置 $x$ 或条纹间距 $\Delta x$，就可以计算出波长 $\lambda$. 历史上，托马斯 · 杨正是通过双缝干涉实验第一次测定了可见光的波长.

**例题 18-1** 在杨氏双缝干涉实验中，屏与双缝间的距离 $D=0.7\text{m}$，用 He-Ne 激光器作为单色光源($\lambda=632.8\text{nm}$)，问：

(1) $d=2\text{mm}$ 和 $d=5\text{mm}$ 两种情况下，相邻明纹间距各为多少？

(2) 如肉眼仅能分辨两条纹的间距为 0.15mm，现用肉眼观察干涉条纹，问双缝的最大间距是多少？

**解：**(1) 由式(18-23)知，相邻两明纹间的距离为

$$\Delta x = \frac{D\lambda}{d}$$

当 $d=2\text{mm}$ 时

$$\Delta x=\frac{D\lambda}{d}=\frac{0.7\times 632.8\times 10^{-9}}{2\times 10^{-3}}\text{m}\approx 2.22\times 10^{-4}\text{m}=0.222\text{mm}$$

当 $d=5\text{mm}$ 时

$$\Delta x=\frac{D\lambda}{d}=\frac{0.7\times 632.8\times 10^{-9}}{5\times 10^{-3}}\text{m}\approx 8.86\times 10^{-5}\text{m}=0.089\text{mm}$$

(2)当 $\Delta x=0.15\text{mm}$ 时，双缝间距为

$$d=\frac{D\lambda}{\Delta x}=\frac{0.7\times 632.8\times 10^{-9}}{0.15\times 10^{-3}}\text{m}\approx 2.95\times 10^{-3}\text{m}=2.95\text{mm}\approx 3\text{mm}$$

可以看出，在这样的条件下，双缝间距必须小于3mm肉眼才能看到干涉条纹.

### 18.2.3　杨氏双缝干涉图样的特点

由式(18-19)和式(18-22)可知，双缝干涉条纹等间距地分布于中央亮条纹的两侧. 根据式(18-5)及双缝干涉公式可以得到白屏上干涉条纹的光强分布曲线，如图18-4所示. 图18-4的计算结果和上述结论是一致的.

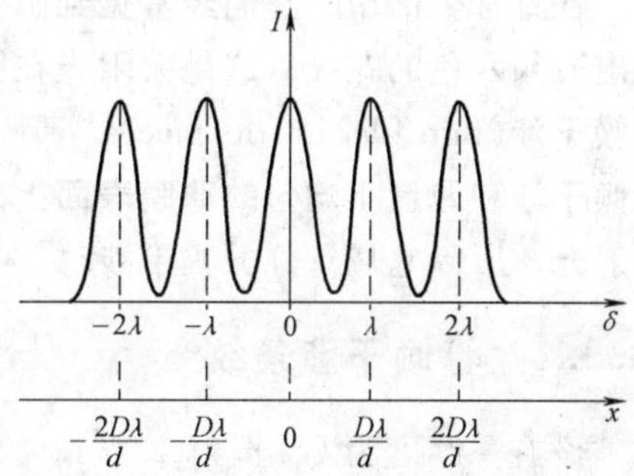

图18-4　双缝干涉的光强分布

在狭缝间距和狭缝到屏的距离确定的情况下，条纹在屏幕上的位置和间距取决于入射光的波长；因此当采用平行的白光入射，干涉条纹的中央明纹仍为白色，而在其两侧则因各单色光的干涉图样交错重叠而呈现由紫到红的彩色条纹.

对于两种不同的光波，若其波长满足 $k_1\lambda_1=k_2\lambda_2$，则 $\lambda_1$ 的第 $k_1$ 级明条纹与 $\lambda_2$ 的第 $k_2$ 级明条纹在同一位置上，这种现象称为干涉条纹的重叠.

### 18.2.4　劳埃德镜*

杨氏干涉实验中的小孔和狭缝都很小，它们的边沿会对实验产生影响而使问题复杂化. 为了避免这些影响，劳埃德(H. Lloyd，1800—1881)提出了一种简单的观察干涉现象的实验装置. 如图18-5所示，$MN$ 为一平面反射镜. 从狭缝 $S$ 射出的光，一部分直接射到屏幕 $P$ 上，另一部分掠射到反射镜 $MN$ 上，反射后到达屏幕上. 反射光可看成是由虚光源 $S'$ 发出的. 这两部分光也是相干光，它们同样是用分波面法得到的. 故在屏幕上的叠加区域内可以观察到明、暗相间的干涉条纹.

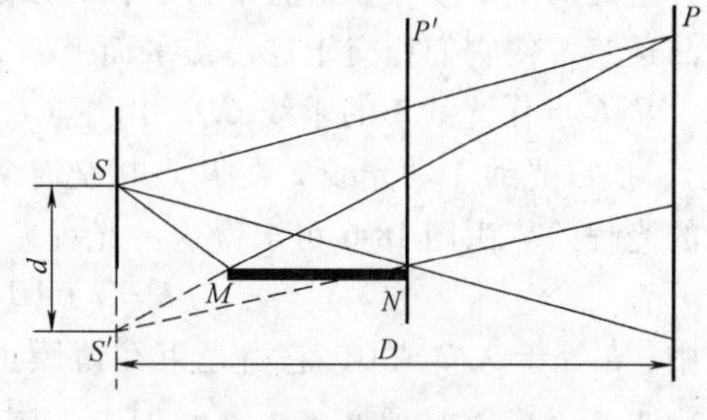

图18-5　劳埃德镜

左移屏幕，条纹变细，间距变小；右移屏幕，条纹变粗，间距变大；若把屏幕移近到和镜面相接触的位置，此时从 $S_1$ 和 $S_2$ 发出的光到达接触点 $N$ 的路程相等. 根据式(18-17)在 $N$ 处应该出现明纹，实际上，在接触处为一暗纹. 这表明，直接射到屏幕上的光与由镜面反射出来的光在 $N$ 处的相位相反，即相位差为 $\pi$. 由于入射光的相位没有变化，所以只能

是反射光(从空气射向玻璃并反射)的相位跃变了π，即存在“半波损失”．劳埃德镜实验揭示了这一重要的事实，即光在介质表面上反射，且入射角接近90°(掠射)时，存在半波损失．根据式(18-16)，$P$点的光程差应为

$$\delta = S'P - SP - \frac{\lambda}{2} = \frac{d}{D}x - \frac{\lambda}{2} \tag{18-24}$$

劳埃德镜实验所得的干涉图样，除了$N$点为暗纹外，还和杨氏双缝干涉图样有所不同，它只在$N$的一侧有干涉图样，而杨氏干涉条纹则对称地分布在$O$点的两侧．

## 18.3 薄膜干涉——等倾干涉

在日常生活中，我们经常见到阳光照射下的肥皂泡、水面上的油膜及一些昆虫的翅膀呈现出五颜六色的花纹，这是太阳光在膜的上、下表面反射后相互叠加产生的干涉现象，称为**薄膜干涉**(thin film interference)．薄膜干涉可以分为两类，**即厚度均匀的薄膜在无穷远处的等倾干涉和厚度不均匀的薄膜表面上的等厚干涉**．由于薄膜干涉时反射光和透射光都来自于入射光，所以它属于分振幅干涉．

### 18.3.1 等倾干涉条纹

设有一厚度为$h$、折射率为$n_2$的均匀薄膜，其上方和下方介质的折射率分别为$n_1$和$n_3$，如图18-6所示．当一束光以入射角$i$从介质1入射到薄膜的上表面时，在入射点$A$处同时发生反射和折射．反射光为图中的光线1，而折射的部分在薄膜的下表面反射后又从上表面射出，形成图中的光线2，它和光线1是平行的．由于这两束光来自于同一束光，并经过了不同的光程，且薄膜引起的光程差不是很大，所以它们是相干光．由于这两束相干光是平行的，所以只能在无穷远处发生干涉．在实验中为了在有限远处观察干涉条纹，常让两束平行的相干光经过一个凸透镜，使它们相交于透镜焦平面上的$P$点，并发生干涉．

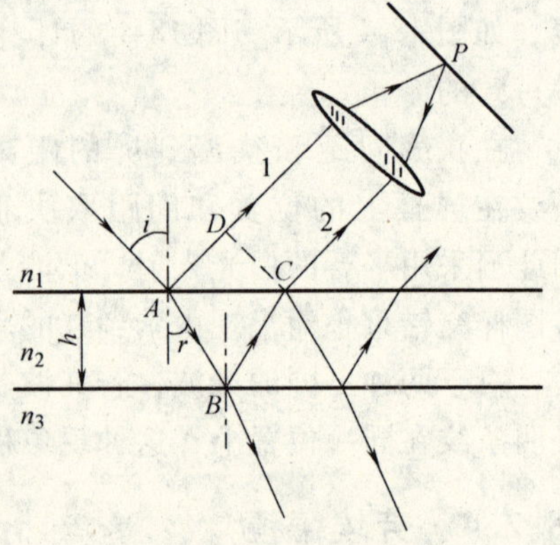

图18-6 等倾干涉

从$C$点作光线1的垂线$CD$．由于$CD$上任何点到$P$点的光程都相等(薄透镜的等光程性)，所以光线1和光线2在$P$点相交时的光程差就是光线分别沿$ABC$和$AD$两条路径传播时的光程差．由图18-6可求得这一光程差$\delta$为

$$\delta = n_2(AB + BC) - n_1 AD + \delta' \tag{18-25}$$

式中，$\delta'$等于$\lambda/2$或0，它由光束在薄膜上下表面反射时有无半波损失附加的光程差决定．当满足$n_1 > n_2 > n_3$或$n_1 < n_2 < n_3$时，无附加光程差，即$\delta' = 0$；当满足$n_1 > n_2 < n_3$或$n_1 < n_2 > n_3$时，附加光程差为$\lambda/2$，即$\delta' = \lambda/2$．由于

$$AB = BC = h/\cos r$$

$$AD = AC\sin i = 2h\tan r\sin i$$

再利用折射定律$n_1\sin i = n_2\sin r$，可得

$$\delta = 2n_2\frac{h}{\cos r} - 2n_1 h\tan r\sin i + \delta' = 2n_2 h\cos r + \delta' \tag{18-26a}$$

或

$$\delta = 2h\sqrt{n_2^2 - n_1^2\sin^2 i} + \delta' \tag{18-26b}$$

由式(18-26)可得等倾干涉时产生明纹(也即相干加强)的条件为

$$\delta = 2h\sqrt{n_2^2 - n_1^2\sin^2 i} + \delta' = 2n_2 h\cos r + \delta' = k\lambda,\quad k = 1, 2, \cdots \tag{18-27a}$$

产生暗纹(也即相干减弱)的条件为

$$\delta = 2h\sqrt{n_2^2 - n_1^2\sin^2 i} + \delta' = 2n_2 h\cos r + \delta' = (2k+1)\frac{\lambda}{2},\quad k = 0, 1, 2, \cdots \tag{18-27b}$$

由式(18-27)可以看出，以相同倾角入射的光，经均匀薄膜的上、下表面反射后产生的相干光都有相同的光程差，从而对应于干涉图样中的一条条纹，故将此类干涉称为**等倾干涉**(Equal inclination interference). 在等倾干涉中，入射角 $i$ 越大，光程差 $\delta$ 越小，干涉级次 $k$ 也越低.

观察等倾干涉条纹的实验装置如图 18-7 所示. 从面光源 $S$ 发出的光入射到半透半反射镜 M 上，被 M 反射的部分光射向薄膜 A，再被薄膜上、下表面反射，再透过 M 和透镜 L 会聚到 $P$ 上. 从 $S$ 上任一点以相同倾角 $i$ 入射到膜表面上的光线应该在同一圆锥面上，它们的反射光在屏上会聚在同一个圆周上. 因此，整个干涉图样由一些明暗相间的同心圆环组成.

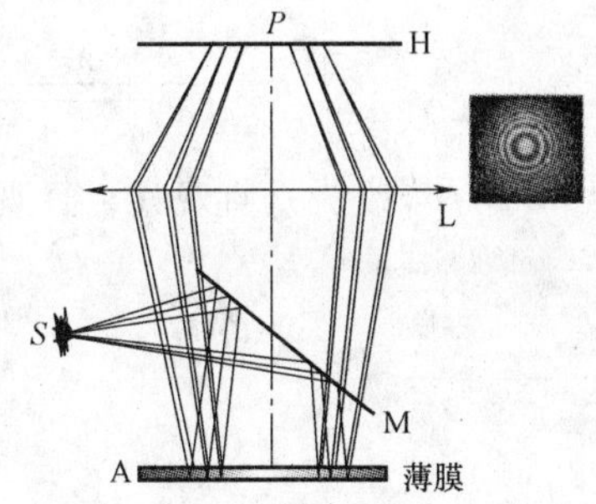

图 18-7 观察等倾条纹

面光源 $S$ 上每一点发出的光都要产生一组相应的干涉环纹，由于方向相同的平行光都被透镜会聚到焦平面上同一点，所以由光源上不同点发出的光线，凡是倾角相同的，它们所形成的干涉环纹都重叠在一起. 因此，干涉环纹的总光强是 $S$ 上所有点光源产生的干涉环纹光强的非相干相加，这样就使干涉条纹更加明亮，这就是在实验中总是使用面光源来产生等倾条纹的道理.

在等倾干涉中，入射角 $i$ 越大，光程差 $\delta$ 越小，干涉级次 $k$ 也越低，对应干涉圆环的半径也越大. 故等倾干涉时，干涉环纹中心的干涉级次最高，越往外的环纹的干涉级次越低. 此外，从中心向外各相邻的明环纹和暗环纹的间距也不相同. 中心环纹的间距较大，环纹较稀疏，越往外，环纹间距越小，环纹越密集.

另外，由式(18-27a)可得

$$h(\cos r_{k+1} - \cos r_k) = \frac{\lambda}{2n_2}$$

式中，$r_{k+1}$ 和 $r_k$ 分别为 $k+1$ 和 $k$ 级明纹对应的折射角. 由此可见，薄膜厚度 $h$ 越大，则 $\cos r_{k+1} - \cos r_k$ 的值越小，相邻的亮环纹的间距越小，环纹越密集，越不易观察. 故在观察等倾干涉时，薄膜越薄，越容易观察到环纹.

除了薄膜的反射光干涉以外，透射光也可以产生干涉. 用同样的方法可以得到 $n_1 < n_2 < n_3$ 时，两束透射的相干光的光程差为

$$\delta = 2h\sqrt{n_2^2 - n_1^2\sin^2 i} + \frac{\lambda}{2} \tag{18-28}$$

和式(18-26)比较可知，反射光相互加强时，透射光将相互减弱；反射光相互减弱时，透射光将相互加强，两者是互补的.

**例题 18-2** 白光照射到一厚度均匀的肥皂膜上，沿与膜成 45°的方向观察到膜呈现黄绿色(550nm)．若肥皂膜位于空气中，且其折射率为 1.33，求此膜的最小厚度为多少？若改为垂直观察，肥皂膜呈什么颜色？

**解：** 空气的折射率 $n_1=n_3=1$，肥皂膜的折射率 $n_2=1.33$．由题意可知入射角 $i=45°$，反射加强的条件为

$$\delta=2h\sqrt{n_2^2-n_1^2\sin^2 i}+\frac{\lambda}{2}=k\lambda$$

解得

$$h=\frac{k\lambda-\dfrac{\lambda}{2}}{2\sqrt{n_2^2-n_1^2\sin^2 i}}$$

（1）当 $k=1$ 时，肥皂膜的厚度最小，即

$$h=\frac{\lambda}{4\sqrt{n_2^2-n_1^2\sin^2 i}}=\frac{550\times10^{-9}}{4\sqrt{1.33^2-1^2\sin^2 45°}}\text{m}\approx1.22\times10^{-7}\text{m}$$

（2）若改为垂直观察，且观察到膜最亮，则应满足干涉加强的条件

$$\delta=2hn_2+\frac{\lambda}{2}=k\lambda$$

得

$$\lambda=\frac{2hn_2}{k-1/2}=\frac{4hn_2}{2k-1}$$

取 $k=1$，得 $\lambda_1\approx649.0\text{nm}$；$k=2$，得 $\lambda_2\approx216.3\text{nm}$(紫外光，不可见)．因此垂直观察时薄膜呈现红色．

### 18.3.2 增透膜和增反膜

使透射光增强的膜被称为**增透膜**(reflection reducting film)，使反射光增强的膜被称为**增反膜**(high-reflecting film)．其原理都是利用光在薄膜上的干涉理论．如图 18-8a 所示，当一束平行光垂直入射到介质膜表面，即 $i=r=0$ 时，若薄膜的折射率 $n$ 满足 $n_1<n<n_2$，则由式(18-26)和式(18-28)可得反射光和透射光的光程差分别为 $\delta=2nh$ 和 $\delta=2nh+\dfrac{\lambda}{2}$．通过调整介质膜的厚度使光程差满足干涉加强的公式，就可以使反射光或透射光得到加强．由于反射光和透射光的光程差相差一个 $\lambda/2$．这意味着对同一介质膜来说反射光和透射光的干涉是互补的，即若反射光干涉加强则透射光干涉减弱，反之亦然．若使反射光干涉相消，且 $k$ 取最小值，即 $k=1$，则可以得到增透膜的最小厚度，即 $h=\dfrac{\lambda}{4n}$或 $nh=\dfrac{\lambda}{4}$．在镀膜工艺中，常把 $nh$ 称为**光学厚度**．镀膜时控制厚度 $h$，使薄膜的厚度等于入射光波长的 1/4，则可以减小其反射率，增加透射光的强度．但有些光学元件却需要减少其透射率，以增加反射光的强度．如激光器谐振腔的反射镜，要求对激光的反射率达 99%以上．由式(18-25)可知，如果使图 18-8a 中薄膜的折射率满足 $n_1<n>n_2$，且薄膜的光学厚度厚度为 $\lambda/4$，则薄膜的反射光将得到增强，而透射光将减弱，这就是增反膜．单层增反膜的反射率并不高，如单层硫化锌(ZnS，折射率 2.35)薄膜的反射率为 30%，要想进一步提高反射率，可采用多层膜，即在玻

璃表面交替镀上高折射率的硫化锌(ZnS，折射率 2.35)膜和低折射率的($MgF_2$，折射率 1.38)薄膜，并使每层薄膜的光学厚度均为 $\lambda/4$，如图 18-8b 所示．一般的高反膜由 13～17 层薄膜构成，反射率在 94% 以上．

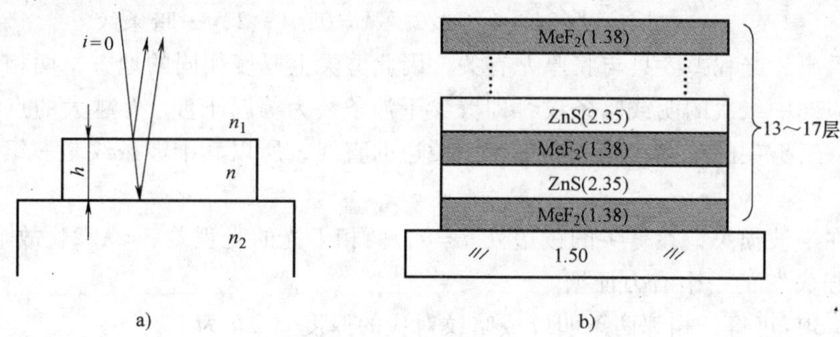


图 18-8　增透膜和增反膜

a）增透膜　b）增反膜

## 18.4　薄膜干涉——等厚干涉

当一束平行光入射到厚度不均匀的薄膜上时，在薄膜的表面上也可以产生干涉现象，这种干涉现象称为**等厚干涉**(equal thickness interference)．常见的等厚干涉现象有劈尖和牛顿环．

### 18.4.1　劈尖

将两块平板玻璃片的一端互相叠合，另一端垫入一薄纸片或一细丝，则在两玻璃片间就形成一端薄、一端厚的空气薄膜，这是一个劈尖(wedge)形的空气膜，称为**空气劈尖**，如图 18-9a 所示．空气膜的两个表面即两块玻璃片的内表面．两玻璃片叠合端的交线称为棱边，其夹角 $\alpha$ 称劈尖楔角．在平行于棱边的直线上，空气膜的厚度 $h$ 是相等的．

当平行单色光垂直入射劈尖时，就可在劈尖表面观察到明暗相间的干涉条纹，如图 18-9b 所示．这是由空气膜的上、下表面反射出来的两束光叠加干涉形成的．在劈尖上厚度为 $h$ 处，由上、下表面反射的两相干光的光程差为

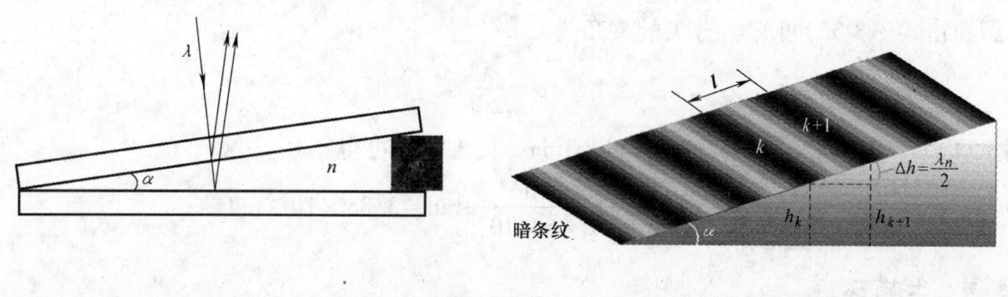


图 18-9　劈尖

$$\delta = 2nh + \frac{\lambda}{2} \tag{18-29}$$

式中，$\lambda/2$ 是由于从空气劈尖的上表面和下表面反射的情况不同而附加的半波损失．由式(18-29)可得劈尖干涉的明纹和暗纹条件分别为

$$\delta = 2nh + \frac{\lambda}{2} = \begin{cases} k\lambda & k=1,\ 2,\ 3,\ \cdots \text{明条纹} \\ (2k+1)\ \lambda/2 & k=0,\ 1,\ 2,\ \cdots \text{暗条纹} \end{cases} \tag{18-30}$$

由上式可以看出，光程差 $\delta$ 只与膜厚 $h$ 有关．因此劈尖上厚度相同的地方，两相干光的光程差相同，对应同一级次的明或暗条纹，即劈尖干涉条纹为等厚干涉．$h$ 越大的点干涉条纹的级次越高．由于劈尖的等厚线是一些平行于棱边的直线，所以其干涉条纹是一组明、暗相间的直条纹．

由于存在半波损失，在劈尖的棱边处 $h=0$，两相干光的光程差 $\delta=\lambda/2$，故形成暗条纹．这是“半波损失”的一个有力证据．

由式(18-30)可得，相邻两条明纹或暗纹对应的厚度差 $\Delta h$ 为

$$\Delta h = h_{k+1} - h_k = \frac{\lambda}{2n} \tag{18-31}$$

若以 $l$ 表示相邻的两条明纹或暗纹在劈尖表面的距离，则由图 18-9b 可得

$$l = \frac{\Delta h}{\sin\alpha} = \frac{\lambda}{2n\sin\alpha} \tag{18-32}$$

式中，$\alpha$ 为楔角．通常劈尖的楔角 $\alpha$ 很小，所以 $\sin\alpha \approx \alpha$，此时上式可写作

$$l \approx \frac{\lambda}{2n\alpha} \tag{18-33}$$

由上式可以看出，对于一定波长的单色入射光，劈尖干涉的直条纹中，任何两条相邻明纹或暗纹之间的距离都是相同的．或者说，劈尖干涉的干涉条纹是一组明、暗相间的等间距直条纹．劈尖的干涉条纹间隔 $l$ 仅与楔角 $\alpha$ 有关．$\alpha$ 越小，则 $l$ 越大，干涉条纹越稀疏；$\alpha$ 越大，则 $l$ 越小，干涉条纹越密集．当 $\alpha$ 大到一定程度后，条纹就密不可分了．所以，只能在 $\alpha$ 很小的劈尖上方观察到清晰的干涉条纹．

由式(18-33)可知，若已知折射率 $n$ 和入射波长 $\lambda$，那么，测出条纹间距 $l$，就可以求得劈尖的楔角 $\alpha$．反过来，若劈尖的楔角 $\alpha$ 已知，则可以利用上式测量单色入射光的波长 $\lambda$．除此以外，利用劈尖干涉的原理，还可以检查光学元件表面的平整度．

**例题 18-3** 波长为 589.3nm 的钠光垂直地入射到一劈尖玻璃板上，若相邻的两条明纹在劈尖表面的间距为 5mm，玻璃的折射率为 1.52，求此劈尖的夹角是多少？

**解**：由式(18-33)可知，劈尖的夹角为

$$\alpha \approx \frac{\lambda}{2nl}$$

由题意可知 $l=5\text{mm}$、$n=1.52$、$\lambda=589.3\text{nm}$，代入上式可得

$$\alpha \approx \frac{\lambda}{2nl} = \frac{589.3\times10^{-9}}{2\times1.52\times5\times10^{-3}}\text{rad} \approx 3.88\times10^{-5}\text{rad}$$

### 18.4.2 牛顿环

如图 18-10a 所示，在一块光平的光学玻璃平板 A 上，放置一个曲率半径为 $R$ 的平凸透镜 B，在 A、B 之间形成空气薄层．点光源 $S$ 所发光经凸透镜 L 转化为平行光束，该光束经半透半反镜 M 后垂直地射向平凸透镜 B，平凸透镜下表面的反射光和平板玻璃上表面的反

射光发生干涉，形成以接触点 $O$ 为中心的同心圆环，称为**牛顿环**(Newton ring). 由于以接触点 $O$ 为中心、任意值 $r$ 为半径所作的圆周上，各点的空气层厚度 $h$ 相等，所以牛顿环是一种等厚条纹，其干涉条纹为明暗相间的圆环.

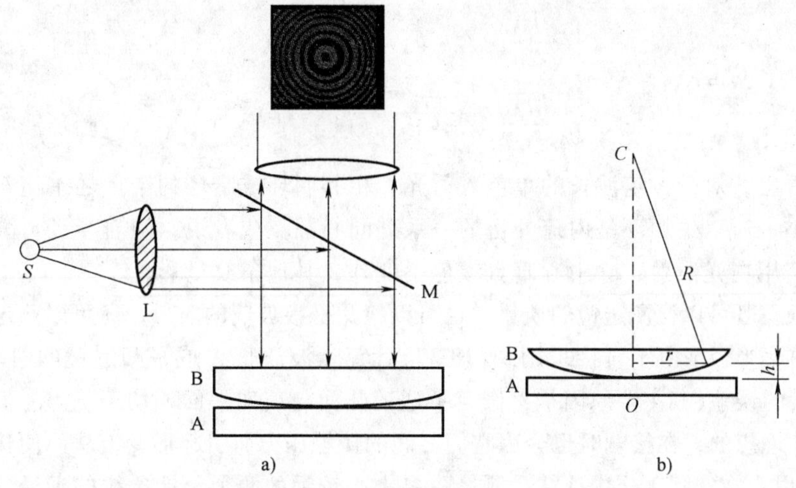


图 18-10　牛顿环

a）牛顿环干涉实验图　b）牛顿环的计算原理图

设空气的折射率为 $n$，玻璃的折射率为 $n_1$，则厚度为 $h$ 处的空气膜的上下表面的反射光的光程差为

$$\delta = 2nh + \frac{\lambda}{2} \tag{18-34}$$

式中，$\lambda/2$ 为空气膜的下表面反射时的半波损失. 由式(18-34)可得上、下表面的反射光相互干涉形成明纹和暗条纹的条件为

$$\delta = 2nh + \frac{\lambda}{2} = \begin{cases} k\lambda & k = 1,\ 2,\ 3,\ \cdots \text{明条纹} \\ (2k+1)\ \dfrac{\lambda}{2} & k = 0,\ 1,\ 2,\ \cdots \text{暗条纹} \end{cases} \tag{18-35}$$

由上式可知，在接触点 $O$ 处，空气膜的厚度为零，光程差取决于半波损失. 因此，牛顿环的中心是一个暗点. 这是“半波损失”的又一个有力证据.

由图 18-10b 可知，牛顿环的半径 $r$ 与透镜的曲率半径 $R$ 的几何关系为

$$r^2 = R^2 - (R-h)^2 = 2Rh - h^2$$

由于 $R \gg h$，故可将上式中高阶小量 $h^2$ 略去，于是得

$$r^2 = 2Rh \tag{18-36}$$

由式(18-35)和式(18-36)可以得到明环和暗环的半径分别为

$$r = \begin{cases} \sqrt{\dfrac{(2k-1)R\lambda}{2n}} & k = 1,2,3,\cdots \text{明环} \\ \sqrt{\dfrac{kR\lambda}{n}} & k = 0,1,2,\cdots \text{暗环} \end{cases} \tag{18-37}$$

由式(18-35)可以看出，当平凸透镜 B 上移时，空气薄层的厚度增加，光程差变大，对应的级数 $k$ 增加，牛顿环对应的半径增加，看上去牛顿环向外涌出；当平凸透镜 B 下移时，空气

薄层的厚度减小，光程差变小，对应的级数 $k$ 减小，牛顿环对应的半径变小，牛顿环看上去向内凹陷.

根据式(18-37)可得相邻两条明环或暗环的距离为

$$\Delta r = r_{k+1} - r_k = \begin{cases} \sqrt{\dfrac{R\lambda}{2n}}(\sqrt{2k+1} - \sqrt{2k-1}) & \text{明环} \\ \sqrt{\dfrac{R\lambda}{n}}(\sqrt{k+1} - \sqrt{k}) & \text{暗环} \end{cases} \tag{18-38}$$

由上式可以看出，对于一定波长的单色入射光，相邻明环或暗环的半径之差随着干涉级次的增加越来越小，所以牛顿环是内疏外密的一系列同心圆. 或者说，随着半径 $r$ 增长，牛顿环越来越密. 若用白光照射，除中心暗点颜色不变外，其他条纹呈彩色.

利用牛顿环既可以检测透镜的质量，也可以检测平板玻璃的质量，还可以测定光的波长或平凸透镜的曲率半径. 由于直接采用式(18-37)计算光波波长 $\lambda$ 或平凸透镜的曲率半径 $R$ 时，通常会有很大的误差(其主要原因是：假定了透镜凸面与玻璃平面相切于一点. 而实际上，即使两表面都是理想的，在接触时也会因它们之间的接触压力而引起形变，从而使接触处实际为一圆面). 所以，在实际工作中往往是测量距离中心较远的两个干涉条纹的半径. 例如分别测得较远的第 $k$ 级和第 $k+m$ 级的明纹半径 $r_k$ 和 $r_{k+m}$，再利用式(18-37)得到

$$r_{k+m}^2 - r_k^2 = \frac{mR\lambda}{n}$$

从而得到

$$\lambda = \frac{n(r_{k+m}^2 - r_k^2)}{mR} \tag{18-39a}$$

或

$$R = \frac{n(r_{k+m}^2 - r_k^2)}{m\lambda} \tag{18-39b}$$

若 $r_k$ 与 $r_{k+m}$ 对应暗环半径，可通过类似分析得出结果.

**例题 18-4** 用单色光观察牛顿环，测得某一明环的半径 3.00mm，它外面第 15 个明环的半径 4.60mm，若平凸透镜的半径为 2.00m，求此单色光的波长.

**解**：已知 $n=1.00$，$R=2.00\text{m}$，设半径为 3.00mm 的明环对应的级数为 $k$，则由式(18-37)可得

$$k = \frac{nr^2}{R\lambda} + \frac{1}{2} = \frac{1.00 \times (3.00 \times 10^{-3})^2}{2.00 \times \lambda \times 4} + \frac{1}{2}$$

半径为 4.60mm 的明环对应的级数为 $k+15$，故有

$$k + 15 = \frac{1.00 \times (4.60 \times 10^{-3})^2}{2.00 \times \lambda \times 4} + \frac{1}{2}$$

两式相减并整理后可得单色光的波长为

$$\lambda = \frac{(4.60 \times 10^{-3})^2 - (3.00 \times 10^{-3})^2}{2.00 \times 15 \times 4}\text{m} \approx 1.013 \times 10^{-7}\text{m} = 101.3\text{nm}$$

或者直接由式(18-39a)可得

$$\lambda = \frac{n(r_{k+m}^2 - r_k^2)}{mR} = \frac{1.00 \times [(4.60 \times 10^{-3})^2 - (3.00 \times 10^{-3})^2]}{4 \times 2.00 \times 15}\text{m}$$

$$\approx 1.013 \times 10^{-7}\text{m} = 101.3\text{nm}$$

## 18.5 迈克耳孙干涉仪*

1881年，迈克耳孙(A. A. Michelson,1852—1931)为了研究光速问题，精心设计了一种分振幅双光束干涉装置，这就是迈克耳孙干涉仪(Michelson interferometer)，如图18-11所示．图中$M_1$、$M_2$是两块平面反射镜，分别置于相互垂直的两臂上．其中$M_2$固定，$M_1$通过精密导轨可以沿臂轴方向前后移动．$G_1$和$G_2$是两块材料相同、厚度一致的平板玻璃，与$M_1$、$M_2$成45°角放置．在$G_1$的一个面上镀有半透明银膜，它将入射$G_1$的光束分成振幅相等的透射光和反射光．螺钉$V_1$和$V_2$分别用来调节$M_1$和$M_2$，使它们分别垂直于两臂．

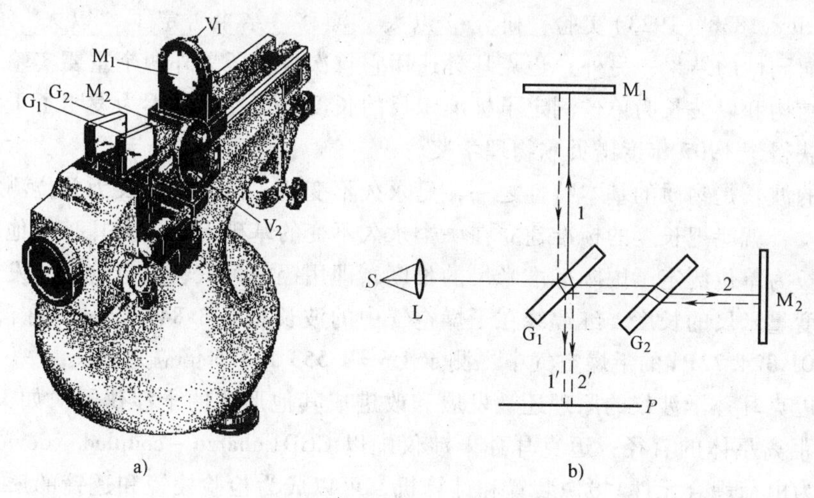


图18-11 迈克耳孙干涉仪

a）实物图 b）原理图

来自光源$S$的光，经过透镜L准直后，平行射向$G_1$，一部分被$G_1$反射并向$M_1$传播，如图18-11b中的光线1，经$M_1$反射后再穿过$G_1$向$P$处传播，如图中的光线1′；另一部分透过$G_1$及$G_2$向$M_2$传播，如图中的光线2，经$M_2$反射后，再穿过$G_2$向$G_1$处传播，被$G_1$反射后也向$P$处传播，如图中的光线2′．显然，到达$P$处的光线1′和光线2′是相干光．$G_2$的作用是使光线1、2都三次穿过厚度相同的平板玻璃，从而避免1′、2′间出现额外的光程差，故$G_2$也称为补偿板．

考虑了补偿板的作用，可以画出如图18-12所示的迈克耳孙干涉仪的原理图．图中$M_2'$是$M_2$经$G_1$所成的虚像，它和$M_2$相对于$G_1$的位置是对称的，所以从$M_2$上反射的光，可看成是从虚像$M'_2$处反射的．这样，相干光线1′、2′的光程差，主要由$M_1$和$M_2'$之间的距离$d$决定．如果$M_1$和$M_2$之间严格地相互垂直，那么$M_1$和$M_2'$就是严格地相互平行，此时由$M_1$和$M_2'$形成的是一个厚度均匀的等厚空气膜，因此这种干涉属于等倾干涉，干涉图像是一系列明暗相间的同心圆环．

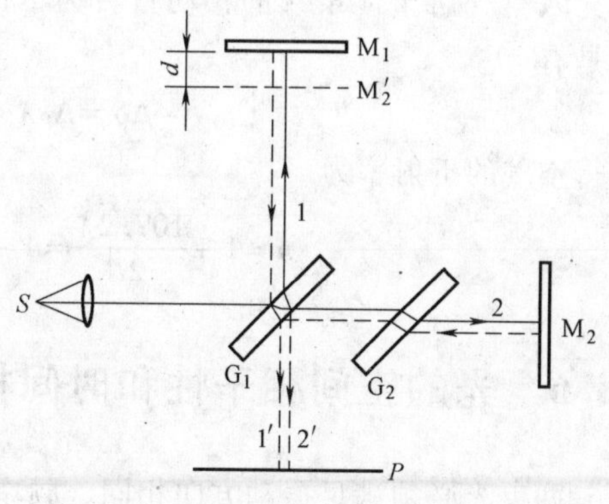


图18-12 迈克耳孙干涉仪的原理图

如果 $M_1$ 与 $M_2$ 并不严格垂直，那么，$M'_2$ 与 $M_1$ 也不严格平行，它们之间的空气薄膜就形成一个劈尖．这时，观察到干涉条纹是等间距的等厚条纹．若入射单色光的波长为 $\lambda$，则每当 $M_1$ 向前或向后移动 $\lambda/2$ 的距离时，就可看到干涉条纹平移过一条．所以测出视场中移过的条纹数目 $N$，就可以算出 $M_1$ 移动的距离

$$d = N\frac{\lambda}{2} \tag{18-40}$$

若已知入射单色光的波长，利用式(18-40)可以测定长度；当然，也可以在已知长度的情况下，利用它来测定入射光的波长．

迈克耳孙干涉仪最初是为了研究光速问题而设计的．它还曾被用于著名的迈克耳孙-莫雷(E. W. Morley,1838—1923)实验，研究“以太”漂移，结果否定了“以太”的存在，得到了光速各向同性的结果．另外，迈克耳孙还用它首次进行了另外两个重要实验，即研究光谱线的精细结构和以波长为单位测定了标准米尺的长度．迈克耳孙因为发明了干涉仪器和光速的测量而获得了1907年度诺贝尔物理学奖．

因为光的波长是物质的基本特性之一，是永久不变的，以光的波长为单位测定了国际标准米尺的长度，就能把长度的标准建立在一个永久不变的基础上．迈克耳孙用他的干涉仪最先以光的波长为单位测定了国际标准米尺的长度，即用镉的蒸汽在放电管中所发出的红光谱线的波长来度量米尺的长度．红镉线在干燥空气中的波长是643.847 22nm，在温度 $t=15℃$ 和压强 $p=101\ 324.72\text{Pa}$ 的干燥空气中，测定 1m = 1 553 163.5 倍镉光波长．

此外，迈克耳孙干涉仪的原理还被发展和改进成其他形式的干涉仪器．如天体干涉仪，可以测定远距离星体的直径；迈克耳孙干涉仪配以 CCD(charge - coupled　device 的英文简称，中文称为电荷耦合元件)摄像装置和计算机，可以成为检验棱镜和透镜的质量及测量折射率和角度的精密仪器．

**例题 18-5**　在迈克耳孙干涉仪的两臂中，分别插入 $l=100\text{mm}$ 长的玻璃管，其中一个抽成真空，另一个则储有压强为 $1.013\times10^5\text{Pa}$ 的空气，用以测定空气的折射率 $n$．设所用光波波长为546nm，实验时，向真空玻璃管中逐渐充入空气，直至压强达到 $1.013\times10^5\text{Pa}$ 为止．在此过程中，观察到107.2条干涉条纹的移动，试求空气的折射率 $n$．

**解**：设玻璃管充入空气前、后光程差的变化量为 $\Delta\delta$，则有

$$\Delta\delta = 2(n-1)l$$

因充入空气后干涉条纹的移动数目为 $\Delta k$，即 $\Delta k=107.2$，其对应的光程差的变化量为 $\Delta\delta$，于是有

$$\Delta\delta = \Delta k\lambda = 107.2\lambda = 2(n-1)l$$

故得空气的折射率为

$$n = 1+\frac{107.2\lambda}{2l} = 1+\frac{107.2\times546\times10^{-9}}{2\times100\times10^{-3}} \approx 1.000\ 3$$

## 18.6　光的空间相干性和时间相干性*

两束光必须满足振动方向相同、频率相同、相位差恒定的条件时才能产生稳定的干涉条纹，但这些条件尚不能保证干涉现象是否清晰可见．干涉条纹的清晰程度常用可见度来定量

描述．干涉条纹的**可见度**定义为

$$\gamma=\frac{I_{max}-I_{min}}{I_{max}+I_{min}} \tag{18-41}$$

式中，$I_{max}$和$I_{min}$分别为干涉场中明纹的最大光强和暗纹的最小光强．由可见度的定义可知，干涉条纹的可见度的取值范围为$0\leqslant\gamma\leqslant1$；且$I_{max}$和$I_{min}$的差值越大，可见度越大，条纹越清晰；二者差值越小，可见度越小，条纹越模糊；当二者差值小到一定程度时，条纹的可见度基本为零，干涉条纹无法辨认．

由18.1.2节可知，两束相干光在空间相遇时，干涉区域内各点的总光强为$I=I_1+I_2+2\sqrt{I_1I_2}\cos\Delta\varphi$，即光场中各点的光强介于$I_1+I_2+2\sqrt{I_1I_2}$和$I_1+I_2-2\sqrt{I_1I_2}$之间．若两相干光的强度相等，即$I_1=I_2$时，则空间各点的光强分布为

$$I=2I_1(1+\cos\Delta\varphi)=4I_1\cos^2\frac{\Delta\varphi}{2} \tag{18-42}$$

干涉区域内最大光强为$4I_1$，最小光强为0．此时，干涉条纹的可见度最大，即$\gamma=1$．

干涉条纹的可见度除了与两束相干光光强有关外，还与光的空间相干性及时间相干性有关．

## 18.6.1 光的空间相干性

在双缝干涉实验中，设光源$HL$的宽度为$b$，如图18-13所示，则此光源上端$H$处发出的光经双缝干涉后，中央明条纹中心的位置在屏幕上的$O_H$点处，而下端$L$处发出的光干涉后其中央明条纹中心的位置在屏幕上的$O_L$点处．

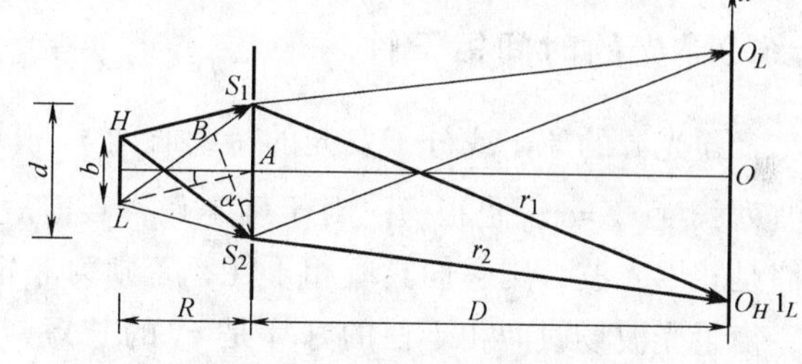

图18-13 光的空间相干性

当光源为严格的线光源，即$b=0$时，$O_L$和$O_H$重合，此时干涉条纹的可见度$\gamma=1$．当光源有一定宽度，但$b$较小时，干涉条纹的可见度$\gamma<1$，如图18-14a所示．当光源上端$H$处的中央明纹$O_H$与光源下端$L$处的一级明纹$1_L$重合时，光源$HL$上各点发出的光的干涉条纹互相重叠，使屏幕上处处光强相等，此时可见度为零，即$\gamma=0$，如图18-14b所示．此时，由图18-13可知$O_H$处和$1_L$处分别满足

$$(HS_1+r_1)-(HS_2+r_2)=0$$

和

$$(LS_1+r_1)-(LS_2+r_2)=\lambda$$

其中，$HS_1=LS_2$，$HS_2=LS_1$．两式相减，得

$$2(LS_1-LS_2)=\lambda \tag{18-43}$$

由于狭缝间距$d$远小于光源到狭缝的距离$R$，故有

$$LS_1-LS_2\approx BS_1\approx d\alpha\approx d\frac{b}{2R} \tag{18-44}$$

将式(18-44)代入式(18-43)得

$$\frac{db}{R}=\lambda \tag{18-45}$$

上式说明，当入射光波长 $\lambda$ 一定时，若光源宽度等于 $b=\frac{R\lambda}{d}$时，干涉条纹将消失，可见度为零. 这一宽度称为**临界宽度**. 另一方面，当光源宽度 $b$ 一定时，仅当双缝间距 $d<R\lambda/b$ 时才能看到干涉条纹. 所以双缝干涉中两狭缝的最大间距

$$d=\frac{R\lambda}{b} \tag{18-46}$$

决定了光的空间相干性，称为**相干间隔**.

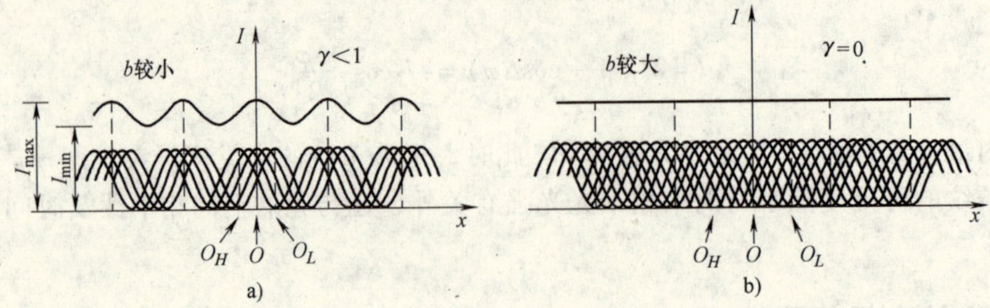


图 18-14　干涉条纹的可见度

a) $0<\gamma<1$　b) $\gamma=0$

## 18.6.2　光的时间相干性

普通光源的原子或分子发光的持续时间 $\tau_0$ 很短($\tau_0\sim10^{-8}$s)，所以它们每次发光时产生的波列长度 $L_0=c\tau_0$ 也很短. 对于确定点，若前后两个时刻传来的光波隶属于同一列波，即它们是相干光波，则它们具有相干性，否则为非相干光波，这称为光波场的时间相干性. 显然，衡量光波场时间相干性的好坏是 $\tau_0$ 的长短，故称为相干时间. 而在相干时间内波列传播的距离称为相干长度，相干长度也即波列长度 $L_0$. 相干时间 $\tau_0$ 和相干长度 $L_0$ 反映了光的时间相干性的好坏.

下面我们通过杨氏干涉实验来说明光的时间相干性. 如图 18-15a 所示，光源 $S$ 发射一列光波 $a$，该光波被双缝 $S_1$、$S_2$ 分为两个波列 $a_1$、$a_2$，这两个波列沿不同路径 $r_1$、$r_2$ 传播后重新相遇. 由于这两列波是从同一光源发出的，它们具有完全相同的频率和一定的相位关系，因此可以发生干涉，并可以观察到干涉条纹. 但若两路径的光程差太大，致使 $S_1$ 和 $S_2$ 到观察点 $P$ 的光程差大于波列的长度 $L_0$，使得当波列 $a_2$ 刚到达 $P$ 点时，波列 $a_1$ 已经过去，如图 18-15b 所示，则两列波不能相遇，当然无法发生干涉. 而另一发光时刻发出的波列 $b$ 经 $S_1$ 分割后的波列 $b_1$ 和 $a_2$ 相遇并叠加. 但由于波列 $a$ 和 $b$ 无固定的相位关系，因此在考察点 $P$ 无法发生干涉. 故干涉的必要条件是两光波在相遇点的光程差应小于波列的长度.

综上所述可知，波列的长度至少应等于最大光程差，即

$$L_0=\delta_{\max}=\frac{\lambda_0^2}{\Delta\lambda} \tag{18-47}$$

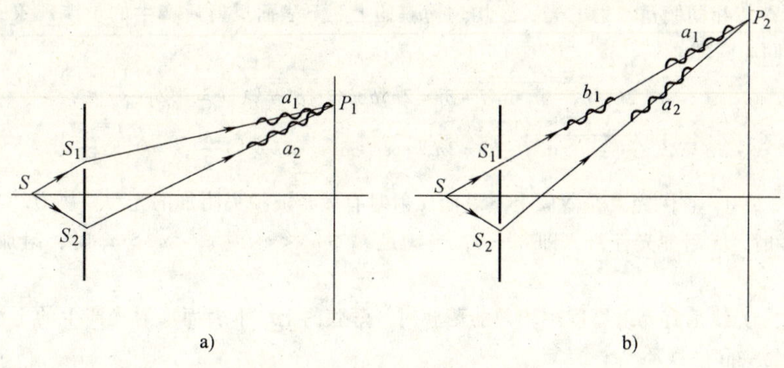


图 18-15 光的时间相干性

式中，$\lambda_0$ 为谱线中心波长；$\Delta\lambda$ 为谱线宽度. 上式表明，波列长度与光源的谱线宽度成反比，即光源的单色性好，光源的谱线宽度 $\Delta\lambda$ 就小，波列长度就长.

例如，以白光做光源时，白光光源的谱线宽度约为150nm，它的波列长度约和波长同一数量级；而波长 $\lambda_0 = 632.8$nm 的 He-Ne 激光的谱线宽度 $\Delta\lambda$ 为$2.2\times10^{-7}$nm，其相干长度 $L_0$ 约为 1.82km.

## 小　　结

本章主要讲述了光的干涉的基本概念、杨氏双缝干涉和薄膜干涉两类干涉现象.

一、光的干涉及相关概念

光的干涉：两列或几列光波在空间相遇时相互叠加，在某些区域始终加强，而另一些区域则始终削弱，形成稳定的强弱分布的现象.

相干条件：振动方向相同、频率相同、相位差恒定.

干涉的分类：分波面干涉、分振幅干涉和分振动面干涉.

光程：光在介质中经历的几何路程 $x$ 与介质折射率 $n$ 的乘积，即 $\Delta = nx$.

光程差：两束相干光在干涉点的光程之差，即 $\delta = \Delta_2 - \Delta_1$.

光程差 $\delta$ 和相位差 $\Delta\varphi$ 之间的关系：$\Delta\varphi = \dfrac{2\pi}{\lambda}\delta$，其中 $\lambda$ 为真空中的波长.

半波损失：当光从光疏介质入射光密介质时，在掠射或垂直入射的情况下，反射光会有半波损失.

光的空间相干性：光源的不同空间位置发出的光波之间的相干状态.

光的时间相干性：同一点光源在不同时刻发出的光波之间的相干状态.

二、杨氏双缝干涉

杨氏双缝干涉实验是利用分波面法产生两束相干光，其干涉条纹是等间距直条纹. 干涉条纹在 $x$ 轴上的位置分别为

明条纹 $$x = \pm k\frac{D\lambda}{d},\quad k=0,1,2,\cdots$$

暗条纹 $$x = \pm(2k-1)\frac{D\lambda}{2d},\quad k=1,2,3,\cdots$$

明纹或暗纹之间的距离，即条纹间距 $$\Delta x = \frac{D\lambda}{d}$$

三、薄膜干涉

入射光在薄膜的上、下表面反射后相互叠加产生的干涉现象，称为薄膜干涉. 薄膜干涉分为等倾干涉和等厚干涉.

1. 等倾干涉　以相同倾角入射的光，经均匀薄膜的上、下表面反射后产生的干涉现象. 其干涉条纹为一组明暗相间的同心圆环.

明纹条件　$\delta = 2h\sqrt{n_2^2 - n_1^2\sin^2 i} + \delta' = 2n_2 h\cos r + \delta' = k\lambda, k = 1, 2, \cdots$

暗纹条件　$\delta = 2h\sqrt{n_2^2 - n_1^2\sin^2 i} + \delta' = 2n_2 h\cos r + \delta' = (2k+1)\dfrac{\lambda}{2}, k = 0, 1, \cdots$

式中，$\delta'$等于 $\lambda/2$ 或 0，它由光束在薄膜上下表面反射时有无半波损失附加的光程差决定. 当满足 $n_1 > n_2 > n_3$ 或 $n_1 < n_2 < n_3$ 时，无附加光程差，即 $\delta' = 0$；当满足 $n_1 > n_2 < n_3$ 或 $n_1 < n_2 > n_3$ 时，附加光程差为 $\lambda/2$，即 $\delta' = \lambda/2$.

2. 等厚干涉　光线垂直入射厚度不均匀的薄膜时，薄膜的上、下表面反射光产生的干涉现象. 常见的等厚干涉现象有劈尖和牛顿环.

等厚干涉的明纹和暗纹条件分别为

明纹条件　$\delta = 2n_2 h + \delta' = k\lambda, k = 1, 2, \cdots$

暗纹条件　$\delta = 2n_2 h + \delta' = (2k+1)\dfrac{\lambda}{2}, k = 0, 1, 2, \cdots$

其中 $\delta'$等于 $\lambda/2$ 或 0. 其取值规律和等倾干涉时一致.

劈尖：劈尖的干涉条纹是一组平行于棱边的明、暗相间的直条纹. 在劈尖的棱边处形成的是暗条纹. 相邻两条明纹或暗纹对应的厚度差 $\Delta h$ 为

$$\Delta h = h_{k+1} - h_k = \frac{\lambda}{2n}$$

相邻的两条明纹或暗纹在劈尖表面的距离为

$$l \approx \frac{\lambda}{2n\alpha}$$

利用劈尖干涉的原理，可以检查光学元件表面的平整度等.

牛顿环：对于一定波长的单色入射光，牛顿环是内疏外密的一系列同心圆. 或者说，随着半径 $r$ 增长，牛顿环越来越密. 若用白光照射，除中心暗点颜色不变外，其他条纹呈彩色. 其明环和暗环的半径分别为

$$r = \begin{cases} \sqrt{\dfrac{(2k-1)R\lambda}{2n}} & k = 1, 2, 3, \cdots \quad \text{明环} \\ \sqrt{\dfrac{kR\lambda}{n}} & k = 0, 1, 2, \cdots \quad \text{暗环} \end{cases}$$

相邻两条明环或暗环的距离为

$$\Delta r = r_{k+1} - r_k = \begin{cases} \sqrt{\dfrac{R\lambda}{2n}}(\sqrt{2k+1} - \sqrt{2k-1}) & \text{明环} \\ \sqrt{\dfrac{R\lambda}{n}}(\sqrt{k+1} - \sqrt{k}) & \text{暗环} \end{cases}$$

利用牛顿环既可以检测透镜的质量，也可以检测平板玻璃的质量，还可以测定光的波长或平凸透镜的曲率半径.

$$\lambda = \frac{n(r_{k+m}^2 - r_k^2)}{mR} \quad \text{或} \quad R = \frac{n(r_{k+m}^2 - r_k^2)}{m\lambda}$$

3. 迈克耳孙干涉仪　迈克耳孙干涉仪是一种典型的分振幅双光束干涉装置.

两块平面反射镜 $M_1$ 与 $M_2$ 严格垂直时，所得图样为等倾干涉条纹；$M_1$ 与 $M_2$ 若不严格垂直，则所得图样为等厚干涉条纹.

每当 $M_1$ 向前或向后移动 $\lambda/2$ 的距离时，就可看到干涉条纹平移过一条. 若视场中移过的条纹数目为 $N$，则 $M_1$ 移动的距离为

$$d = N\frac{\lambda}{2}$$

利用迈克耳孙干涉仪可以测定入射光的波长、介质的折射率、研究光谱线的精细结构及检验棱镜和透镜的质量等.

## 思 考 题

18-1 有两盏钠光灯，它们发出光的波长相同，则在两盏灯光的重叠区域能否产生干涉？为什么？

18-2 在杨氏双缝实验中，若单色光源 $S$ 到两缝 $S_1$ 和 $S_2$ 的距离相等，则干涉条纹的中央明纹位于 $x=0$ 处，现将光源 $S$ 向上侧移动，则中央明纹将向哪侧移动？干涉条纹间距又如何变化？

18-3 如图 18-16 所示，杨氏双缝实验中，在一条光路上插入一块玻璃，则原来位于中央的干涉明纹将向哪侧移动？

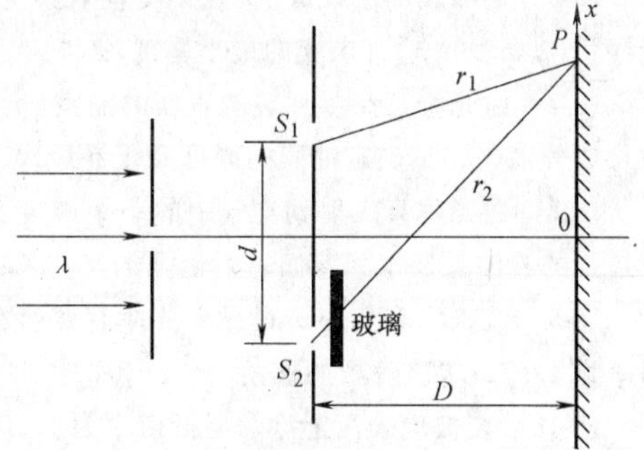


图 18-16 思考题 18-3 用图

18-4 为什么光在普通厚度的玻璃板的两个表面反射时不能形成干涉条纹？

18-5 如果劈尖是用玻璃制成的，并将其置于空气中，那么劈尖棱边处的干涉条纹是明纹还是暗纹？此时，劈尖上、下表面反射的光的光程差为多少？

18-6 劈尖和牛顿环都是等厚干涉，为什么劈尖干涉中条纹间距是相等的，而牛顿环的条纹间距是不等的？

18-7 利用空气劈尖的等厚干涉条纹可以检测工件表面极小的加工纹路. 在经过精密加工的工件表面上放一光学平晶，使它们之间形成空气劈尖，用单色光垂直照射玻璃平晶，并在显微镜下观察到干涉条纹如图 18-17 所示，试根据干涉条纹的弯曲方向，判断工件的表面是凸的还是凹的？

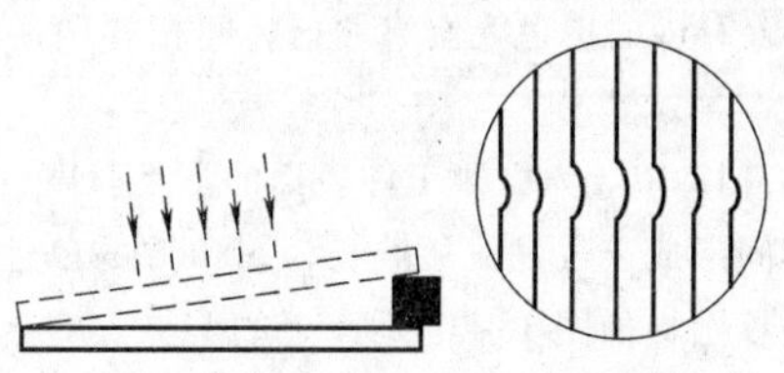

图 18-17 思考题 18-7 用图

## 习 题

18-1 杨氏双缝干涉实验中，已知双缝间距 $d=0.7\text{mm}$，双缝屏到观察屏的距离 $D=5\text{m}$，试计算入射光波波长分别为 488nm、532nm 和 633nm 时，观察屏上干涉条纹的间距 $\Delta x$.

18-2 利用杨氏双缝干涉实验测量单色光波长. 已知双缝间距 $d=0.4\text{mm}$，双缝屏到观察屏的距离 $D=1.2\text{m}$，用读数显微镜测得 10 个条纹的总宽度为 15mm，求单色光的波长 $\lambda$.

18-3 杨氏双缝干涉实验中，已知双缝间距 $d=3.3\text{mm}$，双缝屏到观察屏的距离 $D=3\text{m}$，单色光的波长 $\lambda=589.3\text{nm}$.

（1）求干涉条纹的间距 $\Delta x$；

（2）若在其中一个狭缝后插入一厚度 $h=0.01\text{mm}$ 的玻璃平晶，试确定条纹移动的方向；

（3）若测得干涉条纹移动了 4.73mm，求玻璃平晶的折射率.

18-4 瑞利干涉仪的测量原理如图 18-18 所示：以钠光灯作光源并置于透镜 $L_1$ 的物方焦点 $S$ 处，在透镜 $L_2$ 的像方焦点 $F'_2$ 处观测干涉条纹的移动，在两个透镜之间放置一对完全相同的玻璃管 $T_1$ 和 $T_2$. 实验时，$T_1$ 抽成真空，

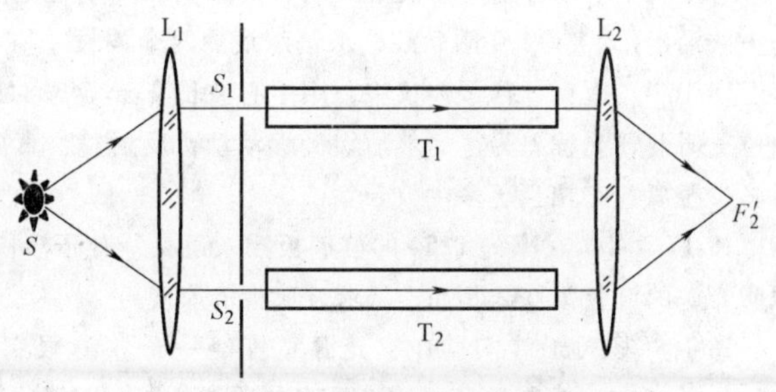


图 18-18 习题 18-4 用图

$T_2$ 充如空气，此时开始观测干涉条纹．然后逐渐使空气进入 $T_1$ 管，直到 $T_1$ 管与 $T_2$ 管的气压相同为止，记下这一过程中条纹移动的数目．设光的波长为589.3nm，玻璃管气室的净长度为20cm，测得干涉条纹移动了98条，求空气的折射率．

18-5* 设劳埃德镜的长度为5.0cm，观察屏与镜边缘的距离为3.0m，线光源离镜面高度为0.5mm，水平距离为2.0cm，入射光波长为589.3nm．求观察屏上条纹的间距？屏上能出现几个干涉条纹？

18-6 从与膜面法线成35°反射方向观察空气中的肥皂水膜（$n=1.33$），发现在太阳光照射下膜面呈现青绿色（$\lambda=500\text{nm}$），求膜的最小厚度．

18-7 白光垂直照射到玻璃表面的油膜（$n=1.30$）上，发现反射的可见光中只有450nm和630nm两种波长成分消失，试确定油膜的厚度及干涉级次．

18-8 白光垂直入射到空气中的一个厚度为380nm的肥皂水膜（$n=1.33$）上，求可见光在水膜正面反射最强的光波长及水膜背面透射最强的光波长．如果水膜厚度远小于380nm，情况又如何？

18-9 波长为589.3nm的钠黄光垂直照射在楔形玻璃板上，测得干涉条纹间距为5mm，已知玻璃的折射率为1.52，求玻璃板的楔角．

18-10 在玻璃表面上涂一层折射率为1.30的透明薄膜，设玻璃的折射率为1.5．对于波长为550nm的入射光来说，膜厚应为多少才能使反射光干涉相消？

18-11 如图18-19所示，两块平面玻璃板的一个边缘相接，与此边缘相距20cm处夹有一直径为0.05mm的细丝，以构成楔形空气薄膜，若用波长为589.3nm的单色光垂直照射，问相邻两条纹的间隔有多大？这一实验有何意义？

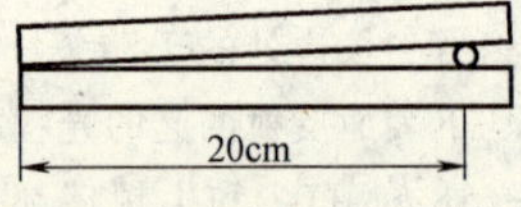


图18-19　习题18-11用图

18-12 为检测工件表面的不平整度，将一平行平晶放在工件表面上，使其间形成空气楔．用波长为500nm的单色光垂直照射．从正上方看到的干涉条纹图样如图18-20所示．试问：

（1）不平处是凸起还是凹陷？

（2）如果条纹间距 $\Delta x=2\text{mm}$，条纹的最大弯曲量 $l=0.8\text{mm}$，凸起的高度或凹陷的深度为多少？

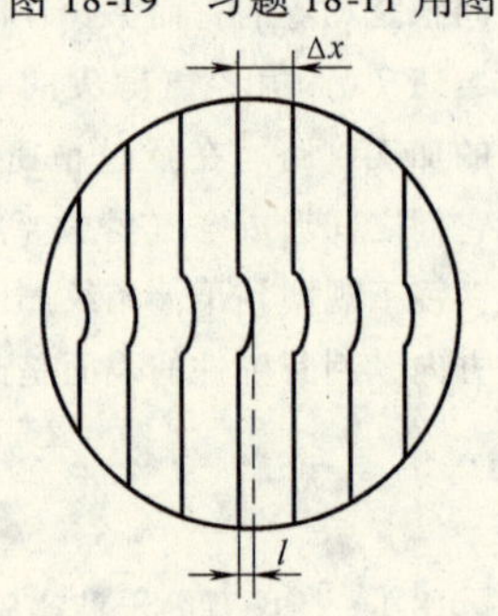


图18-20　习题18-12用图

18-13 在牛顿环实验中，若以 $r_j$ 表示第 $j$ 个暗环的半径，试推导出它与透镜凸表面的曲率半径 $R$ 及波长 $\lambda$ 间的关系式．若入射光的波长为589.3nm，测得从中心数第5暗环和第15个暗环的直径分别为10mm和20mm，试问 $R$ 为多少？

18-14 将一平凸透镜放在一块平板上，利用这个装置在反射的蓝光（$\lambda=450\text{nm}$）中观察牛顿环，发现从中心数第3个亮环的半径为1.06mm．用红色滤光片代替蓝色滤光片后，测得第5个亮环的半径为1.77mm，试求透镜的曲率半径 $R$ 和红光的波长 $\lambda$．

18-15* 钠光灯发射的黄光包含两条相近的谱线，平均波长为589.3nm．在钠光灯下调节迈克耳孙干涉仪，发现干涉图样的可见度随着动镜的移动而周期性地变化．现测得条纹由最清晰变化到最模糊时，视场中共涌出（入）了490圈条纹，求钠双线的两个波长．

18-16* 迈克耳孙干涉仪中，用中心波长 $\lambda_0=643.847\text{nm}$、线宽 $\Delta\lambda=0.0013\text{nm}$ 的镉红光照明，在初始位置时两臂光程差为零，然后缓慢移动动臂反射镜，直到视场中干涉条纹消失．试求动臂反射镜移动过了多少距离？它相当于多少波长？

18-17 将折射率为1.54的玻璃板插入迈克耳孙干涉仪的一个臂内，观察到20个条纹的移动．现已知照明光源的波长为632.8nm，试求玻璃板的厚度．

18-18 杨氏干涉实验中，光源宽度经一个狭缝限制为2mm，波长为546.1nm，双缝屏距离缝光源2.5m．为了在观察屏上获得清晰可辨的干涉条纹，双缝间距不能大于多少？

18-19 杨氏干涉实验中，扩展光源发出波长为589.3nm的单色光，双缝屏位于光源后1m处，缝间距为 2mm，求光源的临界宽度.

18-20* 杨氏干涉实验中，采用单色线光源照明，已知波长 $\lambda=600\mathrm{nm}$，光源宽度 $s=0.5\mathrm{mm}$，双缝平面与光源距离 $R=1\mathrm{m}$，问能看到干涉条纹时双缝中心的最大间距是多少？若双缝平面移到距光源 2m 处，双缝最大间距又是多少？

18-21* 用平均波长 $\lambda=500\mathrm{nm}$ 的准单色点光源做杨氏干涉实验，已知 $d=1\mathrm{mm}$，双缝屏与观察屏的距离 $D=1\mathrm{m}$，欲使观察屏上干涉条纹区域宽度达 10cm，问光源的光谱宽度 $\Delta\lambda$ 不能超过多少？

# 物理学家简介

## 托马斯·杨(Thomas Young,1773—1829)

从 17 世纪牛顿与惠更斯的争论开始，关于光的本性就形成了两种不同观点，一种是以牛顿为代表的微粒学说，另一种则是惠更斯和胡克等人所主张的波动学说. 由于早期的波动理论缺乏严格的数学基础，也没有建立起波动过程的周期性和相位等概念，因而只能定性地分析一些基本的光学问题. 此外，惠更斯又错误地认为光是纵波，因此他提出的波动理论并不能解释光的干涉、衍射和偏振等现象，再加上牛顿个人所具有的崇高威望，光的微粒学说逐渐得到了广泛支持. 自牛顿《光学》出版后至 18 世纪末的近百年时间里，光的微粒学说始终占据着统治地位，而光的波动学说一直没能受到物理学家们的重视，几乎是陷入停滞，未能取得什么实质性进展. 直至 19 世纪初，这一情况才开始发生变化，越来越多的理论和实验为波动学说提供了强有力的证据，此时人们才不得不放弃牛顿的微粒学说，光的波动理论最终在众多科学家的共同努力下建立了起来. 在这些科学家中，第一个给微粒学说造成严重困难，使波动学说获得复兴的正是英国物理学家托马斯·杨.

1773 年 6 月 13 日，托马斯·杨出生于英国萨默塞特郡米菲耳顿城的一个教友会会员的家庭，是家中的长子. 杨的父亲是一位成功的商人，母亲则是一位著名医生的侄女. 在杨 7 岁以前，他主要和外祖父一起生活，老人在他的教育问题上倾注了大量心血，而他也没有辜负外祖父的期望. 杨是一个早熟的孩子，很早就表现出惊人的才华，并有神童之称. 2 岁时，杨就能顺利地阅读一些古典名著，4 岁便已经两度通读《圣经》. 从 6 岁起，杨开始学习拉丁文，曾先后就读于两所学校，并先后熟练掌握了拉丁语、希腊语、法语、意大利语、希伯来语和阿拉伯语等多种语言和文字. 同时，杨还仔细阅读过牛顿的《自然哲学的数学原理》与《光学》等名著，掌握了微积分，并能自制多种物理仪器. 从 1792 年起，19 岁的杨先后在伦敦、爱丁堡、哥廷根和剑桥等地学习医学. 在此期间，杨曾在英国皇家学会上宣读了一篇医学论文，他在该论文中正确解释了眼睛的调节作用与其肌肉结构之间的关联. 由于这篇论文，杨在一年后被选为皇家学会的会员，此时他只有 21 岁. 1796 年，杨获得德国哥廷根大学的医学博士学位，次年他进入剑桥的伊曼努尔学院学习(他分别于 1803 年和 1808 年获得该学院的医学学士和医学博士学位)，就在这一年，杨的一位叔父去世后给他留下一大笔遗产，这使他有条件自由从事自己感兴趣的研究工作. 1800 年，杨移居至伦敦并开设了一个诊所，从此开始了行医生活.

早在伦敦学习医学期间，杨就对物理学，尤其是光学和声学产生了浓厚兴趣. 1798 年，杨对光学和声学进行了一些深入研究，并于 1800 年在《哲学学报》上发表了《关于声和光的实验》. 1801 年，杨出版了《声和光的实验和探索纲要》一书，在这本书中，杨对光的微粒说提出了怀疑，他在书中写道：“尽管我仰慕牛顿的大名，但我并不因此认为他是万无一失的. 我…遗憾地看到，他也会弄错，而他的权威有时甚至可能阻碍了科学的进步.”同年，杨在英国皇家学会贝克莱讲座上宣读了《关于光和颜色的理论》一文，他在声波叠加原理的基础上，首次引入“干涉”的概念，初步建立了干涉原理．杨还专门进行了一次光的干涉实验，这就是著名的杨氏双缝干涉实验(当时杨在实验中采用并非是双缝，而是两个小孔)，实验对杨的干涉原理和光的波动学说提供了强有力的支持，而对牛顿的微粒学说则造成了难以克服的困难．之后，杨对其干涉原理作了进一步完善，并引入了“波长”的概念；他不但利用干涉原理解释了牛顿环现象，而且根据牛顿环的实验数据计算出了白光中各单色光对应的波长，由此成为第一个测定光的波长的人，而他所得到的结果与精确解近似相等．尽管杨的理论和实验很有说服力，但当时却并没有得到人们的重视，他的理论未能得到科学界的理解和承认，反而受到一些人恶意、粗暴的攻击，他的论文被斥为“没有值得称之为是实验或是发现的东西”、“没有任何价值”、“除了阻碍科学的进展以外不会有别的效果”．对此杨曾试图进行辩解，但毫无效果．深感失望的杨决心专注于医学，不过他仍然坚信光的波动学说，并且在1807年将自己在光的理论和实验方面取得的研究成果，包括双缝干涉实验等发表在《自然哲学与机械学讲义》一书中．1814至1815年间，法国科学家菲涅耳(Augustin Jean Fresnel,1788—1827)重新进行了光的实验研究，在他提出的有关理论中特别突出了杨的干涉原理，这使杨得到了有力支持，此后他重新恢复了光学的研究工作．随后，杨对光的双折射和偏振现象进行了深入研究，并在1817年根据光的偏振现象提出光是横波的设想，这一设想后来得到了证实．

杨是一个兴趣广泛的人，除了光学外，他还在多个学科领域中取得了成就．他对力学发展做出的贡献包括：首先引入“能量”的概念以替代“活力”一词；对弹性力学进行研究，并定义了“弹性模量”——为纪念他的贡献，纵向弹性模量被命名为杨氏模量(弹性模量)；发展了当时最全面的潮汐理论．在生理学领域，杨通过对眼球结构的研究，最早建立了三原色原理，并解释了人眼的色盲现象．杨还是一位语言学大师，他曾成功破译了古埃及罗塞塔石碑上的象形文字，这一考古成就当时轰动了欧洲．此外，杨还为《大英百科全书》撰写过许多文章，题材非常广泛，而且他在艺术方面也具有相当的造诣．

杨曾任英国皇家研究院的自然哲学教授，后因与医生职业冲突而辞去该职位，他从1802年开始担任皇家学会的外事秘书一职直至逝世．1809年，杨入选皇家医师学院，1827年当选为法国科学院院士．1829年5月10日，托马斯·杨在伦敦逝世，终年56岁．托马斯·杨的一生，为波动光学的复兴做出了开创性的工作，以他的名字命名的双缝干涉实验成为了物理学的经典实验，并在后来量子力学的建立过程中发挥了重要作用．杨以他的博学多才和对科学探索的执著精神在人类科学史上写下了光辉一页，令后人铭记与学习．

# 第19章 光的衍射

前面我们讲过，机械波和电磁波都有衍射现象．光作为一种电磁波，也同样具有衍射现象．光的衍射是光的波动性的另一种表现．通过对光的各种衍射现象的研究，可以从另一个侧面再次深入地了解光的波动性．同时，这也是讨论现代光学问题的基础．

## 19.1 光的衍射现象

**光的衍射**(diffraction of light)是指光波在其传播过程中遇到障碍物时，能够绕过障碍物边缘进入物体的几何阴影，并在屏幕上出现光强不均匀分布的现象．衍射和干涉一样，也是波动的重要特征之一．

### 19.1.1 光的衍射现象

波在传播过程中遇到障碍物时会发生衍射现象．例如：房屋内外的人，虽然彼此看不见对方，但能听到对方的说话声；水波能绕过水面的障碍物向前传播；无线电波能绕过高山等；这些都是波的衍射现象．然而，通常我们见到光是沿直线传播的，遇到不透明的障碍物时，会投射出清晰的影子来．这是因为我们通常遇到的障碍物的尺径都远大于可见光的波长(约在390～760nm之间)，衍射现象不显著．一旦遇到与波长可比拟的障碍物或孔隙时，光的衍射现象就变得显著起来．如图19-1所示，图a、b和c是单色光分别通过狭缝、矩形小孔和小圆孔的衍射图样，图d是白光通过细丝时的衍射图样．

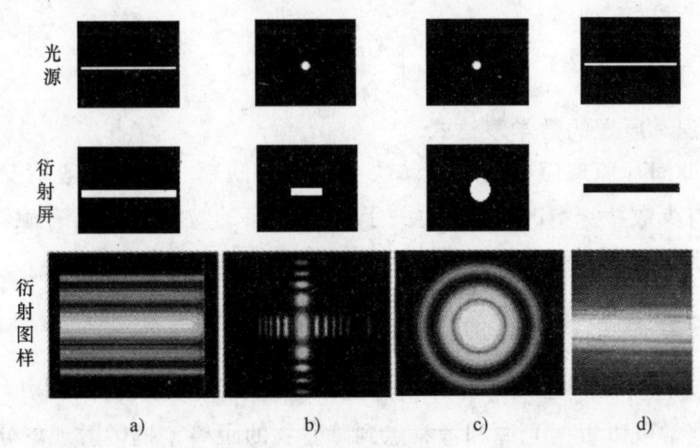


图19-1 衍射图样

由图19-1可以看出，光的衍射现象具有如下特点：

(1) 光经过障碍物衍射后，其传播方向发生变化，使得由几何光学确定的障碍物的几何阴影内光强不为零；

(2) 屏上出现明暗相间的条纹，即衍射光场内光的能量将重新分布．

光的衍射现象是光的波动性的另一种表现．通过对各种衍射现象的研究，可以在光的干涉之外，从另一个侧面深入具体地了解光的波动性．

### 19.1.2　惠更斯-菲涅耳原理

光的衍射现象可以用惠更斯原理作定性说明，但它不能解释衍射图样中为什么会出现明暗相间的条纹分布．为了说明光波衍射图样中的光强分布，菲涅耳（A. J. Fresnel，1788—1828）对惠更斯原理进行了补充．菲涅耳假定：**光在传播过程中，从同一波阵面上各点发出的子波，也可以相互叠加产生干涉现象，空间某一位置光振动的振幅取决于各子波在该点处的叠加结果**．补充后的惠更斯原理称为**惠更斯-菲涅耳原理**（Huygens-Fresnel principles）．惠更斯-菲涅耳原理为光的衍射理论奠定了基础．

若光波在某一时刻的波阵面为 $S$，$\mathrm{d}S$ 是波阵面上的任一面元，如图 19-2 所示．菲涅耳指出：波阵面上任一面元 $\mathrm{d}S$ 发出的子波在前方某点 $P$ 引起的光振动的振幅的大小与面元的大小成正比；与面元到 $P$ 点的距离 $r$ 成反比；而且还与面元的法线方向 $\boldsymbol{e}_n$ 和位置矢量 $\boldsymbol{r}$ 之间的夹角 $\theta$ 有关，$\theta$ 越大，振幅越小，当 $\theta \geqslant \dfrac{\pi}{2}$ 时，振幅为零；子波在 $P$ 点的相位取决于面元 $\mathrm{d}S$ 到 $P$ 点的光程．$P$ 点光振动的振幅取决于各面元发出的子波在该点处的叠加结果．

若取 $t=0$ 时刻，$S$ 面上各子波的初相位为零，则面元 $\mathrm{d}S$ 在 $P$ 点引起的光振动可表示为

$$\mathrm{d}E = CK(\theta)\cos\left(\omega t - \frac{2\pi nr}{\lambda}\right)\frac{\mathrm{d}S}{r} \tag{19-1}$$

式中，$C$ 为比例系数；$n$ 为介质的折射率；$K(\theta)$ 为随 $\theta$ 增大而减小的倾斜因子，当 $\theta=0$ 时，$K(\theta)$ 的最大值，可取作 1．$P$ 点的合振动等于 $S$ 面上各面元发出的子波在该点引起振动的叠加，即

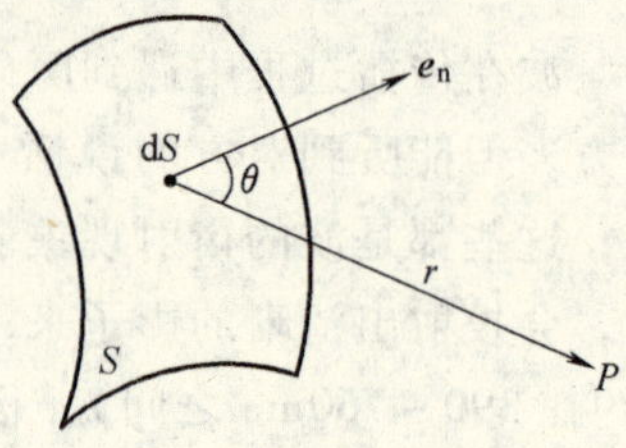

图 19-2　惠更斯-菲涅耳原理说明简图

$$E(P) = \int_S \mathrm{d}E = \int_S \frac{CK(\theta)}{r}\cos\left(\omega t - \frac{2\pi nr}{\lambda}\right)\mathrm{d}S \tag{19-2}$$

这就是**惠更斯-菲涅耳原理的数学表达式**．

利用惠更斯-菲涅耳原理原则上可以解决一切衍射问题．但在一般情况下，这个积分计算过于复杂，只有少数特殊情况（如波面关于通过 $P$ 点的波面法线具有旋转对称性时）才有解析解．不过，现在可以利用计算机进行数值运算求解．

### 19.1.3　衍射的分类

利用惠更斯-菲涅耳原理可以解释和描述光束通过各种形状的障碍物时所产生的衍射现象．在讨论时，通常可以根据光源和考察点到障碍物的距离，把衍射现象分为两类．一类是障碍物到光源和考察点的距离都是有限的，或其中之一是有限的，称为**菲涅耳衍射**（Fresnel diffraction），又称为**近场衍射**，如图 19-3a 所示；另一类是障碍物到光源和考察点的距离都可认为是无限远的，即照射到衍射屏上的入射光和离开衍射屏的衍射光都是平行光的情况，这种衍射现象称为**夫琅禾费衍射**（Fraunhofer diffraction），又称为**远场衍射**，如图 19-3b 所示．在实验室中，实际的夫琅禾费衍射可利用两个会聚透镜来实现，如图 19-3c 所示．

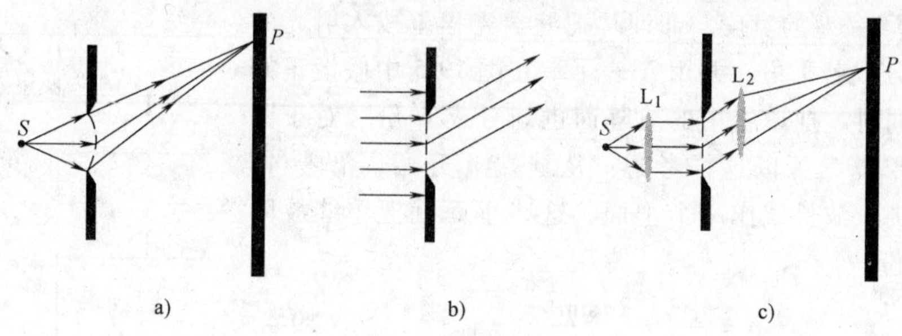


图 19-3　衍射分类

a）菲涅耳衍射　b）夫琅禾费衍射　c）实际的夫琅禾费衍射

由于实验装置中经常使用平行光束，故夫琅禾费衍射在理论和实际应用上都较菲涅耳衍射更为重要，并且这类衍射的分析和计算也比菲涅耳衍射简单．所以，本章只讨论夫琅禾费衍射．

## 19.2　夫琅禾费单缝衍射

### 19.2.1　单缝衍射的实验装置

单缝夫朗禾费衍射的实验光路如图 19-4a 所示．点光源 $S$ 发出的光经凸透镜 $L_1$ 变成一束平行光，垂直入射到单缝上，单缝的衍射光再由凸透镜 $L_2$ 会聚到屏幕 $P$ 上，屏上将出现与缝平行的衍射条纹，如图 19-4b 所示．根据惠更斯-菲涅耳原理，入射光的波阵面到达单缝时，单缝中波阵面上的各点成为新的子波源，发射初相位相同的子波．这些子波沿不同的方向传播，并由透镜 $L_2$ 会聚到屏幕 $P$ 上．例如，图中沿 $\theta$ 方向传播的子波将会聚在屏幕上的 $P$ 点．$\theta$ 角称为**衍射角**(diffraction angle)，它也是考察点 $P$ 对于透镜 $L_2$ 中心的角位置．沿 $\theta$ 角传播的各个子波到 $P$ 点的光程并不相同，它们之间有光程差，这些光程差将最终决定 $P$ 点叠加后的光振动矢量的大小．

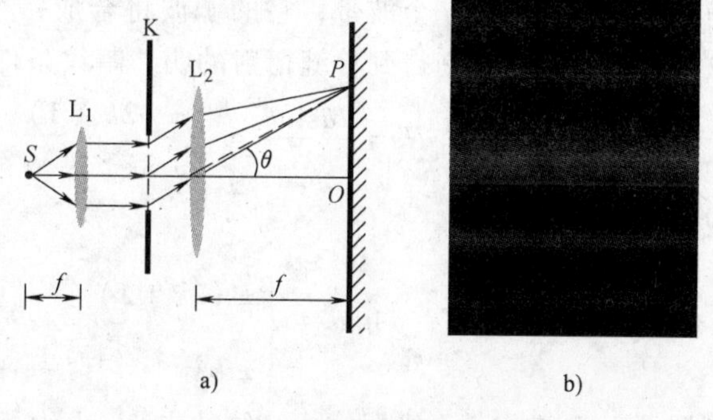


图 19-4　单缝夫朗禾费衍射

a）实验光路图　b）线光源的单缝衍射图样

### 19.2.2　单缝衍射的光强分布

菲涅耳采用了一个非常直观而简洁的方法来决定屏幕上光强分布的规律，称为**菲涅耳半波带法**(Fresnel half-wave zone construction)，如图 19-5 所示．从图 19-5 中可以看出，单缝的两端 $A$ 和 $B$ 点发出的子波到 $P$ 点的光程差最大，在图中为线段 $AC$ 的长度，我们称它为缝端光程差(或最大光程差)．若用 $\delta$ 表示缝端光程差，则它等于

$$\delta = AC = a\sin\theta \tag{19-3}$$

式中，$a$ 为单缝 $AB$ 的宽度. 菲涅耳把缝端光程差按入射光的半波长 $\lambda/2$ 分成若干份，并用 $N$ 表示. 在图 19-5 中假设正好分成三份. 同时，把单缝中的波阵面也划分成 $N$ 份. 对于图 19-5 所示的单缝，可以这样考虑：从缝端 $A$ 开始，沿着 $AC$ 方向，每过半个波长就作一个垂面，这些垂面就把单缝波阵面分成了 $N$ 份：

$$N=\frac{\delta}{\lambda/2}=\frac{2a\sin\theta}{\lambda} \tag{19-4}$$

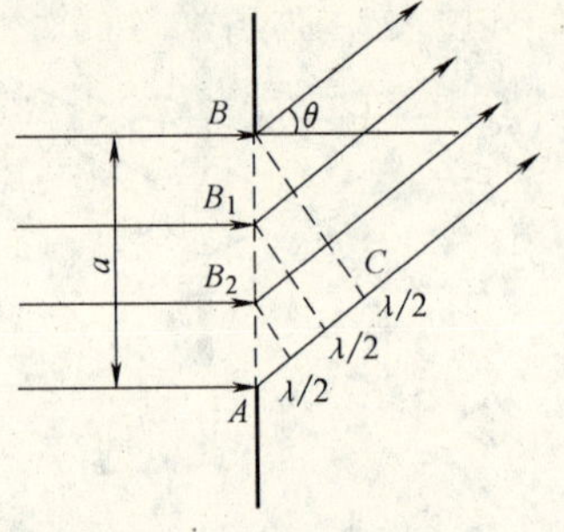


图 19-5　半波带的划分

每一份是一个狭长的带，由于是按半波长划分的，故称为半波带(或波带)，图中有三个波带：$BB_1$ 波带、$B_1B_2$ 波带和 $B_2A$ 波带. 从两个相邻波带的对应点处(如 $B_1B_2$ 的 $B_2$ 点处和 $B_2A$ 的 $A$ 点处)同样大小的两个面元发出的子波，到达屏幕上 $P$ 点的光程差正好是 $\lambda/2$，在它们相遇时将发生干涉相消. 又由于两个面元的大小相同，对 $P$ 点的倾斜角 $\theta$ 也相同，故它们发出子波的振幅近似相等，干涉时将完全抵消. 由于相邻两个半波带的对应面元发出的子波都相互抵消，所以我们得到结论：两个相邻半波带的子波在考察点 $P$ 的光振动将完全抵消.

**1. 单缝夫琅禾费衍射明纹、暗纹条件**　按上述结论，我们很容易确定考察点 $P$ 的光强是极大(明纹)还是极小(暗纹). 对于 $P$ 点，如果缝端光程差 $AC$ 是半波长的偶数倍时，亦即对于某一给定的衍射角 $\theta$，如果单缝可以分成偶数个半波带，则所有波带的作用成对地相互抵消，即合振幅为零，$P$ 点将成为暗纹中心. 如果单缝可以分成奇数个半波带，则相互抵消的结果，还剩余一个波带，它的子波将合成一个较大的光振动振幅，此时 $P$ 点将成为明纹中心. 由此，我们得到单缝衍射的明、暗纹条件：如果半波带数 $N$ 满足

$$N=\frac{2a\sin\theta}{\lambda}=\begin{cases}\pm(2k+1) & \text{明纹}\\ \pm 2k & \text{暗纹}\end{cases}\quad k=1,2,3,\cdots \tag{19-5a}$$

或缝端光程差满足

$$a\sin\theta=\begin{cases}\pm(2k+1)\dfrac{\lambda}{2} & \text{明纹}\\ \pm k\lambda & \text{暗纹}\end{cases}\quad k=1,2,3,\cdots \tag{19-5b}$$

则屏幕上 $P$ 点将是 $k$ 级明纹或暗纹的中心，$k$ 为衍射级次. 上述公式称为单缝夫琅禾费衍射的明纹条件或暗纹条件.

我们应当注意，式(19-5)并不包括 $k=0$ 的情况. 因为对于暗纹条件 $k=0$ 时，$\theta=0$，但从图 19-4b 可以看出这是中央明纹的中心，不符合该式的含义. 而对于明纹条件来说，$k=0$，虽然对应于一个半波带形成的明纹，但仍处在中央明纹的范围内，不会出现单独的明纹.

**2. 单缝夫琅禾费衍射条纹的角位置**　由式(19-5)可以计算出屏幕上 $k$ 级明纹或暗纹中心所对应的角位置(或衍射角)$\theta_k$. 由于通常情况下衍射角很小，故有 $\theta_k\approx\sin\theta_k$. 此时

$$\theta_k\approx\sin\theta_k=\begin{cases}\pm(2k+1)\dfrac{\lambda}{2a} & \text{明纹}\\ \pm k\dfrac{\lambda}{a} & \text{暗纹}\end{cases}\quad k=1,2,3,\cdots \tag{19-6}$$

在衍射角 $\theta_k$ 已知的情况下，利用上式很容易确定 $k$ 级衍射条纹在观察屏幕上的角位置. 单

缝衍射时，光强按 $\sin\theta$ 的分布曲线如图 19-6 所示.

**3. 单缝夫琅禾费衍射条纹在观察屏幕上的位置** 若透镜 $L_2$ 的焦距为 $f$，由式(19-6)可以得到衍射条纹在观察屏幕上的位置 $x_k = f\tan\theta_k$(即 $P$ 相对于屏中心 $O$ 的位置). 由于屏幕上能分辨的条纹的角度很小，可以用小角度情况下的近似条件 $\tan\theta_k \approx \sin\theta_k$. 此时

$$x_k = f\tan\theta_k \approx f\sin\theta_k = \begin{cases} \pm(2k+1)\dfrac{f\lambda}{2a} & \text{明纹} \\ \pm k\dfrac{f\lambda}{a} & \text{暗纹} \end{cases} \quad k = 1,2,3,\cdots \tag{19-7}$$

衍射条纹的级次 $k$ 为正值时表示条纹在屏幕的上半平面，为负值时则表示条纹在下半平面.

应该说明的是，上面几个公式中暗纹中心位置是准确的，但明纹中心位置只是一个较好的近似，对此感兴趣的读者可以查阅其他有关参考书.

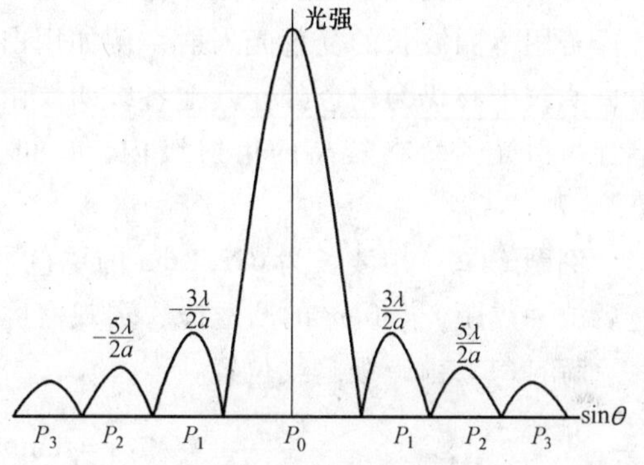


图 19-6 单缝衍射条纹的光强分布

**4. 中央明纹宽度** 在屏幕中心 $O$ 处，$\theta = 0$，会聚在此处的所有子波光程相等、振动相位相同，叠加时相互加强，使 $O$ 点成为衍射条纹中最亮的中央明纹(即 0 级明纹)的中心. 从图 19-6 可以看到，中央明纹在两个一级($k=\pm1$)暗纹中心之间，其角位置满足

$$-\frac{\lambda}{a} < \theta < \frac{\lambda}{a} \tag{19-8a}$$

线位置满足

$$-f\frac{\lambda}{a} < x < f\frac{\lambda}{a} \tag{19-8b}$$

从上式可知中央明纹的线宽度 $\Delta x_0 = 2f\lambda/a$、角宽度 $\Delta\theta_0 = 2\lambda/a$.

### 19.2.3 单缝衍射图样的特点

**1. 亮度分布** 单缝衍射图样中，中央明纹最亮，各级明纹的亮度随着级数的增大而减弱. 这是因为衍射角 $\theta$ 越大，分成的波带就越多，每个波带的面积就越小，提供的光能也就越小，再加上产生明纹的那个未被抵消的波带上，各子波到达 $P$ 点时的相位也不相同，其合成振幅远低于中央明纹处光场的振幅. 由于明条纹的亮度随级数 $k$ 增大而降低，使得条纹的边界也越来越模糊，以致实际上只能看清中央明纹附近的几级明条纹.

**2. 条纹宽度** 通常把相邻暗纹中心间的距离定义为明纹宽度. 由单缝衍射的暗纹位置公式，可得各次级明条纹的角宽度

$$\Delta\theta = \lambda/a$$

线宽度为

$$\Delta x = x_k - x_{k-1} = \frac{f\lambda}{a}$$

而中央明纹线宽度为 $\Delta x_0 = 2f\lambda/a = 2\Delta x$，角宽度为 $\Delta\theta_0 = 2\lambda/a = 2\Delta\theta$. 可见，单缝衍射时衍射条纹的中央明纹宽度是其他各级明纹宽度的两倍.

**3. 条纹位置和宽度与缝宽和波长的关系**　由条纹的位置公式式(19-6)和式(19-7)可知，单缝衍射时，各级衍射条纹的位置和宽度都与狭缝的宽度 $a$ 和入射光的波长 $\lambda$ 有关. 若入射光的波长确定，则缝宽 $a$ 越窄，衍射角越大，条纹位置离中心越远，条纹排列越疏，衍射越显著，观察和测量越清楚、准确；反之，缝越宽，衍射角越小，条纹排列越密，衍射越不明显. 当缝宽大到一定的程度(即 $a \gg \lambda$)时，较高级次的条纹因亮度很小，明暗模糊不清，形成很暗的背景，其他级次较低的条纹完全并入衍射角很小的中央明纹附近，形成单一的明纹，这就是几何光学中所说的单缝的像. 这时衍射现象消失，成为直线传播的几何光学. 所以，可以说几何光学是波动光学在 $\lambda/a \to 0$ 时的极限情况.

若用不同波长的复色光入射，例如用白光入射，由于各色衍射明纹按波长逐级分开，除中央明纹中心仍为白色外，其他各级明纹由紫到红的顺序向两侧对称排列成彩色条纹，称为单缝衍射光谱. 在较高的衍射级内，还可以出现前一级光谱区与后一级光谱区的重叠现象.

**例题 19-1**　用波长为 632.8nm 的单色平行光，垂直入射到缝宽为 0.5mm 的单缝上，在缝后放一焦距 $f=50$cm 的凸透镜，求观察屏上中央明纹的宽度及一级明纹的位置.

**解：**（1）由一级暗纹位置

$$x = f\tan\theta \approx f\sin\theta = \pm\frac{f\lambda}{a}$$

可得中央明纹宽度

$$\Delta x_0 = \frac{2f\lambda}{a} = \frac{2\times 50\times 10^{-2}\times 632.8\times 10^{-9}}{0.5\times 10^{-3}}\text{m} \approx 1.3\times 10^{-4}\text{m}$$

（2）一级明纹位置为

$$x = f\tan\theta \approx f\sin\theta = \pm\frac{3}{2}\frac{f\lambda}{a} = \pm\frac{3\times 50\times 10^{-2}\times 632.8\times 10^{-9}}{2\times 0.5\times 10^{-3}}\text{m} \approx \pm 9.5\times 10^{-5}\text{m}$$

即一级明纹位于中央明纹两侧 $9.5\times 10^{-5}$m 处.

**例题 19-2**　在夫琅禾费单缝衍射实验中，用波长 $\lambda = 500$nm 的单色平行光垂直入射缝面，（1）若已知衍射条纹的第一级暗纹对应的衍射角 $\theta = 30°$，求单缝的宽度为多少？（2）如果所用单缝的宽度 $a = 0.50$mm，在焦距 $f = 1.0$m 的透镜的焦平面上观察衍射条纹，求中央明纹和其他各级明纹的宽度.

**解：**（1）由暗纹公式，对第一级暗纹应有

$$a\sin\theta = \pm\lambda$$

由 $\theta = \pm 30°$，可以求得缝宽

$$a = \frac{\lambda}{\sin\theta} = \frac{500}{\sin 30°}\text{nm} = 1000\text{nm} = 10^{-6}\text{m}$$

实际上制造如此窄的单缝在工艺上是相当困难的，而且由于缝太窄通过单缝的光强太弱，观察起来也十分困难. 常用的单缝要宽得多.

（2）中央明纹宽度

$$\Delta x_0 = \frac{2f\lambda}{a} = \frac{2\times 500\times 10^{-9}\times 1.0}{0.5\times 10^{-3}}\text{m} = 2.0\times 10^{-3}\text{m}$$

其他各级明纹宽度

$$\Delta x=\frac{\Delta x_0}{2}=1.0\times10^{-3}\text{m}$$

## 19.3　夫琅禾费圆孔衍射

根据几何光学，平行光经过球面凸透镜后将会聚于透镜焦平面上一点．但实际上，由于光的波动性，平行光经过小圆孔后也会产生衍射现象，称为**圆孔衍射**．由于一般光学仪器都是由若干透镜组成，透镜的边框相当于一个圆孔，光通过光学系统的孔径光阑或圆孔时，也会产生衍射，所以圆孔衍射对光学系统的成像质量有直接影响．因而研究圆孔衍射具有重要的实际意义．

### 19.3.1　夫琅禾费圆孔衍射

如果在观察单缝夫朗禾费衍射的实验装置中，用小圆孔代替狭缝，当单色平行光垂直照射到圆孔时，在位于透镜 $L_2$ 焦平面处的屏幕上，将出现环形衍射斑．环形衍射斑的中央是一个较亮的圆斑，它集中了全部衍射光能量的84%，称为**爱里斑**(Airy disk)．爱里斑的外围是一组明暗相间的环纹，环纹的强度与爱里斑相比很弱，且随衍射级次的增大迅速下降，如图19-7所示．

根据惠更斯-菲涅耳原理，同样可以用半波带法计算各级衍射条纹的分布．但由于衍射屏的几何形状不同，计算圆孔衍射的条纹分布时半波带划分方法与单缝衍射有所不同．通过理论计算可以得到圆孔衍射时，一级暗环对应的衍射角 $\theta_1$，即

$$\sin\theta_1=1.22\frac{\lambda}{D}\tag{19-9}$$

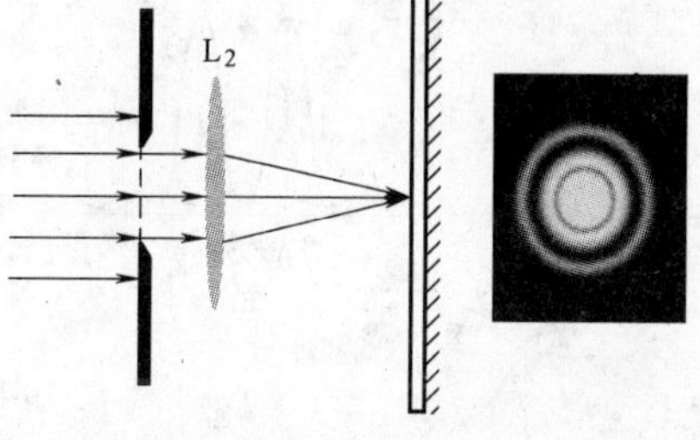


图19-7　圆孔衍射和爱里斑

式中，$\lambda$ 为入射光的波长；$D$ 为小圆孔的直径．上式表明，波长一定时，圆孔直径越小，爱里斑越大，衍射越显著；圆孔直径一定时，光波的波长 $\lambda$ 越长，爱里斑越大，衍射越显著．

衍射角 $\theta_1$ 即为爱里斑的角半径．通常情况下，衍射角很小，故有

$$\theta_1\approx\sin\theta_1=1.22\frac{\lambda}{D}\tag{19-10}$$

若透镜 $L_2$ 的焦距为 $f$，则爱里斑的半径 $r$ 可写作

$$r=f\tan\theta_1\approx f\sin\theta_1=1.22\frac{\lambda f}{D}\tag{19-11}$$

由此可以看出，爱里斑的半径 $r$ 与光波的波长 $\lambda$ 成正比，与衍射孔径 $D$ 成反比．或者说光波的波长越长，爱里斑越大；衍射孔径越大，爱里斑越小．

### 19.3.2　光学仪器的分辨本领

光学仪器观察细小物体时，不仅需要有一定的放大能力，还要有足够的分辨本领，才能把微小物体放大到清晰可见的程度．根据几何光学的成像原理，物点和像点一一对应，适当

选择透镜的焦距和物距，总可以得到足够大的放大倍数．然而，由于光的衍射作用，物点的像并不是一个几何点，而是圆孔衍射图样，其主要部分就是爱里斑．如果两个物点距离太近，它们的像会相互重叠以至于不能分辨出究竟是一个物点还是两个物点．可见，光的衍射限制了光学仪器的分辨本领．

如何确定一个光学仪器的分辨本领？或者说，在什么条件下能从两个爱里斑判断出两个物点？瑞利(Lord Rayleigh，1842—1919)对此提出一个标准：如果一个爱里斑光强最大的地方正好是另一个爱里斑光强最小的地方，也即一个爱里斑的中心正好是另一个爱里斑的边缘，此时两个爱里斑之间的最小光强约为中央最大光强的80%，对于大多数人来说，恰好能辨别出是两个光点，这个标准称为**瑞利准则**(Rayleigh criterion)．如图19-8所示，两物点恰能分辨时，两爱里斑中心的距离正好是爱里斑的半径．因此，两个相邻物点的最小分辨角应等于爱里斑的角半径，即

$$\theta_R = \theta_1 = 1.22\frac{\lambda}{D} \tag{19-12}$$

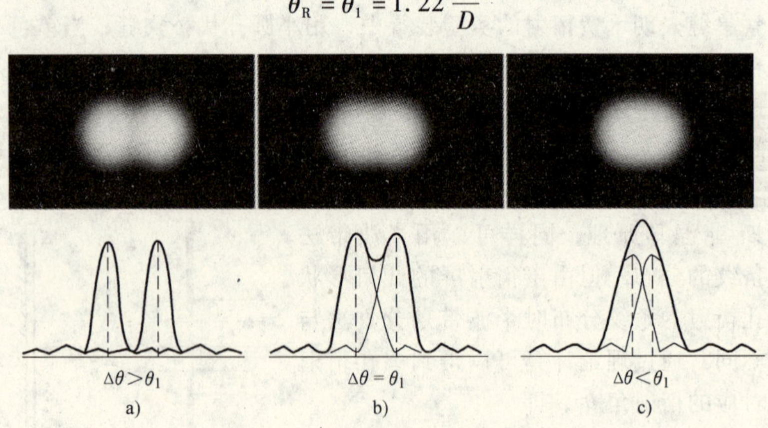


图19-8　分辨两个衍射图像的条件

a）能分辨　b）恰能分辨　c）不能分辨

从式(19-12)可以看出，最小分辨角的大小由仪器的孔径 $D$ 和入射光的波长 $\lambda$ 决定．对于光学仪器来说，最小分辨角越小越好．定义光学仪器的分辨率为

$$R = \frac{1}{\theta_R} = \frac{D}{1.22\lambda} \tag{19-13}$$

它表明了光学系统的分辨本领，$R$ 越大光学系统的分辨本领越大．显然，光学仪器的分辨率越大越好．式(19-13)表明，分辨率的大小与仪器的孔径 $D$ 成正比，与入射光波的波长 $\lambda$ 成反比．

瑞利准则为设计光学仪器提出了理论指导，如天文望远镜可用大口径的物镜来提高分辨率，2009年5月欧洲航天局发射的赫歇尔远红外线太空望远镜的凹面物镜的直径为3.5m，对波长为10μm的远红外光，其分辨角约为0.072″．对于电子显微镜则用波长短的射线来提高分辨率，显微镜的分辨极限不是用最小分辨角而是用最小分辨距离来表示．其最小分辨距离为

$$\Delta y = \frac{0.61\lambda}{n\sin u} \tag{19-14}$$

式中，$n$ 为物方折射率；$u$ 为孔径对物点的半张角；$n\sin u$ 称为显微镜的**数值孔径**(numerical aperture)，用符号 N. A. 表示. 显微镜的分辨率为

$$R=\frac{1}{\Delta y}=\frac{n\sin u}{0.61\lambda} \tag{19-15}$$

可见，要提高显微镜的分辨本领，就要增大显微物镜的数值孔径，或减小使用光波的波长. 由于数值孔径的最大值目前在 1.5 左右，故显微镜的最小分辨距离为 $0.4\lambda$. 采用波长为 $10^{-3}$nm 的电子波做成的电子显微镜的最小分辨距离为 $4\times10^{-4}$nm，可以对分子、原子的结构进行观察.

**例题 19-3**　通常人眼瞳孔直径约为 3mm，对于人最敏感的波长即 550nm 的黄绿光，人眼的最小分辨角多大？在上述条件下，若有一个等号，两条线的间距为 1mm，问等号距离人多远处恰能分辨出不是减号.

**解**：人眼的最小分辨角

$$\theta_R=\theta_1=1.22\frac{\lambda}{D}=1.22\times\frac{550\times10^{-9}}{3\times10^{-3}}\text{rad}=2.24\times10^{-4}\text{rad}$$

设等号间距为 $d$，距离人为 $x$，等号对人眼的张角为 $\theta=\frac{d}{x}$，恰能分辨时有

$$\theta=\frac{d}{x}=\theta_R$$

于是，恰能分辨时的距离为

$$x=\frac{d}{\theta_R}=\frac{1.0\times10^{-3}}{2.24\times10^{-4}}\text{m}\approx4.5\text{m}$$

## 19.4　光栅衍射

### 19.4.1　衍射光栅

双缝干涉和单缝衍射都可以用于简单的光谱测量. 但因为它们的条纹间距太小，亮度很暗，不易观测，因此不能用于高精度的光谱测量. 如果把许多等宽的狭缝等距离地排列起来，形成一种栅栏式的衍射屏，就能获得间距较大的、极细、极亮的衍射条纹，这非常利用进行高精度的光谱测量. 这种由大量等宽等间距的平行狭缝构成的光学器件称为**光栅**(grating)，如图 19-9 所示.

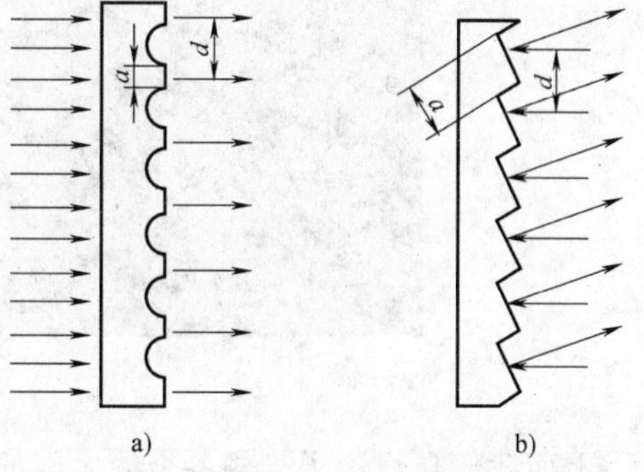

图 19-9　光栅
a) 透射光栅　b) 反射光栅

光栅通常分为透射式光栅和反射式光栅. 透射式光栅是在玻璃片上刻出大量平行刻痕制成，刻痕处为不透光部分，两刻痕之间的光滑部分可以透光，相当于一条狭缝，如图 19-9a 所示. 一般实验室内多采用透射式光栅. 反射式光栅是在镀有金属层的表面刻出许多平行刻痕，两刻痕间的光滑金属面可以反射光，相当于狭缝，如图 19-9b 所示.

光栅中透光部分(缝)的宽度常用 $a$ 表示，不透光部分的宽度用 $b$ 表示，而将它们的和，

也就是缝的中心间距叫**光栅常量**(grating constant)，并用 $d$ 表示，$d=a+b$. 实际使用的光栅，每毫米内有几十条甚至于上千条刻痕，$d$ 可达微米的数量级. 一块 $100\times100\text{mm}^2$ 的光栅可有 60 000～120 000 条刻痕. 光栅可用于光谱分析、测量光的波长和强度分布等.

### 19.4.2 光栅方程

图 19-10 为光栅衍射的示意图. 当一束平行光垂直入射到光栅上时，各缝将发出各自的单缝衍射光，沿 $\theta$ 方向的衍射光通过透镜会聚到位于焦平面的观察屏上的同一点 $P$. $\theta$ 称为**衍射角**，也是 $P$ 点对透镜中心的角位置. 这些衍射光在 $P$ 点实现多光束干涉(每个缝都在此处有衍射光). 所以，光栅衍射的结果应该是单缝衍射和多缝干涉的总效果. 下面我们分别讨论多缝干涉和单缝衍射的效果.

我们先考虑两个相邻的缝发出的衍射光之间的关系. 从图 19-10 中容易看出，相邻两缝的衍射光在 $P$ 点的光程差 $\delta=d\sin\theta$. 显然，当相邻两缝的光程差满足

$$\delta=d\sin\theta=\pm k\lambda,\quad k=0,1,2,\cdots \tag{19-16}$$

时，相邻两缝发出的衍射光到达 $P$ 点将发生相长干涉，形成明条纹. 由于所有的缝都彼此平行，且等间距排列，类推可知，此时所有缝的衍射光在 $P$ 点发生相长干涉，形成明条纹，称为**光栅衍射主极大**，对应的明纹称为**光栅衍射的主明纹**. 式(19-16)是计算光栅主极大的公式，称为**光栅方程**(grating equation).

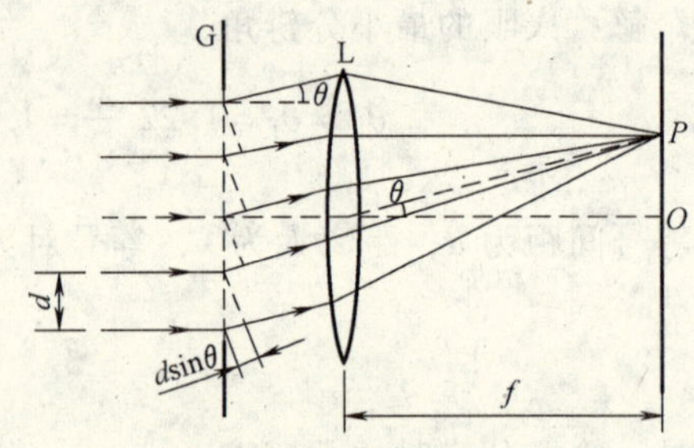

图 19-10 光栅衍射

当光栅常量 $d$ 保持不变时，不同刻痕数的光栅的衍射条纹如图 19-11 所示. 从图 19-11 可以看出，由于光栅常量不变，所以衍射明条纹的位置不变；但刻痕数越多，衍射条纹越细. 从图 19-11 中也可看到单缝衍射暗条纹引起的缺级现象，这是下面我们要讨论的内容.

图 19-11 光栅的衍射条纹

上面我们只讨论了光栅各个缝之间的干涉，注意到光栅衍射实际上是每个缝的单缝衍射光再相互干涉的结果，所以多缝干涉的效果必然受到单缝衍射效果的影响. 可以证明，最终在屏上形成的光强分布是在单缝衍射调制下的多缝干涉分布，如图 19-12 所示. 图中给出的是一个四缝光栅的光强分布曲线，其中图 a 为缝宽 $a$ 的单缝衍射的光强分布曲线，图 b 为多缝干涉的光强分布曲线. 多缝干涉和单缝衍射共同决定的光栅衍射的光强分布曲线如图 c 所示. 我们看到，多缝干涉条纹的光强分布(实线)受到单缝衍射光强分布(虚线,称为包络线)

的调制.

### 19.4.3 谱线的缺级

从图 19-12 可以看到，在单缝衍射调制下的多缝干涉光强分布使得光栅的各个主极大的强度不同，特别是当多光束干涉的主极大位置恰好为单缝衍射的暗纹中心时，将产生抑制性的调制，这些主极大将在观察屏幕上消失，这种现象称为**缺级**(order missing).

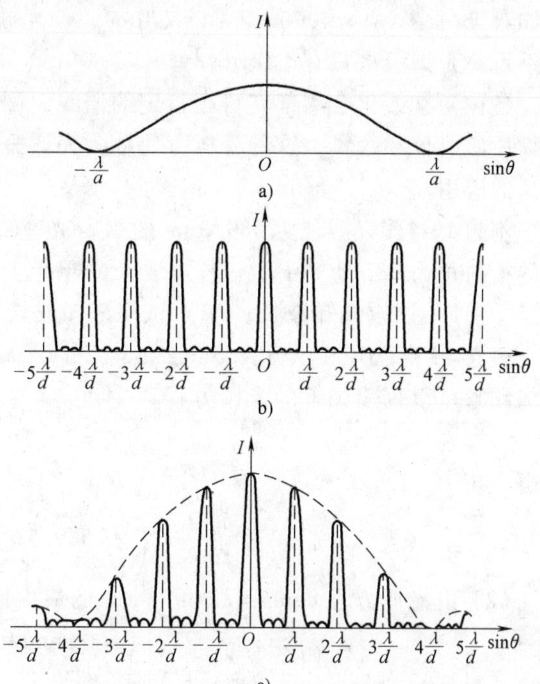


图 19-12 光栅衍射的光强分布
a) 单缝衍射 b) 多缝干涉 c) 光栅衍射

由光栅方程

$$d\sin\theta = k\lambda, \quad k=0, 1, 2, \cdots$$

和单缝衍射的暗纹条件

$$a\sin\theta = k'\lambda, \quad k' = \pm 1, \pm 2, \pm 3, \cdots$$

可得缺级条件为

$$k = \frac{d}{a}k', \quad k' = \pm 1, \pm 2, \pm 3, \cdots \tag{19-17}$$

即多缝干涉的 $k$ 级主极大的位置恰好位于单缝衍射的 $k'$级暗纹的位置时，$k$ 级主极大将消失，发生缺级现象. 例如，当 $d=4a$ 时，缺级的级数为 $k=4, 8, 12, \cdots$. 图 19-12c 就是这种情况.

### 19.4.4 衍射光谱

单色光在光栅上的衍射形成一系列明亮的线状主极大，称为线状光谱. 若入射光为复色光，不同波长光的同一级主极大的位置不同，衍射光强在观察屏上按波长展开，称为**光栅光谱**(grating spectrometer). 设入射光的波长范围为[$\lambda_1$, $\lambda_2$]，按光栅方程，$\lambda_1$ 光的 $k$ 级主极大在 $\theta_{1k}\approx\sin\theta_{1k} = \pm k\frac{\lambda_1}{d}$处，$\lambda_2$ 光的 $k$ 级主极大在 $\theta_{2k}\approx\sin\theta_{2k} = \pm k\frac{\lambda_2}{d}$处，其他波长光的 $k$ 级主极大在 $\theta_{1k}$和 $\theta_{2k}$之间，它们共同构成 $k$ 级光谱. 故 $k$ 级光谱的角范围在 $\theta_{1k} \sim \theta_{2k}$之间.

对于同一级主极大，波长长的光的衍射角度大，所以入射光光谱的最高级次取决于波长最长光的最高衍射级次，即 $k\leqslant\frac{d}{\lambda_2}$. 如果波长范围较大，相邻两级光谱容易发生重叠而显得不清晰. $k$ 级光谱不重叠的条件是 $\theta_{2k}\leqslant\theta_{1(k+1)}$，即

$$k\frac{\lambda_2}{d} \leqslant (k+1)\frac{\lambda_1}{d}$$

化简后，可得

$$k\leqslant\frac{\lambda_1}{\lambda_2-\lambda_1} \tag{19-18}$$

例如对于白光，$\lambda_1 = 400\text{nm}$，$\lambda_2 = 700\text{nm}$，若光栅常量 $d = 1.2\mu\text{m}$，则 $k < 2$，即白光的光栅光谱不重叠光谱级次只有 1 级.

各种元素或化合物都有自己特定的谱线，测定光谱中各谱线的波长和相对强度，可以确定物质的成分和含量. 这种分析方法称为**光谱分析**. 光谱分析在科学研究和工程技术上有着广泛的应用.

**例题 19-4** 以波长为 589.3nm 的平行光垂直入射到一透射光栅上，测得光栅的二级谱线的衍射角为 28.1°. 用另一未知波长的单色光垂直入射时，测得其一级谱线的衍射角为 13.5°.（1）试求未知波长；（2）试问未知波长的谱线最多能观测到第几级？

**解：**（1）已知 $\lambda_0 = 589.3\text{nm}$，$\theta_0 = 28.1°$，$k_0 = 2$，$\theta = 13.5°$，$k = 1$，设未知波长为 $\lambda$，则依题意可以列出如下的光栅方程：

$$d\sin\theta_0 = 2\lambda_0, \qquad d\sin\theta = \lambda$$

可解得

$$\lambda = 2\lambda_0 \frac{\sin\theta}{\sin\theta_0} = \left(2 \times 589.3 \times \frac{\sin 13.5°}{\sin 28.1°}\right)\text{nm} \approx 584.9\text{nm}$$

（2）由光栅方程 $d\sin\theta = k\lambda$ 可得，$k$ 的最大值由条件

$$|\sin\theta| \leqslant 1$$

决定. 对波长为 584.9nm 的谱线，该条件给出

$$k \leqslant \frac{d}{\lambda} = \frac{2\lambda_0}{\lambda\sin\theta_0} = \frac{2 \times 589.3}{584.9 \times \sin 28.1°} \approx 4.3$$

所以最多能观测到第 4 级谱线.

**例题 19-5** 波长为 600nm 的平行单色光垂直入射到一透射光栅上，衍射光的第 2 级谱线的衍射角满足 $\sin\theta_2 = 0.20$，第 4 级缺级. 试求：

（1）光栅常量为多少？

（2）光栅的缝宽的最小值为多少？

（3）试列出衍射屏上出现的全部级数？

**解：**（1）由光栅方程

$$d\sin\theta_2 = 2\lambda$$

即可求得光栅常量为

$$d = \frac{2\lambda}{\sin\theta_2} = \frac{2 \times 600 \times 10^{-9}}{0.2}\text{m} = 6 \times 10^{-6}\text{m} = 6\mu\text{m}$$

（2）因谱线第 4 级缺级，即

$$\frac{d}{a} = 4$$

所以光栅狭缝的最小可能宽度为

$$a = \frac{d}{4} = 1.5\mu\text{m}$$

（3）仍由光栅方程 $d\sin\theta = \pm k\lambda$ 知，$\sin\theta \to 1$ 时，有

$$k_{\max} < \frac{d}{\lambda} = \frac{6 \times 10^{-6}}{600 \times 10^{-9}} = 10$$

考虑到缺级，屏幕上可能呈现的谱线的全部级数为 0，±1，±2，±3，±5，±6，±7，±9.

## 19.5 晶体的X射线衍射*

上节讨论的光栅是一维的，即衍射屏只在一个方向上具有周期性. 除一维光栅外，还有二维光栅和三维光栅. 例如，晶体对波长较短的X射线来说，是一个理想的三维光栅.

### 19.5.1 晶格点阵 X射线

**1. 晶格点阵** 晶体中原子排列的具体形式称为**晶格**，或**晶体的空间点阵**. 晶格具有周期性. 例如大家熟悉的食盐(NaCl)，其晶粒的宏观外形总是具有直角棱边，其微观结构则是钠离子($Na^+$)和氯离子($Cl^-$)彼此相间整齐排列而成的立方点阵，如图19-13所示. 晶格中相邻格点的间距称为**晶格常数**，它通常具有$10^{-10}$m的数量级. 例如NaCl晶体中$Na^+$和$Cl^-$的间距约为0.2814nm，该间距恰为NaCl晶体晶格常数的一半.

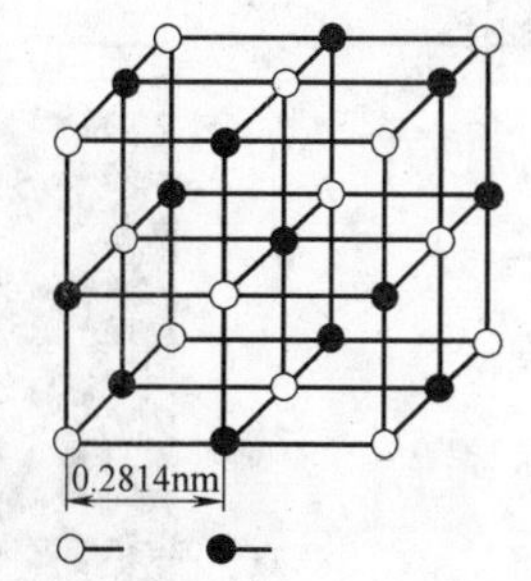


图19-13 NaCl晶体的晶格结构

**2. X射线** X射线是波长介于紫外线和$\gamma$射线之间的电磁波，由德国物理学家伦琴(W. K. Röntgen, 1845—1923)于1895年发现，故又称**伦琴射线**. 实验室中X射线由X射线管产生，X射线管是具有阴极和阳极的真空管，阴极用钨丝制成，通电后可发射热电子，阳极(又称靶极)用高熔点金属制成(一般用钨,用于晶体结构分析的X射线管还可用铁、铜、镍等材料). 用几万伏至几十万伏的高压加速电子，电子束轰击靶极，X射线从靶极发出. 电子轰击靶极时会产生高温，故靶极必须用水冷却，有时还将靶极设计成转动式的.

### 19.5.2 布拉格方程

1912年，德国物理学家劳厄(M. von Laue, 1879—1960)发现了晶体对X射线的衍射现象，他用连续谱X射线照射硫酸铜、硫化锌、铜、氯化钠、铁和萤石等晶体，发现晶体后放置的感光片上出现许多分散的斑点，后人称为**劳厄斑**(Laue spot). 劳厄的实验装置和实验结果如图19-14所示.

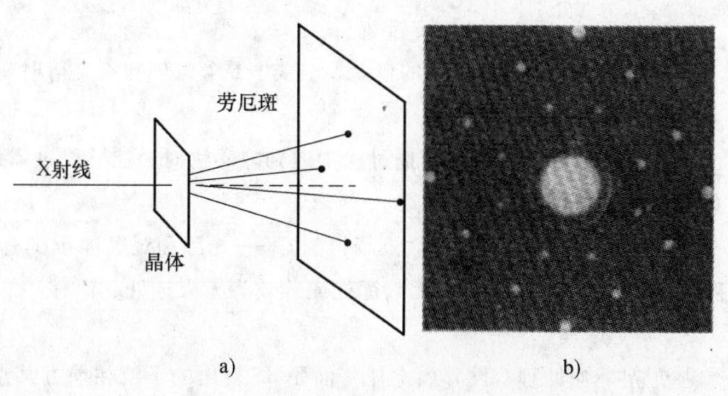


图19-14 劳厄的实验装置及劳厄斑

晶体衍射现象的发现提供了一种在原子-分子水平上对无机物和有机物结构进行测定的重要实验方法，即X射线衍射法. 英国物理学家布拉格父子(W. H. Bragg, 1862—1942 和 W. L. Bragg, 1890—1971)在劳厄实验的基础上，导出了一个比较直观的X射线衍射方程式，即

$$2d\sin\alpha = k\lambda, \quad k=1, 2, \cdots \tag{19-19}$$

式中，$\alpha$为布拉格角；$\lambda$为波长；$d$为晶格常数. 上式称为**布拉格方程**或**布拉格条件**.

### 19.5.3　劳厄相和德拜相

由式(19-19)可知，晶体衍射出现主极大的条件相当苛刻，要想获得 X 射线的衍射图就不能同时限定入射方向、晶体取向和 X 射线的波长．如果限定晶体的取向，用连续的 X 射线照射晶体，则每个晶面族都可以从入射光中选出满足布拉格条件的波长来，从而使所有晶面的反射方向上都出现主极大，这种方法称为**劳厄法**．用劳厄法得到的衍射图样称为**劳厄相**，图 19-15a 是 NaCl 单晶的劳厄相．用劳厄法可以确定晶轴的方向．如果用单色的射线照射大量随机取向的晶粒，即限定 X 射线的波长，则大量无规则的晶粒为入射 X 射线提供了满足布拉格条件的可能性．用这种方法得到的衍射图样称为**德拜相**，图 19-15b 是铝箔的德拜相．

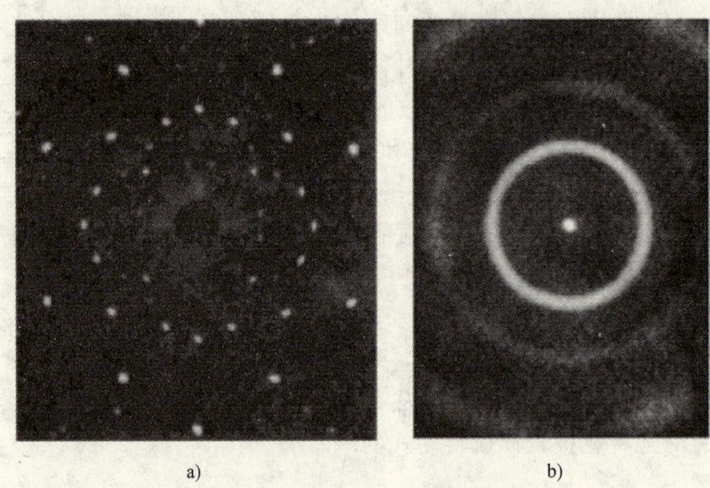

a)　　b)

图 19-15　NaCl 单晶的劳厄相和铝箔德拜相

a）NaCl 单晶的劳厄相　b）铝箔的德拜相

利用 X 射线的劳厄相或德拜相可以分析晶体的结构．反之，在晶体结构已知的情况下，利用劳厄相或德拜相可以确定 X 射线的光谱，这对原子的内层结构的研究具有重要意义．

## 小　　结

本章主要讲述了光的衍射的概念及分类、1 个原理和 4 类衍射现象．

一、光的衍射及分类

1. 光的衍射　光波在其传播过程中遇到障碍物时，能够绕过障碍物边缘进入物体的几何阴影，并在屏幕上出现光强不均匀分布的现象．

2. 衍射分类　菲涅耳衍射（近场衍射）——光源和观察屏至少有一个在有限远处；夫琅禾费衍射（远场衍射）——光源和观察屏都在无限远处或等效为无限远处．

二、1 个原理

惠更斯-菲涅原理　波阵面上任一面元 d$S$ 发出的子波在前方某点 $P$ 引起的光振动的振幅的大小与面元的大小成正比；与面元到 $P$ 点的距离 $r$ 成反比；而且还与面元的法线方向 $\boldsymbol{e}_n$ 和位置矢量 $\boldsymbol{r}$ 之间的夹角 $\theta$ 有关，$\theta$ 越大，振幅越小，当 $\theta \geqslant \frac{\pi}{2}$ 时，振幅为零；子波在 $P$ 点的相位取决于面元 d$S$ 到 $P$ 点的光程；$P$ 点光振动的振幅取决于各面元发出的子波在该点处的叠加结果．其数学表达式为

$$E(P)=\int_S \mathrm{d}E=\int_S \frac{CK(\theta)}{r}\cos\left(\omega t-\frac{2\pi nr}{\lambda}\right)\mathrm{d}S$$

三、4类衍射现象

1. 夫琅禾费单缝衍射

缝端光程差 $\delta$：单缝的两端 $A$ 和 $B$ 点发出的子波到观察点 $P$ 的光程差 $\delta=a\sin\theta$

半波带数目
$$N=\frac{2a\sin\theta}{\lambda}$$

明、暗纹条件：第 $k$ 级明纹或暗纹中心对应的衍射角所满足的条件为

$$a\sin\theta=\begin{cases}\pm(2k+1)\dfrac{\lambda}{2} & \text{明纹}\\ \pm k\lambda & \text{暗纹}\end{cases}\quad k=1,2,3,\cdots$$

衍射角
$$\theta_k\approx\sin\theta_k=\pm k\frac{\lambda}{a}$$

衍射条纹中心在观察屏幕上的位置：

$$x_k=f\tan\theta_k\approx f\sin\theta_k=\begin{cases}\pm(2k+1)\dfrac{f\lambda}{2a} & \text{明纹}\\ \pm k\dfrac{f\lambda}{a} & \text{暗纹}\end{cases}\quad k=1,2,3,\cdots$$

中央明纹：中央明纹的衍射角满足：$-\lambda<2a\sin\theta<\lambda$

中央明纹的线位置满足：$-f\dfrac{\lambda}{a}<x<f\dfrac{\lambda}{a}$

中央明纹的角宽度 $\Delta\theta_0=2\lambda/a$，线宽度 $\Delta x_0=2\dfrac{f\lambda}{a}$

其他各级明纹：其他各级明纹的角宽度 $\Delta\theta=\lambda/a$，线宽度 $\Delta x=\dfrac{f\lambda}{a}$.

2. 夫琅禾费圆孔衍射

爱里斑(中央亮斑)的角半径
$$\theta_1\approx\sin\theta_1=1.22\frac{\lambda}{D}$$

爱里斑的半径
$$r=f\tan\theta_1\approx f\sin\theta_1=1.22\frac{\lambda f}{D}$$

光学仪器的分辨率
$$R=\frac{1}{\theta_R}=\frac{D}{1.22\lambda}$$

显微镜的分辨率
$$R=\frac{1}{\Delta y}=\frac{n\sin u}{0.61\lambda}$$

3. 光栅衍射

光栅：由大量等宽等间距的平行狭缝构成的光学器件.

光栅常量：光栅中透光部分的宽度 $a$ 与不透光部分的宽度 $b$ 的和，也就是缝的中心间距，即

$$d=a+b$$

光栅方程：
$$d\sin\theta=\pm k\lambda,\quad k=0,\ 1,\ 2,\ \cdots$$

即相邻缝的光程差为波长的整数倍时，$\theta$ 方向出现 $k$ 级主极大.

缺级条件：
$$k=\frac{d}{a}k',\quad k'=\pm1,\ \pm2,\ \pm3,\ \cdots$$

4. X 射线衍射

布拉格方程：
$$2d\sin\alpha=k\lambda,\ k=1,\ 2,\ \cdots$$

## 思　考　题

19-1　在日常生活中，为什么声波的衍射比光波的衍射显著？

19-2　夫琅禾费衍射实验中，透镜的作用是什么？

19-3　夫琅禾费单缝衍射实验中，若入射的平行光束与狭缝平面不垂直，如图19-16所示，干涉条纹的分布将发生什么变化？

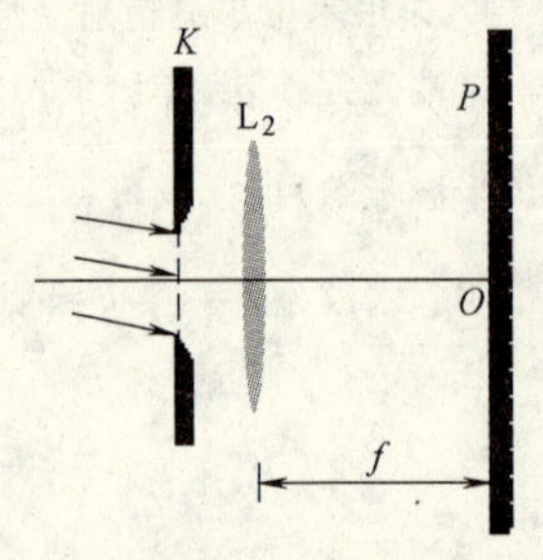


图19-16　思考题19-3用图

19-4　若放大镜的放大倍数足够高，是否能看清任何细小的物体？

19-5　为什么天文望远镜的物镜直径都很大？

19-6　如何理解光栅的衍射条纹是单缝衍射和多缝干涉的总效果？

19-7　光栅的光谱和棱镜的光谱有什么区别？

19-8　为什么用光栅的衍射比用杨氏双缝干涉实验能更准确地测量入射光的波长？

19-9　为什么不能用一般光栅观察X射线的衍射现象？

## 习　题

19-1　用波长为500nm的单色平行光，垂直入射到缝宽为1mm的单缝上，在缝后放一焦距$f=50$cm的凸透镜，并使光聚焦到观察屏上，求衍射图样的中央到1级暗纹中心、2级明纹中心的距离各是多少？

19-2　在夫琅禾费单缝衍射实验中，以波长$\lambda$为589 nm的平行光垂直入射到单缝上．若缝宽为0.10mm，试问1级暗纹中心出现在多大的角度上？若要使1级暗纹中心出现在0.50°的方向上，则缝宽应多大？

19-3　波长$\lambda=500$nm的平行单色光，垂直入射到缝宽为0.25mm的单缝上，紧靠缝后放一凸透镜，在凸透镜的焦平面上测得第2条暗纹间距离为$2x_2=2$mm，求凸透镜的焦距$f$为多少？

19-4　用水银灯发出的波长为546nm的绿色平行光垂直入射到一单缝上，紧靠缝后放一焦距为40cm的凸透镜，在位于凸透镜的焦平面处的观察屏上测得2级暗纹中心至衍射图样中心的线距离为0.30cm．若用一波长未知的光作实验时，测得3级暗纹中心到衍射图样中心的线距离为0.42cm，试求未知波长．

19-5　在单缝夫琅禾费衍射装置中，用细丝代替单缝，就构成了衍射细丝测径仪．已知光波波长为630nm，透镜焦距为50cm，今测得零级衍射斑的宽度为1.0cm，试求该细丝的直径．

19-6　在迎面驶来的汽车上，两盏前灯相距1.0m，试问在汽车离人多远的地方，眼睛恰好能分辨这两盏灯？设夜间人眼瞳孔的直径为5.0mm，入射光波长为500nm，而且仅考虑人眼瞳孔的衍射效应．

19-7　一架生物显微镜，物镜的标号为$10\times0.25$，即物镜的放大率为10倍，数值孔径$n\sin u$为0.25；若光波的波长以550nm计算，试问可分辨的最小距离是多大？目镜物方焦平面上恰可分辨的两物点的艾里斑中心间距是多大？

19-8　对于可见光，平均波长为$\lambda=550$nm，试比较物镜直径为5.0cm的普通望远镜和直径为6.0m的反射式天文望远镜的分辨本领．

19-9　用$\lambda=589.3$nm的钠黄光垂直入射到一个平面透射光栅上，测得第3级谱线的衍射角为10.18°，而用未知波长的单色光垂直入射时，测得第2级谱线的衍射角为6.20°，试求此未知波长．

19-10　用每毫米内有400条刻痕的平面透射光栅观察波长为589nm的纳光谱．试问：

（1）光垂直入射时，最多能观察到几级光谱？

（2）光以30°角入射时，最多能观察到几级光谱？

19-11　以波长范围为400～700nm的白光，垂直入射到一块每厘米有6 000条刻线的光栅上．试分别计算第1级和第2级光谱的角宽度，两者是否重叠？

19-12　用氦氖激光器发出的$\lambda=632.8$nm的红光，垂直入射到一平面透射光栅上，测得第1级主极大出现在38°的方向上，试求这一平面透射光栅的光栅常量 $d$，这意味着该光栅在1cm内有多少条狭缝？第2级谱线的衍射角是多大？

19-13 已知氯化钠的晶体结构是简单的立方点阵，且相邻两离子之间的平均距离（即晶格常量）$a=0.2819\text{nm}$. 若用波长 $\lambda=0.154\text{nm}$ 的X射线照射在氯化钠晶体表面上，且只考虑与表面平行的晶面系，试问当X射线与表面分别成多大掠射角时，可观察到第1级和第2级主极大谱线.

# 物理学家简介

## 菲涅耳（Augustin Jean Fresnel，1788—1827）

1788年5月10日，奥古斯丁·让·菲涅耳出生于法国诺曼底省的布罗意城，父亲是一位优秀的建筑师. 菲涅耳自幼体弱多病，早年曾在卡昂接受教育，他读书非常用功，中学时期成绩优秀，尤其是数学最为突出. 1804年，菲涅耳考入巴黎综合工科学校，在此期间曾因出众的数学能力引起著名数学家勒让德（Adrien Marie Legendre，1752—1833）的注意. 1806年，菲涅耳从巴黎综合工科学校毕业，之后进入巴黎桥梁与道路学院继续学习，并于三年后从该校毕业，成为一名工程师. 毕业后，菲涅耳开始在政府部门里担任土木工程师的职务，在法国各地倾力于土木建筑的工作，同时在工作之余也从事一些科学技术方面的研究工作. 菲涅耳是保皇党人，他在1814年加入王室的军队，参加了阻止拿破仑进军巴黎的军事行动，失败后逃回法国. 为此，菲涅耳在1815年被革除了公职，直至滑铁卢战役后拿破仑再次失败、路易十八复位后，他的土木工程师职务才得以恢复.

1814年回到法国后，菲涅耳就开始了在光学方面的研究，他主要致力于对光的干涉、衍射和偏振等现象进行实验和理论上的研究. 1815年，菲涅耳在物理学家阿喇戈的实验室中工作了一段时间，当时他对托马斯·杨的双缝干涉实验和干涉原理几乎是一无所知（之后通过阿喇戈的介绍，菲涅耳才了解到托马斯·杨的实验和理论发现，其后他开始与托马斯·杨进行有益的合作，二人坦诚互敬，很快建立起了诚挚友谊. 更为难得的是，菲涅耳与托马斯·杨从未因任何科学发现的优先权问题产生过争执，这在科学史上是不多见的），尽管如此，他还是在实验上独立发现了光的干涉现象. 为验证光的干涉现象，菲涅耳设计了两种获得相干光的装置，这就是如今仍被广泛应用的菲涅耳双面镜和菲涅耳双棱镜. 菲涅耳首先利用自己设计的双面镜进行实验，在实验基础上发现了干涉原理，之后他改用双棱镜再次进行类似实验，获得了更加理想的干涉效果. 菲涅耳的这些实验又一次显示出光所具有的波动性，这为托马斯·杨之前的实验和理论研究发现提供了有力支持. 与此同时，菲涅耳对衍射现象也进行了研究，并试图从波动的角度对光的衍射现象做出解释. 在这种思想指导下，菲涅耳发展了惠更斯的原理，他创造性地把干涉原理与惠更斯原理结合起来，用“子波相干叠加”的概念对惠更斯原理进行了合理补充，并以此作为分析衍射问题的基础. 这一发展了的惠更斯原理，现在被称为惠更斯-菲涅耳原理. 不久以后，菲涅耳向法国科学院提交了关于光的衍射问题的第一篇研究报告，他在论文中公布了自己的研究成果. 后来，在阿喇戈和拉普拉斯（Pierre Laplace，1749—1827）的共同引荐下，菲涅耳被调到巴黎，参加了法国灯塔委员会的工作，这使他开展研究工作的条件得到了改善.

1818年，法国科学院举办了一次悬赏征文竞赛，竞赛的一个选题是用精确的实验确定光的衍射问题. 主持这次活动的委员会成员大多数都是光的微粒学说的坚定支持者，如毕奥（Jean Biot，1774—1862）、拉普拉斯和泊松等著名科学家，（另两位是支持波动学说的阿喇戈与持中立态度的盖·吕萨克）他们举办竞赛的本意是希望鼓励以微粒学说的观点实现对光的衍射现象的解释，从而使光的微粒学说取得决定性的胜利.

但出乎意料的是，年轻的菲涅耳却用波动理论对光的衍射问题做出了相当圆满的解释．其实菲涅耳原本对这次活动并没有太大兴趣，后来在安培和阿喇戈的鼓励与支持下才决定参加竞赛，并向法国科学院提交了自己的应征论文．在这篇论文中，菲涅耳在惠更斯-菲涅耳原理的基础上，运用自己提出的半波带方法，通过严密的数学推理定量计算了不同形状的障碍物所产生的衍射花纹，他的计算结果与实验符合得很好，这使征文活动的评委们都极为惊讶．不过评委之一的泊松审读完该论文后仍提出了质疑，他应用菲涅耳的半波带理论导出了一个奇怪的结论：当光经过不透明的小圆盘发生衍射后，在圆盘后面的阴影中心会观察到一个亮点．泊松认为这一结论是不可思议的，并由此推断菲涅耳的理论和波动学说是错误的．面对泊松的质疑，一直以来都支持着菲涅耳的阿喇戈进行了专门的实验，实验的结果最终证实了这一理论预言：在小圆盘后的阴影中心的确可以观察到一个亮斑(这一亮斑后来被称为泊松亮斑或阿喇戈斑)．实验的验证使菲涅耳的理论和波动学说得到了更加有力的支持，评委们最终将征文竞赛的奖金授予了菲涅耳，他因此赢得了很高声誉，而这一经历也由此成为科学史上的一段佳话．菲涅耳的波动理论为光的波动学说建立起牢固的理论基础，他所获得的重大胜利使波动学说争取到了更多支持，而在一系列理论与实验的依据面前，光的微粒学说开始动摇了．

1817 年，托马斯·杨在给阿喇戈的信中提出光是一种横波的设想，阿喇戈立即将该设想转告给菲涅耳．受此启发，菲涅耳开始与阿喇戈合作开展了一系列实验，将光是横波的这种设想应用到偏振现象中，最终于 1821 年令人信服地证明了光的横波性质，由此使光的波动学说得到了进一步完善．实际上，在菲涅耳之前的那篇获奖论文中，就曾以横波的观点对光的偏振做出过圆满解释，而在他证明光的横波性质之后，之前的很多难题都随之迎刃而解．根据光的横波性质，菲涅耳很快又取得了一系列重要成果．1822 年，菲涅耳发现了圆偏振光和椭圆偏振光，并以波动理论对之做出了解释．同年，菲涅耳利用圆偏振光的双折射作用成功解释了偏振面的转动现象，并通过实验对此进行了证明．1823 年，菲涅耳得出了关于反射光和折射光振幅的定量关系，即菲涅耳公式．根据菲涅耳公式，不但可以导出反射光和折射光的起偏定律——布儒斯特(David Brewster,1781—1868)定律，而且还可以对反射光的偏振现象给出圆满解释．时至今日，菲涅耳公式仍作为一个重要的基本公式，在现代薄膜光学中有着相当广泛的应用．此外，菲涅耳还建立了双折射理论，由此为晶体光学奠定了基础，他还发现和解释了内部全反射的椭圆偏振现象，并在实验中利用了它．如今物理学中的许多实验或光学元件都是以“菲涅耳”来命名的，如菲涅耳衍射(也称近场衍射)、菲涅耳波带、菲涅耳积分和菲涅耳透镜(这是一种由菲涅耳发明、用于灯塔的螺纹透镜,该透镜的使用为航海安全提供了有力保障)等．

在近十年的时间里，菲涅耳在研究中付出了极大努力并克服了众多困难，终于使波动光学取得了巨大成功，爱因斯坦曾将波动光学的成功称为“在牛顿物理学中打开了第一道缺口”．1823 年，菲涅耳当选为法国科学院院士，1825 年成为英国皇家学会会员．然而长期以来，仅依靠个人微薄收入、并只能在业余时间和艰苦条件下开展科学研究，使菲涅耳的健康受到了很大损害，1824 年，他因大出血被迫基本停止了科研活动．1827 年 7 月 14 日，菲涅耳因肺病医治无效而英年早逝，年仅 39 岁，而在去世前不久，他刚刚荣获了英国皇家学会授予的伦福德勋章．

菲涅耳的工作使停滞了近百年的光学研究重新焕发了活力，他取得的研究成果开创了光学研究的新阶段，也标志着光学步入了一个新的时代．由于在光学领域取得的重大成就，菲涅耳成为了 19 世纪波动光学的集大成者和奠基人之一，并因此被誉为“物理光学的缔造者”．

# 第20章 光的偏振

光的干涉和衍射现象表明了光的波动性，但这些现象还不能确定光是纵波还是横波. 由于人们对光的波动性的认识是起源于将光波与水波类比，因此最初是将光波看做一种纵波. 但是后来实验发现，光在晶体中传播的双折射现象和偏振现象，用纵波理论无法进行解释，波动说的发展遇到了困难. 为此托马斯·杨提出了光是横波的理论，成功地解释了光的偏振现象，表明了光的横波性，确立了正确的波动说的地位.

## 20.1 光的偏振现象

### 20.1.1 光的偏振性与五种偏振态

光波是电磁波，光波的传播方向是电磁波的传播方向，其电矢量 $\boldsymbol{E}$ 的振动方向和磁矢量 $\boldsymbol{H}$ 的振动方向都与传播速度 $\boldsymbol{v}$ 垂直，因此光波是横波. 由于在光与物质的相互作用过程中，起主要作用的是电矢量 $\boldsymbol{E}$，而大多数物质的磁性几乎不变，所以，光在这些介质中传播时，只需要考虑其电矢量的振动，并将 $\boldsymbol{E}$ 矢量称为光矢量.

由于横波的振动方向垂直于传播方向，因此横波才会出现偏振现象. 光的振动方向对于传播方向的不对称性，称为**光的偏振**(polarization of light). 光在传播过程中，光矢量在与传播方向垂直的平面内可能有不同的振动状态，实际中最常见的光的偏振态大体可分为五种，即自然光、线偏振光、部分偏振光、圆偏振光和椭圆偏振光.

如果光在传播过程中电矢量的振动平均说来对于传播方向形成轴对称分布，哪个方向都不比其他方向更为优越，即在轴对称的各个方向上电矢量的时间平均值是相等的，这种光称为**自然光**(natural light). 如果电矢量的振动只限于某一确定的平面内，这种光称为**平面偏振光**(plane-polarized light). 由于平面偏振光的电矢量在与传播方向垂直的平面上的投影是一条直线，所以又称为**线偏振光**(linearly polarized light). 电矢量和传播方向所构成的平面称为偏振光的**振动面**. 如果偏振光的电矢量的振幅在不同的方向有不同的大小，这种偏振光称为**部分偏振光**(part polarized light). 在一个与光的波矢垂直的平面内观察其电矢量，如果电矢量不是在一个固定的平面内振动，而是绕着传播方向匀速旋转，且旋转中电矢量的大小保持不变，其末端点的轨迹呈圆形螺旋状，并且在垂直于传播方向的平面上的投影是圆，这种偏振光称为**圆偏振光**(circular polarized light). 如果光矢量绕传播方向旋转，但其数值作周期性变化，矢量末端点的轨迹呈椭圆形螺线状，并且在垂直于传播方向的平面上的投影是一个椭圆，这种偏振光称为**椭圆偏振光**(elliptical polarized light).

限于课程的要求，本书仅讨论自然光、线偏振光和部分偏振光.

### 20.1.2 自然光与线偏振光

光是由原子或离子在跃迁过程中产生的. 任何一个发光体都包含大量的原子，每个原子每次发射的是一个线偏振波列，各个原子的发光是一个随机过程，各个发光原子之间没有任何关联．不同原子发出的光波，都有随机的传播方向、振动方向、初相位和频率．因此在同一时刻观测大量发光原子发出的波列，相互间没有相位关联，它们的电矢量 $\boldsymbol{E}$ 可以分布在轴对称的一切可能的方向，没有哪一个方向占优势，即在所有可能的方向上，$\boldsymbol{E}$ 的振幅都相等．所以普通光源发出的都是自然光．例如日光、灯光、热辐射发光等．自然光是由轴对称分布、没有固定相位的大量线偏振光的集合而成，如图 20-1a 所示．它可以用两个强度相等、振动方向垂直的线偏振光来表示，如图 20-1b 所示．为方便计，通常以点和带箭头的短线分别表示垂直纸面和在纸面内的光振动，这两个振动方向都与光的传播方向垂直，如图 20-1c 所示．对自然光来说，两个方向振动的强度相等，因此图中点和短线的数目也相等．需要注意的是，由于自然光中各个光矢量的振动都是相互独立的，所以图 20-1b 中所示的两个垂直光矢量分量之间并没有恒定的相位差，不能将它们合成为一个单独的矢量．因此，自然光相当于被分解为两个强度相等、振动方向垂直且相互独立的线偏振光了，这两个线偏振光的强度各占自然光光强的一半．

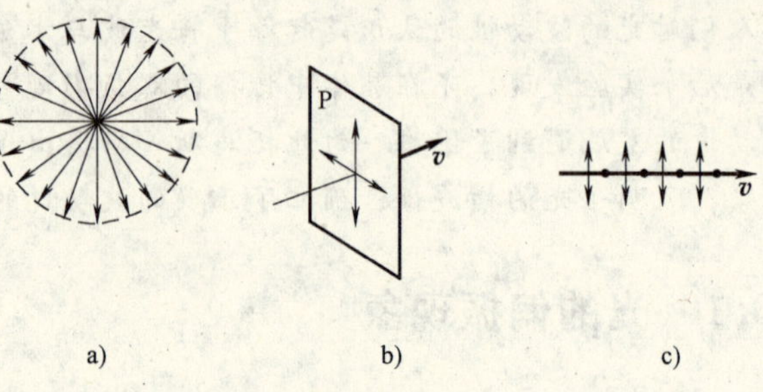


图 20-1　自然光

如前所述，线偏振光也可以用点或带箭头的短线表示．如图 20-2a、b 所示，分别表示振动方向在纸面内和垂直纸面的线偏振光．

线偏振光还可以用相位相同、振动方向相互垂直的两列光波的叠加来描述．在直角坐标系中，若两列波沿 $z$ 轴传播，光矢量分别为 $E_x\boldsymbol{e}_x$ 和 $E_y\boldsymbol{e}_y$，如图 20-2c 所示，则线偏振光的电矢量 $\boldsymbol{E}$ 为

$$\boldsymbol{E} = E_x\boldsymbol{e}_x + E_y\boldsymbol{e}_y = (A_{0x}\boldsymbol{e}_x + A_{0y}\boldsymbol{e}_y)\cos(\omega t - kz) \tag{20-1}$$

式中，$\boldsymbol{e}_x$、$\boldsymbol{e}_y$ 分别是沿 $x$、$y$ 轴的单位矢量．

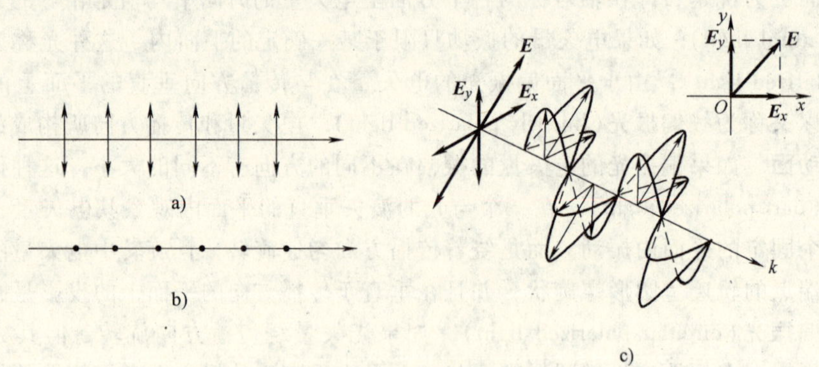


图 20-2　线偏振光

## 20.1.3　部分偏振光

如果光的偏振性介于自然光和线偏振光之间，则就是部分偏振光，如图 20-3a 所示．图 20-3b、c 分别表示在纸面内振动较强和垂直纸面振动较强的部分偏振光．部分偏振光的电矢

量的振幅在不同的方向有不同的大小，其中在某一个方向上能量具有最大值，表示为 $I_{\max}$，在与其垂直的方向上能量具有最小值，记为 $I_{\min}$，通常用

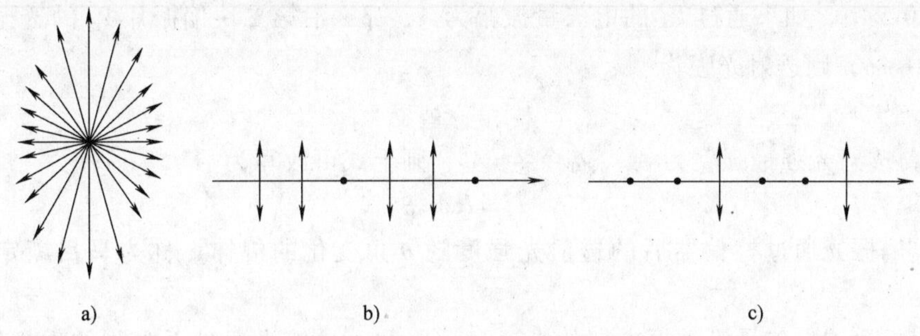


图 20-3　部分偏振光

$$P=\frac{I_{\max}-I_{\min}}{I_{\max}+I_{\min}} \tag{20-2}$$

表示偏振的程度，$P$ 称为**偏振度**. 可以看出 $0\leqslant P\leqslant 1$. 当 $I_{\max}=I_{\min}$时，$P=0$，这就是自然光，因此，**自然光是偏振度等于 0 的光，也叫非偏振光**；当 $I_{\min}=0$ 时，$P=1$，就是线偏振光，所以，**线偏振光是偏振度最大的光，也叫全偏振光**.

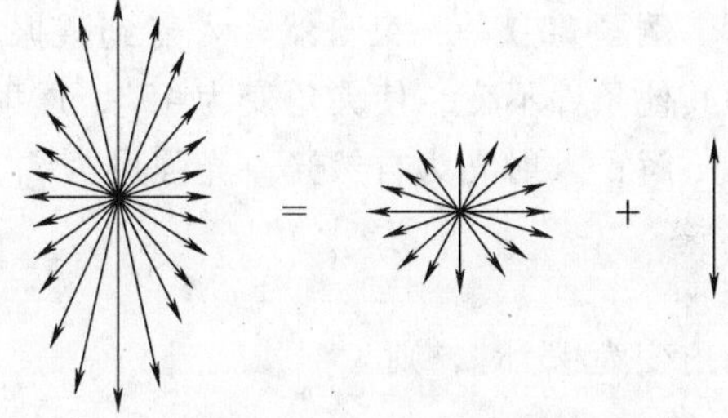


图 20-4　部分偏振光等效于自然光与线偏振光的叠加

部分偏振光可以看作是自然光与线偏振光的叠加，如图 20-4 所示.

## 20.2　马吕斯定律

自然光中电矢量的振动在各个不同方向的强度是相同的，当自然光经过某些仪器后可能变为线偏振光，而一束光是否为线偏振光仅凭人眼无法判断，需要借助一定的仪器进行检验.

### 20.2.1　起偏和检偏

由自然光获得线偏振光的过程称为**起偏**，实现起偏的光学元件或装置称为**起偏器**. 自然光通过起偏器后可以转变为线偏振光. 检验光的偏振特性的过程称为**检偏**. 用来检偏的光学元件或装置称为**检偏器**. 实际上，凡是可以作为起偏器的光学元件或装置，也都必然能用作检偏器.

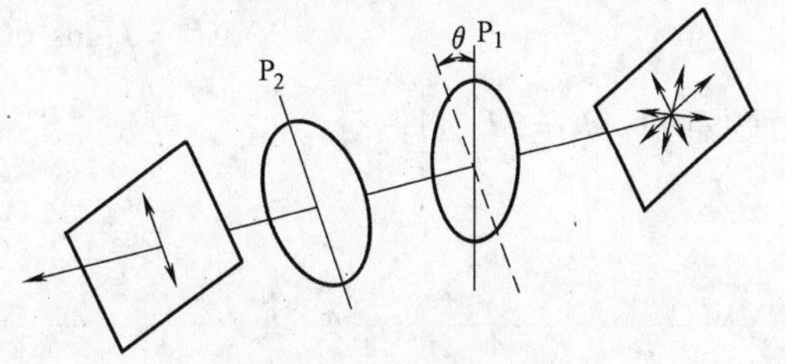


图 20-5　检偏和起偏

偏振片就是一种常用的起偏器，对入射的自然光，它只能透过沿某个方向的光矢量或光矢量振动沿该方向的分量. 这个透光的方向称为偏振片的透振方向或偏振化方向. 偏振片既可以用作起偏器，也可以用作检偏器. 如图 20-5 所示，$P_1$ 和 $P_2$ 是两块偏振片，其中 $P_1$ 是起偏器，用来产生线偏振光；$P_2$ 是检偏器，用来检验线偏振光.

### 20.2.2 马吕斯定律

在图 20-5 中，如果通过 $P_1$ 的电矢量振幅为 $A$，那么沿第二块偏振片 $P_2$ 的透振方向的振幅分量是 $A\cos\theta$，则透射光强为

$$I_\theta = A^2\cos^2\theta \tag{20-3}$$

当 $\theta=0$ 时，透射光强最强，为 $A^2$. 若令 $I=A^2$，则上式可改写为

$$I_\theta = I\cos^2\theta \tag{20-4}$$

上式表示线偏振光通过检偏器后的透射光强度随 $\theta$ 角变化的规律，称为**马吕斯定律**（Malus Law）.

偏振片只允许电矢量沿透振方向的光通过，因此，自然光通过无吸收的理想偏振片后，其强度应减为原来的一半.

**例题 20-1** 一束自然光入射到透振方向成 60°夹角的两偏振片时，透过的光强为 $I_1$，如果其他条件不变，使夹角变为 45°，透射光强如何变化？

**解：** 入射光为自然光，光强设为 $I_0$，则

$$I_1 = \frac{1}{2}I_0\cos^2 60° = \frac{1}{8}I_0$$

夹角变为 45°时，则

$$I_2 = \frac{1}{2}I_0\cos^2 45° = \frac{1}{4}I_0 = 2I_1$$

**例题 20-2** 通过偏振片观察一束部分偏振光. 当偏振片由透射光强的最大位置转过 60°时，其光强减为一半. 试求这束部分偏振光中的自然光和线偏振光的强度之比以及光的偏振度.

**解：** 设自然光的强度为 $I_n$，线偏振光的强度为 $I_p$，则部分偏振光的强度为 $I_n+I_p$. 当偏振片处于透射光强最大位置时，通过偏振片的线偏振光强度为 $I_p$，自然光的强度为 $I_n/2$，则透过的总光强为

$$I_1 = I_p + \frac{I_n}{2}$$

偏振片转过 60°后，透射光的光强变为

$$I_2 = I_p\cos^2 60° + \frac{I_n}{2} = \frac{I_p}{4} + \frac{I_n}{2}$$

由题意知：$I_1=2I_2$，即

$$I_p + \frac{I_n}{2} = 2\left(\frac{I_p}{4} + \frac{I_n}{2}\right)$$

解得

$$\frac{I_n}{I_p} = 1$$

$$P = \frac{I_{max}-I_{min}}{I_{max}+I_{min}} = \frac{\left(I_p+\frac{I_n}{2}\right)-\left(\frac{I_n}{2}\right)}{\left(I_p+\frac{I_n}{2}\right)+\left(\frac{I_n}{2}\right)} = \frac{I_n}{2I_n} = \frac{1}{2}$$

**例题 20-3**　将两块理想的偏振片 $P_1$ 和 $P_2$ 共轴放置，如图 20-6 所示，强度为 $I_1$ 的自然光和强度为 $I_2$ 的线偏振光同时垂直入射到 $P_1$ 上，从 $P_1$ 透射后入射到 $P_2$ 上，问：

（1）$P_1$ 不动，将 $P_2$ 以光线为轴转动一周，从系统透射出来的光强如何变化？

（2）要使透射出来的光强最大，如何放置 $P_1$ 和 $P_2$？

**解**：（1）设入射线偏振光的振动面与 $P_1$ 的透振方向的夹角为 $\alpha$，$P_1$ 和 $P_2$ 的透振方向之间的夹角为 $\theta$，则透射光强为

$$I=\left(\frac{I_1}{2}+I_2\cos^2\alpha\right)\cos^2\theta$$

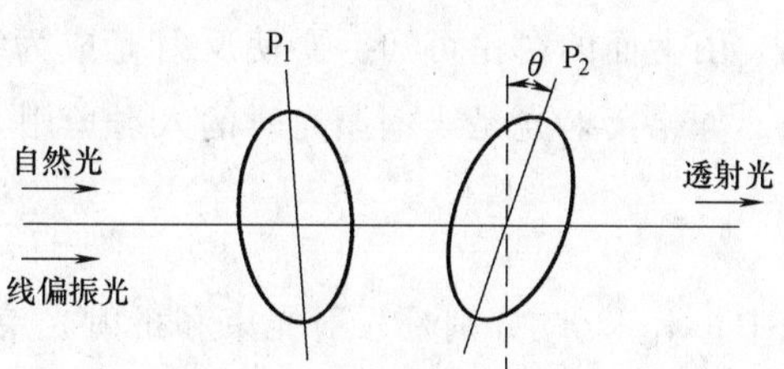


图 20-6　例题 20-3 用图

因此将 $P_2$ 以光线为轴旋转一周，当 $\theta=0$、180°、360° 时，透射光强最大；当 $\theta=90°$、270°时，透射光强为零.

（2）应该首先固定 $P_1$，转动 $P_2$，使透射光强最大，表明已调到 $\theta=0$ 或 180°；再让 $P_1$ 和 $P_2$ 同步旋转，使透射光强再次达到最大值，表明 $\alpha=0$，此时通过系统的光强达到最大.

## 20.3　反射光和折射光的偏振

一束光入射到两种介质的界面上要发生反射和折射现象，反射光和折射光的传播方向由反射定律和折射定律决定，而电矢量的振动方向则由电磁场的边界条件决定，从而形成不同的偏振光. 利用反射和折射现象中的偏振也能获得线偏振光.

### 20.3.1　反射起偏

自然光在介质表面反射时，电矢量分解为平行于入射面的分量和垂直于入射面的分量. 由菲涅耳公式知道，电矢量的平行分量（p 分量）和垂直分量（s 分量）的振幅之比是

$$\frac{A_{p1}'}{A_{p1}}=\frac{\tan(i_1-i_2)}{\tan(i_1+i_2)} \tag{20-5}$$

$$\frac{A_{s1}'}{A_{s1}}=\frac{\sin(i_1-i_2)}{\sin(i_1+i_2)} \tag{20-6}$$

式中，$i_1$ 和 $i_2$ 分别为入射角和折射角. 由以上两式可得

$$\frac{A_{p1}'}{A_{p1}}=\frac{\tan(i_1-i_2)}{\tan(i_1+i_2)}=\frac{\sin(i_1-i_2)}{\sin(i_1+i_2)}\frac{\cos(i_1+i_2)}{\cos(i_1-i_2)}=\frac{A_{s1}'}{A_{s1}}\frac{\cos(i_1+i_2)}{\cos(i_1-i_2)}$$

当自然光以除 $i_1=0$ 及 $i_1=90°$外的任何角度入射时，有

$$|\cos(i_1+i_2)|<\cos(i_1-i_2)$$

所以

$$\frac{A_{p1}'}{A_{p1}}<\frac{A_{s1}'}{A_{s1}}$$

由于 $A_{p1}=A_{s1}$，因此 $A_{p1}'<A_{s1}'$，即反射光中电矢量的平行分量值总是小于垂直分量的值，自然光经两种介质分界面反射后，反射光是部分偏振光.

但当 $i_1+i_2=90°$时，有

$$\frac{A_{p1}'}{A_{p1}}=0$$

此时，反射光中只有垂直于入射面的分量，电矢量的平行分量不能反射，反射光变成了线偏振光. 这种利用反射光获得线偏振光的方法称为**反射起偏**.

### 20.3.2 布儒斯特定律

由上面的讨论可知，要使反射光成为线偏振光，只要使 $i_1+i_2=90°$就可. 如图 20-7 所示，如果反射光是线偏振光时的入射角用 $i_{10}$表示，即 $i_{10}+i_2=90°$，于是得到

$$\tan i_{10}=\frac{\sin i_{10}}{\cos i_{10}}=\frac{\sin i_{10}}{\sin i_2}=\frac{n_2}{n_1} \tag{20-7}$$

式中，$n_1$ 和 $n_2$ 分别是入射光束和折射光束所在介质的折射率. 式(20-7)所表示的关系称为**布儒斯特定律**(Brewster Law)，$i_{10}$称为**布儒斯特角，或起偏角**.

**例题 20-4**　自然光入射到玻璃($n=1.5$)表面上，要使反射光为线偏振光，入射角多大？该角度与波长是否有关？

**解**：由布儒斯特定律得

$$\tan i_{10}=\frac{n_2}{n_1}=\frac{1.5}{1}=1.5$$

图 20-7　以布儒斯特角入射的自然光，反射光为线偏振光

于是得到布儒斯特角为

$$i_{10}=\arctan\frac{n_2}{n_1}\approx 56.31°$$

不同波长的光在同一种介质中的传播速度不同，具有不同的折射率，因此对于同一介质，不同波长的光有不同的布儒斯特角.

### 20.3.3 透射起偏

由 20.3.1 节可知，自然光以任意角度入射到两种介质分界面上时，反射光中的垂直分量大于平行分量，因此透射光是部分偏振光. 当自然光以布儒斯特角入射时，反射光中只有垂直分量，平行分量全部透过，因此折射光中的平行分量成分大于垂直分量，这时透射光的偏振度最高.

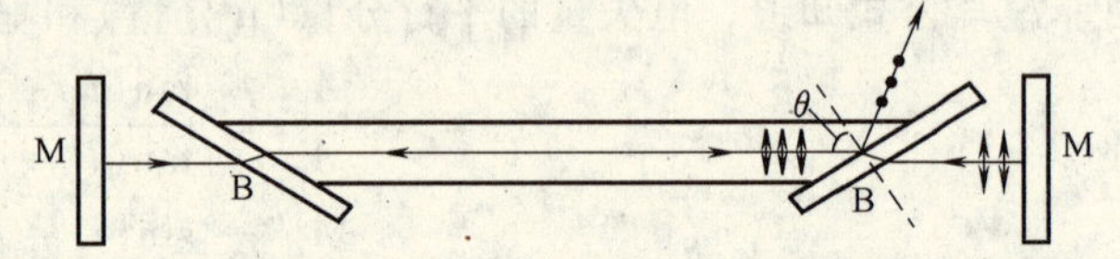

图 20-8　激光器中线偏振光的获得

为了利用折射获得线偏振光，往往采用多次折射的方法. 例如，将多片玻璃板平行叠放在一起构成玻璃片堆，当自然光以布儒斯特角入射到透明玻璃片堆上时，透射光几乎是线偏振光. 利用透射光获得线偏振光的方法称为**透射起偏**. 激光器中就是利用多次折射获得具有很好相干性的线偏振光，如图 20-8 所示.

## 20.4 光的双折射现象*

### 20.4.1 双折射现象

一束光照射到各向异性介质上时，折射光将分为两束，并各自沿着略微不同的方向传

播，这种现象称为**双折射**(birefringence). 实验发现，立方系的晶体不发生双折射，其他透明晶体会发生双折射现象.

双折射现象如图 20-9 所示，当平行光垂直入射到晶体表面时，一束折射光仍沿原方向在晶体内传播，并且遵守折射定律，称为寻常光(ordinary lay,o 光)；另一束折射光在晶体内偏离原来的传播方向，不遵守折射定律，称为非常光(extraordinary lay,e 光). o 光和 e 光只是在晶体内沿不同方向的传播速度不同，出了晶体，在外部就没有 o 光和 e 光的区别了. e 光的入射角和折射角的正弦之比不是常数，在一般情况下，e 光不在入射面内.

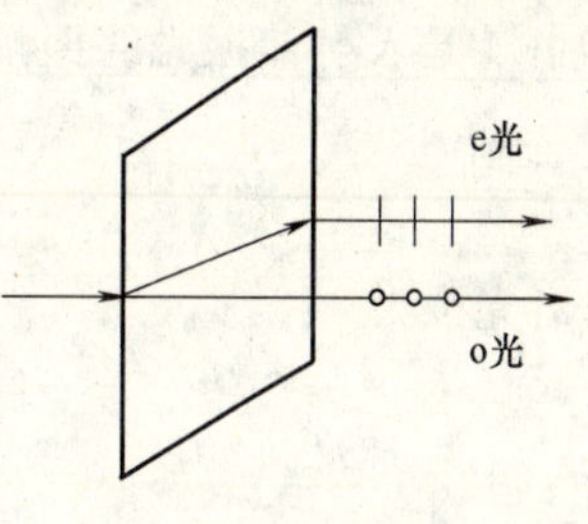

图 20-9 光在晶体中的双折射

## 20.4.2 光轴与主平面

光入射到双折射晶体内，一般会发生双折射现象，但在双折射晶体内存在一个特殊的方向，光沿这个方向入射时不会发生双折射现象. 在晶体内平行于这个方向的直线称为晶体的**光轴**(optical axis of crystal). 光轴仅表示一定的方向，并不限于某一条直线. 只有一个光轴的晶体称为**单轴晶体**，如方解石、石英、红宝石等. 有两个光轴的晶体称为**双轴晶体**，如云母、硫磺、蓝宝石等.

在单轴晶体中，将一条光线和晶体光轴确定的平面叫做与这条光线相对应的晶体的**主平面**(principal plane). 显然，通过 o 光和光轴所作的平面就是和 o 光对应的主平面，通过 e 光和光轴所作的平面就是和 e 光所对应的主平面，如图 20-10 所示.

o 光和 e 光都是线偏振光，但是光矢量的振动方向不同. o 光的振动面垂直于自己的主平面，因此 o 光的电矢量垂直于光轴，e 光的振动面平行于自己的主平面，即 e 光的电矢量在 e 光主平面内. 通常情况下，o 光和 e 光的主平面不重合，仅当光轴位于入射面内时，两个主平面才重合. 大多数情况下，两个主平面之间的夹角很小，因此，o 光和 e 光的振动面几乎互相垂直.

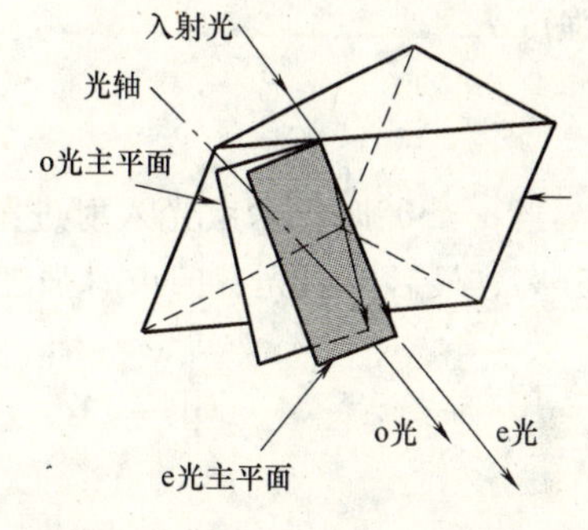

图 20-10 晶体中 *o* 光和 *e* 光的主平面

## 20.4.3 o 光和 e 光的相对光强

自然光和线偏振光在入射到单轴晶体内时都会产生双折射现象，在入射面与主平面重合的条件下，可以计算两束光的相对强度. 自然光产生的 o 光和 e 光的振幅相等，但是由于具有不同的折射率，两者的光强不相等. 而线偏振光产生的 o 光和 e 光的振幅不一定相等. 随着晶体方位的变化，其振幅随着变化. 如图 20-11 所示是垂直入射的线偏振光，$OO'$是晶体的主平面与纸面的交线，$AA'$是线偏振光的振动面与纸面的交线. $\theta$ 为振动面与主平面的夹角. 因为 o 光的振动面与主平面垂直，e 光的振动面与主平面平行，则 o 光与 e 光的振幅分别是

$$A_o = A\sin\theta \qquad (20\text{-}8)$$

$$A_e = A\cos\theta \qquad (20\text{-}9)$$

图 20-11 晶体中 o 光和 e 光的光强

其中 $A$ 是入射偏振光的振幅．由于光强与折射率成正比，在晶体中 o 光和 e 光的强度分别是

$$I_o = n_o A_o^2 = n_o A^2 \sin^2\theta$$

$$I_e = n_e(\alpha) A_e^2 = n_e(\alpha) A^2 \sin^2\theta$$

相对光强为

$$\frac{I_o}{I_e} = \frac{n_o}{n_e(\alpha)}\tan^2\theta \tag{20-10}$$

式中，$\alpha$ 是 e 光传播方向和光轴的夹角．当 o 光和 e 光在空气中传播时有

$$\frac{I_o}{I_e} = \tan^2\theta \tag{20-11}$$

由上式可以看出，o 光与 e 光的相对光强随 $\theta$ 角的改变而改变，当晶体以入射光传播方向为轴旋转时，两束光的相对强度不断改变．当 $\theta = 90°$ 时，o 光的强度最大，e 光完全消失；当 $\theta = 0°$ 时，e 光的光强最大，o 光完全消失．

**例题 20-5** 强度为 $I$ 的自然光，垂直入射到理想的方解石晶体上后又垂直入射到另一块完全相同的晶体上，两块晶体的主平面之间的夹角为 $\alpha$，求当 $\alpha$ 分别等于 30° 和 180° 时，最后透射出来的光束的相对强度．

**解：** 自然光垂直入射到第一块晶体上后，分解为垂直于晶体表面的两束光 o 光和 e 光，其强度为

$$I_e = I_o = \frac{I}{2}$$

当 $\alpha = 30°$ 时，两束光入射进第二块晶体后，又分别被分解为 o 光和 e 光，其传播方向继续分离，最后出射光有四束，强度分别为

$$I_{oo} = \frac{1}{2} I\cos^2 30°$$

$$I_{oe} = \frac{1}{2} I\sin^2 30°$$

$$I_{eo} = \frac{1}{2} I\sin^2 30°$$

$$I_{ee} = \frac{1}{2} I\cos^2 30°$$

相对强度为

$$I_{oo} : I_{oe} : I_{eo} : I_{ee} = 3:1:1:3$$

当 $\alpha = 180°$ 时，第一块晶体中的 o 光在第二块晶体中仍为 o 光，第一块晶体中的 e 光在第二块晶体中仍为 e 光，此时他们的光轴方向关于表面的法线对称，因此从第二块晶体出射时，两束光的传播方向重合，成为一束光．其强度为

$$\frac{I}{2} + \frac{I}{2} = I$$

### 20.4.4 波片

利用双折射晶体中 o 光和 e 光传播速度不同的特点，可以把双折射晶体制作成各种偏振器件，波片就是其中一种．

一块表面平行的单轴晶体切割成的薄片，其光轴与晶体表面平行时，o光和e光沿同一方向传播，这样的晶体薄片叫**波片**(wave plate). 制作波片的晶体一般是方解石或石英. 当一束振幅为$A_0$的平行光垂直入射到波片上时，在入射点分解为e光和o光，并具有相同的相位. 光进入晶体后，o光和e光因传播速度不同，故其波长也不相同，这样就逐渐形成了相位不同的两束光. 它们在波片内的振动分别为

$$E_e = A_e \cos\left[2\pi\left(\frac{t}{T} - \frac{r}{\lambda_e}\right)\right] \tag{20-12}$$

$$E_o = A_o \cos\left[2\pi\left(\frac{t}{T} - \frac{r}{\lambda_o}\right)\right] \tag{20-13}$$

其中，$\lambda_e$和$\lambda_o$分别表示在波片中e光和o光的波长；$r$表示光波到达波片内部某点离波片表面的距离. 经过厚度为$d$的波片后，相位差为

$$\Delta\varphi = \frac{2\pi}{\lambda}(n_o - n_e)d \tag{20-14}$$

式中，$\lambda$为光在真空中的波长. .

波片的厚度不同，两束光之间的相位差也不同，常见的波片是1/4波片和半波片. 1/4波片的厚度满足

$$(n_o - n_e)d = \pm(2k+1)\frac{\lambda}{4}, \quad k = 0,1,2,\cdots \tag{20-15}$$

经过1/4波片后，o光和e光的相位差为

$$\Delta\varphi = \pm(2k+1)\frac{\pi}{2} \tag{20-16}$$

半波片的厚度满足

$$(n_o - n_e)d = \pm(2k+1)\frac{\lambda}{2}, \quad k = 0,1,2,\cdots \tag{20-17}$$

则其相位差为

$$\Delta\varphi = \pm(2k+1)\pi \tag{20-18}$$

线偏振光垂直入射到半波片后透射光仍为线偏振光，如果入射时振动面和晶体主平面之间的夹角为$\theta$，则透射出来的线偏振光的振动面从原来的方位转过$2\theta$角.

## 20.5 偏振光的干涉*

在波片中，由于o光和e光都是线偏振光，并且电矢量互相垂直，因此是不相干的，不能发生干涉，但是可以通过电矢量振动面的改变，实现相干叠加.

### 20.5.1 偏振光干涉的实验装置

两束偏振光在满足频率相同、振动方向基本相同以及有恒定相位差的条件时，会发生干涉. 相互平行的偏振光干涉的实验装置如图20-12所示，在两块共轴的偏振片$P_1$和$P_2$之间放一块厚度为$d$的波片，其光轴沿$y$轴. 自然光经过第一块偏振片$P_1$后变为线偏振光，线偏振光入射到波片后，分解为o光和e光，它们的振动方向互相垂直，它们之间的相位有一定延迟. 从晶体出射后，使它们经过第二块偏振片$P_2$，从$P_2$出射的两束光振动方向平行，

满足干涉条件，发生干涉.

偏振光干涉的主要特点有：干涉光为线偏振光，振动面互相平行；光程差由波片厚度和波片光轴与偏振片透振方向间的夹角决定.

## 20.5.2　线偏振光干涉的强度分布

设如图 20-12 所示的单色平行自然光经过 $P_1$ 后的振幅为 $A_1$，与波片光轴 $y$ 的夹角为 $\theta$，进入波片后，分解为 o 光和 e 光，其振幅分别为

$$A_o = A_1 \sin\theta \tag{20-19}$$

$$A_e = A_1 \cos\theta \tag{20-20}$$

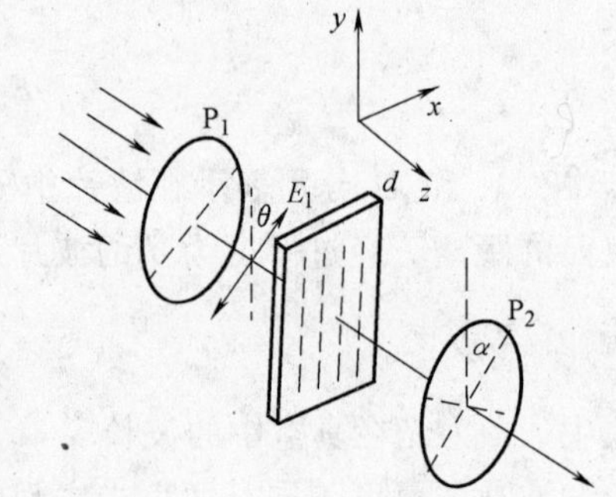

图 20-12　偏振光的干涉

设 $P_2$ 与波片光轴的夹角为 $\alpha$，两束光通过偏振片 $P_2$ 后，振幅分别为

$$A_{2o} = A_o \sin\alpha = A_1 \sin\theta \sin\alpha \tag{20-21}$$

$$A_{2e} = A_e \cos\alpha = A_1 \cos\theta \cos\alpha \tag{20-22}$$

从 $P_2$ 出来的两束光干涉叠加，如果两束光的相位差为 $\Delta\varphi'$，则合强度为

$$I = A^2 = A_{2o}^2 + A_{2e}^2 + 2A_{2o}A_{2e}\cos\Delta\varphi' = (A_{2o} + A_{2e})^2 - 4A_{2o}A_{2e}\sin^2\frac{\Delta\varphi'}{2} = A_1^2\left[\cos^2(\alpha-\theta) - \sin 2\theta \sin 2\alpha \sin^2\frac{\Delta\varphi'}{2}\right] \tag{20-23}$$

刚进入波片时，o 光和 e 光的相位相同，则

$$\Delta\varphi' = \Delta\varphi + \begin{cases}0\\ \pi\end{cases} = \frac{2\pi}{\lambda}(n_o - n_e)d + \begin{cases}0\\ \pi\end{cases} \tag{20-24}$$

其中 $P_2$ 和 $P_1$ 的透振方向在同一象限时取 0，在不同象限时取 π.

当两块偏振片透射方向相互平行时，$\alpha = \theta$，$\Delta\varphi' = \Delta\varphi$，有

$$I_p = A_1^2\left(1 - \sin^2 2\theta \sin^2\frac{\Delta\varphi}{2}\right) \tag{20-25}$$

当两块偏振片透振方向相互垂直时，$\alpha + \theta = \frac{\pi}{2}$，则

$$I_s = 2A_1^2\cos^2\theta\sin^2\theta(1 + \cos\Delta\varphi') = A_1^2\sin^2 2\theta\cos^2\frac{\Delta\varphi'}{2} \tag{20-26}$$

任何情况下都有

$$I_p + I_s = I \tag{20-27}$$

可以看出，改变波片的光轴，就改变了夹角 $\theta$ 和 $\alpha$，出射光强随着改变；当波片的厚度改变时，透射光的强弱随着改变；如果波片厚度不变，用不同波长的光入射，透射光的强弱随波长的不同而变化.

**例题 20-6**　在图 20-12 中，起偏器 $P_1$ 与检偏器 $P_2$ 透振方向夹角为 75°，其间放置的 1/3 波片（即 $\Delta\varphi = 120°$）$d$ 的光轴 $y$ 与 $P_1$ 成 30°、与 $P_2$ 成 45°角，设入射自然光的强度为 $I_0$，试求从检偏器 $P_2$ 出射的光强为多少？

**解**：依题意知，$\theta = 30°$，$\alpha = 45°$，$\Delta\varphi' = \pi + 120° = 300°$，$A_1^2 = I_0/2$. 将其代入式（20-23），得

$$I = \frac{I_0}{2}\left[\cos^2(45° - 30°) - \sin(2\times30°)\sin(2\times45°)\sin^2\frac{300°}{2}\right] \approx 0.35825I_0$$

## 20.5.3　显色偏振

波片厚度一定时，相位差 $\Delta\varphi = \frac{2\pi}{\lambda}(n_o - n_e)d$ 就恒定. 若采用单色光入射，转动元件时，接收屏上的照度(受照面被照明的程度)会发生改变；当相位差出现数值为 π 的突变时，接收屏上的照度也会发生突变.

白光照射时，由于不同波长的光相位差不同，有些满足干涉相长，而有些是干涉相消，因此，导致不同波长的光在干涉后有不同程度的加强或减弱，接收屏上会出现彩色，转动元件时，色彩和照度都会发生改变. 不同厚度的波片会出现不同的彩色.

偏振光干涉时出现彩色的现象称为**显色偏振或色偏振**(chromatic polarization). 显色偏振是检验双折射现象的极为灵敏的方法，将待检测的物质放在两块偏振片之间，用白光照射，如果出现彩色，则说明存在双折射现象.

## 20.5.4　会聚偏振光的干涉

尼科耳棱镜(简称尼科耳)是一种常用的偏振棱镜，其基本原理是利用双折射现象将自然光分成 o 光和 e 光，然后利用全反射把 o 光反射到棱镜侧壁上，只让 e 光通过棱镜，从而获得一束振动方向固定的线偏振光.

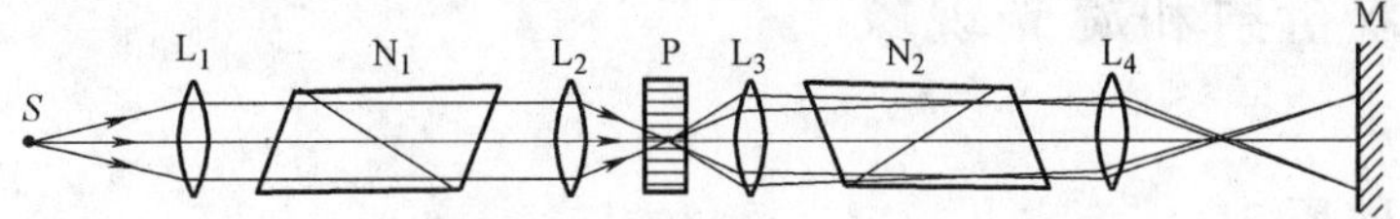

图 20-13　会聚的偏振光干涉装置

会聚的线偏振光干涉的装置如图 20-13 所示. 在两个正交的尼科耳 $N_1$ 和 $N_2$ 之间，放入波片 P，波片的光轴平行于透镜的主轴. 透镜 $L_2$ 将通过 $N_1$ 的平行光线会聚到波片上，并经过透镜 $L_3$ 变为平行光，经过 $N_2$ 后，经透镜 $L_4$ 放大，在光屏 M 上出现以透镜主轴为中心的明暗相间的同心圆环和方向平行及垂直于 $N_1$ 主平面的暗十字形，如图 20-14 所示.

图 20-15 是波片的一个主平面，竖直的虚线表示光轴，平行于透镜主轴 $PP'$，o 光振动方向垂直于主平面，e 光振动方向平行于主平面.

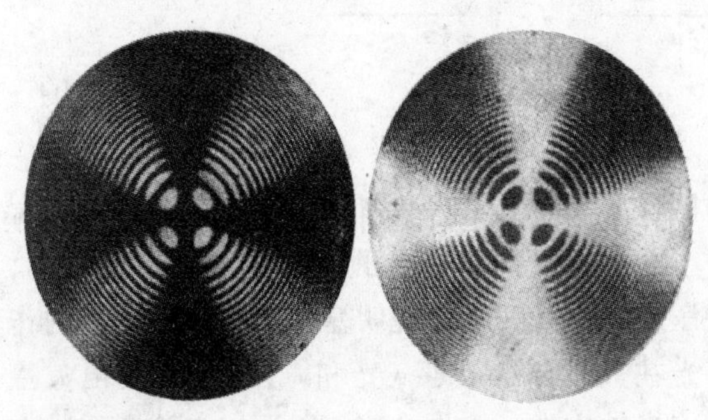
图 20-14　尼科耳正交（左）平行(右)

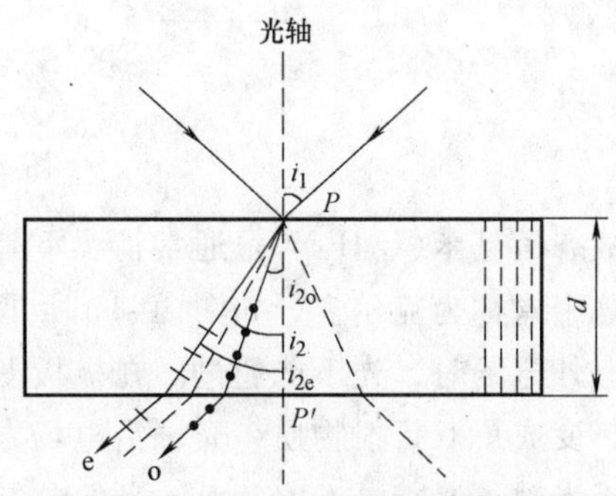

图 20-15　波片中的 e 光和 o 光

对同一入射角 $i_1$，在晶体内 o 光和 e 光的折射角 $i_2$ 近似相等，通过厚度为 $d$ 的波片后，相位差为

$$\Delta\varphi = \frac{2\pi}{\lambda}\frac{d}{\cos i_2}(n_o - n_e) \tag{20-28}$$

式中，$n_o$ 和 $n_e$ 是 o 光和 e 光的折射率.

光到达波片的后表面某一圆周上时，折射角 $i_2$ 都相同，相位差相等. 对应于不同的入射角相位差不同. 当

$$\Delta\varphi = 2k\pi, \quad k = 0, \pm1, \pm2, \cdots \tag{20-29}$$

时，通过检偏器 $N_2$ 后的光强 $I_s = 0$，干涉条纹是一组同心暗环. 当

$$\Delta\varphi = (2k+1)\pi, \quad k = 0 \pm1, \pm2, \cdots \tag{20-30}$$

时，干涉条纹是一组同心亮环.

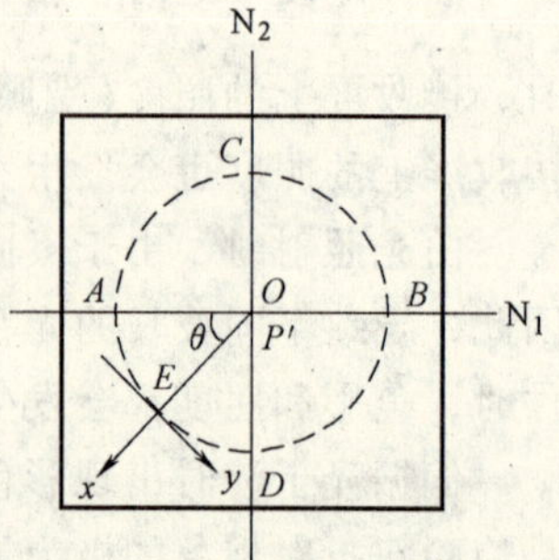

图 20-16 正交尼科耳时，暗十字形的形成

如图 20-16 所示，$N_1$ 和 $N_2$ 是正交的. 波片内任一折射光线的主平面和波片表面的交线为 $P'E$，即 e 光的振动面. $\theta$ 角随 $E$ 点的位置变化. 在 $\theta = 0$、$\pi/2$、$\pi$、$3\pi/2$ 处，$I_s = 0$，出现暗十字形. 当尼科耳平行时，将看到亮十字形. 用白光照射时，环是彩色的，而十字是暗的或白色的.

偏光显微镜就是利用显色偏振原理制成的. 用它观察不同物质时，可以看到不同的颜色. 它被广泛应用于金相学、矿物学、化学和医药等领域.

## 20.6 人工双折射和旋光现象*

### 20.6.1 电光效应

某些材料是各向同性的，通常情况下没有双折射现象发生. 当外加电场时，可以使材料变为各向异性，发生双折射现象. 这种由电场引起的物质光学性质的变化，称为**电光效应**(electro-optic effect)，也称为**人工双折射**. 它是由克尔(J. Kerr 1824—1907)在 1825 年发现的，又称为**克尔效应**(Keer effect).

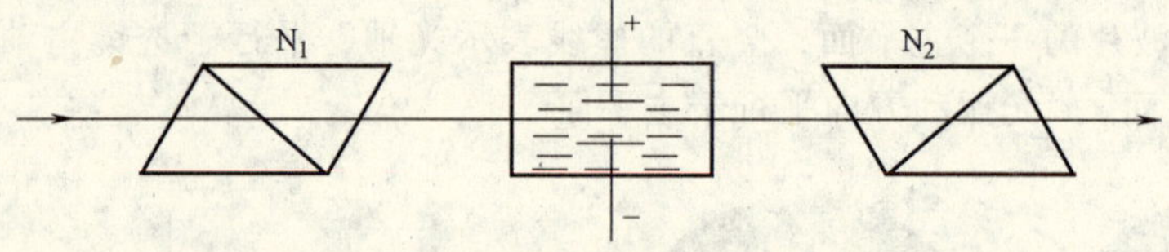

图 20-17 克尔效应

液态硝基苯($C_6H_5NO_2$)通常情况下是各向同性的. 将其封入装有平行板电容器的玻璃盒内，这个盒称为克尔盒，如图 20-17 所示. 将小盒放置在两个正交的尼科耳 $N_1$ 和 $N_2$ 之间，在没有外电场时，光不能通过. 在极板上加电压后，有光通过，说明盒内的液体在电场的作用下，变成了双折射物质，光轴沿电场方向. 光在其中分解成了 o 光和 e 光，o 光的电矢量垂直于光轴，沿着 $x$ 方向，而 e 光的电矢量沿着光轴方向，如图 20-18 所示. 实验表明，在液体中，折射率之差正比于电场强度的平方，写成等式为

$$\Delta n = n_o - n_e = kE^2 \tag{20-31}$$

式中，$k$ 为克尔常量. 通过厚度为 $d_0$ 的液体后，o 光和 e 光之间的相位差为

$$\Delta\varphi = \frac{2\pi}{\lambda}d_0(n_o - n_e) = \frac{2\pi}{\lambda}d_0 kE^2$$

如果平板间的距离为 $d$，电势差为 $U$，则

$$E = \frac{U}{d}$$

$$\Delta\varphi = \frac{2\pi}{\lambda}d_0 k\frac{U^2}{d^2} \tag{20-32}$$

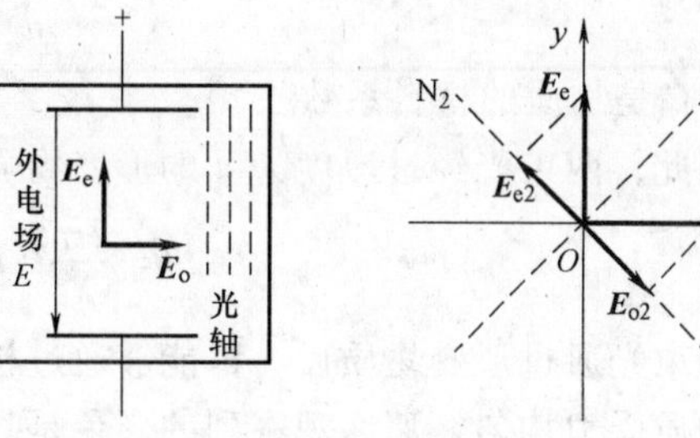


图 20-18 克尔效应中，o 光和 e 光的电矢量及分解

可见，当 $U$ 变化时，相位差改变，光强也随之改变，可以通过改变加在极板上的电压来控制输出的光强. 利用克尔盒可制成高速开关，它已在高速摄影、激光通信等领域中得到广泛应用.

另一种电光效应称为**普克尔斯效应**(Pockels effects)，它是一种线性的电光效应. 晶体是单轴晶体. 不加电场时，光沿光轴方向传播不产生双折射，如图 20-19 所示. 沿光轴方向加电场后，入射晶体的线性偏振光分解为振动方向垂直的两束. 两束光在晶体中的传播速度不同，当经过厚度为 $d_0$ 的晶体后，两束偏振光的相位差为

$$\Delta\varphi = \frac{2\pi}{\lambda}n_0^3\gamma d_0 E = \frac{2\pi}{\lambda}n_0^3\gamma U \tag{20-33}$$

式中，$n_o$ 是晶体中 o 光的折射率；$\gamma$ 是与晶体取向有关的量. 以这种晶体制作的元件产生的相位差与电压成正比，是一种电场作用下的特殊波片.

由于从接通电源到建立电光效应的时间很短，利用普克尔斯效应也可以制成高速开关，调制频率可以达到 $2.5\times10^{10}$Hz.

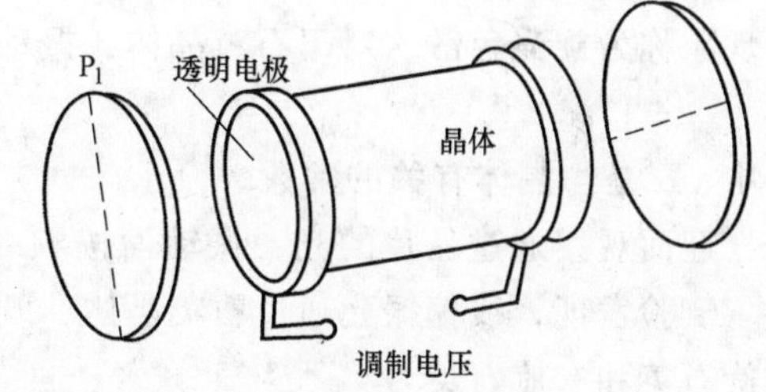


图 20-19 磷酸二氢钾(KDP)晶体上加调制电压

液晶就是利用电光效应工作的例子. 把一种具有向列相分子排列的液晶注入带有透明电极的液晶盒内，未加电场时液晶盒透明. 加以超过某一阈值的电场时，盒内的液晶分子产生紊乱形成散射，液晶盒由透明变为不透明. 这种现象在液晶显示技术中得到了广泛的应用.

## 20.6.2 光弹性效应

非晶体在通常情况下是各向同性的，不会产生双折射现象. 但是当应力作用在非晶体上时，会变成各向异性显示出双折射性质，这种现象称为**光弹性效应**. 应力改变，双折射的性质也改变，例如，将透明塑料膜片放入两块偏振片之间，用力拉紧塑料膜，通过白光可以观察到彩色图案，改变拉力的大小，彩色图样发生改变.

各向同性的物质在某一方向受到拉力或压力作用时，这一方向称为物质的光轴. o 光和 e 光经过厚度为 $d$ 的物体后产生的光程差为

$$\delta = (n_o - n_e)d \tag{20-34}$$

实验表明，折射率之差与应力 $\sigma$ 成正比，即

$$n_o - n_e = C\sigma \tag{20-35}$$

式中，$C$ 是物质的材料系数.

因此，两束光经过厚度为 $d$ 的形变物质时，相位差为

$$\Delta\varphi = \frac{2\pi}{\lambda}d(n_o - n_e) = 2\pi\frac{C\sigma d}{\lambda} \tag{20-36}$$

两束光通过形变物质后，都能够通过检偏器，成为满足干涉条件的光，发生干涉. 如果形变物质受力均匀，那么观察到的彩色是均匀的，如果受力不均匀，不同地方的应力不同，出现的彩色颜色也不同，复杂的应力会出现复杂的图案.

利用光弹性效应可以检验各种机床、飞机、建筑物、桥梁、堤坝、电视发射塔等所受的复杂的应力问题.

### 20.6.3　旋光现象

晶体中沿光轴方向传播的光不发生双折射现象. 将石英晶体加工成光轴垂直于表面的薄片，线偏振光沿着光轴方向入射时，发现出射光的振动面会发生旋转，这种现象称为**旋光现象**(optical rotation)，如图 20-20 所示. 能够使线偏振光的振动面发生旋转的物质叫**旋光性物质**. 晶片厚度为 1mm 时转过的角度叫**旋光度**. 对于同一厚度的晶片，不同波长的光偏转的角度不同，当白光入射时，出射光中不同波长成分旋转的角度不同，有不同颜色的光射出，这一现象称为**旋光色散**. 对于石英晶体，振动面转过的角度与晶体的厚度 $d$ 成正比，即

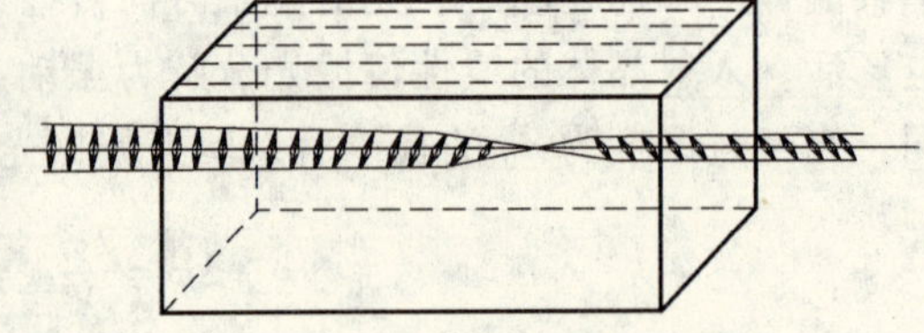

图 20-20　旋光现象

$$\theta = \alpha d \tag{20-37}$$

式中，$\alpha$ 是与晶体有关的常数.

迎面观察通过晶片的光，振动面按顺时针方向转动的称为右旋，逆时针转动的称为左旋. 实验发现，线偏振光通过石英晶体，既可以左旋，又可以右旋，据此，可以将石英分为左旋石英和右旋石英.

除了石英等晶体中出现旋光现象外，在液体中也存在旋光现象，如松节油、糖溶液中，线偏振光的电矢量转过的角度为

$$\varphi = \alpha C d \tag{20-38}$$

式中，$C$ 为溶液的浓度；$d$ 为光经过的长度. 由于电矢量旋转的角度可以反映蔗糖溶液的浓度，因此可以通过测量旋光，测得溶液的浓度，这是工业制糖中测量糖浓度的量糖计的原理. 此外，旋光现象在医药、生物物理学等方面也有着广泛的应用.

## 20.7　光与物质的相互作用*

光通过物质传播时，将与物质中的带电粒子发生相互作用，其结果是：一部分光的能量不断被物质吸收，一部分光向各个方向散射，使得光的强度被减弱；另外，光在物质中的传播速度将小于真空中的速度，且随频率变化. 因此表现为光的吸收、散射和色散等效应.

### 20.7.1 光的吸收

光通过物质时，电矢量与物质中的带电粒子作用，将其能量转化为热能，因而使光的强度减弱的现象，称为**光的吸收**(absorption of light). 实验表明，在透明物质中，当光强不是很大时，光被吸收的程度与吸收体的厚度成正比.

如图20-21所示，在各向同性的均匀物质中取一薄层，厚度为 $\mathrm{d}x$，光强为 $I_0$ 的平行光入射到该薄层前时光的强度为 $I$，从薄层射出后的光强为 $I+\mathrm{d}I(\mathrm{d}I<0)$，则有

$$\frac{\mathrm{d}I}{I}=-\alpha_{\mathrm{a}}\mathrm{d}x \tag{20-39}$$

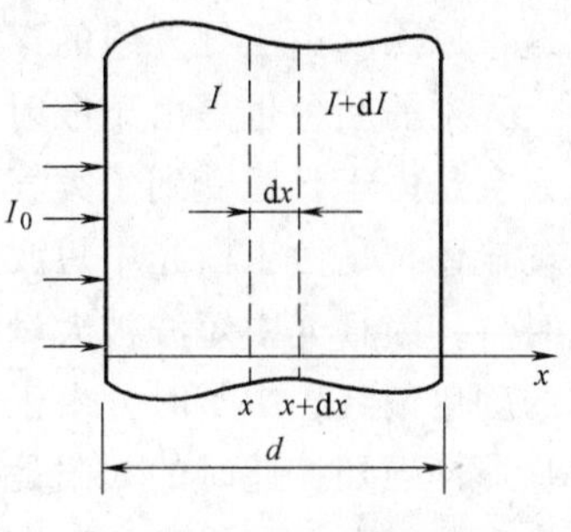

图20-21 光的吸收

式中，$\alpha_{\mathrm{a}}$ 为吸收系数，对于一定的波长，$\alpha_{\mathrm{a}}$ 可以认为是不变的. 积分得到通过厚度为 $d$ 的物质后的光强为

$$I=I_0\mathrm{e}^{-\alpha_{\mathrm{a}}d} \tag{20-40}$$

这一规律称为**朗伯**(J. H. Lambert,1728—1777)**定律**，它是朗伯于1760年发现的.

实验还表明，光在液体中传播时，稀溶液的吸收系数与溶液的浓度有关. 比尔(A. Beer,1825—1863)发现，溶液的吸收系数与溶液浓度成正比，即 $\alpha_{\mathrm{a}}=AC$，因此，式(20-40)可改写为

$$I=I_0\mathrm{e}^{-\alpha_{\mathrm{a}}d}=I_0\mathrm{e}^{-ACd} \tag{20-41}$$

该式称为**比尔定律**. 式中，$A$ 是与浓度无关的常量；$C$ 是溶液的浓度. 应当注意，在稀溶液中比尔定律成立，当溶液浓度很大时比尔定律不再成立，但是朗伯定律仍然成立.

真空对任何波长的光都是完全透明的，而其他物质却不同. 任一物质对光的吸收都由一般吸收和选择吸收组成. 一般吸收是指物质对光的吸收率随波长变化很小，而选择吸收是指同一物质在某些波长处吸收得很多，并且随波长剧烈地变化.

一般物质对不同波长的光的吸收是不同的，连续光源发出的光经过物质后，用分光计可以发现某些波长的光被吸收，从而形成吸收光谱. 吸收光谱是吸收物质中的原子吸收入射光能量的结果，可以用来作物质成分的分析. 物质成分的极少量变化，会导致吸收系数的很大变化，因此在化学、医药、材料、遥感、航天和气象预报等定量分析中都广泛运用到吸收光谱.

物体对光的吸收不同而呈现出不同的色彩. 如金的颜色是黄色的，这是由于金对除黄光之外的其他成分的光波吸收很强，因此表面反射的光以黄色成分为主.

### 20.7.2 光的散射

光在均匀物质中传播时，光沿着一定的方向传播，在其余方向上光强为零，观察不到光. 当光在不均匀物质中传播时，从侧向却可以看见光，这种现象称为**光的散射**(scattering of light).

散射由于机制不同，可以分成不同的种类. 但主要有以下两种：一种是物质中悬浮颗粒的影响，如空气中的尘埃、溶液中悬浮的颗粒等，这些颗粒的线度一般小于光波波长；另一种是由于物质分子密度的涨落而引起的，因为密度的涨落取决于分子的无规则运动，故这种

散射也称为分子散射.

瑞利(Rayleigh,1842—1919)对颗粒散射进行了精密的研究，发现当散射颗粒的尺寸小于波长时，入射光中不同的波长成分有不同的散射，散射光强与入射光波长的四次方成反比，即 $I\propto\lambda^{-4}$，例如红光的波长约是紫光波长的 1.8 倍，相同入射光强的情况下，紫光的散射大约是红光的 10 倍，因此红光的散射较弱，通过薄雾的能力比蓝光强，信号灯多用红色就是这个原因. 由于红外线的穿透能力比可见光强，所以在遥感测量中有广泛的应用.

天空的颜色也是由于散射引起的，如果没有大气，天空的背景是黑色的. 白天看到明亮的天空是由于日光受到了大气的散射，散射后的光从不同方向进入人眼的缘故. 晴朗的天空呈现蓝色，是由于白光中短波成分的蓝色和浅蓝色光比红黄色光散射得更厉害. 而早上和傍晚时分，因日光中短波被大量散射，沿着原来法线方向前进的主要是长波部分，因此太阳此时的颜色偏红；中午时分由于太阳直射地面，光经过的大气层厚度较薄，对短波的散射没有早晚那样强烈，此时的太阳是白色.

当散射颗粒的线度大于光的波长时，散射光对波长的依赖性不强，各个波长成分的散射光强差别不大. 此时的散射称为米-德拜散射. 云雾的颜色呈现白色就属此类散射.

### 20.7.3　光的色散

光在物质中传播时，不同波长的光其传播速度不同，折射率也不同，穿过物质后，会从不同的角度射出，在空间分开，牛顿最早通过棱镜观察到这种现象. 光在介质中的传播速度(或折射率)随波长而变化的现象称为**光的色散**(dispersion of light).

显示色散最著名的方法是牛顿在 1762 年首次用过的正交棱镜法. 实验装置如图 20-22 所示，三棱镜的折射棱互相垂直，透过狭缝的白光经过第一个透镜后成为平行光束，射向第一块棱镜，经该棱镜色散后，不同波长的光沿水平方向散开，红光的折射率小，偏转的角度小. 蓝光折射率大，偏转角度大. 这些光再射入第二块棱镜，由于第二块棱镜与第一块垂直放置，色散出现在竖直方向，蓝光的折射率大，从下方射出，红光的折射率小，从上方射出，在屏幕上形成一条弯曲的彩色曲线.

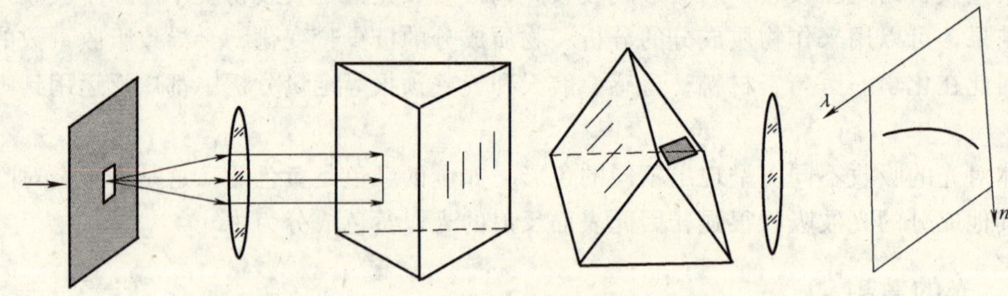


图 20-22　牛顿正交棱镜实验

在可见光区得到的色散曲线如图 20-23 所示，用函数表示为

$$n=a+\frac{b}{\lambda^{2}}+\frac{c}{\lambda^{4}} \tag{20-42}$$

这一关系称为**柯西**(A. L. Cauchy, 1789—1857)**方程**. 其中 $a$、$b$、$c$ 是与物质有关的常数，由材料的性质决定. 当波长的变化范围不大时，可以只取前两项，即

$$n = a + \frac{b}{\lambda^2} \tag{20-43}$$

对上式求导，得到色散关系

$$\frac{dn}{d\lambda} = -\frac{2b}{\lambda^3} \tag{20-44}$$

这表明色散近似与波长的三次方成反比，因此棱镜光谱是非均匀光谱.

由图 20-23 可以看出，色散曲线具有几个明显特点：波长越短，折射率越大；波长越短，$dn/d\lambda$ 也越大；波长一定时，不同物质的折射率越大，$dn/d\lambda$ 也越大；不同物质的色散曲线没有简单的相似关系.

通常称波长越短，折射率越大的色散为**正常色散**. 实验表明，一般情况下，物质存在一个吸收带，即在某一个波长范围内，光被物质强烈吸收，不能观察到这部分光，因此无法测量这一波长范围内的物质的折射率，这种现象叫做**反常色散**. 如图 20-24 所示. 孔脱(kundt)发现，反常色散总是与光的吸收有密切联系. 任何物质如果在某一波长范围有反常色散，则在这个区域内的光被强烈吸收，形成吸收带. 当波长在两个吸收带之间并远离它们时，发生正常色散.

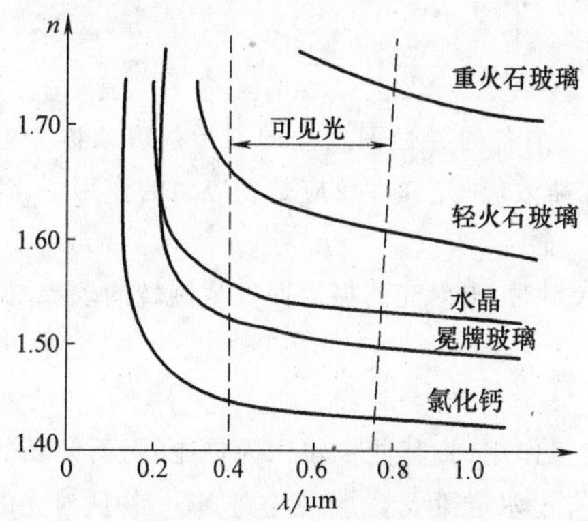


图 20-23 不同物质的色散曲线

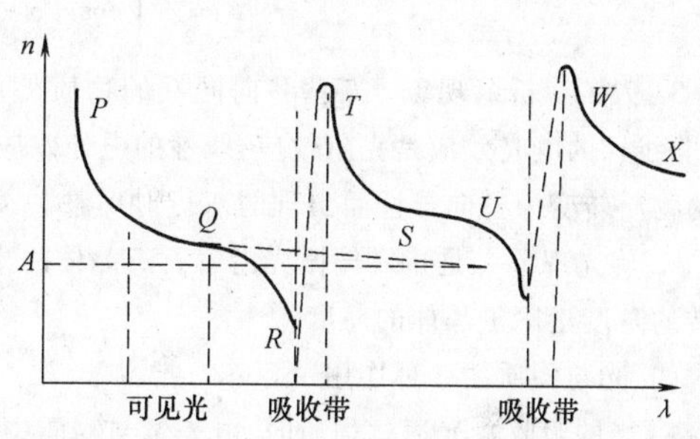


图 20-24 正常色散与反常色散

## 小 结

本章主要讲述了偏振光的 5 种可能状态、2 个重要定律、4 个现象和光与物质的 3 种作用.

一、光的 5 种偏振态

光的偏振态大体可分为五种：自然光、线偏振光、部分偏振光、圆偏振光和椭圆偏振光.

光的偏振程度通常用偏振度 $P$ 来描述：

$$P = \frac{I_{max} - I_{min}}{I_{max} + I_{min}}$$

并且有 $0 \leqslant P \leqslant 1$. 自然光因 $I_{max} = I_{min}$，则 $P = 0$；线偏振光 $I_{min} = 0$，则 $P = 1$；部分偏振光的偏振度 $0 < P < 1$.

二、2 个重要定律

1. 马吕斯定律 自然光通过起偏器后变为线偏振光，其光强为原来的一半. 如果线偏振光的光强为 $I$，其振动方向与检偏器的透振方向夹角为 $\theta$，则通过检偏器的光强为

$$I_\theta = I\cos^2\theta$$

2. 布儒斯特定律 一束光在两种介质界面反射和折射时，反射光和折射光都变为部分偏振光. 欲使反射光成为线偏振光，其入射角必须满足

$$\tan i_{10}=\frac{n_2}{n_1}$$

其中，入射角 $i_{10}$ 称为布儒斯特角，或起偏角；$n_1$ 和 $n_2$ 分别是入射光束和折射光束所在物质的折射率.

三、4 个现象

1. 光的偏振现象　光的振动方向对于传播方向的不对称性，称为光的偏振. 光的偏振现象是光的横波性的体现，因为只有横波才有偏振.

2. 双折射现象　光照射到各向异性物质上时，一束光变为两束光的现象，称为双折射现象. 其中一束光遵守折射定律，称为 o 光，另一束光不遵守折射定律，称为 e 光. 这两束光的相对光强为

$$\frac{I_o}{I_e}=\tan^2\theta$$

o 光和 e 光在晶体中的传播速度不同，通过晶体后产生相位差，相位差正比于晶体的厚度 $d$，根据这个原理可以制成波片. 波片的相位差为

$$\Delta\varphi=\frac{2\pi}{\lambda}(n_o-n_e)d$$

e 光和 o 光振动面互相垂直，因此不满足干涉条件，无法产生干涉，当通过波片使它们的振动方向变得相同时，两束光产生干涉，单色光出现明暗变化，白光可以出现彩色图案. 其合光强为

$$\begin{aligned}I&=A^2=A_{2o}^2+A_{2e}^2+2A_{2o}A_{2e}\cos\Delta\varphi'\\&=A_1^2\left[\cos^2(\alpha-\theta)-\sin2\theta\sin2\alpha\sin^2\frac{\Delta\varphi'}{2}\right]\end{aligned}$$

3. 人工双折射现象　某些各向同性的物质外加电场后变为各向异性而发生的双折射现象称为电光效应. 非线性的电光效应是克尔效应，线性的电光效应是普克尔斯效应. 光弹性效应是在应力的作用下，各向同性的物质转变为各向异性而出现的双折射现象.

4. 旋光现象　是指线偏振光沿着石英晶体的光轴垂直入射时，出射光的振动面发生旋转的现象. 振动面旋转的角度正比于晶体的厚度.

四、光与物质的 3 种作用

1. 光的吸收　光通过物质时，电矢量与物质中的带电粒子作用，将其能量转化为热能，因而使光的强度减弱的现象，称为光的吸收. 它遵从朗伯定律，但在稀溶液中有比尔定律成立. 除真空外，任一物质对光的吸收都由一般吸收和选择吸收组成.

2. 光的散射　当光束通过光学性质不均匀的物质时，从侧向却可以看到光的现象称为光的散射. 它主要有瑞利散射和米-德拜散射两种机制，当散射颗粒的尺寸小于光的波长时发生瑞利散射，当颗粒的线度大于光的波长时，发生米-德拜散射.

3. 光的色散　光在介质中的传播速度（或折射率）随波长而变化的现象称为光的色散. 有正常色散和反常色散两种，当波长范围远离物质的吸收带时发生正常色散，在吸收带内时发生反常色散，并且反常色散总是与光的吸收有密切联系.

以上三种现象都是光与物质中的带电粒子发生相互作用的结果，它们并不属于光的偏振.

## 思　考　题

20-1　线偏振光和自然光有什么区别？如何区分线偏振光和自然光？

20-2　两束相同的自然光分别经过起偏器后变成圆偏振光和线偏振光，哪一束光的光强更强？

20-3　如图 20-25 所示，A 是起偏器，B 是检偏器，以单色光垂直入射，保持 A 不动，将 B 绕轴 $l$ 转动一周，在转动过程中，通过 B 的光强怎样变化？若保持 B 不变，将 A 绕轴 $l$ 转动一周，通过 B 的光强怎样变化？

20-4　利用双折射现象如何制成波片？

20-5 用透射的方式能否获得完全的线偏振光？用反射方式呢？它们各有什么特点？

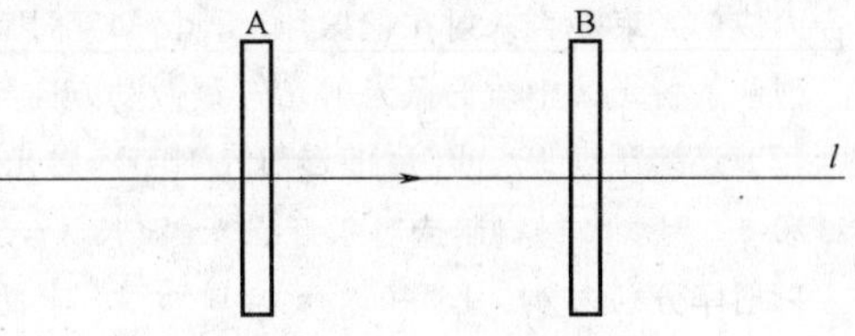


图 20-25 思考题 20-3 用图

20-6 马吕斯定律定量描述了一对由起偏器和检偏器组成的偏振器对透过光线强度的调节作用，如何设计一套可以连续调节光强的实验系统？

20-7 如图 20-26 所示，玻璃片堆 A 的折射率为 $n$，二分之一波片 C 的光轴与 $y$ 轴的夹角为 30°，偏振片 P 的透振方向沿 $y$ 轴方向，自然光沿水平方向入射.

(1) 要使反射光为完全偏振光，玻璃片堆 A 的倾角 $\theta$ 应为多少？

(2) 若将部分偏振光看做自然光与线偏振光的叠加，则经过 C 后线偏振光的振动面有何变化？说明理由.

(3) 若透射光中自然光的光强为 $I$，线偏振光的光强为 $I'$，计算透过后的光强.

20-8 如图 20-27 所示，偏振光干涉装置中，C 是劈尖角很小的双折射晶片，折射率 $n_e > n_o$，$P_1$、$P_2$ 的透振方向相互正交，与光轴方向成 45°角，若以波长为 $\lambda$ 的单色自然光垂直照射，讨论：

(1) 通过晶片 C 不同厚度处出射光的偏振态；

(2) 经过偏振片 P 的出射光干涉相长及相消位置与劈尖厚度 $d$ 的关系，并求干涉相长的光强与入射光强之比；

(3) 若转动 $P_2$ 到与 $P_1$ 平行时，干涉条纹如何变化？为什么？

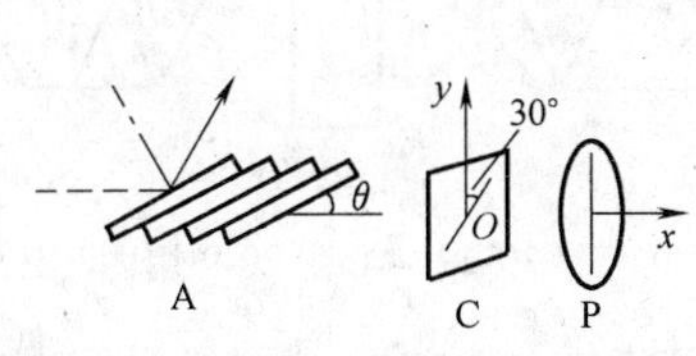


图 20-26 思考题 20-7 用图

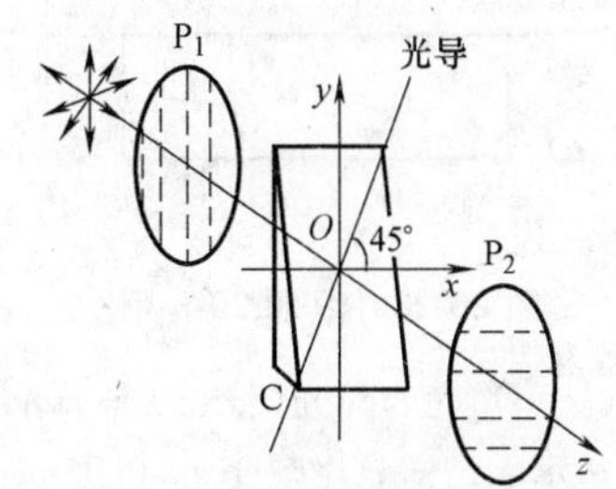


图 20-27 思考题 20-8 用图

## 习 题

20-1 自然光投射到叠在一起的两块偏振片上，则两偏振片的透振方向夹角为多大才能使：

(1) 透射光为入射光强的 1/3；

(2) 透射光强为最大透射光强的 1/3.

20-2 设一部分偏振光由一自然光和一线偏振光混合构成，现通过偏振片观察到这部分偏振光在偏振片由对应最大透射光强位置转过 60°时，透射光强减为一半，试求部分偏振光中自然光和线偏振光的比例.

20-3 在透振方向正交的两偏振片 $P_1$、$P_2$ 之间，插入一晶片，其光轴平行于表面且与起偏器的透振方向成 35°角，求：

(1) 由晶片分成的 o 光和 e 光的强度之比；

(2) 经检偏器后两光的强度之比.

20-4 把一个楔角为 0.33°的石英劈尖（光轴平行于棱）放在透振方向正交的两偏振片之间. 用 $\lambda$ = 654.3nm 的红光垂直照射，并将透射光的干涉条纹显示在屏上，已知石英的折射率 $n_o$ = 1.5419、$n_e$ = 1.5509，计算相邻干涉条纹的间距.

20-5 两个偏振片 $P_1$、$P_2$ 叠在一起，其透振方向之间的夹角为 30°，由强度相同的自然光和线偏振光混合而成的光束垂直入射在偏振片上，已知穿过后的透射光强为入射光强的比为2/3，求：

（1）入射光线中线偏振光的光矢量振动方向与 $P_1$ 的透振方向的夹角 $\theta$ 为多少？

（2）连续穿过 $P_1$、$P_2$ 后的透射光强与入射光强之比.

20-6　用水晶材料制造对汞灯绿光(波长 $\lambda=546.1\times10^{-9}$m)适用的四分之一波片，已知对此绿光水晶的主折射率分别为 $n_o=1.5462$、$n_e=1.5554$. 求此四分之一波片的最小厚度 $d$.

20-7　线偏振光垂直入射于石英晶片上(光轴平行于入射面)，石英主折射率 $n_o=1.544$，$n_e=1.553$.

（1）若入射光振动方向与晶片的光轴成60°角，不计反射与吸收损失，估算透过的o光与e光的强度之比；

（2）若晶片的厚度为0.50mm，透过的o光与e光的光程差多少？

20-8　一束单色自然光自空气($n=1$)入射到一块方解石晶体上，晶体光轴方向如图20-28所示，其主折射率 $n_o=1.658$、$n_e=1.486$，已知晶体厚度 $d=2.00$cm，入射角 $i=60°$.

（1）求 $a$、$b$ 两透射光间的垂直距离；

（2）两束透射光中，哪一束在晶体中是寻常光？哪一束在晶体中是非寻常光？

20-9　在两个相互正交的偏振片之间放一块水晶的旋光晶片(光轴垂直水晶的表面)，如图20-29所示，入射光为纳黄光($\lambda=589.3\times10^{-9}$m)，对此波长水晶的旋光率 $\alpha=21.750$/mm，若使出射光最强，求晶片的最小厚度.

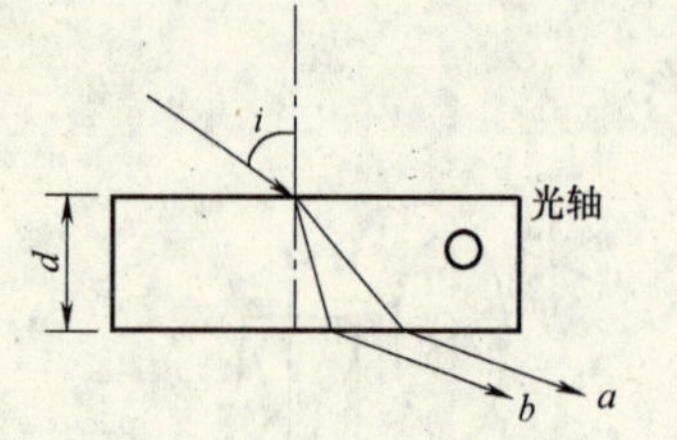


图20-28　习题20-8用图

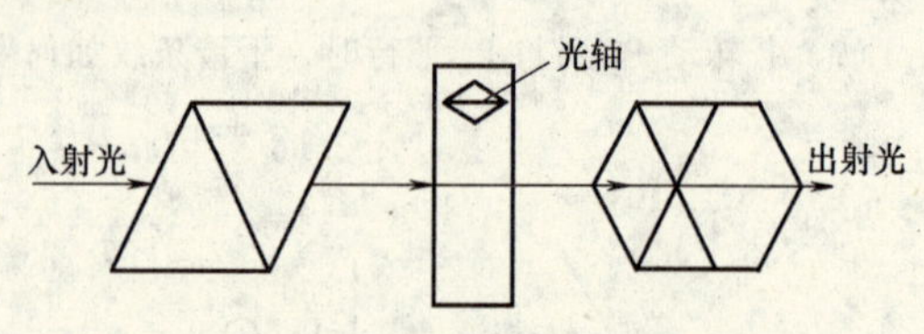


图20-29　习题20-9用图

20-10　一束单色自然光(波长 $\lambda=589.3\times10^{-9}$m)垂直入射在方解石晶片上，光轴平行于晶片的表面，如图20-30所示. 已知晶片厚度 $d=0.05$mm，对该光方解石的主折射率 $n_o=1.658$、$n_e=1.486$. 求

（1）o、e两光束穿出晶片后的光程差；

（2）o、e两光束穿出晶片后相位差.

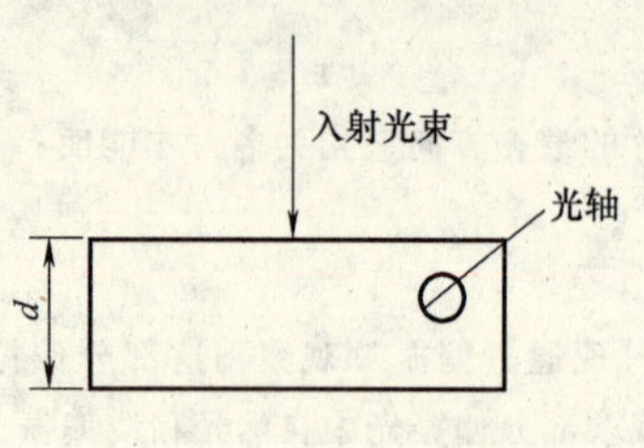


图20-30　习题20-10用图

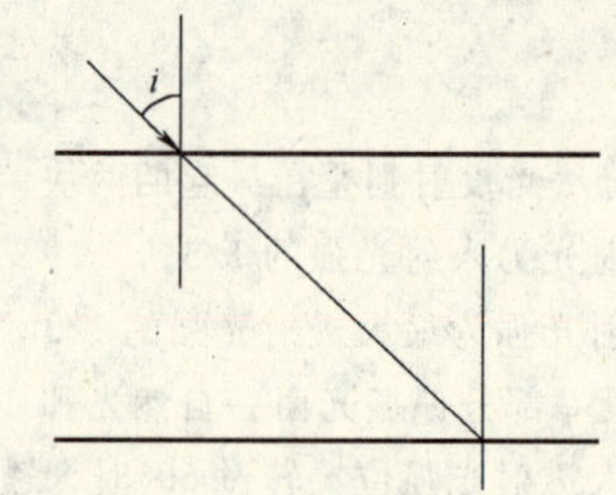


图20-31　习题20-11用图

20-11　一束单色线偏振光($\lambda=589.3\times10^{-9}$m)沿光轴方向通过水晶块，如图20-31所示. 已知对右、左旋圆偏振光的水晶折射率分别为 $n_R=1.55812$、$n_L=1.54870$，若通过晶体的右旋和左旋圆偏振光所发生的位相差为 $\pi$，则晶体厚度 $l$ 为多大？

20-12　两个偏振片叠在一起，在它们的透振方向成 $\alpha_1=30°$ 时观测一束单色自然光，又在 $\alpha_2=45°$观测另一束单色自然光，若两次所得的透射光强度相等，求两次入射自然光的强度之比.

# 物理学家简介

## 海森伯(Werner Karl Heisenberg,1901—1976)

沃尔纳·卡尔·海森伯在1901年12月5日出生于德国中部维尔兹堡的一个知识分子家庭. 海森伯的父亲是一位教授希腊文的教师，他很重视孩子的学习，小时候的海森伯受到父亲的熏陶，受到了良好的家庭教育. 小学时，海森伯的学习成绩很优秀，进入中学后，他开始学习物理课程，并对物理学产生了兴趣. 在此期间，海森伯阅读了数学家韦尔(Hermann Weyl,1885—1955)的《空间、时间和物质》一书，开始接触到一些科学发展的前沿知识. 1920年，海森伯进入慕尼黑大学，起初他想学习数学，但遭到了一位数学教授的拒绝，于是转向物理学. 经父亲的引见，海森伯加入到由索末菲(Arnold Sommerfeld,1868—1951)教授主持的理论物理研究所，在索末菲的亲自指导下学习理论物理学，由此开始了海森伯一生的事业. 在研究所里，海森伯遇到了比自己大一些、正担任索末菲助手的泡利，两人很快建立起了深厚的友谊. 在索末菲的主持下，研究所的学术氛围非常活跃，大家经常对于物理学的问题进行热烈而自由的讨论，海森伯在这里学习到很多量子理论的知识，也了解到量子理论的最新进展. 1922年夏，玻尔应邀来到德国的哥廷根讲学，海森伯跟随索末菲一同前往听讲. 在讲演结束后的讨论中，海森伯发表的意见引起了玻尔的注意，之后他与海森伯一同散步继续讨论. 玻尔对海森伯印象深刻，他邀请海森伯到哥本哈根来进行研究. 1923年，海森伯获得博士学位，此后他前往哥廷根大学深造，担任玻恩(Max Born,1882—1970)教授的助教，备受玻恩赏识. 1924年9月，海森伯来到哥本哈根，开始在玻尔手下开展研究工作. 玻尔对海森伯的影响很深，海森伯曾经回忆说："我在索末菲那里学到了物理，在玻恩那里学到了数学，在玻尔那里学到了哲学."

在哥本哈根的这段时间，海森伯与玻尔和克雷默斯(Hendrik Anthony Kramers,1894—1952)合作，对光的色散问题进行研究，提出了色散公式. 在研究过程中，海森伯感到玻尔的原子理论之所以没能在实验上获得理想的证实，根本原因是由于这种理论中包含了太多对原子本身的猜测，如电子的运动轨道、轨道的半径、旋转频率等，而这些物理量都是不可直接观测的，从而就很难建立运动方程来对电子的运动进行有效地描述. 海森伯认为，人们应以观察到的现象为依据，通过数学方法来建立量子理论，而不能沉溺于对原子形象的想象. 因此，海森伯决定摒弃原有的原子模型，寻找新的方法进行研究. 他从玻尔的频率条件和克雷默斯的色散理论中获得了启发，这为他之后创立矩阵力学打下了基础. 1925年，海森伯从哥本哈根回到哥廷根，开始尝试运用玻尔的对应原理，并试图只使用一些可观测的物理量，例如跃迁频率、光谱频率和谱线强度的振幅等来创建一种新的量子理论. 正在此时，海森伯得了严重的枯草热病，便来到北海的一座岛上疗养，岛上幽静的环境给了他专心计算的机会. 海森伯引入频率和振幅等可观测量的二维数集，结果证明，他采用的处理方法是可行的. 与此同时，他还惊奇地发现，计算中的乘法是非对易的，即两种量的乘积与它们相乘时的先后次序有关. 当时，海森伯对于矩阵理论还一无所知，他将这些想法写成了论文《关于运动学和力学关系的量子理论解释》，并将这篇论文交给了玻恩. 玻恩很快意识到海森伯的分析结果可以通过数学中的矩阵理论来表述，他感觉到海森伯这一工作的深远意义，于是将论文推荐给德国《物理杂志》发表. 后来，玻恩又与约丹(Pascul Jordan,1902—1980)合作，在1925年9月发表了论文《论量子力学》. 接着，海森伯、玻恩和约丹三人合作，完成了论文《论量子力学 II》，这篇论文将之前的结果进行推广，全面阐述了量子力学的理论要点. 这三篇论文最鲜明的特点是用矩阵代替了可观测的物理量，构造了量子力学的矩阵形式，这也是量子力学的第一种有效形式. 矩阵力学的建立，奠定了量子力学的基础. 在这项具有开拓性质的工作中，作为矩阵力学创建者的海森伯做出了最突出的贡献.

海森伯在建立矩阵力学以后，进一步对量子力学展开了探索. 1926年薛定谔(Erwin Schrödinger,1887—1961)创立了波动力学，玻恩在薛定谔的基础上提出了波函数的统计解释，指出薛定谔波函数是一种概率振幅，由此揭示出量子力学规律的统计性质. 后来，矩阵力学与波动力学被证明实质上是完全等价的. 虽然已经认识到要以量子理论的图像来描述电子的运动，但令海森伯疑惑不解的是，既然在量子力学中不需要电子轨道的概念，那又如何解释云室中观察得到的电子径迹呢？海森伯试图用矩阵力学给出电子径迹的数学表达式，结果失败了，他于是意识到这些电子径迹可能并不是电子的真实轨道，电子的位置也许具有某种不确定性，其不确定度可以被限制在最小范围内，但不能等于零. 受到爱因斯坦曾对他说过的那句话——“是理论决定我们可能观察到什么”——的启发，1927年，时任莱比锡大学理论物理学教授的海森伯发表了论文《论量子理论运动学和力学的可观测内容》，在这篇论文中他提出了著名的不确定原理(或称为测不准原理)，指出微观粒子的动量与位置的不确定度的乘积总是具有普朗克常量的数量级. 不确定原理反映了微观粒子运动的基本规律，是量子力学的重要理论基础. 不确定原理的提出，动摇了之前人们所坚信的确定论的思想，在物理学界与哲学界都产生了极大震撼. 1932年，海森伯因在创立量子力学方面所做出的重要贡献和发现氢的同素异形体而被授予该年度的诺贝尔物理学奖.

1928年，海森伯提出将量子力学应用于金属内部的铁磁体理论. 次年他又与泡利联名发表两篇论文，合作提出了电磁场的量子理论，这两篇论文之后成为量子场论这一领域中的基本文献. 在中子被发现后，海森伯又提出原子核由中子和质子组成的模型，他认为核子间是通过“交换力”而被束缚于核内部的. 此后，海森伯一直继续从事量子理论方面的研究，直至1939年第二次世界大战爆发.

纳粹上台后，海森伯留在了德国国内，从1941年至1945年，他一直担任柏林大学教授并兼任凯泽·威廉物理研究所所长. 1943年，海森伯提出了散射过程的S矩阵理论. 不幸的是，第二次世界大战期间海森伯成为德国原子弹研制工作的主要技术负责人，这使他在日后备受争议. 战争末期，海森伯被盟军俘虏，其后被送往英国拘留一年. 回到德国后，海森伯努力重建德国科学，他迁往慕尼黑，开始任慕尼黑大学教授，同时兼任普朗克物理研究所所长，从事基本粒子研究. 1958年，海森伯与泡利合作研究基本粒子的统一场论，并提出“元物质”理论. 特别值得一提的是，海森伯在战后大力提倡和平利用核能，但他反对德国拥有核武器. 1970年，海森伯退休，此后他的身体逐渐开始衰退. 1976年2月1日，海森伯在慕尼黑的家中病逝，享年75岁.

海森伯具有一种能够从物理上把握问题关键的直觉，这使他成为20世纪最富于创造性和最成功的物理学家之一. 海森伯对20世纪物理学的贡献很大，除了在量子理论方面取得的辉煌成就外，他还在湍流、超导电性、宇宙射线、基本粒子理论等方面进行过很有意义的探索. 海森伯的主要著作包括：《量子论的物理学原理》、《自然科学基础的变化》、《原子核物理》、《物理学与哲学》等. 海森伯为人类科学所做出的巨大贡献值得后人钦佩，他的科学精神也给后来的科研工作者们以新的启迪.

# 第21章　物质的本性

光的干涉和衍射现象说明光具有波动性，光的偏振现象说明光是横波．麦克斯韦电磁场理论进而揭示了光的电磁本质，并很好地解释了光的干涉、衍射和偏振等波动现象．但用经典电磁波理论处理光与物质的相互作用问题时，却遇到了难以克服的困难．正是在解决黑体辐射、光电效应等问题的过程中，人们建立起了近代光学理论．近代光学把光与物质的相互作用归结为量子化的电磁场，即光子与量子化的物质体系的作用，不仅圆满解决了黑体辐射、光电效应的问题，同时也揭示了光的波粒二象性，而且还催生了量子力学理论，并启发德布罗意提出了与实物粒子相联系的物质波理论．

本章首先介绍热辐射和黑体的经典辐射理论，然后介绍普朗克的黑体辐射理论、爱因斯坦光量子理论和康普顿散射，最后说明德布罗意引入物质波的概念，阐述波粒二象性的初步含义．

## 21.1　热辐射　黑体

### 21.1.1　热辐射

物体是由大量原子组成的．热运动会引起原子之间的碰撞使原子激发到较高能级，再跃迁到较低能级时就会辐射电磁波．原子的动能越大，通过碰撞引起原子激发的能量就越高，从而辐射电磁波的波长就越短．原子热运动的动能与温度有关，因此辐射电磁波的波长分布也与温度有关．当加热铁块时，开始看不出它发光．随着温度的不断升高，它变成暗红、赤红、橙红而最后成为黄白色．其他物体加热时也有类似的随温度而改变的现象．这似乎说明在不同温度下物体能发出不同频率的电磁波．事实上，实验证明，在任何温度下，物体都向外发射各种频率的电磁波．只是在不同的温度下所发出的各种电磁波的能量按频率有不同的分布，所以才表现为不同的颜色．这种能量按频率的分布随温度而不同的电磁辐射叫做**热辐射**(heat radiation)．热辐射应该是稳定的，也就是说物体辐射电磁波同时也吸收照射到该物体上的电磁波，如果在单位时间内物体辐射的电磁波的能量等于吸收的电磁波的能量，那么物体和辐射场之间就达到了在同一温度下的热平衡．处于这种状态下的辐射才是稳定的、平衡的热辐射．必须注意，热辐射不一定需要高温，任何温度的物体都发出一定的热辐射．

为了定量的描述热辐射的性质，下面介绍以下几个物理量．

**1. 单色辐出度**　如果在单位时间内物体从单位表面积向各个方向所发射的、频率介于 $\nu$ 到 $\nu+\mathrm{d}\nu$ 范围内的辐射能为 $\mathrm{d}W$，则 $\mathrm{d}W$ 与 $\mathrm{d}\nu$ 之比称为**单色辐射出射度**(简称**单色辐出度**)，用 $M(\nu,T)$ 表示，即

$$M(\nu,T)=\frac{\mathrm{d}W}{\mathrm{d}\nu} \tag{21-1}$$

式中，$M(\nu,T)$ 是 $\nu$ 和 $T$ 的函数．它的物理意义是从物体表面单位面积发出的、频率在 $\nu$ 附

近的单位频率间隔内的辐射功率．它反映了在不同温度下，辐射能量按频率分布的情况．$M(\nu,T)$ 的单位为 $\mathrm{W/(m^2 \cdot Hz)}$．实验表明，物体的单色辐出度不仅与温度、频率有关，而且还与物体表面和材料等具体性质有关．一般来说物体的表面越黑、越粗糙，单色辐出度就越大．

**2. 辐出度**　物体从单位表面积上发射的各种频率的总功率称为**辐射出射度**(radiant exitance)(简称**辐出度**)，用 $M_0(T)$ 表示．在一定温度 $T$ 时，它和 $M(\nu,T)$ 的关系为

$$M_0(T) = \int_0^\infty M(\nu,T)\mathrm{d}\nu \tag{21-2}$$

$M_0(T)$ 只是温度的函数，它的单位是 $\mathrm{W/m^2}$．

**3. 吸收比**　当辐射照射到某一不透明物体表面时，其中一部分能量将被物体散射或反射(对于透明物体，则还有一部分能量透过物体)，另一部分能量被物体吸收．如果在频率 $\nu + \mathrm{d}\nu$ 范围内，照射到温度为 $T$ 的物体的单位面积上的辐射能量为 $\mathrm{d}W$，物体单位面积所吸收的辐射能量为 $\mathrm{d}W'$，二者的比值

$$A(\nu,T) = \mathrm{d}W'/\mathrm{d}W \tag{21-3}$$

叫做该物体的**吸收比**．按定义吸收比总是满足 $0 \leqslant A(\nu,T) \leqslant 1$，并且是一个量纲为 1 的量．

### 21.1.2　黑体

各种物体由于结构不同，对外来辐射的吸收以及它本身对外的辐射都不相同．如果一个物体在任何温度下，都能全部吸收任何波长的入射电磁波，而没有反射，这个物体就叫**绝对黑体**，简称为**黑体**(black body)．黑体所发出的热辐射，称为黑体辐射．黑体的吸收比与频率和温度无关，它是等于 1 的常数．处于热平衡时，黑体具有最大的吸收比，因而它也就有最大的单色辐出度．

自然界中不存在绝对的黑体，即使是最黑的煤烟也只能吸收 99% 的入射电磁波的能量．显然黑体是一个理想化的模型，人们通常用空腔来构造黑体，如图 21-1 所示．在腔壁上开一个小孔，光线从小孔 $A$ 进入腔内，经过无数次的吸收和反射后光强已趋近于零，而从小孔射出的可能性亦为零．这样一个小孔实际上就能完全吸收各种波长的入射电磁波而成了一个黑体．加热这个空腔到不同的温度，小孔就成了不同温度下的黑体．用分光技术测出由它发出的电磁波的能量按频率的分布，就可以研究黑体辐射的规律．

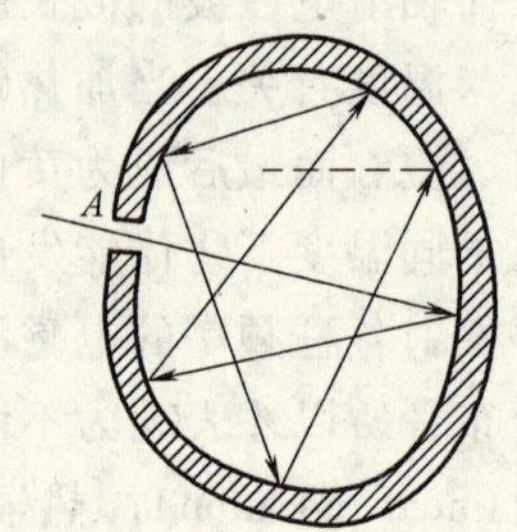


图 21-1　空腔辐射

## 21.2　黑体的经典辐射定律

### 21.2.1　基尔霍夫定律

将温度不同的物体 $P_1$、$P_2$、$P_3$ 放在一个密闭的理想绝热容器里，如图 21-2 所示，如果容器内部是真空的，则物体与容器之间以及物体与物体之间只能通过辐射和吸收来交换能量．当单位时间内辐射体发出的能量比吸收的能量少时，它的温度就升高，这时辐射也将增

强；反之，辐射体的温度将下降，辐射也将减弱．这样，经过一段时间后，所有物体包括容器在内都会达到相同的温度，建立热平衡，此时各物体在单位时间内发出的能量恰好等于吸收的能量．由此可见，在热平衡的情况下，单色辐出度较大的物体，其吸收比也较大；单色辐出度较小的物体，其吸收比也较小．

1859 年，基尔霍夫（G. Kirchhoff，1824—1887）根据辐射物体和辐射场的热平衡性质，得出：**平衡热辐射中任一物体的单色辐出度和吸收比的比值 $M(\nu,T)/A(\nu,T)$，都与物体的具体性质无关**，即

$$\frac{M(\nu,T)}{A(\nu,T)}=f(\nu,T) \tag{21-4}$$

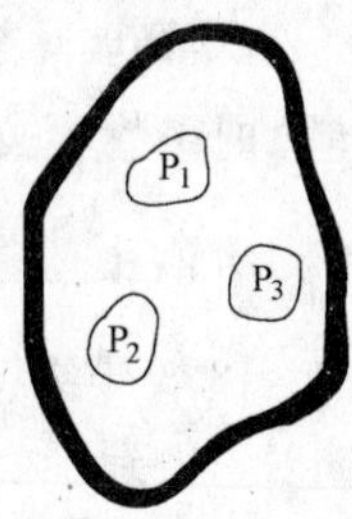

图 21-2　理想绝热容器

式中，$f(\nu,T)$ 是一个只与温度、频率有关的普适函数．上述结论称为**基尔霍夫辐射定律**（Kirchhoff law of radiation）．由式(21-4)可知，如果一个物体是良好的吸收体，即 $A(\nu,T)$ 较大，那它也一定是一个良好的辐射体，即 $M(\nu,T)$ 也比较大．对于黑体，它的吸收比等于 1．如果用 $M_b(\nu,T)$ 和 $A_b(\nu,T)$ 表示黑体的单色辐出度和吸收比，由于 $A_b(\nu,T)=1$，则基尔霍夫定律可以写成

$$\frac{M_b(\nu,T)}{A_b(\nu,T)}=M_b(\nu,T)=f(\nu,T) \tag{21-5}$$

由此可见，上述普适函数就是黑体的单色辐出度，它只与温度、频率有关，而与黑体的性质无关．

## 21.2.2　斯忒藩-玻耳兹曼定律

19 世纪末，在德国钢铁工业大发展的背景下，许多德国的实验和理论物理学家都很关注黑体辐射的研究．物理学家从实验和理论两个方面研究黑体辐射，测量了它们的单色辐出度按波长分布的情况，得出如图 21-3 所示的实验曲线．图中 $M(\lambda,T)$ 表示单色辐射本领，它表示单位时间内从物体的单位面积上发出的波长在 $\lambda$ 附近单位波长间隔所辐射的能量．从图中可以看出：每一条曲线都有一个最大值；随着温度的升高，黑体的单色辐出度迅速增大，曲线的最大值逐渐向短波方向移动，即峰值波长减小．

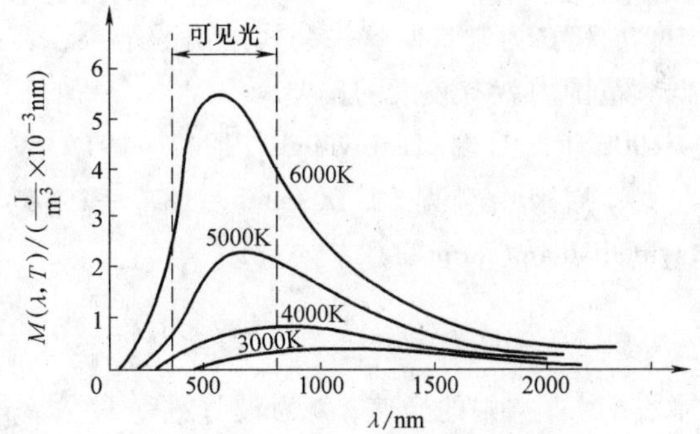

图 21-3　黑体单色辐射本领

由于黑体的单色辐出度 $M_b(\nu,\ T)$ 等于普适函数 $f(\nu,\ T)$，因此研究 $M_b(\nu,\ T)$ 就成为研究热辐射的关键．下面要解决的问题是找出这个函数的形式，也就是从理论上解释实验所得的黑体辐射能量的分布曲线．1879 年斯忒藩（J. Stefan，1835—1893）在实验中发现，黑体的辐出度与热力学温度的四次方成正比，即

$$M_0(T)=\int_0^{\infty}M_b(\nu,T)\,d\nu=\sigma T^4 \tag{21-6}$$

式中，$\sigma \approx 5.67 \times 10^{-8}\,\mathrm{W/(m^2 \cdot K^4)}$称为**斯忒藩-玻耳兹曼常量**. 1884 年玻耳兹曼从理论上给出这个关系式，故式(21-6)称为**斯忒藩-玻耳兹曼定律**(Stefan-Boltzmann law).

### 21.2.3 维恩位移定律

斯忒藩-玻耳兹曼定律只给出了黑体所发射的辐射总能量，并没有给出单色辐出度 $M_b(\nu, T)$的函数形式. 由图 21-3 可以看出，对于任一给定的温度，$M_b(\lambda, T)$都有一个最大值，这个最大值在光谱中的位置由波长 $\lambda_m$ 决定，$\lambda_m$ 的值可以通过求极值的方法$\frac{\mathrm{d}M_b(\lambda, T)}{\mathrm{d}\lambda}=0$给出. 1893 年维恩(W. Wien，1864—1928)假设并研究了内壁具有理想反射面的密闭容器内的辐射，得到了公式

$$\lambda_m = \frac{b}{T} \tag{21-7}$$

式中，$b$ 的值为 $2.8978 \times 10^{-3}\,\mathrm{m \cdot K}$，称为**维恩位移常量**. 式(21-7)就叫**维恩位移定律**(Wien displacement law). 它指出：随着温度的升高，辐射强度逐渐增大，辐射最强的波长 $\lambda_m$ 向短波方向移动. 例如，一个被加热的铁块，当温度不太高时 $\lambda_m$ 处于红外波段，我们看不到它发光而只能感觉到辐射的热量；当温度达到 500℃左右时铁块开始发出暗红的可见光. 这就是维恩位移定律的粗略的实验依据.

### 21.2.4 维恩公式和瑞利-金斯公式

1896 年，维恩从经典的热力学和麦克斯韦分布律出发，导出了著名的维恩公式(Wien formula)

$$M_b(\nu, T) = \alpha \nu^3 \mathrm{e}^{-\frac{\beta\nu}{T}} \tag{21-8}$$

式中，$\alpha$ 和 $\beta$ 为常量. 这一公式给出的结果，在高频的范围内和实验结果符合得很好，但是在低频范围内就有较大的偏差.

1900 年 6 月瑞利(Rayleigh，1842—1919)发表了他根据经典电磁学和能量均分定理导出的公式，后来由金斯(J. H. Jeans，1877—1946)进行了修正，最后就成为瑞利-金斯公式(Rayleigh-Jeans formula)

$$M_b(\nu, T) = \frac{2\pi\nu^2}{c^2} kT \tag{21-9}$$

式中，$c$ 为真空中的光速；$k$ 为玻耳兹曼常数 $k = 1.38 \times 10^{-23}\,\mathrm{J/K}$，$kT$ 是按能量均分定理得到的振动自由度的平均能量. 这个函数在低频范围和实验能很好地符合，但随着频率的增大，与实验的差距越来越大.

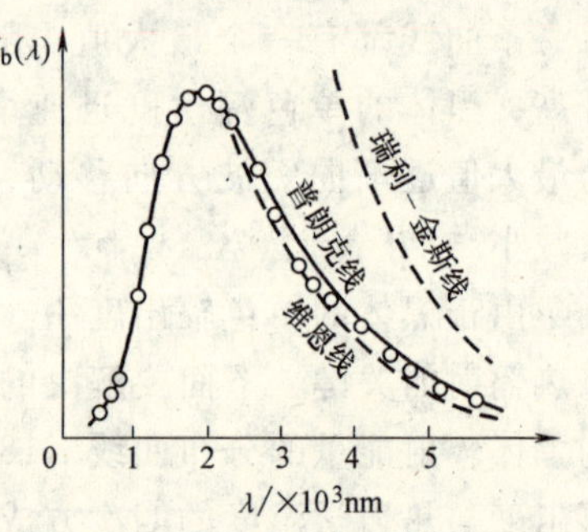

图 21-4　热辐射的理论值和实验值比较

如图 21-4 所示，维恩公式在短波(高频)区域与实验结果符合，但对长波(低频)却偏离实验值. 瑞利-金斯公式在长波(低频)区域和实验曲线符合，但对短波(高频)明显偏离实验结果. 随着 $\nu \to \infty$ 时，$M_b(\nu, T) \to \infty$，亦即黑体的单色辐射本领将随着频率的增高而趋于“无穷大”，显然这是与能量守恒定律相违背的. 经典理

论在短波段的这种失败被称为“发散困难”或“紫外灾难”.

## 21.3 普朗克的能量子假说和黑体辐射公式

### 21.3.1 普朗克的能量子假说

1900 年，普朗克着手解决这样一个问题，为黑体的单色辐出度 $M_b(\nu, T)$ 寻找一个正确的公式，使它能在长波极限下符合瑞利-金斯公式；而在短波极限下符合维恩公式. 他分析了瑞利-金斯公式所揭露的矛盾，认为能量均分定理在空腔辐射的情况下可能不再成立，在黑体辐射中必须抛弃能量均分定理. 因此，普朗克提出一个假设：器壁振子的能量不能连续变化，而只能够处于某个特殊的状态. 这些状态的能量分立值为

$$0, E_0, 2E_0, 3E_0, \cdots, nE_0$$

其中 $n$ 是整数. 后来人们发现这些可以允许的能量值为**能级**，而能量的不连续变化叫做**能量的量子化**. 在发射能量的时候，振子只能从某一状态过渡到其他的任何一个状态，发射的能量也只能是 $E_0$ 的整数倍，$E_0 = h\nu$ 被称为“**能量子**”(energy quantum)，简称**量子**. 以 $E$ 表示一个频率为 $\nu$ 的振子的能量，普朗克假定

$$E = nh\nu, \quad n = 0, 1, 2, \cdots \tag{21-10}$$

式中，$h$ 是一常量，叫做**普朗克常量**(Plank constant). 它的现在最优值为

$$h = 6.6260755 \times 10^{-34} \mathrm{J \cdot s}$$

这是物理学史上第一次提出量子的概念. 由于这一概念的革命性和重要意义，普朗克因此获得了 1918 年的诺贝尔物理学奖. 至于普朗克本人，在提出量子概念后，还长期尝试用经典物理理论来解释它的由来，但是都失败了. 直到 1911 年，他才真正认识到量子化的、全新的、基础性的意义，它是根本不能由经典物理导出的.

### 21.3.2 黑体辐射公式

通过认真分析瑞利-金斯公式和维恩公式，经过两个多月的探索，普朗克终于发现：如果在经典计算中做某些特殊的修正，就可以导出对所有波长都与实验相符的能谱函数 $M_b(\nu, T)$. 利用内插法将适用于短波的维恩公式和适用于长波的瑞利-金斯公式衔接起来，普朗克提出了一个新的公式：

$$M_b(\nu, T) = \frac{2\pi h\nu^3}{c^2} \frac{1}{e^{\frac{h\nu}{kT}} - 1} \tag{21-11}$$

它在全部波长范围内完全符合实验结果，如图 21-4 所示. 由关系式 $\nu = \frac{c}{\lambda}$，$|\mathrm{d}\nu| = \frac{c}{\lambda^2}\mathrm{d}\lambda$ 及 $M_b(\nu, T)\mathrm{d}\nu = M_b(\lambda, T)\mathrm{d}\lambda$，可得到单色辐出度按波长的分布函数，即

$$M_b(\lambda, T) = \frac{2\pi hc^2}{\lambda^5} \frac{1}{e^{\frac{hc}{\lambda kT}} - 1} \tag{21-12}$$

式(21-11)和式(21-12)称为**普朗克黑体辐射公式**(formula of Planck black-body radiation).

在长波的情况下，$h\nu \ll kT$，展开 $e^{\frac{h\nu}{kT}}$ 的幂级数，并略去一次以上的项，即可得到

$$M_b(\nu,T) \approx \frac{2\pi h\nu^3}{c^2}\frac{1}{\frac{h\nu}{kT}} = \frac{2\pi\nu^2}{c^2}kT$$

这就是瑞利-金斯公式.

在短波的情况下，$h\nu >> kT$，则 $e^{\frac{h\nu}{kT}}$远大于 1. 因此普朗克公式中的分母的 1 可以略去不计，从而得到

$$M_b(\nu,T) \approx \frac{2\pi h\nu^3}{c^2}e^{-\frac{h\nu}{kT}}$$

上式与维恩公式的形式相同. 维恩公式在低频部分(远红外)失败了，而瑞利-金斯公式在高频部分(紫外)引发灾难. 只有普朗克公式在各个频段都与实验相符合.

在经典的计算中究竟要加入什么样的修正，才能得到普朗克公式呢？为此，我们需要重新回忆一下经典理论的基本观点：

(1) 电磁波辐射来源于带电粒子的振动，电磁波的频率与带电粒子的振动频率相同.

(2) 振子(带电粒子)辐射的电磁波含有各种频率，各频率辐射的能量是连续的(即能量可取任意连续变化的数值).

(3) 温度升高，振子振动加强，辐射能加大.

上述观点在普朗克理论中大部分依然成立，所不同的是上述观点(2)，经典理论认为振子辐射的电磁波能量是连续的；而普朗克认为，对于频率为 $\nu$ 的振子，振子辐射的能量不是连续的，而是分立的，其取值是某一最小能量 $h\nu$ 的整数倍，即

$$E = nh\nu, \quad n = 0, 1, 2, \cdots$$

根据这一假定，应用统计理论，就可得到频率为 $\nu$ 的一个振子的平均能量为

$$\overline{E}_\nu = \frac{\sum_{n=0}^{\infty} nh\nu e^{-\frac{nh\nu}{kT}}}{\sum_{n=0}^{\infty} e^{-\frac{nh\nu}{kT}}} = \frac{h\nu}{e^{\frac{h\nu}{kT}} - 1} \tag{21-13}$$

将瑞利-金斯公式中的 $kT$ 换成上式中的平均能量 $\overline{E}_\nu$，即可得到普朗克公式. 由于 $h$ 这个量非常小，因此它的不连续性在宏观世界的尺度上很难反应出来，再加上当时人们的经典概念根深蒂固，要一下子摆脱它是一件非常困难的事，普朗克也不例外.

## 21.4 光电效应

### 21.4.1 光电效应

普朗克的能量量子化概念最初并没有被人们接受，甚至连普朗克本人也认为能量量子化只是为了解释黑体辐射的实验规律而提出的一种只有数学意义的概念. 为了尽量缩小与经典物理学之间的差距，普朗克把能量子的概念局限于振子辐射能量的过程，认为辐射场本身仍然是连续的电磁波. 1886～1887 年，赫兹(Hertz，1857—1894)在进行验证电磁波的实验时发现，在频率较高的紫外光照射下电极之间更容易放电. 后来勒纳德(P. Lennard，1862—1947)通过实验证实，紫外光使金属电极释放出电子. 这种当光照射到金属表面，使电子从

金属表面逸出的现象称为**光电效应**(photoelectric effect). 逸出的电子叫做**光电子**(photo electron).

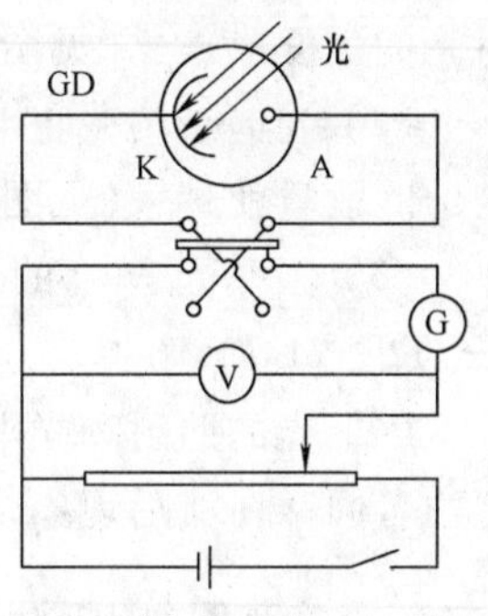

图 21-5 光电效应实验装置简图

研究光电效应实验装置如图 21-5 所示. GD 为光电管，管中抽成真空，K 和 A 分别是阴极和阳极，K 的表面敷有感光金属层. 当光照射到阴极 K 上时发射光电子，在电极 A、K 间的加速电场作用下形成电流，这种电流称为**光电流**(photocurrent).

实验结果发现，光和光电流之间有一定的依存关系.

首先，当入射光频率一定时，在不同强度光的照射下，光电流和两极间电压的关系如图 21-6 所示. 曲线说明，在一定光强照射下，光电流随加速电压的增加而增加，当加速电压增加到一定值时，光电流不再增加，而达到一饱和值. 电流饱和意味着由阴极 K 发射的光电子全部到达阳极 A. 实验表明，饱和光电流与光强成正比. 这也说明单位时间内从阴极逸出的光电子数和光强成正比.

另一方面，当电压减小到零，并开始反向时，光电流并没有降到零，这就表明从阴极 K 逸出的光电子具有初动能. 所以尽管有电场阻碍它的运动，仍有部分光电子到达阳极 A. 直到反向电压的数值增大到一定值时，光电流才减小到零，这个电压就称为**截止电压**(cutoff voltage) $U_0$. 实验表明 $U_0$ 与光强无关. 如图 21-6 所示，用相同频率不同强度的光去照射阴极 K 时，对于不同强度的光，$U_0$ 是相同的. 截止电压的存在说明此时从阴极逸出的最快的光电子，由于受到电场的阻碍，也不能达到阳极了. 根据能量分析可得光电子逸出时的最大动能和截止电压的关系应为

$$\frac{1}{2}mv_{\mathrm{m}}^2 = eU_0 \tag{21-14}$$

式中，$m$ 和 $e$ 分别是电子的质量和电荷量；$v_{\mathrm{m}}$ 是电子逸出金属表面的最大速率. 因 $U_0$ 与光强无关，则光电子的最大初动能也与入射强度无光.

此外，用不同频率的光去照射阴极 K 时，实验结果是：频率愈高，$U_0$ 愈大，图 21-7 表示当阴极 K 的表面敷有金属钠时，截止电压 $U_0$ 与入射光的频率 $\nu$ 之间的关系. 可以看出 $U_0$ 和 $\nu$ 成线性关系；当频率低于一定的值 $\nu_0$ 时，无论光的强度多大，都不能产生光电子，频率 $\nu_0$ 称为**截止频率**(cutoff frequency)或**红限频率**. 对于不同的材料，截止频率是不同的.

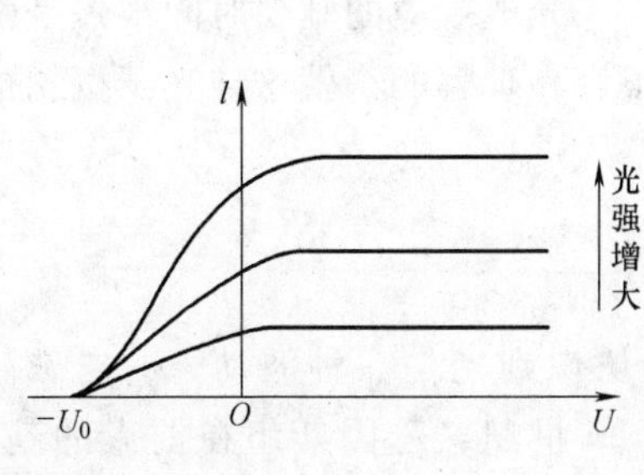

图 21-6 光电流与加速电压的关系

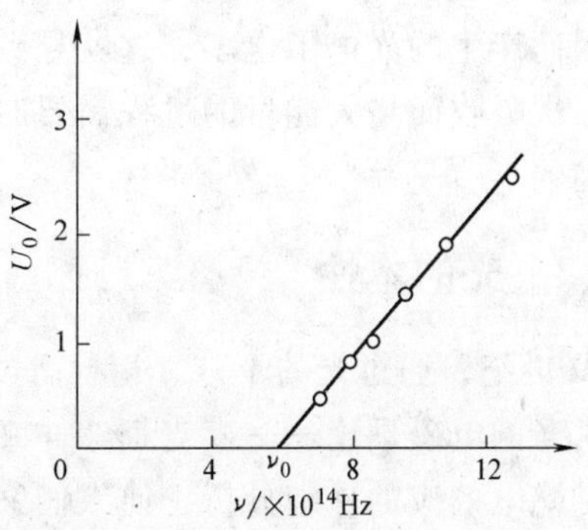

图 21-7 钠的截止频率(○代表实验值)

总结所有的实验结果，光电效应的规律可归纳为如下几点：

(1) 饱和电流的大小与入射光的强度成正比，也就是单位时间内逸出的光电子数目与入射光的强度成正比(见图 21-6).

(2) 光电子的截止电压与入射光的强度无关，而只与入射光的频率有关. 频率越高，光电子的能量就越大(见图 21-6).

(3) 频率低于 $\nu_0$ 的入射光，无论光的强度多大，照射的时间多长，都不能使光电子逸出(见图 21-7).

(4) 光的照射和光电子的逸出几乎是同时的，在测量的精度范围内( $\leqslant 10^{-9}$s)观察不出这两者间存在滞后现象.

### 21.4.2 爱因斯坦的光量子理论

当普朗克还在寻找他的能量子的经典源时，爱因斯坦在能量子概念的发展上前进了一大步. 按照光的波动理论，无论入射光的频率是多少，只要光强足够大，光照时间足够长，电子就会吸收足够能量，逸出金属表面，不应该存在截止频率. 此外，光波的能量均匀分布在波前上，而电子吸收光能的有效面积不会大于一个原子的截面面积，即使入射光很强，电子逸出金属表面前的能量积累时间也远远大于 $10^{-19}$s. 因此无法用光的波动理论来解释光电效应. 光电效应实验结果让爱因斯坦意识到，辐射不仅在能量上是量子化的，而且在空间上也是不连续的. 1905 年他提出**光量子**(light quantum)**假说：辐射由一个个局限于空间很小体积内、不可分割的光量子**(后来称为光子)**组成的，频率为 $\nu$ 的光子的能量为 $h\nu$.**

按照光量子假说，光子是不可分割的，金属中的电子只能整个地吸收光子的能量 $h\nu$，一部分用来克服金属的逸出功 $A$，剩下的转化为电子逸出金属表面时的初动能，即

$$\frac{1}{2}mv_0^2 = h\nu - A \tag{21-15}$$

式中，$v_0$ 为电子的初速度. 上式称为**爱因斯坦光电效应方程**. 可以看出，只有当 $h\nu \geqslant A$ 时，才有光电子逸出. 因此光电效应的截止频率

$$\nu_0 = \frac{A}{h} \tag{21-16}$$

按照光量子假说，单位时间内由阴极发射的光电子数与入射光子数成正比，而光强正比于光子数，所以饱和光电流与入射光强成正比. 入射光强度大表示单位时间内入射的光子数多，因而产生的光电子也多，这就导致饱和电流的增大. 光电效应的驰豫时间很短是由于被电子一次吸收而增大能量的过程需要时间很短，这也很容易理解的. 就这样光子概念被证明是正确的.

### 21.4.3 光的本性

19 世纪，通过光的干涉、衍射等实验，人们已经认识到光是一种波动——电磁波，并建立了光的电磁理论——麦克斯韦电磁场理论. 进入 20 世纪，爱因斯坦在前人的基础上，通过对光电效应的仔细分析，使人们又认识到光是粒子流——光子流. 综合起来，关于光的本性的全面认识就是：**光既具有波动性，又具有粒子性，相辅相成**. 在有些情况下，光突出地显示出其波动性，而在另一些情况下，则突出地显示出其粒子性. 光的这种本性被称为**波**

粒二象性(wave-particle dualism). 光既不是经典意义上的"单纯的"波，也不是"单纯的"粒子.

光的波动性用光波的波长 $\lambda$ 和频率 $\nu$ 描述，光的粒子性用光子的质量、能量和动量描述. 一个光子的能量为

$$E = h\nu \tag{21-17}$$

根据相对论的质能关系

$$E = mc^2$$

一个光子的质量为

$$m = \frac{h\nu}{c^2} = \frac{h}{c\lambda} \tag{21-18}$$

我们知道，粒子质量和运动速率的关系为

$$m = \frac{m_0}{\sqrt{1-\left(\frac{v}{c}\right)^2}}$$

对于光子，$v = c$，而 $m$ 是有限的，所以只能是 $m_0 = 0$，即光子是静止质量为零的一种粒子. 但是，根据相对论的光速不变原理，光子相对于任何参考系都不会静止，所以在任何参考系中的光子的质量实际上都不会为零.

根据相对论的动量-能量关系

$$E^2 = p^2c^2 + m_0^2c^4$$

对于光子，$m_0 = 0$，所以光子的动量为

$$p = \frac{E}{c} = \frac{h\nu}{c} \tag{21-19}$$

或

$$p = \frac{h}{\lambda} \tag{21-20}$$

式(21-17)和式(21-20)是描述光的本性的基本关系式，式中左边的量是描述光的粒子性，右边的量是描述光的波动性. 注意，光的这两种性质在数量上是通过普朗克常量联系在一起的.

**例题 21-1**　钾的光电效应红限波长为 620nm，求：

(1) 钾电子的逸出功；

(2) 当用波长 $\lambda = 300\text{nm}$ 的紫外光照射时，钾的截止电压.

**解：**(1) 由爱因斯坦光电效应方程

$$\frac{1}{2}mv_0^2 = h\nu - A$$

当 $\frac{1}{2}mv_0^2 = 0$ 时，有

$$A = h\nu_0 = h\frac{c}{\lambda_0} = \frac{6.63\times10^{-34}\times3\times10^8}{620\times10^{-9}}\text{J}$$

$$\approx 3.21\times10^{-19}\text{J} \approx 2.01\text{eV}$$

(2) 截止电压

$$
\begin{aligned}
U_0 &= \frac{hc}{e\lambda} - \frac{A}{e} \\
&= \left(\frac{6.63 \times 10^{-34} \times 3 \times 10^{8}}{1.6 \times 10^{-19} \times 300 \times 10^{-9}} - \frac{3.21 \times 10^{-19}}{1.6 \times 10^{-19}}\right)\mathrm{eV} \\
&\approx (4.14 - 2.01)\,\mathrm{eV} = 2.13\,\mathrm{eV}
\end{aligned}
$$

## 21.5　康普顿散射

### 21.5.1　康普顿散射的实验结果

当光照射到尺度远小于其波长的物体上时，光就会向各个方向散开，这种现象称为**光的散射**. 普通散射现象是指入射波的波长和散射波的波长相同的情况，经典电磁理论对此可以做出圆满解释，即入射光(电磁波)使物体中的电子以相同的频率作受迫振动，而受迫振动的电子向外发射相同频率的次级电磁波. 然而，1923 年，美国物理学家康普顿(A. H. Compton，1892—1962)发现，当单色 X 射线照射石墨等物质时，在散射 X 射线中除有与入射波长相同的射线外，还有波长比入射波长更长的射线，这种波长变长的散射，称为**康普顿效应**(Compton effect)或**康普顿散射**(Compton scattering).

图 21-8 为康普顿效应实验的示意图. 由单色 X 射线源发出的波长为 $\lambda_0$ 的 X 射线，通过光圈成为一束细的 X 射线，这束 X 射线投射到散射物质(如石墨)上，用摄谱仪 S 可探测到不同方向的 X 射线的波长. 图 21-9 是康普顿实验的结果. 可以看出，散射 X 射线有两个峰值，其中一个对应入射的射线波长 $\lambda_0$，另一个对应大于 $\lambda_0$ 的射线 $\lambda$，且 $\lambda$ 的值与散射角 $\theta$ 有关，与散射物质无关.

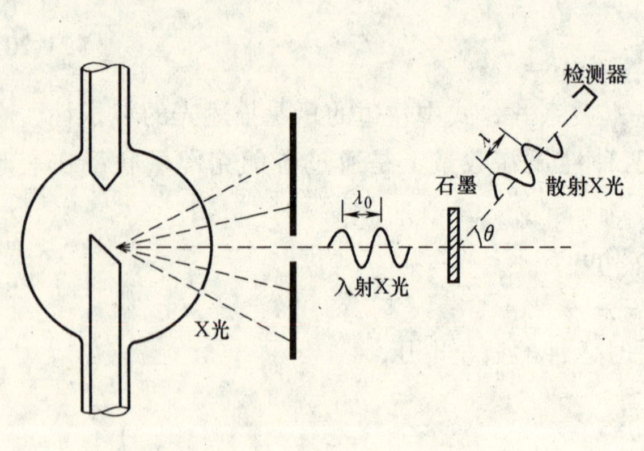


图 21-8　康普顿效应实验示意图

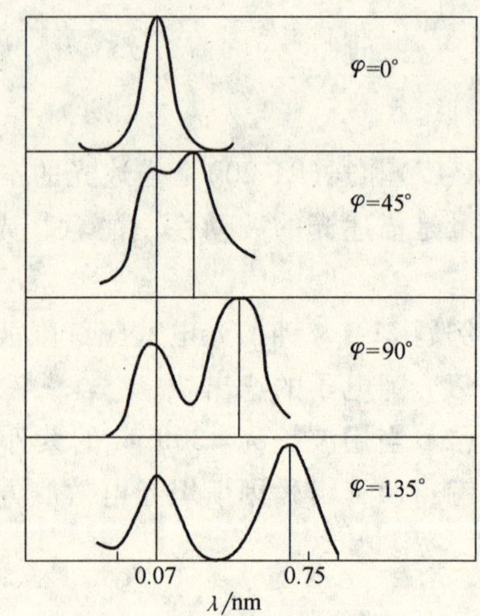


图 21-9　康普顿效应实验曲线

经典电磁理论不能对康普顿效应做出合理的解释. 这是因为该理论认为，当单色电磁波作用在带电粒子上时，带电粒子将受到变化的电磁场的作用，从而使带电粒子以与入射电磁场相同的频率振动，并向各个方向辐射出与入射波相同频率的电磁辐射. 于是，经典电磁理论预言，散射光中应只具有和入射光同样波长的光. 这与康普顿的实验结果不符.

## 21.5.2　康普顿散射的理论解释

康普顿用光子的概念成功地解释了波长变长的现象，按照光子学说，X 射线可看做是由一些光子组成的，X 射线的波长很短，因此 X 射线光子的能量较大，远大于原子中被原子核束缚较弱的外层电子的束缚能．在康普顿散射中，可近似地把这些外层电子看成是静止的自由电子．X 射线光子与静止的自由电子发生完全弹性碰撞，电子反冲带走了一部分能量，所以，碰撞后散射光子的能量比入射光子的能量要小．因而散射光的频率比入射光的频率要小，即散射光的波长比入射光的波长要大一些．这就定性地说明了散射光中会出现波长大于入射光波长成分的原因；而散射光中还有与入射光相同的谱线，康普顿认为，当光子与原子中受原子核束缚较紧的内层电子相互作用时，相当于和整个原子相碰，光子几乎不损失能量，因而波长几乎不变．下面来定量地计算波长的变化量，从而看出波长的变化量与哪些因素有关．

图 21-10 表示一个光子和一个束缚较弱的电子作完全弹性碰撞时的情形．由于电子的速率远小于光子的速率，所以可以认为电子在碰撞前是静止的，即 $v_0=0$，并设频率为 $\nu_0$ 的光子沿 $x$ 轴方向入射．碰撞后，频率为 $\nu$ 的散射光沿着与 $x$ 轴成 $\theta$ 角的方向散射，电子则获得了速率 $v$，并沿与 $x$ 轴成 $\varphi$ 角的方向运动，这个电子称为反冲电子．

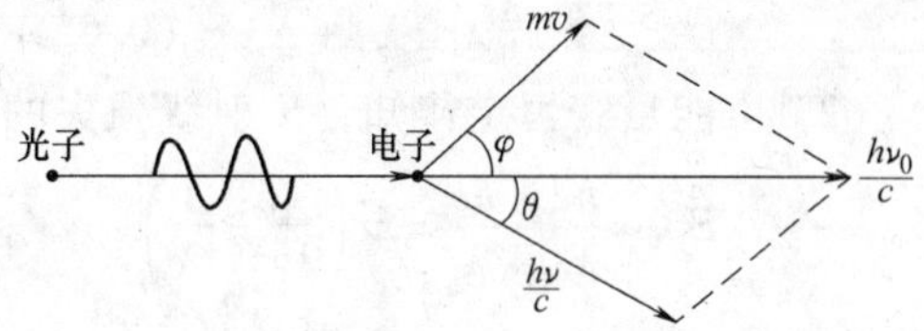

图 21-10　康普顿效应中光子电子的碰撞

因为碰撞是完全弹性的，所以应同时满足能量守恒定律和动量守恒定律．又考虑到所研究的问题涉及光子，故应考虑相对论效应．设电子碰撞前后的静质量和相对论性质量分别为 $m_0$ 和 $m$，由狭义相对论的质能关系可知，其相应的能量为 $m_0c^2$ 和 $mc^2$．所以，在碰撞过程中，根据能量守恒定律有

$$h\nu_0 + m_0c^2 = h\nu + mc^2 \tag{21-21}$$

康普顿认为，对于微观世界，动量守恒定律仍然成立．如图 21-10 所示，根据动量守恒定律并考虑到相对论中动量与波长的关系 $p=h/\lambda$，可得

$$(mv)^2 = \left(\frac{h\nu_0}{c}\right)^2 + \left(\frac{h\nu}{c}\right)^2 - 2\frac{h^2}{c^2}\nu_0\nu\cos\theta \tag{21-22}$$

将式(21-21)与式(21-22)联立求解，并考虑到质量与速率的关系式

$$m = \frac{m_0}{\sqrt{1-\left(\frac{v}{c}\right)^2}}$$

便可得到

$$\frac{c}{\nu} - \frac{c}{\nu_0} = \frac{h}{m_0c}(1-\cos\theta) \tag{21-23}$$

或

$$\Delta\lambda = \lambda - \lambda_0 = \frac{h}{m_0c}(1-\cos\theta) = \frac{2h}{m_0c}\sin^2\frac{\theta}{2} \tag{21-24}$$

式中，$\lambda_0$ 为入射光的波长；$\lambda$ 为散射光的波长；$h/(m_0c)\approx 2.43\times10^{-12}\,\text{m}$，称作**康普顿波长**，用 $\lambda_c$ 表示. 上式给出了散射光波长的改变量与散射角 $\theta$ 之间的函数关系. 由此式得出的结论与实验结果是一致的.

康普顿散射来源于光子和自由电子的碰撞，它是继黑体辐射与光电效应之后，又一次揭示了电磁辐射的粒子性，同时还表明在微观领域，动量和能量守恒定律仍然成立. 康普顿效应和光电效应一起成为光具有粒子性的重要依据. 为此，康普顿获得 1927 年诺贝尔物理学奖. 作为康普顿的学生，中国物理学家吴有训(Wu You Xun 1897—1977)参加了康普顿的 X 射线散射研究的开创工作，并做出了重要贡献.

**例题 21-2** 波长为 0.05nm 的 X 射线与自由电子碰撞，在与入射线成 60°角的方向观察散射的 X 射线，求：

(1) 散射 X 射线的波长；

(2) 反冲电子的动能.

**解：**(1) 由康普顿公式得

$$\Delta\lambda = 2\lambda_c\sin^2\frac{\theta}{2} = (2\times0.002\,43\times\sin^2 30°)\,\text{nm}\approx 0.001\,22\text{nm}$$

故散射 X 射线的波长为

$$\lambda=\lambda_0+\Delta\lambda=(0.05+0.001\,22)\,\text{nm}=0.051\,22\text{nm}$$

(2) 由能量守恒定律知，X 射线损失的能量即为反冲电子获得的动能：

$$E_k=\frac{hc}{\lambda_0}-\frac{hc}{\lambda}=hc\left(\frac{1}{\lambda_0}-\frac{1}{\lambda}\right)$$

$$=\left[6.63\times10^{-34}\times3.00\times10^{8}\times\left(\frac{1}{0.05\times10^{-9}}-\frac{1}{0.051\,22\times10^{-9}}\right)\right]\text{J}$$

$$\approx 592\text{eV}$$

### 21.5.3 光电效应与康普顿散射的关系

光电效应和康普顿效应在物理本质上是相同的，它们所研究的都不是整个入射光束与散射物质间的相互作用，而是光束中的个别光子与散射物质中的个别电子之间的相互作用，而且在作用过程中都遵从动量守恒定律和能量守恒定律. 与这两种效应对应的爱因斯坦光电效应方程和康普顿公式都是建立在光子假说基础上的，这两个效应不仅说明了光子假设是正确的，而且已由假说上升为理论，同时它们还说明了动量守恒定律和能量守恒定律不仅适用于宏观过程，而且也适用于微观粒子相互作用的基元过程.

这两个效应虽然都包含有电子和光子的相互作用，但又是有区别的.

其一是对电子的理解不同. 在讨论光电效应时，要把通常所称的“金属中的自由电子”认定为“束缚电子”；而在分析康普顿效应时，则又可以把石墨(半导体)、甚至石蜡(绝缘体)中的“束缚电子”视为“自由电子”. 在这里，“自由”和“束缚”都只有相对的意义，这主要是从能量的比较上考虑的.

其二是光子与电子相互作用的微观机制不同. 在光电效应中，光子把全部能量转化为电子的能量；而在康普顿效应中，光子与电子作弹性碰撞，光子只把部分能量转移给了电子.

另外，光电效应与康普顿效应的差别还表现在入射光波的不同. 原则上，任何波长的光和电子碰撞后都能发生康普顿效应. 但是，对于可见光和红外光，效应中波长的相对改变太小不容易观察. 如波长为 400nm 的紫光，在散射角 $\theta=\pi$ 时，其波长的改变 $\Delta\lambda=0.0048\text{nm}$，则 $\frac{\Delta\lambda}{\lambda}\approx 10^{-5}$. 然而，对波长 $\lambda=0.05\text{nm}$ 的 X 射线，则 $\frac{\Delta\lambda}{\lambda}\approx 10\%$，波长更短的 $\gamma$ 射线，相对改变将达到百分之百！所以，就一般而言，产生光电效应的光主要是可见光和紫外光，而产生康普顿效应的光主要是波长很短的 X 射线和 $\gamma$ 射线等. 由此得出结论，当光子的能量与电子的束缚能同数量级时，主要表现为光电效应；当光子的能量远大于电子的束缚能时，则主要表现为康普顿效应.

## 21.6　物质的本性

### 21.6.1　德布罗意波的假设

光的干涉、衍射、偏振等现象只能用波动说来解释；而黑体辐射、光电效应和康普顿效应等现象则显示出微粒流图像. 光的粒子性质，可用光子能量 $E$ 和动量 $p$ 来表征；光的波动性质，则用频率 $\nu$ 和波长 $\lambda$ 来描述. 并且两者有

$$E=h\nu,\qquad p=\frac{h}{\lambda}$$

的关系.

1924 年，法国青年物理学家德布罗意(Louis de Broglie，1892—1987)在光的二象性的启发下想到：自然界在许多方面都是明显对称的，如果光具有波粒二象性，则实物粒子，如电子，也应该具有波粒二象性. 他提出了这样的问题："整个世纪以来，在辐射理论上，比起波动的研究方法来，是过于略去了粒子的研究方法；在实物理论上，是否发生了相反的错误呢？是不是我们关于'粒子'的图像想得太多，而过分地略去了波的图像呢？"既然作为电磁波的光可视为粒子，实物粒子也可具有波动性，即和光一样，也具有波动、粒子两重性. 于是他大胆提出假设：实物粒子也具有波动性. 他并且把光子的能量-频率和动量-波长的关系借来，认为一个粒子的能量 $E$ 和波长 $\lambda$ 的定量关系与光子的一样，即有

$$\nu=\frac{E}{h}=\frac{mc^2}{h}$$

$$\lambda=\frac{h}{p}=\frac{h}{mv} \tag{21-25}$$

应用于粒子的这些公式称为**德布罗意公式**(de Broglie formula)或**德布罗意假说**(de Broglie hypothesis). 和粒子相联系的波称为**物质波**(matter wave)或**德布罗意波**，式(21-25)给出了相应的**德布罗意波长**(de Broglie wave-length).

德布罗意是采用类比方法提出他的假设的，当时并没有任何直接的证据. 但是，爱因斯坦慧眼有识. 当他得知德布罗意的假设后就评论说："我相信这一假设的意义远远超出了单纯的类比."事实上，德布罗意的假设不久就得到了实验证实，而且引发了一门新理论——量子力学的建立.

## 21.6.2 德布罗意波的实验证明

德布罗意假设是否正确，必须由实验验证. X 射线的晶体衍射实验原来是 X 射线波动本性最直接最有力的证据. 1927 年，戴维孙（C. J. Davisson，1881—1958）和革末（L. H. Germer，1896—1971）用电子射线代替了 X 射线，做出了电子在镍的单晶体表面产生衍射的实验，证实了德布罗意的假设，如图 21-11 所示. 其表现与 X 射线通过晶体的衍射图像一样，电子衍射同样也可由布拉格方程

$$2d\sin\theta = k\lambda \tag{21-26}$$

确定. 式中，$d$ 为晶面间距；$\theta$ 为掠射角；$\lambda$ 为德布罗意公式确定的入射电子的波长.

同年，汤姆孙（G. P. Thomson，1856—1940）做了电子束穿过多晶薄膜的衍射图样，如图 21-12 所示，成功地得到了和 X 射线通过多晶薄膜后产生的衍射图样极为相似的衍射图样，这是电子具有波动性的最直观的有力证据. 电子的干涉现象随后也在实验中观察到. 除了电子外，以后还陆续用实验证实了中子、质子以及原子甚至分子等都具有波动性，德布罗意公式对这些粒子同样正确. 这就说明，一切微观粒子都具有波粒二象性，德布罗意公式就是描述微观粒子波粒二象性的基本公式. 于是，德布罗意于 1929 年获得了诺贝尔物理学奖. 戴维孙与汤姆孙也因各自独立的发现了电子衍射现象而共同获得了 1937 年的诺贝尔物理学奖.

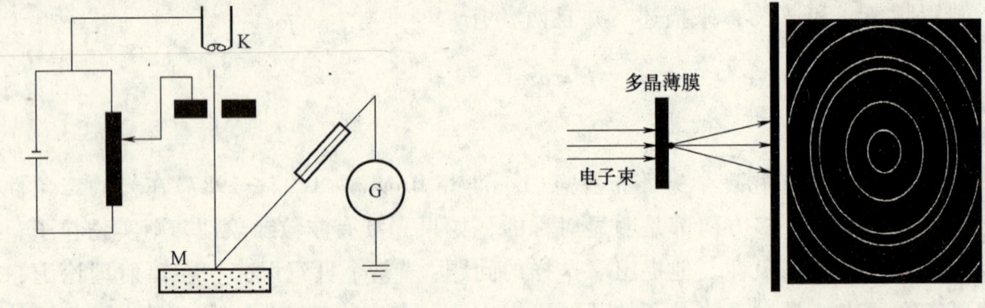


图 21-11 戴维孙-革末电子衍射实验装置图　　图 21-12 电子通过多晶体的衍射

**例题 21-3** 计算电子经过 $U_1 = 100\text{V}$ 和 $U_2 = 10\,000\text{V}$ 的电压加速后的德布罗意波长 $\lambda_1$ 和 $\lambda_2$ 分别是多少？

**解：** 经电势差为 $U$ 的电场加速后，电子的动能为

$$\frac{1}{2}mv^2 = eU$$

因而电子的速率为

$$v = \sqrt{\frac{2eU}{m}}$$

式中，$m$ 为电子的静止质量. 将上式代入德布罗意公式(21-25)可得，电子的德布罗意波长为

$$\lambda = \frac{h}{mv} = \frac{h}{\sqrt{2em}}\frac{1}{\sqrt{U}}$$

将已知数据代入计算可得

$$\lambda_1 \approx 0.123\text{nm}, \quad \lambda_2 \approx 0.0123\text{nm}$$

这都和 X 射线的波长相当. 可见一般实验中电子波的波长是很短的, 正是因为这个缘故, 观察电子衍射时就需要利用晶体.

**例题 21-4**　计算质量 $m=0.01\text{kg}$, 速率 $v=300\text{m/s}$ 的子弹的德布罗意波长.

**解**: 根据德布罗意公式可得

$$\lambda=\frac{h}{mv}=\frac{6.63\times10^{-34}}{0.01\times300}\text{m}=2.21\times10^{-34}\text{m}$$

可以看出, 由于普朗克常量 $h$ 是一个非常小的量, 所以宏观物体的波长小到实验难以测量的程度, 因而宏观物体仅表现出粒子性.

## 21.6.3　物质的本性

在经典力学中所谓的"粒子", 意味着该客体既具有一定的质量和电荷等属性, 又具有一定的位置和一条确切的运动轨道, 即在每一时刻有一定的位置和速度(或动量); 而所谓"波动", 就意味着某种实在的物理量的空间分布在作周期性的变化, 并呈现出干涉和衍射等反映相干叠加性的现象. 显然, 在经典概念下, 粒子性和波动性是难于统一到一个客体上去的. 然而, 如前所述, 近代物理理论和实验已经表明, 无论是静止质量为零的光子, 还是静止质量不为零的电子、质子、原子等实物粒子, 都同时具有波动性和粒子性, 也就是波粒二象性. 描述粒子特性的物理量——能量 $E$ 和动量 $p$, 与描述波动性的物理量——频率 $\nu$ 及波长 $\lambda$ 之间存在如下的关系:

$$E=h\nu,\quad p=\frac{h}{\lambda} \tag{21-27}$$

事实上, 这种二象性是一切物质(包括实物和场)所共有的特性.

关于粒子和波的统一性, 可以通过电子和光子的衍射实验来认识. 在电子衍射实验中, 如果入射电子流的强度很大, 即单位时间内有许多电子穿过晶体, 则照相底片上立即出现衍射图样, 显示不出粒子性. 如果减弱入射电子流的强度以致于使一个一个电子依次通过狭缝, 则照相底片上就出现了一个一个的感光点. 这些感光点在照相底片上的位置并不都重合在一起. 开始时, 电子的去向是完全不确定的, 但随着时间的延长, 入射电子总数的增多, 电子的堆积情况逐渐显示出了条纹, 最后就呈现明晰的衍射图样.

同样, 在光子衍射实验中, 如果入射光子流的强度很大, 则照相底片上立即出现光子衍射图样. 如果减小入射光子流的强度, 则照相底片上记录了无规则分布的感光点, 但当照相底片受长时间照射后, 就会有完全相同的衍射图样出现.

由此可见, 每一个电子或光子被晶体衍射的现象和其他电子或光子无关. 也就是说, 衍射图样不是电子或光子之间的相互作用而形成的, 而是电子或光子具有波动性的结果, 这种波动性反映了电子或光子运动轨迹的不确定性. 它表明, 当我们考察每个电子或光子的运动时, 电子或光子是没有确定的轨迹的. 它经过什么途径, 出现在什么地方是不确定的. 然而当我们考察组成电子或光子束的全部电子或光子的运动时, 电子或光子的运动就出现规律性, 这种规律与用经典波动理论计算的结果相一致.

电子或光子的波动性和粒子性可以用统计的观点来建立联系. 在实验中电子或光子的衍射表现为许多电子或光子在同一实验中的统计结果, 或者表现为一个电子或光子在许多次相同实验中的统计结果. 因此从统计的观点来看, 大量电子或光子被晶体衍射与它的一个一个地被晶体衍射之间的差别，仅在于前一实验是对空间的统计平均；后一个实验是对时间的统计平均．在前一种情况下，如果说电子或光子在某些地方从空间上看出现得稠密些，那么在后一种情况下，就是在这些地方电子或光子从时间上看出现得频繁些．因此，我们可以从统计的观点把波粒二象性联系起来，从而得出：波在某一时刻，在空间某点的强度就是该时刻在该点找到粒子的概率．波的强度大的地方，每一个电子或光子在这里出现的概率也大，因而在这里出现的电子或光子也多；波的强度很小或等于零的地方，电子或光子在这里出现的概率也很小或等于零，因而出现在这里的电子或光子很少或者没有．

这种统计的观点，统一了粒子概念和波动概念．一方面光和实物粒子具有集中的能量、质量、动量，也就是具有微粒性；另一方面，它们在各处出现，各有一定的概率，由这个概率可以计算出它们在空间的分布，这种空间分布又与波动的概念是一致的．

## 小　结

本章主要讲述了几个概念、3 个定律、3 个公式、2 个重要实验、3 个著名假说和 1 个重要结论．

一、几个概念

1. 热辐射　能量按频率的分布随温度而不同的电磁辐射．

2. 单色辐出度　从物体表面单位面积发出的、频率在 $\nu$ 附近的单位频率间隔内的辐射功率．

3. 辐出度　从物体表面单位面积上发出的各种频率的总辐射功率．

4. 吸收比　照射到温度为 $T$ 的物体的单位面积上的辐射能量与物体单位面积上所吸收的辐射能量的比值叫做该物体的吸收比．按定义吸收比总是满足 $0\leqslant A(\nu,T)\leqslant 1$，并且是一个量纲为 1 的量．

5. 黑体　在任何温度下，都能全部吸收任何波长的入射电磁波，而没有反射的物体．黑体是理想化的模型．

二、3 个定律

1. 基尔霍夫定律　平衡热辐射中任一物体的单色辐出度和吸收比的比值，都与物体的具体性质无关，而只是频率和温度的普适函数，即

$$\frac{M(\nu,T)}{A(\nu,T)}=f(\nu,T)$$

2. 斯忒藩-玻耳兹曼定律　黑体的辐出度与绝对温度 $T$ 的四次方成正比，即

$$M_0(T)=\int_0^\infty M_b(\nu,T)\,d\nu=\sigma T^4$$

其中

$$\sigma\approx 5.67\times10^{-8}\,W/(m^2\cdot K^4)$$

3. 维恩位移定律　黑体单色辐出度最大值在光谱中的位置由波长 $\lambda_m$ 决定，即

$$\lambda_m=\frac{b}{T}$$

式中，$b=2.8978\times10^{-3}\,m\cdot K$．该定律指出：随着温度的升高，辐射强度逐渐增大，辐射最强的波长 $\lambda_m$ 向短波方向移动．

三、3 个公式

1. 维恩公式　$M_b(\nu,\ T)=\alpha\nu^3 e^{-\frac{\beta\nu}{T}}$　（适用于短波）

2. 瑞利-金斯公式　$M_b(\nu,\ T)=\frac{2\pi\nu^2}{c^2}kT$　（适用于长波）

3. 普朗克黑体辐射公式　$M_b(\nu,\ T)=\frac{2\pi h\nu^3}{c^2}\cdot\frac{1}{e^{\frac{h\nu}{kT}}-1}$　（适用于全部波长）

四、2 个重要实验

1. 光电效应　光照射到金属表面，使电子从金属表面逸出的现象称为光电效应.

光电效应方程

$$\frac{1}{2}mv_0^2 = h\nu - A$$

2. 康普顿散射　当单色 X 射线照射石墨等物质时，在散射 X 射线中除有与入射波长相同的射线外，还有波长比入射波长更长的射线，这种波长变长的散射，称为康普顿效应或康普顿散射.

散射公式

$$\Delta\lambda = \lambda - \lambda_0 = \frac{h}{m_0 c}(1 - \cos\theta) = \frac{2h}{m_0 c}\sin^2\frac{\theta}{2}$$

康普顿波长

$$\lambda_c = \frac{h}{m_0 c} \approx 2.43 \times 10^{-12}\mathrm{m}$$

五、3 个著名假说

1. 普朗克的能量子假说　对于频率为 $\nu$ 的振子，振子辐射的能量是分立的，其取值是某一最小能量 $h\nu$ 的整数倍，即

$$E = nh\nu, \quad n = 0, 1, 2, \cdots$$

式中，$h \approx 6.63 \times 10^{-34}\mathrm{J \cdot s}$，称为普朗克常量. $E_0 = h\nu$，称为“能量子”.

2. 爱因斯坦的光量子假说　辐射由一个个局限于空间很小体积内、不可分割的光量子(光子)组成的，频率为 $\nu$ 的光子的能量为 $h\nu$.

光的本性是波粒二象性.

3. 德布罗意的物质波假说　实物粒子也具有波动性. 粒子的频率和波长为

$$\nu = \frac{E}{h} = \frac{mc^2}{h}, \quad \lambda = \frac{h}{p} = \frac{h}{mv}$$

六、1 个重要结论

物质的本性是波粒二象性. 其数学表达式为

$$E = h\nu, \quad p = \frac{h}{\lambda}$$

事实上，这种二象性是一切物质(包括实物和场)所共有的特性.

## 思　考　题

21-1　人体也会向外发出热辐射，为什么在黑暗中还是看不见人呢？

21-2　为什么几乎没有黑色的花？

21-3　用光的波动说解释光电效应实验存在哪些困难？

21-4　用可见光能产生康普顿效应吗？能观察到吗？

21-5　试比较光电效应与康普顿效应之间的异同.

21-6　若一个电子和一个质子具有同样的动能，哪个粒子的德布罗意波长较大？

21-7　如果普朗克常量 $h \to 0$，对波粒二象性有什么影响？如果光在真空中的速率 $c \to \infty$，对时间、空间的相对性会有什么影响？

## 习　题

21-1　测量星体表面温度的方法之一是将其看做黑体，测量它的峰值波长 $\lambda_m$，利用维恩定律便可求出 $T$. 已知太阳、北极星和天狼星的 $\lambda_m$ 分别为 $0.50 \times 10^{-6}\mathrm{m}$，$0.43 \times 10^{-6}\mathrm{m}$ 和 $0.29 \times 10^{-6}\mathrm{m}$，试计算它们的表面温度.

21-2　某黑体的表面面积为 $10.0\mathrm{cm}^2$，温度为 5 500K. 求：

(1) 黑体的辐射功率；

（2）对应于单色辐出度最长的波长；

（3）对应于该波长的辐射功率.

21-3　从铝中逸出一个电子需要 4.2eV 的能量，今有波长为 200nm 的光子投射到铝表面，问：

（1）由此发射出来的电子的最大动能为多少？

（2）截止电压为多少？

（3）铝的截止频率和波长各为多少？

21-4　锂和汞的逸出功分别为 2.30eV 和 4.50eV，如果用波长为 300nm 的光照射，试问哪种材料会出现光电效应，光电子的最大动能为多少？

21-5　分别求出红光（$\lambda = 7\times10^{-7}$m），X 射线（$\lambda = 0.025$nm），$\gamma$ 射线（$\lambda = 1.24\times10^{-3}$nm）的光子的能量、动量和质量.

21-6　波长为 0.1nm 的 X 光在石墨上发生康普顿散射，如在 $\theta = \pi/2$ 处观察散射光. 试求：

（1）散射光的波长 $\lambda$；

（2）反冲电子的运动方向和动能.

21-7　室温（300K）下的中子称为热中子. 求热中子的德布罗意波长.

21-8　电子显微镜的加速电压为 40keV，经过这一电压加速的电子的德布罗意波长是多少？

## 物理学家简介

### 德布罗意（Louis-Victor de Broglie，1892—1987）

1892 年 8 月 15 日，路易斯 · 维克多 · 德布罗意出生在法国塞纳河畔迪埃普的一个贵族家庭，是家中的次子. 德布罗意家族长期为法兰西王朝效劳，在法国享有盛名，数百年间出了很多政治家、外交家和军事家. 1740 年，法兰西国王路易十四将德布罗意家族的一位成员封为公爵，这一头衔其后由该家族的子孙世袭. 德布罗意早期在巴黎的德赛雷中学就学，这时的他对文学、历史和哲学最感兴趣，在文学方面也显示了出众的才华. 中学毕业后，德布罗意进入巴黎大学学习历史和法律，并于 1910 年获得了巴黎大学的历史学士学位. 出人意料的是，此后德布罗意并未继续在历史学方面的发展，而是转向了物理学的研究. 德布罗意少年丧父，他的哥哥莫里斯 · 德布罗意（Maurice de Broglie，1875—1960，法国著名的 X 射线研究专家）便承担起抚养和教育德布罗意的责任. 莫里斯 · 德布罗意十分热衷于科学研究，他本人是一名优秀的实验物理学家，而且在家中建有一间设备精良的私人实验室. 正是在兄长的影响下，德布罗意开始接触到物理学的研究，在大学期间他阅读了彭加勒（Paul Langevin，1872—1946）、洛伦兹和朗之万等人的科学著作，尤其是彭加勒的《科学与假设》和《科学的价值》等几本名著，这使他对物理学逐渐产生了兴趣，同时也掌握了一定的物理学基础知识. 1911 年 10 月，第一届索尔维会议在比利时首都布鲁塞尔召开，会议的主题是关于辐射与量子论，很多著名的科学家都参加了这次会议. 莫里斯 · 德布罗意也参加了会议，同时还作为大会的秘书负责会议文件的整理工作，德布罗意因此有机会看到了会议的相关论文资料. 通过会议记录和兄长的介绍，德布罗意了解到普朗克、爱因斯坦和玻尔等人的最新研究进展，此时他不由得对物理学产生了更加浓厚的兴趣，并下定决心进行理论物理的研究. 在这一决心的驱动下，德布罗意转而进入巴黎大学理学院学习物理，并在 1913 年取得了理学硕士学位. 1914 年第一次世界大战爆发，德布罗意随即入伍服役，主要在埃菲尔铁塔上的军用无线电报站执行任务，而他的理论研究工作因此被迫中断了六年. 1818 年战争结束后，德布罗意回到莫里斯 · 德布罗意的实验室，与兄长合作开展了对 X 射线的相关研究，取得了

一些重要成果，而这一时期的研究工作不但使德布罗意对辐射的波动性有了比较深入的了解，同时也为他后来的理论研究提供了必要的实验基础. 1920年，德布罗意回到巴黎大学，继续攻读理论物理的博士学位，并从此确定了自己今后的研究方向，他的导师正是朗之万.

1905年爱因斯坦对光电效应的解释和光量子这一概念的提出，使人们认识到光具有波粒二象性，当德布罗意了解到这一理论后，就对光量子的奇特性质发生了兴趣. 1922年，德布罗意发表了一篇题为《黑体辐射与光量子》的论文，在这篇论文中，他没有采用电磁理论，而是在光量子概念的基础上导出了黑体辐射的维恩(Wilhelm Carl Werner Otto Fritz Franz Wien，1864—1928)辐射定律，这标志着他在研究道路上迈出了重要一步. 对量子的浓厚兴趣使德布罗意开始研究能将波动性与粒子性这两方面统一起来的理论，而在对波粒二象性问题深入思考的过程中，他又产生了一个新的想法：能否把光的波粒二象性这种个别现象推广到一般实物粒子，特别是电子上去？在这一想法的引导下，德布罗意在1923年夏天连续发表了三篇论文，分别是《波和量子》、《光量子、衍射和干涉》与《量子，气体运动理论以及费马原理》. 在这三篇论文中，德布罗意提出了粒子也具有波粒二象性的大胆设想，此时的他对于波粒二象性的认识已经趋于成熟. 1924年，德布罗意在自己的博士论文《关于量子理论的研究》中，更加明确和详细地阐述了他关于实物粒子也具有波粒二象性的思想. 德布罗意在论文中指出，每个粒子都伴随一定的波(他将这种波称为“相波”，后来发展为“物质波”的概念)，而每个波都与一个或多个粒子运动相联系，这种与粒子相伴随的物质波的波长 $\lambda$ 和粒子的动量 $p$ 之间满足一定的关系，即

$$\lambda = h/p = h/(mv)$$

该式后来被称为德布罗意关系式. 此外，德布罗意还指出，可以通过晶体对电子的衍射实验来证明电子所具有的波动性质. 德布罗意的创新性观点提出以后，起初并未引起人们的重视，此时德布罗意的导师朗之万将这篇博士论文寄给了爱因斯坦，后者阅读之后认为德布罗意的观点具有非常重要的意义，同时给予该论文高度赞扬，称这篇论文“揭开了厚厚帷幕的一角”，同时还建议其他科学家重视这篇论文. 得益于爱因斯坦的巨大影响力，德布罗意的工作开始受到物理学界的关注，他本人也在1924年底顺利通过论文答辩，获得了博士学位. 德布罗意提出的物质波观点，对量子力学的发展起到了有力地推动作用，在此基础上，薛定谔于1926年提出了著名的薛定谔方程，并逐渐发展建立了波动力学. 1927年，美国物理学家戴维森(Clinton Joseph Davisson，1881—1958)与革末(Lester Halbert Germer，1896—1971)合作，在实验中观察到电子衍射现象，而且他们发现实验中衍射波的波长与德布罗意公式的计算结果完全一致；同年，英国物理学家G. P. 汤姆孙(George Paget Thomson，1892—1975)也通过实验证实了电子衍射现象. 电子衍射实验的成功，证明了电子具有波动性，从而使德布罗意的物质波观点得到了有力支持. 后来，其他科学家通过实验又陆续证明了原子、分子等实物粒子同样具有波动性，至此，德布罗意的理论取得了巨大成功，他本人因此而名声大噪. 1929年，德布罗意因发现实物粒子的波动性而获得了该年度的诺贝尔物理学奖，并由此开创了以学位论文荣获诺贝尔奖的先例.

博士毕业后，德布罗意先后在巴黎大学和彭加勒研究院任教，并继续从事与波动力学有关的工作. 1932年，德布罗意成为巴黎大学理论物理学教授，次年当选为法国科学院院士. 从1942年起，德布罗意开始担任法国科学院常务秘书一职，1945年他与莫里斯·德布罗意一起被任命为法国原子能高等委员会顾问. 德布罗意一生曾发表大量研究论文，并有20多部著作，同时还是英国皇家学会会员和美国、印度等多个国家的科学院院士，在科学界享有崇高威望. 1987年3月19日，德布罗意在家中逝世，享年95岁.

# 第 22 章　量子物理基础

19 世纪末到 20 世纪初，经典物理学取得了巨大的成就. 牛顿力学、热力学与统计物理学、电动力学已经建立起来. 一般的物理现象可以从相应的理论中得到解释. 大多数物理学家都认为物理学的基本规律已经发现，今后物理学家的任务只是使已有的规律更加完善、把发现的物理规律应用到具体问题的处理上，并依此来说明新的实验事实而已. 但另一方面，人们在实验中发现了一些新的现象，这些现象用经典物理理论无法解释. 如黑体辐射、光电效应、原子的光谱线系及固体在低温下的比热容等问题. 在解决这些实验现象与经典物理学矛盾的过程中，一些思想敏锐的物理学家重新思考了物理学中的基本概念，经过艰苦的探讨，逐步建立了量子理论，为现代物理的发展提供了基础.

## 22.1　玻尔的氢原子理论*

19 世纪末期，光谱学的研究得到了很大的发展，氢原子的光谱规律的发现使人们意识到光谱的规律与原子的内部结构有关，促使人们进行原子结构的研究，玻尔的氢原子理论逐步建立起来，也使经典物理开始进入量子物理阶段，物理学的发展进入了一个崭新的领域.

### 22.1.1　卢瑟福散射

1884 年，瑞士中学教师巴尔末(J. J Balmer 1825—1898)发现氢原子光谱在可见光区域的四条不同波长的谱线，这些谱线可以用一个简单的公式表示，即

$$\lambda = B\frac{n^2}{n^2-4},\quad n=3,\ 4,\ \cdots$$

这个公式称为**巴尔末公式**，$B=364.44\text{nm}$，$n$ 为正整数. 1890 年，瑞典物理学家里德伯(J. R. Rydberg，1854—1919)为了解释原子光谱(atomic spectrum)的规律性，对原子结构进行了广泛的研究，发现整个氢原子光谱的谱系可以表示为

$$\tilde{\nu} = \frac{1}{\lambda} = R\left(\frac{1}{m^2}-\frac{1}{n^2}\right)\quad n>m \tag{22-1}$$

式中，$\tilde{\nu}$ 为波数；$R$ 称为里德伯常数；$n$ 和 $m$ 都为正整数. 原子的光谱规律与原子的结构有关，深入研究光谱产生的原因和规律，可以解释原子内部的结构规律.

1897 年 J.J. 汤姆孙(J. J. Thomson，1856—1940)发现电子之后，提出了原子的“葡萄干蛋糕”模型，该模型认为原子中正电荷以均匀的密度分布在整个原子小球中，电子则均匀地浸浮在这些正电荷中，这一理论可以解释一些实验事实. 为了验证这一理论模型，1909 年英国物理学家卢瑟福(E. Rutherford，1871—1937)进行了 α 粒子的散射实验(Rutherford scattering). 实验装置如图 22-1 所示，图中 R 是放射源镭，从中放出 α 粒子，粒子的质量为电子质量的 7 400 倍，带电荷为 +2e. 粒子通过小孔 S 后照射在金箔 F 上，被 F 散射后向各个方向运动. 探测器 P 可以在绕 $O$ 点的平面内转动，从而可以测定在不同散射角 $\theta$ 上的 α

粒子数.

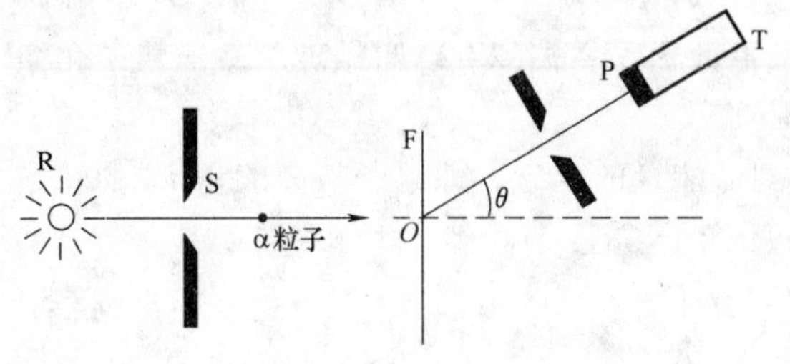


图 22-1　α 粒子散射实验

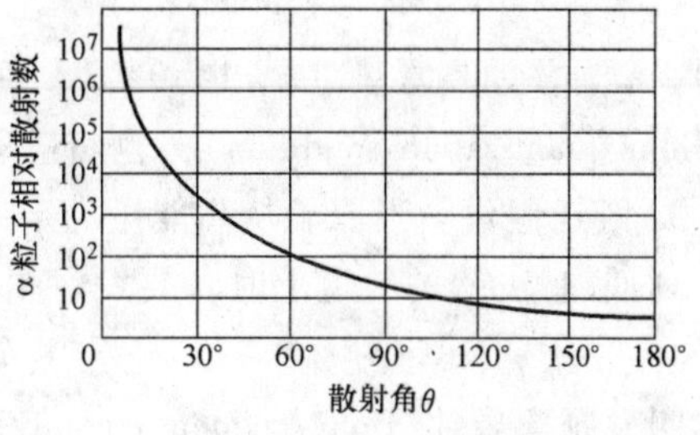


图 22-2　α 粒子散射数量随角度的变化

实验结果显示，绝大多数 α 粒子穿过金箔后沿着原来方向或沿着散射角很小($\theta$ 只有 2～3°)的方向运动. 但是有极少数的 α 粒子的散射角 $\theta$ 大于 90°，甚至有的 α 粒子的散射角接近 180°，如图 22-2 所示. 这一实验结果与汤姆孙的原子模型不相符. 为了解释实验结果，卢瑟福放弃了汤姆孙的模型，而提出了自己的理论. 他认为只有原子的质量集中于中心，且带正电荷，才能使极少数 α 粒子发生大角度散射. 卢瑟福于 1911 年提出了一种有核模型，即原子的行星模型. 该模型的主要观点是，原子的中心有一带正电的原子核，它几乎集中了原子的全部质量，电子围绕这个核旋转，核的体积与整个原子相比是很小的.

由于原子核很小，绝大多数 α 粒子穿过原子时，因受原子核的作用很小，故它们的散射角 $\theta$ 很小. 只有少数 α 粒子进入到距原子核很近的地方，这些 α 粒子受核的作用较大，所以它们的散射角较大. 极少数 α 粒子正对原子核运动，它们的散射角接近 180°. 散射角越大，α 粒子数越少.

按照原子有核模型，氢原子由原子核和一个核外电子组成. 核外电子绕原子核作圆轨道运动. 电子的电荷为 $-e$，原子核的电荷为 $+e$，原子核的质量约为电子质量的 1 837 倍.

### 22.1.2　玻尔的氢原子理论

卢瑟福的原子有核模型较好地解释了 α 粒子散射实验. 但这个模型与经典物理却有深刻的矛盾. 按照经典电磁学理论，核外电子在库仑力作用下所作的匀速圆周运动是加速运动，会不断向外辐射电磁波. 电磁波的频率等于电子绕核旋转的频率. 由于原子不断向外辐射能量，其能量要逐渐减少，电子绕核旋转的频率就会连续变化，原子发光光谱应该是连续光谱. 同时，随着能量降低，电子轨道半径会逐渐减小，逐渐接近原子核而最后和核相碰. 以氢原子为例，开始时电子轨道为 $10^{-10}$m，经过计算，大约经过 $10^{-10}$s 的时间，电子就会落到原子核上. 这样的原子结构是一种不稳定结构. 但是，事实上氢原子是稳定的. 氢原子发出的线光谱具有一定的规律性，不是连续光谱. 为了解决这一矛盾，丹麦物理学家玻尔(Niels Henrik David Bohr，1885—1962)于 1913 年提出了三条假设，即玻尔的氢原子理论. 玻尔理论是氢原子构造的早期量子理论，三条假设为

**1. 稳定态假设**　电子在原子中，只能在一些特定的圆轨道上运动而不辐射电磁波，这时原子处于稳定状态——**定态**(stationary)，并具有一定的能量，稳定状态的能量是不连续的.

**2. 轨道角动量量子化假设**　电子以速度 $\boldsymbol{v}$ 在半径为 $r$ 的圆周上绕核运动时，只有电子的角动量 $L$ 等于 $h/2\pi$ 的整数倍的那些轨道才是稳定的，即

$$L = mvr = n\frac{h}{2\pi} \tag{22-2}$$

式中，$h$ 为普朗克常量．$n=1，2，3，\cdots$，叫做主量子数．式(22-2)叫做**玻尔轨道量子化条件**(Bohr quantization condition)，也叫**量子条件**．

**3. 跃迁假设** 当原子从高能量的定态跃迁到低能量的定态，即电子从高能量 $E_2$ 的轨道跃迁到低能量 $E_1$ 的轨道上时，要发射频率为 $\nu$ 的光子，且

$$h\nu = E_2 - E_1 \tag{22-3}$$

上式叫做**频率条件**(Bohr frequency condition)．

利用玻尔的三条假设可以推求氢原子的轨道半径和能级公式，并解释氢原子的光谱规律．氢原子中，设电子的质量为 $m$，电荷为 $e$，在半径为 $r_n$ 的稳定轨道上以速率 $v_n$ 作圆周运动．以库仑力为向心力，有

$$\frac{mv_n^2}{r_n} = \frac{e^2}{4\pi\varepsilon_0 r_n^2}$$

由轨道量子化条件得到

$$v_n = \frac{nh}{2\pi m r_n}$$

代入上式有

$$r_n = \frac{\varepsilon_0 h^2}{\pi m e^2}n^2 = a_0 n^2, \quad n = 1,2,3,\cdots \tag{22-4}$$

式中，$a_0$ 是玻尔半径，即电子的第一个轨道半径，$a_0 \approx 5.29\times10^{-11}\mathrm{m}$，于是氢原子的电子绕核运动的可能轨道为 $a_0$、$4a_0$、$9a_0$、$\cdots$．$n$ 越大，轨道半径越大，相邻轨道间的距离也就越大．

电子在第 $n$ 个轨道上的总能量是动能和势能之和，即

$$E_n = \frac{1}{2}mv_n^2 - \frac{e^2}{4\pi\varepsilon_0 r_n} = -\frac{me^4}{8\varepsilon_0^2 h^2}\frac{1}{n^2} = \frac{E_1}{n^2} \tag{22-5}$$

式中，$E_1$ 是电离能，即将电子从氢原子的第一玻尔轨道移到无穷远处所需的能量值，$E_1 \approx -13.6\mathrm{eV}$．

当 $n$ 取 1、2、3、…时，相应的能量为 $E_1$、$E_1/4$、$E_1/9$、…，原子在稳定轨道的总能量与量子数 $n$ 的平方成反比．由于 $n$ 是不连续的，氢原子中电子的能量也是不连续的，即量子化的．

原子在不同运动状态所具有的能量值称为**能级**(energy level)．在正常情况下，电子处于第一轨道上，氢原子的能量最低，这时的状态叫**基态**．电子从外界吸收能量可以从基态跃迁到能量较高的能级上，这时的状态叫**激发态**．

处于激发态的电子从较高的能级 $E_i$ 跃迁到较低能级 $E_j$ 时，将多余的能量以光子的形式发射出来，光子的能量为

$$h\nu = E_i - E_j$$

$\nu$ 是辐射光子的频率．

$$\nu = \frac{E_i - E_j}{h} = \frac{me^4}{8\varepsilon_0^2 h^2}\left(\frac{1}{n_j^2} - \frac{1}{n_i^2}\right), \quad n_i > n_j$$

原子辐射光的波数 $\tilde{\nu}$ 为

$$\tilde{\nu}=\frac{1}{\lambda}=\frac{\nu}{c}=\frac{me^{4}}{8\varepsilon_{0}^{2}h^{2}c}\left(\frac{1}{n_{j}^{2}}-\frac{1}{n_{i}^{2}}\right),\quad n_{i}>n_{j}$$

由氢原子理论得到的谱系与实验得出的谱系符合得很好，如图 22-3 所示. 可以圆满地解释氢原子光谱的规律性，也能解释只有一个价电子的原子或离子的光谱规律，这说明玻尔的氢原子理论在解释氢光谱的产生和规律上获得了巨大的成功. 但是，对于多电子的原子光谱，即使是只有两个电子的原子光谱，玻尔的理论则无能为力. 这些缺陷与其理论的建立基础有必然的联系，一方面他赋予微观粒子量子化的特征，即能量量子化、角动量量子化，另一方面，他认为微观粒子遵守经典力学规律. 这两方面的矛盾导致其理论缺陷的产生.

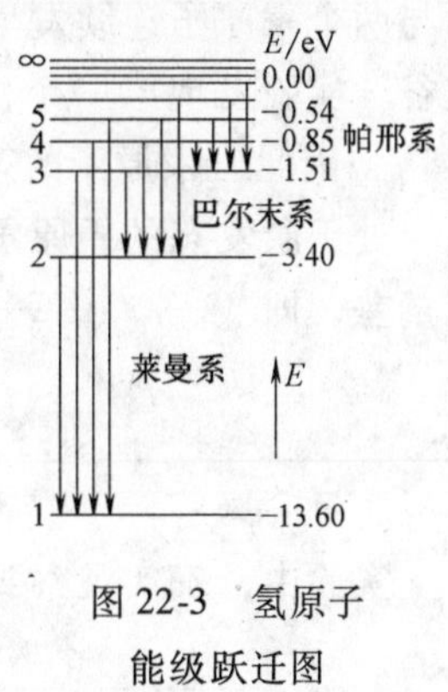

图 22-3　氢原子能级跃迁图

**例题 22-1**　要使氢原子电离，可以用入射电子碰撞氢原子的方法，也可以采用光照射的方法. 如果分别采用以上两种方法使氢原子电离，试求：

(1) 入射电子的动能至少要多大?

(2) 入射光的波长最长是多少?

**解**：(1) 氢原子基态能级 $E_1\approx-13.6\text{eV}$，要使电子电离，即使其从基态上升到能量为 0 的游离态，电离能为

$$\Delta E=-E_1=13.6\text{eV}$$

即入射电子的动能至少为 13.6eV.

(2) 由入射光子的能量至少是

$$E=h\nu=13.6\text{eV}$$

得到入射光的最长波长为

$$\lambda_{\max}=\frac{c}{\nu}=\frac{ch}{E}=\frac{3\times10^{8}\times6.63\times10^{-34}}{13.6\times1.6\times10^{-19}}\text{m}\approx9.14\times10^{-8}\text{m}=91.4\text{nm}$$

### 22.1.3　玻尔理论的实验验证

玻尔的氢原子理论圆满地解释了氢原子的光谱规律，提出了能级的概念. 在能级理论提出的第二年，即 1914 年，弗兰克(J. Franck，1882—1964)和赫兹(G. L. Hertz，1882—1964)利用实验验证了原子中存在分离的能级，从实验上证明了玻尔理论. 实验装置如图 22-4 所示，玻璃管 B 中充满低压水银蒸气，电子从加热的灯丝 F 发射出来，在电压 $U_0$ 的作用下加速，并向栅极 G 运动. 在栅极 G 和板极 P 之间有一很小的反向电压 $U_r$，电子穿过 G 到达 P，于是在电路中观察到板极电流 $I_p$，图 22-5 给出了板极电流随加速电压变化的结果. 可以看出，板极电流随着电压的增加而振荡变化，开始阶段，$I_p$ 随着 $U_0$ 的增加而增加，当 $I_p$ 达到峰值后，随着 $U_0$ 的增加 $I_p$ 急剧下降；然后，$I_p$ 又随着 $U_0$ 增加而增加，出现第二个峰值. 设汞原子的基态能量为 $E_1$，第一激发态能量为 $E_2$. 电子在加速电压作用下获得动能为 $E_k$，当电子和汞原子碰撞时，若电子的动能小于汞原子第一激发态能量 $E_2$ 与第一激发态能量 $E_1$ 的差，即 $E_k<E_2-E_1$ 时，电子不能使原子激发，电子与原子之间发生完全弹性碰撞，能量

没有损失，极板电流随着加速电压的增加而增加．当电子的动能 $E_k \geqslant E_2 - E_1$ 时，汞原子从基态跃迁到激发态，从电子的能量中吸收 $E_2 - E_1$ 的能量；电子的全部或大部分动能转移给了汞原子，故极板电流 $I_p$ 急剧减小，出现了图中的第一个波谷．随着电子能量的增加，可以与两个汞原子连续发生非完全弹性碰撞，使两个汞原子由基态跃迁到激发态，出现第二个波谷．实验发现第一个波峰时对应的加速电压是 4.9V，出现第二个波峰时对应的电压是 9.8V，因此，汞原子的第一激发电势是 4.9V．

处于激发态的汞原子向基态跃迁时，要放出光子，光子的能量等于第一激发态与基态的能量差，即

$$h\nu = E_2 - E_1$$

$$\lambda = \frac{ch}{E_2 - E_1} \approx 2.54 \times 10^2 \text{nm}$$

实验中，确实观察到一条波长为 253nm 的谱线，实验值与计算值符合得很好．

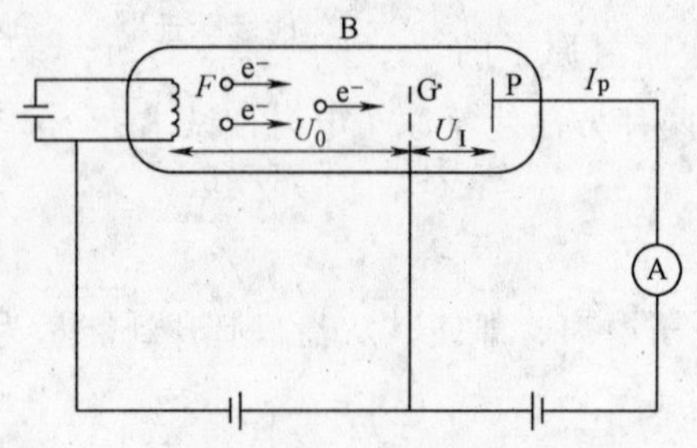


图 22-4　弗兰克-赫兹实验

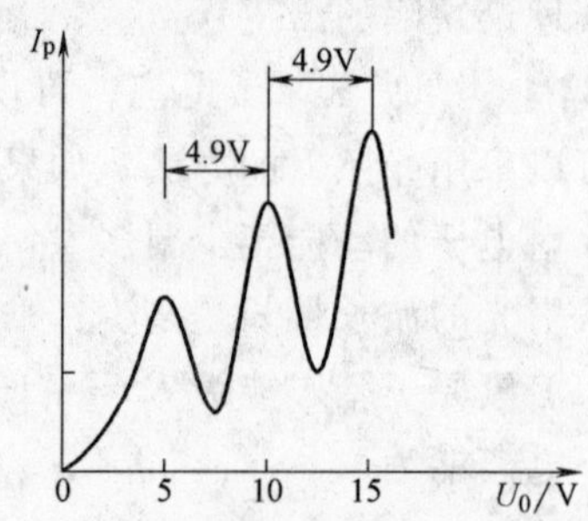


图 22-5　弗兰克-赫兹实验的板极电流与加速电压的关系

弗兰克-赫兹实验表明原子能级确实存在，把原子激发到激发态需要一定的能量，这些能量是不连续的、量子化的．

由玻尔的氢原子理论可以看出，两个相邻能级之间的能级差为

$$\Delta E_n = E_{n+1} - E_n = \frac{me^4}{8\varepsilon_0^2 h^2}\left[\frac{1}{n^2} - \frac{1}{(n+1)^2}\right]$$

当 $n$ 的数值较大时，$\Delta E$ 的差值减小；当 $n \to \infty$ 时，$\Delta E \to 0$，这时能量的量子化已不明显了，可以认为能量是连续的，即回到经典物理图像．玻尔在提出氢原子理论后指出，任何一个新理论的极限情况，必须与旧理论一致．人们称之为**普遍的对应原理**（correspondence principle）．经典物理可以看做量子物理在量子数 $n \to \infty$ 时的特殊情况；同样，当物体的运动速率 $v$ 远小于光速 $c$ 时，爱因斯坦的相对论力学过渡为牛顿经典力学，也是符合对应原理的．

任何原子，当它的一个最外层电子被激发到主量子数 $n$ 很大（$10^1 \sim 10^2$ 数量级）的能级，这样的状态叫**里德伯态**（Rydberg state），处于里德伯态的原子叫里德伯原子．里德伯原子处于高激发态，已经观察到 $n$ 为 650 的里德伯态．由于里德伯原子的 $n$ 很大，具有很多独特的性质，不同于基态或低激发态的原子．里德伯原子的这些独特性质包括：原子的直径很大，其价电子距离原子实很远，能级结构类似于氢原子，根据玻尔的氢原子模型，原子的半径正比于 $n^2$，因此里德伯原子直径可以达到 $10^{-5}$m，相当于基态原子直径的 $10^5$ 倍，也被称为巨原子或胖原子；寿命很长，可以达到 1s，为普通原子在较低激发态寿命的 $10^8$ 倍；结合能

小，$n=250$ 时，其结合能只有约 $10^{-3}$eV，小于室温下热运动平均动能，在 $10^{2}$V/cm 的弱电场下能被电离，因此，里德伯原子很容易受到外加电磁场或其他原子分子的碰撞等影响而改变其性能.

两个里德伯原子相互作用时可以形成里德伯分子. 美国俄克拉荷马大学物理学和天文学系的科学家在 2009 年发现了巨大的里德伯分子，分子键的大小与红血球相当.

实验室中可以利用激光和同步辐射技术获得里德伯原子，研究其性能. 由于里德伯原子奇特的性质，使其在探测量子气体、电磁场性质方面具有很高的灵敏度，对原子物理的基础研究和应用开发也具有重要的意义.

## 22.2　原子中的电子*

### 22.2.1　电子的自旋

作为经典的物理图像理解，原子中的电子除了参与绕核运动外，还要绕自身的轴旋转，这种旋转可以理解为电子的**自旋**(spin). 从量子力学的角度来看，像质量、电荷一样，自旋也是电子自身的一种基本属性，不能简单的借助经典图像来解释. 大多数的微观粒子如光子、质子、中子等都有自旋的属性.

电子在自旋的过程中，具有**自旋角动量**(spin angular momentum)，自旋角动量以 $S$ 表示. 自旋角动量也是量子化的，其值为 $S=\sqrt{s(s+1)}h/2\pi$，其中 $s$ 为**自旋量子数**(spin quantum number)，经过实验和理论计算，$s$ 的值是 1/2，由此得到电子自旋角动量 $S$ 的值为 $(3/4)^{1/2}h/2\pi$.

电子在特定方向上的自旋也是量子化的. 自旋角动量在 $z$ 轴的分量为

$$S_z = m_s \frac{h}{2\pi} \tag{22-6}$$

式中，$m_s$ 为自旋角动量的**磁量子数**，可能的取值为 $m_s=\pm\frac{1}{2}$，即自旋角动量在特定的方向只能有两个取值.

施特恩(O. Stern，1888—1969)和格拉赫(W. Gerlach，1889—1979)于 1921 年通过实验证明了类氢元素的电子具有自旋. 实验装置如图 22-6 所示. 其中 F 为锂原子源，D 为狭缝，N 和 S 为产生不均匀磁场的两个磁极，P 为接收屏. 从 F 发出的锂原子经过狭缝，在磁场的作用下，分裂为上下对称的两条. 实验表明，在外磁场的作用下，锂原子的自旋有两个取向，一个平行于磁场，一个与磁场相反. 两个相反的自旋与外磁场作用，锂原子射线分裂为两条.

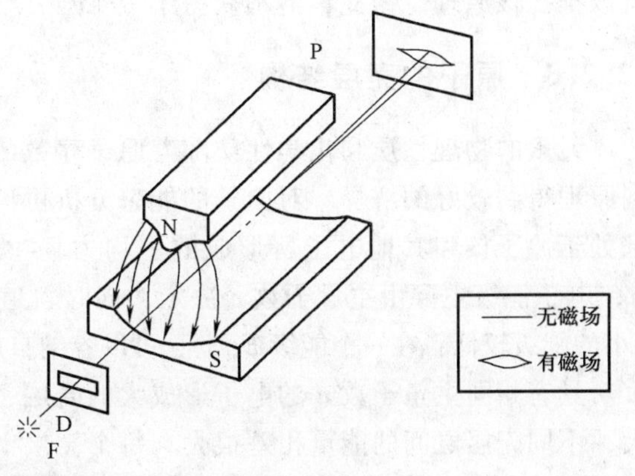


图 22-6　施特恩-格拉赫实验

### 22.2.2　泡利原理

自然界中存在着不同的粒子，如电子、质子、中子等. 同一种粒子具有相同的质量、电荷、自旋等性质. 将质量、电荷、自旋等性质完全相同的微观粒子称为**全同粒子**. 所有的电子、质子、中子等都是全同粒子.

经典力学中的全同粒子虽然其性质完全相同，但由于每个粒子都有自己的运动轨道，可以通过观察不同的运动轨道，对不同的粒子进行区分. 在微观结构里，只能用量子力学求解物体的运动问题. 在量子力学中，不存在物体的轨道概念，也就是无法用轨道对微观粒子的运动进行描述. 按照量子力学的观点，微观粒子的位置和速度在任一时刻不能同时有确定值. 当两个全同粒子的波函数重叠时，无法区分究竟是哪一个粒子，这称为**全同粒子的不可分辨性**. 例如氦原子有两个电子，某一时刻测得一个电子时，由于电子属性不可分辨，我们无法确定这个电子是两个电子中的哪一个.

在玻尔提出氢原子理论后，曾试图解释多电子原子的光谱规律. 在原子中，电子分为若干群，分别以不同的半径绕原子核旋转. 每一群电子可以用量子数$(n, l, m_l)$描述. 但是当原子处于基态时，所有电子为什么没有都处于最内层的轨道，却无法得到解释. 泡利在分析了原子物理的实验和理论之间矛盾的基础上，提出要完全确定一个电子的状态需要四个量子数，并提出了不相容原理，即：**在原子中，每一个确定的电子态上，最多只能容纳一个电子；确定电子的一个状态需要有四个量子数，即任何两个电子，不可能有完全相同的一组量子数**. 后人称之为**泡利不相容原理**(Pauli exclusion principle)，简称为**泡利原理**(Pauli principle). 后来发现这四个量子数分别是主量子数 $n$、角量子数 $l$、轨道磁量子数 $m_l$ 和电子自旋磁量子数 $m_s$. 当 $n$ 给定时，$l$ 的可能取值是 0，1，2，…，$(n-1)$，共有 $n$ 个值；当 $l$ 给定时，$m_l$ 的取值为 $-l$，$(-l+1)$，…，0，…$(l+1)$，$l$，共有 $2l+1$ 个可能值；当 $n$、$l$、$m_l$ 都给定时，$m_s$ 可取 $+1/2$ 或 $-1/2$ 两个可能值. 所以，能级 $n$ 的量子态数为

$$z_n = \sum_{l=0}^{n-1} 2(2l+1) = 2n^2 \tag{22-7}$$

即能级 $n$ 上允许的电子数最多只能有 $2n^2$ 个.

泡利原理是在量子力学建立之前提出的，量子力学建立之后，利用量子力学的基本理论可以推出该原理. 为此，泡利获得了 1945 年度的诺贝尔物理学奖.

### 22.2.3　原子的壳层结构

元素的物理性质和化学性质随着原子序数的周期性变化，可以由氢原子的玻尔理论和泡利原理得到较好的解释. 对原子的能态分析可以基于以下假设，在多电子体系中，每个电子都处于原子核和其他电子所形成的平均力场中运动，描述电子运动状态的量子数为 $n$、$l$、$m$，电子能级主要由主量子数 $n$ 决定，同时轨道角动量量子数 $l$ 也影响电子能级，同一 $n$ 下，$l$ 小的能级较低. 在一个能级 $E_{nl}$ 上，可以容纳自旋相反的两个电子，共容纳 $2(2l+1)$ 个电子.

具有相同主量子数 $n$ 的电子形成大的壳层，即主能级. 同一个主壳层之间的能量相差不大，不同壳层之间的能量相差很大. 每个壳层上能够容纳的电子数为 $2n^2$，电子按照泡利原理首先填充能量较低的能级，逐步向能量较高的能级填充. 当填满一个主壳层的所有能态时，形成一种稳定结构.

第一周期只有一条能级 1s，可以填充两个电子，H 和 He 分别有一个和两个电子. 第二周期的第二电子壳层有两条能级 2s、2p，可以填充 1～8 个电子，对应于第二周期的 8 个元素：Li、Be、B、C、N、O、F 及 Ne. 同样第三周期的第三电子壳层有两条能级：3s、3p，分别对应于 8 个元素.

元素性质的周期变化，是原子中电子具有壳层结构的反映. 同一族元素的性质很相似. 它们的价电子壳中的电子组态很相似. 如碱金属元素，都是在满壳层之外有一个价电子处于 s 态，易于失掉价电子，显示很强的金属性质. 而零族元素，具有满壳层结构，要将满壳层内的电子激发到上一级壳层上，需要很大的能量，所以这种原子的化学性质极不活泼，以单原子状态存在于自然界中，即惰性气体. 卤族元素，它们的电子壳层结构都是比满壳层少一个电子，容易获得一个电子形成稳定的满壳层结构，具有很强的非金属性.

### 22.2.4　碱金属原子　交换对称性

碱金属元素，即元素周期表中的第 IA 族元素，包括 Li、Na、K、Rb、Cs 等. 它们在满壳层之外有一个价电子处于 s 态，金属性很强，化学性质很活泼，易于失去价电子与非金属结合. 碱金属原子的原子核及内层满壳电子形成一个原子实，原子实对价电子的作用，可以用一个屏蔽的库仑场 $V(\boldsymbol{r})$ 代替，在库仑场的作用下，激发态能级分裂，在向基态跃迁的过程中，形成碱金属光谱中的双线结构.

在强外磁场中，原子光谱线发生分裂，一般分裂为 3 条，如图 22-7 所示，称为**正常塞曼效应**. 没有外磁场时，碱金属价电子可以认为处于原子实的中心力场中，能量取值与量子数 $n$、$l$ 有关，能级是 $(2l+1)$ 重简并的. 在外磁场的作用下，电子的内禀磁矩与外磁场作用使能级产生分裂，能量与量子数 $(n, l, m)$ 都有关了，原来的一条能级分裂为 $(2l+1)$ 条. 由于能级分裂，相应的光谱线也发生分裂，原来的一条光谱线分裂为 3 条. 计及电子的自旋后，考虑到光辐射跃迁选择定则，即 $\Delta m_s=0$，跃迁分别在 $m_s=+1/2$ 和 $m_s=-1/2$ 两组能级内部进行，因此电子自旋对光谱线的分裂没有影响.

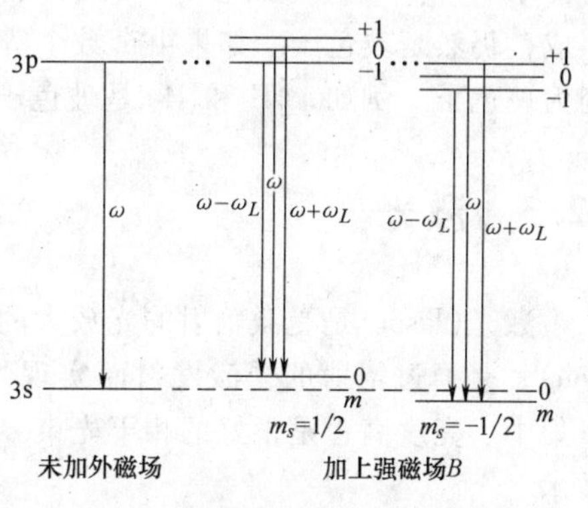


图 22-7　钠黄线的正常塞曼效应

外磁场很弱时，自旋轨道耦合也使能级发生分裂，每一条能级分裂为 $(2j+1)$ 条，其中 $j$ 为半整数，即光谱线分裂为偶数条，出现**反常塞曼效应**(abnormal Zeeman effect). 如图 22-8 所示.

自然界中存在各种不同的粒子，同一种粒子具有完全相同的内禀属性，如质量、电荷、自旋、磁矩、寿命等. 存在着同类粒子组成的多粒子体系，如金属中的电子气，分子、原子中的电子系，原子核中的质子系、中子系等. 它们具有一个基本特征，即：哈密顿量对于任何两个粒子交换是不变的，即**交换对称性**(exchange symmetry). 例如，对于氦原子有两个电子，当人们在某处观察到它的一个电子时，由于两个电子的属性完全相同，因此无法判断这个电子是两个电子中的哪一个，也没有必要区分. 当这两个电子交换位置时，对其量子态没有任何影响.

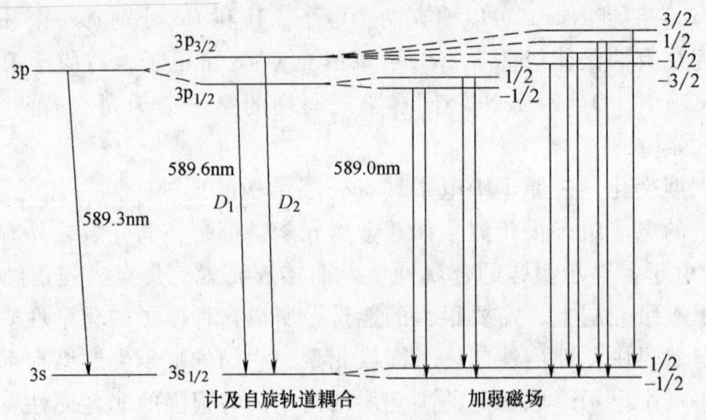


图 22-8　钠黄线的反常塞曼效应

对于每一类粒子，它们的多体波函数交换对称性是完全确定的，如对于电子系统，交换两个电子是反对称的；对于光子体系，是对称的.

实验表明，全同粒子的交换对称性与粒子的自旋有确定关系，自旋为$\hbar$（$\hbar = h/2\pi$）整数倍的粒子，对于交换是对称的，它们遵循统计物理中的玻色统计规律，称为**玻色子**（boson），如光子，π 介子. 而自旋为$\hbar$的半奇数倍的粒子，交换是反对称的，遵循费米统计规律，称为**费米子**（fermion）. 如电子、质子、中子等. 由基本粒子组成的复杂粒子，如果由玻色子组成，仍然是玻色子. 如果由奇数个费米子组成，仍为费米子，如果由偶数个费米子组成，则为玻色子. 例如，${}^{2}_{1}\mathrm{H}$ 和${}^{4}_{2}\mathrm{He}$ 是玻色子，而${}^{3}_{1}\mathrm{H}$ 和${}^{3}_{2}\mathrm{He}$ 是费米子.

## 22.3　激光*

激光（laser）是受激辐射的光放大的简称（light amplification by stimulated emission of radiation），是通过辐射的受激发射而实现光放大. 激光的单色性佳、相干性强、方向性好、能量集中、亮度高，是很好的相干光束. 激光技术是 20 世纪 60 年代初期发展起来的一门新兴技术.

### 22.3.1　激光原理

**1. 受激吸收**　一个处于低能级 $E_1$ 的原子，没有吸收外来光子时，保持不变. 受到外来光的照射时，如果入射光子的能量 $h\nu$ 正好等于原子的两个能级之差（$E_2 - E_1$），即

$$h\nu = E_2 - E_1 \tag{22-8}$$

这个光子将被原子吸收，使电子由低能级状态 $E_1$ 跃迁到高能级状态 $E_2$，这个过程称为**受激吸收过程**，简称**吸收过程**（absorbent process），如图 22-9 所示.

**2. 自发辐射**　处于高能级 $E_2$ 的电子是不稳定的，它们在激发态停留的时间一般很短，大约 $10^{-8}$s 左右. 在不受外界影响时，会发生从高能级 $E_2$ 到低能级 $E_1$ 的跃迁，并将能量以光子的形式发射出来，形成发光，如图 22-10 所示. 这种自发的从激发态返回较低能态而放出光子的过程称为**自发辐射过程**（spontaneous radiation）. 自发辐射发出的光子的频率为

$$\nu = \frac{E_2 - E_1}{h}$$

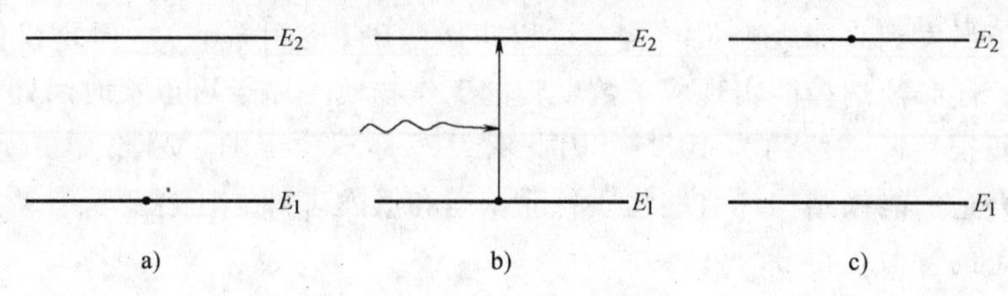


图 22-9　光的吸收过程

发光物质中的各个原子在自发辐射时是彼此独立的，发光的频率、振动方向和相位都是独立的，因此发出的光是非相干光.

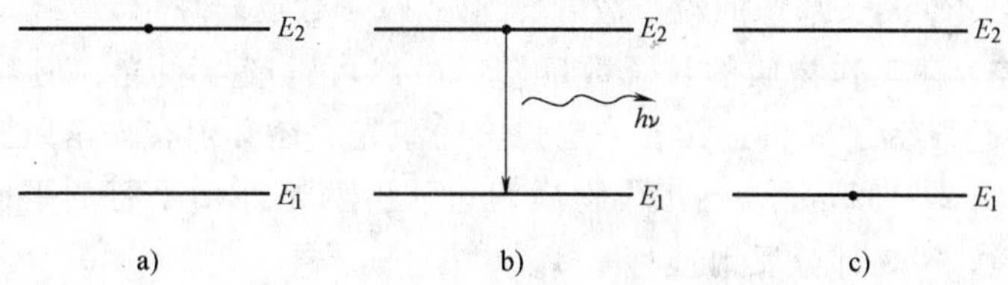


图 22-10　光的自发辐射过程

**3. 受激辐射**　当原子中的电子处于激发态能级 $E_2$ 时，如果外来光子的频率恰好满足 $h\nu=E_2-E_1$，此时，原子中处于高能级的电子，会在外来光子的诱发下向低能级 $E_1$ 跃迁，并发出与外来光子特征相同的光子. 这种过程叫做**受激辐射**(stimulated radiation)，如图 22-11 所示. 受激辐射产生的光子与外来光子具有相同的频率、相同的发射方向、相同的相位和相同的偏振方向. 受激辐射也是随机的，一个满足条件的外来光子使哪个原子发生受激辐射、何时受激辐射都有偶然性.

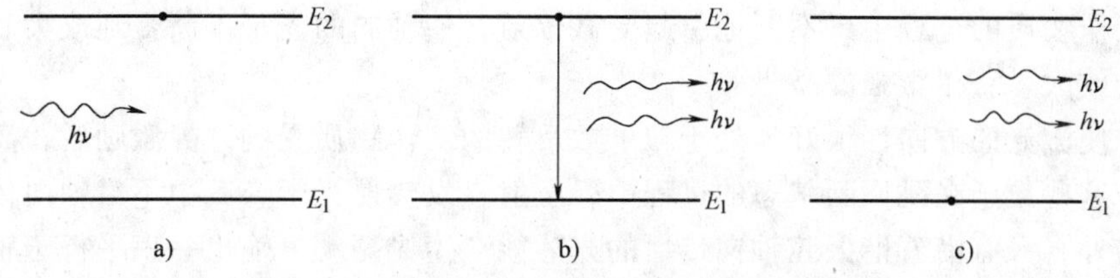


图 22-11　光的受激辐射过程

**4. 粒子数反转**　光的吸收、自发辐射和受激辐射三个过程是同时存在的. 吸收过程使光子数减少，受激辐射使光子数增加. 一般情况下，处于热平衡状态的物质中，处于低能级的电子数多于处于高能级的电子数，遵守玻耳兹曼分布定律. 在温度为 $T$ 时，处于 $E_1$ 和 $E_2$ 的电子数目之比是

$$\frac{N_1}{N_2}=e^{-(E_1-E_2)/kT}$$

已知 $E_2>E_1$，所以 $N_1>N_2$，即处于低能级上的电子数大于高能级上的电子数，这种分布叫做粒子数的正常分布. 在正常分布时，光吸收过程较光受激辐射过程占优势，难以产生连续的受激辐射. 要实现光放大，必须使高能级上的电子数大于在低能级上的电子数，即 $N_2>N_1$，这种分布叫**粒子数布居反转**(population inversion)，简称**粒子数反转**. **粒子数反转是实现受激辐射、得到光放大的必要条件**.

要实现光放大，必须实现粒子数反转. 首先要从外界输入能量(如光照、放电等)，把低能级上的原子激发到高能级上去. 这个过程叫做激励(也叫泵浦). 但是仅仅从外界进行激励是不够的，还必须选择能实现粒子数反转的工作物质. 原子可以长时间处于基态，而处于激发态的时间很短，一般约为 $10^{-8}$s，因此激发态是不稳定的. 因此要实现粒子数反转，介质还必须有合适的能级结构. 有些物质，除基态和激发态外，还有亚稳态. 它不如基态稳定，但比激发态的寿命长得多.

如图 22-12 所示，基态 $E_1$ 的粒子吸收光能跃迁到激发态 $E_3$，被激发的粒子在能级 $E_3$ 上停留的时间很短，很快以无辐射方式转移到亚稳态 $E_2$，在亚稳态停留的时间较长，不能立即以自发辐射的方式返回基态，在外界强光的激励下，亚稳态上的量子数不断积累，使得亚稳态 $E_2$ 上的粒子数 $N_2$ 大于基态的粒子数 $N_1$，形成粒子数反转.

**5. 光学谐振腔** 使工作物质的粒子数反转，虽然可以产生激光，但其寿命较短，强度很低，没有实用价值. 为了获得连续有一定强度的激光，还必须有**光学谐振腔**(optically coupled cavaties). 如图 22-13 所示，在工作物质两边放置两个严格平行的平面反射镜 M 和 N，其中 M 是全反射镜，N 是部分反射镜.

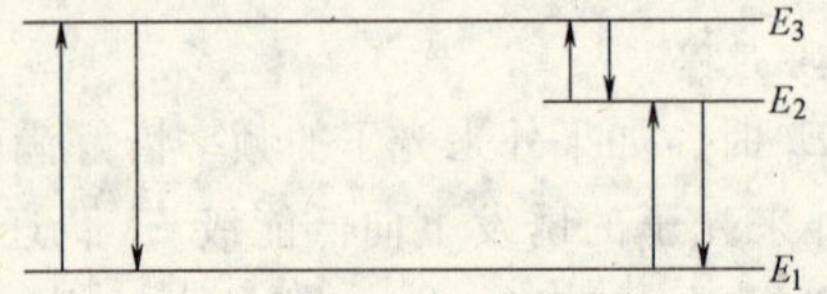

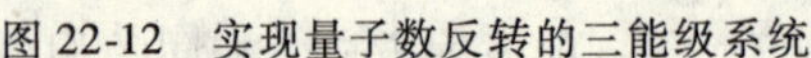

图 22-12 实现量子数反转的三能级系统

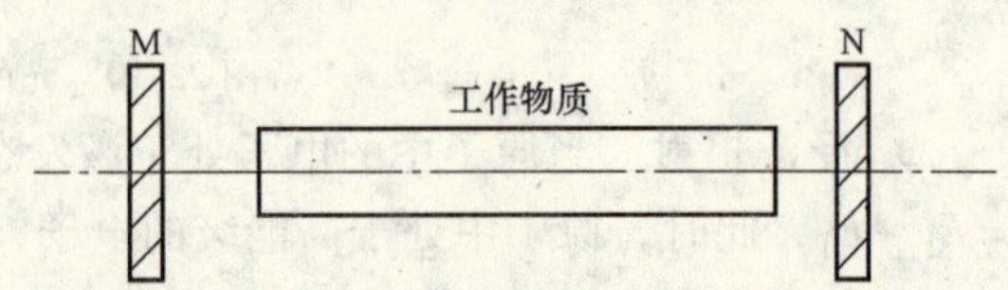


图 22-13 光学谐振腔的结构

光学谐振腔的作用有三个. 第一，能产生和维持光振荡. 沿着谐振腔轴向的光子在反射镜 M 和 N 之间反射，这些光子引起腔内分子产生受激辐射，在不断往返穿过已经实现粒子数反转的工作物质的过程中，不断地引起受激辐射，使轴向的光子不断得到放大和振荡，产生雪崩式的放大，获得很强的激光.

第二，使激光的方向性很好. 处于粒子数反转的工作物质受到外界激励后，激发态上有很多粒子，这些粒子在跳回到基态的过程中，发射自发辐射光子，其中不沿轴向传播的光很快地射出腔外，只有沿着谐振腔轴向传播的光才能产生光振动，输出一束平行于轴线的细光束，具有很好的方向性.

第三，谐振腔使激光的单色性好. 光在谐振腔内传播时形成以反射镜为节点的驻波，只有当光的半波长的整数倍等于谐振腔的长度，即

$$l = k\frac{\lambda}{2} \tag{22-9}$$

时，振荡才能增强. 式中，$l$ 是谐振腔的长度；$k$ 是正整数；$\lambda$ 是光的波长. 波长不满足上述条件的光，会很快减弱，因此谐振腔起到选频作用，使得输出激光的单色性很好.

### 22.3.2 激光器

目前激光器的种类很多，它所产生的激光的波长从紫外线到远红外线，范围很广. 按照激光器工作物质的不同，可将其分为气体激光器(gas laser)、固体激光器(solid state laser)、半导体激光器和液体激光器等. 按照激光器的工作方式来分，又可分为连续式激光器和脉冲式激光器等. 下面介绍几种常用的激光器.

**1. 氦氖气体激光器** 氦氖激光器(He-Ne laser)是气体激光器的代表. 它是一种连续式

的激光器，结构如图 22-14 所示. 激光器的外壳是一根长为 25 ~ 100cm、直径 45cm 左右的硬质玻璃管，中间有一根直径约 1mm 的放电管. 制造时先抽去空气，按(5 ~ 10)∶1 的比例充入氦、氖混合气. 总气压为 $2.66\times10^2\sim3.99\times10^2$Pa. 谐振腔由两块反射镜组成，激励采用气体放电形式进行. 在阴极和阳极之间加上几千伏的高压. 形成 632.8nm 的激光输出.

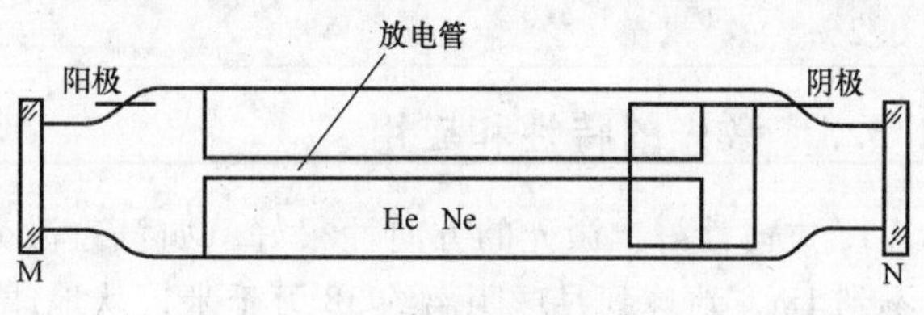

图 22-14　氦氖激光器

激光器中的工作物质是氖，氦是辅助物质. 氦、氖原子在一般情况下大多数处于基态，产生受激辐射的是氖原子，氦原子只起能量传递的作用. 氦原子能级中有两个亚稳态 $2^3$s 和 $2^1$s，氖原子有两个与它很接近的能级 2s 和 3s，还存在着两个寿命极短的能级 2p 和 3p，如图 22-15 所示. 激光器工作时，两极间加有几千伏的高压，发生气体放电，电子在电场作用下加速运动，与氦原子发生碰撞，由于高能电子与基态氦原子碰撞的概率比氖原子大，所以较多的氦原子激发到两个亚稳态上. 这些亚稳态的氦原子又与基态的氖原子发生碰撞，使氖原子激发到能级 2s 和 3s 上. 这里氦原子起到使氖原子激发到能级 2s 和 3s 的中间介质作用. 由于在能级 2p 和 3p 的氖原子极少，在能级 3s 和能级 2p 和 3p 之间，以及能级 2s 和 2p 之间形成粒子数反转，分别发出 632.8nm, 3390nm 和 1150nm 三种波长的激光. 其中 3390nm 和 1150nm 处在红外区，采取一定措施可以抑制掉.

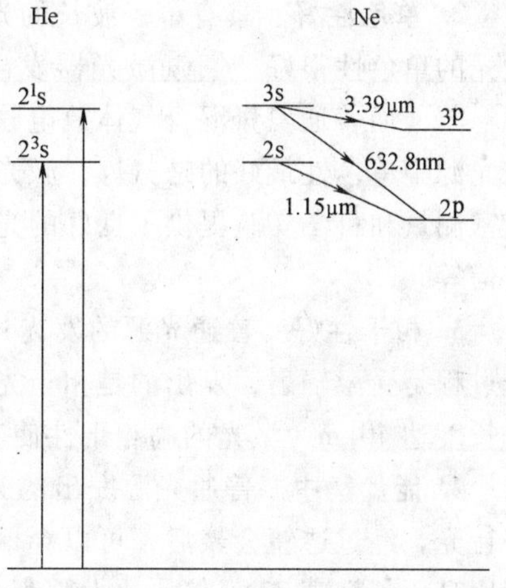

图 22-15　氦氖原子能级

氦氖激光器结构简单，使用方便，成本低，在常用的激光器中单色性最好，因此常用在精密测量中. 然而氦氖激光器功率较低，一般只有几毫瓦. 其效率(即输出的激光功率)与输入的大功率的比值，只有千分之一，效率较低.

**2. 红宝石激光器**　红宝石激光器(ruby laser)是一种固体脉冲式激光器. 它的工作物质是棒状红宝石晶体. 其主要成分是 $Al_2O_3$ 晶体，其中含有 0.05% 的 $Cr^{+3}$ 离子. $Cr^{+3}$ 离子作为激活剂，起到能量传递的作用. 在红宝石的 $^2$E 能级和基态之间形成粒子数反转. 红宝石直径 0.5 ~ 1cm，长度 5 ~ 10cm，两个端面精密抛光并严格平行. 一个端面镀银为全反射面，另一端面半镀银，两个端面构成谐振腔. 作为谐振腔的两个反射面也可以单独制成. 激励能源为脉冲氙灯，为了提高激励效率，常装有聚光器，氙灯和红宝石棒放在椭圆截面的两个焦点上，如图 22-16 所示. 另外还有冷却设备，防止红宝石过热.

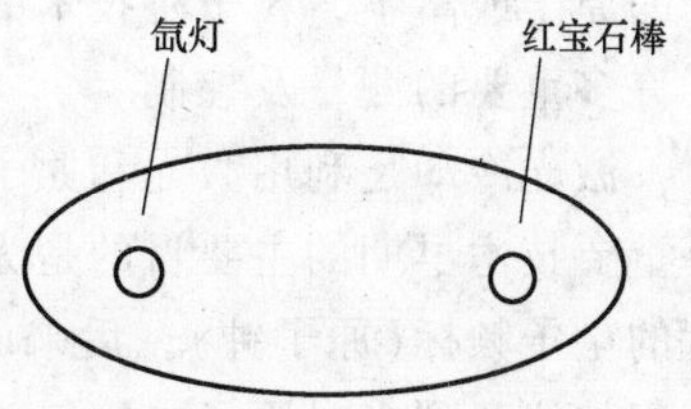

图 22-16　氙灯和红宝石棒放在椭圆截面的两个焦点上

红宝石激光器发出的脉冲激光波长为 694.3nm. 棒长 10cm，直径 1cm 的红宝石激光器，每次脉冲输出的能量为 10J，脉冲持续时间为 1ms，平均功率为 10kW，激光效率约为 0.2%.

### 22.3.3 激光的特性和应用

**1. 方向性好** 激光的方向性很好，如氦氖激光器发出的光束每行进 200km，其扩散直径不到 1m，地球到月球距离约 38 万千米，从地球发射一束激光到月球表面，光斑直径不到 2km. 而普通光源，如使用抛物形反射面的探照灯，光束在几千米之外也要扩散到几十米的直径. 因此，激光是一束细的平行光束，可以广泛用来定位、准直、测距等. 如用激光测定地球与月球的距离，精度可以达到 ±15m 左右.

**2. 单色性好** 具有单一波长的光是单色光，但是普通原子光谱的谱线不是严格单色的. 激光的单色性很好，氦氖激光器发出的红光的频率为 $4.74\times10^{14}$ Hz，其频率宽度只有 $9\times10^{-2}$ Hz. 而普通氦氖混合气体放电管发出的同样频率的光，其频率宽度达 $1.52\times10^{9}$ Hz. 普通光源中单色性最好的是氪灯，激光的单色性比氪灯还高一万倍. 由于激光的单色性好，为精密测量和科学实验提供了良好的光源，可以利用激光的波长作为标准进行精密测量及激光通信等.

**3. 相干性好** 普通光源的发光过程是自发辐射，所以发出的不是相干光. 激光器的发光过程是受激辐射，发出的是相干光. 如氪灯发出的光的相干长度只有 0.78m，而激光的相干长度达 40km. 激光的高相干性使其在全息照相上迅速得到应用.

**4. 能量集中** 普通光源发出的光射向各个方向，能量分散，而激光方向性好，几乎是平行光，经过透镜会聚后，可以会聚在很小的一个范围内，激光的能量高度集中. 激光的亮度比高压氙灯高 37 亿倍，比太阳表面的亮度高 20 亿倍. 可以利用其高能量密度对金属或非金属材料进行打孔、切割、焊接等精密机械加工. 还可以制成激光手术刀在医学上得到应用.

### 22.3.4 激光冷却与原子囚禁

囚禁原子或离子，通常采用冷却并加磁场与激光，理论和实验都成功地证实了原子囚禁的存在. 激光冷却(laser cooling)是实现原子囚禁的有效方法，当原子冷却到接近绝对零度时，其速度可以降低到 0.1m/s 的数量级，在此基础上加入磁场，使原子囚禁的时间大大增加. 从而实现原子在很小空间的囚禁. 量子计算机不仅具有速度快、体积小的诱人优点，还具有电子计算机不可具备的功能，那就是量子计算机的量子逻辑门具有“0”和“1”的叠加态，因而可进行随机问题的计算. 而普通电子计算机的逻辑门只有“0”和“1”两个态，它给出的随机数，实际上都是人为设定的. 实现量子计算机的第一点，必须能囚禁并控制单个的原子或离子，粒子阱技术的研究和发展与此有着密切关系. 此外，粒子阱技术还可应用于许多重要的测量及控制.

激光冷却是利用激光和原子的相互作用减速原子运动以获得超低温原子的高新技术. 这一重要技术早期的主要目的是为了精确测量各种原子参数，用于高分辨率激光光谱和超高精度的量子频标(原子钟)，后来成为实现原子玻色-爱因斯坦凝聚的关键实验方法. 20 世纪初人们就注意到光对原子有辐射压力作用. 激光器发明之后，由于激光是相干光，当相干光与原子发生共振时，原子吸收光子的截面很大，原子受到的光压就很大，利用光压发展了改变原子速度的技术. 人们发现，当原子在频率略低于原子跃迁能级差且相向传播的一对激光束中运动时，由于多普勒效应，原子倾向于吸收与原子运动方向相反的光子，而对与其相同方向行进的光子吸收概率较小；吸收后的光子将各向同性地自发辐射．平均地看来，两束激光的净作用是产生一个与原子运动方向相反的阻尼力，从而使原子的运动减缓(即冷却下来)．1985 年美国国家标准与技术研究院的菲利浦斯(willam D. Phillips，1948—)和斯坦福大学的朱棣文(Steven Chu，1948—)首先实现了激光冷却原子的实验，并得到了极低温度(24μK)的钠原子气体．他们进一步用三维激光束形成磁光将原子囚禁在一个空间的小区域中加以冷却，获得了更低温度的“光学粘胶”．之后，许多激光冷却的新方法不断涌现，其中较著名的有“速度选择相干布居囚禁”和“拉曼冷却”，前者由法国巴黎高等师范学院的柯亨-达诺基(Claud Cohen-Tannodji，1933—)提出，后者由朱棣文提出，他们利用这种技术分别获得了低于光子反冲极限的极低温度．此后，人们还发展了磁场和激光相结合的一系列冷却技术，其中包括偏振梯度冷却、磁感应冷却等等．朱棣文、柯亨-达诺基和菲利浦斯三人也因此而获得了 1997 年诺贝尔物理学奖．激光冷却有许多应用，如原子光学、原子刻蚀、原子钟、光学晶格、光镊子、玻色-爱因斯坦凝聚、原子激光、高分辨率光谱以及光和物质的相互作用的基础研究等等．

## 22.4 薛定谔方程

### 22.4.1 波函数及其概率解释

光的量子论提出后，光同时具有波动和粒子二象性的认识被人们接受．德布罗意(L. de Broglie，1892—1987)对光的波动说和微粒说本性的认识过程进行了分析，发现在光本性的认识过程中，人们过多注重了其波动性研究，而忽视了粒子性．并由此联想到，对实物粒子的研究过程中，人们注重了其粒子性的分析，而略去了粒子具有波动性的研究．从光量子波长和频率分别与动量和能量相联系的观点出发，德布罗意提出，具有一定能量 $E$ 和动量 $p$ 的实物粒子与一种波相联系，这种波称为**物质波**，也称为**德布罗意波**(de Broglie wave)．波的频率和波长分别是

$$\nu = \frac{E}{h} \tag{22-10}$$

$$\lambda = \frac{h}{p} \tag{22-11}$$

物质波的提出，一方面将实物粒子与光的理论统一起来，另一方面，可以更好地理解微观粒子能量的不连续性，克服玻尔理论中量子化条件的人为假设．德布罗意将原子的定态与驻波相联系．例如，在氢原子中作稳定的圆轨道运动的电子所相应的德布罗意波，按照驻波要求，波绕原子核传播一周后应光滑的衔接起来，否则波将由于干涉而相消．这就要求轨道的圆周长应该为波长的整数倍，即

$$2\pi \cdot r = n\lambda, \quad n = 1, 2, 3, \cdots$$

因此得到

$$\lambda = 2\pi \cdot r / n$$

粒子的角动量为

$$L = rp = \frac{nh}{2\pi} \tag{22-12}$$

此即**玻尔的量子化条件**.

物质粒子在经典物理中被看做经典粒子而略去其波动性，是由于 $h$ 是一个很小的量，实物粒子的波长很小，在一般宏观条件下，波动性不会表现出来，这时用经典物理来处理是合适的. 如布朗运动中悬浮颗粒对应的波长约 $5\times10^{-7}$ nm，远小于粒子直径，波动性不明显.

而对一个自由电子，其波长为

$$\lambda \approx 10^{-10} \times \sqrt{\frac{150}{U}}\mathrm{m}, \quad (U \text{ 的单位为 eV})$$

对具有 10eV 能量的电子，其波长与原子大小相近，物质粒子表现出明显的波动性. 经典物理此时无能为力. 实物粒子的波动性后来一一得到了实验验证. 1927 年，戴维孙(Davisson，1881—1958)和革末(Germer，1896—1971)以及 G. P. 汤姆孙(George Paget Thomson，1892—1975)做的电子衍射实验证明了德布罗意假设的正确性. 为此，戴维孙和汤姆孙分享了 1937 年度的诺贝尔物理学奖. 以后质子、原子、分子等的波动性都为实验验证. 波动性是物质粒子的普遍性质. 电子显微镜、慢中子衍射等技术就是这一性质的具体应用.

对实物粒子波的理解与人们的经典概念产生了矛盾，如电子波. 电子究竟是波？还是粒子？微观结构下，电子既不是经典粒子，也不是经典波，或者说，电子既是粒子，又是波，是粒子和波动二象性矛盾的统一. 电子所表现出来的粒子性，只是经典粒子概念中的原子性或颗粒性. 即表现出具有一定的质量、电荷等的客体，但不与粒子具有确定的轨道的概念有联系. 电子表现的波动性，是与波动性中本质的概念——衍射和干涉相联系的，即波具有叠加性. 把微观粒子的波动性与粒子性统一起来的是玻恩(M. Born，1882—1970)提出的概率波(probability wave). 概率波理论认为，德布罗意提出的物质波，并不代表实在的物理量的波动，只不过是粒子在空间分布的概率波. 在电子衍射实验中，如果入射电子流的强度很大，单位时间内有许多电子被晶体反射，则照片上会很快出现衍射图样. 如果入射电子的电子流强度很弱，以至于电子一个一个的入射到晶体表面，反射的电子的图像在照片上也是一个一个出现. 此时显示了电子的微粒性. 开始时出现的电子图像是一个看起来杂乱无章的无规律的点. 随着时间延长，点子的数目增加，它们在照片上的分布出现衍射图样，显示出电子的波动性. 可见，实验显示的电子的波动性是许多电子在同一实验中的统计结果，也是一个电子经过许多次相同实验的统计结果. 正是在这一实验基础上，玻恩提出了**波函数的统计解释，即：波函数在空间中某一点的强度和在该点找到粒子的概率成比例**. 描写粒子的波是概率波.

电子的衍射实验中，粒子被反射后，描写粒子的波发生衍射，在照片的衍射图样中，衍射极大的地方，波的强度大，每个粒子投射到这里的概率大，投射到这里的粒子多；在衍射极小的地方，波的强度很小，粒子投射到这里的概率很小，因而，投射到这里的粒子很少.

在量子力学中，微观体系的状态用波函数描述，只要知道了体系的波函数，体系其他量如能量、跃迁的概率等原则上都可以确定. 但是，波函数本身不代表可观测量，其物理意义来源于玻恩的统计诠释. 任何一种波的强度都是正比于相应的波函数振幅的平方，因此，微观粒子出现在空间不同位置的概率分布应该用波函数的模的平方描述. 即微观粒子在时间 $t$

出现在 $x$ 处的概率是 $|\Psi(x,t)|^2$. 所以，波函数又称为概率函数. 由于粒子必定要出现在空间中的某一点，所以，粒子在空间出现的概率和等于 1，因此，要求必须满足

$$\int_\infty |\Psi(x,t)|^2 \mathrm{d}x = 1$$

这就是**波函数的归一化条件**.

粒子在空间各点出现的概率只决定于波函数在空间各点的相对强度，而不决定于强度的绝对大小. 对于概率分布来说，重要的是相对概率分布. 将波函数乘上一个常数后，所描写的粒子的状态并不变化. 可以看出，$\Psi(x,t)$ 和 $C\Psi(x,t)$ ($C$ 为常数) 所描述的相对概率分布是完全相同的，描述的是同一个概率波.

与经典波不同，波函数有一个常数因子不确定性. 一个经典波的振幅增加一倍，相应的能量为原来的 4 倍，因此代表不同的波动状态. 因此经典波没有“归一化”问题. 对于概率波，常常将其归一化. 如果

$$\int_\infty |\Psi(x,t)|^2 \mathrm{d}x = A(A \text{ 是实常数,且大于 } 0)$$

有

$$\int_\infty \left|\frac{1}{\sqrt{A}}\Psi(x,t)\right|^2 \mathrm{d}x = 1$$

对波函数的归一化处理使问题变得简单、整洁. 用波函数描述粒子的波动性，但并不是所有的函数都可以作为波函数. **波函数在变量变化的区域内应该满足三个条件：有限性、连续性、单值性**，这是波函数统计解释所要求的.

### 22.4.2　不确定关系

经典物理中，粒子的运动有确定的轨道，即在某一时刻，粒子的动量和位置可同时确定. 但在微观粒子中，由于波粒二象性，粒子的位置和动量不能同时完全确定. 粒子位置和动量的涨落 $\Delta x$ 和 $\Delta p$，满足以下关系：

$$\Delta x \cdot \Delta p \geqslant \frac{h}{2\pi} \tag{22-13}$$

这就是著名的**海森伯不确定关系**(uncertainly relation)，这一关系表明，不管测量技术如何高明、精细，都不可能同时精确地测量微观粒子在同一方向上的坐标和动量. 当一个粒子的位置完全确定后，即 $\Delta x = 0$，则 $\Delta p \to \infty$，即粒子的速度为任意值，完全无法确定. 同样，一个速度确定的粒子，其位置不确定性为无穷大，即可以出现于空间任意位置. 对微观粒子的恰当描述是它处于某一位置的概率，在它可能出现的空间内，有一定的位置概率分布.

**例题 22-2**　设电子和质量为 0.01kg 的子弹都沿 $X$ 方向以 400m/s 的速度运动，试比较在确定它们的位置时的不确定量.

**解**：由不确定关系 $\Delta x \cdot \Delta p \geqslant \frac{h}{2\pi}$，得

$$\Delta x \geqslant \frac{h}{2\pi\Delta p}$$

对电子

$$\Delta p = (9.11\times10^{-31}\times400\times0.01\%)\mathrm{kg}\cdot\mathrm{m/s} \approx 3.6\times10^{-32}\mathrm{kg}\cdot\mathrm{m/s}$$

故

$$\Delta x \geqslant \frac{h}{2\pi\Delta p}=\frac{6.63\times10^{-34}}{2\times3.14\times3.6\times10^{-32}}\mathrm{m}\approx2.9\times10^{-3}\mathrm{m}$$

电子位置的不确定性约为 3mm，远大于电子自身的线度，因此不能用经典力学方法来处理.

对于子弹

$$\Delta p = (0.1\times400\times0.01\%)\mathrm{kg\cdot m/s} = 4.0\times10^{-3}\mathrm{kg\cdot m/s}$$

$$\Delta x \geqslant \frac{h}{2\pi\Delta p}=\frac{6.63\times10^{-34}}{2\times3.14\times4.0\times10^{-3}}\mathrm{m}\approx2.6\times10^{-32}\mathrm{m}$$

经典物理中，由于 $h$ 很小，粒子位置和动量的不确定性与粒子自身的尺度比较可以略去.

### 22.4.3 薛定谔方程

量子力学中，描述微观粒子运动状态不能利用牛顿第二定律，而是研究波函数随时间变化的特有的规律. 首先分析微观自由粒子运动满足的方程.

动量为 $p$、能量为 $E$、沿着 $x$ 轴运动的自由粒子的波函数为

$$\Psi(x,t) = \Psi_0 \mathrm{e}^{-\frac{\mathrm{i}}{\hbar}(Et-px)}$$

上式可以写成空间和时间两个函数的乘积

$$\Psi(x,t) = \Psi_0 \mathrm{e}^{\frac{\mathrm{i}}{\hbar}\cdot px}\mathrm{e}^{-\frac{\mathrm{i}}{\hbar}\cdot Et} = \Psi(x)\mathrm{e}^{-\frac{\mathrm{i}}{\hbar}Et}$$

其中

$$\Psi(x) = \Psi_0 \mathrm{e}^{\frac{\mathrm{i}}{\hbar}px} \tag{22-14}$$

仅为 $x$ 的函数，称为**振幅函数**. 粒子在空间某处出现的概率密度为

$$|\Psi(x,t)|^2 = |\Psi(x)|^2|\mathrm{e}^{-\frac{\mathrm{i}}{\hbar}Et}|^2 = |\Psi(x)|^2$$

由此可见，这种波函数的概率密度不随时间改变，这种波函数描述的是稳定状态，称为**定态**. 定态问题中，只要求出 $\Psi(x)$ 就可以求得微观粒子的概率分布，有时把 $\Psi(x)$ 叫**波函数**.

对式(22-14)两边取导数，有

$$\frac{\mathrm{d}^2\Psi(x)}{\mathrm{d}x^2} = -\frac{p^2}{\hbar^2}\Psi(x)$$

对于自由粒子，因为

$$E_\mathrm{p}(x)=0, \qquad E=E_\mathrm{k}+E_\mathrm{p}=\frac{p^2}{2m}$$

于是有

$$\frac{\mathrm{d}^2\Psi(x)}{\mathrm{d}x^2}+\frac{2m}{\hbar^2}E\Psi(x)=0$$

如果粒子处于势场中运动，因其具有势能，则

$$E=\frac{p^2}{2m}+E_\mathrm{p}(x)$$

因而有

$$\frac{\mathrm{d}^2\Psi(x)}{\mathrm{d}x^2}+\frac{2m}{\hbar^2}[E-E_{\mathrm{p}}(x)]\Psi(x)=0 \tag{22-15}$$

这个方程是奥地利物理学家薛定谔(Erwin Schrödinger, 1887—1961)建立的，称为**一维空间定态薛定谔方程**(stationary Schrödinger equation).

如果粒子在三维空间运动，则定态薛定谔方程为

$$\nabla^2\Psi+\frac{2m}{\hbar^2}(E-E_{\mathrm{p}})\Psi=0 \tag{22-16a}$$

其中，$\nabla^2$是拉普拉斯算符，$\nabla^2=\frac{\partial^2}{\partial x^2}+\frac{\partial^2}{\partial y^2}+\frac{\partial^2}{\partial z^2}$.

如果作用在粒子上的势场随时间变化，不能利用定态薛定谔方程．而是利用其基本形式

$$\left[-\frac{\hbar^2}{2m}\nabla^2+E_{\mathrm{p}}(r)\right]\Psi(\boldsymbol{r},t)=\mathrm{i}\hbar\frac{\partial\Psi(\boldsymbol{r},t)}{\partial t} \tag{22-16b}$$

一般来说，给定势能的具体形式，再给定初始条件和边界条件，就可以由薛定谔方程求出波函数．总能量只有取某些特定值时，方程才有解，这些值称为**能量本征值**，相应的波函数称为**能量的本征函数**.

薛定谔方程是量子力学的基本方程，它在量子力学中的地位相当于牛顿方程在经典力学中的地位．薛定谔方程是量子力学的一个基本假设，不能由其他任何原理推导出来．它的正确性只能由实验来检验.

## 22.5　薛定谔方程的应用举例

一般情况下，定态薛定谔方程是二阶偏微分方程，求解极为复杂．在最简单的情况下，如粒子沿直线运动，可以转化为常微分方程进行求解．本节介绍几种简单的例子.

### 22.5.1　一维无限深势阱

一个质量为 $m$ 的粒子被局限在 $x=0$ 到 $x=a$ 的一个很小的空间范围内运动，势能函数为

$$E_{\mathrm{p}}(x)=\begin{cases}0 & (0<x<a)\\ \infty & (x\leqslant 0 \text{ 或 } x\geqslant a)\end{cases}$$

势能函数的曲线如图 22-17 所示，这个势能曲线的形状与方阱相似，称为**一维无限深势阱**(potential well)．如金属中的自由电子在略去电子间的相互碰撞及势能的周期性变化时，可以简化为无限深势阱.

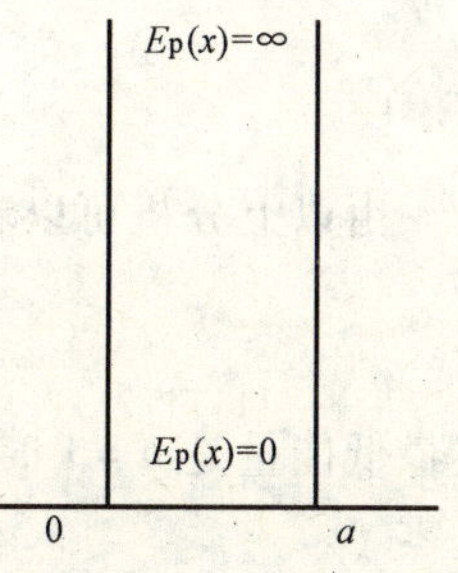

图 22-17　一维无限深势阱

按照经典力学观点，在势阱内，势能为零，粒子将作匀速直线运动，直到与势阱壁碰撞后，改变方向，其速度可以取任意值，因此动能也可以取连续值.

按照量子力学观点，粒子的运动要遵守薛定谔方程．在 $0<x<a$ 范围内，有

$$\frac{\mathrm{d}^2\Psi(x)}{\mathrm{d}x^2}+\frac{2m}{\hbar^2}E\Psi(x)=0$$

在 $x\leqslant0$ 和 $x\geqslant a$ 区域内，由于 $E_{\mathrm{p}}(x)=\infty$，而粒子的能量 $E$ 一般为有限值，粒子不可能穿过阱壁，粒子在阱壁外出现的概率为零. 即

$$\Psi(x)=0\quad(x\leqslant0,\ x\geqslant a)$$

令

$$k^2=\frac{2mE}{\hbar^2}\tag{22-17}$$

得

$$\frac{\mathrm{d}^2\Psi}{\mathrm{d}x^2}+k^2\Psi=0$$

这是一个二阶常系数齐次线性微分方程式，其通解为

$$\Psi(x)=A\sin(kx+\delta)$$

式中，$A$、$k$、$\delta$ 为任意常数. 在 $x=0$ 和 $x=a$ 处，波函数连续，有 $\Psi(0)=\Psi(a)=0$，故有

$A\sin\delta=0$，由于 $A\neq0$，得到 $\qquad\delta=0$

$A\sin ka=0$，得到 $\qquad ka=n\pi,\quad k=\dfrac{n\pi}{a}$

将 $k$ 值带入式(22-17)得

$$E=\frac{n^2\pi^2\hbar^2}{2ma^2},\quad n=1,\ 2,\ 3,\ \cdots$$

显然，粒子能量不能连续取值，即能量是量子化的.

波函数为

$$\Psi(x)=A\sin\left(\frac{n\pi}{a}x\right)\quad(0<x<a)$$

利用归一化条件，得

$$\int_0^a|\Psi(x)|^2\mathrm{d}x=\int_0^a\left[A\sin\left(\frac{n\pi}{a}x\right)\right]^2\mathrm{d}x=1$$

解得

$$A=\sqrt{\frac{2}{a}}$$

因此，波函数为

$$\Psi(x)=\begin{cases}\sqrt{\dfrac{2}{a}}\sin\dfrac{n\pi}{a}x & (0<x<a)\\ 0 & (x\leqslant0\ 或\ x\geqslant a)\end{cases}$$

由以上分析可以看出，在一维无限深势阱中，粒子的能量是不连续的：

$$E_n=\frac{n^2\pi^2\hbar^2}{2ma^2},\quad n=1,2,3,\cdots\tag{22-18}$$

其最低能量是 $n=1$ 时的能量. 这正是粒子波动性的体现，而经典力学中粒子能量的最小值是零.

粒子的相邻能级之差为

$$\Delta E=E_{n+1}-E_n=(2n+1)\frac{\pi^2\hbar^2}{2ma^2}\tag{22-19}$$

可见，能级差随 $n$ 的增加而增加，且与质量 $m$ 和势阱宽度 $a$ 的平方成反比. 当 $ma^2$ 与 $\hbar^2$ 相差不大时，能量量子化比较明显；对于经典粒子，$ma^2$ 远大于 $\hbar^2$，相邻能级差趋于零. 将能级差 $\Delta E$ 与能级 $E_n$ 相比：

$$\frac{\Delta E}{E_n}=\frac{2n+1}{n^2}$$

可见，量子数 $n$ 越大，比值 $\frac{\Delta E}{E_n}$ 越小，当 $n$ 很大时，可以视为 $E$ 取连续值，量子效应不明显.

## 22.5.2　一维势垒

如果一个质量为 $m$ 的粒子沿 $x$ 轴运动时，其势能函数为

$$E_p(x)=\begin{cases}E_{p0} & (0<x<a)\\ 0 & (x\leqslant 0 \text{ 或 } x\geqslant a)\end{cases}$$

势能曲线如图 22-18 所示，这种形式的势能称为**一维势垒**，简称**势垒**(potential barrier). $E_{p0}$ 是势垒高度，$a$ 为势垒宽度.

一个能量为 $E(E<E_{p0})$ 的粒子，自左侧入射到势垒上，按照经典力学的观点，由于粒子能量小于势垒，无法克服势垒对粒子的阻力，因而粒子不能进入势垒，更不能穿过势垒到达势垒的右侧，只能被弹回左侧. 按照量子力学的观点，能量小于势垒高度的粒子，有一定的概率穿过势垒而到达势垒右侧，这种现象称为**隧道效应**. 势垒两侧和势垒中的波函数如图 22-19 所示. 实验发现，粒子能够穿过势垒到达右侧空间.

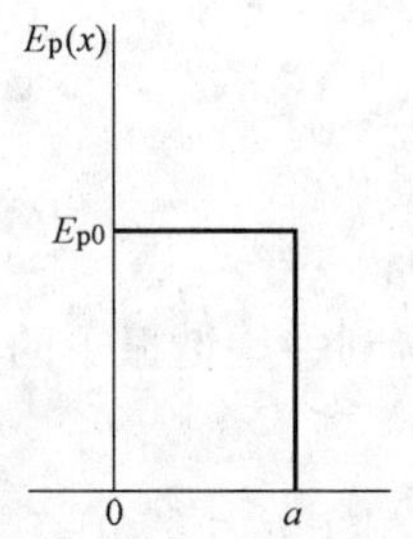


图 22-18　一维势垒

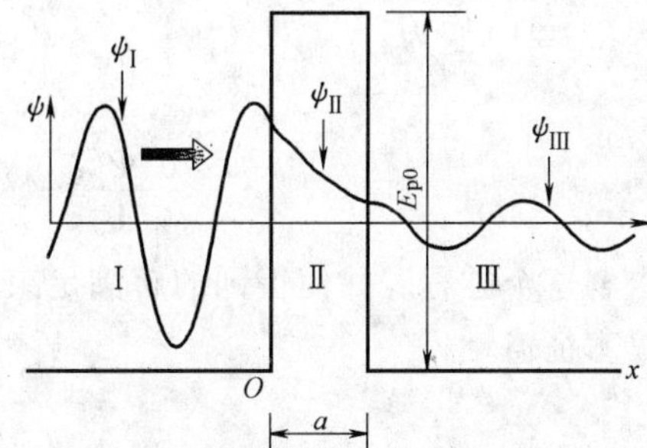


图 22-19　波函数穿过势垒

量子力学的隧道效应来源于微观粒子的波粒二象性，1981 年宾宁(G. Binnig，1947—)和罗勒(H. Rohrer，1933—)利用电子的隧道效应制成了扫描隧道显微镜(STM)，他俩和电子显微镜的发明者鲁斯卡(Ernest Ruska，1906—1988)一起获得了 1986 年度的诺贝尔物理学奖. 1986 年，宾宁又在 STM 的基础上研制出了原子力显微镜，这些都是在量子力学理论指导下的产物.

## 22.5.3　一维谐振子

经典力学中，在线性恢复力 $f=-kx$ 作用下物体作简谐运动. 以平衡位置为势能零点，则系统的势能可以表示为

$$E_{\mathrm{p}} = \frac{1}{2}kx^2 = \frac{1}{2}m\omega^2x^2 \tag{22-20}$$

式中，$k$ 是谐振子（harmonic oscillator）的劲度系数；$m$ 为谐振子的质量；$\omega = \sqrt{\frac{k}{m}}$ 是振动的角频率.

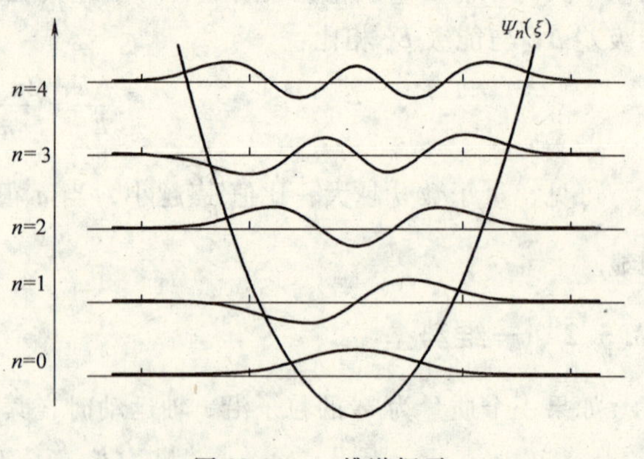


图 22-20　一维谐振子

在量子力学中，一维谐振子是一个重要的物理模型. 原子分子的振动、黑体辐射、晶格振动等问题都可以用谐振子模型处理. 微观粒子被束缚在如图 22-20 所示的势阱内，粒子的运动规律由定态薛定谔方程得到.

将一维谐振子的势能形式(22-20)代入定态薛定谔方程式(22-15)中，可得

$$\left[-\frac{\hbar^2}{2m}\frac{\mathrm{d}^2}{\mathrm{d}x^2} + \frac{1}{2}m\omega^2x^2\right]\psi(x) = E\psi(x) \tag{22-21}$$

令

$$\alpha = \sqrt{\frac{m\omega}{\hbar}},\ \lambda = \frac{2E}{\hbar\,\omega}$$

将变量 $x$ 变换为

$$\xi = \alpha x$$

则方程(22-21)变为

$$\frac{\mathrm{d}^2\Psi(\xi)}{\mathrm{d}\xi^2} + (\lambda - \xi^2)\Psi(\xi) = 0 \tag{22-22}$$

求解这个方程，并使得到的解满足束缚态条件，就可以得到一维谐振子的能量本征函数和能量本征值.

## 小　结

本章主要讲述了量子物理的有关基础知识，包括玻尔的氢原子理论、原子中的电子、激光及应用、薛定谔方程等.

一、玻尔的氢原子理论

玻尔的氢原子理论是在卢瑟福原子核结构模型的基础上发展出来的. 卢瑟福的原子核结构与经典物理学矛盾，为了解释原子能够稳定存在的原因，玻尔提出了三条基本假设：能级量子化，角动量量子化和跃迁假设. 在三条假设的基础上可以推导得到氢原子的半径和能级以及氢原子的光谱规律. 电子在原子中只能在一些特定的圆轨道上运动，在这些圆轨道上运动的电子具有确定的能量，这些状态称为定态，不会向外辐射能量，电子只有在从高能级向低能级跃迁时才会向外辐射能量. 玻尔理论在氢原子光谱上获得了很大的成功.

氢原子的轨道半径和能量为

$$r_n = \frac{\varepsilon_0 h}{\pi m_e e^2}n^2 = n^2 a_0,\ n = 1,\ 2,\ 3,\ \cdots$$

$$E_n = -\frac{me^4}{8\varepsilon_0^2 h^2}\frac{1}{n^2} = \frac{E_1}{n^2}, \quad n=1,\ 2,\ 3,\ \cdots$$

其中 $a_0 = \varepsilon_0 h^2/(\pi m_e e^2) \approx 0.053\text{nm}$，$E_1 = -me^4/(8\varepsilon_0^2 h^2) \approx -13.6\text{eV}$.

由玻尔的理论可以推知原子具有确定的能级，弗兰克与赫兹通过实验证明了汞原子具有确定的能级，从而使玻尔的氢原子理论得到了验证.

二、原子中的电子

原子中的电子除了具有质量和电荷的属性外，还有一个量子化的内禀属性——自旋．任何一个基本粒子都有自旋的属性．电子的自旋在任何方向的投影只有两个值：$\pm\frac{1}{2}\hbar$．泡利根据实验结果提出了泡利不相容原理，即确定电子的一个状态需要四个量子数，$(n,\ l,\ m_l,\ m_s)$，不可能有两个粒子处于完全相同的量子态上，能级 $n$ 上允许的电子数最多只能有 $2n^2$ 个.

根据泡利不相容原理可得元素的周期排列，当一个主壳层的能级被填满后，原子形成稳定结构．元素性质的周期性变化，是原子中电子具有壳层结构的反映．同一族元素的性质很相似，价电子壳层的电子组态相似．碱金属原子在满壳层之外有一个价电子处于 S 态．原子实对价电子的作用可以用一个屏蔽的库仑场代替，在库仑场的作用下，激发态能级分裂，形成碱金属光谱中的双线结构.

基本粒子的内禀属性完全相同，称为全同粒子．如果全同粒子体系当交换两个粒子波函数时是对称的，它们的自旋是$\hbar$的整数倍，遵循玻色统计规律，称为玻色子；自旋为$\hbar$的半奇数倍的粒子，其交换是反对称的，遵守费米统计规律，称为费米子.

三、激光

激光是受激辐射的光放大的简称，它是通过辐射的受激发射而实现光放大．具体地说，就是利用具有特定能级的物质在外界能量激励下实现粒子数反转，并经过光学谐振腔进行选择后得到的．激光因具有很好的单色性、方向性、相干性，且能量集中等优点而得到了广泛的应用.

四、薛定谔方程

薛定谔方程是对微观粒子运动规律进行描述的方程，其地位等价于经典力学中的牛顿力学方程．波函数是薛定谔方程的解．微观粒子既表现出粒子性，又表现出波动性，是两者的统一．波函数在空间某一点的强度正比于在该点找到粒子的概率，描写粒子的波是概率波.

薛定谔方程的基本形式为

$$\left[-\frac{\hbar^2}{2m}\nabla^2 + E_p(r)\right]\Psi(\boldsymbol{r},t) = \mathrm{i}\hbar\frac{\partial\Psi(\boldsymbol{r},t)}{\partial t}$$

海森伯不确定关系表明不管测量技术和手段如何发展，不可能同时精确地测量微观粒子在同一方向上的坐标和动量．当一个粒子的位置完全确定时，其动量完全无法确定，反之，当速度确定时，其位置完全无法确定.

一维无限深势阱、一维势垒和一维谐振子是三种可以求解的简单的薛定谔方程．通过求解薛定谔方程，可以得到能量是分离的，解决了玻尔理论中能量量子化的假设.

## 思　考　题

22-1　卢瑟福如何从实验中否定了汤姆孙的原子模型？

22-2　从经典力学看，卢瑟福的原子核型模型遇到了哪些困难？经典力学看来氢原子光谱是线光谱还是连续光谱？

22-3　氢原子的玻尔理论中，势能为负值，它的含义是什么？

22-4　为什么在玻尔的氢原子理论中，略去了原子内粒子间的万有引力作用？

22-5　说明玻尔理论的要点是什么？为什么说玻尔理论是半经典半量子的？

22-6　元素的周期排列与价电子数目有什么关系？

22-7 为什么粒子数反转是获得激光的一个重要前提？二能级结构为什么不容易实现粒子数反转？

22-8 氦氖激光器和红宝石激光器中都利用了激活剂，激活剂的作用是什么？

22-9 谐振腔的主要作用有哪些？没有谐振腔能否实现激光输出？

22-10 如果一个粒子的速率增大了，它的德布罗意波长是增加还是减小？为什么？

22-11 日常生活中，为什么察觉不到粒子的波动性和电磁辐射的粒子性呢？

22-12 什么是不确定关系？为什么说不确定关系指出了经典力学的适用范围？

22-13 经典力学认为，如果已知粒子在某一时刻的位置和速度，就可以预言粒子未来的运动状态，在量子力学看来是否可能？试解释.

22-14 如果电子与质子具有相同的动能，那么谁的德布罗意波长短？

22-15 在一维无限深势阱中，如减少势阱宽度，其能级将怎样变化？如增加势阱宽度，其能级又如何变化？

22-16 实物粒子的德布罗意波与电磁波、机械波有什么不同，试说明之.

22-17 实物粒子的波动性最先是由哪个实验证明的？

22-18 微观粒子的波动性用什么来描述？其随时间变化的规律遵守什么方程？

## 习　题

22-1 关于不确定关系，有以下几种理解：

(1) 粒子的动量不可能确定，但坐标可以被确定；

(2) 粒子的坐标不可能被确定，但动量可以被确定；

(3) 粒子的动量和坐标不可能同时被确定；

(4) 不确定关系不仅适用于电子和光子，也适用于其他粒子，其中正确的有(　　).

22-2 已知粒子在一维矩形无限深势阱中运动，其波函数为

$$\Psi(x)=\sqrt{\frac{2}{a}}\sin\frac{3\pi}{a}x \quad (0\leqslant x\leqslant a)$$

那么，该粒子在 $x=a/6$ 处出现的概率密度是多少？

22-3 在玻尔氢原子理论中，当电子由量子数 $n_i=5$ 的轨道跃迁到 $n_j=2$ 的轨道上时，对外辐射光的波长是多少？若将该电子从 $n_j=2$ 的轨道跃迁到游离状态，外界需要提供多少能量？

22-4 已知 α 粒子的静质量为 $6.68\times10^{-27}$kg，求速率为 5 000km/s 的 α 粒子的德布罗意波长.

22-5 电子位置的不确定量为 $5.0\times10^{-2}$nm，其速率的不确定量是多少？

22-6 一质量为 40g 的子弹以 $1.0\times10^{3}$m/s 的速率飞行，求其德布罗意波长. 若测量子弹位置的不确定量为 0.10mm，求其速率的不确定量.

22-7 有一电子在宽为 0.2nm 的一维无限深的方势阱中，计算电子在最低能级的能量. 当电子处于第一激发态时，在势阱何处出现的概率最小，其值是多少？

22-8 一个电子被限制在宽度为 $1.0\times10^{-10}$m 的一维无限深势阱中运动，要使电子从基态跃迁到第一激发态需给它多少能量？在基态时，电子处于 $x_1=0.090\times10^{-10}$m 与 $x_2=0.110\times10^{-10}$m 之间的概率为多少？在第一激发态时，电子处于 $x_1=0$ 与 $x_2=0.25\times10^{-10}$m 之间的概率为多少？

22-9 当电子在 150V 电压下加速时，求电子的德布罗意波长.

22-10 能量为 15eV 的光子，被氢原子中处于第一玻尔轨道的电子所吸收而形成一光电子，求：

(1) 当此光电子远离质子时的速度为多大？

(2) 它的德布罗意波长是多少？

22-11 一束带电粒子经 206V 的电势差加速后，测得其德布罗意波长为 0.2nm，已知带电粒子所带的电荷量与电子电荷量相等，求这粒子的质量.

## 物理学家简介

### 尼尔斯·玻尔(Niels Bohr，1885—1962)

1885年10月7日，尼尔斯·玻尔出生于丹麦首都哥本哈根的一个书香门第家庭，他的父亲是哥本哈根大学的生理学教授．玻尔从小就受到了良好的家庭教育和文化熏陶．在父亲的影响下，青少年时期的玻尔开始对物理学产生兴趣．1903年，玻尔进入哥本哈根大学，并选中物理学作为自己的专业．在哥本哈根大学学习期间，玻尔对液体表面的张力问题进行了实验和理论研究，并发表了研究论文，该论文获得了丹麦皇家科学院的金质奖章．1909年，玻尔获得哥本哈根大学的科学硕士学位，1911年，他又获得了哥本哈根大学的哲学博士学位．玻尔的博士论文是有关金属电子理论的，在写作论文的过程中，他已经注意到经典电动力学在描述微观现象方面存在着严重不足，与此同时，玻尔开始接触到普朗克的量子假说．博士毕业后，玻尔来到了英国，他首先在剑桥大学的卡文迪什实验室工作了一段时间，之后又转到曼彻斯特大学的卢瑟福实验室，在欧内斯特·卢瑟福领导下进行了为期四个月的研究工作．这个时期，卢瑟福已经提出了原子有核模型．玻尔相信卢瑟福的模型是正确的，他开始对原子结构进行研究．在此期间，玻尔还与卢瑟福建立了深厚的友谊．

1913年，玻尔返回哥本哈根，继续专注于原子结构的研究工作．玻尔试图通过对原子光谱的研究来了解原子内部的结构，他受到巴耳末(Johann Jakob Balmer，1825—1898)公式的启发，创造性地将普朗克提出的量子理论、爱因斯坦的光子理论和卢瑟福的原子有核模型结合起来，从而写出了长篇论文《论原子和分子的结构》．经卢瑟福推荐，玻尔的《论原子和分子的结构》一文在1913年分三次发表在伦敦皇家学会的《哲学杂志》上，论文发表后，很快引起了物理学界的关注．在这篇论文中，玻尔突破了经典理论的局限，提出了定态、角动量的量子化条件与跃迁法则等三条假设，在理论上克服了原子结构的稳定性难题．玻尔的原子理论在解释氢原子的结构和光谱性质方面获得了巨大的成功．根据这种理论，玻尔准确核实了氢原子光谱中巴耳末系的谱线频率，并预言帕邢系与莱曼系的存在，其后的实验发现与玻尔的预言结果一致．玻尔的原子理论其后被推广到类氢离子(如$He^+$)，同样得到了比较满意的结果．不过，由于玻尔的原子理论中仍保留着一些经典物理的概念，因此这种理论实际上是经典理论与量子理论的混合体，这也造成了玻尔的原子理论在解释那些比氢原子结构更为复杂的原子时遇到了困难．尽管存在着不足，但玻尔的原子理论仍不失为是一种具有开创性和划时代意义的理论．玻尔不但从理论上诠释了原子光谱与原子结构之间的关系，也为光谱学的研究开创了崭新的局面．玻尔将经典理论与量子理论结合起来，引起了原子理论的革命，并对后来量子力学的建立起到了重要的推动作用．此外，玻尔还在理论上解释了元素周期表的形成，对周期表中各种元素的原子结构进行了说明，同时还预言了周期表上第72号元素的性质．1922年，人们在实验上发现了第72号元素——铪，从而证实了玻尔预言的正确性．同年，为表彰玻尔在原子理论方面做出的重大贡献，他被授予该年度的诺贝尔物理学奖．

1916年，玻尔开始担任哥本哈根大学理论物理学教授一职．同年，玻尔提出了著名的“对应原理”，指出量子理论在一定条件下会趋于与经典理论一致．1920年，在玻尔的倡议下，哥本哈根大学成立了哥本哈根理论物理研究所，由玻尔任所长．玻尔在这个研究所主持工作多年，在他的组织和领导下，研究所吸引了一大批优秀的青年理论物理学家，如海森伯(Werner Karl Heisenberg，1901—1976)、泡利(Wolfgang Pauli，1900—1958)、狄拉克(Paul Adrien Maurice Dirac，1902—1984)和朗道(Lev Davidovich Landau，1908—1968)等．这些物理学家组成了一个由玻尔领导的研究团队，该团队之后逐渐发展成为有名的哥本哈根学派．在这个研究团队中，人们相互磋商和辩论，形成了一种团结、进取、自由、活泼的风气．在这种学术氛围的影响下，研究所的科学家们取得了许多重大的研究成果，如量子力学的基础理论、原子辐射、化学键等．作为当时世界的原子物理研究的中心和最活跃的学术中心，哥本哈根成为了物理学家们“朝拜的圣地”．有人曾经问玻尔是如何将那么多才华出众的年轻人团结在自己身边的，玻尔对此的回答是：“因为我不怕在年轻人面前承认自己知识的不足，不怕承认自己是傻瓜”．时至今日，哥本哈根精神仍然闪耀着光辉，并在科学界有着广泛而深远的影响．

20世纪30年代的中期，核物理领域的研究已经取得了一系列进展．迈特纳(Lise Meitner，1878—1968)等人在哈恩(Otto Hahn，1879—1968)的实验基础上提出，中子轰击重核时会发生重核裂变现象，并会伴有能量的释放．玻尔得知这一消息后立刻着手进行相关研究，并在1936年提出原子核的液滴模型．根据玻尔提出的这一模型，可以对由中子诱发的重核裂变反应进行很好的解释．1939年，玻尔又进一步提出原子核分裂理论．玻尔的这些研究成果推动了核物理理论的发展，为人类对核能的开发与利用奠定了理论上的基础．

1939年，玻尔开始任丹麦皇家科学院院长．第二次世界大战爆发后，德国法西斯占领了丹麦．为躲避纳粹的迫害，玻尔和家人在1943年逃离丹麦，前往瑞典，一年后又来到美国．在美国，玻尔作为顾问，参与了和制造原子弹有关的理论研究，但他本人反对使用原子弹．第二次世界大战结束后，玻尔于1945年回到了哥本哈根，继续主持研究所的工作．此时的玻尔深感核武器对人类的危害，开始大力倡导核能的和平利用．1952年，在玻尔的倡议下，欧洲核子研究中心成立，玻尔任主席．1955年，由玻尔等人倡导的第一届和平利用原子能会议在日内瓦成功召开．同年，玻尔被任命为新成立的丹麦原子能委员会的主席．1957年，玻尔获得了首届原子能和平利用奖．

玻尔一生中获得过许多荣誉．除诺贝尔物理学奖外，他还获得了许多国家或科学组织颁发的各种学术头衔、名誉学位和奖励等．玻尔还曾于1937年来到中国进行学术访问．玻尔对原子科学的发展做出了巨大贡献，成为了现代物理学的奠基人之一，也是20世纪最伟大的科学家之一．1962年11月18日，这位杰出的理论物理学家因心脏病突发，在哥本哈根的卡尔斯堡寓所离开了人世，享年77岁．

# 第23章　固体物理简介*

一般情况下，物体可分为气体、液体和固体．有关气体和液体的基本物理问题，已在前面相关章节讨论，本章主要讨论固体物理问题．固体物理是研究固体的结构及其组成粒子(原子、离子、电子等)之间相互作用与运动规律，从而阐明其性能与用途的一门学科．它所研究的主要范围是：晶体和非晶态固体的结构；电子、原子或离子的运动规律及其相互关联；各种不同性能的固体材料(包括半导体、金属、绝缘体、超导体、磁性材料、光学材料等)的性质；新型人工功能材料的微观结构和宏观性质；固体理论等．近半个世纪以来，固体物理学获得了很大的发展，并为促进微电子学、光学材料、磁性材料、超导材料、激光、计算机硬件、新型材料等高新技术领域的发展起了很大的作用．近年来固体物理学在高温超导体、纳米材料、新型磁性材料、新型激光和非线性光学材料、计算机材料设计、量子点、量子阱和超晶格、准晶和非晶材料等研究领域又获得重要的进展，引起了科学技术界和工业界的广泛重视．

通过本章的学习，读者将涉猎关于晶体结构与结合力、金属的自由电子论、电子能带理论及半导体性质等基础内容．

## 23.1　晶体

固体可以分为晶体(crystalline solid)和非晶体(amorphous solid)两大类．例如石英、云母、食盐、明矾等属于晶体，而玻璃、橡胶、松香、沥青等属于非晶体．晶体和非晶体在外形上和物理性质上都有很大的区别．

### 23.1.1　晶体的宏观特征

人们对晶体的印象往往和晶莹剔透联系在一起．公元1世纪的古罗马作家普林尼在《博物志》中，将石英定义为“冰的化石”，并用希腊语中“冰”这个词来称呼晶体．我国在公元10世纪，就发现了天然的透明晶体经日光照射以后也会出现五色光，因而把这种天然透明晶体叫做“五光石”．其实，并非所有的晶体都是晶莹剔透的，例如，石墨就是一种不透明的晶体．

日常生活中接触到的食盐、糖、洗涤用碱、金属、岩石、砂子、水泥等都主要由晶体组成，这些物质中的晶粒大小不一，如食盐中的晶粒大小以mm计，金属中的晶粒大小以μm计．晶体有着广泛的应用，从日常电器到科学仪器，很多部件都是由各种天然或人工晶体制成，例如，石英钟、晶体管、电视机屏幕上的荧光粉、激光器中的宝石、计算机中的磁心等等．

晶体具有按一定几何规律排列的内部结构，即晶体由原子(离子、原子团或离子团)近似无限地、在三维空间周期性地重复排列而成．这种结构上的长程有序，是晶体与气体、液体以及非晶体的本质区别．晶体的内部结构称为**晶体结构**(crystal structure)．

晶体的周期性结构，使得晶体具有一些共同的性质：

(1) 均匀性：晶体中原子周期排布的周期很小，宏观观察分辨不出微观的不连续性，因而，晶体内部各部分的宏观性质(如化学组成、密度)是相同的．

(2) 各向异性：在晶体的周期性结构中，不同方向上原子的排列情况不同，使得不同方向上的物理性质呈现差异．如电导率、热膨胀系数、折光率、机械强度等．

（3）自发形成多面体外形：无论是天然矿物晶体还是人工合成晶体，在一定的生长条件下，可以形成多面体外形，这是晶体结构的宏观表现之一．晶体也可以不具有多面体外形，大多数天然和合成固体是多晶体，它们是许多取向混乱、尺寸不一、形状不规则的小晶体或晶粒的集合．

（4）具有确定的熔点：各个周期内部的原子的排列方式和结合力相同，到达熔点时，各个周期都处于吸热熔化过程，从而使得温度不变．

（5）对称性：晶体的理想外形和内部结构具有对称性．

（6）X 射线衍射：晶体结构的周期和 X 射线的波长差不多，可以作为三维光栅，使 X 射线产生衍射现象．X 射线衍射是了解晶体结构的重要实验方法．

### 23.1.2 晶体的微观结构

为什么晶体和非晶体会有那么多差异呢？这要从晶体的微观结构中寻找答案．

从 17 世纪开始，人们根据晶体外形的规则性和各向异性提出了一些假说，认为晶体内部的微粒是有规则地排列的．在这方面，开普勒、惠更斯都有自己的见解．到了 19 世纪中叶，晶体结构的学说进一步发展，多数人认为，组成晶体的物质微粒依照一定的规律在空间整齐地排列，但是由于当时缺少实验证据，这种看法仍然是一种假说．从 1912 年起，用 X 射线对晶体内部结构的研究证明了这种假说的正确性．现在，我们可以利用电子显微镜对晶体进行摄影，从而实现了对晶体结构的直接观察．

**1. 空间点阵与晶格**　晶体的微观结构包括两个内容：一是晶体由什么粒子组成？二是这些粒子在空间的排列方式如何？固体物理学着重研究第二个问题．理论和实验表明：组成晶体的粒子（原子、离子或分子）在空间是周期性地规则排列的，或称为**长程有序**．为描述晶体内部结构的长程有序，人们引入了“空间点阵（space lattice）”的概念．

按照空间点阵学说，晶体内部结构是由一些相同的点子在空间规则地作周期性无限分布所构成的系统，这些点子的总体称为**点阵**．空间点阵学说准确地反映了晶体结构的周期性，它可以概括为四个要点：

（1）空间点阵中点子代表了结构中相同的位置，称为格点（lattice point），又称结点．如果晶体是由完全相同的一种原子所组成，则结点一般代表原子周围相应点的位置，也可能是原子本身的位置．若晶体是由多种原子组成，通常称这几种原子构成的晶体的基本结构单元为**基元**（basis），结点既可以代表基元中任意的点子，也可以代表基元重心．

（2）空间点阵学说准确地描述了**晶体结构的周期性**（periodicity of crystal structure）．由于晶体中所有的基元完全等价，所以整个晶体的结构可以看做是由基元沿三个不同方向，各按一定的周期平移而构成的．一般而言，晶体在同一方向上具有相同的周期性，而不同方向上具有不同的周期性．另外，由于结点代表结构中情况相同的位置，因此，任意两个基元中相应原子周围的情况是相同的，而每个基元中各原子周围的情况则是不同的．

（3）沿三个不同的方向，通过点阵中的结点可以作许多平行的直线族和平行的晶面族，使点阵形成三维网格．这些将结点全部包括在其中的网格称为**晶格**（crystal lattice）．由晶格可知，某一方向上相邻两结点之间的距离即是该方向的周期．

（4）结点的总体称为布喇菲点阵，或布喇菲格子．在布喇菲格子中，每点周围的情况都一样．如果晶体由完全相同的一种原子构成，且基元中仅包含一个原子，则相应的网格就是布喇菲格子，与结点所构成的网格相同．

布喇菲格子的数学描述是：一个理想的晶体是由组成晶体的粒子，排列在由不共面的三个基本矢量 $\boldsymbol{a}_1$、$\boldsymbol{a}_2$、$\boldsymbol{a}_3$ 按下列方式所确定的一个点阵所构成．当我们从任何一点 $\boldsymbol{r}$ 观察粒子排列时，将与我们从另一点

$$\boldsymbol{r}' = \boldsymbol{r} + l_1\boldsymbol{a}_1 + l_2\boldsymbol{a}_2 + l_3\boldsymbol{a}_3 \quad (l_1、l_2、l_3 \text{ 为任意整数}) \tag{23-1}$$

去观察所看到的粒子排列在各方向都是一样的．令 $l_1$、$l_2$、$l_3$ 取一切整数，则由式(23-1)所确定的空间无穷多个点的集合即定义为一个空间点阵．点阵仅是一个数学的抽象或者说是一个几何概念．一个实际晶体就是由某种原子、分子或其集团这样的基本结构单元配置在三维点阵上构成的．带有原子、分子或其集团的点阵就是前面提到的晶格．

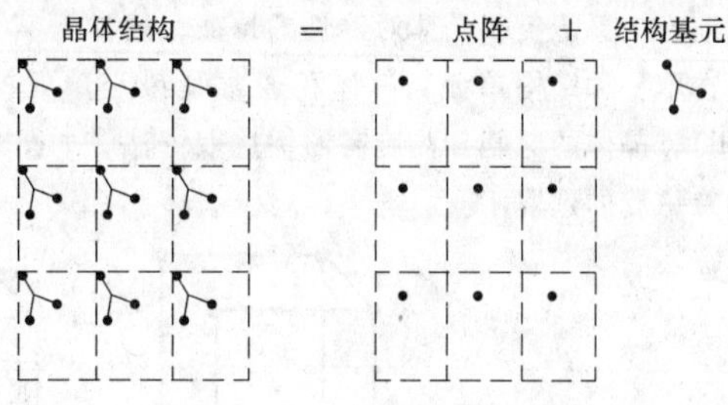

图 23-1　晶体结构的组合

如前所述，结构基元表示晶体中周期性变化的具体内容，它可以是一个原子，也可以是若干相同或不同的原子，取决于具体的晶体结构；点阵代表重复周期的大小和规律，点阵点是由结构基元抽象出来的几何点．因此，晶体结构可表示为如图 23-1 所示．

下面通过几个具体例子来说明结构基元的选取．

**例题 23-1**　在直线上等间距排列的原子如图 23-2 所示．其结构基元是什么？

图 23-2　例题 23-1 用图

**解：** 结构基元必须满足如下四个条件：化学组成相同、空间结构相同、排列取向相同和周围环境相同．所以直线上等间距排列的原子，一个原子组成一个结构基元，它同时也是基本的化学组成单位．

**例题 23-2**　二维实例：层状石墨分子，结构如图 23-3 所示，其结构基元是什么？

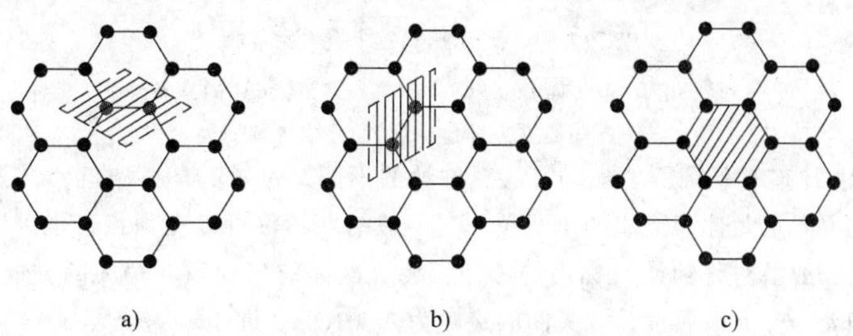

图 23-3　例题 23-2 用图

**解：** 结构基元可以有不同的选法，但其中的原子种类和数目应保持不变．石墨的结构基元由两个 C 原子组成(相邻的 2 个 C 原子的周围环境不同)．图 23-3 用阴影部分标出了 3 种选法，但在每种选法中结构基元均含有 2 个 C 原子．例如，在图 23-3c 中，六边形的每个角上只有 1/3 的 C 原子位于六边形之内，所以平均有 2 个 C 原子属于一个六边形．

**例题 23-3**　三维实例：金属 Na，其结构如图 23-4 所示，其结构基元是什么？

**解：** 每个 Na 原子的周围环境都相同，结构基元应只含有 1 个 Na 原子．左侧的立方体中含有 2 个 Na 原子(每个顶点提供 1/8 个 Na 原子，中心提供 1 个 Na 原子)，它不是结构基元，右侧图中虚线部分包围的平行六面体给出了一种正确的选法．

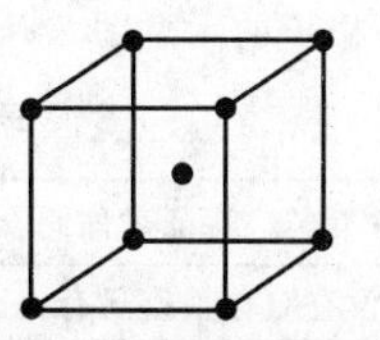
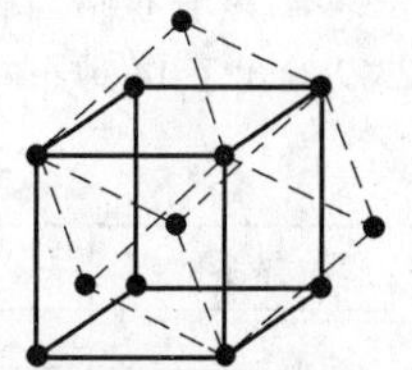
图 23-4　例题 23-3 用图

**2. 原胞与晶胞**　点阵和晶格的概念用于描述晶体微观结构的周期性，从理论上说，无论是点阵还是晶格都是一个空间的无限图形，研究问题总会有些不便．若取任一格点为顶点，以基矢 $\boldsymbol{a}_1$、$\boldsymbol{a}_2$、$\boldsymbol{a}_3$ 为边构成平行六面体，整个晶体可看成是由这样的最小单元在空间以 $\boldsymbol{a}_1$、$\boldsymbol{a}_2$、$\boldsymbol{a}_3$ 为周期无限重复排列构成，通常称这样选取的最小的重复单元为**固体物理学原胞**，简称**原胞**(primitive cell)．原胞的选取不是唯一的，但它们都具有相同的体积．原胞能很好地反映晶格的周期性．

晶体除了微观结构的周期性外，每种晶体还有其特殊的宏观对称性．在结晶学中为了既能反映晶体的周期性，又能反映晶体对称性的特征，通常就不一定选取最小的结构单元作为重复单元，而是按对称性特点选取一种结构单元，其体积通常是最小单元的倍数，这种结构单元称为**结晶学原胞**或简称**晶胞**（unit cell），晶体的原胞和晶胞有习惯选取方法，如图 23-5 所示为立方晶系（简立方、体心立方和面心立方）的结构及原胞的选取.

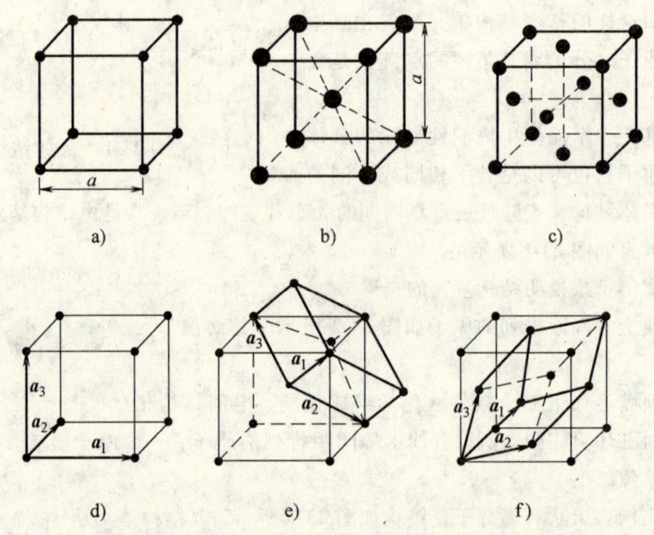


a)　b)　c)

d)　e)　f)

图 23-5　立方晶系的结构与原胞

a）简立方　b）体心立方　c）面心立方　d）简立方原胞

e）体心立方原胞　f）面心立方原胞

**3. 七大晶系与 14 种布喇菲格子**　按照宏观对称性的不同，可对晶体的空间点阵进行适当分类，通常用晶胞来分析．晶胞不一定是体积最小的重复单元，一般结点不仅可以在顶点，也可以在体心上以及面心上．而且晶胞的基矢一般沿对称轴或对称面的法向，构成晶体的坐标系．基矢的方向就是坐标轴的方向，称为**晶轴**．基矢常用 $\boldsymbol{a}$、$\boldsymbol{b}$、$\boldsymbol{c}$ 来表示，基矢间的夹角为 $\alpha$、$\beta$、$\gamma$，即 $\boldsymbol{a}$ 与 $\boldsymbol{b}$ 间的夹角为 $\gamma$，$\boldsymbol{b}$ 与 $\boldsymbol{c}$ 之间的夹角为 $\alpha$，而 $\boldsymbol{c}$ 与 $\boldsymbol{a}$ 之间的夹角为 $\beta$，如图 23-6 所示.

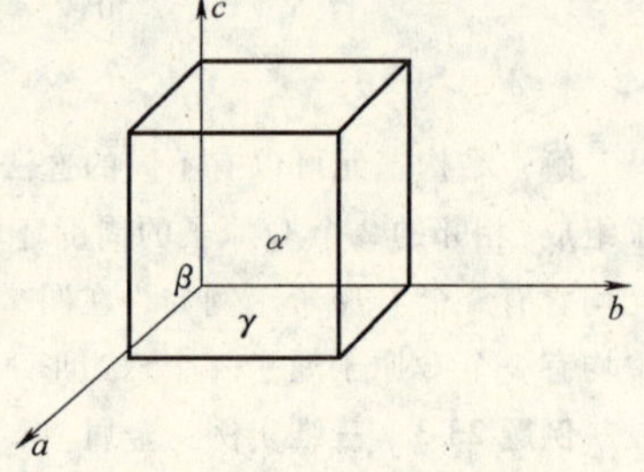


图 23-6　基矢与基矢的夹角

结晶学中把 $\boldsymbol{a}$、$\boldsymbol{b}$、$\boldsymbol{c}$ 满足同一类要求的一种或数种布喇菲格子称为一个**晶系**．根据描述晶胞的坐标系和对称性，空间点阵可分为七大晶系，即三斜、单斜、正交、正方（四角）、立方、三角和六角晶系．每一类晶系又包括一种或数种特征性的布喇菲格子．七大晶系共有 14 种布喇菲格子．表 23-1 列出了七大晶系的基本特征．图 23-7 给出了 14 种布喇菲格子的示意图.

**表 23-1　七大晶系的特征**

| 晶系 | 特征对称元素 | 晶胞的特征 |
|---|---|---|
| 三斜 | 没有对称轴或只有一个反演轴 | $a \neq b \neq c$，$\alpha \neq \beta \neq \gamma \neq 90°$ |
| 单斜 | 一个 2 度轴而无高度轴 | $a \neq b \neq c$，$\alpha = \gamma = 90° \neq \beta$ |
| 正交 | 三个互相垂直的 2 度轴 | $a \neq b \neq c$，$\alpha = \beta = \gamma = 90°$ |
| 三方 | 一个 3 度轴 | $a \neq b \neq c$，$\alpha = \beta = \gamma \neq 90°$ |
| 四方 | 一个 4 度轴 | $a = b \neq c$，$\alpha = \beta = \gamma = 90°$ |
| 六方 | 一个 6 度轴 | $a = b \neq c$，$\alpha = \beta = 90°$，$\gamma = 120°$ |
| 立方 | 四个 3 度轴 | $a = b = c$，$\alpha = \beta = \gamma = 90°$ |

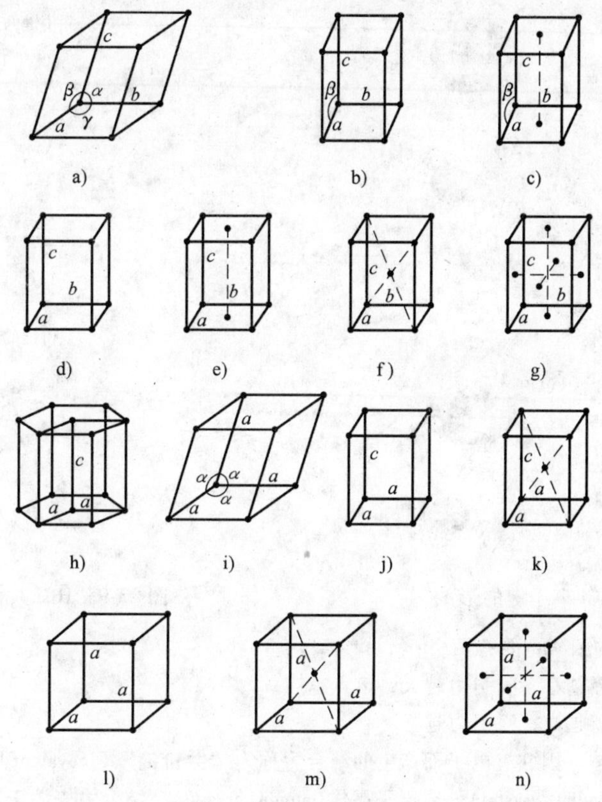


图 23-7 14 种布拉菲格子

a）简单三斜 b）简单单斜 c）底心单斜 d）简单正交 e）底心正交 f）体心正交 g）面心正交 h）六角 i）三角 j）简单四方 k）体心四方 l）简单立方 m）体心立方 n）面心立方

## 23.2 晶体中粒子的结合力和结合能

### 23.2.1 晶体中粒子的结合力

晶体中粒子之间存在着相互作用力，这种力称为“结合力”．这种力使粒子规则地聚集在一起形成空间点阵，使晶体具有弹性、具有确定的熔点和熔解热，决定晶体的热膨胀系数等等．因此结合力是决定晶体性质的一个主要因素．在晶体中，原子间的结合方式与原子的性质、周围的条件以及环境有关．而这种结合方式显然影响、决定着构成晶体的类型．化学键(chemical bond)就是分子或原子团中各原子间因电子配合关系而产生的相互结合．简而言之，化学键的本质就是电子的相互作用．根据自由原子聚集在一起，其外层电子是迁移、共有、还是集体公有这种电子“所有制”的区别，可以形成五种不同类型的化学键——离子键、共价键、金属键、范德瓦耳斯键(分子键)和氢键．

**1. 离子键与离子晶体** 将正、负离子结合在一起的静电力，称为**“离子键”**(ionic bond)．由离子键的作用而组成的晶体，称为**离子晶体**(ionic crystal)．离子晶体由正、负离子组成，依靠离子间的静电作用结合成晶体．最典型的离子晶体是由电离能较小的碱金属与电子亲和力较大的卤素或氧族元素结合成的化合物，如 NaCl 晶体．正、负离子由静电力相互吸引，同时根据泡利不相容原理，两闭合壳层的电子云因重叠而产生排斥力，当两种力相互平衡时形成稳定的离子键，离子晶体的熔点高、硬度高、热膨胀小、导电性差，如 NaCl、KCl、NaI、CsCl 等．图 23-8 为 NaCl 离子键形成的示意图．

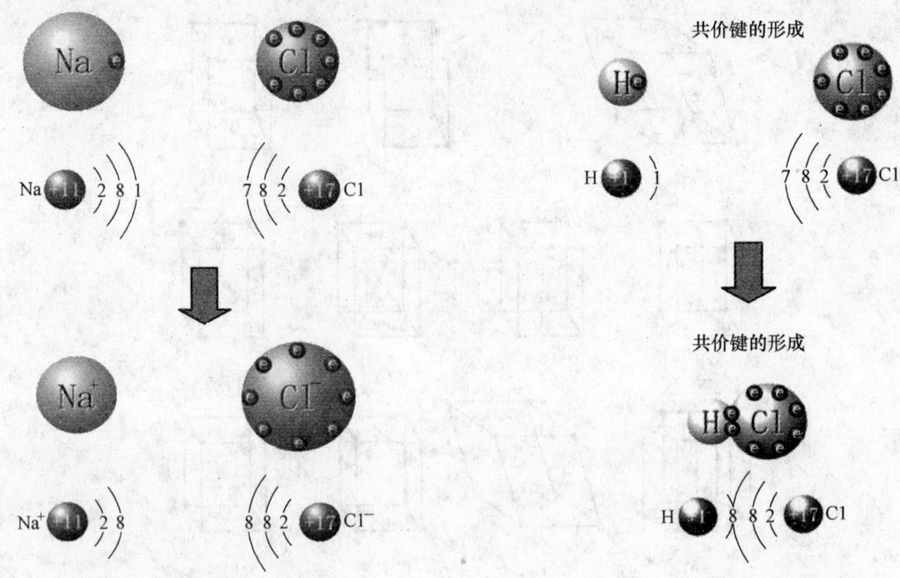


图 23-8　NaCl 离子键的形成　　　　图 23-9　HCl 共价键的形成

决定离子晶体性质的因素主要有两个：

(1) 离子半径：半径越小，吸引力越大，熔点越高；

(2) 离子电荷：电荷越高，吸引力越强.

**2. 共价键与原子晶体**　因共有电子而产生的结合力称为"**共价键**"( covalent bond)，以共价键相结合的晶体称为**共价晶体**(covalent crystal)，或**原子晶体**(atomic crystal). 结合力来源于原子共用电子对(用量子力学解释)，共价晶体结合力很强，并具有高熔点和高硬度. 由于价电子定域在共价键上，因此这类晶体的电导率低，一般属于绝缘体或半导体，图 23-9 为 HCl 共价键形成的示意图.

共价键具有以下主要特性：

(1) 饱和性：自旋相反电子配对能量最低，其他电子不能介入；

(2) 方向性：电子云重叠越多，能量越低，共键的电子按最大重叠存在.

**3. 金属键与金属晶体**　正离子与自由电子的总体之间的作用力使各粒子结合在一起，这种结合力称为"**金属键**"(metallic bond). 由金属键的作用所组成的晶体，称为**金属晶体**(metallic crystal). 在金属晶体中，原子失去了它的部分或全部价电子而成为离子实. 这些脱离了原子的电子在整个晶体内自由运动，它们不再属于某一个原子，而为全体离子实所共有. 整个金属晶体宛如一个有序排列的正离子阵列浸没在电子海中，如图 23-10 所示. 金属键就是靠共有化价电子与离子实之间的相互作用而形成的.

金属键属于离子与电子气间的静电相互作用. 金属键没有饱和性和明显的方向性，故金属晶体通常按密堆积的规则排列.

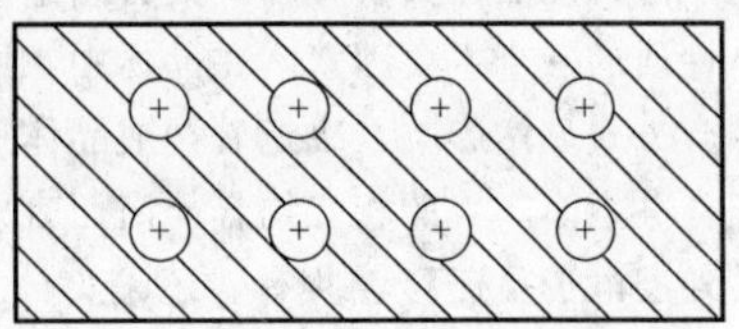


图 23-10　金属键的形成

金属晶体的主要性质有：不透明、有光泽，良好导电、导热性，延迟性，低挥发性，高熔点和硬度.

**4. 范德瓦耳斯键(分子键)与分子晶体**　对原来就具有稳定电子结构的分子，例如，具有满壳层结构的惰性气体分子，或价电子已用于形成共价键的饱和分子，在低温下组成晶体时，粒子间有一定的吸引力，但这个吸引力是很微弱的. 它们的结合，是由于分子间的范德瓦耳斯力的作用，称为**范德瓦耳斯结合**，亦称**分子性结合**. 由于这种结合的单元是分子，它们之间的范德瓦耳斯力，即分子力称为"**范德瓦耳斯键**"(Van der Waals bond)，或**分子键**. 由范德瓦耳斯键的作用所组成的晶体，称为**分子晶体**(molecular crystal). 分子晶体的结合很弱，导致硬度低、熔点低、易于挥发，多为透明的绝缘体，这是分子晶体的特点. 与共价键、离子键、金属键相比，范德瓦耳斯力要弱得多，因此也称弱力．如氩的范德瓦耳斯键的结合能是 0.088eV.

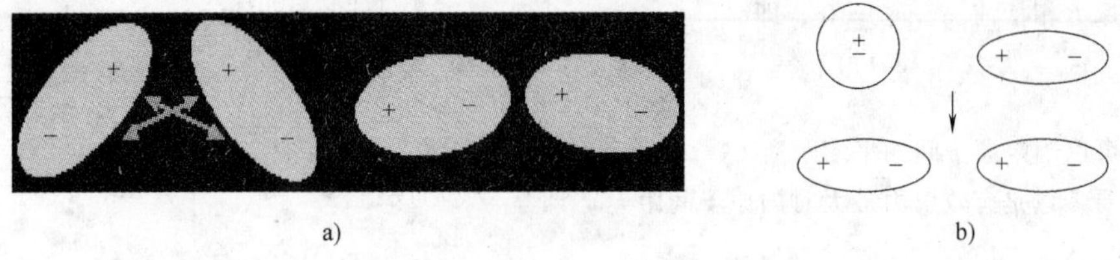


图 23-11　范德瓦耳斯键的形成

极性分子之间的静电相互作用力属取向力，如图 23-11a 所示；非极性分子受极性分子诱导出现电偶极矩进而相互作用形成诱导力，产生非极性分子之间的瞬时偶极矩作用，如图 23-11b 所示.

**5. 氢键 X－－H…Y**　与电负性大的原子 X(氟、氧、氮等)共价结合的氢，如与电负性大的原子 Y(与 X 相同的也可以)接近，在 X 与 Y 之间以氢为媒介，生成 X－－H…Y 形的键，这种键称为“**氢键**”(hydrogen bond)．因此，氢键的本质就是强极性键(X－H)上的氢核与电负性很大的、含孤电子对并带有部分负电荷的原子 Y 之间的静电引力．分子间存在氢键时，大大地影响了分子间的结合力，故物质的熔点、沸点将升高．图 23-12 为氢键形成的示意图.

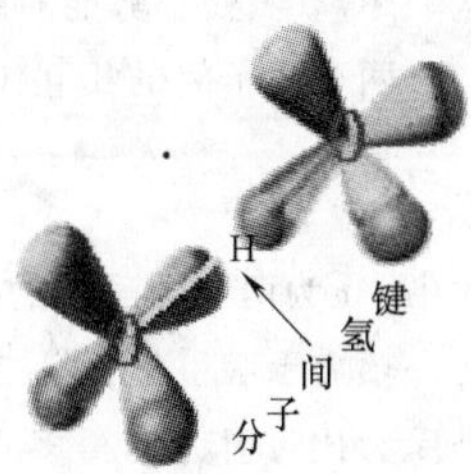


图 23-12　氢键的形成

**6. 混合键**　以上简单介绍了五种典型的晶体结合类型，在实际晶体中，原子间的相互作用比较复杂，往往多种键共存．例如，石墨和金刚石都是由碳原子组成，但石墨中碳原子的四个价电子的成键方式与金刚石不同，其中三个价电子组成 $sp^2$ 杂化轨道，分别与相邻的三个碳原子形成三个共价键，在同一平面内互成 120°，使碳原子形成六角平面网状结构，每个碳原子还有一个 2p 电子未参与杂化，它不属于某一个共价键，平面上的 2p 电子云互相重叠形成一个金属键．这样，由 $sp^2$ 共价键连成的平面网上还叠加上一个金属键，2p 电子在网层上可以自由移动使石墨具有良好的导电性，网层之间，则通过范德瓦耳斯力相结合．石墨结构如图 23-13 所示，是共价键、金属键和范德瓦耳斯键三键共存结构.

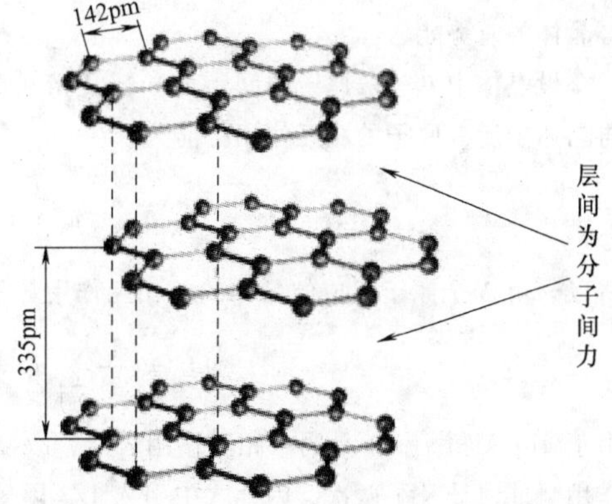


图 23-13　石墨的结构

## 23.2.2　晶体中粒子的结合能

虽然不同晶体的结合类型不同，但在任何晶体中，两个原子之间的相互作用力或相互作用势能随原子间的变化趋势却相同．本节从两个原子之间的相互作用出发，给出晶体的内能及结合能的一般表述.

**1. 原子间的相互作用**　晶体中粒子的相互作用分为吸引和排斥两大类．粒子间距较大时，吸引起主要作用；间距较小时，排斥起主要作用；在某一适当的距离，两种作用相抵消，使晶体处于稳定状态．其中，吸引作用来源于异性电荷之间的静电引力，而排斥作用则来自两个方面：一方面是同性电荷之间的静电斥力；另一方面是泡利不相容原理所引起的排斥力.

两个原子的相互作用势能曲线如图 23-14a 所示，根据势能 $u(r)$ 与互作用力之间的关系，即

$$f(r) = -\frac{du(r)}{dr} \tag{23-2}$$

可以得到相互作用力的关系，如图 23-14b 所示．显然，当两原子间距较大时，吸引力随间距的减小而迅速增大，排斥力很小，总作用力 $f(r)<0$，表现为引力，从而将原子聚集起来；当间距很小时，排斥力就显著

地表现出来，并随 $r$ 的减小有比吸引力更快地增大，总的作用力 $f(r)>0$，主要表现为斥力，以阻止原子间的兼并．在某适当距离 $r=r_0$ 时，引力和斥力相抵消，$f(r_0)=0$，即

$$\left.\frac{\mathrm{d}u(r)}{\mathrm{d}r}\right|_{r_0}=0 \tag{23-3}$$

由式(23-3)可以确定原子间的平衡距离 $r_0$．

另一重要参量是有效引力最大时的原子间距 $r_\mathrm{m}$，即

$$\left.\frac{\mathrm{d}f(r)}{\mathrm{d}r}\right|_{r_\mathrm{m}}=-\left.\frac{\mathrm{d}^2u(r)}{\mathrm{d}r^2}\right|_{r_\mathrm{m}}=0 \tag{23-4}$$

这一距离 $r_\mathrm{m}$ 处于势能曲线的转折点．

两个原子间的相互作用势能常用幂函数来表达，即

$$u(r)=-\frac{A}{r^m}+\frac{B}{r^n} \tag{23-5}$$

式中，$r$ 为两个原子间的距离；$m$、$n$ 皆为大于0的常数．式(23-5)中第一项表示**吸引能**，第二项表示**排斥能**．必须假设在较大的间距上，排斥力比吸引力弱得多，这样才能使原子聚集起来，成为固体；而在很小的间距上，排斥力又必须占优势，否则就不能出现稳定平衡，因此 $n>m$．对于不同的结合类型，引起的吸引和排斥作用不相同，$n$、$m$ 的数值也不同．

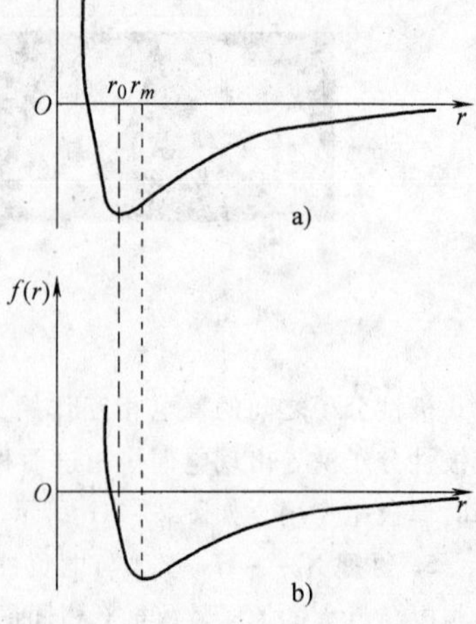

图 23-14　晶体相互作用势能曲线

**2. 晶体的内能**　用经典方法处理能量问题，则晶体中总的相互作用势能可以视为原(离)子对之间的相互作用势能之和．因此，可以通过计算两个原子之间的相互作用势能，同时考虑晶格结构的因素，从而求得晶体的总势能．

设晶体中 $i$、$j$ 两原子的间距为 $r_{ij}$，其相互作用势能为 $u(r_{ij})$，则在由 $N$ 个原子组成的晶体中，原子 $i$ 与晶体中所有原子的相互作用势能为

$$u_i=\sum_{j=1}^{N}u(r_{ij})\quad(j\neq i) \tag{23-6}$$

所以，由 $N$ 个原子组成的晶体的总相互作用势能可以写为

$$U=\frac{1}{2}\sum_{i=1}^{N}u_i=\frac{1}{2}\sum_{i=1}^{N}\sum_{j=1}^{N}u(r_{ij})\quad(i\neq j) \tag{23-7}$$

由于 $u(r_{ij})$ 和 $u(r_{ji})$ 是同一相互作用势能，故以第 $i$ 个原子与以第 $j$ 个原子分别作为参考点，各自计算相互作用势能时计及了两次，因此式中引入1/2因子．

另外，晶体表面层的任一原子与所有原子的总相互作用势能，同晶体内部任一原子与所有原子的总相互作用势能有差别，但是，由于晶体表面层的原子数目比晶体内部的原子数目要少得多，所以，这种差别完全可以略去，而不会对讨论结果的精度产生影响．取第1个原子为参考原子，则式(23-7)可以进行简化，得到由 $N$ 个粒子所组成的晶体的总相互作用势能为

$$U=\frac{N}{2}\sum_{j}u(r_{ij})\quad(j\neq 1,j=2,3,\cdots,N) \tag{23-8}$$

上述总相互作用势能实际上就是**晶体的内能**(Crystal internal energy)．

从能量角度分析，原子能够结合成为晶体的原因，是它们结合起来以后，使整个系统具有了更低的能量．孤立、自由粒子(包括原子、分子或离子)结合成晶体过程中释放出的能量，或者把晶体拆散成一个个自由粒子所需要的能量，称为**晶体的结合能**(crystal binding energy)，用字母 $W$ 表示，如果晶体系统在稳定状态对应的内能为 $U_0$，则有 $W=-U_0=-U\ (r_0)$．

当原子结合成稳定的晶体时，$U(r)$应为极小，由极小值条件，可以求出 $r$ 的平衡值，由此可以计算平衡时晶格常数和晶胞体积．

已知 $U(r)$ 还可以算出其他的物理量，例如晶体的体积模量.

因为晶体的压缩系数为

$$k = -\frac{1}{V}\left(\frac{\partial V}{\partial p}\right)_T \tag{23-9}$$

式中，$p$ 为压强. 利用 $p$ 与 $U$ 的关系

$$p = -\frac{\partial U}{\partial V} \tag{23-10}$$

便可得到体积模量 $K$ 为

$$K = \frac{1}{k} = \left(V\frac{\partial^2 U}{\partial V^2}\right)_{V_0} \tag{23-11}$$

式中，$V_0$ 为平衡时晶体的体积，可见由 $U$ 可以求出 $K$.

要利用公式(23-7)确定晶体的总相互作用势能，关键要知道 $u(r_{ij})$ 的具体形式，对于离子晶体和分子晶体比较容易实现，并得到比较满意的结果，对于共价晶体和金属，由于价电子状态发生很大变化，问题比较复杂，难以用简单模型来进行计算.

**例题 23-4**　设某双原子分子的两原子间的相互作用能由

$$u(r) = -\frac{A}{r^2} + \frac{B}{r^{10}}$$

表示，原子间的平衡距离为0.3nm，分子结合能为4eV，试计算 $A$ 和 $B$.

**解**：依题意知 $r_0 = 3\times10^{-10}\text{m}$，$W = 4\times1.6\times10^{-19}\text{J} = 6.4\times10^{-19}\text{J}$，则有

$$-\frac{A}{r^2} + \frac{B}{r^{10}} = -W \quad ①$$

$$\left(\frac{\partial u(r)}{\partial r}\right)_{r_0} = \frac{2A}{r_0^3} - \frac{10B}{r_0^{11}} = 0 \quad ②$$

由式②得

$$B = \frac{1}{5}Ar_0^8 \quad ③$$

将式③和式①联立可解得

$$A = 7.2\times10^{-38}\text{J}\cdot\text{m}^2$$

$$B \approx 9.5\times10^{-115}\text{J}\cdot\text{m}^{10}$$

# 23.3　固体中的电子

## 23.3.1　自由电子的能量分布

**1. 自由电子和自由电子气**　并不是金属原子的所有电子都可以看做自由电子，只有金属中公共的电子才可以视为是自由电子，自由电子的集体称为**自由电子气**(free electron gas).

**2. 金属自由电子气的物理模型**　研究金属中的电子能态，将使我们对金属的许多特性获得本质上的认识. 早在1900年，特鲁德(P. K. L. Drude，1863—1906)为了解释金属的导电和导热性质，就提出了**自由电子模型**(free-electron model)的理论. 以后经洛伦兹和索末菲等人的改进和发展，对金属的一些重要性质可以给出一定的解释. 虽然模型过于简单，理论存在一定的局限性，但是却能说明一些问题. 自由电子模型假设价电子在金属中处于自由状态，除了电子与离子可以发生碰撞之外，电子之间、电子与离子之间没有相互作用，但是在金属表面存在无限势垒，电子不能脱离表面的束缚.

根据量子自由电子模型，认为金属价电子在金属内的恒定势场中运动，其薛定谔方程为

$$\left[-\frac{\hbar^2}{2m}\nabla^2+V(\boldsymbol{r})\right]\psi(\boldsymbol{r})=E\psi(\boldsymbol{r}) \tag{23-12}$$

式中，$\psi(\boldsymbol{r})$是电子的波函数；$E$是电子的总能量；$m$是电子的有效质量；$V(r)$是电子的势能，在这里是一个常数，可取作零. 则上式可写为

$$-\frac{\hbar^2}{2m}\nabla^2\psi(\boldsymbol{r})=E\psi(\boldsymbol{r}) \tag{23-13}$$

方程式(23-13)的解可写为

$$\psi(\boldsymbol{r})=A\mathrm{e}^{\mathrm{i}\boldsymbol{k}\cdot\boldsymbol{r}} \tag{23-14}$$

式中，$A$是归一化常数. 波函数的归一化性质为

$$\int_V\psi^*(\boldsymbol{r})\psi(\boldsymbol{r})\mathrm{d}\boldsymbol{r}=1 \tag{23-15}$$

上式的积分区域$V$是晶体的体积. 将式(23-14)代入式(23-15)，并假设晶体是每边长为$a$的立方体，如图23-15所示，则可得到

$$A=a^{-\frac{3}{2}}=V^{-\frac{1}{2}} \tag{23-16}$$

即金属中自由电子的波函数和能量为

$$\psi(\boldsymbol{r})=V^{-\frac{1}{2}}\mathrm{e}^{\mathrm{i}\boldsymbol{k}\cdot\boldsymbol{r}} \tag{23-17}$$

$$E=\frac{\hbar^2k^2}{2m}=\frac{\hbar^2}{2m}(k_x^2+k_y^2+k_z^2) \tag{23-18}$$

从上式中可以看出，$\psi(\boldsymbol{r})$也是电子动量的本征函数，自由电子动量的本征值是$\hbar\boldsymbol{k}$. 波矢的取值是由边界条件确定的. 为方便计，这里采用周期性边界条件

$$\psi(x,y,z)=\psi(x+a,y,z)=\psi(x,y+a,z)=\psi(x,y,z+a) \tag{23-19}$$

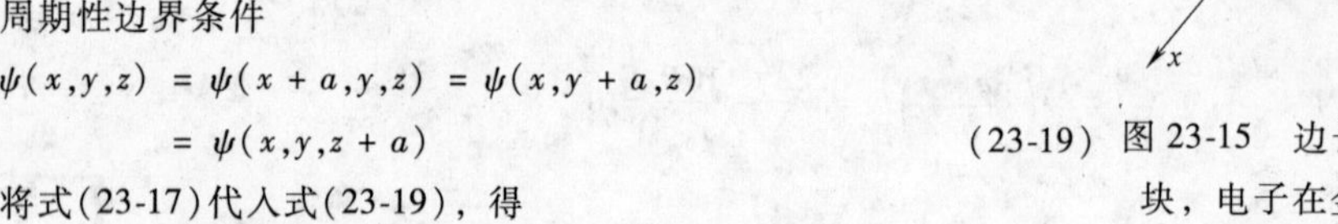

图 23-15　边长为$a$的立方体金属块，电子在金属内部是自由的，但受到表面势垒的束缚

将式(23-17)代入式(23-19)，得

$$\mathrm{e}^{\mathrm{i}\boldsymbol{k}\cdot\boldsymbol{r}}=\mathrm{e}^{\mathrm{i}\boldsymbol{k}\cdot\boldsymbol{r}}\mathrm{e}^{\mathrm{i}k_xa}=\mathrm{e}^{\mathrm{i}\boldsymbol{k}\cdot\boldsymbol{r}}\mathrm{e}^{\mathrm{i}k_ya}=\mathrm{e}^{\mathrm{i}\boldsymbol{k}\cdot\boldsymbol{r}}\mathrm{e}^{\mathrm{i}k_za}$$

可见

$$\mathrm{e}^{\mathrm{i}k_xa}=\mathrm{e}^{\mathrm{i}k_ya}=\mathrm{e}^{\mathrm{i}k_za}=1$$

所以有

$$k_x=n_x\frac{\pi}{a},\quad k_y=n_y\frac{\pi}{a},\quad k_z=n_z\frac{\pi}{a} \tag{23-20}$$

其中$n_x$、$n_y$、$n_z=0$，$\pm1$，$\pm2$，$\pm3$，….

将式(23-20)代入式(23-18)可得

$$E=\frac{\hbar^2k^2}{2m}=\frac{\hbar^2}{2m}(k_x^2+k_y^2+k_z^2)=\frac{\hbar^2\pi^2}{2ma^2}(n_x^2+n_y^2+n_z^2) \tag{23-21}$$

式(23-21)即为**自由电子的能量表达式**，每一组量子数($n_x$、$n_y$、$n_z$)确定电子的一个波矢$\boldsymbol{k}$，从而确定了电子的一个状态$\psi_k(r)$. 处于这个态中的电子具有确定的动量$\hbar\boldsymbol{k}$及确定的能量$\frac{\hbar^2k^2}{2m}$，因而具有确定的速度$\boldsymbol{v}=\frac{\hbar\boldsymbol{k}}{m}$. 假如以$k_x$、$k_y$、$k_z$为坐标轴建立起波矢空间($\boldsymbol{k}$空间)，则每一个电子的本征态可以用该空间的一个点来代表，点的坐标由式(23-20)来确定. 图23-16画出了这些状态代表点在$\boldsymbol{k}$空间中分布. 图中示出，沿$k_x$、$k_y$及$k_z$轴的两个相邻代表点之间的距离是相同的，由式(23-20)可知，这个距离就是$2\pi/a$. 可见，状态代表点在$\boldsymbol{k}$空间中的分布是均匀的，每个点所占的$\boldsymbol{k}$空间体积是$\left(\frac{2\pi}{a}\right)^3=\frac{(2\pi)^3}{V}$，其中$V$是晶体的体积. 在$\boldsymbol{k}$空间的单位体积中含有的状态代表点数应为$V/(2\pi)^3$，这就是$\boldsymbol{k}$空间中状态点的密度.

**3. 电子的态密度**　金属的许多性质与电子数随能量的分布有关，为此，有必要先了解状态数随能量的分布. 根据式(23-21)，对于确定的能量值 $E$ 可以有三个量子数 $n_x$、$n_y$、$n_z$ 的多种组合，每一种组合对应于一个量子态，因此电子的能级是简并的. 若以($n_x$、$n_y$、$n_z$)为坐标，则式(23-21)可表示为一个半径为 $R=\left(\frac{2m_e a^2 E}{\pi^2\hbar^2}\right)^{1/2}$ 的球面，如图23-17所示. 满足式(23-21)的每一组量子数是球面上的一个点，每一点代表一个可能的量子态，或者说，代表一种可能的电子状态. 能量值小于 $E$ 的某个量子态由球体内一点表示. 因为 $n_x$、$n_y$、$n_z$ 只能取正整数，所以球体内一个点对应于一个单位体积. 能量小于 $E$ 的量子态数就等于1/8球体内的点数. 又因为每个点包含两个自旋相反($m_s=\pm1/2$)的状态，所以量子态总数为

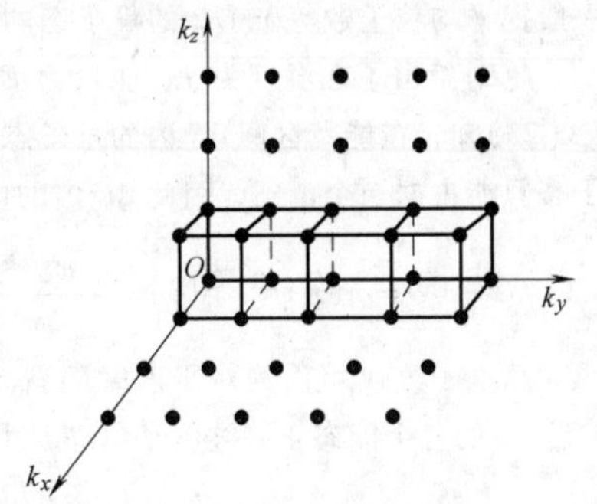

图23-16　状态代表点在 $k$ 空间中的分布

$$N_s=2\times\frac{1}{8}\times\frac{4}{3}\pi R^3=\frac{1}{3}\frac{(2m_eE)^{\frac{3}{2}}V}{\pi^2\hbar^3} \tag{23-22}$$

式中，$V=a^3$，为金属块的体积.

单位能量区间内的量子态数称为**能态密度或态密度**(density of states)，用 $g(E)$ 表示，由式(23-22)对 $E$ 求导，可得

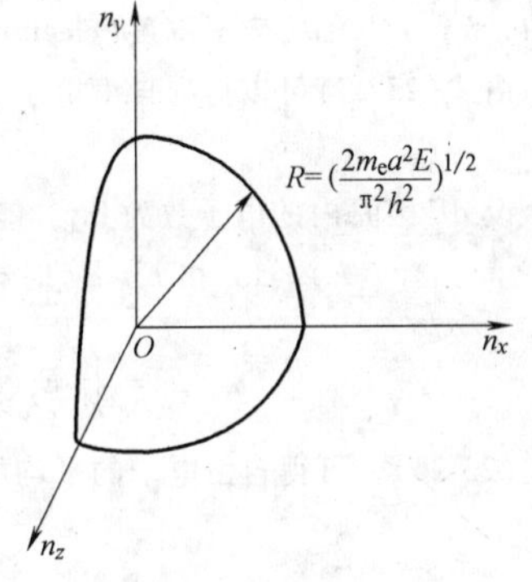

图23-17　能量与量子态分布的关系

$$g(E)=\frac{\mathrm{d}N_s}{\mathrm{d}E}=\frac{(2m_e)^{\frac{3}{2}}V}{2\pi^2\hbar^3}E^{\frac{1}{2}} \tag{23-23}$$

**4. 费米-狄拉克分布**　现在讨论电子在各量子态的分布情况. 按照经典理论，粒子数按能态的分布遵从玻耳兹曼分布律，与 $e^{\frac{-E}{kT}}$ 成正比，然而这一规律并不适用于电子. 原因有两个：一是它与泡利不相容原理相抵触. 玻耳兹曼分布对处于某个能态的粒子数没有限制，在绝对零度($T=0$K)时所有电子位于系统的最低能态($n_x=n_y=n_z=1$，$m_s=\pm1/2$)，而泡利不相容原理则要求每个能态只能有一个电子，在绝对零度时电子从最低能态开始逐一向上填满各可能的能级，直至某个值 $E_{F0}$，能量值大于 $E_{F0}$ 的能级上没有电子，如图23-18所示. 二是玻耳兹曼分布适用于全同但可区分的粒子，而金属中交叠在一起的电子是不可区分的. 根据粒子的不可区分性和泡利不相容原理，1926年，费米(E. Fermi，1901—1954)与狄拉克(P. A. M. Dirac，1902—1984)独立提出费米-狄拉克统计. 金属中的自由电子按能量的分布服从费米-狄拉克分布律(Fermi-Dirac distribution)，电子处于(或占据)能量为 $E$ 的能态的概率为

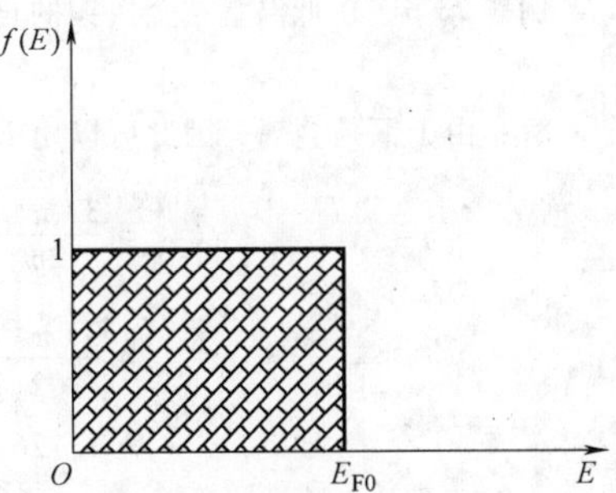

图23-18　在绝对零度时电子按照泡利不相容原理填充电子

$$f(E)=\frac{1}{e^{(E-E_F)/kT}+1} \tag{23-24}$$

式中，$E_F$ 称为**费米能**(Fermi energy)，相应的能级称为**费米能级**(Fermi level). 一般而言，$E_F$ 与温度有关，$E_{F0}$ 表示 $T=0$K 时的费米能量. 固体导体(如金属)的费米能量随温度变化很小，可以近似认为 $E_F=E_{F0}$，但对于半导体就另当别论了. 图23-19是不同温度下的费米-狄拉克分布曲线. 当 $T=0$K 时，如果 $E<E_{F0}$，则有 $f(E)=1$；如果 $E>E_{F0}$，则有 $f(E)=0$. 这表明在绝对零度时费米能级以下的能态全部被电子填满，而费米能级以上的能态没有电子. 当 $E=E_{F0}$ 时，则有 $f(E)=1/2$，这表示电子出现在费米能级的概率为1/2.

一般把平均粒子数等于1/2的量子态的能量定义为费米能级.

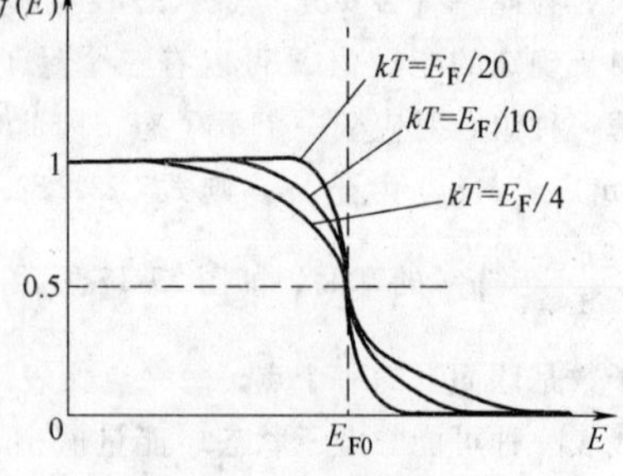

图 23-19　不同温度时的费米-狄拉克分布曲线

$f(E)$给出了在温度为$T$、能量为$E$时电子出现的概率，由式(23-23)知，在能量区间$\mathrm{d}E$内的量子态数目为$g(E)\mathrm{d}E$，而每一量子态只能占据一个电子，因此$\mathrm{d}E$内的电子数可表示为

$$\mathrm{d}N = g(E)f(E)\mathrm{d}E = \frac{(2m_e)^{\frac{3}{2}}VE^{\frac{1}{2}}}{2\pi^2\hbar^3}\frac{1}{\mathrm{e}^{(E-E_F)/kT}}\mathrm{d}E \tag{23-25}$$

总电子数$N$可由绝对零度时的费米能$E_{F0}$来表示，这是因为$E_{F0}$以下的各个能态正好被电子填满. 由式（23-22)可得

$$N = \frac{(2m_e)^{\frac{3}{2}}VE_{F0}^{\frac{3}{2}}}{3\pi^2\hbar^3} \tag{23-26}$$

因而，费米能$E_{F0}$可表示为

$$E_{F0} = \frac{3^{\frac{2}{3}}\pi^{\frac{4}{3}}\hbar^2}{2m_e}n^{\frac{2}{3}} \tag{23-27}$$

式中，$n=N/V$称为**电子浓度**(electron concentration).

由式(23-25)可以得到自由电子的总能量以及平均能量. 为简单起见，我们以绝对零度时的情况加以讨论.

设$\mathrm{d}E$区间内的电子数为$\mathrm{d}N$，能量为$E\mathrm{d}N=E_g(E)f(E)\mathrm{d}E$. 当$T=0\mathrm{K}$时，费米能分布在$E=0$到$E=E_{F0}$之间，有$f(E)=1$，在$E>E_{F0}$时有$f(E)=0$. 因此，所有电子的总能量为

$$E = \int_0^\infty E_g(E)f(E)\mathrm{d}E = \int_0^{E_{F0}} E_g(E)\mathrm{d}E = \frac{2}{5}\frac{(2m_e)^{\frac{3}{2}}V}{2\pi^2\hbar^3}E_{F0}^{\frac{5}{2}}$$

由式(23-26)，可得自由电子的平均能量为

$$\overline{E} = \frac{E}{N} = \frac{3}{5}E_{F0} \tag{23-28}$$

按经典理论，绝对零度时电子的动能为零，但是根据量子理论，即使在绝对零度时电子还是具有一定的能量.

**例题 23-5**　在低温下，金属铜的自由电子浓度为$8.45\times10^{28}\mathrm{m}^{-3}$，试根据自由电子模型计算铜的费米能量.

**解**：由于铜是金属，因此可以用$E_{F0}$取代$E_F$.

$$\begin{aligned}E_{F0} &= \frac{3^{\frac{2}{3}}\pi^{\frac{4}{3}}\hbar^2}{2m_e}n^{\frac{2}{3}}\\ &= \frac{3^{\frac{2}{3}}\pi^{\frac{4}{3}}(1.055\times10^{-34})^2}{2(9.11\times10^{-31})}\times(8.45\times10^{28})^{\frac{2}{3}}\mathrm{J}\\ &= 1.126\times10^{-18}\mathrm{J}\\ &\approx 7.03\mathrm{eV}\end{aligned}$$

这一能量值远大于在常温下的$kT$，因此完全有理由可以近似认为$E_F$以下的能态几乎被电子占满，而在$E_F$以上的能态几乎没有电子.

**例题 23-6**　(1) 计算在绝对零度时铜质材料中自由电子的平均能量；(2) 如果能量均分定理对此系统仍适用，那么铜块中大量电子热运动所显示的温度是多少？(3) 如果一个电子的动能等于费米能量，那么它的速度是多少？

**解**：(1) 由式（23-28）可得电子的平均能量

$$\overline{E} = \frac{E}{N} = \frac{3}{5}E_{F0} = \frac{3}{5}\times7.03\mathrm{eV}\approx4.22\mathrm{eV}$$

(2) 由粒子的平均平动动能为$3kT/2$可得

$$T=\frac{2\overline{E}}{3k}=\frac{2\times 6.75\times 10^{-19}}{3\times 1.38\times 10^{-23}}\mathrm{K}\approx 3.26\times 10^{4}\mathrm{K}$$

因为铜的汽化温度为 2 868K，所以在 $3.26\times 10^{4}$K 的温度下，铜早已汽化了.

（3）因为
$$E_{\mathrm{F}}=\frac{1}{2}mv_{\mathrm{F}}^{2}$$

所以
$$v_{\mathrm{F}}=\sqrt{\frac{2E_{\mathrm{F}}}{m}}=\sqrt{\frac{2\times 1.126\times 10^{-18}}{9.11\times 10^{-31}}}\mathrm{m/s}\approx 1.57\times 10^{6}\mathrm{m/s}$$

$v_{\mathrm{F}}$ 称为费米速度. 由此可见，即使在 $T=0$K 时电子的速度也并不为零，且高达 $10^{6}$m/s 数量级，这与经典理论所给出的结论完全不同.

## 23.3.2　金属导电的量子解释

尽管所有的固体都包含有大量电子，但有些固体具有很好的电子导电性能，而另一些固体则观察不到任何电子的导电性. 金属为什么具有良好的导电性呢?

当金属处于恒定温度下施加一电场时，电子分布函数为

$$f(\boldsymbol{k})=f_{0}\left(\boldsymbol{k}+\frac{e\tau}{\hbar}\boldsymbol{\varepsilon}\right) \tag{23-29}$$

能量坐标中电子的分布函数

$$f(E)=f_{0}[E-(-e\tau\boldsymbol{v}\cdot\boldsymbol{\varepsilon})] \tag{23-30}$$

上式表明，当有电场后，稳定态的电子分布函数 $f(E)$，是无外场时电子分布函数 $f_{0}(E)$ 发生刚性平移产生的，如图 23-20 所示.

电流密度矢量可表示为

$$\boldsymbol{j}=\frac{e^{2}}{4\pi^{3}}\int_{S_{\mathrm{F}}}\tau\boldsymbol{v}(\boldsymbol{v}\cdot\boldsymbol{\varepsilon})\frac{\mathrm{d}S}{|\nabla_{k}E|} \tag{23-31}$$

如果外加电场沿 $x$ 轴方向，则上式变成

$$j_{x}=\frac{e^{2}}{4\pi^{3}}\int_{S_{\mathrm{F}}}\tau v_{x}^{2}\frac{\mathrm{d}S}{|\nabla_{k}E|}\varepsilon_{x} \tag{23-32}$$

将上式与立方晶系金属中电流与电场的关系

$$\begin{pmatrix}j_{x}\\j_{y}\\j_{z}\end{pmatrix}=\begin{pmatrix}\sigma&0&0\\0&\sigma&0\\0&0&\sigma\end{pmatrix}\begin{pmatrix}\varepsilon_{x}\\\varepsilon_{y}\\\varepsilon_{z}\end{pmatrix}$$

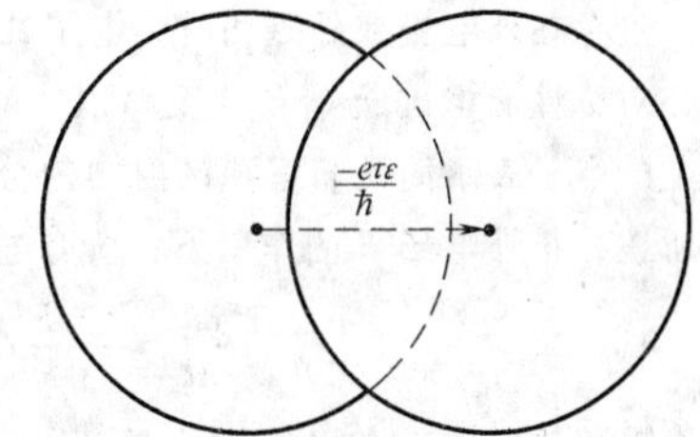


图 23-20　在外电场中费密球的平移

比较，得到立方结构金属的电导率

$$\sigma=\frac{e^{2}}{4\pi^{3}}\int_{S_{\mathrm{F}}}\tau v_{x}^{2}\frac{\mathrm{d}S}{|\nabla_{k}E|}$$

上式的积分仅限于费密面上，这说明，对金属导电有贡献的只是费密面附近的电子，这一点也类同于电子对比热的贡献.

假设费密面是个球面，则电导率

$$\sigma=\frac{e^{2}}{4\pi^{3}}\frac{\tau_{\mathrm{F}}v_{\mathrm{F}x}^{2}4\pi k_{\mathrm{F}}^{2}}{\hbar v_{\mathrm{F}}}$$

将关系式 $v_{\mathrm{F}x}^{2}=\frac{1}{3}v_{\mathrm{F}}^{2}$，$m^{*}v_{\mathrm{F}}=\hbar k_{\mathrm{F}}$，$k_{\mathrm{F}}=(3n\pi^{2})^{\frac{1}{3}}$代入上式，有

$$\sigma=\frac{ne^{2}\tau_{\mathrm{F}}}{m^{*}} \tag{23-33}$$

电导率 $\sigma$ 是金属通流能力的量度. 通流能力取决于单位时间内通过截面积的电子数. 但并不是所有价电子对导电都有贡献，对导电有贡献的是费密面附近的电子. 费密球越大，对导电有贡献的电子数目就越多. 费密球的大小取决于费密半径

$$k_F = (3n\pi^2)^{\frac{1}{3}} \tag{23-34}$$

可见电子浓度 $n$ 越高，费密球越大，对导电有贡献的电子数目就越多. 金属具有较高的电子浓度，因此金属具有良好的导电性.

## 23.4 能带、导体和绝缘体

### 23.4.1 能带

不同种类的晶体具有不同的导电特性. 如何用晶体结构的微观理论去解释宏观上不同的导电特性呢? 我们将引入能带(energy band)理论. 量子力学计算表明，晶体中若有 $N$ 个原子，由于各原子间的相互作用，对应于原来孤立原子的每一个能级，在晶体中变成 $N$ 个靠得很近的能级，称为**能带**. 晶体电子从最低能级开始填充，被电子填满的能带称作**满带**(full band)，被电子部分填充的能带称为**不满带**，没有电子填充的能带称为**空带**(empty band). 能带理论解释固体导电的基本观点是：满带电子不导电，而不满带中的电子对导电有贡献.

**1. 满带电子不导电** 一个完全填满的电子能带，电子在能带上的分布，在 $\boldsymbol{k}$ 空间具有中心对称性，即一个电子处于 $\boldsymbol{k}$ 态，其能量为 $E(\boldsymbol{k})$，则必有另一个与其能量相同的 $E(-\boldsymbol{k})=E(\boldsymbol{k})$ 的电子处于 $-\boldsymbol{k}$ 态. 当不存在外电场时，尽管对于每一个电子来说，都带有一定的电流 $-e\boldsymbol{v}$，但是 $\boldsymbol{k}$ 态和 $-\boldsymbol{k}$ 态的电子电流 $-e\boldsymbol{v}(\boldsymbol{k})$ 和 $-e\boldsymbol{v}(-\boldsymbol{k})$ 正好成对地相互抵消，所以说没有宏观电流.

当存在外电场或外磁场时，电子在能带中的分布具有 $\boldsymbol{k}$ 空间中心对称性的情况仍不会改变. 以一维能带为例，图 23-21 中 $\boldsymbol{k}$ 轴上的点子表示简约布里渊区内均匀分布的各量子态的电子. 如上所述，在外电场 $E$ 的作用下，所有电子所处的状态都以速度

$$\frac{\mathrm{d}\boldsymbol{k}}{\mathrm{d}t} = -\frac{e\boldsymbol{E}}{\hbar} \tag{23-35}$$

沿 $\boldsymbol{k}$ 轴移动. 由于布里渊区边界 $A$ 和 $A'$ 两点实际上代表同一状态，在电子填满布里渊区所有状态即满带情况下，从 $A$ 点移动出去的电子同时就从 $A'$ 点流进来，因而整个能带仍处于均匀分布填满状态，并不产生电流.

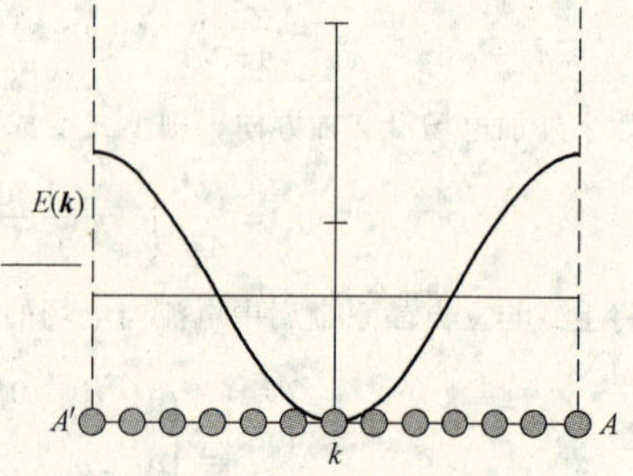

图 23-21 外场下满带电子的运动

**2. 不满带的电子导电** 图 23-22 给出了不满带电子填充的情况，没有外电场时，电子从最低能级开始填充，而且 $\boldsymbol{k}$ 态和 $-\boldsymbol{k}$ 态总是成对地被电子填充，所以总电流为零. 存在外电场时，整个电子分布将向着电场反方向移动，由于电子受到声子或晶格不完整性的散射作用，电子的状态代表点不会无限地移动下去，而是稍稍偏离原来的分布，如图 23-22b 所示. 当电子分布偏离中心对称状况时，各电子所荷载的电流中将只有一部分被抵消，因而总电流不为零. 外加电场增强，电子分布更加偏离中心对称分布，未被抵消的电子电流就愈大，晶体总电流也就愈大. 由于不满带电子可以导电，因而将不满带称作导带.

**3. 固体的导电性** 设想有 $N$ 个完全相同的原子构成一个系统，原子与原子之间的距离足够大以至可以略去它们之间的相互作用，这时每个原子都有相同的电子组态和能级. 从整个系统考虑，能级结构与孤立原子基本相同，只是一个能级表示 $N$ 个原子构成的系统的能态.

现设想原子间距逐渐缩小，使整个原子体系过渡为实际晶体. 这时，电子除了受本身原子的势场作用外，还受到相邻原子的势场作用. 这种作用对于原子中的内层电子影响不大，但对于外层价电子影响较明

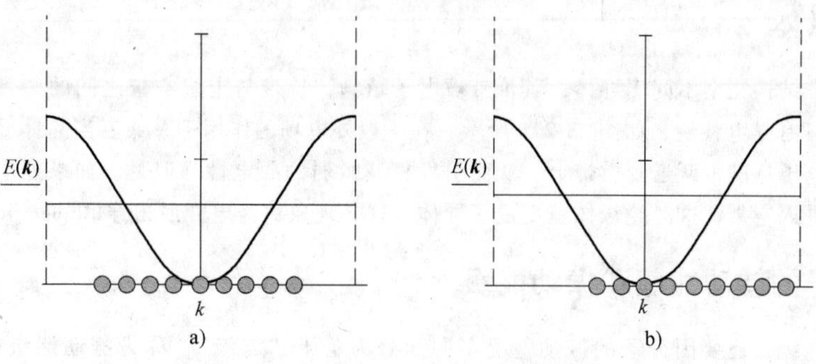


图 23-22　不满带电子在 $k$ 空间的分布

a）无外电场　b）有外电场

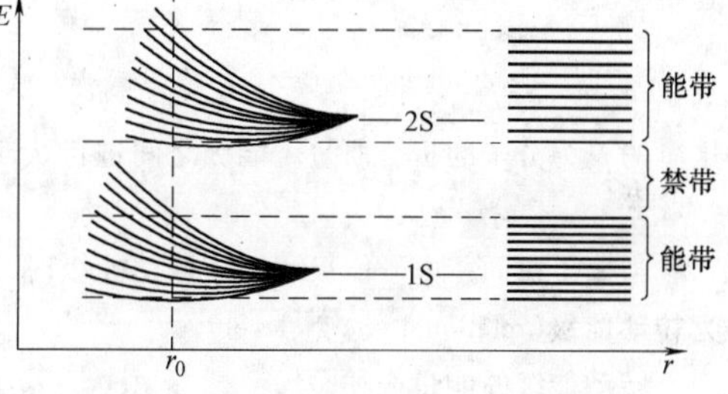


图 23-23　能带宽度随原子间距离变化

显．这些电子不再属于各个原子，而被整个晶体中原子所共有，这就是所谓的电子共有化．电子共有化引起波函数发生畸变，价电子波函数由局部向周围更多的原子延伸覆盖，同时引起原来的系统能级发生分裂，原来的一个能级分裂成 $N$ 个能级，它们密集排列形成了能带，如图 23-23 所示．我们把由于价电子能级分裂而形成的能带称为**价带**(valence band)．由于 $N$ 值非常大($N\sim10^{24}$)，因此能带中的能级可看做连续分布．相邻两个能带之间的区域称为**禁带**(forbidden band)，禁带中没有能级．价带上面没有被电子占据的能带称为空带，能带的性质决定了晶体的导电特性．

## 23.4.2　导体

一般导体材料的能带都有相同的结构，即价带未被电子填满，或者虽被填满但与上层空带发生部分重叠，如图 23-24 a 所示．以金属钠(Na)为例，它的电子组态为 $1s^22s^22p^63s$，根据泡利不相容原理，3s 价带可以容纳 $2N$ 个电子，而价电子总数只有 $N$ 个，所以金属钠是导体．又比如金属镁(Mg)，它的电子组态是 $1s^22s^22p^63s^2$，价电子总数为 $2N$，刚好填满 3s 价带．按理说镁应该是绝缘体，但是因为 3s 能带与上层的 3p 空带部分重合，为电子拓展出了新的自由活动空间，所以仍然表现出导体特性．

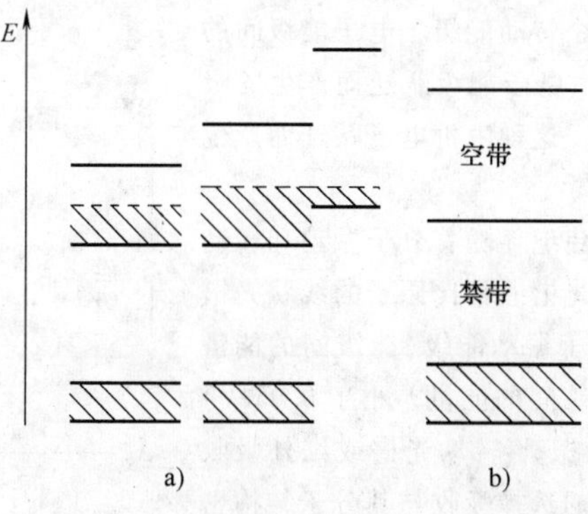


图 23-24　导体和绝缘体的能带结构

a）导体　b）绝缘体

### 23.4.3 绝缘体

绝缘体的能带结构完全不同于导体，其价带被电子填满，价带与上层空带之间的禁带宽度较大，约为3～6eV，因此不具有导电特性，如图23-24b所示．在一般外电场的作用下，或者当晶体受到热激发或光激发时，会有少量电子从满带跃迁到空带上，从而引发极其微弱的导电性．但是，如果外电场很强，致使大量电子跃过禁带进入空带，这时绝缘体就变成了导体．这一现象称为**电介质击穿**(dielectric breakdown)．

### 23.4.4 分子的转动能级和振动能级

在同一电子能级，还要因分子的振动情况不同而分为若干“支级”，称为**振动能级**(vibrational energy level)．振动能级的能量表述是

$$E_n = \hbar\omega\left(n + \frac{1}{2}\right)$$

其中

$$\omega^2 = \frac{k}{\mu} \tag{23-36}$$

这里的 $\mu$ 为分子的折合质量．能级之间进行跃迁的选择规则是

$$\Delta n = \pm 1 \tag{23-37}$$

当分子在同一电子能级和同一振动能级时，它们的能量还要因转动情况的不同分为若干“分级”，称为**转动能级**(rotational energy level)．

转动能级的能量表述是

$$E_L = \frac{L^2}{2I} = \frac{L(L+1)\hbar^2}{2\mu R^2} \tag{23-38}$$

能级之间进行跃迁的选择规则是

$$\Delta L = \pm 1 \tag{23-39}$$

转动能级的跃迁产生转动光谱，它的能量相差要比振动能级能量差小，我们无法观察纯的振动或纯的转动谱，因此一般的振动光谱都包括转动光谱，通常称为**振转光谱**．允许的跃迁必须遵守两个选择规则．

图23-25是双原子分子的能级示意图．图中A和B为电子能级；$V'$（0，1，2，3，4）和 $V''$（0，1，2，3，4）为振动能级；$J'$（0，1，2，3，4）和 $J''$（0，1，2，3，4）为转动能级．从图中可以看出，在同一电子能级中有几个振动能级，而在同一振动能级中又有几个转动能级．电子能级间的能量差一般为1～20eV．因此，由电子能级跃迁而产生的吸收光谱，位于紫外及可见光部分．这种由价电子跃迁而产生的分子光谱称为**电子光谱**．

在电子能级变化时，不可避免地伴随着分子振动和转动能级的变化．因此，分子的电子光谱通常比原子的线状光谱复杂得多，而呈带状光谱．由分子振动能级（能级间的能量差约0.05～1eV）和转动能级（能级间的能量差小于0.05eV）的跃迁而产生的吸收光谱，成为振动-转动光谱或红外吸收光谱．各种物质的分子对红外光的选择吸收与其分子结构密切相关，故红外吸收光谱法可应用于分子结构的研究．

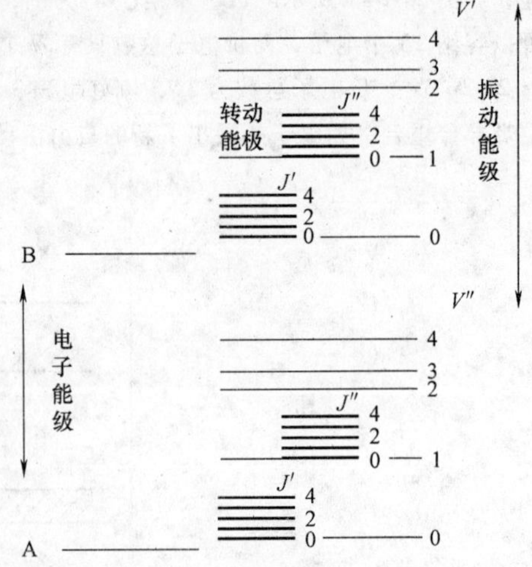


图23-25 双原子分子中电子的振动和转动能级

# 23.5　半导体

## 23.5.1　半导体

**1. 半导体的发展简史**　半导体(Semiconductor)的发现实际上可以追溯到很久以前，1833 年，英国的法拉第(Michael Faraday，1791—1867)最先发现，硫化银的电阻随着温度的变化情况不同于一般金属，一般情况下，金属的电阻随温度升高而增加，但法拉第发现硫化银材料的电阻是随着温度的上升而降低. 这是半导体现象的首次发现. 不久，1839 年法国的贝克莱尔(Alexandre-Edmond Becquerel，1820—1891)发现半导体和电解质接触形成的结，在光照下会产生一个电压，这就是后来人们熟知的光生伏特效应，这是被发现的半导体的第二个特征. 在 1874 年，德国的布劳恩(Karl F. Braun，1850—1918)观察到某些硫化物的电导与所加电场的方向有关，即它的导电有方向性，在它两端加一个正向电压，它是导电的；如果把电压极性反过来，它就不导电，这就是半导体的整流效应，也是半导体所特有的第三种特性. 1873 年，英国的史密斯(Willoughby Smith，1828—1891)发现硒晶体材料在光照下电导增加的光电导效应，这是半导体又一个特有的性质. 半导体的这四个效应，虽在 1880 年以前就先后被发现了，但半导体这个名词大概到 1911 年才被首次使用. 而总结出半导体的这四个特性一直到 1947 年 12 月才由贝尔实验室完成.

**2. 半导体的性质**　半导体是一类导电特性介于金属和绝缘体之间的材料，在常温下，其电阻率约为 $10^{-4} \sim 10^{7}\Omega \cdot m$. 而金属的电阻率约为 $10^{-8}\Omega \cdot m$，绝缘体的电阻率约为 $10^{14} \sim 10^{20}\Omega \cdot m$. 半导体中的电子和空穴都可以导电，电子和空穴统称为**载流子**(current carrier). 没有杂质和缺陷的纯净半导体，其导电机理属于电子和空穴的混合导电，这种半导体称为**本征半导体**(intrinsic seniconductor). 本征半导体的导电性能并不理想，只有在较高温度时才具有本征半导体的性质，实际中应用的一般都是**杂质半导体**，即在高纯度的半导体中添加少量杂质，称为**掺杂**(doping). 掺杂后的半导体可以大大提高导电性能. 相对而言，本征半导体中载流子数目极少，导电能力仍然很低. 但根据在其中掺入的杂质不同，杂质半导体可以分为 n 型和 p 型两大类. **n 型半导体**即自由电子浓度远大于空穴浓度的杂质半导体. 在纯净的硅晶体中掺入五价元素(如磷、砷、锑等)，使之取代晶格中硅原子的位置，就形成了 n 型半导体. 如图 23-26a 所示，磷原子在取代原晶体结构中的原子并构成共价键时，多余的第五个价电子很容易摆脱磷原子核的束缚而成为自由电子，于是半导体中的自由电子数目大量增加，自由电子成为多数载流子，空穴则成为少数载流子. **p 型半导体**也称为**空穴型半导体**. p 型半导体即空穴浓度远大于自由电子浓度的杂质半导体. 在纯净的硅晶体中掺入三价元素(如硼)，使之取代晶格中硅原子的位子，就形成 p 型半导体. 如图 23-26b 所示，硼原子在取代原晶体结构中的原子并构成共价键时，将因缺少一个价电子而形成一个空穴，于是半导体中的空穴数目大量增加，空穴成为多数载流子，而自由电子则成为少数载流子.

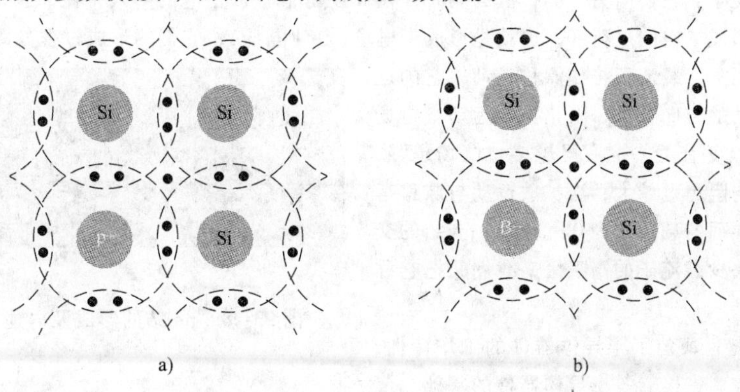


图 23-26　硅晶体中掺入杂质离子

**3. 半导体的能带结构** 半导体的能带结构与绝缘体相似，只是其禁带宽度比绝缘体小得多，约为0.1~1.5eV. 在绝对零度时价带被电子填满，导带是空着的. 随着温度的升高，部分电子会被激发到导带，同时在价带中留出空的量子态，称为**空穴**(hole)，致使原来拥挤的价带有所疏松. 在外电场作用下，导带中的电子将参与导电，同时在价带中邻近电子将跃入空穴，同时又留出新的空穴由其他电子来填补，以此类推. 电子依次沿逆电场方向填补空穴，其产生的效果等同于正电荷沿电场方向流动一样，从而形成电流，由于施主杂质的掺入，在半导体的能带结构中增加了**施主能级**. 理论计算表明，n 型半导体中这个多余的价电子的实际能级(施主能级)处在禁带中而且靠近导带底. 在能带图中可在导带底下面用一不连续的线段来表示它，如图23-27a 所示. 在图中竖直虚线左侧表示在0K下($T=0$)，“多余”电子没有脱离杂质原子的束缚，也可以说，杂质原子没有被电离. 因此，“多余”电子都处在杂质能级上. 此时，杂质价电子并不参与导电. 但由于束缚能很小，杂质能级接近于导带底(能量差10meV量级)，在常温下，“多余”电子就能被激发到导带并向导带提供自由电子，使原来导电性不好的半导体导电性能大增. 图23-27b 示出了p型半导体中受主杂质在禁带中的杂质能级. 它在价带顶上，但离价带顶不远，对于这个受主杂质能级，需要注意的是，当掺杂原子替代硅原子时将缺少一个价电子，邻近硅原子共价键上的电子只要少许能量就可以转移来填充空缺. 从能带角度看，掺杂原子提供禁带中空的能级，它容易从硅原子的满带中俘获一个电子，而使硅的满带中形成一个空穴. 所以这个能接受电子的能级称**受主能级**，由于它离价带顶非常近，因而处于价带顶的电子容易激发至受主能级，而硅原子共价键上留下的空位，相应于硅原子价带顶的空穴.

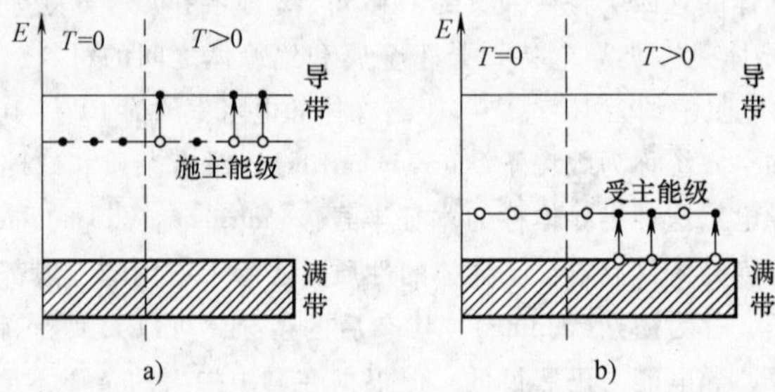


图 23-27 施主能级与受主能级

## 23.5.2 pn 结

在同一块本征半导体晶片上，采用特殊的掺杂工艺，在两侧分别掺入三价元素和五价元素，一侧形成p型半导体，另一侧形成n型半导体，则在这两种半导体交界面的两侧分别留下了不能移动的正负离子，形成一个具有特殊导电性能的空间电荷区，称为 **pn 结**(pn junction). 在形成的pn结中，由于两侧的电子和空穴的浓度相差很大，因此它们会产生扩散运动：电子从n区向p区扩散；空穴从p去向n区扩散. 因为它们都是带电粒子，它们向另一侧扩散的同时，在n区留下了带正电的空穴，在p区留下了带负电的杂质离子，这样就形成了空间电荷区，也就是形成了电场(自建电场). 它们的形成过程如图23-28 所示.

在电场的作用下，载流子将作漂移运动，它的运动方向与扩散运动的方向相反，阻止扩散运动. 电场的强弱与扩散的程度有关，扩散得越多，电场越强，同时对扩散运动的阻力也越大，当扩散运动与漂移运动相等时，通过界面的载流子为0. 此时，pn结的交界区就形成一个缺少载流子的高阻区，我们又把它称为阻挡层或耗尽层.

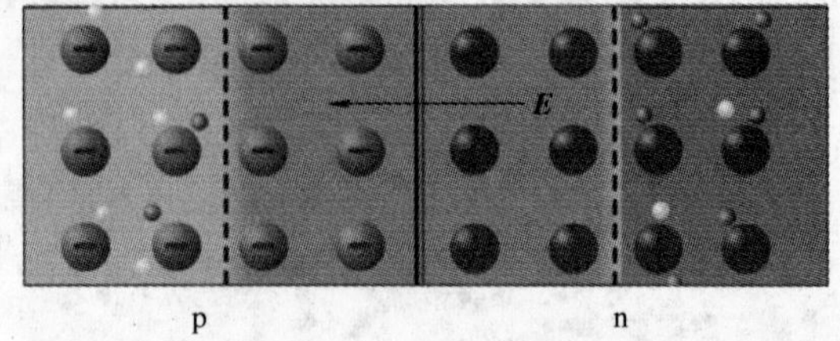


图 23-28 pn 结的形成及内建电场的建立

pn 结的导电特性决定了半导体器件的工作特性，是我们研究二极管、三极管等半导体器件的基础.

半导体二极管的伏安特性(即电压-电流特性)曲线如图23-29 所示. 处于第一象限的是正向伏安特性曲

线，处于第三象限的是反向伏安特性曲线.

(1) 正向特性。当正向电压低于某一数值时，正向电流很小，只有当正向电压高于某一值时，二极管才有明显的正向电流，这个电压被称为**导通电压**，我们又称它为**门限电压**或**死区电压**. 在室温下，硅管的死区电压约为0.6～0.8V，锗管的死区电压约为0.1～0.3V，我们一般认为当正向电压大于 $U_{ON}$ 时，二极管才导通，否则截止.

(2) 反向特性。二极管的反向电压一定时，反向电流很小，而且变化不大(反向饱和电流)，但反向电压大于某一数值时，反向电流急剧变大，产生击穿.

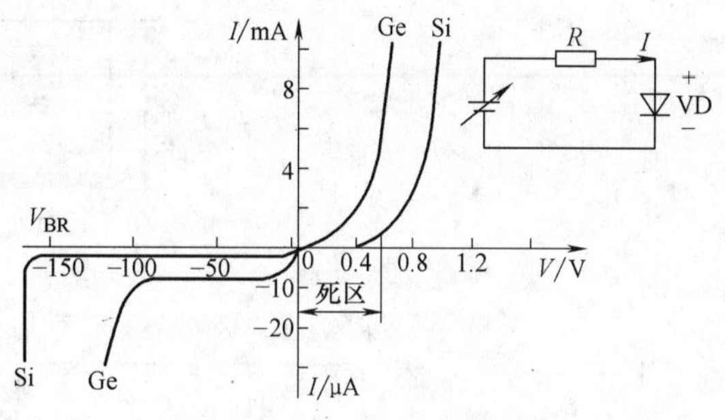


图 23-29　pn 结的整流特性

## 23.5.3　半导体器件

pn 结是许多半导体器件的核心，以它为基础可以做成整流、检波、控制、开关、放大等多种半导体器件，这些半导体器件在现代高新技术中扮演着不可替代的重要作用. 以下简单介绍几种常见的半导体器件.

**1. 发光二极管(LED)与太阳能电池**　发光二极管的核心部分是一块由 p 型半导体和 n 型半导体组成的晶片，当 pn 结处于正向电压偏置时，p 区的空穴和 n 区的电子进入 pn 结区域而产生复合，从能带理论来理解，就是导带下部的电子越过禁带与价带中的空穴中和. 在这一过程中由于电子的能量要减少，因此会有能量释放出来. 对于某些半导体，如砷化镓、磷化镓等，这部分能量是以辐射光子的形式释放出来，能量的大小取决于不同半导体的禁带宽度，从而发出不同频率的光. 发光二极管被广泛应用于数字显示，如电子钟、电子设备、汽车仪表板等.

与上述相反的过程则将产生光生伏特效应. 当 pn 结受到光照时，半导体的原子由于获得了光能而释放出电子，从而出现了电子-空穴对，并在“自建电场”的作用下，将电子驱向 n 区，将空穴驱向 p 区. 这样，在 n 区便会有过剩电子，而在 p 区则会有过剩空穴. 因此就会在 pn 结附近形成与原来的内建电场方向相反的光生电场. 光生电场除了能抵消内建电场的作用以外，还能使 p 区带正电，使 n 区带负电. 于是，在 n 区和 p 区之间产生了电动势，此时若是将外电路接通，便会有电能输出. 这样的半导体器件常称为太阳能电池.

**2. 晶体管**　1956 年诺贝尔物理学奖授予美国的三位科学家肖克利(W. Shockley，1910—1989)、巴丁(J. Bardeen，1908—1991)和布拉坦(W. Brattain，1902—1987)，以表彰他们对半导体的研究和晶体管(transistor)效应的发现. 晶体管的发明是 20 世纪中叶科学技术领域具有划时代意义的一件大事. 由于与电子管相比，晶体管有体积小、耗电省、寿命长、易固化等优点，它的诞生使电子学发生了根本性的变革，它加快了自动化和信息化的步伐，从而对人类社会的经济和文化产生了不可估量的影响.

晶体管由两个 pn 结组合而成，分为 pnp 型和 npn 型两种. 它的构成有：三个区、三个极和两个结，如图 23-30 所示.

(1) 发射结加正向电压，扩散运动形成发射极电流 $I_e$；

(2) 扩散到基区的自由电子与空穴的复合运动形成基极电流 $I_b$；

(3) 集电结加反向电压，漂移运动形成集电极电流 $I_c$.

**3. 集成电路**　2000 年，诺贝尔物理学奖颁发给了一位 77 岁的老人杰克·基尔比(J. s. Kilby，1923—)，以表彰他早在 1958 年发明了世界上第一块集成电路(integrated circuit)，见图 23-31. 当今世界，标志着现代文明的汽车、飞行器、宇宙飞船、机器人、手表、照相机、计算机以及各种先进的通讯设施和互联网……无一例外地建立在集成电路技术的基础之上.

集成电路是把各种电路元件(包括晶体管、二极管、电阻等)都制作在一块小小的硅片上. 现代技术已

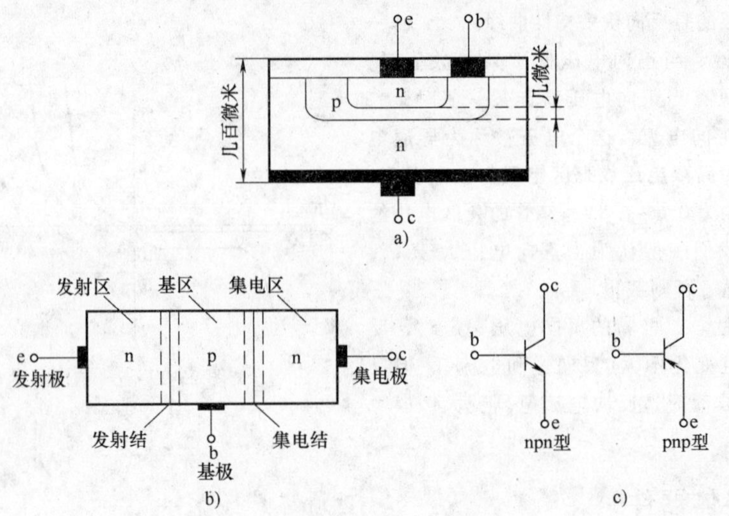


图 23-30　晶体管的结构及类型

经很容易在一块 $1\mathrm{cm}^2$ 的硅片上同时制作数百万个元器件．自集成电路发明算起，集成度的提高几乎以每年翻一番的速度发展着．

在真空电子管时代，大尺寸器件和伴随而来的高能耗限制了元器件使用的数量，制约了高性能电路的设计．之后，小型化、高可靠性的半导体器件解决了以上问题，但是又出现了新的矛盾．对于一个复杂电路，涉及数十万个半导体元器件，数百万个连接点需要人工焊接和测试，如何解决这个问题？这还得乞助于新的技术．集成电路发明的初衷只是为了解决半导体器件之间的接线问题．然而集成电路发明以后，一个额外的收获是它的小型化和高速响应．响应速度一般取决于电路中电信号的传播速度（0.3m/ns），而小型化和元器件的高度集成度可以大大提高响应速度，这对于现代小型化高速计算机是非常重要的．

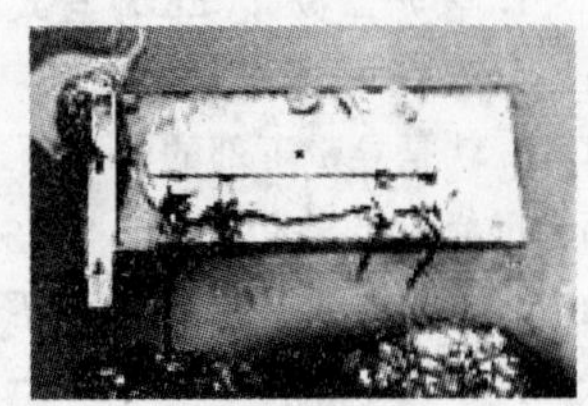

图 23-31　世界上第一块集成电路

杰克·基尔比的名字被列入美国发明家名人堂，与汽车的发明人亨利·福特、电灯的发明人爱迪生和飞机的发明人怀特兄弟比肩．有人这样评价这位现代信息技术的奠基者：“杰克·基尔比是为数不多的几个人之一，他可以环顾世界并对自己说：我改变了世界．”

## 小　　结

本章主要讲述了固体物理中的晶体结构与结合力、金属的自由电子论、电子能带理论及半导体性质等．归纳概括起来就是 1 个学说、1 个基本模型、2 个重要理论、几个物理图像和基本概念．

一、1 个学说

空间点阵学说：一个理想晶体是由全同的称作基元的结构单元在空间作无限地重复排列而构成的；基元可以是原子、离子、原子团或者分子；晶体中所有的基元都是等同的，也就是说它们的组成、位形和取向都是相同的．因此，晶体的内部结构可以抽象为在空间作周期性的无限分布的一些相同的几何点，这些几何点代表了基元的某个相同位置，而这些几何点的集合就称作空间点阵，简称点阵．

根据描述晶胞的坐标系和对称性质，空间点阵可分为七大晶系，七大晶系共有 14 种布喇菲格子．

二、1 个基本模型

金属自由电子气的物理模型：自由电子模型假设价电子在金属中处于自由状态，除了电子与离子可以发生碰撞之外，电子之间、电子与离子之间没有相互作用，但是在金属表面存在无限势垒，电子不能脱离表面的束缚．

三、2 个重要理论

1. 金属自由电子论　单位能量区间内的量子态数称为能态密度或态密度 $g(E)$：

$$g(E) = \frac{\mathrm{d}N_s}{\mathrm{d}E} = \frac{(2m_e)^{\frac{3}{2}}V}{2\pi^2\hbar^3}E^{\frac{1}{2}}$$

金属中的自由电子按能量的分布服从费米-狄拉克分布律，电子能量为 $E$ 的能态的概率为

$$f(E) = \frac{1}{e^{(E-E_F)/kT}+1}$$

2. 电子能带论　晶体中电子按能量本征值分裂成一系列能带，晶体的导电特性取决于晶体的能带结构. 导体能带中有较大的空间未被价电子填满，因此具有导电特性. 绝缘体的价带填满了电子，因此不具备导电条件. 半导体的价带虽然也是满带，但是由于禁带的宽度很小，获取少量的能量就能将满带中的电子激发到上层空带上，从而产生导电特性。

四、几个物理图像

1. 晶体的宏观性质　均匀性、各向异性、自发形成多面体外形、具有确定的熔点、对称性和 X 射线衍射.

2. 根据自由原子聚集在一起，其外层电子是迁移、共有、还是集体公有这种电子“所有制”的区别，可以形成五种不同类型的化学键：离子键、共价键、范德瓦耳斯键、金属键和氢键.

3. 分子的转动和振动能级允许的跃迁必须遵守两个选择规则　$\Delta n = \pm 1$ 和 $\Delta L = \pm 1$.

4. PN 结具有整流特性　正向导通，反向截止.

五、几个基本概念

1. 原胞　选取的最小的重复单元为固体物理学原胞.

2. 晶胞　结晶学中选取的既能映晶体的周期性、又能反映其对称性特征的结构单元，称为结晶学原胞，简称晶胞.

3. 晶体的内能　组成晶体的粒子的总相互作用势能实际上就是晶体的内能.

4. 晶体的结合能　孤立、自由粒子(包括原子、分子或离子)结合成晶体过程中释放出的能量，或者把晶体拆散成一个个自由粒子所需要的能量，称为晶体的结合能。

5. 半导体　导电性能介于导体与绝缘体之间的材料，叫做半导体.

6. 本征半导体　没有杂质和缺陷的纯净半导体，其导电机理属于电子和空穴的混合导电，这种半导体称为本征半导体.

7. pn 结　在同一块本征半导体晶片上，采用特殊的掺杂工艺，在两侧分别掺入三价元素和五价元素，一侧形成 p 型半导体，另一侧形成 n 型半导体，则在这两种半导体交界面的两侧分别留下了不能移动的正负离子，形成一个具有特殊导电性能的空间电荷区，称为 pn 结.

## 思　考　题

23-1　在结晶学中，晶胞是按晶体的什么特性选取的？

23-2　六角密积属何种晶系？一个晶胞包含几个原子？

23-3　在晶体衍射中，为什么不能用可见光？

23-4　晶体的结合能、晶体的内能、原子间的相互作用势能有何区别？

23-5　试解释一个中性原子吸收一个电子一定要放出能量的现象.

23-6　原子间的排斥作用取决于什么原因？

23-7　如何理解静电力是原子结合的动力？

23-8　共价结合为什么有“饱和性”和“方向性”？

23-9　共价结合，两原子电子云交叠产生吸引，而原子靠近时，电子云交叠会产生巨大的排斥力，如

何解释？

23-10 如何理解电子分布函数 $f(E)$ 的物理意义是：能量为 $E$ 的一个量子态被电子所占据的平均概率？

23-11 为什么温度升高，费密能反而降低？

23-12 为什么价电子的浓度越高，电导率越高？

23-13 当有电场后，满带中的电子能永远漂移下去吗？

23-14 一维简单晶格中一个能级包含几个电子？

23-15 本征半导体的能带与绝缘体的能带有何异同？

23-16 加电场后空穴向什么方向漂移？

23-17 什么是 pn 结？

23-18 pn 结的形成原理是什么？

23-19 pn 结的单向导电性指的是什么？

## 习 题

23-1 具有 NaCl 型晶格的某一晶体，其密度为 $1.98\text{g/cm}^3$，而相对分子质量为 74.56，试求晶胞的边长.

23-2 MgO 的晶胞是边长为 0.420nm 的立方体，每 1 个晶胞中含有 4 个 $Mg^{2+}$ 和 $O^{2-}$，试求 MgO 晶体的密度.

23-3 如果将等体积球分别排成下列结构，设 $x$ 表示钢球所占体积与总体积之比，证明：

（1）简立方结构，$x=\pi/6\approx0.52$；

（2）体心立方结构，$x=\sqrt{3}\pi/8\approx0.68$；

（3）面心立方结构，$x=\sqrt{2}\pi/6\approx0.74$ .

23-4 写出体心立方和面心立方晶格结构中，最近邻和次近邻的原子数，若立方边长为 $a$，写出最近邻和次近邻原子的间距.

23-5 试用离子极化观点解释第四周期某些元素氯化物的熔点、沸点的高低：

（1）$ZnCl_2$ 的熔点、沸点低于 $CaCl_2$；

（2）$FeCl_3$ 的熔点、沸点低于 $FeCl_2$.

23-6 某一 N 型半导体的电子浓度为 $1\times10^{15}\text{cm}^{-3}$，电子的迁移率为 $1\,000\text{cm}^2/(\text{V}\cdot\text{s})$. 求其电阻率.

23-7 若一晶体的相互作用能可以表示为

$$u(r)=-\frac{\alpha}{r^m}+\frac{\beta}{r^n}$$

试求：

（1）平衡间距 $r_0$；

（2）结合能 $W$(单个原子的).

23-8 一维晶体的电子能带可以写成

$$E(k)=\frac{\hbar^2}{ma^2}\left(\frac{7}{8}-\cos ka+\frac{1}{8}\cos 2ka\right)$$

其中 $a$ 是晶格常数，试求：

（1）能带的宽度；

（2）电子在波矢 $\boldsymbol{k}$ 的状态时的速度；

（3）能带底部和能带顶部电子的有效质量.

# 物理学家简介

## 薛定谔(Erwin Schrödinger，1887—1961)

1887 年 8 月 12 日，埃尔温·薛定谔出生于奥地利首都维也纳的一个油布制造商之家．薛定谔的父亲不仅是一位成功的商人，也是一位自然科学的爱好者．作为家中的独子，薛定谔度过了一个幸福的童年．小时候的薛定谔在家中接受到良好的启蒙教育，他的外祖母是英国人，她给少年时代的薛定谔教授英语，使他从小就能流畅地使用英语，这对他以后的研究工作极有帮助．而作为薛定谔"朋友、老师和谈话伙伴"的父亲则给他买来显微镜等仪器，以激发他对科学的兴趣．1888 年，11 岁的薛定谔进入维也纳高等专科学校，开始接受正统的教育．在学校里，薛定谔不但喜欢古代语言和德国诗歌，也热衷于数学和物理等自然科学的学习．1906 年，薛定谔进入维也纳大学，在这里他结识了理论物理学家哈泽诺尔(Friedrich Hasenöhrl，1874—1915)．哈泽诺尔是玻耳兹曼(Ludwig Boltzmann，1844—1906)的学生，他接任玻耳兹曼开设了理论物理学讲座，继承并光大其前任奠定的科学传统．薛定谔非常喜欢听哈泽诺尔的课程，并由此坚定了自己从事理论物理研究的决心．在大学期间，薛定谔努力丰富自己的物理和数学知识，并在哈泽诺尔指导下掌握了本征值理论，这为他日后建立波动力学理论奠定了基础．1910 年，薛定谔获得维也纳大学的哲学博士学位，并留校任教．第一次世界大战爆发后，薛定谔应征入伍，服役一年后，他回到母校继续自己的研究工作．1920 年，薛定谔到耶鲁大学担任实验物理学家 M·玻恩的助手．1921 年，薛定谔应邀来到瑞士，担任苏黎世大学教授，在这里他结识了韦尔、德拜(Peter Joseph William Debye，1884—1966)等著名学者，开始了自己科学生涯中最辉煌的时代．1927 年，薛定谔前往柏林大学，接替普朗克任理论物理学教授，同时成为普鲁士科学院院士．在柏林的这段时间，薛定谔经常与普朗克和爱因斯坦讨论理论物理方面的问题，并与他们建立了亲密的友谊关系．1933 年希特勒上台后，薛定谔本可以不受牵连，但出于对法西斯主义的痛恨，他自愿弃职离开柏林，并移居英国牛津，成为玛格达林学院的客座教授和研究员．同年，薛定谔获得诺贝尔物理学奖．三年后，对祖国的深切思念促使薛定谔回到奥地利，开始在格拉茨大学任教．1938 年，德国吞并了奥地利，受到纳粹严重迫害的薛定谔不得不再次离开奥地利，开始了流亡生活．此时，爱尔兰首相瓦莱拉向处于困境之中的薛定谔发出邀请．1939 年，薛定谔移居爱尔兰的都柏林，并在都伯林的现代科学研究院担任理论物理学院院长一职，直至 1955 年退休．1956 年 4 月，年近七旬的薛定谔重返故土，任维也纳大学理论物理学名誉教授．晚年的薛定谔一直为病魔所困扰，身体日渐衰弱，1957 年还曾一度病危．1961 年 1 月 4 日，薛定谔病故于阿尔卑包赫村，享年 74 岁，在墓碑上，刻着以他的名字命名的薛定谔方程．

作为一位物理学家，薛定谔的科学研究领域十分广泛，而他最主要的成就是创建了举世瞩目的波动力学，并继海森伯之后，与狄拉克一道创立了原子理论的新形式．1913 年，玻尔提出了原子结构理论，从此旧量子论的发展达到了一个新的阶段．此后十年中，原子物理学的发展基本上都是在玻尔理论框架内进行的．然而玻尔的理论并不彻底，当时许多物理学家都试图寻找新的理论来代替它．1924 年，法国物理学家德布罗意在他的博士论文中把爱因斯坦关于光的波粒二象性的思想推广到实物粒子上，大胆提出了实物粒子与波相联系的思想．同时，德布罗意将该设想用于玻尔的原子理论中，由此较为自然地推导出了玻尔理论中的量子化条件．受到德布罗意工作的启发，薛定谔试图将德布罗意的物质波概念应用于束缚电子，以改进玻尔的原子模型．起初，薛定谔仿照德布罗意的办法，把相对论力学应用于束缚电子，并由此得到了一个波动方程，他将该方程应用于氢原子中的电子，结果却与实验不一致．薛定谔认为自己的方法错了，因而放弃了这一方程．事实上，薛定谔的方程并没有错，只是由于其中没有考虑到电子的自旋，而在当时，电子自旋还没有被发现. 此后，薛定谔另辟蹊径，他发现只要略去与相对论有关的效应，理论计算结果与实验结果则完全符合. 1926 年，薛定谔接连在德国《物理杂质》上发表了题为《作为本征值问题的量子化》的多篇论文，他在论文中首次提出了关于氢原子中电子应当遵循的波动方程，这就是著名的薛定谔方程. 应用薛定谔方程，不仅能够解决氢原子光谱的一系列问题，而且对一维谐振子、定轴和非定轴转子、双原子分子和斯塔克效应等相关问题的计算也都能得出与实验相符的结果. 由于薛定谔方程使用的数学手段是人们较熟悉的偏微分方程，易于理解和掌握，因此方程问世后迅速在物理学界引起轰动，受到大多数物理学家的赞扬并被广泛运用. 爱因斯坦曾在给薛定谔的信中评论说："你文章中的思想表现出了真正的独创性"，普朗克也指出薛定谔方程"奠定了近代量子力学的基础，就像牛顿、拉格朗日(Joseph Louis Lagrange，1736—1813)和哈密顿(William Rowam Hamilton，1805—1865)创立的方程式在经典力学中所起的作用一样."时至今日，薛定谔方程已是量子力学中描述微观粒子运动状态变化规律的基本定律之一，其在量子力学中的地位相当于牛顿定律在经典力学中的地位，是量子力学应用最广泛的公式之一. 在该方程的基础上，薛定谔逐渐发展建立了波动力学. 此后不久，薛定谔又成功证明了波动力学与海森伯建立的矩阵力学这两种理论在数学上是完全等价的，它们实际上是同一种力学规律的两种不同表述. 而后，约丹和狄拉克进一步提出了变换理论，使波动力学与矩阵力学合而为一，至此，统一的量子力学终于被建立起来. 薛定谔在量子力学创立过程中做出了重大贡献，为此他与狄拉克共同荣获了 1933 年的诺贝尔物理学奖.

除了在波动力学方面做出的巨大贡献外，薛定谔还在固体比热、统计热力学、颜色理论、量子场论和原子光谱等方面均有建树. 另外，薛定谔在生物物理学方面也做出了相当重要的贡献. 1944 年，薛定谔出版了《生命是什么?》一书，在书中他开创性地把热力学、量子力学和化学的最新成就与方法运用到生物学领域，使生物学研究从定性分析迈向定量考察的新阶段. 该书出版后，在科学界产生了深远的影响.《生命是什么?》一书其后被公认为是现代分子生物学的一部奠基著作，而薛定谔本人也被人们尊称为分子生物学的先驱和奠基人之一. 此外，薛定谔对哲学也非常感兴趣，发表有《自然科学和人道主义》、《自然和希腊人》、《精神和物质》以及《我的世界观》等多篇专著和文章，并曾发表个人诗集.

薛定谔将自己的一生投入到科学研究当中，在科学上做出了许多贡献，是 20 世纪最杰出的物理学家之一. 他一生曾获得许多荣誉，包括很多大学的名誉博士以及苏联科学院院士、普鲁士科学院院士和奥地利科学院院士等头衔. 薛定谔留给人类的宝贵财富，将启发和鼓舞后人，推动科学向前发展.

## 附录 23A　美丽而神秘的晶体

化学家给晶体下的定义是：结构粒子在空间有规则地排列成具有一定几何形状的固体物质. 这主要是从晶体的内部结构来讲的. 从外观来看，晶体往往都具有较规则的几何外形，晶莹剔透，惹人喜受. 水晶就是经常被人们提及的一种晶体矿物.

1. 千年冰——水晶

水晶是目前地球上发现的 3 000 多种矿物中的一种. 说来你也许不信，水晶和河中砂石的主要成分是一样的，都是二氧化硅. 较纯的二氧化硅晶体是透明的，人们称为石英，而大块的石英晶体就是水晶，水晶中含有二氧化硅的浓度高达 99.99%.

水晶晶莹透明，呈美丽的六方柱状外观，如图 23-32 所示. 因此，人们很难把它和河滩上的砂石联系起来. 古代欧洲人最早是在四季积雪的阿尔卑斯山上找到水晶的，所以他们认为水晶是冰雪的化石，是上帝用冰雪创造的. 希腊语"水晶"一词的意思就是"冰". 有趣的是我国古代也有相同的看法，因而称水晶为水精、水玉、千年冰等.

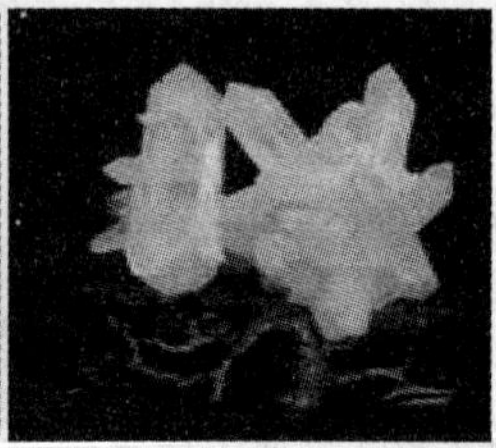

图 23-32　水晶

水晶中如果含有钴化合物就呈蓝色，称为蓝水晶；如果含有少量的锰，就成为紫水晶(紫晶)；如果含有少许植物杂质，就成为淡黄、金黄或褐色的烟晶；如果含有碳，就成为黑色而几乎不透明的墨晶．这些带有颜色的水晶，由于其少见而更为珍贵．天主教罗马教廷，每当一位新的教皇被选出时，就要送给他一枚用紫晶镶嵌的戒指，因为人们把紫晶看做圣物，认为它有神奇的功能．

在大自然中，大的水晶不多，但大者竖起来可比一个人还高．四川峨眉山上的一个寺院，就是用两块将近两米高的巨大水晶来当庙门的．

我国是一个水晶资源丰富的国家，尤以江苏、海南、黑龙江和广西出产的水晶最为有名．中国最著名的水晶产地要数江苏的东海县，曾采获重达3.5吨的“水晶王”，如图23-33所示，整个晶体大约由13～15个平行连晶组合而成，外观看起来像一座晶莹透明的金字塔．晶体高1.9m、宽1.7m、厚1m，是中国迄今最大的水晶晶体之一，堪称万金难求的稀世珍宝．现陈列在北京的中国地质博物馆内．

国外还有一些著名的水晶矿产地：瑞士的水晶矿位于风景迷人的阿尔卑斯山脉；俄罗斯的乌拉尔山堪称“宝山”，水晶也是它所产的一宝；马达加斯加岛上曾发现过一块周长达8m的世界水晶王；美国阿肯色州曾在1981年发现世界最大的水晶晶族群，总重量达7.8吨．

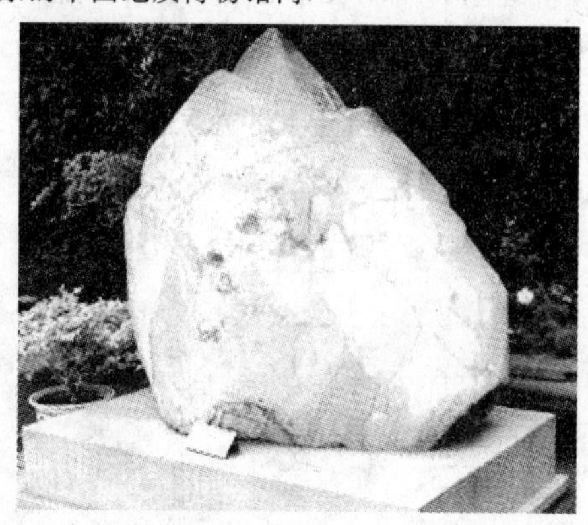

图23-33　3.5吨的“水晶王”

2. 水晶应用的新时代

人类对水晶的利用源于50多万年前．周口店遗址中国猿人用的器物中有些就是用水晶制作的；20世纪90年代初在长春红嘴子旧石器遗址中出土的3块旧石器中也有一块为水晶；在唐代的一些出土文物中也发现过水晶杯和水晶碗．

明代著名医学家李时珍在《本草纲目》中说，水晶“辛寒无毒”，主治“惊悸心热”、能“安心明目、去赤眼，熨热肿”等．还可治疗“肺痈吐脓、咳逆上气”、“益毛发、悦颜色”等，具有极其重要的医疗功能．

近代，人们广泛地把水晶作为工艺原料，用来雕刻图章，制作花瓶、碗盏、指环、手镯、眼镜片等．现代，水晶更是成为人类迈入现代化的重要帮手．水晶的这一身份，缘起于100多年前的一个实验．

1880年，一对法国兄弟——皮埃尔·居里(Pierre Curie，1859—1906)和雅克·保罗·居里(Jacques Paul Curie，1856—1941)把水晶晶体切成平行的薄片，在实验时发现，如在晶体上加一个力，就有电荷产生，压力大电荷就多，这个现象被称为“压电效应”，即一压就生电的意思．

那么，要是往水晶晶体里通上交变电流，晶体会不会产生振动呢？1918年，又一位法国人——郎之万(Lanngevin Paul，1872—1946)在这种想法驱使下，做了一个有趣的实验：他找了一块水晶，往上边通交变高压电，嘿，水晶振动了，发出了超声波！他发现的这个现象就是“反压电效应”．根据这一发现，人们将水晶切成单晶片后制成谐振器，它的固有频率比较稳定，当温度、湿度和振动情况发生变化时，它往往能保持住自己的固有频率．由于水晶的振荡频率很稳定，很精确，用来传输讯号误差很少，可以执行计算机的精密计算和计算机间巨大讯息量的传输，这就是芯片．所以水晶被广泛用于手表、电视、音响、电话、航天、人造卫星、国防、通讯

图23-34　水晶的应用

测量器材等领域. 用水晶制成的嗅觉传感器，可感知数万种气味，在防毒、防火等方面都有重要作用. 水晶芯片的振荡极精准，可用来作电子表的时间控制，比如，石英表. 水晶可把不同的能量转化成其他能源，例如把电能转化成光能、热能、声能、磁能，反过来又可以把这些能源转化成电能. 如图 23-34 所示，水晶应用的新时代开始了！

3. 金刚石不翼而飞

相同化学成分的物质，在不同的地质条件下，可形成不同的晶体结构，而成为不同的矿物. 拿我们比较熟悉的金刚石和石墨来讲吧，虽然它们都是碳原子组成的，但由于它们各自不同的地质生成条件，形成了不同的晶体结构. 金刚石是在高温高压下，每个碳原子周围有 4 个碳原子同它组成正四面体，紧密排列，如图 23-35a 所示；石墨内部的碳原子是成层排列，且由于未经高温高压而排列疏松，如图 23-35b 所示. 这就使得这两种晶体无论是在外观还是物理性质上都有了极大的差异，以致人们无论如何也想不到，它们的组成成分是完全一样的！

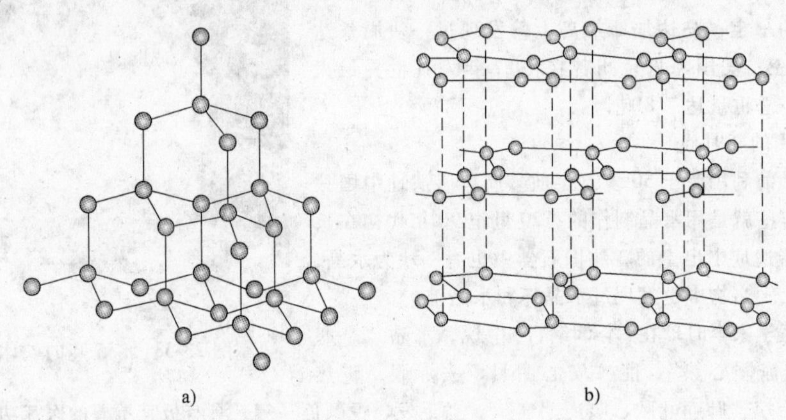


图 23-35　金刚石和石墨的原子结构图

关于这一点，曾有过一个奇特的故事.

1649 年初夏的一天，意大利佛罗伦萨科学院的院士们聚在花园里，研究无价之宝的金刚石是什么材料构成的. 在明媚的阳光下，他们围在一只石桌旁，用放大镜细细地观察放在石桌中央的一粒金刚石. 突然间，大家惊叫了起来——那灿灿发亮的金刚石顷刻消失了.

人们找遍四周的草坪，也不见金刚石的踪影. 各位院士都是德高望重的学者，不能想象他们中有人将金刚石藏起来了. 一位院士犹豫着说，他似乎看见在石桌中曾冒起一缕青烟. 这就更离奇了，难道金刚石成了精怪，化作青烟溜走了！

金刚石不翼而飞的离奇事件被记载进了佛罗伦萨科学院的大事记中，直到 1793 年，才由英国化学家特南(Smithson Tennant，1761—1815)解开了这个谜. 特南将一粒金刚石放在充满氧气的密封金钵中灼烧，而后打开金钵，发现金刚石消失了. 分析金钵中的气体，竟是常见的二氧化碳. 进一步的定量分析证明了金刚石是纯碳组成的. 至此人们才恍然大悟，当年佛罗伦萨那粒金刚石，正是被聚焦后的阳光点燃的. 很小的一粒金刚石几乎在一刹那间就烧完了，要不是眼尖，可能连青烟都看不见呢.

4. 让石墨变成金刚石

我们知道，黝黑的石墨被用来做干电池里的碳棒和铅笔里的铅笔芯，它是一种常见的、价格便宜的矿物. 那么，既然它和金刚石的组成是一样的，能不能通过改变晶体内部结构的方式，使石墨变成金刚石呢？

这一点早就有人想到了，许多国家的科学家曾作过这方面的尝试，结果都不尽人意. 直到 1954 年 12 月 8 日，在纽约州斯克内克塔迪的美国 GE（通用电器）公司研究发展中心的科学家首先克服了高温高压工程、材料和测试方面的种种困难，成功地为石墨和含碳物质在金属熔体中合成金刚石做出了划时代的贡献.

以后，随着科学技术的发展，人类已可以获得粒径超过半厘米的大粒金刚石. 1905年南非发现了世界上最大的天然金刚石，名叫库里南(Cullinan)，重3 106克拉(合621.35g)，大小为5cm×6.5cm×10cm.

1993年5月，美国宾夕法尼亚大学的一位女科学家，在为改进计算机芯片进行的一次实验中，偶尔发现了一种同金刚石的分子结构相同的物质. 这无意中的发现使科学界兴奋无比，因为这意味着可用省钱和简便的方法来制造金刚石. 目前人们正在就此方法进行进一步地实验，为早日实现该方法的工业化应用而努力.

# 第 24 章　核物理与粒子物理*

原子核(atomic nucleus)是一个强相互作用的多核子系统，是物质结构的一个微观层次，涵盖了丰富的内禀自由度与最多种类的基本相互作用. 在目前的科学研究中，原子核的研究对认识物质的结构和自然界能源的利用起到了至关重要的推动作用. 研究基本粒子(elementary particle)的性质、运动和相互作用的规律是当前人们探索物质世界的前沿课题. 基本粒子是指人们认知的构成物质的最小最基本的单位. 但在夸克理论提出后，人们认识到基本粒子也有复杂的结构，故现在一般不提“基本粒子”这一说法. 基本粒子的概念也在随着物理学的发展而不断地变化着，人们的认识也在朝着揭示微观世界的更深层次不断地深入.

物质是由什么构成的，很久以来一直是科学家们孜孜探索的一个重要课题. 之前人们把原子看做是构成物质的不可再分的基本单元. 1911 年卢瑟福(E. Rutherford, 1871—1937)通过 α 粒子散射实验发现了质子(proton)，提出了原子的核式模型后，人们确认了原子是由原子核和电子组成，原子核几乎拥有原子的全部质量，尺度只有原子的万分之一，电子围绕原子核运动. 1932 年，查德威克(J. Chadwick, 1891—1974)通过实验在原子核内发现了中子(neutron)，中子的质量和质子相近但不带电. 随着研究的不断深入，人们发现原子核是由质子和中子组成的(质子和中子统称为核子)，为此不少人认为构成物质的基本单元是质子、中子和电子，并把它们再加上光子看做“基本”粒子. 随着实验和理论研究的发展，目前已知道的“基本”粒子有几百种，并且有些粒子还有内部结构，所以这些粒子就不再是“基本”粒子，对于它们的研究目前普遍称为粒子物理学，它的研究对象比原子核更深入一个层次. 目前，夸克理论的不断完善标志着对物质的研究又进入了一个比核物理更深的一个层次，二者都是当今人类探索物质世界的重要前沿.

## 24.1　原子核的一般性质

### 24.1.1　原子核的构成

1911 年卢瑟福的散射实验结果说明，尽管原子核的体积只有原子体积的 $10^{15}$ 分之一，但是原子核中却集中了原子的全部正电荷和 99.9% 以上的质量. 质子是 1919 年卢瑟福任卡文迪什实验室主任时，用 α 粒子轰击氮原子核后射出的粒子，命名为 proton，这个单词是由希腊文中的“第一”演化而来的. 卢瑟福被公认为是质子的发现人. 1918 年，他注意到在使用 α 粒子轰击氮气时他的闪烁探测器纪录到了氢核的迹象. 卢瑟福认识到这些氢核唯一可能的来源是氮原子，因此氮原子必须含有氢核. 原子核中所含质子数等于该元素的原子序数. 氢原子最常见的同位素的原子核由一个质子构成，所以一般就认为氢核是各种原子核的组分之一，被称为质子. 经过实验的测量，原子核的质量总是大于由其正电荷所显示的质子的总质量. 卢瑟福很早就认识到元素的质量数 $A$(相对原子质量)与电荷数 $Z$(原子序数)之间存在矛盾，势必要假设在原子核内有 $A$ 个质子和$(A-Z)$个电子，而电子只有跟质子结合，才有可能在原子核中长期呆下去，所以人们就设想原子核是质子和电子的复合体，多于电子的质子的总电荷就是原子核的电荷. 但是通过物理学家的大量计算知道原子核内部不可能存在单独的电子. 卢瑟福的学生查德威克通过大量的实验来解决这个问题，在柏林的玻特(W. Bothe，1891—1957)和巴黎的约里奥-居里夫妇(F. Joliot-curie，1900—1958，I. Joliot-Curie，1897—1956)的影响下，最终在1932年发现原子核内存在一种质量和质子相近但不带电的粒子，以后被称为中子. 1935年，查德威克因此荣获诺贝尔物理学奖. 查德威克发现中子后，海森伯(W. Heiseberg，1901—1976)很快就提出原子核(也称核素)是由质子和中子构成的，并得到了一系列实验结果，质子带正电，电荷量为一个最小电荷量单位($1.6021773\times10^{-19}$C)，中子为中性粒子. 此后人们就公认原子核是由质子和中子组成的，质子和中子因此统称为核子.

原子核电荷的测量方法有很多，例如化学方法、X射线或α粒子的散射实验法、玻尔(N. H. D. Bohr，1885—1962)的原子光谱法以及莫塞莱(H. Moseley，1887—1915)定律法，其中以莫塞莱定律法比较精确而被广泛应用. 莫塞莱由实验发现，不同材料同名特征谱线的波长与原子序数间存在定量对应关系，提出了著名的莫塞莱定律. 每种元素所发出的特征X射线的频率$\nu$与原子序数$Z$之间的关系为

$$\sqrt{\nu} = AZ - B \tag{24-1}$$

式中，$A$、$B$为常量，对于一定范围的元素，$A$、$B$不随$Z$的改变而变化. 所以只要测量元素的特征$X$射线的频率$\nu$，利用式(24-1)即可求出原子序数.

电子电荷量的测量，也就是基本电荷的测量是美国物理学家密立根(R. A. Millikan，1868—1953)在1909年到1917年期间做出来的，他相当巧妙地测量了电子电荷量，这个实验是物理学发展的里程碑，具有重要的意义. 质子质量是通过测量荷质比得到的. 常用的是磁偏转法，这个实验非常简单，测量粒子在磁场中的偏转半径，让粒子打到荧光屏上或是底片上，这样粒子就会在上面成像，直接测量距离就可以得到偏转半径，而长度测量当然能达到一个很高的精度了. 中子是不带电的，中子的质量可以利用中子与其他已知质量粒子的弹性散射实验确定出来. 常用的是通过与质子碰撞然后测量其质量比，进而求出中子质量. 质子的质量大约是电子质量的1 836倍，而中子的质量大约是电子质量的1 841倍. 在原子核物理中，用千克(kg)作为原子质量的单位显得太大，经常采用的质量单位为原子质量单位，用符号u来表示. 国际上规定自然界最丰富的碳同位素$^{12}_{6}$C的质量为12u. 因此

$$1\text{u} = \frac{12\times10^{-3}}{N_{\text{A}}}\times\frac{1}{12}\text{kg} = \frac{12\times10^{-3}}{6.02\times10^{23}\times12}\text{kg} \approx 1.6605402\times10^{-27}\text{kg}$$

式中，$N_{\text{A}}$为阿伏加德罗常数.

采用原子质量单位来表示原子核的质量时，所有原子核的质量都接近某一整数，这个整数称为原子核的**质量数**，用$A$来表示. 例如$^{39}_{19}$K的原子核的质量是38.963 7u，则它的质量数$A$为39. 质子的质量$m_{\text{p}}$为1.007 276 466 0 u，中子的质量$m_{\text{n}}$为1.008 664 923 5 u. 在一定的误差范围内，近似可以认为质子和中子的质量都近似等于1个原子质量单位. 如果原子核的质子数用$Z$表示，中子数用$N$表示，那么原子核所带的电荷量$Q$为$Ze$，由于原子呈电中性，所以$Z$就应该等于相应原子的核外电子数，这与元素周期表中的原子序数$Z$是一致的. 原子核的核子数$A$为$Z+N$，它也等于该原子核的质量数. 通常用$^{A}_{Z}$X来表示一个原子核，X表示原子核的元素符号，$A$表示原子核的质量数，$Z$表示原子核的电荷数或质子数. 如$^{12}_{6}$C、$^{39}_{19}$K等.

不同元素的原子核中的质子数和中子数不同. 具有相同的质子数和相同的中子数的原子核称为一种**核素**；具有相同的质子数和不同的中子数的核素互称为**同位素**(isotope)；如碳的同位素有$^{8}_{6}$C，$^{9}_{6}$C，…，$^{12}_{6}$C，$^{13}_{6}$C，$^{14}_{6}$C，…，$^{20}_{6}$C等. 天然存在的各元素中各同位素的多少是不一样的，各种同位素所占的比例叫该种同位素的**天然丰度**. 例如$^{12}_{6}$C的天然丰度为98.90%，$^{13}_{6}$C的为1.10%，而$^{14}_{6}$C的只有$1.3\times10^{-10}$%. 许多同位素都是不稳定的，经过或长或短的时间要衰变成其他的核. 因此许多同位素，包括$Z>92$的各种核素都是天然不存在的，只能在实验室中通过核反应人工制造出来. 如果具有相同中子数而质子数不相同的核素称为**同中子异位素**(isotone). 因为同位素中质子(p)数相同，同中子异位素中中子(n)数相同，所以在同位素中用n替换p构成此词. 因为核力(nuclear force)作用同等地存在于质子和中子之间，所以同中子异位素与同位素在核物理学中起着同等的作用.

### 24.1.2 原子核的大小

原子核的大小可以用实验来测定．在卢瑟福的散射实验中，所用的α粒子的能量约为9MeV，由于其能量不够，α粒子很难“碰上”原子核．如果使用快速的电子束（100～1 000MeV）和高速的中子流（～20MeV）作为工具撞击原子核，因为电子与原子核只有电磁作用，而中子同原子核之间基本上是核力相互作用，所以电子散射不仅能测量原子核的半径，还能提供原子核中电荷的分布情况；中子流与原子核的散射则能提供原子核中核物质分布的情况．

实验表明，原子核的形状近似于球形．因此，常常用核半径来表示原子核的大小，但是要精确测量原子核的半径是很困难的，正如精确定义原子的半径一样．因为原子中电子的分布概率是从原子中心向外逐渐减小，形象地说原子就像个电荷球，但是没有明显的边界，在任何距离都有电荷分布．通常也是采用外层电子的平均半径或最概然半径来表示原子的半径．原子核的半径也可以用相同的方式来处理，用核半径来表示核物质存在概率极大的区域．原子核内核物质存在的概率很大，在核半径之外，核物质存在的概率就很快地下降到零．大量的实验表明，核物质的密度几乎是常数．原子核的半径的范围为$10^{-14}$～$10^{-15}$m数量级，目前只能通过间接的方法测量它的大小范围．测量原子核半径最常用的方法有两种：一种是利用原子核与粒子的核力作用；另一种是利用原子核与粒子的库仑作用．所以核的半径有两种定义：

**1. 核力作用半径** 核子与核子之间的作用力叫**核力**．核力是一种短程力，其有一作用半径，半径内部作用力很强，半径之外作用力为零．这样定义的核半径就是核力作用半径，实验表明，核力作用半径与其质量数$A^{\frac{1}{3}}$成正比，即

$$R = R_0 A^{\frac{1}{3}}$$

式中，$R_0 = 1.2\text{fm}$，$1\ \text{fm} = 10^{-15}\text{m}$．

**2. 电荷分布半径** 核内电荷分布半径就是质子的分布半径．利用高能电子的散射实验测得的核电荷分布半径是$R = 1.1A^{\frac{1}{3}}(\text{fm})$．通过比较发现，核力作用半径要稍微大于电荷分布半径，但是它们都与$A^{\frac{1}{3}}$成正比．如果认为核近似是个球体的话，那么核的体积

$$V = \frac{4}{3}\pi R^3 \approx \frac{4}{3}\pi R_0^3 A \propto A$$

上式表明，每个核子所占的体积近似地为一常数．

**例题 24-1** 计算原子核的密度．

**解**：设原子核的质量为$m$，半径为$R$，则核的密度$\rho$可表示为

$$\rho = \frac{m}{\frac{4}{3}\pi R^3} = \frac{(1.66\times10^{-27})A}{\frac{4}{3}\pi(1.2\times10^{-15}A^{\frac{1}{3}})^3}\text{kg/m}^3 \approx 2.3\times10^{17}\text{kg/m}^3$$

由计算结果可以看到，各种原子核的密度是相同的，其数值相当大，1 $\text{cm}^3$ 的质量可达2.3亿吨．

### 24.1.3 原子核的自旋和磁矩

原子核是由质子和中子组成的，质子和中子都是自旋为1/2的费米子，因而具有确定的自旋角动量．质子和中子在原子核内部还存在轨道运动，因而具有相应的轨道角动量．原子核的总角动量应该是组成这个原子核的质子和中子的轨道角动量（即与核子在核内空间运动相对应的角动量）和它们的自旋角动量的叠加．但是习惯上往往把原子核的总角动量称为原子核的自旋．它反映了原子核的内禀特性，是核内部运动所具有的，与整个原子核的外部运动没有关系．

原子核自旋角动量的大小为

$$P_I = \sqrt{I(I+1)}\hbar \tag{24-2}$$

式中，$I$表示核自旋角动量量子数，可取整数和半整数．原子核自旋角动量在空间给定$z$方向的投影为

$$P_{Iz}=m_I\hbar \tag{24-3}$$

式中，$m_I$ 称为磁量子数，其值有 $2I+1$ 个：

$$m_I=I,I-1,\cdots,-I+1,-I$$

以 $\hbar$ 为单位时，核自旋量子数 $I$ 实际上是原子核自旋角动量在 $z$ 方向的投影的最大值. 通常用核的自旋量子数 $I$ 表示核自旋的大小.

中子和质子都是费米子，自旋都是 $\hbar/2$；凡是中子数和质子数都是偶数的原子核(称为偶偶核)自旋都为零，凡是中子数和质子数中有一个是奇数的原子核(称为奇偶核)的自旋都是 $\hbar$ 的半奇数倍，凡是中子数和质子数都是奇数的原子核(称为奇奇核)的自旋都是 $\hbar$ 的整数倍.

原子核中的质子是带电的，且具有确定的核自旋，因此原子核也具有磁矩. 类似于原子的情况，原子核的磁矩可以表示为

$$\mu_I=g_I\left(\frac{e}{2m_p}\right)P_I \tag{24-4}$$

式中，$g_I$ 是一个与核有关的回旋磁比率，它只能由实验确定；$m_p$ 是质子的质量. 由于 $P_I$ 在 $z$ 方向的投影 $P_{Iz}$ 有 $2I+1$ 个值，所以 $\mu_I$ 在 $z$ 方向的投影 $\mu_{Iz}$ 也应该有 $2I+1$ 个值

$$\mu_I=g_I\left(\frac{e\hbar}{2m_p}\right)m_I$$

其最大投影 $\mu_I$ 为

$$\mu_I=g_I\left(\frac{e}{2m_p}\right)I=g_I\mu_N I$$

式中，$\mu_N=\dfrac{e}{2m_p}=5.050\,8\times10^{-27}\,\text{A/m}^2$，称为核磁子. 由于质子质量 $m_p$ 是电子质量的 1 836 倍，可见原子中的电子磁矩比原子核的磁矩大得多.

质子具有角动量，又带有电荷，就必定有磁矩. 中子虽然不带电，没有轨道磁矩，但实验表明中子具有自旋磁矩. 中子具有自旋磁矩这个事实说明，中子作为一个整体虽然不带电，但其内部却存在电荷分布，并且其自旋磁矩与自旋角动量的方向相反，与电子的情形相似. 现代实验的精确测量表明，质子的磁矩 $\mu_p=2.792\,85\mu_N$，中子的磁矩 $\mu_n=-1.913\,04\mu_N$，负号表示自旋角动量与磁矩的方向相反. 由于质子和中子磁矩的实验值和理论值不等，所以通常称质子和中子具有反常磁矩. 由此可见，质子和中子不再是所谓基本粒子，而是具有复杂的结构.

## 24.2　核力　原子核的结合能

### 24.2.1　核力

原子核是由质子和中子组成的，容易估算，万有引力在原子核内是完全可以略去的，而质子与质子之间有很强的库仑斥力. 原子核的稳定性说明核子之间一定存在着另一种和库仑斥力相平衡的吸引力，这就是**核力**. 在原子核的线度内，核力可能比库仑力大得多. 到目前为止，我们对核力的认识还不十分清楚，下面仅介绍核力的一般性质.

(1) 核力是一种强相互作用力. 原子核内质子与质子之间的距离非常短，它们之间的库仑力与它们之间的距离的平方成反比，因此质子与质子之间的库仑力很大，但是原子核能保持平衡说明核力能够使其紧密结合而不散开. 例如，中心距离为 2fm 的两个质子，其间库仑力约为 60 N，而相互吸引的核力可达 2 000 N.

(2) 核力是短程力. 由 $\alpha$ 粒子散射实验知道，核力的作用距离很短，大约是 $10^{-15}$m，比原子核的线度还要小. 核子之间的距离超过某个很短的作用范围时，就没有核力作用了. 因此核力是一种短程力.

（3）核力是具有饱和性的交换力．由于核力是短程力，一个核子只能和它紧邻的核子有核力的相互作用，而不能同核内的所有核子都有相互作用．

（4）核力与电荷无关．核力近似地与核子的带电状况无关．许多实验表明，无论中子与中子之间，还是质子与质子之间，或是质子与中子之间，核力的大小和特性都大致相同．

（5）核力与自旋有关．两个核子自旋平行时的相互作用力大于它们自旋反平行时的相互作用力，这说明核力与自旋的相对取向有关．

## 24.2.2 原子核的结合能

由于原子核中的核子之间存在着强大的核力，使原子核组成一个十分坚固的集合体．如果把原子核拆成自由核子，需要克服强大的核力做十分巨大的功，或说需要巨大的能量．氘核是一个结构较为简单的原子核，实验表明，可用 γ 光子使氘核分解为 1 个质子和 1 个中子，这时的核反应方程是

$$\gamma + {}_1^2\mathrm{H} \rightarrow {}_1^1\mathrm{H} + {}_0^1\mathrm{n}$$

入射光子的能量至少是 2.22MeV．对于相反的过程，当 1 个质子和 1 个中子结合成 1 个氘核时，要放出 2.22MeV 的能量．这一能量以 γ 光子的形式辐射出去．可见，当核子结合成原子核时要放出一定能量；原子核分解成核子时，要吸收同样的能量．这个能量叫做原子核的**结合能**（binding energy），常用单位是兆电子伏特（MeV）．当然，2.22MeV 的能量的绝对数量并不算大，但这只是组成 1 个氘核所放出的能量．如果组成的是 $6.02\times10^{23}$ 个氘核时，放出的能量就十分可观了．与之相对照的是，使 1 mol 的碳完全燃烧放出的能量为 $393.5\times10^3$ J．折合为每个碳原子在完全燃烧时放出的能量只不过 4 eV．若跟上述核反应中每个原子可能放出的能量相比，两者相差数十万倍．

实验发现，原子核的质量 $m_X$ 总是小于组成它的核子的质量和，它们的差值

$$\Delta m = Zm_p + (A-Z)m_n - m_X \tag{24-5a}$$

称为**原子核的质量亏损**．由于我们经常使用的都是原子的质量 $M$，所以上式可以改写为

$$\Delta m = ZM_H + (A-Z)m_n - M_X \tag{24-5b}$$

根据爱因斯坦相对论质能关系 $E=mc^2$，可以得到

$$E_b = \Delta mc^2 = [ZM_H + (A-Z)m_n - M_X]c^2 \tag{24-6}$$

质量的减少说明核子在构成原子核的过程中有 $E_b$ 能量释放，这一能量也就等于将原子核再分解成自由核子时所需赋予的能量，即原子核的结合能．

原子核结合的松紧程度，一般可用每个核子的平均结合能来表示，称之为比结合能 $\varepsilon$：

$$\varepsilon = \frac{E_b}{A} = \frac{\Delta mc^2}{A} \tag{24-7}$$

比结合能越大，原子核结合得就越紧密，原子核也就越稳定．

将比结合能 $\varepsilon$ 对核子数 $A$ 作图，可得到核的比结合能曲线，如图 24-1 所示．从图中可以看出，显然由单个核子所组成的氢核，其结合能为零．而质量数低于 20 的核，它们的比结合能变化比较复杂，并出现了几个值得注意的峰值．其中氦、碳、氮和氧的比结合能峰值分别为 7.08、7.69、7.48 和 7.98（单位：MeV）．相反锂和重氢（氘核）的比结合能都很小，分别为 5.34MeV 和 1.12MeV．随着质量数的增加，当核素处于中等质量时，比结合能达到最大，在 8.6 MeV 上下，然后随着质量数的进一步增大又缓慢地变小．

**例题 24-2** 计算铀 $^{235}$U 的结合能和比结合能．

**解**：已知 $M_H = 1.007\,825\mathrm{u}$、$m_n = 1.008\,665\mathrm{u}$、$M_{{}^{235}_{92}\mathrm{U}} = 235.043\,915\mathrm{u}$、$1\mathrm{u} = 931.494\,3\ \mathrm{MeV}/c^2$，所以，由式（24-6）和式（24-7），得

$$\begin{aligned} E_b &= \Delta mc^2 = [ZM_H + (A-Z)m_n - M_X]c^2 \\ &= (92\times1.007\,825\mathrm{u} + 143\times1.008\,65\mathrm{u} - 235.043\,915\mathrm{u})\times c^2 \\ &\approx 1781.888\ \mathrm{MeV} \end{aligned}$$

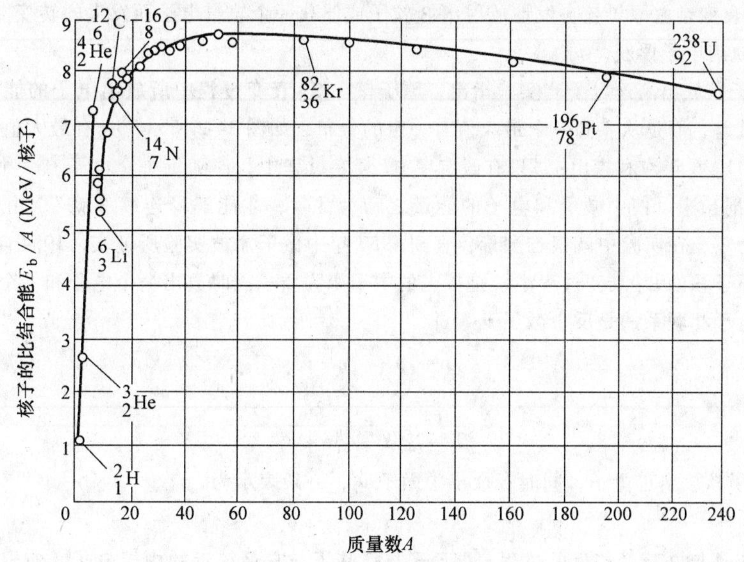


图 24-1　比结合能曲线

$$\varepsilon=\frac{E_b}{A}=\frac{1781.888}{235}\text{MeV}\approx 7.5825\ \text{MeV}$$

## 24.3　原子核的放射性和衰变规律

### 24.3.1　原子核的放射性

由不同数目的质子和中子组成的原子核的稳定性不同，当质子数与中子数相等时，原子核比较稳定，偏离这种情况，原子核的稳定性就差一些，此外，人工合成的一些同位素，稳定性一般比较差. 不稳定的原子核能够自发地发射出一些射线而变为新的原子核，这种现象称为**放射性**(radioactive). 这种原子核的转变也称为**放射性衰变**(radioactive decay). 放射性现象首先是由法国物理学家贝克勒尔(H. ecquerel, 1852—1908)在 1896 年发现的. 他在研究铀矿的荧光现象时发现一种人的眼睛看不到的射线，它能透过不透明的纸、玻璃和金属箔使照相底片感光. 通过研究这类射线的性质，发现它们在经过磁场时偏转不同，这三种射线分别叫做 α、β 和 γ 射线. α 射线在磁场中的偏转方向与带正电荷的运动粒子的偏转方向相同；β 射线在磁场中的偏转方向与负电荷的运动粒子的偏转方向相同；γ 射线在磁场中不发生偏转. 后来人们发现 α 射线是 α 粒子流、β 射线是电子流、γ 射线是光子流. 在这三种射线中，α 射线的电离作用大，贯穿本领小；γ 射线的电离作用小，贯穿本领大；β 射线的电离作用和贯穿本领均介于 α 射线和 γ 射线之间.

**1. α 衰变**　α 衰变是一种放射性衰变. 在此过程中，一个原子核释放一个 α 粒子(由两个中子和两个质子形成的氦原子核)，并且转变成一个质量数减少 4，核电荷数减少 2 的新原子核. 我们可以用下列式子来表示 α 衰变：

$$^{A}_{Z}\text{X}\rightarrow\,^{A-4}_{Z-2}\text{Y}+\,^{4}_{2}\text{He} \tag{24-8}$$

式中，X 表示母核；Y 表示子核.

在元素周期表中，并不是所有的元素都能够发生 α 衰变. 对于天然放射性核素，只有质量数大于 140 的原子核才能发生 α 衰变. 实验仪器测量 α 粒子的能量时，发现其能量是不连续的，这表明原子核的能级是量子化的. 所以，通过测量 α 粒子的能量可以获得原子核能级的一些重要信息，而有助于研究原子核的结构、性质等.

**2. β 衰变**　β 衰变是由原子核自发地放射出 β 粒子或俘获一个轨道电子而发生的转变．它主要包括 $\beta^-$ 衰变、$\beta^+$ 衰变和轨道电子俘获．

$\beta^-$ 衰变是原子核放出高速电子．实验指出，原子核在 $\beta^-$ 衰变过程中所放出电子的能量并不等于衰变前后原子核的能量差，而是从零到一个最大值有一定的分布，如图 24-2 所示．只有最大值的能量才恰好与衰变能量差相当．1930 年泡利指出："只有假定在 $\beta^-$ 衰变过程中，伴随每一个电子有一个中性粒子(称之为中微子)一起发射出来，使中微子和电子的能量之和为常数，才能解释连续 β 谱"．由于中微子既不带电，质量又近似为零，在实验中就很难测量，直到 1957 年中微子才被实验所证实．1934 年费米提出 $\beta^-$ 衰变理论，认为在原子核的 $\beta^-$ 衰变过程中，是核内的中子变为质子同时放出一个电子和一个中微子．后来经过分析，确认与电子相联系的是反中微子 $\bar{\nu}_e$，即

$$ {}_0^1n \rightarrow {}_1^1p + {}_{-1}^{0}e + \bar{\nu}_e $$

$\beta^-$ 衰变可一般表示为

$$ {}_Z^AX \rightarrow {}_{Z+1}^{A}Y + {}_{-1}^{0}e + \bar{\nu}_e \tag{24-9a} $$

$\beta^+$ 衰变是原子核放出正电子，同时释放出中微子 $\nu_e$，一般表示为

$$ {}_Z^AX \rightarrow {}_{Z-1}^{A}Y + {}_{+1}^{0}e + \nu_e \tag{24-9b} $$

轨道电子俘获是与 β 衰变相反的过程，即原子核俘获了与它最接近的内层电子，使核内的一个质子转变为中子，同时放出一个中微子．电子俘获一般表示为

$$ {}_Z^AX + {}_{-1}^{0}e \rightarrow {}_{Z+1}^{A}Y + \nu_e \tag{24-9c} $$

由于 K 层电子最靠近原子核，所以 K 电子俘获最容易．

**3. γ 衰变**　当原子核发生 α、β 衰变时，往往衰变到子核的激发态．处于激发态的原子核是不稳定的，它要向低激发态或基态跃迁，同时发出 γ 光子，这种现象称为 γ 跃迁，或称为 γ 衰变．光子的自旋等于 1. γ 射线在物理、生物、医学等学科已经得到广泛地应用，例如用 $^{60}Co$ 产生的 γ 射线照射肿瘤，则可以治疗肿瘤．其衰变如图 24-3 所示．

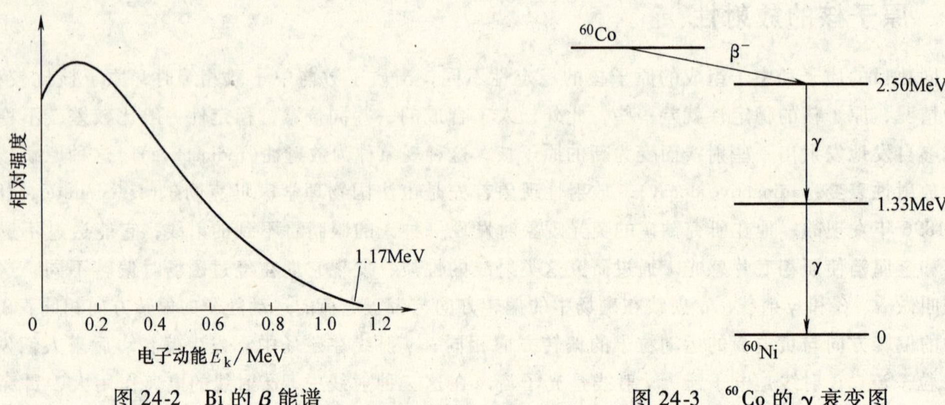


图 24-2　Bi 的 β 能谱　　图 24-3　$^{60}Co$ 的 γ 衰变图

由图 24-3 可见，在 $^{60}Co$ 发生 $\beta^-$ 衰变时伴随有两个 γ 射线的产生，它们的能量分别是 1. 17MeV 和 1. 33 MeV. γ 跃迁与 α、β 衰变不同，它只能改变原子核的能量状态，不会改变原子核的质量数和电荷数．由于 γ 射线的能量是可以精确测量的，由此可以求出原子核激发态的能量，因此通过研究 γ 射线的性质，就可以获得激发态能级特性的知识．

## 24. 3. 2　放射性衰变规律

放射性衰变规律是大量实验事实的总结，它是核物理学早期发展的重要基石之一．这些规律的发现与卢瑟福及其合作者运用实验进行探索的研究方法有密切关系．早在 1899 年，皮埃尔·居里(Pierre Curie, 1859—1906)发现镭和钍可以使周围的物质获得暂时的放射性，他称之为感生放射性．他注意到，感生放射

性的强度会随时间变化，开始逐渐增加直至达到某一限度，该限度不依赖这些物质的种类，只和放射源有关.

放射性有天然放射性和人工放射性之分，天然放射性元素的原子序数 $Z$ 都大于 81，它们形成三个放射系：钍系、铀系和锕系. 钍系的质量数都是 4 的整数倍，所以也叫 4n 系；铀系的质量数都是 4 的倍数加 2，所以铀系也叫 4n + 2 系；锕系质量数都是 4 的整数倍加 3，所以也叫 4n + 3 系. 在地壳中存在 4n、4n + 2、4n + 3 三个放射系，但缺少了 4n + 1 系. 后来用人工合成的方法合成了 4n + 1 系，该系中的 $^{237}$Np 的寿命最长，所以又称镎系. 由于该系中各核的半衰期较短，而寿命最长的 $^{237}$Np 的寿命也只有 $2.2\times10^6$ 年，其值比地球的年龄小很多，地壳中原有的 $^{237}$Np 早已衰变成核素 $^{209}$Bi. 所以自然界中没有发现 4n + 1 系.

实验发现放射性衰变是一个统计过程，即任何一个确定的放射性核素的衰变是一件有确定概率的偶然事件. 根据这一点，单位时间内的核衰变数目 $-\frac{dN}{d\tau}$ 必定与当时尚未衰变的原子数目 $N$ 成正比（$dN$ 代表 $N$ 的减少量，是负值，所以在它前面需加负号），即

$$-\frac{dN}{d\tau}=\lambda N \tag{24-10}$$

式中，$\lambda$ 为比例系数，它代表一个原子核在单位时间内发生衰变的概率，称为**衰变常数**，是放射性核素的特征量. 设 $t=0$ 时的原子核数目为 $N_0$，则把上式积分可得到

$$N=N_0e^{-\lambda t} \tag{24-11}$$

这就是放射性核素的衰变规律. 图 24-4 所示为 $^{13}$N 的衰变规律.

对于放射性核素的稳定性可以用半衰期来进行描述，**半衰期** $T_{1/2}$ 是放射性核素衰变其原有核数的一半所需的时间，具体为

$$\frac{N}{N_0}=\frac{1}{2}=e^{-\lambda T_{1/2}}$$

$$T_{1/2}=\frac{\ln 2}{\lambda}\approx\frac{0.693}{\lambda} \tag{24-12}$$

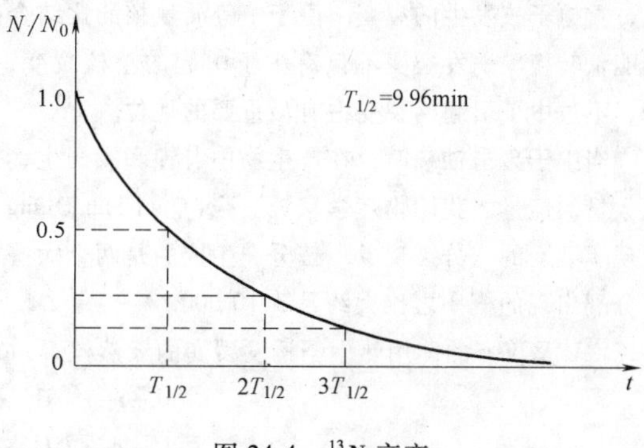

图 24-4 $^{13}$N 衰变

此外，我们还可以用原子核的平均寿命 $\tau$ 来描述其衰变的快慢. 对于大量同种放射性原子核，其中有些原子核衰变得早，有些原子核衰变得晚，各个核的寿命不一样，但对于某一核素而言，平均寿命只有一个.

$$\tau=\frac{1}{N_0}\int t(-dN)=\frac{1}{N_0}\int_0^\infty t\lambda N dt=\lambda\int_0^\infty te^{-\lambda t}dt=\frac{1}{\lambda}=\frac{T_{1/2}}{\ln 2}\approx1.44T_{1/2} \tag{24-13}$$

它等于半衰期 $T_{1/2}$ 的 1.44 倍，把式(24-13)代入到式(24-11)中可得

$$N=N_0e^{-1}\approx37\%N_0$$

即经过平均寿命后，剩下的核素数目约为原来的 37%.

描述放射性衰变的一个很有用的物理量是放射性强度. 放射性物质在单位时间内发生衰变的原子数 $-dN/dt$，称为该物质的**放射性强度**，又称为**放射性活度**，用 $A$ 来表示：

$$A=-\frac{dN}{dt}=\lambda N=\lambda N_0e^{-\lambda t}=A_0e^{-\lambda t}$$

在国际单位制中，放射性活度的单位是贝克勒尔，符号为 Bq，贝克勒尔为每秒一次衰变. 放射性活度的另外两个单位为居里(Ci)和卢瑟福(Rd)，它们与贝克勒尔的关系为

$$1\ \text{Ci}=3.7\times10^{10}\ \text{Bq}$$

$$1\ \text{Rd}=1\times10^{6}\ \text{Bq}$$

**例题 24-3** 一个放射性元素的平均寿命为 10 天，试问在第 5 天内发生衰变的数目是原来的多少？

解：因为
$$N = N_0 e^{-\lambda t} = N_0 e^{-t/\tau}$$

所以
$$\frac{\Delta N}{N_0} = e^{-4/10} - e^{-5/10} \approx 0.6703 - 0.6065 = 6.38\%$$

## 24.4　原子核的裂变与聚变

### 24.4.1　原子核的裂变

物质变化分为物理变化和化学变化，但是在这些变化中原子核都没有发生变化. 实际上原子核也是能变化的，目前人们已经知道原子核可以发生两种变化：核裂变和核聚变.

原子核**裂变**(fission)是一个重核分裂成两个质量相差不多的中等原子核的现象. 原子核裂变是1938年哈恩(O. Hahn，1879—1968)和史特拉斯曼(F. Strassmann，1902—1980)发现的，由于当时第二次世界大战的需要，原子核裂变被首先用于制造威力巨大的原子武器——原子弹. 原子弹的巨大威力就是来自核裂变产生的巨大能量. 除了将原子核裂变用于制造原子弹外，目前人们更努力研究利用原子核裂变产生的巨大能量为人类造福. 核电站就是这样的装置，它让原子核裂变在人们的控制下进行. 裂变分为自发裂变和诱发裂变. 自发裂变是原子核未受其它粒子轰击自发产生裂变，这个过程产生容易，但是不容易用人工的方法加以控制. 自发裂变的半衰期一般在 $10 \sim 10^{15}$ 年，是一个十分缓慢的过程；诱发裂变是在外来粒子轰击下，重原子核发生的裂变. 由于中等质量核的比结合能比重核大，所以在每次裂变过程中存在大约200MeV的能量转换. 诱发裂变不仅有中子引起的重核裂变，也有其他粒子(质子、α 粒子及 γ 光子等)引起的裂变，不过中子引起的裂变占有最重要的地位.

当中子轰击铀核时，在产生物中有钡和铷产生，并发出1~3个中子，这种中子称为再生中子，同时放出大量的能量. 我国物理学家钱三强(Qian San Qiang，1913—1992)、何泽慧(He Ze Hui，1914—)等首先发现了裂变的三分裂现象. 三分裂生成的是两个大些的碎片和一个 α 粒子. 但是三分裂的概率很小，它与二分裂出现的概率之比大约是3∶10 000.

$^{235}$U 是仅有的能用热中子诱发裂变的天然核素，它有很多种裂变方式，如

$$^{235}\mathrm{U} + \mathrm{n} \rightarrow {}^{236}\mathrm{U}^* \rightarrow {}^{141}\mathrm{Ba} + {}^{92}\mathrm{Kr} + 3\mathrm{n}$$
$$^{235}\mathrm{U} + \mathrm{n} \rightarrow {}^{236}\mathrm{U}^* \rightarrow {}^{140}\mathrm{Xe} + {}^{94}\mathrm{Sr} + 2\mathrm{n}$$

其中的裂变碎片均是丰中子的不稳定核素，它们以 $\beta^-$ 和发射中子的形式衰变. 在 $10^{-12}$s 内与裂变反应一起放出的中子称为瞬发中子，由裂变碎片衰变放出的中子称为缓发中子. $^{235}$U 与中子反应不仅在于它可以释放大量的能量，重要的是每次裂变平均伴随着2.5个中子的产生. 这些中子有可能使裂变自持地继续下去，形成**链式反应**(Chain Reaction)，从而使原子能的大规模利用成为可能.

利用裂变能的装置可分为两类：一类是不可控的快中子链式反应爆炸装置——原子弹；另一类是可控的热中子链式反应堆.

**1. 原子弹**　对于一块体积不大的纯 $^{235}$U 材料，中子很容易从表面逃逸，自持反应无法进行，当材料的体积达到一定的大小后，链式反应才能发生. 原子弹是由两块半球形的丰度大于90% 的 $^{235}$U 材料组成，其体积都不到临界体积，由普通炸药引爆把两块骤然合为一体，此时已超过临界体积，链式反应剧烈进行，发生爆炸.

**2. 反应堆**　如果 $^{235}$U 反应放出的是热中子，那么即使对于一块天然的铀($^{235}$U 的丰度为0.72%，$^{238}$U 的丰度为99.2%)也能实现链式反应，因此 $^{235}$U 和中子的反应截面比 $^{238}$U 的截面大200倍. 但是 $^{235}$U 反应放出的中子不是热中子，它的能量有一定分布，峰值在1MeV附近，此时随着中子能量的增大，$^{235}$U 反应截面反而减少，而 $^{238}$U 截面却增加，起主导作用. 要使自持反应能够维持，关键在于中子的减速. 根据力学原理，要使中子减速必须用轻元素，氢的质量与中子的质量最接近，本该是最佳选择，但由于氢的截面太大，故

不适宜. 目前最常用的减速剂是重水($D_2O$)和石墨. 裂变反应1 s可产生1 000多代中子, 为了有效地控制链式反应的进程, 一般采用对慢中子俘获截面很大的镉和硼作为控制棒, 当反应太强时, 把控制棒插入, 以增加对中子的吸收, 强度不足时, 把控制棒抽出少许, 以减少对中子的吸收.

反应堆的类型很多, 用途也多种多样, 可以用于发电, 也可以作为强子源用于各种科学研究和放射性核素或核燃料$^{239}Pu$的生产. $^{239}Pu$是另一个仅有的可制造原子弹的核材料.

## 24.4.2 原子核的聚变

尽管裂变放出大量的能量已经在能源和军事上获得了巨大的应用, 但地球上的核裂变原料铀并不丰富, 而且裂变产物一般均具有放射性, 已经对环境构成越来越大的威胁, 因此需要研究更加清洁、原料更为丰富的原子能. 在轻原子核中, 如$_2^4He$、$_4^9Be$、$_6^{12}C$、$_8^{16}O$等, 它们的原子核的核子平均结合能比一般轻原子核大得多, 例如氘的比结合能为1.112MeV、$_2^4He$的比结合能是7.705MeV, 所以轻原子核结合成上述几种原子核时, 也可以放出大量的能量, 这种原子核的转变称为**聚变**(fusion).

最重要的聚变反应有

$$_1^2H+_1^2H \to _2^3He+n+3.25MeV$$

$$_1^2H+_1^2H \to _1^3H+_1^1H+4.0MeV$$

$$_1^2H+_1^3H \to _2^4He+n+17.6MeV$$

$$_1^2H+_2^3He \to _2^4He+_1^1H+18.3MeV$$

这些反应的总的效果是

$$6_1^2H \to 2_2^4He+2_1^1H+2n+43.15MeV$$

由6个氘核共放出43.15 MeV的能量, 相当于每个核子平均放出3.6MeV的能量, 它比一个$^{235}U$裂变反应中每个核子平均放出的能量高4倍. 氘可以从海水中大量地获取, 粗略估计海水中的氘可以供全世界用几百亿年. 目前的问题是如何做到可控制.

轻核聚变只有在极端高的温度下(估算要达到1亿度以上, 物质状态已为等离子态)才能发生, 因为, 它们必须具有足够的动能去克服彼此间的库仑斥力, 然而仅靠高温仍不能实现自持的核聚变反应并从中获得能量, 还必须满足等离子体的密度足够大和所要求的温度与密度维持足够长的时间, 1957年, 劳逊(J. D. Lawson)把这两个条件定量地写成(对氘、氚)

$$n\tau > 10^{20}\,s/m^3$$

$$T > 10^9\,K$$

这就是**劳逊判据**. 究竟如何实现上述条件呢? 归纳起来有三个途径:

**1. 引力约束聚变——太阳能**　太阳和大部分恒星的能量主要来源于轻核的聚变. 太阳依靠它巨大的质量把外层温度为6 000K、中心温度为$1.5\times10^7$K的等离子体约束在一个半径为$6.7\times10^5$km的球体内, 以十分缓慢的速率进行核聚变反应, 其过程主要有两个:

(1) 质子-质子循环. 反应周期约为$3\times10^9$年, 产生的能量约占太阳放出的总能量的96%;

(2) 碳-氮循环. 反应周期约为$6\times10^6$年, 产生的能量约占太阳放出的总能量的4%. 不论哪种循环, 最终都是平均每个质子对能量的贡献约6.6 MeV.

**2. 惯性约束聚变——氢弹、激光束约束聚变**　氢弹的主要原料是含有$^{238}U$的氘化锂, 它是通过裂变点火, 利用惯性力将高温等离子体进行动力学约束. 具体过程是: 首先将两块裂变原料($^{235}U$或$^{239}Pu$)合并引起裂变链式反应, 由此释放出大量能量并产生高温高压, 同时放出大量中子, 中子与$^6Li$通过反应产生自然界并不存在的氚, 氘和氚在高温高压下发生聚合反应, 反应产生的14 MeV的中子可使廉价的$^{238}U$发生裂变, 从而导致裂变-聚变-裂变的剧烈变化, 放出巨大的能量.

激光束约束聚变与氢弹一样, 本质上也属于惯性约束机制, 它是利用脉宽为ns级的强激光脉冲通过直接和间接驱动的方式从四面八方均匀地照射在封有氘和氚气体的微小靶丸上, 使其加热并压缩到$10^9$K的高

温和 $10^{12}$ 个大气压，引起聚变反应．激光约束聚变在军事和裂变能的利用上具有十分重要的潜在价值，是核能利用的重要研究方向之一．

**3. 磁约束聚变——可控聚变反应** 磁约束可控聚变反应装置被认为是未来能源的希望所在，它主要依靠洛伦兹力实现磁场对等离子体约束．目前这类装置中最热门的是一种环形管聚变反应器，又称托卡马克装置．1991 年 11 月 9 日，当代核物理学家用直径为 20m 的欧洲联合环形聚变反应装置(JET)首次实现了可控的热核聚变反应，自持时间为 1.8 s，温度高达 $2\times10^8$K，从而使人类长期以来期望的可控热核聚变成为现实．科学家预言：从首次实现可控核聚变到把它用于核电站，这中间大约还要花 50 年的时间．

## 24.5 粒子及其分类

### 24.5.1 基本粒子

物质是由一些基本微粒组成的这种思想可以远溯到古代希腊．当时德谟克利特(Democritus，约前 460—前 370)就认为物质都是由“原子”（古希腊语本意是“不可分”)组成的．中国古代也有认为自然界是由金木水火土 5 种元素组成的说法．但是物质是由原子组成的这一概念成为科学认识是迟至 19 世纪才确定的，当时认识到原子是化学反应所涉及的物质的最小基本单元．电子是人类发现的第一个更为基本的粒子．其后卢瑟福通过实验证实原子是由电子和原子核组成的．1932 年又确认了原子核是由带正电的质子(即氢原子核)和不带电的中子(它和质子的质量差不多相等)组成的．这时中子和质子也就成了“基本粒子”．1932 年还发现了正电子，其质量和电子相同但带有等量的正电荷．由于很难说它是由电子、质子或中子构成的，于是正电子也加入了“基本粒子”的行列．之后，人们制造了大能量的加速器来加速电子或质子，企图用这些高能量的粒子作为炮弹轰开中子或质子来了解其内部结构，从而确认它们是否是“真正的基本粒子”．但是，令人惊奇的是在高能粒子轰击下，中子或质子不但不破碎成更小的碎片，而且在剧烈的碰撞过程中还产生许多新的粒子，有些粒子的质量比质子的质量还要大，因而情况显得更为复杂．后来通过类似的实验(以及从宇宙射线中)又发现了几百种不同的粒子．它们的质量不同、性质互异，且能相互转化．这就很难说哪种粒子更基本．所以现在就把“基本”二字取消，统称它们为粒子．本条的题目仍用“基本粒子”，只具有习惯上的意义．总的来说“基本粒子”大致经历了三代．

1935 年，著名的日本物理学家汤川秀树(H. Yukawa，1907—1981)大胆假设，很可能还有未曾发现的新粒子．汤川秀树认为，就像电磁相互作用是通过交换光子而实现的那样，核力是通过核子间交换一种介子而实现的．他还估算出了这种粒子的质量大约是电子质量的 200 倍．两年之后，美国物理学家在宇宙射线中发现了一种带电粒子，它的质量是电子的 200 倍左右，被命名为 μ 介子．理论预言的成功使人们倍感欣慰，但进一步的考察却令人十分扫兴．因为这种 μ 介子根本不与核子相互作用，很明显，它不可能是汤川秀树所预言的粒子．实际上，“μ 介子”不是介子而是一种轻子，所以现在将 μ 介子称为“μ 子”．1947 年，科学家利用核乳胶在宇宙射线中又发现了一种介子——π 介子．π 介子的性质完全符合汤川秀树的预言，能够解释核力．到 1947 年，人们认识的粒子已达 14 种之多，其中包括当时已发现的光子(γ)、正负电子($e^{\pm}$)、正负 μ 子($\mu^{\pm}$)、三种 π 介子($\pi^{\pm}$，$\pi^0$)、质子(p)和中子(n)等 10 种；另外 4 种就是 1956 年在实验室中被发现的正反电子、中微子、反质子和反中子．这 14 种粒子各有用武之地，其中质子、中子和电子构成一切稳定的物质；光子是电磁力的传递者，π 介子传递核力，中微子在 β 衰变中扮演不可缺少的角色；而 μ 子则在宇宙射线中出现．以上这些就构成了第一代粒子．

稳定的秩序似乎并没有维持多久，“完满”的旧理论很快就被一系列新的疑问所冲破．在发现 π 介子的 1947 年，人们利用宇宙射线在云室中拍下了两张有 V 字形径迹的照片，衰变产物是 $\pi^{\pm}$ 介子和质子 p．这两种径迹不能用任何当时已发现的第一代粒子来解释，于是人们很自然地想到，这一定是两种未发现的粒子衰变所形成的．在之后的几年里，人们拍摄了十多万张宇宙射线照片，终于发现了这两种不带电的新粒子．其中一个质量为电子质量的1 000倍，现在被叫做$K^0$介子；另一个约为电子质量的2 200倍，现在称为Λ超子．这些粒子具有两个明显的特点：① 产生快，衰变慢；② 成对产生，单个衰变．这些特点用过去的理论是无法解释的，所以称它们为“奇异粒子”．

为了对这些奇异粒子进行定量研究，光靠宇宙射线是不够的．20世纪50年代初，一些大型加速器陆续建成，使人们有可能利用加速器所加速的粒子来轰击原子核，以研究奇异粒子．1964年人们又陆续发现了一批奇异粒子，使人们发现的粒子种类达到了33种．这些奇异粒子统称为“第二代粒子”．

如果我们把已发现的30多种粒子按它们的稳定程度来分类，那么其中有的粒子是稳定的，例如质子、电子等；有的粒子却要自发地衰变成其他粒子，例如$\mu^{\pm}$、$\pi^{\pm}$、$\pi^0$、$K^0$、$\Lambda^0$、…等．它们衰变的时间一般在$10^{-20}\sim10^{-16}$s或大于$10^{-10}$s，分别属于电磁作用衰变和弱作用衰变．到了20世纪60年代，由于加速器的能量逐步提高和高能探测器的迅速发展，在实验上也发现了衰变时间在$10^{-24}\sim10^{-23}$s范围的快衰变粒子，其衰变属强作用衰变．这些粒子被称为“共振态粒子”，也称“第三代粒子”．

## 24.5.2　粒子的分类

目前发现的粒子已经有四百余种，而且随着加速器能量的提高，大量新粒子被发现．这么多粒子，将它们分类是相当复杂的．现在已经发现的可以自由状态存在的粒子，按照它们参与相互作用的性质分为以下三类：

**1. 规范粒子——各种相互作用的媒介粒子**　已经发现的可以自由状态存在的规范粒子有4种：一种是传递电磁相互作用的媒介粒子，即光子；另外三种是传递弱相互作用的媒介粒子，即带正电荷和带负电荷的$W^{\pm}$粒子以及不带电的$Z^0$粒子，它们统称为中间玻色子．

原始的强相互作用称为色相互作用，传递它的媒介粒子称为胶子，胶子有8种．有实验证据表明，在粒子参与强相互作用时，胶子确实在相互作用过程中存在并且确实在起作用．但是迄今为止还没有发现自由状态下的胶子．由于引力相互作用太弱，实验上也还没有发现自由状态下的传递引力相互作用的媒介粒子——“引力子”．

因此，规范粒子共有13种，即1种光子、3种中间玻色子、8种胶子和1种引力子．

**2. 轻子——不直接参与强相互作用的粒子**　已经发现的带电轻子有3种，即电子、μ子、τ子，它们都带一个单位的负电荷；还有3种分别和电子、μ子、τ子对应的不带电的中性轻子，即3种中微子($\nu_e$、$\nu_\mu$、$\nu_\tau$)，它们的静止质量可能都是零．这6种粒子和它们的反粒子(通常称为反轻子)共12种轻子，它们的自旋都是1/2．

电子和μ子的相互作用性质完全相同，它们都是带一个负电荷的自旋量子数为1/2的粒子，都是不直接参与强相互作用，但都可以直接参与电磁相互作用和弱相互作用，并且相互作用行为完全相同．它们之间的唯一的不同在于质量不同，μ子的质量是105.658 389MeV/$c^2$，是电子质量的206.768 3倍．它们运动行为的不同都可以归结为来自于质量的不同，μ子可以被看做是一个“重电子”．为什么相互作用性质完全相同的电子和μ子质量差206.768 3倍，这就成为粒子物理发展中的一个重大的理论疑难问题，称为e-μ疑难．

人们曾经推测，可能μ子能参与某种新的相互作用，而电子不能直接参与这种新的相互作用，这种新的相互作用性质造成它们之间质量上的差别．如果是这样的话，这种相互作用会造成206.768 3倍电子质量的质量差，它应该远比电磁相互作用要强得多．科学家对μ子进行了大量的细致的实验研究来寻找存在这种新的相互作用的证据，却始终没有找到．之后，人们又发现了τ子，它的相互作用性质和电子以及μ子完全相同，然而它的质量为1 777.1MeV/$c^2$，是μ子质量的16.819 3倍，是电子质量的3 477.7倍．

e-μ疑难提出的依据是电子和μ子的相互作用性质完全相同，其中弱相互作用性质相同反映在它们参与的弱相互作用行为相同和耦合常数相同上．这个情况又称为带电轻子弱相互作用的普适性．τ子发现后，这种情况的再次出现显示出电子、μ子和τ子的弱相互作用性质具有普适性，e-μ疑难又发展成为三种带电轻子弱相互作用普适性的问题和三代轻子起源问题．

**3. 强子——可以直接参与强相互作用的粒子** 按自旋量子数和重子数的不同又可把强子分为两类：一类称为介子，即自旋量子数为零或正整数、重子数为零的强子；另一类称为重子，即自旋量子数为半正整数、重子数为 +1 或 -1 的强子．

现在已经发现的介子有 160 种，重子数为 +1 的重子（138 种）和它们的反粒子（重子数为 -1，通常称为反重子）有 276 种，即共有强子 436 种．它们在粒子总数（452 种）中占绝大多数．

在所有这些强子中，只有质子和反质子是稳定粒子，其他强子在自由状态下都要衰变．有少数几个强子主要是通过电磁相互作用衰变，有一批强子是通过弱相互作用衰变，绝大多数的强子是通过强相互作用衰变．自由中子衰变的平均寿命是 887.0s，但是当中子和质子结合成原子核时，中子就可以成为稳定的了．氘核是由一个质子和一个中子结合而成的，但在氘核中的中子却是稳定的．这是因为质子和中子结合成氘核时，已经放出了大量的能量，这样氘核所具有的能量比一对自由质子和自由中子能量之和要低．如果氘核内的中子衰变，氘核将衰变为两个质子、一个电子和一个反中微子，但是两个质子不能结合成一个复合态，而两个自由质子、一个电子和一个反中微子的能量之和大于氘核所具有的能量，这样就造成氘核实际上不能衰变．正是由于这个原因，尽管自由中子是不稳定的，但是在各种元素的原子核中却有大量的中子稳定地存在着．也正是由于同样的原因，尽管自由质子是稳定的，但和中子一起组成原子核的质子在特殊条件下却可以是不稳定的．例如，$^{21}$Na 原子核可以衰变为 $^{21}$Ne 原子核加一个正电子和一个中微子，这个过程正是因为有一个组成钠原子核的质子衰变成一个中子加一个正电子和一个中微子，而这个中子仍然留在原子核内作为组成氖原子核的中子，并不成为自由中子飞出来．

# 24.6 守恒定律

## 24.6.1 重子数和轻子数守恒

**1. 重子数守恒** 在核反应和放射性衰变过程中，必须遵守质量数守恒、角动量守恒、动量守恒、能量守恒和电荷守恒．在深入研究基本粒子的相互作用和转化过程中，发现这些守恒定律仍然有效．为了区别重子中的正反粒子，可以用重子数来表征重子．重子数用 $L$ 表示，凡是重子，$L=+1$；凡是反重子，$L=-1$；重子以外的粒子，如介子、轻子、光子等的重子数 $L=0$．实验证明，在相互作用中重子数守恒．例如，反应前重子数的总和为 +1，反应后生成的粒子的重子数总和也为 +1．

人们最早分析的质子衰变

$$\mathrm{p} \rightarrow \mathrm{e}^{+} + \nu$$

这个过程虽然遵守角动量守恒、动量守恒、能量守恒和电荷守恒，但是在自然界中从来就没有发生过这样的衰变，这是因为该过程反应前后的重子数不同，违背了重子数守恒定律，因而，该反应是禁止的．

到目前为止，在任何过程中重子数守恒定律都成立．需要强调的是，重子数守恒和粒子数守恒不是一个概念，事实上，在有的衰变过程中，虽然粒子数不守恒，但是重子数的代数和总是守恒的．例如

$$\Lambda^{0} \rightarrow \mathrm{p} + \pi^{-} \tag{24-14a}$$

$$\mathrm{K}^{0} \rightarrow \pi^{+} + \pi^{-} \tag{24-14b}$$

以上两个过程都保持了重子数守恒．

**2. 轻子数守恒** 轻子数分为三类：e 轻子数 $L_e$、μ 轻子数 $L_\mu$ 和 τ 轻子数 $L_\tau$，它们彼此是独立的．对于 $\mathrm{e}^-$ 和 $\nu_e$，$L_e=1$；它们的反粒子 $\mathrm{e}^+$ 和 $\bar{\nu}_e$，$L_e=-1$，其他粒子 $L_e=0$．而 $\mu^-$ 和 $\nu_\mu$，$L_\mu=1$；它们的反粒子 $\mu^+$ 和 $\bar{\nu}_\mu$，$L_\mu=-1$；其他粒子 $L_\mu=0$．类似的对于 $\tau^-$ 和 $\nu_\mu$，$L_\tau=1$；它们的反粒子 $\tau^+$ 和 $\bar{\nu}_\tau$，$L_\tau=-1$；其他粒子 $L_\tau=0$．

轻子数守恒定律指出：在一切粒子的反应和衰变过程中轻子数 $L_e$、$L_\mu$、$L_\tau$ 的代数和分别是守恒的．

对于下列反应

$$\nu_{\mu} + n \rightarrow e^{-} + p$$
$$\bar{\nu}_{\mu} + p \rightarrow e^{+} + n$$

同样是不违背任何已知的守恒定律，也满足重子数守恒，但是在自然界中却从来没有发现过这两个反应. 研究表明，它们违反了轻子数守恒定律，因此这类反应是禁止的. 到目前为止，任何反应都要遵守轻子数守恒定律和重子数守恒定律.

### 24.6.2　同位旋和奇异数守恒

我们知道强子中的质子、中子、$\pi^{+}$、$\pi^{-}$ 和 $\pi^{0}$ 等它们的质量彼此很接近，但电荷量不同，它们的质量差异可归结为核力，与电荷无关，要是核内没有电磁相互作用，与电荷无关的核子导致它们的质量相同. 因此可以把这些粒子看成是同种粒子分别处于不同的电荷态，并用量子数 $\boldsymbol{I}$ 和 $I_z$ 表示，$\boldsymbol{I}$ 和 $I_z$ 分别叫做粒子的**同位旋**(isospin)和同位旋 $z$ 分量.

同位旋在表达形式上和角动量矢量非常相似，当同位旋为 $\boldsymbol{I}$ 时，它的分量 $I_z$ 可取 $I$, $I-1$, …, $-(I-1)$, $-I$ 共 $2I+1$ 个值. 质子和中子可以看成核子的两个不同电荷态，$2I+1=2$，故取 $I=1/2$，$I_z$ 可取 1/2 和 $-1/2$，分别代表质子和中子. $\pi$ 介子有三个电荷态，$2I+1=3$，因此取 $I=1$，$I_z$ 可取 1，0，$-1$，分别代表 $\pi^{+}$，$\pi^{-}$ 和 $\pi^{0}$. 对于单独粒子如 $\Lambda^{0}$ 和 $\Omega^{-}$ 等，$I=I_z=0$.

实验表明：在强相互作用中，$\boldsymbol{I}$ 和 $I_z$ 守恒；电磁相互作用中，$\boldsymbol{I}$ 守恒，但 $I_z$ 不守恒；弱相互作用中 $\boldsymbol{I}$ 和 $I_z$ 都不守恒.

强子的产生是通过强相互作用. 实验发现 $K^{0}$ 的产生总是伴随着 $\Lambda^{0}$ 的产生，尽管它们的产生方式不同：

$$\pi^{-} + p \rightarrow K^{0} + \Lambda^{0} \tag{24-15a}$$
$$p + \bar{p} \rightarrow K^{0} + \Lambda^{0} + \bar{p} + \pi^{-} \tag{24-15b}$$

不过它们可以单独地衰变，见式(24-14a)和式(24-14b)，它们的衰变时间很慢，属于弱相互作用范围. 人们对这种现象感觉非常奇怪，为什么 $K^{0}$ 的产生总是伴随着 $\Lambda^{0}$ 的产生？为什么它们是强产生却是弱衰变？人们通过分析引入了**奇异数**(strangeness number)的概念. 奇异数是描述粒子内部性质的一个相加性量子数，通常用 $S$ 表示，它只能取整数. 为解释奇异粒子的性质，1953 年，美国物理学家和日本物理学家各自独立提出了新的量子数——奇异数. 第一个奇异粒子是 1947 年由罗彻斯特(G. Rochester)和巴特勒(C. Butler，1922—)发现的. 随后在加速器中又陆续发现了更多的奇异粒子. 与普通粒子不同，奇异粒子协同产生，独立衰变，并且快产生、慢衰变. 粒子物理学规定普通粒子的奇异数是 0，奇异粒子中的 K 粒子的奇异数是 +1、Λ 粒子的奇异数是 −1、然后由其他反应确定其余粒子的奇异数.

在强相互作用和电磁相互作用中，奇异数 $S$ 是严格守恒的，奇异粒子必须协同产生. 而在弱相互作用中，奇异数 $S$ 可以不守恒，选择定则是 $\Delta S=0$，$\pm 1$. 奇异粒子的衰变是弱相互作用，可以分别独立地衰变. 为表征奇异粒子的量子数，一个奇异夸克的奇异数 $S=+1$；一个反奇异夸克的奇异数 $S=-1$；没有奇异夸克或奇异夸克的奇异数抵消为 0 的粒子的奇异数 $S=0$.

### 24.6.3　宇称守恒

量子力学中介绍过用波函数 $\psi(\boldsymbol{r})$ 来描述微观粒子的状态，则在**空间反演**(space inversion)下即 $\boldsymbol{r}\rightarrow-\boldsymbol{r}$ 函数可表示为 $\psi(\boldsymbol{r})\rightarrow\psi(-\boldsymbol{r})$，通常我们将此表示成

$$p\psi(\boldsymbol{r}) = \psi(-\boldsymbol{r})$$

其中，$p$ 称为**宇称算符**(parity operator). 如果将宇称算符再作用一次，则

$$p^{2}\psi(\boldsymbol{r}) = \psi(\boldsymbol{r})$$

于是，$p$ 具有两个本征值 $p=\pm 1$. 当 $p=+1$ 时，我们称体系具有**偶宇称**；$p=-1$ 时，为**奇宇称**. 一般每个粒子都具有内部运动性质决定的内禀宇称，体系的宇称等于粒子内禀宇称和它们的轨道宇称之积.

如果在一个过程中，体系的宇称保持不变，换句话说，如果一个可实现的物理过程，其镜像过程同样也能实现，则称为**宇称守恒**(parity conservation). 自从宇称的概念提出后，宇称守恒在强相互作用、电磁相互作用中都被证明是正确的. 1956 年李政道(Li Zheng Dao，1926—)和杨振宁(Yang Zhen Ning，1922—)针对当时物理所遇到的“$\tau$-$\theta$ 之谜”提出了弱相互作用情况下宇称是不守恒的，华裔物理学家吴健雄(Wu Jian Xiong，1912—1997)在实验室中用 $^{60}Co$ 很快进行了验证.

尽管宇称守恒在弱相互作用中不成立，但根据相对论量子场论可以证明，对于任何相互作用过程，体系经过任何次序的联合 CPT 变换都是不变的，这一规律称为 CPT 定理. 其中 C 是电荷共轭、P 是空间反演、T 是时间的反演.

## 24.7 基本相互作用与标准模型

### 24.7.1 基本相互作用

基本相互作用(fundamental interaction)是决定物质的结构和变化过程的基本的相互作用. 近代物理认为粒子之间存在着四种基本相互作用：引力相互作用、电磁相互作用、弱相互作用和强相互作用.

引力相互作用是存在于所有具有质量的物体之间的相互作用，表现为吸引力，是一种长程力，力程为无穷. 其规律是牛顿万有引力定律，更为精确的理论是广义相对论. 在四种基本相互作用中，引力相互作用最弱，远小于强相互作用、电磁相互作用和弱相互作用，在微观现象的研究中通常可不予考虑，然而在天体物理研究中却起决定性作用. 按照近代物理的观点，引力作用是通过场或通过交换场的量子实现的，引力场的量子称为引力子.

电磁相互作用是存在于带电物体或具有磁矩物体之间的相互作用，是一种长程力，力程为无穷. 宏观的摩擦力、弹性力以及各种化学作用实质上都是电磁相互作用的表现. 其强度仅次于强相互作用，居四种基本相互作用的第二位. 电磁作用研究得最清楚，其规律总结在麦克斯韦方程组和洛伦兹力公式中，更为精确的理论是量子电动力学. 量子电动力学是物理学的精确理论，按照量子电动力学，电磁相互作用是通过交换电磁场的量子(光子)而传递的，它能够很好地说明正反粒子的产生和湮没，电子、$\mu$ 子的反常磁矩(见粒子磁矩)与兰姆移位等真空极化引起的细微电磁效应，理论计算与实验符合得非常好. 电磁相互作用引起的粒子衰变称为电磁衰变. 最早观察到的原子核的 $\gamma$ 跃迁就是电磁衰变，其他还有如 $\pi^0\rightarrow\gamma+\gamma$ 等. 电磁衰变粒子的平均寿命为 $10^{-16}\sim10^{-20}$s.

最早观察到的弱相互作用来自于原子核的 $\beta$ 衰变现象. 弱相互作用仅在微观尺度上起作用，其力程最短，其强度排在强相互作用和电磁相互作用之后居第三位. 其对称性较差，许多在强作用和电磁作用下的守恒定律都遭到破坏(见对称性和守恒定律)，例如宇称守恒在弱作用下不成立. 弱作用的理论是弱电统一理论，弱作用通过交换中间玻色子 $W^{\pm}$ 和 $Z^0$ 而传递. 弱作用引起的粒子衰变称为弱衰变，弱衰变粒子的平均寿命大于 $10^{-13}$s.

最早认识到的强相互作用是质子、中子结合成原子核的作用力，后来进一步认识到强子是由夸克组成的，强相互作用是夸克之间的相互作用力. 强相互作用最强，也是一种短程力. 其理论是量子色动力学，强作用是一种色相互作用，具有色荷的夸克所具有的相互作用，色荷通过交换 8 种胶子而相互作用，在能量不是非常高的情况下，强相互作用的媒介粒子是介子. 强作用具有最强的对称性，遵从的守恒定律最多. 强作用引起的粒子衰变称为强衰变，强衰变粒子的平均寿命最短，为 $10^{-20}\sim10^{-24}$s，强衰变粒子称为不稳定粒子或共振态.

几种基本相互作用所遵从的守恒定律可归纳成表 24-1.

表 24-1　几种基本相互作用的守恒定律

| 相互作用 | 守恒量 | | | | | | | | |
|---|---|---|---|---|---|---|---|---|---|
| | 能量 | 动量 | 角动量 | 电荷 | 重子数 | 轻子数 | 奇异数 | 宇称 | 同位旋 |
| 引力相互作用 | √ | √ | √ | √ | √ | √ | | | |
| 弱相互作用 | √ | √ | √ | √ | √ | √ | | | |
| 电磁相互作用 | √ | √ | √ | √ | √ | √ | √ | √ | |
| 强相互作用 | √ | √ | √ | √ | √ | √ | √ | √ | √ |

## 24.7.2　夸克

强子种类这样多，很难想象它们都是“基本的”，它们很可能都有内部结构. 利用高能粒子撞击质子使之破碎的方法考查质子的结构是不成功的，但有些精确的实验还是给出了一些质子结构的信息. 1955 年，霍夫斯塔特(Robert Hofstadter，1915—1990)曾用高能电子束测出了质子和中子的电荷和磁矩分布，这就显示了它们有内部结构. 1968 年，在斯坦福直线加速器实验室中用能量很大的电子轰击质子时，发现有时电子发生大角度的散射，这显示质子中有某些硬核的存在. 这正像当年卢瑟福在实验中发现原子核的结构一样，显示质子或其他强子似乎都由一些更小的颗粒组成.

在用实验探求质子的内部结构的同时，物理学家已经尝试提出了强子由一些更基本的粒子组成的模型. 这些理论中最成功的是 1964 年盖尔曼(M. Gell-Mann，1929—)和茨威格(G. Zweig，1937—)提出的，他们认为所有的强子都由更小的称为“夸克(quark)”(在中国叫做“层子”)的粒子所组成. 将强子按其性质分类，发现强子形成一组一组的多重态，就像化学元素可以按照周期表形成一族一族一样. 从这种规律性质可以推断：现在实验上发现的强子都是由六种夸克以及相应的反夸克组成的. 它们分别叫做上夸克 u、下夸克 d、粲夸克 c、奇异夸克 s、顶夸克 t 和底夸克 b，人们经常把这六种夸克叫做夸克的“味”，它们的特征物理量如表 24-2 所示. 值得注意的是它们的自旋都是 1/2，而电荷量是元电荷 $e$ 的 $-1/3$ 或 2/3.

表 24-2　夸克

| 夸克种类 | 自旋/$\hbar$ | 质量/(MeV/$c^2$) | 电荷/$e$ |
|---|---|---|---|
| u | 1/2 | 5 | 2/3 |
| d | 1/2 | 9 | −1/3 |
| s | 1/2 | $1.75\times10^2$ | −1/3 |
| c | 1/2 | $1.25\times10^3$ | 2/3 |
| b | 1/2 | $4.50\times10^3$ | −1/3 |
| t | 1/2 | 约 $3\times10^4\sim5\times10^4$ | 2/3 |

在强子中，重子都由 3 个夸克组成，而介子则由 1 个夸克和 1 个反夸克组成. 例如，质子由 2 个 u 夸克和 1 个 d 夸克组成，中子由 2 个 d 夸克和 1 个 u 夸克组成，$\Sigma^+$粒子由 2 个 u 夸克和 1 个 s 夸克组成，而 $\pi$ 介子由 1 个 u 夸克和 1 个反 d 夸克组成，J/ψ 粒子由正、反粲夸克(c，$\bar{c}$)组成，等等.

用能量很大的粒子轰击电子或其他轻子的实验尚未发现轻子有任何内部结构. 例如在一些实验中曾用能量非常大的粒子束探测电子，这些粒子曾接近到离电子中心 $10^{-18}$ m 以内，也未发现电子有任何内部结构.

关于夸克的大小，现有实验证明它们和轻子一样，其半径估计都小于 $10^{-20}$ m. 我们知道核或强子的大小比原子或分子的小 5 个数量级，即为 $10^{-15}$ m. 因此，夸克或轻子的大小比强子的还要小 5 个数量级.

自从夸克模型提出后，人们就曾用各种实验方法，特别是利用它们具有分数电荷的特征来寻找单个夸克，但至今这类实验都没有成功，好像夸克是被永久囚禁在强子中似的(因此，表 24-2 给出的夸克的质量，都是根据强子的质量值用理论估计的处于束缚状态的夸克的质量值）．这说明在强子内部，夸克之间存在着非常强的相互吸引力，这种相互作用力叫做“色”力．

对于强子内部夸克状态的研究，使理论物理学家必须设想每一种夸克都可能有3种不同的状态．由于原色有红、绿、蓝3种，所以将“色”字借用过来，说每种夸克都可以有三种“色”而被称为红夸克、绿夸克、蓝夸克．“色”这种性质也是隐藏在强子内部的，所有强子都是“无色”的，因而必须认为每个强子都是由3种颜色的夸克等量地组成的．例如，组成质子的3个夸克中，就有1个是红的、1个是绿的、1个是蓝的．色在夸克的相互作用的理论中起着十分重要的作用．夸克之间的吸引力随着它们之间距离的增大而增大，距离增大到强子的大小时，该吸引力就非常之大，以至不能把2个夸克分开．这就是目前对夸克囚禁现象的解释．这种相互作用力就是色力，即两个有色粒子之间的作用力．它是强相互作用力的基本形式．如果说万有引力起源于质量，电磁力起源于电荷，那么强相互作用力就起源于色．理论指出，色力是由被称为胶子的粒子作为媒介传递的．按以上的说法，由于6种夸克都有反粒子，还由于它们都可以有3种色，这样就共有36种不同状态的夸克．

综上所述，规范粒子共有13种，轻子共有12种，夸克共有36种，再加上可能存在的希格斯粒子（粒子物理学标准模型预言的一种自旋为零的玻色子）就共有62种．按照现在对粒子世界结构规律的认识，根据标准模型，物质世界就是由这62种粒子构成的．这些粒子现在还谈不上内部结构，可以称之为“基本粒子”了．

但是，宇宙万物就是仅由这62种粒子构成的吗？为什么有这么多种轻子和夸克？它们真的没有内部结构吗？有没有真正的“基于粒子”？……还有许许多多的问题摆在理论的和实验的粒子物理学家面前有待研究、发现、解决．

### 24.7.3 标准模型

爱因斯坦在建立了相对论体系后，就试图用统一场论来描述不同的相互作用，但以经典场概念为基础的时空协变原理尚不足以解释量子方面的现象．1929年狄拉克（Paul Adrien Maurice Dirac，1902—1984）等人以量子力学原理改造场论基础，建立了量子场论．量子场都具有种种内禀对称性，通过对这些对称性的考察可获得不同作用场趋于统一的依据．20世纪50年代初，杨振宁和米尔斯（R. L. Mills）解决了同位旋变换的局域性问题，并由此推测各种相互作用场都是局域规范场，满足规范变换不变性原理．1967年，格拉肖（S. Glashow，1932—）、温伯格（S. Weinberg，1933—）和萨拉姆（A. Salam，1926—1996）提出了弱相互作用与电磁相互作用的弱电统一理论（weak electromagnetic unfied theory），它预言了传递弱相互作用的中间玻色子 $W^{\pm}$ 和 $Z^0$ 的存在，并根据希格斯（P. W. Higgs）自发对称性破缺机制预言了它们的质量．1983年鲁比娅（C. Rubia）等从实验上发现了 $W^{\pm}$ 和 $Z^0$ 粒子，其质量与理论预言符合得很好，使弱电统一理论获得了巨大的成功．

此后，人们又建立了可统一强、弱和电磁相互作用的大统一理论．大统一理论（grand unified theory）可给出24种规范粒子，它们分别是8种胶子g、中间玻色子 $W^{\pm}$ 和 $Z^0$ 粒子、光子 $\gamma$ 以及另外12种传递未知规范作用的未知粒子，同样通过希格斯机制自发对称性破缺，使其中部分粒子获得质量．同时该理论还可以给出每一代轻子和夸克的电荷和质量等．理论表明：强、弱、电磁相互作用在 $10^{15}$ GeV 能量尺度上可实现统一，随着能量的降低，强相互作用变强，能量降至 $10^2$ GeV 以下，弱与电磁相互作用的不同也显示出来了．大统一理论的一个重要推论是物质不稳定，它预言破坏重子数和轻子数守恒的未知规范作用，导致夸克和轻子相互转化，所以质子的寿命不会无限长，而是 $10^{30}$ 年左右．大统一理论反映了所有亚核粒子及其除引力以外的相互作用的面貌，跟实验结果符合得也相当好，因此被称为粒子物理的标准模型（the standard model）．

虽然标准模型对实验结果的解释很成功，但它也有很大的缺陷．首先，模型中包含了许多参数，如各粒子的质量和各相互作用强度．这些数字不能只从计算中得出，而必须由实验决定．其次，理论所预测的希格斯玻色子到现时为止仍未被发现，弱电对称破缺还没有满意的解释．再次，理论中存在所谓的自然性问题. 最后，该理论未能描述引力.

首个与标准模型不相符的实验结果在 1998 年出现. 日本超级神冈中微子探测器发现有关中微子振荡的结果，显示中微子拥有非零质量. 标准模型的简单修正(引入非零质量的中微子)可以解释这个实验结果. 这个新的模型仍叫做标准模型.

大统一理论是标准模型的一个扩展. 它假设 SU(3)、SU(2)及 U(1)群其实是一个更大的对称群的成员. 只有在高能状态(比现时实验能达到的能量还要高)这个对称性才能保存；在低能状态，它自发破缺到 SU(3) × SU(2) × U(1). 第一个大统一理论(SU(5)大统一)是由乔治(Georgi)和格拉肖(Glashow)于 1974 年提出的. 其他流行的还有 SO(10)和 E(6)大统一模型.

解决自然性问题的主要方案包括人工色(TC)模型、超对称模型、额外空间维度等等. 超弦模型则是描写包括引力在内所有基本现象的终级理论的最主要代表. 许多标准模型的扩展都预言了质子衰变. 这一现象至今没有为实验所证实. 近代物理的观点倾向于认为四种基本相互作用是统一的，物理学家正在为建立超对称大统一理论而努力.

## 小　　结

本章主要讲述了原子核的一般性质、原子核的放射性、原子核的裂变与聚变以及 3 类粒子、5 种守恒定律和粒子之间的 4 种相互作用.

一、原子核的一般性质

原子核是由质子和中子组成的，质子和中子统称为核子. 质子带正电，中子为中性粒子. 通常用 ${}_Z^AX$ 来表示一个原子核，X 表示原子核的元素符号，$A$ 表示原子核的质量数，$Z$ 表示原子核的电荷数或质子数. 具有相同的质子数和不同的中子数的核素互称为同位素，具有相同中子数而质子数不相同的核素称为同中子异位素.

原子核的形状近似于球形，常常用核半径来表示原子核的大小，原子核半径的范围为 $10^{-14} \sim 10^{-15}$ m 数量级. 习惯上把原子核的总角动量称为原子核的自旋，它反映了原子核的内禀特性. 原子核的磁矩可以表示为

$$\mu_I = g_I\left(\frac{e}{2m_p}\right)P_I$$

原子核内核子之间存在着和库仑斥力相平衡的吸引力，叫核力. 核力是短程力，且是一种强相互作用力. 把原子核拆成自由核子，需要克服强大的核力做功. 原子核分解成核子时，要吸收能量；核子结合成原子核时要放出一定能量. 这个能量叫做原子核的结合能.

二、原子核的放射性

不稳定的原子核能够自发地发射出一些射线而变为新的原子核，这种现象称为放射性，也叫放射性衰变. 原子核发射的射线有三种，分别叫做 α、β 和 γ 射线.

放射性衰变是一个统计过程，单位时间内的核衰变数目 $-\frac{dN}{d\tau}$ 与当时尚未衰变的原子数目 $N$ 成正比. 放射性核素的稳定性可以用半衰期来进行描述，半衰期 $T_{1/2}$ 是放射性核素衰变其原有核数的一半所需的时间：

$$T_{1/2} = \frac{\ln 2}{\lambda} \approx \frac{0.693}{\lambda}$$

三、原子核的裂变与聚变

原子核裂变是一个重核分裂成两个质量相差不多的中等原子核的现象. $^{235}$U 与中子裂变反应可以释放大量的能量，且每次裂变平均伴随着 2.5 个中子的产生. 这些中子能使裂变自持地继续下去，形成链式反应. 利用裂变能的装置可分为两类：一类是原子弹；另一类是可控的热中子链式反应堆.

轻原子核结合成如 ${}_2^4$He、${}_4^9$Be、${}_6^{12}$C、${}_8^{16}$O 等平均结合能较大的轻原子核时，可以放出大量的能量，这种原子核转变称为聚变. 引力约束、惯性约束和磁约束等方式可以实现原子核聚变，磁约束可控聚变反应装置被

认为是未来能源的希望所在.

四、3 类粒子

现在已经发现的可以自由状态存在的粒子，按它们参与相互作用的性质分为以下 3 类：

1. 规范玻色子是各种相互作用的媒介粒子　已经发现的可以自由状态存在的规范玻色子有光子、带正电荷和带负电荷的 W 粒子以及不带电的 Z 粒子.

2. 轻子是不直接参与强相互作用的粒子　其中包括 3 种带电轻子、电子、μ 子和 τ 子，3 种不带电的中微子($\nu_e$，$\nu_\mu$，$\nu_\tau$). 这 6 种粒子和它们的反粒子共 12 种轻子.

3. 强子是可以直接参与强相互作用的粒子　它们按自旋量子数和重子数分为两类：介子(自旋量子数为零或正整数、重子数为零的强子)和重子(自旋量子数为零或正整数加二分之一、重子数为 +1 或 -1 的强子).

五、5 种守恒定律

任何反应都要遵守轻子数守恒定律和重子数守恒定律.

把强子中的粒子看成是同种粒子分别处于不同的电荷态，并用量子数 $\boldsymbol{I}$ 和 $I_z$ 表示，$\boldsymbol{I}$ 和 $I_z$ 分别叫做粒子的同位旋和同位旋 $z$ 分量. 实验表明：在强相互作用中，$\boldsymbol{I}$ 和 $I_z$ 守恒；电磁相互作用中，$\boldsymbol{I}$ 守恒，但 $I_z$ 不守恒；弱相互作用中 $\boldsymbol{I}$ 和 $I_z$ 都不守恒.

在强相互作用和电磁相互作用中，奇异数 $S$ 是严格守恒的，奇异粒子必须协同产生. 而在弱相互作用中，奇异数 $S$ 可以不守恒，选择定则是 $\Delta S = 0$，$\pm 1$.

如果一个可实现的物理过程，其镜像过程同样也能实现，则称为宇称守恒. 在强相互作用和电磁相互作用中，宇称守恒；但在弱相互作用中，宇称不守恒.

六、4 种基本相互作用

粒子之间存在着四种相互作用：引力相互作用、电磁相互作用、弱相互作用和强相互作用. 其中引力相互作用和电磁相互作用是长程力，弱相互作用和强相互作用是短程力.

## 思　考　题

24-1　原子核的体积与质量数之间有何关系，该关系说明了什么？

24-2　为什么各种核的密度都大致相等？

24-3　为什么核子由强相互作用决定的结合能和核子数成正比？

24-4　α、β、γ 三种放射线的本质是什么？与物质作用效果有何区别？

24-5　同位素的原子核组成上有什么相同点与不同点？放射性同位素有哪些方面的应用？

24-6　什么是半衰期，其长短由什么决定？如何计算衰变后剩余的原子核数？

24-7　原子弹与核反应堆有什么本质的不同？

24-8　指出中子和反中子分别是由哪些夸克构成的？

## 习　　题

24-1　碳核的半径约为 $3\times10^{-15}$ m，其质量为 12 u. 求该原子核的平均密度，这一密度是的水的密度的多少倍？

24-2　已知 ${}_2^4\mathrm{He}$ 的原子质量为 4.002 603 u，试计算 α 粒子的结合能和比结合能.

24-3　已知 ${}_7^{15}\mathrm{N}$、${}_8^{15}\mathrm{O}$ 和 ${}_8^{16}\mathrm{O}$ 的原子质量分别为 15.000 1 u、15.003 0 u 和 15.994 9u，试计算这些原子核的结合能和比结合能.

24-4　完成以下反应方程式

(1) ${}_1^1\mathrm{H} + {}_9^{19}\mathrm{F} \to {}_8^{16}\mathrm{O} + ?$

(2) ${}_{15}^{30}\mathrm{P} \to {}_{14}^{30}\mathrm{Si} + ?$

(3) $^{35}_{17}Cl + ? \rightarrow ^{32}_{16}S + ^{4}_{2}He$

24-5　向一人静脉注射含有放射性$^{24}$Na 而活度为 300 kBq 的食盐水. 10 h 后他的血液每 $cm^2$ 的活度是 30 Bq. 求此人全身血液的总体积，已知$^{24}$Na 的半衰期为 14.97 h.

24-6　一块岩石样品中含有 0.3g 的$^{238}$U 和 0.12g 的$^{206}$Pb. 假设这些铅全来自$^{238}$U 的衰变，试求这块岩石的地质年龄.

24-7　指出下列每一个反应都破坏了哪些守恒定律？

(1)　$n \longrightarrow \pi^- + p$;

(2)　$n \longrightarrow p + e^-$;

(3)　$n \longrightarrow p + \gamma$;

(4)　$\nu_\mu + p \longrightarrow n + e^+$;

(5)　$p + \bar{p} \longrightarrow p + n + K^+$;

(6)　$K^- + p \longrightarrow n + \Lambda^0$.

## 物理学家简介

### 卢瑟福(Ernest Rutherford, 1871—1937)

1871 年 8 月 30 日，欧内斯特 · 卢瑟福出生于新西兰南岛纳尔逊市附近的泉林村，是早期苏格兰移民的后代. 卢瑟福的父亲是一位朴实的手工业者和农民，主要依靠经营木柴和种植亚麻等维持生计，他的母亲是一位贤惠而有教养的女性，并弹得一手好钢琴. 卢瑟福是全家 12 个孩子中的第 4 个，尽管母亲做乡村教师以补贴家用，但由于家庭负担沉重，全家生活依然很艰难，这样的家庭环境使卢瑟福从小便养成了勤劳朴素的生活习惯，而且他在劳动中还养成了相互协作、尊重别人的良好品质. 卢瑟福的父母十分重视子女的教育，尤其是做教师的母亲，在卢瑟福的成长过程中有着重要的影响. 由于良好的家庭教育，卢瑟福从少年时代起，成绩就很优异. 1886 年，卢瑟福以优异的成绩考入纳尔逊学院(这实际上是一所高级中学)，并获得一笔奖学金. 卢瑟福在纳尔逊学院的表现很突出，在这里他开始对物理学产生了浓厚的兴趣. 从纳尔逊学院毕业后，卢瑟福通过了新西兰大学奖学金考试，获全额奖学金进入坎特伯雷学院就读，这为他将来登上科学高峰铺平了道路. 在坎特伯雷学院，卢瑟福遇到了两位优秀老师：化学和物理教授毕克顿与数学教授库克——前者不受传统观念束缚，擅长实验；后者治学严谨，要求严格. 这两位老师对卢瑟福的学习和之后的发展产生了很大影响，在他们的引导下，卢瑟福开始走上科学研究的道路，为其步入科学殿堂打下了坚实基础. 1893 年，卢瑟福以数学和物理两个考试第一名的优异成绩获得硕士学位，打破坎特伯雷学院的历史记录. 1894 年，年仅 23 岁的卢瑟福参加了一项奖学金的竞赛，该奖学金来源于伦敦博览会，是由维多利亚女王的丈夫在 1851 年设立，专用于英联邦公民. 卢瑟福在竞赛中名列第二，但因第一名放弃，于是卢瑟福便获得这笔奖学金赴英国继续深造. 1895 年 9 月，卢瑟福从新西兰到达英国剑桥大学，并被大物理学家 J. J. 汤姆孙(Joseph John Thomson, 1856—1940)接纳为自己的研究生. 卢瑟福进入剑桥大学时，那里的课程正经历着重大变革，实验培养的范围被扩大，外国学生被允许进入实验室. 于是卢瑟福有幸成为第一位身受其惠的学生，能够进入世界著名的卡文迪什实验室继续学习. 在导师 J. J. 汤姆孙的全力支持下，卢瑟福在卡文迪什实验室完成的第一项工作，是实现无线电波的远距离传送. 1895 年底，卢瑟福在距离为 90 多米的空间里成功演示了无线电波的发送和接收. 之后，卢瑟福改进实验设备，制成了一个大的磁检波器，进一步将收发无线电信号的距离增加至两英里，创下当时的最高记录. 消息传遍剑桥大学，人们纷纷奔走相告“从新西兰来了

一只年轻的野兔，它的洞打得很深”. 1896 年 6 月 18 日，汤姆孙慷慨地安排卢瑟福登上伦敦皇家学会的讲坛，宣读他的论文《电磁波的磁探器及其某些应用》. 事实上，卢瑟福才是发明无线电的先驱者，只是由于他的大度与不重名利，才没有和马可尼(Guglielmo Marconi，1874—1937)去争无线电的发明权与专利问题.

1895 年 11 月 8 日，德国物理学家伦琴(Wilhelm Conrad Röntgen，1845—1923)在实验中首次发现了 X 射线，紧接着，法国的贝克勒尔(Antoine Henri Becquerel，1852—1908)便发现了铀的放射性. 这些发现标志着一个科学新时代的开始，很快就吸引了大批科学家投身到相关研究. 时任卡文迪什实验室主任的 J. J. 汤姆孙指导一些助手展开对 X 射线的研究，并于 1897 年发现了电子，而卢瑟福正好参与其中. 于是，卢瑟福在导师 J. J. 汤姆孙的建议下，开始进入到放射性的研究领域. 在研究铀的放射性时，卢瑟福发现了铀辐射的两种射线：一种穿透力强，另一种穿透力弱，他将其分别命名为 α 射线和 β 射线(后经实验证实，α 粒子为氦的原子核，而 β 射线就是 J. J. 汤姆孙发现的电子束). 同时卢瑟福还预言存在一种穿透力更强的射线，这就是后来法国化学家维拉德(Paul Villard，1860—1934)在研究镭的放射性时所发现的 γ 射线. 卢瑟福的这项研究成果于 1899 年发表在英国《哲学杂志》上.

1898 年，加拿大蒙特利尔的麦吉尔大学物理学教授的职位出现空缺，在 J. J. 汤姆孙的推荐下，27 岁的卢瑟福顺利获得了这一职位. 当时麦吉尔大学拥有百万富翁威廉·麦克唐纳爵士捐款新建的物理和化学实验室，并配备有世界一流的实验设备. 在这里，卢瑟福继续着对放射性的研究，他发现从放射性元素钍发出一种放射性气体，并命名为“钍射气”；不久之后，居里夫妇(Pierre Curie，1859—1906；Marie Curie，1867—1934)发现镭元素也发出一种放射性气体. 1902 年，卢瑟福与英国化学家索迪(Frederiek Soddy，1877—1956)合作，发现了放射性元素自发衰变的规律，并且于 1903 年 5 月发表了著名论文《放射性变化》. 卢瑟福在论文中提出了原子自然蜕变的理论，即在衰变过程中，一种元素的原子可以转变成另一种元素的原子，同时放射出 α 粒子和 β 粒子. 原子自然蜕变理论打破了传统观念中元素永恒不变的神话，引起了物理学和化学领域内的一场革命，并开创了一门新的学科——放射学. 另外，卢瑟福还利用放射性元素的含量及其半衰期，推算出地球的年龄约为 50 亿年，这一论断与今天公认的结果基本吻合，由此开辟了利用放射性元素的半衰期测龄的先河. 此后，卢瑟福又分别于 1904 年和 1906 年出版了《放射性》和《放射性衰变》两部经典著作. 在放射性领域的卓越工作使卢瑟福闻名于世，并因此获得 1908 年度的诺贝尔化学奖.

1907 年，卢瑟福回到英国，担任曼彻斯特大学物理学教授. 早在 1897 年电子被发现后，J. J. 汤姆孙就曾对原子的结构提出过设想，他将原子类比于夹有葡萄干的蛋糕，这就是汤姆孙原子模型. 在曼彻斯特大学，卢瑟福试图通过 α 粒子散射实验来验证他导师的原子模型. 然而实验结果却出人意料，少数 α 粒子(约八千分之一)在通过金属薄膜时运动方向发生了明显的偏转，更有极少数被反弹回来. 卢瑟福以 α 粒子在实验中出现的大角散射为重要线索，深入思考其原因和规律，逐步认识到原子核的存在. 1911 年，卢瑟福提出了著名的原子有核结构；1914 年，卢瑟福在论文《原子结构》中对原子核的特征和原子构造进行了进一步地阐述，同年他被授予爵士勋章. 第一次世界大战爆发后，卢瑟福不得不抽出大量精力协助英国海军开展研究工作，在此期间他发明了探测潜艇的声纳方法和仪器. 不过，卢瑟福在执行官方任务之外的有限时间里仍坚持继续实验室的工作. 1917 年 11 月，卢瑟福发现被 α 粒子轰击后的氮原子核分裂了. 到了 1919 年 6 月，卢瑟福发表了《α 粒子与轻原子碰撞》的论文，令人信服地证明了氮核在 α 粒子轰击下分裂出氢核(后来命名为质子)，同时生成氧的同位素这一实验事实. 这样一来，卢瑟福就在人类历史上第一次实现了元素的人工嬗变，即用人工方法实现了核反应，从而为元素的人工嬗变和聚变开辟了道路，同时也为物理学开辟了一个全新的研究领域——原子核物理学. 1920 年，卢瑟福预言了原子核另一个重要成员的存在，并将其命名为中子. 1932 年，卢瑟福的学生查德威克(James Chadwick，1891—1974)在实验中发现了中子. 作为原子核物理学的主要奠基人，卢瑟福被科学界公认为“原子核物理学之父”.

1919 年，卢瑟福接替退休的 J. J. 汤姆孙，担任卡文迪什实验室主任. 此后，他便将主要精力投入到培养和造就人才方面. 卢瑟福主张给大学以自由，以便尽可能鼓励和培养青年研究人员. 当时的卡文迪什实验室，学术氛围自由、活跃，大家经常一起讨论，相互启发，在卢瑟福的杰出领导下，实验室人才辈出，新成果不断涌现. 卢瑟福不仅是一位伟大的科学家，也是一位伟大的教育家，他是科学史上培养第一流科学人才最多的科学家，其中仅诺贝尔奖获得者就达十多人，如索迪、玻尔、查德威克、阿斯顿(Francis William Aston，1877—1945)、威尔逊(Charles Thomson Rees Wilson，1869—1959)和卡皮查(Peter Leonidovich Kapitza，1894—1984)等，这在诺贝尔奖历史上是空前的，甚至有人将卢瑟福领导的卡文迪什实验室称为“科学家的幼儿园”．卢瑟福在招收优秀科研人才时不分国籍、种族和信仰，特别要提到的是，我国的一些物理学家，如颜任光(Yan Ren Guang，1888—1968)、赵忠尧(Zhao Zhong Yao，1902—1998)、霍秉权(Huo Bing Quan，1903—1988)、李国鼎(Li Guo Ding，1910—2001)和张文裕(Zhang Wen Yu，1910—1992)等，也都有幸在20世纪的二三十年代得到了卢瑟福的教诲．此外，卢瑟福作风民主，态度真诚，与学生亲密无间，卡皮查称赞卢瑟福“他是多么伟大杰出的人啊，就和慈父一样”，玻尔则称“欧内斯特·卢瑟福几乎是我的第二个父亲”，科学界更是将他誉为是一位“从来没有树立过一个敌人，也从来没有失去过一个朋友”的人．

1937年10月的一天，卢瑟福不慎跌倒，此后他的健康状况迅速恶化．10月19日，卢瑟福在剑桥医院与世长辞，终年66岁．就在临终前的一个小时，他还嘱咐妻子“记住，赠给纳尔逊学院一百英镑”．1937年10月25日，卢瑟福的骨灰安葬仪式在伦敦威斯敏斯特大教堂举行，国王和首相的代表、英国政府要人、他的科学界朋友、过去的助手与学生等，都参加了葬礼．卢瑟福的骨灰由十位学术界著名人士抬入墓地，并最终安葬于威斯敏斯特公墓北部的“科学之角”，位于牛顿和达尔文(Charles Robert Darwin，1809—1882)墓的旁边．

# 第 25 章　天体物理与宇宙学*

天体物理学(astrophysics)是天文学的一个分支，是应用物理学的技术、方法和理论，研究天体的形态、结构、化学组成、物理状态和演化规律的科学. 近几十年来，有越来越多的物理学家投入天体物理研究，许多重要的天文学现象由物理学家所发现，物理学家对此做出了重要贡献. 天体物理以“天体”为研究对象，其研究涉及宇宙的起源与演化、星系的形成与结构、恒星的结构与演化、行星系统的诞生与搜寻等. 若干天体物理过程所表现的地面实验室无法与之相媲美的极端物理环境，为人们认识基本物理规律提供了绝佳的机会.

所谓宇宙学(cosmology)，是从整体上研究宇宙的结构和演化规律的学科. 由于宇宙创生的一次性，我们不得不依靠目前宇宙现状的若干特征(如膨胀率、宇宙物质大尺度结构状态、元素丰度，等等)来反推极早期可能存在的某些物理过程. 因此，从这种意义上来讲，宇宙学类似于“考古学”. 20 世纪的现代宇宙学，因天文观测技术的发展，已把研究范围扩展为所观测到的上百亿光年那么宽阔的天区尺度. 按尺度的规模可以分为以下四个层次：①行星(planet)层次. 地球、其他行星和太阳系小天体，太阳系以及其他行星系统(含行星际物质). ②恒星(stellar)层次. 太阳、其他恒星和恒星系统(含星际物质). ③星系(galaxy)层次. 银河系、各类星系和其他河外天体，星系群、星系团等系统(含星系际物质和星系团际物质). ④“宇宙”整体.

星系层次的天体是大尺度宇宙的细胞，而恒星层次的天体则既是星系中的细胞，又是行星层次的母体. 在这样的尺度上，广义相对论(General Relativity)是迄今最成功的时空理论和引力理论. 本章首先介绍天体物理的基础内容，然后简要介绍广义相对论的部分内容，最后介绍宇宙学研究基本模型：大爆炸理论、宇宙膨胀及宇宙背景辐射. 希望通过本章的学习，大家对天体物理和宇宙学有一些初步的认识，并形成科学的正确的宇宙观.

## 25.1　天体物理基础

天体物理学与一般物理学的区别，主要集中在获取实验事实的途径上. 一般物理学是以地面实验室物理过程为基础的；人们可以通过调节实验条件而获得不同的实验结果，因而这种研究方式是“主动式”的. 然而天体物理学是以发生在遥远天体上的若干物理过程为依据的；这种研究只可能是“被动式”的. 天体物理学之所以受到物理学家们的重视并且被视为对地面实验物理的重要补充，是因为天体可以具有实验物理学家在实验室内不能或很难创造的各种极端物理环境.

### 25.1.1　恒星的演化

若有人问，宇宙中主要的天体是什么？我们会毫不犹豫地回答：是恒星. 因为我们银河系 90% 以上的物质集中于恒星中，其他星系也是如此. 什克洛夫斯基(Shklovsky，1916—)在《恒星的诞生、发展和死亡》中提到，“恒星是宇宙中最有趣和最重要的天体”. 恒星的演化应该是天体物理最基本的问题之一. 在宇宙星体演化的现阶段，宇宙中的物质主要取决于恒星的形态. 在恒星内部，物质按照自然界的固有规律，从一种理想气体转变为很密的简并气体，甚至变成“中子化”物质. 有的恒星在其演化的关键阶段可能变成黑洞．尽管恒星是宇宙中最重要的天体，但是围绕着 100 亿($10^{10}$)个星系核的恒星所占的总体积，却只有整个宇宙体积的 $10^{-31}$左右．

恒星是星系，也是宇宙的基本单元，有关恒星结构与演化的研究成果形成了天体物理学领域最成熟的理论体系之一．我们现在已经理解了恒星一生中的百分之九十几的历史，只是对恒星的极早期和最终期的某些情况还了解得并不十分充分．恒星就是不断向宇宙空间辐射能量的自引力气体球．它的主要能源是在其内部深处发生的热核反应所释放的能量，当其星核收缩或坍缩时也释放能量．星体为了维持足够的内部压力用来支持它自身的引力，必须产生能量．恒星的结构和演化受两种相反的作用力支配：力图使恒星坍缩的引力；企图使恒星膨胀的压力．某些时候其中一种力稍占上风，那么恒星便呈现为膨胀或收缩，最终引力使恒星变为冷的致密的走向死亡的星．

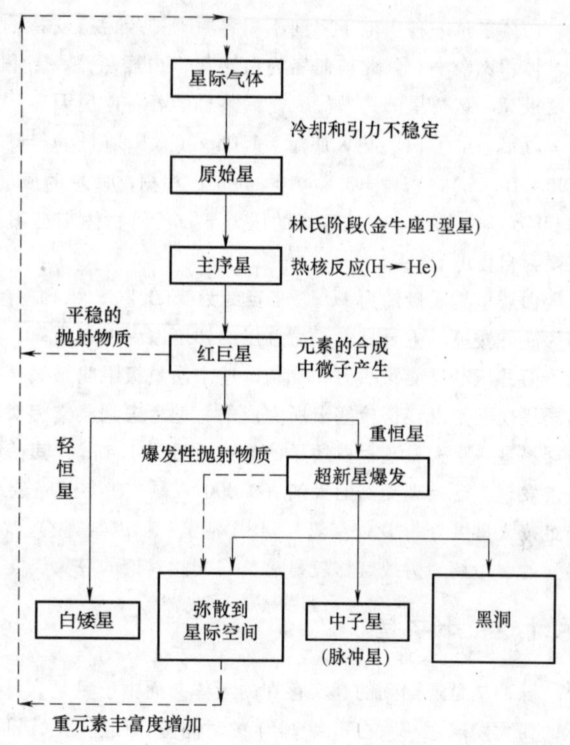

图 25-1　恒星演化进程图

恒星从诞生到衰亡和死亡的过程如图 25-1 所示．恒星演化的早期阶段与星际介质凝缩成恒星的过程密切相关．恒星是在分子云内部诞生，因引力的不稳定性，分子云局部区域塌缩、吸积形成原恒星(protostar)．原恒星在引力作用下收缩时，将变得越来越密，当中心区温度升高到点燃核合成时，便成为主序星．在随后的漫长岁月里，恒星通过消耗其核能源而静静发光；恒星一生的绝大部分时间是处于这样的主序星阶段．太阳就是一颗典型的主序星．当恒星内部 10% ~30% 的区域中的氢快耗尽时，恒星离开主序星向红巨星发展．在此之后，恒星在引力收缩和核燃烧阶段反复演化，最后形成“洋葱”状结构(图 25-2)，中心是铁核．在恒星演化最后阶段可能形成三类产物——白矮星(white dwarf)、中子星(neutron star)和黑洞(black hole)．确定一颗恒星是否以白矮星、中子星和黑洞为其归宿的主要依据是它的质量(见表 25-1)．这三种致密星(compact star)与正常恒星的差别有两大基本点．其一，由于它们不再燃烧核燃料，从而不能靠产生热压力来支持自身的引力塌缩．其二，致密星是尺度非常小的天体，与相同质量的正常星相比，其半径小得多，故表面引力场很强．白矮星在其长时间的冷却过程中由光学望远镜可直接观测到．中子星作为射电脉冲星(pulsar)可用射电望远镜观测，亦可间接地作为 X 射线脉冲星加以观测．黑洞只能通过它对其周围环境的外加影响而间接地观测分析．

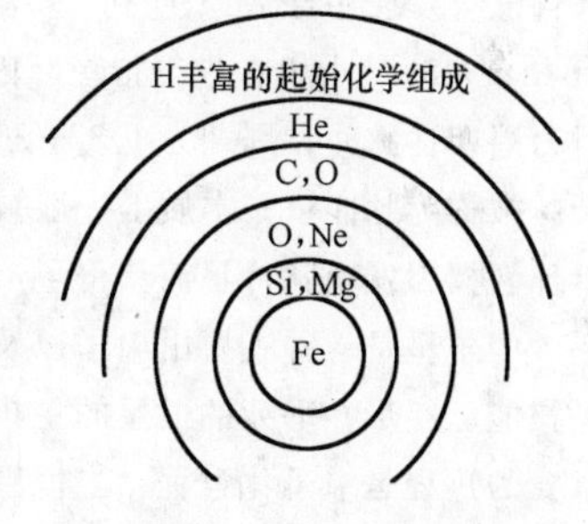

图 25-2　演化后恒星内部结构

**表 25-1　恒星演化按质量的分类**

| 质量/$m_S$ | 最终阶段 | 主要现象 |
|---|---|---|
| 0.08 以下 | 氢白矮星 | 氢未燃烧 |
| 0.08 ~0.5 | 氦白矮星 | 氦未燃烧 |
| 0.5 ~1.0 | 碳白矮星 | 碳没有燃烧 |
| 1.0 ~3.0 | 碳白矮星 | 红巨星、损失质量，较轻的星 |
| 3 ~8 | 爆发 | 碳爆发燃烧型超新星 |
| 8 ~30 | 中子星 | 中心铁核，超新星爆发 |
| 30 ~100 | 黑洞 | 塌缩为黑洞 |

### 25.1.2 白矮星

白矮星是一种由电子之间不相容原理排斥力所支持的稳定的冷的恒星．这种星体大部分颜色呈“白”色、体积比较小，因此被命名为白矮星．白矮星是一种很特殊的天体，它的体积小、亮度低，但质量大、密度极高．这类星的典型代表是天狼星的著名伴星天狼 B（它是最早被发现的白矮星），伴星天狼 B 比主星暗 1 万倍，呈“白”色，质量 $=1.05m_S$（太阳质量 $m_S=1.99\times10^{30}$kg），半径 $=0.007\,3R_S$（太阳半径 $R_S=6.96\times10^5$km），密度 $=3.8\times10^6$g/cm$^3$．根据白矮星的质量和半径，可以算出它的表面重力等于地球表面的 1 000 万～10 亿倍．在这样高的压力下，任何物体都已不复存在，连原子都被压碎了，电子脱离了原子轨道变为自由电子．

白矮星是质量约为 $1m_S$、半径约为 5 000km、平均密度高达 $10^5\sim10^8$g/cm$^3$ 的奇异的天体．白矮星，也称为简并矮星．主要靠电子简并压的梯度跟引力相平衡，质量越大，半径越小．当质量超过一个极限值时，电子简并压不再能跟引力相抗衡．这个质量极限叫做钱德拉塞卡（Chandrasekhar，1910—1995）极限．实际的白矮星模型是由钱德拉塞卡所完成的，他考虑到狭义相对论简并电子的物态方程的影响，于 1931 年完成了白矮星这一重大发现：白矮星的最大质量为 $1.4m_S$，其精确值依赖于物质的成份．由于白矮星光度低，不易被发现，已经观测到的大约有 1 000 多颗．在太阳附近的区域内已知的恒星中大约有 6 % 是白矮星．白矮星按光谱可分为 DA（富氢）、DB（富氦）、DC（富碳）、DF（富钙）、DP（磁白矮星）等类型．白矮星表面有很强的引力场，谱线红移较显著，广义相对论的三大天文验证之一的引力红移正是首先对白矮星测得的．

### 25.1.3 中子星

脉冲星是观测到的真实存在的天体，而中子星是为脉冲星建立的模型．脉冲星是 20 世纪 60 年代天文学的四大发现之一．在不到 20 年的时间里，接连两次诺贝尔物理学奖的获得都与此有关，这引起了全世界的轰动．早在发现脉冲星之前，1932 年朗道（Landau，1908—1968）就预言可能存在中子星．并曾给出有关参数：中子星的质量约为一个太阳质量，半径为 10km，密度达到 $10^{14}$g/cm$^3$．但在这之后相当长的时间里，一直没有发现中子星．直到 1967 年，英国剑桥大学的休伊什（Hewish，1924—）教授和他的研究生贝尔（Bell，1943—）小姐在进行行星际闪烁的观测研究时意外地发现了来自宇宙空间的一个特殊的射电源，其辐射为周期性脉冲，周期为 1.337 30 s．之后经过天文学家和物理学家的证认，这种发射周期性射电脉冲的天体被称为脉冲星，本质上一般被看做中子星．脉冲星的发现和被证认为中子星是震惊科学界的大事．休伊什教授因发现脉冲星而获得了 1974 年的诺贝尔物理学奖．

中子星是一种主要由中子以及少量的质子、电子所组成的超密中子简并星．同白矮星一样，中子星也是核能已耗尽，垂死的恒星的星核，但它是由超新星爆发而形成．中子星的形成可分为三个过程：第一个重要的过程是中子化过程，当恒星的密度大于 $10^6$g/cm$^3$ 时，达到产生逆 β 衰变过程的条件，高速电子打进原子核和质子相碰形成中子，发射一个中微子．少了一个质子，但多了一个中子，原子核的能量减少了．核外电子的能量越大，打进原子核的电子也就越多，形成富中子核，这就是中子化过程；第二个过程是自由中子发射．逆 β 衰变过程使原子核中的中子数越来越多，质子数越来越少，导致原子核内静电斥力减小，使得原子核的结合力减弱．当中子的能量大到一定程度时，就有可能跑出原子核．自由中子发射过程的条件是密度很大，达到或超过 $4.3\times10^{11}$g/cm$^3$，这时的中子气的能量可以超过中子化的阈能值．恒星坍缩过程会使密度增大，很容易满足这个条件；第三个过程是当密度约大于 $10^{14}$g/cm$^3$ 以后，原子核便完全离解，其中的质子和电子相碰变为中子，成为中子的海洋．但在中子星内还存在着很少量的质子，因为纯粹的中子流体是不稳定的．既然中子星内有少量质子，当然也存在同样量的电子以保持整体电中性．

如图 25-3 所示，中子星的结构可分为以下各区：

（1）大气层：中子星的表面边界条件可取成压力为零，以满足星际间的压力平衡．因此，中子星往往具有一大气层，它的存在将压力非零的星体内部过渡到零压状态．大气层的厚度从热星的几十厘米到冷星的几毫米，对于非常冷的星甚至没有大气层，密度约为 $0.01 \sim 100 \mathrm{g/cm^3}$.

（2）外壳层：中子星大气层以下到密度小于约 $4.3 \times 10^{11}\mathrm{g/cm^3}$ 之处的物质由原子核和电子组成，称为中子星的外壳层，约几百米的厚度.

（3）内壳层：内壳层有几千米深，是由电子、自由中子和富中子原子核组成的. 自由中子的丰度随着密度的增大而增大，在内壳层底部原子核将失去严格的几何形状，到达核心表面时则完全消失. 内壳中的中子可能处于超流状态.

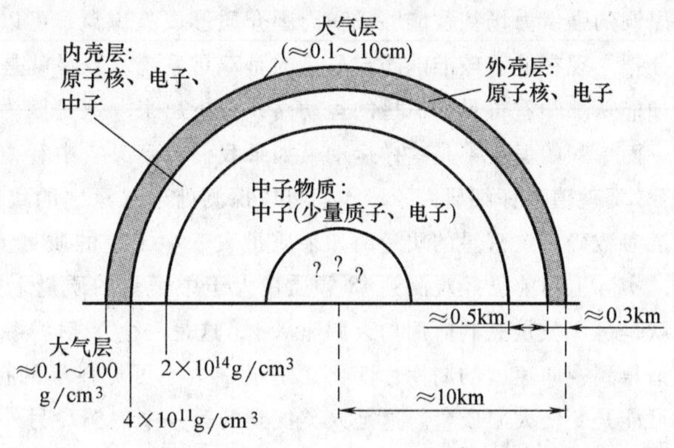


图 25-3　中子星的结构

（4）核心：内壳层密度可以一直延续到核物质密度（$2.5 \times 10^{14}\mathrm{g/cm^3}$），在此密度以上已经不能够存在原子核了，其大部分区域主要由各向异性的超流中子组成，并含有少量超导质子和正常电子；在密度高于 2～3 倍核物质密度的区域，为使单位重子的能量极低，可能会出现夸克物质相、π 或 K 等介子凝聚相、超子物质相等. 这是人们最缺乏了解的区域，称为中子星的核.

观测到的脉冲星都是我们银河系内的天体，距离一般都是几千光年，最远的达 55 000 光年左右. 根据一些学者的估计，银河系内脉冲星的总数至少应该在 20 万颗以上，但迄今为止只发现了 2 000 多颗. 今后的观测、研究任务还很艰巨. 中子星从发现至今，已经有了 40 多年的时间，它在推动天体演化的研究方面，在促进物质在极端条件下的物理过程和变化规律的研究方面，为科学家们提供了丰富而不可多得的观测资料.

## 25.1.4　黑洞

黑洞是爱因斯坦广义相对论所预言的一种天体，其字面意思是“看不见的天体”. 黑洞是如何形成的？这个问题至今尚没有确切的答案. 一般认为质量与恒星差不多的黑洞是这样形成的：在恒星晚期的塌缩或致密星的吸积阶段，因为致密星的简并压抵抗引力的能力有限，塌缩或者吸积导致中心天体质量的增加必然会使得引力占绝对优势，最终可能形成黑洞. 当中子星的质量增加到足够大以至于其半径等于或小于引力半径 $r_g = 2Gm/c^2$（$G$ 为引力常量，$c$ 为光速，$m$ 为天体的质量）时，广义相对论要求所有中子星物质不得不向中心下落，最终形成密度趋于无穷的中心（称为奇点）. 尽管目前有许多观测到的天体物理过程很可能与黑洞有关，但至今还未获得确认黑洞表面存在的直接证据.

尽管黑洞形成之前物质的性质非常丰富，但一旦塌缩成黑洞，原来所携带的信息都将被损失掉. 黑洞的性质由以下三个参量来表征，即质量 $m$、角动量 $\boldsymbol{L}$ 和电荷 $Q$. 这就是黑洞的“无毛”定理（也可以说成“三毛”定理）. 依据这三个量是否为零将黑洞分为如下几类：当 $m \neq 0$，$L = Q = 0$ 时，它是球对称的施瓦西（Schwarzschild）黑洞；当 $m \neq 0, L \neq 0, Q = 0$ 时，则为轴对称的克尔（Kerr）黑洞；若 $m \neq 0$，$L = 0$，$Q \neq 0$，则是莱斯纳（Reissner-Nordstrom）黑洞；若 $m \neq 0$，$L \neq 0$，$Q \neq 0$，则是克尔-纽曼（Kerr-Newman）黑洞.

目前，一般认为宇宙中的黑洞可能以三种形式存在：

（1）原初（primordial）黑洞：因早期宇宙致密介质涨落导致的引力不稳定性而形成，并且质量足够大而残留至今，$m \approx 10^{15}\mathrm{g}$，$T \approx 10^{11}\mathrm{K}$；

（2）恒星质量（stellar-mass）黑洞：恒星演化晚期塌缩而成，$m \approx 10 m_S$，$T \approx 10^{-8}\mathrm{K}$；

（3）超大质量（supermassive）黑洞：位于星系的中心，$m \approx 10^{6\sim8} m_S$，$T < 10^{-13}\mathrm{K}$.

原初黑洞只是某些早期宇宙演化模型的推测，不如恒星质量黑洞和超大质量黑洞那样有根据. 因此，一般黑洞的观测证认是针对后两类黑洞的. 这两类黑洞的热辐射效率很低，不能以此作为观测的手段. 然而黑洞的强引力场往往能够吸积周围介质形成吸积盘，可以通过吸积盘的光谱和光变特征来寻找黑洞存在的证据．现在能够较准确确定质量的是双星系统．双星就是两颗互相绕着转的恒星．虽然我们看不见黑洞，但却能从那颗看得见的恒星的运动路线分析出来．这是因为，双星中的每一颗星都是沿着椭圆形路线运动的，而单颗的恒星不是这样运动．如果我们看到天空中有颗恒星在沿椭圆形路线运动，却看不到它的“同伴”，那就值得仔细研究了．人们可以探测处于双星中的致密星吸积伴星物质而发射的X射线，通过测量轨道参数确定致密星的质量．如果质量大于中子星的质量上限（约 $3\sim5m_{S}$），它就很可能是颗恒星质量黑洞．实际上目前已经观测到18颗质量大于中子星的质量上限的这类X射线双星系统，其中的致密星很可能就是恒星质量黑洞．例如天鹅座X-1，这是一个X射线源，它有一个光学对应体，从这个9等超巨星的光谱得到视向速度的周期性变化，暗示一个不可见伴星的存在．进一步算出它的质量大于4倍太阳质量，很可能是8倍太阳质量．这是人类找到的第一个黑洞．另外，采用其他方法确定的恒星质量黑洞候选体也有几十颗．而根据恒星演化理论而保守估计出的银河系黑洞数目约为 $10^7$．人们愿意相信星系中心存在超大质量黑洞，因为需要质量约 $10^{6\sim8}m_S$ 的黑洞作为活动星系核（active galactic nucleus，缩写为AGN）的引擎．现在已经能够通过测量超大质量黑洞周围的恒星或气体的运动来确定它们的质量，但它们的形成机制至今尚了解得很不够．对这后两类黑洞的吸积过程以及相应的观测仍然是目前天体物理学者研究的热门课题．

## 25.2 广义相对论简介

相对论是将时间和空间统一起来（称为“时空”），并研究时空几何结构的理论．牛顿机械的时空观认为，时间是绝对的，它独立于空间而存在．而相对论时空观认为，时空是一个相互关联的整体，时空的弯曲表现为引力．这两种时空观在处理速度远低于光速物体的运动或引力场时无明显差别；但在处理速度接近光速的运动或较强引力场时，它们的差异就变得非常突出和明显了．

### 25.2.1 广义相对性原理

狭义相对论（Special Relativity）是由爱因斯坦（Albert Einstein，1879—1955）在洛伦兹（H. A. Lorentz，1853—1928）和庞加莱（Jules Henri Poincaré，1854—1912）等人的工作基础上创立的新的时空理论．爱因斯坦将力学和电磁学统一起来，将时间和空间统一起来，是对牛顿时空观的拓展和修正．在狭义相对论中，所有的惯性系都是平权的，没有哪个惯性系更优越，从而排除了惯性系的绝对运动；另一方面，物理作用传播的极限速度是真空中的光速c，从而在整个物理学中排除了超距作用观念．然而，也正是在这两方面狭义相对论还存在理论上的疑难，有待于进一步发展．第一，引力现象是物理学研究的广泛课题，而牛顿万有引力定律的表述是超距作用的，它与狭义相对论抵触，狭义相对论不能处理涉及引力的问题，因此，需要将引力问题纳入，从而进一步发展相对论的引力论；第二，自然界中什么参考系才是惯性系，为什么惯性系在描述物理规律中居于特殊的地位．爱因斯坦对于解决第二个疑问的想法是，一切参考系——惯性系和非惯性系，在描述物理规律上都应该是平等的．为了使这个想法能够成立，他发现必须推广引力的概念．于是上面两个问题就联系起来了．沿着这个思路，他建立了广义相对论．这个理论对上述两个问题作了统一的协调的解决．因此，广义相对论既是狭义相对论的发展，也是牛顿引力理论的发展．

广义相对论的两个基本原理之一是**广义相对性原理：所有的物理定律在任何参考系中都取相同的形式**．相对性原理的观念来自牛顿力学．牛顿力学的基本规律 $\boldsymbol{F}=m\boldsymbol{a}$ 只是对惯性系才成立．原来人们认为两个相对作匀速运动的参考系之间的时空关系可表达为

$$\left.\begin{aligned} x' &= x - vt \\ y' &= y \\ z' &= z \\ t' &= t \end{aligned}\right\} \qquad (25\text{-}1)$$

这叫伽利略(Galileo,1564—1642)时空变换．若牛顿力学规律对其中一个参考系成立，那么对另一个参考系也成立．这称为力学的相对性原理．19 世纪末确立了电磁学的基本规律，即麦克斯韦(Maxwell,1831—1879)方程组．但这个方程组对伽利略时空变换是不协变的．爱因斯坦从光速不变原理导出了一个新的时空关系：

$$
\left.\begin{aligned}
&\frac{x - vt}{\sqrt{1 - v^2/c^2}} \\
&x' = y' = y \\
&z' = z \\
&t' = \frac{t - xv/c^2}{\sqrt{1 - v^2/c^2}}
\end{aligned}\right\} \tag{25-2}
$$

这就是洛伦兹变换．在 $v \ll c$ 时，它还原为伽利略变换．爱因斯坦证明了电磁规律对洛伦兹变换是协变的，之后他修正了牛顿力学，使之对洛伦兹变换也协变．这说明相对性原理对力学和电磁学都是适用的．爱因斯坦在此基础上把它推广为一条普遍原理：所有的基本物理规律都应在任一惯性系中具有相同的形式，这就叫狭义相对性原理．由此也引出一个问题，自然界中哪一个或哪一些参考系是惯性系．但是由于引力的普遍存在，任一物质的参考系总有加速度，因而总不会是真正的惯性系，只不过尺度越大，物质越稀疏，相应的引力越弱，因此能找到更好的近似惯性系．既然现实的参考系都不是惯性系，使爱因斯坦产生了一个想法，任一参考系在表达物理规律上应该是等价的．这就是广义相对性原理．

### 25.2.2　广义相对论的等效原理

广义相对论是关于引力的几何理论，将引力看成是时空弯曲的表现；爱因斯坦考虑引力问题是从最基本的经验事实出发．以地面物体而论，物体既受到地球的引力，又受到因地球转动而产生的惯性离心力．前者正比于引力质量 $m_G$，而后者正比于惯性质量 $m_I$．本来 $m_G$ 和 $m_I$ 是两个不同的量，但测量表明，它们之间的差异小于 $10^{-12}$．$m_G = m_I$ 的直接结果是：初始速度相同的质点在某一引力场中具有相同的运动行为，而与其他性质(如质量、电荷、组成等)无关；或者说，所有不同的电粒子在引力场中的给定点均以相同的加速度下落．既然一切物体在引力场中都被同样地加速，那么，“**引力场与参考系的相当的加速度在物理上完全等效**”，这就是广义相对论的另一个原理——**等效原理**(principle of equivalence)．

根据等效原理，物体在无引力的非惯性系中的运动与它在存在引力的惯性系中的运动是等效的，惯性系与非惯性系没有原则的区别，它们都同样明确地可用来描述物体的运动，没有哪一个更优越．爱因斯坦将狭义相对论原理推广为广义相对论原理，一切参考系都是平权的，物理定律应该在广义的时空坐标变换下形式不变．

因为引力引起的加速度与运动物体的固有性质无关，它仅依赖于该处引力场的情况，所以引力场的效果可以用空间的几何结构来描述．借助等效原理能论证，有引力场存在时的四维物理时空应当是弯曲的黎曼空间．刻划黎曼空间几何结构的度规张量起着引力势的作用．广义相对论所采用的正是这样的观点．之后的任务就是寻找度规张量(即引力势)对物质分布(即引力源)的依赖关系．爱因斯坦找到了这个关系，它就是相对论性的引力场方程．就这样，广义相对论的基本框架被确定了．尽管广义相对论建立的动机可以说主要出于美学上的考虑，但它却通过了有史以来所有的实验检验．其中三大“经典”检验包括：星光在太阳引力场中弯曲，水星近日点进动，光在地球引力场中的红移．

### 25.2.3　弯曲时空和光线引力偏折

广义相对论的一个最奇特的结论是引力场时空发生弯曲．麦克斯韦电磁理论认为，带电体之间通过带电体使其周围空间电磁性质变化而产生作用．类似地，广义相对论认为，物质质能的存在将使周围的时空弯曲；只受引力的“自由”粒子沿着测地线(连接两时空点的短程线为测地线)运动，从而表现出受引力作用. 可以形象地概括为，时空的弯曲听从于物质的存在，而物质的运动听从于时空的弯曲. 在这两个理论中都没有超距作用的概念.

由等效原理我们知道，在牛顿理论中质点的加速度 $\boldsymbol{a}=\boldsymbol{F}/m$，而引力 $\boldsymbol{F}$ 正比于 $m$，所以质点的加速度与它的固有属性无关，仅取决于引力场. 这样将引出一个有趣的问题. 光子作为零静质量粒子，它在引力场中是否也会有同样的加速度，从而引起轨道的偏折？在实践上，光子速度很大，这一点偏折很难测到，因而没有明确的回答. 在理论上，肯定与否定的回答都不至于与牛顿理论的框架相冲突，从而也没有结论. 在广义相对论中情况却不同. 由等效原理可以论证，光子轨线必然有引力偏折.

人们开始对这种弯曲时空和光线引力偏折(deflection of light in gravitational field)的现象有点儿将信将疑. 及至1919年，英国的爱丁顿(A. S. Eddington,1882—1944)等几位天文学家在日食时摄下遥远星球发射的光线经过太阳附近而偏转的径迹，从而证实了爱因斯坦的预言；虽然偏转甚微(其偏转角度仅为1.75″)，但是毕竟使人们了解到引力场空间确实不是平直的. 之后，在各次日食中对四百多颗恒星作了这种测量. 观测数据从1.57″至2.37″不等，平均值是1.89″. 这与相对论符合得很好.

### 25.2.4 引力红移

由广义相对论可推知，处在引力场中的光源发出的光，当从远离引力场的地方观测时，谱线会向红端(长波方向)移动，移动量与光源和观测者两处引力势差的大小成正比. 光谱线的这种位移称为**引力红移**(若是相互接近,频率会变高,称为紫移). 它是等效原理的又一推论. 只有在引力场特别强的情况下，引力造成的红移量才能被检测出来. 引力红移现象首先在引力场很强的白矮星的研究中得到证实. 20世纪60年代，庞德(Pound)等人采用穆斯堡尔效应的实验方法，测量由地面上高度相差22.6m的两点之间引力势的微小差别所造成的谱线频率的移动，定量地验证了引力红移. 实验结果与理论预言符合得很好，它被认为是支持广义相对论的重要实测证据之一.

### 25.2.5 引力辐射

运动的电磁场产生电磁辐射和电磁波. 任何物质都有引力，形成引力场，质量越大，引力场越强. 引力场是与电磁场本质上相同的物质场，其运动变化理当形成与电磁辐射波类似的引力辐射波. 爱因斯坦在1916年预言，加速运动的质量（即引力场）会产生引力辐射或引力振荡，也就是会向外发射引力波. 不过，引力波一般很微弱，很难探测到. 只有大质量天体的激烈活动才产生很强的引力波，如双星系统的公转、中子星的快速自转、超新星爆发、黑洞碰撞和捕获物质等过程.

1974年，天文学家发现天鹰座的一对脉冲星双星，它们距地球1.7万光年，由于高速相互绕转，应该发射引力波. 而引力波会带走能量，它们的运行轨道会缓慢地衰减，即以螺旋轨道相互靠近. 天文学家为此一直在进行测量. 1978年，终于测得它们的轨道衰减率，而且正好与爱因斯坦广义相对论预言的一致. 这被认为是对引力波理论的第一个观测证明.

引力辐射的性质与电磁辐射的性质相仿佛，比如，二者都以光速 $c$ 传播；都携带场的能量、动量和辐射源的有关信息；都是横波，且在辐射源的远处都是平面波. 但是二者也有明显的差别，比如引力波非常弱，其强度只有电磁辐射的 $10^{37}$ 分之一.

## 25.3 宇宙学简介

广义相对论需要有实际意义的应用领域，宇宙学无疑是其中最重要的一个. 反过来，宇宙学也必须靠广义相对论才能发展. 以广义相对论为基础的现代宇宙学理论框架确立于20世纪20年代. 它为赢得人们的信任花了40年. 此后，宇宙学开始了它的迅猛发展，并成为广义相对论的重要支柱之一.

### 25.3.1　宇宙膨胀

广义相对论创立之初，爱因斯坦曾提出了两个简化假设：①宇宙可被看成充满全空间的均匀介质；②宇宙在整体上是静态的．在这样的基础上，他为宇宙建立了第一个物理模型．人们称它为爱因斯坦的静态宇宙模型．20 世纪 20 年代，在这个模型提出后不久，天文学家发现了宇宙膨胀的迹象．这说明爱因斯坦静态模型并不能描述真实的宇宙．虽然这个模型被抛弃了，但它为宇宙学的研究迈出了第一步．1923 年，斯里弗(Slipher,1875—1969)等人观测了十来个漩涡星云的光谱，发现星系光谱波长大多比实验室观测到的要长，即有光谱的红移．若把该红移理解为多普勒效应的后果，则表明，这些星云都在远离地球退行，其退行速度大大地高于恒星的视向速度．斯里弗等人的发现成了宇宙膨胀观念的发端．同一时期，哈勃(Hubble,1889—1953)证认了这种漩涡星云是银河系之外的恒星集团．这样的恒星集团被称为星系．1929 年，哈勃以 24 个已知距离星系的观测资料为依据，做出了速率-距离的关系图，显示出速率与距离成正比．哈勃的这一结果，不仅证明了整个宇宙处于膨胀之中，而且这种膨胀速率与距离 $R$ 成正比，因而既是处处没有中心又是处处为中心的．哈勃进一步推算出星系退行的定量规律，光源越远，它远离我们而去的速度也越快．这种趋势称为**哈勃定律**(Hubble law)．图 25-4 是利用现今的数据给出的哈勃定律的示意图．

哈勃定律的内容可用下式表示

$$v = H \cdot R \tag{25-3}$$

式中，$v$ 为星系退行速度；$R$ 为星系与地球之间的距离；$H$ 为哈勃常数，取值为 $H \approx 50\text{km}/(\text{s}\cdot\text{Mpc})$，即离我们 1Mpc(百万光年)处的天体其退行速度是 50km/s．哈勃常数的物理意义是描述宇宙整体上的膨胀快慢．近年人们用多种方法定出的弥散值在 $H = 50 \sim 100\text{km}/(\text{s}\cdot\text{Mpc})$．

除了宇宙的膨胀外，宇宙物质的均匀性是又一个重要的基本事实．星系在宇宙空间的分布并不很均匀．由于引力作用，它们也有弱的结团性．这就是天文上的星系团和超星系团的概念．但是，当我们把空间的单位体积取得比超星系团还大，计数测量表明，空间各处的星系数密度是接近均匀的．当我们把宇宙看成由大量星系组成的均匀介质，远处的星系在系统地向远离我们的方向退行，表明了宇宙介质在膨胀．星系相对我们银河系有系统的退行可能带来错觉，好像我们处于宇宙的中心．而哈勃定律暗示，宇宙在演化过程中是始终均匀的．这样，我们的银河系不过是均匀宇宙介质中的一个普通的“分子”，它不具有任何特殊地位．这一概念被称为**宇宙哥白尼原理**．

### 25.3.2　大爆炸理论

宇宙既然在膨胀，那么逆着时间进程来看，宇宙似乎应该起源于一个点．我们应该发现宇宙从某个更小、更密的状态(其尺度似曾一度为零)变化而来的证据．这种表现上的开端，被人们称为“大爆炸”．伽莫夫(Gamow,1904—1968)是现代大爆炸宇宙学(big bang cosmology)的奠基人．在哈勃发现天体的整体退行 20 年之后，1948 年，伽莫夫以弗里德曼(Friedman,1888—1925)的膨胀宇宙模型为基础提出：宇宙起源于一次大爆炸．他计算出了原初大爆炸的那个“火球”由于膨胀冷却而在今天宇宙中遗留下的背景光子温度—大约 10K．但在当时，没有多少人愿意把宇宙学作为一门真正的科学来对待，伽莫夫的工作在当时没有引起人们的重视．该局面持续了 20 年，直至这一理论预言的背景辐射被发现和证实．

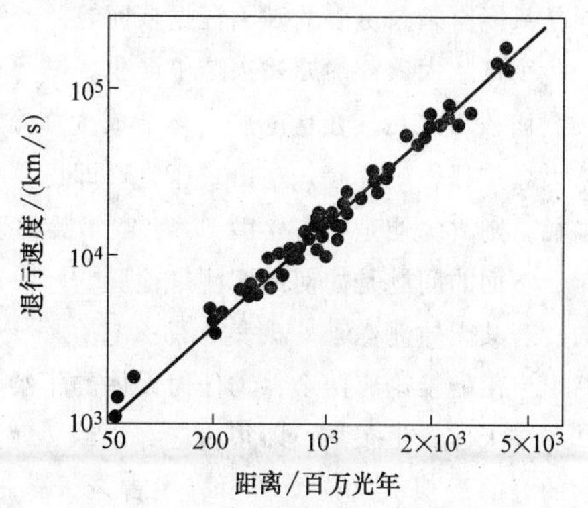

图 25-4　哈勃定律的现代图解

宇宙学的研究方法是逐步地往前追溯，相应的推论是宇宙温度越早越高．当追溯到非常早的时期，介质的密度和温度曾比后来高出几十个数量级．如果前推到极端，宇宙的膨胀应该是从密度和温度都为无穷的状态开始的．历史上，

“宇宙大爆炸”的说法起源于伽莫夫的反对者．如果宇宙是有限的，它最初占据很小的体积，又具有很高的温度，其行为的确很像一次爆炸的开始．但是必须强调，宇宙是否有限是不能被假定的，伽莫夫理论也没有假定宇宙的有限性．由于大爆炸的名称现在已被正面地沿用了下来，就让我们注意它只是一个很形象而不太确切的名称．不能顾名思义地联想有限的宇宙，这不是理论的本意．理论只是指出，宇宙膨胀是从温度和密度都非常高的状态开始的．

1922 年，苏联数学家弗里德曼根据广义相对论导出宇宙动力学方程

$$\frac{\dot{R}^2}{R^2}+\frac{k}{R^2}=\frac{8\pi G}{3}\rho \tag{25-4}$$

$$\frac{\ddot{R}}{R}=-\frac{4\pi G}{3}(\rho+3p) \tag{25-5}$$

式(25-4)显含膨胀速度 $\dot{R}$，式(25-5)显含加速度 $\ddot{R}$，其中 $k$ 是宇宙的曲率因子．它们含有三个未知函数：$R(t)$、$\rho(t)$、$p(t)$；给定物质的物态方程 $p=p(\rho)$ 后，方程组能够被完备地求解．由它可解出宇宙的膨胀进程 $R(t)$，以及膨胀中密度和压强 $p$ 随时间的变化．对于实物为主的宇宙，即宇宙中的介质是非相对论的，介质的热动能远小于静能，则有 $p\ll\rho$，即压强可以略去不计，由方程组可解出

$$\rho R^3=C \tag{25-6}$$

式中，$C$ 是一个常数．实测表明今天的宇宙密度主要来自物质的静能，所以式(25-6)可用于处理较近期的宇宙膨胀过程．对于辐射为主的宇宙，即介质主要由相对论性粒子组成，则 $p=\rho/3$．这时可解得

$$\rho R^4=C \tag{25-7}$$

在宇宙极早期高温状态下，粒子热运动动能远大于静能，可很好地近似为辐射场．研究早期宇宙的膨胀过程可用式(25-7)．在中间情形，可认为 $\rho R^n=C$，$3<n<4$．辐射为主的早期约持续几千年，所以它的时标远小于物质为主的时标，求解式(25-4)，考虑到 $\rho R^3=\rho_0R_0^3=C$（下标“0”代表当前值），得 $R(t)$ 的隐函数

$$t=\frac{1}{H_0}\int_0^{R/R_0}\sqrt{\frac{x}{1+(1-x)k/(R_0^2H_0^2)}}\mathrm{d}x \tag{25-8}$$

$k$ 可取常数 +1，0，−1，分别对应于三种常曲率的三维子空间：正曲率的超球面、零曲率的平直空间、负曲率的超双曲面；当 $k=-1$，0 时，宇宙一直膨胀，宇宙尺度随 $t\to\infty$ 而变成无限大；故而是开放型的宇宙演化方式．而当 $k=+1$ 时，宇宙尺度先从 0 增至极大值，而后再减到 0．这表明宇宙先膨胀，然后再收缩，如此脉动式地循环往复．这是一种闭合型的宇宙演化方式．宇宙的演化方式分为闭合型或开放型．求解式(25-8)可以画出 $R(t)$ 随时间的演化曲线，如图 25-5 所示．由图可见，三种情形都开始于小尺度，而后膨胀，故称为“大爆炸”．但是实际的宇宙只有一个，它到底属于哪一种可能？至今我们还很难判断，这个问题只能由未来更多的观测证据来回答．

宇宙从大爆炸的原始火球中诞生，并不断膨胀．在大爆炸后 $10^{-34}$ s 的一瞬间还经历了 $R$ 骤增的“暴胀”阶段，之后缓慢地膨胀，逐渐成为如今的尺度．宇宙的年龄就从大爆炸那一刻算起，它由式(25-3)即可算得．令 $R$ 为如今宇宙的半径，则 $R/v$ 便是宇宙年龄 $T$．宇宙年龄的理论推断值约为 $t=10^{10}$ 年，下面的问题是如何用实测来检验它．一般检验它的原理是这样的．若某天体诞生于 $t_1$ 时刻，那么它在今天的年龄为 $\tau=t-t_1$．显然引申出的推论有两个：①任何天体的年龄 $\tau$ 均应小于宇宙年龄 $t$；②若该天体诞生很早，即很古老，以致 $t$ 远大于 $t_1$，则 $\tau$ 是宇宙年龄的好的近似．这样，利用有些古老天体的年龄可以测定宇宙年龄．现在被用于推断宇宙年龄的古老天体是球状星团．球状星团的

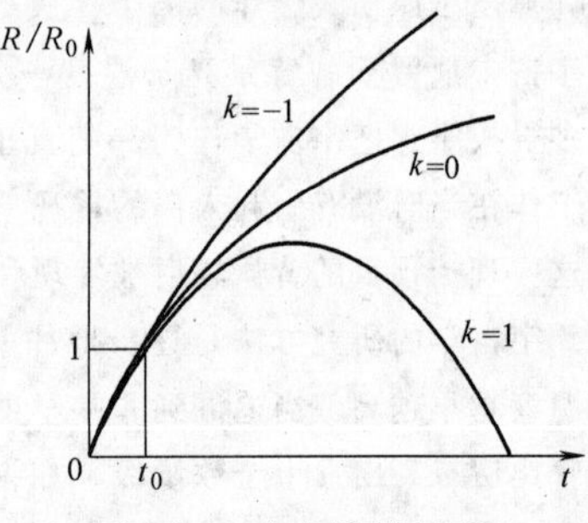

图 25-5　宇宙膨胀过程

年龄是由它内部的恒星组分来推断的．许多不同测量得出的弥散值在(150±30)亿年的范围内．它与宇宙年龄的理论值完全自洽．这里我们要注意理论值和实测值都还有较大的不确定性，用更准确的实测值来作进一步的检验是十分需要的．当然，在现有的水平上我们可以粗略地讲，宇宙年龄在 100 亿年至 200 亿年之间．

### 25.3.3　宇宙背景辐射

在宇宙极早期的高温、高密状态下，各种相互作用都迅速进行，宇宙可以看做各种基本粒子强烈地耦合在一起的“原初等离子体”．如果某种 $i$ 粒子的作用截面为 $\sigma_i$，能够与它作用的粒子的数密度为 $n_i$，粒子运动速度接近光速 $c$，则单位时间内 $i$ 粒子发生 $n_i \cdot \sigma_i \cdot c$ 次作用．宇宙当时的特征时标为哈勃参数的倒数 $1/H$．在这段时间内作用的次数 $n_i \cdot \sigma_i \cdot c/H$ 若远小于 1，则粒子 $i$ 就几乎不再与其他粒子作用了；它就脱离原初等离子体而存在．这一过程称为粒子退耦(decoupling)．退耦的粒子又称为背景遗迹粒子．如果它们是相对论性的，则称为背景辐射(background radiation)．由于退耦粒子是自由膨胀的，它的特征反映了宇宙在退耦时的物理状态．也就是说，背景遗迹粒子提供了宇宙在退耦期的“快照”．

下面我们介绍三种背景辐射，重点阐述其中的微波背景辐射．

(1) 引力波背景辐射．量子引力理论预言，在宇宙的普朗克时期，即宇宙年龄 $\approx 10^{-44}$s 的时空起源期，引力子从原初等离子体中退耦．引力波背景辐射为一种随机的引力波，它产生于极早期宇宙．如果现在能够测量引力波背景辐射，原则上我们就能够了解那时的宇宙环境．

(2) 中微子背景辐射．比引力子作用略强的中微子从原初等离子体中退耦的时间要晚些．当 $T\approx 1$MeV (自然单位制 1MeV = 1.160 450 × $10^{10}$K)时(宇宙年龄 $t=1$s)，此后中微子与其他组分已没有了热耦合，而成了无碰撞组分．在这意义上，它被称为背景中微子．它们将在宇宙中永远存在下去，因此今天应该是能够观测到的．人们之所以还没有发现，只因为中微子与物质的相互作用太微弱，仪器很难捕捉到它．

(3) 微波背景辐射．粒子退耦的最重要的例子是光子退耦．当宇宙的年龄 $t\approx 10^{12}$s 时，宇宙温度降到了 10eV(自然单位制)以下．离子易与电子结合成中性原子．而中性原子被光子电离的概率已极微小．于是气体从等离子态相变到了以中性原子为主的状态．在稀薄的中性原子气体中，光子被吸收的概率极微小，原来存在的光子气体变成无碰撞组分而永远存留下来．这就是所谓的背景辐射场．既然理论上预言应有背景辐射场存留至今，这就有了实测检验的可能．问题在于它的可观测性质是什么．背景辐射场的主要观测特征有三点：①它应高度地各向同性，这是早期宇宙高度均匀性的反映；②它的频谱应符合普朗克公式，这是早期宇宙高度热平衡的反映；③它的温度应在 10K 以下，这是它从形成至今长期降温的结果．这些特征是足以把它与来自其他天体的辐射相区别开的．

由维恩位移定律知，温度在 10K 以下的热辐射主要在微波波段，因此须用适当的射电天线或微波辐射计来接收．1948 年伽莫夫就提出了大爆炸宇宙学说，在当时就应该可以做这样的观测了．可是，宇宙的膨胀理论当时尚得不到学术界的信任，以致没有人想做这样的事．微波背景辐射的实际发现是在 20 世纪 60 年代中后期，而且事情很富有戏剧性．

20 世纪 60 年代初，美国普林斯顿大学的迪克(Dicke,1916—1997)等人重新认识到了背景辐射问题对于宇宙学的重要性．他们让两位研究生准备观测仪器，以探寻这个辐射．事后看来，这是一个注定会成功的研究计划．可是成功还是与他们失之交臂了．在他们还在做准备时，贝尔实验室的工程师彭齐亚斯(Penzias,1933—)和威尔逊(Wilson,1936—)在无意中抢先发现了它．1964 年 5 月，这两位工程师在美国新泽西州的一个小镇上调试一个频率为4 080MHz的角形天线，目的是为“回声”卫星服务．天线测量习惯用温度 $T$ 来表示强度，意指同温度同频率下的热辐射强度．他们这台天线性能很好，能把来自地面的噪声压低在 0.3K 以下．当他们开始测量来自天空的噪声时，发现扣除了大气吸收和天线本身的影响后，有一 3.5K 的微波噪声相当显著．在认真检查天线的每一个接缝甚至清除了天线内的一个鸽子窝后，噪声依然存在．日后一年的观测表明，这种噪声与天线在天空的指向无关，与地球的周日运动、太阳运动无关，故而它是弥散在空间的一种背景辐射．当迪克获知彭齐亚斯和威尔逊的发现后，立即断言这便是他们致力寻找的东西．

于是两位不懂得宇宙学的工程师在美国天体物理杂志上发表了题为“在 4 080MHz 上额外的天线温度测量”的短文，而这一发现荣获了 1978 年的诺贝尔物理学奖. 彭齐亚斯和威尔逊的发现显然不足以得到人们的完全确认. 他们的贡献是为背景辐射的实测研究奠定了第一块基石. 如果它确实是来自宇宙深处的背景辐射，那么人们应当在其他频率上也能找到它. 于是这个问题成了研究的热点. 在此后几年里，十几组天文学家在从微波到红外的不同频率上测到了它，并定出了接近相同的温度. 这样，宇宙学起源的背景辐射的存在得到了人们的公认.

微波背景辐射的发现是继哈勃发现天体整体退行后宇宙学的第二个巨大成就. 它的存在被肯定后，进一步须由观测回答它的频谱是否与普朗克谱十分接近. 但之后人们作了 20 多年的努力，依然对背景辐射谱的全貌没有得到共识. 直到 1989 年宇宙背景探测者(简称 COBE)卫星升空，才回答了这个问题. 图 25-6 显示了 COBE 的结果，其中的方块是观测值及误差，实线是根据普朗克公式所进行的拟合. 从图中可以看出，微波背景辐射的频谱是高度符合普朗克的黑体辐射定律的. 这强烈地暗示了背景辐射来自早期宇宙. 它把宇宙大爆炸理论证实到了几乎无可争议的地步.

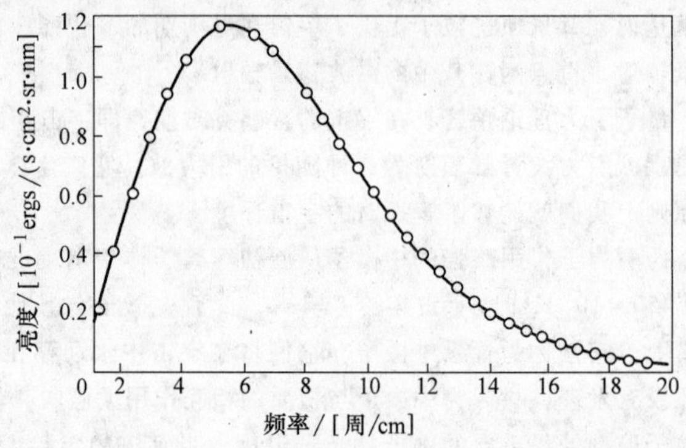


图 25-6　“宇宙背景探测者”卫星测得的频谱

宇宙学作为一个极端领域，无疑是自然科学基础研究中最基本和最困难的领域之一. 自广义相对论建立以来，人们已为它奠定了一个可靠的理论基础，并澄清了许多重要的问题. 当然，宇宙学中未解决的问题比已解决的问题要多得多. 天文学家们正在为赢得新的成功而继续努力.

## 小　结

本章主要介绍了恒星的演化、3 种致密星体的性质、广义相对论的 2 个基本原理和它的几个重要的推论、大爆炸宇宙学说以及宇宙学中 2 个最著名的成就.

一、恒星的演化

恒星就是不断向宇宙空间辐射能量的自引力气体球. 它的主要能源是在其内部深处发生的热核反应所释放的能量. 恒星的结构和演化受两种相反的作用力支配：使恒星坍缩的引力和使恒星膨胀的压力.

二、3 种致密星体

在恒星演化最后阶段可能形成 3 类产物——白矮星、中子星和黑洞. 确定一颗恒星是否以白矮星、中子星和黑洞为其归宿的主要依据是它的质量.

1. 白矮星　一种由电子之间不相容原理排斥力所支持的稳定的冷的致密星. 白矮星的质量约为 $1m_S$，半径约为 5 000 km，平均密度高达 $10^5 \sim 10^8 g/cm^3$，它的质量上限是钱德拉塞卡质量(约为 $1.4m_S$).

2. 中子星　中子星是一种主要由中子以及少量的质子、电子所组成的超密中子简并星. 它是为脉冲星建立的模型. 中子星由外到内的结构一般分为：大气层、外壳层、内壳层和核心.

3. 黑洞　黑洞由大质量恒星塌缩形成. 黑洞的性质由质量 $m$、角动量 $L$ 和电荷 $Q$ 三个参量来表征. 依据这三个量是否为零将黑洞分为施瓦西黑洞、克尔黑洞、莱斯纳黑洞和克尔-纽曼黑洞. 一般认为宇宙中的黑洞可能以三种形式存在：原初黑洞、恒星质量黑洞以及超大质量黑洞.

三、广义相对论的 2 个基本原理

1. 广义相对性原理　所有的物理定律在任何参考系中都取相同的形式.

2. 等效原理　引力场与参考系的相当的加速度在物理上完全等效.

四、广义相对论的几个重要推论

1. 弯曲时空　广义相对论认为，物质质能的存在将使周围的时空弯曲；只受引力的“自由”粒子沿着测地线运动，从而表现出受引力作用.

2. 光线引力偏折　广义相对论等效原理可以论证，光子轨线必然有引力偏折. 这个推论已经被实验验证.

3. 引力红移　由广义相对论可推知，处在引力场中的光源发出的光，当从远离引力场的地方观测时，谱线会向红端(长波方向)移动，移动量同光源和观测者两处引力势差的大小成正比. 光谱线的这种位移称为引力红移.

4. 引力辐射　任何物质都有引力，形成引力场，质量越大，引力场越强. 引力场是与电磁场本质上相同的物质场. 1978 年，天文学家测得一脉冲双星的轨道衰减率，找到了引力波存在的第一个观测证明.

五、大爆炸宇宙学说

伽莫夫以弗里德曼的膨胀宇宙模型为基础提出：宇宙起源于一次大爆炸. 由宇宙动力学方程推知，宇宙的演化方式分为闭合型或开放型：当曲率因子 $k=-1$，0 时，宇宙一直膨胀，是开放型的宇宙演化方式. 当 $k=+1$ 时，宇宙先膨胀，再收缩. 是一种闭合型的宇宙演化方式.

六、宇宙学中 2 个著名的成就

1. 宇宙膨胀　哈勃以 24 个已知距离星系的观测资料为依据，证明了整个宇宙处于膨胀之中，而且这种膨胀速率与距离 $R$ 成正比. 哈勃定律 $v=H\cdot R$，其中 $v$ 为星系退行速度，$R$ 为星系与地球之间的距离，$H$ 为哈勃常数.

2. 微波背景辐射　来自宇宙空间背景上的各向同性的微波辐射，是一种成功探测到的背景辐射. 其能量密度按波长的分布为黑体谱.

## 思　考　题

25-1　恒星的一生经历了哪些演化阶段？

25-2　中子星的大致结构是什么？

25-3　黑洞可能存在的三种形式是什么？

25-4　何为广义相对性原理？何谓等效原理？

25-5　为什么光线在引力场中会弯曲？

25-6　试比较引力辐射与电磁辐射的异同？

25-7　说明宇宙红移以及哈勃定律的起因？

25-8　什么是宇宙大爆炸？支持这一理论的依据有哪些？

## 物理学家简介

### 史蒂芬·霍金(Stephen William Hawking, 1942—)

1942 年 1 月 8 日，史蒂芬·威廉·霍金出生于英国牛津的一个知识分子家庭，他的生日恰好与著名物理学家伽利略逝世 300 周年的纪念日是同一天. 霍金的父母均毕业于牛津大学，他们对子女的教育非常重视，霍金从小就接受了良好的启蒙教育. 尽管出生时正值第二次世界大战期间，不过霍金的童年却过得非常平静，他从小就思维活跃且想象力丰富，对各种机械模型也特别着迷，然而他的语言表达和动手能力却

不如头脑那么灵活，甚至还有些口吃．霍金在小学和中学期间的成绩一直都很优异，而且他很早就对数学和物理产生了浓厚兴趣，因此不顾父亲的反对（霍金的父亲原本希望他学医），选择了物理学作为自己后来的发展方向．1959 年，17 岁的霍金以优异成绩顺利考入了牛津大学，主修物理学．在大学期间，霍金在学习上并不用功，然而他在数学和物理学方面所具有的超乎常人的领悟能力仍使他在学业上游刃有余．1962 年，霍金从牛津大学毕业，其后他进入剑桥大学继续攻读研究生，师从天体物理学教授丹尼斯·西阿玛（Dennis Sciama,1926—1999），开始从事广义相对论和宇宙学的研究．不幸的是，在霍金来到剑桥后的第二年，他就被确诊得了 ALS 病，即肌肉萎缩性侧面硬化症（又称运动神经细胞萎缩症或卢伽雷症）——这是一种无法治愈的疾病，该病会导致全身瘫痪，并可能使患者因呼吸肌肉失效患上肺炎或窒息而死．当时医生曾告知霍金，他的生命仅剩两年时间，这一噩耗对年仅 21 岁的霍金而言是个沉重的打击，不过他很快就重新振作起来，开始勇敢地面对疾病．与此同时，霍金与一位名叫简·瓦尔德（Jane Wilde,1942—）的女孩认识并相爱，这更增加了他生活下去的勇气和决心．对生命的珍惜和生活的需要使霍金真正开始努力用功，他在 1965 年获得了博士学位，并成为剑桥大学的一名研究员，由此开始了自己辉煌的科学研究生涯．同年 7 月，霍金与简·瓦尔德结婚，他们婚后共育有二子一女．

霍金起初的研究方向主要集中在宇宙起源的问题上，1970 年，他与罗杰·彭罗斯（Roger Penrose,1931—）合作，证明了宇宙奇性定理：在很一般的条件下，按照广义相对论，宇宙大爆炸必然从一个奇点开始；在奇点处，所有定律及可预见性都将失效．因为这一成就，他们二人共同获得了 1988 年的沃尔夫物理奖．之后，霍金开始致力于黑洞的相关研究．“黑洞”这一概念最早是由物理学家约翰·惠勒（John Archibald Wheeler,1911—2008）提出的，经典物理曾认为黑洞可以吸收所有物质（包括光）而不会发射出任何辐射．霍金将量子理论引入到黑洞问题的研究当中，并在 1974 年提出了一个重要结论：黑洞并非是完全黑的，它会类似黑体那样对外发出辐射，该辐射的温度与黑洞质量成反比；随着黑洞辐射，其质量和体积会逐渐减小，而温度却逐渐升高，直至最终“蒸发”消失，并在最后时刻引起巨大的爆炸．物理学家将这一现象称为霍金辐射（黑洞辐射）．霍金辐射的发现具有非常重要的意义，它使人们对黑洞有了更为深入地认识．不仅如此，在对黑洞的研究中，霍金还证明了黑洞的面积定理，并计算了黑洞的寿命．1974 年，霍金当选为英国皇家学会会员，是该学会最年轻的会员．1975 年，梵蒂冈授予霍金“有杰出成就的年轻科学家”称号．1977 年，霍金成为剑桥大学教授，次年又荣获了理论物理研究的最高奖项——爱因斯坦奖．1979 年，霍金当选为剑桥大学卢卡西安数学教授，这一职位实际上是一种无上荣誉，只有世界一流的科学家才有资格但当此任，该职位的前任中包括牛顿和狄拉克等著名物理学家．同年，霍金主编的《广义相对论》正式出版．

从 1980 年开始，霍金的研究兴趣逐渐转向了量子宇宙论．1983 年，霍金发表了论文《宇宙的波函数》，文中提出“虚时间”的概念，并在此基础上建立了无边界宇宙模型，这一理论最初仅适用于封闭宇宙，后来霍金又将其推广到开放宇宙的情况．按照霍金的理论，时空有限而无界，宇宙是完全自足的，它就是一种存在——由此造物主便失去了栖身之所．此外，霍金还是最早运用广义相对论推演宇宙演变的科学家之一，他对宇宙起源和命运的论断已被广泛接受．霍金的这些研究成果对自然科学与哲学都产生了极其深远的影响，他也因此被公认为是继爱因斯坦之后世界上最伟大的理论物理学家与最著名的科学思想家．

长期以来，霍金都在顽强地与病魔进行着抗争．1970 年，霍金的病情已经加重到无法行走，故而不得不开始使用轮椅，并从此被禁锢在轮椅上长达 40 年之久．随着病情的恶化，霍金不能写字，看书时需要依赖于一种专门翻动书页的机器，说话也吐词不清．1985 年夏天，霍金经历了一次穿气管手术，从此彻底失去了说话的能力，此后只能依靠一台专门为他设计的语音合成器与人交流．尽管如此，霍金仍然坚强地活了下来，他不但粉碎了医生当初的预言，还在这种情况下撰写了诸多作品，其中最著名的代表作就是 1988

年出版的《时间简史》.《时间简史》是一部科普著作，该书构思精妙，想象丰富，霍金在书中用通俗而风趣的语言向人们介绍了众多宇宙前沿知识，如黑洞、宇宙起源和时间旅行等.《时间简史》出版后获得了巨大成功，它被翻译成40多种文字，发行量至今已累计超过2500万册，被誉为畅销书之王，后来还被拍成同名电影搬上了银幕. 除此以外，霍金还著有《霍金讲演录——黑洞、婴儿宇宙及其他》和《果壳中的宇宙》等其他作品. 2007年，霍金与人合作完成了自己的第一部儿童科幻读物《乔治通往宇宙的秘密钥匙》，该书出版后同样广受欢迎. 特别值得一提的是，霍金一生中曾三次到访中国，并曾于2006年第三次到访时在人民大会堂发表演讲.

霍金对待生命乐观而坚强，他那非凡的人格魅力感染了每一个知道他的人，他对科学的不懈探求激励着越来越多的有志者. 霍金在科学研究上取得的杰出成就，和他与疾病搏斗的坚强毅力使他成为了一位极具传奇色彩的科学家，事实上他活着本身就已经是一个传奇——今天，这个传奇还在继续……

# 第 26 章 现代科学与高新技术的物理基础专题*

## 26.1 介观物理

### 26.1.1 介观物理的特征长度和基本概念

**1. 特征长度** “介观(mesoscopic)”一词是 Van Kampen[1] 1976 年在他关于随机过程的文章中第一次提到的. 直观地讲，介观系统是指尺度介于微观和宏观尺度之间的系统，它可以看成是尺度缩小的宏观物体. 对于宏观导体，在保持外界条件不变的情况下，若把它分成两块，则每一块的物理性质，如温度、比热、电导率等，应保持不变. 这已为大量的实验所证实，并在此基础上建立了普通物理学、热力学和统计物理等. 然而，我们可以一直这样分割下去而保持每一个子系统有相同的物理性质吗？现代物理学告诉我们，答案是否定的！在接近于粒子的德布罗意(de Broglie, 1892—1987)波长的微观尺度内，粒子具有波粒二象性，它的坐标和动量、能量和时间满足海森伯(Werner Heisenberg, 1901—1976)不确定原理(Heisenberg uncertainty principle). 经典意义上的粒子的轨道的概念失去意义，必须用状态波函数来描述粒子的传播. 一般情况下，粒子的状态波函数由两部分组成，一部分是它的振幅，其平方表示粒子在该点出现的概率，另一部分是它的相位，表示粒子的量子相干，一般情况下它是时间和坐标的函数. 相位的出现有其深刻的物理含义，而不是数学上的一个简单相因子，它表征粒子内在的波的本性. 由此我们可以观测到电子的干涉和衍射现象. 然而粒子的量子行为随着系统尺度的增大、大量粒子的热运动及与杂质的散射破坏了粒子的量子相干性而迅速消失，这就是为什么除超导、超流和量子霍尔效应等外，我们观测不到一般宏观系统的量子现象.

从物理特征来讲，尽管介观系统和宏观系统都包含大量的原子和分子，但宏观系统可以用材料的平均特性来描述. 然而，由于介观系统其物理结构的小尺度特点，围绕物理可观测量平均特征值的涨落显得更为重要. 与微观体系一样，介观系统所遵从的物理规律依然是以量子力学为基础. 规律与尺度特征的结合，使得它的物理属性表现出既不属于原子尺度，也不是宏观大块系统的行为，而是有着其独特和新奇的特性. 低维、纳米结构和量子点等器件的介观结构，能够明显地表现出量子干涉和无序所导致的涨落现象，以及多体受限系统中的电子强相互作用等基本物理属性.

根据欧姆定律，一个长方体导体的电导与它的横截面积 $S$ 成正比，而与它的长度 $L$ 成反比：

$$G = \gamma \frac{S}{L}$$

这里电导率 $\gamma$ 只与导体的内部性质有关，而与导体的大小形状没有关系. 人们非常关心在什么样的尺度下这个关系不再成立，因为在微观尺度下，如接近于粒子的德布罗意波长，粒子的量子行为将显现出来. 在应用固体理论和统计物理研究宏观系统的物理性质时，通过取热力学极限(即取系统的体积 $V$ 和粒子数 $N$ 趋于无穷大,而保持粒子数密度 $n = N/V$ 为常量)而得到系统的物理性质. 除了在系统的连续相变点外，系统的宏观尺度远大于任何表征粒子量子行为的微观特征长度，因此系统的量子行为很难被观测到. 20 世纪 80 年代中期，随着科学技术的发展和微加工技术的进步，实验上可以制备出接近微观特征长度的样品，这样观测和测量系统的一些重要的量子行为变成可能.

因此，从物理意义上讲，尺度接近下面所定义的、表征量子行为的特征长度的系统称为介观系统. 如果一个导体它的电导满足欧姆定律，它的尺度必须远大于下面三个表征粒子量子行为的特征长度中的任何一个．这三个特征长度是：

（1）费米面（Fermi surface）附近的电子德布罗意波长 $\lambda_F=2\pi/k_F$，简称费米波长，它能够刻画粒子的量子涨落．当系统的尺度接近费米波长时，粒子的量子涨落非常强；而当尺度远大于费米波长时，粒子的量子涨落相对较弱．这时，它的量子相干性很容易受到破坏．

（2）粒子的平均自由程（mean free path）．它表征着占据初始动量本征态的粒子被散射到其他动量本征态前，粒子所走过的平均距离．换句话说，也就是表征粒子动量的弛豫．平均自由程 $l$ 与粒子的弛豫时间（relaxation time）$\tau$ 的关系为 $l=(h/m_0\lambda_F)\tau$．后者的物理意义是电子处于某个动量本征态的平均时间，即处在某一动量本征态的电子在被散射到另一动量本征态前所逗留的平均时间．

（3）相位相干长度 $L_\phi$（phase coherence length）．它所指的是，占据某一个本征态的粒子，在完全失去相位相干性之前所传播的平均距离．它一般由电子与其他电子、声子和杂质等的非弹性散射所决定．

这些特征长度对温度和外磁场有很强的依赖性，并且对不同的材料有很大的变化范围．正因为如此，我们可以在一个很大的范围内观测到不同于宏观（经典）输运的介观输运现象．在介观输运现象中，很多在经典输运中的原理不再有效，如串连的电阻不满足相加原理和并联的电导也不满足相加原理等．研究这类尺度缩小的宏观物体中量子相干性引起的物理问题，便形成了所谓“介观物理（mesoscopic physics）”的学科．介观物理学所研究的物质尺度和纳米科技的研究尺度有很大重合，所以这一领域的研究常被称为“介观物理和纳米科技”．介观的特征尺度为：$10^{-7}\sim10^{-9}$m．在表26-1中我们比较了宏观物理、介观物理和微观物理的区别．

**表26-1　宏观物理、宏观物理和微观物理的区别**

| | 宏观物理 | 介观物理 | 微观物理 |
|---|---|---|---|
| 大小 | $L\gg L_\phi$ | $L\leqslant L_\phi$ | $L\ll L_\phi$ |
| 例子 | 固体、液体等 | 量子点、量子线等 | 原子、分子等 |
| 特征 | 统计 | 量子 | 量子 |
| 数目 | $N\sim\infty$ | $N<\infty$ | $N\ll\infty$ |
| 现象 | …… | AB效应、共振隧穿等 | …… |

**2. 基本概念**

（1）有效维数．根据电子的费米波长，我们可以定义系统的有效维数：

1）$\lambda_F\ll L_x$，$L_y$，$L_z$：三维

2）$\lambda_F\sim L_x\ll L_y$，$L_z$：准二维

3）$L_x\ll\lambda_F\ll L_y$，$L_z$：二维

4）$L_x\ll L_y\sim\lambda_F\ll L_z$：准一维

5）$L_x$，$L_y\ll\lambda_F\ll L_z$：一维

6）$L_x$，$L_y$，$L_z\sim\lambda_F$：0维

在零维，系统变成一个量子点（quantum dot），电子间的库仑相互作用变得非常重要，从系统中移去或加进一个电子需要的特征能量是 $E_C\sim e^2/L$，这里 $L$ 是系统的有效尺度．

（2）弹性散射和非弹性散射．弹性散射和非弹性散射对电子的影响有着本质上的区别．弹性散射不改变电子的能量，只是使它从一个动量本征态散射到另一个动量本征态．弹性散射的平均自由程可表示为 $l=v_F\tau_0$，这里 $\tau_0$ 是电子保持在某一个动量本征态的平均时间．弹性散射是电子与静态的杂质的散射，这种散射所导致的电子的波函数相位的改变不随时间变化，多次散射后初态与末态的相位差是每一次散射所导致的相位的改变的累加．原则上，弹性散射不破坏电子的相干性．

非弹性散射前后电子的能量改变，即电子从一个能量本征态散射到另一个能量本征态．非弹性散射是电子与其他具有动力学自由度的散射体的一类散射，如由于库仑相互作用导致的与其他电子的散射、与声

子的散射和与具有内部自由度的杂质的散射等. 这种散射所导致的电子波函数相位的改变是随时间无规变化的，因此电子的相干性经过多次散射后消失. 这就是弹性散射和非弹性散射的本质区别. 弹性散射驰豫时间 $\tau_0$ 基本不随温度变化，而非弹性散射驰豫时间 $\tau_\varphi$ 与温度有很强的依赖关系，散射体在不同温度区间对电子的散射不同，在高温区声子的散射起主导作用，而在低温区电子间的散射及与杂质的散射起主导作用.

(3) 扩散区和弹道区. 根据平均自由程 $l$ 与系统的尺度 $L$ 的相对大小，介观系统分成扩散区和弹道区. 在扩散区，$L_\phi > L \gg l$，电子的输运可看成是量子扩散过程，并且不依赖于系统的形状. 在弹道区，$L \ll l$，电子在系统内作弹道运动，而系统的边界作为散射体对电子散射，因此系统的边界扮演重要的角色. 通常平均自由程在 10nm 的量级，处在扩散区的金属线或点，其费米波长(0.1～0.2 nm)与系统的尺度相比非常小，因此电子能级的量子化一般不重要. 只有在最近邻的两能级之差与温度相比拟的时候，才变得非常重要.

前面有效维数的定义一般认为是在电子输运的弹道区，而在通常的量子扩散区，系统的有效维数要由相位相干长度来确定，即上面的费米波长 $\lambda_F$ 用相位相干长度 $L_\phi$ 代替.

## 26.1.2 介观物理中的 Landauer-Büttiker 公式

1957 年，Landauer[2] 认识到量子力学在小尺度起着重要的作用，并给出与两个电子库相连接的相相位干的导体电导公式. 此后，该电导公式又被 Büttiker[3] 发展，被称之为 Landauer-Büttiker 公式.

如图 26-1 所示，我们研究一段无序导体(阴影部分)，其中仅有弹性散射，两端连着理想导体 A、B. 电子库满足以下性质：

(1) 所有进入电子库的电子不管其能量和相位如何都被完全吸收. 即电子从理想导线到电子库的透射概率是 1，但是电子从电子库到理想导线的透射率要小于 1. 这反映接触电阻的存在；

(2) 电子库能够持续地提供能量低于化学势 $\mu$ 的电子，并且这些电子的能量和相位均与所吸收的电子的能量和相位无关.

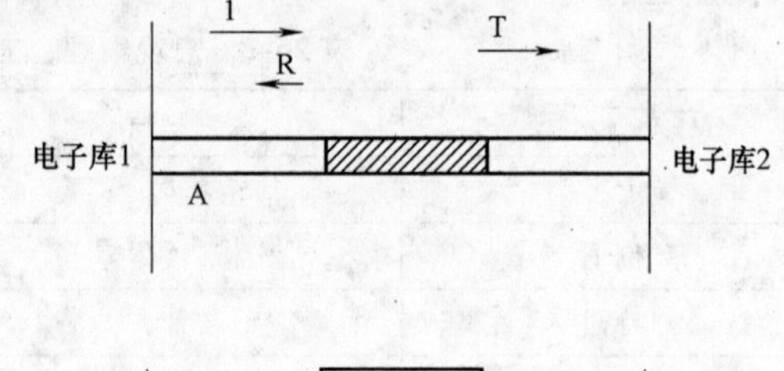


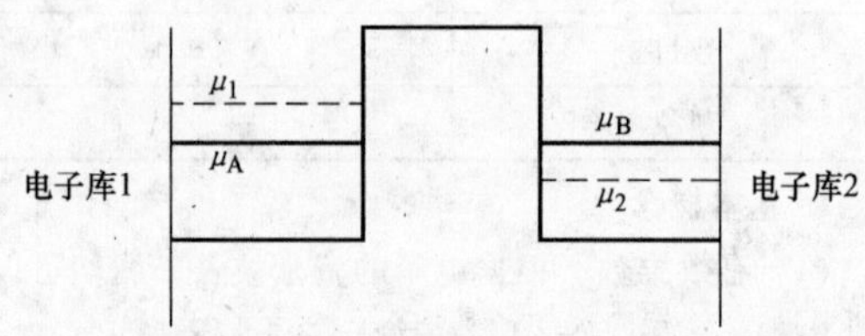


图 26-1 相位相干的导体示意图

假设电子库 1、2 的化学势分别为 $\mu_1$ 和 $\mu_2$，加电压 $V$ 使电子库 1 的化学势 $\mu_1$ 高于电子库 2 的化学势 $\mu_2$：

$$\mu_1 = \mu_2 + eV \tag{26-1}$$

则有净电流通过.

进一步简化，假定连线的理想导体为一维，且只有一个许可的传播模式，导体段可看做一个势垒，电子波透射率为 $T$. 对一维导体，在垂直方向对尺寸的限制导致能量分裂成一系列一维子带，带底能量记为 $E_n(n = 1,2,\cdots)$，电子波在沿导体方向仍以行波方式传播. 能量为波矢 $k$ 的函数，可写为

$$E_n(k) = E_n + \frac{\hbar^2 k^2}{2m} \tag{26-2}$$

仅有一个许可的传播模式或通道的意思是在上式中只取 $n=1$，如处于波矢 $k$ 态的电子速度(群速度)记为 $v_k$，则向右的净电流为

$$I = 2eT\int_{\mu_1}^{\mu_2} v_k \frac{\mathrm{d}k}{\mathrm{d}E_k}\frac{\mathrm{d}E_k}{2\pi} = \frac{2e}{h}T(\mu_1 - \mu_2) \tag{26-3}$$

上式计算过程中用到了 $v_k = \dfrac{1}{\hbar}\dfrac{\mathrm{d}E_k}{\mathrm{d}k}$，因子 2 来源于电子自旋简并度.

由电导的定义及式(26-1)、式(26-3)，可得两端单通道器件电导

$$G_c = \frac{I}{V} = \frac{2e^2}{h}T \tag{26-4}$$

上式即为 Büttiker 公式.

一般的，电流流过时，理想导体引线两端的化学势 $\mu_A$、$\mu_B$ 有别于电子库的化学势 $\mu_1$、$\mu_2$. 势垒本身的电导

$$G = \frac{I}{V_{AB}} = \frac{eI}{\mu_A - \mu_B} \tag{26-5}$$

将与 $G_c$ 不同. 为了求得势垒本身的电导，需要知道 $\mu_A - \mu_B$ 与 $\mu_1 - \mu_2$ 之间的联系.

$T = 0$K 时，设一维理想导体单位长度的单位能量间隔内的状态数，即能态密度(density of state)为 $N_1(E)$，则理想导体 $A$ 的电子气密度为

$$n_A = \int_0^{\mu_A} N_1(E)\,dE \tag{26-6a}$$

来自库 1 和库 2 的电子的透射率和反射率分别是 $T$、$R$ 和 $T'$、$R'$，考虑到 $N_1(E)$ 中包括了 $+k$ 态和 $-k$ 态的电子，势垒左边的电子气密度还可写为

$$n_l = \frac{1}{2}\int_0^{\mu_1} N_1(E)(1+R)\,dE + \frac{1}{2}\int_0^{\mu_2} N_1(E)T'\,dE \tag{26-6b}$$

从 $n_l = n_A$，可以得到

$$\int_0^{\mu_A} N_1(E)\,dE = \frac{1}{2}\int_0^{\mu_1} N_1(E)(1+R)\,dE + \frac{1}{2}\int_0^{\mu_2} N_1(E)T'\,dE \tag{26-7}$$

同理，对势垒右边可以类似的写出

$$\int_0^{\mu_B} N_1(E)\,dE = \frac{1}{2}\int_0^{\mu_2} N_1(E)(1+R')\,dE + \frac{1}{2}\int_0^{\mu_1} N_1(E)T\,dE \tag{26-8}$$

在偏压较小即 $\mu_1$ 和 $\mu_2$ 相差较小的情况下，略去 $\mu_1$、$\mu_2$ 附近态密度的差别，式(26-7)减去式(26-8)得

$$\mu_A - \mu_B = R(\mu_1 - \mu_2) \tag{26-9}$$

推导过程中用到电流守恒条件

$$\left.\begin{aligned} T + R = 1, \quad T' + R' = 1 \\ T + R' = 1, \quad T' + R = 1 \end{aligned}\right\} \tag{26-10}$$

由式(26-3)、式(26-5)和式(26-9)得势垒本身电导

$$G = \frac{2e^2}{h}\frac{T}{R} = \frac{2e^2}{h}\frac{T}{1-T} \tag{26-11}$$

上式即为 Landauer 公式. Landauer 公式(26-11)和 Büttiker 公式(26-4)合称 Landauer - Büttiker 公式. 比较式(26-4)和式(26-9)，可以得到

$$\frac{1}{G_c} = \frac{1}{G} + \frac{h}{2e^2} \tag{26-12}$$

上式中 $h/2e^2$ 来源于窄的理想导体线与电子库间的接触电阻，每一通道每个接触的电阻为 $h/4e^2$. 很显然，Landauer 公式(26-11)和 Büttiker 公式(26-4)表示不同的物理含义，后者包含了导线与电极(或电子库)的接触电导 $2e^2/h$. 接触电导起源于具有大量通道的电子库向单通道或较少通道边界的几何过渡，如电子库的大量通道向理想导线的单通道的过渡，它完全由连接的几何形状来决定，而与所测量的导线的电导无关. 接触电阻是普适的，对于每一个通道其接触电阻都相同，等于 $h/2e^2 \approx 12.9\text{k}\Omega$. 对于弹道输运，Büttiker 公式给出的电导不为零，而是接触电导，因此 Büttiker 公式所给出的电导是电子库两端的电导，实验上所测量的电导一般是 Büttiker 公式所给出的电导. 根据介观系统的电导与透射率的这个简单的关系，只要计算出电子在费米能级附近的透射率就可以得到系统的电导.

对于两端多通道的情形，可很容易地由单通道推广出来：

$$T_i = \sum_j T_{ij}, \quad R_j = \sum_j R_{ij} \tag{26-13}$$

$$\sum_i T_i = \sum_i (1 - R_i) \tag{26-14}$$

Landauer-Büttiker 公式推广为

$$I = \frac{2e}{h}\left(\sum_{i=1}^{N_c} T_i\right)(\mu_1 - \mu_2) \tag{26-15}$$

式中，$N_c$ 为通道数. 在偏压较小的情况下，由于 $\mu_1$ 和 $\mu_2$ 相差较小，略去透射率对能量的依赖关系，则

$$G = \frac{2e^2}{h}\sum_{i=1}^{N_c} T_i = \frac{2e^2}{h}\sum_{i=1}^{N_c}\sum_{j=1}^{N_c} |t_{ij}|^2 = \frac{2e^2}{h}Tr(t^+ t) \tag{26-16}$$

式中，$t \equiv (t_{ij})$，为透射矩阵.

## 26.1.3　Aharonov-Bohm 振荡

20 世纪 80 年代，很多人对小尺度构型中的相干特性进行了研究. 电子相位相干性的一个最直接结果，是当正常金属环的介观结构置放在垂直它平面的磁场中时，可以观测到电导是磁通量的函数，并以磁通量子为周期的变化行为如图 26-2 所示. 低温下，当相位相干长度长过环的周长时，电子在环内沿不同路径传输时是保持相位相干的. 任意电子通过其中一臂与同一电子通过另一臂之间会发生干涉，这就像光的双缝干涉一样. 电子通过环的两臂过程中，除了两臂的本征相位差 $\varphi_0$ 外，必须考虑磁场效应导致的相位差 $\varphi_B = (2\pi e/h)\Phi_m$，其中 $\Phi_m$ 表示穿过环的磁通量. 所以，电导是磁通量 $\Phi_m$ 的周期震荡函数，周期为 $h/e$. 这被称为电导的 Aharonov-Bohm 振荡，简称 AB 振荡.

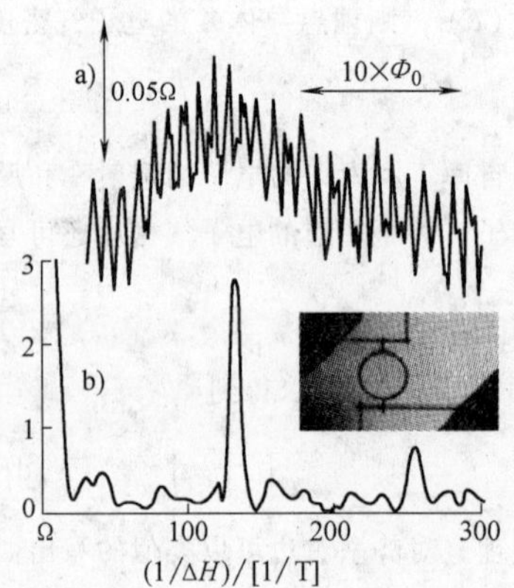


图 26-2　Aharonov-Bohm 振荡

## 26.1.4　普适电导涨落

对于介观系统，由于存在较强的电子的量子干涉，它的物理性质不同于经典的宏观系统. 在 20 世纪 80 年代中期，实验上发现一些介观尺度的金属样品的电导随外场，如磁场、偏压等，作无规振荡. 对不同的样品其振荡的图形不同，但对于同一样品在外界条件相同的情况下，这种无规振荡的图形完全可以重复，说明这些图形是样品本身所特有的. 进一步的研究还表明，电导涨落的大小与样品形状及空间维数只有微弱的依赖关系. 正是由于电导涨落大小的这一普适性，我们称之为普适电导涨落（universal conductance fluctuations）.

普适电导涨落有以下特点：

(1) 它是与时间无关的非周期涨落，因此不是热噪声.

(2) 这种涨落是样品特有的，每一种特定的样品有其自身特有的涨落图样，而且，对于给定的样品，在保持宏观条件不变的情况下，其涨落图样是可以重现的. 因此，这种涨落被称为是样品的指纹.

(3) 虽然不同的样品具有不同的无规振荡图形，电导也可能相差一到几个数量级，但其涨落的方差是一个量级为 $e^2/h$ 的普适常数，它与样品材料、大小、无序程度及电导平均值的大小无关，只与样品的形状和有效维数有微弱的关系.

从物理上看，普适电导涨落来源于介观金属中的量子干涉效应. 根据 Landauer 理论，电导正比于总透射概率. 从样品一边到另一边的透射概率幅是许许多多通过样品的费曼路径相应的概率幅之和. 在金属区电子通过样品是经历多次与杂质的散射，其费曼路径是无规行走的准经典“轨道”，不同的费曼路径之间的相位差是不规则的，导致随机干涉效应，是电导呈现非周期的不规则涨落. 在有磁场的情形下，每一条

费曼路径将获得一附加的相位因子 $(e/\hbar c)\int A \cdot \mathrm{d}l$，两条不同的费曼路径之间由磁场引起的相位差由这两条路径所包围的磁通 $\Phi_m$ 决定. 由于路径是无规的，两条路径包围的磁通 $\Phi_m$ 也是无规的，导致随机干涉效应及相应的电导涨落. 不同的样品，即使宏观性质相同(指具有相同形状、大小,相同材料及杂质浓度)，但微观上杂质位形仍不同，因而其涨落的图样是不相同的. 特定样品具有特定的“指纹”，反映样品在微观上的特定杂质位形. 图 26-3 给出了 Si MOSFET 的磁阻分别随磁场和门电压的非周期振荡. 在图 26-3b 中，缓变的背景电导已被扣除.

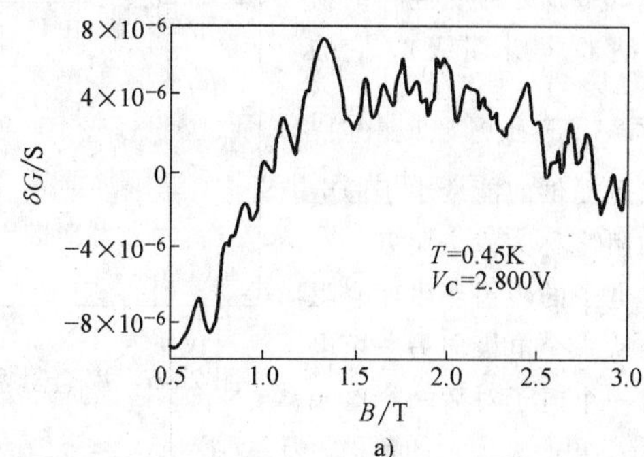


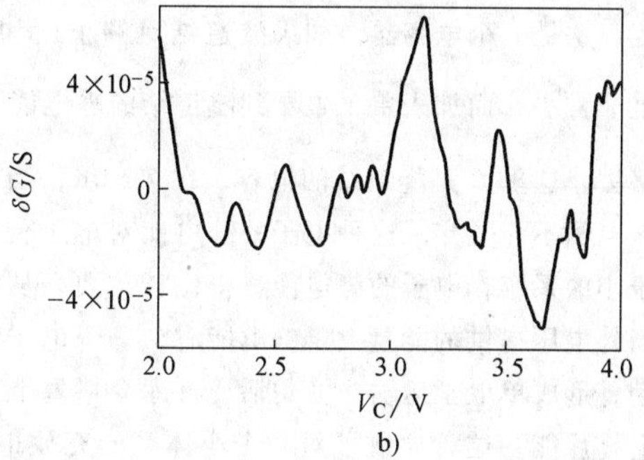


图 26-3　普适电导涨落

## 26.1.5　弹道输运

对于一个金属细导线，如果其横截面的直径远小于电子弹性散射的平均自由程 $l$，长度 $L$ 满足条件 $l<L<L_\phi$，系统处在量子扩散区，电子通过相干扩散而传播. 当 $L<l$ 时，电子的传播不受杂质的散射，而是弹道式的传播. 通常这类系统很难在实验中制备，但碳纳米管属于这类系统. 在实验上，通常不是生长细金属导线，而是通过栅电极控制半导体异质结中的二维电子气，而产生一个纳米尺度的受限区域，如图 26-4 所示. 如果这个受限区域的尺度远小于电子的弹性散射的平均自由程，则电子在这个区域内的传播是弹道式的，这类系统称为量子点接触(quantum point contact).

加在受限区域两边的电压称为门电压，而两边的区域可看成是两个大的电子库. 在低温度下，在受限区域两边加一小的门电压，通过测量电流可以得到受限区域的电导，如图 26-5 所示(温度 $T=0.6\mathrm{K}$)，它的电导呈阶梯状变化，而且每次的变化大小是固定的，等于 $2e^2/h$. 它所反馈给我们的是这样一个信息：量子点接触，是一个电导直接与透射性质相联系的系统. 点接触系统透射率 $T_n$ 的量子化台阶不是 0 就是 1. 用 Landauer-Büttiker 公式可以解释这类实验现象，具体细节请阅读相关文献.[4,5] 电导的这种阶梯状变化称为电导量子化，只有在温度很低的情况下才能观测到，即温度要小于相邻子能带间的能隙，否则电子的热涨落掩盖了电导的这种阶跃式的变化.

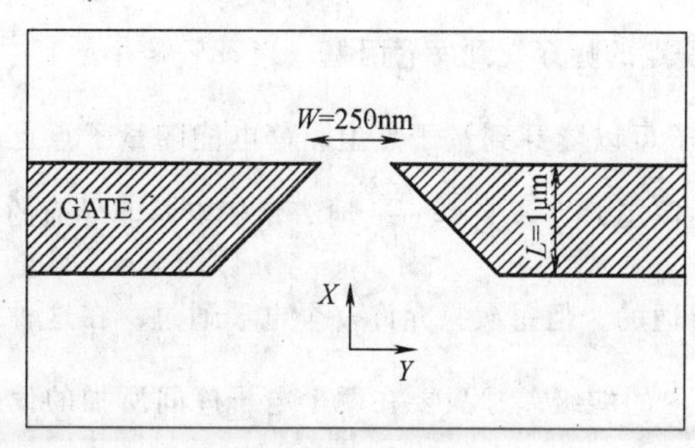


图 26-4　量子点接触

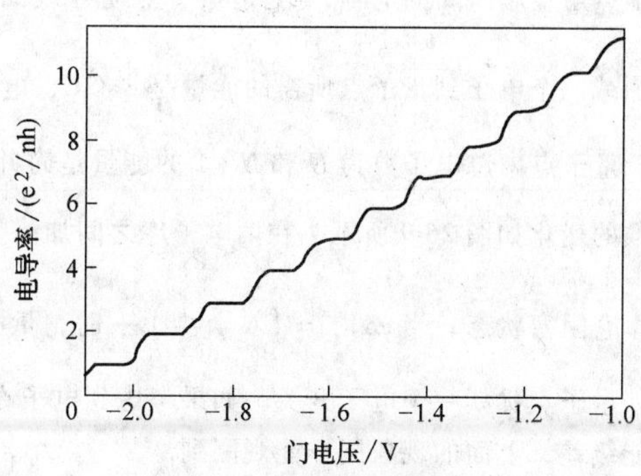


图 26-5　电导量子化

### 26.1.6 库仑阻塞

**1. 库仑阻塞** 根据量子力学的基本原理，我们知道电子具有波粒二象性. 介观物理最初主要是研究由于电子的量子相干而导致的各种物理现象，如普适电导涨落. 而电子的粒子性，如所带电荷是分立的，具有自旋为1/2的自由度，也会导致很多新的物理现象，库仑阻塞(Coulomb blockade)就是其中之一. 库仑阻塞产生的原因是电子的静电能对电子传播的阻塞. 例如对于一个小的，由两个金属电极中间夹一个很薄的绝缘层形成的隧道结，如图26-6所示. 从经典的物理角度，这是一个电容器. 如果隧道结足够小(尺度在纳米、微米量级)，它的电容也非常小，而加入单个电子到隧道结的静电能 $W_e = \frac{1}{2}\frac{e^2}{C}$ 变得非常重要而不能略去，这里 $C$ 是隧道结的电容. 在 $T=0$K，当外电压提供的能量小于静电能时，电子不能隧穿. 这种电子的静电能对电子传播的阻塞称为库仑阻塞. 一般对于小的系统，电子的静电能显得比较重要，从而对电子的传播产生库仑阻塞. 当外电压提供的能量大于静电能时，一个电子就会从一个电极向另一个电极移动，形成单电子运输. 换句话说，库仑堵塞能是前一个电子对后一个电子的库仑排斥能，这就导致了对一个小体系的充放电过程，电子不能集体传输，而是一个一个单电子的传输. 通常把小体系这种单电子输运行为称库仑堵塞效应.

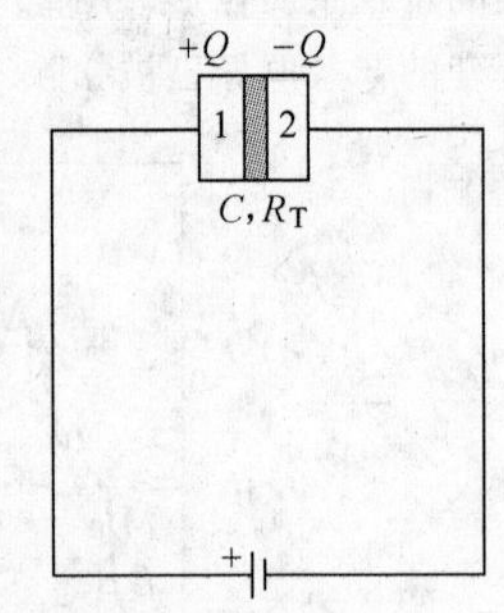

图26-6 库仑阻塞

**2. 量子点的库仑阻塞** 典型的电子量子点的构造方法是在半导体异质结的表面形成二维电子气体(电子在垂直方向的运动被限制在量子势阱的最低态)，并在金属门上加静电势，将电子限制在平面上的小区域(点)内. 量子点的透射性质可由将点与导线耦合，再通以电流来测量，见其示意图26-7.

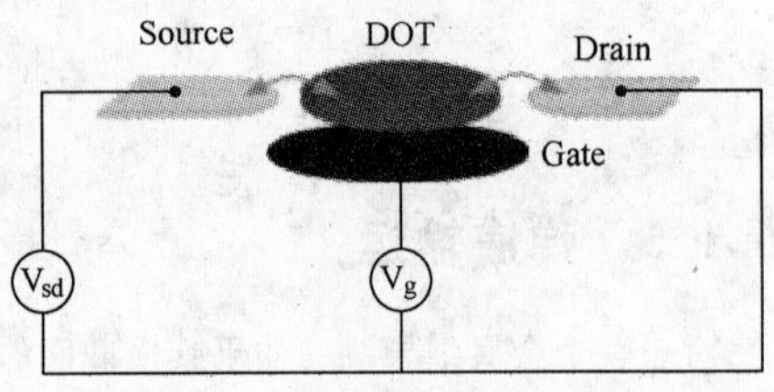

图26-7 量子点的示意图

有两种类型的量子点，分别对应垂直及水平几何结构. 在垂直点中，电流垂直流过量子点所在平面；水平点中，电流经过电子被束缚的平面. 水平点的实验图如图26-8所示，较亮的区域代表金属门，较暗的区域容纳电子，中心区域即为量子点，它通过连接点与左边和右边大范围的二维电子气相连. 左右两侧的金属门控制量子点的势垒，而中间的金属门用来改变量子点的形状大小.

量子点的哈密顿量

$$H_{\mathrm{dot}} = \sum_{\lambda}(E_{\lambda} - e\alpha V_{g})a_{\lambda}^{+}a_{\lambda} + e^{2}\hat{N}^{2}/2C \tag{26-17}$$

式中，$\hat{N} = \sum_{\lambda} a_{\lambda}^{+}a_{\lambda}$，为电子数算符；$V_g$ 为门电压，它可以调节量子点中的电子数目；$\alpha = \frac{C_g}{C_g + C_{\mathrm{dot}}}$，$C_g$ 是量子点与金属门间的电容，$C_{\mathrm{dot}}$ 是量子点与导线间的电容；$C$ 为总电容. 调节门电压 $V_g$，如果 $e\alpha V_g = \frac{Ne^2}{C}$，则加减一个电子到量子点所需的能量是 $e^2/2C$，电子到量子点的隧穿受到库仑阻塞. 当 $e\alpha V_g = \left(N+\frac{1}{2}\right)\frac{e^2}{C}$ 时，量子点内总电子数为 $N$ 和 $N+1$ 的能量是简并的，电子可以隧穿到量子点上. 静电能随量子点上的电子数的变化如图26-9所示. 在两电子库之间加一个微小的偏压，当 $e\alpha V_g = \frac{Ne^2}{C}$ 时，量子点是非导通的，处于库仑阻塞状态；当 $e\alpha V_g = \left(N+\frac{1}{2}\right)\frac{e^2}{C}$ 时，量子点是导通的，但每次只允许一个电子通过. 在这种情况下，量子点犹如一个电子开关. 如果考虑到电子在量子点内的能级差，只要在两个电子库间所加的偏压大于能级差，上面的现象同样能观测到.

一般情况下，当量子点中的电子数 $N$ 很大时，在 $N$ 附近的能级差近似为常数. 因此，库仑阻塞振荡周

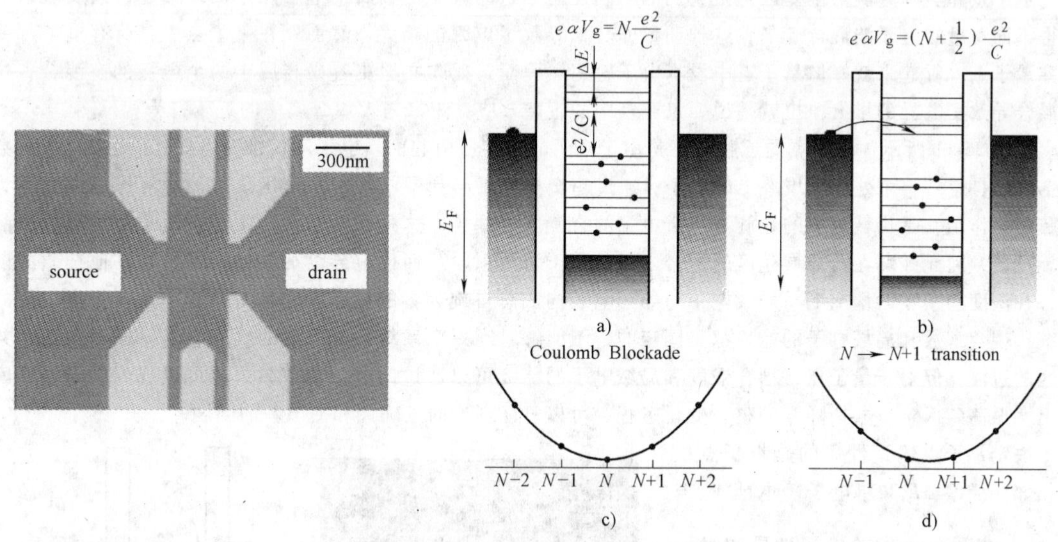


图 26-8　量子点的实验图　　　　图 26-9　量子点库仑阻塞示意图

期为常数．如图 26-10 所示是在 100mK 温度下，在半导体异质结量子点中测到的库仑振荡的结果．在第一个样品中有一个很小的缓变的背景电导．电导的共振峰基本上是等间距的．

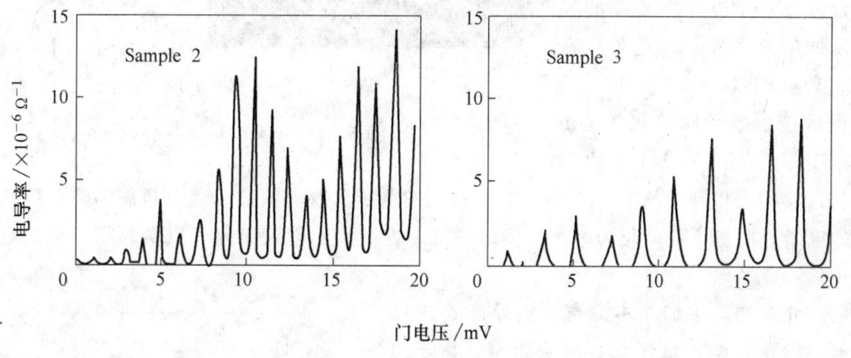


图 26-10　量子点的库仑振荡

## 26.1.7　近藤效应

一般来说，当晶格上的原子振动微弱时，电子更容易在金属晶体中穿行．因此，通常被认为纯金属的电阻总是随着温度的降低而减小，并趋向某一饱和值．然而，1930 年在含有磁性原子的样品中，发现其电阻在温度降低的过程中，大约在 10～20K 处有个极小值，而后又随着温度的降低增大 10% 左右，再达到饱和值．显然，这个电阻的极小效应是与少量磁杂质有关．该电阻再增大的行为并不涉及到相变．这一现象反映了，存在一个由材料的低温电子特性所决定的参数，被称之为近藤温度(Kondo temperature)，它表征达到这个温度时电阻开始增大．1964 年近藤在考虑磁性杂质与导电电子间自旋相互作用时，发现磁性离子杂质的散射确实随温度的降低变得强起来．近藤指出，电阻极小值的出现，是与杂质原子局域磁矩的存在相联系的，是磁性杂质离子与传导电子气交换耦合作用的结果．交换耦合作用引起传导电子被局域磁性原子散射，使磁性原子自旋反向，传导电子本身也反向；随后，倒向的磁性原子又作用于该传导电子，这一多次散射过程相当于对电子运动的障碍，是使电阻增加的原因．近藤证明，在一定条件下，由于自旋倒向交换散射而引起的电阻率是随温度下降而变大的；而电子-声子相互作用引起的电阻率是随温度下降而变小的，所以稀磁合金的总电阻在低温下会出现电阻极小值．这便是近藤效应(Kondo effect)的物理图像．

量子点和实际金属的主要区别是它们的不同几何形状与大小．金属中电子用平面波描述，杂质散射后使得不同动量的电子波混合起来，这种动量的转移导致了电阻的增大．然而，在量子点中，所有电子都要横穿量子点．看起来就好像量子点中没有电子轨道．因而，近藤共振更容易与属于两个电极的态混合，这一混合导致了电导的增大．也就是说，量子点中的近藤效应，正好与大块金属中的近藤行为相反．

如图 26-11 所示，量子点的近藤共振是由于电子的自旋所引起的．电子不仅带有电荷 $e$，还带有量子数为 1/2 的自旋．一个处在局域态上的电子，通过超交换作用与导带电子相互作用，这种相互作用通常称为近藤相互作用，是局域电子的自旋与导带电子的自旋间的耦合．这种相互作用产生导带电子与局域电子的自旋反转，因此破坏在弱局域化区的导带电子的相干背散射，从而使电导增加．如果不考虑其他杂质的散射，在温度趋于零的情况下，局域电子与导带电子构成总自旋为零的束缚态，称为自旋单态．对于一般的系统，耦合常数和局域电子的能级都是固定的，不能够对同一个系统，研究它的从库仑阻塞振荡到近藤共振区的过渡．但对于量子点，耦合强度和局域电子的能级可以通过门电压调节，因此可以观测量子点从库仑阻塞振荡到 Kondo 共振隧穿的整个变化过程，可以验证理论的正确性和提出新的问题．

决定量子点输运性质的是量子点中的相邻能级差 $\Delta E$ 和单电子静电能 $W_e = \frac{1}{2}\frac{e^2}{C}$．表征量子点的输运性质的另一个重要的能量是 $\Gamma$，它表示由于量子点与电子库的耦合而导致的能级的展宽，它正比于耦合强度的平方和电子库的导带电子在费米面的态密度．当量子点在极低温度下，即 $\Delta E$、$W_e \ll k_B T$ 时，量子点的电导由最接近电子库的化学势 $\mu$ 的能级 $\varepsilon_d$ 决定．由于每个能级上可以占据两个电子：自旋朝上和自旋朝下，$\varepsilon_d$ 以下的所占据的电子总数为偶数，其总自旋为零．因此我们只需考虑该能级上的电子，而量子点简化为一个单能级系统．进一步的理论研究可以解释量子点的近藤效应，如图 26-12 所示．

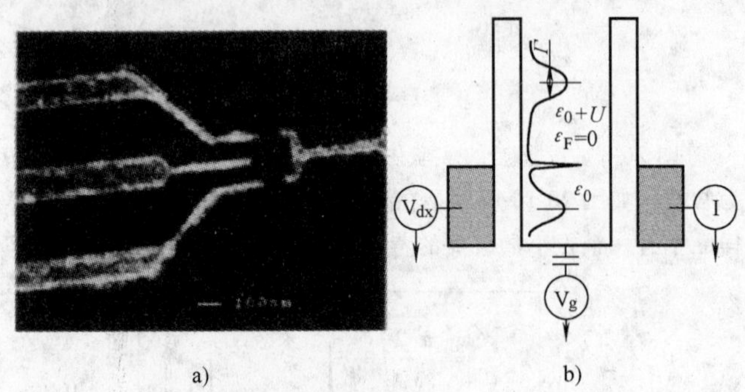


图 26-11　量子点近藤效应实验图

上面我们对介观物理中的基本概念、电导公式、AB 振荡、普适电导涨落、电导量子化、库仑阻塞、量子点的近藤效应等做了简单的介绍，要想进一步了解介观物理其他方面的知识可以阅读相关的文献．低维和介观系统的研究显示出介观物理体系深刻的学科内涵．同时，它也是当今纳米制造业的理论基础，涉及到微电子、光电子、自旋电子、量子热物理等理论领域．目前介观物理已经发展深入到凝聚态物理的各个领域，并延伸到信息科技、化学、生物物理等学科．介观物理研究推动纳米技术的发展，而纳米技术反过来为设计和制备各种人工超结构体系，提供更精确的技术支持．理论和技术互动的发展，为 21 世纪物理学界在创造新事物方面提供了可能性，并就解决人类对资源有效地使用方面提出了新的思路．

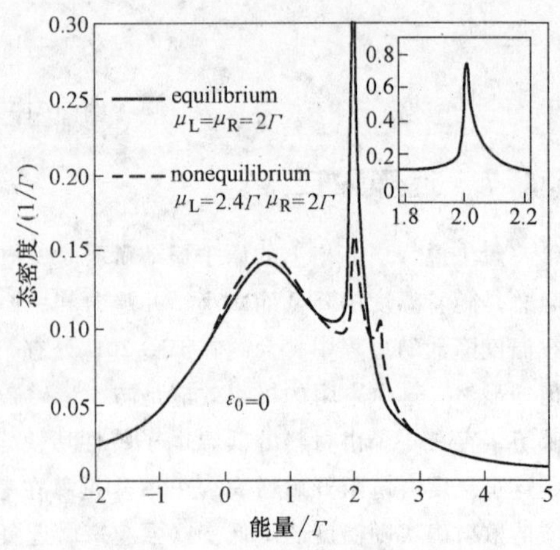


图 26-12　量子点的近藤效应

## 参考文献

[1] N. G. van Kampen. Adv. Chem. Phys., 1976, 245(34).
[2] R. Laudauer. IBM J. Res. Dev., 1957, 223(1).
[3] M. Buttiker. Phys. Rev. Lett., 1986, 1761 (57).
[4] 阎守胜，甘子剑. 介观物理［M］. 北京：北京大学出版社，1995.
[5] 曹烈兆，阎守胜，陈兆甲. 低温物理学［M］. 合肥：中国科技大学处出版社，1999.
[6] H. G. Luo and S. J. Wang. Phys. Rev. B, 2000, 5158 (61).
[7] Y. Imry. Introduction to Mesoscopic Physics［M］. Oxford: Oxford University Press, 1997.
[8] S. Datta. Electronic Transport in Mesoscopic System［M］. Cambridge: Cambridge University Press, 1997.
[9] Y. Alhassid. Rev. Mod. Phys., 2000, 895 (72).
[10] M. A. Kastner. Rev. Mod. Phys., 1992, 849(64).

## 26.2 等离子体物理

### 26.2.1 等离子体与等离子体物理

等离子体(Plasma)与固体、液体、气体一样，是物质存在的形态之一. 常规意义上的等离子体态是中性气体中产生了相当数量的电离. 当气体温度逐渐升高时，其中许多甚至全部分子或原子将由于激烈的相互碰撞而离解为电子和正离子. 这时物质将进入一种新的状态，即主要由电子和正离子(或是带正电的核)组成的状态——等离子体态. 对于处于热力学平衡态的系统，提高系统的温度是获得等离子体态的唯一途径. 按温度在物质聚集状态中由低到高的顺序，等离子体态通常被人们称为是物质的“第四态”.

尽管“第四态”的说法很形象，但并不准确，因为从热力学角度来看，从气态过渡到等离子体态并没有发生相变，即没有伴随物理量的突然变化. 这样给出等离子体的定义也许更准确：等离子体是由自由电荷构成、表现出集体行为的多粒子宏观系统. 等离子体中的电荷是自由的，而电荷的运动会引起电磁场的变化，因此等离子体的演化总是伴随着电磁场的演化. 又由于自由电荷之间的作用力为长程的电磁相互作用，因此等离子体中的带电粒子之间还可以发生远距离的相互作用. 等离子体的这两个特点使得等离子体表现出与普通的中性气体很不一样的特性：一是麦克斯韦方程组必须包括在描述等离子体演化的方程组之中，二是等离子体的热力学性质和动力学方程的描述方法与中性气体有很大的区别.[1]

宇宙中99%的物质是等离子体，如恒星、星云、大质量行星的内核等等. 恒星内部发生的核聚变反应释放的巨大能量加热恒星物质，使恒星物质处于等离子体态；星云的温度和密度都很低，但在附近恒星的辐射作用下，其中的原子和分子会发生光电离，而电离出来的电子因为星云的密度太低而难以被复合掉，使之成为等离子体. 地球上的生物(包括人类)的生存伴随着水，水存在的环境是地球文明得以进化、发展的热力学环境，这种环境远离等离子体态普遍存在的状态. 因而，天然的等离子体只能以闪电、极光等形式存在于远离人群的地方. 而在地球表面向外，等离子体是几乎所有可见物质的存在形式. 地球表面以上约50 km到几千万米的高空存在一层等离子体，叫电离层，它对地球的环境和无线电通信有重要的影响. 日地空间的太阳风、太阳日冕、太阳内部、星际空间、星云及星团，毫无例外的都是等离子体. 地球上，人造的等离子体广泛存在，例如荧光灯、霓虹灯、电弧以及等离子体显示屏等等. 等离子体刻蚀、镀膜、表面改性、喷涂、烧结、冶炼、加热、有害物质处理等都是等离子体的典型的工业应用；托卡马克、惯性约束聚变、核爆、高功能微波器件、离子源等则是等离子体涉及高技术应用的若干方面.

与其他三种物态相比，等离子体包含的参数空间非常宽广．若以描述物态的两个基本热力学参数，密度和温度而言，已知等离子体的密度从 $10^3 m^{-3}$ 到 $10^{33} m^{-3}$ 不等，跨越了 30 个量级，温度从 $10^2$K 到 $10^9$K 跨越了 7 个量级．如图 26-13 所示．[2]

从学科的分类上看，等离子体物理是物理学中典型的交叉学科．由于等离子体是带电粒子构成的系统，电动力学成为等离子体物理研究中的基本要素；当我们仅仅对等离子体的宏观性质感兴趣时，可以把等离子体视为连续介质，流体力学在等离子体物理的研究中占据了重要的位置；由于等离子体是多粒子体系且常常远离平衡态，统计物理学和动力学在等离子体物理中也有广泛的应用；当等离子体的密度非常高，以至于量子简并效应不能略去时，或者是等离子体的温度也很高，电磁辐射与粒子之间的相互作用不能略去时，量子力学也在等离子体物理的研究中能够找到自己的用武之地．毫不夸张地说，经典力学、电动力学、量子力学、统计力学、流体力学以及动理学等基本物理学科都能够在等离子体物理中找到自己的应用领域．[1]

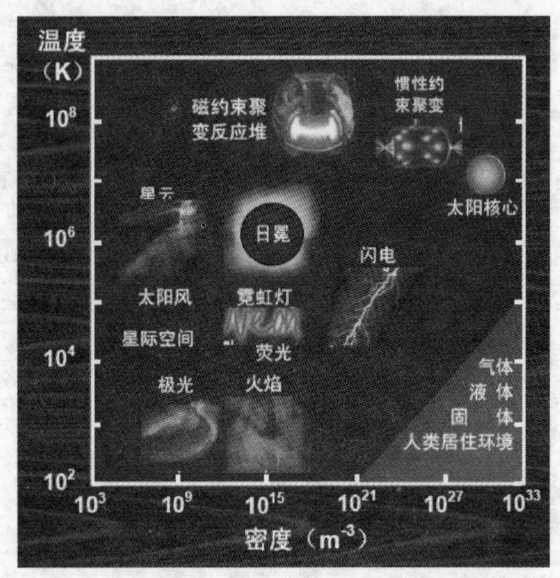


图 26-13　等离子体的参数空间

## 26.2.2　等离子体的基本特征和重要参量

**1. 等离子体的基本特征**

（1）粒子间存在着长程库仑相互作用——集体相互作用．普通气体是由大量中性粒子组成，粒子之间的相互作用是力学碰撞，相互作用发生在碰撞的一瞬间，因而是短程相互作用．等离子体的基本粒子元是正负电荷的粒子(离子)，异类带电粒子之间是相互“自由”和独立的．等离子体粒子之间的相互作用力是电磁力，电磁力是长程的，原则上说，彼此相距很远的带电粒子仍然能感觉到对方的存在．在相互作用的力程范围内存在着大量的粒子，这些粒子间会发生多体的彼此自洽的相互作用，结果使得等离子体中粒子运动在很大程度上表现为集体的运动，存在集体运动是等离子体最重要的特征．普通气体运动时信息的传递要通过其微观粒子的依次短程碰撞，因而一般气体的运动是大量微观粒子单次碰撞运动过程的统计集合，表达二体碰撞的玻耳兹曼方程可以足够好地描述气体分子运动．而等离子体是多粒子体系，一个带电粒子可以与其他许多带电粒子相互作用，一个带电粒子的信息可以同时传递给许多其他带电粒子，每个带电粒子能与周围许多带电粒子发生集体库仑相互作用．这也正是建立严格而完整的等离子体理论的困难之处．[3]

（2）准电中性．等离子体中有大量的电子和正离子，但总体来讲它是电中性的．作为等离子体，它内部的电子和正离子数目必须足够大以至于不会发生局部的正或负电荷的集中，从而导致电中性的破坏．如果由于偶然的原因，例如，在某处形成了正电荷的集中，它附近的负电荷会被吸引而很快地移过来从而又恢复了该处的电中性．这就是说，尽管在等离子体中有大量的正电荷和负电荷，但这些电荷之间的相互作用总是要使等离子体内保持宏观的电中性．[4]

（3）碰撞足够少．在不完全电离的情况下，等离子体在运动过程中，带电粒子会与中性粒子发生碰撞，等离子体的运动会由于这种频繁的碰撞而消失．这时，整个气体受普通的流体运动所支配，表现不出等离子体的特征来．只有当带电粒子与中性粒子碰撞足够少，虽然包含了大量的中性粒子，但它并不妨碍、影

响等离子体的运动时，才可以把这样非完全电离的气体看做等离子体.[3]

正是由于等离子体具有上述如此复杂的特性，因此等离子体与普通气体相比，有其自身明显的特点：如等离子体的运动与电磁场的运动紧密耦合，存在极其丰富的集体效应和集体运动模式；如各种静电波、漂移波、电磁波以及非线性的相干结构和湍动；等离子体对边界条件十分敏感，因此其性质的研究强烈地依赖与具体的研究对象.

随着物理学的发展，当代等离子体的内涵也发生了一些变化. 例如，等离子体不一定是准电中性的，单一电荷体系的研究也已经归于等离子体的范畴，被称为非中性等离子体，如被约束在潘宁阱中的单一电荷体系. 等离子体也不总意味着高温，例如近年来等离子体研究的新热点——超冷等离子体，其温度就只有几个 mK. 而且等离子体的形态也并不一定像气体，金属、强电介质溶液以及熔融的盐也可以视为等离子体. 在高能物理领域还有所谓的夸克-胶子等离子体，这都说明了等离子体物理研究与其他研究领域的结合和扩张.

**2. 等离子体的重要参量**

(1) 德拜屏蔽和等离子体空间尺度. 等离子体由自由的带电粒子组成，如同金属对静电场的屏蔽一样，对任何试图在等离子体中建立电场的企图，都会受到等离子体的阻止，这就是等离子体的德拜屏蔽效应(Debye shielding effect). 相应的屏蔽层称为等离子体鞘层.

在静电条件下，一个良导体内部电场是等于零的，它的表面的感生电荷使导体能屏蔽其内部，而不受电场的作用. 作为导体的等离子体也有这种性质. 设想在等离子体中插入一电极，试图在等离子体中建立电场. 在这样的电场下，等离子体中电子将向电极处移动，离子则被排斥，最后在电极表面将形成一层负电荷，从而屏蔽了等离子体内部使之不受电极电场的作用. 由于电子的热运动，带电体表面外等离子体内的电荷层是有一定厚度的，而这一厚度随温度的升高而增大. 只有在层内，带电体所带电荷才对等离子体有影响. 对于层外的等离子体内部，带电体的电荷不发生任何作用，在这里也没有宏观电场存在. 上述电极外有净电荷的等离子体鞘层的厚度叫做屏蔽距离或者德拜长度，它由下式给出：

$$\lambda_{\mathrm{Di,e}} = \sqrt{\frac{\varepsilon_0 T_{\mathrm{i,e}}}{n_0 e^2}} \tag{26-18}$$

式中，$n_0$ 是远离带电体的等离子体密度(电子与离子密度相等)；$T_{\mathrm{i}}$、$T_{\mathrm{e}}$ 分别是离子和电子的温度. 这一距离决定了外电场能深入到等离子体内的程度，也给出了等离子体内由于热运动而可能引起的局部偏离电中性的空间尺度. 在小于德拜长度的空间内，电场显著地不为零，因此在小于德拜长度的空间尺度内，等离子体不是中性的；在大于德拜长度的空间尺度上，由于德拜屏蔽的作用，电场基本为零，等离子体是呈电中性的. 因此，等离子体是电中性的概念是建立在等离子体的尺度远远大于德拜长度的基础上的. 在式(26-18)中，我们可以发现等离子体中同时具有两种温度，即电子温度和离子温度. 这是因为电子和离子之间巨大的质量差异，使得电子和离子分别达到热平衡，致使电子和离子拥有不同的温度. 当然，经过相当长一段时间，电子和离子会达到热平衡而有相同的温度. 但是，现代技术中所获得的等离子体存在的时间往往比电子和离子达到热平衡所需的时间短很多，因此，在等离子体存在期间，总存在两种不同的温度.

在等离子体中，每一个电子和离子都具有静电库仑势，它同样会受到临近其他电子和离子的屏蔽，屏蔽后的库仑势为

$$V(r) = \frac{q}{4\pi\varepsilon_0}\frac{\exp(-r/\lambda_{\mathrm{D}})}{r} \tag{26-19}$$

这种屏蔽的库仑势使带电粒子对周围粒子的直接影响(两体作用)局限于以德拜长度为半径的所谓德拜球内. 德拜长度是等离子体系统的基本长度单位，可以粗略地认为，等离子体由很多德拜球组成. 在德拜球内，粒子之间清晰地感受彼此的存在，存在着以库仑碰撞为特征的两体相互作用；在德拜长度外，由于其他粒子的干扰和屏蔽，直接的粒子两体之间相互作用消失，带之而来的由许多粒子共同参与的集体相互作用. 也就是说，等离子体中带电粒子之间的相互作用被分成了两种类型；一是德拜长度以内的以两体为主的相互作用，二是德拜长度以外的集体相互作用. 更精确地说，等离子体的定义中对等离子体的空间存在

尺度提出了要求.

(2) 郎谬尔振荡和等离子体特征响应时间. 等离子体的另一个重要特征参数是等离子体的时间响应尺度. 我们知道，等离子体能够将任何空间的(电)干扰局域在德拜长度量级的鞘层之中. 要建立起稳定的德拜屏蔽是需要一定的时间的. 我们用电子以其平均热速度 $v_{T\mathrm{e}} = (T/m_\mathrm{e})^{1/2}$ 跨越电子德拜长度 $\lambda_{\mathrm{De}}$ 所需的时间作为建立起德拜屏蔽所需要的最小时间，有

$$\tau_{\mathrm{pe}} = \frac{\lambda_{\mathrm{De}}}{v_{T\mathrm{e}}} = \sqrt{\frac{\varepsilon_0 m_\mathrm{e}}{n_0 e^2}} \tag{26-20}$$

这就是等离子体对外加扰动的特征响应时间.

我们已经知道，德拜长度是等离子体内电荷准中性条件被破坏的空间尺度——等离子体在小于德拜长度的空间尺度内不是电中性的. 相应地，$\tau_{\mathrm{pe}}$ 应该是电荷准中性条件被破坏的时间尺度，这意味着等离子体保持其电中性有一个最小的时间尺度，在小于 $\tau_{\mathrm{pe}}$ 的时间尺度内，等离子体无法达到电中性. 因此，等离子体的电中性指的是 $\tau > \tau_{\mathrm{pe}}$ 和 $L > \lambda_{\mathrm{De}}$ 的尺度上的情况. 在小的空间尺度范围内，等离子体的电中性被破坏.

由式(26-20)估计的等离子体响应时间与等离子体集体运动的特征频率相关. 考虑这样的情况：在等离子体的某处，如 $x=0$，电子相对于离子有一个整体的位移($x>0$)，则在 $x=0$ 处将形成电场，这个电场使电子受到指向 $x=0$ 处的静电力，电子将向 $x=0$ 运动，如图 26-14 所示.[2] 由于惯性，电子将冲至 $x<0$ 处，因此，电子将产生围绕平衡位置 $x=0$ 处的振荡. 电子的运动方程为

$$n_0 m_\mathrm{e} \frac{\mathrm{d}^2 x}{\mathrm{d}t^2} = -e n_0 E_x = -\frac{n_0 e^2}{\varepsilon_0} x \tag{26-21}$$

该方程是一个简谐振荡方程，其振荡频率为

$$\omega_{\mathrm{pe}} = \sqrt{\frac{n_0 e^2}{\varepsilon_0 m_\mathrm{e}}} \tag{26-22}$$

这个频率也称为郎谬尔频率(Langmuir frequency)，这种振荡现象称为郎谬尔振荡. 因此，要使等离子体中的集体运动表现出来，等离子体存在的时间不得短于郎谬尔频率的倒数.

(3) 沙哈方程和电离率. 等离子体系统要求有足够密度的自由电荷，即需要有一定的电离率(离子与中性原子之比). 当系统中的“电性”比“中性”更重要时，这一体系可称为等离子体. 一般情况下，电离率的计算非常复杂. 但如果系统处于热平衡态，电离率只依赖于系统的温度、密度以及电离能，这就是著名的沙哈方程(Saha equation)：

$$\frac{n_\mathrm{i}}{n} \approx 3 \times 10^{15} \frac{T^{3/2}}{n_\mathrm{i}} \exp(-E_\mathrm{i}/T) \tag{26-23}$$

式中，$n_\mathrm{i}$、$n$ 分别是离子和原子的密度；$E_\mathrm{i}$ 为电离能.

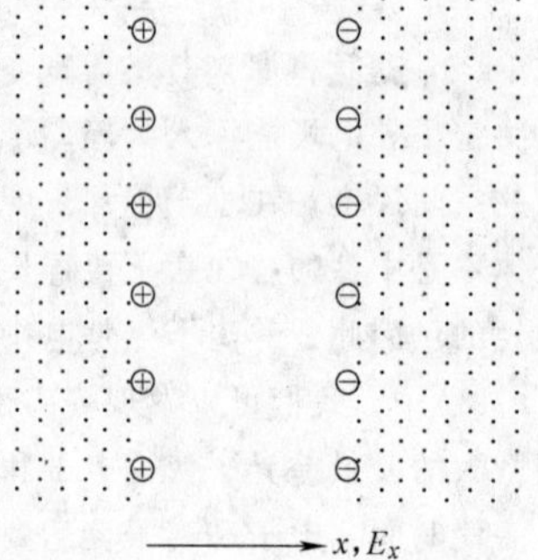

图 26-14 等离子体振荡示意图

根据系统的电离率，可以将等离子体分为弱电离等离子体和完全电离等离子体. 对于弱电离等离子体，带电粒子与中性原子之间的相互作用不能略去；对于完全电离等离子体，热平衡等离子体的输运性质取决于带电粒子之间的弹性碰撞. 另外，根据系统温度与费米能量($\varepsilon_\mathrm{F}$)的相对大小，可以将等离子体划分为静电等离子体和量子等离子体. 随着等离子体密度的上升或温度的下降，粒子之间的平均距离可能与粒子作热运动的德布罗意波长相当，量子效应不能被略去. 当 $T > \varepsilon_\mathrm{F}$ 时，等离子体可以用经典力学描述；当 $T \leqslant \varepsilon_\mathrm{F}$ 时，必须应用量子理论对等离子体进行描述. 还可以根据系统温度和费米能量与电子静止能量之间的相对大小，将等离子体分为相对论和非相对论的. 当等离子体是相对论的情况时，辐射及粒子的产生和湮灭等复杂的物理过程就不能略去.

### 26.2.3　等离子体物理发展简史[5]

等离子体物理(Plasma physics)是研究等离子体的形成、性质和运动规律的一门学科. 19 世纪以来对气体放电的研究；19 世纪中叶开始天体物理学及 20 世纪对空间物理学的研究；1950 年前后开始对受控热核聚变的研究以及低温等离子体技术应用的研究，从这四个方面推动了这门学科的发展.

1835 年，法拉第(M. Faraday, 1791—1867)研究了气体放电的基本现象，发现放电管中发光亮与暗的特征区域，这实际上是等离子体实验研究的起步时期. 1879 年英国的克鲁克斯(W. Crookes, 1832—1919)采用"物质第四态"来描述气体放电管中的电离气体. 朗缪尔(I. Langmuir, 1881—1957)等在 1929 年首先引入"Plasma"一词，等离子体物理学才正式问世.

对空间等离子体的探索也是在 20 世纪初开始的. 1902 年克尼理(A. E. Kenneally)和赫维塞德(O. Heaviside)为了解释无线电波可以远距离传播的现象，推测地球上空存在着能反射电磁波的电离层. 这个假说为英国的阿普顿(E. V. Appleton, 1892—1965)用实验所证实. 之后阿普顿和哈特里(D. R. Hartree)提出了电离层的折射率公式，并得到磁化等离子体的色散方程. 1941 年查普曼(S. Chapman)和费拉罗(V. C. A. Ferraro)认为太阳会发射出高速带电粒子流，粒子流会把地磁场包围，并使它受压缩而变形.

从 20 世纪 30 年代起，磁流体力学及等离子体动理论逐步形成. 等离子体的速度分布函数服从福克-普朗克方程. 朗道在 1936 年给出方程中由于等离子体中的粒子碰撞而造成的碰撞项的碰撞积分形式. 1938 年苏联的符拉索夫(A. A. Vlasov)提出了符拉索夫方程，即弃去碰撞项的无碰撞方程. 朗道碰撞积分和符拉索夫方程的提出，标志着动力论的发端. 印度的钱德拉塞卡(S. Chandrasekhar, 1910—1995)在 1942 年提出用试探粒子模型来研究弛豫过程. 1946 年朗道证明当朗缪尔波传播时，共振电子会吸收波的能量造成波衰减，这称为朗道阻尼. 朗道的这个理论，开创了等离子体中波和粒子相互作用和微观不稳定性这些新的研究领域. 从 1935 年延续至 1952 年，苏联的博戈留博夫(H. H. Bogolyubov)、英国的玻恩(M. Born, 1882—1970)等从刘维定理出发，得到了不封闭的方程组系列，名为 BBGKY 链，由它可导出符拉索夫方程，这给等离子体动理论奠定了理论基础.

1950 年之后，美国、英国、法国、苏联等国开始大力研究受控热核反应，这促使了等离子体物理的蓬勃发展. 1957 年英国的劳逊(J. D. Lawson)提出受控热核反应实现能量增益的条件，即劳逊判据. 20 世纪 50 年代以来已建成了一批受控聚变的实验装置，如美国的仿星器和磁镜以及苏联的托卡马克，这三种都是磁约束热核聚变实验装置. 20 世纪 60 年代后又相继建立一批惯性约束聚变实验装置. 环状磁约束等离子体的平衡问题由苏联的沙弗拉诺夫(V. D. Shafranov)等解决.

苏联在 1957 年发射了第一颗人造卫星以后，很多国家陆续发射了科学卫星并建立了空间实验室，获得了丰富的观测和实验数据，这极大地推动了天体和空间等离子体物理学的发展. 1959 年，美国科学家范艾伦(J. A. Van Allen)预言地球上空存在着强辐射带，这一预言为日后的实验证实，即称为范艾伦带. 1974 年格内特(D. A. Gernet)根据卫星资料，证认出地球是一颗辐射星体，辐射千米波.

1980 年之后，低温等离子体的广泛应用使等离子体物理与科学达到新的高潮. 一些低温等离子体技术在以往气体放电和电弧技术的基础上，进一步得到应用与推广，如等离子体切割、焊接、喷镀、磁流体发电，等离子体化工，等离子体冶金，以及火箭的离子推进等，都推动了对非完全电离的低温等离子体性质的研究.

### 26.2.4　受控热核聚变

等离子体物理涉及的领域比较宽广，具有很强的学科交叉性，有广泛的应用背景. 其相对独立的研究和应用领域主要包括三个方面，受控热核聚变反应等离子体物理、空间和天体等离子体物理、低温等离子体物理与应用.

空间等离子体是一种低温、低密度或无碰撞的等离子体，是空间物理、太阳物理与等离子体物理学之间的交叉学科. 近代天体物理研究的主要内容之一是研究恒星内部及其周围各种极端参数条件下的等离子体，如极高温、极高压、极强磁场等. 天体等离子体提供了推动等离子体理论发展的较理想的实验条件. 低温等离子体是指在实验室和工业设备中通过气体放电或高温燃烧而产生的温度低于几十万度的部分电离气体，可以研究气体放电和电弧的工业应用. 低温等离子体一般是弱电离、多成分，并和其他物质有强烈的相互作用. 在激光领域，应用电离气体作为工作介质可以开发各种类型的激光器.[4] 受控热核聚变研究旨在探索新能源，因此它是当代倍受世人瞩目的重要研究课题. 下面重点介绍受控热核聚变等离子体物理.

**1. 热核反应**[6] 热核反应或原子核的聚变反应，是当前很有前途的新能源(这部分内容在第 24 章也有阐述). 迄今最重要的聚变反应是

$$\mathrm{D} + \mathrm{D} \rightarrow {}_2^3\mathrm{He} + \mathrm{n} + 3.25\mathrm{MeV}$$

$$\mathrm{D} + \mathrm{D} \rightarrow {}_1^3\mathrm{H} + \mathrm{p} + 4.0\mathrm{MeV}$$

$$\mathrm{D} + \mathrm{T} \rightarrow {}_2^4\mathrm{He} + \mathrm{n} + 17.6\mathrm{MeV}$$

$$\mathrm{D} + {}_2^3\mathrm{He} \rightarrow {}_2^4\mathrm{He} + \mathrm{p} + 18.3\mathrm{MeV}$$

这些反应的总的效果是

$$6\mathrm{D} \rightarrow 2{}_2^4\mathrm{He} + 2\mathrm{p} + 2\mathrm{n} + 43.15\mathrm{MeV}$$

聚变反应能源之所以诱人，首先是因为自然界中有大量这种原料存在. 天然的氘存在于重水的分子中，而海水中大约有 0.03% 是重水. 海水中氘产生的聚变能可供人类用上几亿年！氚具有放射性，在自然界中没有天然的氚，但它可以在反应堆中用中子轰击锂原子而产生，地壳中锂的含量足够人类使用一百万年. 我国可采的锂有数百万吨. 聚变反应产生一万亿度电只需 100 吨锂. 聚变能源的另一个特点是它放出的能量多，它比一个 $^{235}\mathrm{U}$ 裂变反应中每个核子平均放出的能量高 4 倍. 还有，聚变比较“干净”，它的生成物是无害的核(放出的中子可以用适当材料吸收掉)，不像铀裂变那样生成许多放射性核. 宇宙中的能量来源，主要是核聚变能. 太阳的聚变反应，每天要“燃烧”50 万亿吨氢，因为太阳质量比地球的质量大很多(约为地球的 33 万倍)，因此太阳上含的氢足以稳定燃烧几十亿年！虽然地球只接受总太阳能的五万亿分之一，份额很小，但太阳降落到地球上的功率却很大，约为 $1.4\mathrm{kW/m^2}$，太阳投向地球的能量为整个地球所使用的总能量的 10 万倍，因此太阳能的利用前景也非常广阔.

实现聚变能利用，其难度远较裂变能大得多，这是因为引起聚变反应的两个核都带正电，要使两个核接近，必须克服库仑排斥力，才可引起聚变反应. 人们设想了几种方法来实现聚变反应，其中较成功的方法是受控热核反应：设想将一团氘气体放在容器中，加热使其达到足够高的温度(1 亿度,或更高)，形成氘核和电子组成的完全电离气体，即为等离子体. 如果能将这种高温的电离气体约束在容器中足够长的时间，就可以依靠高速热运动氘核的动能，使氘核之间频繁地发生碰撞，引发大量的聚变反应并释放强大的聚变能. 这种引发聚变反应的方法称为受控热核聚变. 半个多世纪以来，磁约束核聚变研究就是按这一思路进行的.

实现受控热核反应，并使其可作为能源，要求聚变反应达到自持，而且还应有净能量输出，这是需要满足一定条件的. 在热核反应过程中会产生聚变能，同时处于高温的等离子体也会通过多种途径不断散失能量. 因此，需要考虑热核聚变反应过程中维持能量自持的问题. 1957 年，劳逊计算了高温聚变等离子体能量平衡关系，导出了在热核聚变反应堆中，实现能量平衡使聚变反应自持的必要条件是：等离子体密度与约束时间的乘积要大于某一给定值，这个条件称为劳逊判据. 这个条件和温度条件定量地写成(对氘氚)

$$n\tau > 10^{20}\mathrm{s/m^3}$$

$$T > 10^9\mathrm{K}$$

劳逊判据的得出，标志着受控热核聚变理论研究的重要进展. 它向人们指出，实现受控热核聚变反应的两个最基本问题就是：等离子体的加热和等离子体的约束.

**2. 等离子体约束**[6,7] 根据劳逊判据，实现受控热核反应必须解决两个问题：一是获得高温等离子体，即把等离子体的温度加热到一亿度以上的高温；二是如何约束高温等离子体并达到足够长的时间. 宇宙中

的太阳和其他许多恒星的热核反应是靠其强大的引力场来约束高温等离子体的，因为这些星体的质量很大，其引力足以约束高温等离子体．地球质量与恒星质量相比要小得多，引力十分微弱，不可能约束高温等离子体．而且，任何实际的固体容器都不能用来盛放高温等离子体，因为当温度达到 4 000℃以上时，现有的任何耐火材料都会熔化．人们很自然地想到利用强磁场对带电粒子的作用来约束高温等离子体．

磁场对等离子体的作用包括三种，即带电粒子所受磁场的洛伦兹力、磁场对等离子体束的磁应力以及等离子体电流所受磁场的箍缩力．洛伦兹力可以把带电粒子约束在磁力线的周围，使其在垂直磁场的方向上受到横向约束；磁应力来自磁场的不均匀性，使等离子体整体受到指向内部的作用，从而抵消等离子体的热膨胀；而箍缩力将使等离子体电流束沿径向被箍缩，从而受到约束．磁约束装置的研制关键在于寻找到合适的磁场位形．

美国天文学家和物理学家斯必泽(L. Spitzer)是早期磁约束装置研究中较为成功的一位．20 世纪 50 年代初，随着早期核聚变研究的热潮的到来，他迅速地找准了研究方向，即研究高温等离子体的磁约束．最初，他设想用磁场把等离子体约束在一个圆柱形空间里．为解决等离子体在端点的泄漏，他设想把两端连接成圆环状．然而激磁线圈产生的环形磁场内侧强，外侧弱，致使正带电粒子向下漂移，电子向上漂移，正负电荷的分离所产生的电场与磁场共同作用的结果，把等离子体向外推，因而不能形成稳定的约束．为了克服正负电粒子的分离，斯必泽巧妙地把圆环状空间扭成 8 字形，于 1951 年 4 月提出了一种称为仿星器(Stellarator)的磁约束装置．等离子体沿 8 字形绕行一圈，粒子漂移会部分抵消，从而减少漂移的影响．后来，仿星器仍保持环形装置，由环形绕组产生沿环方向的环向磁场，同时在环形管外增加 6 个螺旋形绕组，使其产生的极向磁场与普通环形绕组产生的环向磁场叠加，形成磁力线沿着环形主轴旋转，这样形成的剪切磁力线能够部分地消除回旋中心的漂移，使约束更有效．

磁镜属于开端系统，它用中间弱、两端强的磁场位形约束等离子体，具有结构简单、能稳态运行等优点．提出这一方案的是波斯特(S. Post)．1952 年，他从斯坦福大学毕业后，应聘到劳仑斯-利弗莫尔辐射实验室从事同步辐射研究．应该实验室热核聚变研究课题负责人约克(H. York)的邀请，参与了核聚变研究．由于波斯特在微波与等离子体方面的知识背景，使他很快地从地球磁场俘获带电粒子中受到启发．地磁具有中间弱、两端强的磁场位形，被俘获的带电粒子在两极间来回反射，称为磁镜效应．波斯特把这一效应用于解决直线型聚变装置的等离子体泄漏问题，于参加工作的当年，就建成了第一台人工磁镜装置．20 世纪 80 年代初，劳仑斯 - 利弗莫尔实验室的大型串联磁镜已投入运行．它的中部磁场长 5m，中心磁场为 2kG，等离子体密度为 $10^{13}\mathrm{cm}^{-3}$，等离子体温度为 10keV，加热束流持续时间 25ms，端部磁场中心场强为 10kG，端部磁镜用 5MW 的中性束注入加热．从发展趋势看，磁镜有可能是托卡马克的竞争对手，成为一种有前途的磁约束装置．

20 世纪 50 年代，前苏联著名物理学家塔姆(I. E. Tamm)提出用环形强磁场约束高温等离子体的设想．受到这一思想的启发，莫斯科库尔恰托夫研究所的前苏联物理学家阿奇莫维奇(L. A. Artisimovich)开始了这一装置的研究．最初，他们在环形陶瓷真空室外套有多匝线圈，利用电容器放电，使真空室形成环形磁场．与此同时，用变压器放电，使等离子体电流产生极向磁场．后来，利用不锈钢真空室代替陶瓷真空室，又改进了线圈的工艺，增加了匝数，改进了磁场位形，最后成功地建成了“托卡马克装置”．托卡马克这一名称由阿奇莫维奇命名，是俄文环流磁真空室的缩写．托卡马克的基本工作原理是：利用电容器放电，使真空室形成环形磁场，然后变压器初级线圈储存的电能放电，通过耦合引起真空环(次级)内部感应电场产生等离子体环电流，等离子体被流过它的环形电流加热而升温，同时环形电流产生的角向磁场与环向磁场叠加后形成旋转的磁力线，这样可以较好地克服漂移，约束等离子体．奇特的旋转磁场位形，使托卡马克取得了重大的进展．20 世纪 60 年代末，前苏联的 T-3 和 TM-3 托卡马克的等离子性能明显地优于其他环形装置．自 20 世纪 70 年代伊始，世界范围内掀起了托卡马克的研究热潮．现在世界上有 30 多个国家建造了几十个托卡马克装置，为核聚变研究开辟了广阔前景．由于阿齐莫维奇首创的托卡马克装置对国际核聚变研究发展中所做出的杰出贡献，在他逝世后，国际原子能委员会做出决定，在每年度等离子体物理和受控热核聚变研究国际学术会议上，将有一篇专题报告，纪念阿齐莫维奇的功绩．1984 年 6 月，我国自行设计、建造的托克马克装置——中国环流1号(HL-1)，在成都建成启动. 它们为中国的核聚变研究做出了许多开创性的贡献，在其上所取得的实验成果，都已经达到国际同类装置等离子物理品质参数水平.

除了利用磁约束来实现受控热核反应以外，目前还在设计试验一种惯性约束方法. 它的基本做法是把核聚变燃料做成直径约为1mm的小靶丸. 每一次有一个小靶丸放入反应室，然后用强的激光脉冲(延续$10^{-9}$s,具有100kJ的能量)照射. 这样高能量的输入会使靶丸变成等离子体，而且在这等离子体由于惯性还来不及分散的短时间内，把它加热到极高的温度而发生聚变反应. 这实际上是强激光一个一个地引爆超小型氢弹，这种反应叫激光核聚变. 惯性约束激光核聚变的研究异常神速. 目前，惯性约束已与磁约束一起，成为受控热核聚变研究的两大平行发展的途径. 由于激光器与聚变堆是分开的，惯性约束反应堆将比磁约束聚变堆简单得多. 我国著名物理学家王淦昌(Wang Gan Chang,1907—1998)院士1964年就提出了激光核聚变的初步理论，从而使我国在这一领域的科研工作走在当时世界各国的前列. 中国工程物理研究院的星光-Ⅱ激光装置、中国科学院上海光机所的神光-Ⅱ激光装置和中国原子能科学研究院的天光KrF激光装置都在激光核聚变研究领域取得了许多重要成果.

等离子体存在的参数范围非常宽广，想要了解和掌握等离子体的性质，就必须从各个不同的角度来研究等离子体，为此，需要灵活地运用物理学基础理论并采用适当的方法来处理和解决等离子体物理的各种问题. 本节仅简单介绍了等离子体的基本性质以及等离子体物理的研究领域，更深层次的内容诸如等离子体的单粒子运动理论、等离子体的流体力学描述、等离子体的热力学性质、等离子体的动理论等以及最新的研究进展可以参考更多的等离子体专业书籍[8,9]和最新文献.

## 参考文献

[1] 郑坚. 等离子体物理理论［M］. 合肥：中国科学技术大学教学参考，2009.
[2] 刘万东. 等离子体物理导论［M］. 合肥：中国科学技术大学授课讲义，2002.
[3] http：//dc. whu. edu. cn/bencandy. php？fid = 30&id = 252(武汉大学电离层实验室)
[4] 张三慧. 大学物理学——基于相对论的电磁学［M］. 北京：清华大学出版社，2008.
[5] http：//www. souezu. com/i_ 326395. html(等离子体物理)
[6] 郑春开. 等离子体物理［M］. 北京：北京大学出版社，2009.
[7] http：//www. physt. org/article/html/02/n－2202. html(聚变物理与等离子体物理进展)
[8] F. F. Chen. 等离子体物理学导论［M］. 北京：人民教育出版社，1980.
[9] 李定. 等离子体物理学［M］. 北京：高等教育出版社，2006.

## 26.3 ZnO基材料的压电、铁电、介电与多铁性质

### 26.3.1 ZnO概述

氧化锌(ZnO)是一种重要的宽带隙半导体材料. 室温下，其带宽$E_g$为3.37 eV，激子束缚能达到60 meV. 在已知半导体中ZnO的激子束缚能最高，因此可以在室温下产生较强的激子发光.[1,2] 此外，ZnO还具有较好的化学稳定性和热稳定性，因而被认为是制备紫外发光二极管和激光二极管的优良材料，在光电子器件领域具有广泛的应用前景，ZnO还是一种优良的声表面波器件材料. ZnO具有纤锌矿结构，O原子排布在六方密堆积位置而Zn原子占据了四面体的一半位置，Zn原子和O原子形成了等价的四面体配位. 因此ZnO具有相对开放的结构，所有的八面体位和一半的四面体位都是空着的. ZnO的结构特点使得在ZnO晶格位置中引入外来原子比较容易. 掺入In、Ga和Al的ZnO是一类具有优良光电性质的透明导电氧化物[3-5]；掺入Fe、Co和Mn等磁性原子的ZnO是目前被广泛研究的稀磁半导体材料[6-8]；掺入Li和Mg等

元素的ZnO具有压电与铁电性质.[9]目前已有一些关于ZnO光电性质和稀磁性质的研究进展文献[10-14]，但对于ZnO的压电、铁电、介电和多铁性质，还几乎未见报道. 本节将对ZnO材料的制备方法、压电、铁电、介电以及多铁等性质进行介绍.

### 26.3.2 ZnO的制备工艺

具有压电、铁电性质的ZnO材料，已从过去的多晶块材逐渐发展为薄膜. 制备方法也从最初的固相反应法，发展为脉冲激光沉积(PLD)法，溅射法(sputtering)和化学溶液沉积(CSD)法等.

**1. 固相反应法** A. Onodera[15]等人利用固相反应法，把ZnO和$Li_2CO_3$混合起来后于800 ℃加热72 h，制备了具有铁电性质的$Zn_{1-x}Li_xO$($x=0.05$、0.1、0.17和0.3)多晶块材. 一年后，A. Onodera[9]小组利用同样的方法，在同样的温度和保温时间下，使用ZnO和$Li_2CO_3$和MgO作原料制备了具有铁电性质的$Zn_{1-x}(Li_{0.02}Mg_{x-0.02})O$($x=0.1$、0.3)多晶块材. 后来，A. Onodera[16]小组使用放电等离子热压烧结法，使用ZnO和$Li_2O$为原料，于450 kg/$cm^2$压力下在547 ℃温度下烧结5分钟，而后在797 ℃下退火3小时，制备了具有铁电性质的$Zn_{0.9}Li_{0.1}O$多晶块材. 此外，该小组[16]还把用水热法制备的ZnO块材单晶，在含Li的气氛中于647 ℃退火24小时，也制备了具有铁电性质的Li掺杂ZnO样品.

**2. 脉冲激光沉积(PLD)法** PLD法具有沉积温度低、薄膜与靶材成分相同等优点，已经成为制备ZnO薄膜较为普遍的方法. M. Joseph[17]使用PLD方法，使用最佳生长条件($O_2$压0.6 mTorr,衬底温度550 ℃,生长速率1nm/min, ArF激光频率1 Hz,激光束流密度0.5 J/$cm^2$)，在Si(100)衬底上生长了$Zn_{1-x}Li_xO$薄膜($x=0.1$、0.2、0.3). 制备的$Zn_{1-x}Li_xO$薄膜的XRD谱与纯ZnO薄膜的XRD谱几乎相同，当$x=0.1$、0.2时，薄膜显示了高度的$c$轴择优取向，而当$x=0.3$时，薄膜的择优取向消失，表现为多种晶面共存. M. Joseph认为择优取向消失的原因可能是因为碱金属重量轻，具有较低的离化能，运动速度大. 当等离子体羽辉中Li离子的浓度增大时，对薄膜中密堆积面(00L)面的损伤增大，使得其他非密堆积面有机会生长. Dhananjay[18]使用PLD方法制备了高度$c$轴取向的$Zn_{1-x}Li_xO$($x=0.05\sim0.15$)薄膜，生长温度为500 ℃,$O_2$气分压为100 mTorr. 随着Li掺杂量的增加，(002)衍射峰的$2\theta$角向高角度方向移动. X. S. Wang[19]使用PLD方法制备了高度$c$轴取向的$Zn_{1-x}Li_xO$($x=0.075$、0.1、0.125、0.15)薄膜，生长温度为400 ℃，$O_2$气分压为40 Pa，薄膜厚度约400 nm. 对$Zn_{0.9}Li_{0.1}O$薄膜，室温时的晶格常数$a=0.3244$ nm，$c=0.5199$ nm，$a$轴和$c$轴的比例$a/c$的值略小于未掺杂ZnO的相应数值，$Zn_{0.9}Li_{0.1}O$薄膜的Zn-O键长也比未掺杂ZnO略有降低.

**3. 溅射法** 溅射法制备铁电薄膜是一种常见的方法. H. Q. Ni[20]等使用射频磁控溅射法，在Si(100)衬底上制备掺杂Li的具有铁电和压电性的ZnO薄膜. ZnO靶表面均匀分布小的锂颗粒，其数量可以保证Li的原子浓度达到5.1%. 该薄膜在室温下沉积，而后在氧气中退火1小时以晶化ZnO薄膜并确保Li原子的扩散. 潘峰小组[21]使用直流反应磁控共溅射法，在Si(111)衬底上制备了具有铁电性质的$Zn_{1-x}V_xO$($x=0.005$、0.01、0.015、0.02、0.025、0.03、0.035)薄膜. 金属V片附着于金属锌靶上，通过调节V片的相对溅射面积来控制沉积的薄膜中V的组分. 沉积过程中，反应室的背底真空为$5\times10^{-4}$ Pa，衬底的加热温度为200 ℃，薄膜在富氧气氛下生长，电阻值高达$10^{13}$ Ω cm，薄膜呈柱状晶生长，厚度为200 nm. 从$Zn_{1-x}V_xO$薄膜的XRD谱可以看出，薄膜的(002)衍射峰较强，呈$c$轴择优取向生长.

**4. 溶胶-凝胶法** 溶胶-凝胶法也是一种制备铁电、压电薄膜的常用方法. 王金斌等人[22]采用溶胶-凝胶法在Pt/Ti/$SiO_2$/Si上制备具有铁电性质的$Zn_{1-x}Li_xO$($x=0.005$、0.01、0.02、0.04、0.08、0.12)薄膜，锌源和锂源分别采用金属Zn和Li的醋酸盐，乙二醇单甲醚和DEA分别作为溶剂和稳定剂，经650 ℃快速热退火20分钟得到多晶薄膜. 林元华等人[23]使用简单的溶胶-凝胶法，结合自旋-涂覆技术在Si衬底上制备了具有多铁性质的多晶$Zn_{0.9}Co_{0.05}Li_{0.05}O$薄膜，锌源和锂源分别采用金属Zn和Li的硝酸盐，乙二醇单甲醚和柠檬酸分别作为溶剂和稳定剂，经550 ℃快速热退火15分钟得到多晶薄膜，XRD、XPS和HRTEM表明Co和Li已掺入ZnO基质形成固溶体. 赵亚溥等人[24]利用溶胶-凝胶法，在Si(111)单晶衬底上制备了具有压电性质的未掺杂多晶 ZnO 薄膜，锌源是金属 Zn 的醋酸盐，乙二醇单甲醚和 MEA 分别作为溶剂和稳定剂，每甩完一层都要经 500 ℃热退火 60 分钟，为得到更厚的薄膜，需要甩多层膜并多次退火．

**5. 其他方法** 除了以上四种常见的方法外，最近一些研究小组利用阳极氧化法和离子注入法制备具有铁电性质的 ZnO 薄膜．[25, 26] 张耿民[25] 等人使用阳极氧化法制备 Li 掺杂的 ZnO 薄膜：首先把一定大小的高纯锌箔在乙醇和磷酸的混合溶液中电解抛光几分钟以得到新鲜光亮的表面，将此锌箔作为电解槽的阳极，其中锌箔的一侧和 0.3 mol/l 的电解液 LiOH 相接触，电解槽的阴极为 Cu 箔，整个电化学反应在 2.25 V 的直流电压下驱动．尽管 SIMS（二次离子质谱）的实验结果不能准确测定 Li 离子的浓度，却表明 Li 已经成功地进入了 ZnO 晶格里面并且进入了 ZnO 薄膜的内部．付德君小组[26] 将离子注入和 PLD 方法结合起来制备 ZnO: Li 薄膜：首先在 Si(111) 衬底上使用 PLD 法沉积厚度为 1.5 μm 的 ZnO 薄膜，接着用流量为 $5\times10^{16}$ $cm^{-2}$，能量为 50、100 和 200 KeV 的 $Li^+$ 进行注入，最后用快速热退火炉于 400、550 和 700 ℃条件下退火 30 秒以促使 $Li^+$ 进入 ZnO 晶格．XRD 的结果表明，离子注入后比注入前 ZnO 衍射峰的强度降低，(002) 衍射峰向低角度移动，表明结构扭曲和晶格参数增大．随退火温度的增加，晶格参数下降，表明退火后晶体质量得到恢复．

## 26.3.3 ZnO 的铁电性质

A. Onodera[15] 等人首次观察到了 ZnO 基材料的电滞回线，$Zn_{0.83}Li_{0.17}O$ 陶瓷在室温条件下的剩余极化为 0.044 $\mu C/cm^2$，虽然这个数值较小，却是该陶瓷具有铁电性的证据．Zn 离子半径和 Li 离子半径的失配较大，Li 离子取代 Zn 离子，占据了偏离中心的位置，形成了电偶极，导致了 $Zn_{0.83}Li_{0.17}O$ 发生铁电相变．另外，Li 原子不含 3d 电子，当取代 Zn 的时候，增强了离子特性，影响了极化 $c$ 轴方向的 Zn-O 键长，导致了结构扭曲，有利于铁电极化的形成．[27] $Zn_{0.9}Li_{0.1}O$ 的铁电转变温度为 330K，而 $Zn_{1-x}(Li_{0.02}Mg_{x-0.02})O$ 陶瓷样品的铁电相变温度随 $Mg^{2+}$ 浓度的增加而升高，$Zn_{0.9}(Li_{0.02}Mg_{0.08})O$ 的铁电相变温度为 260K，而 $Zn_{0.7}(Li_{0.02}Mg_{0.28})O$ 的铁电相变温度为 360 K，250 K 时 $Zn_{0.9}(Li_{0.02}Mg_{0.08})O$ 的电滞回线表明其剩余极化为 0.006 $\mu C/cm^2$．$Mg^{2+}$ 的半径和 $Li^+$ 的半径相当，都小于 $Zn^{+2}$ 的半径，因此 $Mg^{2+}$ 和 $Li^+$ 类似，也可占据偏离 $Zn^{2+}$ 中心的位置，诱导了局部偶极矩，产生了铁电性．[9] A. Onodera[16] 认为样品的制备方法对其铁电转变温度有较大影响，在名义组分相同的情况下，火花等离子体烧结的 $Zn_{0.9}Li_{0.1}O$ 陶瓷样品居里温度为 470 K，比传统的冷压烧结陶瓷的居里温度高 140 K．产生这一差别的原因在于热压烧结法比冷压烧结法更容易使 Li 掺杂进入 ZnO 晶格．对 120 nm 厚的 $Zn_{0.9}Li_{0.1}O$ 薄膜，1MHz、室温下其电容-电压（$C$-$V$）曲线呈滞后回线状，表明该薄膜具有铁电性：存储窗口为 0.18 eV，矫顽场为 7.5 kV/cm．电容-温度的变化曲线表明 $Zn_{0.9}Li_{0.1}O$ 薄膜的相变温度为 334K，相变机制包含了位移型相变和有序-无序型相变．薄膜的相变温度略高于同样名义组分的块材，这种差异可能是由于薄膜中存在缺陷结构引起的．[17] Dhananjay[28] 通过 Ag/$Zn_{0.75}Li_{0.25}O$/Si(p 型 Si, MFS 结构) 测量了厚度为 300 nm 的 $Zn_{0.75}Li_{0.25}O$ 薄膜的 $C$-$V$ 曲线，发现其呈顺时针回线，表明其具有铁电性．由 $C$-$V$ 曲线可看出存储窗口较大，在栅电压扫面宽度为 4V 时，存储窗口达到 1 V，并且随着栅电压扫面宽度的增大，存储窗口增大．从 $Zn_{0.75}Li_{0.25}O$ 薄膜的电滞回线可看出剩余极化和矫顽场分别为 0.09$\mu C/cm^2$ 和 25 kV/cm，电滞回线沿电场方向和极化轴方向都呈不对称分布，可能与电极材料的功函数、界面态密度以及 Si 中的空间电荷层有关．Dhananjay[29] 还从实验中总结出，掺 Li 的氧化锌薄膜，(002) 择优取向性越好，电滞回线越清晰，表明在闪锌矿结构的 ZnO 中存在沿着 $c$ 轴的自发极化．王金斌等人[22] 认为当 Li 的掺杂浓度低时，未能观察到室温电滞回线，而 $Zn_{1-x}Li_xO$ ($0.08\leqslant x\leqslant0.12$) 时观察到了室温电滞回线，剩余极化强度随 Li 掺杂量的增加而增大，由 $x=0.08$ 时的 0.12$\mu C/cm^2$ 增加到 $x=0.12$ 时的 0.23$\mu C/cm^2$．Li 在 ZnO 晶格中处于替代位和间隙位两种位置，这两种位置的复合体对改系列薄膜的铁电性起着重要的作用．潘峰小组[30] 在室温下测量了 $Zn_{0.975}V_{0.025}O$ 薄膜的电滞回线，50Hz 时剩余极化强度和矫顽场分别为 0.2$\mu C/cm^2$ 和 98 kV/cm．随测试频率的增加，矫顽场和剩余极化都降低．位移-电压曲线呈现典型的蝴蝶形，进一步验证了薄膜的铁电性．在未掺杂 ZnO 薄膜中没有观察到电滞回线，表明 V 的掺入导致了薄膜的铁电性，V的K边X射线吸收近边结构(XANES)表明$V^{5+}$替代了$Zn^{2+}$. 潘峰小组[31]还研究了$Zn_{0.94}V_{0.06}O$薄膜的电滞回线，室温下2 000Hz时剩余极化强度和矫顽场分别为0.2μC/cm²和50 kV/cm. 半径更小的$Cr^{3+}$部分取代$Zn^{2+}$，$Cr^{3+}$占据了非偏离中心的位置，形成了永久电偶极矩，导致了铁电性.

## 26.3.4 ZnO的压电性质

L. P. Schuler[32]使用PFM(压电力显微镜)研究了纯ZnO薄膜的压电性质. ZnO薄膜中存在反相畴界，它损害了薄膜的压电性质，使得薄膜的压电系数$d_{33}$低于块材的相应数值. ZnO薄膜的弹性系数和衬底材料种类有关，玻璃衬底上的好于Si衬底上的，与衬底的弹性顺度有关. 尽管反相畴界依然存在，退火却可以改善薄膜的压电相应. 赵亚溥等人[24]认为，在一定厚度范围内，ZnO薄膜的压电系数随薄膜厚度的增加而增大；ZnO薄膜的压电系数还与$c$轴择优取向性有关，取向性越好则压电系数越大. 如果ZnO薄膜的$c$轴择优取向性不好，其压电系数低于块材的相应数值；如果具有强烈择优取向，则薄膜的压电系数将大于块材的相应数值. 压电系数的测量准确性还与参考力有关，只有当参考力足够大以确保针尖和薄膜接触的时候，测量的压电常数数值才是可信的. 低的测量频率下压电系数与测量频率无关，而高频下压电系数与测量频率有关. Wang X B[33]研究了未掺杂ZnO薄膜和掺杂Cu、Ni、Co和Fe(掺杂浓度均为原子百分比2%)的ZnO薄膜的压电常数，结果显示，相对于未掺杂的ZnO薄膜，Ni、Co和Fe掺杂的ZnO薄膜的压电系数$d_{33}$降低，而Cu掺杂增加了压电系数，压电系数的增加与薄膜的结晶质量有关. Ni、Co和Fe掺杂降低了ZnO薄膜的结晶质量，而Cu掺杂改善了ZnO薄膜的结晶质量. Cu掺杂还增强了ZnO薄膜的$c$轴择优取向性，降低了$c$轴的晶格常数，这些都可以改善ZnO薄膜的压电系数. 掺杂原子百分比2% Cu的ZnO薄膜的电阻值高达$9\times10^{18}\,\Omega$ cm，压电系数$d_{33}$达13.5 pC/N，是一种高频声表面波器件的良好候选材料.[34] Y. C. Yang观察到了V掺杂ZnO薄膜的巨压电系数，达到110 pC/N[21]，比未掺杂ZnO薄膜的大一个数量级. 他们认为如此大的压电系数与V掺杂引起的可翻转铁电极化以及高的介电常数有关. 从化学键的角度看，与$c$轴非共线的V-O键在外加电场作用下易于旋转是这种巨介电效应的微观起源. 他们还观察了Cr掺杂ZnO薄膜良好的压电效应，压电系数$d_{33}$达120 pC/N.[31] V掺杂和Cr掺杂的ZnO薄膜的压电响应可以与钙钛矿型压电体相比拟，说明它们是一种良好的压电器件候选材料.

## 26.3.5 ZnO的介电性质

ZnO基材料的介电性质可用来判断其铁电相变温度.[15,16] C. W. Zou[26]测量了400 Hz下Li离子注入的ZnO薄膜的介电常数，室温下其介电常数和损耗因数分别为16和0.2. 对注入能量为200 keV的ZnO: Li薄膜，介电温谱表明在360 K发生介电反常，说明发生了与有序-无序特征以及位移特征有关的相变. 由于高温下电导率增加，使得高温下的损耗比低温下的损耗增加的要快. Dhananjay[18]发现居里温度随Li掺杂量的增加而增大，由5% mol处的290K增加到15% mol处的330K. 居里温度处的介电常数值随着Li掺杂量的增加略有增大，ZnO: Li薄膜的介电性质非常敏感于介电测量过程中的加热快慢，当快速加热时不一定观察到铁电相变，缓慢加热时才可导致相变，这一奇特的行为与加热过程中O的损耗有关. Y. Juang[35]研究了ZnO: Co块材的介电性质，发现对同一组分的样品，在升温过程和降温过程所得到的相变温度存在差异，他们对相变机理还不清楚. Yadav H K[36]研究了$Zn_{1-x}Ni_xO$($x$ = 0.03、0.06、0.09)陶瓷样品在100 Hz到1MHz范围内的介电常数，发现介电常数表现出很强的频率和温度相关性，不同频率下介电常数的峰值也表现出很强的温度相关性. 对$x$ = 0.03的陶瓷样品，当测试频率大于10 kHz时，介电常数几乎呈平坦状. 450K的转变温度处介电常数曲线的形状表现出高度的非对称性：低温区留下了长的尾巴，转变温度之后急剧下降，表明450K处的介电反常与铁电相变的特征不符合. 在更高的Ni浓度下，介电常数表现出更复杂的行为，100 Hz频率下介电常数达到1 200~5 700. 如此大的介电常数数值很可能是由于空间电荷形成的非本征行为. C. K. Ghosh[37]测量了Ni掺杂ZnO样品的介电常数随频率变化的曲线，根据Cole方程拟合，得出了静态介电常数和高频介电常数. 介电常数和高频介电常数的数值随掺杂量的增加而降低，这是由强烈的电子-电子交换相关引起的，该交换相关来源于局域电子和退局域电子的 s，p-d 交换相互作用，该交换相互作用能随外加电场频率的增加而增大.

## 26.3.6 ZnO 的多铁性质

多铁性材料通常具备两种或两种以上的铁性（如铁电性、铁磁性和铁弹性等），而且通过铁性的耦合协同作用能产生一些新的功能. 2004 年就有人从理论上预测 ZnO 材料中产生多铁性的可能性[38]，后来有两个研究小组从实验上成功制备了具有多铁性的元素掺杂 ZnO 薄膜材料.[23,39] 林元华制备了 $Zn_{0.95}Li_{0.1}O$、$Zn_{0.95}Co_{0.05}O$ 和 $Zn_{0.9}Co_{0.05}Li_{0.1}O$ 薄膜，这三种组分的薄膜都具有室温铁电性，铁电性来源于锌离子半径和掺杂离子半径差引起的永久局部电偶矩. 自发极化以 $Zn_{0.9}Co_{0.05}Li_{0.1}O$ 最大，达 $0.53\mu C/cm^2$，说明 Co 掺杂可以增强薄膜的铁电性. $Zn_{0.95}Li_{0.1}O$ 薄膜显示顺磁性而不显示铁磁性，$Zn_{0.95}Co_{0.05}O$ 和 $Zn_{0.9}Co_{0.05}Li_{0.1}O$ 都显示室温铁磁，XPS 和 HRTEM 表明铁磁性不是来源于 Co 的金属团簇，而是来源于替代了 $Zn^{2+}$ 的 $Co^{2+}$. $Zn_{0.95}Co_{0.05}O$ 和 $Zn_{0.9}Co_{0.05}Li_{0.1}O$ 的自发磁化强度分别为 7.1 $emu/cm^3$ 和 9.5 $emu/cm^3$，说明 Co 离子和 Li 离子共掺杂可以增强薄膜的铁磁性，这与通过 Li 离子相关缺陷引起的间接交换作用有关. Y. C. Yang[39] 研究了单相 $Zn_{0.91}Cr_{0.09}O$ 薄膜的铁电与磁性，发现该薄膜具有室温铁电性和室温铁磁性，室温下 100Hz 时剩余极化强度和矫顽场分别约为 $0.4\mu C/cm^2$ 和 80 kV/cm，顺电转变温度和顺磁转变温度分别约为 370 K 和 495 K. 精细结构分析表明该薄膜的铁电性来源于 $CrO_4$ 四面体的扭曲引起的局部电偶矩，铁磁序可由局部自旋和静态占据极化子态的相互作用来解释.

## 26.3.7 结论与展望

ZnO 是一种新型的 II-VI 族宽带隙半导体材料，在第三代宽带隙半导体家族里以其制备相对简单，易于掺杂等优势在诸如发光器件、自旋电子器件和声表面波器件领域有着广泛的应用前景，成为近年来国际研究热点. 虽然人们一直在研究 ZnO 基材料的铁电、压电、介电与多铁性质，但是还有需要提高与完善的地方，表现在：①ZnO 基材料的自发极化小，极化翻转慢，还不能与传统的钙钛矿铁电材料相比拟，远不能胜任铁电存储器等铁电器件的需要. 另外，关于其铁电起源，目前还存在争议，甚至有人认为 ZnO 基材料是驻极体而不是铁电体[36]；②ZnO 基材料介电性质的物理机制，现在还有一些不太清楚的地方，表现在介电反常是铁电相变还是由于其他原因导致的目前还没有定论；③虽然经过合适的掺杂，ZnO 基材料表现了单相多铁性，但是人们对于其磁电耦合的研究还几乎未见报道，磁电耦合的机理还不清楚. 总之，无论在基础研究还是应用开发方面，都有很长的路要走，需要从事材料、物理、化学与器件领域的科研工作者们协同攻关，共同努力，在实验研究与理论计算研究方面协同配合，为 ZnO 基材料的实际应用奠定坚实的基础.

## 参考文献

[1] Jang M S, Ryu M K, Yoon M H, et al. Cur. Apl. Phys., 2009, 9: 651.

[2] 郑海务，孙利杰，张杨，等. 人工晶体学报，2007，36：1279.

[3] Lin Y C, Chen M Z, Kuo C C, et al.. Colloids and Surf. A: Physicochem. Eng. Aspects, 2009, 337: 52.

[4] Kim S, Seo J, Jang H W, et al.. Appl. Sur. Sci., 2009, 255: 4616.

[5] 陈新亮，薛俊明，孙建，等. 人工晶体学报，2006，35：1313.

[6] Sanchez N, Gallego S, Muňoz. Phys. Rev. Lett., 2008, 101: 067206.

[7] Xin M J, Chen Y Q, Jia C, et al.. Mater. Lett., 2008, 62: 2717.

[8] Kumar R, Singh A P, Thakur P, et al.. J. Phys. D: Appl. Phys., 2008, 41: 155002.

[9] Onodera A, Tamaki N, Jin K, et al. . Jpn. J. Appl. Phys., 1997, 36: 6008.
[10] Özgür Ü, Alivov Y I. Liu C, et al. . J. Appl. Phys., 2005, 98: 041301.
[11] 刘学超，陈之战，施尔畏，等. 物理学报，2009，24：1.
[12] S. J. Pearton, D. P. Norton, K. Ip, et al. . Progress in Materials Science, 2005, 50: 293.
[13] 王爱华，张丽伟，张兵临，等. 人工晶体学报，2008，37：114.
[14] 王新胜，杨天鹏，刘维峰，等. 材料导报，2006，20：104.
[15] Onodera A, Tamaki N, Kawamura Y, et al. . Jpn. J. Appl. Phys., 1996, 35: 5160.
[16] Onodera A, Yoshio K, Satoh H, et al. . Jpn. J. Appl. Phys., 1998, 37: 5315.
[17] Joseph M, Tabata H, Kawai T, et al. . Appl. Phys. Lett., 1999, 74: 2534.
[18] Dhananjay, Nagaraju J, Krupanidhi, S B, et al. . J. Appl. Phys., 2006, 99: 034105.
[19] Wang X S, Wu Z C, Webb J F, et al. . Appl. Phys. A, 2003, 77: 561.
[20] Ni H Q, Lu Y F, Liu Z Y, et al. . Appl. Phys. Lett., 2001, 79: 812.
[21] Yang Y C, Song C, Wang X H, et al. . Appl. Phys. Lett., 2008, 92: 012907.
[22] Zhang Y J, Wang J B, Zhong X L, et al. . Solid state commu., 2008, 148: 448.
[23] Lin Y H, Ying M H, Li M, et al. . Appl. Phys. Lett., 2007, 90: 222110.
[24] Zhang K M, Zhao Y P, He F Q et al. . Chin. J. Chem. Phys., 2007, 20: 721.
[25] Yu L G, Zhang G M, Zhao X Y, et al. . Mater. Res. Bul., 2009, 44: 721.
[26] Zou C W, Li M, Wang H J, et al. . Nucl. Instr. and Meth. in Phys. Res. B, 2009, 267: 1067.
[27] Dhananjay Singh S, Nagaraju J, et al. . Appl. Phys. A, 2007, 88: 421.
[28] Dhananjay, Nagaraju J, Choudhury. P R, et al. . J Phys. D: Appl. Phys., 2006, 39: 2664.
[29] Dhananjay, Nagaraju J Krupanidhi, S B, et al. . J Appl. Phys., 2007, 101: 104104.
[30] Yang Y C, Song C, Wang X H, et al. . Appl. Phys. Lett., 2007, 90: 242903.
[31] Yang Y C, Song C, Wang X H, et al. . J. Appl. Phys., 2008, 103: 074107.
[32] Schuler L P, Valanoor N, Miller P, et al. . J. Electr. Mater., 2007, 36: 507.
[33] Wang X B, Song C, Li D M, et al. . Appl. Surf. Sci., 2006, 253: 1639.
[34] Wang X B, Li D M, Zeng F, et al. . J. Phys. D: Appl. Phys., 2005, 38: 4104.
[35] Juang Y, Chu S Y, Weng H C, et al. . Solid State commun., 2007, 143: 558.
[36] Yadav H K, Sreenivas K, Gupta V, et al. . Appl. Phys. Lett., 2008, 92: 122908.
[37] Ghosh C K, Malkhandi S, Mitra M K, et al. . J Phys. D: Appl. Phys., 2008, 41: 245113.
[38] Spaldin N A. Phys. Rev. B, 2004, 69: 125201.
[39] Yang Y C, Zhong C F, Wang X H, et al. . J. Appl. Phys., 2008, 104: 064102.

## 26.4　超导科技

### 26.4.1　超导体概述

1908 年，荷兰莱登实验室在科学家昂尼斯(Kamerlingh Onnes，1853—1926，图 26-15a)的指导下实现了对氦气的液化过程，从而使当时常压下实验室所能得到的最低温度降至 4.2K，这为后来超导体(superconductor)的发现提供了必要的温度条件. 而在距此不久的 1911 年，昂尼斯又发现当温度降至 4.2K 附近时，金属汞(Hg)的电阻突然消失(图 26-15b)，他认为此时金属汞进入了一个新的物态，在这种新的物态中汞的电阻为零，并把这种显示出超导电性质的物质状态称为超导态.[1] 超导体就是当达到一定温度以下时能表现出超导电性质的材料，这是人们对超导体最初的定义. 超导体发生电阻突变时的温度为超导转变温度或临界温度(critical temperature)，以 $T_c$ 表示；由正常态向超导态的转变通常是在一定温度区间完成的，这一温度区间即为转变宽度. 1913 年，昂尼斯在试图用超导铅线绕制超导电磁体时意外发现，当电流超过某一临界值时，超导线则会转变为正常态，这种临界的电流值称为超导体的临界电流，以 $I_c$ 表示；[2] 相应的电流密度称为临界电流密度(critical current density)，以 $\boldsymbol{j}_c$ 表示. 昂尼斯因制成液氦和发现超导现象 1913 年获诺贝尔物理学奖. 1914 年，他又用实验表明，当外加磁场大到某一临界值时，超导态就会被破坏而转变为正常态，这一临界的磁场值称为超导体的临界磁场(critical magnetic field)，以 $\boldsymbol{H}_c$ 表示.[3]

a)

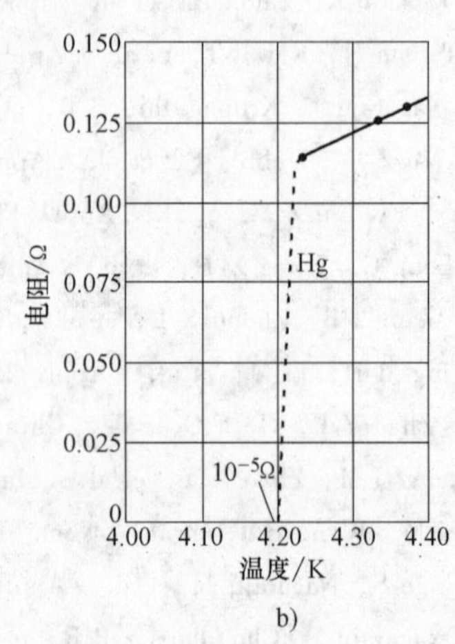


b)

图 26-15a) 昂尼斯(Kamerlingh Onnes)　图 26-15b) 昂尼斯发现超导体时的实验数据

作为超导体，除了具有以上所描述的零电阻效应(zero resistance effect)以外，还必须具备另外一种效应，即迈斯纳效应(Meissner effect). 在迈斯纳效应发现之前，人们一直将超导体与完全导体(或称无阻导体)完全等同起来，但实际上它们有着根本不同的磁性质. 1933 年，德国物理学家迈斯纳(Walter Meissner, 1882—1974)和奥克森菲尔德(R. Ochsenfeld)测量了 Sb 和 Pb 样品在磁场中冷却到超导转变温度以下时磁场分布的情况，结果发现，不管加磁场的顺序如何(先加场后冷却或先冷却后加场)，超导体内的磁感应强度都是零，即超导体内部的磁场分布与加场的历史无关，它具有完全抗磁性，如图 26-16 所示，这种效应就是迈斯纳效应.[4]

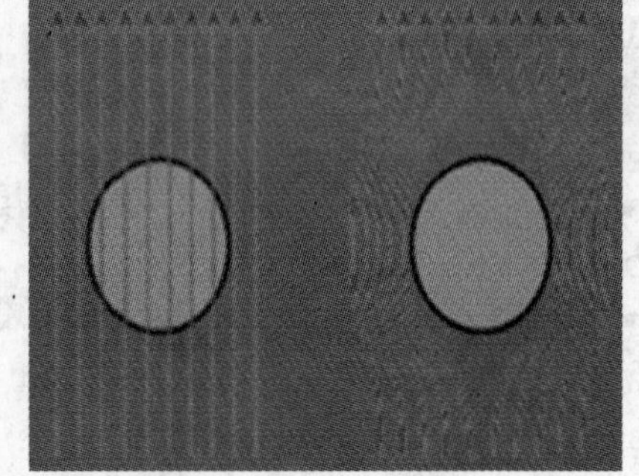

图 26-16　迈斯纳效应

自从汞超导体的发现，超导体物理研究领域的发展经历了阶梯式发展，各种各样的超导材料相继被发现，超导转变温度也一再被提高，如图 26-17 所示，相关的超导理论体系也逐渐被建立. 超导物理研究领域逐渐成为世界科技发展的关键性研究方向，引起了无数科研工作者的广泛兴趣.

## 26.4.2 超导体的种类

**1. 传统超导体及 BCS 理论** 从 1911 年第一次在金属汞中发现超导体电性后，有关超导体的科学研究曾引起世界各国的广泛关注，而所选择研究体系也多是局限于金属及其合金，经过几十年的研究已发现元素周期表中大部分金属元素在一定条件下均可实现超导转变而成为超导体，如图 26-18 所示，这其中还包括一些曾经被认为不可能进入超导态的半导体或金属元素. 在已发现的纯元素超导体中，超导转变温度最高的是镧(La)，其高压下的临界温度为 $T_c = 12.5\text{K}$. 而临界温度最低的元素钨(W)的转变温度仅为 $T_c =$

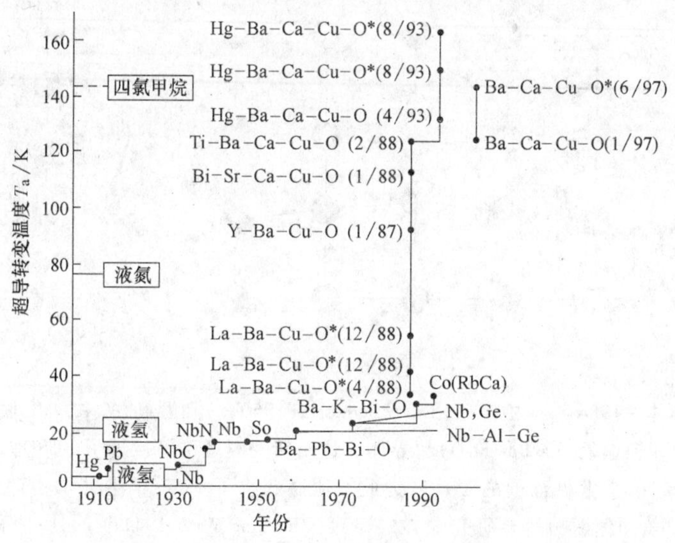


图 26-17　超导体的发展历程

$13.5\times10^{-3}$K. 除此之外，人们还发现在一些合金中也存在一些转变温度较高的超导体，如 $Nb_3Ge$ ($T_c$ = 23.2K)、$Nb_3Sn$ ($T_c$ = 18.1K) 及 $V_3Si$ ($T_c$ = 17.0K) 等，其中 $Nb_3Ge$ 为至今已发现的临界温度最高的传统超导体.

图 26-18　纯元素超导体

1957 年在对传统超导体的研究基础上得出的超导微观理论即 BCS 理论（BCS theory）问世，[5] 它是由 Bardeen、Cooper 和 Schriffer 三个人共同发展的低温超导理论（亦称常规超导理论），其核心是提出库珀（Cooper）电子对概念作为产生超导电性的基础，如图 26-19 所示，前面一个电子在晶格中传输时由于库仑引力会对周围格点的原子核产生吸引力，而使得其附近晶格产生畸变并带有正电性，带正电的畸变晶格会吸引后面一个电子，正是这种电子间的间接作用力导致库珀电子对的产生. 在较低的温度下，库珀电子对的结合能高于晶格振动能，电子不会与周围晶格发生能量交换，传输过程中也就没有电阻，因而产生超导态. 按照 BCS 理论，当温度超过 39K 时，库珀电子对会不稳定而无法维持超导态，也就是超导体的转变温度不可能超过 39K，这种预测曾使得人们对超导的研究兴趣跌入低谷.

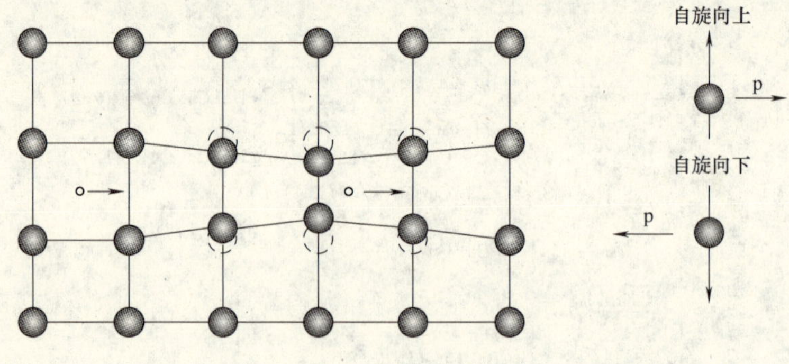


图 26-19　BCS

**2. 高温铜氧超导体**　1986 年，柏诺兹（J. G. Bednorz，1950—）和缪勒（K. A. Müller，1927—）发现了超导转变温度为 35K 的镧钡铜氧（La-Ba-Cu-O）超导体，这一转变温度已经接近了 BCS 理论所预测的超导转变温度的上限，因而引起了全世界范围的轰动．为此，他俩获得了 1987 年诺贝尔物理学奖，如图 26-20 所示．随后在 1987 年，美国休斯顿超导研究中心朱经武（Zhu Jing Wu，1941—）和中国科学院物理研究所赵忠贤（Zhao Zhong Xian，1941—）等人先后发现转变温度为 90K 的钇钡铜氧（Y-Ba-Cu-O）超导体，第一次使超导体的转变温度超过液氮温度（77K）．从此，超导体真正走上应用发展阶段，关于超导体的研究热潮也到达了顶峰时期，在后来的近十年中，超导体的临界温度被屡屡提高，到目前为止，最高的超导临界温度约为 164K，是高压条件下在汞钡钙铜氧（Hg-Ba-Ca-Cu-O）超导体中得到的．

**3. 其他新型超导体**　传统超导体与高温铜氧超导体是超导体的两大主要家族，但在超导体漫长的发展历程中，还发现了一些其他类型的超导材料，大体包括以下几种：

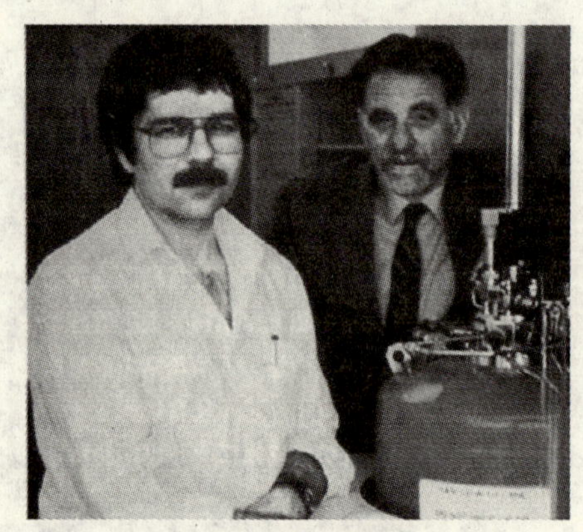

图 26-20　柏诺兹和缪勒发现镧钡铜氧超导体

（1）有机超导体．它主要是在有机物中发现的一些超导体，虽然其 $T_c$ 并不如高温氧化物超导体高，但它为超导体的发展提供了更广阔的路径，另外，因其基本特性与高温氧化物超导体有众多类似之处（例如低维性、各向异性及载流子浓度低等），使其在对超导机制的研究上具有重要意义．

（2）$C_{60}$超导体．它是由 Herberd 等发现的掺杂 $C_{60}$ 超导材料，因其独特的结构及可与高温超导体相媲美的高 $T_c$ 而备受世界各科研小组关注．另外，2000 年美国 Bell 实验室 Schön 等人利用一种场效应掺杂技术（field-effect doping technique）成功地对 $C_{60}$ 晶体进行了空穴掺杂，使其 $T_c$ 达到 52K，最新结果已经达到 117K.[6]

（3）$MgB_2$ 超导体．$MgB_2$ 的超导电性是在 2001 年 10 月由日本青山学院大学教授秋光纯（Akimitsu）领导的科研小组发现的，其超导转变温度高达 39K.[7] 由于这种超导体在结构上类似与高温超导体的层状结构且转变温度较高，但其材料本身属于合金，且有着与传统低温超导体较为类似的性质，这为超导理论的进一步完善提供了很好的依据．$MgB_2$ 超导体的发现在全球引起了巨大的轰动，并掀起了新一轮的超导研究热潮．

（4）铁基超导体．2008 年 2 月，日本东京工业大学科学家 Hideo Hosono 首先报道了第一种铁基超导体即氟掺杂的镧氧铁砷化合物，其临界温度为 26K．3 月 25 日，中国科学技术大学陈仙辉领导的研究小组发现氟掺杂的钐氧铁砷化合物在温度降至 43K 时也变成超导体．4 天后，中科院物理研究所科学家赵忠贤课题组发现了临界温度更高的氟掺杂镨氧铁砷化合物超导体，其临界温度可达 52K．4 月 13 日，该科研小组又有新发现，氟掺杂钐氧铁砷化合物在外界压力作用下的超导临界温度可进一步提升至 55K．在结构上，铁基超导体与高温铜氧超导体及 $MgB_2$ 超导体存在着共性，它们均为层状结构，此类超导体的发现，丰富了超导理论的内容，为实现超导理论的最终统一奠定了基础.

## 26.4.3　超导体的应用

自从临界温度超过液氮温度的高温超导材料发现后，由于利用液氮降温的成本远远低于液氦，使得对于超导体的广泛应用成为可能. 到目前为止，对于超导体的应用大致可分为三类：一是利用超导体超强的输电性能将其制作成输电电缆；二是将超导材料做成磁性极强的超导磁铁，为一些大型装置提供强磁场；三是将超导材料制作成约瑟夫森器件，用于计算机及一些高灵敏度的电磁探测设备的关键元件. 下面就超导体的主要应用作一简要介绍.

**1. 超导电缆**　由于目前生产的超导电缆主要应用高温铜氧超导体，所以通常也称作高温超导电缆. 它由电缆芯、低温容器、终端和冷却系统四个部分组成. 其中电缆芯是高温超导电缆的核心部分，包括通电导体、电绝缘和屏蔽导体等主要部件. 相比于常规电缆，超导电缆具有以下主要优点：

(1) 损耗低，节约能源. 超导电缆的导体损耗不足常规电缆的十分之一，运行的总损耗也仅为常规电缆的 50% ~60%；

(2) 容量大. 同样截面积的超导电缆的电流输送能力为常规电缆的 3 ~5 倍；

(3) 节约材料. 具有同样输电能力的超导电缆与常规电缆相比，使用较少的金属和绝缘材料；

(4) 无污染，低噪音. 超导电缆没有造成环境污染的可能性，而充油常规电缆存在因漏油而污染环境的危险，且超导电缆的噪音远小于常规电缆.

图 26-21　昆明普吉变电站的超导电缆

目前，超导电缆仍主要应用于一些短距离的关键输电场合(如发电机至变压器、变电中心至变电站等)，图 26-21 所示为我国云南省昆明市普吉电站超导输电电缆. 中国已拥有如云电英纳、宝胜股份等超导电缆生产企业，产值亦呈逐年上升趋势，在能源紧缺的 21 世纪，超导电缆可能会成为未来输电材料的主流.

**2. 超导托卡马克装置**　有“人造太阳”之称的托卡马克装置主要是利用真空中的等离子在磁场的加速和约束之下发生聚变而释放出巨大的能量，具有很高的经济价值和广泛的应用潜力，世界各国的科学家已为此奋斗了半个多世纪. 在煤、石油等一次性能源日趋枯竭的今天，可再生清洁能源将成为未来能源产业的发展方向，而托卡马克产生的聚变能则是其中之一. 超导托卡马克装置主要是由超导线圈替代常规磁体为托卡马克装置提供磁场，由于超导体的零电阻特性，在托卡马克中采用超导线圈可实现强磁场低能耗的要求，可大大提高核聚变的能量增益因子. 我国是继俄罗斯、法国和日本之后第四个拥有超导托卡马克装置的国家，图 26-22 所示为我国自主研制的超导托卡马克装置.

图 26-22　我国自主研制的超导托卡马克装置

**3. 超导磁悬浮列车**　超导磁悬浮列车主要是利用超导磁体系统作为火车的动力系统，由于列车运行过程中，车体被强大的电磁斥力完全托起而处于悬浮状态，没有车轮与导轨之间的直接接触，因而这种列车具有低噪声、高速度、低损耗等特点．超导磁悬浮列车的基本原理是：在列车上装有超导磁体系统，当列车运行时，下面的铁轨在超导磁体的交变磁场作用下产生涡流，这种涡流产生的磁场与列车上超导磁体的磁场极性相同，由此而产生的电磁斥力将列车托起，列车的运行阻力将大大减少，速度也是普通列车无法比拟的．此外，列车的两侧装有超导磁体，在导轨的侧壁设有导电板，根据电磁学原理，火车的导向问题也可以解决．导轨侧壁的悬浮线圈和导向线圈均与电力电缆相联．一旦列车从中心偏向任一边，列车所靠近的一侧上的线圈将向车体施加斥力，而与列车间距加大的一侧则向车体施加吸力，从而保证列车在任何时候均在导轨的中心．

磁悬浮列车可分为常导磁悬浮列车和超导磁悬浮列车．和常导型磁悬浮列车比较，超导磁悬浮列车有如下优点：其一，超导体可以流过很大的电流，超导磁体的磁场要比常规电磁体的大．其二，超导体几乎没有电阻，损耗极小．一次通入电流用以励磁之后，即可去掉电源，只需维持其低温工作环境使其处于超导态即可．从长期使用的角度来看，超导磁体的能耗小、成本低，是一种理想的磁体．超导磁体由于其零电阻的特性，在处于超导状态时几乎不产生热，因此在保持超导态（不超过超导体临界电流）的情况下，通过超导磁体的电流可以很大而又不产生能量消耗，可实现强磁场低能耗的要求．其三，重量轻，体积小．一个产生 4～5T 磁场、内径为 0.2m 的磁体线圈，常规磁体重为 15～20t，体积约为 1～2$m^3$；而超导磁体的重量仅为 0.2～0.3kg，体积只有 $10^{-4}m^3$，包括低温容器在内也只有 0.1$m^3$．

1999 年 2 月 10 日，随着在日本山梨县境内进行的 5 节车辆时速 500 km 荷重 270 人分编组运行试验的成功，日本超导磁悬浮列车的基本研制计划已接近尾声，将可以转入商业性运营线路开发建设阶段．2000 年 12 月 31 日，世界上第一辆高温超导磁悬浮车在我国西南交通大学超导技术研究所实验室研制成功．这辆运用高温超导技术磁悬的高温超导磁悬浮车与该校前期研制成功的运用电磁铁吸引力悬浮的常导磁悬浮车相比，悬浮高度提高 10mm．高温超导磁悬浮车采用国产 YBaCuO 高温超导体块材，工作在液氮温度（77K），底部 3mm 厚的车载薄底液氮低温容器连续工作时间大于 6h．在车载 5 人、悬浮总重量 530kg 时，悬浮净高度 23mm．该车悬浮稳定性好，悬浮刚度较高，运行十分平稳．图 26-23 所示为西南交通大学磁悬浮试验基地实景．

**4. 超导计算机** 超导材料可应用于制造新一代的计算机——超导计算机，这种新型计算机在运算速度上比现在已有的计算机提高 1～2 个数量级．首先，隧道效应可应用于新型的超导电子计算机的硬件中．目前的计算机大多采用半导体技术，采用的是硅集成电路，要想继续提高计算机的性能和计算速度，能量消耗是一个限制因素，若在硅集成电路中提高计算速度，必然造成芯片的发热，若运算速度提高到某一限度会由于内部芯片发热而损坏内部元件．为解决这一矛盾，可利用超导隧道结（又称约瑟夫逊器件）来替代计算机中的半导体元件，这里简单介绍一下它的原理：当通过它的电流小于临界电流 $I_c$ 时，它是零电压输出；当通过它的电流大于 $I_c$ 时，它有毫伏量级的电压输出．超导隧道结在不出现任何电阻的情况下有零电压和非零电压两种状态，所以可以用它组成逻辑电路，用作电子计算机的元件．用约瑟夫逊器件做成的计算机有许多优点，首先它的开关时间可达 $10^{-10}$ s，这样可使计算机运算速度提高一个数量级以上，预计超导计算机在无阻不发热的情况下高效率运行，其运行速度可达到每秒几十亿次．其次超导隧道结的输出电压高，这意味着它输出的信号强，这一点可以使我们获得更加稳定、更加清晰的图象与数据，使我们今天使用的电脑在图象质量、清晰度及稳定性方面相形见绌．此外，超导计算机还有功率损耗小的优点，估计一次快速开关期间消耗的能量小于 $10^{-13}$J，这样使计算机内部几乎不发热，这一点对提高计算机的稳定性和延长计算机芯的寿命都非常重要．

图 26-23　西南交通大学磁悬浮试验基地实景

除了以上应用领域外，超导体还有在其他领域中的很多应用，如医学上应用的超导核磁共振成像和医用射频超导量子干涉磁强计，能源科技领域应用的超导储能磁体和超导发电机．还可制作成高灵敏度的电磁探测设备，如超导磁分离装置、超导磁场计、超导测辐射热计、超导陀螺仪及超导重力仪等．随着超导科技的进一步发展，超导体的应用成本将逐步降较低，应用范围也将越发广泛．

## 参考文献


[1] H. K. Onnes, Commun. Phys. Lab. Univ. Leiden 120b, 1911, 122b.

[2] H. K. Onnes, Commun. Phys. Lab. Univ. Leiden, SuppL, 1913, 34.

[3] H. K. Onnes, Commun. Phys. Lab. Univ. Leiden, 1914, 139f.

[4] W. Meissner, R. Ochsenfeld. Naturwiss 21, 1933, 187.

[5] J. Bardeen, L. N. Cooperand, J. R. Schrieffer. Phys. Rev., 1957, 108(5): 1175.

[6] News in Science 294, 2001, 2433.

[7] J. Nagamatsu, N. Nakagawa, T. Muranaka, et al.. Nature 410, 2001, 63.


# 26.5 光信息存储

## 26.5.1 光信息存储概述

光信息存储是从20世纪70年代起才开始发展起来的一种新型的存储技术．它是继磁存储之后的又一种重要的信息存储技术．该技术主要是利用光改变存储介质的物理、化学性质或改变介质的磁性来存储信息的，并且由于激光在记录和读取信息时起着关键作用，因此将该存储方式称为光信息存储，简称光存储(optical storage)．其用来存储信息的介质通常和其他一些辅助材料做成的基板、反射层、保护层、印刷层等一起做成盘状，称为光盘(optical disk)．光盘以及光盘信息记录装置(家用型的记录装置则称为刻录机)和读取装置(如光盘驱动器、光盘机等)共同组成了光信息存储系统，如图26-24所示．

图26-24 光盘与光盘机

1978年飞利浦公司成功推出LD(Laser Vision Disc，激光视盘)系统，由此揭开了光存储技术的序幕．20世纪80年代中期到90年代中期推向市场的以CD(Compact-Disc，高密度光盘)为代表的第一代光盘，光源采用830nm和780nm波长的红外半导体激光，其存储容量为650MB；90年代中后期开始出现并占领市场的以DVD(Digital-Versatile-Disk，数字通用光盘)为代表的第二代光盘，光源采用650nm波长的红色半导体激光，其存储容量至少为4.7GB；目前已研制成功的蓝光光盘(Blu-ray Disc，缩写为BD)采用波长为450nm的蓝紫色激光，其存储容量至少为23.3GB．但由于蓝光光盘格式与现存的红光DVD格式并不兼容，因此必须采用新的生产线才可以生产出相应的记录和读取蓝光光盘信息的装置，而这会大大增加生产成本，使得其价格偏高，从很大程度上阻碍了蓝光光盘的普及．但由于蓝光光盘存储技术已经完善，所以它的上市也是指日可待的．

从 CD 的面世，再到其进化版本 VCD(Video-CD)，随后的 DVD，直到今天研制的蓝光光盘，仅仅三十年，光存储行业得到飞速发展．如今，光存储技术已经成为光学和计算机技术领域中十分重要的组成部分，成为一个引人注目的高科技产业．它能够同时存储声音、文字、图形、图像等多种媒体的信息，迎合了信息化社会海量信息存储的需求，而且其应用也几乎已深入到人类社会生产和生活的一切领域．

## 26.5.2 光信息存储原理与特点

**1. 光信息存储原理** 光盘和计算机硬盘一样都是以二进制方式来存储信息的，也包括信息的“写入”（即记录）和“读出”过程，但二者信息的“写入”和“读出”的方式却完全不同．另外光盘按“写入”和“读出”次数不同，又可分为只读存储光盘(read only memory，ROM)，一次写入多次读出光盘(write once read many，WORD)，可擦重写光盘(rewrite，RW)以及直接重写光盘(overwrite，OW)．但无论读写次数如何不同，它们的“写入”和“读出”原理都近乎一样．光盘在“写入”信息的过程中时，需要借助激光将计算机转换后的二进制数据模式刻在光盘盘片上．由于激光具有良好的单色性和时间、空间相干性，因此可以会聚成直径很小($<1\mu m$)的光斑，照射到光盘的存储介质上，光斑位置处的存储介质就会发生物理、化学或磁性变化，从而使该照射点上介质的光学性质发生变化[1,2]．在“写入”时，由于盘片安装在由电动机带动旋转的轴上，激光器沿径向运动，这样，激光在光盘上的照射点的分布呈螺旋线状．现在市场上常见的 ROM 格式或 WORD 格式的 VCD、DVD 光盘以及还未投入市场的蓝光光盘，所使用的存储介质就是在激光照射下发生了物理变化，在照射点形成凹坑．这类光盘存储容量的不同主要是用来“写入”信息的激光波长不同，以及激光在存储介质上造成的凹坑线度和存储坑点之间的距离不同．例如，常见的 DVD 光盘记录信息的激光波长为 650nm，凹坑的线度约为 $0.4\mu m$，坑点间距约为 $0.74\mu m$；而蓝光光盘记录信息的激光波长为 450nm，存储凹坑线度仅 $0.14\mu m$ 左右，坑点间距仅 $0.32\mu m$ 左右．

如果想要读取光盘上所存储的信息，需要一个光盘驱动器(简称光驱)或光盘机．常见的光驱的主要部件是一个以激光二极管制成的激光发生器和光监测器．激光发生器产生相应波长的光束，经一系列的处理后射到光盘上，再由光监测器捕捉反射回来的光信号．如果光盘不反射激光则代表那里有一个凹坑，计算机就知道它代表二进制的“1”；如果激光被反射回来，则它代表“0”．然后计算机再将这些二进制代码转换成原来的数据信息．光盘在光驱中高速旋转，激光头在电动机控制下前后移动，数据就这样源源不断地读取出来了．

**2. 光盘存储技术的特点** 光盘在科学研究与社会生活中之所以受到广泛使用，主要是因为它具有如下特点：

(1) 存储密度高、容量大，数据传输率高．存储密度是指记录介质单位长度或单位面积上所能存储的二进制位数．目前市场上销售的直径为 120mm 的容量为 4.7GB 的单面 DVD 光盘，面密度约为 $60MB/cm^2$，而即将推出的单面容量为 30GB 的蓝光光盘，面密度超过 $380MB/cm^2$．光盘又可以做成双面、双层结构，因此存储容量可以成倍提高．另外，更大容量、更大存储密度的光盘也在研制中．此外，光盘信息读取装置的数据传输率也很高，目前其数据传输率可达每秒几十 MB 以上，并且今后有希望达到每秒 GB、TB 的量级．

(2) 生产成本低廉，数据复制工艺简单、效率高，方便携带．光盘盘片和光盘机的生产技术都已相当成熟，盘基是用有机高分子材料注塑而成，只读光盘上的信息是在注塑过程中模压在盘基上的．复制过程中盘片的制作仅需 2 秒．按现有设备工艺材料水平计算，只读光盘每兆字节的生产成本低于 1 分人民币，一次写入光盘每兆字节的生产成本低于 0.2 分．因此光盘是最廉价的信息记录载体．另外，标准光盘的直径为 120mm，厚度仅 1.2mm，方便携带和易于存放．

(3) 存储寿命长，功能多样化．光存储是利用能量密集的精细聚焦激光束，通过盘基对密封在保护层之间的存储介质施加作用来实现数据记录、读取和擦除的．盘基和存储介质都是由性能稳定的材料制成，在常温环境下光盘内信息保存寿命在 100 年以上．而且可以根据不同用途挑选不同的存储介质制成只读、一次性写入和可擦重写等不同功能的光盘. 相应的光盘驱动器(光盘机)也可以设计成单一功能或多功能的系统, 以满足不同用途的需要.

### 26.5.3 光信息存储的前景

随着光学、材料科学、激光技术、微电子技术、微加工技术、计算机与自动控制技术等的发展, 光存储技术在存储密度、容量、数据传输率、寻址时间等关键技术上将有巨大的发展潜力. 在今后很长一段时间, 它将朝着以下几个方向发展:

(1) 原有光存储技术水平的提高和生产成本的进一步降低. 原有光存储技术水平的提高可以使光盘机和光盘实现多功能化, 即一台光盘机可用于只读、一次写入及可直接改写成不同盘片, 而盘片也可以做成同时具有只读和可擦写功能. 此外随着编码技术和集成电路技术的提高, 光盘机的编码及控制软件功能还将进一步改进, 将分散的视频、音频、编码、解码、调制、解调、通道控制、伺服控制重新整合成少数芯片甚至单一芯片[3], 这样不仅可以大大降低成本, 还会提高系统的稳定性与可靠性.

(2) 近场光存储. 目前的各种光盘驱动器均以包含物镜的光学头进行读写, 并完成聚焦与轨迹跟踪伺服控制. 由于物镜离介质较远(毫米级), 故称为远场记录. 虽然采用短波长激光记录和其他一些技术的结合, 可以使光盘的存储密度有所提高, 但由于物镜所聚焦的光斑尺寸受光源波长制约, 光斑尺寸的进一步减小只能依赖于波长在有限范围内的缩短, 这种缩短即使从红外光转换到紫外光, 最多也只能提高几倍的存储容量. 而近场记录则是根据近场光学原理使光源读写头与光盘盘片在一个波长范围的距离内, 从而突破远场衍射极限得到超精细结构的信息, 并获得更高的分辨率. 因此, 打破光的衍射极限的限制, 从光的远场记录发展到近场记录是实现超高密度光存储技术的一种途径.

(3) 光全息存储. 传统的光存储技术使用激光读写光盘上的“坑”, 每个“坑”表示一个“0”或“1”的数字信号, 另外光盘存储器要求激光读写头与存储介质之间有机械运动, 使记录的信息密度被限制在机械调节的精度内, 并使存取时间受到机械运动的限制. 而光全息存储(optical holographic storage)技术是利用空间光调制器(SLM)将被存储的信息调制成“0”或“1”的明暗图像, 与同步的参考光会聚, 形成全息条纹被记录在介质上, 如图 26-25 所示. 整个记录信息的过程不涉及机械运动, 因此存储速度比传统光盘存储快的多. 由于存储的是全息图案, 因此实现了信息的立体存储. 此外, 全息存储系统按存储介质的厚度可分为面全息存储和体全息存储, 对于体全息存储, 在同一位置处可以通过角度复用或波长复用技术存储多幅全息图, 从而大大提高了存储的容量和密度[4]. 理论上, 与 DVD 相同尺寸的全息光盘(Holographic Versatile Disc, 简称 HVD)最高可记录 3.9TB 的数据, 传输率也可达到每秒 1GB. 与目前的存储技术相比, 由于光全息存储技术在降低成本、增大容量、提高速度和更优的可靠性方面都极具发展潜力, 并且全息光盘数据读写操作是非接触式, 使用寿命、数据可靠性、安全性都能达到理想的状况, 因此光全息存储有望成为下一代实用的光信息存储技术. 2009 年 4 月, 美国通用电气(GE)公司的实验室研制出容量为 500G 的全息光盘. 该公司声称若能实现大规模生产, 其成本和价格可以被市场接受[5].

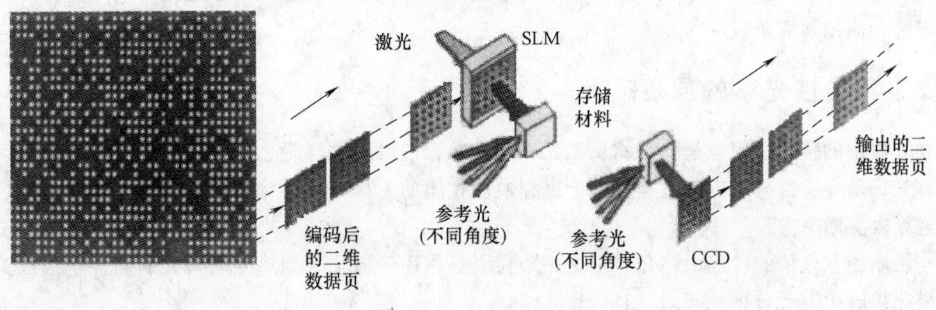


图 26-25　全息数字式光存储中的二维数据页、数据信息的记录和读出

(4) 综合利用其他新技术开发下一代新产品. 利用计算机技术与当代物理、化学、生物学的新成就,

如磁光存储技术、全息存储、蛋白质存储和探针存储等技术并借助一些诸如扫描隧道显微镜(STM)、原子力显微镜(AFM)等工具，可以设计制造出更高存储密度、更高数据传输率、可并行读写等优点的海量存储系统.

## 参考文献

[1] 朱京平. 光电子技术基础 [M]. 北京：科学出版社，2004.
[2] 陈泽民. 近代物理与高新技术物理基础 [M]. 北京：清华大学出版社，2003.
[3] http：//tech. ddvip. com/2007 - 09/119040130735312. html.
[4] 陶世荃. 光全息存储 [M]. 北京：北京工业大学出版社，2001.
[5] http：//www. soft6. com/tech/15/157241. html.

# 26.6 非线性光学

## 26.6.1 非线性光学概述

非线性光学是现代光学的一个分支，它是随着激光技术的出现而发展形成的一门新兴学科，是近代科学前沿最活跃的学科领域之一. 非线性光学主要研究光和物质相互作用过程中出现的一系列新现象，探索光和物质相互作用的本质和规律，为一系列具有重要价值的科学技术提供新的物理基础.

非线性光学的早期工作可以追溯到1875年克尔效应的发现[1]，但非线性光学发展成为今天这样一门重要学科，应该说是从激光器出现以后才开始的. 激光器出现以前，一般光源所产生的光场即使经过聚焦也很小(相对于介质中的原子内场，原子内场的典型值为$3\times10^{10}$V/cm)，因此，很难观察到非线性光学现象. 1960年激光器的诞生，特别是随着调Q技术的发展，使激光器产生的激光很容易达到观察各种非线性光学效应所必需的光强. 于是，在1961年弗兰肯(P. A. Franken)等人首次发现光学二次谐波.[2]从这时开始，非线性光学开始诞生，并逐渐形成光学的一个分支学科.

非线性光学的发展大致经历了以下几个阶段. 第一个阶段是1961～1965年. 这个阶段的特点是新的非线性光学效应大量、迅速地出现. 诸如光学二次谐波产生、和频与差频、光学参量放大与振荡、多光子吸收、光束自聚焦以及受激光散射等都是这个阶段发现的. 第二个阶段是1966～1979年. 这个阶段一方面还在继续发现一些新的非线性光学效应，例如光学悬浮、非线性光谱方面的效应、各种瞬态相干效应、光致击穿等；另一方面则主要致力于对已发现的效应进行更深入的了解，发展各种非线性光学器件. 第三个阶段是80年代至今. 这个时期是非线性光学日趋成熟的时期. 这个阶段备受人们关注的非线性光学新课题是光学分叉和混沌、光的压缩态和多光子原子电离现象等. 目前，非线性光学已逐渐有基础研究阶段进入应用基础研究和应用研究阶段.

## 26.6.2 非线性光学的原理

光在介质中的传播过程就是光与物质相互作用的过程. 对于这样一个动态过程，可以视为以下两个分过程：首先，是介质对光的响应过程，这个过程遵循物质的本构方程；然后是介质对光的反作用过程，这个过程遵循麦克斯韦方程.

光与物质相互作用的过程中，介质中的原子在电场作用下极化. 如果介质对光的响应呈线性关系，即介质的极化强度$\boldsymbol{P}$与光波的电场成正比，即

$$\boldsymbol{P}=\varepsilon_0\chi\boldsymbol{E}=\alpha\boldsymbol{E} \tag{26-24}$$

式中，$\varepsilon_0$是真空中的介电常数；$\chi$是介质的极化率；$\alpha$是与介质有关的系数. 此时，介质的极化率是与光

强无关的常量. 上述条件下产生的光学现象属于线性光学范畴. 在线性光学范畴内，光在介质中的传播满足光的独立传播原理和线性叠加原理. 但若介质的极化强度 $\boldsymbol{P}$ 不仅与入射光波电场 $\boldsymbol{E}$ 的一次方有关，而且还与 $\boldsymbol{E}$ 的高次幂项相关，即[3]

$$\boldsymbol{P} = \varepsilon_0(\chi^{(1)}\boldsymbol{E} + \chi^{(2)}\boldsymbol{EE} + \chi^{(3)}\boldsymbol{EEE} + \cdots)$$

若入射光为平面波，则可简化为

$$\boldsymbol{P} = \varepsilon_0(\chi^{(1)}\boldsymbol{E} + \chi^{(2)}\boldsymbol{E}^2 + \chi^{(3)}\boldsymbol{E}^3 + \cdots) \tag{26-25}$$

式中，$\chi^{(1)}$ 是介质的线性极化率；$\chi^{(2)}$、$\chi^{(3)}$、…是介质的非线性极化率，分别称为二阶、三阶、…非线性极化率. 此时，介质的极化率是一个与入射光强有关的量，它是描述介质与入射光非线性相互作用过程本质的物理量. 在上述条件下产生的光学现象属于非线性光学或强光光学范畴. 从本质上讲，所有介质基本上都是非线性的. 但不同介质产生非线性光学现象所需光强存在很大差异，例如在富勒烯衍生物中观察到非线性光学现象所需光强约为 $10^{10}\mathrm{mW/cm^2}$ 量级[4]，但在表面修饰的 $Bi_2O_3$ 纳米微粒中观察到非线性光学现象所需光强仅为 $10^6\mathrm{mW/cm^2}$ 量级.[5]

## 26.6.3　常见的非线性光学现象

当几束光在介质中相互作用时，会产生一系列非线性光学效应，如光学倍频、和频与差频、光参量放大、拉曼散射、光束自聚焦效应等.[6-8] 这些光学效应大致可分为两类：一类称为参量过程，在这类过程中能量和动量的交换只发生在相互作用的光波之间，非线性介质的作用犹如化学反应中的催化剂一样，仅仅促成光场之间的相互作用，而介质本身并不参与光波之间的能量和动量交换；另一类称为非参量过程，在这类过程中介质参与了光波间的能量和动量交换.

**1. 光学倍频**　当激光与非线性介质作用时，入射光通过介质后，其输出频率较入射频率有所变化，会出现倍频光、和频光与差频光.

设入射单色强光的电场强度

$$E = E_0\cos\omega t \tag{26-26}$$

则极化强度为

$$\begin{aligned} P &= \alpha E + \beta E^2 = \alpha E_0\cos\omega t + \beta E_0^2\cos^2\omega t \\ &= \alpha E_0\cos\omega t + \beta\frac{E_0^2}{2}(1 + \cos2\omega t) \\ &= \frac{1}{2}\beta E_0^2 + \alpha E_0\cos\omega t + \frac{1}{2}\beta E_0^2\cos2\omega t \end{aligned} \tag{26-27}$$

等式后边第一项是不随时间变化的常数项，称为直流项，它表明介质的两相对界面将出现恒定的极化电荷，相应地产生一个恒定电场. 这种由一个交变电场得到一个恒定电场的现象称为光学整流. 第二项是与入射光频率相同的基频成分，表明介质将辐射出与入射光同频率的次级子波. 第三项中出现了两倍于入射光频率的倍频成分，表明介质将辐射出倍频光波，称为光学倍频，倍频光的产生过程如图 26-26 所示. 例如，使用磷酸二氢钾(KDP)晶体可以把 1 064nm 的基频光转变为 532nm 的倍频光. 此外，常见的倍频晶体还有铌酸锂(LN)、砷化镓和偏硼酸钡($\beta$-$BaB_2O_4$)等.[9,10]

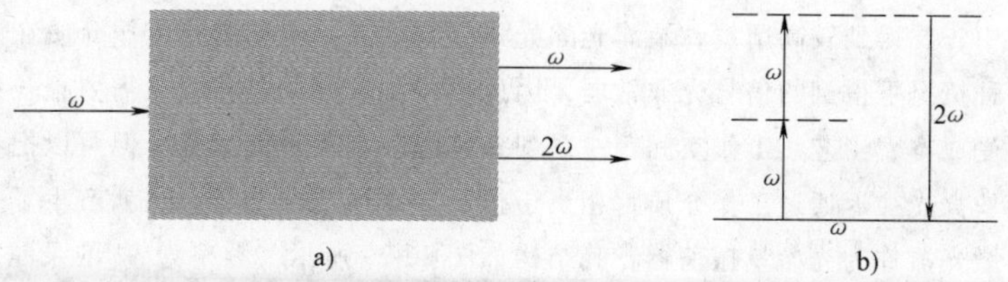


图 26-26　光学倍频

a）光学倍频的产生　b）光学倍频过程的能级描述

**2. 和频与差频**　激光与非线性介质相互作用，除了可以实现光学整流和光学倍频外，还可以产生和频项与差频项，它们将辐射出相应的光波，这种现象称为光学混频．和频光与差频光的产生过程如图 26-27 和图 26-28 所示，设入射光 $E_1$ 和 $E_2$ 的频率分别为 $\omega_1$ 和 $\omega_2$，即

$$E_1 = E_{10}\cos\omega_1 t$$

$$E_2 = E_{20}\cos\omega_2 t$$

入射光的总光场为 $E=E_1+E_2$．则入射光在介质内引起的极化强度为

$$\begin{aligned}P &= \alpha E + \beta E^2 \\ &= \frac{1}{2}\beta(E_{10}^2 + E_{20}^2) + \alpha(E_{10}\cos\omega_1 t + E_{20}\cos\omega_2 t) \\ &\quad + \frac{1}{2}\beta(E_{10}^2\cos2\omega_1 t + E_{20}^2\cos2\omega_2 t) \\ &\quad + \beta E_{10}E_{20}\cos(\omega_1+\omega_2)t + \beta E_{10}E_{20}\cos(\omega_1-\omega_2)t\end{aligned} \tag{26-28}$$

上式中等号右边第一项为直流项，第二项为基频项，第三项为倍频项，第四项为和频项，最后一项为差频项．利用倍频与和频可以进行频率上转换，以产生从可见到紫外的强相干光．差频效应可以用来进行频率下转换，以产生中红外到亚毫米区的微波辐射．[11]

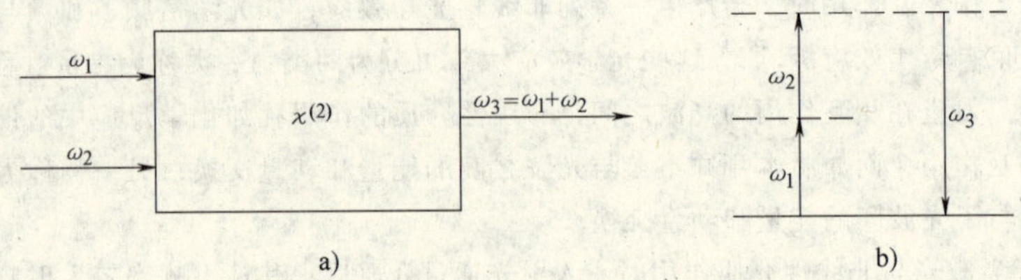


图 26-27　和频

a）和频的产生　b）和频的能级描述

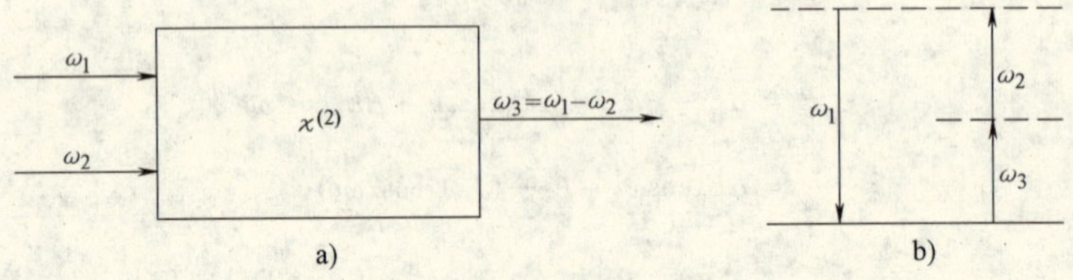


图 26-28　差频

a）差频的产生　b）差频的能级描述

**3. 光参量放大**　两束不同频率的光入射到非线性介质中除了发生和频与差频效应外，还可能发生两个入射光之间的能量交换，典型的现象就是光参量振荡和光参量放大．

当泵浦光 $\omega_1$ 功率较强，而信号光 $\omega_2$ 功率很小时，它们之间的相互作用使泵浦光的部分能量转移到信号光，从而使信号光得到放大，这种现象称为光参量放大．信号光放大的同时，还会产生所谓的闲置光 $\omega_3$．

参量放大过程中，要得到较高增益，泵浦光的光强必须很高，例如激光工作介质在激发光作用下的单程光放大过程．这种情况下得到的信号光非常弱，因此要得到较强的信号光，需要很长的工作距离．但激光工作介质的长度受成本、工艺、工作空间等一系列条件的限制不可能太长．但可以把参量放大装置放入谐振腔，这样参量放大光往返通过工作介质，相当于把工作介质不断增长，这就产生了一种新的激光生成方法，由此形成的激光器称为光参量振荡器，其结构如图 26-29 所示．频率为 $\omega_1$ 的泵浦光入射到谐振腔内的非线性晶体介质时，介质中的粒子吸收光子并产生自发辐射，自发辐射光中满足参量放大条件的光 $\omega_2$ 会被放大，并在谐振腔内传播．如果 $\omega_2$ 同时满足谐振条件，就会发生振荡放大．参量振荡是通过晶体的非线

性过程产生激光，这和一般激光器的工作原理是不同的（普通激光器是靠受激辐射跃迁，其输出波长由工作介质的能级结构决定），它与晶体介质的能级结构的联系不十分密切，因此可以存在多种谐振方式达到输出不同波长的目的.

**4. 拉曼散射**　光与介质相互作用的一个重要现象就是光的散射. 根据散射过程中散射光和入射光的频率关系，可以分为弹性散射和非弹性散射. 弹性散射时，光子和介质中的粒子（原子、分子或离子）发生弹性碰撞，无能量交换，因而散射光的频率不变，只是传播方向发生改变. 弹性散射时，散射光的强度和波长有关，如瑞利散射，其散射光强与频率的四次方成正比. 非弹性散射时，光子和粒子的之间发生能量交换，散射光频率发生改变. 若光子从粒子获得能量则称为拉曼散射，反之，若光子把能量传递给粒子则称为布里渊散射.

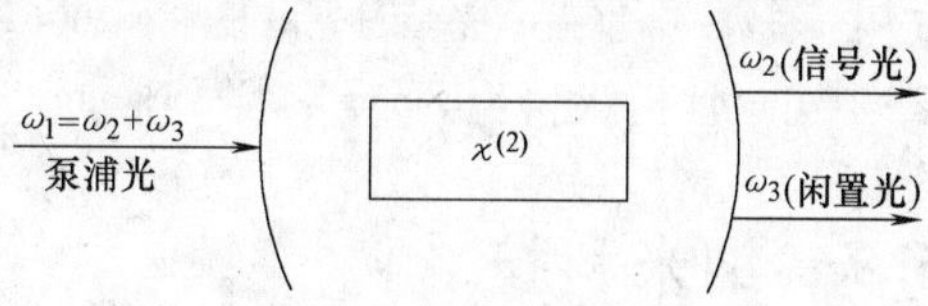


图 26-29　光参量振荡

1923 年斯梅卡尔从理论上预言了频率发生改变的散射. 1928 年，印度物理学家拉曼在气体和液体中观察到散射光频率发生改变的现象. 后来以发现者的名字命名这种现象，即拉曼散射.[12] 为此，拉曼获得了 1930 年的诺贝尔物理学奖. 普通光产生的拉曼散射是自发拉曼散射，散射光是不相干的. 当采用很强的激光时，由于激光与介质粒子的强烈作用，使散射光具有受激辐射的特性，称为受激拉曼散射.

拉曼散射为研究晶体或分子的结构提供了重要手段，在光谱学中形成了拉曼光谱学的一分支. 用拉曼散射的方法可迅速定出分子振动的固有频率，并可决定分子的对称性、分子内部的作用力等.

**5. 光束自聚焦效应**　一束普通光通过均匀透明的平板介质后，仍然是平行光. 但一束强光通过均匀透明的平板介质时，光束将会聚成直径为几个微米的细线或一串串细小的焦点，这一现象称为光的自聚焦. 这是因为在强光作用下，介质的折射率将不再是常数，它会随入射光强度的增大而变大，这是一种三阶非线性光学效应.

一般激光束在其横截面上的强度呈高斯分布，且轴线处光强最大，离轴越远光强越小. 高斯光束在介质中传播时，会引起介质折射率的非均匀分布，即轴线上的折射率最高，离轴越远折射率越低. 这种折射率不均匀的介质，具有类似凸透镜的会聚作用，使光束不断向轴线收缩，直到与衍射引起的发散作用相平衡，最后形成一束直径只有几微米的光丝，这就是光的自聚焦，如图 26-30 所示.

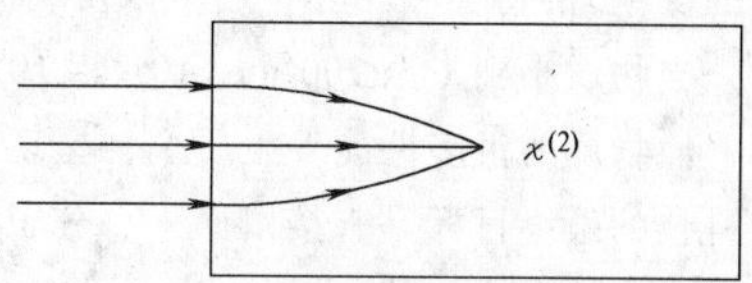


图 26-30　光的自聚焦

实际上，光的自聚焦和通常的透镜聚焦是不同的，光自聚焦后会保持并传播一段距离，直到自聚焦产生的会聚作用和衍射引起的发散作用之间的平衡被打破. 自聚焦现象产生时，中心轴线上的光强很高，因而介质很容易被击穿，甚至产生炸裂. 这是发展高功率激光的重要障碍，也是强光光学研究的重要课题.

鉴于篇幅和结构的限制，更多内容可以参考非线性光学的相关书籍和最新文献.

# 参考文献

[1]　Weinberger, P.. Philosophical Magazine Letters, 2008, 88: 897.

[2]　Franken P. A., Hill A. E., Peters C. W., et al.. Phys. Rev. Lett., 1961, 7: 118.

[3]　叶佩弦，司金海. 物理，2000，6：344.

[4]　方光宇，宋瑛林，王玉晓，等. 物理学报，2000，8：1499.

[5]　韩俊鹤，欧慧灵，廖鹏，等. 河南大学学报：自然科学版，2001，3：14.

[6]　石顺祥，陈国夫，赵卫，等. 非线性光学［M］. 西安：西安电子科技大学出版社，2003.

[7]　钱士雄，朱荣毅. 非线性光学［M］. 上海：复旦大学出版社，2005.

[8] 沈元壤．非线性光学原理［M］．顾世杰，译．北京：科学出版社，1987.

[9] 薛挺，于建，杨天新，等．物理学报，2002，51：565.

[10] 宁继平，陈志强，詹仰钦，等．光电子·激光，2002，13：777.

[11] 李婧，孙军强．光学与光电技术，2006，4：10.

[12] Raman C. V., Krishnan K. S.. Nature, 1928, 121: 501.


## 26.7 纳米科技

纳米科技是在20世纪80年代末、90年代初逐步发展起来的前沿、交叉性新兴学科领域，它的迅猛发展将在21世纪促使几乎所有工业领域产生一场革命性的变化．目前几乎所有发达国家的政府和企业都对纳米科技的研发进行大量投入，试图抢占这一21世纪科技战略制高点．关注纳米科技的进展，尽快组织和部署我国纳米科技的发展规划，将对我国新世纪的发展产生深远影响．

### 26.7.1 纳米科技概述

**1. 纳米科技** 如果将人类所研究的物质世界对象用长度单位加以描述，我们可以得到人类智力所延伸到的物质世界的范围．目前人类能够加以研究的物质世界的最大尺度是$10^{25}$m（约10亿光年），这是我们已观测到的宇宙大致范围．人类所研究的物质世界的最小尺度为$10^{-19}$m．纳米科技中的“纳米”为$10^{-9}$m，是1mm的百万分之一．原子的直径在0.1~0.3个nm之间．研究小于$10^{-10}$m以下的原子内部结构属于原子核物理、粒子物理的范畴．

纳米科技（Nano science and technology）是指在纳米尺度（1nm到100nm之间）上研究物质（包括原子、分子的操纵）的特性和相互作用，以及利用这些特性的多学科交叉的科学和技术．[1]

当物质小到1至100 nm（$10^{-9}$~$10^{-7}$ m）时，由于其量子效应、物质的局域性及巨大的表面及界面效应，使物质的很多性能发生质变，呈现出许多既不同于宏观物体，也不同于单个孤立原子的奇异现象．纳米科技的最终目标是直接以原子、分子及物质在纳米尺度上表现出来的新颖的物理、化学和生物学特性制造出具有特定功能的产品．

**2. 纳米科技概念的提出** 最早提出纳米尺度上科学和技术问题的是著名物理学家、诺贝尔奖获得者理查德·费曼（Richard Feynman，1918—1988，图26-31）．[2]1959年他在一次著名的讲演中提出：如果人类能够在原子/分子的尺度上来加工材料、制备装置，我们将有许多激动人心的新发现．他指出，我们需要新型的微型化仪器来操纵纳米结构并测定其性质．那时，化学将变成根据人们的意愿逐个地准确放置原子的问题．

图26-31 理查德．费曼

1974年，Taniguchi最早使用纳米技术（Nanotechnology）一词描述精细机械加工．[3]纳米科技的迅速发展是在20世纪80年代末、90年代初．20世纪80年代初发明了费曼所期望的纳米科技研究的重要仪器——扫描隧道显微镜（Scanning tunneling microscope，STM）、原子力显微镜（Atomic force microscopy，AFM）等微观表征和操纵技术，它们对纳米科技的发展起到了积极的促进作用，1990年美国商业机器公司借助扫描隧道显微镜，在一小片镍晶体上用35个氙原子写出了该公司名称的缩写字母“IBM”，如图26-32所示，轰动全球．从此开创了一个崭新的纳米世界．[4]与此同时，纳米尺度上的多学科交叉展现了巨大的生命力，迅速形成为一个有广泛学科内容和潜在应用前景的研究领域．1990年7月，第一届国际纳米科学技术会议在美国巴尔的摩与第五届国际扫描隧道显微学会议同时举办，《纳米技术》与《纳米生物学》这两种国际性专业期刊也相继问世.[5]一门崭新的科学技术——纳米科技从此得到科技界的广泛关注.

**3. 为什么会出现“纳米热”？**　德国科学技术部早在1996年就对纳米技术市场做了预测，估计到2010年能达到14 400亿美元. 美国《商业周刊》将纳米科技列为21世纪可能取得重要突破的3个领域之一(其他两个为生命科学和生物技术、从外星球获得能源). 从2001年以来，美国政府对纳米科技的投资每年递增20%～30%，2002年投资高达6.3亿美元，2003年增加到7.5亿美元，从2005～2008年，美国政府对发展纳米技术的投入将增加到35亿美元，到2010年纳米技术对美国的GPD的贡献将达到1万亿美元. 日本重新制定了发展纳米科技的计划，政府投资和企业的投资猛增，与美国发展纳米科技的总投入不相上下. 欧盟也加快了发展纳米科技的步伐，2002年的投入为4.5亿美元，2003年增加到6亿美元. 亚洲的韩国、中国的台湾确定了以市场为牵引、加快发展纳米科技的战略，到2006年韩国政府的投入为9.8亿美元，中国台湾为6亿美元. 新加坡、印度、以色列、泰国、澳大利亚、南非都纷纷出台发展纳米科技的计划. 目前，世界上已经形成了发展纳米科技“三大板块”的格局，即美国、亚洲和欧盟.[6]纳米科技的研究和发展已进入一个新阶段，它对世界的影响越来越重要.

图 26-32　原子排成的“IBM”

纳米科技的陡然升温不仅仅是尺度的缩小问题，实质是由于纳米科技在推动人类社会产生巨大变革方面所具有的重要意义所决定的.

(1) 纳米科技将促使人类认知的革命. 首先，纳米科技的科学意义体现在：纳米尺度下的物质世界及其特性是人类较为陌生的领域，也是一片新的研究疆土. 在宏观和微观的理论充分完善之后，在介观尺度上有许多新现象、新规律有待发现，这也是新技术发展的源头；纳米科技是多学科交叉融合性质的集中体现，我们已不能将纳米科技归为任何一门传统的学科领域. 而现代科技的发展几乎都是在交叉和边缘领域取得创新性突破的，在这一尺度下，充满了原始创新的机会. 因此，对于还比较陌生的纳米世界中的尚待揭示的科学问题，科学家有着极大的好奇心和探索欲望.

其次，由于纳米科技是对人类认知领域新疆域的开拓，人类将承担对新理论和新发现重新学习和理解的任务. 而一旦对这一领域探索过程中，形成的理论和概念在我们的生产生活中得以广泛的应用，那么，人类将建立迥异于我们肉眼所能观察到的物质世界的新观念. 它将极大地丰富我们的认知世界并给人类社会带来观念上的变革.

第三，从人类未来发展的角度看，可持续发展将是人类社会进步的唯一选择. 纳米科技推动产品的微型化、高性能化和与环境友好化，这将极大节约资源和能源，减少人类对其的过分依赖，并促进生态环境的改善. 这将在新的层次上为可持续发展的理论变为现实提供物质和技术保证.

(2) 纳米科技将引发一场新的工业革命. 由于量子效应，微电子器件的极限线宽一般认为是0.07μm(7nm). 根据美国半导体工业协会预计，到2010年半导体器件的尺寸将达到0.1μm(100nm)，这正好是纳米结构器件的最大长度. 小于这一尺寸，所有的芯片需要按照新的原理来设计. 为了突破信息产业发展的瓶颈，我们必须研究纳米尺度中的理论问题和技术问题，建立适应纳米尺度的新的集成方法和新的技术标准. 而在这一尺度上制造出的计算机的运算和存储能力将比目前微米技术下的计算机性能呈指数倍的提高，这将是对信息产业和其他相关产业的一场深刻的革命. 同样，生命科技也面临着在纳米科技影响下的变革. 所以，人们认为纳米科技是未来信息科技与生命科技进一步发展的共同基础. 正如美国《新技术周刊》指出：纳米技术是21世纪经济增长的一个主要的发动机，其作用可使微电子学在20世纪后半叶对世界的影响相形见拙.

纳米科技不仅对信息和生物技术产业产生革命性的影响，而且也促使传统产业的“旧貌换新颜”. 这是纳米概念在国内炒得沸沸扬扬的重要原因之一. 目前纳米技术已经渗透到某些传统产业中,如染料、涂料、食品等. 比如通过纳米材料的研究,我们在化纤制品中加入纳米微粒,可以除味、杀菌. 通过纳米技术的运用,使建筑物外墙涂料的耐洗刷性由原来的1000多次提高到1万多次,老化时间也延长了两倍多. 这种对传统材料进行纳米改性的技术,企业应用的投入不大,而且市场前景广阔.

鉴于纳米科技对未来工业的革命性影响和对传统产业技术改造的广泛性,发达国家的企业为开拓巨大的潜在市场,正加强技术储备,努力占领战略制高点.

目前我国出现的"纳米热",因纳米科技本身所蕴含的对人类生产生活的巨大推动作用,有其产生的必然性,而且这股热浪对于纳米科技在中国的蓬勃发展有着积极的促进作用. 但是我们也应该看到. 纳米科技作为国际上一门新兴的学科领域,有许多重大的基础问题还未解答,其全面走向应用尚需时日,因此,对于"纳米热"应予正确引导,防止将纳米科技的概念庸俗化.

## 26.7.2 纳米科技的研究领域

由于纳米科技的多学科交叉性质,因此,纳米科技的研究对象涉及诸多领域,它的基础研究问题又往往与应用密不可分. 我们可以根据纳米科技与传统学科领域的结合而细分为纳米材料学、纳米电子学、纳米生物学、纳米化学、纳米机械学与纳米加工等等. 但这种与学科紧密联系的分类方式,无法简单便捷地勾勒纳米科技的大致轮廓. 而且各类之间又有交叉和重叠. 因此,为使大家对纳米科技有直观的了解,我们仅介绍纳米科技中有代表性的纳米材料(Nanomaterials)、纳米器件(Nano-scale devices)、纳米检测与表征(Detection and characterization of nano)三类功用性很强的研究领域.

(1) 纳米材料. 纳米材料是纳米科技发展的重要基础. 纳米材料是指材料的几何尺寸达到纳米级尺度水平,并且具有特殊性能的材料. 其主要类型为:纳米颗粒与粉体、纳米碳管和一维纳米材料、纳米薄膜等,如图26-33所示. 纳米材料由于其结构的特殊性,如大的比表面积以及一系列新的效应(小尺寸效应、界面效应、量子效应和量子隧道效应)决定了纳米材料出现许多不同于传统材料的独特性能,进一步优化了材料的电学、热学及光学性能. 对于纳米材料的研究包括两个方面:一是系统地研究纳米材料的性能、微结构和谱学特征,通过与常规材料对比,找出纳米材料特殊的规律,建立描述和表征纳米材料的新概念和新理论;二是发展新型纳米材料. 目前纳米材料应用的关键技术问题是在大规模制备的质量控制中,如何做到均匀化、分散化、稳定化.

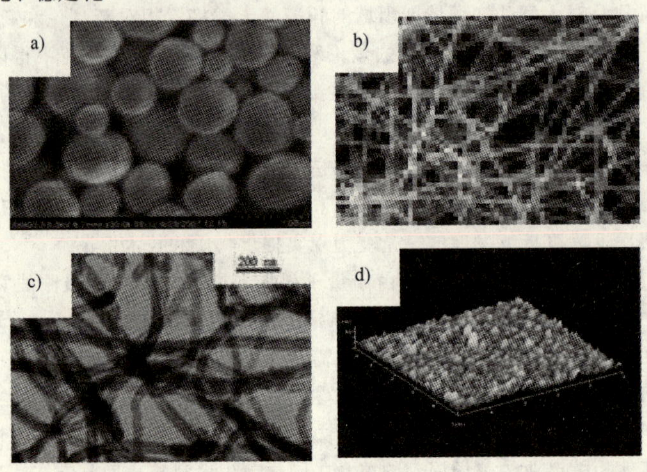


图 26-33

a) 纳米颗粒 b) 纳米线 c) 纳米管 d) 纳米薄膜

(2) 纳米器件. 纳米科技的最终目的是以原子、分子为起点,去制造具有特殊功能的产品. 因此,纳米器件的研制和应用水平是进入纳米时代的重要标志.

如前所述，纳米技术发展的一个主要推动力来自于信息产业．纳米电子学的目标是将集成电路的几何结构进一步减小，超越目前发展中遇到的极限，因而使得功能密度和数据通过量率达到新的水平．在纳米尺度下，现有的电子器件把电子视为粒子的前提不复存在，因而会出现种种新的现象，产生新的效应，如量子效应．利用量子效应而工作的电子器件称为量于器件，像共振隧道二级管、量子阱激光器和量子干涉部件等．与电子器件相比，量子器件具有高速(速度可提高 1 000 倍)、低耗(能耗降低 1 000 倍)、高效、高集成度、经济可靠等优点．为制造具有特定功能的纳米产品，其技术路线可分为“自上而下”(Top Down)和“自下而上”(Bottom Up)两种方式．“自上而下”是指通过微加工或固态技术，不断在尺寸上将人类创造的功能产品微型化；而“自下而上”是指以原子、分子为基本单元，根据人们的意愿进行设计和组装，从而构筑成具有特定功能的产品．这种技术路线将减少对原材料的需求，降低环境污染．

科学家希望通过纳米生物学的研究，进一步掌握在纳米尺度上应用生物学原理制造生物分子器件，目前，在纳米化工厂、生物传感器、生物分子计算机、纳米分子马达等方面，科学家都做了重要的尝试．

(3) 纳米结构的检测与表征．为在纳米尺度上研究材料和器件的结构及性能，发现新现象，发展新方法，创造新技术，必须建立纳米尺度的检测与表征手段．这包括在纳米尺度上原位研究各种纳米结构的电、力、磁、光学特性，纳米空间的化学反应过程，物理传输过程，以及研究原子、分子的排列、组装与奇异物性的关系．扫描探针显微镜(Scanning probe microscope，SPM)的出现，标志着人类在对微观尺度的探索方面进入到一个全新的领域．作为纳米科技重要研究手段的 SPM 也被形象地称为纳米科技的“眼”和“手”．

所谓“眼睛”，即可利用 SPM 直接观察原子、分子以及纳米粒子的相互作用与特性．如图 26-34 所示为 SPM 观测到的几种原子的排列图．[7]

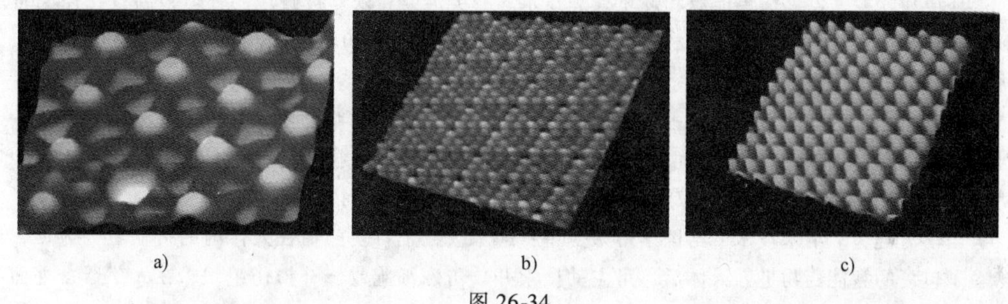

a)　　b)　　c)

图 26-34

a) 碘原子在铂晶体上的吸附　b) 硅表面硅原子的排列　c) 砷化镓表面的砷原子

所谓“手”，是指 SPM 可用于移动原子、构造纳米结构，同时为科学家提供在纳米尺度下研究新现象、提出新理论的微小实验室，图 26-35 为利用 SPM 移动原子构成的图形．[7]

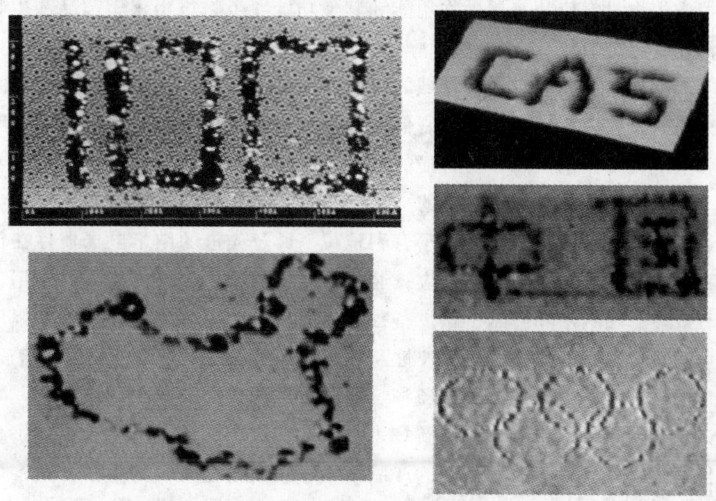


图 26-35　通过移走原子构成的图形

与此同时，将纳米材料和结构制备过程相结合以及与纳米器件性能检测相结合的多种新型纳米检测技术的研究和开发也受到广泛重视，如激光镊子技术可用于操纵单个生物大分子等.

### 26.7.3 纳米科技前景的展望

纳米材料的应用有着诱人的技术潜力，它的应用范围包括从制造工业、航天工业到医学领域等. 美国全国科学基金会曾发表声明说："当我们进入21世纪时，纳米技术将对世界人民的健康、财富和安全产生重大的影响，至少如同20世纪的抗生素、集成电路和人造聚合物那样."[8] 科学家们预计，纳米技术在新世纪中的应用前景广阔，已经涵盖了材料、测量、机械、电子、光学、化学、生物等众多领域，信息技术与纳米技术的关系已密不可分. 从目前研究的进展情况看，纳米技术的应用前景非常广阔，其主要表现如下：

（1）材料和制备. 在纳米尺度上，通过精确地控制尺寸和成份来合成材料单元，制备更轻、更强和可设计的材料，同时具有长寿命和低维修费用的特点；以新原理和新结构在纳米层次上构筑特定性质的材料或自然界不存在的材料、生物材料和仿生材料，实现材料破坏过程中纳米级损伤的诊断和修复.

（2）微电子和计算机技术. 纳米电子学立足于最新的物理理论和最先进的工艺手段，按照全新的理念来构造电子系统，并开发物质潜在的储存和处理信息的能力，实现信息采集和处理能力的革命性突破，纳米材料级存储器芯片已投入生产，它是目前芯片存储容量的上千倍. 计算机在普遍采用纳米材料后，可以缩小成为"掌上电脑". 纳米电子学将成为21世纪信息时代的核心.

（3）环境和能源. 发展绿色能源和环境处理技术、减少污染和恢复被破坏的环境；制备孔径1nm的纳孔材料作为催化剂的载体，有序纳孔材料和纳米膜材料（孔径10～100nm）用来消除水和空气中的污染、成倍地提高大阳能电池的能量转换效率.

（4）在光电领域的应用. 纳米技术的发展，使微电子和光电子的结合更加紧密，在光电信息传输、存贮、处理、运算和显示等方面，使光电器件的性能大大提高. 将纳米技术用于现有雷达信息处理上，可使其能力提高10倍至几百倍，甚至可以将超高分辨率纳米孔径雷达放到卫星上进行高精度的对地侦察.

（5）医学与健康. 纳米技术将给医学带来变革：纳米级粒子将使药物在人体内的传输更为方便，用数层纳米粒子包裹的智能药物进入人体后，可主动搜索并攻击癌细胞或修补损伤组织；在人工器官外面涂上纳米粒子可预防移植后的排斥反应；研究耐用的与人体友好的人工组织、器官复明和复聪器件以及疾病早期诊断的纳米传感器系统.

（6）生物技术. 在纳米尺度上按照预定的对称性和排列制备具有生物活性的蛋白质、核糖核酸等，在纳米材料和器件中植入生物材料使其兼具生物功能和其他功能，生物仿生化学药品和生物可降解材料，动植物的基因改善和治疗，测定DNA的基因芯片等.

（7）航天和航空. 纳米器件在航空航天领域的应用，不仅是增加有效载荷，更重要的是使耗能指标成指数倍的降低. 这方面的研究内容还包括：研制低能耗、抗辐照、高性能计算机，微型航天器用纳米集成的测试、控制仪器和电子设备，抗热障、耐磨损的纳米结构涂层材料.

（8）国家安全. 由于纳米技术对经济社会的广泛渗透性，拥有纳米技术知识产权和广泛应用这些技术的国家，将在国家经济安全和国防安全方面处于有利地位. 通过先进的纳米电子器件在信息控制方面的应用，将使军队在预警、导弹拦截等领域快速反应；通过纳米机械学、微小机器人的应用，将提高部队的灵活性和增加战斗的有效性；用纳米和微米机械设备控制，国家核防卫系统的性能将大幅度提高；通过纳米材料技术的应用，可使武器装备的耐腐蚀、吸波性和隐蔽性大大提高，可用于舰船、潜艇和战斗机等.

纳米技术极大地促进了生产力的发展，对经济、社会正在产生广泛而深刻的影响. 当今世界各国的科学家以及产业界都认识到纳米技术将会成为高新技术，因此很多国家均投入了大量的资金和研究人员. 纳米技术将彻底改变传统的生产方式，改变目前的产品结构，进而改变人们的生活方式，把人类的文明推向一个更高的阶段.

## 参考文献

[1] 白春礼，纳米科技及其发展前景. 计算机自动测量与控制，2001，9(3)：1-4.

[2] R. P. Feynman. There's plenty of room at the bottom [J]. Engineering and Science，1960，23 (2)：69-73.

[3] M. H. Fulekar. Nanotechnology-In Relation to Bioinformatics [J]. Springer Netherlands，2009：200-206.

[4] Chris Toumey. 35 atoms that changed the nanoworld [J]. Nature Nanotechnology，2010，5：239-241.

[5] http：//www. aanst. org/government. html ，Memorabilia of Nanotechnology.

[6] 张立德，解思深. 纳米材料和纳米结构 [M]. 北京：化学工业出版社，2005.

[7] 中国科学院纳米科技网 http：//www. casnano. ac. cn/.

[8] I. Amato. Nanotechnology：Shaping The World Atom By Atom，(NSTC report)，1999：1-12. http：//itri. loyola. edu/nano/IWGN. Public. Brochure/.

# 26.8 团簇中的弱相互作用

## 26.8.1 弱相互作用团簇

许多重要的物理现象(如气体和液体的吸收、溶解等动力学过程，凝聚现象和结晶组合)，化学过程(电荷转移，基元反应以及氢键的形成)和生命现象(如DNA和RNA的存在以及生物酶等)都包含有大量的范德华分子体系，并且分子间作用力起决定性作用. 这类体系的从头算研究对于解释和预测分子间振动态的实验结果，提供分子的动力学信息，揭示分子间的作用力等都有着重要指导意义.

发现具有异常性质的新型分子簇以及揭示新的分子间相互作用的本质，一直以来都是化学领域中令人振奋的工作. 弱相互作用对分子簇体系的结构及性质具有重要的影响，弱相互作用在生物分子识别、离子载体的选择性、晶体的组装、分子簇的形成等方面都起着决定性作用. 近几年来，弱相互作用已成为理论和实验工作者很感兴趣的研究方向.

团簇(Cluster)是几个乃至上千个原子、分子或离子通过物理或化学结合力组成的相对稳定的微观或亚微观体系. 团簇的空间尺度是几埃至几百埃的范围，用无机分子来描述显得太大，用小块固体来描述又显得太小. 它的许多性质既不同于单个原子、分子，又不同于固体和液体，也不能用两者性质作简单线性外延或内插得到. 因此，人们把团簇看成是介于原子、分子与宏观固体之间的物质结构的新层次，[1]是各种物质由原子、分子向大块物质转变的过渡态，或者说，团簇代表了凝聚态物质的初始状态.[2]

团簇研究属于多学科交叉范畴，其特点是把原子分子物理、凝聚态物理、量子化学、表面物理和化学、材料科学甚至核物理学引入的概念和方法交织在一起，构成了当今团簇研究的中心议题，并逐渐发展成为一门介于原子分子物理和固体物理之间的新型交叉学科 - - 团簇物理学. 团簇物理学是研究团簇的原子组态和电子结构、物理化学性质、团簇向块体演变过程中与尺寸的关联以及团簇同外界相互作用的特征和规律的一门学科.

发现于19世纪末20世纪初的维尔纳长式元素周期表最右边的零族(第18列)元素——He、Ne、Ar、Kr、Xe和Rn在1960年以前一直被称为是“惰性气体”，这是缘于人们认为它们不可能形成真正意义上的化合物，因为有一种“理论”，即“8电子稳定结构理论”，认为稀有气体原子最外层8电子结构形成了具有 $ns^2np^6$ 的稳定构形，没有任何形成化合物的可能性了.

1962年5月，到加拿大不久的英国年轻氟化学家N. Bartlett的一篇科学论文引起了轰动——他合成了稀有气体的第一个化合物 $XePtF_6$.[3] 其后不到几个月，德国的R. Hoppe、美国的Argonne国家实验室的

Claassen 等和南斯拉夫（现斯洛文尼亚）的卢布里亚那大学的氟化学中心的 Slivnik 等在三个不同的地方几乎同时分别地合成了 $XeF_2$、$XeF_4$ 和 $XeF_6$.[4-6] 如果说 $XePtF_6$ 的合成还不足以表明一个新的时代已经开始的话（特别是后来证明 $PtF_6$ 和 Xe 反应的产物是复杂的，除 $Xe^+[PtF_6]^-$ 以外还有组成更复杂的 $Xe_2^+[PtF_6]_2^-$ 等），那么在三个不同的实验室几乎同时合成了这三种氙的简单氟化物切实地向人们表明：一个新的时代开始了.

1962 年的事件发生后，合成稀有气体化合物的热度一直没有冷下来，但人们总是在已有的化合物类型上兜圈子，如将 $XeF_n$ 水解，得到含 XeO 键的各种化合物，如氧化物、氟氧化物、含氧酸盐等，其后总共合成了上百种化合物. 其中最简单的 $XeF_2$ 作为强有力的氟化剂，用以合成许多过去没有合成的氟化物. 除了氙的化合物，1963 年又合成了 $KrF_2$. 直至 1995 年，事情才有了突破——芬兰赫尔辛基大学合成了一系列新型稀有气体化合物——HXY，X = Xe、Kr、Ar；Y = H、F、Cl、Br、I、CN、NC、SH. 例如：HXeH、HXeCl、HXeBr、HXeI、HXeCN、HXeNC、HKrC 和 HKrCN 以及 HXeSH. 其中还包括首例氩化合物——HArF 的合成，发表在最近的 Nature 杂志上.[7] 一般情况下，离子化合物比中性的更容易合成. Seidel 和 Seppelt 报道了稀有气体和贵金属之间的化学键 $[AuXe_4^{2+}][Sb_2F_{11}^-]_2$，在 $-40℃$ 和 Xe 处于标压下时能够稳定存在. 在这个化合物中，Xe 原子呈正方形配位在 Au 原子的周围.[8] 人们从来没有想过稀有气体可以和贵金属原子键合，如果 Xe 是惰性气体而 Au 是不活泼的贵金属的话，那么它们之间是不可能形成化学键的，实际并非如此，P. Pyykkö 通过理论计算预言了和在 $ClAuCl^-$ 具有相同价电子的 $XeAuXe^+$ 中，存在 Xe 和 Au 之间的化学键，轻的稀有气体也存在同样但比较弱的化学键，双原子的 $AuXe^+$ 中也存在类似的化学键.[9] 不久之后 D. Schröder 就在实验上观察到了 $AuXe^+$ 和 $XeAuXe^+$，接着又发现了稀有气体 Ar 和 Kr 同贵金属（Cu、Ag、Au）以及卤族元素（F、Cl、Br）之间形成的分子.[10]

稀有气体化合物的合成和研究具有深远的理论意义. 它给以往化学键理论出了一道不大不小的难题，对化学键理论的进一步发展无疑起到了极大的促进作用. 化学家们通过对稀有气体化合物的几何构形、晶体结构、核磁共振谱、穆斯堡尔谱及其它结构和热力学数据的分析，重新探讨化学键的本质.

近年来，随着单一成分团簇研究的逐步深入，掺杂团簇（mixed cluster）的研究逐渐成为团簇科学的一个重要的前沿研究课题. 所谓的掺杂团簇，就是由若干个两种或两种以上的原子、分子或离子以物理或化学结合力组成的相对稳定的聚集体，它的性质依赖于组分的特性和尺寸的大小. 在凝聚态物质的研究中，体相合金的研究一直是研究热点，因为它可以根据实际需要去优化或改进材料. 近几年来，稀有气体掺杂团簇引起了人们极大的关注. 这不仅仅是因为其内在科学的重要性、尺度范围比块体小，而且还在于它可以制成独特的力学、光学、热学、电磁学性质的新型材料.

团簇的物理和化学性质不仅与团簇所含的原子数有关，而且与原子种类、键合方式以及所处的环境有关. 因此研究稀有气体掺杂团簇可提供多体系统更加丰富的信息，尤其在量子理论趋向经典极限时的特征是其他系统如原子和原子核体系所无法提供的. 我们知道，通过在单组分团簇中掺入杂质，可以提高团簇的相对稳定性并改变团簇的性质. 另外，通过气相复合团簇电离势和反应活性的实验还发现，掺杂团簇的性质随团簇构成元素的组分比而变化. 因此，掺杂团簇，特别是稀有气体掺杂团簇，在团簇作为基元构造新材料的应用中占有重要地位. 为了从原子水平上设计和控制材料的结构和磁性特征，近年来人们把越来越多的注意力从单一元素构成的团簇转移到由多种元素构成的掺杂团簇上，而首先遇到的问题是如何确定团簇基态构形. 到目前为止，只有惰性元素等少数几种团簇的结构同时得到理论和实验确定之外，大多数团簇的几何构形还不能完全确定，所以，在理论上寻找多种元素构成的掺杂团簇的基态和确定其结构已成为团簇科学界关注的重要课题.

由于团簇的特殊的几何尺寸，使它具有许多不同于大块体材料的特殊性质. 纳米材料的研究、多层复合材料、超细纤维材料、准均相复合材料以及特殊功能材料的应用都与这些性质相联系，因此，团簇研究一直受到人们的广泛关注. 当然，这些性质的研究必须以团簇几何结构的准确确定为基础.

## 26.8.2　国内外在该方向的研究现状

团簇研究可追溯到20世纪50年代后期Becker等人用超声喷注法获得了团簇. 之后，法国科学家Leleyter和Joyes在研究溅射过程中发现了各种带电和中性团簇. 但直到20世纪70年代末团簇研究仍处于零星分散的状态. 80年代国际上团簇研究有了迅猛发展，取得了令人瞩目的进展，其中最为突出的是，1984年美国加州大学伯克利分校的Knight等人发现超声膨胀产生$Na_n$团簇具有幻数结构，与其价电子结构呈壳层分布相对应的事实. 接着发现$C_{60}$笼形团簇及其大量制备的简单方法，引起科学界的轰动.[11] 很多著名大学和研究机构都积极开展了团簇研究，如瑞士无机分析和物化研究所、美国能源部、阿贡国立实验室、海军研究所、芝加哥大学、德国马-普研究所、萨尔兰大学、日本分子科学研究所和东京大学等，并召开了一系列以团簇为中心议题的国际会议.

在国内，南京大学最早于1985年在冯端先生的倡导下成立了团簇研究小组，开始了团簇物理的理论和实验研究. 之后，四川大学、中科院化学所、北京大学等单位相继开展了这方面的理论和实验研究，在溅射团簇、自由团簇、支撑团簇、嵌埋团簇和团簇构成纳米固体等方面取得了一系列重要的理论和实验成果. 1995年9月我国成功地召开了首届团簇科学和原子工程国际会议；2004年9月，在我国南京又召开了第十二届小颗粒与无机团簇国际会议(ISSPIC-12)，并选举南京大学王广厚教授为大会主席，这是国际学术界公认的纳米科学领域最高水平的国际会议ISSPIC第一次在发展中国家召开. 这不仅表明了目前我国经济和科技发展水平以及国际地位的提高，而且更充分地证明了我国在团簇科学研究领域得到了国际学术界的认可，因而受到了世界各国该领域科学家的极大关注.

团簇研究发现了许多常态物质所没有的奇异特性，这些性质使得团簇，特别是掺杂团簇具有广泛的应用前景. 团簇的丰富宝藏还远远不止于此，随着团簇研究的更加深入，新现象和新规律的不断揭示，必然会出现更加广阔的应用前景，预计不久的将来该研究领域将取得更大的进展.

## 26.8.3　理论研究方法

团簇的实验研究给理论研究提出了许多新的课题，这些问题的解决首先要求以准确的团簇几何构形为基础，因此，寻找团簇的基态和确定其稳定几何构形一直是团簇科学界理论研究的关键问题之一. 目前，只有少数几种团簇的几何结构同时得到实验和理论的确定，大部分团簇的几何结构还不能在实验上准确确定，这就使得从理论上寻找团簇基态并确定其稳定几何构形和建构规则显得十分必要，从而成为团簇物理理论研究一直关注的一个热点问题.

迄今为止，基于各种理论模型人们提出了多种计算方法，合理地解释了部分团簇的稳定结构和建构规则以及幻数等性质，如图26-36所示. 其中较常用的有：

(1) Ab initio算法作为计算原子、分子体系结构最精确的方法，被大量地应用于计算小团簇的结构和能量. 鉴于目前难以从实验上定量地测量团簇的几何结构，这种方法仍是理论上研究团簇结构和有关性质的重要方法之一. 但是由于计算量随团簇所含原子数而急剧增大，目前很难直接推广到较大团簇体系.

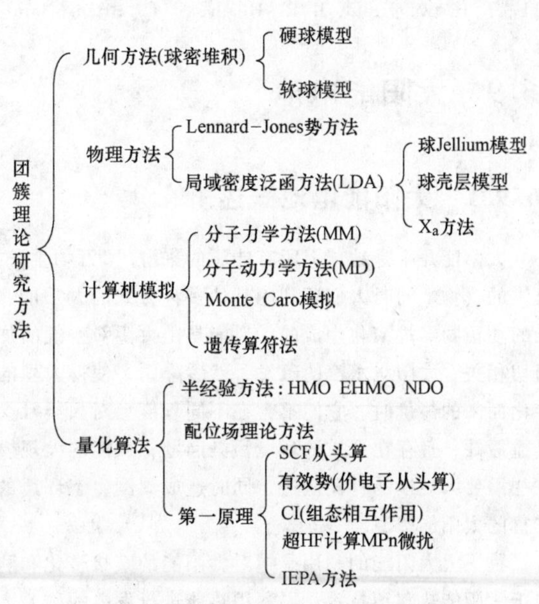


图26-36　团簇理论研究方法概况

(2) Ab initio 算法的分子动力学方法是将分子动力学与量子化学 Ab initio 计算有机地结合起来，可以有效地计算团簇在不同温度下的结构、电子性质、热力学和动力学特性等.

(3) 团簇电子结构的计算是采用凝胶模型或赝势模型对碱金属团簇的电子结构和“幻数”等特性给予解释. 这种模型是把团簇中的价电子作准自由电子近似，把它们处理成在一个有效势中的单粒子独立运动. 利用这个理论，能够正确解释团簇的电离势、质谱中的“幻数”等现象. 在有效的精确理论计算方法出现之前，这个简单的计算是描述较大团簇电子结构及稳定性的重要方法.

(4) 团簇成核和生长理论，采用计算机模拟方法，如 Monte carlo 方法和遗传算法等，特别是动力学方法，可以很好地模拟出团簇的成核、生长等过程.

除了上述一些理论计算外，一些学者在此基础上对团簇的结构和性质又进行了理论分析，包括团簇结构的拓扑分析、对称性分析和团簇建构规则分析等. 有些研究者将配位场理论应用于异核团簇的研究，也取得了一些结果.

## 参考文献

[1] G. D. Stein. Atoms and molecules in small aggregates [J]. The fifth state of matter. Phys. Teach, 1979, 17: 503.

[2] 王广厚. 现代科学仪器, 1998, 12: 61.

[3] N. Bartlett. Proc Chem Soc., 1962, 218: 85.

[4] R. Hoppe, W. Dhne, H. Mattauch. Angew Chem, 1962, 74: 903.

[5] H. Howard, H. Selig, G. Malm. J. Am. Chem. Soc., 1962, 84: 3593.

[6] V. Slivnik. Croat Chem Acta, 1962, 34: 253.

[7] L. Khriachtchev, M. Pettersson, N. Runeberg, et al.. Nature, 2000, 406: 874.

[8] S. Seidel, K. Seppelt. Science, 2000, 290: 117.

[9] P. Pyykkö. J. Am. Chem. Soc, 1995, 117: 2067.

[10] D. Schröder, H. Schwarz, J. Hrusak, et al.. Chem., 1998, 37: 624.

[11] H. W. Kroto, J. R. Heath, S. C. Brien. Nature, 1985, 318: 162.

## 26.9 太阳能电池

### 26.9.1 太阳能电池概述

太阳能几乎是地球上所有能源的来源. “万物生长靠太阳”，人类、动植物的生长都依赖于太阳取暖和提供的食物. 同时人们还利用其他多种方式的太阳能，例如，化石燃料. 它们都是由百万年前的储存太阳能的动植物经过演化生成的. 风能是由太阳对空气的加热不同引起空气流动而产生的. 水利发电与太阳也密切相关，太阳对水汽的蒸发，然后降雨，使得大坝的水位得以维持. 但人们在开发、利用这些由太阳能转化而来的能量时，它们都会在不同程度上对人类社会产生负面作用，如煤炭、石油、天然气等化石燃料日益短缺，且存在严重的环境污染问题；风能的大规模应用则依赖于特殊的地域条件；水电的开发和利用往往需要大规模的移民搬迁，同时造成周围生态环境的改变. 因此人们更倾向于直接利用清洁、无污染和丰富的太阳能资源.

狭义上太阳能的利用是指对太阳能的直接转化和利用. 通过转换装置把太阳辐射能转换成热能利用的属于太阳能热利用技术，再利用热能进行发电的称为太阳能热发电，也属于这一技术领域；通过转换装置把太阳辐射能转换成电能利用的属于太阳能光发电技术，光电转换装置通常是利用半导体器件的光生伏特效应进行光电转换的，因此又称太阳能光伏技术．光伏技术是众多利用太阳能技术中一种简单直接的技术．太阳能电池直接将太阳辐射转变为电能，没有噪声，清洁无污染，不产生垃圾，使用时间长．

1954 年美国贝尔实验室制成了世界上第一个实用型单晶硅太阳能电池，效率为 6%，于 1958 年应用到美国的先锋一号人造卫星上．我国于 1958 年开始研究太阳能电池，1959 年由中国科学院半导体研究所研制成第一片有实用价值的太阳能电池，1971 年应用于当年发射的第二颗人造卫星实践 1 号上．20 世纪 70 年代初期全球范围内爆发了能源危机，世界上许多国家掀起了开发利用太阳能和可再生能源的热潮．1973 年，美国制定了政府级的阳光发电计划，1980 年又正式将光伏发电列入公共电力规划，累计投入达 8 亿多美元．1992 年，美国政府颁布了新的光伏发电计划，制定了宏伟的发展目标．日本在 20 世纪 70 年代制定了“阳光计划”，1993 年将“月光计划”（节能计划）、“环境计划”、“阳光计划”合并成“新阳光计划”．德国等欧共体国家及一些发展中国家也纷纷制定了相应的发展计划．20 世纪 90 年代以来联合国召开了一系列有各国领导人参加的高峰会议，讨论和制定世界太阳能战略规划、国际太阳能公约，设立国际太阳能基金等，推动全球太阳能和可再生能源的开发利用．开发利用太阳能和可再生能源成为国际社会的一大主题和共同行动，成为各国制定可持续发展战略的重要内容．[1,2]

## 26.9.2　太阳能电池的原理

太阳能电池的原理是基于半导体的光生伏特效应将太阳辐射直接转化为电能．下面以 pn 结为例加以说明，如图 26-37 所示．[3] 利用各种工艺将 p 型半导体和 n 型半导体材料结合在一起，在两者结合处形成 pn 结．对 n 型半导体而言，电子是主要载流子，即多数载流子，浓度高；在 p 型半导体中，空穴是多数载流子，浓度高，而电子是少数载流子，浓度低．由于浓度梯度的存在，电子和空穴分别由浓度高的材料向浓度低的材料扩散，即电子由 n 型向 p 型扩散，同时空穴由 p 型向 n 型扩散．在 pn 结界面附近，n 型半导体中的电子浓度逐渐降低，而扩散到 p 型半导体中的电子和其中的多数载流子空穴复合而消失．与此相反，空穴扩散到 n 型材料中与电子复合．因此，电子和空穴向对方扩散、复合后，pn 结附近的 n 型半导体留下不能移动的带正电的施主离子，同时 pn 结附近的 p 型半导体中剩下不能移动的带负电的受主离子．这样在界面层附近形成一个空间电荷区(也称为耗尽层、阻挡层)，它是由不能移动的带异种电荷的离子构成，这样形成一个电场，称为内建电场，方向由 n 型半导体指向 p 型半导体．随着载流子扩散的进行，空间电荷区不断增大，所带电荷量不断增加，因此内建电场强度不断增加．在内建电场的作用下，载流子受到和扩散方向相反的作用力，产生漂移．没有外加电场时，载流子的漂移和载流子的扩散最终达到平衡，即在空间电荷区内，既没有电子的漂移，也没有电子的扩散，此时 pn 结处于热平衡状态，空间电荷区宽度一定，空间电荷量一定，没有电流的流入和流出．

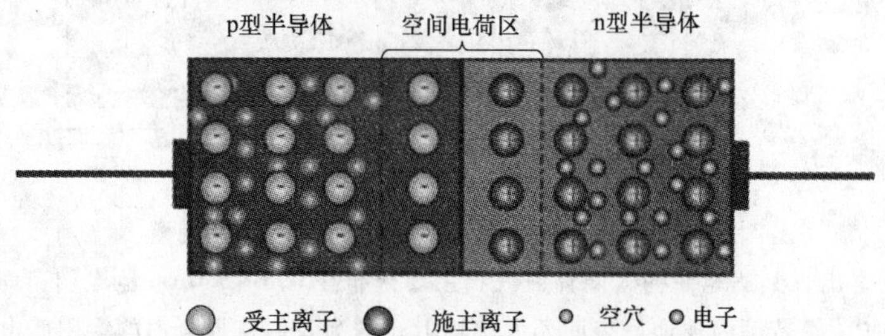


图 26-37　pn 结示意图

如果光照在 pn 结上，而且光子能量大于 pn 结的禁带宽度，则在 pn 结附近产生电子－空穴对．由于内建电场的存在，产生的非平衡载流子将向空间电荷区的两端漂移，产生光生电势(电压)，破坏了原来的平衡．如果 pn 结和外电路相连，则在电路中出现电流，称为光生伏特效应，是太阳能电池的基本原理．[4] 常见的太阳能电池的简单装置如图 26-38 所示．

### 26.9.3 太阳辐射及光谱

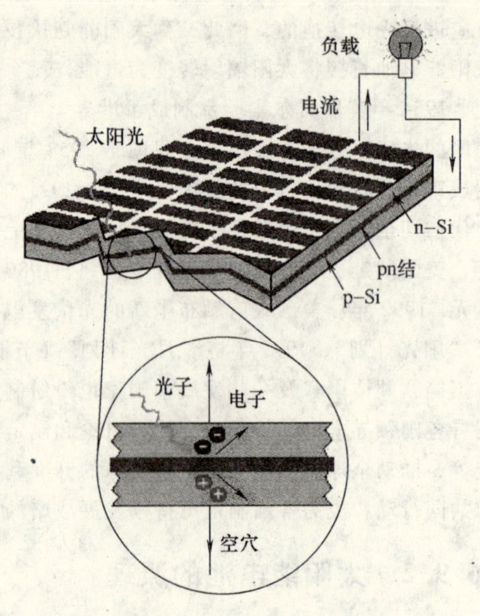


图 26-38 太阳能电池装置示意图

太阳辐射通过大气层后到达地球表面的过程中，不断地与大气中空气分子、水蒸气分子、臭氧分子、二氧化碳分子以及尘埃颗粒等相互作用，太阳光被反射、散射和吸收，所以到达地球表面的太阳辐射发生了显著地衰减，且在光谱分布上也发生了一定的变化，如太阳辐射中的X射线及其他波长更短的辐射，因在电离层就被氮、氧及其他大气分子强烈地吸收而不能到达地面；大部分紫外线则被臭氧分子所吸收；可见光范围内的衰减则主要由于大气分子、水蒸气分子和尘埃颗粒的强烈散射引起的；近红外范围内的衰减，则主要是水蒸气分子的选择性吸收的结果；波长超过3.0μm的远红外辐射，在大气层上界处的辐照强度就已经相当低，再加上二氧化碳分子和水蒸气分子的强烈吸收，所以到达地面的辐照强度就微乎其微了. 因此在地面上利用太阳能，主要考虑波长在0.3～3.0μm范围内的太阳辐射即可.[5]图26-39为1.5大气质量下到达地球表面处太阳光谱分布图及臭氧、水蒸气、氧气和二氧化碳分子吸收的太阳辐射波长. 图中填充部分为可见光区，0.4～0.7μm为人眼可分辨区.

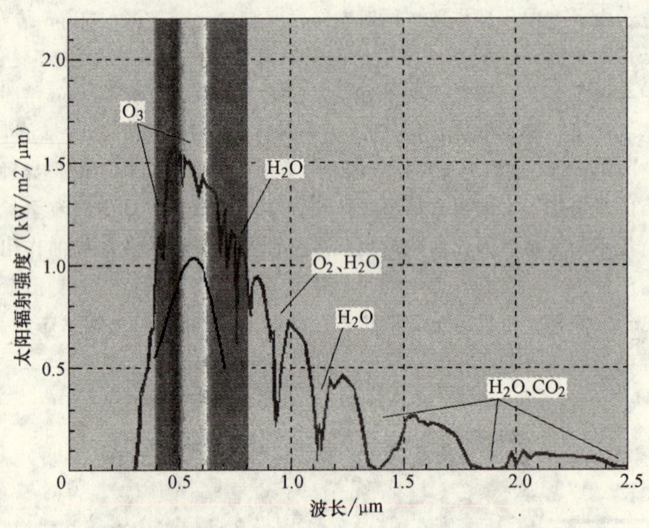


图 26-39 1.5大气质量时对应的太阳辐射光谱

从图26-39可以看出，到达地面的太阳辐射波长主要分布在0.3～3.0μm范围内，而辐射能量主要集中在可见光区(0.4～0.7μm)范围内. 地球表面处太阳辐射光谱为我们选择合适的太阳能电池材料提供了重要依据，为了有效地把太阳能转化为电能，同时兼顾生产成本、绿色环保，要求半导体材料满足以下条件：

(1) 禁带宽度1.1～1.7eV，这样在太阳光的照射下能够产生光生电子-空穴对.

(2) 直接带隙半导体，这样产生光生电子-空穴对时不需要声子参与，对入射太阳光具有较大的吸收系数.

(3) 原料丰富，便于提取、加工和大规模生产，无毒环保.

(4) 具有较高光电转换效率；使用寿命长.

综合以上因素，目前常用的光伏材料主要有：单晶硅、多晶硅和非晶硅；砷化镓，碲化镉，铜铟(镓)硒等. 部分半导体材料禁带宽度与其光电转换效率的关系如图 26-40 所示，从图中可以看出，接近 1.4eV 时光电转换效率最高.[6]

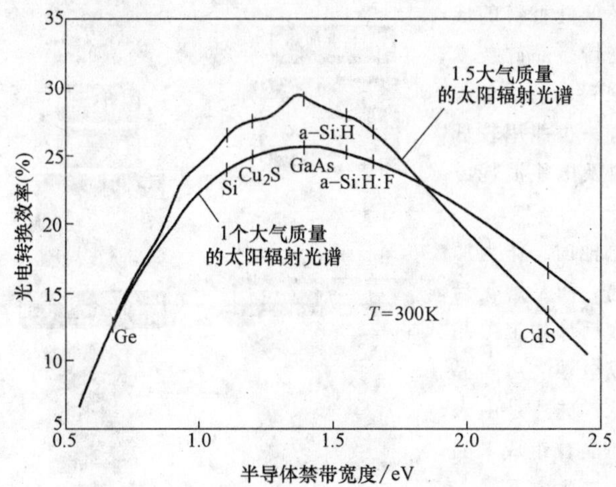


图 26-40　半导体禁带宽度与光电转换效率关系

## 26.9.4　常见的太阳能电池材料[1]

**1. Si 基太阳能电池**　晶体硅材料是间接带隙材料，带隙宽度为 1.12eV，与最佳带隙值 1.4eV 有较大的差值. 严格来说，硅不是最理想的太阳能电池材料. 然而，硅是地壳表层除了氧以外最为丰富的元素，本身无毒，主要以沙子和石英状态存在，易于开采提炼，特别是可以借助成熟的半导体工艺，晶体硅成了太阳能电池的主要材料.

硅可分为三类：单晶硅、多晶硅和非晶硅. 单晶硅光电转化效率最高，目前可达到 24.7%，但成本最高；非晶硅效率最低，大多在 6% ~8% 之间，但其成本最低；多晶硅成本和效率介于这两者之间. 下面分别介绍之.

(1) 单晶硅. 单晶硅太阳能电池是最早发展起来的，主要使用单晶硅片来制造. 与其他种类电池相比，单晶硅电池的转换效率最高. 单晶硅电池的基本结构多为 $n^+/p$ 型，多以 p 型单晶硅片为基片，厚度一般为 200 ~ 300μm. 根据晶体生长方式的不同，可以分为区熔单晶硅和直拉单晶硅. 区熔单晶硅是利用悬浮区域熔炼的方法制备，又称 FZ 硅单晶. 直拉单晶硅是利用切氏法制备单晶硅，又称为 CZ 单晶硅. 区熔硅主要用于大功率器件方面，约占整个单晶硅市场的 10%；而直拉硅主要用于微电子集成电路和太阳能电池方面，占据着单晶硅市场的统治地位. 由于单晶硅结晶完美，单晶硅电池的光学、电学和力学性能均匀一致，电池的颜色多为黑色或深色，特别适合切割小片制作小型消费产品，如太阳能庭院灯等.

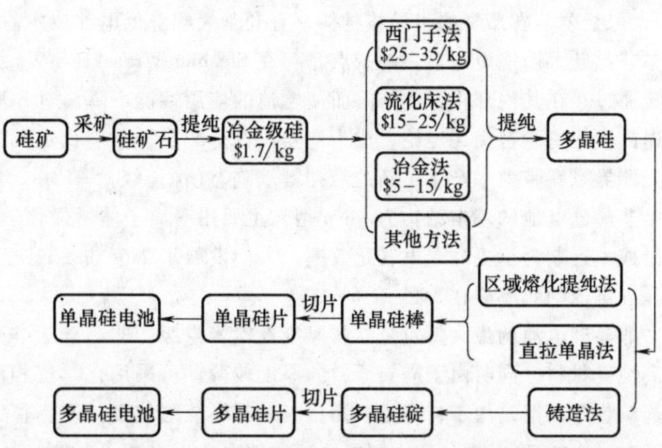


图 26-41　单晶硅和多晶硅的制备流程示意图

单晶硅的制备是在制得多晶硅的基础上通过区熔法或直拉法得到. 图 26-41 给出了从硅矿到单晶硅和

多晶硅电池的整个流程工艺. 图 26-42 给出了以多晶硅为原料制备单晶硅电池或多晶硅电池，最后建成太阳能发电基站的流程示意图.

(2) 多晶硅. 由于硅材料占太阳电池成本中的绝大部分，降低硅材料的成本是光伏应用的关键. 浇铸多晶硅技术是降低成本的重要途径之一，该技术省去了昂贵的单晶拉制过程，也能用较低纯度的硅作投炉料，材料及电能消耗方面都较省.

在制作多晶硅太阳电池时，作为原料的高纯硅不是拉成单晶，而是熔化后浇铸成正方形的硅锭，然后像加工单晶一样切成薄片，再封装成电池. 从多晶硅电池的表面很容易辨认，硅片是由大量不同大小、不同取向的晶粒组成，晶粒大小和晶粒间界影响着光生电子－空穴在材料中的传输，因而多晶硅的转换效率比单晶硅电池低，同时，多晶硅的电学、力学和光学性质的一致性不如单晶硅电池.

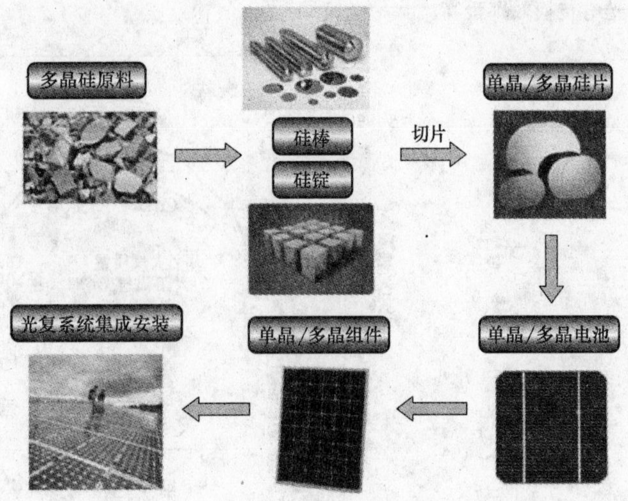


图 26-42　从多晶硅到光伏系统流程示意图

多晶硅太阳能电池的基本结构都为 $n^+/p$ 型，用 p 型单晶硅片为基片，厚度一般为 220 ~ 300μm. 商业化电池的效率多为 13% ~15%，主要特点是多晶硅电池是正方片，在制作电池组件时有最高的填充率. 由于多晶硅的生产工艺简单，降低了生产成本，所以多晶硅电池的产量和市场占有率最大. 多晶硅结构在阳光作用下，由于不同晶面散射强度不同，可呈现不同色彩. 因而，多晶硅电池具有良好的装饰效果. 多晶硅太阳能电池的生产工艺流程见图 26-41 和图 26-42.

(3) 非晶硅. 非晶硅 α-Si 禁带宽度为 1.7eV，通过掺 B 或 P 可得到 p 型或 n 型 α-Si，在太阳光谱的可见光范围内，非晶硅的吸收系数比晶体硅高一个数量级. 非晶硅太阳能电池光谱响应的峰值和太阳光谱的峰值很接近. 由于非晶硅材料的吸收系数很大，1μm 厚度就能充分吸收太阳光，厚度不足晶体硅厚度的 1%，可显著节省昂贵的半导体材料，有利于大幅降低电池成本.

非晶硅太阳能电池最大的缺点是存在 Steabler-Wronski(S-W)效应，即非晶硅经较长时间的强光照射或电流通过，在其内部将产生缺陷而使电池的使用性能下降. 对 S-W 效应的起因，至今仍有不少争议，造成衰退的微观机制也尚无定论，成为迄今国内外非晶硅材料研究的热门课题. 总的看法认为，S-W 效应起因于光照导致在带隙中产生了新的悬挂键缺陷态(深能级).

非晶硅电池的基本结构为 n-i-p 型，主要用等离子体增强化学气相沉积工艺沉积在 $SnO_2$(F)的导电玻璃而制成. 近期为了提高光电转化效率，人们发展了 2 个 pn 结甚至 3 个 pn 结的多结非晶硅电池. 商品化的非晶硅电池的效率多在 5% ~7% 左右.

非晶硅电池的最大特点是材料厚度在微米量级. 非晶硅为准直接带隙半导体，吸收系数大，可节省大量高纯硅材料. 同时由于需要原料的厚度较薄，可采用化学气相沉积技术制备非晶硅，工艺简单，可大面积连续生产. 但是由于自身是非晶材料，其中缺陷较多，致使非晶硅太阳能电池的效率普遍较低.

在过去的 20 年中，硅太阳能电池的效率几乎提高了一倍，这主要归功于钝化、背电场及电池设计技术的进步. 优异的结构设计和先进的制造技术相结合使太阳电池能的效率不断提高. 然而，虽然目前最高效率已达到 24.7%，但是离晶体硅太阳能电池的理论转换效率的上限 35% 还有很大距离，需要不断地进行技术开发.

从目前的发展趋势看，超薄、聚光和多结是高效太阳能电池的发展方向. 因为硅材料在电池的成本中占了很大的比例，所以减少硅片厚度能节约很多硅材料. 多晶硅薄膜太阳能电池就是典型的例子. 由于硅材料很薄，pn 结接近背面，导致光生载流子复合速率很大，严重影响了电池性能．这时采用高质量的钝化和形成优异的背电场至关重要，可以有效地减弱载流子复合，从而保证电池效率．开发太阳能电池聚光系统是一个令人感兴趣的方向，它可以更加有效地利用太阳能，在较小的太阳能电池使用面积上实现较大的转化效率．发展多结电池也是提高电池效率的一个重要手段，它对于充分利用太阳光能，减小串联电阻的影响，具有一定的优势．但是，目前的制作工艺还是很复杂，离产业化生产还有一定的距离，需要开发新技术进行改进．

**2. 化合物半导体太阳能电池**　在硅材料太阳能电池发展的同时，一系列的化合物半导体太阳能电池也迅速发展，如 GaAs、CdTe、InP、CdS、$CuInS_2$ 和 $CuInSe_2$ 等．这是因为化合物半导体材料大多是直接带隙材料，光吸收系数较高，因此，仅需要数微米厚的材料就可以制备高效率的太阳能电池，化合物太阳能电池主要是薄膜太阳能电池．而且，化合物半导体材料的禁带宽度一般比较大，制成的太阳能电池的抗辐射性能明显优于硅太阳能电池，可用于太空等辐照环境．

下面介绍几种常见的化合物半导体电池．

(1) GaAs．在Ⅲ-Ⅴ化合物半导体电池中，GaAs、InP 等及其三元化合物都可以作为太阳能电池材料，但考虑到成本、制备及材料性能等因素，仅 GaAs 及其三元化合物得到了较为广泛的应用．GaAs 太阳能电池具有效率高、抗辐照等优异性能，但是其生产设备复杂，能耗大，生产建设周期长，导致生产成本比较高，主要用于卫星等重要场所．

由于 GaAs 材料的禁带宽度为 1.43eV，光谱响应特性好，因此太阳能光电转换效率相对较高．从图 26-40 可以看出，GaAs 太阳电池的效率要比硅太阳能电池高．由于 GaAs 禁带宽度大，用它制备的太阳能电池温度系数小．在较宽的范围内，电池效率随温度的变化近似于线性，降低缓慢，因此，GaAs 太阳能电池可以工作在较高温区．

GaAs 太阳能电池早期普遍采用同质结结构，由于 GaAs 衬底表面复合速率大于 $10^6$cm/s，大部分光生载流子在表面处复合，使得同质结 GaAs 太阳能电池的光电转换效率较低．直到 1973 年，由 J. M. Wooall 和 H. J. Hovel 设计研制的 p-Al-GaAs/p-GaAs/n-GaAs 三层结构异质结太阳能电池，效率为 21.9%，超过同时期硅太阳能电池．目前 GaAs 太阳能电池的结构从简单的 pn 结单电池，发展到叠层电池（AlGaAs/GaAs、GaInP/GaAs、GaInP/GaAs/Ge、GaInP/GaAs/GaInNAs/Ge、GaAs/GaSb 等），以及廉价的 Si 和 Ge 衬底上的 GaAs 电池、聚光电池等，其中 GaAs 衬底上外延 GaAs 薄膜的太阳能电池是主要的类型．

与硅太阳能电池相比，GaAs 太阳能电池具有几个显著的特点．

1）GaAs 具有最佳禁带宽度 1.424eV，与太阳光谱匹配良好，具有高的光电转换理论效率，是很好的高效太阳能电池材料．

2）由于禁带宽度相对较大，可在较高温度下工作．

3）GaAs 材料对可见光的吸收系数高，使绝大部分的可见光在材料表面 2μm 以内就被吸收，电池可采用薄层结构，相对节约材料．

4）高能粒子辐射在 GaAs 内产生相对较少的缺陷，因此辐照对电池性能影响不大．

5）较高的电子迁移率使得在相同的掺杂浓度下，材料的电阻率比较低，因此，由电池体电阻引起的功率消耗较小．

6）pn 结自建电场较高，因此，光照下电池的开路电压较高．

但是 GaAs 太阳能电池也存在以下问题：首先，GaAs 材料的制备通常比硅材料困难，化学配比不易精确控制，特别是三元系列化合物．其次，晶体结构的完整性较差，材料的缺陷、杂质行为更加复杂，很难生长无位错的 GaAs 晶体．另外，从自然资源看，Ga 和 As 都远不如 Si 丰富．As 元素及其化合物具有很强的毒性，而且易挥发，具有一系列的环境保护问题．

(2) CdTe．除Ⅲ-Ⅴ化合物半导体材料的太阳能电池以外，Ⅱ-Ⅵ族化合物半导体材料在太阳能光电转换方面也得到了广泛的关注，其中 CdTe、$CuInSe_2$（或 $CuInS_2$）材料和电池是其中的典型．CdTe 多晶薄膜的禁带宽度为 1.45eV，电池光电转换理论效率在 29% 左右，是一种高效、稳定且相对低成本的薄膜太阳能电池材料，而且 CdTe 太阳能电池结构简单，容易实现规模化生产，是近年来国内外太阳能电池材料研究的热点之一．目前，在实验室中 CdTe 太阳能电池的光电转换效率已经超过 16%．

CdTe 存在自补偿效应，制备高电导率、浅同质结很困难，虽然有同质结 n-CdTe/p-CdTe 也可以制作太阳能电池，但光电转换效率很低，一般低于 10%．其困扰因素和同质结的 GaAs 一样，光生载流子很容易在表面复合．为了避免这种现象，使用的 CdTe 电池均采用了异质结结构．一般是在 CdTe 的表面生长一次“窗口材料”，如 CdSe、ZnO、CdS 等，其中 CdS 的结构与 CdTe 相同，晶格常数和热膨胀系数相差较小，最适合作窗口层，所以，目前高效率的 CdTe 电池的结构基本上都是 n-CdS/p-CdTe．在这样的电池结构中，CdS 产生的少数载流子几乎在表面上都被复合掉，而 CdTe 产生的少数载流子则被内建电场分离扩散到两极上，为负载提供电流．

为了改善电池的效率和稳定性，研究发现，CdTe 薄膜沉积后的氯化物热处理工艺也是制备电池的关键．除此以外，一些新的材料和工艺技术也被应用，如适当减薄窗口层厚度、降低薄膜沉积温度等．

CdTe 薄膜材料可以用多种方法制备，如真空蒸发法、化学气相沉积法、近空间升华法、电化学沉积法、金属－有机物化学气相沉积、分子束外延等．实际工艺中，制备 CdTe 薄膜最常用的技术是近空间升华法和电化学沉积法，前者的在线生长速率快，后者可以大面积生长．

与硅电池相比，CdTe 太阳能电池的工艺简单、效率较高、成本低廉．虽然 CdTe 在常温下是相对稳定和无毒的，但是 Cd 和 Te 都是有毒的，在实际工艺制备 CdTe 薄膜时，没有沉积的 $Cd^{2+}$ 会随着废气、废水等排出，对人、动物和环境有致命影响，因此，在电池加工和失效后，需要对废弃物进行回收处理，这是大规模工业应用的最大障碍．另外，地球上的 Cd 和 Te 资源十分有限，特别是稀有元素 Te，这也潜藏一个成本问题．

（3）$CuInSe_2$．在化合物半导体材料中，除 GaAs、CdTe 以外，三元化合物 $CuInSe_2$ 薄膜材料是另一种重要的太阳能光电材料．这种薄膜材料额光吸收系数较大，达到 $105cm^{-1}$，其禁带宽度为 1.04eV 且为直接带隙材料，太阳能电池的光电转化效率理论值可以达到 25% ~30%；而且只需要 1 ~2μm 厚的薄膜就可以吸收 99% 的入射光，从而可以大大降低太阳能电池的成本．因此，它是一种具有良好发展前景的太阳能光电材料．

在 $CuInSe_2$ 基础上发展起来的相同体系的太阳能光电材料，包括 $CuGaSe_2$、$CuIn_xGa_{1-x}Se_2$ 和 $CuInS_2$ 材料．$CuGaSe_2$ 是利用 Ga 替代 $CuInSe_2$ 稀有元素 In．为了调制 $CuInSe_2$ 禁带宽度，更好地与太阳光谱匹配，$CuIn_xGa_{1-x}Se_2$ 则是将 $CuInSe_2$ 材料中的部分 In 被 Ga 原子替代而形成的．$CuInS_2$ 则是利用无毒的 S 原子替代了有毒的 Se 原子而形成的，这三种材料各有特点，得到了研究者的关注．

20 世纪 70 年代，人们就开始关注 $CuInSe_2$ 薄膜太阳能电池．1974 年，美国贝尔实验室 S. Wagner 等首先在 p-$CuInSe_2$ 外延 n-CdS，制成了 $CuInSe_2$/CdS 异质结薄膜太阳能电池，效率达到 12%．此后，经过众多科研工作者的不断努力，到了 20 世纪 90 年代，$CuInSe_2$($CuIn_xGa_{1-x}Se_2$) 薄膜太阳能电池的效率已经达到 17.6% 以上，也发展了多种结构的 $CuInSe_2$($CuIn_xGa_{1-x}Se_2$) 薄膜太阳能电池，如 n-$CuInSe_2$/p-$CuInSe_2$、(In-Cd)$S_2$/$CuInSe_2$、ITO/$CuInSe_2$、GaAs/$CuInSe_2$、ZnO/$CuInSe_2$ 等．但是，最受人关注的电池结构是 ZnO: Al/i: ZnO/CdS/$CuIn_xGa_{1-x}Se_2$．目前，Shell Solar 等公司已经将该结构的薄膜太阳能电池投入了商业生产．

为了最优吸收太阳光谱，太阳能电池材料的最佳带隙应约为 1.45eV，但是，$CuInSe_2$ 薄膜材料在室温下的带隙只有 1.02eV，并不是最好的带隙结构．因此，人们在 $CuInSe_2$ 中掺入一定的 Ga，制备成 Cu(In-Ga)$Se_2$ 薄膜材料．研究证明，利用 Cu(InGa)$Se_2$ 薄膜作为吸收层，能够大幅度提高太阳能电池的效率，可以达到 19.5% 以上．因此，目前实际上 $CuInSe_2$ 薄膜太阳能电池都是掺入 Ga 元素的．

一般而言，太阳能电池用的 $CuInSe_2$ 薄膜为 p 型，薄膜厚在 1 ~2μm 左右，薄膜为多晶结构，晶粒大小在微米量级．在此基础上，通过掺 Ga 制备 $CuIn_xGa_{1-x}Se_2$ 薄膜材料，因此，$CuIn_xGa_{1-x}Se_2$ 的制备基础与 $CuInSe_2$ 的制备基础相同．

通常，$CuInSe_2$ 的制备大致可分为直接合成法和硒化法两种．前者包括单源、双源或三源共蒸发法和电化学法，而后者包括金属预置层硒化和固态源硒化法，最常用的则是共蒸发技术和金属预置层硒化法两种．制备 $CuIn_xGa_{1-x}Se_2$ 是在制备 $CuInSe_2$ 薄膜的同时掺 Ga 而形成，主要利用共蒸发法和硒化法．

由于 $CuInSe_2$ 薄膜和 $CuIn_xGa_{1-x}Se_2$ 薄膜是多元化合物，其电学性质对原子配比和晶格匹配引起的缺陷相当敏感，作为光伏层的薄膜材料在制备过程中需要控制因素较多．因此 $CuInSe_2$ 薄膜和 $CuIn_xGa_{1-x}Se_2$ 薄膜的电池工艺重复性比较低，高效电池成品率不高，制约着产业化的进程．

近年来，鉴于全球化石能源日益短缺和持续恶化的环境状况，世界各国政府都投入大量人力、财力，致力于清洁环保的新能源的开发和利用，因此太阳能电池的研究和开发得到了快速发展，人们探索出了许多新材料，发展了多种新技术、新工艺，如多晶硅薄膜和非晶硅薄膜发展的叠层结构太阳能电池初步显示了良好的市场前景；还有，人们最近提出的第三代太阳能电池，利用量子点和纳米材料制备技术来有效控制晶粒尺寸，制备不同晶粒尺寸的叠层太阳能电池；利用有效地掺杂技术掺入合适杂质原子实现上转换或下转换；这些技术可以更为充分利用太阳光谱，提高电池的光电转换效率．因此，本节提到的太阳能电池材料只是众多太阳能电池材料中的一部分，限于篇幅和结构，更多内容可以参考相关的太阳能专业书籍[7,8]和最新文献．[9]

## 参考文献

[1] 杨德仁．太阳电池材料［M］．北京：化学工业出版社，2006.

[2] http：//emuch. net/bbs/forumdisplay. php？fid = 228&page = 1&type = 710

[3] 林明献．太阳电池技术入门［M］．修订版．台北：全华图书，2008.

[4] 沈辉，曾祖勤．太阳能光伏发电技术［M］．北京：化学工业出版社，2005.

[5] 李申生．太阳能物理学［M］．北京：首都师范大学出版社，1996.

[6] A. Goetzberger, C. Hebling, H. W. Schock. Mater. Sci. Eng.，2003，R 40：1.

[7] 马丁．格林．太阳电池工作原理、工艺和系统的应用［M］．李秀文，谢鸿礼，赵海滨，译．北京：电子工业出版社，1987.

[8] 安其霖．太阳电池原理与工艺［M］．上海：上海科学技术出版社，1984.

[9] Jef Poortmans, Vladimir Arkhipov. Thin Film Solar Cells Fabrication, Characterization and Applications［M］. London：John Wiley & Sons Ltd，2006.

## 26.10 核电

### 26.10.1 核电概述

当今世界能源结构主要有石油、煤炭、天然气等化石能源构成．伴随着世界经济的高速增长，化石能源的储量正在快速减少，并且化石能源使用过程中产生大量的二氧化硫、一氧化碳、烟尘、放射性飘尘、氮氧化物、二氧化碳等温室气体．温室气体引起的温室效应所产生的一系列环境问题使世界各国的生存和发展都面临着巨大考验．由于全球变暖使海平面上升，导致南太平洋中的马绍尔群岛、基里巴斯以及吐瓦鲁等岛国有可能完全被海水淹没，这几个小岛国的人民毫无选择地必须迁移至其他地方．这些气体的大量排放还导致臭氧层破坏和生态环境的巨大破坏．2009 年 12 月 7～18 日，在丹麦哥本哈根举办的最近一次联合国气候变化大会，吸引了 200 多个国家和地区的代表参加，其中包括美、中、俄、日等国的 110 多位国家元首和政府首脑出席会议．大会就抑制全球变暖达成重要共识，即开发和利用新型能源、发展低碳经济．核能、风能和太阳能都具有储量丰富、清洁环保等显著优点．但是风力发电易受地域限制，能量密度低，间歇性等特点，并且目前风力发电还未成熟，还有相当的发展空间．因此风力发电的规模较小．现在太阳能发电技术普遍存在光电转换效率低下，造价较高等缺点，限制了其大规模的开发、利用．目前，比较成熟并已在工业规模的应用的是核裂变能．核能不仅单位质量产生的能量大，而且资源丰富．据初步统计，地球上已勘探到的铀矿和钍矿资源，按蕴藏的能量计算，相当于地壳中有机燃料能量的20倍，如果将可控聚变反应产生的能量用于工业，那么人类从此就不必为能源供应担忧了. 因此核电作为一种重要的清洁能源被大力推广利用. 目前世界上拥有核电站的国家和地区已超过30个，其中16个国家和地区核电发电量占本国发电量的比例超过30%，法国比例最高达到78%. 世界各国（地区）核电发电量占本国（地区）发电量比例如图26-43所示.[1]

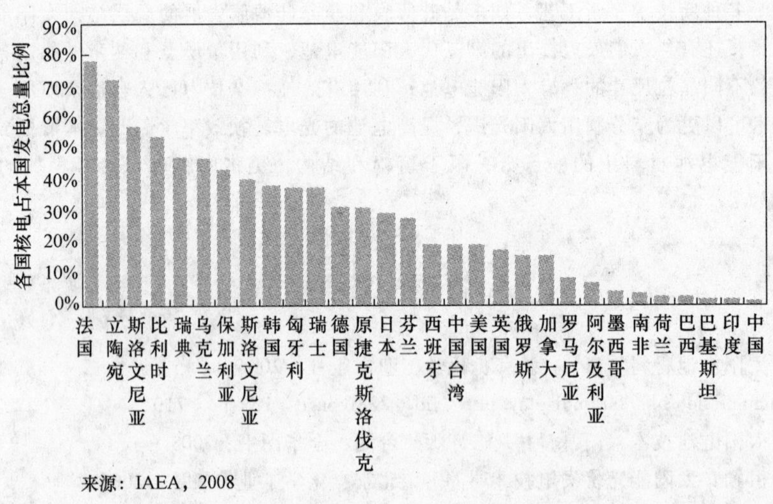


图26-43　世界各国（地区）核电发电量占本国（地区）发电量比例

当前我国核电发电量占全国总发电量的比例约为1.92%，远低于世界平均水平17%. 目前，全国已有11台核电反应堆投入商业运行，净装机容量为8 587MW（兆瓦，$10^6$W），另有11座共11 020MW的核电反应堆在建，两者合计19 607MW. 我国核电装机容量在世界排十名以后，这与我国全球第二电力大国的地位极不相称. 不过，我国是全球核电发展潜力最大的国家，全部在建、规划和拟建的核电装机容量高达96 960MW，占全球23%，为世界第一. 根据2007年国家出台的《核电中长期发展规划》，全国投运核电装机容量到2020年时要达到40 000MW，核电年发电量达到260～280TWh（$10^9$千瓦时），同时，2020年末在建核电容量保持18 000MW左右. 近日，国家能源局表示，我国正在调整核电发展规划，将2020年的核电目标调高至70 000MW以上，在建规模达30 000MW，合计100 000MW以上，核电占电力总装机容量的比例力争达到5%以上.[2]

## 26.10.2　核能和平利用的历程

20世纪初期，核物理的迅速发展为核能的利用奠定了良好的理论和实验基础. 1941年冬，费米用芝加哥大学的一座运动场的看台下作为实验区，开始了核反应实验. 设计方案为将反应堆做成立方点阵形式，铀层和石墨层间隔地布置在方阵中. 12月1日反应堆砌好，并达到临界状态. 次日抽出控制用的镉棒，自持的链式反应产生了，得到的功率为0.5W，标志着人类第一次实现了原子能的可控释放. 1951年，美国首次在爱达荷国家反应堆试验中心进行了核反应堆发电的尝试，发出了100kW的核能电力，为人类和平利用核能迈出了第一步. 1954年6月，前苏联在莫斯科附近的奥勃宁斯克建成了世界上第一座向工业电网送电的核电站，功率为5 000kW. 随着经济发展和能源供给的矛盾日益突出，世界各国纷纷建造核电站.

## 26.10.3　核电站原理与分类

**1. 核电站的原理**　核电站就是利用一座或若干座动力反应堆所产生的热能来发电或发电兼供热的动力设施. 反应堆是核电站的关键设备，链式裂变反应就在其中进行. 用铀制成的核燃料在"反应堆"的设备内发生裂变而产生大量热能，再用处于高压力下的水把热能带出，在蒸汽发生器内产生蒸汽，蒸汽推动汽轮机带着发电机一起旋转，电就源源不断地产生出来，并通过电网送到四面八方.

**2. 核电站的心脏——核反应堆**　核电站巨大的能量一般通过$^{235}$U 的链式反应. 当一个中子轰击$^{235}$U 时，$^{235}$U 发生分裂，并放出 2～3 个中子，同时伴随着近 200MeV 的能量放出. 这个数值是非常巨大的，比如说，1g$^{235}$U 完全裂变所释放的能量，相当于 2 000 000g（2 吨）优质煤完全燃烧时所释放的能量. 放出的中子然后再轰击其他的$^{235}$U 原子核，这样就有更多的中子和能量放出，如果这个反应能够一直持续下去，那么能量就源源不断地被持续放出. 链式反应示意图如图 26-44 所示. 核反应堆就是为了维持和控制核裂变链式反应，从而实现核能-热能转换的装置. 反应堆由堆芯、冷却系统、慢化系统、反射层、控制与保护系统、屏蔽系统、辐射监测系统等组成.[3]

（1）堆芯中的燃料. 反应堆的燃料，不是煤、石油，而是可裂变材料. 自然界天然存在的易于裂变的材料只有$^{235}$U，它在天然铀中的含量仅有 0.711%，另外两种同位素$^{238}$U 和$^{234}$U 各占 99.238% 和 0.0058%，后两种均不易裂变. 另外$^{233}$U 和$^{239}$Pu 也可作为裂变材料，但需要反应堆或加速器生产.

（2）控制与保护系统中的控制棒和安全棒. 为了控制链式反应的速率在一个预定的水平上，需用吸收中子的材料做成吸收棒（称之为控制棒）和安全棒：控制棒用来补偿燃料消耗和调节反应速率；安全棒用来快速停止链式反应. 吸收体一般是硼、碳化硼、镉、银铟镉等.

（3）冷却系统中的冷却剂. 为了将裂变的热导出来，反应堆必须有冷却剂，常用的冷却剂有轻水、重水、氦和液态金属钠等.

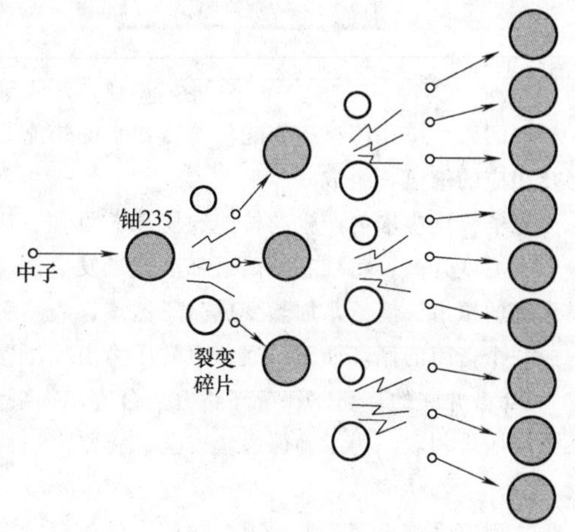

图 26-44　链式裂变反应图

（4）慢化系统中的慢化剂. 由于慢速中子更易引起$^{235}$U 裂变，而中子裂变出来则是快速中子，所以有些反应堆中要放入能使中子速度减慢的材料，就叫慢化剂，一般慢化剂有水、重水、石墨等.

（5）反射层. 反射层设在活性区四周，它可以是重水、轻水、铍、石墨或其他材料. 它能把活性区内逃出的中子反射回去，减少中子的泄漏量.

（6）屏蔽系统. 反应堆周围设屏蔽层，减弱中子及 $\gamma$ 剂量.

（7）辐射监测系统. 该系统能监测并及早发现放射性泄漏情况.

**3. 反应堆的结构形式和分类**　反应堆的结构形式多种多样，根据燃料形式、冷却剂种类、中子能量分布形式、用途等因素可建造成各类型结构形式的反应堆. 目前世界上有大小反应堆上千座，其分类也是多种多样. 按能谱分有由热中子和快中子引起裂变的热堆和快堆；按冷却剂分有轻水堆，即普通水堆（又分为压水堆和沸水堆）、重水堆、气冷堆和钠冷堆；按用途分有研究试验堆、生产堆和动力堆.

## 26.10.4　世界上典型的商用核电站

目前，世界上核电站常用的反应堆有压水堆、沸水堆、重水堆和改进型气冷堆以及快堆等. 轻水堆（包括压水堆和沸水堆）技术是迄今最重要的核电技术，全世界现在运行的 436 座核电反应堆中，359 座为轻水堆（其中，压水堆 265 座、沸水堆 94 座），占核电反应堆数目的 82%，核电总装机容量的 87% 强. 显然，使用最广泛的是压水反应堆. 压水反应堆是以普通水作冷却剂和慢化剂，它是从军用堆基础上发展起来的最成熟、最成功的动力堆堆型.[4]

**1. 压水堆核电站**　压水堆核电站的原理是：由原子核反应堆释放的核能通过一套动力装置将核能转变为蒸汽的动能，进而转变为电能. 该动力装置由一回路系统、二回路系统及其他辅助系统和设备组成. 图

26-45 为压水堆核动力回路系统.

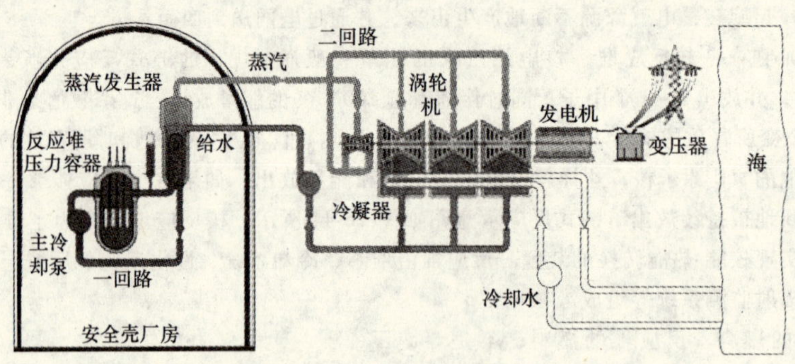


图 26-45　压水堆核动力回路系统示意图

一回路系统是将核裂变能传给冷却水的热能装置. 它由原子反应堆、主冷却泵、稳压器、蒸汽发生器以及相应的管道等组成.

原子核反应堆内产生的核能，使堆芯发热，高温高压的冷却水在主冷却泵驱动下，流进反应堆堆芯，冷却水温度升高，将堆芯的热量带至蒸汽发生器. 蒸汽发生器一次侧再把热量传递给管子外面的二回路循环系统的给水，使给水加热变成高压蒸汽，放热后的一次侧冷却水又重新流回堆芯. 这样不断地循环往复，构成一个密闭的循环回路. 回路中的压力由稳压器进行控制. 现代大功率压水堆核电站的一回路系统一般有 2 ~4 条并联的环路. 每条环路由一台冷却剂泵和一台蒸汽发生器与相应管道连接而成. 各条环路共同与一个反应堆相联. 为了确保系统安全，将整个一回路系统的主要设备集中安装在立式圆柱状或球形安全壳内.

二回路系统由蒸汽发生器二次侧、汽轮机、发电机、冷凝器凝结水泵、给水泵、给水加热器和中间汽水分离再热器等设备组成. 二回路中蒸汽发生器的给水吸收了一回路传来的热量变成高压蒸汽，然后推动汽轮机，带动发电机发电. 做功后的乏气在冷凝器内冷却而凝结成水，再由给水泵送至加热器，加热后重新返回蒸汽发生器，再变成高压蒸汽推动汽轮发电机做功发电. 这样构成第二个密闭循环回路. 二回路系统的设备均安装在汽轮发电机组厂房内.

**2. 沸水堆核电站**　沸水堆是以沸腾水为中子慢化剂和冷却剂并在反应堆压力容器内直接产生饱和蒸汽的动力堆. 沸水堆和压水堆一样都采用低富集度的 $^{235}$U 作燃料，且须停堆进行换料. 目前世界上已运行的沸水堆有 94 座，总电功率为 82 431. 1 万 kW，占全世界核电厂总功率的 21%，在建的沸水堆有 4 座，总装机容量为 462. 5 万 kW.

沸水堆核电站的工作原理如图 26-46 所示，来自汽轮机系统的给水进入反应堆压力容器后，沿堆芯围筒与容器内壁之间的环形空间下降，在再循环泵作用下进入堆下腔室，再折流向上流过堆芯，受热并部分汽化. 汽水混合物经汽水分离后，水沿环形空间下降，与给水混合；蒸汽则经干燥器后出堆，通往汽轮发电机，做功发电. 蒸汽压力约为 7MPa，饱和蒸汽干度不小于 99. 75%. 汽轮机乏汽冷凝后经净化、加热，经再循环泵被送回堆芯，形成闭式循环，堆内装有数台内装式再循环泵. 汽水分离器和汽轮机凝汽器流回和给水由泵送回堆芯去再循环.

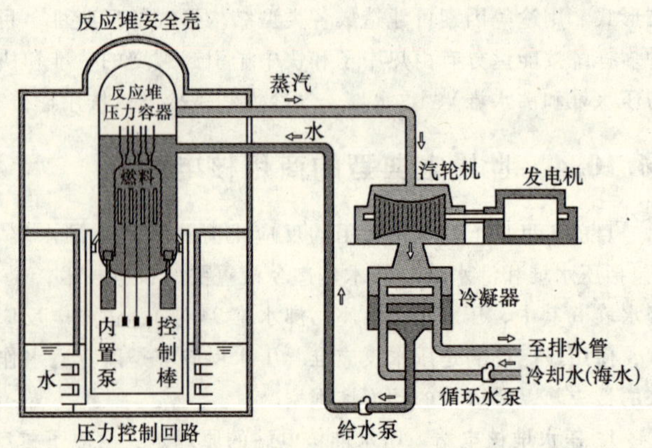


图 26-46　沸水堆核动力回路系统示意图

**3. 重水堆核电站**　重水堆也是发展较早的核电站动力堆之一. 重水具有中子吸收截面

小而慢化性能好的特点，故可直接利用天然铀作反应堆核燃料．但是，重水的价格较贵，因此，以往重水反应堆的建造和发展不如轻水堆普遍．近期，随着重水生产技术的改进，以及重水堆技术发展和运行经验的积累，特别是考虑到利用天然铀燃料可以不需要建造代价很高的铀富集工厂，这对于发展中国家利用自己的核燃料资源更为有利．目前国际上已投入运行的重水堆核电站共30余座，总电功率为2 335.4万kW，约占全世界核电厂总功率的6.5%．

重水堆按其结构形式大致可以分成压力管式和压力壳式两类．但是商业规模核电站主要是采用加拿大压力管卧式重水堆．压力管式重水堆是用压力管把重水慢化剂和冷却剂分开．卧式堆芯结构的重水堆更便于设备的布置和换料维修．由于重水的慢化能力仅次于轻水，但它吸收热中子的概率比轻水要低两百多倍，使得重水的“慢化比”远高于其他慢化剂，因此重水堆可以用天然铀为核燃料．以我国秦山三期两座电功率为72.8万kW的重水堆核电站为例．它的核燃料是天然铀，制成圆柱状装在外径为13mm、长约500mm的锆合金包壳管内，构成棒状燃料元件，37根燃料棒组成一束，棒之间用锆合金块隔开，端头由锆合金支承板连接，构成长为0.5m、外径为150mm左右的燃料棒束．

重水反应堆动力循环系统如图26-47所示．分为左右两个循环回路，对称布置．每个循环回路由两台蒸汽发生器和两台循环泵组成．每个循环回路带出反应堆的一半热量．一回路中重水冷却剂在重水循环泵作用下由左侧循环回路流入左侧192根压力管进口，冷却堆芯燃料棒．重水被加热升温后从反应堆右侧流出，进入右侧循环回路．在右侧循环回路蒸汽发生器中将热量传递给二回路的水．而从蒸汽发生器出口的重水，又由右侧循环回路重水泵随即送进入右侧192根压力管进口，在堆芯内再被加热，然后从堆芯的左侧出去，送向左侧循环回路的蒸汽发生器．如此循环往复将核裂变热能带至蒸汽发生器，通过传热管加热二次侧给水，产生蒸汽送汽轮机做功．

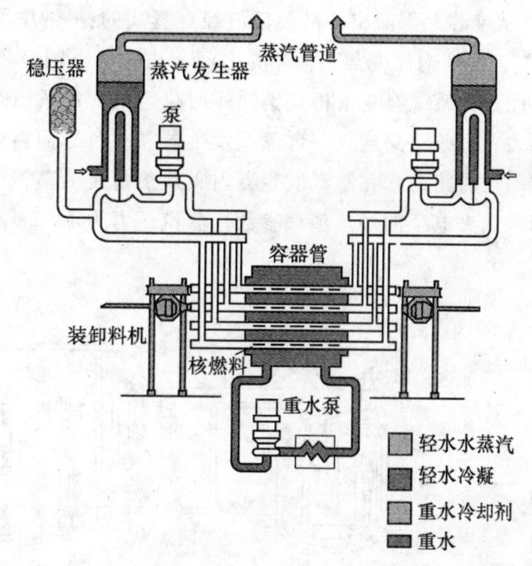


图26-47 重水堆核动力循环系统

由于重水堆的卧式布置压力管，每根压力管在反应堆容器的两端都设有密封接头，可以装拆．因此，可以采用遥控装卸料机进行不停地换料．换料时，由装卸料机压力管的两端密封接头，新燃料组件从压力管一端顶入，烧过的乏燃料组件则从同一压力管的另一端被推出．这种换料方式称为“顶推式双向换料”．

重水堆核电站的厂房布置也与压水堆核电站大致相同．以圆柱形的安全壳反应堆厂房为核心，在其周围配置有核辅助厂房、燃料厂房、电气控制厂房及汽轮发电机厂房等．

**4. 快中子增殖堆核电站** 由快中子引起裂变链式反应并将释放出来的热能转换成电能的核电站．由于快中子反应堆在运行时，能在消耗核裂变燃料的同时产生多于消耗的可裂变核燃料，实现可裂变核燃料的再生增殖，故称为快中子增殖堆核电站．

快中子增殖堆核电站的增殖原理是，因为自然界中存在的唯一可裂变核燃料是$^{235}$U，但它在天然铀中仅含0.71%，而约占99.3%的$^{238}$U在反应堆内吸收中子，经过一系列衰变反应后，会生成另一种可裂变核燃料$^{239}$Pu．$^{235}$U每次裂变可释放出2~3个新中子，如果这些新中子中至少1个用来维持链式反应，那么余下的1~2个中子将有可能被无效吸收、泄漏或被$^{238}$U吸收，只有当无效吸收和泄漏损失小于1时才能实现产生的新的可裂变材料$^{239}$Pu等于或大于1，实现增殖．快中子堆的中子无效吸收和泄漏较少，以及将来采用$^{239}$Pu作核燃料，可真正实现增殖．

快中子堆内不仅没有中子慢化剂，连冷却介质也不能用慢化能力强的水或重水．目前能用作快中子堆冷却介质的主要为液态金属钠、铅铋和氦气．因此快中子核电站有钠冷和气冷两种．目前建得最多的是池式钠冷快堆核电站．现以俄罗斯的 EH-600 核电站为例作简要介绍．此核电站的反应堆由堆芯、堆内构件、顶盖、钠泵、中间热交换器和钠池容器等部件组成．

核反应释放的热量通过流经堆芯的液态金属钠带出堆外．金属钠的熔点为 97.8℃，而它的沸点却高达 885℃，传热性能比水银高 10 倍，比水高 40～50 倍，而且不会使快中子慢化，因此，它是快中子增殖堆十分理想的冷却剂．

钠冷快堆的动力回路冷却系统采用"池式"回路形式．"池式"即是把反应堆堆芯连同一回路钠泵和钠-钠中间热交换器浸泡在一个大型的液态钠池中．图 26-48 所示为"池式"结构快中子增殖堆．整个反应堆壳体由内层壳、外层壳、钠池主壳和安全壳四层壳体组成．在安全壳外围用钢筋混凝土作生物屏蔽层，主宽直径为 12.8m、高 12.6m．

一回路钠循环系统共有 4 条钠循环回路和 8 台钠-钠热交换器，每条回路钠流量约 1 600kg/s，冷热液体钠被内层壳分隔开．钠池中冷的液态钠由钠泵送到堆芯底部，然后由下而上流经燃料组件，使它加热到 500℃．从堆芯上部流出的高温钠流经直管式的钠-钠中间热交换器，将热量传递给二回路的工质，温度降至 390℃，再经内层壳与钠池主壳之间，由一回路钠循环泵送回堆芯，构成一回路钠循环系统．

二回路钠系统有 4 条相同钠循环回路组成，每条回路流量约 1 200kg/s．二回路内工作压力高于一回路钠的压力，每条回路连接一台蒸汽发生器和一台二回路钠泵．蒸汽发生器由蒸发段、过热段和再热段三部分组成．三回路的水在蒸汽发生器内吸收热量变为蒸汽．由于快堆钠温度高，可以产生过热蒸汽，汽轮机可采用常规火电厂的过热蒸汽参数，蒸汽压力为 14.2MPa，蒸汽温度可达 500℃．图 26-48 为钠冷快堆动力回路．

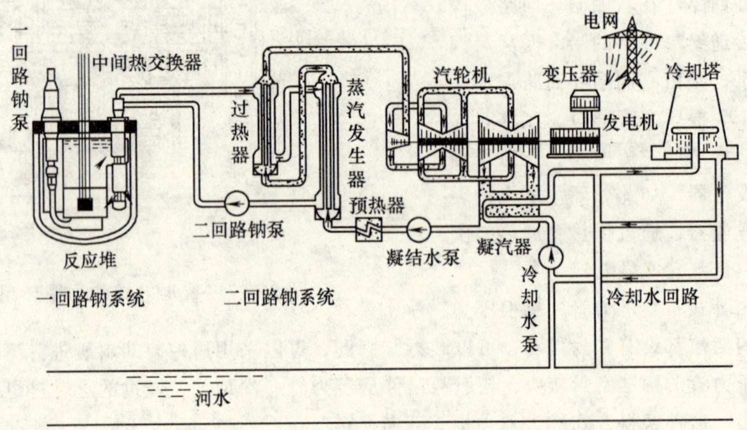


图 26-48　钠冷快堆动力回路

快中子堆起始于 20 世纪 50 年代，初期建造了一些原型快堆，例如法国的"凤凰"快堆电功率 25 万 kW、苏联的 EH-350、日本的 30 万 kW"文殊"堆和美国 CRBR-350．20 世纪 80 年代后建造了商业性快中子堆核电站，如俄罗斯的 EH-600、法意德合作的电功率为 120 万 kW 的超凤凰快堆核电站，后来由于经济原因未能正式进入商业应用．[5]

## 26.10.5　中国已建、在建和筹建的核电站

**1. 中国已建的核电站**　浙江秦山核电站、广东大亚湾核电站、秦山二期核电站、秦山三期核电站、江苏田湾核电工程，广东岭澳核电工程．

**2. 中国正在建设的核电站**

（1）广东岭澳核电站二期：项目采用中广核集团具有自主品牌的中国改进型压水堆核电技术路线

CPR1000，建设两台百万千瓦级压水堆核电机组．岭澳核电站二期工程是我国自主品牌核电技术 CPR1000 示范工程，在我国核电发展中具有承上启下的作用，通过项目建设，我国将加快全面掌握第二代改进型百万千瓦级核电站技术，基本形成自主技术品牌核电站设计自主化和设备制造国产化能力，为高起点引进、消化、吸收第三代核电技术打下坚实的基础．岭澳核电站二期 1 号、2 号机组分别计划于 2010 年 12 月和 2011 年 8 月投入商业运营，建成后的岭澳核电站二期将是我国首座具有自主品牌的百万千瓦级核电站．

（2）辽宁红沿河核电站一期：辽宁红沿河核电项目规划建设 6 台百万千瓦级核电机组，其中一期工程采用 CPR1000 技术路线，建设 4 台百万千万级压水堆核电机组．

（3）福建宁德核电站一期：规划建设 6 台百万千瓦级压水堆核电机组，一次规划、分期建设，一期工程拟采用中广核集团具有自主品牌的 CPR1000 技术，建设 4 台百万千瓦级压水堆核电机组．

（4）福建福清核电站：福清核电站规划装机容量为 6 台百万千瓦级压水堆核电机组．一次规划、分期建设．一期工程建设两台百万千瓦级核电机组，采用法国法玛通公司的 M310 堆型技术路线．

（5）广东阳江核电站：阳江核电站采用的 CPR1000 技术方案．

（6）三门核电站：三门核电工程将建造 6 台单机容量为 125 万 kW 的 AP1000 核电机组，分三期建设．一期工程是国家首个核电自主化依托项目，其中一号机组为全球首台 AP1000 核电机组．AP1000 核电站与传统的压水堆设计相比，最大的特点在于使用非能动的安全系统来减缓设计工况中有可能发生的意外事故，大大提高电站的安全性．

（7）广东台山核电站一期：台山核电项目规划建设 4 台压水堆核电机组，一次规划、分期建设，一期建设 2 台．按照国家的部署，我国决定引进两台先进压水堆法国 EPR 机组，台山核电站将成为首个依托 EPR 三代技术的示范工程．台山核电站一期工程建设两台 EPR 三代核电机组，单机容量为 175 万 kW，是目前世界上单机容量最大的核电机组．

（8）山东海阳核电站：项目规划建设 6 台百万千瓦级压水堆机组，并预留有扩建场地．其中，一期工程建设 2 台 AP1000 百万千瓦级压水堆核电机组．

（9）山东荣成石岛湾核电站：一期工程拟建设一台 20 万 kW 高温气冷堆示范电站，是在由清华大学自主设计、建造和运营的 1 万 kW 高温气冷实验堆的技术基础上建设．石岛湾核电站高温气冷堆核电站是国内第一座高温气冷堆示范电站，是世界上第一座具有第四代核能系统安全特征的 20 万千瓦级高温气冷堆核电站．高温气冷堆是国际上公认的具有先进技术特征的新型核反应堆．模块式高温气冷堆核电站具有固有安全性、发电效率高、用途广泛等特点，在国际上受到广泛的重视，也是具有第四代核能系统主要特征的新型核反应堆堆型．

**3. 中国筹建中的核电站**　目前，我国筹建中的核电站有 21 座，详见表 26-2.

**表 26-2　我国筹建中的核电站**

| 序号 | 核电站名称 | 主要股东 | 采用的技术 | 计划建设台数 |
|---|---|---|---|---|
| 1 | 湖南益阳桃花江核电站 | 中核 | M310 | 4 |
| 2 | 湖北咸宁大畈核电站 | 中广核 | 待定 | 4 |
| 3 | 江西彭泽核电站 | 中电投 | AP1000 | 4 |
| 4 | 海南昌江核电站一期 | 中核 | CNP650 | 4 |
| 5 | 广东陆丰核电站一期 | 中广核 | CPR1000 | 6 |
| 6 | 广西红沙核电站 | 中广核 | CPR1000 | 6 |
| 7 | 辽宁徐大堡核电站 | 中核 | 待定 | 6 |
| 8 | 重庆涪陵核电站 | 中电投 | AP1000 | 4 |
| 9 | 广东海丰核电站 | 中核 | 待定 | 8 |

（续）

| 序号 | 核电站名称 | 主要股东 | 采用的技术 | 计划建设台数 |
|---|---|---|---|---|
| 10 | 四川三坝核电站 | 中广核 | 待定 | 4 |
| 11 | 浙江龙游核电站 | 中核 | 待定 | 4 |
| 12 | 辽宁东港核电站 | 中国华电 | 待定 | 4 |
| 13 | 安徽芜湖核电站 | 中广核 | 待定 | 4 |
| 14 | 河南南阳核电站 | 中核 | 待定 | 6 |
| 15 | 湖南小墨山核电站 | 中电投 | AP1000 | 6 |
| 16 | 吉林靖宇核电站 | 中电投 | AP1000 | 4 |
| 17 | 安徽吉阳核电站 | 中核 | 待定 | 4 |
| 18 | 福建漳州核电站 | 中电投 | AP1000 | 6 |
| 19 | 福建三明核电站 | 中核 | CPR1000 | 4 |
| 20 | 广东揭阳核电站 | 中广核 | AP1000 | 6 |
| 21 | 广东韶关核电站 | 中广核 | 待定 | 4 |
| 合计 | | | | 102 |

## 参考文献


[1] http://chinaneast. xinhuanet. com/jszb/2008-07/10/content_13785318. htm

[2] 闫强，王安建，王高尚，等．中国科技论坛，2009，18（9）．

[3] 马进，王兵树，马永光．核能发电原理［M］．北京：中国电力出版社，2007.

[4] http://baike. baidu. com/view/30503. htm

[5] http://www. chinanuclear. cn/bbs/forumdisplay. php？f=714


# 26.11 六方 $YMnO_3$ 多铁性薄膜

## 26.11.1 多铁材料概述

磁性材料与电子材料的发展渗透于现代技术的各个领域中．如电子产品在使用过程中所产生的大量数据通常采用具有自发磁化的铁磁体材料来存储，磁化方向可以通过外部磁场控制的磁化反转来存储．传感器工业强烈地依赖一类被称为铁电体的材料，这种材料具有自发电极化，同时电极化方向可以通过调整外加电场来改变．这类材料在同一相中结合了两种或更多种“铁性”性质，因此被称作多铁性材料[1,2]，它不仅具有铁电、磁性等多种铁性共存，更重要的是铁电性与磁性可相互耦合而产生新功能，如磁电效应，即材料在外磁场作用下产生介电极化，或在外电场作用下产生磁极化的特性．多铁性材料为发展基于铁电-磁性集成效应的新型信息存储处理以及磁电器件提供了潜在的应用前景．美国 Science 杂志在 2007 年底的“Areas To Watch”中预测，多铁性材料是 2008 年值得关注的七大研究热点之一．[3]六方稀土锰氧化物是一种单相多铁性材料（铁电磁体），其制备及物理性质的研究是近年来材料科学与凝聚态物理学领域中受到广泛关注的热点问题．[4-8]对金属-铁电体-半导体场效应（MFSFET）器件而言，多铁性材料六方 $YMnO_3$

(简称 h-$YMnO_3$，下同）因其介电常数低，只有单一的极化轴，没有挥发性的元素 Pb、Bi 等特点而比 $PbZr_xTi_{1-x}O$ (PZT)、$Bi_4Ti_3O_{12}$ 和 $SrBi_2Ta_2O_9$ 等传统铁电材料更具优势.[9] 利用 h-$YMnO_3$ 的反铁磁性交换偏置性质，该薄膜还可应用于自旋阀器件领域.[10-12] 本节将对 h-$YMnO_3$ 多铁薄膜的结构特征、制备方法、铁电、介电性质以及磁电耦合等特性进行介绍.

## 26.11.2 六方 $YMnO_3$ 的结构特征

稀土锰氧化物 $YMnO_3$ 有正交相和六方相两种结构，其中正交相有磁性而无铁电性.[13] 人们通常研究较多的是 h-$YMnO_3$，它是一种集铁电性与反铁磁性于一体的多铁性（铁磁电）材料，其点群为 6mm，空间群为 $P6_3cm$，反铁磁转变温度 $T_N$ 约为 80K，铁电转变温度 $T_C$ 约为 914K.[14] h-$YMnO_3$ 的晶体结构如图 26-49 所示[13]，可以认为 $MnO_5$ 多面体（三角形双锥）呈层状堆垛，中间被 $Y^{3+}$ 隔开；同样地，也可认为该晶体由沿着 $c$ 轴的 $YO_8$ 层构建而成，$Mn^{3+}$ 位于 $YO_8$ 层顶上的两个氧之间. $MnO_5$ 顶上的氧也构建成 $YO_6$ 反棱镜，$MnO_5$ 面内的氧组成 $YO_6$ 反棱镜的顶端. 还可认为该点阵由致密堆垛的氧离子亚点阵构建而成，六方和立方密堆氧离子层交替堆积. $Mn^{3+}$ 位于六方 BAB 堆垛的中间层，形成双锥，$Y^{3+}$ 占据了立方 ABCA 堆垛的八面体间隙位置.[15]

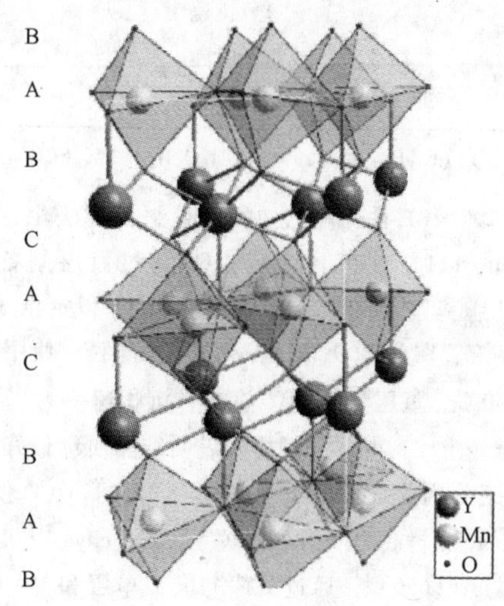

图 26-49 $YMnO_3$ 的晶体结构示意图[15]

$YMnO_3$ 的六方结构不同于传统钙钛矿铁电材料（如 $BaTiO_3$ 和 $PbTiO_3$）和含 Bi 基钙钛矿多铁材料（如 $BiMnO_3$ 和 $BiFeO_3$）. 对前者而言，Ti3d 和 O2p 的配位场杂化，使得阳离子偏离中心位置，导致铁电性；对后者而言，具有 $(ns)^2$ 价电子布局的阳离子有丢失反演对称性的趋势，这一孤对电子的立体化学活性是其铁电性的起源. 结构决定物理性质，$YMnO_3$ 的六方结构说明它的铁电性起源与上述两种类型的材料不同，h-$YMnO_3$ 晶体结构中层状 $MnO_5$ 多面体容易发生弯曲，伴随着 $Y^{3+}$ 的位移，导致了净的电矩，从而具有铁电性.[16]

## 26.11.3 六方 $YMnO_3$ 薄膜的制备工艺

h-$YMnO_3$ 薄膜的制备方法很多，有金属有机化学气相沉积（MOCVD）法、分子束外延（MBE）法、化学溶液沉积（CSD）法、脉冲激光沉积（PLD）法和溅射法（sputtering）等，下面将逐一介绍.

**1. MOCVD 法** MOCVD 技术因可以制备大面积均匀的薄膜，组分控制容易而成为半导体工业中常用的技术. Choi K J[17] 等人采用该方法在 Si 衬底上首先制备了 $Y_2O_3$ 绝缘层薄膜，而后再采用此方法原位制备六方 $YMnO_3$ 薄膜，实验参数如表 26-3 所示. 实验结果表明氧气氛中退火容易产生正交相 $YMnO_3$ 和 $Y_2Mn_2O_7$ 等杂质，真空中退火就易于获得纯相.

D. Kim 等人[18] 在 Pt/Ti/$SiO_2$/Si 衬底上，采用闪蒸转盘立式布局 MOCVD 系统制备了 $c$ 轴取向的 h-$YMnO_3$ 薄膜. 液体前驱物注入到闪烁蒸发器里面，前驱物溶液的制备方法如下：

在四氢呋喃中加入电子级纯度的 Y(thd)3、Mn(thd)3 和四乙二醇二甲醚，醚和金属的物质的量比为 1∶1，溶液的摩尔浓度低于 0.3M，闪烁蒸发器的温度小于 300℃，以防止在蒸发过程中前驱物源的热分解. 蒸汽传输系统的温度设定为比闪烁蒸发器高 5℃，以防止蒸汽在其内壁上凝聚. 反应室填充了氧气，压力固定 10Torr（1Torr = 133.322Pa）. 沉积过程中的温度范围为 450 ~ 650℃，有些样品在惰性气体中于 830℃ 退火，采用该方法制备的薄膜，厚度为 150 ~ 250nm.

表 26-3 MOCVD 法制备 $YMnO_3$ 薄膜的工艺参数[17]

| 参数 | 条件 |
| --- | --- |
| 沉积温度 | 500℃ |
| 沉积压力 | 3torr |
| Y 源的鼓泡温度㊀ | 162℃ |
| 传送 Y 源的氩气流速 | 100sccm |
| 锰源的鼓泡温度㊀ | 20℃ |
| 传送 Mn 源的氩气流速 | 20sccm |
| 氧气流速 | 500sccm |
| 沉积时间 | 30min（$Y_2O_3$ 10min） |
| 衬底 | p-型 Si（100） |

㊀Y（$C_{11}H_{19}O_2$）$_3$、㊀（$CH_3C_5H_4$）Mn（CO）$_3$

**2. MBE 法** 在已知的薄膜制备方法中，MBE 法对真空要求最高. S. Imada[19] 首次采用 MBE 方法，在 Si（111）衬底上使用 $Y_2O_3$ 作过渡层制备 $YMnO_3$ 薄膜. MBE 系统的本底真空低于 $5\times10^{-10}$Torr，Si（111）基片被加热到 850℃，保温 1h 以清洁表面. 然后先在它上面沉积一层厚度为 20～30nm 的 $Y_2O_3$ 薄膜，接着在此 $Y_2O_3$ 沉积 h-$YMnO_3$ 薄膜：使用两个电子束枪分别蒸发 $Y_2O_3$ 和 $Mn_3O_4$ 靶材，沉积温度为 800～850℃，氧压为 $1\times10^{-5}$Torr，沉积速率为 3nm/min. 原位 RHEED 像表明 $Y_2O_3$ 和 $YMnO_3$ 薄膜外延生长在 Si 衬底上. X 射线摇摆曲线表明结晶质量最好的 $YMnO_3$ 薄膜，其摇摆半宽为 1.5°. S. Imada[20] 在金属铂上（衬底分别为 Pt/$Al_2O_3$、Pt/$Y_2O_3$/Si(111)）使用 MBE 方法制备 $YMnO_3$ 薄膜. 原位 RHEED 和 XRD 表明 $YMnO_3$ 和衬底之间有外延关系. Y. chye[21] 等人在 GaN/$Al_2O_3$ 上使用 MBE 方法制备了 $YMnO_3$ 薄膜. 沉积的温度为 650℃，通过交替沉积 Y 单层和 Mn 单层（首先沉积一个单层 Y）来制备 $YMnO_3$ 薄膜，整个过程重复 60 个周期，对应 30 个单胞. 在过量氧等离子体流下进行沉积以更好的控制其化学计量比. Y 熔体和 Mn 熔体分别采用高温分子束源枪和传统的灯丝分式束源枪供应，蒸发温度分别为 1475℃ 和 850℃. Y 和 Mn 的生长速率为 0.05 单层/秒. 氧源的背底压力约为 $1.5\times10^{-6}$Torr，氧的流速和射频功率分别为 0.3sccm 和 180W. 该方法制备的 $YMnO_3$ 具有（0001）择优取向，和 GaN 面内取向关系为（0001）//（0001），$[1\bar{1}00]$ // $[11\bar{2}0]$.

**3. sputtering 法** sputtering 法制备铁电薄膜是一种常见的方法，在制备薄膜时必须有效地调整溅射参数及陶瓷靶材的化学成分，才能获得化学计量比的铁电薄膜. 由于 Y 是易于氧化的稀土元素，在富氧的靶材表面，Y 的含量与靶材内部不同，造成了 Y 含量的偏析，只有当靶材表面处于还原态时，Y/Mn 的比值才趋近于 1.[22] Fujimura N[23] 使用射频磁控溅射法，在（111）MgO 和（0001）ZnO：$Al_2O_3$ 衬底上制备了外延 $YMnO_3$ 薄膜，在（111)Pt/(111)MgO 上获得了多晶 $YMnO_3$ 薄膜. 发现晶格失配小时得到外延薄膜，晶格失配较大则得到多晶薄膜.（Y：Mn）具有最佳化学计量比的反应条件为：射频功率 75W，纯 Ar 气氛，总压力为 10mTorr，靶材与衬底距离为 55mm. Lee H. N.[24] 在 $Y_2O_3$/Si 上采用射频溅射法制备 $YMnO_3$ 薄膜，沉积过程中，射频功率密度和反应室压力分别为 $1.85W/cm^2$ 和 $5\times10^{-3}$Torr. 氧分压比（$O_2$/（Ar＋$O_2$））在 0～20% 之间变化. 沉积过后，在氧气氛中于 800～870℃ 退火 20 分钟. 实验结果发现，当溅射过程中氧分压为 0 时，$YMnO_3$ 薄膜的结晶最好，沿（001）方向择优取向. 当氧分压为 10%～20% 时，过量的 $Y_2O_3$ 抑制了 $c$ 轴结晶取向. Posadas A.[25] 在纯氩气气氛下，在 GaN/$Al_2O_3$（0001）上外延 $YMnO_3$ 薄膜. 反应室的总压力为 $7.5\times10^{-2}$Torr，射频功率密度为 $5W/cm^2$. 衬底温度为 650～675℃，$YMnO_3$ 薄膜厚度为 40～400nm. 原子力显微镜像表明，在 $10\times10\mu m^2$ 范围内，其 rms 粗糙度为 1～1.5nm. XRD 图表明该薄膜具有（0001）$c$ 轴取向，摇摆曲线表明（0004）峰的半高宽为 0.25°. 六方 GaN 和 h-$YMnO_3$ 的名义晶格失配为 4%，然而 X 射线衍射表明在 GaN 和 $YMnO_3$ 的单胞之间有 30° 的旋转，使得晶格失配增加到 10%.

**4. PLD 法** PLD 法是一种先进的薄膜制备技术，具有沉积温度低，薄膜与靶材成分相同等优点，已经成为制备 $YMnO_3$ 薄膜较为普遍的方法. Yoshimura T.[26]采用该方法，在两种缓冲薄膜上面制备了 $YMnO_3$ 薄膜. 第一种缓冲层是在无氧气氛下用 $YMnO_3$ 陶瓷靶材沉积的 2nm 厚的 Y-Mn-O，其目的是防止 Si 基片表面的氧化，实验发现该缓冲层能强烈地促使 $YMnO_3$ 薄膜的晶化. 第二种是在 $Y_2O_3$（111）/Si（111）上制备 h-$YMnO_3$ 薄膜，经 X 射线衍射和反射高能电子衍射研究表明其为（0001）取向的外延薄膜. Dho J.[27]使用 PLD 方法，在钇稳定的氧化锆（YSZ（111））、（111）Si、（0001）$Al_2O_3$ 和（111）$SrTiO_3$ 上外延了六方 $YMnO_3$ 薄膜. 沉积条件如下：衬底温度 800～850℃，氧压 0.1～50mTorr. 沉积过后，为了提高 O 的化学计量比，在同样的温度下，于 100mTorr 氧压下 10 分钟退火. 薄膜的厚度在 5～250nm 之间，$YMnO_3$ 薄膜的取向、表面形貌和衬底与沉积条件有关. 在 YSZ 衬底上生长良好外延取向的薄膜，但随着氧压的增大，出现了少量的 30°孪晶. 对表面含有无定形 $SiO_2$ 的 Si 衬底，薄膜呈现了（0001）或（$11\bar{2}1$）取向. 张应力使（0001）$Al_2O_3$ 衬底上的 h-（0001）$YMnO_3$ 薄膜成为稳定相. 而（111）$SrTiO_3$ 衬底上，压应力使得六方相与正交相竞争. MartíX.[4]使用 PLD 方法，在 $SrTiO_3$ 和 Pt（111）/$Al_2O_3$ 上生长面外取向（0001）的 $YMnO_3$ 薄膜. 使用 KrF 受激激光（波长 248nm，脉冲持续时间 34ns，重复率 5Hz，激光束流密度 1.5J/cm$^2$）. $YMnO_3$ 薄膜的沉积条件：衬底温度 800℃，氧压 0.2mbar. 生长结束后，降温到 500℃，再通入 1 大气压氧气退火. $YMnO_3$ 薄膜的厚度为 90～150nm，沉积速率为 0.012nm/每脉冲. XRD 表明在 Pt（111）层存在 60°的面内旋转晶畴，随即传递到其上的 $YMnO_3$ 薄膜当中. $YMnO_3$/Pt/$SrTiO_3$ 结构的截面高分辨显微镜显示了高质量的外延和陡峭的截面. Balasubramanian K. R.[28]使用 PLD 法在 GaN：Mg/on-axis6H-SiC（0001）制备 $YMnO_3$ 薄膜. 使用 KrF 受激激光（波长 248nm，重复率 3Hz，激光束流密度 2J/cm$^2$）. $YMnO_3$ 薄膜的沉积条件：衬底温度 700～800℃，氧压 5mTorr. $YMnO_3$ 薄膜的厚度为 100nm. 高分辨电子显微镜像显示未经腐蚀 GaN 与 $YMnO_3$ 薄膜之间存在界面层，当 GaN 经 HF 腐蚀后该界面层消失. Zhou L.[29]使用 PLD 方法，在 Pt/$TiO_2$/$SiO_2$/Si 上沉积了 h-$YMnO_3$ 薄膜，研究了生长工艺和退火条件对薄膜结晶性的影响. 发现只有当在 $10^{-3}$Pa 和氮气中退火，才能得到结晶较好的单相六方 $YMnO_3$ 薄膜. 而且该薄膜的晶体织构强烈地依赖于退火条件. 通过对 650℃沉积的无定形薄膜的快速热处理退火晶化，得到了（0004）择优取向的 $YMnO_3$ 薄膜. Choi T.[30]使用 PLD 法，通过掺杂少量元素 Bi 来降低六方 $YMnO_3$ 薄膜的晶化温度，实验表明可以降低 150℃以上. 元素分析表明在 YBM 薄膜的最顶部有一层非常薄的 Bi 氧化物层，提高了吸附原子的表面迁移率，从而改善了结晶质量，降低了晶化温度.

**5. CSD 法** CSD 法也是一种制备铁电薄膜的常用方法. Fujimura N.[31]首次采用化学溶液法制备 $YMnO_3$ 薄膜，采用醋酸盐作为金属 Y 和 Mn 源. 在 700℃退火，薄膜仍然是无定形的，温度升高到 900℃时才能得到单一的六方相. 而采用回流法，可以有效地降低薄膜的晶化温度. 在此基础上，Kitahata H.[32]等人使用钇的金属醇盐取代醋酸盐，发现可以显著降低铁电 $YMnO_3$ 薄膜的晶化温度，降幅达 100℃以上，与醇盐的加入更容易形成前驱体“Y-O-Mn”桥接有关. Kitahata H.[33]使用乙二醇单乙醚为溶剂，锰和钇的醋酸盐为源制备 $YMnO_3$ 薄膜. 实验发现在锰的前驱体溶液中加入添加剂二乙醇胺，可以促进薄膜的 $c$ 轴取向. 多步退火有利于获得小晶粒、致密结构的薄膜. Suzuki K.[34]使用异丙醇钇和异丙醇锰为原料，乙二醇甲醚为溶剂，化学回流使各物质混合均匀. 薄膜的结晶行为、取向和形貌依赖于退火条件. 初始晶化阶段的真空热处理可以抑制正交相，促进六方相 $YMnO_3$ 薄膜的形成. Kim K. T.[35]使用锰和钇的醋酸盐为原料，乙二醇甲醚为溶剂，在 Pt（111）/Ti/$SiO_2$/Si 上制备了六方 $YMnO_3$ 薄膜，研究了干燥温度（300～450℃）对薄膜结晶性的影响，发现随着干燥温度的增加，薄膜的结晶性变好，大于 400℃时已经有（0004）择优取向.

## 26.11.4 六方 $YMnO_3$ 薄膜的电学性质

h-$YMnO_3$ 块材单晶的介电常数为 20，500Hz 时的矫顽场和剩余极化强度分别是 19kV/cm 和 4.5μc/cm$^2$.[36,37]这些数值都较小，薄膜的相应数值更低，但不妨碍它在 MFSFET 器件中的应用. 调制半导体的表面势所需的静电电荷密度通常只有 0.1μc/cm$^2$，铁电材料不必要有大的剩余极化.[38] 进一步的器件集成也要求铁电薄膜材料的介电常数低，以降低位线上的电容，增加铁电薄膜层的应用电压.[31] 早期的铁电薄膜由于结晶性不好，漏电流较大，难以测出室温铁电电滞回线[31,39]，后来随着制备工艺的改善，结晶性的提高，铁电性质也逐渐改善.

Kitahata H.[32] 制备了结晶性较好、具有 $c$ 轴择优取向的 $YMnO_3$ 薄膜，$C$-$V$ 曲线的回线表明其具有铁电性. 有文献[26] 得到了 $YMnO_3$ 薄膜的 $P$-$E$ 电滞回线，其剩余极化强度（$P_r$）为 1.2nc/cm$^2$，远低于 $YMnO_3$ 单晶的剩余极化强度. S. Imada[20] 对 h-$YMnO_3$/Pt/$Al_2O_3$ 薄膜进行 $C$-$V$ 测量，显示了蝴蝶形曲线，记忆窗为 0.85V；该薄膜的剩余极化大于 0.7μC/cm$^2$. 对 h-$YMnO_3$/Pt/$Y_2O_3$/Si（111）结构，其铁电性质与前者相近，表明衬底的热膨胀系数对铁电性能影响不明显. 2003 年，Fujimura N[40] 首次在外延 $YMnO_3$ 薄膜中观察到了清晰的 $P$-$E$ 电滞回线，其 $P_r$ 达到 1.7μc/cm$^2$，矫顽场为 80kV/cm，如图 26-50 所示，矫顽场远大于块材单晶的数值，表明在薄膜中存在由缺陷造成的畴壁钉扎. Kim K. T.[35] 制备的 $YMnO_3$ 薄膜，其 $2P_r$ 可以达到 3.6μc/cm$^2$. 随干燥温度的增加，该薄膜的漏电流降低，介电常数增加，介电损耗减小，这些现象与不同干燥温度下晶粒尺寸和晶体取向有关. 相对于多晶和无定型 $YMnO_3$ 薄膜，$c$ 轴取向可以明显降低漏电流密度.[41] 将该薄膜做成 Pt/$YMnO_3$/Si 结构，$C$-$V$ 曲线的结果表明随干燥温度增加，记忆窗增加，干燥温度为 450℃ 时的记忆窗大小为 1.03. Kim V. D.[18] 制备的 $YMnO_3$ 薄膜的 $P_r$ 为 2μc/cm$^2$，矫顽场为 10kV/cm. Kiyoharu T[42] 测试了富钇的 $YMnO_3$ 薄膜的介电常数和介电损耗频率谱，当测试频率大于 1kHz 时，薄膜的介电常数约为 20，这个数值和块材陶瓷的相当，比 PLD 方法制备的薄膜的大[9]，这一差异与不同制备工艺所获得薄膜的结晶性、$c$ 轴取向度差异有关. 在 $10^4$ ~ $10^6$Hz 范围内，薄膜的介电损耗为 0.05，和 PLD 方法制备的薄膜相当. 这些结果表明富钇可以导致致密的结构，改善了介电性质. 在低频区，介电常数和介电损耗的频率分散较大，主要是由晶界或微孔的空间电荷导致的界面极化导致的. Teowee G.[43] 研究了 $YMnO_3$ 薄膜的退火温度和介电常数的关系，发现其介电常数随退火温度（400 ~ 750℃）升高而增加. 当退火温度大于 750℃ 时介电常数降低，表明 Pt 电极可能与 $YMnO_3$ 发生反应. $YMnO_3$ 薄膜的漏电流遵从典型的 Schottky 发射，并且随退火温度的增加而升高，该薄膜的高电导率是由于 $Mn^{3+}$-$Mn^{5+}$ 中间价电子的传输，此外薄膜的晶粒尺寸较小，也有利于晶界传导. 研究了钇含量对介电常数和漏电流的影响，发现介电常数几乎与钇含量没有关系，而漏电流受钇含量的影响很大，化学计量比的 $YMnO_3$ 薄膜，漏电流最小，表明在非化学计量比的薄膜中，不完整的电荷补偿可以提高电导率. Choi K J[17] 研究了氧气和真空退火条件下 Pt/$YMnO_3$/$Y_2O_3$/Si 结构的漏电流情况，发现真空中退火可以大幅度降低其漏电流密度. 由于氧气中退火的过程中“超氧化作用”，Mn 离子价态增加，通过形成阳离子空位来补偿，随着阳离子空位的存在，产生了 $Mn^{4+}$ 离子，形成了 p 型空穴传导，该传导由 $Mn^{3+}$-$Mn^{4+}$ 之间小极化子的热激活跃迁来支配，使其电导率大增. 真空中热退火可以降低 $Mn^{4+}$ 离子含量和空穴浓度，阻止了阳离子空位的形成，Mn 离子主要以 +3 价存在，降低了漏电流密度. 较小的漏电流密度可以降低低频区介电常数和散射因子的频率分散.[44] Rokuta E[45] 测量了 Al/$YMnO_3$/SiON/Si(111)结构的 $I$-$V$ 曲线，发现在电压 −5 ~ 5V 范围内，漏电流密度低于 $10^{-8}$ A/cm$^2$，$I$-$V$ 曲线呈现了滞后现象，它来源于俘获载流子的驰豫或介电驰豫.[18,45]

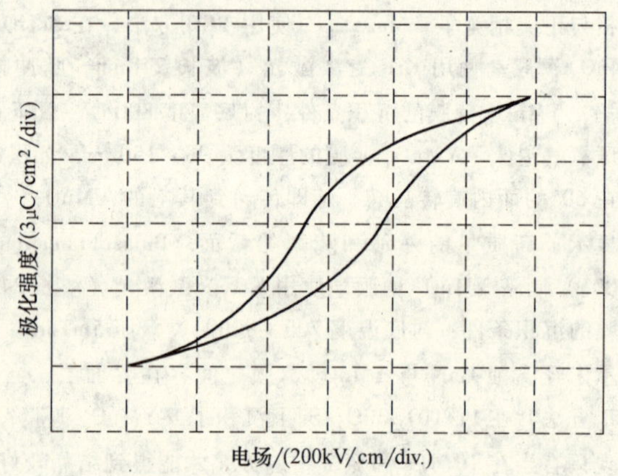


图 26-50 (111)Pt/(0001)$Al_2O_3$ 上 $YMnO_3$ 薄膜的 $P$-$E$ 曲线[40]

### 26.11.5　六方 $YMnO_3$ 薄膜的反铁磁性与磁电耦合

六方 $YMnO_3$ 薄膜的磁性来源于和面内垂直的 $Mn^{3+}$ 离子的磁矩，中子衍射实验表明其形成了三角形状、几何涨落的反铁磁耦合自旋网络.[46,47] Fujimura N[40] 等人在 MgO 衬底上生长六方 $YMnO_3$ 薄膜，为了验证其磁化强度各向异性，选择在垂直和平行于 $c$ 轴方向测量该薄膜的磁化强度-磁场强度（$M$-$H$）曲线. 5K 温度下的 $M$-$H$ 曲线表明，测量的磁化强度数值几乎 100 倍于顺磁 $Mn^{3+}$，表明该薄膜显示了反铁磁序. 在 200K 以下，磁化率-温度（$\chi$-$T$）曲线没有发现反常情况. 由磁化强度曲线揭示的 $YMnO_3$ 薄膜的磁结构等同于 $YMnO_3$ 块材陶瓷的磁结构. 为了确定载流子浓度对 $YMnO_3$ 薄膜磁性质的影响，使用了 Mg、Li 和 Sr 三种元素对 Y 离子掺杂. 结果表明除了 Li 离子掺杂的样品显示了弱铁磁性外，其余掺杂的样品直到 200K 时都显示反铁磁性. 载流子浓度通常以载流子-自旋相互作用（如 RKKY 相互作用）的形式影响到材料的磁性质. 对反铁磁体 $YMnO_3$ 的研究表明，在其反铁磁转变的 Neel 温度 $T_N$ 以上进行适当的退火处理，可以在 $T_N$ 以下的温度得到不同大小的反铁磁畴，并可进一步观测其磁畴和畴壁的静态及动态性质.[48]

Joonghoe D 等人[11]在 Si（111）上首先制备了 200nm 厚的 $YMnO_3$ 薄膜，然后再使用超高真空直流溅射法沉积一层 5nm 厚的坡莫合金（软铁磁 $Ni_{81}Fe_{19}$，Py）. $YMnO_3$ 薄膜的取向依赖于沉积过程中的氧压. 磁滞回线（10K，1KOe 下测试）表明，（$11\bar{2}1$）$YMnO_3$ 薄膜可以作为钉扎层，导致了软铁磁薄膜层交换偏置（磁滞回线的中心从零场偏离），矫顽力增强，矫顽力增强和界面粗糙度有关；而（0001）$YMnO_3$ 薄膜没有观察到交换偏置现象. $YMnO_3$ 薄膜不同的晶面出现不同的交换偏置现象，与不同方向上 Mn-Mn 自旋耦合的强度不同有关. 对($11\bar{2}1$)$YMnO_3$ 薄膜而言，在反铁磁转变温度($T_N$ = 70K)以上，交换偏置消失. 由于 Py 和($11\bar{2}1$)$YMnO_3$ 的交换相互作用，在 $T_N$ 以下，交换偏置和矫顽场随温度的降低而迅速增加. 由 Py(5nm)/Cu/Py(5nm)/(11-21)$YMnO_3$ 结构在 4K 下的磁阻和磁场的关系曲线可看出，磁阻值为 2.5%，磁阻曲线向负场方向移动，表明 $YMnO_3$ 在自旋阀器件里面可以用来钉扎铁磁层. MartíX 等人[12]制备了 Py/$YMnO_3$(0001)/Pt/$SrTiO_3$(111)结构. $YMnO_3$(0001)薄膜显示了铁电性和明显的交换偏置现象，与前述($11\bar{2}1$)$YMnO_3$有交换偏置而(0001)$YMnO_3$ 无交换偏置的实验结果不同. 交换偏置的存在引起了 Py 层的各向异性磁阻(AMR)的改变. AMR 的测量通过在薄膜面内旋转磁场，记录下薄膜电阻 $R$ 和电流与施加磁场之间的夹角来实现. 在温度为 100K 时，$R$（$\theta$）和 $\cos^2\theta$ 成正比. 随着温度的降低，由于交换偏置场的存在，$R$（$\theta$)和 $\cos^2\theta$ 逐渐偏离正比关系. V. Laukin 等人[10]制备了 Py/$YMnO_3$/Pt/$SrTiO_3$ 结构，发现对 $YMnO_3$ 薄膜施加一定的电场后可以控制磁交换偏置和铁磁 Py 层的磁输运性质. 这一发现为新一代电场控制的自旋器件铺平了道路. Maeda K 等人实现了 $YMnO_3$/Pt/$Al_2O_3$ 结构，测出其磁转变温度在 130K，介电常数的温度谱发现在磁转变温度附近发现了反常，表明铁电畴开关受到磁有序的抑制.[49]

### 26.11.6　结论与展望

h-$YMnO_3$ 薄膜具有集铁电性与反铁磁性，可用于非挥发性铁电存储器和自旋阀等领域. 由于电荷序与自旋序的交互作用，在基于电荷序和自旋序设计的器件之外有了一个新的自由度来设计新器件. 相比 h-$YMnO_3$ 块材单晶，薄膜样品的铁电极化和介电响应性能均有所降低，应通过改进制备工艺、提高结晶质量或改性掺杂来改进这些性能. 此外，铁电和反铁磁耦合的物理机制目前还不是很清楚，因此该薄膜做成的器件离实用化还有一段距离.

近年来，以 $YMnO_3$ 材料为代表的稀土多铁薄膜成为国际上多铁材料领域的研究热点，许多科研机构都投入了巨大的精力从事此领域的研究. 虽然在多铁材料领域，我国的研究工作在一些方向上与国际水平是同步的，但总体水平，特别是在稀土多铁薄膜的研究方向上，与国际一流尚存在差距. 国家应加大投入、整合力量，快速提升我国在多铁领域的研究水平.

# 参考文献

[1] http：//www. xssc. ac. cn/Web/ListConfs/ConfDetail. asp？ rno = 979
[2] 郑海务，张大蔚，王渊旭，等．人工晶体学报，2008，37：955.
[3] 南策文，．科学通报，2008，53：1097.
[4] Ramesh R.，Spaldin N. Nature Mater.，2007，16：21.
[5] Aikawa Y，Katsufuji，Arima T，et al.. Phys. Rev. B，2005，71：184418.
[6] MartíX，Sánchez F，Hrabovsky D，et al.. J. Cryst. Growth，2007，299：288.
[7] Seongsu L，Misun K，Changhee L，et al.. Phys. B，2006，385-386：405.
[8] Takahashi J I，Kohn K，Hanamura E. J. Lumin.，2002，100：141.
[9] Fujimura N，Azuma S I，Aoki Net，et al.. J. Appl. Phys.，1996，80（12）：7084.
[10] Laukhin V，Skumryev，Martí X. Phys. Rev. Lett.，2006，97：227201.
[11] Joonghoe D，Blamire M G. Appl. Phys. Lett.，2005，87：252504.
[12] Martí X，Sánchez F，Hrabovsky D，et al.. Appl. Phys. Lett.，2006，89：032510.
[13] Lee S，Pirogov A，Han J H，et al.. Phys. Rev. B，2005，71：180413.
[14] Wang X G，Dong J M，Qian M C，et al.. Phys. Rev. B，2000，61：10664.
[15] Adem U，Nugroho A A，Meetsma A，et al.. Phys. Rev. B，2007，75：014108.
[16] Aken B B V，Palstra T T M，Filippetti，et al.. Nature，2004，3：164.
[17] Choi K J，Shin W C，Yoon S G. Thin Solid Films，2001，384：146.
[18] Kim D，Killingensmith D，Dalton D，et al.. Mater. Lett.，2006，60：295.
[19] Imada S，Shouriki S，Tokumitsu E，et al.. Jap. J. Appl. Phys.，1998，37：6497.
[20] Imada S，Kuraoka T，Tokumitsu E，et al.. Jap. J. Appl. Phys.，2001，40：666.
[21] Chye Y，Liu Y，Li D，et al. Appl. Phys. Lett.，2006，88：132903.
[22] Fujimura N，Azuma S I，Aoki N，et al.. J. Appl. Phys.，1996，80：7084.
[23] Fujimura N，Ishida T，Yoshimura T，et al.. Appl. Phys. Lett.，1996，69：1011.
[24] Lee H N，Kim Y T，Park Y K. Appl. Phys. Lett.，1999，74：3887.
[25] Posadas A，Yau J B，Ahn C H. Appl. Phys. Lett.，2005，87：171905.
[26] Yoshimura T，Fujimura N，Aoki N，et al.. Jap. J. Appl. Phys.，1997，36：5921.
[27] Dho J，Leung C W，MacManus-Driscoll J L，et al.. J. Crystal Growth，2004，267：548.
[28] Balasubramanian K R，Chang K C，Mohammad F A，et al.. Thin Solid Films，2006，515：1807.
[29] Zhou L，Wang Y P，Liu Z G，et al.. Phys. Stat. Sol.（a），2004，201：497.
[30] Choi T，Lee J. Appl. Phys. Lett.，2004，84：5043.
[31] Fujimura N，Tanaka H，Kitahata H，et al.. Jap. J. Appl. Phys.，1997，36：L1601.
[32] Kitahata H，Tadanaga K，Minami T，et al.. Jap. J. Appl. Phys.，1999，38：5448.
[33] Kitahata H，Tadanaga K，Minami T，et al.. J. Sol. Gel. Sci. Technol，2000，19：589.
[34] Suzuki K，Nishizawa K，Miki T，et al.. Journal of Crystal Growth，2002：237-239，482.
[35] Kim K T，Kim C. J. Euro. Ceram. Soc.，2004，24：2613.
[36] Kim S H，Lee S H，Kim T H，et al.. Cryst. Res. Tecnol.，2000，35：19.
[37] Kim D P，Kim C. Thin Solid Films，2003，434：130.
[38] Fujimura N，Yoshimura T. Topic Appl. Phys.，2005，98：199.
[39] Yi W C，Choe J S，Moon C R，et al.. Appl. Phys. Lett.，1998，73：903.

[40]　Fujimura N, Sakata H, Ito D, et al.. J. Appl. Phys., 2003, 93: 6690.
[41]　Kim Y T, Kim I S, Kim S II, et al.. J. Appl. Phys., 2003, 94: 4859.
[42]　Tadanaga K, Kirahata H, Minami T, et al.. J. Sol-Gel Sci. Technol., 1998, 13: 903.
[43]　Teowee K, McCarthy K C, McCarthy F S, et al.. J. Sol-Gel Sci. Technol., 1998, 13: 899.
[44]　Kitahata H, Tadanaga K, Minami T, et al.. Appl. Phys. Lett., 1999, 75: 719.
[45]　Rokuta E, Hotta Y, Tabata H, et al.. J. Appl. Phys., 2000, 88: 6598.
[46]　Muňoz A, Alonso J A, Martíz-Lope M J, et al.. Phys. Rev. B, 2000, 62: 9498.
[47]　Fiebig M, Frölich D, Kohn K. Phys. Rev. Lett., 2000, 84: 5620.
[48]　Fiebig M, Fröhlich D, Leute S. J. Appl. Phys., 1998, 83: 6560.
[49]　Maeda K, Yshimura T, Fujimura N. Trans Mater.. Res. Soc. Jpn., 2006, 31: 185.

## 26.12　第三代宽带隙半导体材料 SiC

### 26.12.1　SiC 半导体材料与应用

众所周知，在信息技术非常发达的今天，半导体技术扮演着越来越重要的角色. 无论是半导体分立元器件还是集成电路，第一代元素半导体材料 Si 都是当今微电子器件的主要基底材料，Si 器件占据着当今微电子器件领域的绝大部分市场份额. 然而，Si 器件也有着它应用的局限性. 硅材料是间接带隙，带隙宽度较小，只有 1.1eV. 这样的带隙宽度决定了当温度较高时，热载流子浓度超过由掺杂引起的杂质载流子浓度，使得 Si 成为本征半导体，从而器件不能正常工作.[1] Si 材料较低的热导率（1.5W/(cm · K)）使得 Si 器件散热慢，限制了其在功率器件中的应用，此外 Si 的化学稳定性也一般. Si 材料的这些局限性使得它难以在高于 250℃ 的环境下正常工作，尤其在高频、大功率以及强辐射等极端条件下，硅器件就更难以胜任. 除 Si 外，以 GaAs、GaP 和 InP 为代表的第二代化合物半导体也有着广泛的应用. GaAs 的禁带比 Si 稍宽，有利于制作需要在较高温度下工作的器件，但其热导率较低，不适合制作电力电子器件. GaP 的禁带宽度比 GaAs 还大，主要应用于红、绿发光器件的制造. InP 是一种性能优越的耿氏二极管材料，主要用于研制微波和毫米波器件. 但用这些第二代化合物半导体材料做成的器件难以在大功率和强辐射等极端条件下工作.

近年来，随着半导体器件应用领域的不断扩大，双极晶体管的发明人肖克莱早在 20 世纪 50 年代就提出的电子学领域所面临的器件小型化和适应在高温、强辐射和大功率等环境下工作的问题日益突出. 于是人们将目光投向一些第三代宽带隙半导体材料的研究，如金刚石、SiC、GaN 和 AlN 等. 这些材料的禁带宽度在 2eV 以上，拥有一系列优异的物理和化学性能.[2-4] 在第三代半导体材料中，SiC 和 GaN 已经从材料研究阶段逐步进入器件研究阶段，基于这两种材料的部分器件（如 LED）已经实现商品化. 相对于 GaN，SiC 的热导率明显提高，而且 SiC 单晶材料更容易获得，价格也相对较低，因此在高温和大功率领域 SiC 更有优势. SiC 具有大禁带宽度、高临界场强、高热导率和高载流子饱和速率等特性，其品质因数远远超过了 Si 和 GaAs（见表 26-4），因而成为制造大功率器件、高频器件、高温器件和抗辐照器件最重要的半导体材料.[5-8] 除了利用 SiC 优良的电性质制作半导体器件外，还可以利用 SiC 良好的力学性能和光学性能来制作宇航用的光学反射镜.[9]

由表 26-4 可见，SiC 的优良特性具体表现在：

（1）较宽的带隙使得用 SiC 制造的电子器件能在极高的温度下工作而免受本征激发效应的影响. 同时，这种性质使 SiC 器件能够发射和探测短波光，从而使蓝色发光二极管和近盲可见光的紫外光探测器的制造成为可能.

（2）SiC 器件可以在 8 倍于 Si 或 GaAs 器件的偏压（或电场强度）下正常工作，而不发生雪崩击穿，

SiC 如此高的临界击穿电场强度可以用来制造一系列耐高压、大功率器件，如二极管、功率三极管、功率晶闸管、电涌抑制器及大功率的微波器件. 另外，SiC 热耗小，允许器件之间相邻很近，这意味着用 SiC 制成的集成电路将有更高的集成度.

（3）SiC 是优良的热导体，常温下 SiC 的热导率高于所有已知金属，所以 SiC 器件能在极大的功率水平下工作，而及时散去大量的热.

（4）因其高电子饱和迁移率，SiC 可以工作在高频（射频感应和微波）状态下.

总之，较之其他半导体器件，这些优良性质使 SiC 器件在工业及军事应用上具有得天独厚的优势.

**表 26-4　主要半导体材料的基本特性**

| 材料特性 | Si | Ge | GaAs | GaN | AlN | 3C-SiC | 6H-SiC | 金刚石 |
|---|---|---|---|---|---|---|---|---|
| 带隙宽度/eV | 1.12 | 0.67 | 1.43 | 3.37 | 6.2 | 2.36 | 3.0 | 5.5 |
| 能带类型 | 间接 | 间接 | 直接 | 直接 | 直接 | 间接 | 间接 | |
| 击穿场强/(MV/cm) | 0.3 | 0.1 | 0.06 | 5 | 1.2 ~ 1.4 | 1 | 3 ~ 5 | <10 |
| 电子迁移率/[$cm^2$/（V·s）] | 1 350 | 3 900 | 8 500 | 1 200 | 300 | <800 | <400 | <2 200 |
| 空穴迁移率/[$cm^2$/（V·s）] | 480 | 1 900 | 400 | <200 | 14 | <320 | <90 | <1 800 |
| 热导率/[W/（cm·K）] | 1.3 | 0.58 | 0.55 | 2.0 | 2.85 | 3.6 | 4.9 | 6 ~ 20 |
| 饱和电子漂移速率/（$\times 10^7$cm/s） | 1 | | 2 | 2.5 | 1.4 | 2.5 | 2.5 | |
| 晶格常数/nm | | | | 0.3189 | 0.311 2 | | 0.30806 | |
| | 0.543 | 0.566 | 0.565 | | | 0.435 96 | | 0.356 7 |
| | | | | 0.5186 | 0.498 2 | | 1.51173 | |

## 26.12.2　SiC 的结构和性质

SiC 是 IV-IV 族二元化合物半导体，也是周期表 IV 族元素中唯一的一种固态化合物.[10] 构成 SiC 的两种元素 Si 和 C，每种原子被四个异种原子所包围，形成四面体单元如图 26-51a 所示. 原子间通过定向的强四面体 $SP^3$ 键[11] 结合在一起，并有一定程度的极化，如图 26-51b 所示. SiC 具有很强的离子共价键，离子性对键合的贡献约占 12%[12]，决定了它是一种结合稳定的结构. SiC 具有很高的德拜温度，达到 1 200 ~ 1 430K，决定了该材料对于各种外界作用的稳定性，在力学、化学方面有优越的技术特性.[13]

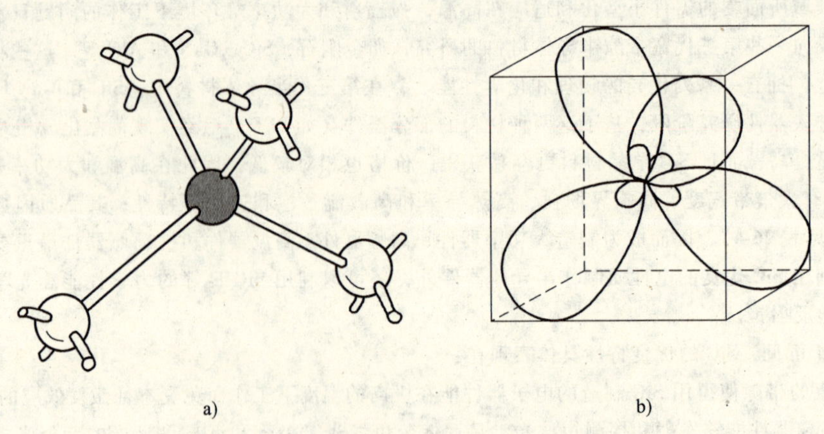


图 26-51　SiC 的四面体单元与 $sp^3$ 杂化轨道

a）四面体单元　b）$sp^3$ 杂化轨道

SiC 是一种典型的同质多型体，SiC 多型晶体的晶格常数“$a$”可看做常数，而“$c$”则是一个多值量，由此构成了一个庞大的 SiC 同质多型族，$\{SiC_i\} = \{SiC_1, \cdots, SiC_n\}$ $(n>200)$. 由于晶格常数“$a$”基本相等，SiC 同质多型体有理想的晶体化学相容性. 这些多型体的形成自由能很接近，但多型体之间具有很高的能量势垒. 在基本化学成分相同的条件下，同质多型体间的物理性质，特别是半导体特性有着独立的多样性，表现在带隙、载流子迁移率以及击穿电压等性质各不相同.[14] 在工艺方面，SiC 同质多型体在扩散、氧化等加工过程也表现出各自固有的选择性.[15]

由于 Si、C 双原子层堆积序列的差异会导致不同的晶体结构，从而形成了庞大的 SiC 同质多型族，目前已知的就有 200 多种. 如图 26-52 所示，显示了四种 SiC 多型体中 Si 和 C 原子排列结构，其中 A、B 和 C 表示密堆积三种不同的排列位置. 由于沿晶轴方向不同的堆积顺序，SiC 可以表现出立方闪锌矿（β-SiC）和六方纤锌矿结构（α-SiC）. 如果是 ABCABC…，得到闪锌矿型的 3C-SiC；若是 ABAB…，则得到 2H-SiC；若是 ABCBABCB…，形成 4H-SiC；若是 ABCACB…，则形成 6H-SiC. SiC 同质多型族中最重要的，也是目前比较成熟的、人们研究最多的是立方密排的 3C-SiC 和六方密排的 2H、4H 和 6H-SiC. 3C-SiC 是纯粹的立方结构，2H-SiC 是纯粹的六方结构，但结构不稳定，在低于 400℃ 的温度下将转化为其他多型体. 4H 和 6H 多型体的 α-SiC 都是立方和六方两种结构的混合体，区别是六方和立方所占比例不同，前者是 1∶1，后者是 2∶1. SiC 还以菱形结构形式存在，如 15R、21R 等.

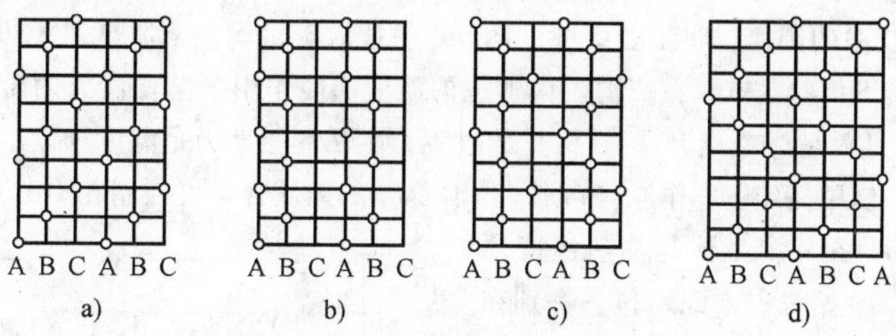


图 26-52　SiC 结构示意图

a）3C-SiC　b）2H-SiC　c）4H-SiC　d）6H-SiC

SiC 具有一系列优良的物理和化学性能，主要表现在：

（1）力学性质[16]：SiC 具有良好的力学性能. 人们最早发现的特性之一就是它的高硬度（克氏硬度为 3 000kg/mm$^2$），可以切割红宝石. 它还具有高耐磨性，仅次于金刚石.

（2）热学性质[10]：SiC 的热导率甚至超过了金属铜，是 Si 的 3 倍，是 GaAs 的 8～10 倍，从而由器件产生的热量可以迅速驱散，这对于大功率器件非常重要. SiC 的热稳定性较高，在常压下不可能熔化. 在高温下，SiC 升华并分解为含 C 和含 Si 的 SiC 蒸汽.

（3）化学性质[17-18]：SiC 的化学性质非常稳定，耐腐蚀性非常强，室温下几乎可以抵抗任何已知的腐蚀剂. SiC 表面易氧化生成 $SiO_2$ 薄层，能防止其进一步氧化，在高于 1 700℃ 时，这层 $SiO_2$ 熔化并迅速发生氧化反应. SiC 能溶解于熔融的氧化剂物质，如熔融的 $Na_2O_2$ 或 $Na_2CO_3$-$KNO_3$ 混合物，也可与氟反应而不留下任何残留物. SiC 在 900～1 200℃ 时可以和 $Cl_2$ 和 $CCl_4$ 迅速发生反应，留下石墨残留物. 在晶体对称性和方向性的研究中，可以用熔融的氧化剂和氟作为 SiC 的表面腐蚀剂.

（4）电学性质：SiC 材料之所以在军事、航天等领域有巨大的应用潜力，与它优良的材料性能尤其是电学性能紧密相关. 3C-SiC 的电子迁移率是已知 SiC 多型中最高的，4H-SiC 和 6H-SiC 的带隙约是 Si 的三倍，GaAs 的两倍；其击穿电场强度高于 Si 一个数量级，饱和电子漂移速度是 Si 的 2.5 倍. 4H-SiC 的带隙比 6H-SiC 更宽，电子迁移率接近 3C-SiC，而且各向异性小[19]，被认为是大功率应用方面最有前途的 SiC 材料.[20-23]

SiC 有约 250 种晶体结构，其中只有 3C-SiC 是纯立方结构，而 4H-SiC 的电学性质最为优良. 还发现有菱面体结构的 SiC（如 15R、21R）存在，它们也属于六方纤锌矿结构. 在所有已发现的多型中，能稳定存在的只有 3C、4H、6H 和 15R. 不同 SiC 多型体在 Si-C 双层密排面的晶格排列完全相同，它们有相同的化学性质，但是在物理性质，特别是在半导体特性方面表现出各自的特性．利用 SiC 的这一特点可以制作 SiC 不同多型体间晶格完全匹配的异质复合结构和超晶格，从而获得性能极佳的器件．

## 26.12.3　SiC 单晶制备进展

这么多年来 SiC 的应用滞后于硅、砷化镓和氮化镓等常用半导体，与其晶体制备的难度较大有关．由于 SiC 即便在 2 000℃以上也不会变成熔体，却在 2 400℃左右直接升华为气体，因而不能像锗、硅和砷化镓那样用籽晶从熔体中生长，也不能用区熔法进行提纯，只能用升华法直接从 SiC 蒸汽中生长块状晶体．

SiC 又称金刚砂，在自然界中并不大量存在，最初的 SiC 只是出现在陨石中，因此被人们称之为“天外来客”．不同于 Si 材料，SiC 材料一般不用熔体提拉法进行单晶材料的制备，这主要是因为在现有实验条件所能达到的压力条件下，SiC 没有熔点，而只是在 1 800℃以上时升华为气态．其次，在目前实验条件所能达到的温度条件下，C 在 Si 熔体中的溶解度也非常小，因而熔融生长法不能用于 SiC 单晶的生长．它的第一次合成纯属偶然，1824 年，瑞典科学家 J. Jacob Berzelius 在试图制备金刚石时意外发现了这种新的化合物．由于其原子间的结合能很大，一开始人们还以为它是一种元素．1885 年，Acheson 用电弧熔炼法生长出 SiC[16]，但用这种方法形成的 SiC 质量较差，达不到大规模生产 SiC 器件所需 SiC 单晶的质量要求．

1955 年菲力浦研究室的 Lely 首先在实验室用升华法制备了杂质数量和种类可控的、具有足够尺寸的 SiC 单晶．[24] 设计一个空腹的圆筒，将工业级纯度的 SiC 块放入碳坩埚中，加热到 2 500℃，SiC 发生明显的分解与升华，产生 Si 和 SiC 的蒸汽，在高温炉内形成的温度梯度作用下向低温方向传输并凝聚在较低温度处，形成 SiC 晶体．此过程是一个“升华-凝聚”的过程，生长的驱动力是温度梯度．若此过程在保护性气体（如氩气）中进行，使用高纯 SiC 作原料，那么 SiC 晶体的杂质含量可控制在 $10^{18}\sim10^{19}\,\mathrm{cm}^{-3}$ 以下．

图 26-53 示出了 SiC 各种多型体与加热温度之间的关系．可看出 6H-SiC 始终占支配地位，特别在 2 923K 的高温．在较低温度下 15R 和 4H 的可能性较大，相对于 15R SiC，4H-SiC 出现在更低的温度范围．3C-SiC 是一种可在很大温度范围内出现的晶体．

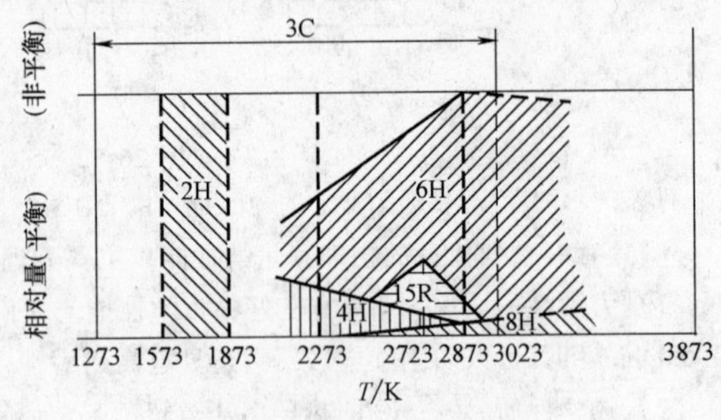

图 26-53　SiC 多型体与加热温度的关系

基于“升华-凝聚”原理的 Lely 方法实现了在 2 500℃氩气中生长 SiC 单晶小片．但这种方法的缺点是温度过高，难以对晶体生长过程中所要求的成核过程进行有效地控制[25]，晶体的生长效率低，物理电参数分散，结晶小片的尺寸相当小（3 ~ 5mm）．因此造成晶体生长的高成本而且难以提供制作半导体器件所需数量和质量的 SiC 单晶片．

从 20 世纪 70 年代中期开始，人们对升华法制备 SiC 单晶材料又有了新的突破，提出了改良的 Lely 法．[26-27] 该方法最重要的特征是添加了 SiC 籽晶使得成核过程变得可以控制．对真空和不同气体介质中 SiC 蒸汽质量传输过程的深入研究表明，在约 1 800℃下，制备大体积单晶 SiC 是可以实现的．在这种尝试中，Tairov 和 Tsvetkov 曾采用（0001）晶面或与（0001）晶面有一定偏角的籽晶，生长温度降到了 1 800℃，真空度约 $10^{-3}\sim10^{-4}$ mbar（$1\mathrm{bar}=10^5\mathrm{Pa}$），生长速率与气体介质的成分和压力有关，与原始的 Lely 法相比，可以达到较快的生长速率（1 ~ 10mm/h）．采用确定多型体结构的籽晶可以可靠地生长出所希望晶型的 SiC 单晶．大体积 SiC 单晶生长的基本过程是：原料的分解升华、质量传输和在籽晶上的结晶．晶体生长过程中的三个重要参数是生长温度、温度梯度和反应室内的应力．生长晶体的多型结构主要由生长温度与籽晶的多型及晶向决定；温度梯度和气体压力控制输运过程，因此也就控制着生长速率．图 26-54 是一种生长 SiC 单晶的双壁坩埚型装置，在这种装置中，作为 SiC 升华源的 SiC 粉置于筒状双壁坩埚的夹层之中．在约 1 900℃的高温状态下，SiC 蒸汽先经过坩埚内层的高纯微孔石墨薄壁过滤掉杂质，然后再向温度较低的晶体生长区扩散．

2004 年，日本丰田中央研究实验室的 Nakamura 等人[28] 在《自然》杂志中声称，他们找到了锻制碳化硅晶体的新方法，使碳化硅晶片成本低、用途广、性能更可靠. 改良的 Lely 法采用“C 面生长法”来生长 SiC 单晶，即采用（0001）晶面或与（0001）晶面有一定偏角的籽晶. 该方法制备的 SiC 单晶大量继承了籽晶的缺陷. 而 Nakamura 等人创造性地提出了“重复 $a$ 面生长法（RAF）”，该生长方法的示意图如图 26-55 所示.

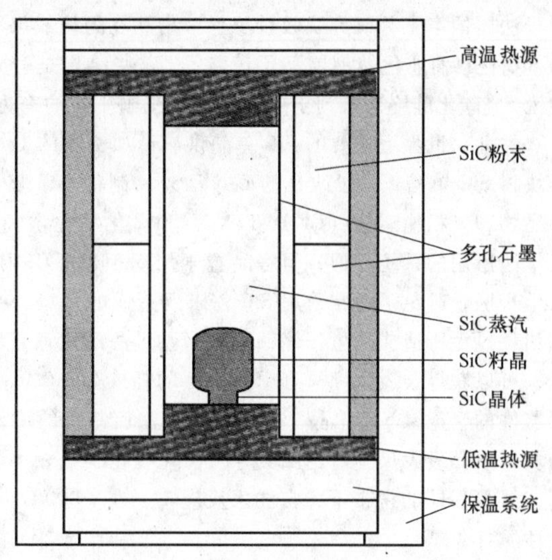


图 26-54　一种生长 SiC 单晶的装置示意图

把 $\{11\bar{2}0\}$ 和 $\{1\bar{1}00\}$ 称为 $a$ 面，把 $<11\bar{2}0>$ 和 $<1\bar{1}00>$ 称为 $a$ 轴. 步骤 1：沿着生长方向，获得继承了籽晶的具有高密度位错的晶体. 步骤 2：由于大多数位错以垂直于第一次 $a$ 面生长方向的方式存在，获得的晶体其表面的位错数量大幅度减少. 因此，第二次 $a$ 面生长继承了少量的位错. 步骤 3：由于堆垛层错只在垂直于 $c$ 轴的方向被继承，通过 C 面生长消除在前述生长过程中产生的堆垛层错. 他们的研究表明，用该方法生长的 SiC 单晶比常规方法生长的 SiC 单晶质量大幅度改善，表面腐蚀坑密度大幅度降低. 用该材料制备的 PiN 管可靠性得到大幅度的提高. 该研究组还经过对坩埚结构、生长条件和籽晶位置等的优化，获得了缺陷密度较传统方法降低 2 ~ 3 个数量级的 1.5 ~ 3 英寸的 SiC 单晶.

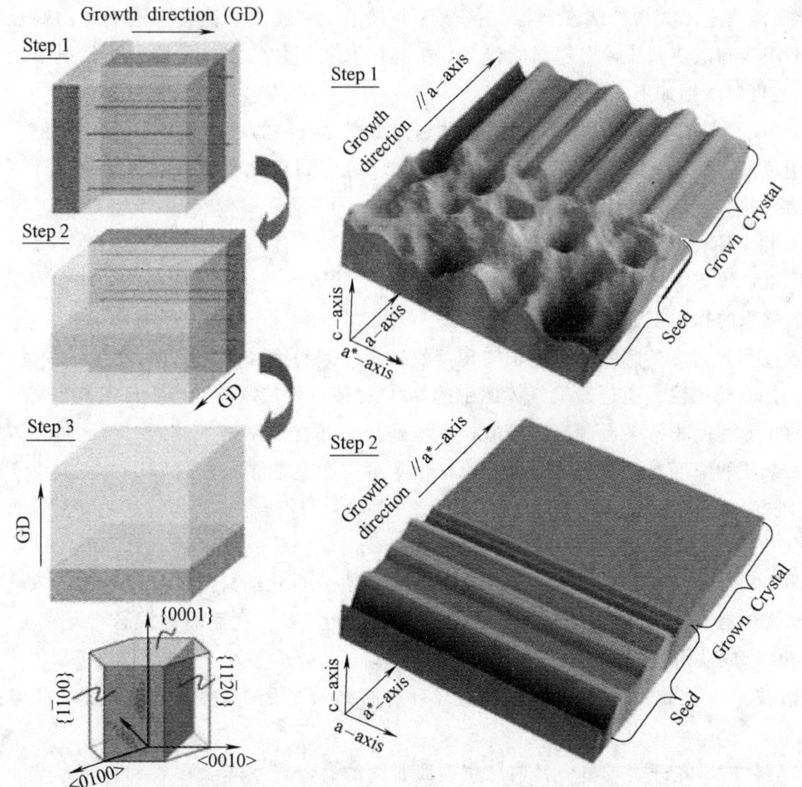


图 26-55　重复 $a$ 面生长法（RAF）示意图

法国国家工艺研究院教授罗兰·梅达在为该成果[29]作评时指出，这项研究成果为困扰了工程界数十年的 SiC 材料商业化转型铺平了道路．“这些结果是引人注目的，它的工艺是材料科学界的一项重大革新”，他说，“碳化硅终于成为了硅在半导体王国王位的有力竞争者”．

目前，世界上主要的 SiC 单晶供应商如美国的 Cree 公司、日本的 Sixon 公司都采用改良的 Lely 法来生长块材 SiC 单晶．除了改良的 Lely 法外，制备 SiC 块材单晶还有高温化学气相沉积（HTCVD）法[30]、连续种晶物理气相输运法（CF-PVT）[31-32]和卤化物化学气相沉积法（HCVD）．[33] HTCVD 法采用的生长系统与升华法所用的系统相似，但籽晶置于坩埚顶部．CF-PVT 法采用高纯硅和高纯碳（如多孔石墨盘）直接注入生长区，避免了通常采用 SiC 粉末所造成的污染，并且生长过程中原材料可以连续供应，避免了 SiC 粉末消耗过大所造成的生长停顿．这两种方法的优点是增加了原材料的纯度而使得块材单晶的电导率显著降低，可以获得杂质浓度只有 $10^{15}cm^{-3}$ 的轻掺杂 SiC 单晶，也可以利用杂质补偿来生长用于大功率器件和射频器件的半绝缘 SiC 单晶．但这两种方法所制备的块材单晶最大直径只有两英寸，而用改良的 Lely 法制备的块材单晶最大尺寸可达四英寸．卤化物化学气相沉积采用 $SiCl_4$ 和 $C_3H_8$ 作为 Si 源和 C 源，这两种原料分别在 Ar 和 $H_2$ 的携带下各自注入反应室，在 2 000℃生长．该方法生长速率高，获得的单晶电子陷阱少，电学性质好．

### 26.12.4 主要 SiC 器件

SiC 的优异性能决定了其器件能在高温、抗辐射条件下工作；具有高频、高速、耐高压和大功率工作性能；减少或不用冷却散热系统．[34] 超高质量 SiC 单晶的获得，加快了 SiC 在下一代电子装置中应用的步伐．SiC 器件工艺可以概括如下：

（1）氧化：SiC 能被氧化生成 $SiO_2$，因此器件制作可以与成熟的硅器件平面工艺相兼容．SiC 的氧化工艺有热氧化（干氧和湿氧）、阳极氧化和离子注入氧化．考虑到氧化膜质量和氧化速率，通常采用干氧＋湿氧＋干氧相结合的方式．[35]

（2）光刻：除了用化学刻蚀和热刻蚀使 SiC 微剖面成形外，还可用反应离子刻蚀[36]（RIE）和微波电子回旋共振（ECR）等离子体刻蚀[37]，后者产生的等离子体活性高，密度大，能量小，对晶片表面造成的损伤小．离子刻蚀后的损伤可通过退火消除．

（3）掺杂：①可通过 SiC 薄膜外延生长实现竞位外延．即利用 N 原子占据 SiC 晶格中的 C 位置，Al 原子占据 SiC 晶格中的 Si 位置，通过改变气体源中的 Si/C 比来有效控制杂质进入．②SiC 材料化学稳定性高，常用掺杂元素的扩散速度非常缓慢，高温扩散技术不适用，通常使用离子注入．可通过注入剂量和离子能量精确控制掺入杂质的浓度、分布和注入深度．B 和 N 可以在室温注入，Al 和 P 要在高温下采用 Al＋C 和 N＋P 共注入实现，单一的注入 Al 或 P 效果不好[38]，注入后形成的晶格损伤可通过高温退火消除．

（4）金属化：①SiC 的禁带宽，多数金属膜和 SiC 形成肖特基整流接触，为了形成欧姆接触，要产生非常高掺杂的 SiC 表面层，或者通过金属-半导体接触的高温合金化退火．②可以通过 Al-Ti 合金在 p 型 SiC 外延层上形成欧姆接触[39]；通过 Ti、Ni、Ag 合金蒸发在 n 型 SiC 上，而后高温合金化形成欧姆接触，TiC 也可以与 n 型 SiC 形成欧姆接触．[40]

（5）绝缘边技术与钝化：有场板技术、绝缘环、结终端扩展等．用作介质和保护层的还有 $Si_3N_4$、AlN、$Al_2O_3$ 等．

国际上 SiC 器件的研究开展较早，目前已实现商业化的有蓝光发光二极管和肖特基势垒二极管．蓝光二极管是利用 6H-SiC 同时含有施主杂质 N 和受主杂质 Al 时，与这两种杂质有关的施主-受主对复合蓝色发光，其发光带的峰值波长约为 470nm．肖特基势垒二极管（SBD）因为没有少数载流子的储存，没有反向恢复电流，因此开关速度快，开关损耗小．SiC 与许多金属（如 Ni、Au 和 Ti 等）都可形成势垒高度 1eV 以上的肖特基势垒接触，比硅与金属的肖特基势垒接触高度大，从而反向漏电流较小，阻断电压较高．此外，SiC SBD 因 SiC 材料具有很高的击穿电场，外延层可以非常薄，掺杂浓度大，使得 SiC SBD 的导通电阻较小，功耗较低．于是 SiC SBD 自 20 世纪 90 年代以来就成为人们开发电力电子器件关注的对象．1992 年，美国北卡大学功率半导体研究中心首次报道了他们研制成功的阻断电压达400V 的 6H-SiC SBD.[41] 2001 年，SiC SBD 开始实现商业化，目前阻断电压高达 1.2kV 的 SiC SBD 已经由 Cree 公司投向市场.[38]

可作为功率整流器件的除 SiC SBD 外还有 SiC PiN 二极管和 SiC 结型势垒肖特基二极管（JBS）. SiC PiN 二极管是一种可以实现高阻断电压、高功率的双极器件. 该器件通常做成台面型，以实现高反压，它在降低开关损耗方面远不如 SiC SBD，但在承受高反压方面远非 SiC SBD 所能企及. Cree 公司已做出采用结终端技术的反向阻断电压达 20kV 的 SiC PiN 二极管，其工艺如下：先在微管密度为 3.5cm$^{-2}$的 n 型 4H-SiC 衬底上外延低掺杂浓度（$2\times10^{14}$cm$^{-3}$）200μm 厚的 4H-SiC 外延层，接着采用 Al 离子注入的方法在这层厚膜上形成掺杂浓度为 $5\times10^{18}$cm$^{-3}$的 p 型区以形成 PiN 结构. 该器件在电流密度达 100A/cm$^2$ 时的正向压降为 6.3V. 大功率、高反压 SiC PiN 二极管通常在运行一段时间后会出现正向压降增大等退化现象，造成这种现象的原因是器件运行时外延薄膜中结构缺陷的延伸. 这些缺陷成为复合中心而降低少数载流子的寿命. Cree 公司的研究人员宣称已经找到了解决方案，但是他们没有对外透露. 最近，Cree 公司研制成功了超高功率（10kV、50A）正向压降为 3.75V 的 SiC PiN 二极管.[43]

SiC JBS 是一种兼有 SiC SBD 和 SiC PiN 二极管两种优势的器件.[44] 对这种结构（图 26-56）来说，与材料禁带宽度有关的 pn 结势垒高度和由金属半导体功函数差决定的肖特基势垒高度差别较大. 当 JBS 器件正向偏置时，肖特基势垒区可因势垒低而首先进入导通状态，成为器件的主导，而 pn 结则因开启电压较高而基本不起作用；在反向偏置时，pn 结正好可以发挥其高势垒的作用，在高反压下以迅速扩展的耗尽区为肖特基势垒屏蔽强电场，从而使反向漏电流大幅下降.

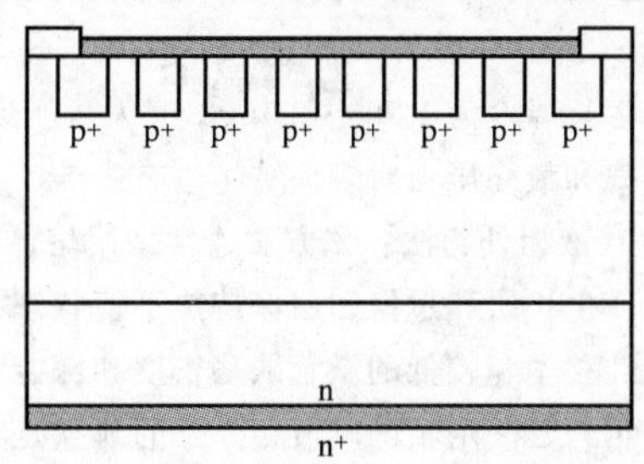

图 26-56　带终端设计的 JBS 结构

SiC 开关器件包括单极晶体管（MOSFET 和 JFET）和双极晶体管（BJT）. 由于 MOS 功耗小，并且易于缩小器件尺寸，目前研究较多的是 SiC MOSFET. 从 1992 年开始研制这种器件起，在起初的三、四年间，其阻断电压基本上是每 13 个月翻一番，随后则几乎每半年就翻一番. 由于 SiC-SiO$_2$ 的界面态密度高，加上器件工艺中离子注入后的高温退火或反应离子刻蚀增加了 SiC 表面的粗糙度，使得 SiC 反型层的电子迁移率较体材料大幅降低. 通过一种被称为 ACCUFET（埋沟 MOSFET）的如图 26-57 所示的结构设计[45]，使沟道载流子和 SiC-SiO$_2$ 界面态分开，可以实现沟道迁移率的改善. 此外通过选择特定的晶面（如 SiC（1120））或氮氧化物退火技术来降低界面态密度，目前已在外延 p 型 SiC（1120）上制备埋沟型 MOS 器件，其峰值场效应迁移率为 216cm$^2$/（V·s）[46]，在 SiC（0001）上峰值场效应迁移率也已达到 140cm$^2$/(V·s).[47]

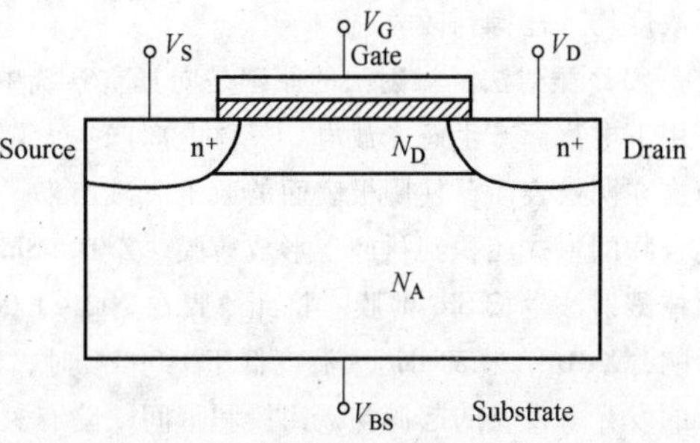

图 26-57　埋沟 MOSFET 示意图

除此以外，半绝缘体 SiC 电子器件，如 RF 微波晶体管也被国外主要 SiC 器件制造商所关注. SiC MESFET 的基本器件结构和 SiC MOSFET 有所不同，栅极采用金属与半导体形成的肖特基接触来取代 MOSFET 中的金属与 SiO$_2$ 形成的接触. 由于没有 SiC-SiO$_2$ 界面，沟道载流子的迁移率较高，因而可做微波器件使用. SiC MESFET 为横向导电机构，线形度高，频带宽，增益高，特别适合于功率较小的单片微波集成电源. SiC MESFET 的栅长短则频率高，沟道掺杂浓度高则栅电容和栅电阻小. Cree 公司 SiC MESFET 由直径 75mm 的高纯度半绝缘 4H-SiC 衬底制成，采用外延工艺，以获得与衬底材料的匹配，样管的工作电压 50V，工作频率为 2GHz，输出功率 10W，整个晶圆上的芯片具有很好的均匀性.

除了上述的分立器件外，国外对 SiC 集成电路也有所研究. SiC 集成电路的研究目标是获得高温数字电路，用于智能功率 ICs 的控制电路．美国普渡大学曾研制出基于反型沟道 6H-SiC NMOSFETs 单片数字集成电路，包括与非门、或非门、同或门和半加器电路．在较宽的范围内可正常工作．

美国阿肯色州立大学的技术人员从美国政府得到了 100 万美元，以协助设立一个研发 SiC 芯片的技术中心来升级美国的供电电网．SiC 芯片对电涌的反应比机电器件更快，而且可以承受更高电压，可在高温下工作，因此被看做是电网问题的解决方法之一．Cree 公司得到了价值为 1 210 万美元的成本加固定费用合同，以开发基于 SiC 的高电压开关器件，用以优化电力分配系统，使主要电网的效率更高、切换更快，特别是远距离线路．

## 26.12.5 SiC 薄膜制备

SiC 器件制作主要在 SiC 单晶衬底支撑的 SiC 薄膜上进行．人们不直接在 SiC 单晶片上制作 SiC 器件的原因，一方面是晶片的生长温度较高导致杂质含量较高，非故意掺杂较为严重，相对于薄膜其电学性能不够好，难以达到器件制作的要求；另一方面是扩散掺杂对 SiC 要求的温度太高，难度太大，对 SiC 的掺杂以离子注入法为宜，而直接对 SiC 晶片进行离子注入掺杂的效果远不如在外延片上取得的效果好．SiC 薄膜的制备方法主要有：升华法、液相外延法、溅射法、脉冲激光沉积、分子束外延和化学气相沉积等．

（1）升华法：升华法通常使用固态源，生长速率很高（400μm/h），远超过其他方法的生长速率，但生长的薄膜均匀性不好并且尺寸较小．S. H. Seo 等人[48]采用 6H-SiC 衬底升华外延生长 SiC 薄膜，研究了初始阶段的成核和生长行为，表明衬底表面的成核和台阶流动依赖于生长温度、生长压力和表面极性．在 6H-SiC Si 面观察到了台阶流动结构；在 6H-SiC C 面，生长温度为 1 600℃ 时观察到了二维岛状扩展成核和共聚；生长温度为 1 700 ~ 2 100℃ 时发生了明显的非均匀台阶流动行为，但比 Si 面上所长的薄膜表面光滑．升温速率和最终压力对表面结构也有影响．

（2）液相外延法：该方法通常使用熔体硅作为溶剂，以碳作为溶质，形成 SiC 的过饱和溶液．在生长过程中，生长层和过饱和层保持热平衡状态，用液相外延法生长的 SiC 单晶薄膜质量好，具有较高的载流子霍尔迁移率和较低的微管缺陷密度和深能级密度，具有较好的光学性能，早期的 SiC 蓝光二极管材料就是用液相外延法生长的．液相外延的缺点是不容易实现大批量生产，掺杂较为困难．O. Filip 等人[49]使用 6H-SiC（$01\bar{1}5$）面作为衬底，在稀释的 Si 基熔体中液相外延生长 6H-SiC 薄膜．研究表明薄膜以台阶流动方式生长，并且薄膜表面光洁如镜．使用水平浸渍的方法，6H-SiC（$01\bar{1}5$）Si 面上薄膜的生长速率达到了 0.2μm/h，薄膜表面 rms 粗糙度为 10nm，和衬底相当．然而，6H-SiC（$01\bar{1}5$）C 面显示了完全不同的表面形貌．虽然生长速率达到 1μm/h，但岛状粗糙的表面表明形成了台阶束．T. Ujihara[50]等人研究发现，在 SiC 衬底上液相外延 SiC 薄膜可以覆盖诸如微管在内的大尺寸缺陷，改善了结晶质量．在生长之前，堆垛层错密度高，大尺寸缺陷附近的载流子浓度分布不均．而在生长之后，堆垛层错密度小于生长之前并且载流子浓度均一性得到改善．

（3）溅射法：溅射法的原理是向真空系统中充入少量所需要的气体（Ar、$N_2$ 等）．气体分子在强电场作用下电离而产生辉光放电．气体电离产生大量带正电荷的离子受电场加速而形成高能量的离子流，它们撞击在阴极表面，使阴极表面的原子飞溅出来，以自由原子形式或以反应性气体分子与剩余气体分子形成化合物的形式淀积到衬底上形成薄膜．Z. D. Sha 等人[51]使用单晶 SiC 为靶材，在单晶 Si 衬底上利用射频磁控溅射法生长 SiC 薄膜．将此薄膜在 700 ~ 1 000℃ 氮气氛中退火处理，退火温度对薄膜结晶质量有较大影响，XRD 结果表明退火温度低于 1 000℃ 时，薄膜呈非晶形态．室温下的光致发光谱表明薄膜具有可见区的发光，发光的起源与碳团簇和带间缺陷有关．Y. Sun 等人[52]使用 KOH 腐蚀的带有曲面的 Si 为衬底，Si 靶和 C 靶为靶材，在 1 000 ~ 1 100℃ 使用氢等离子共溅射方法制备 SiC 薄膜．低于 1 075℃ 时，在 Si/SiC 界面处没有观察到孔洞．这与 Si 曲面上 Si-C 键较小的形成能有关．

（4）脉冲激光沉积法：将准分子激光器产生的强脉冲激光束聚焦在靶材表面，通过靶材吸收激光束的能量，使其温度迅速升高到蒸发温度以上，形成局域化的高浓度等离子体．该等离子体继续与激光束作用并吸收激光束的能量，产生进一步电离形成高温高压等离子体．高温高压等离子体经历一个绝热膨胀发射的过程迅速冷却，到达靶对面的衬底后即在其上沉积成膜．H. Muto 等人[53] 使用 α-SiC 作为靶材，利用 PLD 技术在 Si（111）和 $Al_2O_3$（0001）上外延了 α-SiC 薄膜，该薄膜的多型由 RHEED 确认．衬底的加热温度为 1 200 ~ 1 300℃，低于 β-SiC 向 α-SiC 的转变温度（1 600℃）．它们摸索出的最佳生长条件为：激光能量 40 ~ 50mJ/pulse；靶材能量密度 0.5 ~ 1J/（$cm^2$ · pulse）；脉冲频率 1 ~ 2Hz；背景真空 $2\times10^{-7}$Pa.

（5）分子束外延法：该方法是在超高真空（$10^{-8}$Pa）条件下，精确控制蒸发源给出的中性分子束流的强度，在基片上外延成膜的技术．生长温度低，生长速率慢，外延薄膜质量好．一般的分子束外延系统都配有如反射高能电子衍射（RHEED）之类的装置，为研究材料的具体生长细节提供了条件．但分子束外延设备也存在一些缺陷，如受反应源的限制，无法制备所有材料；生长速率太慢，不适合工业化生产等．M. Diani 等人[54] 在 3 × 3 重构的 Si 面 6H-SiC 衬底上重复周期性地沉积 Si，而后通入乙烯碳化接着 900℃退火以形成 3C-SiC．透射电子衍射表明形成的 16nm 厚的外延层是单晶 3C-SiC．在低温 MBE 生长 SiC 薄膜的过程中，C 比 Si 在衬底表面具有长的寿命，因此最佳生长条件应该是硅碳比（Si/C）稍大于 1.

（6）化学气相沉积法：SiC 薄膜的生长方法较多，其中最成熟和成功的是化学气相沉积（CVD）法．化学气相沉积是借助空间气相化学反应在衬底表面沉积固态薄膜的工艺技术．化学气相沉积的源物质可以是气态的也可以是固态或液态的．利用化学气相沉积法可以控制薄膜的组分及合成新的结构，可用来制备半导体、金属和绝缘体等各种薄膜．CVD 设备有多种类型，根据反应室的形状，可分为水平式和立式；根据生长时的气压分为常压和低压；根据生长时反应室的冷却状态，分为热壁和冷壁，常见的 CVD 反应室示意图见图 26-58．近年来，由于半导体集成电路的发展和生产的需要，CVD 技术得到了更迅速和更广泛的发展．目前，SiC 功率器件所需 SiC 薄膜基本都是用化学气相沉积方法制备的．化学气相沉积之所以广受青睐，是因为该技术有着独特的优势，主要体现在：①它是一种气相反应，可通过精确控制各种气体的流量来精确控制薄膜的厚度、组分和导电类型．②可制备大面积、高均匀性的外延膜，适合于批量生产．③灵活的气体源路控制技术使生长过程易于控制，降低随机因素，增加工艺重复性．

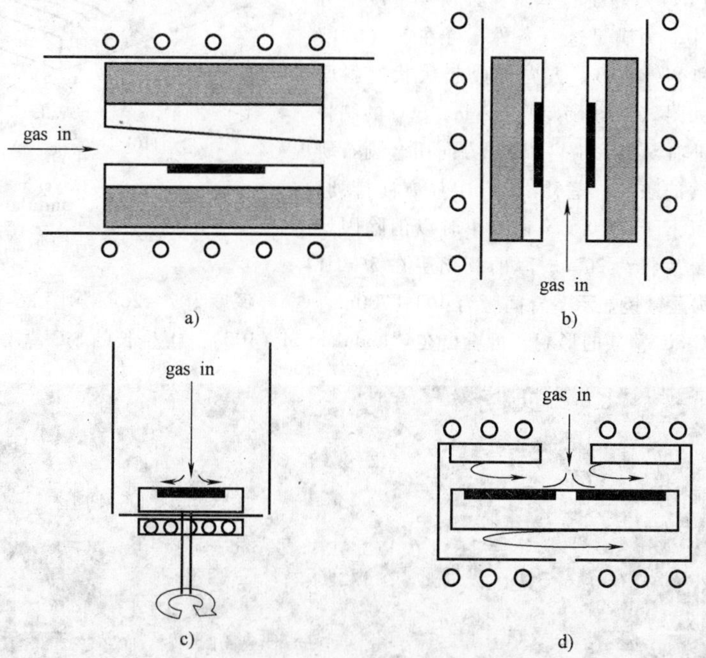


图 26-58　常见 CVD 反应室示意图

a）水平热壁　b）烟囱热壁　c）垂直冷壁　d）行星式热壁

20 世纪 80 年代初，Nishino 等人[55] 使用水平冷壁石英管在 Si 衬底上获得单晶 3C-SiC 薄膜，使用的源气

是 $SiH_4$ 和 $C_3H_8$，$H_2$ 为载气．后来为了降低温度，人们使用既含 Si 又含 C 的物质（如 $C_3H_3SiCl_3$ 等）作为生长 SiC 的原料．Bahng 等人[56]使用了无毒、非易燃的有机物 $C_7H_{20}Si_2$ 作为反应源，使用射频加热在 Si（100）衬底上于 1 100～1 350℃之间沉积 3C-SiC 薄膜．当不使用缓冲层时，所沉积的 SiC 薄膜在 XRD 图上显示为自由取向，随着沉积温度的增加，SiC（111）衍射峰逐渐增强，表明薄膜具有择优取向．如果 Si 衬底先和碳氢化物反应生成一层缓冲层，而后再通入 $C_7H_{20}Si_2$，则可以在温度只有 1 100℃时就可以生长出单晶 SiC 薄膜．虽然透射电镜的结果表明该缓冲层是具有良好取向的多晶结构，多数晶粒和衬底具有外延关系，少数晶粒自由取向，但它还是有益于 SiC 薄膜的异质外延．反射高能电子衍射的结果表明随着生长温度的升高，衍射斑点条纹化，意味着薄膜表面变得平整．透射电子衍射表明该 SiC 薄膜具有孪晶、层错和反向畴界．

Si 衬底上外延 SiC 薄膜除了使用 SiC 缓冲层外，近年来人们还尝试使用 BP 缓冲层[57]与 $SiN_x$ 缓冲层[58]来缓解因 SiC（$a=0.436$nm）与 Si（$a=0.543$nm）之间较大的晶格失配（20%）所造成的应力．BP（$a=0.454$nm）是一种立方结构的Ⅲ-Ⅴ族化合物半导体，用它作缓冲层比直接在 Si 上外延 3C-SiC 晶格失配小．然而，在无磷气氛下，BP 在 900℃就容易分解．为了解决这一问题，在 BP 表面先生长一层 Si 薄膜，接着对此 Si 膜进行碳化，而后再外延生长 SiC 薄膜．XRD 结果表明有 BP 缓冲层的 SiC 薄膜其结晶质量大幅改善．并且研究还发现 SiC 薄膜的表面粗糙度随缓冲层 BP 的表面粗糙度增加而增加．C. K. Kwang 等人[58]在 Si（111）衬底表面先沉积一层 $SiN_x$ 薄膜，而后再沉积 SiC 薄膜．和没有 $SiN_x$ 过渡层的 SiC 薄膜相比，Si/SiC 界面的孔洞消失，SiC 薄膜的结晶质量改善．

为了降低正轴 Si 衬底上外延 SiC 薄膜的反相边界密度，人们使用了偏角 Si 衬底（如 Si（100）朝 <110> 方向偏 2°或 4°）以增加沿某一方向畴的扩展．[59]2002 年，日本的 H. Nagasawa[60]等人发明了一种消除 Si 衬底上异质外延 3C-SiC 薄膜面内缺陷的新方法，该方法不仅能消除反相边界，而且能有效地消除孪晶．通常孪晶界平行于｛111｝晶面族，为了有效地消除它，平行于（111）或者（$\bar{1}\bar{1}1$）晶面的孪晶界必须等密度地分散于 3C-SiC 外延层中．为满足这一条件，可在 Si（001）表面以 Si［110］和 Si［$\bar{1}\,\bar{1}0$］方向形成起伏状的斜面（“undulant Si”），如图 26-59 所示．“undulant Si”的制备工艺如下：首先将正轴 Si 衬底沿［$\bar{1}10$］方向用金刚石研磨膏研磨以形成连续的条纹，垄脊沿［$\bar{1}10$］方向排列；接着将其在干氧气氛下于 1100℃氧化 5 小时以消除因研磨所引起的缺陷；最后将约 200nm 厚的氧化层在 5% HF 溶液中去除．原子力显微镜显示垄脊间距为 400～700nm，垄脊深度为 7～26nm．图 26-60 为取向有差异的 Si（100）衬底上 3C-SiC 薄膜的形貌，可看出在“undulant Si（100）”上生长的 SiC 薄膜表面光滑．

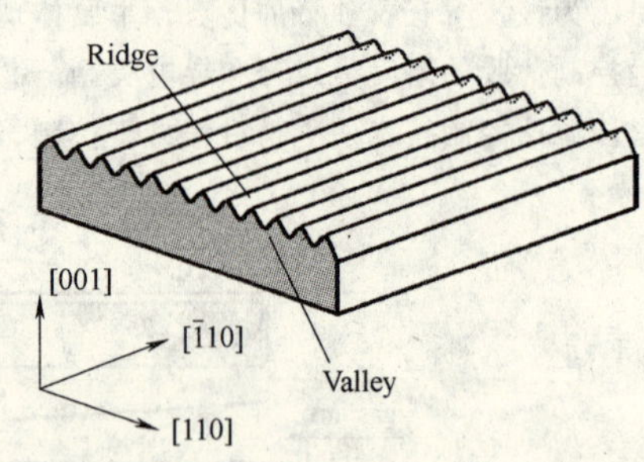


图 26-59　“undulant Si”的表面结构示意图

图 26-60　不同衬底上 3C-SiC 薄膜的形貌

a）正轴 Si（100）　b）条纹状 Si（100）

Y. chen 等人[61]使用常压化学气相沉积装置，在碳化的 Si（100）衬底上于 1 350℃高温下通入 HMDS（$Si_2(CH_3)_6$）生长 SiC 薄膜，研究了不同厚度 SiC 薄膜的低温（11K）发光性质，如图 26-61 所示. 由图可以看出，当薄膜厚度为 9.1μm 时，存在氮束缚激子零声子线 $N_0$ 及其一级、二级声子伴线和施主-受主对复合发光峰 $B_0$ 及其声子伴线. 不同厚度的 SiC 均可以看出有 $D_1$ 峰，它起源于双空位相关的中心，这和 J. A. Powell 等人[62]的结果相一致. 此外，不同厚度的 SiC 薄膜中均可看到位于 2.15eV 附近由位错引起的宽峰（W 带）. W 带和氮束缚激子的二级声子线重合，在薄膜厚度为 3.6μm 和 4.3μm 时它比氮束缚激子的声子伴线宽，强度弱. 当薄膜厚度为 9.1μm 时，氮束缚激子的声子伴线强于 W 带. 由此可以推断随着薄膜厚度的增加，薄膜中的应力减小，W 带的强度减弱，束缚激子的发光增强. 这与随着厚度的增加，SiC 薄膜的结晶性得到改善有关.

较之常压化学气相沉积（APCVD），虽然低压化学气相沉积（LPCVD）的生长速率较低，薄膜表面形貌却要平整得多.[63] J. D. Huang[64]等人利用低压快速加热化学气相沉积装置，使用 $SiH_4$、$C_3H_8$ 和 $H_2$，在 Si（100）衬底上外延单晶 SiC 薄膜并研究其电学性质. 他们得出的 SiC 薄膜，其室温电子浓度为（1～4）×$10^{17}$/$cm^3$，室温最大电子迁移率为 254$cm^2$/（V·s）. 较高的电子迁移率和使用的快速加热装置有关，该装置使用高能密度的红外灯作加热源，加热速率能达到 40℃/s，而且冷却速度也很快. SiC 薄膜在稳定的高温状态下生长，减轻了来自基座和反应室内壁的污染和未知反应，大大降低了自掺杂效应，从而电子迁移率较高.

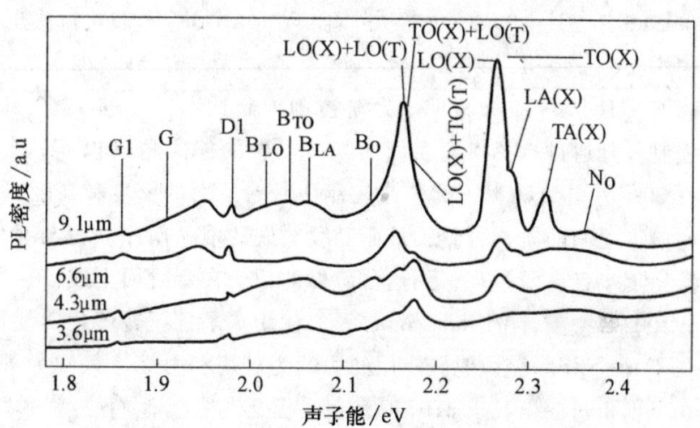


图 26-61　不同厚度 SiC 薄膜 11K 的低温发光谱

2009 年 Li Wang[65]等人采用低温低压化学气相沉积法制备了非晶 SiC，发现通入三甲基 Al，可以诱导无定型 SiC 的原位晶化，选区电子衍射图像（SAED）和高分辨率透射电子显微镜图像（HRTEM）都证实了该实验结果. 最近的报道表明，用改良的四步法：清洗衬底 + 碳化 + 扩散 + 外延生长，生长 Si（100）基 SiC 薄膜，不但可以缩短生长周期近一半左右，还有助于提高结晶质量. 图 26-62 为生长工艺流程图[66]：

这种新方法的主要特点是在传统的碳化过程后加上扩散步骤，而且取消了每一步之间的冷却过程（将炉内高温降到室温左右的过程，要花费大量的时间），这样就将生长时间缩短为原来的一半左右. 加入扩散过程后，薄膜的表面形貌、结晶质量、霍尔迁移率及载流子浓度都有所提高. 碳化过程中，较高的丙烷流速使界面处坑洞缺陷密度也大大减小. 扩散过程使大多数残留的 C-C 键转化为 Si-C 键，这就提高了薄膜的质量.

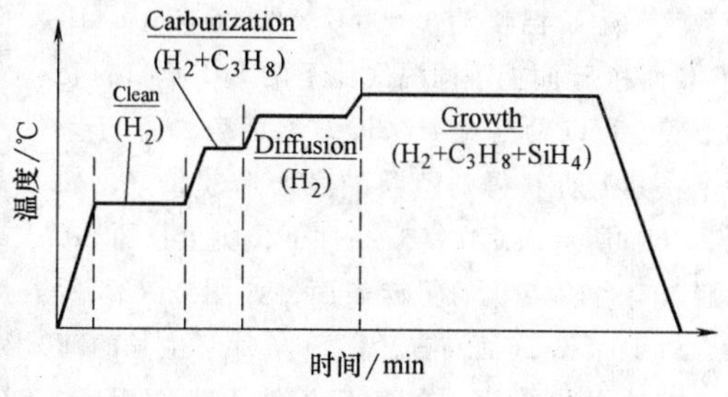


图 26-62　四步法 Si（100）基 SiC 薄膜生长工艺流程图

异质外延 3C-SiC 薄膜在非故意掺杂状态下为 n 型，原因可能是载气氢气中含有 N 组分，其掺杂浓度与氮气的流速、C/Si、生长速率、反应室压强和生长温度等因素有关，M. Zielinski 等研究发现，N 的掺杂浓度与氮气的流速和反应室压强成正比，与 C/Si 比和生长速率成反比. 而且因氮的解吸附作用，其掺杂浓度随生长温度的提高而增大. N 与 C 进行位置竞争而成为替代原子的角色也被傅里叶变换红外线反射光谱确定. 他们提出可以通过增大反应室中 C 组分来有效降低非故意掺杂浓度.

满足制造电力电子器件要求的高质量 SiC 薄膜还是来自同质外延. 目前受关注的主要是 4H 和 6H-SiC

薄膜的同质外延，所用方法依然是以 CVD 法为主．用 CVD 法在 SiC 衬底上同质外延 SiC 薄膜早在 20 世纪 70 年代就已经开始．[67]现在常用的偏晶轴技术（也叫台阶控制技术）可以把外延生长所需衬底温度降低．其主要原因是：将衬底表面磨偏一个小角度，等于将原本由一个完整原子层构成的衬底表面变成了一个由若干原子层的阶梯式重叠构成的台阶形表面．在晶体的外延生长中，这些台阶起着保持外延层严格按衬底的晶格结构生长而不会向 3C-SiC 的立方结构转变的“模板”作用．外延层沿垂直于衬底表面的方向生长，实际上是这些台阶横向生长的结果．进一步的研究表明，衬底表面的偏斜方向也有讲究．朝［$11\bar{2}0$］而非［$1\bar{1}00$］偏斜方能使外延层表面的形貌最好．与 6H-SiC 相比，4H-SiC 的电学性质更加优良，但 4H-SiC 薄膜的制备也相对较难，以偏晶轴为例，6H-SiC 在偏 4°外延时就能获得比较高质量的薄膜，而 4H-SiC 需要偏角达 8°.

1986 年，H. S. Kong 等人[68]实现了 6H-SiC 无偏角衬底上 3C-SiC 薄膜的外延，但双位边界密度较大，后来 J. A. Powell[69]和 Z. Y. Xie[70]通过无偏角 6H-SiC 衬底适当的表面处理，降低了双位边界的密度．1988 年，H. S. Kong 发明了台阶控制外延技术[71]，实现了 6H-SiC 有偏角衬底上 6H-SiC 薄膜的外延，台阶控制外延通过选择衬底表面向某一晶轴的偏离角（以 6H-SiC 为例，衬底表面为（0001）面，切割时朝 $<11\bar{2}0>$ 方向倾斜 3°～8°）来控制生长台阶面的密度和高度，使到达台阶的 Si、C 原子非常容易地迁移到二台阶面之间的阶梯位置，从而延续衬底的堆垛次序获得与衬底同晶形的外延层．若采用无偏角衬底，则台阶密度小且台阶过高，到达台阶面的原子在台阶面上成核，通常容易形成 3C-SiC.

2003 年，日本的 Nakamura 等[72]使用水平常压冷壁化学气相沉积装置在无偏角 6H-SiC（0001）衬底上生长了 6H-SiC 薄膜，他们使用的源气为硅烷和丙烷，氢气为载气，生长温度为 1 500℃．他们认为之所以能在无偏角衬底上长出 6H-SiC 薄膜，是因为：①他们使用的衬底非常平坦，rms 粗糙度只有 0.27nm．②生长之前对衬底进行的 1 300℃高温氯化氢气体蚀刻衬底表面，它比用氢气更容易除去衬底表面的缺陷，而这些缺陷容易导致 3C-SiC 的形成．③较小的反应源气流量，使得 Si、C 原子有较大的扩散长度，容易扩散到台阶面之间的阶梯位置.

相对于 6H-SiC，4H-SiC 具有更宽的带隙、更高的迁移率和较小的电学各向异性，因而在大功率和高频器件上更受人们的青睐．鉴于此，最近 4H-SiC 衬底上外延 4H-SiC 薄膜逐渐受到重视，除传统的台阶控制外延技术外，2004 年日本的 Kojima 等人[73]使用水平低压热壁化学气相沉积装置在 4H-SiC（$000\bar{1}$）C 面和（0001）Si 面无偏角衬底上成功地进行了 4H-SiC 的同质外延，使用的源气为硅烷和丙烷，氢气为载气，生长温度为 1 600℃．图 26-63 为 4H-SiC C 面和 Si 面上不同源气比下的 SiC 薄膜的表面形貌，可以看出对 4H-SiC C 面而言，富 Si 条件下在其上所获得的薄膜的表面形貌较好，如图 26-63a 所示；而在富 C 条件下，所生长的 SiC 薄膜具有台阶束状的粗糙表面，如图 26-63b 所示．对 4H-SiC Si 面而言，富 Si 条件下生长的薄膜具有镶嵌状结构；在富 C 条件下表面粗糙，可看到有台阶束.

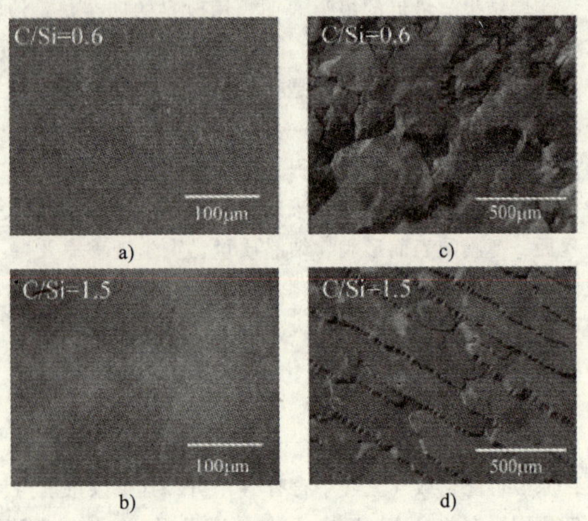


图 26-63　4H-SiC C 面和 Si 面上不同源气比下 SiC 薄膜的表面形貌

a）富 Si、C 面　b）富 C、C 面

c）富 Si、Si 面　d）富 C、Si 面

为验证 4H-SiC（$000\bar{1}$）C 面上生长的 4H-SiC 薄膜的质量，他们使用净掺杂浓度为 $1\times10^{16}$ $cm^{-3}$，厚度为 10μm 的 4H-SiC 薄膜，在其上真空蒸发金属镍作为肖特基接触，金属铝作为欧姆接触，得到 Ni/4H-SiC 肖特基势垒二极管，其 I-V 特性如图 26-64 所示．该二极管具有 1kV 的击穿电压和 100V 时 $7\times10^{-9}$ $A/cm^2$ 的漏电流，

和传统的偏角 4H-SiC 衬底上生长的 4H-SiC 薄膜制成的肖特基势垒二极管相当，表明在 4H-SiC（$000\bar{1}$）C 面上生长的 4H-SiC 薄膜具有较好的表面质量.

Bin Chen[74] 等人用电子束诱导电流（EBIC）技术研究了 4H-SiC 同质外延薄膜上堆垛层错和局部位错的电学性质，基面位错在电子束照射下被分解为 $Si_{(g)}$ 30°和 $C_{(g)}$ 30°两部分，中间形成了一个堆垛层错. 在室温下的 EBIC 图像中观察到明亮的堆垛层错的原因是堆垛层错面上的电子消耗造成的空穴寿命的增加.

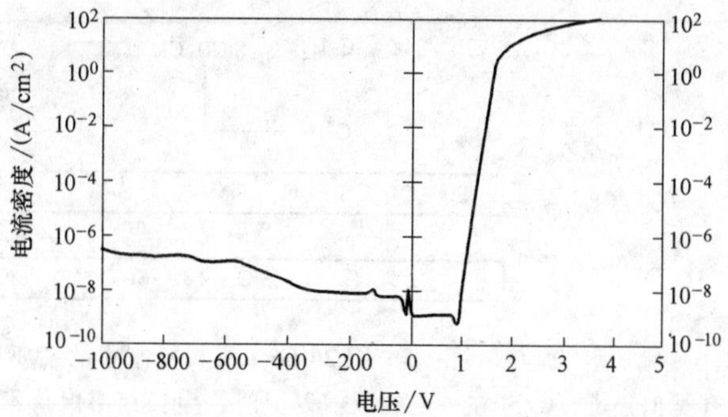


图 26-64　Ni/4H-SiC 肖特基势垒二极管的 I-V 特性

J. Hassan 等人[75] 2008 年报道了他们在无偏轴 4H-SiC 衬底上的进行的同质外延薄膜生长，他们发现原位表面处理是一个十分关键的过程. 研究发现在富 Si 条件下，更有利于去除抛光引起的表面损伤，也较易获得粗糙度较小的均匀台阶结构. 同时，富 Si 条件下的原位刻蚀不会引起表面 Si 液滴的形成. 螺旋位错成为表面台阶的连续供应源. 在富 Si 条件下进行原位刻蚀，并在较高温度下生长，可以生长出 100% 的 4H-SiC 晶型的薄膜，薄膜质量较高，除少量台阶束和螺旋小丘外无其他形态的缺陷. 尤为重要的是外延层中无 BPDs 缺陷，这意味着与衬底相比，外延层中位错缺陷的总量减少了，因此这种无偏轴外延技术将成为生长用于双极性器件的厚外延薄膜的可行方法.

A. Shrivastava 等人 2008 年研究发现，提高生长温度并不是减少三角形和倒金字塔形缺陷的唯一方法，基座的清洁程度以及初始生长条件都对这些缺陷的形成有重要影响. 使用基座对小的缺陷影响不大，但却大大增加了大三角形缺陷的密度. 但迄今为止，这些缺陷的形成机制还没有完全清楚.[76]

近年来，新出现的基于氯化物的 SiC 薄膜快速外延生长技术，可以把生长速率提高到高于 100μm/h，这对 SiC 制备技术的激励作用不言而喻. 氯化物气体（如 HCl、$SiH_xCl_y$、$SiC_xCl_yH_z$）的加入彻底改变了反应室里的化学组分，抑制了 Si 在气相中的成核，允许在反应室中输入较高浓度的源气，这就大大提高了 SiC 薄膜的生长速率. A. Fiorucci 等研究了基于氯化物的 4H-SiC 的快速外延的化学机制. 图 26-65 和图 26-66 分别为他们提出的气相动力学略图和沉积机制中的主要反应路径略图.[77]

H. Pedersen 等[78] 指出，甲基三氯硅烷是最为有效的源气，当 C/Si <1 时，生长速率受 C 含量的限制. 在加入 HCl 的实验中，生长速率随 C/Si 比的变化过程（Si 的摩尔比为常数 0.66%）为先线性后饱和.

加入的 HCl 气体可以在低于 1 300℃ 的温度下有效地分裂 Si 气相成核形成的 Si 簇. H. Pedersen[79] 等用甲基三氯硅烷（MTS）代替传统的反应源气硅烷和乙烯，用热壁 CVD 方法进行 4H-SiC 的同质外延生长，生长速率达到 100μm/h，由于甲基三氯硅烷中固有的 C/Si 比为 1，实验通过加入硅烷或乙烯来优化 C/Si 比，提高外延层表面形貌.

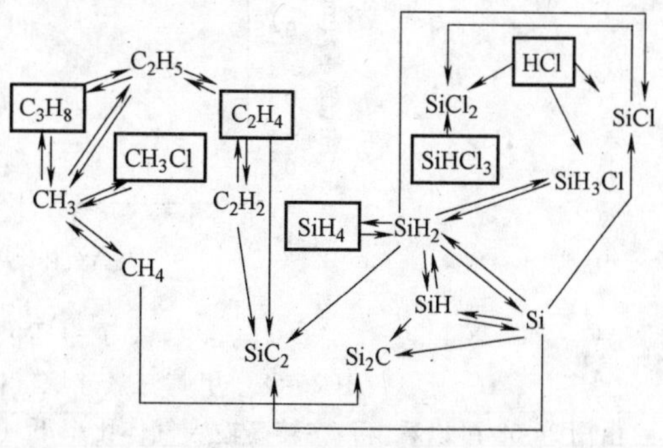


图 26-65　气相动力学略图[77]

实验过程中反应室内 Si 的总量保持不变，Cl/Si 的变化在图 26-67 中标出. 由图中可以看出，在加入乙烯时，即 C/Si >1 时，对生长速率并没有产生影响，但当 C/Si <1 时，生长速率下降了. 这也可以解释为 Cl/Si 的下降引起的，C/Si = 0.9 时，Cl/Si = 2.7；C/Si = 0.8 时，Cl/Si = 2.4；其他情况下，Cl/Si = 3. 值得注意的是，在用部分硅烷代替 MTS 的较低的 C/Si 下，生长速率基本保持不变. 因此，在反应混合气体中加入硅烷似乎并不影响生长速率，这说明影响生长速率的关键因素不是硅烷的总流量而是 Cl/Si 比. 先前

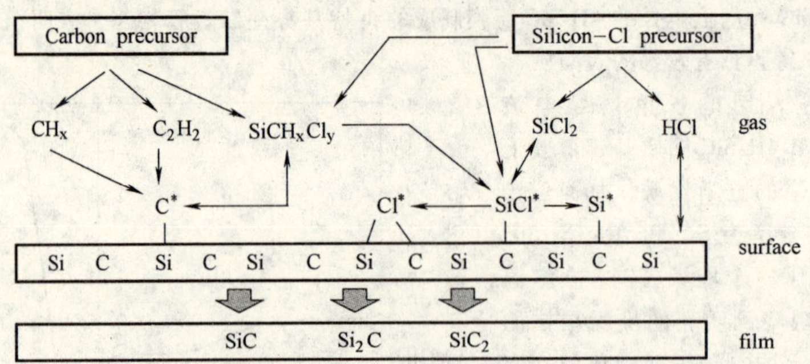


图 26-66　沉积机制中的主要反应路径略图[77]

也有类似报道，C/Si 在一定的取值以上时，生长速率保持不变，低于该取值时，生长速率降低，这可能是由 C 的不足引起的.

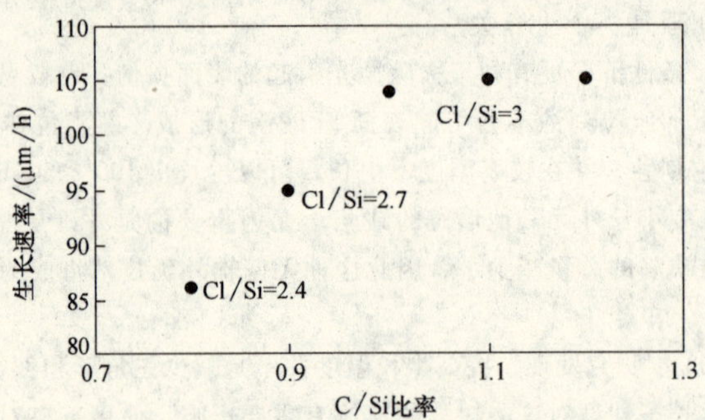


图 26-67　不同 C/Si 下的 4H-SiC 外延层的生长速率[79]

文献[80]中研究了输入的甲基三氯硅烷气体比率与生长速率间的关系，如图 26-68 所示.

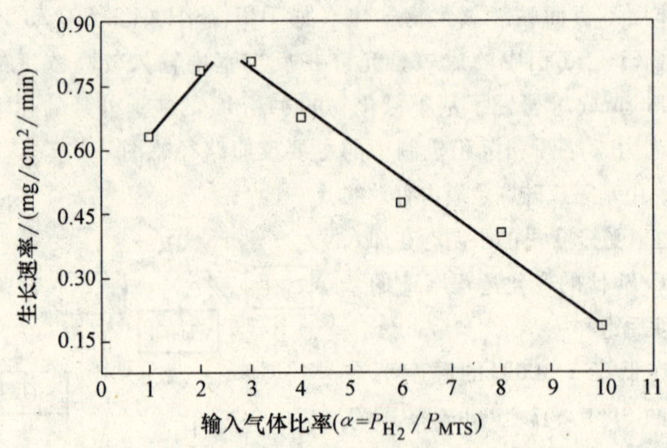


$T = 1\ 250$℃，$p = 10$torr

图 26-68　甲基三氯硅烷气体比率与生长速率间的关系[80]

由图 26-68 可以看出，在较高输入气体比率下（3～10）生长速率随输入气体比率的增大而减小，而在气体输入比率为 1～2 之间时，两者成正比关系. 总的来说，生长速率与甲基三氯硅烷的浓度成比例.

# 参 考 文 献


[1]　S M Sze. Semiconductor Devices: Physics and Technology, John Wiley & Sons, 1985: 30.

[2]　M. L. Lee, J. K. Sheu, S. W. Lin. Appl. Phys. Lett., 2006, 88: 032103.

[3] J. Park, M. W. Shin, C. C. Lee. IEEE Trans. Elec. Dev., 2004, 51: 1753.

[4] C. S. Kim, H. G. Kim, C. H. Hong, et al.. Appl. Phys. Lett., 2005, 87: 013502.

[5] J. W. Wan, S. H. Park, G. Y. Chung. J. Electron. Mater., 2005, 34: 1342.

[6] X. Y. Peng, P. Kruger, J. Pollmann. Phys. Rev. B, 2005, 72: 245320.

[7] J. E. Seely, B. Kjornrattanawanich, G. E. Holland, et al.. Optics Letters, 2005, 30: 3120.

[8] D. Zhuang, J. H. Edgar. Mater. Sci. & Engi. R, 2005, 48: 1.

[9] N. Ebizuka. SPIE, 2003, 4842: 329.

[10] Y. Hao, J. Peng, Y. T. Yang. Technology of SiC Wide Gap Semiconductor [M]. Beijing: Science Press, 2000.

[11] R. Zhang, H. T. Shi, S. D. Yu, et al.. research & progress of SSE, 1996, 16: 94.

[12] A. Faessler. Proc. Int. Conf. Semiconductor Phys., Praque, Academic Inc., 1960, 914.

[13] G. Pensl. Physica B, 1993, 185: 264.

[14] H. Morkoc, S. Strite, G. B. Gao, et al.. J. Appl. Phys., 1994, 76: 1363.

[15] J. A. Powell, J. B. Petit, J. H. Edgar, et al.. Appl. Phys. Lett., 1991, 59: 183.

[16] W. F. Knippenberg. Phillips Res. Rep., 1963, 18: 161.

[17] G. Wiebke. Berichte der Deutschen Keramichan Gesellschaft, 1960, 37: 210.

[18] J. A. Lely. Proc. Int. Conf. Smiconductors and Phosphors, Vieweg Braunschweig, 1958, 514.

[19] J. W. Schaffer. In Diamond, Silicon Carbide and Nitride Wide Band Gap Semiconductors [J]. MRS Symposium Proceedings, 1994, 339: 595.

[20] S. Yoneda, T. Furusho, H. Takagi, et al.. Mater. Sci. Forum, 2005, 129: 483-485.

[21] M. Okamoto, S. Suzuki, M. Kato, T. Yatsuo, K. Fukuda, Mater. Sci. Forum, 2005, 805: 483-485.

[22] D. C. Blasciuc, A. B. Horsfall, N. G. Wright, et al.. Semicond. Sci. Tech., 2005, 20: 10.

[23] M. Willander, M. Friesel, Q. U. Wahab, et al.. J. Mater. Sci., 2006, 17: 1.

[24] A. Lely. Berichte. der Deutschen. Keramichan. Gesellschaft, 1955, 32: 229.

[25] J. A. Powell. Proc. Mats. Res. Soc. Symp., 1987, 97: 159.

[26] G. Ziegler, P. Lanig, C. Weyrich. IEEE Trans. Electr. Dev., 1983, 20: 227.

[27] R. F. Davis, C. H. Carter, C. E. Hunter. US Patent, no. 4866005, 1989.

[28] D. Nakamura, I. Gunjishima, S. Yamaguchi, et al.. Nature, 2004, 430: 1009.

[29] R. Madar. Nature, 2004, 430: 974.

[30] A. Ellison, B. Magnusson, N. T. Son, et al.. Mater. Sci. Forum, 2003, 33: 433-436.

[31] D. L. Barrett, H. M. Hobgood, J. P. Mchugh, et al.. US Patent, no. 5611955, 1997.

[32] T. A. Anderson, D. L. Barrett, J. Chen, et al.. Mater. Sci. Forum, 2005, 35: 483-485.

[33] H. J. Chung, A. Y. Polyakov, S. W. Huh, et al.. J. Appl. Phys., 2005, 97: 084913.

[34] 王源. 西安电子科技大学硕士论文 [C], 2003: 1.

[35] W. Yang, G. Li, X. G. Li, et al.. Chin. J. Chem. Phys., 2004, 17: 449.

[36] J. B. Casady, E. D. Luckowski, M. Bozack, et al.. J. Electron. Soc., 1996, 143: 1750.

[37] J. R. Flemish, K. Xie, J. H. Zhao. Appl. Phys. Lett., 1994, 64: 2315.

[38] J. Millán, P. Godignon, D. Tournier. Proc. 24th Intern. Conf. Microelec., 2004, 23: 16-19.

[39] J. Crofton, P. A. Bames, J. R. Williams. Appl. Phys. Lett., 1993, 62: 384.

[40] P. J. Grunthaner, F. J. Grunthaner, J. W. Mayer. J. Vac. Sci. Technol., 1980, 17: 924.

[41] M. Bhatnagar, B. J. Baliga. IEEE Electron Device Lett., 1992, 13: 501.

[42] M. K. Das, J. J. Sumakeris, S. Krishnaswami, et al.. Intern. Semicond. Device Research Symposium, 2003, 364: 10-12.

[43] M. K. Das，B. A. Hull，J. T. Richmond，et al.. Proc. $17^{th}$ Intern. Sympo. Power Semicon. Devices & IC's，2005，299：23-26.

[44] R. Singh，D. C. Capell，A. R. Hefner，et al.. IEEE Trans. Electron Devicws，2002，49：2054.

[45] B. J. Baliga. US patent，5543637，1996.

[46] J. Senzaki，K. Fukuda，K. Kojima，et al.. Mater. Sci. Forum，2002，1061：389-393.

[47] S. Harada. S. Suzuki，J. Senzaki，R. Kosugi，et al.. Mater. Sci. Forum，2002，1069：389-393.

[48] S. H. Seo，J. S. Song，M. H. Oh，et al.. Thin Solid Films，2004，149：469-470.

[49] O. Filip，B. Epelbaum，Z. G. Herro，et al.. J. Cryst. Growth，2005，282：286.

[50] T. Ujihara，S. Munetoh，K. Kusunoki，et al.. Thin Solid Films，2005，476：206.

[51] Z. D. Sha，X. M. Xu，L. J. Zhuge. Vaccum，2005，79：250.

[52] Y. Sun，T. Miyasato. Jap. J. Appl. Phys.，Part 1，2005，44：7351.

[53] H. Muto，S. I. Kamiya，T. Kusumori. Optical Mater.，2003，23：43.

[54] M. Diani，L. Simon，L. Kubler，et al.. J. Cryst. Growth，2002，235：95.

[55] S. Nishino，Y. Hazuki，H. Matsunami. J. Electrochem. Soc.，1980，127：2674.

[56] W. Bahng，H. J. Kim. Appl. Phys. Lett.，1996，69：4053.

[57] Y. Abe，J. Komiyama，S. Suzuki，et al.. J. Cryst. Growth，2005，283：41.

[58] K. C. Kim，K. S. Nahm，E. K. Suh，et al.. J. Cryst. Growth，1999，197：841.

[59] J. A. Powell，L. G. Matus，M. A. Kuczmarski，et al.. Appl. Phys. Lett.，1987，51：823.

[60] H. Nagasawa，K. Yagi，T. Kawahara. J. Cryst. Growth，2002，237：1244.

[61] Y. Chen，K. Matsumoto，Y. Nishio，et al.. Mater. Sci. Engin. B，1999，61：579.

[62] W. J. Choyke，Z. C. Feng，J. A. Powell. J. Appl. Phys.，1988，64：3163.

[63] H. W. Zheng，J. F. Su，Z. X. Fu，et al.. Ceram. Interna.，2008，34：657.

[64] J. D. Hwang，Y. K. Fang，Y. J. Song，et al.. Thin solid films，1996，4：272.

[65] L. Wang，S. Dimitrijev，P. Tanner，et al.. Appl. Phys. Lett.，2009，94：181909.

[66] W. Y. Chen，C. C. Chen，J. Hwang. Cryst. Growth Design，2009，9：2616.

[67] J. A. Powell，H. A. Will. J. Appl. Phys.，1973，44：5177.

[68] H. S. Kong，J. T. Glass，R. F. Davis. Appl. Phys. Lett.，1986，49：1074.

[69] J. A. Powell，D. J. Larkin，L. G. Matus. Appl. Phys. Lett.，1990，56：1353.

[70] Z. Y. Xie，J. H. Edgar，B. K. Burkland，et al.. J. Cryst. Growth，2001，224：235.

[71] H. S. Kong，J. T. Glass，R. F. Davis. J. Appl. Phys.，1988，64：2672.

[72] S. Nakamura，T. Kimoto，H. Matsunami. J. Cryst. Growth，2003，256：341.

[73] K. Kojima，H. Okumura，S. Kuroda，et al.. J. Cryst. Growth，2004，269：367.

[74] B. Chen，J. Chen，T. Sekiguchi，et al.. Superlatt. Microstr.，2009，45：295.

[75] J. Hassan，J. P. Bergman，A. Henry，et al.. J. Cryst. Growth，2008，310：4424.

[76] A. Shrivastava，P. Muzykov，J. D. Caldwell，et al.. J. Cryst. Growth，2008，310：4443.

[77] A. Fiorucci，D. Moscatelli，M. Masi. Surf. Coat. Techn.，2007，201：8825.

[78] H. Pedersen，S. Leone1，A. Henry，et al.. phys. stat. Sol.，2008，2：278.

[79] H. Pedersen，S. Leone，A. Henry，et al.. Surf. Coat. Technol.，2007，201：8931.

[80] O. Jung，B. Oh，D. Choi. J. Mater. Sci.，2001，36：1695.

# 附　录

## 附录 A　历届诺贝尔物理学奖获得者

| 年份 | 获奖者 | 获奖原因 |
|---|---|---|
| 1901 | Wilhelm Konrad Rontgen（德国） | 发现 X 射线（1895） |
| 1902 | Hendrik Antoon Lorentz（荷兰）<br>Pieter Zeeman（荷兰） | 塞曼效应的发现和研究 |
| 1903 | Antoine Henri Becquerel（法国） | 发现天然铀元素的放射性（1896） |
| | Pierre Curie（法国）<br>Marie Sklowdowska Curie（法国） | 放射性物质的研究，发现放射性元素钋与镭并发现钍也有放射性 |
| 1904 | John William Strutt（Lord Rayleigh）（英国） | 在气体密度的研究中发现氩 |
| 1905 | Phillip Eduard Anton von Lenard（德国） | 阴极射线的研究（1899） |
| 1906 | Joseph John Thomson（英国） | 气体电导研究，发现电子（1897） |
| 1907 | Albert Abraham Michelson（美国） | 创造精密光学仪器，并精确测出光速（1880） |
| 1908 | Gabriel Lippmann（法国） | 发明基于干涉的彩色照片（1891） |
| 1909 | Guglielmo Marconi（意大利）<br>Karl Ferdinand Braun（德国） | 发明电报及对无线电通信的贡献 |
| 1910 | Johannes Diderik van der Waals（荷兰） | 气体和液体状态方程的研究（1881） |
| 1911 | Wilhelm Wien（德国） | 热辐射定律的导出和研究（1893） |
| 1912 | Nils Gustaf Dalen（瑞典） | 发明点燃航标灯和浮标灯的瓦斯自动调节器 |
| 1913 | Heike Kamerlingh Onnes（荷兰） | 在低温下研究物质的性质并制成液态氦（1908） |
| 1914 | Max Theodor Felix von Laue（德国） | 晶体的 X 射线衍射（1912） |
| 1915 | William Henry Bragg（英国）<br>William Lawrence Bragg（英国） | 用 X 射线分析晶体结构（1913） |
| 1917 | Charles Glover Barkla（英国） | 发现标识元素的次级 X 辐射（1906） |
| 1918 | Max Planck（德国） | 提出能量子的假设（1900） |
| 1919 | Johannes Stark（德国） | 发现原子光谱线在电场中的分裂（1913） |
| 1920 | Charles Edouard Guillaume（法国） | 发现镍钢合金的反常性及在精密仪器中的应用 |
| 1921 | Albert Einstein（德国） | 对物理方面的贡献、光电效应的解释（1905） |

（续）

| 年份 | 获奖者 | 获奖原因 |
| --- | --- | --- |
| 1922 | Niels Henrik David Bohr（丹麦） | 原子结构模型及原子发光（1913） |
| 1923 | Robert Andrews Milliken（美国） | 油滴实验（1911）、光电效应实验研究（1914） |
| 1924 | Karl Manne Georg Siegbahn（瑞典） | X射线光谱学方面的发现和研究 |
| 1925 | James Frank（德国）<br>Gustav Hertz（德国） | 发现电子撞击原子时出现的规律性 |
| 1926 | Jean Baptiste Perrin（法国） | 研究物质分裂结构，并发现沉积作用的平衡 |
| 1927 | Arthur Holly Compton（法国） | 康普顿效应（1922） |
| | Charles Thomson Rees Wilson（英国） | 发明用云雾室观察带电粒子（1906） |
| 1928 | Owen Willans Richardson（英国） | 热电子发射，并发现里查孙定律（1911） |
| 1929 | Prince Louis Victor de Broglie（法国） | 电子波动性的理论研究（1923） |
| 1930 | Sir Chandrasekhara Venkata Raman（印度） | 研究光的散射并发现拉曼效应（1928） |
| 1932 | Werner Heisenberg（德国） | 创立量子力学（1925） |
| 1933 | Erwin Schrodinger（奥地利） | 量子力学的广泛发展，波动力学（1925） |
| | Paul Adrien Maurice Dirac（英国） | 相对论量子力学，预言正电子的存在（1927） |
| 1935 | James Chadwick（英国） | 发现中子 |
| 1936 | Victor Franz Hess（奥地利） | 发现宇宙射线 |
| | Carl David Anderson（美国） | 发现正电子 |
| 1937 | Clinton Joseph Davisson（美国）<br>George Paget Thomson（英国） | 实验发现晶体中对电子的衍射现象（1927） |
| 1938 | Enrico Fermi（意大利） | 发现新放射性元素和慢中子引起的核反应（1934～1937） |
| 1939 | Ernest Orlando Lawrence（美国） | 研制回旋加速器（1932） |
| 1943 | Otto Stern（美国） | 分子束方法（1923）、质子磁矩（1933） |
| 1944 | Isidor Issac Rabi（美国） | 用共振方法测量原子核的磁性 |
| 1945 | Wolfgang Pauli（奥地利） | 发现泡利不相容原理（1924） |
| 1946 | Percy Williams Bridgman（美国） | 研制高压装置并创立了高压物理 |
| 1947 | Sir Edward Victor Appleton（英国） | 发现电离层中反射无线电波的阿普顿层 |
| 1948 | Patrik Maynard Stuart Blackett（英国） | 利用云室研究核物理和宇宙线 |
| 1949 | Hideki Yukawa（日本） | 用数学方法研究核力、预见介子（1935） |
| 1950 | Cecil Frank Powell（英国） | 研究核过程的摄影法并发现介子 |
| 1951 | Sir John Douglas Cockcroft（英国）<br>Ernest Thomas Sinton Walton（爱尔兰） | 加速器中的核嬗变（1932） |

（续）

| 年份 | 获奖者 | 获奖原因 |
| --- | --- | --- |
| 1952 | Felix Bloch（美国） | 液体和气体中的核磁共振（1946） |
| | Edward Mills Purcell（美国） | |
| 1953 | Frits Zernike（荷兰） | 相衬显微镜 |
| 1954 | Max Born（德国） | 量子力学中波函数的统计解释（1926） |
| | Walther Bothe（德国） | 提出符合法及分析宇宙辐射（1930~1931） |
| 1955 | Willis Eugene Lamb（美国） | 发现氢光谱的精细结构（1947） |
| | Polykarp Kusch（美国） | 精密测定电子磁矩（1947） |
| 1956 | William Bradford Skockley（美国） | 研究半导体并发明晶体管（1956） |
| | John Bardeen（美国） | |
| | Walter Houser Brattain（美国） | |
| 1957 | 杨振宁（Chen Ning Yang）（美国） | 否定弱相互作用下宇称守恒定律（1956） |
| | 李政道（Tsing Dao Lee）（美国） | |
| 1958 | Pavel Alekseyevich Cherenkov（前苏联） | 发现切连柯夫效应（1935） |
| | Ilya Mikhaylovich Frank（前苏联） | 解释切连柯夫效应（1937） |
| | Igor Yevgenyevich Tamm（前苏联） | |
| 1959 | Emilio Gino Segre（美国） | 发现反质子（1955） |
| | Owen Chamberlain（美国） | |
| 1960 | Donald Arthur Glaser（美国） | 发明气泡室（1952） |
| 1961 | Robert Hofstadter（美国） | 由高能电子散射研究原子核的结构 |
| | Rudolf Ludwig Mossbauer（德国） | 发现穆斯堡尔效应（1957） |
| 1962 | Lev Davidovich Landau（前苏联） | 研究凝聚态物质，特别是液氦的研究 |
| 1963 | Eugene Paul Wigner（美国） | 应用对称性基本原理研究核和粒子 |
| | Maria Goeppert Mayer（美国） | 提出原子核结构壳层模型理论（1947） |
| | J. Hans D. Jensen（德国） | |
| 1964 | Charles Hard Townes（美国） | 微波激射器（1951~1952）和激光器 |
| | Nikolay Gennadiyevich Basov（前苏联） | 产生激光光束的振荡器和放大器 |
| | Alexander Mikhazlovich Prokhorov（前苏联） | |
| 1965 | Sin-itiro Tomonaga（日本） | 量子电动力学的研究（1948） |
| | Julian S. Schwinger（美国） | |
| | Richard Pillips Feynman（美国） | |
| 1966 | Alfred Kastler（法国） | 发现并发展研究原子能级的光学方法 |

（续）

<table>
<tr><th>年份</th><th>获奖者</th><th>获奖原因</th></tr>
<tr><td>1967</td><td>Hans Albrecht Bethe（美国）</td><td>恒星能量的产生（1939）</td></tr>
<tr><td>1968</td><td>Luis Walter Alvarez（美国）</td><td>发现许多粒子的共振态</td></tr>
<tr><td>1969</td><td>Murray Gell-Mann（美国）</td><td>粒子的分类和相互作用（1963）</td></tr>
<tr><td rowspan="2">1970</td><td>Hannes Olof Gosta Alfven（瑞典）</td><td>磁流体力学及应用于等离子体物理</td></tr>
<tr><td>Louis Eugene Felix Neel（法国）</td><td>发现和研究反铁电体和铁电体（1930）</td></tr>
<tr><td>1971</td><td>Dennis Gabor（英国）</td><td>全息照相的发明及发展（1947）</td></tr>
<tr><td rowspan="3">1972</td><td>John Bardeen（美国）</td><td rowspan="3">提出所谓 BCS 理论的超导理论（1957）</td></tr>
<tr><td>Leon Neil Cooper（美国）</td></tr>
<tr><td>John Robert Schrieffer（美国）</td></tr>
<tr><td rowspan="3">1973</td><td>Leo Esaki（日本）</td><td>发现半导体中的隧道效应</td></tr>
<tr><td>Ivar Giaever（美国）</td><td>发现超导体中的隧道效应</td></tr>
<tr><td>Brian David Josephson（英国）</td><td>发现约瑟夫森效应（1962）</td></tr>
<tr><td rowspan="2">1974</td><td>Anthony Hewish（英国）</td><td>射电天文学研究、中子星</td></tr>
<tr><td>Sir Martin Ryle（英国）</td><td>无线天文干涉测量学</td></tr>
<tr><td rowspan="3">1975</td><td>Aage Bohr（丹麦）</td><td>原子核结构理论</td></tr>
<tr><td>Ben Mottelson（丹麦）</td><td rowspan="2">原子核内部结构的研究工作</td></tr>
<tr><td>Leo James Rainwater（美国）</td></tr>
<tr><td rowspan="2">1976</td><td>Burton Richer（美国）</td><td rowspan="2">分别独立地发现了新粒子 $J/\Psi$</td></tr>
<tr><td>丁肇中（Samuel Chao Chung Ting）（美国）</td></tr>
<tr><td rowspan="3">1977</td><td>Phillip Warren Anderson（美国）</td><td rowspan="3">磁性无序系统的电子结构研究</td></tr>
<tr><td>Sir Nevill Francis Mott（英国）</td></tr>
<tr><td>John Hasbrouck Van Vleck（美国）</td></tr>
<tr><td rowspan="3">1978</td><td>Pyotr Leonidovich Kapitsa（前苏联）</td><td>证实亚超流低温物理学</td></tr>
<tr><td>Arno Allan Penzias（美国）</td><td rowspan="2">3K 宇宙微波背景的发现（1965）</td></tr>
<tr><td>Robert Woodrow Wilson（美国）</td></tr>
<tr><td rowspan="3">1979</td><td>Shldon Lee Glashow（美国）</td><td rowspan="3">建立弱电统一理论</td></tr>
<tr><td>Abdus Salam（巴基斯坦）</td></tr>
<tr><td>Steven Weinberg（美国）</td></tr>
<tr><td rowspan="2">1980</td><td>James Watson Cronin（美国）</td><td rowspan="2">CP 不对称性的发现（1964）</td></tr>
<tr><td>Val L. Fitch（美国）</td></tr>
</table>

（续）

| 年份 | 获奖者 | 获奖原因 |
| --- | --- | --- |
| 1981 | Nicolaas Bloembergen（美国） | 激光光谱学与非线性光学的研究 |
| | Arthur Leonard Schawlow（美国） | |
| | Kai M. Siegbahn（瑞典） | 高分辨电子能谱的研究 |
| 1982 | Kenneth Geddes Wilson（美国） | 关于相变的临界现象 |
| 1983 | Subrahmanyan Chandrasekha（美国） | 恒星结构和演化的研究（1930） |
| | William A. Fowler（美国） | 宇宙化学元素的形成 |
| 1984 | Carlo Rubbia（意大利） | 中间玻色子的发现（1982~1983） |
| | Simon van der Meer（荷兰） | |
| 1985 | Klaus von Klitzing（德国） | 量子霍耳效应（1980） |
| 1986 | Ernst August Friedrich Ruska（德国） | 设计电子显微镜（1931） |
| | Gerd Binnig（瑞士） | 设计扫描隧道显微镜（1981） |
| | Heinrich Rohrer（瑞士） | |
| 1987 | Karl Alex Muller（美国） | 高温超导（1986） |
| | Johnnes George Bednorz（美国） | |
| 1988 | Leon Max Lederman（美国） | 中微子束方法和发现 μ 子中微子 |
| | Melvin Schwarz（美国） | |
| | Jack Steinberger（英国） | |
| 1989 | Norman Foster Ramsey（美国） | 发明原子铯钟 |
| | Hans Georg Dehmelt（美国） | 创造离子捕陷技术 |
| | Wilhelm Paul（德国） | |
| 1990 | Jerome I. Friedman（美国） | 发现夸克的存在（1967） |
| | Henry W. Kendall（美国） | |
| | Richard E. Taylor（加拿大） | |
| 1991 | Pierri-Gilles de Gennes（法国） | 聚合物和液晶的研究 |
| 1992 | Georges Charpak（法国） | 多丝正比室的发明和发展（1968） |
| 1993 | R. A. Hulse（美国） | 发现了一种脉冲星，为研究引力开辟了新的可能性（1975） |
| | J. H. Taylor（美国） | |
| 1994 | Bertram Niville Brokhouse（加拿大） | 发展中子散射技术 |
| | Clifford Glenwood Shull（美国） | |
| 1995 | Martin L. Perl（美国） | 发现了 τ 轻子（1977） |
| | Frederick Reines（美国） | 发现中微子（1953） |

（续）

| 年份 | 获奖者 | 获奖原因 |
|---|---|---|
| 1996 | David M. Lee（美国） | 发现氦-3中的超流动性 |
| | Douglas D. Osheroff（美国） | |
| | Robert C. Ricardson（美国） | |
| 1997 | 朱棣文（Stephen Chu）（美国） | 激光冷却和捕陷原子 |
| | Claude Cohen-Tannoudji（法国） | |
| | William D. Phillips（美国） | |
| 1998 | R. B. Laughli（美国） | 分数量子霍尔效应的发现（1982） |
| | H. L. Stormer（美国） | |
| | 崔琦（D. C. Tsui）（美国） | |
| 1999 | Gerardus' t Hooft（荷兰） | 提出电弱相互作用的量子结构 |
| | Martinus J. G. Veltman（荷兰） | |
| 2000 | Zhores I. Alferov（俄罗斯） | 集成电路 |
| | Herbert Kroemer（美国） | |
| | Jack St. Clair Kilby（美国） | |
| 2001 | Eric A. Cornell（美国） | 玻色-爱因斯坦凝聚 |
| | Wolfgang Ketterle（德国） | |
| | Carl E. Wieman（美国） | |
| 2002 | Raymond Davis Jr.（美国） | 中微子振荡实验 |
| | Riccardo Giacconi（美国） | |
| | Masatoshi Koshiba（日本） | |
| 2003 | Alexei A. Abrikosov（俄罗斯，美国） | 超导，超流 |
| | Vitaly L. Ginzburg（俄罗斯） | |
| | Anthony J. Leggett（英国，美国） | |
| 2004 | David J. Gross（美国） | 弱相互作用渐进自由 |
| | H. David Politzer（美国） | |
| | Frank Wilczek（美国） | |
| 2005 | Roy J. Glauber（美国） | 光相干的量子理论 |
| | John L. Hall（美国） | 光频梳技术 |
| | Theoder W. Hansch（德国） | |
| 2006 | John Cromwell Mather（美国） | 发现宇宙微波背景辐射 |
| | George Fitzgerald Smoot（美国） | |

（续）

| 年份 | 获奖者 | 获奖原因 |
|---|---|---|
| 2007 | Albert Fert（法国） | 发现巨磁电阻效应 |
| | Peter Grünberg（德国） | |
| 2008 | 南部阳一郎（美国） | 发现亚原子自发对称性破缺机制 |
| | 小林诚（日本） | 发现有关对称性破缺的起源 |
| | 益川敏英（日本） | |
| 2009 | 高锟（英国，美国） | 光在纤维中的传输以用于光学通信（光纤） |
| | Willard Boyle（美国） | 数码相机图象感应器“感光半导体电荷耦合器件”（CCD） |
| | George E. Smith（美国） | |

# 附录B　21世纪100个科学难题

1. 对深层物质结构的探索
2. 协调相对论和量子论的困难
3. 引力波探测
4. 质子自旋“危机”及其实验探索
5. 力学的世纪难题——湍流
6. 金属微粒中的量子尺寸效应和超导电性
7. 高温超导电性
8. 固体的破坏
9. 宇宙结构的形成与星系的起源
10. 太阳中微子之谜
11. 活动星系核的能源和演化
12. 星际分子云和恒星的形成
13. 宇宙常数问题
14. 太阳活动的起源
15. 磁元的争辩
16. 黑洞的证认
17. 宇宙论中的暗物质问题
18. 地外文明与太空移居
19. 寻找地外理性生命
20. 星系演化的途径
21. 最终解决人类能源问题的课题
22. 未来的空间太阳能发电
23. 太阳风的起源及其加速机制
24. 日冕加热和太阳风加速

25. 表面张力梯度驱动对流
26. 磁层亚暴和磁暴的整体过程
27. 富勒烯化学
28. 单原子识别与分子设计和合成
29. 室温有机超导体
30. 催化的高选择性合成
31. 原子簇物质
32. 非线性光学聚合物实用化的若干问题
33. 分子工程学
34. 分子元件的单原子加工和自组装
35. 可持续发展对化学的挑战
36. 地球科学中的非线性和复杂性
37. 地球构造运动驱动机制的反演
38. 人类对全球环境变化影响的预测
39. 气候系统动力学
40. 自然控制论
41. 地震成因与地球内部流体
42. 地球的自转运动及其与地球各圈层的相互作用
43. 现今岩石圈构造解析中的若干难题
44. 生物多样性保护
45. 细胞凋亡
46. 生物学的理论大综合：遗传、发育和进化的统一
47. 分子识别、化学信息学和化学反应智能化问题
48. 人能否在地球以外长期生存
49. 脑神经系统动力学
50. 生命、人的思维、意识、目的等的物理学基础
51. 探索生命的遗传语言
52. 疯牛病——中心法则——Affinsen 原理
53. 分子进化的驱动力与分子进化理论
54. 脑的计算模型能带我们走多远
55. 如何控制化学反应的方向（反应通道）
56. 未来的认知神经科学能否给意识以新的解释
57. 地球演化的统一理论：“两均论”与“两非论”
58. 有机体信息系统的演化在物种生存、适应过程中的作用
59. 脑的选择性自适应
60. 脑与行为的自组织
61. 思维与智能的本质
62. 人脑如何组织其信息存贮
63. 脑与免疫功能

64. 生命起源、细胞的起源和进化研究
65. 生命的起源与蛋白质
66. RNA 与生命起源
67. 注意的脑机制
68. 智力的起源
69. 细胞如何调控基因组的有序活动
70. 人脑是怎样认知外界视觉世界的
71. 重力的植物生理学问题
72. 中心法则的空白——从新生肽到蛋白质
73. “JUNK” DNA 有什么功能
74. 统一医学
75. 意识和思维动力学
76. 人类疾病与基因
77. 生命起源中的对称性破缺
78. 精神与免疫
79. 改善老年性认知功能障碍的心理药物学策略
80. 解析全套细胞蛋白质结构与功能，展现生命活动全景
81. 心思的神经生物学机理
82. 细胞三维生长和组织培养
83. 重返海洋
84. 客观世界的自组织
85. 全信息理论与高等智能
86. 关于“意识”问题
87. 植物光合作用吸、传、转能的分子机理及其调控
88. 系统科学的困惑
89. 复杂经济系统的演化分析
90. 路径积分
91. 朗兰兹纲领
92. 球堆积问题
93. 相变的数学理论
94. P-NP 问题
95. 超级计算理论
96. 庞加莱猜想及低维拓扑
97. 黎曼猜想
98. 中华民族及现代人类的起源
99. 人类基因组研究中的社会学、伦理学和法律问题
100. 物质和精神的关系问题

# 习题参考答案

## 第 12 章　真空中的静电场

12-1　$\dfrac{1}{4\pi\varepsilon_0}\dfrac{qq_0}{\sqrt{(L/2)^2+a^2}}$

12-2　$8.02\times10^{-19}\text{C}$

12-3　$E=\dfrac{\sigma x}{2\varepsilon_0}\left[\dfrac{1}{|x|}-\dfrac{1}{\sqrt{R^2+x^2}}\right]$；$R\to\infty$ 时，$E=\pm\dfrac{\sigma}{2\varepsilon_0}$

12-4　$E=\dfrac{1}{4\pi\varepsilon_0 R}(\boldsymbol{i}+\boldsymbol{j})$

12-5　$1\text{N}\cdot\text{m}^2/\text{C}$

12-6　0

12-7　$E=-\dfrac{\lambda_0}{8\varepsilon_0 R}\boldsymbol{j}$

12-8　(1) $\boldsymbol{E}_1=0(r<R_1)$；$\boldsymbol{E}_2=\dfrac{\lambda_1}{2\pi\varepsilon_0 r}\boldsymbol{e}_r(R_1<r<R_2)$；$\boldsymbol{E}_3=\dfrac{\lambda_1+\lambda_2}{2\pi\varepsilon_0 r}\boldsymbol{e}_r(r>R_2)$

(2) 若 $\lambda_1=-\lambda_2$，则 $\boldsymbol{E}_1$、$\boldsymbol{E}_2$ 不变，$\boldsymbol{E}_3=0$

12-9　(1) $E_{内}=\dfrac{\rho_0 r}{3\varepsilon_0}\left(1-\dfrac{3r}{4R}\right)$；$E_{外}=\dfrac{\rho_0 R^3}{12\varepsilon_0 r^2}$

(2) $r=\dfrac{2}{3}R$，$E_{\max}=\dfrac{\rho_0 R}{9\varepsilon_0}$

12-10　$E=\dfrac{\sigma}{2\varepsilon_0}$

12-11　面外：$\boldsymbol{E}=0$；面内：$E=\dfrac{\sigma}{\varepsilon_0}$，方向由带正电的平面指向带负电的平面

12-12　$\sigma_1=\sigma_4=\dfrac{Q_1+Q_2}{2S}$，$\sigma_2=-\sigma_3=\dfrac{Q_1-Q_2}{2S}$

12-13　$E=\dfrac{\rho_0}{2\varepsilon_0}\left[\tau-\sqrt{R^2+(\tau+b)^2}+\sqrt{R^2+b^2}\right]$

12-14　$A=\dfrac{-qp}{2\pi\varepsilon_0 R^2}$

12-15　$V=\dfrac{\rho}{2\varepsilon_0}(R_2^2-R_1^2)$

12-16　(1) 4.5m

(2) $\Delta r=\dfrac{r_1^2}{\dfrac{q}{4\pi\varepsilon_0}-r_1}$

12-17 $\dfrac{\lambda_0}{4\pi\varepsilon_0}\left[l-a\ln\dfrac{a+l}{a}\right]$

12-18 $2.14\times10^{-9}\mathrm{C}$

12-19 $\dfrac{-\rho r^2}{4\varepsilon_0}(r\leqslant R)$；$\dfrac{\rho R^2}{4\varepsilon_0}\left(2\ln\dfrac{R}{r}-1\right)(r\geqslant R)$

12-20 (1) $V_3=\dfrac{Q_1+Q_2}{4\pi\varepsilon_0 r}(r\geqslant R_2)$；$V_2=\dfrac{Q_1}{4\pi\varepsilon_0 r}+\dfrac{Q_2}{4\pi\varepsilon_0 R_2}(R_1\leqslant r\leqslant R_2)$；

$V_1=\dfrac{1}{4\pi\varepsilon_0}\left(\dfrac{Q_1}{R_1}+\dfrac{Q_2}{R_2}\right)(r\leqslant R_1)$

(2) 当 $Q_2=-Q_1$ 时：$V_3=0$；$V_2=\dfrac{Q_1}{4\pi\varepsilon_0}\left(\dfrac{1}{r}-\dfrac{1}{R_2}\right)$；$V_1=\dfrac{Q_1}{4\pi\varepsilon_0}\left(\dfrac{1}{R_1}-\dfrac{1}{R_2}\right)$

当 $Q_2=-\dfrac{R_2}{R_1}Q_1$ 时：$V_3=-\dfrac{Q_1(R_2-R_1)}{4\pi\varepsilon_0 R_1 r}$；$V_2=\dfrac{Q_1}{4\pi\varepsilon_0}\left(\dfrac{1}{r}-\dfrac{1}{R_1}\right)$；$V_1=0$

12-21 $E_x=\dfrac{a(x^2-y^2)+bx(x^2+y^2)^{\frac{1}{2}}}{(x^2+y^2)^2}$；$E_y=\dfrac{y[2ax+b(x^2+y^2)^{\frac{1}{2}}]}{(x^2+y^2)^2}$

12-22 $v=\left[\dfrac{q^2}{2\pi\varepsilon_0 mh}(\mathrm{tg}\alpha-1)+2gh\right]^{\frac{1}{2}}$

12-23 (1) $E_P=\dfrac{\lambda}{4\pi\varepsilon_0}\left(\dfrac{1}{R}-\dfrac{1}{R+l}\right)$

(2) $E_Q=\dfrac{\lambda l}{4\pi\varepsilon_0 R'}\cdot\dfrac{1}{[R'^2+(l/2)^2]^{1/2}}$

12-24 (1) $E=\dfrac{ka^2}{4\varepsilon_0}$

(2) $E=\dfrac{k}{4\varepsilon_0}(2x^2-a^2)$

(3) $x=\dfrac{a}{\sqrt{2}}$

12-25 $E=\dfrac{\rho H}{2\varepsilon_0}\left(1-\dfrac{H}{\sqrt{R^2+H^2}}\right)$

12-26 $V=\dfrac{\lambda}{4\varepsilon_0}$

12-27 $\boldsymbol{E}=-\dfrac{2a\lambda}{\pi\varepsilon_0(a^2+4z^2)}\boldsymbol{i}$

12-28 $6.0\times10^3\mathrm{N\cdot m^2/C}$

12-29 $\boldsymbol{E}=\begin{cases}\dfrac{\rho}{\varepsilon_0}x\boldsymbol{i} & \left(-\dfrac{d}{2}\leqslant x\leqslant\dfrac{d}{2}\right)\\ \dfrac{\rho}{2\varepsilon_0}d\boldsymbol{i} & \left(x\geqslant\dfrac{d}{2}\right)\\ \dfrac{-\rho}{2\varepsilon_0}d\boldsymbol{i} & \left(r\leqslant-\dfrac{d}{2}\right)\end{cases}$

12-30 (1) $A_{0D}=\dfrac{q_0q}{6\pi\varepsilon_0R}$

(2) $A_{0\infty}=\dfrac{q_0q}{6\pi\varepsilon_0R}$；$\Delta W=-\dfrac{q_0q}{6\pi\varepsilon_0R}$

12-31 $\boldsymbol{E}=\dfrac{Q}{16\pi\varepsilon_0R^2}\boldsymbol{i}$

12-32 (1) $E_{O'}=\dfrac{\rho d}{3\varepsilon_0}$

(2) $E_P=\dfrac{\rho}{3\varepsilon_0}\left(d-\dfrac{r^3}{4d^2}\right)$

12-33 $F=\dfrac{q\lambda l}{4\pi\varepsilon_0r_0(r_0+l)}$；$W=\dfrac{q\lambda}{4\pi\varepsilon_0}\ln\left(\dfrac{r_0+l}{r_0}\right)$

## 第13章　静电场中的导体和电介质

13-1 (1) $6.67\times10^{-9}$C；$13.33\times10^{-9}$C

(2) $V_1=V_2=6.0\times10^3$V

13-2 $-1.0\times10^{-7}$C；$-2.0\times10^{-7}$C；$2.3\times10^3$V

13-3 略

13-4 (1) 内表面 $-q$；外表面 $q+Q$

(2) $\dfrac{-q}{4\pi\varepsilon_0a}$

(3) $\dfrac{q}{4\pi\varepsilon_0}\left(\dfrac{1}{r}-\dfrac{1}{a}+\dfrac{1}{b}\right)+\dfrac{Q}{4\pi\varepsilon_0b}$

13-5 (1) $\sigma=-qb/2\pi(r^2+b^2)^{3/2}$

(2) $-q$

13-6 (1) 金属球内无电荷，其表面有正、负电荷分布，净带电荷为零

(2) $V_P=\dfrac{1}{4\pi\varepsilon_0}\left(\dfrac{q_A}{a}+\dfrac{q_B}{b}\right)$

13-7 (1) $r\leqslant R_1$，$V_1=\dfrac{1}{4\pi\varepsilon_0}\left(\dfrac{q}{R_1}-\dfrac{q}{R_2}+\dfrac{q+Q}{R_3}\right)$；

$R_1\leqslant r\leqslant R_2$，$V_2=\dfrac{1}{4\pi\varepsilon_0}\left(\dfrac{q}{r}-\dfrac{q}{R_2}+\dfrac{q+Q}{R_3}\right)$；

$R_2\leqslant r\leqslant R_3$，$V_3=\dfrac{q+Q}{4\pi\varepsilon_0R_3}$；

$r\geqslant R_3$，$V_4=\dfrac{q+Q}{4\pi\varepsilon_0r}$

(2) $r\leqslant R_3$，$V_1'=V_2'=V_3'=\dfrac{q+Q}{4\pi\varepsilon_0R_3}$

$r\geqslant R_3$，$V_4'=\dfrac{q+Q}{4\pi\varepsilon_0r}$

(3) $r\leqslant R_1$，$V_1''=\dfrac{1}{4\pi\varepsilon_0r}\left(\dfrac{q}{R_1}-\dfrac{q}{R_2}\right)$

$R_1 \leqslant r \leqslant R_2$, $V_2'' = \dfrac{1}{4\pi\varepsilon_0 r}\left(\dfrac{q}{r} - \dfrac{q}{R_2}\right)$

$r \geqslant R_2$, $V_3'' = V_4'' = 0$

13-8 (1) $r < R_1$, $E = 0$; $R_1 < r < R_2$, $E = \dfrac{q}{4\pi\varepsilon_0 r^2}$; $R_2 < R < R_3$, $E = 0$; $r > R_3$, $E = \dfrac{q+Q}{4\pi\varepsilon_0 r^2}$

(2) 球的电势: $V_1 = \dfrac{q}{4\pi\varepsilon_0}\left(\dfrac{1}{R_1} - \dfrac{1}{R_2}\right) + \dfrac{q+Q}{4\pi\varepsilon_0 R_3}$

球壳的电势: $V_2 = \dfrac{q+Q}{4\pi\varepsilon_0 R_3}$

球与球壳的电势差: $U = \dfrac{q}{4\pi\varepsilon_0}\left(\dfrac{1}{R_1} - \dfrac{1}{R_2}\right)$

(3) 若导体球接地时 $V_1 = \dfrac{q}{4\pi\varepsilon_0}\left(\dfrac{1}{R_1} - \dfrac{1}{R_2}\right)$; $V_2 = 0$; $U = \dfrac{q}{4\pi\varepsilon_0}\left(\dfrac{1}{R_1} - \dfrac{1}{R_2}\right)$

(4) 导线连结球与球壳时 $V_1 = V_2 = \dfrac{q+Q}{4\pi\varepsilon_0 R_3}$; $U = 0$

13-9 球内 $D_1 = k/2$, $E_1 = k/(2\varepsilon_0\varepsilon_r)$; 球外 $D_2 = \dfrac{kR^2}{2r^2}$, $E_2 = \dfrac{kR^2}{2\varepsilon_0 r^2}$

13-10 (1) $D = \rho_0\left(\dfrac{r}{3} - \dfrac{r^2}{4R}\right)$; $E = \dfrac{\rho_0}{\varepsilon_0\varepsilon_r}\left(\dfrac{r}{3} - \dfrac{r^2}{4R}\right)$

(2) $r = \dfrac{2R}{3}$

13-11 $E_1 = E_2 = 1000\text{V/m}$; $D_1 = 8.85 \times 10^{-9}\text{C/m}^2$; $D_2 = 8.85 \times 10^{-8}\text{C/m}^2$ 方向均相同, 由正极板垂直指向负极板.

13-12 $D = 1.77 \times 10^{-6}\text{C/m}^2$; $E = 2.5 \times 10^4\text{V/m}$; $P = 1.55 \times 10^{-6}\text{C/m}^2$

13-13 $-0.8\text{C}$

13-14 $\boldsymbol{E} = -\dfrac{h}{4\varepsilon_0 R}\boldsymbol{P}$

13-15 $\rho' = -\dfrac{(\varepsilon_r - 1)}{\varepsilon_r}\rho_0$; $\sigma' = \dfrac{(\varepsilon_r - 1)\rho_0}{3\varepsilon_r}R$

13-16 (1) 当 $r < R_1$ 时, $D = 0$, $E = 0$

当 $R_1 < r < R_2$ 时, $E = \dfrac{-Q}{2\pi(\varepsilon_{r1} + \varepsilon_{r2})\varepsilon_0 r^2}$, $D_1 = \dfrac{-\varepsilon_{r1} Q}{2\pi(\varepsilon_{r1} + \varepsilon_{r2}) r^2}$, $D_2 = \dfrac{-\varepsilon_{r1} Q}{2\pi(\varepsilon_{r1} + \varepsilon_{r2}) r^2}$

当 $r > R_2$ 时, $D = 0$, $E = 0$

(2) $U = \dfrac{-Q}{2\pi(\varepsilon_{r1} + \varepsilon_{r2})\varepsilon_0}\left(\dfrac{1}{R_2} - \dfrac{1}{R_1}\right)$

13-17 $C = \dfrac{\varepsilon_1\varepsilon_2 S}{d_1\varepsilon_2 + d_2\varepsilon_1}$

13-18 (1) $3.16 \times 10^{-6}\text{F}$

(2) $1 \times 10^{-4}\text{C}$, $100\text{V}$

13-19 $C = \dfrac{\varepsilon_0\varepsilon_r S}{\varepsilon_r d + (1 - \varepsilon_r)t}$

13-20 $C=\dfrac{\varepsilon_0 S}{d\ln 2}$

13-21 (1) $Q_a=\dfrac{aQ}{a+b}$; $Q_b=\dfrac{bQ}{a+b}$

(2) $C=4\pi\varepsilon_0(a+b)$

13-22 (1) $\sigma=1.77\times10^{-5}\mathrm{C/m^2}$

(2) $D=1.77\times10^{-5}\mathrm{C/m^2}$,

$E_1=4.0\times10^{5}\mathrm{V/m}$, $E_2=1.0\times10^{6}\mathrm{V/m}$,

$P_1=1.42\times10^{-5}\mathrm{C/m^2}$, $P_2=8.85\times10^{-6}\mathrm{C/m^2}$

(3) $\sigma_1'=1.42\times10^{-5}\mathrm{C/m^2}$, $\sigma_2'=8.85\times10^{-6}\mathrm{C/m^2}$

13-23 (1) $\begin{cases}\dfrac{Q_0}{4\pi\varepsilon_0\varepsilon_r r^2} & R_1<r<R\\[2ex] \dfrac{Q_0}{4\pi\varepsilon_0 r^2} & R<r<R_2\end{cases}$

(2) $V_1-V_2=\dfrac{Q_0}{4\pi\varepsilon_0\varepsilon_r}\left(\dfrac{1}{R_1}-\dfrac{1}{R}\right)+\dfrac{Q_0}{4\pi\varepsilon_0}\left(\dfrac{1}{R}-\dfrac{1}{R_2}\right)$

(3) $C=\dfrac{4\pi\varepsilon_0\varepsilon_r RR_1R_2}{R_2(R-R_1)+\varepsilon_r R_1(R_2-R)}$

(4) $W=\dfrac{Q_0^2}{8\pi\varepsilon_0\varepsilon_r}\left(\dfrac{1}{R_1}-\dfrac{1}{R}\right)+\dfrac{Q_0^2}{4\pi\varepsilon_0}\left(\dfrac{1}{R}-\dfrac{1}{R_2}\right)$

13-24 $A_2=-\dfrac{CU^2}{2}\dfrac{1-n}{n}>0$

13-25 (1) $C=\dfrac{2\pi\varepsilon_0\varepsilon_r L}{\ln\dfrac{b}{a}}$

(2) $W=\dfrac{Q^2}{4\pi\varepsilon_0\varepsilon_r L}\ln\dfrac{b}{a}$

13-26 $2.55\times10^{-6}\mathrm{J}$

13-27 $A=\dfrac{\varepsilon_0 SU^2}{4d}$

13-28 $A_1=\dfrac{1}{2}(\varepsilon_r-1)\varepsilon_0\dfrac{S}{d}U^2$

## 第 14 章 真空中的恒定磁场

14-1 (1) $I=\dfrac{1}{3}J_0S$

(2) $I=\dfrac{2}{3}J_0S$

14-2 (1) $2.2\times10^{-5}\Omega$

(2) $2.3\times10^{3}\mathrm{A}$

(3) $1.4 \times 10^{6}$ A/m$^2$

(4) $2.5 \times 10^{-2}$ V/m

(5) 115W

(6) $1 \times 10^{-4}$ m

14-3 $5.0 \times 10^{-8}$ A/m$^2$

14-4 (1) $\frac{\varepsilon_2 R_2}{R_2 + R_3}$

(2) $\varepsilon_1$

(3) $-\varepsilon_3$

14-5 0.4T, $z$ 轴负向

14-6 $x$ 轴正方向

14-7 $\frac{\mu_0 I}{\pi l}\left(1 - \frac{\sqrt{2}}{2}\right)$, 方向垂直图面向里

14-8 $\frac{\sqrt{3}\mu_0 I}{\pi l}\left(1 - \frac{\sqrt{3}}{2}\right)$, 方向垂直图面向里

14-9 $\frac{\mu_0 I}{\pi^2 R}$, 方向指向 $Ox$ 轴的负方向

14-10 (1) $\frac{\mu_0 I}{2\pi l}\ln\left(1 + \frac{l}{d}\right)$, 方向垂直图面向里

(2) $\frac{\mu_0 I}{2\pi d}$

14-11 $\frac{\mu_0 I}{2(R_2 - R_1)}\ln\frac{R_2}{R_1}$, 方向垂直图面向里

14-12 $\frac{\mu_0 I}{4\pi}$

14-13 $\frac{\mu_0 I(R_2^2 - r^2)}{2\pi r(R_2^2 - R_1^2)}$

14-14 (1) $2.67 \times 10^{-5}$ T, 方向垂直纸面向外

(2) $1.62 \times 10^{-6}$ Wb

14-15 (1) $B = \frac{\mu_0 NI}{2\pi r}$

(2) $\frac{\mu_0 NIh}{2\pi}\ln\frac{d_1}{d_2}$

14-16 (1) $a_\tau = 0$, $a_n = 1.96 \times 10^{13}$ m/s$^2$, $a = 1.96 \times 10^{13}$ m/s$^2$

(2) $a_\tau = 1.76 \times 10^{13}$ m/s$^2$, $a_n = 0$, $a = 1.76 \times 10^{13}$ m/s$^2$

14-17 $3.52 \times 10^{-5}$ N, 429.2

14-18 $6.72 \times 10^{-2}$ T, 31°

14-19 $I_2$ 取顺时针方向, $G = \frac{\mu_0 I_1 I_2 b}{4\pi d}$

14-20 (1)$\frac{\mu_0 I_1 I_2 l}{2\pi}\left(\frac{1}{d}-\frac{1}{d+b}\right)$，方向水平向左

(2)$F_{TAD}=\frac{\mu_0 I_1 I_2}{2\pi}\left[\left(1+\frac{d}{b}\right)\ln\frac{d+b}{d}-1\right]$；$F_{TBC}=\frac{\mu_0 I_1 I_2}{2\pi}\left(1-\frac{d}{b}\ln\frac{d+b}{d}\right)$

14-21 $2.165\times10^{-4}\mathrm{N\cdot m}$，方向沿 $y$ 轴负向

14-22 $m=\frac{3}{4}I\pi(R_2^2-R_1^2)$，方向垂直纸面向外

$M=\frac{3}{4}\pi BI(R_2^2-R_1^2)$，方向为竖直向上

14-23 $2NIBS$

## 第 15 章 恒定磁场中的磁介质

15-1 446

15-2 143.2A/m；0.90T

15-3 (1)796

(2)$1.59\times10^6\mathrm{A/m}$

15-4 (1)$r<R_1$ 时，$\frac{Ir}{2\pi R_1^2}$，$\frac{\mu_0 Ir}{2\pi R_1^2}$

$R_1<r<R_2$ 时，$\frac{I}{2\pi r}$，$\frac{\mu_r\mu_0 I}{2\pi r}$

$r>R_2$ 时，$\frac{I}{2\pi r}$，$\frac{\mu_0 I}{2\pi r}$

(2)介质内：$\sigma_{内}=-\frac{(\mu_r-1)}{2\pi R_1}I$，介质外：$\sigma_{外}=\frac{(\mu_r-1)}{2\pi R_2}I$

15-5 (1)$7.96\times10^3\mathrm{A}$

(2)$2.31\times10^{-4}\mathrm{T}$

15-6 (1) $\frac{I}{2\pi r}$；$\frac{\mu I}{2\pi r}$

(2)$I_s'=-I_s=-(\mu_r-1)I$

15-7 (1)$7.57\mathrm{A\cdot m^2}$

(2)$8.63\mathrm{N\cdot m}$

15-8 $\frac{\mu_0\mu I}{\pi r(\mu+\mu_0)}$

15-9 $\frac{\mu_1\mu_2 I_1 I_2}{\pi d(\mu_1+\mu_2)}$

15-10 (1)0.5A

(2)0.8A

15-11 $\frac{I}{2\pi r}$；$\frac{\mu_r\mu_0 I}{2\pi r}$；$\frac{(\mu_r-1)I}{2\pi a}$

## 第 16 章　电磁感应和电磁场

16-1　$1.257\times10^{-3}$V；$6.28\times10^{-4}$A

16-2　（1）$\frac{5\mu_0 l}{\pi}\ln\left(\frac{b}{a}\right)\sin\omega t$

（2）$-\frac{5\mu_0 l\omega}{\pi}\ln\left(\frac{b}{a}\right)\cos\omega t$

16-3　$3.0\times10^{-3}$V，顺时针方向

16-4　$\frac{Blv(R_1+R_2)}{RR_1+RR_2+R_1R_2}$

16-5　$\frac{N_1N_2\mu_0 a^2}{2R}$

16-6　$2.26\times10^{-2}$H

16-7　（1）0.4A/s

（2）0.38A/s

（3）0.2A/s

16-8　（1）6.0W；1.5W；4.5W

（2）60J

16-9　4 026

16-10　$2.5\times10^{-4}$H；$2.5\times10^{-3}$V

16-11　$E_k=\frac{R^2}{2r}\frac{dB}{dt}$

16-12　略

16-13　$\frac{q_0\omega}{\pi R^2}\cos\omega t$；$q_0\omega\cos\omega t$

16-14　（1）$U=\frac{q_0}{C}\cos\sqrt{\frac{1}{LC}}\,t$；$i=-q_0\sqrt{\frac{1}{LC}}\sin\sqrt{\frac{1}{LC}}\,t$

（2）$W_e=\frac{1}{2}\frac{q_0^2}{C}\cos^2\sqrt{\frac{1}{LC}}\,t$；$W_m=\frac{1}{2}\frac{q_0^2}{C}\sin^2\sqrt{\frac{1}{LC}}\,t$；$W=\frac{1}{2}\frac{q_0^2}{C}$

16-15　0.265A/m

16-16　$2.65\times10^{-7}$A/m；$1.33\times10^{-11}$W/m$^2$

## 第 17 章　几何光学

17-1　凸面镜；−0.194m

17-2　2

17-3　10cm；3.95cm

17-4　−51.2cm；5.32

17-5　1.60

17-6　−80cm；发散透镜

17-7　20cm；-8cm，正立、虚像

17-8　20cm；10cm，等大、虚像

17-9　(1)凸透镜：30cm、实像、倒立、长为2cm；
　　凹透镜：-30cm、虚像、正立、长为2cm
　(2)第二个透镜必为凹透镜，放在$L_1$右方20cm处

17-10　最后的像是虚像，它位置位于$L_2$左面10cm处，像和物等大、正立

17-11　最后的像是虚像，它位置位于$L_2$左面100cm处，是倒立、放大2倍

## 第18章　光的干涉

18-1　3.5mm；3.8mm；4.5mm

18-2　500nm

18-3　(1)0.54mm
　(2)零级亮纹应该向下侧移动
　(3)1.52

18-4　1.00029

*18-5　(1)1.81mm
　(2)30

18-6　104.2nm

18-7　$k_1=1.4k_2+0.2$，因为$k_1$、$k_2$均为整数，故$k_2$的最小值为2，此时$k_1=3$，对应的膜厚为605.8nm.

18-8　673.9nm、404.3nm；505.4nm

18-9　$3.87\times10^{-5}$rad

18-10　$k$取0，1，2，…时，膜厚$h$分别为105.8nm、317.3nm、529.0nm、…

18-11　1.19mm；该实验表明利用空气劈尖可以检测出工件表面的不平整度.

18-12　(1)工件表面的纹路是凸出来的
　(2)$1.00\times10^{-4}$mm

18-13　(1)$r=\sqrt{\dfrac{kR\lambda}{n}}$，$k=0，1，2，\cdots$
　(2)39.2m

18-14　0.998m；697.07nm

18-15　589.0nm，589.6nm

18-16　123.8μm；384.6

18-17　11.7μm

18-18　0.683mm

18-19　0.295mm

18-20　1.2mm；2.4mm

18-21　0.0025nm

## 第19章　光的衍射

19-1　0.25mm；0.63mm

19-2 0.34°; $6.75\times10^{-2}$mm.

19-3 25cm

19-4 510nm

19-5 63.3μm

19-6 7.46km

19-7 26μm

19-8 天文望远镜的分辨本领是普通望远镜的120倍

19-9 540.15nm

19-10 (1)4级; (2)2级

19-11 0.19rad, 0.50rad; 不会重叠

19-12 10 000条; 该光栅的第二级谱线实际上是不存在的

19-13 15.85°和33.11°

## 第20章 光的偏振

20-1 (1)35.26°

(2)54.74°

20-2 $I_0:I_1=1:1$

20-3 (1)0.49

(2)1:1

20-4 12.6mm

20-5 (1)24.05°

(2)$I_1/I_0=1/2$

20-6 14.84μm

20-7 (1)3

(2)4.5μm

20-8 (1)0.105cm

(2)$b$为寻常光，其光矢量振动方向垂直于纸面

20-9 4.14mm

20-10 (1)8.6μm

(2)91.7rad

20-11 $3.128\times10^{-5}$m

20-12 2/3

## 第21章 物质的本性

21-1 太阳 5796K, 北极星 6740K, 天狼星 9993K

21-2 (1)$5.19\times10^{4}$W

(2)527nm

(3)$6.45\times10^{10}$W/m

21-3 (1)2.0eV

(2)2.0V

(3)296nm

21-4　锂会产生光电效应，1.83eV

21-5　红光：$2.84\times10^{-19}$J，$9.47\times10^{-28}$kg · m/s，$3.16\times10^{-36}$kg

X 射线：$7.956\times10^{-15}$J，$2.65\times10^{-23}$kg · m/s，$8.84\times10^{-32}$kg

$\gamma$ 射线：$1.6\times10^{-13}$J，$5.35\times10^{-22}$kg · m/s，$1.78\times10^{-30}$kg

21-6　(1)0.102 426nm

(2)$\varphi=44.35°$；295eV

21-7　0.15nm

21-8　$6.1\times10^{-3}$nm

## 第 22 章　量子物理基础

22-1　(3)(4)

22-2　$2/a$

22-3　$4.35\times10^{-7}$m；3.4eV

22-4　$2.38\times10^{-12}$m

22-5　$2.32\times10^{6}$m/s

22-6　$2.6\times10^{-29}$m/s

22-7　$1.5\times10^{-18}$J；在 $x=n\dfrac{a}{6\pi}$，$n=1, 2, 3, \cdots, 18$ 处出现的概率最低，为 0

22-8　$1.8\times10^{-17}$J；1.3%；25%

22-9　0.1nm

22-10　$7.02\times10^{5}$m/s，1.04nm

22-11　$1.67\times10^{-31}$kg

## 第 23 章　固体物理简介*

23-1　$a=0.6295$nm

23-2　$\rho=3.60\text{g/cm}^3$

23-3　略

23-4

| | 简立方 | 面心立方 | 体心立方 |
|---|---|---|---|
| 最近邻数 | 6 | 12 | 8 |
| 最近邻原子间距 | $a$ | $\sqrt{2}/2a$ | $\sqrt{3}/2a$ |
| 次近邻数 | 12 | 6 | 6 |
| 次近邻原子间距 | $\sqrt{2}a$ | $a$ | $a$ |

23-5　略

23-6　$\rho\approx6.24\times10^{-2}\Omega\cdot\text{m}$

23-7　(1)$r_0=\left(\dfrac{n\beta}{m\alpha}\right)^{\frac{1}{n-m}}$

(2) $W=\frac{1}{2}\alpha\left(1-\frac{m}{n}\right)\left(\frac{n\beta}{m\alpha}\right)^{\frac{-m}{n-m}}$

23-8 (1) $\Delta E=\frac{2\hbar^2}{ma^2}$

(2) $v(\boldsymbol{k})=\frac{\hbar}{ma}\left(\sin ka-\frac{1}{4}\sin 2ka\right)$

(3) 能带底部 $m^*=2m$；能带顶部 $m^*=-\frac{2}{3}m$

## 第 24 章 核物理与粒子物理*

24-1 $1.76\times10^{17}\mathrm{kg/m^3}$；$1.76\times10^{14}$

24-2 27.273MeV；6.818MeV

24-3 $^{15}_{7}\mathrm{N}$:111.921MeV，7.461 39MeV，
$^{15}_{8}\mathrm{O}$:107.928MeV，7.195 05MeV，
$^{16}_{8}\mathrm{O}$:117.834MeV，7.977 08MeV

24-4 (1) $^{1}_{1}\mathrm{H}+^{19}_{9}\mathrm{F}\rightarrow^{16}_{8}\mathrm{O}+^{4}_{2}\mathrm{He}$
(2) $^{30}_{15}\mathrm{P}\rightarrow^{30}_{14}\mathrm{Si}+^{0}_{1}\mathrm{e}$
(3) $^{35}_{17}\mathrm{Cl}+^{1}_{1}\mathrm{H}\rightarrow^{32}_{16}\mathrm{S}+^{4}_{2}\mathrm{He}$

24-5 6.29L

24-6 $2.45\times10^{9}\mathrm{a}$

24-7 (1) 能量守恒定律
(2) 角动量守恒定律，轻子数守恒定律
(3) 电荷守恒定律
(4) 轻子数守恒
(5) 奇异数守恒
(6) 重子数守恒

# 关键词索引

（按汉语拼音字母顺序排列）

## D

| | | |
|---|---|---|
| 等厚干涉 | equal thickness interference | 18.4 |
| 等离子体 | plasma | 26.2.1 |
| 等离子体物理 | plasma physics | 26.2.3 |
| 等倾干涉 | equal inclination interference | 18.3.1 |
| 等势面 | equipotential surface | 12.6.1 |
| 等效原理 | principle of equivalence | 25.2.2 |
| 碲化镉 | cadmium telluride | 26.9.3 |
| 电场 | electric field | 12.0 |
| 电场力 | electric force | 12.2.1 |
| 电场强度 | electric field intensity | 12.2.2 |
| 电场强度叠加原理 | electric field strength superposition principle | 12.2.2 |
| 电场线 | electric field line | 12.3.1 |
| 电磁波 | electromagnetic wave | 16.5.4 |
| 电磁波谱 | electromagnetic spectrum | 16.5.5 |
| 电光效应 | electro-optic effect | 20.6.1 |
| 电荷 | electric charge | 12.1.1 |
| 电荷的量子化 | quantization of electric charge | 12.1.1 |
| 电荷守恒定律 | charge conservation law | 12.1.2 |
| 电极化率 | electric polarization rate | 13.2.3 |
| 电极化强度 | intensity of electric polarization | 13.2.3 |
| 电介质 | dielectric | 13.0 |
| 电介质的电极化 | dielectric polarization | 13.2.2 |
| 电介质击穿 | dielectric breakdown | 23.4.1 |
| 电流 | electric current | 14.0.0 |
| 电流密度 | current density | 14.1.1 |
| 电流元 | current element | 14.3.2 |
| 电容 | capacitance | 13.4.1 |
| 电容器 | capacitor | 13.4.1 |
| 电势 | electric potential | 12.5.1 |
| 电势差 | electric potential difference | 12.5.2 |
| 电势叠加原理 | superposition principle of electric potential | 12.5.1 |
| 电势能 | electric potential energy | 12.4.3 |
| 电势梯度 | electric potential gradient | 12.6.2 |
| 电通量 | electric flux | 12.3.1 |
| 电位移矢量 | electric displacement vector | 13.0 |
| 电位移线 | electric displacement line | 13.3.1 |
| 电源 | power source | 14.2.1 |
| 电滞回线 | hysteresis loop | 26.3.3 |
| 电子浓度 | electron concentration | 23.3.1 |

## G

| | | |
|---|---|---|
| 交换对称性 | exchange symmetry | 22. 2. 2 |
| 焦耳定律 | Joule's law | 14. 2. 1 |
| 矫顽场 | coercivity | 26. 3. 3 |
| 尖端放电 | point discharge | 13. 1. 3 |
| 介电常数 | absolute dielectric constant | 13. 2. 5 |
| 介观 | mesoscopic | 26. 1. 1 |
| 介观物理 | mesoscopic physics | 26. 1. 1 |
| 结合能 | binding energy | 24. 2. 2 |
| 结晶 | crystallization | 26. 11. 6 |
| 截止电压 | cutoff voltage | 21. 4. 1 |
| 截止频率 | cutoff frequency | 21. 4. 1 |
| 金属键 | metallic bond | 23. 2. 1 |
| 金属晶体 | metallic crystal | 23. 2. 1 |
| 禁带 | forbidden band | 23. 4. 1 |
| 禁带宽度 | energy gap | 26. 9. 2 |
| 近点 | near point | 17. 5. 1 |
| 近视眼 | myopia | 17. 5. 1 |
| 近藤温度 | Kondo temperature | 26. 1. 7 |
| 近藤效应 | Kondo effect | 26. 1. 7 |
| 晶胞 | unit cell | 23. 1. 2 |
| 晶格 | crystal lattice | 23. 1. 2 |
| 晶体 | crystalline solid | 23. 1. 0 |
| 晶体的光轴 | optical axis of crystal | 20. 4. 2 |
| 晶体的结合能 | crystal binding energy | 23. 2. 2 |
| 晶体的内能 | crystal internal energy | 23. 2. 2 |
| 晶体结构 | crystal structure | 23. 1. 1 |
| 晶体结构的周期性 | periodicity of crystal structure | 23. 1. 2 |
| 静电场 | electrostatic field | 12. 0 |
| 静电场的边界条件 | electrostatic field boundary condition | 13. 3. 4 |
| 静电场的高斯定理 | Gauss theorem of the static electricity field | 12. 3. 2 |
| 静电场的环路定理 | circuital theorem of the static electricity field | 12. 4. 2 |
| 静电场的能量 | electrostatic field energy | 13. 5. 1 |
| 静电感应 | electrostatic induction | 13. 1. 1 |
| 静电屏蔽 | electrostatic shielding | 13. 1. 3 |
| 静电平衡 | electrostatic equilibrium | 13. 1. 1 |
| 静电能 | electrostatic energy | 13. 5. 1 |
| 镜面反射 | specular reflection | 17. 1. 2 |
| 聚变 | fusion | 24. 4. 2 |
| 巨介电效应 | giant dielectric effect | 26. 3. 4 |

## K



## L

## Z

# 参考文献


〔1〕 尹国盛，张果义．大学物理精要〔M〕．郑州：河南科学技术出版社，1997.
〔2〕 尹国盛，夏晓智．大学物理简明教程（上）〔M〕．武汉：华中科技大学出版社，2009.
〔3〕 尹国盛，郑海务．大学物理简明教程（下）〔M〕．武汉：华中科技大学出版社，2009.
〔4〕 张三慧．大学物理学〔M〕.3 版．北京：清华大学出版社，2008.
〔5〕 毛骏健，顾牡．大学物理学〔M〕．北京：高等教育出版社，2006.
〔6〕 陆果．基础物理学教程〔M〕.2 版．北京：高等教育出版社，2006.
〔7〕 程守洙，江之永．普通物理学〔M〕.6 版．北京：高等教育出版社，2006.
〔8〕 马文蔚．物理学〔M〕.5 版．北京：高等教育出版社，2006.
〔9〕 漆安慎，杜婵英．力学〔M〕．北京：高等教育出版社，1997.
〔10〕 李椿，章立源，钱尚武．热学〔M〕.2 版．北京：高等教育出版社，2008.
〔11〕 梁灿彬，秦光戎，梁竹健．电磁学〔M〕.2 版．北京：高等教育出版社，2004.
〔12〕 赵凯华．光学〔M〕．北京：高等教育出版社，2004.
〔13〕 钟锡华．现代光学基础〔M〕．北京：北京大学出版社，2003.
〔14〕 姚启均．光学教程〔M〕.3 版．北京：高等教育出版社，2002.
〔15〕 姚启均．光学教程〔M〕.4 版．北京：高等教育出版社，2008.
〔16〕 杨福家．原子物理学〔M〕.2 版．北京：高等教育出版社，2004.
〔17〕 蔡伯濂．狭义相对论〔M〕．北京：高等教育出版社，1991.
〔18〕 蔡伯濂．大学物理力学教学研究〔M〕．北京：北京大学出版社，1982.
〔19〕 郭奕玲，沈慧君．物理学史〔M〕.2 版．北京：清华大学出版社，2005.
〔20〕 曾谨言．量子力学〔M〕．北京：科学出版社，1981.
〔21〕 程守洙，江之永．普通物理学〔M〕.3 版．北京：人民教育出版社，1979.
〔22〕 程守洙，江之永．普通物理学〔M〕.4 版．北京：高等教育出版社，1982.
〔23〕 程守洙，江之永．普通物理学〔M〕.5 版．北京：高等教育出版社，1998.
〔24〕 马文蔚．物理学教程〔M〕．北京：高等教育出版社，2002.
〔25〕 张三慧．大学物理学〔M〕.2 版．北京：清华大学出版社，1999.
〔26〕 夏兆阳．大学物理教程〔M〕．北京：高等教育出版社，2004.
〔27〕 姚乾凯，梁富增，贾瑜，等．大学物理教程〔M〕．郑州：郑州大学出版社，2007.
〔28〕 秦允豪．热学〔M〕.2 版．北京：高等教育出版社，2004.
〔29〕 周世勋．量子力学〔M〕．上海：上海科技出版社，1961.
〔30〕 王莉，徐行可，王祖源，等．大学物理〔M〕.2 版．北京：机械工业出版社，2007.
〔31〕 张宇，赵远．大学物理〔M〕.2 版．北京：机械工业出版社，2008.
〔32〕 Ronld Lane Reese. University Physics〔M〕．北京：机械工业出版社，2004.
〔33〕 Hugh D. Young, Roger A. Freedman. Sears and Zemansky's. University Physics〔M〕．北京：机械工业出版社，2003.
〔34〕 21 世纪 100 个科学难题编写组.21 世纪 100 个科学难题〔M〕．长春：吉林人民出版社，1998.
〔35〕 章立源．超越自由——神奇的超导体〔M〕．北京：科学出版社，2005.
〔36〕 尹国盛，顾玉宗，黄明举，等．非线性光学及其若干新进展〔J〕．物理，2003（11）：708-712.
〔37〕 尹国盛．光电效应与康普顿效应的关系〔J〕．河南大学学报：自然科学版，1991（3）：6.
〔38〕 尹国盛，等离子体的准电中性〔J〕．广西物理，2002（2）：4-6.

〔39〕　徐仁新．天体物理导论〔M〕．北京：北京大学出版社，2006.
〔40〕　俞允强．广义相对论引论〔M〕.2 版．北京：北京大学出版社，1997.
〔41〕　俞允强．物理宇宙学讲义〔M〕．北京：北京大学出版社，2002.
〔42〕　杨禾．影响世界历史的100位科学家〔M〕．武汉：武汉出版社，2008.